Since 2002 21년간 11.3만 독자들의 선택

Nutritionist
SD에듀

영양사

한권으로 끝내기

1권 1교시

SD에듀
(주)시대고시기획

이 책의 **구성과 특징**

빨리보는 **간**단한 **키**워드

시험공부 시 교과서나 노트필기, 참고서 등에 흩어져 있는 정보를 하나로 압축해 공부하는 것이 효과적이므로, 열 권의 참고서가 부럽지 않은 나만의 핵심키워드 노트를 만드는 것은 합격으로 가는 지름길입니다. 빨·간·키만은 꼭 점검하고 시험에 응하세요!

빨리보는 간단한 키워드

역대 영양사 시험을 분석하여 자주 출제되는 이론과 출제 가능성이 높은 중요한 이론을 압축하여 키워드별로 정리하였습니다. 학습에 앞서 전체적으로 어떤 이론이 있는지 확인하고 싶을 때, 학습 후 복습을 위한 요약노트가 필요할 때, 시험장에서 자투리 시간을 활용하고 싶을 때 빨간키를 활용해보세요. 전문가가 중요내용을 콕콕 짚어서 정리하였기 때문에 짧은 시간에 큰 효과를 볼 수 있습니다.

■ 당질의 대사
- 당질의 대사 = 포도당 대사 : 간에서 포도당으로 전환
- 포도당 대사의 궁극적인 목적
  - ATP 생성
  - 모든 세포에 에너지 제공

■ 당질의 흡수
- 흡수가 주로 일어나는 부위 : 작은창자의 중간 부위인 공장(jejunum)
- 흡수방법
  - 촉진확산 : 과당
  - 능동수송 : 포도당, 갈락토스
- 흡수속도 : 갈락토스(galactose) > 포도당(glucose) > 과당(fructose) > 마노스(mannose) > 자일로스(xylose) > 아라비노스(arabinose)

■ 대사의 조절
- 혈당을 높이는 호르몬
  - 에피네프린(epinephrine) : 부신수질
  - 노르에피네프린(norepinephrine) : 부신수질
  - 글루카곤(glucagon) : 췌장, 랑게르한스섬의 α세포
  - 글루코코르티코이드(glucocorticoid)
- 혈당을 낮추는 호르몬
  - 인슐린(insulin) : 췌장, 랑게르한스섬의 β세포

핵심이론

방대한 이론을 효율적으로 학습할 수 있도록 핵심이론을 구성했습니다. 역대 출제된 문제들을 완벽하게 분석하여 시험에 출제될 이론들만 담았으며, 그 이론들 중에서도 핵심 내용은 별색으로 표시하여 포인트를 짚어드렸습니다.

(3) 식품구매 시 유의사항

① 식품구매 계획 시 식품의 가격과 출회표에 유의

② 육류 구매 시 중량과 부위에 유의

③ 사과, 배 등 과일 구매 시 산지, 상자당 개수, 품종 등에 유의

⑤ 식품을 구입할 때는 불가식부 및 폐기율을 고려하여 필요량을 구매

⑥ 소고기는 냉장시설이 갖추어져 있으면 1주일분을 한꺼번에 구매

영양보충

식품구매 순서 ⭐ ⭐

메뉴작성 → 일별 · 식품별 재료량 조사 → 구매계획서 작성 → 견적서 요구 및 입찰준비
사서 검토 → 예정가격 및 규격 책정 → 주문 시 검수조사 작성 → 검수 → 구매식품 배치

TIP&영양보충

기본 이론에 관련된 내용이나 짧지만 중요한 개념, 그냥 지나치기는 아쉬운 내용들을 'TIP'에 수록하였습니다. 심도 있는 학습을 원한다면 '영양보충' 역시 빼놓지 마시길 바랍니다.

---

(1) 일반경쟁입찰 ⭐ ⭐ ⭐ ⭐

① 신문 또는 게시와 같은 방법으로 입찰 및 계약에 관한 사항을 일정기간 널리 공고하여 응찰자
타당성 있는 입찰가격을 제시한 사람을 낙찰자로

(1) 일반경쟁입찰 ⭐ ⭐ ⭐ ⭐

① 신문 또는 게시와 같은 방
를 모집하고, 입찰에서 상

TIP

일반경쟁입찰 절차 ⭐

입찰 공고 → 응찰 → 개찰 →
낙찰 → 계약 체결

③ 단점

㉠ 행정비가 많이 듦

㉡ 긴급할 때는 조달시기를 놓치기 쉬움

㉢ 업자 담합으로 낙찰이 어려울 때가 있음

㉣ 공고로부터 개찰까지의 수속이 복잡

㉤ 자본, 신용, 경험 등이 불충분한 업자가 응찰하기 쉬움

출제표시

본 아이콘은 실제 시험에 출제된 이론의 회차를 표시한 것으로, 35회(2012년)부터 47회(2023년)까지 총 13년치의 데이터를 보여줍니다. 많이 표시된 것은 그만큼 시험에 자주 출제된 것으로, 앞으로도 출제될 가능성이 높기 때문에 꼼꼼하게 학습하시길 바랍니다.

이 책의 구성과 특징

적중예상문제

적중예상문제는 일반문제와 출제유형이 표시된 문제 2가지로 구성하였습니다. 일반문제는 기존 출제문제를 응용하거나 아직 출제되지 않은 기본 이론을 문제화한 것입니다. 출제유형이 표시된 문제는 실제 시험을 확인한 후 문제화한 것으로, 가장 시험과 비슷한 유형과 난이도의 문제들입니다. 처음 학습 시에는 모든 문제를 풀어보고, 복습 시에는 출제유형문제 위주로 풀어보는 것을 추천합니다.

해 설

각 문제 하단에 해설을 배치하여 번거롭게 해설집을 찾아볼 필요가 없으며, 글자 크기를 조절하여 문제 푸는 데 전혀 지장을 주지 않도록 하였습니다. 또한 이론으로 돌아갈 필요 없을 만큼 문제의 핵심을 콕 짚어주는 명쾌한 설명이 공부의 효율을 더해줍니다.

4과목 식사요법

CHAPTER

08 적중예상문제

출제유형 37

01 제1형 당뇨병의 식사요법으로 옳은 것은?

① 인슐린을 사용하지 않고 열량 조절만으로 혈당 조절이 가능하다.
② 운동 시 간단한 당질식품을 간식으로 준비한다.
③ 당질을 많이 섭취하고 당질량에 따라 인슐린 양을 증가시킨다.
④ 인슐린을 주사하므로 식품 선택과 양은 자유롭다.
⑤ 운동량을 줄이고 지방과 당질은 충분히 섭취한다.

해설 제1형 당뇨병의 치료
· 인슐린 투여가 필수적이며, 인슐린의 종류에 따라 식사량, 식사시간, 운동 등을 조절한다.
· 운동 중 또는 운동 후 저혈당 증세를 대비하여 정기적인 식사와 간식으로 혈당을 조절해야 한다.
· 가벼운 운동 전에는 10~15g, 격심한 운동 전에는 20~30g의 당질을 섭취해야 한다.

출제유형 47

02 다음 환자에게 적합한 1일 에너지양은?

· 2형 당뇨병을 진단받은 40세 여자
· 보통 활동의 사무직
· 현재 체중 75kg, 표준체중 60kg

① 1,000kcal   ② 1,300kcal
③ 1,800kcal   ④ 2,300kcal
⑤ 2,700kcal

해설 당뇨병 환자의 1일 에너지양
· 육체활동이 거의 없는 경우 : 표준체중 × 25~30kcal
· 보통 활동인 경우 : 표준체중 × 30~35kcal
· 심한 육체활동인 경우 : 표준체중 × 35~40kcal

CHAPTER

부록

01 실전 모의고사(1교시)

•••● 부록(실전 모의고사)

실제 영양사 시험에서는 어떤 이론들이 출제되는지, 난이도는 어떤지, 어떤 유형으로 출제되는지 등 진짜 영양사 시험의 모든 것이 담겨있습니다. 이론과 적중예상문제까지 학습한 후 시간을 재고 실전처럼 모의고사를 풀어본다면 시험의 합격 여부를 가늠할 수 있습니다. 점수가 낮더라도 좌절하지 말고, 문제 하단에 기재된 해설로 부족했던 점을 보완한다면 충분히 합격할 수 있습니다.

01 영양학 및 생화학

01 우유 섭취 시 헛배가 부르고, 설사 · 가스를 한다면 이와 관련된 효소는?

① 락타아제
② 프티알린
③ 펩 신
④ 수크라아제
⑤ 스테압신

해설 유당불내증은 유당 분해 효소인 락타아제(Lactase)가 결핍되어 유당의 분해와 흡수가 충분히 이뤄지지 않는 증상을 말한다. 분해되지 않은 유당이 대장에서 미생물에 의해 분해되어 가스를 형성하고 복통, 설사, 복부경련을 유발한다.

02 TCA 회로에 관여하는 효소가 있으며, 호기성 진핵세포의 ATP 생성 장소는?

① 미토콘드리아
② 골지체
③ 리소좀
④ 소포체
⑤ 핵

해설 미토콘드리아는 세포 소기관의 하나로, 호흡효소계(연쇄계, 산화적 인산화)가 있어 ATP를 생산하며, TCA 회로에 관여한다.

01 ① 02 ① **정답**

시험안내

 시험일정

구 분	일 정	비 고
응시원서접수	• 인터넷 접수 : 2024년 09월경 • 국시원 홈페이지 [원서접수] • 외국대학 졸업자로 응시자격 확인서류를 제출하여야 하는 자는 위의 접수기간 내에 반드시 국시원에 방문하여 서류확인 후 접수 가능함	• 응시수수료 : 90,000원 • 접수시간 : 해당 시험직종 접수 시작일 09:00부터 접수 마감일 18:00까지
시험시행	• 일시 : 2024년 12월경 • 국시원 홈페이지 [시험안내] → [영양사] → [시험장소(필기/실기)]	응시자 준비물 : 응시표, 신분증, 필기도구 지참 ※ 컴퓨터용 흑색 수성사인펜은 지급함
최종합격자 발표	• 2025년 1월경 • 국시원 홈페이지 [합격자조회]	휴대전화번호가 기입된 경우에 한하여 SMS 통보

※ 정확한 시험일정은 시행처에서 확인하시기 바랍니다.

 응시자격

1. 2016년 3월 1일 이후 입학자

다음 내용에 모두 해당하는 자가 응시할 수 있습니다.

➡ **다음의 학과 또는 학부(전공) 중 1가지**
 ① 학과 : 영양학과, 식품영양학과, 영양식품학과
 ② 학부(전공) : 식품학, 영양학, 식품영양학, 영양식품학
 ※ 학칙에 의거한 '학과명' 또는 '학부의 전공명'이어야 하며, 위와 명칭이 상이한 경우 반드시 담당자 확인 요망(1544-4244)

➡ **교과목(학점) 이수 : '영양관련 교과목 이수증명서'로 교과목(학점) 확인 가능**
 ① 영양관련 교과목 이수증명서에 따른 18과목 52학점을 전공(필수 또는 선택)과목으로 이수해야 함
 ② 2016년 3월 1일 이후 영양사 현장실습 교과목 이수 시 80시간 이상(2주 이상), 영양사가 배치된 집단급식소, 의료기관, 보건소 등에서 현장 실습하여야 함
 ③ 법정과목과 그에 해당하는 유사인정과목은 동일한 과목이므로, 여러 개 이수해도 1개 과목 이수로만 인정(단, 학점은 합산 가능)

2. 2010년 5월 23일 이후 ~ 2016년 2월 29일 입학자

다음 내용에 모두 해당하는 자가 응시할 수 있습니다.

➜ **식품학 또는 영양학 전공 : 식품학, 영양학, 식품영양학, 영양식품학 중 1가지**
  ※ 학칙에 의거한 '전공명' 이어야 하며, 위와 명칭이 상이한 경우 반드시 담당자 확인 요망(1544-4244)

➜ **교과목(학점) 이수 : '영양관련 교과목 이수증명서'로 교과목(학점) 확인 가능**
  ① 영양관련 교과목 이수증명서에 따른 18과목 52학점을 전공(필수 또는 선택)과목으로 이수해야 함
  ② 2016년 3월 1일 이후 영양사 현장실습 교과목 이수 시 80시간 이상(2주 이상), 영양사가 배치된 집단급식소, 의료기관, 보건소 등에서 현장 실습하여야 함
  ③ 법정과목과 그에 해당하는 유사인정과목은 동일한 과목이므로, 여러 개 이수해도 1개 과목 이수로만 인정(단, 학점은 합산 가능)

3. 2010년 5월 23일 이전 입학자

2010년 5월 23일 이전 고등교육법에 따른 학교에 입학한 자로서 종전의 규정에 따라 응시자격을 갖춘 자는 국민영양관리법 제15조 제1항 및 동법 시행규칙 제7조 제1항의 개정규정에도 불구하고 시험에 응시할 수 있습니다. 다음 내용에 해당하는 자가 응시할 수 있습니다.

➜ **식품학 또는 영양학 전공 : 식품학, 영양학, 식품영양학, 영양식품학 중 1가지**
  ※ 학칙에 의거한 '전공명' 이어야 하며, 위와 명칭이 상이한 경우 반드시 담당자 확인 요망(1544-4244)

4. 국내대학 졸업자가 아닌 경우

다음 내용의 어느 하나에 해당하는 자가 응시할 수 있습니다.

➜ **외국에서 영양사면허를 받은 사람**
➜ **외국의 영양사 양성학교 중 보건복지부장관이 인정하는 학교를 졸업한 사람**

5. 다음 내용의 어느 하나에 해당하는 자는 응시할 수 없습니다.

➜ **정신건강복지법 제3조 제1호에 따른 정신질환자. 다만, 전문의가 영양사로서 적합하다고 인정하는 사람은 그러하지 아니하다.**
➜ **감염병예방법 제2조 제13호에 따른 감염병환자 중 보건복지부령으로 정하는 사람**
➜ **마약·대마 또는 향정신성의약품 중독자**
➜ **영양사 면허의 취소처분을 받고 그 취소된 날부터 1년이 지나지 아니한 자**

시험안내

 **응시원서 접수**

1. 인터넷 접수 대상자

방문접수 대상자를 제외하고 모두 인터넷 접수만 가능

※ 방문접수 대상자 : 보건복지부장관이 인정하는 외국대학 졸업자 중 국가시험에 처음 응시하는 경우는 응시자격 확인을 위해 방문접수만 가능합니다.

2. 인터넷 접수 준비사항

➡ **회원가입 등**
  ① 회원가입 : 약관 동의(이용약관, 개인정보 처리지침, 개인정보 제공 및 활용)
  ② 아이디 / 비밀번호 : 응시원서 수정 및 응시표 출력에 사용
  ③ 연락처 : 연락처1(휴대전화번호), 연락처2(자택번호), 전자 우편 입력
  ※ 휴대전화번호는 비밀번호 재발급 시 인증용으로 사용됨

➡ **응시원서 : 국시원 홈페이지 [시험안내 홈] → [원서접수] → [응시원서 접수]에서 직접 입력**
  ① 실명인증 : 성명과 주민등록번호를 입력하여 실명인증을 시행, 외국국적자는 외국인등록증이나 국내거소신고증상의 등록번호사용. 금융거래 실적이 없을 경우 실명인증이 불가능함. 코리아크레 딧뷰로(02-708-1000)에 문의
  ② 공지사항 확인
  ※ 원서 접수 내용은 접수 기간 내 홈페이지에서 수정 가능(주민등록번호, 성명 제외)

➡ **사진파일 : jpg 파일(컬러), 276x354픽셀 이상 크기, 해상도는 200dpi 이상**

3. 응시수수료 결제

➡ **결제 방법 : 국시원 홈페이지 [응시원서 작성 완료] → [결제하기] → [응시수수료 결제] → [시험선택] → [온라인 계좌이체 / 가상계좌이체 / 신용카드] 중 선택**
➡ **마감 안내 : 인터넷 응시원서 등록 후, 접수 마감일 18:00까지 결제하지 않았을 경우 미접수로 처리**

4. 접수결과 확인

➡ **방법 : 국시원 홈페이지 [시험안내 홈] → [원서접수] → [응시원서 접수결과]**
➡ **영수증 발급 : http://www.easypay.co.kr → [고객지원] → [결제내역 조회] → [결제수단 선택] → [결제정보 입력] → [출력]**

5. 응시원서 기재사항 수정

➡ **방법** : 국시원 홈페이지 [시험안내 홈] → [마이페이지] → [응시원서 수정]

➡ **기간** : 시험 시작일 하루 전까지만 가능

➡ **수정 가능 범위**

① 응시원서 접수기간 : 아이디, 성명, 주민등록번호를 제외한 나머지 항목

② 응시원서 접수기간~시험장소 공고 7일 전 : 응시지역

③ 마감~시행 하루 전 : 비밀번호, 주소, 전화번호, 전자 우편, 학과명 등

④ 단, 성명이나 주민등록번호는 개인정보(열람, 정정, 삭제, 처리정지) 요구서와 주민등록초본 또는 기본
증명서, 신분증 사본을 제출하여야만 수정이 가능

6. 응시표 출력

➡ **방법** : 국시원 홈페이지 [시험안내 홈] → [응시표 출력]

➡ **기간** : 시험장 공고 이후 별도 출력일부터 시험 시행일 아침까지 가능

➡ **기타** : 흑백으로 출력하여도 관계없음

 시험과목

시험과목 수	문제수	배 점	총 점	문제형식
4	220	1점/1문제	220점	객관식 5지선다형

 시험 시간표

구 분	시험과목(문제수)	교시별 문제수	시험형식	입장시간	시험시간
1교시	1. 영양학 및 생화학(60) 2. 영양교육, 식사요법 및 생리학(60)	120	객관식	~ 08:30	09:00 ~ 10:40 (100분)
2교시	1. 식품학 및 조리원리(40) 2. 급식, 위생 및 관계법규(60)	100		~ 11:00	11:10 ~ 12:35 (85분)

※ 식품·영양 관계법규 : 식품위생법, 학교급식법, 국민건강증진법, 국민영양관리법, 농수산물의 원산지 표시에 관한 법률, 식품 등의 표시·광고에 관한 법률과
그 시행령 및 시행규칙

합격기준

1. 합격자 결정

➜ 합격자 결정은 전 과목 총점의 60% 이상, 매 과목 만점의 40% 이상 득점한 자를 합격자로 합니다.

➜ 응시자격이 없는 것으로 확인된 경우에는 합격자 발표 이후에도 합격을 취소합니다.

2. 합격자 발표

➜ 합격자 명단은 다음과 같이 확인할 수 있습니다.

① 국시원 홈페이지 [합격자조회]

② 국시원 모바일 홈페이지

➜ 휴대전화번호가 기입된 경우에 한하여 SMS로 합격 여부를 알려드립니다.

※ 휴대전화번호가 010으로 변경되어, 기존 01* 번호를 연결해 놓은 경우 반드시 변경된 010 번호로 입력(기재)하여야 합니다.

 합격률

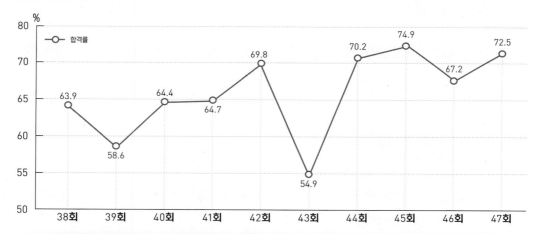

회차	38	39	40	41	42	43	44	45	46	47
응시자	7,250	6,892	6,998	6,888	6,464	6,411	6,633	5,972	5,398	5,559
합격자	4,636	4,041	4,504	4,458	4,509	3,522	4,657	4,472	3,629	4,032
합격률(%)	63.9	58.6	64.4	64.7	69.8	54.9	70.2	74.9	67.2	72.5

출제키워드로 보는 2023년 제47회 영양사 국가고시

■ 영양학 및 생화학

유당불내증

유당분해효소인 락타아제(Lactase)가 결핍되어 유당의 분해와 흡수가 충분히 이뤄지지 않는 증상을 말한다. 분해되지 않은 유당이 대장에서 미생물에 의해 분해되어 가스를 형성하고 복통, 설사, 복부경련을 유발한다. 락타아제는 유아기에 활발히 생성되고 나이가 들면서 점차 감소하므로 성인이 될수록 유당불내증 증상이 심해진다.

HDL(High Density Lipoprotein)

HDL은 혈액을 순환하면서 말초혈관에 쌓인 콜레스테롤을 걷어 간으로 이동시켜주는 역할을 하여 심혈관계질환을 예방해준다. 반대로 LDL(Low Density Lipoprotein)은 자신이 가지고 있던 콜레스테롤의 일부를 말초혈관 내벽에 내어주어 혈중 LDL의 수치가 높을 경우 동맥경화증과 같은 심혈관계질환의 원인이 되기도 한다.

콜레스테롤

성호르몬(에스트로겐, 테스토스테론, 프로게스테론 등), 부신피질호르몬(알도스테론, 글루코코르티코이드 등), 비타민 D의 전구체인 7-dehydrocholesterol, 담즙산의 전구체이다.

에이코사노이드(eicosanoid)

- 탄소수가 20개인 필수지방산(아라키돈산, EPA)이 산화되어 생체에서 합성되는 화합물로, 프로스타글란딘, 트롬복산, 프로스타사이클린, 류코트리엔 등이 있다.
- 리놀레산은 아라키돈산의 전구체이며, α-리놀렌산은 EPA의 전구체이다.

HMG-CoA 환원효소(HMG-CoA reductase)

콜레스테롤의 합성에서 속도조절 단계(rate-limiting step)에 작용하는 효소로, HMG-CoA를 메발론산(mevalonate)으로 전환하는 것을 촉진한다.

필수지방산

- 리놀레산($C_{18:2}$, ω-6) : 항피부병인자·성장인자, 식물성기름
- α-리놀렌산($C_{18:3}$, ω-3) : 성장인자, EPA와 DHA의 전구체, 들기름, 콩기름, 아마인유
- 아리키돈산($C_{20:4}$, ω-6) : 항피부병인자, 달걀, 간, 유제품

식사성 발열효과(Thermic Effect of Food, TEF)

- 식품섭취에 따른 영양소의 소화·흡수·이동·대사·저장 과정에서 발생하는 자율신경계 활동 증진 등에 따른 에너지소비량이다.
- 식사성 발열효과는 영양소 조성에 따라 달라지며, 지방 0~5%, 탄수화물 5~10%, 단백질 20~30%이다.
- 혼합식의 식사성 발열효과 값은 총에너지소비량의 10% 정도이다.

국가고시 출제키워드

칼시토닌

갑상샘에서 분비되며, 부갑상선호르몬과 비타민 D와는 반대기능을 하므로 혈중 칼슘농도가 정상 이상으로 높아졌을 경우에 자극을 받는다. 칼시토닌은 뼛속의 칼슘 용출을 막고, 신장에서 소변을 통해 칼슘의 배설을 증가시킴으로써 혈중 칼슘농도를 저하시킨다.

마그네슘

녹색 엽채류, 견과류, 두류 및 곡류 식품에 풍부하게 함유되어 있으며, 그 외 유제품, 육류, 어패류, 난류 및 과일류에도 마그네슘이 일부 들어있기 때문에 다양한 식품군과 함께 식물성 식품을 충분히 섭취하면 마그네슘 결핍이 우려되지 않는다.

나트륨

세포외액에 존재하는 주요한 양이온으로, 세포내부와 외부의 삼투압을 조절하여 체액량 유지와 수분균형을 이루는 역할을 한다. 나트륨은 신경전도와 근육수축에 관여하며, 산-염기 균형을 이루는 데에 역할이 매우 크다. 따라서, 나트륨 조절이 잘 되지 않으면 체내 항상성에 문제가 생길 수 있다.

엽 산

호모시스테인이 메티오닌으로 전환되는 과정에서 메틸기를 제공하는 조효소 역할을 한다. 체내 엽산이 부족하면 혈장 호모시스테인이 상승하고, 혈장 호모시스테인의 상승은 심혈관계 질환과 뇌졸중의 위험요인이 된다.

리보플라빈

열에는 안정적이나 자외선에는 쉽게 파괴되며, 체내 에너지 대사 과정에서 산화-환원반응에 관여한다. 결핍 시 설염, 구순구각염, 피부염 등이 나타난다.

편식 교정법

- 또래친구와 어울려서 식사하기
- 조리법 개선하기
- 즐거운 식사분위기 조성하기
- 가족의 편식 고치기
- 싫어하는 음식을 강제로 주지 않기
- 간식은 정해진 시간에 정해진 양만 주기

입덧 시의 식사관리

- 변비를 예방하고 소화되기 쉽고, 영양가 높은 식품으로 소량씩 자주 먹는다.
- 기호에 맞는 음식, 담백한 음식, 신 음식, 찬 음식 등을 공급한다.
- 공복 시 증상이 심해지므로 속이 비지 않도록 하고 적당한 운동이나 가벼운 산책을 한다.
- 식사 후 30분간 안정하고, 수분은 식사와 식사 사이에 섭취한다.
- 입덧 치료에는 비타민 B_1, 비타민 B_6 투여가 효과적이다.

노인기의 생리적 변화

- 쓴맛, 짠맛, 신맛, 단맛 등의 역치가 상승한다.
- 체지방 비율이 증가한다.
- 체수분 비율이 감소한다.
- 항상성 유지 기능이 저하한다.
- 골질량이 감소한다.

■ 영양교육, 식사요법 및 생리학

영양플러스사업

- 지원대상 : 만 6세 미만의 영유아, 임산부, 출산부, 수유부
  - 소득수준 : 가구 규모별 최저생계비의 200% 미만
  - 영양위험요인 : 빈혈, 저체중, 성장부진, 영양섭취불량 중 한 가지 이상 보유
- 지원내용
  - 영양교육 및 상담(월 1회, 개별상담과 집단교육 병행)
  - 보충식품패키지 6종 제공(가구소득이 최저생계비 대비 120~200%인 경우 10% 자부담)
  - 정기적 영양평가(3개월에 1회 실시)

영양교육 실시 과정

1. 진단 : 대상자의 문제 분석, 교육요구도 파악
2. 계획 : 구체적 학습목표 설정, 학습내용 선정, 시간·장소 고려, 교육방법 선정, 평가자료·매체 선정, 평가기준 설정 등
3. 실행 : 학습환경 고려, 융통성 있게 운영
4. 평가 : 과정평가, 효과평가

어린이급식관리지원센터

- 지역센터는 센터 규모에 따라 2~5개 팀으로 적절히 구성하여 운영할 수 있다.
  - 센터장(비상근), 기획운영팀, 위생팀, 영양팀과 운영위원회 등
- 시·도 또는 시·군·구에 설치된 지역센터는 관내의 어린이 급식소(어린이집, 유치원, 기타시설 등)를 대상으로 체계적으로 위생·안전 및 영양관리 업무를 수행하여야 한다.
- 어린이 급식소의 위생·안전 및 영양관리를 위한 현장 순회방문지도 및 안전한 급식관리를 위한 급식소 컨설팅 등 지원 활동을 한다.

경련성 변비 환자의 식사요법

가능한 한 과도한 대장의 연동운동을 감소시켜야 하므로 이완성 변비와는 반대로 기계적 화학적 자극이 적은 식품을 섭취 해야 한다. 흰밥, 연한 육류, 달걀, 생선 등을 제공하고, 현미, 탄산음료, 생야채, 해조류 등은 피해야 한다.

크론병 환자의 식사요법

크론병이란 입에서부터 항문까지 소화기관 전체에 걸쳐 발생할 수 있는 만성 염증성 장질환으로, 소화기관에 생긴 염증과 조직 파괴를 늦추고 증상을 완화시키는 것을 목적으로 식사요법을 진행한다. 급성기 동안에는 고단백식, 저잔사식, 저지방 식을 제공한다.

울혈성 심부전 환자의 식사요법

과량의 식사는 호흡곤란을 유발하므로 매끼의 식사량을 감소시키고 식사횟수를 늘리도록 하며, 양질의 단백질을 공급하여 영양의 균형을 유지한다. 부종이 생기기 쉬우므로 부종을 줄이기 위해 나트륨 섭취를 제한하며, 부종이 있는 경우 1일 소변량 에 따라 수분 섭취를 제한한다.

국가고시 출제키워드

급성 사구체신염 환자의 식사요법

- 열량 : 당질 위주로 충분히 공급한다(35~40kcal/kg 건체중).
- 단백질 : 초기에는 0.5g/kg으로 제한하고, 신장기능이 회복됨에 따라 증가시킨다.
- 나트륨 : 부종과 고혈압 여부에 따라 제한한다.
- 수분 : 일반적으로는 제한하지 않으나 부종·핍뇨 시 전일 소변량 + 500mL로 제한한다.
- 칼륨 : 신부전, 인공투석, 결뇨 시 칼륨 제거율이 손상되어 고칼륨혈증이 생기므로 칼륨이 높은 식품은 피한다.

위암 수술 후 식사 진행

수술 직후에는 물을 조금씩 씹듯이 삼키며, 적응도에 따라 점차 물의 양을 증가시키고 맑은유동식 → 일반유동식(전유동식) → 연식 → 진밥으로 식사를 단계적으로 진행시킨다.

대사증후군의 진단기준 항목

허리둘레, 혈압, 공복혈당, 중성지방, HDL-콜레스테롤

BMI(체질량지수)

- 체중(kg)/신장(m)^{2}을 이용하여 성인 비만 판정에 이용된다.
- 18.5 미만(저체중), 18.5~22.9(정상), 23~24.9(과체중), 25~29.9(1단계 비만), 30~34.9(2단계 비만), 35 이상(3단계 비만)
- BMI가 정상 이상이면 만성질환의 발생 위험이 높다.

초저열량 식이(Very Low Calorie Diet, VLCD)

- 1일 400~800kcal의 열량을 섭취하여 단기간에 많은 체중감소가 목적이다.
- 초기 급격한 체중감소 효과 있으나 장기적 저열량식에 비해 체중감소 효과가 떨어진다.
- 케톤증의 발생 및 신체에 무리가 온다.
- 비타민과 미네랄(특히 칼륨과 마그네슘)을 반드시 포함해야 한다.

당뇨병 환자의 1일 에너지양

- 육체활동이 거의 없는 경우 : 표준체중 × 25~30kcal
- 보통 활동인 경우 : 표준체중 × 30~35kcal
- 심한 육체활동인 경우 : 표준체중 × 35~40kcal

화상 후 생리적 변화

- 이화호르몬(코르티솔, 글루카곤, 에피네프린, 노르에피네프린) 분비 증가
- 당신생 증가, 기초대사량 증가, 체지방 합성 감소, 수분과 전해질 배설 증가, 요 질소 배설 증가

■ 식품학 및 조리원리

유지의 자동산화 반응
- 초기 반응 : 유리기(free radical) 생성
- 연쇄 반응 : 과산화물(hydroperoxide) 생성, 연쇄 반응 지속적
- 종결 반응
  - 중합 반응 : 고분자중합체 형성
  - 분해 반응 : 카르보닐 화합물(알데하이드, 케톤, 알코올 등) 생성

유도단백질
- 제1차 유도단백질(변성단백질) : 응고단백질, 젤라틴, 파라카세인, 프로티안, 메타프로테인
- 제2차 유도단백질(분해단백질) : 프로테오스, 펩톤, 펩타이드

마이야르(Maillard) 반응의 메커니즘
- 초기단계 : 당과 아미노산이 축합반응에 의해 질소배당체 형성, 아마도리 전위 반응
- 중간단계 : 아마도리 전위에서 형성된 생산물이 산화, 탈수, 탈아미노반응 등에 의해 분해되어 오존, HMF(hydroxy tmethyl furfural) 등을 생성하는 반응
- 최종단계 : 알돌 축합반응, 스트렉커 분해반응, 멜라노이딘 색소 형성

세균의 증식곡선
- 유도기 : 균이 환경에 적응하는 시기
- 대수기 : 균이 기하급수적으로 증가하는 시기
- 정지기 : 세포수는 최대, 생균수는 일정한 시기
- 쇠퇴기(사멸기) : 생균수 감소, 세포의 사멸 시기

신선한 어류 감별법
- 아가미 : 색이 선명하고 선홍색이며 단단한 것
- 안구 : 투명하고 광채가 있으며 돌출되어 있는 것
- 생선의 표면 : 투명한 비늘이 단단히 붙어 있는 것
- 근육 : 손으로 눌러서 단단하며 탄력성이 있는 것
- 복부 : 탄력이 있고 팽팽하며 내장이 흘러나오지 않은 것
- 냄새 : 어류 특유의 냄새가 나며 비린내가 강한 것은 신선하지 못함
- 암모니아 및 아미노산, 트리메틸아민, pH의 변화, 휘발성 염기질소(5~10mg%) 등 측정

티오프로파날-S-옥시드
최루 성분으로 양파를 자를 때 눈물을 나게 하고, 휘발성이며 수용성이다.

글루코노-델타-락톤
산성 응고제로서, 물에 녹으면서 글루콘산으로 변화하는 과정에서 두유액을 응고시키게 되는 점을 이용해 연두부나 순두부 등 부드러운 두부를 만들 때 사용한다.

국가고시 출제키워드

■ 급식, 위생 및 관계법규

경영관리 기능
- 계획 : 기업의 목적 달성을 위한 준비활동이며 경영활동의 출발점
- 조직 : 기업의 목적을 효과적으로 달성하기 위해 사람과 직무를 결합하는 기능
- 지휘 : 업무 담당자가 책임감을 가지고 업무를 적극 수행하도록 지시, 감독하는 기능
- 조정 : 업무 중 일어나는 수직적·수평적 상호 간 이해관계, 의견 대립 등을 조정하는 기능
- 통제 : 활동이 계획대로 진행되는지 검토·대비 평가하여 차이가 있으면 처음 계획에 접근하도록 개선책을 마련하는 최종 단계의 관리 기능

스왓(SWOT) 분석
Strengths(강점), Weaknesses(약점), Opportunities(기회), Threats(위협)의 약자로, 조직이 처해 있는 환경을 분석하기 위한 기법이다. 장점과 기회를 규명하고 강조하고 약점과 위협이 되는 요소는 축소함으로써 유리한 전략계획을 수립할 수 있다.

매트릭스 조직
기존의 조직을 유지하면서 다른 프로젝트의 구성원이 되어 두 사람의 상사로부터 지휘를 받게 되는 조직이다.

메뉴엔지니어링(Menu engineering)
- Stars : 인기도와 수익성 모두 높은 품목(유지)
- Plowhorses : 인기도는 높지만 수익성이 낮은 품목(세트메뉴 개발, 1인 제공량 줄이기)
- Puzzles : 수익성은 높지만 인기도는 낮은 품목(가격인하, 품목명 변경, 메뉴 게시위치 변경)
- Dogs : 인기도와 수익성 모두 낮은 품목(메뉴 삭제)

음식물 쓰레기 감량방안
- 식단계획 : 기호도를 반영한 식단을 작성한다.
- 발주 : 정확한 식수 인원을 파악하고, 표준레시피를 활용한다.
- 구매 : 선도가 좋고 폐기율이 낮은 식재료를 구매한다.
- 검수 : 정확한 검수관리를 하고, 실온에 방치하는 시간을 최소화한다.
- 보관 : 선입선출을 하고, 보관방법을 정확히 하여 버리는 것을 최소화한다.
- 전처리 : 신선도와 위생을 고려해 전처리한다.
- 조리 : 대상자의 만족도를 높일 수 있는 조리법을 연구한다.
- 배식 : 정량배식보다는 자율배식이나 부분자율배식을 실행한다.
- 퇴식 : 퇴식구에서 '잔반 줄이기 운동'을 한다.

브레인스토밍
짧은 시간에 많은 아이디어를 얻거나 창의적인 아이디어가 필요할 때 사용하는 방법이다. 10명 이내의 구성원들이 문제를 해결하기 위해 떠오르는 아이디어를 자유롭게 제안하며 타인의 아이디어는 비판해서 안 된다.

피들러의 상황적합이론

- 집단의 작업수행 성과는 리더십 유형과 상황변수의 상호작용에 의해서 결정된다고 보는 형태이다.
- 효과적인 리더십 유형의 결정에 영향을 미치는 변수 : 과업구조, 직위권력, 리더와 종업원 관계
- 상황에 맞는 효과적인 리더십
  - 통제 여건이 아주 약하거나 강할 때 : 과업지향적 리더
  - 통제 여건이 중간 정도일 때 : 관계지향적 리더

물품 구매청구서

- 구매청구서, 요구서라고도 한다.
- 청구번호, 필요품목에 대한 간단한 설명, 필요량, 납품 희망날짜, 예산 회계번호, 공급업체 상호명과 주소, 주문날짜, 가격이 기재되기도 한다.
- 2부씩 작성하여 원본은 구매부서에 보내고, 사본은 구매를 요구한 부서에서 보관한다.

직무설계

- 직무 단순 : 작업절차를 단순화하여 전문화된 과업을 수행
- 직무 순환 : 다양한 직무를 순환하여 수행함
- 직무 교차 : 직무의 일부분을 다른 사람과 함께 수행함
- 직무 확대 : 과업의 수적 증가, 다양성 증가(양적 측면)
- 직무 충실 : 과업의 수적 증가와 함께 책임과 통제 범위를 수직적으로 늘려 직원에게 동기부여를 줄 수 있음(질적 측면)

노로바이러스(Norovirus)

겨울철에 주로 발생하며, 굴, 지하수 섭취가 원인이 된다. 10~100개의 적은 수로도 식중독이 발생할 수 있으며, 성인은 주로 설사를 하고 1~3일 후 자연치유된다.

리스테리아 식중독

- 원인균 : Listeria monocytogenes
  - 그람양성, 간균, 주모성 편모, 통성혐기성
  - 생육 최적온도 37℃, 냉장상태에서도 생육 가능
  - 10%의 염 농도에서도 생육 가능
- 원인식품 : 치즈, 아이스크림, 핫도그, 식육 및 그 가공품
- 잠복기 및 증상 : 2일~3주, 발열, 구토, 뇌수막염, 패혈증, 유산
- 예방 : 충분한 가열, 2차오염 방지

세균성 식중독

- 감염형 식중독 : 살모넬라 식중독(Salmonella typhimurium, Sal.enteritidis), 장염비브리오 식중독(Vibrio parahaemolyticus), 병원성 대장균 식중독(Escherichia coli), 캠필로박터 식중독(Campylobacter jejuni), 여시니아 식중독(Yersinia enterocolitica), 리스테리아 식중독(Listeria monocytogenes)
- 독소형 식중독 : 보툴리누스 식중독(Clostridium botulinum), 황색포도상구균 식중독(Staphylococcus aureus), 바실러스 세레우스 식중독(Bacillus cereus)

황색포도상구균 식중독

- 원인균 : Staphylococcus aureus
  - 그람양성, 무포자, 통성혐기성, 내염성, 비운동성
  - 장독소(enterotoxin) 생성(내열성이 강해 120℃에서 30분간 처리해도 파괴가 안 됨)
- 원인식품 : 유가공품, 김밥, 도시락, 식육제품 등
- 잠복기 및 증상 : 1~6시간(평균 3시간으로 세균성 식중독 중 가장 짧음), 구토, 복통, 설사, 발열이 거의 없음
- 예방 : 화농성 질환자의 식품취급 금지, 저온보관, 청결유지

Morganella morganii

고등어, 꽁치 등의 붉은살 생선에 작용하여 일으키는 알레르기성 식중독균으로, 히스티딘 탈탄산효소에 의하여 생성되는 히스타민이 생체 내에서 작용하여 발생한다.

조개류독

- 베네루핀(venerupin) : 모시조개·바지락·굴, 열에 안정한 간독소
- 삭시톡신(saxitoxin) : 대합조개·섭조개·홍합, 열에 안정한 마비성 패독소

HACCP 7원칙

- 위해요소 분석(원칙 1)
- 중요관리점(CCP) 결정(원칙 2)
- CCP 한계기준 설정(원칙 3)
- CCP 모니터링체계 확립(원칙 4)
- 개선조치방법 수립(원칙 5)
- 검증절차 및 방법 수립(원칙 6)
- 문서화, 기록유지방법 설정(원칙 7)

식품위생 교육시간(식품위생법 시행규칙 제52조)

- 집단급식소를 설치·운영하는 자 : 3시간
- 집단급식소를 설치·운영하려는 자 : 6시간

국민건강증진법의 목적(국민건강증진법 제1조)

이 법은 국민에게 건강에 대한 가치와 책임의식을 함양하도록 건강에 관한 바른 지식을 보급하고 스스로 건강생활을 실천할 수 있는 여건을 조성함으로써 국민의 건강을 증진함을 목적으로 한다.

영양사의 6개월 이내 면허정지 사유(국민영양관리법 제21조)

- 영양사가 그 업무를 행함에 있어서 식중독이나 그 밖에 위생과 관련한 중대한 사고 발생에 직무상의 책임이 있는 경우
- 면허를 타인에게 대여하여 이를 사용하게 한 경우

1권 영양학, 생화학, 영양교육, 식사요법, 생리학

빨리보는 간단한 키워드

이 책의 목차

2권 식품학 및 조리원리, 급식관리, 식품위생, 식품·영양관계법규

빨리보는
간단한
키워드

빨리보는 간단한 키워드

시험공부 시 교과서나 노트필기, 참고서 등에 흩어져 있는 정보를 하나로 압축해 공부하는 것이 효과적이므로, 열 권의 참고서가 부럽지 않은 나만의 핵심키워드 노트를 만드는 것은 합격으로 가는 지름길입니다. 빨 · 간 · 키만은 꼭 점검하고 시험에 응하세요!

01 영양학

■ **당질의 대사**

• **당질의 대사 = 포도당 대사** : 간에서 포도당으로 전환
• **포도당 대사의 궁극적인 목적**
  - ATP 생성
  - 모든 세포에 에너지 제공

■ **당질의 흡수**

• **흡수가 주로 일어나는 부위** : 작은창자의 중간 부위인 공장(jejunum)
• **흡수방법**
  - 촉진확산 : 과당
  - 능동수송 : 포도당, 갈락토스
• **흡수속도** : 갈락토스(galactose) > 포도당(glucose) > 과당(fructose) > 만노스(mannose) > 자일로스(xylose) > 아라비노스(arabinose)

■ **대사의 조절**

• **혈당을 높이는 호르몬**
  - 에피네프린(epinephrine) : 부신수질
  - 노르에피네프린(norepinephrine) : 부신수질
  - 글루카곤(glucagon) : 췌장, 랑게르한스섬의 α세포
  - 글루코코르티코이드(glucocorticoid)
• **혈당을 낮추는 호르몬**
  - 인슐린(insulin) : 췌장, 랑게르한스섬의 β세포

■ 포도당 분해과정

- **해당과정**
  - 세포질(cytoplasm) 내에서 일어남
  - 산소 유·무에 상관없이 일어남
  - 포도당이 피루브산(pyruvic acid)으로 산화되는 과정
- **해당과정 후 호기적 경로**
  - 미토콘드리아(mitochondria) 내에서 일어남
  - 구연산 회로(citric acid cycle), TCA 회로, 크레브스 회로(krebs cycle)라고 지칭
  - 산소가 있을 때에만 일어남
- **글리코겐의 합성 및 분해**
  - 합성 및 저장장소 : 간 100g, 근육 250g 정도 저장(성인의 경우)
  - 근육 내 저장량 : 운동을 많이 할수록 저장량 증가

■ 당뇨병의 유형

분 류	제1형 당뇨병	제2형 당뇨병
형 태	Type I	Type II
발병 시기	소아기(평균 12세)	성인기(40세 이후)
발병 원인	인슐린 생성 부족, 면역반응 저하	인슐린 저항성 증가, 고인슐린혈증, 비만, 유전
증 상	다식, 다뇨, 다갈, 체중 감소	다갈, 피로감, 혈관계·신경계 합병증
인슐린	매우 낮음	정상 또는 높거나 낮음
케톤증	가 능	가능성 낮음
치료법	인슐린 치료	식이, 약물, 운동요법

■ 유당불내증

- **원인** : 유당분해효소인 락타아제(lactase) 분비량 부족
- **증상** : 복통, 설사, 복부경련, 배에 가스나 공기가 꽉 찬 느낌
- **식이요법**
  - 다량의 유당섭취 절제, 소량(1회 12g 정도, 우유 1컵 정도)씩 섭취
  - 식사를 하면서 우유를 섭취
  - 요구르트나 산처리 우유 등 미리 발효시킨 우유제품 공급
  - 우유를 따뜻하게 데워먹기
  - 락타아제(lactase)가 첨가된 우유 섭취
  - 우유나 유제품을 모두 받아들이지 못하는 사람의 경우에는 대체 식품으로 영양소 공급

■ 필수지방산

- 사람의 체내에서 합성이 불가능한 ω-6, ω-3 지방산을 지칭하며 식품으로 섭취
- **종류** : 리놀레산(ω-6), α-리놀렌산(ω-3), 아라키돈산(ω-6)
- 기 능
  - 면역과정과 시각기능에 관계
  - 세포막 형성을 도움
  - 호르몬 유사물질 생성을 돕는 작용
- 총열량의 1~2%는 리놀레산으로부터 섭취
- **급원식품** : 생선(참치, 연어, 정어리, 꽁치, 고등어 등), 식물성 기름(들기름, 콩기름)

■ 지방의 운반

- **운반 형태** : 지단백(lipoprotein) 형태로 운반
- **지단백(lipoprotein)**
  - 지방-단백질 운반 복합체
  - 각 세포로 지방의 운반대사가 이루어지게 함
- **지단백의 종류**
  - 킬로미크론(chylomicron) : 단백질 2%
  - VLDL(Very Low Density Lipoprotein) : 단백질 9%(초저밀도 지단백질)
  - LDL(Low Density Lipoprotein) : 단백질 21%(저밀도 지단백질)
  - HDL(High Density Lipoprotein) : 단백질 50%(고밀도 지단백질)
- **지단백의 종류별 주요 기능**
  - 킬로미크론(chylomicron) : 식이를 통해 섭취한 중성지방과 약간의 콜레스테롤을 소화기관 점막세포로부터 신체 세포로 운반, 소장에서 합성
  - VLDL(Very Low Density Lipoprotein) : 간에서 합성된 중성지방을 신체세포(특히 지방조직세포)로 운반
  - LDL(Low Density Lipoprotein) : 콜레스테롤을 신체 말초세포로 운반, VLDL로부터 생성, 운반하는 지방의 대부분(40%)이 콜레스테롤
  - HDL(High Density Lipoprotein) : 신체세포에서 생성되어 콜레스테롤을 말초 조직세포로부터 간으로 운반, 담즙을 형성하여 배설되게 함

■ 중성지방의 저장

- **저장 장소** : 지방조직(adipose tissue – 피하, 체내 주요 기관 주위에 존재)
- 중성지방은 지방조직과 간 사이를 자유롭게 왕래하고 일정한 상태를 유지
- **정상인** : 중성지방이 간 무게의 20% 이상 축적되지 않음
- 흰색 지방세포와 갈색 지방세포로 나뉨
- **갈색 지방세포**
  - 열을 발생시켜 체온을 유지
  - 미토콘드리아가 많음
  - 혈액 공급을 풍부하게 함
  - 작은 지방구가 흩어져 있음
- **지방대사가 주로 일어나는 장소** : 간
- 정상적으로 지방의 대사가 이루어지지 않고 간에 축적되면 지방간 생성
- **지방간 발생 위험도가 높은 경우** : 당뇨병환자, 오랫동안 굶었을 때, 저탄수화물과 고지방 식사를 할 때

■ 지방산의 산패(rancidity)

- 지방산의 이중결합이 공기 중의 산소 혹은 자외선에 의해 산화되거나 깨져서 불포화지방산의 구조가 변형된 것
- **산패된 지방**
  - 질병 유발
  - 산패된 지방의 냄새와 맛은 가공식품의 저장기간을 단축시키는 요인
- **항산화제(antioxidant)**
  - 지방의 산패를 줄이기 위해 항산화제 첨가
  - 비타민 E, BHA, BHT 등
  - 지방산의 이중결합이 산화되거나 분해되는 것을 방지

■ 단백질의 상호보충 효과

- 여러 종류의 단백질을 동시에 섭취할 때 한 식품단백질의 불완전한 점을 다른 식품단백질이 보충해주어 체내 단백가를 높일 수 있는 현상
- **방 법**
  - 불완전단백질＋완전단백질 : 단백질 합성에 필요한 필수아미노산을 충분히 섭취하게 됨
    - 예 곡류 단백질＋육류 단백질
  - 서로 다른 필수아미노산 조성을 가진 두 개의 단백질을 함께 섭취
    - 예 곡류 단백질＋두류 단백질

■ 단백질의 소화 효소

분비장소	효 소	기 질	최종산물
위	펩 신	단백질	펩 톤
췌 장	• 트립신 • 키모트립신 • 카르복시펩티다아제	• 단백질 • 단백질 • 폴리펩타이드	• 작은 폴리펩타이드 • 작은 폴리펩타이드 • 아미노산, 다이펩타이드
소 장	• 아미노펩티다아제 • 다이펩티다아제	• 폴리펩타이드 • 다이펩타이드	• 아미노산, 다이펩타이드 • 아미노산

■ 식품의 열량가
- 폭발열량계(bomb calorimeter) 이용
- 직접적 에너지 측정방법
- **총에너지(gross energy)** : 폭발열량계에서 측정한 총열량을 말함
  - 탄수화물 : 4.15kcal/g
  - 단백질 : 5.65kcal/g
  - 지방 : 9.45kcal/g
  - 알코올 : 7.1kcal/g

■ 소화 가능한 에너지
- 식품의 체내 소화, 흡수 및 이용은 100% 일어나지 않기 때문에 신체 내 식품의 연소율은 폭발열량계에서의 연소율보다 떨어짐
- **소화 가능한 에너지** : 총에너지에서 소화율을 감안하여 대변으로 나가게 되는 에너지 손실량을 뺀 것
- **열량영양소의 평균 소화흡수율** : 탄수화물 98%, 단백질 92%, 지방 95%

■ 생리적 열량가
- 소화가능 에너지에서 소변으로 나가는 열량손실(체내 불완전 연소분)을 뺀 것
- 대사가능 에너지=생리적 열량가=애트워터 계수(atwater factor)=애트워터 · 브리안트 계수
- **생리적 열량가 산출방법**
  - 탄수화물 : $4.15 \times 0.98 = 4.06 ≒ 4$kcal/g
  - 지방 : $9.45 \times 0.95 = 8.98 ≒ 9$kcal/g
  - 단백질 : $(5.65-1.25) \times 0.92 = 4.05 ≒ 4$kcal/g

■ 에너지 측정

• 직접법
- 직접 사람 몸에서 방출되는 열 측정
- 열이 완전히 절연된 방 속에서 활동 시 발생하는 열 측정
- 인체의 대사율을 비교적 정확하게 측정할 수 있는 방법
- 비용이 많이 들고 특수한 설비 필요

• 간접법
- 호흡기계로 일정한 기간 동안 산소의 흡입량(혹은 탄산가스 방출량)을 측정함으로써 에너지 대사량을 계산하는 방법
- 장점 : 기구가 간단하고 신속 · 정확하게 측정 가능
- 원리 : 신체 내 음식물 산화로 발생되는 에너지는 일정량의 산소를 소비하고 일정량의 탄산가스를 발생한다는 사실을 이용한 측정법

■ 휴식대사량(REE ; Resting Energy Expenditure)

- 정상적인 신체기능 유지, 체내 항상성 유지, 자율신경계 활동을 위한 최소 필요 에너지량
- 측정방법 : 식후 2~3시간 후 조용한 환경에서 편안한 자세에서 측정
- 일 에너지 소비량의 60~75% 차지
- 기초대사량과 차이가 없으므로 거의 동의어로 사용
- 휴식대사량(약 10~20% 많음) > 기초대사량

■ 기초대사량(BEE ; Basal Energy Expenditure)

- 깨어 있기는 하나 아무런 근육활동이 없는 표준상태에서 생명현상을 유지하기 위한 최소한의 에너지 요구 상태

• 측정방법
- 표준화된 실험실 조건(실온 18~20℃) 유지
- 마지막 식사 후 12~14시간 경과(아침식사 전 공복상태)
- 눈을 뜨고 조용히 침대에 누운 상태
- 정신적, 육체적 긴장이 최소인 상태(측정 전 최소 12시간 동안 심한 근육운동을 피할 것)

■ 기초대사량에 영향을 주는 요인

• 체표면적
- 체표면적이 넓을수록 에너지소모량이 커짐
- 체격이 크고 근육조직이 많은 사람 > 체격이 작고 지방조직이 많은 사람 > 뚱뚱하고 키가 작은 사람

- **성 별**
  - 남성(5~10%) > 여성
- **임신, 수유, 월경**
  - 임신, 수유기에는 평상시보다 기초대사량이 증가
  - 월경기와 월경 직전에 기초대사량이 증가, 월경 시작 후 기초대사량이 감소
- **연 령**
  - 생후 1~2년에 기초대사율이 가장 높음(성장을 위한 추가에너지 필요)
  - 사춘기에 잠시 기초대사율이 상승하다 점차 감소
  - 성인기 이후 근육량이 점차 감소하고 지방조직이 증가하면서 기초대사량 감소
- **기 후**
  - 겨울 > 여름
  - 추운 환경에서는 체온조절작용으로 근육긴장이 증가하면서 대사율 증가
- **호르몬**
  - 대사량 조절의 주요 요인
  - 갑상샘호르몬, 성장호르몬, 남성호르몬, 아드레날린

■ 신체활동대사량(활동에너지 소비량)(PAEE ; Physical Activity Energy Expenditure)

- 신체활동에 의한 에너지소비량으로 개인 간에 차이가 있고, 동일인에서도 하루하루 차이가 나타나기도 함
- 운동에 의한 활동대사량(EAT)과 운동 이외의 활동대사량(NEAT)으로 나눌 수 있는데 운동 이외의 활동대사량(NEAT)은 운동보다 더 많은 에너지를 소비하므로 하루 총에너지소비량(TEE)의 20~30%를 차지함

■ 식이성 에너지 소모량

- 과거 식품의 특이동적 작용이라 지칭
- 식품 섭취 후 휴식대사량 이상으로 소비되는 열량
- 식품의 소화, 흡수, 운반, 대사에 소모되는 에너지
- **열량소별 대사율 상승효과**
  - 단백질 : 20~30%
  - 탄수화물 : 5~10%
  - 지방 : 0~5%
- 혼합된 균형식사 시 총에너지소비량의 10%

■ 적응대사량(AT ; Adaptive Thermogenesis)

- 변화하는 환경에 적응하기 위해 증가된 분량의 대사량
  - 스트레스, 온도, 심리상태, 영양상태 등의 변화에 따라 자율신경계의 활동 증가
  - 호르몬 농도 등이 변화함에 따라 증가될 수 있는 에너지 부분
- 적응대사량이 어느 정도인지 확실하지 않음

■ 비만판정방법 − 신체지수 판정방법

- **표준체중(Broca 지수)** : 중등 신장에만 적합하다는 단점이 있음
  - [신장(cm) − 100] × 0.9
- **신체질량지수(BMI)**
  - 체중(kg)/신장(m)^2
  - 비만판정에 가장 많이 사용되는 방법
  - 국제보건기구(WHO) 기준에 따른 판정 : 정상 20~25, 과체중 25~30, 비만 30 이상
  - 대한비만학회 기준치 : 저체중 18.5 미만, 정상 18.5~22.9, 비만 전 단계 23~24.9, 1단계 비만 25~29.9, 2단계 비만 30~34.9, 3단계 비만 35 이상

■ 비만판정방법 − 체지방 측정방법

- **수중체중 측정법** : 가장 정확하나 장비가 많이 필요
- **피부두께 측정법** : 가장 간단한 방법으로 캘리퍼를 이용하여 피하지방 두겹두께 측정
- **전기저항 측정법** : 약한 전류를 사람에게 통하게 하여 체지방량 측정, 측정기계 필요

■ 체지방 분포와 WHR(Waist Hip Ratio)

- **체지방 분포 형태** : 건강의 위험정도 평가에 중요
- **체지방 분포** : 허리/엉덩이 둘레 비율(WHR)로 알 수 있음
- 체지방 분포에 따라 상체비만과 하체비만으로 나눔

■ 칼슘의 체내 분포

- **칼슘은 전 체중의 1.5~2%**
  - 체중이 60kg인 성인의 칼슘 함량은 900~1,200g임
  - 이 중 99%는 치아와 뼈에 존재하고 1%는 혈액 등의 세포외액에 존재
- **칼슘의 항상성**
  - 혈청 내 정상적인 칼슘 수준 : 9~11mg/dL
  - 비타민 D$_3$(칼시트리올), 부갑상샘 호르몬(PTH ; parathyroid hormone), 칼시토닌(calcitonin)에 의해 조절

■ 칼슘의 흡수

- **특 징**
  - 개인차가 큼
  - 요구량이 가장 큰 성장기에 최대의 흡수
  - 모유영양아 : 섭취한 칼슘의 50~70% 흡수
  - 성인 : 섭취한 칼슘의 10~30% 흡수
- **흡수 부위** : 작은창자의 상부인 십이지장(능동수송)과 공장(수동적 확산)
- **흡수 방법** : 십이지장에서 칼슘 결합 단백운반체(CaBP ; calcium binding protein) 합성
  - 단백질과 결합되어 점막세포로 이동
  - 혈 류

■ 칼슘 흡수를 증가시키는 요인

- **신체의 요구**
  - 성장기, 임신기, 수유기 : 칼슘의 요구량과 흡수율이 높아짐
  - 폐경기 이후의 여자 : 칼슘 흡수 능력이 떨어짐
- **혈장 내 칼슘 이온의 농도** : 칼슘의 농도가 떨어지면 칼슘의 흡수는 더욱 잘 이루어짐
- **유당의 섭취량**
  - 유당은 유산균의 작용으로 젖산을 생성
  - 장내의 pH가 떨어지면 칼슘의 흡수는 높아짐
- **단백질의 섭취량**
  - 단백질 섭취량이 증가하면 칼슘의 흡수율도 높아짐
  - 라이신과 같은 아미노산은 칼슘의 흡수율을 높임
  - 고단백식이 시 요중 칼슘배설량이 증가함
- **장내 산도** : 장내 산도가 높아지면 칼슘의 용해도가 높아지며 칼슘의 흡수도 높아짐
- **비타민 D**
  - 십이지장에서 칼슘 결합 단백운반체(CaBP) 합성
  - 칼슘을 점막세포와 혈류로 반송
  - 골격조직으로 칼슘과 인의 축적량이 증가
- **비타민 C** : 비타민 C를 충분히 섭취할 경우 칼슘의 흡수 증가
- **식사 내 칼슘과 인의 비율**
  - 칼슘과 인의 섭취가 거의 동량일 때 흡수 최대
  - 식사 내 칼슘과 인의 적정 비율은 1 : 1
  - 칼슘과 인의 비율이 불균형일 때 두 무기질 모두 흡수를 방해받음

■ 칼슘 흡수를 감소시키는 요인

• **비타민 D 결핍증** : 비타민 D 결핍 시 칼슘의 흡수 감소
• **과량의 지방** : 지방 흡수 불량 시 장내 지방함량의 증가로 불용성 칼슘염을 형성, 대변으로 배설되어 칼슘의 흡수 감소
• **섬유소와 기타 결합 요인**
  – 식사 중 과량의 섬유소 섭취 : 칼슘과 결합하여 칼슘의 흡수 저해
  – 수산(oxalic acid) : 녹색 채소에 존재하는데 칼슘과 결합하여 불용성 수산칼슘을 형성하여 칼슘의 흡수를 떨어뜨림
  – 피트산(phytic acid) : 곡류 외피에 존재, 칼슘과 결합하여 불용성 피트산 칼슘을 형성하여 칼슘 흡수를 저해
• **장내 염기도** : 장내 염기도가 높을 경우 칼슘은 알칼리성 매체에서 불용성이므로 흡수 불량

■ 칼슘 결핍증

• **저칼슘혈증(hypocalcemia)**
  – 혈액 내 칼슘 농도가 저하되는 증세
  – 증상 : 경련, 근육수축(tetany), 신경불안증(nerve activation), 구루병
• **골연화증(osteomalacia)**
  – 원인 : 여러 차례 임신, 오랜 기간 수유, 비타민 D 결핍
  – 증세 : 골격 기질 내 무기질의 부족으로 뼈가 연화됨, 뼈의 크기는 정상적인 골격과 동일, 뼛속의 칼슘이 많이 빠져 나가 골밀도가 현저히 감소
• **골다공증(osteoporosis)**
  – 원인 : 나이가 들어가면서 초래되는 뼈의 손실
  – 여성 호르몬 에스트로겐 분비 저하와 관련
  – 여자의 골격량이 적으므로 남자보다 골다공증 발생 위험이 높음

■ 인(P)

• **흡수** : 공장에서 주로 유기인산의 형태로 섭취한 인의 70%는 체내로 흡수
  – 흡수촉진 인자 : 체내필요성, 비타민 D, 유당, 소장 내 pH 산성
  – 흡수방해 인자 : 칼슘, 철, 망간, 알루미늄 등의 무기질 다량 섭취
• **기능**
  – 완충작용, 혈액과 세포에서 인산으로 산과 염기의 평형조절
  – 신체 구성성분, DNA · RNA 등 핵산의 구성성분, 모든 세포막과 지단백질의 형성에 필요한 인지질을 구성하는 필수 요소
  – 비타민 및 효소의 활성화, 골격 구성(골격, 치아), 에너지대사(ATP) 등
• **과잉 섭취 시 칼슘의 흡수를 저해함**

■ 마그네슘(Mg)
- 골격과 치아의 구성요소
- 효소의 구성성분
- 신경흥분 억제, 근육 이완 작용
- 결핍 시 테타니(신경성 근육경련 증세로 알코올 중독자에게서 발견)

■ 나트륨(Na)
- 세포외액의 주된 양이온
- 수분평형 조절, 삼투압 조절
- 산 · 염기평형 조절
- 정상적인 근육의 자극반응조절
- 알도스테론에 의해 요세관에서의 재흡수 조절

■ 칼륨(K)
- 세포내액의 주된 양이온
- 수분평형 조절, 삼투압 조절
- 산 · 염기평형 조절
- 체내 나트륨 배출
- 신경근육의 흥분 조절과 근육 수축
- 글리코겐 형성 관여, 단백질 합성에 관여

■ 염소(Cl)
- 위액의 형성
- 수분평형 조절, 삼투압 조절
- 산 · 염기평형 조절

■ 황(S)
- 글루타티온의 구성성분
- 체내에서 산화환원 반응에 관여
- 해독작용
- 효소의 활성화
- 헤파린(항응고)의 구성성분
- 비타민 B_1, 인슐린의 구성성분

■ 철(Fe)

· 흡 수

   − 촉진 인자 : 헴철, 체내 필요량 증가, 비타민 C, 위산, 구연산, 젖산

   − 억제 인자 : 수산, 피트산, 식이섬유, 타닌, 다른 양이온(Ca, Mg, Cu)의 존재, 감염, 위액 분비 저하

· 기 능

   − 혈색소, 육색소의 구성

   − 산소의 운반과 저장

   − 에너지 대사 : 전자전달계의 효소인 시토크롬은 헴을 함유함

   − 신경전달물질의 합성 : 도파민, 에피네프린 등의 신경전달물질의 합성에 필요한 수산화효소는 철을 유함

■ 아연(Zn)

· 효소의 구성성분

· 핵산 합성

· 생체막의 구조와 기능 유지

· 인슐린 합성에 관여(당질대사)

· 상처회복, 면역기능에 관여

■ 구리(Cu)

· 슈퍼옥사이드 디스뮤타아제(SOD)의 구성성분으로 세포의 산화적 손상 방지

· 시토크롬 C 산화효소의 구성성분으로 에너지 방출에 관여

· 콜라겐의 합성

· 면역기능

■ 요오드(I)

· 갑상샘호르몬의 구성성분

· 기초대사의 조절

· 결핍 시 갑상샘종, 점액수종, 크레틴병, 갑상샘기능저하증

· 과잉 시 바세도우씨병, 갑상샘기능항진증

■ 셀레늄(Se)

- 글루타티온 과산화효소의 성분
- 항산화 작용, 비타민 E 절약작용
- 자유라디칼에 의한 세포 손상 억제
- 면역기능

■ 코발트(Co)

- 비타민 B_{12}의 구성성분
- 결핍 시 악성빈혈

■ 불소(F)

- 충치의 예방
- 골격과 치아 기능의 유지

■ 크롬(Cr)

- 당내성 인자의 성분으로 당질대사에 관여함
- 인슐린이 세포막에 결합하는 작용을 도와 세포막을 통한 포도당 이동을 촉진함

■ 비타민 A

- 로돕신 생성, 상피조직의 형성과 유지, 항암제, 정상적 성장유지, 면역반응 증강
- 결핍 시 안구건조증, 야맹증, 상피조직의 각질화, 뼈와 치아발달 손상

■ 비타민 D

- 칼슘과 인의 흡수·촉진
- 결핍 시 구루병, 골연화증, 근육경련(테타니)

■ 비타민 E

- 항산화 기능
- 결핍 시 용혈성 빈혈

■ 비타민 K

- 혈액응고, 뼈의 석회화
- 결핍 시 혈액응고 지연

■ 티아민(비타민 B_1)

- 조효소 TPP의 구성성분
- 탄수화물 대사에 관여
- 결핍 시 각기병, 베르니케-코르사코프 증후군

■ 리보플라빈(비타민 B_2)

- 조효소 FMN, FAD의 구성성분
- 탄수화물, 지방, 단백질로부터 에너지를 공급받는 물질대사에 관여
- 결핍 시 구순구각염, 설염, 피부염

■ 니아신(비타민 B_3)

- 조효소 NAD, NADP의 구성성분
- 생체 내 산화·환원 반응에 관여하며 탄수화물 대사, 지방산 대사, 스테로이드 합성 대사과정에 관여
- ATP 생성 과정에 중요한 역할
- 결핍 시 펠라그라

■ 피리독신(비타민 B_6)

- 조효소 PLP의 구성성분
- 비필수아미노산 합성, 신경전달물질의 합성, 포도당 신생, 적혈구 합성, 니아신 합성
- 결핍 시 피부염, 구각염, 설염, 근육경련, 소혈구성 빈혈

■ 엽산(비타민 M)

- 조효소 THF의 구성성분
- 아미노산과 핵산 합성에 필수, DNA 복제에 관여, 적혈구 생성
- 결핍 시 거대적아구성 빈혈

■ 비오틴(비타민 H)

- 카르복실화(carboxylation), 탈카르복실화(decarboxylation)를 촉매하는 효소들의 보조인자로서 역할을 수행
- 달걀흰자의 아비딘(avidin)이 비오틴과 강하게 결합하여 대사를 방해하여 결핍을 유발할 수 있음

■ 비타민 B_{12}
- 조효소 메틸코발아민의 구성성분
- 세포의 성장과 분열, 항동맥경화성 인자, 신경세포의 기능 유지
- 결핍 시 악성 빈혈

■ 비타민 C
- 항산화 작용, 콜라겐 합성, 철·칼슘 흡수 촉진, 카르니틴 합성, 신경전달물질 합성
- 결핍 시 괴혈병

■ 판토텐산
- 보조효소 A(coenzyme A, CoA)와 아실기 운반단백질(acyl carrier protein, ACP)의 구성성분
- 결핍 드묾

02 생애주기 영양학

■ 임신기간 동안 호르몬의 역할
- 프로게스테론(progesterone)
  - 태반·난소에서 분비
  - 위장운동 감소(평활근 이완) : 변비 유발
  - 지방 합성 촉진
  - 수정란의 착상을 도와줌
  - 자궁근육 이완 : 임신 유지
  - 신장으로의 Na 배설 증가
  - 엽산 대사 방해
- 에스트로겐(estrogen)
  - 자궁평활근 발육 촉진
  - 자궁 수축 : 분만 촉진
  - 엽산 대사 방해
  - 뼈의 Ca 방출 저해 : 골다공증 예방
  - 결합조직의 친수성 증가 : 부종 초래

■ 임신 시 혈액의 변화
- 총 적혈구 수 증가
- 혈장량(45%) · 혈액량(20~30%) 증가
- 콜레스테롤 · 총 철결합능력 증가
- **헤모글로빈치 감소** : 임신성 빈혈의 원인
- 헤마토크리트치 감소

■ 태반의 기능
- 임신 4개월경 완성
- 물질대사 작용
- 영양소와 산소(모체 → 태아)
- 배설물질 운반(태아 → 모체)
- **호르몬 합성 · 분비**
  - 에스트로겐, 프로게스테론, 융모성 성선자극 호르몬
  - 태반락토겐 : 인슐린 저항성 증가, 임신성 당뇨의 원인, 글리코겐 분해 촉진, 혈당 증가

■ 태반을 통한 영양소의 이동 기전
- **단순확산** : 물, 유리지방산, 포도당, 지용성 비타민, Na, Cl
- **촉진확산** : 일부 포도당
- **능동수송** : 수용성 비타민, Ca, K, Fe, 중성아미노산
- **음세포 운동** : 면역글로불린, 알부민

■ 임신 시 에너지원 이용
- **임신 초기** : 인슐린 민감성 증가, 글리코겐과 지방 합성 증가, 모체조직의 증가에 따른 체중 증가
- **임신 후기** : 인슐린 저항성 증가, 지방과 글리코겐 분해, 모체 내 포도당은 태아가 우선 사용, 지방산이나 케톤체를 에너지원으로 사용, 지방이 에너지원으로 사용

■ 임신부의 영양소별 필요량(초기/중기/말기)
- **에너지** : +0/+340/+450kcal
- **단백질** : +0/+15g(권장섭취량)/+30g(권장섭취량)
- **비타민 D** : +0μg
- **비타민 C · 철분** : +10mg
- **칼슘** : +0mg
- **엽산** : +220μg

■ **수유부의 영양소별 필요량**
- **에너지** : +340kcal
- **엽산** : +150μg
- **비타민 A** : +350μg(평균필요량)/+490μg(권장섭취량)
- **비타민 D** : +0μg
- **철분 · 칼슘** : +0mg

■ **영아기의 신체 성장**
- **신장** : 1년 − 1.5배, 4년 − 2배
- **체중** : 생후 3개월 − 2배, 생후 1년 − 3~3.5배
- **두위가 흉위와 같아지는 시기** : 1세(출생 시에는 두위 > 흉위)

■ **우유와 모유**
- **우유** : 단백질(모유보다 3배 많음), 칼슘, 카세인, 비타민 $B_1 \cdot B_2$, 포화지방산이 많음
- **모유** : 유당, 불포화지방산(리놀레산, DHA), 타우린, 비타민 A · C · E, 락트알부민이 많음

■ **초유와 성숙유**
- **초유** : 분만 후 5일 동안 나오는 모유
  - 분량이 적고 황색의 점성을 띠며 독특한 향기를 풍기고 연한 소금맛
  - 단백질, 면역성분, 무기질, β−카로틴 함량이 높음
  - 유당, 지방, 에너지 함량이 낮음
- **이행유** : 단백질 함량은 낮고, 유당과 지방량이 높고 색깔이 희어짐
- **성숙유** : 단백질과 탄수화물 함량은 수유부의 식사 섭취에 영향을 받지 않으나 지질과 무기질, 비타민은 식사 섭취에 영향을 받음

■ **모유에 함유된 면역물질**
인터페론(interferon), 대식세포, 락토페린, 면역글로불린(IgA), 라이소자임, 비피더스 인자

■ **영아의 이유식**
- **시기** : 생후 4~6개월, 체중이 출생 시 2배(7kg)가 되는 시기, 완료는 생후 1년
- **이유시기가 너무 이른 경우** : 영아비만, 알레르기
- **이유시기가 너무 지연된 경우** : 편식, 빈혈, 신체적 · 정서적 발달 지연

■ 골다공증 발생 위험인자

• 갑상샘기능 항진증(체중 저하)
• 난소절제
• 운동 부족, 체중미달
• 칼슘 · 비타민 D 섭취 부족

■ 노인기의 특성

• **신장 기능 저하** : 사구체 여과율 · 신장 혈류량 · 소변의 농축 능력 감소
• **소화 기능 저하** : 타액 · 위액 · 소화액 분비 감소, 구강 점막의 위축
• **신경세포 기능 저하** : 효소 · 호르몬 분비 감소, 뇌세포 손실, 인지와 기억력 저하
• 콜레스테롤 · LDL · 인슐린 저항성 · 지방량 · 혈압 · 혈당 · 용혈성 증가
• HDL · 기초대사율(근육량) · 신체활동량 · 체내수분량 · 적혈구량 감소
• 포도당 내성 저하
• 맛에 대한 역치 증가

■ 격심한 운동 시 체내의 영양상태

• 혈중 알라닌 · 유리지방산 농도 증가
• 근육 내 젖산의 농도 증가
• 간과 근육의 글리코겐 감소
• 혈중 칼륨 농도 감소(저칼륨혈증 위험)

■ 글리코겐 부하법

• 경기 7일 전부터 3일 동안은 50% 당질 식사, 3일은 70% 당질 식사
• 경기 7일 전부터 2일 전까지 경기 시 사용할 부위의 근육을 격렬하게 심한 운동
• 저혈당 증세 지연
• 탈수 방지에 도움
• 운동수행 능력 향상
• 과다한 체중증가 초래
• 근육경직, 나른함

■ 운동 시 에너지원 사용순서

ATP → 크레아틴인산 → 글리코겐과 포도당 → 지방산

■ 오염지표세균

• 일반 대장균
- 비병원성, 분변오염의 지표미생물로 이용
- 그람음성, 무아포 간균, 주모성 편모, 통성혐기성균
- 생육에서의 검출률은 낮음
- 유당을 분해하여 산과 가스 생성

• 병원성 대장균
- 유아에게 감염성의 설사증, 성인에게 급성장염을 일으킴
- 일반대장균과 항원 · 혈청학적으로 구별
- 원인균 : Escherichia coli(E-coli)
- 열에 약하므로 섭취 시 가열하면 안전함

• 장구균(Enterococcus속) = Streptococcus
- 그람양성, 구균
- 분변오염의 지표 세균 → 냉동식품 · 건조식품 등의 오염지표균으로 이용
- 저온에서 저장성이 강함 예 냉동식품
- 건조식품에서 생존성이 큼
- 날고기에서 검출률이 낮고 절인 고기에서 검출률이 높음

■ 식품 및 가공식품의 주요 미생물

• 쌀 · 곡류 : Fusarium(재배과정), Aspergillus 및 Penicillium(저장과정), Rhizopus
• 빵 : Rhizopus, Mucor, Aspergillus
• 과채류 : Pseudomonas, Bacillus, Lactobacillus, Erwina, Penicillium(과즙)
• 어육류 : Pseudomonas, Achromobacter
• 우유 및 유제품 : Lactobacillus속 / 버터 : Penicillium속

■ 감염형 식중독

• 살모넬라 식중독
- 원인균 : Sal. typhimurium, Sal. enteritidis, Sal. derby, Sal. thompson
- 그람음성, 무포자 간균, 주모균, 통성혐기성
- 저항성이 강함
- 증상 : 38~40℃의 심한 고열, 설사, 복통, 구토
- 치사율이 낮음

- 원인식품 : 달걀, 닭고기, 돼지고기, 샐러드, 마요네즈
- 잠복기 : 식후 12~24시간
- 예방 : 4℃ 이하로 냉장보관, 60℃에 20분간 가열

• **장염비브리오 식중독**
- 원인균 : Vibrio parahaemolyticus(호염균) → 3~5%의 식염농도에서 잘 자람, 열에 약함
- 그람음성, 무포자 간균, 통성혐기성
- 원인식품 : 생선, 초밥, 어패류
- 증상 : 위장염, 상복부복통, 설사, 내열성 용혈독소, 37~38℃의 발열
- 잠복기 : 식후 10~18시간
- 예방 : 담수로 씻거나 가열 후 섭취

• **병원성 대장균 식중독**
- 원인균 : Escherichia coli
- 그람음성, 무포자 간균, 호기성 또는 통성혐기성
- 유당을 분해하여 산과 가스를 생성
- 장출혈성(O157 : H7), 장독소형, 장침입성, 장관흡착성, 장병원성

• **캠필로박터 식중독**
- 원인균 : Campylobacter jejuni
- 그람음성, 무포자, 나선형 간균, 미호기성, 편모
- 수백 정도의 소량 균수로도 식중독 유발
- 원인식품 : 식육, 닭고기, 생선회, 굴, 칠면조
- 증상 : 발열, 근육통, 구토, 설사

• **여시니아 식중독**
- 원인균 : Yersinia enterocolitica
- 그람음성, 통성혐기성, 간균, 주모성 편모
- 7% 이상의 소금농도에서 억제
- 원인식품 : 미살균 우유, 살균처리되지 않은 물로 만든 두부, 굴, 돼지고기

• **리스테리아 식중독**
- 원인균 : Listeria monocytogenes
- 그람양성, 간균, 주모성 편모, 통성혐기성
- 저온(5℃) 및 염분이 높은 조건, 냉장조건에서도 증식 가능
- 증상 : 발열, 구토, 뇌수막염, 패혈증, 유산

■ 독소형 식중독

• 포도상구균 식중독(식품 내 독소형)
  - 원인균 : Staphylococcus aureus → 장독소(enterotoxin) 생성
  - 그람양성, 무포자, 통성혐기성, 내염성
  - 내열성(열에 강함)
  - 잠복기 : 1~6시간(평균 3시간)으로 짧음
  - 증상 : 구토, 설사(수양성), 복통, 발열(37~38℃)
  - 원인식품 : 우유 및 유제품, 크림빵, 김밥
  - 예방 : 화농성 환자는 식품취급을 금함, 냉장보관 10℃ 이하

• 보툴리누스 식중독
  - 원인균 : Clostridium botulinum → 신경독소(neurotoxin) 생성, 체외독소(exotoxin)
  - 그람양성, 간균, 주모성 편모
  - 원인식품 : 통조림 식품, 병조림, 소시지
  - 치사율 : 30~80%로 세균성 식중독 중 가장 높음
  - 잠복기 : 12~36시간

• 바실러스 세레우스 식중독
  - 원인균 : Bacillus cereus
  - 그람양성, 간균, 주모성 편모, 포자 형성, 통성혐기성
  - 원인식품 : 설사형 − 육류, 수프류, 소시지, 푸딩 / 구토형 − 쌀밥 및 볶음밥

■ 웰치균 식중독

• 원인균 : Clostridium perfringens
• 그람양성, 간균, 포자 형성, 편성혐기성, 가스괴저균
• 장독소(enterotoxin) 생성
• 증상 : 설사와 복통
• 원인식품 : 단백질성 식품

■ 노로바이러스성 식중독

• 원인균 : 소형 구형 바이러스(SRSV), 노로바이러스(norovirus)
• 원인식품 : 집단급식, 굴 · 조개 · 생선 등을 익히지 않고 섭취
• 증상 : 소아는 구토, 성인은 설사가 흔함
• 잠복기 : 24~48시간

■ 알레르기성 식중독

• 원인균 : Morganella morganii, histidine → histamine 알레르기 발생
• 식품 100g당 70~100mg 이상의 히스타민 생성 시 식중독 발생
• 원인식품 : 꽁치, 고등어, 정어리 등 붉은살 생선
• 증상 : 전신홍조, 발진, 두통, 발열, 구토

■ 자연독 식중독

• 식물성 : 독버섯(무스카린, 팔린, 아마니타톡신, 콜린), 발아한 감자(솔라닌), 썩은 감자(셉신), 면실유(고시폴), 피마자(리신, 리시닌, 알레르겐), 청매(아미그달린), 대두·팥(사포닌). 독보리(테물린), 독미나리(시큐톡신), 고사리(프타킬로시드), 수수(듀린)
• 동물성 : 복어(테트로도톡신), 모시조개·바지락·굴(베네루핀), 대합조개·섭조개·홍합(삭시톡신), 육식성 고둥(테트라민), 수랑(수루가톡신), 열대어패류(시구아톡신)
• 곰팡이독 : 아스퍼질러스 플라버스(아플라톡신), 황변미(시트리닌—신장독, 시트레오비리딘—신경독, 이슬란디톡신—간장독, 루테오스카이린—간장독), 맥각(에르고톡신, 에르고타민), 붉은곰팡이(제랄레논—발정증후군)

■ 경구감염병

• 세균성 : 장티푸스, 파라티푸스, 콜레라, 세균성 이질, 디프테리아, 성홍열
• 바이러스성 : 폴리오, 유행성 간염, 감염성 설사

■ 경구감염병의 종류

• 장티푸스(Salmonella typhi)
  – 잠복기 : 2~12일(1~3주)
  – 비달 반응에 의해 진단
  – 증상 : 발열, 권태감, 비장의 비대
  – 매개물 : 균에 오염된 물, 음식물, 우유 및 유제품
• 파라티푸스(Salmonella paratyphi A, B, C)
  – 증상 : 열병, 위장염
  – 전파양식 : 환자나 보균자의 분변
• 콜레라(Vibrio cholerae)
  – 잠복기 : 수 시간~3일
  – 증상 : 쌀뜨물 같은 수양변, 청색증, 급속한 탈수, 체온하강
  – 전파방식 : 오염된 어패류, 분변에 오염된 식품섭취, 집파리(병원체)
  – 예방 : 검역, 어패류 생식 금지, 백신 예방접종

- 세균성 이질(Shigella dysenteriae)
  - 그람음성, 간균, 호기성, 운동성은 없음, 포자와 협막이 없음
  - 증상 : 발열, 점액성 혈변, 위경련
  - 잠복기 : 2~3일
- 폴리오(=소아마비, 급성회백수염)
  - 증상 : 발열, 두통, 설사, 중추신경계의 손상, 운동마비
  - 전파방식 : 비말감염, 경구감염
  - 장관계 virus
  - 예방 : 예방접종(생균백신, 사균백신), 우유살균, 변의 위생적 처리
- 유행성감염(A형간염)
  - A형간염 바이러스(Hepatitis A virus)에 의해 발병
  - 전파방식 : 소화기감염, 분변오염
  - 잠복기 : 평균 28일
  - 증상 : 발열, 식욕감퇴, 황달

■ 인수공통감염병
- 탄저(Anthrax)
  - 병원체 : Bacillus anthracis
  - 소, 돼지, 양, 산양 등에서 발병하는 질병
  - 목축업자, 도살업자, 피혁업자 등에게 피부상처를 통하여 감염
- 브루셀라증(Brucella, 파상열)
  - 병원체 : Brucella melitensis(양, 염소), Brucella abortus(소), Brucella suis(돼지)
  - 소, 돼지, 양, 염소 등에 감염성 유산을 일으키는 질환
  - 불규칙한 발열(파상열), 발한, 근육통, 불면, 관절통 등
- 결핵(Tuberchlosis)
  - 병원체 : Mycobacterium tuberculosis
  - 사람, 소, 조류 등에 감염되어 결핵
  - BCG 접종, 철저한 우유 살균
- 돈단독
  - 병원체 : Erysipelothrix rhusiopathiae
  - 사람의 감염은 주로 피부상처를 통해서 이루어짐
- 야토병
  - 병원체 : Francisella tularensis
  - 감염된 산토끼나 동물에 기생하는 진드기, 벼룩, 이 등에 의해 사람에게 감염

- 렙토스피라증(Leptospirosis = Weil병)
  - 병원체 : Leptospira species
  - 감염된 쥐의 오줌으로 오염된 물, 식품 등에 의해 경구적으로 감염
- Q 열
  - 병원체 : Coxiella burnetii
  - 리케치아성 질환
- 리스테리아증(Listeriosis)
  - 병원체 : Listeria monocytogenes
  - 뇌척수막염, 임산부의 자궁 내 패혈증, 태아 사망

■ 급성 독성시험
- 어떤 물질을 투여하여 단기간에 독성 여부를 결정 → 최소치사량, 반수치사량(LD_{50}), 치사농도를 결정
- LD_{50} : 실험동물의 50%가 사망(치사)하는 양으로 1 이하에서 독성이 극대화됨

■ 아급성 독성시험
실험 대상 동물 수명의 10분의 1 정도의 기간에 걸쳐 치사량 이하의 여러 용량으로 연속 경구투여하여 사망률 및 중독 증상을 관찰하는 시험방법

■ 만성 독성시험
- 장기간 투여할 경우 나타나는 독성영향 확인
- ADI(일일섭취허용량) : 사람이 일생 동안 섭취했을 때 신체에 영향이 없다고 판단되는 물질의 1일 섭취량
- ADI = 최대무작용량 × 1/100 × 평균 체중

■ 위해요인
- 내인성 요인 : 식품 자체에 함유되어 있는 유독
  - 예 자연독, 식이성 알레르기 물질
- 외인성 요인 : 식품 외부에서 원인이 식품에 오염되거나 첨가되는 경우
  - 예 미생물, 기생충, 식품첨가물, 세균, 경구감염병균
- 유기성 요인 : 식품의 제조 · 가공 · 저장 · 운반 등의 과정 중에 유해물질이 생성되거나 섭취 후 체내에서 생성되는 유해물질
  - 예 아크릴아마이드, 벤조피렌, 나이트로소아민

■ 소독제의 조건
- 표면장력이 낮아야 함
- 광범위한 살균효과를 발해야 함
- 침투력이 강할 것
- 식품에 사용 후 세척 가능할 것
- 용해성이 높을 것
- 최소한의 독성만을 인정

■ 물리적 소독
- **자외선 살균법**
  - 대상 : 물, 공기, 식기류의 소독, 무균실, 소독실, 도마, 조리기구
  - 살균력이 가장 강한 파장 : 2,400~2,800 Å
  - 모든 균종에 효과가 있음
  - 잔류효과가 없음
  - 균에 내성을 주지 않음
  - 침투력이 약해 표면살균만 가능
- **방사선 멸균법**
  - 일종의 저온살균법
  - 대상 : 감자, 양파, 마늘, 밤 등
  - 살균력이 강한 순서 : γ선 > β선 > α선
- **자비(열탕)소독법**
  - 약 100℃의 끓는 물 속에서 30분 이상 처리
  - 대상 : 식기류, 행주, 도마, 주사기, 의류, 도자기
  - 1~2% 중조($NaHCO_3$)를 물에 첨가하면 살균작용이 높아지고 금속 부식도 방지
- **고압증기멸균법**
  - 오토클레이브에서 121℃, 15Lb, 20분간 실시
  - 아포형성균의 멸균에 사용
  - 대상 : 초자기구, 거즈, 고무제품, 의류
- **간헐멸균법**
  - 1일 1회씩 100℃의 증기로 30분씩 3일간 실시
  - 코흐(koch) 증기 멸균기 사용
  - 포자까지 멸균

■ 화학적 소독

- **3~5% 석탄수(phenol)** : 객담, 배설물, 실내벽, 실험대, 기차, 선박
- **2.5~3.5% 과산화수소** : 상처 소독, 구내염, 인두염, 입안 세척
- **70~75% 알코올** : 건강한 피부(창상피부에는 사용하면 안 됨)
- **표백분** : 우물물, 수영장, 음료수 소독
- **0.01~0.1% 역성비누** : 손소독(중성비누와 혼합하여 사용하면 효과가 없음)
   ※ 사용순서 : 중성비누 → 역성비누
- **0.1% 승홍** : 손소독, 강한 살균력
- **생석회** : 화장실 소독
- **차아염소산나트륨** : 채소, 과일, 조리용 도마, 식기류 소독

■ 채소류 기생충

- **회충** : 경구감염, 채소류 깨끗이 세척
- **십이지장충(구충)** : 경구감염, 경피감염, 맨발로 흙과의 접촉 피함
- **요충** : 항문 주위 산란, 스카치테이프 검출법
- **편충** : 경구감염, 말채찍 모양

■ 어패류 기생충

- **간디스토마(간흡충)** : 제1중간숙주 → 왜우렁, 제2중간숙주 → 민물고기(붕어, 잉어 등)
- **폐디스토마(폐흡충)** : 제1중간숙주 → 다슬기, 제2중간숙주 → 게 · 가재
- **광절열두조충(긴촌충)** : 제1중간숙주 → 물벼룩, 제2중간숙주 → 민물고기(송어, 연어 등)
- **유극악구충** : 제1중간숙주 → 물벼룩, 제2중간숙주 → 민물고기(가물치, 메기 등), 최종숙주 → 개, 고양이
- **아니사키스(고래회충)** : 제1중간숙주 → 갑각류(크릴새우), 제2중간숙주 → 바다생선(고등어, 오징어 등), 최종숙주 → 해양 포유류(고래, 물개 등)

■ 육류 기생충

- **유구조충(갈고리촌충), 선모충** : 돼지고기
- **무구조충(민촌충)** : 소고기

■ 식품의 변질

- **발효** : 탄수화물이 산소가 없는 상태에서 분해하는 현상
- **변패** : 탄수화물, 지방 등이 미생물에 의해 변질되는 현상
- **갈변** : 식품이 효소나 비효소적인 영향으로 갈색으로 변하는 현상
- **산패** : 지방의 산화 현상

■ 식품의 가공 · 조리 · 저장 시 생성되는 유해물질

- **메탄올** : 과실주 및 정제가 불충분한 증류주에 미량 함유
- **니트로소 화합물** : 소시지, 햄의 발색제인 아질산염과 식품 중의 2급아민이 반응하여 생성
- **다환 방향족 탄화수소** : 태운 식품이나 훈제품에 함량이 높음(벤조피렌의 발암성이 문제)
- **헤테로고리아민류** : 볶은 콩류와 곡류, 구운 생선과 육류 등에서 다량 발견

■ 유해성 식품첨가물

- **유해성 착색료**
  - 아우라민 : 황색의 염기성 타르색소
  - 로다민 B : 분홍색의 염기성 타르색소
  - 파라니트로아닐린 : 황색의 지용성 색소
  - 실크스칼렛 : 적색의 수용성 타르색소
- **유해성 감미료**
  - 둘신 : 설탕의 약 250배 감미도, 혈액독, 간장 · 신장장애 유발
  - 시클라메이트 : 설탕의 40~50배 감미도, 방광암 유발
  - 에틸렌글리콜 : 엔진의 부동액
  - 파라니트로올소토루이딘 : 설탕의 약 200배 감미도, 살인당 · 원폭당
  - 페릴라르틴 : 설탕의 2,000배 감미도, 신장염

■ 식품첨가물의 종류

- **보존료(방부제)** : 부패나 변질을 방지
- **살균제** : 식품의 부패 미생물 및 감염병 등의 병원균을 사멸
- **산화방지제(항산화제)** : 유지의 산패 및 식품의 변색이나 퇴색을 방지
- **착색료** : 식품의 가공공정에서 퇴색되는 색을 복원
- **발색제(색소고정제)** : 그 자체에는 색이 없으나 식품 중의 색소단백질과 반응하여 식품 자체의 색을 고정시키고, 선명하게 또는 발색되게 함
- **호료(증점제)** : 식품의 점착성 증가, 유화 안정성 향상
- **이형제** : 빵의 제조과정에서 반죽을 분할기로부터 잘 분리시킴
- **유화제** : 분산된 액체가 재응집하지 않도록 안정화시킴
- **소포제** : 식품의 제조공정에서 생긴 거품을 소멸 또는 억제시킴

■ 아플라톡신

- Aspergillus flavus, Asp.parasiticus의 대사산물
- 곡류, 된장, 간장, 땅콩, 탄수화물이 풍부한 농산물
- **최적 조건** : pH 4(약산성), 수분 16% 이상, 습도 80% 이상, 온도 25~30℃
- **내열성** : 270~280℃ 이상 가열하지 않으면 분해되지 않음
- 간암 발생
- 강산, 강알칼리, 자외선, 방사선에 쉽게 분해

■ 방사선 핵종

- ^{90}Sr : 조혈기능 장애, 반감기 29년
- ^{137}Cs : 연골, 내장 장애, 반감기 30년
- ^{131}I : 갑상샘 장애, 생성률은 크지만 반감기는 짧음

■ 농 약

- 유기염소제
  - 잔류기간이 길고, 지방층이나 뇌신경에 축적되어 만성중독
  - DDT, BHC(HCH), aldrin, endrin
- 유기인제
  - 콜린에스테라아제의 작용 억제, 근육마비 등 신경독성, 잔류기간 짧음
  - malathion, parathion, EPN(과수원 해충방제)
- 카바메이트제
  - 아세틸콜린에스테라아제와 결합하여 아세틸콜린 과다 초래, 신경마비
  - aldicarb, propoxur, CPMC, BPMC
- 유기불소제
  - TCA cycle의 구연산이 아코니타아제로 되는 것을 저해
  - fratol, fussol, nissol, AFL-1082

■ 구매관리
- 정의 : 특정 물품을 구매할 수 있도록 계획·실시·통제하는 관리활동
- 기본조건
    - 최적 조건과 물품 선정
    - 구매량의 결정
    - 공급자의 선정
    - 협상 및 계약 체결
    - 필요한 시기에 필요량이 공급되도록 관리
    - 검수·저장·원가관리 등의 통제 관리

■ 구매와 조달
- 구 매
    - 일정한 대가 지불
    - 화폐를 통한 지불
    - 물자와 용역에 국한
    - 조달에 비해 좁은 개념
- 조 달
    - 무상 획득, 자급자족 형태
    - 화폐 이외에도 다양함
    - 물자용역, 자재, 자금, 검사를 포함
    - 구매에 비해 넓은 개념

■ 구매관리의 목적
필요한 적정한 품질과 적정한 수량의 물품을, 적정한 시기에 적정한 가격으로 적정한 공급원으로부터 구입하여 적정한 장소에 납품하도록 하는 것

■ 구매시장 조사의 원칙
- 비용 경제성의 원칙
- 조사 적시성의 원칙
- 조사 탄력성의 원칙
- 조사 계획성의 원칙
- 조사 정확성의 원칙

■ 도매기관
- 영리 목적으로 제품을 구매, 소매업자 및 조직구매자를 대상으로 판매활동
- 대리중간상 : 소유권을 가지고 있지 않음 → 거간, 대리상, 객주(위탁상), 판매대리점, 경매회사, 구매대리상

■ 식품 구매절차 순서
구입 필요성 확인 → 품목 및 필요량 결정 → 공급처 선정 → 재고량 조사 및 발주량 결정 → 발주 → 주문의 확인 → 물품 배달 및 검수 → 대금지불 및 입고 → 기록과 파일의 보관

■ 구매의 유형
- 분산구매(독립구매)
  - 가격 차가 심하지 않고 소량 품목을 구입할 때 적용
  - 장점 : 긴급상황에 적극적으로 대응, 구매과정이 간단하고 자주적 구매가 가능
  - 단점 : 경비가 많이 들고 구입단가의 상승(비경제적)
- 집중구매(중앙구매)
  - 조직 전체에서 공통적으로 사용하는 물품이나 고가품목에 적용
  - 장점 : 구매가격 인하 가능, 거래처 관리용이, 효과적인 재고관리, 전문성과 경쟁력 제고 가능
  - 단점 : 저장창고를 별도로 구비해야 하고 구매절차가 복잡, 능률 저하, 장시간 소요, 긴급품목 시 불리함
- 정기구매 : 지속적으로 사용되는 물품의 구입 시 정기적으로 구매
- 수시구매 : 구매요구서가 들어올 때마다 수시로 구매
- 당용구매 : 당장 필요한 물품을 즉시구매, 일시적인 수요품목, 비저장품목, 계절품목, 소량품목 구매에 적당
  - 장점 : 재고가 없으므로 보관비용이 절약, 초과구매 방지, 가격하락이 예상될 때 유리
  - 단점 : 조달비용 증가, 수량할인 혜택을 받지 못함, 소량구매 시 비쌈
- 장기계약구매 : 가격 변동폭이 적은 경우, 저렴한 가격으로 안정적으로 공급
- 공동구매 : 서로 다른 조직체들이 공동으로 구매하는 방식
- 창고클럽구매 : 구매자가 창고에 진열되어 있는 물품을 직접 구입
- 일괄위탁구매 : 물품의 양이 소량이면서 다종류인 경우 특정업자에게 위탁
- 리스(lease)
  - 상품사용권을 계약에 의해 일정기간 대여하는 방식으로 주로 고가품목에 적용
  - 장점 : 리스금액의 차액만큼 다른 곳에 투자, 최신제품을 사용하기 유리, 임대인이 담당하므로 관리비용이 절약

■ 경쟁입찰계약

- **일반경쟁계약** : 계약내용을 신문 · 게시판 등에 널리 공고하여 불특정 다수인으로 하여금 입찰하게 하여 미리 정한 예정가격의 범위 내에서 계약 체결
    - 계약절차 : 입찰공고 → 입찰등록 → 입찰 → 개찰 → 낙찰 → 계약체결
    - 장점 : 기회를 균등하게 부여하여 공평성을 확보, 의혹감 배제, 유의한 가격으로 구매, 새로운 거래처 발견
    - 단점 : 불성실한 거래처의 참여를 방지하지 못함, 긴급구매 시 소요시간을 맞추기 곤란, 수속이 복잡
- **지명경쟁계약** : 특정한 자격요건을 구비한 상대방을 미리 지정 · 지명한 후 경쟁 입찰하게 하여 가장 유리한 당사자를 선정 · 계약을 체결하는 방법
    - 장점 : 절차의 간편성, 비용절감, 명확한 책임 소재
    - 단점 : 경제성 확보 곤란, 업자의 담합 우려
- **제한경쟁계약** : 일정한 자격요건을 구비한 입찰자만이 참가하도록 제한, 특수한 품목 · 기술, 풍부한 경험과 실적을 요하는 경우에 적합

■ 수의계약

- 계약 내용을 이행할 수 있는 자격을 가진 특정인과 계약 체결
- **장점** : 절차가 간편하고 비용과 인원을 줄일 수 있음, 물가 상승의 우려가 적음, 신용이 확실한 거래처의 선정, 안정된 거래 가능
- **단점** : 불리한 가격으로 계약, 의혹을 사기 쉬움, 새로운 거래처 발굴 곤란

■ 구매요구서

- 구매요구서(=구매청구서, 구매요청서, 구매의뢰서)
- 구매부서에 송부
- **기재항목** : 청구번호, 단위, 가격, 품목에 관한 설명, 필요량, 규격, 공급날짜
- 물품구매 관리자에 의해 승인, 승인된 내용은 책임자의 허가 없이 변경이 불가능

■ 구매명세서(물품명세서, 시방서)

• 구매부서에서 작성하여 거래처에 발주서와 함께 송부

• 검수 시 구매명세서를 기준으로 물품을 검사

• 필요성
- 물품의 품질 · 특성 및 원가관리의 통제기준
- 신뢰성 유지를 위한 기초자료
- 경쟁입찰 시 거래처 선정을 위한 필수적인 기준
- 업무의 효율성 증진과 구매관련 교육 훈련도구로 활용

• 장 점
- 유리한 가격으로 구매 가능
- 물품의 정확한 품질검사 가능
- 납품업자는 품질관리를 철저하게 하게 됨 → 구매자의 시간과 비용 절약

• 단 점
- 구매물량이 적을 때는 번거롭고 비경제적
- 너무 구체적으로 지정하여 때로는 비싼 가격에 구매됨
- 새로운 상품에 대한 정보에 뒤쳐질 수 있음
- 생산업자의 기술적 제약으로 구매명세서가 오히려 부적당한 경우가 있음

■ 발주량의 산출방법

• 발주량 = 1인당 순사용량 / 가식부율(%) × 100 × 식수(명)

• 가식부율 = 100 − 폐기율(%)

■ 발주방법

구 분	정기발주	정량발주
방 법	일정기간 정기적으로 부정량을 발주	재고량이 발주점에 도달 시 정량발주
시 기	정기적(주기적)	부정기적(발주점 도달 시 발주)
발주량	부정량(최대 재고량 − 현재 재고)	경제적 발주량 형태를 지향
재고조사방법	정기적인 실사를 통한 조사	계속적인 실사
특 징	• 비싼 가격 • 조달이 어려워 기간이 걸림 • 재고 부담이 크나 수요예측이 가능	• 저렴한 가격 • 조달하기 쉬움 • 재고 부담이 적으나 수요예측이 어려움

■ 검수방법
- **전수검사법** : 모든 물품을 하나하나 모두 검수
  - 소량일 때, 고가품일 때, 선도를 요구하는 식품, 특이한 경우에 적용
  - 시간과 비용이 많이 소요됨
- **발췌검사법**
  - 대량으로 납품되는 물품 중에서 몇 개의 물품만 무작위로 선택
  - 박스 단위 품목, 검수 항목이 많은 경우, 불량품이 혼입되어도 무방한 경우, 파괴검사인 경우, 생산자의 의욕을 자극시키고 신뢰감을 높이고자 할 때 적용

■ 검수절차
구매물품의 납품 → 납품된 물품과 주문한 내용, 거래명세서(납품서)의 대조 및 품질검사 → 물품의 인수 및 반품처리 → 꼬리표(tag) 부착 → 창고입고 및 생산부서로 이동 → 검수기록 및 평가

■ 재고관리의 유형
- **영구재고시스템(재고계속기록법)**
  - 입고되는 물품의 수량과 출고되는 수량을 계속적으로 기록
  - 큰 급식업체의 건조 및 냉동저장창고의 물품 관리에 이용
  - 장점 : 적정 재고량을 유지하는 데 필요한 정보 제공·통제에 편리
  - 단점 : 경비가 많이 소요, 많은 노동력이 필요, 수작업 시 기록에 오차 발생
- **실사재고시스템**
  - 주기적으로 창고에 보관한 물품의 수량과 목록을 실제 조사함
  - 영구재고의 단점인 부정확성을 보완
  - 입·출고 기록상의 문제점 파악
  - 물품재고의 단위당 단가와 보유량을 계산하여 재고금액 평가
  - 재고조사에 많은 시간과 노력이 소요되고 부정확할 수 있음

■ 재고관리의 기법
- **중요도에 의한 ABC 관리기법**
  - A등급 : 고가치·고가품, 육류·생선류·어패류·주류, 10~20% 차지, 가능한 한 재고수준을 적게 유지하며 영구재고시스템으로 관리하고 정기발주시스템을 적용
  - B등급 : 중가치·중가품, 과일류 및 채소류, 20~40% 차지
  - C등급 : 저가치·저가품, 밀가루·설탕·세제·유제품, 40~60% 차지, 수개월 분을 대량으로 일괄구매하는 것이 유리
- **minimum—maximum 관리 기법** : 최소의 재고량을 유지하면서 재료량이 최소치에 이르면 적정량을 발주하여 최대 재고량을 확보하도록 관리

■ 재고회전율

• **높은 재고회전율**
  - 물품의 고갈 · 생산지연 초래
  - 영업 손실
  - 기업신뢰도 실추
  - 고객만족도 감소
• **낮은 재고회전율**
  - 재고 과다 보유
  - 자금 운용이 원활하지 않음
  - 재고의 유지비 낭비
  - 저장공간 요구
  - 물품의 부정유출 가능성 증가

■ 입찰공고 표시사항

• 품명 및 수량
• 참가자의 자격
• 납품장소 및 일시
• 입찰보증금

■ 농수산물의 유통상 문제점

• 생산공급의 불안정
• 계절 간 가격변동의 심화(농가의 영세성)
• 상품성 유지의 어려움
• 규격화 유지의 어려움

■ 저장공간의 효율적인 원칙

• **선입선출의 원칙** : 먼저 입고된 물품이 먼저 출고되어야 함
• **품질보존의 원칙** : 납품된 상태 그대로 품질의 변화 없이 보존해야 함
• **공간활용 극대화의 원칙** : 확보된 공간의 활용을 극대화함으로써 경제적 효과를 높여야 함
• **분류저장 체계화의 원칙** : 가나다(알파벳)순으로 진열하여 출고 시 시간과 노력이 줆
• **저장위치 표시의 원칙** : 저장해야 할 물품은 분류한 후 일정한 위치에 표시하여 저장

■ 구매절차에 따른 장표의 순서

구매요구서(구매청구서, 생산부서에서 구매부서로 청구) → 견적조회서(구매부서에서 거래처를 선정하기 위해) → 구매표(발주서) → 납품전표

■ 재고량을 두는 이유(재고관리의 목적)

- 물품 부족으로 인한 생산계획의 차질 방지
- 최소의 가격으로 좋은 질의 필요한 물품을 미리 구매하여 사용
- 물품의 수요 발생 시 신속하게 제공
- 제비용 최적화
- 생산부문에서의 요구량과 일치하는 수준에서 최소한의 투자가 유지되도록 함

■ 재고자산의 가치평가법

- **실제구매가법(개별법)** : 실제 구입하였던 단가로 계산하는 방법
- **선입선출법** : 먼저 구입한 것은 먼저 사용한다는 것으로 가장 최근의 구입단가를 기입하고 시간의 흐름에 따라 가격이 인상될 때, 재고액을 높게 책정하고 싶을 때 사용
- **후입선출법** : 나중에 구입한 식품을 먼저 사용, 재고가를 낮게 책정하여 세금의 혜택을 보는 방법
- **최종매입원가법** : 가장 최근의 단가를 이용하는 것으로 급식업체에서 가장 널리 사용하는 방법
- **총평균법** : 일정기간의 총구입액과 이월액을 그 기간의 재고량으로 나누어 평균단가를 계산
- **단순평가법** : 단순히 단가의 평균가격만을 가지고 산출
- **이동평균법** : 재료를 구입할 때마다 재고수량과 단가를 합계하여 평균단가 계산

■ 손익분기점

- 판매액과 총비용이 일치되는 시점
- 이익 또는 손실이 0이 되는 지점
- 총비용으로는 고정비(임대료, 세금, 고정임금)와 변동비(재료비, 직접노무비) 동시에 고려

■ 독립적인 구매부서 설치 시 장점

- 경제적인 구매가 됨
- 급식부서의 직원이 이외의 업무에 충실할 수 있음
- 경영진의 통제업무나 정책입안이 용이
- 품질이 좋은 신상품을 인정된 거래처로부터 구매할 수 있음

■ 식품구매 시 고려사항
- 식품의 규격과 품질
- 계절식품(제철식품)
- 폐기율이 적고 가식부율이 높은 것
- 구매시기, 구매량, 구매가격, 유통단계 및 구입장소, 위생

■ 구매일지에 기록하는 사항
구매자재의 기록, 계약내용, 납품업자 기록, 구매상품 발주내용, 재고

■ 급식운영에 필요한 비용이 높은 순서
식품재료비 > 노무비 > 경비

■ 전통적인 급식 시스템
- 음식의 조리(생산)와 배식(분배)이 한 장소에서 이루어지는 형태
- **장점** : 운반비용의 최소화, 품질 좋고 만족할 수 있는 식사, 적절한 온도에서 배식
- **단점** : 인건비 상승의 우려, 숙련된 인력 필요, peak 타임과 idle 타임 발생, 갑작스러운 식수 증가에 대응하기 곤란, 최대한의 인원이 필요

■ 중앙공급식
- 음식의 생산과 시설 등을 한 곳으로 중앙집중화하여 생산·분배하는 형태
- 중앙 조리시설 필요, 공동조리 제도
- 급식소에서는 재가열 또는 음식을 담아 서비스만 하는 생산체계
- **장 점**
  - 대량구매와 생산
  - 생산성 증대
  - 시설의 반복투자를 줄일 수 있음
  - 일정한 품질 유지
  - 소수의 인원으로 운영 가능
  - 인건비 감소 효과
- **단 점**
  - 보온과 냉장·냉동이 가능한 운반차량 필요
  - 장시간 운반 시 맛과 질 저하
  - 품질과 위생 안전성에 대한 위험요인 내포

■ 조리저장식 급식체계

- 생산과 소비가 시간적으로 분리되는 체계 예 기내식
- **저장법** : 냉장저장법, 냉동저장법, 진공포장법
- **장점** : 계획적인 생산·관리 가능, 응급 시에도 차질 없이 음식 제공, 식재료비의 절감 효과, 주 5일제 가능
- **단점** : 재가열로 인하여 음식의 품질 변화, 특수한 고가의 설비 필요

■ 조립식(편이식) 급식체계

- 가공·편이식품과 같이 완전 조리된 음식을 포장상태로 구입
- 급식소에서 주방의 역할을 배제한 형태
- **장 점**
  - 주방 및 시설·설비, 조리 인력이 거의 필요하지 않음
  - 고정비용과 최초 설비 투자비 절감
  - 노동시간의 최소화
  - 구매된 식재료의 조립에 따라 메뉴의 변형이 용이
- **단 점**
  - 배식할 수 있는 메뉴의 종류가 제한
  - 특수배식에는 사용될 수 없음
  - 식재료 구입비가 매우 높음
  - 냉장 및 냉동공간이 많이 필요
  - 음식의 맛과 품질에 대한 고객의 불만이 생길 수 있음

■ 고전적 관리이론

- **과학적 관리법**
  - 테일러(Taylor)에 의해 창안
  - 작업의 능률을 증진시키기 위하여 과학적인 방법을 과업관리에 적용
  - 태업을 막고 작업의 능률을 증진
  - 시간연구와 동작연구를 실시
  - 고임금·저노무비의 원칙
  - 차별적 성과급제 실시
  - 포드(Ford) : 컨베이어 벨트를 이용, 종업원 고임금·소비자 저가격으로 공급, 이동조리법
  - 길브레스 부부 : '서블릭(therblig)'이라는 18가지의 기호로 표현(인간의 동작 분석), 근로자의 생산성 증진과 근로자의 복리증진 연구에 기여함
  - 간트(Gantt) : 시간급제와 능률급제를 절충, 간트차트 창안, 과업상여제도

- **관리일반법**
  - 페이욜(Fayol) : 최초로 경영과 관리를 구별
  - 관리직능을 계획·조직·명령·조정·통제 등 5가지로 세분화
  - 상층 관리자의 입장에서 설정
  - 상황에 따른 신축성의 적용
- **관료적 관리법**
  - 막스 베버(Max Weber) : 전체 조직의 운영에 대한 합리적인 방법 제시
  - 비개인적 공식적인 의무
  - 명확하게 정의된 서열체계, 능력
  - 자유로운 계약관계
  - 임명제
  - 관료에게 주는 고정봉급

■ 행동과학적 이론

- **호손연구**
  - 인간의 사회적이고 심리적인 면을 강조
  - 메이요(Mayo)
  - 호손실험, 인간관계 중시
  - 비공식적 조직, 자생적 조직
- **인간관계운동**
  - XY이론(맥그리거)
    ⓐ X이론 : 인간은 날 때부터 일하기 싫어하며 지시받기를 좋아하고 책임을 회피하며 무엇보다도 안전을 우선시함
    ⓑ Y이론 : 외적인 강압이 없어도 목적을 달성하기 위하여 자기지시와 통제 실시
  - 미성숙·성숙이론
    ⓐ 7가지의 성격상 변화
    ⓑ 인간은 미성숙에서 성숙을 거쳐 독립단계로 나아가는 과정을 거침
    ⓒ 미성숙 : 수동성, 의존성, 제한된 행동, 얕은 관심, 단기적 관심, 하위 지위, 자아의식의 결여
    ⓓ 성숙 : 능동성, 독립성, 다양한 행동, 깊은 관심, 장기적 관심, 상위 및 대등 지위, 자아의식 및 통제

■ 시스템 이론

조직을 하나의 시스템으로 보고 그 조직의 내부와 외부 체계를 포함하여 전체적인 하나로 보며 이 조직들은 서로 상호관련을 맺고 있는 하부조직을 거느리고 있기 때문에 문제해결 시, 어느 한 부분에 국한시켜 생각하지 않음

- **폐쇄적 체계**
  - 시스템과 환경이 격리되어 있는 상태
  - 외부적인 영향은 무시되거나 매우 미미함
- **개방적 체계**
  - 시스템의 구성 조직들이 외부환경과 끊임없이 상호작용
  - 투입(자원, 에너지, 정보) → 변환과정 → 산출(재화, 서비스)

■ 상황이론

경영자는 상황에 따라서 적당한 리더십을 적절하게 행동으로 적용

■ 조직의 원칙

- **명령일원화의 원칙** : 하위자는 오로지 한 사람의 상위자에게 보고해야 함
- **전문화의 원칙** : 기능에 따라 업무를 분류하고 그것을 각 조직 단위인 직위에 할당함
- **관리범위의 원칙** : 관리할 수 있는 사람의 수에는 일정한 한계가 있음
- **권한위임의 원칙** : 하위자에게 업무수행을 위한 충분한 권한 부여
- **기능화의 원칙**
  - 조직은 각 기관을 업무와 기능으로 분할하고 각 업무에 조직원을 할당함
  - 조직도 : 구성원들의 업무를 분장하고 그것을 구조화한 것

■ 조직의 형태

- **line 조직(직계 조직)**
  - 명령일원화의 원칙 적용
  - 조직의 구조가 단순
  - 통솔력이 강하고 빠른 의사결정과 전달
  - 권한과 책임이 명확
  - 종업원의 훈련이 용이
  - 경영관리자의 독단적인 처사
  - 중간관리자들이 창의성을 발휘하기 어려움
  - 조직의 규모가 커질수록 효율성 감소

- line과 staff(직계참모 조직)
    - 전문화의 원칙＋명령 일원화의 원칙 적용
    - line과 staff를 구별한 조직형태
    - H. Emerson이 창안
- **기능별 조직**
    - 동일하거나 상호관련되어 있는 활동 및 기능을 담당하는 작업들을 묶은 조직
    - 전문화된 자원을 효율적으로 사용하기 위한 목적
    - 감독의 전문화, 감독이 쉬움
    - 책임의 전가가 생기고 파벌주의가 될 우려가 있음
- **직능식 조직**
    - 테일러(Taylor)가 고안한 조직
    - 전문화의 원칙이 중심원칙임
    - 명령이 통일되지 않음
    - 부문마다 관리자를 두어 전문적으로 지휘ㆍ감독하는 방법
    - 조직 내 갈등이 일어날 우려가 큼
    - 각 종업원에게 정확한 과업을 할당함
- **매트릭스 조직**
    - 이원적인 조직체(명령일원화의 원칙＋가로 구조인 기능적인 면을 사용)
    - 각 부를 세분화하여 라인으로 분화시킨 후 각 기능에 목적별 조직을 담당하는 관리자를 둠
- **버블 조직(bubble organization)**
    - 임시적ㆍ일시적 조직
    - 프로젝트 조직
    - 특별한 목적을 이루기 위한 조직
- **집권적 조직**
    - 정책ㆍ계획ㆍ관리가 통일
    - 고객에게 표준화된 제품과 서비스 제공
    - 조직의 규모가 확대되면 한계에 부딪히게 됨
    - 창의성 발휘가 어려움
    - 의사소통 및 지시가 느림
- **분권적 조직**
    - 하부관리자의 자주성ㆍ창의성 증가
    - 업무가 중복되어 낭비 발생
    - 총괄경영자의 부담 경감
    - 신속한 의사소통
    - 유능한 경영자 양성
    - 사기가 높아지고 책임감도 강해짐

- **공식조직**
  - 직무와 권한이 배분된 인위적 조직
  - 조직의 목표달성을 위해 구성된 조직
  - 능률의 논리에 따라 구성된 조직
- **비공식조직**
  - 자연발생적, 우연히 형성
  - 구성원에게 귀속감, 안정감, 만족감을 줌
  - 감정의 논리에 의해 운영
  - 인간관계 중심
  - 호손 실험을 통해 입증

■ line과 staff의 기능 비교
- line은 주로 집행적 기능 수행, staff는 정보수집, 조사, 계획의 기능
- line은 결정권과 명령권이 있고, staff는 결정권과 명령권이 없음
- line은 경영목적 달성에 직접 기여하고, staff는 간접적으로 기여
- staff는 line에게 권고, 조언의 서비스를 제공하고, line은 이것을 참작할 의무와 거부할 자유가 있음

■ 위탁급식의 문제점
- 급식품질 통제의 어려움
- 투자자본 회수 압박에 따른 급식품질 저하
- 전문성이 부족한 위탁급식업체와의 계약 위험
- 계약기간이 짧을 경우 안정적인 급식운영이 어려움

■ 위탁급식의 기대효과
- 인건비절감
- 급식서비스 개선
- 자본금의 부족 해결
- 급식업무관리의 부담 감소
- 노사문제로부터 해방
- 교육훈련 프로그램 체계화

■ 장표의 기능(장표 : 식단표, 식품사용일계표)

• 장부(books)
  – 서적의 형식으로 일정한 장소에 비치
  – 고정성 · 집합성
  – 현재 어떠한 상태인지를 표시
  – 기록을 계속적 · 반복적으로 기입
  – 대상의 통제

• 전표(slips)
  – 이동성 · 분리성
  – 경영의사 전달
  – 전표 한 장에 한 가지 사항만 기록
  – 대상의 상징화

■ HACCP

• 식품안전관리기준이라 하고, 식품의 원료 · 제조 · 가공 · 조리 · 보존 · 유통의 모든 과정에서 위해한 물질이 식품에 혼입되거나 식품이 오염되는 것을 방지하기 위하여 각 과정을 중점적으로 관리하는 기준

• 위해요소(hazard) : 인체의 건강을 해할 우려가 있는 생물학적 · 화학적 또는 물리적 인자나 조건

• HACCP의 7원칙
  – 위해분석(hazard analysis) : 어떤 위해를 미리 예측하여 그 위해요인을 사전에 파악하는 것
  – 중요관리점(CCP) : HACCP를 적용하여 위해요소를 예방 · 제거하거나 허용수준 이하로 감소시켜 당해 식품의 안전성을 확보할 수 있는 중요한 단계 · 과정 또는 공정
  – 한계기준(critical limit) : 허용범위 이내로 충분히 이루어지고 있는지 여부를 판단할 수 있는 기준
  – 모니터링(monitoring) : 한계기준을 적절히 관리하고 있는지 여부를 확인하기 위해 관찰 · 측정
  – 개선조치(corrective action) : 모니터링 결과 한계기준을 이탈할 경우 취하는 일련의 조치
  – 검증(verification) : 해당 업소에서 HACCP의 계획이 적절한지 여부를 정기적으로 평가
  – 문서화 및 기록 유지 : HACCP의 제반원칙 및 모든 단계에 적용되는 방법 또는 결과에 관한 문서를 빠짐없이 정리 · 기록하여 보관, 리콜과 밀접한 관련

■ 개방시스템(open system)의 특징

역동적인 안전성, 합목적성(이인동과성), 상호의존성, 공유영역, 위계질서, 경계의 침투성, 공동의 목표달성

■ 급식서비스 모형에서 투입되는 자원

- **인적자원** : 기술 · 지식 · 노동력
- **물적자원** : 기기 · 재료
- **운영자원** : 시간 · 자본 · 정보

■ 민츠버그의 경영자 역할

- **대인간 역할** : 연결자, 대표자, 지도자(리더)
- **정보 역할** : 정보전달자, 정보탐색자, 대변인
- **의사결정 역할** : 기업가, 협상자, 분쟁중재자, 자원분배자

■ 카츠의 경영자에게 필요한 기술

- **전문적 기술** : 실무적인 기술로, 일선관리자에게 필요(하위관리자)
- **대인적 기술** : 업무를 지휘 · 통솔하는 능력(중간관리자)
- **개념적 기술** : 조직을 전체로 보고 각 부문 간의 상호관계를 통찰하는 능력(최고경영진)

■ 원가계산의 목적

- 재무제표(대차대조표, 손익계산서)를 작성하기 위해
- 제품 판매가격을 결정하기 위해
- 예산 편성의 기초자료로 활용하기 위해
- 원가절감 방안을 모색하기 위해

■ 대차대조표

- 자산 = 부채 + 자본
- 일정 시점에서의 기업의 재무상태를 나타냄
- **자산** : 과거의 거래 혹은 경제적인 사건의 결과, 기업이 갖게 될 미래의 경제적 효익
- **부채** : 현재 기업 실체가 부담하고 미래에 자원의 유출 또는 사용이 예상되는 의무
- **자본** : 기업자금이 기업에 들어온 원천
- 자산 항목은 유동성이 큰 순으로 기입
- 부채 항목은 상환기간이 빠른 순으로 기입

■ 손익계산서

- 일정기간의 수익과 비용을 정리하여 경영성과를 나타냄
- 회기 동안의 영업실적에 대한 비교자료의 기초
- 매출원가, 판매비, 일반관리비는 비용에 속함
- 이익 = 수익 − 비용

■ 매슬로우(Maslow)의 욕구계층이론

생리적 욕구(의 · 식 · 주 등의 기본 욕구) → 안전욕구(생명, 안전성, 생명 · 생활보장의 욕구) → 사회적 욕구(소속, 애정, 사회적 집단, 친화욕구) → 존경욕구(인정이나 존경을 받고 싶어하는 욕구, 자존심) → 자아실현의 욕구(자아완성, 성장의 욕구)

■ 허즈버그(Herzberg)의 2요인 이론

- 동기부여 요인
  - 만족을 느끼는 요인, 잠재능력 발휘
  - 성취감, 인정, 승진, 직무 자체, 신뢰, 목표달성, 의사결정 참여
- 위생요인
  - 불만을 일으키는 요인, 회피
  - 작업조건, 지나친 감독, 부하, 대인 관계, 미비한 복지시설, 회사정책, 급여

■ 식품창고의 조건

- **벽면** : 직사광선을 피하기 위하여 창고 내 벽면은 불투명한 페인트칠을 함
- **온도** : 내부온도는 21℃를 넘어서는 안 됨
- **환기** : 자연환기보다 기계환기가 효율적
- **선반** : 창고 내 선반은 벽에서 약간 떨어져야 함 → 수량파악 및 환기에 좋음
- 설탕이나 밀가루 등과 같이 습기를 잘 흡수하는 식품은 선반의 높은 곳에 보관

■ 급식시설의 세부 기준

- **조리장** : 교차오염이 발생되지 않도록 일반작업구역과 청결작업구역으로 분리
  - 일반작업구역 : 검수구역, 전처리구역, 식재료저장구역, 세정구역, 식품절단구역(가열 · 소독 전)
  - 청결작업구역 : 조리구역, 정량 및 배선구역, 식기보관구역, 식품절단구역(가열 · 소독 후)
- **바닥** : 내구성, 내수성이 있는 재질로 하되 미끄럽지 않아야 하고, 바닥의 기울기는 1/100이 적당함
- **조명** : 조리실은 220룩스, 검수구역은 540룩스 이상
- **냉장고 · 냉동고** : 충분한 용량(공기순환을 위해 냉장고 용량은 70% 정도)과 온도(냉장고 5℃ 이하, 냉동고 −18℃ 이하)를 유지. 날음식은 냉장고의 하단에, 채소, 조리음식, 가공식품 등은 상단에 보관
- **식품보관실** : 식품보관실 · 소모품보관실을 별도로 설치하되 부득이하게 별도로 설치하지 못할 경우에는 공간구획 등으로 구분
- **휴게실** : 외출복장과 위생복장을 구분하여 보관할 수 있는 옷장을 두어야 함

■ 배수장치
- **수조형** : 관 트랩, 드럼 트랩, 그리스 트랩(지방이나 기름이 많이 발생하는 곳), 실형 트랩
- **곡선형** : S 트랩, P 트랩, U 트랩

■ 시설의 규격
- **조리작업대의 높이** : 82~90cm
- **식당의 위치** : 지상 1층
- **식당통로의 넓이** : 1~1.5m
- **식탁의 높이** : 70cm
- **식당의 면적** : 급식자 1인당 $1m^2$ 이상(급식자 1인에게 필요한 면적 × 총 급식자)
- **주방의 면적**
  - 공장 또는 사업장 : 식당 면적 × 1/3
  - 사무실, 복지시설 : 식당 면적 × 1/2
  - 기숙사 : 식당 면적 × 1/5~1/3
  - 학교 급식 : 아동 수에 따른 기준 적용
- **배수구의 물매** : 1/100
- **조리실의 조도** : 220Lux 이상

■ 직무분석의 목적
- 직무기술서나 직무명세서 작성(직무평가에 이용)
- 직무급을 설정하기 위한 기초자료
- 교육훈련의 기초자료
- 합리적인 채용관리
- 공정한 인사고과 평가와 보상
  ※ 직무분석 방법 : 면접법, 관찰법, 질문지법, 중요사건 서술법, 작업일지법, 경험법, 종합법

■ 직무평가
- 직무가 가지고 있는 중요도, 책임도, 곤란도, 난이도, 복잡도 등을 비교 평가
- **목적** : 공정한 임금 결정, 동종 타 기업체와 비교 가능, 인적 자원의 합리화, 직계급 입안의 기초
- **평가방법**
  - 비계량적(종합적) 평가방법 : 서열법, 분류법
  - 계량적(분석적) 평가방법 : 점수법, 요소비교법

■ **인사고과**
- 직무수행과 관련하여 고과기간 동안 피고과자가 지닌 능력, 태도, 적성 등을 평가
- **목적** : 인사이동을 위한 기초자료, 적재적소 배치, 근로의욕 증진, 종업원 간의 능력비교와 잠재 능력 개발
- **방 법**
  - 상대고과법 : 서열법, 강제할당법
  - 절대고과법 : 평정척도법, 체크리스트, 중요사건 기록법, 목표관리법(상·하급자가 공동으로 평가)

05 식품학 및 조리원리

■ **영양손실**
- 끓이기 > 데치기 > 찌기 > 볶기 > 튀기기 순으로 영양손실이 큼
- 오래 가열할수록, 조리수가 많을수록, 표면적이 넓을수록, 잘게 썰수록 조리 시 수용성분 손실이 큼
- 무, 감자 등의 채소는 통째로 씻어 썲
- 당근, 호박은 아스코르비나제를 함유하여 오이, 무 등의 비타민 C를 파괴시킴
- 빵, 비스킷, 튀김(밀가루)을 만들 때 중조를 넣으면 비타민 B_1 · B_2가 손실

■ **조리의 목적**
- 영양소 손실을 줄임
- 소화율 · 맛 · 저장성 · 기호성을 향상시킴
- 유해물질과 불미성분을 제거

■ **조리 시 물의 기능**
- 열전도체의 역할을 함
- 조미료의 침투 · 전분의 호화를 도움
- 글루텐을 형성
- 건조식품을 복원
- 변색 · 산화를 방지
- 모양과 맛을 변화시킴
- 전분의 호화를 도움
- 식품 표면의 오염물을 제거

■ 마이크로웨이브(microwave) 오븐의 특징

- 조리시간이 짧음
- 재료의 종류, 크기에 따라 조리시간이 달라짐
- 식품의 중량을 감소시킴
- 갈변현상이 일어나지 않음
- 식품의 크기가 다를 경우 익는 정도가 다름
- **적합한 조리용기** : 내열강화유리, 내열플라스틱, 종이, 도자기, 사기, 나무
- **부적합한 조리용기** : 금속, 법랑, 칠기(빛이 반사되기 때문)

■ 조리 중 소금의 역할

- 단백질 분자의 열응고 예 생선, 달걀
- 수분 제거 예 채소절임
- 글루텐의 강도 증진
- 빙점 강화
- 녹색 유지 예 푸른 채소를 데칠 때
- 미생물 발육 억제
- 비타민 C 보유
- 갈변 방지
- 두부 조리 시 질감을 부드럽게 함

■ 열의 전달

- **전도** : 열이 직접 닿아 있는 물체(냄비)에 접촉되어 전달
  - 열전도율이 큰 재료 : 은, 구리, 금속, 알루미늄
  - 열전도율이 클수록 빨리 데워지지만 식는 속도도 빠름
- **대 류**
  - 열에 의해 공기나 액체가 위, 아래가 뒤바뀌며 열을 전달
  - 음식을 저어주는 것은 열이 균일하고 빠르게 전달되도록 기계적으로 대류현상을 일으키는 것
- **복사** : 열을 중간 매체 없이 식품에 직접 전달하는 것
  - 복사에너지의 좋은 전도체 : 파이렉스 유리
  - 숯불구이, 그릴구이, 토스터 오븐은 복사열과 대류열을 이용한 것

■ 조리 중 중조의 역할
- **연화** : 채소를 데칠 때, 팥을 삶을 때
- **녹색 유지** : 푸른 채소를 데칠 때
- **바삭함 유지** : 튀김 반죽(박력분) → 비타민 B_1 손실
- **황변** : 플라본계 색소(무색 → 갈색)

■ 육류의 사후변화 및 숙성
- **사후경직** : 근육이 단단하게 경직
  - 젖산 생성
  - pH 감소 : pH 5.5(약산성), ATP 감소
  - 크레아틴인산 분해
  - 보수성 감소
  - 액토미오신 생성 : 미오신+액틴 → 고기가 질겨짐
- **경직 해제**
- **숙 성**
  - 유리아미노산 → 맛과 풍미 향상
  - 보수성 증가
  - 콜라겐의 팽윤
  - 미오글로빈이 옥시미오글로빈으로 변함(선홍색)
  - ATP가 ADP → AMP → IMP → XMP으로 분해 : 감칠맛(지미성) 증가

■ 조리에 따른 소고기의 부위
- 결합조직이 많아 질긴 부위는 물에 넣어 오래 가열하고 연한 부위는 근육섬유가 많으므로 건열로 살짝 익힘
- **건열조리**
  - 구이, 볶음 : 등심, 안심
- **습열조리**
  - 장조림 : 홍두깨살, 우둔육, 사태육을 사용. 간장은 탈수에 의해 고기를 질기게 하므로 물만 붓고 끓이다가 익힌 고기를 넣음
  - 육수, 탕, 국 : 사태육, 족, 도가니, 양지, 꼬리를 사용. 찬물에서 중불로 장시간 끓임
  - 찜 : 사태육, 갈비를 사용
  - 편육 : 양지육, 사태육, 우설, 장정육, 족, 업진육을 사용
  - 육포 : 우둔살을 사용

■ 육류의 연화

- 결합조직이 많을수록 질김
- 마블링 형성이 잘 된 고기는 연함
- 근섬유가 굵고 길이가 클수록 질김
- 높은 온도로 장시간 가열하면 질겨짐
- 사태, 양지머리, 목(장정육), 꼬리 등 운동을 많이 한 부위가 질김
- pH 4 이하(약산성)에서 연해짐
- **연화를 돕는 효소** : 파파인(파파야), 브로멜린(파인애플), 액티니딘(키위), 피신(무화과)

■ 가금류의 조리

- **저장** : 내장을 빼내 속을 깨끗이 씻은 후 내장을 분리하여 냉동
- **해동** : 냉장실에서 하룻밤 동안 서서히 해동하거나 21℃ 이하의 깨끗한 물로도 해동 가능
- **전처리** : 조리 전 우유에 담그면 냄새 제거에 효과. 후추와 소금으로 밑간
- **조리** : 어린 조육은 주로 건열법, 질긴 조육은 습열법을 이용
- **조골의 변색** : 냉동되었던 조육을 조리하면 뼈나 뼈 주위 근육이 갈색으로 변함. 맛에는 영향이 없으나 해동하지 않고 바로 조리해야 변색을 감소시킬 수 있음

■ 어류의 사후강직과 숙성

- 어류는 사후경직이 풀리고 자가소화되면 근육단백질이 분해되면서 선도가 저하되고 부패함
- 사후경직 중에 먹는 것이 바람직함

■ 어취의 주성분 및 제거법

- **어취의 주성분**
  - 해수어 : TMA(트리메틸아민)
  - 담수어 : 피페리딘+아세트알데하이드
  - 홍어, 상어 : 암모니아
- 우유에 담그기
- 포도주, 청주 이용하기
- 물로 세척하기
- 향신료 사용하기 예 생강, 파, 마늘, 겨자, 고추냉이, 고추, 후추
- 된장, 고추장 사용하기

■ 신선도 저하 시 변화

- 아민류 함량 증가
- pH가 약알칼리성으로 변함
- 휘발성 물질 증가
- TMA, 인돌, 스카톨, 암모니아, 황화수소, 메틸메르캅탄 발생

■ 어류의 조리에 의한 변화

- 산에 의한 변화
  - 산미가 가해져 맛 향상
  - 비린내 감소
  - 단백질이 응고되어 단단해져 입안에서 씹는 느낌이 좋음
  - 뼈나 가시가 부드러워짐
- 가열에 의한 변화
  - 콜라겐이 젤라틴으로 변함
  - 단백질이 응고 · 수축되어 근육이 단단해지고 중량이 감소
  - 열응착성으로 석쇠, 프라이팬에 붙음(미오겐 때문)
  - 지방이 용출
  - 껍질이 수축. 이를 막기 위해 껍질에 칼집을 넣고 석쇠를 뜨겁게 달군 후 굽기
- 소금에 의한 변화
  - 소금의 농도가 2%를 넘으면 단백질 용출량이 급격히 증가하며 점도가 높아짐
  - 2~6% 소금 농도 : 액토미오신 형성 → 졸 → 젤 → 어묵 형성
  - 15% 이상 소금 농도 : 탈수 현상 예 자반 형성, 젓갈 제조

■ 곡류의 조리

- 물의 분량 : 쌀 부피의 1.2배, 무게의 1.5배
  - 햅쌀은 묵은쌀보다 물을 적게 첨가(물의 양 : 묵은쌀 > 햅쌀 > 찹쌀)
  - 햅쌀은 찹쌀보다 물을 더 많이 첨가
  - 채소밥을 지을 때는 흰밥보다 물을 적게 첨가(감자의 경우는 동일)
- 맛있는 밥
  - 쌀알이 통통하고 광택이 남
  - 수분이 65% 정도
  - 물은 pH 7~8 정도
  - 0.03%의 소금을 첨가
- 쌀의 α화 완료시간 : 98~100℃에서 20~30분

■ 전분의 특성

- **전분의 당화** : 전분 → 덱스트린 → 맥아당, 포도당으로 분해되며 단맛이 증가
  - 식혜 : β-아밀라아제(발효시간 : 60℃)에 의해 가수분해 → 맥아당
  - 엿(조청) : 전분을 완전 당화시킨 조청을 농축
  - 콘시럽
- **호화(α화)**
  - 특성 : 부피팽창, 점도 증가, 소화성 향상, 복굴절성 상실, 교질용액(콜로이드)화
  - α화 상태 보존식품 : 건조반, 냉동건조미, 밥풀튀김, 오브라이트, 쿠키
  - 방해 요인 : 산, 지방, 20% 이상의 설탕, 작은 전분입자(노화되기 쉬움)
- **호정화**
  - 전분을 160~170℃의 건열로 가열하여 파이로덱스트린을 형성
  - 용해성이 상승하고 점성이 저하되며 갈색화가 일어남 **예** 미숫가루, 팝콘, 토스트, 뻥튀기
- **노화(β화)**
  - 맛과 소화작용을 감소시킴
  - 노화촉진 요인 : pH 산성, 황산염, 0~5℃의 온도, 30~60%의 수분 함량
  - 노화억제 요인 : 보온 또는 냉동, 설탕이나 유화제 첨가, 수분 15% 이하

■ 전분입자

- **A-Type** : 쌀, 보리, 밀 → 입자가 가장 작음
- **B-Type** : 감자, 근경류 → 입자가 가장 큼
- **C-Type** : 고구마, 칡, 타피오카, 콩 → A와 B의 중간 크기

■ 밀가루 단백질

- **글리아딘(gliadin)** : 점성, 구형, 저분자량, 빵 부피에 관계, 프롤라민계
- **글루테닌(glutenin)** : 탄성, 선형, 고분자량, 반죽 형성 시간에 관계, 글루텔린계
- **글리아딘 + 글루테닌 = 글루텐**
  - 강력분 : 글루텐 13% 이상 **예** 식빵, 마카로니, 파스타, 스파게티
  - 중력분 : 글루텐 10~13% **예** 면, 국수, 라면
  - 박력분 : 글루텐 10% 이하 **예** 튀김, 케이크, 제과

■ 제빵 재료의 역할

- **지방** : 연화작용, 팽창작용 → 연화작용으로 글루텐의 표면을 코팅하므로 섬유가지를 치지 못하게 하며 파이의 층을 형성
- **달걀** : 팽창제, 글루텐의 형성을 보조. 유화시키고 맛·색을 향상시키며 다량을 투입할 경우 질겨짐
- **설탕** : 연화작용(글루텐 형성 억제)을 하고, 이스트 성장을 촉진. 바삭한 맛을 제공하나 팽창시키지는 않음
- **소금** : 이스트 발효를 조절하고 글루텐의 강도를 증진시킴. 국수가 건조해 갈라지는 것을 방지하나 다량을 투입할 경우 질겨짐
- **액체** : 물, 우유, 과일즙 등이 해당. 글루텐을 형성하고 전분의 호화를 일으킴. 팽창제, 베이킹파우더의 작용 유도제로 작용

■ 흡유량이 증가하는 요인

- 낮은 온도에서 오래 튀길 때
- 표면적이 크고 다공질이며 거칠 때
- 글루텐 함량이 적을 때
- 당이나 수분 함량이 많을 때
- 유화제가 함유되어 있을 때
- 발연점이 낮은 유지를 사용했을 때

■ 튀김옷을 바삭하게 만드는 방법

- 박력분을 사용
- 달걀을 약간 첨가
- 0.2%가량의 식소다를 첨가(비타민 B 손실)
- 설탕을 약간 첨가
- 물의 온도는 15℃로 너무 차거나 따뜻하게 하지 않음

■ 겔(gel)의 형성이 잘될 수 있는 조건

- **당의 농도** : 60~65%
- **펙틴의 농도** : 1.0~1.5%
- pH : 3.0~3.3
- 펙틴의 분자량이 클수록 잘 됨
- 메틸에스테르화 정도가 높을수록 잘 됨
- **펙틴 함량이 많은 과일** : 사과, 복숭아 등

■ 우유 응고 요인

- **산** : pH 4.6~4.7이 되면 카세인 응고
- **알코올** : 카세인 응고
- **레닌** : 40~42℃ 카세인 응고
- **염류** : 고온에서 카세인이나 알부민 응고
- **탄닌** : 카세인 응고
- **가열** : 유청단백질 응고

■ 신선한 달걀

- **난백계수** : 0.14~0.17(높을수록 신선)
- **난황계수** : 0.36~0.44(높을수록 신선)
- **비중** : 11% 식염수에 가라앉음
- **외관** : 껍질이 거칠거칠
- **투시검란법** : 기실이 적고 난백 부위가 밝으며, 난황은 중앙부에 위치하고 엷은 장미색

■ 난백의 기포성에 영향을 주는 요인

- **계절** : 봄, 가을 > 여름(산란기)
- **난백의 종류** : 수양난백 > 농후난백
- **온도** : 30℃ 전후
- **pH** : 산성
- **보존기간** : 오래된 난백
- **첨가물** : 우유, 지방, 설탕(방해 요인)
- 표면장력이 작고 점도가 낮아야 함

■ 두류의 구성성분

- **주단백질** : 글리시닌
- **독성물질** : 주로 생대두에 트립신저해물질과 같은 영양저해 인자가 들어 있으나 가열 시 파괴
- 헤마글루티닌, 사포닌(거품 · 용혈성분)

■ 마요네즈
- 수중유적형(O/W) 유화액
- 제조 시 분리
  - 기름 비율이 높을 때
  - 기름을 너무 빨리 넣는 경우
  - 교반법(섞는 법)이 부적당할 때
- 저장 중 분리
  - 얼리거나 고온 저장
  - 뚜껑 열고 건조 시
  - 운반 중에 지나친 진동 시
- 분리된 마요네즈 재생법 : 새로운 난황 첨가

■ 식품의 향미
- 식물성 식품
  - 알코올 및 알데하이드류 : 주류 · 계피 · 감자 · 오이 · 복숭아
  - 에스테르류 : 주로 과일향
  - 테르펜류 : 오렌지 · 레몬 · 녹차 · 찻잎 · 박하 · 미나리
  - 황화합물 : 마늘 · 양파 · 부추 · 무 · 파 · 고추냉이
- 동물성 식품
  - 아민류 및 암모니아류 : 육류, 어류
  - 카보닐화합물 및 지방산류 : 버터 · 치즈 등의 유제품
- 신선한 우유 : 저급지방산, 아세톤, 아세트알데하이드, methyl sulfide

■ 식품의 맛
- 단맛 : 글리시리진(감초), 스테비오사이드(국화과 식물), 페릴라르틴(자소당), 필로둘신(감차의 잎), 메틸메르캅탄(무), 프로필메르캅탄(양파, 마늘)
- 신맛 : 식초산(식초), 젖산(김치, 젖산음료), 호박산(청주, 조개류), 사과산(사과, 배), 구연산(살구, 감귤류), 주석산(포도), 아스코르빈산(과일류, 채소류), 글루콘산(곶감)
- 쓴맛 : 표준물질은 퀴닌(quinine)
  - 알칼로이드 : 카페인(차 · 커피), 테오브로민(초콜릿)
  - 배당체 : 퀘르세틴(양파껍질), 나린진 · 헤스페리딘(감귤류의 껍질), 쿠쿠르비타신(오이의 쓴맛)
  - 케톤류 : 휴물론(맥주), 이포메아마론(흑반병 고구마), 튜존(쑥)
  - 무기염류 : $MgCl_2$(염화마그네슘-간수)
- 매운맛 : 알리신(마늘), 캡사이신(고추), 신남알데히드(계피), 차비신 · 피페린(후추), 산쇼올(산초), 진저론 · 쇼가올(생강), 커큐민(울금), 알릴이소티오시아네이트(겨자, 고추냉이)

■ 마이야르 반응에 영향을 미치는 요인
- **온도** : 온도가 높을수록 반응속도가 빨라짐
- **pH** : pH가 높을수록 갈변이 잘 일어남
- **수분** : 최적수분함량이 각기 다름
- **광선** : 가시광선, 자외선, 감마선이 갈변을 촉진
- **당의 종류** : 오탄당 > 육탄당 > 환원성 > 이당류
- **아미노산의 종류** : 글리신이 가장 빠름
- **이용** : 커피, 홍차, 캐러멜, 쿠키, 식빵, 된장, 간장, 위스키

■ 캐러멜화 반응
- 당류만의 가열분해물 또는 가열산화물에 의한 갈변현상을 말함
- 당류를 가열하면 설탕은 180~200℃, 포도당은 147℃에서 분해되기 시작
- 적절한 pH는 6.5~8.2이고 pH 2.3~3.0일 때는 일어나기 어려움
- 자연발생적으로는 일어나기 어려움
- **반응의 진행**
  - 초기단계 : Lobry de Bruyn-AlberdaVan Eckenstein 전위
  - 중간단계 : HMF 생성, 휘발유 카르보닐 화합물 형성
  - 최종단계 : 축합, 중합에 의해 휴민 물질인 캐러멜 생성

■ 효소적 갈변
- **폴리페놀옥시다아제** : Cu 함유
  - 예 사과, 배, 생고구마를 깎아서 공기 중에 놓아두면 갈변
- **티로시나아제** : Cu 함유
  - 예 감자, 버섯을 절단하여 방치하면 갈변
- **방지법**
  - 데치기 : 효소 불활성화, 클로로필 피톨 유리
  - 산소 · 금속이온 · 기질의 제거
  - pH를 산성으로
  - 아스코르브산 첨가
  - 온도 −10℃ 이하로 유지
  - 붕산 및 붕산염
  - 아황산가스, SH 화합물

제**1**과목

영양학

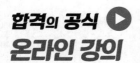

당질(탄수화물)

01 당질의 정의

(1) 정 의

① 주로 광합성에 의하여 식물에서 만들어지며, 자연계에 가장 많이 존재하는 유기물
② 당질의 에너지 적정비율은 성인의 경우 55~65%를 차지

(2) 구 성

탄소(C), 수소(H), 산소(O) 등의 원소로 구성

(3) 일반식 : $C_m(H_2O)_n$

① 구조는 같으나 당질이 아닌 것 : 초산(acetic acid, $C_2H_4O_2$), 젖산(lactic acid, $C_3H_6O_3$)
② 구조는 다르나 당질인 것 : 람노스(rhamnose, $C_6H_{12}O_5$)

(4) 화학적 의미의 당질

한 분자 내에 2개 이상의 하이드록시기(수산기, −OH)와 1개의 알데하이드기(−CHO), 혹은 케톤기(=CO)를 가지는 화합물 또는 축합물

(1) 단당류(monosaccharide)

더 이상 분해되면 당질로서의 기능을 상실하는 최소 단위의 기본당 ⭐

분류	형태	급원	특징
6탄당 (hexose)	포도당(glucose)	녹말, 꿀, 과즙	가장 기본적인 에너지 급원, 체내 당대사의 중심물질, 혈당(0.1%) 유지, 수용성
	과당(fructose) ⭐	꿀, 과즙, inulin	케톤기, 간에서 포도당으로 전환, 수용성
	갈락토스(galactose)	유즙	유당의 구성원, 알도스, 간에서 포도당으로 전환, 수용성
	만노스(mannose)	mannan	mucoprotein의 구성원
5탄당 (pentose)	리보스(ribose)	핵산(RNA 구성물질)	조효소의 구성성분(NAD · FAD), ATP
	데옥시리보스 (deoxyribose)	핵산(DNA 구성물질)	

(2) 2당류(disaccharide)

두 분자의 헥소스(hexose)가 물 한 분자를 잃고 축합된 것으로 가수분해하면 단당류 2분자가 생성

종류	구성	급원	기타
맥아당(엿당) (maltose)	포도당+포도당 (α-1,4 결합)	발아된 곡류, 전분의 소화 단계에서 생성(식혜, 물엿)	환원당, 수용성
자당(서당, 설탕) (sucrose)	포도당+과당 (α-1,2 결합)	사탕수수, 사탕무	비환원당, 수용성, 묽은산 또는 효소로 가수분해된 혼합물을 전화당이라고 함
유당(젖당) (lactose)	포도당+갈락토스 (β-1,4 결합)	모유, 우유	환원당, lactase에 의해 가수분해됨, 효모에 의해 발효되지 않음

(3) 올리고당류(oligosaccharide)-소당류 ⭐ ⭐ ⭐

단당류가 글리코시드(glycoside) 결합에 의해 3~10개 결합되어 있는 당류

① 3당류 : 가수분해하면 단당류 3분자를 생성

　예 라피노스(raffinose)

　　㉠ 갈락토스+포도당+과당

　　㉡ 콩이나 팥, 두류에 존재

② **4당류** : 가수분해하면 단당류 4분자를 생성

　예 스타키오스(stachyose) 🟊38

　　갈락토스 2분자＋포도당＋과당

(4) 다당류(polysaccharide)

$(C_6H_{10}O_5)_n$, 물에 난용(難溶), colloid 상, 감미 · 환원성 · 발효성 없음 🟊16

당 질	종 류	기능 및 성질
단순다당류 (homopoly saccharides)	전분 (starch)	• 각종 곡류의 주성분 • D−글루코스의 중합체 • 아밀로스(α−1,4 결합)와 아밀로펙틴(α−1,4 결합에 α−1,6 결합으로 가지를 침)으로 이루어짐 • 아밀라아제에 의해 포도당으로 분해됨 　− α−amylase : α−1,4 결합을 끊어 맥아당을 생성 　− β−amylase : 비환원성 말단으로부터 α−1,4 결합을 끊어 맥아당을 생성
	덱스트린 (dextrin)	• 전분을 산, 효소, 열로 분해할 때 생성되는 분해생성물의 총칭 • 전분 → 가용성 전분 → 아밀로덱스트린 → 에리트로덱스트린 → 아크로모덱스트린 → 말토덱스트린으로 분해됨
	글리코겐 🟊16 (glycogen)	• 동물의 간과 근육에 저장 • 동물의 에너지 저장형태(간 100g, 근육 250g, 혈액과 기타에 10g 정도) • 구조는 아밀로펙틴과 비슷하나 더 많은 곁가지가 달려 있음
	섬유소 (cellulose)	• 식물의 세포벽에 존재 • D−glucose의 β−1,4 결합 • 사람과 육식동물은 소화효소가 없어 영양소로 사용되지 않음 • 배변 촉진작용 • 반추동물은 셀룰라아제에 의해 포도당으로 분해
복합다당류 (heteropoly saccharides)	한천 (agar)	• 한천에 존재 • 인체 내 소화효소가 없어 소화가 안 됨 • 연동운동 촉진으로 변비 예방
	헤미셀룰로스 (hemicellulose)	• 인체 내 소화효소가 없어 소화가 안 됨 • 펜토산(5탄당이 주가 되나 6탄당도 포함) • 혈청 콜레스테롤 저하
	펙틴 🟊16 🟊47 (pectin)	• 담즙산의 재흡수를 낮춤 • 콜레스테롤의 흡수를 억제함 • 혈당을 천천히 높임

03 당질의 기능

(1) 에너지 급원 ⭐ ⭐ ⭐

① 1g당 4kcal의 에너지를 공급(소화흡수율 평균 98%)
② 포도당(glucose)은 뇌, 신경세포, 적혈구의 주 에너지 급원

(2) 단백질 절약작용 ⭐

① 당질이 부족할 경우 체조직의 구성과 보수에 사용하여야 할 단백질이 에너지원으로 사용
② 당질을 충분히 섭취하여 단백질이 에너지원으로 쓰이지 않고 체조직의 구성과 보수에 사용되도록 하는 것을 당질의 '단백질 절약작용'이라고 함

(3) 지질 대사의 조절 ⭐ ⭐ ⭐ ⭐ ⭐ ⭐

당질 섭취가 부족하게 되면 지방의 불완전 연소로 케톤체(ketone body)가 생성되어 케톤증(ketosis)을 일으키므로 지방질의 완전연소를 위해서는 적어도 1일 100g 이상의 당질 섭취가 필요

(4) 혈당 유지

정상인의 혈당은 항상 0.1%(80~120mg glucose/100mL)의 농도로 유지. 그러나 신장에서 포도당의 역치는 160~180mg%이고, 그 이상이면 소변으로 당이 배설

(5) 감미료

자당 100, 과당 170, 전화당 130, 포도당 75, 맥아당 35, 갈락토스 33, 유당 16 등의 단맛이 있어 감미료로 사용

(6) 섬유소의 공급기능

셀룰로스, 헤미셀룰로스, 펙틴, 검 등의 식이섬유를 공급하여 각종 성인병을 예방

04 식이섬유

(1) 개 념

포도당의 β−1,4 결합으로 이루어져 사람의 체내 소화효소에 의해 가수분해되지 않아 열량원으로 이용되지 못함

[불용성과 수용성의 차이점] ⭐37 ⭐38 ⭐40 ⭐44 ⭐45 ⭐46

특 징	종 류	주요 급원 식품	생리기능
불용성 식이섬유	셀룰로스	보리, 밀, 현미	• 분변량 증가 • 대장 통과시간 단축 → 대장암 예방
	헤미셀룰로스	곡류, 채소	
	리그닌, 키틴	호밀, 쌀, 채소, 새우, 게	

수용성
식이섬유
	펙틴, 검(gum)	과실류	• 만복감 부여
			• 포도당 흡수 지연
			• 혈중 콜레스테롤 농도 낮춤
			 − 소장 내에서 지방과 콜
			   레스테롤 흡수 억제
			 − 회장에서 담즙산의 재
			   흡수 억제
			• 짧은사슬지방산이나 가스
			생성

	헤미셀룰로스 일부	바나나	
	뮤실리지	보리, 귀리, 두류	
	해조다당류	미역, 다시마, 한천	

※ 화학적 제조 다당류에는 CMC, polydextrose가 있으며, 아이스크림, 식이음료, 캔디 등의 제조에 활용

(2) 식이섬유의 섭취 효과 ⭐40 ⭐41

① 체중 조절

② 대장기능 개선(변비 예방), 대장암 예방

③ 장내 유익균 증식

④ 혈중 콜레스테롤 함량의 저하

⑤ 혈당 조절(당뇨병 개선)

⑥ 무기질의 흡수 방해(생체이용률 저하)

05 당질의 흡수

(1) 소 화

당질의 최종 분해산물 - 단당류(포도당, 과당, 갈락토스)

(2) 당질의 흡수율

백미 98%, 현미 90~92%

(3) 당질의 흡수속도 ⭐38 ⭐39

포도당 100, 갈락토스 110, 과당 43, 만노스 19, 자일로스 15, 아라비노스 9

∴ 갈락토스 > 포도당 > 과당 > 만노스 > 자일로스 > 아라비노스

(4) 당질의 흡수방법 ⭐44 ⭐45 ⭐47

① 촉진확산
   ㉠ 융모의 상피세포 안팎의 농도차에 의한 흡수로, 에너지가 필요 없으나 운반체가 필요함
   ㉡ 과 당
② 능동수송
   ㉠ 융모의 상피세포 안팎의 영양소 농도차에 역행하여 상피세포 내부로 영양소가 이동하므로
      운반체가 필요하고 에너지가 소모됨
   ㉡ 포도당, 갈락토스

(5) 당질의 흡수 경로

모세혈관 → 간문맥 → 간(→ 간정맥 → 심장 → 전신)

(6) 흡수에 영향을 주는 요인

① 농도 차이
② 갑상샘호르몬(thyroxine)
③ 인슐린(insulin)

영양보충

유당불내증 ⭐37 ⭐38 ⭐42 ⭐43 ⭐47
유당불내증은 소화·흡수 불량 증후군의 하나이다. 유당분해효소인 락타아제(Lactase)가 결핍되어 유당의 분해와 흡수가 충분히 이뤄지지 않는 증상을 말한다. 분해되지 않은 유당이 대장에서 미생물에 의해 분해되어 가스를 형성하고 복통, 설사, 복부경련을 유발한다. 락타아제(Lactase)는 유아기에 활발히 생성되고 나이가 들면서 점차 감소하므로 성인이 될수록 증상이 심해진다.

06 당질의 대사

(1) 해당과정(glycolysis, EMP ; Embden Meyerhof Pathway)

① 6탄당인 포도당을 미토콘드리아로 들어갈 수 있는 작은 분자인 3탄당 피루브산으로 분해하는 과정

② 산소의 유무와 관계없이 일어나는 반응

③ 가장 일반적인 대사과정으로, 세포질(원형질)에서 일어남

④ 해당과정의 촉진 : ADP, AMP

⑤ 해당과정의 억제 : ATP, Citrate, NADH

(2) 해당과정 이후의 혐기적 경로 ⭐

해당과정에서 만들어진 피루브산이 혐기적 조건하에서 환원되어 젖산이 생성되는 경로

(3) 해당과정 이후의 호기적 경로

① 피루브산이 분해되어 CO_2, H^+ 및 ATP(에너지)를 생성하는 것

② 미토콘드리아에서 일어나는 TCA 회로와 전자전달계(산화적 인산화 진행)를 거쳐 H_2O와 CO_2를 생성하고, ATP를 생성하여 세포에 에너지를 공급 ⭐

③ 지방산 분해에 의해 생성된 acetyl-CoA의 처리

④ 아스파르트산, 글루탐산과 같은 아미노산 생성의 중간 경로

⑤ TCA 회로(TCA cycle) ⭐

포도당 1분자를 완전히 분해하기 위해서는 TCA 회로가 2번 진행되어야 하며, TCA 회로를 통해 피루브산 1분자당 $3CO_2$, 4NADH, $1FADH_2$, 1ATP가 생성되고, 2분자에서는 $6CO_2$, 8NADH, $2FADH_2$, 2ATP가 생성

(4) 오탄당인산경로(pentose phosphate pathway, HMP 경로) ⭐ ⭐ ⭐

① glucose-6-phosphate의 호기적 분해

② 핵산 합성에 필요한 ribose-5-phosphate의 생성

③ 지방산의 생합성에 필요한 NADPH의 생성

④ 간, 유선조직, 부신 중 지질 생합성이 활발한 부분의 소포체에서 진행

(5) 간에서의 glucose 대사

① 혈당 공급원 ⭐

　㉠ 음식물 중 당질의 소화흡수에 의한 포도당(외인성)

　㉡ 간 글리코겐의 분해에 의해 생성된 포도당

　㉢ 근육 글리코겐의 분해에 의해 생성된 젖산(lactic acid)이 간으로 운반되어 생성된 포도당

　㉣ 당질의 이성화(galactose, mannose, fructose)에 의해 생성된 포도당

⑩ 당질 이외의 물질로부터 생성된 포도당(당신생 ; gluconeogenesis) ⭐ ⭐

　　　　• 당원성 아미노산 : Gly, Ala, Ser, Thr, Val, Glu, Asp, His, Arg, Cys, Met, Pro, Ile

　　　　• 지방분해에 의하여 생긴 글리세롤로부터 생성된 포도당

　② 대사경로 ⭐

　　　㉠ 혈당(근육에서 글리코겐 합성 또는 산화)

　　　㉡ 글리코겐으로 합성되어 간에 저장

　　　㉢ 당질의 산화 : 해당작용 → TCA 회로 → 전자전달계 → 에너지

　　　㉣ 지방합성 : 해당작용 → acetyl-CoA → 지방산

　　　㉤ 다른 당의 형성

　　　　• 리보오스, 데옥시리보오스로 변화되어 핵산 합성

　　　　• 만노스, 글루코사민, 갈락토사민으로 변화되어 hyaluronic acid, chondroitin sulfate, heparin 생성

　　　　• UDP-glucuronic acid로 변화되어 해독작용

　　　　• galactose로 변화되어 lactose, glycoprotein 생성

　　　㉥ 아미노산 형성을 위한 탄소골격 제공(비필수아미노산의 생성)

(6) 근육에서의 glycogen 대사

　① 근육 글리코겐의 합성 ⭐ ⭐

　　　㉠ 혈액에 의해 운반된 포도당은 근육에서 글리코겐으로 합성(간과 동일)

　　　㉡ 근육에는 glucose-6-p를 glucose로 분해하는 효소(glucose-6-phosphatase)가 없기 때문에, 근육 글리코겐은 포도당으로 분해되지 않으므로 혈당에 영향을 미치지 않음

　② 근육 글리코겐의 분해

　　　㉠ 근육 수축 시 근육 글리코겐이 분해

　　　㉡ 심근에서는 호기적인 분해가 일어나며, 다량의 에너지(ATP)와 CO_2, H_2O 생성

　　　㉢ 골격근에서는 급격한 근수축 시 주로 혐기적인 분해가 일어나서 에너지와 젖산 생성

　　　㉣ 생성된 과잉의 젖산은 혈액에 의해 간으로 보내져서 포도당으로 전환되고 다시 혈액을 따라 근육으로 이동하여 글리코겐의 형태로 재합성(코리회로)

영양보충

글루코스-알라닌 회로 ⭐
근육에서 간으로 암모니아를 수송하는 메커니즘이다. 가지사슬 아미노산은 주로 근육에서 분해되지만, 암모니아의 처리, 즉 요소합성은 간에서만 이루어진다. 근육에서 생성되는 암모니아는 피루브산으로 넘겨져 알라닌으로 되고, 알라닌은 혈류를 통해 간으로 운반되어 거기서 암모니아를 유리하여 피루브산으로 된다. 피루브산은 글루코스 신생합성경로를 거쳐 글루코스가 되고, 혈류를 매개로 다시 근육으로 되돌아가 해당경로를 지나 피루브산을 생성한다. 이 회로는 절식 시나 고단백식 섭취 시에 활발해진다.

07 혈당의 조절

(1) 혈당원

식사로부터 섭취하는 당질, 간의 글리코겐이 분해되어 생성된 포도당, 당신생을 통해 만들어진 포도당 등

(2) 혈당농도 ★

① 공복 시 정상혈당 농도 : 70~100mg/dL

② 고혈당(hyperglycemia) : 공복 시 혈당 140~150mg/dL 이상(당뇨병 등으로 혈당치가 정상보다 높은 상태)

③ 저혈당(hypoglycemia) : 공복 시 혈당 40~50mg/dL 이하(혈당이 낮아지는 상태)

④ 정맥혈당 농도가 170~180mg% 이상이면 소변 중에 포도당 배설(신장의 당 배설 역치 : 160~180mg/dL)

(3) 혈당의 작용

① 혈장포도당 농도가 낮아지면 인슐린 분비가 감소되고 근육으로부터 아미노산의 유리가 증가되어 포도당 신생과정이 촉진

② 혈당량은 식후 30분에 120~130mg/dL까지 상승하나, 식후 2시간에는 거의 정상 수준으로 회복

③ 인슐린은 혈당수준이 높아지면 분비가 촉진되어 혈당수준을 낮추는 작용을 하며 포도당을 글리코겐으로 변화시켜 간과 근육에 저장. 혈당량이 감소되면 우선 간글리코겐이 분해되어 혈당량을 정상으로 만듦 ★ ★ ★ ★

④ 정상혈당 농도는 항상성을 유지하는데, 정맥혈에 혈당농도가 180mg% 이상이 되면 당뇨현상이 일어나고, 이 수준을 당에 대한 신장의 역치라고 함

영양보충

당뇨의 원인
- 신장성 당뇨 : 신장의 당 배설 역치의 저하에 의해 일어난다.
  - 신장 장애(신장염)
  - 플로리진 중독 : 인산화 저해에 의한 재흡수 저하
  - 임신 후기
- 고혈당성 당뇨
  - alimentary-hyperglycemia(식이성 고혈당)
  - 인슐린 분비 부족
  - 뇌하수체 전엽, 부신피질호르몬 과잉(상대적 인슐린 부족)
  - 알록산(랑게르한섬의 β세포 파괴에 의한 인슐린 부족)
  - 신경성 당뇨(고통, 불안, 공포에 의한 아드레날린 분비 과다)

GI지수(혈당지수) ☆ ☆ ☆ ☆

포도당 또는 흰빵 기준(100)으로 어떤 식품이 혈당을 얼마나 빨리, 많이 올리느냐를 나타내는 수치이다.

저혈당 지수 식품(GI 55 이하)	중간당 지수 식품(GI 56~69)	고혈당 지수 식품(GI 70 이상)
• 현미밥 : 55 • 호밀빵 : 50 • 포도 : 46 • 쥐눈이콩 : 42 • 사과 · 배 : 38 • 우유 : 27 • 오이 : 23 • 대두콩 : 18	• 고구마 : 61 • 아이스크림 : 61 • 파인애플 : 59 • 페이스트리 : 59	• 찹쌀밥 : 92 • 떡 : 91 • 흰밥 : 86 • 구운 감자 : 85 • 콘플레이크 : 81 • 늙은 호박 : 75 • 수박 : 72

08 식품감미료

(1) 영양 감미료

① **당류** : 모든 단당류(포도당, 과당, 갈락토스)와 2당류(자당, 맥아당, 유당), 콘시럽, 터비나도당, 흑설탕, 단풍시럽, 벌꿀

② **당알코올** : 소르비톨, 자일리톨, 만니톨

(2) 대체 감미료

아스파탐, 시클라메이트 등이 있으며 대체 감미료를 식품에 첨가하여 장기간 섭취하였을 때의 안전성에 대한 문제를 FDA 등에서 검사하여 사용승인을 함

(3) 감미도 ☆

과당(170) > 전화당(130) > 설탕(100) > 포도당(75) > 맥아당(35) > 갈락토스(33) > 유당(16)

한국인의 1일 당류 섭취기준 ☆

총 당류 섭취량을 총 에너지섭취량의 10~20%로 제한하고, 특히 식품의 조리 및 가공 시 첨가되는 첨가당은 총 에너지섭취량의 10% 이내로 섭취하도록 한다. 첨가당의 주요 급원으로는 설탕, 액상과당, 물엿, 당밀, 꿀, 시럽, 농축과일주스 등이 있다.

※ WHO는 첨가당을 10% 이하, 5% 이하로 줄이도록 권고한다.

CHAPTER 01 적중예상문제

01 다음 중 광합성을 통해 식물 내에 최초로 합성되는 탄수화물은?

① 과 당　　　　　　　　　② 자 당
③ 맥아당　　　　　　　　　④ 젖 당
⑤ 포도당

해설 이산화탄소, 물, 햇빛이 존재하면 엽록소에서 포도당이 합성된다.

02 다음 중 가수분해하면 포도당(glucose) 이외의 당이 생성되는 것은?

① 글리코겐　　　　　　　　② 전 분
③ 수크로스　　　　　　　　④ 셀룰로스
⑤ 말토스

해설 자당(sucrose)은 포도당(glucose)과 과당(fructose)으로 구성된다.

03 돼지감자의 중요성분인 이눌린(inulin)을 구성하고 있는 단당류로 가장 옳은 것은?

① 포도당　　　　　　　　　② 과 당
③ 갈락토스　　　　　　　　④ 만노스
⑤ 아라비노스

해설 이눌린(inulin)은 과당(fructose) β−1,2 결합이 되었으며, 돼지감자의 구근에 들어 있다.

01 ⑤　**02** ③　**03** ②　**정답**

04 유즙에 함유되어 있으며, 영아기의 뇌발달에 중요한 단당류는?

① 포도당

② 과 당

③ 갈락토스

④ 유 당

⑤ 자 당

해설 유즙에 함유되어 있는 탄수화물은 유당으로 소화효소(lactase)에 의해 포도당과 갈락토스로 분해되며, 갈락토스는 뇌의 구성성분이다.

출제유형 37, 46

05 다음 중 포도당의 기능으로 옳은 것은?

① 뇌의 주 에너지원이다.

② 단백질이 에너지원으로 이용되는 것을 촉진한다.

③ 정상인의 혈당을 약 1%로 유지해준다.

④ 자당보다 감미도가 높아 좋은 감미료로 쓰인다.

⑤ 쓰고 남으면 뇌조직에 저장된다.

해설 ① 당질은 에너지의 급원, 단백질 절약작용, 지질 대사의 조절, 혈당 유지, 감미료, 섬유소의 공급기능이 있다. 그중에 포도당은 뇌의 주 영양원이다.

② 당질이 부족하면 단백질을 에너지원으로 쓰고, 많으면 단백질의 분해가 감소된다.

③ 정상인의 혈당은 0.1%로 유지된다.

④ 자당의 감미도는 100, 포도당은 75로, 자당의 감미도가 높다.

⑤ 포도당은 간과 근육에 글리코겐으로 저장된다.

06 DNA와 RNA의 성분이 되는 당질은?

① 포도당

② 5탄당

③ 과 당

④ 갈락토스

⑤ 유 당

해설 ribose와 deoxyribose는 5탄당으로 각각 RNA와 DNA의 구성물질이다.

07 뇌, 적혈구, 신경세포의 주된 에너지 급원은?

① 지방산

② 케톤체

③ 아미노산

④ 포도당

⑤ 젖 산

> **해설** 포도당(glucose)
> 뇌, 적혈구, 신경세포는 정상상태에서 포도당만을 에너지원으로 이용하므로, 이들 세포의 기능 유지를 위해 탄수화물은 꼭 섭취해야 한다.

08 탄수화물의 생리적 기능에 관한 설명으로 옳은 것은?

① RNA와 DNA의 구성성분이다.

② 삼투압을 조절한다.

③ 산-염기평형을 조절한다.

④ 항체를 형성한다.

⑤ 세포막의 주요 구성성분이다.

> **해설** ① 5탄당인 ribose와 deoxyribose는 각각 RNA와 DNA의 구성성분이다.
> ②·③·④ 단백질, ⑤ 지질의 생리적 기능이다.

09 다음 당질 중 2당류로서 단맛이 가장 강하며 효율적인 에너지원으로 사용되는 것은?

① 포도당

② 자 당

③ 유 당

④ 맥아당

⑤ 과 당

> **해설** 감미도 순서
> 과당(단당류) > 자당(2당류) > 포도당(단당류) > 맥아당(2당류) > 갈락토스(단당류) > 유당(2당류)

07 ④ **08** ① **09** ② **정답**

10 다음 가수분해반응 중 옳지 않은 것은?

① lactose → glucose + galactose

② sucrose → glucose + fructose

③ maltose → glucose + fructose

④ trehalose → glucose + glucose

⑤ gentiobiose → glucose + glucose

해설 maltose : 포도당(glucose) + 포도당(glucose α-1,4 결합)

11 다음 중 가수분해되어 포도당 이외의 당류를 생성하는 것은?

① 맥아당

② 유 당

③ 전 분

④ 글리코겐

⑤ 셀룰로스

해설 맥아당은 2분자의 포도당으로 분해되고, 유당은 분해되면 1분자의 포도당과 1분자의 갈락토스가 생성된다. 전분, 글리코겐, 셀룰로스는 모두 구성단위가 포도당인 다당류이므로 분해하면 여러 분자의 포도당이 생성된다.

12 비타민 C의 원료이기도 하며 당뇨병 환자의 감미료로 사용되는 당의 유도체는?

① inositol

② mannitol

③ glucosamine

④ sorbitol

⑤ ribitol

해설 • sorbitol은 과실에 함유되어 있고 비타민 C 합성재료이며 껌, 음료의 첨가물로 이용된다.
• inositol은 근육당으로서 심장근육이나 요에 존재한다.

정답 **10** ③ **11** ② **12** ④

13 다음 중 인슐린이 촉진하는 것은?

① 중성지방의 분해

② 글리코겐의 합성

③ 코리회로

④ 단백질의 분해

⑤ 케톤체의 합성

> **해설** 체내 혈당량이 높아지면 인슐린은 포도당을 글리코겐으로 합성시켜 근육과 지방에 저장시킨다.

출제유형 37

14 우유를 먹으면 배탈이 나고 설사를 하는 증상에 대한 설명으로 옳은 것은?

① 동양인보다 서양인에게 많다.

② 어린아이에게 주로 나타나고 성인은 증상이 없어진다.

③ 우유, 요구르트, 치즈 등의 유제품 섭취를 제한한다.

④ 갈락토스가 소화되지 않아서 나타난다.

⑤ 유당이 소화되지 않아서 나타난다.

> **해설** 유당불내증
> 소장의 유당분해효소인 락타아제(Lactase)의 부족으로 나타나는 현상으로 소화되지 않은 유당이 대장에서 미생물에 의해 분해되어 산과 가스가 발생해서 나타난다. 복통, 설사, 복부팽만 등의 증상이 나타난다.

출제유형 47

15 능동수송에 의해 소장점막 세포 내로 흡수되는 영양소는?

① 아라비노스(Arabinose)

② 과당(Fructose)

③ 리보스(Ribose)

④ 자일로스(Xylose)

⑤ 포도당(Glucose)

> **해설** 소장점막은 영양소 흡수에 적합하도록 넓은 표면적을 가지고 있고, 점막을 통해 췌장액 내 효소나 점막세포 효소에 의해 분해된 최종산물이 체내로 흡수된다. 포도당과 갈락토스는 능동수송에 의해 소장점막 세포로 흡수된다.

16 단백질로부터 포도당이 생성되는 경우는 어떤 영양소의 섭취가 부족할 때인가?

① 지용성 비타민
② 수용성 비타민
③ 콜레스테롤
④ 탄수화물
⑤ 수 분

해설 탄수화물 섭취 부족 시 포도당을 공급하기 위해 체내 단백질 분해로 나온 아미노산으로부터 포도당을 생성한다. 따라서 탄수화물을 충분히 섭취하는 경우에는 체내 단백질이 포도당 합성에 쓰이지 않으므로 단백질을 절약할 수 있다.

17 소장으로의 포도당 유입이 중단되어 혈당량이 감소된 후 가장 먼저 일어날 수 있는 현상은?

① 혈당량의 증가
② glycogenolysis 촉진
③ gluconeogenesis 촉진
④ lipolysis 촉진
⑤ glycogenesis 촉진

해설 ② glycogenolysis는 글리코겐 분해 작용, ③ gluconeogenesis는 당신생 작용, ④ lipolysis는 지방 분해 작용, ⑤ glycogenesis는 글리코겐 합성 작용을 한다.

18 장기간 탄수화물은 적게, 지방은 많이 섭취하여 식욕부진 및 메스꺼움, 혈액의 pH 저하가 나타났다. 이를 예방할 수 있는 식품은?

① 달걀프라이 2개/일
② 고등어구이 1접시/일
③ 아몬드 8개/일
④ 치즈 1장/일
⑤ 밥 2공기/일

해설 당질 섭취가 부족하게 되면 지방의 불완전 연소로 케톤체(ketone body)가 생성되어 케톤증(Ketosis)을 일으키므로 지방질의 완전연소를 위해서는 적어도 1일 100g 이상의 당질 섭취가 필요하다.

정답 **16** ④ **17** ② **18** ⑤

19 식사 4시간 후 체내 혈당 유지를 위해 먼저 사용되는 것은?

① 지방산

② 아미노산

③ 케톤체

④ 글리세롤

⑤ 글리코겐

해설 식사 4시간 후 혈당이 낮아지면 간에 저장된 글리코겐이 우선적으로 사용되어 혈당을 유지한다.

20 식이섬유에 대한 설명 중 옳지 않은 것은?

① 포도당의 β−1,4 결합으로 이루어진 구조이다.

② 소화관을 자극하여 연동운동을 촉진한다.

③ 체내에서 산이나 효소에 의해 가수분해된다.

④ 혈청 콜레스테롤의 저하작용을 한다.

⑤ 칼슘, 철 등 여러 무기질의 흡수를 저해시킨다.

해설 ③ 인체 내에서는 식이섬유의 β결합을 가수분해하는 효소가 없으므로 인체 내에서 소화되지 않아 열량원으로 이용되지 못한다.

21 산이나 효소에 의하여 분해될 때 포도당(glucose) 이외의 단당류를 생성하는 당분자로 가장 옳은 것은?

① 전 분

② 글리코겐

③ 맥아당

④ 유 당

⑤ 덱스트린

해설 ④ 유당(lactose) : glucose와 galactose로 구성

① 전분(starch) : amylose(glucose α−1,4 결합)와 아밀로펙틴(glucose α−1,4 · α−1,6 결합구조)으로 구성

② 글리코겐(glycogen) : glucose α−1,4 · α−1,6 결합구조

③ 맥아당(maltose) : 2분자의 glucose로 구성

⑤ 덱스트린(dextrine) : α−1,4 결합 이외에 α−1,6 결합으로 연결된 몇 개의 glucose 단위들로 구성

22 다음 중 당신생이 일어나는 조직은?

① 간과 신장

② 췌장과 소장

③ 간과 소장

④ 췌장과 신장

⑤ 신장과 소장

> **해설** 포도당 신생작용은 주로 간과 신장에서 일어난다.

출제유형 42

23 다음은 포도당에 대한 설명이다. 틀린 것은?

① 포도당의 주된 기능은 체조직의 구성이다.

② 장기간 기아 시 뇌는 케톤체도 에너지원으로 사용하여 포도당을 절약한다.

③ 극도로 피로할 때 포도당을 마시게 되면 신속한 열량원으로 이용되어 피로회복에 도움이 된다.

④ 중환자나 기아상태의 초기에 포도당 주사를 놓아 효과적인 열량을 제공한다.

⑤ 글리코겐(glycogen)으로 저장되어 혈당 유지에 이용된다.

> **해설** 영양소 중 탄수화물의 주된 기능은 에너지 공급이고, 단백질은 체조직을 구성한다. 체작용 조절 및 화학반응의 촉진은 단백질, 비타민, 무기질의 기능이다.

출제유형 46

24 단당류가 글리코시드 결합으로 3~10개 연결되어 있으며 정장작용을 하는 당질은?

① 전 분

② 펙 틴

③ 덱스트린

④ 헤미셀룰로스

⑤ 올리고당

> **해설** 올리고당
> 글리코시드 결합에 의해 단당류가 3~10개 결합되어 있는 소당류이다. 정장작용, 장내 유익균 증식, 혈당조절의 기능이 있다.

정답 **22** ① **23** ① **24** ⑤

25 담즙산의 재흡수를 방해하고 소장 내에서 콜레스테롤의 흡수를 낮추는 물질은?

① 덱스트린

② 펙 틴

③ 한 천

④ 스타키오스

⑤ 셀룰로스

해설 펙 틴

갈락토스로 구성되어 있으며, 사과, 채소 등에 존재한다. 포도당 흡수를 지연하고 회장에서 담즙산의 재흡수를 억제하고 소장 내에서 지방과 콜레스테롤의 흡수를 억제한다.

26 선천적으로 유당을 분해하지 못하는 사람에게 결핍된 효소는?

① 락타아제(Lactase)

② 펩신(Pepsin)

③ 프로테아제(Protease)

④ 아밀라아제(Amylase)

⑤ 수크라아제(Sucrase)

해설 유당불내증

유당불내증은 소화·흡수 불량 증후군의 하나이다. 유당분해효소인 락타아제(Lactase)가 결핍되어 유당의 분해와 흡수가 충분히 이뤄지지 않는 증상을 말한다. 분해되지 않은 유당이 대장에서 미생물에 의해 분해되어 가스를 형성하고 복통, 설사, 복부경련을 유발한다. 락타아제(Lactase)는 유아기에 활발히 생성되고 나이가 들면서 점차 감소하므로 성인이 될수록 증상이 심해진다.

27 1개월 이상 1일 에너지영양소 섭취량 탄수화물 30g, 단백질 90g, 지질 120g을 섭취하였다. 이 경우 발생할 수 있는 영양문제를 해결하는 데 도움이 되는 음식은?

① 치즈오믈렛
② 닭가슴살 샐러드
③ 고등어구이
④ 달걀찜
⑤ 현미밥

> **해설** 당질 섭취가 부족하게 되면 지방의 불완전 연소로 케톤체(ketone body)가 생성되어 케톤증(ketosis)을 일으키므로 지방질의 완전연소를 위해서는 적어도 1일 100g 이상의 당질 섭취가 필요하다.

28 셀룰로스에 대한 설명 중 옳지 않은 것은?

① β-D-glucose의 중합체로 식물 세포벽의 주성분이다.
② 인체 내에 분해효소가 없다.
③ 사람이 셀룰로스를 소화 흡수하지 못하는 것은 분해된 후 다시 복합체를 이루기 때문이다.
④ 묽은 산, 알칼리에 녹지 않는다.
⑤ 물에 잘 녹지 않는다.

> **해설** cellulose는 β-D-glucose로 구성된 다당류이다. 사람은 β-결합을 분해할 소화효소를 가지고 있지 않다.

29 당질에 대한 설명 중 옳지 않은 것은?

① 당질은 열량원으로 가장 이용하기 쉬운 영양소이다.
② 환원력이 있는 것은 포도당, 맥아당, 자당이다.
③ 당질 중 가장 많이 섭취하는 것은 전분이다.
④ 당질의 구성요소는 탄소, 수소, 산소이다.
⑤ 당질 중 장벽에서 가장 신속히 흡수되는 단당류는 갈락토스이다.

> **해설** 2당류 결합 시 유리된 알데하이드기 또는 케톤기가 있을 때 환원성을 가지게 되나 자당(sucrose)은 환원성 알데히드기 또는 케톤기가 없으므로 비환원당이다.

정답 27 ⑤ 28 ③ 29 ②

30 다음 설명에 해당하는 대사는?

> • 지방산 합성이 활발한 조직에서 일어난다.
> • NADPH와 리보스(ribose)를 생성한다.

① 알라닌회로
② 해당과정
③ 코리회로
④ TCA회로
⑤ 오탄당인산경로

해설 오탄당인산경로(pentose phosphate pathway, HMP 경로)

포도당-6-인산(glucose-6-phosphate)을 오탄당 인산으로 산화시키는 탄수화물 대사경로이다. 오탄당인산경로를 통하여 지방산의 생합성에 필요한 NADPH와 오탄당 유도체인 리보스-5-인산(ribose-5-phosphate)을 생성한다.

31 다음은 탄수화물 대사에 대한 설명이다. 틀린 것은?

① 인슐린과 글루카곤은 글리코겐 분해(glycogenolysis)를 촉진하며 모두 췌장에서 분비된다.
② 탄수화물이 대사되어 글리코겐으로 저장되고 남은 것은 지방으로 전환되어 저장된다.
③ 갈락토스는 체내에서 포도당으로 전환되지 않을 경우 백내장을 일으킬 수 있다.
④ 유당불내증(lactose intolerance)은 락타아제(lactase)의 결핍증상이다.
⑤ 격심한 운동을 단시간 동안 하게 되면 근육에서는 글리코겐으로부터 에너지를 얻으면서 젖산의 축적이 일어난다.

해설 인슐린은 글리코겐 합성과 저장을 통해 혈당 수준을 낮추고, 췌장의 β-cell에서 분비된다. 한편, 글루카곤은 글리코겐 분해와 당신생을 통해 혈당 수준을 높이며 췌장의 α-cell에서 분비된다.

30 ⑤ **31** ① 정답

32 글리코겐 분해와 당신생을 촉진하는 호르몬은?

① 칼시토닌

② 인슐린

③ 세크레틴

④ 티록신

⑤ 글루카곤

해설 글루카곤

인슐린과 반대 작용을 하는, 혈당을 올려주는 호르몬이다. 체내 혈당이 떨어지면 췌장의 알파세포에서 분비되어 간에서 글리코겐을 포도당으로 분해시키거나, 당신생(gluconeogenesis)을 촉진시켜 포도당을 생성한다.

33 다음은 모두 어느 경우에 일어나는 반응 과정인가?

- 코리회로(cori cycle)
- 케톤체 생성
- 당신생
- 포도당-알라닌 회로
- 글리코겐 분해

① 탄수화물 섭취가 충분할 때

② 탄수화물 섭취가 부족할 때

③ 단백질 섭취가 충분할 때

④ 단백질 섭취가 부족할 때

⑤ 지방 섭취가 부족할 때

해설 • 탄수화물 섭취가 부족하여 저혈당이 되면 간과 근육에 저장된 글리코겐의 분해(glycogenolysis)에 의해 포도당을 공급받는다.
• 근육에는 glucose-6-phosphatase가 존재하지 않기 때문에 근육 내의 글리코겐은 코리회로를 거쳐 혈중 포도당 급원이 될 수 있다.
• 탄수화물 섭취가 계속적으로 부족하면 혈당 유지 및 포도당만을 에너지원으로 사용하는 뇌, 적혈구, 망막, 부신수질 등의 기관(조직)을 위하여 글루코스-알라닌 회로 등을 통한 당신생(gluconeogenesis)이 일어난다.
• 탄수화물 부족으로 정상 혈당 유지를 위해서 뇌조직은 케톤체 합성으로 생성된 케톤체를 에너지원으로 사용한다.

정답 32 ⑤ 33 ②

34 다음 중 글루코스–알라닌 회로에 대한 설명으로 옳은 것은?

① 포도당의 과잉섭취 시 일어난다.

② 근육에서 에너지 생성에 쓰인 피루브산의 이동경로이다.

③ 포도당이 근육에서 간으로, 알라닌이 간에서 근육으로 순환된다.

④ 아미노질소를 간으로부터 근육으로 이동시킨다.

⑤ 젖산으로부터 포도당이 합성된다.

해설 근육에서 에너지 생성에 쓰인 피루브산은 아미노산 대사에서 나온 아미노기와 함께 알라닌 형태로 간으로 이동되어 다시 포도당 합성에 쓰이는데 이를 글루코스–알라닌 회로라고 한다.

35 다음 보기의 빈칸에 들어갈 것으로 옳은 것은?

> 한국인의 1일 당류 섭취기준
>
> 총당류 섭취량을 총 에너지섭취량의 (　　　　)로 제한하고, 특히 식품의 조리 및 가공 시 첨가되는 첨가당은 총 에너지섭취량의 (　　　　)(으)로 섭취하도록 한다.

① A : 10~20%, B : 15% 이내

② A : 10~20%, B : 10% 이상

③ A : 10~20%, B : 10% 이내

④ A : 10~20%, B : 5% 이상

⑤ A : 10~20%, B : 5% 이내

해설 한국인의 1일 당류 섭취기준

총당류 섭취량을 총 에너지섭취량의 10~20%로 제한하고, 특히 식품의 조리 및 가공 시 첨가되는 첨가당은 총 에너지섭취량의 10% 이내로 섭취하도록 한다.

34 ② 35 ③ 정답

36 식이섬유의 효과로 옳지 않은 것은?

① 대장암 예방
② 당뇨병 개선
③ 변비 예방
④ 혈중 콜레스테롤 감소
⑤ 노인성 치매 예방

해설 식이섬유의 효과
- 위장 통과 지연 → 만복감
- 소장에서 당 흡수속도 지연
- 분변량 증가
- 혈중 콜레스테롤 감소
- 대변의 장 통과속도 가속 → 대장암 예방

37 불용성 식이섬유의 생리기능은?

① 대변의 장 통과시간을 단축시킨다.
② 장 연동운동을 억제시킨다.
③ 짧은사슬지방산의 생성을 감소시킨다.
④ 담즙산 배출을 감소시킨다.
⑤ 혈중 포도당 농도를 증가시킨다.

해설 불용성 식이섬유
물에 녹지 않고 물을 흡수함으로써 대장 내 박테리아에 의해서도 분해되지 않고 배설되므로 배변량을 증가시킨다. 흡착효과가 뛰어나 장 내에 남아있는 발암물질에 달라붙어 대장을 빨리 통과하도록 도와 몸 밖으로 배출시켜 대장암을 예방하는 데 효과적이다.

정답 36 ⑤ 37 ①

38

세포 내로 유입 시 인슐린에 의존하지 않고, acetyl-CoA로 전환되는 속도가 빨라 혈중 중성 지방의 농도를 높이는 것은?

① 아라비노스

② 올리고당

③ 과 당

④ 갈락토스

⑤ 자일로스

해설 과당(fructose)

과당은 간세포 내로 이동 시 인슐린의 도움이 필요 없다. 또한, 해당과정에서 속도조절 단계를 거치지 않고 중간 단계인 디히드록시아세톤 인산(dihydroxyacetone phosphate)의 형태로 들어가므로 acetyl-CoA 전환 속도가 증가하여 지방산 합성 속도도 증가한다. 따라서 혈중 중성지질의 농도를 높일 수 있다.

39

수용성 식이섬유가 혈중 콜레스테롤 농도를 낮추는 이유는?

① 콜레스테롤 유화를 증가시키므로

② 대장 통과시간을 단축하므로

③ 체지방 분해를 증가시키므로

④ 담즙산 재흡수를 증가시키므로

⑤ 소장에서 지방 흡수를 억제하므로

해설 수용성 식이섬유는 소장 내에서 지방과 콜레스테롤의 흡수를 억제하고, 회장에서 담즙산의 흡수를 억제함으로써 혈중 콜레스테롤 농도를 낮춘다.

38 ③ **39** ⑤ **정답**

40 다음은 식이섬유에 대한 설명이다. 틀린 것은?

① 섬유질은 변을 부드럽게 함으로써 대장벽에 가해지는 압력을 약화시킨다.

② 섬유질은 단당류와 2당류의 흡수속도를 지연시킨다.

③ 수용성 섬유질이 혈청 콜레스테롤 수준을 낮춘다.

④ 섬유질은 포도당이 β-1,4 글루코사이드 결합으로 연결되어 있다.

⑤ 섬유질의 과량 섭취는 여러 가지 무기질의 흡수를 증가시킨다.

해설 식이섬유의 과량 섭취는 Fe, Ca, Cu, Mg, Zn 등의 미량 원소의 흡수율을 감소시킨다.

출제유형 38

41 갈락토스 2분자와 포도당, 과당으로 이루어진 것은?

① 맥아당

② 자 당

③ 람노스

④ 라피노스

⑤ 스타키오스

해설 스타키오스(stachyose)는 4당류로 3당류인 라피노스(raffinose)의 분자구조에 갈락토스 하나가 더 있는 구조이다.
- 스타키오스 : 갈락토스 2 + 포도당 + 과당
- 라피노스 : 갈락토스 + 포도당 + 과당

출제유형 38

42 체내에 케톤체 생성량의 상승을 일으키는 원인이 아닌 것은?

① 고탄수화물 섭취로 acetyl-CoA가 TCA 회로로 들어가지 못한 경우

② 장기간 음식 섭취를 하지 못한 경우

③ 고지방식의 음식을 섭취한 경우

④ 지방의 불완전 연소가 이뤄지는 경우

⑤ acetyl-CoA에 비해 옥살로아세트산이 상대적으로 부족한 경우

해설 당질 섭취가 부족하게 되면 지방의 불완전 연소로 케톤체(ketone body)가 생성되어 케톤증(ketosis)을 일으키므로 지방질의 완전연소를 위해서는 적어도 1일 100g 이상의 당질 섭취가 필요하다.

정답 40 ⑤ 41 ⑤ 42 ①

43 충치예방에 효과가 있고, 혈청 콜레스테롤을 저하시키며, 장내 유익한 비피더스균을 증식시키는 당은?

① 자 당

② 포도당

③ 맥아당

④ 과 당

⑤ 올리고당

해설 올리고당류는 소당류라고도 하는데, 신체 내 소화 효소가 존재하지 않아 소화되지 않는다. 이 올리고당은 음식물의 소화를 돕는 비피더스균을 증식시키는 작용을 한다.

44 공복혈당 135mg/dL인 사람이 보리밥과 함께 섭취하게 되면 혈당이 가장 크게 상승하는 음식은?

① 콩나물국

② 치킨샐러드

③ 두부조림

④ 오이무침

⑤ 감자볶음

해설 감자는 혈당지수가 높은 대표적인 식품이다.

43 ⑤ **44** ⑤ 정답

CHAPTER 02 지질

01 지질(lipids)의 정의

(1) 정 의
물과 염류용액에는 녹지 않고 유기용매(ether, acetone, alcohol, benzene, chloroform 등)에 녹는 화합물

(2) 구성원소
C, H, O로 구성되어 있으나 배열과 조성이 당질과 다름

(3) 기 능
① 신체 내에서는 같은 중량의 당질이나 단백질에 비해 2배 정도의 열량을 내는데 이는 열량을 내는 구성소인 C와 H의 함량이 당질보다 지질에 2배가량 많기 때문
② 산소의 함량이 적어 지질이 완전히 연소되기 위해서는 당질과 함께 섭취해야 함

02 지질의 분류

(1) 단순 지질(simple lipid)
① 중성지방 : 글리세롤과 지방산의 에스테르 결합산물로 저장지방, 에너지원. 상온에서의 액체상태를 기름(oil)이라 하고 고체상태를 지방(fat)이라 함
② 왁스 : 고급알코올과 지방산의 에스테르 결합산물로 동·식물체의 표면에 존재하고 습윤 건조방지를 하며 영양적 의의는 없음

> **TIP**
>
> **중성지방의 기능** ⭐ ⭐
> 1g당 9kcal의 농축 에너지원, 필수지방산의 공급, 세포막의 유동성·유연성·투과성을 정상적으로 유지, 두뇌발달과 시각기능 유지, 효율적인 에너지 저장, 지용성 비타민의 흡수 촉진과 이동, 장기보호 및 체온조절

(2) 복합 지질(compound lipid)

① 인지질 ☆

   ⊙ 글리세롤과 2개의 지방산에 인산과 염기가 결합된 형태

   ⓛ 핵, 미토콘드리아 등의 세포성분의 구성요소, 뇌조직, 신경조직에 다량 함유(레시틴, 세팔린, 스핑고미엘린)

   ⓒ 세포막에서 발견되는 인지질 중 중요한 것은 레시틴(lecithin)(달걀노른자, 콩, 뇌, 신경 등에 함유)이며, 유화제로 사용

② 당지질

   ⊙ 지방산, 당질 및 질소화합물을 함유(인산, 글리세롤은 함유하지 않음)

   ⓛ 뇌, 신경조직에 많음

③ 지단백질(혈장 단백질) ☆ ☆ ☆

   ⊙ 단백질＋지방(중성지방, free 콜레스테롤, 콜레스테롤 ester, 유리지방산)으로 구성

   ⓛ 혈액 내에서 지질 운반에 관여하는 킬로미크론(chylomicron), 초저밀도 지단백질(VLDL), 저밀도 지단백질(LDL), 고밀도 지단백질(HDL) 등

(3) 유도 지질(derived lipid)

① 지방산 : 자연계에 존재하는 지방산은 말단에 카복실기(-COOH)와 짝수 개의 탄소수를 가진 직사슬 구조를 갖고 있음. 일부는 유리지방산으로서 혈장 중에 존재

② 이소프레노이드 : 이소프렌을 구성단위로 하는 유기화합물의 총칭. 이소프레노이드 지방질 중에서 생화학적으로 중요한 것은 스테로이드이며 스테로이드 이외에 지용성 비타민 A, D, E, K도 이소프레노이드에 속함

③ 스테롤 : 지방산이 없어 비누화되지 않는 지질(non-saponifiable lipid)이며 콜레스테롤(cholesterol), 에르고스테롤 등이 있음

   ⊙ 콜레스테롤 ☆ ☆ ☆ ☆

     • 동물성 식품에만 존재하며, 뇌, 신경조직, 간 등에 많이 들어 있으며, 물에 녹지 않음

     • 성호르몬, 부신피질호르몬, 담즙산, 비타민 D 등의 전구체

     • 간에서 분해되어 담즙산을 생성하며, 지질의 유화와 흡수에 관여

   ⓛ 에르고스테롤 ☆

     • 식물계에 존재하는 스테롤로 효모나 표고버섯에 많음

     • 식물성 스테롤은 혈청 콜레스테롤의 농도를 낮추는 작용이 있음

     • 비타민 D의 전구체로 에르고스테롤에 자외선을 조사하면 비타민 D_2가 생성

(1) 지방산의 정의

① 지방의 가장 기본적인 요소

② 탄소의 긴 가지에 수소가 결합된 탄화수소 사슬에 1개의 카복실기(-COOH)를 갖는 형태

③ 사슬의 길이와 수소의 포화도에 따라 지방산의 종류가 달라짐

④ 지방의 굳기(Consistency)를 결정해 주는 요인 : 이중결합의 유무, 지방산의 길이

⑤ 지방산의 유도체 : 에이코사노이드

(2) 탄소수에 의한 분류

① 단쇄 지방산(저급 지방산) : $C_4 \sim C_6$

② 중쇄 지방산(중급 지방산) : $C_8 \sim C_{12}$

③ 장쇄 지방산(고급 지방산) : $C_{14} \sim C_{22}$

(3) 포화 정도에 따른 분류

① 포화지방산 : $C_nH_{2n+1}COOH$의 일반식으로 표시

　㉠ 탄소수가 적을수록 물에 녹기 쉽고 융점이 감소

　㉡ 동물성 유지에 대부분 함유되어 있고, 고체가 대부분

　㉢ 축육지방에는 C_{16}, C_{18} 함량, 어유, 식물유에는 C_{16} 함량이 많음

② 불포화지방산 : 이중결합이 1개인 올레산(oleic acid) 등은 $C_nH_{2n-1}COOH$, 이중결합이 2개인 리놀레산(linoleic acid) 등은 $C_nH_{2n-3}COOH$, 이중결합이 3개인 리놀렌산(linolenic acid) 등은 $C_nH_{2n-5}COOH$로 표시

　㉠ 탄소수가 같은 포화지방산에 비해 융점이 낮아 소화가 잘 되며, 많이 함유할수록 상온에서 액체상태

　㉡ 단일불포화지방산 : 이중결합이 1개(올레산)

　㉢ 다가불포화지방산(PUFA) : 2개 이상의 이중결합으로 이루어진 지방산으로 공기 중에 쉽게 산화되며, PUFA의 과산화를 막기 위해 PUFA의 과량 섭취 시 비타민 E 요구량도 증가 ☆

(4) 필수지방산(=비타민 F)

① 정의 : 체내에서 합성이 되지 않거나 불충분하게 합성되어 반드시 식사로부터 매일 일정량을 섭취해야 하는 지방산

② 종류와 기능 ☆ ☆ ☆ ☆ ☆

　㉠ 리놀레산($C_{18:2}$, ω-6) : 항피부병인자·성장인자, 식물성 기름

　㉡ α-리놀렌산($C_{18:3}$, ω-3) : 성장인자, EPA와 DHA의 전구체, 들기름, 콩기름, 아마인유

　㉢ 아리키돈산($C_{20:4}$, ω-6) : 항피부병인자, 달걀, 간, 유제품

③ 필수지방산의 기능
  ㉠ 세포막의 구조적 완전성 유지
  ㉡ 혈청 콜레스테롤 감소
  ㉢ 두뇌발달과 시각기능 유지
  ㉣ 에이코사노이드의 전구체 ⭐⭐⭐⭐⭐
    • 탄소수 20개인 불포화지방산(아라키돈산, EPA)이 산화되어 생긴 물질들을 총칭함. 이들은 고리산소화효소(cyclooxygenase)에 의해 프로스타글란딘, 트롬복산, 프로스타사이클린으로 전환되며, 지질산소화효소(lipoxygenase)에 의해 류코트리엔으로 됨
    • 리놀레산($C_{18:2}$, ω-6)은 아라키돈산($C_{20:4}$, ω-6)의 전구체로, α-리놀렌산($C_{18:3}$, ω-3)은 EPA($C_{20:5}$, ω-3)의 전구체로 에이코사노이드 합성에 관여함

04 지질의 대사

(1) 지질의 경로 ⭐
① 지방의 소화에 의하여 글리세롤과 지방산이 생성되어 C_{10} 이하인 것은 문맥에서 흡수되어 간으로 운반
② 장쇄지방산 또는 모노글리세리드의 형태로 흡수되어, 장의 점막에서 중성지방(트리글리세리드)으로 재합성 ⭐
③ 흡수된 중성지방은 킬로미크론 형태로 림프계를 거쳐 정맥으로 들어감 ⭐
④ 정맥 혈액 속의 지질은 간과 지방조직에 1/3씩 들어가고, 나머지 1/3은 다른 조직에 운반

(2) 간-효소와 호르몬 분비
① 지방산+글리세롤과 새로운 TG(VLDL)에 의해 간 밖으로 운반 → 지방조직에 저장
② 지질운반 인자 : 콜린, 메티오닌
③ 당질 다량 섭취 시는 지질로 전환(지방조직에 저장)
④ TG : 에너지 필요시 공급, 인지질 · 콜레스테롤 · 기타 지방합성에 사용
⑤ 2개 탄소의 acetyl CoA → 콜레스테롤 합성 → 담즙산 생성

> **TIP**
>
> lipoprotein lipase(LPL) ⭐
> 킬로미크론이나 VLDL의 중성지방을 가수분해하는 효소로, 중성지방을 유리지방산과 글리세롤로 분해한다.

형 태	주요 합성부위	비 고
킬로미크론 CM(chylomicron)	소 장	• 외인성 중성지방(triglyceride)을 운반하는 지단백 • 중성지방 함량이 많고, 밀도가 가장 낮음 • 흡수된 지방을 소장 → 근육 · 지방조직으로 운반하는 역할
초저밀도 지단백질 VLDL(Very Low Density Lipoprotein)	간	• 내인성(간에서 합성) 중성지질을 조직으로 운반 • 밀도가 2번째로 낮음
저밀도 지단백질 LDL(Low Density Lipoprotein)	혈관 내에서 전환	• 콜레스테롤 비율이 가장 높음 • 콜레스테롤을 간에서 조직으로 운반 • 동맥경화증의 원인
고밀도 지단백질 HDL(High Density Lipoprotein)	간	• 간 이외의 조직에 있는 콜레스테롤을 간으로 운반 • 항동맥경화성 • 아포 B가 없는 유일한 지단백

(3) 지방의 β–산화 ☆

① β–산화과정의 주요물질 : CoA

② β–산화의 최종대사 목표 : acetyl–CoA 형성

③ 생성된 acetyl–CoA는 TCA 회로에서 완전 산화

④ 한 개의 acetyl–CoA가 완전 산화하면 10개의 ATP 생성

(4) 콜레스테롤 대사

① 콜레스테롤의 합성 ☆ ☆ ☆

㉠ 주로 간에서 acetyl–CoA로부터 1.5~2.0g 생성

㉡ 아세틸–CoA → 아세토아세틸–CoA → HMG–CoA → 메발론산 → 스쿠알렌 → 라노스테롤 → 콜레스테롤

㉢ HMG–CoA 환원효소 : 콜레스테롤 합성 과정의 속도 조절

② 콜레스테롤의 분해

㉠ 간에서 분해되어 담즙산(cholic acid)의 성분

㉡ 일부는 비타민 D, 성호르몬, 부신피질호르몬 등으로 전환

㉢ 간에서 담즙을 형성하여 매일 장으로 배출

㉣ 담즙산의 대부분은 소장에서 재흡수되어 문맥을 거쳐 간으로 되돌아가 다시 장에서 방출되며(장간순환), 일부는 변으로 배설

(5) 케톤체 형성 ⭐ ⭐ ⭐ ⭐ ⭐ ⭐

① acetyl-CoA가 옥살로아세트산의 결핍이나 부족으로 인해 TCA 회로로 순조롭게 들어가지 못해 과잉 축적되면, acetyl-CoA 2분자가 축합하여 케톤체 생성반응으로 진행

② 케톤체 : 아세토아세트산, β-하이드록시 부티르산, 아세톤 등

③ 굶었을 경우 케톤체는 주요 에너지원이 되기도 함

④ 심한 당뇨, 기아, 마취, 산독증일 때 케톤체가 과잉으로 생성되고 이것이 처리되지 못하면 케톤증이 됨

(6) 인지질의 대사

① 콜레스테롤 합성에 관여

② 강력한 유화 성질로 지방산을 혈류로 운반

③ 체내합성 : L-phosphoric acid와 D-α, β-diglyceride로부터 출발. 여기에 CDP-choline이 관여하여 phosphatidylcholine(lecithin)이 합성

(7) 지질의 급원식품 ⭐ ⭐

① 식물성 지방(마가린이나 식용유 등)과 동물성 지방(육류의 살코기 지방이나 유지방 등)

② 돼지기름, 소기름(팔미트산, 올레산), 옥수수유, 콩기름(리놀레산), 생선유(EPA, DHA), 올리브유(올레산), 들기름(리놀렌산), 마가린, 쇼트닝(트랜스올레지방산) 등

CHAPTER

02 적중예상문제

출제유형 37, 38

01 체내에서 절연체와 장기보호 역할을 하는 것으로 옳은 것은?

① 콜레스테롤

② 에르고스테롤

③ 당지질

④ 인지질

⑤ 중성지방

해설 중성지방의 기능

1g당 9kcal의 농축 에너지원, 필수지방산의 공급, 세포막의 유동성·유연성·투과성을 정상적으로 유지, 두뇌 발달과 시각기능 유지, 효율적인 에너지 저장, 지용성 비타민의 흡수 촉진과 이동, 장기보호 및 체온조절

출제유형 46

02 EPA, 아라키돈산이 산화되어 생성되는 호르몬 유사물질은?

① 카테콜아민

② 알도스테론

③ 감마-아미노부티르산

④ 코르티솔

⑤ 프로스타글란딘

해설 프로스타글란딘(prostaglandin)

EPA, 아라키돈산이 산화되어 에이코사노이드 전구체를 만들고, 에이코사노이드 전구체는 고리산화효소에 의해 프로스타글란딘, 트롬복산, 프로스타사이클린으로 전환된다. 프로스타글란딘은 강력한 생리활성 호르몬으로 혈관 수축과 확장, 분만 유도, 염증반응 조절, 발열 조절 등의 기능을 한다.

정답 01 ⑤ 02 ⑤

03 다음 설명에 해당하는 것은?

> • 말초조직에서 간으로 콜레스테롤을 운반한다.
> • 동맥경화증 발생 위험을 낮춘다.

① 고밀도지단백질(HDL)
② 중간밀도지단백질(IDL)
③ 초저밀도지단백질(VLDL)
④ 저밀도지단백질(LDL)
⑤ 킬로미크론(chylomicron)

해설 HDL(High Density Lipoprotein)은 혈액을 순환하면서 말초혈관에 쌓인 콜레스테롤을 걷어 간으로 이동시켜주는 역할을 하여 심혈관계질환을 예방해준다. 반대로 LDL(Low Density Lipoprotein)은 자신이 가지고 있던 콜레스테롤의 일부를 말초혈관 내벽에 내어주어 혈중 LDL의 수치가 높을 경우 동맥경화증과 같은 심혈관계질환의 원인이 되기도 한다.

04 인지질이 세포막의 주요 구성성분이 될 수 있는 이유로 가장 옳은 것은?

① 이성체가 존재한다.
② 인산 에스테르 결합을 하고 있다.
③ 글리세롤을 함유하고 있다.
④ 극성과 비극성 부분을 가지고 있다.
⑤ 다양한 지방산을 함유하고 있다.

해설 인지질(phospholipid)
친수성기(극성)와 소수성기(비극성)가 있어 지질의 유화복합지방은 분자 내에 지방이 아닌 물질을 포함하는 것으로 세포막의 구성성분인 인지질은 복합지방이다. 유화작용을 하며, 세포막에서 물질수송의 조절 등 중요한 기능을 한다.

03 ① 04 ④ 정답

05 다음 중 성호르몬의 전구체는?

① 콜레스테롤

② 레시틴

③ 프롤라민

④ 글로텔린

⑤ 알부민

해설 콜레스테롤

성호르몬(에스트로겐, 테스토스테론, 프로게스테론 등), 부신피질호르몬(알도스테론, 글루코코르티코이드 등),
비타민 D의 전구체인 7-dehydrocholesterol, 담즙산의 전구체이다.

06 다음 중 지단백에 대한 설명으로 옳지 않은 것은?

① VLDL은 주로 소장에서 만들어지는 지단백으로 중성지방을 많이 가지고 있다.

② HDL은 조직에서 간으로 콜레스테롤을 운반하여 Apo B를 가지고 있지 않다.

③ 킬로미크론은 공복상태에서는 발견되지 않으며 주로 TG를 많이 가지고 있다.

④ LDL은 콜레스테롤 함량이 가장 많은 지단백으로서 주로 VLDL로부터 만들어진다.

⑤ 혈액 내 지방의 이동형태이다.

해설 ① VLDL은 주로 간에서 만들어지는 지단백이다.

07 다가불포화지방산에 대해 서술한 것 중 가장 옳은 것은?

① 식물성 유지에만 있다.

② 다가불포화지방산은 모두 필수지방산이다.

③ 포화지방산에 비해 열량공급이 적어서 성인병 예방에 좋다.

④ 산화되기 쉬워 비타민 E의 요구량이 증가된다.

⑤ 사람의 체내에서 합성된다.

해설 다가불포화지방산(Poly Unsaturated Fatty Acid ; PUFA)

식물성 유지, 어유에 함유되어 있고, PUFA 중 리놀레산, 리놀렌산, 아라키돈산은 필수지방산이다. 식물성 기름
에는 비타민 E가 다량 존재하여 항산화작용을 한다. 과량의 PUFA 섭취는 비타민 E의 요구량을 증가시키고 동
맥경화를 예방할 수 있으나 발암을 유도할 수도 있다.

정답 05 ① 06 ① 07 ④

08 필수지방산이 혈압 및 혈액 응고 등의 체내기능 조절을 하는 호르몬처럼 작용하는 물질인 것은?

① 에이코사노이드

② 스테로이드

③ 염류 코르티코이드

④ 에르고스테롤

⑤ n-6계 지방산

해설 필수지방산은 체내에서 호르몬처럼 작용하는 물질로 전환되어 혈압 및 혈액 응고 등의 체내기능을 조절한다. 이 호르몬처럼 작용하는 물질을 총칭하여 에이코사노이드(eicosanoids)라고 부른다.

09 식물성 기름을 먹은 직후 혈액 내에 많은 지단백질은?

① chylomicron

② HDL

③ LDL

④ VLDL

⑤ IDL

해설 킬로미크론은 지방식 이후 가장 먼저 생성되는 지단백이다.

10 다음 중 에이코사노이드로 전환될 수 있는 지방산은?

① 팔미트산, EPA

② α-리놀렌산, 팔미트산

③ α-리놀렌산, 스테아르산

④ 아라키돈산, 올레산

⑤ 아라키돈산, EPA

해설 에이코사노이드(eicosanoid)
- 탄소수가 20개인 필수지방산(아라키돈산, EPA)이 산화되어 생체에서 합성되는 화합물로, 프로스타글란딘, 트롬복산, 프로스타사이클린, 류코트리엔 등이 있다.
- 리놀레산은 아라키돈산의 전구체이며, α-리놀렌산은 EPA의 전구체이다.

08 ① **09** ① **10** ⑤ 정답

출제유형 45

11 콜레스테롤로부터 생성되는 것은?

① 담 즙
② 스쿠알렌
③ 에이코사노이드
④ 팔미트산
⑤ 메발론산

해설 담즙은 간에서 콜레스테롤로부터 합성된 후 담낭에 저장된다.

출제유형 45

12 킬로미크론이 합성되는 곳은?

① 간
② 림 프
③ 담 낭
④ 이 자
⑤ 장점막

해설 킬로미크론(chylomicron)은 소장점막에서 합성된다.

출제유형 45

13 킬로미크론의 중성지방을 유리지방산으로 분해하는 효소는?

① 키모트립신(chymotrypsin)
② 프로코리파아제(procolipase)
③ 지단백질 리파아제(lipoprotein lipase)
④ 포스포리파아제(phospholipase)
⑤ 프로테아제(protease)

해설 지단백질 리파아제(lipoprotein lipase)
킬로미크론이나 VLDL의 중성지방을 가수분해하는 효소로, 중성지방을 유리지방산과 글리세롤로 분해한다.

정답 **11** ① **12** ⑤ **13** ③

14 다음은 지질에 대한 설명이다. 옳지 않은 것은?

① 지방산은 탄소수 2개씩 합성되므로 짝수로 되어 있다.
② 지방산의 영양가와 이중결합의 수는 무관하다.
③ 중성지방은 소화관에서 리파아제에 의하여 글리세롤과 지방산로 분해된다.
④ 세포막의 주요 지질성분은 인지질과 콜레스테롤이다.
⑤ 동물성 지질은 식물성 지질보다 쉽게 산화된다.

해설 동물성 지질은 포화지방산을 다량 함유하며, 식물성 지질은 불포화지방산을 다량 함유하는데 불포화지방산은 쉽게 산화된다.

출제유형 44

15 지방의 섭취가 부족할 때 흡수하기 어려운 영양소는?

① 비타민 A
② 아스코르브산
③ 나트륨
④ 글루코스
⑤ 페닐알라닌

해설 지방은 지용성 비타민(비타민 A, D, E, K)의 흡수를 도와주므로 적당한 양을 섭취하는 것이 중요하다.

출제유형 37, 40, 41, 42, 46

16 다음 중 항피부병인자와 성장인자로 이용되는 지방산으로 옳은 것은?

① 리놀레산(ω-6)
② 리놀렌산(ω-3)
③ 아라키돈산(ω-6)
④ 올레산
⑤ 프로피온산

해설 필수지방산
- 리놀레산($C_{18:2}$, ω-6) : 항피부병인자 · 성장인자, 식물성 기름
- α-리놀렌산($C_{18:3}$, ω-3) : 성장인자, EPA와 DHA의 전구체, 들기름, 콩기름, 아마인유
- 아리키돈산($C_{20:4}$, ω-6) : 항피부병인자, 달걀, 간, 유제품

17 다음 설명에 해당하는 지방산은?

> • 들기름에 풍부하다.
> • 필수지방산이다.
> • 오메가-3계 EPA와 DHA의 전구물질이다.

① 아라키돈산

② 리놀레산

③ 스테아르산

④ γ-리놀렌산

⑤ α-리놀렌산

해설 α-리놀렌산

탄소수 18개, 이중결합 3개를 갖는 불포화지방산으로, 필수지방산의 하나이다. 이성체에는 이중결합의 위치가 다른 γ-리놀렌산이 있으며, 단순히 리놀렌산이라고도 한다. 오메가-3 지방산으로서 체내에서 EPA와 DHA로 전환되는 전구물질이며, 들기름, 아마씨유 등과 같은 식물성 유지 등에 많이 들어있다.

18 올리브유의 가장 함량이 높은 지방산은?

① 스테아르산

② 라우르산

③ 아라키돈산

④ 올레산

⑤ 부티르산

해설 올리브유의 가장 대표적인 성분인 올레산은 총 지방산의 약 70%를 차지하고 있다.

정답 17 ⑤ 18 ④

19 α−리놀렌산으로부터 전환되며 『2020 한국인 영양소 섭취기준』에 충분섭취량이 제시된 것은?

① EPA+리놀레산

② DHA+아라키돈산

③ EPA+올레산

④ 리놀레산+올레산

⑤ EPA+DHA

해설 α−리놀렌산

EPA와 DHA의 전구체로, 전환율이 낮다. 생선유에 많이 함유되어 있으며 『2020 한국인 영양소 섭취기준』에 EPA + DHA의 충분섭취량이 제시되어 있다.

20 지방에 대한 설명 중 틀린 것은?

① 필수지방산의 섭취량은 전체 열량의 1~2% 정도가 적당하다.

② 지방의 평균 흡수율은 95%이다.

③ 한국인의 열량섭취량 중 지방으로부터 얻는 비율은 15~30%이다.

④ 정상적인 체지방을 보유하고 있는 성인은 18~20%이다.

⑤ 췌액 lipase의 최적 pH는 4.5이다.

해설 췌액(이자액) lipase의 최적 pH는 8.0이며 pepsin의 최적 pH는 2.0, amylase의 최적 pH는 6.7~7.2이다.

21 간 이외의 조직에 있는 콜레스테롤을 간으로 운반하는 지단백질은?

① HDL

② LDL

③ IDL

④ VLDL

⑤ 킬로미크론

해설 고밀도지단백질(HDL)은 간 이외의 조직에 있는 콜레스테롤을 간으로 운반하여 동맥경화를 예방하는 효과가 있다.

19 ⑤ **20** ⑤ **21** ① 정답

22 에이코사노이드(eicosanoid)의 전구체가 되는 지방산은?

① 아라키돈산

② 부티르산

③ 스테아르산

④ 팔미트산

⑤ 올레산

해설 에이코사노이드(eicosanoid)
- 탄소수가 20개인 필수지방산(아라키돈산, EPA)이 산화되어 생체에서 합성되는 화합물로, 프로스타글란딘, 트롬복산, 프로스타사이클린, 류코트리엔 등이 있다.
- 리놀레산은 아라키돈산의 전구체이며, α-리놀렌산은 EPA의 전구체이다.

23 콜레스테롤이 전구체인 호르몬은?

① 세크레틴

② 에스트로겐

③ 글루카곤

④ 인슐린

⑤ 티록신

해설 콜레스테롤
성호르몬(에스트로겐, 테스토스테론, 프로게스테론 등), 부신피질호르몬(알도스테론, 글루코코르티코이드 등), 비타민 D의 전구체인 7-dehydrocholesterol, 담즙산의 전구체이다.

정답 22 ① 23 ②

24 콜레스테롤 함량이 단위식품당(g) 가장 높은 식품으로 옳은 것은?

① 백 미

② 녹황색 채소

③ 달걀노른자

④ 닭고기

⑤ 식 빵

해설 단위식품당(g) 콜레스테롤 함량

달걀노른자(생것)는 12.8mg, 닭고기(날것)는 0.75mg를 함유하고 있으므로 혈중 콜레스테롤 수준이 높은 사람이 피해야 할 식품이다.

25 지단백질 중 콜레스테롤의 비율이 가장 높은 것은?

① 고밀도지단백질(HDL)

② 중간밀도지단백질(IDL)

③ 초저밀도지단백질(VLDL)

④ 저밀도지단백질(LDL)

⑤ 킬로미크론(chylomicron)

해설 저밀도지단백(LDL)

혈관 내에서 VLDL로부터 전환된 지단백으로 콜레스테롤 함량이 약 45%로 지단백질 중 콜레스테롤 비율이 가장 높다. 혈중 LDL 콜레스테롤 농도가 높으면 동맥경화의 위험이 높고 뇌졸중의 위험이 크다.

26 「2020 한국인 영양소 섭취기준」에서 19세 이상 남녀의 심혈관질환 위험 감소를 위해 총 에너지섭취량의 7% 미만으로 섭취하도록 권장한 것은?

① α-리놀렌산
② 트랜스지방산
③ EPA+DHA
④ 포화지방산
⑤ 리놀레산

해설 포화지방산의 과잉섭취는 혈중 LDL-콜레스테롤 수치를 높일 수 있으며, 동일한 수준의 지방을 섭취하더라도 포화지방산을 불포화지방산으로 대체하여 섭취할 경우 혈중 LDL-콜레스테롤 수준을 낮춘다고 알려져 있다. 그래서 심혈관질환의 위험 감소를 위해 포화지방산을 7% 에너지 미만으로 섭취하도록 '2020 한국인 영양소 섭취기준'에서 제시하고 있다.

27 콜레스테롤에 관한 설명 중 잘못된 것은?

① 체내 담낭 결석물질의 주성분이다.
② 담즙산을 유도하는 모체로, 지방의 대사를 조절한다.
③ 콜레스테롤은 간과 소화관 점막세포에서 합성되며, 노쇠현상의 원인물질이다.
④ 동·식물성 모든 지방에 미량으로 함유되어 있다.
⑤ 스테로이드 호르몬의 전구체이다.

해설 콜레스테롤은 동물성 식품에만 존재한다.

28 다음은 콜레스테롤 대사에 대한 설명이다. 옳지 않은 것은?

① 과량의 니아신 섭취가 혈청 콜레스테롤 농도를 증가시킬 수 있다.
② 등푸른생선의 섭취를 증가시키면 혈청 콜레스테롤 함량을 낮출 수 있다.
③ 포화지방산 섭취의 증가는 혈청 콜레스테롤의 상승을 가져올 수 있다.
④ 식이 콜레스테롤 섭취가 증가하면 간에서의 콜레스테롤 합성이 감소한다.
⑤ LDL이 HDL보다 상대적으로 많으면 동맥경화를 일으킬 위험요인이 된다.

해설 니아신은 약리효과가 있어서 약 3~9g/일 복용 시 혈청 콜레스테롤을 감소시킨다.

정답 **26** ④ **27** ④ **28** ①

29 십이지장벽에서 분비되어 담낭을 수축시켜 담즙을 분비하는 호르몬은?

① 엔테로가스트론

② 가스트린

③ 가스트린억제펩타이드

④ 소마토스타틴

⑤ 콜레시스토키닌

해설 콜레시스토키닌

소화관 작용을 조절하는 호르몬으로, 담낭을 수축시켜 소장 상부로 담즙을 분비하고 췌장 효소의 분비를 자극한다.

30 다음과 관련되는 지방산은?

- 성장 촉진 인자
- 아라키돈산의 전구체
- 항피부병인자

① 부티르산

② 팔미트산

③ 스테아르산

④ 리놀레산

⑤ 올레산

해설 리놀레산($C_{18:2}$, $\omega-6$)

필수지방산으로 습진성 피부염 예방, 성장촉진, 아라키돈산의 전구체이다. 식물성 기름(콩기름)에 함유되어 있다.

29 ⑤ **30** ④ 정답

31 콜레스테롤 생합성 과정에서 속도조절효소는?

① cholesterol 7-α-Hydroxylase

② squalene synthase

③ acetyl-CoA carboxylase

④ HMG-CoA reductase

⑤ lecithin cholesterol-acyltransferase

해설 HMG-CoA 환원효소(HMG-CoA reductase)는 콜레스테롤의 합성에서 속도조절 단계(rate-limiting step)에 작용하는 효소로, HMG-CoA를 메발론산(mevalonate)으로 전환하는 것을 촉진한다.

32 간이 나쁜 사람이 지방소화가 잘 되지 않는 이유는?

① 간에서 지방소화를 돕는 리파아제 효소를 배출하기 때문이다.

② 간에서 지방합성이 이루어지기 때문이다.

③ 간에서 지방소화를 돕는 담즙 생성이 잘 안 되기 때문이다.

④ 간에서 엔테로가스트론과 콜레시스토키닌 호르몬을 분비하기 때문이다.

⑤ 간에 항지방간성 인자가 있기 때문이다.

해설 간은 지방소화에 필수적인 담즙을 생성하는 기관이다. 담즙은 지방을 유화시켜서 리파아제 등 지방분해효소의 작용을 쉽게 한다. 따라서 간에 장애가 생기면 담즙 생성이 적어지고 지방유화 작용도 적어져 지방 소화가 저해된다.

33 당질을 과잉으로 섭취하였을 때 간에서 합성이 증가하는 지단백질은?

① 초저밀도지단백질(VLDL)

② 중간밀도지단백질(IDL)

③ 고밀도지단백질(HDL)

④ 킬로미크론(chylomicron)

⑤ 저밀도지단백질(LDL)

해설 초저밀도지단백질(VLDL)
중성지방 50%, 콜레스테롤 20%, 인지질과 단백질로 구성된 지단백질로, 당질의 과잉 섭취로 간에서 합성이 증가한다.

정답 31 ④ 32 ③ 33 ①

34 들기름과 콩기름과 같은 식물성 유지에 함유되어 있고, 섭취 부족 시 성장저해를 유발할 수 있는 ω-3 지방산은?

① α-리놀렌산

② 팔미트산

③ 아라키돈산

④ 리놀레산

⑤ 올레산

해설 **필수지방산**
- 리놀레산($C_{18:2}$, ω-6) : 항피부병인자 · 성장인자, 식물성기름
- α-리놀렌산($C_{18:3}$, ω-3) : 성장인자, EPA와 DHA의 전구체, 들기름, 콩기름, 아마인유
- 아리키돈산($C_{20:4}$, ω-6) : 항피부병인자, 달걀, 간, 유제품

35 하루 60g 이하의 당질을 섭취하였을 때 간에서 생성되는 물질은?

① 말로닐 CoA

② 지방산

③ 아세토아세트산

④ 팔미트산

⑤ 글리코겐

해설 **케톤증(ketosis)**
- 케톤증 : 탄수화물의 섭취 부족, 체내 이용이 어려운 상태(기아, 당뇨병), 지방의 과잉 섭취 등으로 지방이 불완전 산화될 때 혈액이나 오줌 속에 케톤체(ketone body)가 정상량 이상 함유되는 상태를 말한다. 이 케톤체는 강산으로 체액을 산성으로 기울게 한다(acidosis).
- 케톤체 : 아세톤, 아세토아세트산, β-하이드록시부티르산

34 ① **35** ③ 정답

36 탄소수 20개인 불포화지방산에 고리형산소화효소(cyclooxygenase)가 작용하여 생성되는 생리활성 물질을 총칭하는 것은?

① 에이코사노이드(eicosanoid)

② 테르페노이드(terpenoid)

③ 알칼로이드(alkaloid)

④ 이소프레노이드(isoprenoid)

⑤ 스테로이드(steroid)

해설 에이코사노이드(eicosanoid)

탄소수 20개인 불포화지방산(아라키돈산, EPA)이 산화되어 생긴 물질들을 총칭한다. 이들은 고리산소화효소 (cyclooxygenase)에 의해 프로스타글란딘, 트롬복산, 프로스타사이클린으로 전환되며, 지질산소화효소 (lipoxygenase)에 의해 류코트리엔으로 된다.

37 다음 각 지방산과 많이 함유된 식품을 바르게 짝지은 것은?

① 팔미트산 – 대두유

② α-리놀렌산 – 들기름

③ 리놀레산 – 생선유

④ 올레산 – 야자유

⑤ EPA, DHA – 옥수수유

해설 대두유와 옥수수유 같은 식용유에는 리놀레산(linoleic acid)이 많이 들어 있고, 들기름에는 α-리놀렌산 (α-linolenic acid)이 많이 함유되어 있다. 야자유에는 탄소길이가 짧은 포화지방산이 많이 들어 있고 생선유에는 EPA나 DHA 같은 고도의 불포화지방산이 다른 유지에 비해 비교적 많이 함유되어 있다.

정답 36 ① 37 ②

38 심혈계 질환 및 암 예방에 좋은 ω-3계열 불포화지방산의 조합으로 가장 옳은 것은?

① 올레산, α-리놀렌산

② 리놀레산, 아라키돈산

③ EPA, DHA

④ 아라키돈산, EPA

⑤ DHA, γ-리놀레산

해설 ω-3계열 지방산인 DHA와 EPA는 α-리놀렌산(α-linolenic acid)으로부터 합성된다.

출제유형 38

39 다음 중 중성지방의 설명으로 옳은 것은?

① 호르몬과 담즙산의 전구체

② 지방의 유화작용

③ 세포막을 구성하는 주요 성분

④ 영양적 의의는 없음

⑤ 지용성 비타민의 흡수 촉진

해설 중성지방의 기능
1g당 9kcal의 농축 에너지원, 필수지방산의 공급, 세포막의 유동성·유연성·투과성을 정상적으로 유지, 두뇌 발달과 시각기능 유지, 효율적인 에너지 저장, 지용성 비타민의 흡수 촉진과 이동, 장기보호 및 체온조절

40 다음 비타민 중 지질대사와 관계가 먼 것은?

① niacin

② folic acid

③ biotin

④ thiamin

⑤ pantothenic acid

해설 ② 엽산(folic acid)은 아미노산, 핵산 합성에 관여하는 필수비타민 B 복합체이다.
니아신(niacin)의 조효소 형태인 NAD·NADP는 지방산 생합성, 비오틴(biotin)은 이산화탄소 고정작용(지방산 생합성), 티아민(thiamin)은 당질·지질대사에 관여하며, 판토텐산(pantothenic acid)은 지방산 대사에 필요한 CoA 합성의 기능을 한다.

41 혈중 콜레스테롤 농도를 낮추는 데 도움이 되는 유지는?

① 버 터

② 라 드

③ 마가린

④ 대두유

⑤ 쇼트닝

해설 불포화지방산

혈중 LDL과 전체 콜레스테롤 수치를 낮추고 동시에 HDL 콜레스테롤 생산을 높이는 역할을 한다. 주로 식물성 기름에 많이 함유되어 있다.

42 혈액 내에서 지질 운반에 관여하는 것 중 소장에서 합성이 되고 중성지방 함량이 많고 밀도가 가장 낮은 것은?

① VLDL

② LDL

③ HDL

④ chylomicron

⑤ IDL

해설 chylomicron(킬로미크론)

• 합성 부위 : 소장

• 외인성 중성지방(triglyceride) 운반, 중성지방 함량이 많고, 밀도가 가장 낮음

• 흡수된 지방을 소장 → 근육·지방조직으로 운반하는 역할

정답 41 ④ 42 ④

CHAPTER

03 단백질

01 단백질(protein)의 정의

(1) 정 의

아미노산이라는 기본단위의 분자가 펩타이드 결합으로 이루어진 고분자화합물

(2) 구성원소

C(50%), H(6.8~7.7%), O(22~24%), N(15~19%), S(0.2~2.5%)

(3) 기 능

세포막의 구성성분, 근육 · 피부 · 머리카락 형성, 혈중의 혈청단백, 효소 · 호르몬 형성, 면역항체 형성

02 아미노산

(1) 아미노산의 종류 🌟 🌟

천연 단백질을 구성하고 있는 아미노산은 20개로 주로 α−아미노산, L형

① 지방족 아미노산
   ㉠ 중성 아미노산 : glycine, alanine, valine, leucine, isoleucine
   ㉡ 하이드록시 아미노산 : serine, threonine
   ㉢ 함황 아미노산 : cysteine, cystine, methionine
   ㉣ 산성 아미노산 : aspartic acid, glutamic acid
   ㉤ 염기성 아미노산 : lysine, arginine, histidine

② 방향족 아미노산 : phenylalanine, tyrosine

③ 헤테로고리(복소환) 아미노산 : tryptophan, proline, hydroxyproline, histidine

④ 필수아미노산 🌟
   ㉠ 정의 : 신체 내에서 합성되지 않거나 소량만 합성되는 아미노산으로 식사로 섭취해야 함
   ㉡ 종류 : valine, leucine, isoleucine, threonine, methionine, phenylalanine, tryptophan, lysine 등이 있음. 유아의 경우에는 histidine을 포함

(2) 아미노산의 성질

① **용해성** : 물에 가용(leucine, tyrosine, cystine 예외), 알코올에 불용(proline 예외), 중성이며 열에 안정적이고 융점이 높음

② **전기적 성질(양성물질)** : 아미노산은 염기성기(아미노기)와 산성기(카복실기)를 가지고 있어, 분자 내에서 염을 형성

③ **등전점** : 양전하와 음전하의 이온수가 같을 때 용액의 pH

④ **탈탄산 반응** : 아미노산이 CO_2의 형태로 카복실기를 잃어버리고 아민을 생성하는 반응. 동물 조직에서는 간, 신장, 뇌에서 일어남(단백의 부패취, 악취, 독성의 원인)

⑤ **아미노산의 맛**

ㄱ 단맛 : alanine, serine, glycine

ㄴ 감칠맛 : glutamic acid(다시마), aspartic acid

ㄷ 쓴맛 : leucine, isoleucine, methionine, phenylalanine, tryptophane, histidine

03 단백질의 분자구조

(1) 1차 구조 ✰

① 아미노산이 펩타이드(peptide) 결합한 사슬형태로 열, 묽은 산, 알칼리에 의해 분해되지 않음

② 단백질을 구성하는 아미노산의 종류와 순서를 알 수 있음(단백질 고유의 아미노산 배열)

> **TIP**
>
> **펩타이드 결합**
> 한 아미노산의 카복실기와 다른 아미노산의 아미노기가 물 1분자를 내놓으며 결합된 것

(2) 2차 구조 ✰ ✰

1차 구조를 형성하는 펩타이드 결합 간의 수소 결합에 의해 형성된 구조로 α-나선 구조(α-helix), β-병풍 구조(β-시트), 불규칙 구조 등이 있음

(3) 3차 구조

2차 구조의 수소 결합 외 이온 결합, 소수 결합, S-S 결합에 의해 구부러지고 겹쳐서 구상과 섬유상의 형태를 이룸

(4) 4차 구조

3차 구조의 단백질이 회합한 구조

예 hemoglobin

(1) 화학적 분류(용해도와 구성에 따라)

① 단순단백질 : 가수분해하였을 때 α-아미노산과 그 유도체만으로 구성되어 있는 것 ☆

(+는 가용, -는 불가용)

분류	용해성				예
	물	염류	묽은 산	묽은 알칼리	
알부민 (albumin)	+	+	+	+	ovalbumin(난백), conalbumin(난백), lactalbumin(젖), serum albumin(혈청), ricin(피마자), myogen(근육), leucocine(밀)
	열, 알코올에 의해 응고				
글로불린 (globulin)	-	+	+	+	ovoglobulin(난백), lactoglobulin(젖), serumglobulin(혈청), myosin(근육), fibrinogen(혈장), glycine(콩)
	열에 응고, albumin과 공존하는 경우 많음				
글루텔린 (glutelin)	-	-	+	+	oryzenin(쌀), glutenin(밀), hordenin(보리)
	알코올에 불용				
프롤라민 (prolamin)	-	-	+	+	hordnine(보리), gliadin(밀), zein(옥수수)
	70~80% 알코올에 가용				
알부미노이드 (albuminoid)	-	-	-	-	keratin(피부, 머리카락), collagen(연골, 결 체조직), elastin(심줄), fibroin(명주)
	강산, 강알칼리에 녹으나 변질				
프로타민 (protamine)	+	+	+	-	salmin(연어의 정액), clupein(청어의 정액), scombrin(고등어의 정액), sturin(상어의 정액)
	열에 불응고, 핵단백질, 구성단백질				
히스톤 (histone)	+	+	+	-	globin(혈색소), 흉선 히스톤
	열에 불응고, 핵단백질, 구성단백질				

② 복합단백질 : 단순단백질과 비단백 성분(인, 핵산, 다당류, 금속, 지질, 색소 등)이 결합된 것으로, 세포의 기능에 관여

분류	특성	소재
인단백질 (phosphoprotein)	• 단백질 + 인산 • 핵단백질 · 지단백질에서는 인산이 비단백질 성분의 일부를 차지	• 동물성 식품에만 존재 • casein(젖), vitellin(난황), vitellogenin(난황), hematogen(난황)
핵단백질 (nucleoprotein)	• 단백질 + 핵산 • histone 또는 protamine이 결합	동 · 식물 세포핵의 주성분 배아 · 효모
당단백질 (glycoprotein 또는 mucoprotein)	• 단백질 + 다당류 • 당단백질은 당 부분에 amino당을 함유	• 동 · 식물 세포, 점성분비물에 존재 • mucin(점막분비 · 수액 ; 초산에 의하여 침전) • mucoid(난백 · 혈청)
금속단백질 (metalloprotein)	단백질 + 금속(철 · 구리 · 아연 등)	• ferritin(비장) • hemocyanin(연체동물의 혈액) • insulin(췌장)
지단백질 (lipoprotein)	• 단백질 + 지질 • 중성지질, 인지질, 콜레스테롤이 핵단백질, 인단백질, 단순단백질과 결합	• lipovitellin(난황) • lipovitellenin(난황)
색소단백질 (chromoprotein)	• 단백질 + 색소 • heme, chlorophyll, carotenoid, flavin	• hemoglobin(혈액), myoglobin(근육) • rhodopsin(시홍), astaxanthinprotein(갑각류의 외피), flavoprotein(황색색소)

③ 유도단백질 : 천연단백질이 물리적 · 화학적(산 · 알칼리, 효소, 가열 등)으로 변화된 것

   ㉠ 제1유도단백(변성단백질) : 열 · 자외선(물리적), 묽은 산, 알칼리, 알코올(화학적), 효소적 작용으로 변화하여 응고된 것

     예 응고단백, protean, metaprotein 등

   ㉡ 제2유도단백(분해단백질) : 제1유도단백질이 가수분해되어 아미노산이 되기까지 중간산물

     예 protein → 제1유도단백 → proteose → peptone → peptide → 아미노산

                 └─── 제2유도단백 ───┘

(2) 형태에 의한 분류 ⭐

① **구상 단백질** : 혈청 알부민, 락트알부민(유즙), 미오겐(근육)

② **섬유상 단백질** : 콜라겐(연골), 케라틴(머리카락, 손톱), 미오신(근육), 피브로인(견사)

(3) 기능에 의한 분류

종 류	기 능
효소 단백질	소화효소(pepsin 등)
저장 단백질	우유의 casein, 난백의 ovalbumin, ferritin(간에 철 저장) 등
운반 단백질	hemoglobin(산소 운반), 혈청 albumin(지방산 운반)
수축(운동) 단백질	actin, myosin(근육)
구조 단백질	collagen(연골, 결합조직), keratin(머리카락)
항체 단백질	γ-globulin
조절 단백질	성장호르몬, insulin 등

(4) 영양적 분류

① 완전단백질 ✿
  ㉠ 필수아미노산을 충분히 함유 : 동물의 정상적인 성장을 돕고, 체중을 증가시키며 생리적 기능을 돕는 단백질
  ㉡ 생물가가 높은 양질의 식품: casein(우유), lactalbumin, albumin(달걀)
② 부분적 불완전단백질
  ㉠ 동물의 성장은 돕지 못하나 체중 증가 및 생명을 유지하는 단백질
  ㉡ 필수아미노산의 종류는 충분하나 한 종류의 필수아미노산이 양적으로 부족(제한아미노산)
  ㉢ gliadin(밀), hordein(보리), clycine(대두), 견과류
③ 불완전단백질
  ㉠ 계속 섭취 시 동물의 성장이 지연되고 체중이 감소되며 생명에 지장을 초래
  ㉡ 필수아미노산 중 한 가지가 완전히 결여
  ㉢ 생물가가 낮은 식물성 식품 : 대두 이외의 콩류, 곡류, 옥수수(zein)

05 단백질의 기능

(1) 성장과 조직의 유지

① 혈장단백질, 헤모글로빈의 합성, 아미노산 풀의 형성, 뼈의 신장, 장기 · 근육 · 피부 · 머리카락 구성 등

② 혈장단백질인 알부민, 글로불린, 피브리노겐이 간에서 합성

(2) 에너지원

① 단백질은 당질이나 지질 섭취량이 부족하면 체단백질이 분해되어 에너지를 공급

② 총 식이단백질 중 평균 58%가 에너지원으로 쓰임

(3) 면역기능 형성

단백질은 유해물질이 체내에 침입하면 생체는 자기방어를 위해 이 침입물에 선택적으로 결합하는 물질인 항체(antibody)를 형성하여 질병에 대한 저항력을 제공

(4) 포도당 · 호르몬 및 효소의 생성

① 펩타이드계 호르몬이나 아민 호르몬(갑상샘호르몬, 아드레날린, 인슐린, 글루카곤 등)을 생성하여 대사속도나 생리기능을 조절

② 효소는 순수단백질로 작용하거나, 조효소나 보결분자단이 결합하여 작용

③ 당질 섭취가 부족할 경우 혈당을 일정하게 유지하기 위해, 간에서 아미노산으로부터 포도당을 생성(적혈구나 신경조직에 필요한 에너지 공급)

(5) 삼투압의 유지 ⭐ ⭐

① 세포막 내외의 체액분포는 전해질에서 일어나는 삼투압과 단백질(albumin)에서 오는 압력에 따라 수분평형을 조절

② 단백질 섭취가 부족하면 혈장 단백질(알부민) 농도가 저하되어 모세혈관 내 체액이 조직액 속으로 이동하게 되고 영양성 부종이 발생

(6) 기 타

pH 조절, 신경자극전달계 형성, 아미노산의 생리적 기능 등

06 단백질의 합성

(1) 정 의

① 단백질의 합성은 리보솜(ribosome)에서 일어나고, 핵산(DNA와 RNA)이 관여

② DNA : 염색체를 통하여 유전형질을 전달. 단백질을 합성할 때 아미노산의 배열순서에 대한 암호를 전달

③ RNA : DNA의 정보 전수, 아미노산 운반 등을 하여 단백질을 합성

(2) DNA는 유전정보를 m-RNA에 전달하고 m-RNA는 핵을 떠나 리보솜에 부착하여 단백질 합성틀을 형성

(3) 활성화된 아미노산이 결합된 t-RNA는 m-RNA의 순서에 맞게 아미노산을 계속 운반하여 아미노산 간에 peptide 결합을 형성

07 단백질의 대사

(1) 체내 단백질의 작용 ☆

① 혈액, 근육, 골격 등 조직단백질의 합성에 이용 및 호르몬, 효소, 비타민 및 핵산 등의 합성재료를 제공

② 산화되어 에너지원으로 사용하며, 탈아미노화 후의 아미노기는 요소로 배출

③ 탄수화물 및 지방질로 전환되고 혈당원, 비필수아미노산 생성 등에 작용

(2) 단백질의 동적 평형

① 단백질의 합성과 분해가 지속적으로 일어나는 현상으로, 성인은 하루에 섭취하는 단백질량과 체외로 배설되는 양이 같은 상태

② 인체는 단백질을 약 15% 함유, 간의 경우 2~3주에 1/2이 교체되고, 근육은 4개월 단위로 교체

③ 탄소골격의 대부분은 CO_2와 H_2O로 되어 배설

④ $-NH_2$는 간에서 요소로 합성되어 신장을 통해 요로 배설

⑤ 모발, 손톱, 피부 등의 상피조직에서 단백질을 배설

⑥ **단백질의 전환** : 단백질이 합성과 분해를 반복하면서 동적인 평형상태를 유지하는 과정

아미노산 풀(amino acid pool) ⭐ ⭐
- 식이섭취와 체단백질 분해 등으로 세포 내에 유입되는 아미노산의 양을 아미노산 풀이라고 한다. 아미노산 풀의 크기는 식이섭취량, 체내 함량, 재활용 등에 의해 결정된다.
- 단백질 합성대사 : 아미노산 풀의 크기가 지나치게 클 경우 과잉의 아미노산들이 에너지, 포도당, 지방 생성에 사용된다.
- 단백질 분해대사 : 단백질 섭취의 부족으로 아미노산 풀이 감소하면 부족한 아미노산은 세포 내 단백질을 분해하여 만든다.

(3) 아미노산의 변화

① 탈아미노 반응(deamination) : 아미노산을 α-케토산(α-keto caid)과 NH_3로 분해하는 반응 ⭐
- ㉠ $-NH_3$: 요소회로에 의해 요중으로 배설
- ㉡ α-케토산 : TCA 회로로 들어가 산화

② 아미노기 전이반응(transamination) : α-아미노산의 amino기가 다른 α-케토산으로 이동되어 새로운 아미노산과 케토산을 생성하는 반응. 이때 PLP(pyridoxal-phosphate)를 보효소로 사용 ⭐

③ 탈탄산 반응(decarboxylation) : α-아미노산의 $-COOH$에 decarboxylase가 작용하여 아민을 생성하는 반응(생리적 활성아민)

④ 오르니틴 회로(요소회로) : 탈아미노 반응 생성물인 암모니아는 혈액을 통해 간으로 이동하여 간 세포에서 이산화탄소와 반응하고 그 생성물은 오르니틴과 반응하여 시트룰린이 되면서 요소 생성경로로 돌아가 신장으로 배설

⑤ 크레아틴, 크레아티닌의 생성 ⭐
- ㉠ 크레아틴 : 주로 신장에서 arginine과 glycine, methionine을 원료로 하여 합성, 근육에 운반되어 creatine phosphate의 형태로 저장

TIP

퓨린체의 대사 이상
관절에 요산염이 침착되어 진통발작을 일으키는 병

- ㉡ 크레아티닌 : creatine의 최종 분해산물로 요중으로 배설, 생성량은 총근육량에 비례하고, 섭취된 단백질량에 영향을 받지 않음. 즉, 근육의 노동량에 비례하여 배설

(4) 케톤산의 대사

① 아미노산 재생 : 아미노기 전이에 의하여 아미노화와 NH_3가 아미노산을 재형성

② 당원성 아미노산 : TCA 회로에서 산화되거나 당을 신생하는 아미노산으로서 glycine, alanine, serine, threonine, cysteine, valine, methionine 등이 있음

③ 케토원성 아미노산 : acetoacetic acid, acetyl-CoA를 거쳐 지방산으로 합성되는 아미노산으로서 leusine, lysine이 있음

④ 당원성 및 케토원성 아미노산 : 당의 신생과 지방산의 합성이 같이 일어나는 아미노산으로서, phenylalanine, tyrosine, isoleucine, tryptophan 등이 있음

(5) 단백질의 상호보조작용 ㉟ ㊲ ㊳ ㊵ ㊶ ㊸ ㊹

① 인체는 모든 아미노산을 적당량 섭취하더라도 적당량의
필수아미노산을 섭취하지 않으면 단백질 합성을 하지
못함

② 질이 낮은 단백질에 부족한 아미노산을 보충하거나 그 아
미노산을 함유하는 단백질과 함께 섭취함으로써 부족한
필수아미노산을 보충하여 단백질의 질을 향상시키는 효과
를 단백질의 상호보완작용이라 함

> 예 곡류(lysine, threonine 부족)+콩류, 유제품(곡류의 제한아미노산 풍부)
>
> 콩류(methionine 부족)+곡류, 견과류(콩류의 제한아미노산 풍부)
>
> 옥수수(tryptophan, lysine 부족)+콩류, 유제품(옥수수의 제한아미노산 풍부)

(6) 질소평형 ㊱ ㊴ ㊵ ㊶ ㊺ ㊻ ㊼

① 의의 : 조직단백질을 둘러싸고 있는 체액 속의 아미노산과 조직단백질의 아미노산 사이에 계
속적인 교환이 일어남. 이때 음식으로 섭취한 질소량과 배설량이 같은 것을 의미

② 측정 : 단백질 1g에 질소가 약 16% 함유되어 있어, 소변이나 대변의 질소량을 측정하면 단백
질이 체내에 얼마만큼 대사되었는가를 측정할 수 있음

③ 질소-단백질 환산계수

시료 중의 질소량으로부터 단백질량을 환산하기 위한 계수로 단백질의 평균질소함량이 거의
16%인 것을 이용하여 특정한 값이 제시되지 않은 경우, 6.25(100/16)를 사용

> 단백질량 = 질소량 × 단백질 환산계수

분류	측정	발생
질소평형	N 섭취=N 배설	조직의 유지와 보수(성인)
음의 질소평형	N 섭취<N 배설	신체의 소모, 체중 감소, 질환 → 저단백식사(필수아미노산 결핍), 기아, 위장병, 발열, 감염, 신장병, 화상, 수술 후
양의 질소평형	N 섭취>N 배설	성장기, 임신, 질환 · 수술 후의 회복기, 운동훈련 시, 인슐린 · 성장호르몬 · 테스토스테론의 분비 증가 시

(1) 생물학적 방법

① 체중 증가법

㉠ 단백질효율(PER ; Protein Efficiency Ratio) : 섭취한 단백질 1g에 대한 체중증가량(단, 에너지와 단백질의 섭취량이 적당량이어야 함) ⭐

> 단백질효율(PER) = 증가한 체중의 양(g) / 섭취한 단백질의 양(g)

㉡ 진정단백질률(NPR ; Net Protein Ratio) : 단백질효율(PER)과 무단백 식이를 병행 실험하여 체중유지를 위해 필요한 단백질의 양 측정

> 진정단백질률(NPR) = (단백질 사료에 의한 체중증가량 − 무단백질 사료에 의한 체중감소량) / 섭취단백질량

② 질소 출납법

체내외의 질소량을 계산하려면 다음 항목의 개념을 정리해두는 것이 좋음

섭취한 질소량(식이질소량)	−
배출한 질소량	대변질소량 + 소변질소량
흡수된 질소량	섭취한 질소량 − 대변질소량
보유된 질소량	섭취한 질소량 − (배출한 질소량) = 섭취한 질소량 − (대변질소량 + 소변질소량)

질소량이 직접 주어지지 않고 단백질량이 주어질 경우, 질소−단백질 환산계수를 써서 질소량을 계산

㉠ 생물가(BV ; Biological Value) : 생물 체내로 흡수된 질소량과 체내에 보유된 질소량의 비율을 백분율로 나타낸 것으로 질소 평형실험에 의해 산출 ⭐

> 생물가(BV) = (보유된 질소량 / 흡수된 질소량) × 100
> = (섭취한 질소량 − 대변질소량 − 소변질소량) / (섭취한 질소량 − 대변질소량) × 100

∴ 식물성 단백질이 동물성 단백질보다 생물가가 낮아 더 많이 섭취해야 함

㉡ 질소평형지표(NBI ; Nitrogen Balance Index) : 식사 중의 질소가 체내 보유된 것을 측정하는 방법

> 질소평형지표(NBI) = (질소평형의 양 − 대사된 질소의 양) / 흡수된 질소의 양

ⓒ 단백질실이용률(NPU ; Net Protein Utilization) : 총 식이질소가 동물 체내에 보유된 정도를 나타낸 것. 생물가는 소화흡수율을 고려하지 않았으나 단백질실이용률은 소화흡수율을 고려한 것으로서 생물가에 소화흡수율을 곱해서 구할 수 있음

> 단백질실이용률(NPU) = 생물가 × 소화흡수율
> = 보유된 질소량 / 섭취한 질소량 × 100

(2) 화학적 방법

① 화학가(chemical score) : 식품단백질의 제1제한아미노산의 함량을 기준단백질의 같은 아미노산의 함량으로 나눈 값의 백분율로, 달걀 단백질의 필수아미노산 구성이 인체에 필요한 필수아미노산 함량과 거의 일치하므로 기준으로 하여 비교 평가할 수 있음

> 화학가 = 식품단백질 g당 제1제한아미노산의 함량(mg) / 기준단백질 g당 위와 같은 아미노산의 함량 × 100

② 아미노산가(amino acid score) : 식품단백질의 제1제한아미노산의 함량을 기준단백질(WHO가 제정한 인체의 단백질 필요량으로서 필수아미노산의 표준)의 같은 아미노산 함량으로 나눈 값의 백분율

> 아미노산가 = 식품단백질 g당 제제한아미노산의 함량(mg) / WHO 기준단백질 g당 위와 같은 아미노산의 함량 × 100

③ 소화율이 고려된 아미노산가(Protein digestibility corrected amino acid score, PDCAAS) : 아미노산가에서 소화율이 고려된 것으로, 생물학적인 평가방법과 화학적 평가방법의 단점을 보완. 4세 이상이나 비임신 성인을 위한 식품에 단백질효율 대신 사용하도록 승인한 것

> PDCAAS = 아미노산가 × 소화율

09 단백질과 건강

(1) 단백질의 결핍증

① 콰시오커(kwashiorkor) : 이유기 이후의 아동이 에너지는 겨우 섭취하고 단백질이 상당히 부족한 상태에서 나타나는 질병으로, 성장 정지, 피부와 머리카락의 색변화, 간의 지방 침윤, 간경변, 영양적 피부염, 부종(moonface)의 증상 발생 ⭐37 ⭐40 ⭐41

② 마라스무스(marasmus) : 주로 에너지와 단백질이 모두 부족한 기아상태에서 나타나는 질병으로 애늙은이 얼굴, 근육 쇠퇴, 체지방 감소(피골상접), 피부, 모발, 간기능 정상, 신경질적, 잘 놀람 등의 증상 발생

(2) 단백질 과잉 섭취의 문제점 ⭐45 ⭐46 ⭐47

① 단백질 과잉 섭취 시 단백질을 에너지원으로 이용하여 당질과 지방의 연소를 감소시키므로 체지방이 축적되고 체중이 증가함. 질소노폐물인 요소의 생성 및 배설량을 증가시켜 신장에 부담을 줌

② 동물성 단백질 과잉 섭취 시 단백질에 함유된 산성의 황아미노산 대사물질이 중화되는 과정에서 소변을 통한 칼슘의 손실이 많아짐

(3) 선천성 대사이상 ⭐43

① 호모시스틴뇨증 : 메티오닌으로부터 시스테인을 합성하는 과정에 있는 시스타티오닌 합성효소에 유전적으로 결함이 있어 이 효소의 기질인 호모시스틴의 혈중 농도를 높임. 따라서 호모시스틴이 소변으로 많이 배설되는 유전적인 대사질환

② 페닐케톤뇨증 : 페닐알라닌 대상의 선천적 장애로 나타나는 질병으로 주로 백인에게 많음. 이는 간의 페닐알라닌 수산화효소의 유전적인 결함에 의해 페닐알라닌이 티로신으로 전환되지 못하고 혈액이나 조직에 축적되어 나타남 ⭐37

③ 단풍당뇨증 : 선천적으로 류신, 이소류신, 발린 등 분지아미노산의 산화적 탈탄산소화를 촉진시키는 효소의 유전적인 결함에 의해 이들 아미노산으로부터 생성되는 케토산의 농도가 혈액이나 소변에 증가. 식이요법은 주로 아미노산을 제한한 특수분유나 식품을 공급하여 혈중 농도를 정상으로 유지하는 데 목적이 있음 ⭐42

CHAPTER

03 적중예상문제

01 단백질에 관한 설명 중 옳지 않은 것은?

① 혈장 단백질에는 albumin, fibrinogen, α-globulin, γ-globulin 등이 있다.

② 절식에 의하여 단백질의 감소가 가장 빠른 조직은 간이다.

③ intrinsic factor(내부적 요소)란 당을 가진 끈끈한 단백질이다.

④ 콰시오커는 피부 · 간 · 두피 등에 영향을 미치는 증세이다.

⑤ 단백질의 실이용률을 높이는 데 가장 큰 영향을 주는 영양소는 식이섬유이다.

해설 단백질의 실이용률을 증가시키기 위해서는 열량의 섭취를 증가시키면 된다. 따라서 열량을 낼 수 있는 영양소는 탄수화물과 지방이다.

출제유형 46

02 RNA의 구성성분으로만 묶인 것은?

① 리보스, 아데닌, 우라실

② 데옥시리보스, 시토신, 우라실

③ 데옥시리보스, 아데닌, 우라실

④ 리보스, 구아닌, 티민

⑤ 리보스, 시토신, 티민

해설 RNA와 DNA의 구성성분
- RNA : 리보스, 인산, 염기(아데닌, 구아닌, 우라실, 시토신)
- DNA : 데옥시리보스, 인산, 염기(아데닌, 구아닌, 티민, 시토신)

01 ⑤ 02 ① 정답

03 밀가루 음식만을 장기 섭취할 경우 가장 부족한 아미노산은?

① 메티오닌

② 루 신

③ 라이신

④ 발 린

⑤ 트립토판

해설 밀단백질의 제한아미노산은 라이신과 트레오닌이다.

출제유형 42, 45

04 케톤 생성 아미노산으로 짝지어진 것 중 옳은 것은?

① 류신, 라이신

② 아르기닌, 라이신

③ 류신, 발린

④ 이소류신, 프롤린

⑤ 페닐알라닌, 아르기닌

해설 아미노산
- 케톤 생성 아미노산 : 류신, 라이신
- 케톤 생성 및 포도당 생성 아미노산 : 티로신, 트립토판, 이소류신, 페닐알라닌
- 포도당 생성 아미노산 : 알라닌, 세린, 시스테인, 글리신, 아스파르트산, 아스파라긴, 글루탐산, 아르기닌, 글루타민, 히스티딘, 트레오닌, 발린, 메티오닌, 프롤린

출제유형 35

05 단백질 오리제닌(oryzenin)이 함유된 식품은?

① 밀

② 보 리

③ 콩

④ 쌀

⑤ 옥수수

해설 식품에 함유된 단백질
쌀(oryzenin), 밀(glutenin, gliadin), 보리(hordein), 대두(glycinin), 옥수수(zein)

정답 03 ③ 04 ① 05 ④

06 **영유아의 필수아미노산은?**

① 시스테인(cysteine)

② 알라닌(alanine)

③ 글리신(glycine)

④ 티로신(tyrosine)

⑤ 히스티딘(histidine)

해설 필수아미노산

발린(valine), 류신(leucine), 이소류신(isoleucine), 트레오닌(threonine), 메티오닌(methionine), 페닐알라닌(phenylalanine), 트립토판(tryptophan), 라이신(lysine)

※ 유아의 경우에는 히스티딘(histidine)을 포함한다.

07 **필수아미노산의 특징으로 옳지 않은 것은?**

① 필수아미노산은 인체 내에서 산화될 수 있다.

② 필수아미노산은 인체 내에서 합성될 수 있다.

③ 필수아미노산은 신경전달물질의 전구체가 된다.

④ 필수아미노산은 인체 내에서 단백질 합성에 필요하다.

⑤ 필수아미노산은 1개라도 부족하면 그 기능을 발휘하지 못한다.

해설 필수아미노산은 생체 내에서 합성이 되지 않으므로 식품으로 꼭 섭취해야 하는 아미노산을 의미한다. 필수아미노산만이 단백질 합성이나 신경전달물질 합성에 관여하는 것이 아니고 비필수아미노산도 필요하다. 또한 모든 아미노산이 체내에서 아미노그룹을 제거한 뒤 산화될 수 있다.

06 ⑤ **07** ② 정답

08 음의 질소평형에 해당하는 경우는?

① 임신부
② 화상 환자
③ 근육운동 선수
④ 성장기 어린이
⑤ 회복기 환자

해설 질소평형

분 류	측 정	발 생
질소평형	N 섭취 = N 배설	조직의 유지와 보수(성인)
음의 질소평형	N 섭취<N 배설	신체의 소모, 체중 감소, 질환 → 저단백식사(필수아미노산 결핍), 기아, 위장병, 발열, 감염, 신장병, 화상, 수술 후
양의 질소평형	N 섭취>N 배설	성장기, 임신, 질환 · 수술 후의 회복기, 운동훈련 시, 인슐린 · 성장호르몬 · 테스토스테론의 분비 증가 시

09 필수아미노산에 대한 설명으로 틀린 것은?

① 발육기의 아동의 필수아미노산은 히스티딘이다.
② 옥수수 중에 특히 부족한 필수아미노산으로 트립토판, 라이신이 있다.
③ 식품에 존재하는 필수아미노산 중 인체가 필요한 양으로 볼 때, 가장 적은 양이 함유되어 있는 아미노산을 제1제한아미노산이라 한다.
④ 쌀과 밀 등의 곡류에는 라이신, 트레오닌이 부족하고 콩류에는 메티오닌이 부족하다.
⑤ 신경전달물질인 세로토닌의 전구체가 되는 아미노산은 알라닌이다.

해설 신경전달물질인 세로토닌의 전구체는 알라닌이 아닌 트립토판이다.

정답 08 ② 09 ⑤

10 단백질에 관한 설명으로 옳은 것은?

① 단백질의 대사율은 신장에서 조절된다.

② 단백질의 섭취량이 많으면 부종이 생긴다.

③ 대사산물 중 크레아티닌은 식사의 영향을 많이 받는다.

④ 알라닌은 근육에서 간으로 질소 수송체 역할을 한다.

⑤ 단백질 분해로 생성된 아미노산은 모두 배설된다.

해설 ① 신장과 단백질 대사율은 관련이 없다.
② 단백질 섭취 부족 시 혈장의 삼투압 조절에 기여하는 알부민 등의 부족으로 혈관 내에 있어야 할 수분이 세포조직에 저류하는 부종이 생긴다.
③ 크레아틴은 신장과 간을 거치면서 생성되는데 이것이 근육에서 인산기와 합쳐져서 크레아틴인산(creatine phosphate)을 형성하게 된다. 따라서 크레아티닌의 양은 식사량이 아닌 근육량과 비례하게 된다.
⑤ 단백질 분해로 생성된 아미노산은 재활용되어 새로운 아미노산 합성에 이용되기도 한다.

출제유형 37

11 두 가지 식품을 섞어서 음식을 만들었을 때 단백질의 상호보조력이 가장 큰 것은?

① 쌀과 옥수수

② 쌀과 두류

③ 쌀과 보리

④ 옥수수와 밀

⑤ 젤라틴과 옥수수

해설 쌀에는 라이신이나 트레오닌이 부족하고 콩류에는 메티오닌이 부족하기 쉬우므로 상호보충하면 단백질의 질을 상승시킬 수 있다. 젤라틴은 대부분의 필수아미노산이 부족하고 옥수수는 트립토판과 라이신, 밀은 라이신과 트레오닌이 부족하므로 이들을 상호보충하는 것은 바람직하지 않다.

10 ④ **11** ② **정답**

12 단백질과 아미노산에 대한 설명으로 옳지 않은 것은?

① 분자 내에 평균 16%의 질소를 함유하고 있다.

② 항체를 만드는 성분으로 아미노산인 펩타이드 결합으로 되어 있다.

③ 식품 단백질을 구성하고 있는 필수아미노산 중 가장 적게 들어 있는 것을 제1제한아미노 산이라 한다.

④ 메티오닌과 라이신이 제한아미노산인 쌀과, 트레오닌이 제한아미노산인 콩을 섞어서 먹을 경우에는 이들 간의 상호보충 효과를 낼 수 있다.

⑤ 불완전단백질을 섭취할 때에는 완전단백질과 함께 섭취하면 상호보충 효과가 있어 영양 상으로 문제가 없다.

> **해설** 쌀의 제한아미노산은 라이신과 트레오닌으로 콩을 먹음으로써 보완될 수 있으며 콩에 부족한 메티오닌은 쌀이 보완하여 상호보충 효과를 낼 수 있다.

13 다음은 단백질에 대한 설명이다. 틀린 것은?

① 식물성 식품만으로는 성장기에 충분한 단백질 영양상태를 이루기가 어렵다.

② 신생아의 단백질 합성을 촉진하기 위해 고단백 식이를 먹여야 한다.

③ 탄수화물이나 지방으로부터의 열량섭취량이 충분하지 않은 경우 단백질이 열량의 급원 으로 사용된다.

④ 효소와 호르몬, 체액의 성분이 되며, 에너지 공급원으로도 작용한다.

⑤ 생리적 연소값은 4kcal이다.

> **해설** 신생아에게 단백질을 너무 많이 먹이면 혈액의 아미노산의 농도가 올라가서 신장이나 간에 부담이 된다.

정답 12 ④ 13 ②

14 단백질의 설명으로 옳지 않은 것은?

① 효소는 단백질로 체내대사 과정을 돕는다.

② 단백질은 아미노산으로 구성되어 있고 펩톤, 펩타이드는 단백질의 유도체에 속한다.

③ 항체, 효소, 글로빈은 단백질이 주 구성요소이다.

④ 당질의 단백질 절약작용이란 당질의 충분한 섭취로 단백질이 에너지원으로 쓰이는 대신 조직을 구성하고 보수하는 기능에 쓰이도록 하는 것을 말한다.

⑤ 비필수아미노산은 생체 내에서 합성되지 않는다.

> 해설 체내에서 합성될 수 없거나 합성되더라도 그 양이 인체 요구량에 못 미쳐 음식으로 섭취해야 하는 아미노산은 필수아미노산이다.

출제유형 47

15 체내에서 퓨린의 최종 대사산물은?

① 프롤린

② 암모니아

③ 요 소

④ 글루코스

⑤ 요 산

> 해설 요산은 핵산의 일종인 퓨린이 분해되면서 생기는 최종 대사산물로, 통풍의 원인이 된다.

16 다음 중 생물가가 높은 순으로 정리된 것은?

① 달걀 > 우유 > 쌀 > 감자

② 달걀 > 우유 > 감자 > 쌀

③ 달걀 > 쌀 > 우유 > 감자

④ 달걀 > 쌀 > 감자 > 우유

⑤ 감자 > 달걀 > 우유 > 쌀

> 해설 생물가
> • 몸 안에 흡수된 질소를 체내에 보유된 질소량으로 나누어 100을 곱한 수치
> • 달걀(96), 우유(90), 소고기(76), 쌀(75), 콩(75), 감자(67), 밀(65)

14 ⑤ **15** ⑤ **16** ① 정답

17 다음 중 콰시오커의 증세로 옳은 것은?

> 가. 성장 지연
> 나. 부 종
> 다. 피부염
> 라. 머리카락의 변색

① 가, 나, 다
② 가, 다
③ 나, 라
④ 라
⑤ 가, 나, 다, 라

해설 콰시오커는 단백질 결핍 증세로 성장 지연, 체중 감소, 머리카락의 탈색, 피부염, 저항력 감소, 지방간과 부종이 나타난다.

18 질소평형이 음(−)이 되는 경우로 옳은 것은?

① 건강한 성인 남자
② 수술 후 회복기에 있는 남자
③ 임산부
④ 근육의 증가를 위해 힘쓰는 성인
⑤ 장기간 굶는 경우

해설 질소평형(nitrogen balance)
- 섭취된 질소량 = 배설된 질소량 → 건강한 성인(체조직 보수·유지가 일어남)
- 양(+)의 질소평형 : 섭취된 질소량 > 배설된 질소량 → 성장기 어린이, 임산부, 회복기 환자, 근육의 증가를 위해 힘쓰는 성인
- 음(−)의 질소평형 : 섭취된 질소량 < 배설된 질소량 → 질병, 기아, 외상, 소모성 질환

정답 **17** ⑤ **18** ⑤

19 양(+)의 질소평형 상태인 경우는?

① 수술 후

② 고 열

③ 감 염

④ 화 상

⑤ 임 신

해설 질소평형

분 류	측 정	발 생
질소평형	N 섭취 = N 배설	조직의 유지와 보수(성인)
음의 질소평형	N 섭취<N 배설	신체의 소모, 체중 감소, 질환 → 저단백식사(필수아미노산 결핍), 기아, 위장병, 발열, 외상, 신장병, 화상, 수술 후
양의 질소평형	N 섭취>N 배설	성장기, 임신, 질환·수술 후의 회복기, 운동훈련 시, 인슐린·성장호르몬, 테스토스테론의 분비 증가 시

20 체내에서 아미노산으로부터 합성되는 비단백성 질소화합물로 옳지 않은 것은?

① 프로피린

② 글로불린

③ 크레아틴

④ 퓨 린

⑤ 피리미딘

해설 · 질소물에는 단백질과 비단백성 질소화합물이 있다.
· 글로불린은 가수분해하면 아미노산만이 생성되는 단순단백질이고, ①·③·④·⑤는 비단백성 질소화합물이다.

21 요소 합성반응에 관계있는 물질로 옳은 것은?

> 가. 아르기닌
> 나. 아스파르트산
> 다. 오르니틴
> 라. 아세틸-CoA

① 가, 나, 다
② 가, 다
③ 나, 라
④ 라
⑤ 가, 나, 다, 라

해설 요소회로는 NH_3가 CO_2와 반응하고 그 생성물은 오르니틴과 반응하여 시트룰린이 되며, 아스파르트산과와 반응하여 아르기노숙신산을 경유하여 아르기닌을 생성한다. → 아르기나아제에 의해 가수분해되어 요소와 오르니틴으로 된다.

출제유형 47

22 곁가지 아미노산(BCAA)에 해당하는 것은?

① 메티오닌
② 류 신
③ 티로신
④ 세 린
⑤ 트레오닌

해설 곁가지 아미노산(BCAA ; branched chain amino acid)
분지쇄아미노산이라고도 하며, 필수아미노산 가운데 발린(valine), 류신(leucine), 이소류신(isoleucine)을 말한다.

정답 **21** ① **22** ②

23 질소평형에서 '질소 배설량<질소 섭취량'인 경우는?

① 건강한 성인
② 기 아
③ 감 염
④ 성장기
⑤ 발 열

해설 질소평형

분 류	측 정	발 생
질소평형	N 섭취 = N 배설	조직의 유지와 보수(성인)
음의 질소평형	N 섭취<N 배설	신체의 소모, 체중 감소, 질환 → 저단백식사(필수아미노산 결핍), 기아, 위장병, 발열, 감염, 신장병, 화상, 수술 후
양의 질소평형	N 섭취>N 배설	성장기, 임신, 질환 · 수술 후의 회복기, 운동훈련 시, 인슐린 · 성장호르몬 · 테스토스테론의 분비 증가 시

24 단백질의 영양가에 대한 설명 중 옳은 것은?

가. 단백질의 영양가는 구성 아미노산의 조성에 따라 다르다.
나. 밀단백질은 쌀단백질보다 영양가가 높다.
다. 옥수수단백질의 영양가는 트립토판과 라이신을 첨가하면 높아진다.
라. 필수아미노산만 전부 함유하고 있으면 완전단백질이다.

① 가, 나, 다
② 가, 다
③ 나, 라
④ 라
⑤ 가, 나, 다, 라

해설 나. 밀단백질은 65, 쌀단백질은 75이다.
라. 완전단백질은 생명체의 성장과 유지에 필요한 필수아미노산을 충분히 함유하고 있으며 생물가가 높은 양질의 단백질을 말한다.

23 ④ **24** ② **정답**

25 유도단백질 중 분해단백질이 가수분해받는 순서로 옳은 것은?

① protein → 제1유도단백질 → peptone → proteose → peptide → amino acid

② protein → peptone → 제1유도단백질 → proteose → peptide → amino acid

③ protein → 제1유도단백질 → peptide → proteose → amino acid

④ protein → 제1유도단백질 → proteose → peptone → peptide → amino acid

⑤ protein → peptone → 제1유도단백질 → amino acid → proteose → peptide

출제유형 45

26 단백질 섭취량에 따라 소변으로 배설되는 양이 달라지는 것은?

① 크레아티닌　　　　　　　　　② 크레아틴

③ 암모니아　　　　　　　　　　④ 빌리루빈

⑤ 요 소

해설 소변의 성분 중 90% 이상이 물이고, 그다음이 요소이고, 미량의 요산, 아미노산, 무기염류 등이 들어 있다. 이 중에 요소의 양은 음식물의 종류, 생리상태, 환경조건에 따라 많은 차이가 있다. 건강한 사람의 경우 하루에 30g 정도의 요소를 배출하는데 대체로 단백질이 풍부한 음식을 많이 섭취하는 사람에서는 요소의 배출량이 많 아진다.

출제유형 43, 47

27 아미노산 풀에 관한 설명으로 옳은 것은?

① 에너지원으로 이용되지 못한다.

② 특정 세포에만 있다.

③ 탄수화물 섭취가 부족한 경우 당신생에 사용된다.

④ 단백질 합성에 사용되지 않는다.

⑤ 체지방 합성에 사용되지 않는다.

해설 아미노산 풀(amino acid pool)
　• 식이섭취와 체단백질 분해 등으로 세포 내에 유입되는 아미노산의 양을 아미노산 풀이라고 한다. 아미노산 풀의 크기는 식이섭취량, 체내 함량, 재활용 등에 의해 결정된다.
　• 단백질 합성대사 : 아미노산 풀의 크기가 지나치게 클 경우 과잉의 아미노산들이 에너지, 포도당, 지방생성에 사용된다.
　• 단백질 분해대사 : 단백질 섭취의 부족으로 아미노산 풀이 감소하면 부족한 아미노산은 세포 내 단백질을 분 해하여 만든다.

정답 **25** ④　**26** ⑤　**27** ③

28 단백질을 장기간 섭취하지 않을 때 나타날 수 있는 증상은?

① 혈청 알부민의 감소

② 체중 증가

③ 간의 지방 축적 감소

④ 근육량의 증가

⑤ 소변으로 칼슘 배설 증가

해설 단백질 결핍 시 증상

빈혈, 체중 감소, 근육량 감소, 간의 지방 축적 증가(지방간), 혈청 알부민 감소, 무기력이 나타난다.

29 다음 중 아미노산가, 생물가, 단백질효율, 단백질실이용률이 가장 높은 식품은?

① 우 유

② 달 걀

③ 육 류

④ 어 류

⑤ 대 두

해설 단백질의 질이 가장 좋은 식품은 달걀이다.

30 단백질이 결핍되어 부종이 일어나는 원인은?

① 빈 혈

② 혈장 알부민 감소

③ 혈관저항의 저하

④ 헤모글로빈 합성 저하

⑤ 소변량 감소

해설 단백질이 부족하면 저단백혈증의 혈장 알부민 감소로 인하여 혈중의 수분이 조직으로 빠져나가 부종을 유발한다. 알부민은 주로 간에서 생성되어 신체 내의 삼투압 유지에 중요한 역할을 한다.

28 ① **29** ② **30** ② **정답**

31 단백질을 과잉섭취했을 때 나타나는 증상으로 옳은 것은?

① 케톤체의 합성이 증가한다.

② 소변으로 칼슘의 배설이 증가한다.

③ 에너지 필요량이 증가한다.

④ 근육단백질이 감소한다.

⑤ 체내 지방량이 감소한다.

해설 칼슘은 혈액의 항상성을 유지하는 기능을 하는데 동물성 단백질은 혈액을 산성화시킨다. 따라서 단백질을 과잉 섭취하면 혈액이 산성화되어 이를 중성화시키기 위해 칼슘이 이용된다. 단백질 과잉섭취는 골다공증을 유발하는 이유이기도 하다.

32 동물성 단백질 과잉섭취 시 체내의 변화는?

① 요소 합성이 감소한다.

② 체지방이 감소한다.

③ 혈당이 감소한다.

④ 근육이 손실된다.

⑤ 칼슘이 손실된다.

해설 동물성 단백질 과잉섭취 시 단백질에 함유된 산성의 황아미노산 대사물질이 중화되는 과정에서 소변을 통한 칼슘의 손실이 많아진다.

정답 31 ② 32 ⑤

33 옥수수의 제1제한아미노산은?

① 메티오닌

② 발 린

③ 트레오닌

④ 류 신

⑤ 트립토판

> 해설 제한아미노산이란 식품의 필수아미노산 중 함량이 체내 요구량에 비해 적은 것이고, 제1제한아미노산은 제한아
> 미노산 중 가장 적게 함유되어 있는 것이다. 옥수수의 제1제한아미노산은 트립토판(tryptophan)이다.

34 성장기의 한 남자가 125g의 단백질을 1일 섭취하고, 3g의 질소를 대변으로, 4g의 질소를 소
변으로 배설하고 있다. 이 사람의 질소평형(nitrogen balance) 상태는?

① +13gN

② +17gN

③ +16gN

④ 0

⑤ −1gN

> 해설 섭취한 질소량 = 단백질량/6.25 = 20(여기서 6.25는 질소 − 단백질 환산계수). 따라서 섭취한 질소량 − 배출한
> 질소량 = 섭취한 질소량 − (대변질소량+소변질소량) = 20 − (3+4) = 13

35 다음 중 한국인 성인(30~49세)의 일일 단백질 권장섭취량은?

① 남자 − 85g, 여자 − 70g

② 남자 − 75g, 여자 − 60g

③ 남자 − 65g, 여자 − 50g

④ 남자 − 55g, 여자 − 45g

⑤ 남자 − 45g, 여자 − 30g

> 해설 한국인 영양소 섭취기준(2020)에서는 19~29세 남자는 65g, 여자는 55g, 30~49세 남자는 65g, 여자는 50g으
> 로 정하고 있다.

36 단백질의 종류와 예로 옳은 것은?

① 단순단백질 – 핵단백질
② 인단백질 – 카세인
③ 당단백질 – 헤모글로빈
④ 복합단백질 – 글로불린
⑤ 유도단백질 – 알부민

> **해설** 단백질의 종류
> • 단순단백질 : 아미노산 외에 다른 화학성분을 함유하지 않는 단백질
> • 복합단백질
>   – 지단백질 : 킬로미크론, VLDL, LDL, HDL
>   – 당단백질 : 소장 점액 중의 뮤신, 점액 단백질, 혈중 면역글로불린 G
>   – 인단백질 : 우유의 카세인
>   – 헴단백질 : 혈중 헤모글로빈
>   – 플라빈 단백질 : 숙신산 탈수소효소
>   – 금속단백질 : 철저장단백질, 알코올 탈수소효소, 칼모둘린, 플라스토시아닌

출제유형 38

37 생명체의 성장과 유지에 필요한 필수아미노산을 충분히 함유하고 있는 것은?

① 완전단백질
② 불완전단백질
③ 부분적 불완전단백질
④ 유도단백질
⑤ 복합단백질

> **해설** 완전단백질이란 동물의 성장에 필요한 모든 필수아미노산을 골고루 갖춘 단백질로 보통 동물성 단백질이 여기
> 에 속한다.

정답 36 ② 37 ①

CHAPTER 04 영양소의 소화흡수와 열량대사

01 영양소의 소화 ⭐

(1) 입

① pH 6.8, 99.5%가 수분이고 나머지는 효소인 뮤신, 프티알린이 있음

② 뮤신 : 당과 단백질이 결합한 glycoprotein → 점성을 띠므로 음식물이 식도를 통해 위로 넘어가는 것을 용이하게 함

③ 프티알린 : 전분 분해효소(α-amylase) → pH 4 이하이면 효소 불활성

(2) 위 ⭐

① 맑고 연한 황색으로 pH는 1.0~3.5이며, 0.2~0.5%의 HCl과 97~99% 수분으로 구성

② 펩신 : 단백질 분해효소(벽세포 → HCl 분비), 주세포에서 펩시노겐(단백질 분해효소 전구체)을 분비 ⭐

③ 레닌(키모신, 레닛) : 유아의 위액에 존재, 우유(카세인)를 응고시켜 우유가 위를 빨리 통과하지 못하게 함 ⭐

④ 리파아제 : 산성에서 작용하지 못함

⑤ 위액분비 자극요인

　㉠ 식사 시는 공복 시의 6배 정도 증가(최대 3mL/min)

　㉡ 음식물을 보거나, 냄새를 맡거나 맛을 볼 때 증가

　㉢ 단백질, 알코올, 커피, CO_2는 자극적이나 지방, 탄수화물 등은 자극적이지 않음

　㉣ HCl 농도는 식후 1시간이면 증가하나 1시간 이상이면 감소

　㉤ 음식물이 십이지장으로 가면 → 엔테로가스트론 분비 → 위운동↓, 위액분비↓

　㉥ 음식물은 2~3시간 위에 머무르고 당질<단백질<지방(입자가 작을수록, 점도가 낮을수록 빨리 배출)의 순으로 배출

> **영양보충**
>
> **위벽이 분해되지 않고 유지되는 이유**
> • 위벽에 뮤신 분비(알칼리성) : 위벽이 직접 효소나 산과 접촉할 수 있는 기회를 차단한다.
> • 위점막 세포는 계속적으로 재생된다(재생되지 않을 경우 → 위궤양).
> • 펩신은 음식물이 있을 때만 작용하여 자가소화를 예방한다.

(3) 소 장

- 소장액(intestinal juice)
- 췌장액(pancreatic juice) ─┐ 당질, 지방, 단백질 분해효소 함유
- 담즙(bile) ─┘ 알칼리성이 산성상태의 음식물 중화
- 탄수화물의 소화 ⭐

소화효소 분비 위치	효 소	소화 대상물	소화물
입	α-amylase	전분(starch)	덱스트린, 올리고당, 맥아당
소 장	sucrase	자당(sucrose)	glucose + fructose
	maltase	맥아당(maltose)	glucose + glucose
	lactase	유당(lactose)	glucose + galactose

① 소장액

　㉠ disaccharidase : maltase, lactase, sucrase

　㉡ phospholipase : 인지질 분해효소

　㉢ aminopeptidase : 단백질의 아미노기부터 끊는 효소

　㉣ phosphatase : 인산기를 끊는 효소

② 췌장액 ⭐ ⭐ ⭐

　㉠ amylase : 전분 분해효소

　㉡ trypsin, chymotrypsin : 단백질 분해효소

　　※ carboxypeptidase : 카복실기가 남아 있는 아미노산

　㉢ lipase : 지방 분해효소

　㉣ cholesterol esterase : 콜레스테롤이 지방산과 에스테르 결합한 채로 존재하는데, 이 에스테르 결합을 끊음

　㉤ DNase, RNase : 핵산 분해효소

③ 담즙 ⭐ ⑬ ⑰
　㉠ 간에서 콜레스테롤로부터 합성되어 담낭에 저장되었다가 십이지장으로 분비
　　• 분비량 : 약알칼리성(pH 7.8)으로 간에서 200~500mg/dL 분비
　　• 색 : 황색, 갈색, 녹색 등으로 혈색소인 헤모글로빈에서 유도
　　• 성분 : 담즙산염, 담즙색소, 중성지질, 인지질, 핵단백질, 뮤신, 콜레스테롤 등과 무기염
　　　류(Fe, Cu, Ca, Mg)
　㉡ 기 능
　　• 유화작용(emulsion) : 지방과 지용성 비타민을 흡수하며, 췌액 중의 lipase와 막효소의
　　　작용을 도움
　　※ 유화제 : 분자 내에 친수기와 소수기를 가지고 있고, 지방이 덩어리로 존재할 때보다
　　　　표면적이 증가하여 지방을 분해하는 효소작용이 용이
　　• 중화작용 : 담즙 중의 알칼리에 의해 위산을 중화
　　• 배설작용 : 콜레스테롤을 분비하고, 독성을 나타내는 무기질(수은, 납)과 약물, 색소 등의
　　　배설을 촉진
　㉢ 비타민 C에 의해 영향 : 비타민 C↓ → 담즙산 생성 저하 → 콜레스테롤 축적(과잉축적일
　　　경우 동맥경화증)
　㉣ 담즙산의 종류 : glycocholic acid(glycine + cholic acid), taurocholic acid(taurine +
　　　cholic acid)
　㉤ 담즙 분비량
　　• 지질>단백질>당질(거의 분비 안 됨)의 순이며, 절식 시(장기간)에도 분비
　　• 콜레시스토키닌에 의해 분비가 자극(음식물이 십이지장에 들어왔을 때)
　　• 장벽에서 흡수된 담즙산염에 의해서도 분비 증가
　　※ 작은창자의 끝부분 : 단순당 · 아미노산 · 전해질 및 물의 흡수가 이루어지고, 지방은
　　　　림프관으로 흡수
④ 엔테로키나아제(enterokinase) ㊳ ㊶ ㊼
　㉠ 십이지장에서 분비되는 단백질 분해효소로 트립시노겐을 트립신으로 전환시키는 데 관여
　㉡ 음식물의 단백질을 직접 분해하는 것이 아니고, 이자액이 장에 도달하면 트립시노겐 분자
　　의 펩타이드 결합이 엔테로키나아제에 의해 절단되어 활성형인 트립신이 생김

(4) 대장(large intestine)
① 효소를 함유하지 않아 소화작용이 거의 없음
② 소장에서 소화되지 않은 담즙색소, 수분이 흡수
③ **점액 분비** : 대장점막 보호, 수분 · 나트륨 흡수, 세균에 의해 일부 비타민 합성

(1) 당질의 흡수

① 단당류는 십이지장과 회장에서 쉽게 흡수

② 오탄당은 단지 확산, 삼투에 의해서만 흡수

③ 아밀라아제에 의해 분해된 2당류가 소장의 분해효소 작용 후 흡수

④ 속도는 당의 종류에 따라 다른데, 포도당을 100이라 하면 갈락토스 110, 과당 43, 만노스 19, 자일로스 15, 아라비노스 9

⑤ **흡수방법** : 갈락토스와 포도당은 능동수송, 과당은 촉진확산에 의함

⑥ **흡수경로** : 소장의 모세혈관 → 문맥 → 간 → 혈액순환계

(2) 지질의 흡수

① 지질은 물에 불용성이므로 소화되기 위해서는 담즙에 의해 유화되어야 함

② 중쇄지방산은 장쇄지방산보다 물과 섞이기 쉬우므로, 중간사슬로 이루어진 중쇄지질은 담즙 없이 지방산으로 분해, 세포로 들어온 지방산은 모세혈관을 거쳐 바로 문맥을 통해 직접 간으로 들어감

③ 흡수는 β-monoglyceride(72%), α-monoglyceride(6%), glycerol(22%), 지방산의 형태로 유화되어 상피세포에서 일어남

④ 중쇄지질은 체내에서 저장지방으로 축적되지 않고, 거의 모두가 에너지원으로 이용

⑤ 비만이나 지방간의 예방 및 치료에 많이 이용될 뿐만 아니라, 담즙의 분비가 나쁜 환자나 간장 및 췌장 질병환자 등에 병인식으로도 많이 이용

(3) 단백질의 흡수

① 대부분은 아미노산까지 분해되지만 간혹 완전히 분해되지 않은 저분자 펩타이드도 소장점막 세포에 흡수

② 아미노산의 점막세포 흡수는 대부분 능동수송에 의해 빠르게 진행

③ 흡수된 아미노산은 모세혈관을 통해 문맥을 거쳐 간으로 운반. 간 내에서 다른 곳에 이용될 때까지 아미노산 풀을 형성

④ **아미노산의 일반적인 흡수도** : Gly>Ala>Cys-Cys>Glu>Val>Met>Leu>Try>Ile

⑤ L형 아미노산은 D형보다 흡수가 빠름

⑥ **단백질의 평균흡수율** : 92%

(4) 장내 미생물에 의한 소화

① 당질 : 당질은 세균에 의해 발효되어 주로 산과 가스를 생성

    ㉠ 유기산의 생성 : 탈아미노화가 먼저 일어났을 때 유기산이 생성

    ㉡ 장의 가스 발생 : 장내 발효와 부패에 의해 발생(공기 중의 질소(N)가 주성분임)

      • 당질의 발효가 심할 경우 : CO_2, CH_4N_2

      • 단백질의 부패 시 : H_2S, CH_3SH, 인돌, 스카톨

② 지질 : 소화되지 않는 지질은 가수분해되어 지방산과 글리세롤을 생성, 레시틴은 가수분해되어 콜린을 생성하고 더 변화되어 유해한 뉴린을 생성

③ 단백질 : 소화되지 않은 단백질은 가수분해되어 proteose, peptone, peptide, 아미노산 등을 생성. 또한 단백질은 탈탄산에 의하여 아민을 생성

    예 phenylalanine$-CO_2 \rightarrow$ phenylethylamine ┐ 혈압상승 작용이 강함

    tyrosine$-CO_2 \rightarrow$ tyramine ──────┘ (아드레날린과 같이 교감신경을 자극함)

    histdine$-CO_2 \rightarrow$ histamine − 혈압강하 작용

    arginine$-CO_2 \rightarrow$ putrescine ┐

    lysine$-CO_2 \rightarrow$ cadaverine ──┘ 다량 복용 시 체온저하 및 경련이 일어남

    methionine$-CO_2 \rightarrow$ methylmercaptan 생성

(5) 소화관 작용을 조절하는 호르몬

① 가스트린 : 음식물을 씹게 되면 이로 인해 미주신경을 자극하게 되며 이에 따라 위에 있는 가스트린 생성세포가 자극을 받아서 가스트린을 분비. 한편 가스트린은 주세포에서 펩시노겐을 생성. 불활성 단백질 분해효소인 펩시노겐은 염산에 의해 펩신으로 활성화. 활성화된 펩신은 음식물이 위에 들어왔을 때에만 작용함으로써 위의 자가소화 예방 가능 ㉟ ㊻

② 세크레틴 : 췌장에서 합성되어 소장의 윗부분으로 분비되는 호르몬으로 산성의 위 내용물이 십이지장에 들어오면 세크레틴이 분비, 췌장을 자극하여 중탄산이온을 분비하게 함으로써 위의 염산을 중화

③ 콜레시스토키닌 : 담낭을 수축시켜 소장 상부로 담즙을 분비하고 췌장 소화효소의 분비를 자극함 ㉟ ㊺ ㊻

④ GIP : 유미즙 성분 중 단백질과 지질에 의해 소장 상부벽으로부터 분비. 위 내용물의 소장 분출을 늦추고 위산과 효소의 분비를 억제하고 췌장의 인슐린 분비를 촉진

(1) 에너지(열량)의 단위

① 칼로리(calorie, cal) : 1kcal는 1기압에서 물 1kg을 섭씨 1℃(14.5℃에서 15.5℃)로 올리는 데 소모되는 열량. 1kcal = 1,000cal

② 줄(Joule, J) : meter법에 의한 열의 측정단위로서 1뉴턴(newton)의 힘으로 1kg의 물체를 1m 이동시키는 데 필요한 에너지. 1kcal = 4.184kJ

(2) 에너지의 측정법

① 식품의 에너지 측정법 : 시료가 완전연소될 때 발생하는 열을 기계로 측정하는 방법

　㉠ 직접법 : 폭발열량계(bomb calorimeter)

　㉡ 간접법 : 산소열량계(oxy calorimeter)

② 신체에너지 교환의 측정 : 신체에서 발산하는 열량을 측정

　㉠ 직접적 열량 측정 : 직접호흡 calorimeter인 특수제작방에서 피실험자가 발산하는 열을 측정

　㉡ 간접적 열량 측정 : 호흡할 때 소모되는 산소와 생산되는 이산화탄소(CO_2) 양을 측정

　　• 호흡시험법 : 열량계를 이용해서 흡입한 산소(O_2)와 배출된 이산화탄소(CO_2)를 측정하여 열량대사를 간단하고 신속하게 측정

　　• 출납시험법 : douglas bag에 의한 개방식 측정법으로 호기량을 측정

(3) 식품의 열량가

① 식품의 열량가 : 식품을 연소시켜 방출되는 열량을 폭발열량계로 직접 측정한 값

② 영양소의 생리적 열량가(Atwater계수)

구 분	탄수화물	지 방	단백질	알코올
Calorimeter로 측정된 열량가(kcal/g)	4.15	9.45	5.65	7.10
질소의 불연소로 인한 손실(kcal/g)	0	0	1.25	–
체내에서의 소화율(%)	98	95	92	100
생리적 열량가(kcal/g)	4	9	4	7

(4) 인체의 에너지 필요량 ⭐️ ⭐️

① 기초대사 : 신체 내에서 생명을 유지하기 위해 무의식적으로 일어나는 여러 가지 대사작용

　　※ 측정 : 체표면적 $1m^2$당 1시간의 칼로리

② 기초대사량(Basal Energy Expenditure, BEE)

　　㉠ 인체의 기본적인 생리적 기능을 유지하는 데 소비되는 최소한의 에너지

　　㉡ 하루 총에너지소비량(TEE)의 60~75% 차지

　　㉢ 식사와 활동이 거의 없는 상태(식사 후 약 12시간)에서 소비되는 에너지량이므로 이른 아침 기상 직후 바로 측정해야 함

③ 기초대사율(BMR) : 기초대사량의 표준과 측정한 기초대사율의 차를 측정 기초대사량으로 나눈 값

④ 기초대사량에 영향을 주는 요인 ⭐️ ⭐️ ⭐️ ⭐️ ⭐️ ⭐️

　　㉠ 신체의 크기 : 체표면적에 비례

　　㉡ 신체구성성분 : 근육이 많을수록 기초대사량이 높음

　　㉢ 성별 : 여자가 남자보다 피하지방량이 많으며 호르몬 분비 차이로 남자가 여자보다 기초대사량이 7% 높음

　　㉣ 연령 : 생후 1~2년경에 기초대사량이 가장 높고 그 후 점차 감소

　　㉤ 기후 : 온대·열대지방 사람이 한대지방 사람보다 기초대사량이 10~15% 낮음

　　㉥ 체온 : 체온이 1℃ 상승하면 기초대사량은 12.6% 상승

　　㉦ 내분비

　　　• 갑상샘호르몬 : 갑상샘 기능 항진증인 경우 기초대사량 약 50~75% 증가, 갑상샘 기능 저하증의 경우 기초대사량 약 30~50% 감소

　　　• 아드레날린 : 기초대사량 약 10~15% 정도 증가

　　　• 테스토스테론, 성장호르몬도 기초대사량을 상승

　　㉧ 영양상태 : 영양부족상태, 기아상태 시 기초대사량 감소

　　㉨ 수면 : 깨어있을 때보다 기초대사량 약 10% 정도 감소

　　㉩ 정신상태 : 불안, 공포, 초조, 근육이 긴장하거나 맥박이 빨라질 때 기초대사량은 높아지며, 반대로 편안한 상태에서는 감소

　　㉪ 두뇌활동 : 사고를 많이 해도 근육의 긴장상태가 개재되지 않는 한 기초대사량에는 영향을 미치지 않음

　　㉫ 기타 : 흡연, 카페인 섭취 시 기초대사량 증가

⑤ 신체활동대사량(활동에너지 소비량)(Physical Activity Energy Expenditure, PAEE)
  ㉠ 신체활동에 의한 에너지소비량으로 개인 간에 차이가 있고, 동일인에서도 하루하루 차이가 나타나기도 함
  ㉡ 운동에 의한 활동대사량(EAT)과 운동 이외의 활동대사량(NEAT)으로 나눌 수 있는데 운동 이외의 활동대사량(NEAT)은 운동보다 더 많은 에너지를 소비하므로 하루 총에너지소비량 (TEE)의 20~30%를 차지함
⑥ 식사성 발열효과(Thermic Effect of Food, TEF) ⭐ ⓮ ⓰ ⓱
  ㉠ 식품섭취에 따른 영양소의 소화 · 흡수 · 이동 · 대사 · 저장 과정에서 발생하는 자율신경계 활동 증진 등에 따른 에너지소비량
  ㉡ 지방 : 0~5%, 탄수화물 : 5~10%, 단백질 : 20~30%로 영양소별로 차이를 보임
    • 지방은 흡수, 분해 및 저장의 과정이 비교적 쉽게 이루어지기 때문에 식사성 발열효과가 가장 적음
    • 중쇄지방산(MCT)이 포함된 단일식사는 장쇄지방산이 포함된 단일식사에 비하여 식이성 발열효과가 높음
    • 단백질은 타 영양소에 비하여 소화, 흡수, 대사 등의 과정이 복잡하여 가장 높은 식사성 발열효과를 나타냄
  ㉢ 혼합식의 식사성 발열효과 값은 총에너지소비량의 10% 정도
  ㉣ 식품의 특이동적 작용이라고도 함
⑦ 1일 총에너지소비량(Total Energy Expenditure, TEE)
  ㉠ 1일 총에너지소비량 = 기초대사량(60%) + 신체활동대사량(30%) + 식사성 발열효과(10%)
  ㉡ 추가적으로 적응대사량이 더해지기도 함

영양보충

적응대사량(AT ; Adaptive Thermogenesis) ⓴
• 변화하는 환경에 적응하기 위해 증가된 분량의 대사량
  – 스트레스, 온도, 심리상태, 영양상태 등의 변화에 따라 자율신경계의 활동 증가
  – 호르몬 농도 등이 변화함에 따라 증가될 수 있는 에너지 부분
• 적응대사량이 어느 정도인지 확실하지 않음

(5) 호흡계수(RQ) ⓱ ⓯ ⓰
① 일정한 시간에 생산된 이산화탄소량을 그 기간 동안 소모된 산소량으로 나눈 값
  즉, RQ = 생산된 CO_2 양 / 소모된 O_2 양
② 탄수화물 : 1
③ 지방 : 0.7
④ 단백질 : 약 0.8(소변배설 질소량 때문에 정확하지 않음)

04 2020 한국인 영양소 섭취기준

(1) 에너지적정비율

성 별	연 령	에너지적정비율(%)				
		탄수화물	단백질	지 질		
				지 방	포화지방산	트랜스지방산
영 아	0~5(개월)	–	–	–	–	–
	6~11	–	–	–	–	–
유 아	1~2(세)	55~65	7~20	20~35	–	–
	3~5	55~65	7~20	15~30	8 미만	1 미만
남 자	6~8(세)	55~65	7~20	15~30	8 미만	1 미만
	9~11	55~65	7~20	15~30	8 미만	1 미만
	12~14	55~65	7~20	15~30	8 미만	1 미만
	15~18	55~65	7~20	15~30	8 미만	1 미만
	19~29	55~65	7~20	15~30	7 미만	1 미만
	30~49	55~65	7~20	15~30	7 미만	1 미만
	50~64	55~65	7~20	15~30	7 미만	1 미만
	65~74	55~65	7~20	15~30	7 미만	1 미만
	75 이상	55~65	7~20	15~30	7 미만	1 미만
여 자	6~8(세)	55~65	7~20	15~30	8 미만	1 미만
	9~11	55~65	7~20	15~30	8 미만	1 미만
	12~14	55~65	7~20	15~30	8 미만	1 미만
	15~18	55~65	7~20	15~30	8 미만	1 미만
	19~29	55~65	7~20	15~30	7 미만	1 미만
	30~49	55~65	7~20	15~30	7 미만	1 미만
	50~64	55~65	7~20	15~30	7 미만	1 미만
	65~74	55~65	7~20	15~30	7 미만	1 미만
	75 이상	55~65	7~20	15~30	7 미만	1 미만
임신부		55~65	7~20	15~30		
수유부		55~65	7~20	15~30		

CHAPTER

04 적중예상문제

01 단백질의 소화에 대한 설명으로 옳지 않은 것은?

① 입에서는 소화되지 않는다.

② 위에서는 펩신에 의해 펩타이드와 프로테아제가 생성된다.

③ 소장에서는 단백질이나 펩타이드의 소화효소가 분비된다.

④ 췌장에서는 트립신, 키모트립신 등 효소의 불활성 전구체로서 분비된다.

⑤ 위액의 pH는 단백질 소화와 관계가 없다.

해설 위의 펩신 작용의 최적 pH는 2.0이고 pH 5.0 이상이면 작용하지 못한다.

출제유형 35

02 다음은 식품의 열량가에 대한 설명이다. 틀린 것은?

① 영양소 중 탄소 비율이 높은 것이 열량을 많이 발생한다.

② 영양소 중 산소 비율이 가장 낮은 지방이 열량을 많이 발생한다.

③ 식품에 섬유질 함량이 적으면 열량가가 높다.

④ 식품에 수분 함량이 많으면 열량가가 낮다.

⑤ 식품에 수분이 많고 지방이 적으면 열량이 높다.

해설 수분이 많으면 열량가가 낮고 지방이 높으면 열량가가 높다. 영양소 중 탄소 비율이 높고 산소 비율이 낮은 지방이 열량가가 높고 탄수화물은 낮다.

정답 01 ⑤ 02 ⑤

03 탄수화물의 소화 · 흡수 과정 중 옳지 않은 것은?

① 탄수화물이나 단백질이 분해되어 흡수된 후 제일 먼저 가는 기관은 지방조직이다.

② 소장과 췌장에서는 탄수화물을 분해하는 소화효소가 분비된다.

③ 전분은 입에서 말토오스 형태까지 소화가 가능하다.

④ 탄수화물이 소화된 다음에 흡수되는 곳은 소장벽의 모세혈관이다.

⑤ 소장 상피세포의 미세융모에 2당류 분해효소가 존재한다.

> **해설** 탄수화물이나 단백질의 분해산물은 모두 수용성이므로 모세혈관, 문맥혈을 거쳐 간으로 간다.

04 혼합 식이를 섭취한 경우에 세 가지 열량소의 흡수율을 큰 순서대로 나열한 것은?

① 단백질, 지방, 탄수화물

② 단백질, 탄수화물, 지방

③ 지방, 탄수화물, 단백질

④ 탄수화물, 단백질, 지방

⑤ 탄수화물, 지방, 단백질

> **해설** 소화흡수율
> 탄수화물(98%) > 지방(95%) > 단백질(92%)

출제유형 37

05 지방의 소화 · 흡수에 관여하는 물질 중 간에서 합성되는 것으로 가장 옳은 것은?

① 담 즙

② 가스트린

③ 리파아제

④ 콜레스테롤

⑤ 세크레틴

> **해설** 담 즙
> 간에서 생성되며 담낭에서 저장 · 농축되었다가 십이지장으로 분비하며, 주기능은 지방의 유화이고 지방분해효소인 리파아제의 작용을 쉽게 받도록 한다. 장벽에서 생성되는 콜레시스토키닌이라는 호르몬의 자극을 받아, 담즙의 분비가 이루어진다.

03 ① **04** ⑤ **05** ① 정답

06 소화관호르몬과 그 작용을 짝지은 것으로 틀린 것은?

① 가스트린(gastrin) – 위산 분비 촉진

② 트립신(trypsin) – 췌장액 분비

③ 세크레틴(secretin) – 위산의 분비 촉진

④ 세크레틴(secretin) – 췌장액 분비 촉진

⑤ 콜레시스토키닌(CCK) – 담즙 분비 촉진

해설 • 세크레틴은 십이지장 점막에서 분비되며 췌장액의 분비를 촉진한다.
• 가스트린은 위점막에서 분비되며 위산 분비를 촉진한다.
• 트립신은 아르기닌, 라이신이 있는 펩타이드 결합을 분해한다.
• 콜레시스토키닌은 장점막에서 분비되며 췌장액과 담즙의 분비를 촉진한다.

07 다음은 담즙에 대한 설명이다. 틀린 것은?

① 담즙은 콜레스테롤, 인지질, 담즙산, 빌리루빈으로 구성된다.

② 담즙산은 간에서 콜레스테롤로부터 생성된다.

③ 담즙산은 지방의 유화를 도와서 소화흡수를 돕는다.

④ 담즙은 십이지장으로 분비된다.

⑤ 수용성 비타민의 흡수를 돕는다.

해설 담즙산은 지질의 접촉을 촉진시키며, 지질의 소화나 고급지방산, 지용성 비타민의 흡수를 돕는다.

08 소화효소와 생성장소가 옳게 연결된 것은?

① 아밀라아제(amylase) – 구강

② 수크라아제(sucrase) – 위

③ 리파아제(lipase) – 담낭

④ 말타아제(maltase) – 췌장

⑤ 키모트립신(chymotrypsin) – 소장

해설 ② 수크라아제(sucrase) – 소장
③ 리파아제(lipase) – 췌장
④ 말타아제(maltase) – 소장
⑤ 키모트립신(chymotrypsin) – 췌장

정답 06 ③ 07 ⑤ 08 ①

09 식사성 발열효과에 대한 설명으로 옳은 것은?

① 식품 섭취에 따른 영양소의 소화 · 흡수 · 대사 과정에서 필요한 에너지 소비량이다.

② 혼합식의 식사성 발열효과 값은 총 에너지 소비량의 30% 정도이다.

③ 변화된 환경에 적응하기 위해 필요한 에너지 소비량이다.

④ 지방이 단백질보다 식사성 발열효과 값이 크다.

⑤ 휴식 상태 시 필요한 에너지 소비량이다.

해설 식사성 발열효과(Thermic Effect of Food, TEF)
- 식품 섭취에 따른 영양소의 소화 · 흡수 · 이동 · 대사 · 저장 과정에서 발생하는 자율신경계 활동 증진 등에 따른 에너지소비량이다.
- 식사성 발열효과는 영양소 조성에 따라 달라지며, 지방 0~5%, 탄수화물 5~10%, 단백질 20~30%이다.
- 혼합식의 식사성 발열효과 값은 총에너지소비량의 10% 정도이다.

10 중성지방이 소화될 때 분비되어 담낭을 수축시키고 췌장효소의 분비를 촉진하는 호르몬은?

① 콜레시스토키닌

② 인슐린

③ 세크레틴

④ 글루카곤

⑤ 가스트린

해설 콜레시스토키닌
중성지방이 십이지장에 도달하면 콜레시스토키닌이 분비된다. 콜레시스토키닌은 담낭을 수축시켜 담즙 분비를 촉진하고, 췌장효소 분비를 자극한다.

09 ① **10** ① **정답**

11 전구체의 형태로 분비된 후 활성화 단계를 거쳐 음식물이 있을 때만 작용하는 소화효소는?

① 아미노펩티다아제

② 펩 신

③ 락타아제

④ 포스포리파제

⑤ 말타아제

> 해설 펩 신
>
> 불활성 단백질 분해효소인 펩시노겐은 염산에 의해 펩신으로 활성화되고, 활성화된 펩신은 음식물이 위에 들어
> 왔을 때만 작용함으로써 위의 자가소화를 예방한다.

12 영양소의 흡수에 관한 설명으로 틀린 것은?

① 칼슘과 철의 장내 흡수율은 체내 요구가 높을 때 증가한다.

② 칼슘 흡수를 촉진시키는 영양소로는 비타민 C, 유당 등이 있다.

③ 단당류의 흡수 경로는 모세혈관 → 문맥 → 대정맥 → 간장이다.

④ 지방산의 흡수 경로는 모세임파관(유미관) → 가슴관 → 쇄골하정맥 → 간장이다.

⑤ 탄수화물, 단백질, 지방의 소화산물 중 수용성인 것은 모두 림프계로, 지용성인 것은 모두 문맥혈을 통하여 흡수된다.

> 해설 소화산물 중 단당류, 아미노산, 펩타이드, 중쇄지방산 등은 수용성으로 모세혈관, 문맥을 통하여 흡수되고, 고급
> 지방산 및 모노글리세리드 등 지용성은 림프계를 통하여 흡수된다.

13 기아 시 간에서 포도당을 생성하기 위해 사용되는 젖산이 주로 공급되는 조직으로 옳은 것은?

① 지방조직

② 간조직

③ 근육조직

④ 두뇌조직

⑤ 모든 조직

> 해설 사용하고 남은 포도당은 간이나 근육에 저장되는데, 근육에 저장된 포도당은 근육이 수축될 때 글리코겐이 젖
> 산으로 전환되면서 에너지가 발생한다.

정답 **11** ② **12** ⑤ **13** ③

14 단백질 소화효소의 전구물질인 트립시노겐, 키모트립시노겐을 활성화시켜 주는 물질은?

① HCl - 엔테로키나아제

② 엔테로키나아제 - 트립신

③ 가스트린 - 세크레틴

④ 가스트린 - 트립신

⑤ 세크레틴 - HCl

해설 생체에서 분비되는 단백질 분해효소는 모두 불활성 형태이며, 소장으로 분비된 후 활성형으로 바뀐다.
- 트립시노겐은 활성화효소 엔테로키나아제에 의해 트립신이 된다.
- 키모트립시노겐은 트립신에 의해 키모트립신이 된다.

출제유형 46

15 호흡계수가 높은 순으로 옳은 것은?

① 단백질 > 지질 > 당질

② 당질 > 지질 > 단백질

③ 당질 > 단백질 > 지질

④ 단백질 > 당질 > 지질

⑤ 지질 > 당질 > 단백질

해설 호흡계수

일정 시간에 생성된 이산화탄소량을 소모된 산소량으로 나눈 값으로, 탄수화물 1, 단백질 0.8, 지방 0.7이다.

출제유형 42

16 중성지방 최종 소화산물의 대부분은 무엇인가?

① 다이글리세롤

② 콜레스테롤

③ 모노글리세롤

④ 글리세롤

⑤ 지방산

해설 중성지방의 소화산물은 대부분 모노글리세롤이다.

14 ② **15** ③ **16** ③ 정답

17 호흡계수(RQ)를 산출하는 방법은?

① 소모된 O_2 양/생산된 CO_2 양

② 소모된 O_2 양/생산된 H_2O 양

③ 생산된 CO_2 양/소모된 O_2 양

④ 생산된 H_2O 양/소모된 O_2 양

⑤ 생산된 O_2 양/소모된 CO_2 양

> **해설** 호흡계수(RQ)
> 일정한 시간에 생산된 이산화탄소량을 그 기간 동안 소모된 산소량으로 나눈 값이다.
> 즉, RQ = 생산된 CO_2 양 / 소모된 O_2 양

18 다음은 영양소의 흡수에 대한 설명이다. 옳지 않은 것은?

① 흡수 속도는 능동수송, 촉진확산, 단순확산의 순서로 빠르다.

② 지방의 흡수는 소장의 공장부분에서 단순확산에 의해서 흡수된다.

③ 아미노산의 흡수는 소장의 공장부분에서 능동수송에 의해서 흡수된다.

④ 비타민 B_{12}는 위에서 분비되는 내재성 인자의 도움에 의해서 회장에서 흡수된다.

⑤ 소화율의 순서는 단백질 > 당질 > 지질이다.

> **해설** 소화흡수율
> 탄수화물 > 지질 > 단백질

19 탄수화물 흡수에 대한 설명으로 옳은 것은?

① 오탄당은 육탄당보다 빠르게 흡수된다.

② 단당류는 소장의 림프관으로 흡수된다.

③ 과당은 능동수송에 의해 흡수된다.

④ 갈락토스는 단순확산에 의해 흡수된다.

⑤ 포도당은 운반체를 통해 흡수된다.

> **해설** ① 육탄당은 오탄당보다 빠르게 흡수된다.
> ② 단당류는 소장 내벽 융털에 있는 모세혈관으로 흡수된다.
> ③ 과당은 촉진확산에 의해 흡수된다.
> ④ 갈락토스는 능동수송에 의해 흡수된다.

정답 **17** ③ **18** ⑤ **19** ⑤

20 기초대사량 1,500kcal, 활동대사량 700kcal인 남학생의 식품 이용을 위한 에너지 소비량 계산식은?

① $(1,500 - 700) \times 0.1$

② $(1,500 - 700) \times 0.3$

③ $(1,500 - 700) \times 0.9$

④ $(1,500 + 700) \times 0.1$

⑤ $(1,500 + 700) \times 0.3$

해설 식품 이용을 위한 에너지

식품 섭취 후 식품을 소화 · 흡수 · 대사 · 이동 및 저장하는 데 필요한 에너지로, 보통 총에너지소비량(기초대사량 + 활동대사량)의 10%이다.

21 신체구성물질 중 기초대사량과 관계있는 것으로 가장 옳은 것은?

① 호르몬의 양

② 골격의 양

③ 혈액의 양

④ 수분의 양

⑤ 근육의 양

해설 기초대사량에 영향을 주는 요소

인체 구성, 신체 크기, 내분비, 성별, 나이, 수면, 체온, 기후 등이 영향을 미친다. 대사체중이 적을수록 기초대사량이 적고, 근육을 많이 가지고 있는 사람은 피하지방을 많이 가지고 있는 사람보다 기초대사량이 크다. 체표면적이 크면 기초대사량도 증가한다.

22 다음은 기초대사율에 대한 설명이다. 옳지 않은 것은?

① 체격이 큰 사람은 체격이 작은 사람보다 기초대사율이 더 요구된다.

② 겨울에는 여름보다 기초대사율이 증가한다.

③ 기초대사율은 체표면적에 비례한다.

④ 기초신진대사율이 가장 높은 시기는 1~2세 때이다.

⑤ 정신노동자가 육체노동자보다 기초대사율이 높다.

해설 육체노동자가 정신노동자보다 기초대사율이 높다.

20 ④ **21** ⑤ **22** ⑤ 정답

23 식품 섭취에 따른 영양소 이용을 위한 에너지 소비량이 큰 식품은?

① 버 터
② 쌀국수
③ 닭가슴살
④ 아이스크림
⑤ 고구마

> **해설** 식사성 발열효과(TEF)
> 식품 섭취에 따른 영양소의 소화 · 흡수 · 이동 · 대사 · 저장 과정에서 발생하는 자율신경계 활동 증진 등에 따른 에너지 소비량이다. 식사성 발열효과는 영양소 조성에 따라 달라지며, 지방 0~5%, 탄수화물 5~10%, 단백질 20~30%이다.

24 기초대사에 대한 설명 중 옳지 않은 것은?

① 자고 일어난 아침시간에 측정한다.
② 기초대사율을 항진시키는 질병으로는 바세도우씨병이 있다.
③ 체중을 줄이기 위하여 굶거나 불규칙한 식사를 하는 것은 기초대사율을 감소시킨다.
④ 기초신진대사에 호흡작용, 근육긴장, 배설작용 등이 있다.
⑤ 기초대사 에너지 소모는 순수한 근육활동 대사에 필요한 에너지의 양이다.

> **해설** 기초대사란 신체 내에서 생명을 유지하기 위해 무의식적으로 일어나는 여러 가지 대사작용으로 심장박동, 체온 조절, 호흡을 위해 필요하다.

25 기초대사량이 증가하는 경우는?

① 금 연
② 체온 하강
③ 에너지 섭취 부족
④ 근육량 증가
⑤ 갑상샘 기능 저하증

> **해설** 기초대사량의 증가
> 근육량 증가, 갑상샘 기능 항진증, 아드레날린 증가, 테스토스테론 증가, 성장호르몬 증가, 체온 증가, 흡연, 카페인 섭취, 넓은 체표면적, 추운 날씨

정답 23 ③ 24 ⑤ 25 ④

26 기초대사에 대한 설명 중 옳지 않은 것은?

① 수면 시의 열량은 기초대사량보다 10% 감소한다.

② 기초대사량이란 혈액순환, 호흡작용 등 무의식적인 생리현상에 소모되는 열량이다.

③ 갑상샘의 기능항진은 기초대사량을 증가시킨다.

④ 기초대사량의 산출 근거는 체표면적 1m²당 1시간당의 칼로리이다.

⑤ 기초대사량에 직접적인 영향을 주는 것은 두뇌활동이다.

> 해설 두뇌활동을 많이 해도 근육의 긴장상태가 개재되지 않는 한 기초대사율에는 영향을 미치지 않는다.

출제유형 47

27 기초대사량에 관한 설명으로 옳은 것은?

① 체온이 오르면 기초대사량이 감소한다.

② 연령이 증가할수록 기초대사량이 증가한다.

③ 임신기에는 기초대사량이 감소한다.

④ 식사하고 1시간 후에 기초대사량을 측정한다.

⑤ 근육량이 많을수록 기초대사량이 증가한다.

> 해설 ① 체온이 1℃ 상승하면 기초대사량이 12.6% 정도 증가한다.
> ② 연령이 증가할수록 기초대사량이 감소한다.
> ③ 임신기에는 기초대사량이 증가한다.
> ④ 식사하고 12시간 후에 완전한 휴식상태에서 기초대사량을 측정한다.

---

28 특이동적 작용에 대한 설명으로 옳지 않은 것은?

① 특이동적 작용이란 영양소의 에너지대사에 필요한 열량이다.

② 단백질은 대사과정 때문에 TEF가 가장 높다.

③ 특이동적 작용에 의한 에너지 소요량이 가장 낮은 것은 단백질이고 높은 것은 지질이다.

④ 특이동적 작용에 의해 열량 발생이 가장 많은 식이형태는 고단백식이다.

⑤ 혼합식이의 경우 식품의 특이동적 작용에 의한 에너지 소비량은 10%이다.

> 해설 식품의 특이동적 작용(SDA ; Specific Dynamic Action)의 에너지 소비량
> 단백질은 20~30%, 당질은 5~10%, 지질은 0~5%, 혼합식 시 10%가량 소비된다.

26 ⑤ **27** ⑤ **28** ③ 정답

29 체중 70kg인 남자의 1일 기초대사량으로 가장 옳은 것은?

① 약 1,340kcal

② 약 1,510kcal

③ 약 1,680kcal

④ 약 1,850kcal

⑤ 약 2,020kcal

해설 기초대사량
- 남자 : 1.0kcal×체중(kg)×24시간
- 여자 : 0.9kcal×체중(kg)×24시간

따라서 문제에 제시된 남자의 기초대사량을 구하면, 1.0kcal×70(kg)×24시간 = 1,680kcal이다.

30 철수는 24시간 동안 탄수화물 200g, 단백질 80g, 그리고 지방 50g을 섭취한다. 1일 섭취열량은 얼마인가?

① 2,000kcal

② 1,570kcal

③ 1,750kcal

④ 1,200kcal

⑤ 1,300kcal

해설 1일 섭취열량은 생리적 열량가를 곱해 구한다. 생리적 열량가란 실제로 우리 체내에서 발생하는 열량을 말하는 것으로, 탄수화물 4kcal, 지방 9kcal, 단백질 4kcal이다. 따라서 철수의 1일 섭취열량은 탄수화물이 4kcal×200g = 800, 지방이 9kcal×50g = 450, 단백질이 4kcal×80g = 320으로 1,570kcal이다.

31 기초대사량이 1,000kcal이고 활동대사량이 1,400kcal인 남학생의 1일 열량필요량을 계산하는 식은?

① 1,000 + 1,400

② (1,000 + 1,400) ÷ 1.1

③ (1,000 + 1,400) × 1.1

④ (1,000 + 1,400) ÷ 1.2

⑤ (1,000 + 1,400) × 1.2

해설 기초대사량과 활동대사량만 주어졌을 경우, 1일 열량필요량은 (기초대사량 + 활동대사량) × 1.1식을 이용해 구하면 된다.

정답 29 ③ 30 ② 31 ③

32 기초대사량이 낮아지는 경우는?

① 근육량 감소

② 임 신

③ 영하의 추운 날씨

④ 체온 상승

⑤ 갑상샘 기능 항진

해설 기초대사량은 근육량과 비례하므로 근육량을 늘리면 기초대사량이 증가하고, 근육량이 감소하면 기초대사량이 낮아진다.

33 적정 에너지를 섭취하고 있는 사람이 지속적으로 체중이 증가할 때, 그 원인이 될 수 있는 경우는?

① 갑상샘기능저하증

② 초조한 상태

③ 근력 운동

④ 한대지방 거주

⑤ 흡 연

해설 갑상샘기능저하증은 온몸의 대사 속도가 떨어져 몸이 쉽게 피곤해지고 잘 먹지 못하는데도 몸은 붓고 체중이 증가할 수 있다.

34 어떤 음식을 분석한 결과 질소 함량이 20g이었다. 단백질 함량과 그로부터 얻을 수 있는 에너지 함량은 대략 얼마인가?

① 70g, 430kcal

② 125g, 500kcal

③ 120g, 500kcal

④ 100g, 400kcal

⑤ 100g, 800kcal

해설 질소 단백질 환산계수는 6.25이고, 단백질 1g당 에너지는 4kcal이다.
- 단백질량 = 질소량 × 단백질 환산계수 = 20 × 6.25 = 125g
- 에너지량 = 단백질량 × 단백질 1g당 에너지(4kcal) = 125 × 4 = 500kcal

35 다음 중 칼슘 흡수를 촉진하는 비타민의 전구체 합성물질로 옳은 것은?

① 콜레스테롤   ② 담즙산

③ 카로틴   ④ 트립토판

⑤ 토코페롤

해설 콜레스테롤(Cholesterol)은 비타민 D_3의 전구체이다. 비타민 D_2와 비타민 D_3는 비타민 D의 전구물질이다. 비타민 D는 칼슘대사를 도와주고 칼슘 흡수를 도와준다.

36 위에서 염산(HCl)을 분비하는 세포로 옳은 것은?

① G세포   ② 주세포

③ 내분비세포   ④ 부세포

⑤ 벽세포

해설 벽세포는 위저선을 구성하며 염산을 분비하는 세포이다.

37 섭취한 질소의 양에 비해 보유될 수 있는 질소의 양이 가장 높은 식품으로 가장 옳은 것은?

① 쌀   ② 대 두

③ 생 선   ④ 우 유

⑤ 달 걀

해설 각 식품의 생물가

식품명	생물가
달 걀	96
우 유	90
소고기	76
치 즈	73
밀	65
옥수수	54
쌀	75
밀가루	52

정답 35 ① 36 ⑤ 37 ⑤

38 소장에서 분비되는 단백질 분해효소로 트립시노겐을 트립신으로 전환시키는 데 관여하는 효소는?

① 콜레시스토키닌
② 키모트립신
③ 포스포리파아제
④ 엔테로키나아제
⑤ 콜레스테롤 에스테라아제

해설 엔테로키나아제는 트립시노겐을 트립신으로 전환시키는 데 관여한다. 음식물의 단백질을 직접 분해하는 것이 아니고, 이자액의 트립신을 활성화시키는 작용이 있다. 트립신이 이자액에서 분비될 때는 비활성인 트립시노겐 형태로 있다가, 이자액이 장에 도달하면 트립시노겐 분자의 질소 N의 말단에서 6번째의 류신과 7번째의 이소류신과의 사이의 펩타이드 결합이 엔테로키나아제에 의해 절단되어 활성형인 트립신이 생긴다. 일부가 활성화되면 그 이후의 활성화는 자가촉매적으로 급속히 진행된다.

39 신체 제지방 측정에 이용하는 체내 구성물질로 옳은 것은?

① 마그네슘
② 나트륨
③ 칼 륨
④ 칼 슘
⑤ 황

해설 제지방이란 체중에서 체지방량을 제외한 값으로 린바디 매스(LBM ; Lean Body Mass)라고도 한다. 체내 총 칼륨량은 제지방과 신체 질량에 비례하기 때문에 칼륨량으로 제지방량을 측정한다.

40 다음 중 기초대사량이 올라가는 요인으로 옳은 것은?

① 체표면적이 작을 때
② 피하지방량이 많을 때
③ 체온이 올라갔을 때
④ 갑상샘기능저하증인 경우
⑤ 영양부족 상태일 때

해설 체온이 올라가게 되면 기초대사량도 상승한다. 체온 1℃ 상승하면 기초대사량은 12.6% 상승한다.

38 ④ **39** ③ **40** ③ 정답

CHAPTER 05 무기질

01 무기질의 개요

(1) 무기질의 정의

인체구성물질은 유기질[C(18%), H(10%), O(65%), N(3%)]과 무기질(4%)이며, C, H, O, N을 제외한 나머지 원소를 무기질 또는 회분이라 함

(2) 무기질의 체내 분포

① 다량 무기질(macromineral) : 체내에 비교적 많이 함유된 1일 필요량이 100mg 이상이고 체중의 0.005% 이상 존재하는 무기질

예 Ca, Mg, P, S, Na, K, Cl

② 미량 무기질(micromineral) : 체내에 소량 필요한 1일 필요량이 100mg 이하이고 체중의 0.005% 이하 존재하는 무기질 ❸❾

예 Fe, Cu, Mn, I, Co, Se, Zn, F, Mo 등

(3) 무기질의 기능

① 신체의 구성요소

ㄱ 경조직(골격, 치아) 구성 : Ca, P, Mg, F

ㄴ 연조직(근육, 신경조직) 구성 : P(핵단백질, 신경조직의 인지질), Fe(헤모글로빈), S(함황아미노산)

② 신체기능의 조절요소

ㄱ 혈액응고 작용 : Ca

ㄴ 조직의 산화 작용 : Fe

ㄷ 수분평형 조절 : K, Na

ㄹ 신경자극 전달 : Na, K, Ca

ㅁ 근육의 수축 · 이완작용 조절 : Na, K, Mg, Ca

ㅂ 효소의 성분과 효소반응의 활성 작용 : Zn, Cu, Fe, Mg, Mn

ㅅ 체액의 삼투압 조절 : Na, Cl

ㅇ 체액의 산 · 염기 평형 : Ca, P, Na, Cl

③ 촉매작용

　㉠ 마그네슘 : 탄수화물 · 단백질 · 지방의 분해, 합성과정에 필요

　㉡ 구리, 칼슘, 망간, 아연 등 : 체내 이화작용 및 동화작용에서 촉매, 또는 효소의 구성성분

　㉢ 구리 : 창자에서 철의 흡수를 도움, 적혈구 형성에 관여

　㉣ 칼슘 : 비타민 B_{12} 흡수를 도움

　㉤ 마그네슘, 나트륨 : 단당류의 흡수를 도움 ⭐

02　다량 무기질과 미량 무기질

(1) 다량 무기질

① 칼슘(Ca) ⭐ ⭐

　㉠ 흡수 : 장관에서 보통 성인은 25% 내외, 성장기 아동은 75%, 임산부는 60%까지 흡수 가능

　　• 흡수촉진 인자 : 비타민 C, 비타민 D, 유당(젖당), 장내 pH 산성, 부갑상샘호르몬

　　• 흡수방해 인자 : 수산, 피트산, 지방산, 식이섬유, 과량의 인

　㉡ 배설 : 오줌 및 분변

　㉢ 칼슘의 항상성 ⭐ ⭐ ⭐ ⭐ ⭐ ⭐

　　• 부갑상샘호르몬 : 혈중 칼슘농도가 저하되었을 때 분비 → 신장에서 칼슘의 재흡수 촉진, 뼈의 분해 자극, 비타민 D를 활성형 $1,25-(OH)_2-vit$ D로 전환 촉진

　　• 비타민 D : 혈중 칼슘농도가 저하되었을 때 분비 → 소장에서 칼슘의 흡수 촉진, 신장에서 칼슘 재흡수 촉진

　　• 칼시토닌 : 혈중 칼슘농도가 상승되었을 때 분비 → 부갑상샘호르몬과 반대 작용, 뼈의 분해 저해

　㉣ 기능 : 골격과 치아 형성, 혈액 항상성 유지, 혈액 응고, 근육의 수축이완 작용, 신경의 전달 ⭐ ⭐

　㉤ 결핍증 : 성장정지, 골격의 약화, 치아의 기형화, 구루병, 골다공증, 골감소증

　㉥ 함유식품 : 우유, 치즈, 푸른잎 채소, 콩류, 해초류, 뼈째 먹는 생선

② 인(P) ⭐

　㉠ 흡수 : 공장에서 주로 유기인산의 형태로 섭취한 인의 70%는 체내로 흡수

　　• 흡수촉진 인자 : 체내필요성, 비타민 D, 유당, 소장 내 pH 산성

　　• 흡수방해 인자 : 칼슘, 철, 망간, 알루미늄 등의 무기질 다량 섭취

　㉡ 배설 : 주로 오줌(30%는 대변으로 배설)으로 배설

　㉢ 혈중 P 농도 조절 : 칼슘(Ca)과 역으로 조절

　㉣ 기능 : 뼈와 치아 형성, 산 · 염기평형 조절, 효소와 조효소의 구성성분, 지방산 이송, 에너지대사(ATP), 세포막 구성성분, 포도당의 흡수, 대사에 관여 ⭐

ⓜ 결핍증 : 허약, 식욕감퇴, 골격통증

ⓑ 과잉증 : 근육경련증(tetany) 유발

ⓢ 함유식품 : 우유, 치즈, 육류, 가금류, 전곡, 탄산음료 · 가공식품에 다량

③ 칼륨(K) ⭐36 ⭐08 ⭐14 ⭐15 ⭐16

ⓖ 흡수 : 칼륨의 약 90%가 소장에서 수동확산을 통해 흡수

ⓛ 배설 : 주로 신장에 의하며, 땀으로도 약간 배설

ⓒ 조절 : 알도스테론은 K과 Na의 양적 평형을 유지, 알도스테론의 투여에 의하여 요세관에서 K의 재흡수 저하

ⓔ 기능 : 수분평형 조절, 삼투압 조절, 산 · 염기평형 조절, 체내 나트륨 배출, 신경근육의 흥분 조절과 근육수축, 글리코겐 형성에 관여, 단백질 합성에 관여, 제지방 측정에 이용

ⓜ 결핍증, 과잉증 : 근무력증, 마비, 심장 이상

ⓑ 함유식품 : 육류, 우유, 채소와 과일, 전곡

④ 황(S) ⭐13 ⭐17

ⓖ 흡수 : 장관에서 메티오닌, 시스테인 형태로 흡수, 무기황은 흡수되지 않음

ⓛ 배설 : 간에서 산화, 황산염 또는 황산 에스테르 형태로 요 중에 배설

ⓒ 기능 : 글루타티온의 구성성분, 체내에서 산화환원 반응에 관여, 해독작용, 효소의 활성화, 헤파린의 구성성분, 비타민 B_1의 구성요소, 인슐린의 구성성분

ⓔ 함유식품 : 함유황 아미노산이 있는 단백질

⑤ 염소(Cl)

ⓖ 흡수 : 장관에서 흡수

ⓛ 배설 : 오줌으로 배설

ⓒ 조절 : Na과 마찬가지로 알도스테론에 의해 조절

ⓔ 기능 : 산 · 염기평형 조절, 위액의 형성, 삼투압 조절, 수분평형 조절, 펩시노겐을 활성 펩신으로 전환

ⓜ 결핍증 : 근육경련, 식욕감퇴, 성장정지

ⓑ 함유식품 : 소금, 간장, 절인 육류, 피클, 가공치즈

⑥ 나트륨(Na) ⭐12 ⭐15 ⭐17

ⓖ 흡수 : 장관으로부터 섭취한 양의 95% 정도 흡수

ⓛ 배설 : 주로 신장으로부터 소변으로, 땀(0.7% NaCl)으로도 배출

ⓒ 조절 : 알도스테론에 의해 요세관에서의 재흡수 조절

ⓔ 기능 : 수분평형 조절, 삼투압 조절, 신경의 조절, 산 · 염기평형 조절, 정상적인 근육의 자극반응 조절

ⓜ 결핍증 : 근육경련, 식욕감퇴

ⓑ 함유식품 : 소금, 간장, 절인 육류, 피클, 가공치즈

ⓢ 만성질환위험감소섭취량 설정

⑦ 마그네슘(Mg) ★★★★

   ⑤ 흡수 : 장관에서(농도가 높을 때 : 확산, 농도가 낮을 때 : 능동수송) 보통 35~40% 정도 흡수

   ⓛ 배설 : 2/3 분변, 1/3 오줌

   ⓒ 기능 : 골격과 치아의 구성요소, 효소의 구성성분, 신경흥분 억제, 근육 이완 작용, 에너지 대사 관여

   ⓔ 결핍증 : 테타니(신경성 근육경련 증세로 알코올 중독자에게서 발견)

   ⓜ 함유식품 : 전곡(田穀 ; 밭곡식), 녹색 엽채류

   ⓑ 흡수촉진 인자 : 비타민 D

   ⓢ 흡수억제 인자 : 식사 내 칼슘, 인, 단백질 수준이 높거나 영양불량 상태일 때

영양보충

칼슘과 인의 섭취기준
- 칼슘의 섭취기준
  - 1일 충분섭취량(영아) : 5개월 이전 250mg, 6~11개월 300mg
  - 1일 권장섭취량(성인) : 700~800mg(임신부, 수유부 모두 +0mg)
- 인의 섭취기준
  - 1일 충분섭취량(영아) : 5개월 이전 100mg, 6~11개월 300mg
  - 1일 권장섭취량(성인) : 700mg(임신부, 수유부 모두 +0mg)

---

(2) 미량 무기질

① 철(Fe) ★★★★★★★

   ⑤ 흡수 : Fe^{2+}로 되어 장관에서 보통 식사 시 10~20% 흡수

      • 촉진 인자 : 헴철, 체내 필요량 증가, 비타민 C, 위산, 구연산, 젖산

      • 억제 인자 : 수산, 피트산, 식이섬유, 타닌, 다른 양이온(Ca, Mg, Cu)의 존재, 감염, 위액 분비 저하

   ⓛ 배설 : 담즙을 통하여 장관에서 배설

   ⓒ 조절 : 흡수량을 조절하고 체내 양을 일정하게 함. 흡수된 철이 장점막에서 페리틴으로 되어 과잉 흡수를 방해

   ⓔ 기능 : 혈색소의 구성, 산소의 운반과 저장, 육색소 구성, 근수축작용, 호흡효소의 구성분, 에너지 방출에 관여, 비타민 C와 동시 섭취 시 흡수 향상, 촉매작용, 항산화 작용

   ⓜ 결핍증 : 빈혈

   ⓑ 함유식품 : 소간, 소고기, 굴, 달걀, 오렌지, 완두콩, 시금치, 검정콩, 참깨, 파래, 코코아

ⓐ 철 영양상태 판정의 지표 ⭐43 ⭐46

지표	정의	정상범위(성인)
헤모글로빈 농도	혈액의 산소운반능력에 대한 지표로 혈액 중 헤모글로빈치	• 남자 : 14~18g/dL • 여자 : 12~16g/dL
헤마토크리트치	총혈액에서 적혈구가 차지하는 비율	• 남자 : 40~54% • 여자 : 37~47%
혈청 페리틴 농도	조직 내 철분 저장 정도(페리틴)를 알아보기 위한 민감한 지표 (체내에서 철이 감소되는 첫 단계를 진단하는 데 사용)	100±60μg/dL
혈청 철 함량	혈청 중 총 철 함량(주로 트랜스페린과 결합)	115±50μg/dL
총철결합능력	혈청 트랜스페린과 결합할 수 있는 철의 양을 측정	300~360μg/dL
트랜스페린 포화도	철과 포화된 트랜스페린의 비율	• 남자 : 26~30% • 여자 : 21~24%
적혈구 프로토포르피린 농도	헴의 전구체로, 철 결핍으로 인해 헴의 생성이 제한될 때 적혈구에 프로토포르피린이 축적됨	0.62±0.27Mmol/L (적혈구)

② **아연(Zn)** ⭐35 ⭐40 ⭐43 ⭐45 ⭐46

  ㉠ 흡수 : 장관으로부터 흡수

  ㉡ 배설 : 대부분 분변 중에 배설

  ㉢ 기능 : 효소 및 호르몬의 구성성분, 인슐린 합성에 관여(당질대사), 면역기능에 관여, Cu와 길항작용, 혈청단백질과 함께 알코올 분해

  ㉣ 결핍증 : 성장장애, 성기능 부전, 기형 유발, 미각감퇴

  ㉤ 함유식품 : 굴, 게, 새우, 육류, 전곡류, 콩류

③ **구리(Cu)** ⭐37 ⭐38 ⭐43 ⭐46

  ㉠ 흡수 : 장관에서 구리결합 단백질(metallothionein)에 의해 흡수

  ㉡ 배설 : 담즙을 통하여 장관에서 배설

  ㉢ 수송 : α-globulin과 결합, 세룰로플라스민

  ㉣ 저장 : 간, 근육, 근력 등

  ㉤ 기능 : 콜라겐의 합성, 면역작용, 조혈 촉진(당질대사), 시토크롬 C 산화효소의 구성성분으로 에너지 방출에 관여, 골수 내 헤모글로빈 생성의 보조인자, 슈퍼옥사이드 디스뮤타아제(SOD)의 구성성분으로 세포의 산화적 손상 방지

  ㉥ 결핍증 : 저색소성 빈혈, 골격이상, 부종, 백혈구 감소, 생식기능 장애

  ㉦ 함유식품 : 동물의 내장, 어패류, 굴, 달걀, 전곡, 두류

④ 요오드(I) ⭐38 ⭐42 ⭐45 ⭐47

  ㉠ 흡수 : 장관으로부터 흡수

  ㉡ 배설 : 요 중에 배설

  ㉢ 기능 : 갑상샘호르몬의 구성성분, 기초대사율 조절, 성장발달, 체온조절

  ㉣ 결핍증 : 갑상샘종, 점액수종, 크레틴병, 갑상샘기능저하증

  ㉤ 과잉증 : 바세도우씨병, 갑상샘기능항진증

  ㉥ 함유식품 : 해산물, 해조류

⑤ 망간(Mn)

  ㉠ 흡수 : 장관으로부터 흡수

  ㉡ 배설 : 담즙을 통하여 분변 중에 배설

  ㉢ 기능 : 당질 · 단백질 · 지질대사에 관여, 요의 형성

⑥ 셀레늄(Se) ⭐44

  ㉠ 배설 : 주로 요중에 배설

  ㉡ 기능 : 글루타티온 과산화효소의 성분, 항산화 작용, 비타민 E 절약작용, 면역기능, 갑상샘
    호르몬 생산에 필요, 자유라디칼에 의한 세포 손상 억제

  ㉢ 결핍증 : 케산병, 기형 유발, 면역체계 역할

  ㉣ 함유식품 : 곡류, 해산물, 육류

⑦ 코발트(Co)

  ㉠ 흡수 : 장관에서 흡수

  ㉡ 배설 : 주로 요중에 배설

  ㉢ 기능 : 비타민 B_{12}의 구성성분

  ㉣ 결핍증 : 악성빈혈(pernicious anemia)

  ㉤ 함유식품 : 육류, 어류, 달걀

⑧ 불소(F)

  ㉠ 배설 : 요 및 분변 중에 배설

  ㉡ 기능 : 충치의 예방, 골격과 치아 기능의 유지

  ㉢ 결핍증 : 충치(caries)

  ㉣ 함유식품 : 상수도물(1ppm) 함유

⑨ 크롬(Cr) ⭐40 ⭐41 ⭐47

  ㉠ 기능 : 당질대사(당내성 인자, 인슐린 보조인자)

  ㉡ 함유식품 : 간, 달걀, 전밀, 육류, 이스트

(1) 다량 무기질 ⭐

성별	연령	칼슘(mg/일)				인(mg/일)				나트륨(mg/일)			
		평균 필요량	권장 섭취량	충분 섭취량	상한 섭취량	평균 필요량	권장 섭취량	충분 섭취량	상한 섭취량	평균 추정량	권장 섭취량	충분 섭취량	만성질 환위험 감소 섭취량
영아	0~5 (개월)			250	1,000			100				110	
	6~11			300	1,500			300				370	
유아	1~2 (세)	400	500		2,500	380	450		3,000			810	1,200
	3~5	500	600		2,500	480	550		3,000			1,000	1,600
남자	6~8 (세)	600	700		2,500	500	600		3,000			1,200	1,900
	9~11	650	800		3,000	1,000	1,200		3,500			1,500	2,300
	12~14	800	1,000		3,000	1,000	1,200		3,500			1,500	2,300
	15~18	750	900		3,000	1,000	1,200		3,500			1,500	2,300
	19~29	650	800		2,500	580	700		3,500			1,500	2,300
	30~49	650	800		2,500	580	700		3,500			1,500	2,300
	50~64	600	750		2,000	580	700		3,500			1,500	2,300
	65~74	600	700		2,000	580	700		3,500			1,300	2,100
	75 이상	600	700		2,000	580	700		3,000			1,100	1,700
여자	6~8 (세)	600	700		2,500	480	550		3,000			1,200	1,900
	9~11	650	800		3,000	1,000	1,200		3,500			1,500	2,300
	12~14	750	900		3,000	1,000	1,200		3,500			1,500	2,300
	15~18	700	800		3,000	1,000	1,200		3,500			1,500	2,300
	19~29	550	700		2,500	580	700		3,500			1,500	2,300
	30~49	550	700		2,500	580	700		3,500			1,500	2,300
	50~64	600	800		2,000	580	700		3,500			1,500	2,300
	65~74	600	800		2,000	580	700		3,500			1,300	2,100
	75 이상	600	800		2,000	580	700		3,000			1,100	1,700
임신부		+0	+0		2,500	+0	+0		3,000			1,500	2,300
수유부		+0	+0		2,500	+0	+0		3,500			1,500	2,300

성별	연령	염소(mg/일)				칼륨(mg/일)				마그네슘(mg/일)			
		평균 필요량	권장 섭취량	충분 섭취량	상한 섭취량	평균 필요량	권장 섭취량	충분 섭취량	상한 섭취량	평균 필요량	권장 섭취량	충분 섭취량	상한 섭취량[1]
영아	0~5 (개월)			170				400				25	
	6~11			560				700				55	
유아	1~2 (세)			1,200				1,900		60	70		60
	3~5			1,600				2,400		90	110		90
남자	6~8 (세)			1,900				2,900		130	150		130
	9~11			2,300				3,400		190	220		190
	12~14			2,300				3,500		260	320		270
	15~18			2,300				3,500		340	410		350
	19~29			2,300				3,500		300	360		350
	30~49			2,300				3,500		310	370		350
	50~64			2,300				3,500		310	370		350
	65~74			2,100				3,500		310	370		350
	75 이상			1,700				3,500		310	370		350
여자	6~8 (세)			1,900				2,900		130	150		130
	9~11			2,300				3,400		180	220		190
	12~14			2,300				3,500		240	290		270
	15~18			2,300				3,500		290	340		350
	19~29			2,300				3,500		230	280		350
	30~49			2,300				3,500		240	280		350
	50~64			2,300				3,500		240	280		350
	65~74			2,100				3,500		240	280		350
	75 이상			1,700				3,500		240	280		350
임신부				2,300				+0		+30	+40		350
수유부				2,300				+400		+0	+0		350

1) 식품 외 급원의 마그네슘에만 해당

(2) 미량 무기질

성별	연령	철(mg/일)				아연(mg/일)				구리(μg/일)				불소(mg/일)			
		평균필요량	권장섭취량	충분섭취량	상한섭취량	평균필요량	권장섭취량	충분섭취량	상한섭취량	평균필요량	권장섭취량	충분섭취량	상한섭취량	평균필요량	권장섭취량	충분섭취량	상한섭취량
영아	0~5 (개월)			0.3	40			2				240				0.01	0.6
	6~11	4	6		40	2	3					330				0.4	0.8
유아	1~2 (세)	4.5	6		40	2	3		6	220	290		1,700			0.6	1.2
	3~5	5	7		40	3	4		9	270	350		2,600			0.9	1.8
남자	6~8 (세)	7	9		40	5	5		13	360	470		3,700			1.3	2.6
	9~11	8	11		40	7	8		19	470	600		5,500			1.9	10.0
	12~14	11	14		40	7	8		27	600	800		7,500			2.6	10.0
	15~18	11	14		45	8	10		33	700	900		9,500			3.2	10.0
	19~29	8	10		45	9	10		35	650	850		10,000			3.4	10.0
	30~49	8	10		45	8	10		35	650	850		10,000			3.4	10.0
	50~64	8	10		45	8	10		35	650	850		10,000			3.2	10.0
	65~74	7	9		45	8	9		35	600	800		10,000			3.1	10.0
	75 이상	7	9		45	7	9		35	600	800		10,000			3.0	10.0
여자	6~8 (세)	7	9		40	4	5		13	310	400		3,700			1.3	2.5
	9~11	8	10		40	7	8		19	420	550		5,500			1.8	10.0
	12~14	12	16		40	6	8		27	500	650		7,500			2.4	10.0
	15~18	11	14		45	7	9		33	550	700		9,500			2.7	10.0
	19~29	11	14		45	7	8		35	500	650		10,000			2.8	10.0
	30~49	11	14		45	7	8		35	500	650		10,000			2.7	10.0
	50~64	6	8		45	6	8		35	500	650		10,000			2.6	10.0
	65~74	6	8		45	6	7		35	460	600		10,000			2.5	10.0
	75 이상	5	7		45	6	7		35	460	600		10,000			2.3	10.0
임신부		+8	+10		45	+2.0	+2.5		35	+100	+130		10,000			+0	10.0
수유부		+0	+0		45	+4.0	+5.0		35	+370	+480		10,000			+0	10.0

성별	연령	망간(mg/일)				요오드(μg/일)				셀레늄(μg/일)				몰리브덴(μg/일)				크롬(μg/일)			
		평균필요량	권장섭취량	충분섭취량	상한섭취량	평균필요량	권장섭취량	충분섭취량	상한섭취량	평균필요량	권장섭취량	충분섭취량	상한섭취량	평균필요량	권장섭취량	충분섭취량	상한섭취량	평균필요량	권장섭취량	충분섭취량	상한섭취량
영아	0~5(개월)			0.01				130	250			9	40							0.2	
	6~11			0.8				180	250			12	65							4.0	
유아	1~2(세)			1.5	2	55	80		300	19	23		70	8	10		100			10	
	3~5			2	3	65	90		300	22	25		100	10	12		150			10	
남자	6~8(세)			2.5	4	75	100		500	30	35		150	15	18		200			15	
	9~11			3	6	85	110		500	40	45		200	15	18		300			20	
	12~14			4	8	90	130		1,900	50	60		300	25	30		450			30	
	15~18			4	10	95	130		2,200	55	65		300	25	30		550			35	
	19~29			4	11	95	150		2,400	50	60		400	25	30		600			30	
	30~49			4	11	95	150		2,400	50	60		400	25	30		600			30	
	50~64			4	11	95	150		2,400	50	60		400	25	30		550			30	
	65~74			4	11	95	150		2,400	50	60		400	23	28		550			25	
	75 이상			4	11	95	150		2,400	50	60		400	23	28		550			25	
여자	6~8(세)			2.5	4	75	100		500	30	35		150	15	18		200			15	
	9~11			3	6	80	110		500	40	45		200	15	18		300			20	
	12~14			3.5	8	90	130		1,900	50	60		300	20	25		400			20	
	15~18			3.5	10	95	130		2,200	55	65		300	20	25		500			20	
	19~29			3.5	11	95	150		2,400	50	60		400	20	25		500			20	
	30~49			3.5	11	95	150		2,400	50	60		400	20	25		500			20	
	50~64			3.5	11	95	150		2,400	50	60		400	20	25		450			20	
	65~74			3.5	11	95	150		2,400	50	60		400	18	22		450			20	
	75 이상			3.5	11	95	150		2,400	50	60		400	18	22		450			20	
임신부				+0	11	+65	+90			+3	+4		400	+0	+0		500			+5	
수유부				+0	11	+130	+190			+9	+10		400	+3	+3		500			+20	

CHAPTER

05 적중예상문제

01 갑상샘 기능이 항진되었을 때 과잉섭취가 의심되는 무기질은?

① 요오드(I)
② 구리(Cu)
③ 아연(Zn)
④ 셀레늄(Se)
⑤ 코발트(Co)

해설 요오드(I)
 • 결핍증 : 갑상샘종, 점액수종, 크레틴병, 갑상샘기능저하증
 • 과잉증 : 바세도우씨병, 갑상샘기능항진증

출제유형 46

02 신경흥분 억제 및 근육 이완에 관여하고 효소의 구성성분인 무기질은?

① 나트륨
② 염 소
③ 불 소
④ 마그네슘
⑤ 구 리

해설 마그네슘(Mg)
 칼슘, 인과 함께 뼈의 대사에 중요한 기능을 하는 무기질로, 에너지 대사 관여, 골격과 치아의 구성요소, 효소의
 구성, 신경흥분 억제, 근육 이완작용의 기능을 한다.

정답 01 ① 02 ④

03 칼슘 흡수 증진 요인으로 옳은 것은?

① 비타민 D, 비타민 C, 유당, 부갑상샘호르몬
② 비타민 D, 비타민 C, 고단백, 고지방
③ 비타민 C, 수산, 유당, 고지방
④ 비타민 D, 비타민 C, 수산, 고단백
⑤ 비타민 D, 비타민 C, 고탄수화물, 고지방

해설 칼슘 흡수
• 증진 요인 : 비타민 C, 비타민 D, 유당(lactose), 소화관 내의 산도, 부갑상샘호르몬
• 방해 요인 : 피트산, 수산, 식이섬유, 과잉 지방, 높은 알칼리성 환경, 과량의 인

04 신장과 뼈에 작용하여 혈중 칼슘농도를 증가시키는 호르몬은?

① 인슐린   ② 갑상샘호르몬
③ 부갑상샘호르몬   ④ 에피네프린
⑤ 글루카곤

해설 칼슘의 항상성
• 부갑상샘호르몬 : 혈중 칼슘농도가 저하되었을 때 분비 → 신장에서 칼슘의 재흡수 촉진, 뼈의 분해 자극, 비타민 D를 활성형 1,25-(OH)$_2$-vit D로 전환 촉진
• 비타민 D : 혈중 칼슘농도가 저하되었을 때 분비 → 소장에서 칼슘의 흡수 촉진, 신장에서 칼슘 재흡수 촉진
• 칼시토닌 : 혈중 칼슘농도가 상승되었을 때 분비 → 부갑상샘호르몬과 반대작용, 뼈의 분해 저해

05 혈중 칼슘농도의 항상성 기전에 대한 설명으로 옳은 것은?

① 1,25-(OH)$_2$-vit D는 소장에서 칼슘의 흡수를 억제한다.
② 비타민 D는 부갑상샘호르몬의 분비를 자극한다.
③ 부갑상샘호르몬은 신장에서 칼슘의 재흡수를 억제한다.
④ 비타민 D는 칼시토닌과 같은 작용을 하여 혈중 칼슘농도를 저하시킨다.
⑤ 칼시토닌은 혈중 칼슘농도가 상승되었을 때 분비된다.

해설 ⑤ 칼시토닌은 혈중 칼슘농도가 상승되었을 때 분비되어 부갑상샘호르몬의 작용을 억제하고, 뼈의 칼슘과 인의 방출을 억제한다.

03 ① 04 ③ 05 ⑤ 정답

06 다음 설명에 해당하는 무기질은?

> • 생체 내 여러 호르몬의 구성성분이다.
> • 당질 대사 및 면역기능에 관여한다.
> • 결핍 시 성장 장애 및 미각 감퇴가 발생한다.

① 불 소
② 요오드
③ 구 리
④ 철
⑤ 아 연

해설 아연(Zn)

효소 및 호르몬의 구성성분으로 인슐린 합성(당질대사)과 면역기능에 관여한다. 구리와 길항작용을 하고, 혈청 단백질과 함께 알코올을 분해한다. 결핍 시 성장장애, 성기능 부전, 기형 유발, 미각이 감퇴가 발생한다.

07 철 흡수를 증가시키는 요인은?

① 위산의 부족
② 피트산, 타닌
③ 식이섬유
④ 비타민 C
⑤ 감 염

해설 철 흡수

• 촉진인자 : 헴철, 체내 필요량 증가, 비타민 C, 위산, 구연산, 젖산
• 억제인자 : 수산, 피트산, 타닌, 식이섬유, 다른 양이온(Ca, Mg, Cu)의 존재, 감염, 위액 분비 저하

정답 06 ⑤ 07 ④

08 칼슘의 체내 내적 항상성에 가장 영향을 주는 두 가지 물질은?

① 비타민 A와 갑상샘호르몬
② 비타민 C와 부신피질자극호르몬
③ 인(P)과 성장호르몬
④ 비타민 D와 부갑상샘호르몬
⑤ 비타민 C와 칼시토닌

> 해설 **칼슘의 항상성**
> • 비타민 D : 장에서 칼슘 흡수 증진
> • 칼시토닌(calcitonin) : 혈중 칼슘 농도를 저하시키고 뼛속의 칼슘 방출을 막아 축적시킴(갑상샘에서 분비)
> • 부갑상샘호르몬 : 칼슘의 혈중 농도를 증가시켜 정상수준으로 되게 함(부갑상샘에서 분비)

09 다음은 각 무기질이 많이 함유된 식품과 짝을 이룬 것으로 그 연결이 옳지 않은 것은?

① Ca – 치즈
② I – 해조류
③ Fe – 우유
④ P – 난황
⑤ Mg – 푸른 채소

> 해설 **철(Fe)이 풍부한 식품**
> 간, 소고기 등의 육류, 어패류, 가금류, 곡류, 곡류로 만든 가공식품(빵, 면류), 콩류(검정콩) 및 진한 녹색채소

10 식물성 식품의 비헴철 흡수율을 증가시키기 위해 함께 섭취하면 좋은 것은?

① 딸 기
② 커 피
③ 홍 차
④ 고구마
⑤ 시금치

> 해설 비타민 C는 강력한 환원제로 제2철을 제1철로 환원하여 철의 흡수를 증가시키므로 철 섭취 시에 함께 섭취하는
> 것이 좋다. 비타민 C가 풍부한 식품에는 딸기, 오렌지, 케일, 브로콜리, 피망, 콜리플라워 등이 있으며, 차와 커
> 피에는 타닌이 함유되어 있어 철의 흡수를 방해한다.

08 ④ **09** ③ **10** ① 정답

11 혈색소의 양이 10g 이하인 빈혈 환자에게 철분제를 공급하였다. 철분제의 흡수율을 증진시키기 위해 같이 복용하면 좋은 식품은?

① 우 유　　　　　　　　　　② 과일주스

③ 쌀　　　　　　　　　　　　④ 간 유

⑤ 꿀 물

해설 철은 헴(heme)철이 비헴(non-heme)철보다 흡수율이 높다. 헴철은 육류에 많이 들어 있고 식물성 식품에는 주로 비헴철이 들어 있다. 비헴철의 흡수는 식사에 존재하는 다른 성분들의 영향을 받는다. 비타민 C는 강력한 환원제로 제2철을 제1철로 환원하여 철의 흡수를 증가시키므로 철 섭취 시에 함께 섭취하는 것이 좋다.

12 다음 중 체내에서 인(P)의 기능으로 옳은 것은?

① 혈액 응고

② 수분 평형

③ 해독작용

④ 산·염기평형 조절

⑤ 삼투압 조절

해설 인(P)의 기능

뼈와 치아 형성, 산·염기평형 조절, 효소와 조효소의 구성성분, 지방산 이송, 에너지 대사, 세포막 구성성분, 포도당의 흡수, 대사에 관여

13 혈중 칼슘농도가 높을 때 뼈에서의 칼슘 용출을 막고, 소변으로 칼슘의 배설을 촉진하는 호르몬은?

① 부갑상샘호르몬

② 알도스테론

③ 아드레날린

④ 코르티솔

⑤ 칼시토닌

해설 칼시토닌은 갑상샘에서 분비되며, 부갑상샘호르몬과 비타민 D와는 반대기능을 하므로 혈중 칼슘농도가 정상 이상으로 높아졌을 경우에 자극받는다. 칼시토닌은 뼛속의 칼슘 용출을 막고, 신장에서 소변을 통해 칼슘의 배설을 증가시킴으로써 혈중 칼슘농도를 저하시킨다.

정답 **11** ②　**12** ④　**13** ⑤

14 철 결핍성 빈혈 초기진단에 사용되는 생화학적 지표는?

① 헤모글로빈 농도

② 적혈구 프로토포르피린 농도

③ 헤마토크리트치

④ 혈청 페리틴 농도

⑤ 트랜스페린 포화도

해설 ④ 혈청 페리틴농도 : 체내에서 철이 감소하는 첫 단계를 진단하는 데 사용되는 지표로 빈혈 초기진단에 가장 예민하게 이용된다.
　① 헤모글로빈 농도 : 빈혈 진단에 가장 일반적 사용되고, 성인 남자 13g/dL, 성인 여자 12g/dL 이하인 경우 빈혈이다.
　② 적혈구 프로토포르피린 농도 : 헴의 전구체로, 철 결핍으로 인해 헴의 생성이 제한될 때 적혈구에 프로토포르피린이 축적된다.
　③ 헤마토크리트치 : 전체 혈액 중 차지하는 적혈구 용적을 %로 표시한 것이다.
　⑤ 트랜스페린 포화도 : 혈액 내에서 철과 결합된 트랜스페린의 비율이다.

15 신경자극전달과 근육 수축 및 이완의 조절 장애로 눈꺼풀 떨림이 발생한 경우 결핍이 의심되는 무기질은?

① 인

② 염 소

③ 칼 륨

④ 나트륨

⑤ 마그네슘

해설 마그네슘은 근육을 이완시키고 신경을 안정시키는 역할을 한다. 따라서 마그네슘이 부족하면 근육이 과도하게 긴장해서 경련을 일으키게 된다.

14 ④　**15** ⑤　**정답**

16 임신 중 모체에 요오드가 크게 결핍되었을 때 태어난 유아에게 나타나기 쉬운 증세는?

① 다발성 신경염
② 골다공증
③ 크레틴증
④ 갑상샘 기능 항진
⑤ 악성빈혈

해설 임신부의 요오드 결핍은 태어난 유아의 갑상샘호르몬 분비를 저하시켜 지적·신체적 성장과 성숙 장애를 가져오고, 심하면 크레틴 증세를 가져온다. 성인의 경우는 갑상샘 비대, 갑상샘암 등을 유발시키며 요오드의 급원식품은 해조류이다.

출제유형 42, 44

17 글루타티온 과산화효소(glutathione peroxidase)의 필수성분으로 강한 항산화제로 작용하는 무기질은?

① 칼 슘   ② 셀레늄
③ 칼 륨   ④ 마그네슘
⑤ 철

해설 셀레늄은 글루타티온 과산화효소의 성분으로 작용한다. 글루타티온 과산화효소는 환원형의 글루타티온을 이용하여 독성의 과산화물을 알코올 유도체와 물로 전환시켜 과산화물에 의해 세포막이나 세포가 파괴되는 것을 방지한다.

18 다음 중 소장세포에서 아연에 결합하여 흡수를 조절하는 물질은?

① 인슐린
② 알부민
③ 트랜스페린
④ 메탈로메티오닌
⑤ 세룰로플라스민

해설 장세포 내에서 아연은 메탈로티오네인(metallothionein)이라는 단백질의 합성을 유도하여 이와 결합하는데, 이는 아연의 흡수 정도를 조절한다. 메탈로티오네인과 결합한 아연은 소장세포 내에 이용되거나 혈관으로 이동된다. 수일 내에 혈액으로 이동되지 못한 아연은 소장점막세포와 함께 배설된다.

정답 16 ③ 17 ② 18 ④

19 다음 중 마그네슘이 풍부하게 함유된 식품은?

① 과일류 ② 유지 · 당류

③ 유지류 ④ 어패류

⑤ 녹색 엽채류

해설 마그네슘은 녹색 엽채류, 견과류, 두류 및 곡류 식품에 풍부하게 함유되어 있으며, 그 외 유제품, 육류, 어패류, 난류 및 과일류에도 마그네슘이 일부 들어있기 때문에 다양한 식품군과 함께 식물성 식품을 충분히 섭취하면 마그네슘 결핍이 우려되지 않는다.

20 칼슘을 부족하게 섭취하는 사람의 체내 변화로 옳은 것은?

① 신결석이 발생한다.

② 혈중 칼시토닌 농도가 증가한다.

③ 피부에서 비타민 D_3 합성이 감소한다.

④ 인 배설량이 감소한다.

⑤ 혈중 부갑상샘호르몬 농도가 증가한다.

해설 칼슘 조절 호르몬
• 부갑상샘호르몬 : 혈중 칼슘 농도가 저하되었을 때 분비되어 신장에서 칼슘의 재흡수 촉진, 뼈의 분해 자극, 비타민 D를 활성형 $1,25-(OH)_2-vit$ D로 전환 촉진
• 칼시토닌 : 혈중 칼슘 농도가 상승되었을 때 분비되어 부갑상샘호르몬과의 반대 작용

21 체내 산화환원 반응에 중요한 역할을 하는 글루타티온을 구성하는 무기질은?

① 염소(Cl) ② 칼슘(Ca)

③ 황(S) ④ 나트륨(Na)

⑤ 요오드(I)

해설 황(S)은 글루타티온의 구성성분이다. 글루타티온은 글루탐산, 시스테인, 글리신이 결합하여 생성된 구조로, 체내 모든 세포에서 합성될 수 있다. 글루타티온은 환원된 상태(GSH)와 산화된 상태(GSSG)로 존재하여 거의 모든 생체 내의 산화-환원반응에 중요한 역할을 한다.

19 ⑤ **20** ⑤ **21** ③ 정답

22 다음의 기능을 하는 무기질은?

> • 항산화 작용을 한다.
> • 전자전달계 산화환원반응에 관여한다.
> • 산소를 운반하고 저장한다.

① 크 롬

② 아 연

③ 불 소

④ 망 간

⑤ 철

해설 철(Fe)
- 미토콘드리아의 전자전달계에서 산화 · 환원과정에 작용하는 시토크롬계 효소의 구성성분으로, 에너지 대사에 필요하다.
- 헤모글로빈을 구성하는 철은 폐로 들어오는 산소를 각 조직의 세포로 운반하고, 미오글로빈을 구성하는 철은 근육조직 내에서 산소를 일시적으로 저장한다.
- 항산화 작용을 한다.

23 다음과 관련된 무기질은?

> • 세룰로플라스민의 구성성분이다.
> • 슈퍼옥사이드 디스뮤타아제(SOD)의 구성성분이다.
> • 해당 무기질의 대사 이상으로 윌슨병이 생긴다.

① 마그네슘

② 망 간

③ 칼 륨

④ 셀레늄

⑤ 구 리

해설 구리(Cu)
철의 흡수를 돕는 세룰로플라스민과 세포의 산화적 손상을 방지하는 슈퍼옥사이드 디스뮤타아제(SOD)의 구성성분이다. 구리의 대사 이상 시 간, 뇌, 각막, 신장 및 적혈구에 구리가 침착되어 생기는 윌슨병이 생길 수 있다.

정답 22 ⑤ 23 ⑤

24 인슐린의 작용을 보조하여 포도당 내성 요인으로서의 역할을 담당하는 무기질은?

① Zn　　　　　　　　　　　② Cr

③ Fe　　　　　　　　　　　④ Ca

⑤ Mg

해설　크롬(Cr)
- 내당인자(glucose tolerance factor)로서 인슐린이 세포막 수용체에 결합하는 데 관여하는 미량원소이다.
- 포도당의 세포막을 통한 이동에 관여한다.
- 혈청 콜레스테롤 제거에 관여한다.
- 장내 흡수율이 매우 낮아 부족하면 내당능이 손상된다.
- 육류, 간, 도정하지 않은 곡류가 주된 급원이다.

25 칼륨의 기능으로 옳은 것은?

① 세포외액의 주된 양이온으로, 삼투압을 조절한다.

② 지방산 합성에 필요하다.

③ 단백질 분해에 필요하다.

④ 글리코겐에 분해에 필요하다.

⑤ 체내의 과잉 나트륨을 배출한다.

해설　칼륨(K)

세포내액의 주된 양이온으로, 수분 평형, 산·염기 평형, 체내 나트륨 배출, 신경자극 전달, 글리코겐 합성, 단백질 합성, 제지방 측정에 이용된다.

26 다음 중 크롬(Cr)의 기능으로 옳은 것은?

① 조혈 작용에 관여한다.

② 인슐린 작용의 활성화에 작용한다.

③ 산소운반 작용을 돕는다.

④ 항산화 작용에 관여한다.

⑤ 혈액응고에 관여한다.

해설　크롬은 인슐린이 세포막과 잘 결합할 수 있도록 도와줌으로써 인슐린의 작용을 증가시켜준다.

24 ②　25 ⑤　26 ②　정답

27 세룰로플라스민(ceruloplasmin)과 결합되어 작용하는 무기질로 가장 옳은 것은?

① I
② Zn
③ Mn
④ Cu
⑤ Mo

해설 세룰로플라스민은 혈액 내에서 구리를 운반하는 물질로, 철을 흡수하는 과정에서 소장세포의 세포막을 통과하려면 2가의 철이온이 3가로 산화되어야 하는데, 이 과정에서 구리가 주성분인 세룰로플라스민이 작용한다.

28 『2020 한국인 영양소 섭취기준』 중 만성질환위험감소섭취량이 설정된 무기질은?

① 아 연
② 나트륨
③ 염 소
④ 칼 슘
⑤ 마그네슘

해설 『2020 한국인 영양소 섭취기준』에서 나트륨에는 심혈관질환과 고혈압 등 만성질환과의 관계를 검토하여 과학적 근거를 확보하여 만성질환위험감소섭취량을 제정하였다.

29 다음 설명에 해당하는 무기질은?

> • 해산물, 해조류에 풍부하게 함유되어 있다.
> • 체내대사율, 체온조절, 성장발달에 관여한다.

① 철(Fe)
② 불소(F)
③ 구리(Cu)
④ 코발트(Co)
⑤ 요오드(I)

해설 요오드는 갑상샘호르몬의 구성성분으로서, 기초대사율을 결정하거나 체내 열 발생, 신경계의 발달, 성장, 소화와 흡수의 조절, 키 성장 등 거의 모든 기관에 관여한다.

정답 27 ④ 28 ② 29 ⑤

30 다음 설명에 해당하는 무기질은?

> • 삼투압과 수분균형을 조절한다.
> • 세포외액의 주된 양이온이다.

① 마그네슘(Mg)
② 인(P)
③ 나트륨(Na)
④ 염소(Cl)
⑤ 황(S)

해설 나트륨은 세포외액에 존재하는 주요한 양이온으로, 세포내부와 외부의 삼투압을 조절하여 체액량 유지와 수분 균형을 이루는 역할을 한다. 또한, 나트륨은 신경전도와 근육수축에 관여하며, 산-염기 균형을 이루는 데에 역할이 매우 크다. 따라서, 나트륨 조절이 잘되지 않으면 체내 항상성에 문제가 생길 수 있다.

31 체내에서 구리를 운반하는 단백질로 옳은 것은?

① 세룰로플라스민
② 메탈로티오네인
③ 헤모글로빈
④ 에이코사노이드
⑤ 킬로미크론

해설 체내에서 구리는 세룰로플라스민(ceruloplasmin)의 형태로 혈액을 통해 해당 조직으로 이동한다. 세룰로플라스민은 총 혈청 구리의 약 90% 정도를 이동시킨다. 또한, 2가철과 3가철을 산화시킴으로써 철의 이동도 돕는다.

32 체내 나트륨을 배출시켜 혈압을 낮추는 기능을 가진 무기질은?

① 염 소
② 구 리
③ 칼 슘
④ 칼 륨
⑤ 요오드

해설 칼륨(K)은 몸속의 염분 배출을 돕기 때문에 칼륨이 풍부한 식품을 섭취하는 것이 좋다.

30 ③ 31 ① 32 ④ 정답

33 다음 중 상한섭취량이 정해진 무기질 영양소는?

① 크 롬

② 칼 슘

③ 칼 륨

④ 나트륨

⑤ 염 소

해설 상한섭취량이 정해진 무기질 영양소
칼슘, 마그네슘, 인, 철, 아연, 구리, 불소, 망간, 요오드, 셀레늄, 몰리브덴

34 『2020 한국인 영양소 섭취기준』에 따르면 19~64세 성인의 나트륨 만성질환위험감소섭취량은?

① 1,900mg/일

② 2,100mg/일

③ 2,300mg/일

④ 2,500mg/일

⑤ 2,700mg/일

해설 19~64세 성인의 나트륨 만성질환위험감소섭취량은 2,300mg/일로, 현재 나트륨 섭취량이 2,300mg/일보다 많으면 만성질환 위험을 낮추기 위해 섭취량을 줄일 것을 권고한다.

35 헤모글로빈 합성에 필요한 무기질은?

① Fe, Ca, Cu

② Fe, Ca, Co

③ Fe, Zn, I

④ Zn, Se, Cu

⑤ Cu, Fe, Co

해설 • Cu, Fe, Co : 헤모글로빈 합성에 관여
• Se : 항산화 작용
• Zn : 면역기능에 관여
• Cr : 인슐린 활성화

정답 33 ② 34 ③ 35 ⑤

36 신장질환자의 혈중 수치가 상승하면 심장기능 장애를 초래할 수 있는 무기질은?

① 아 연

② 구 리

③ 마그네슘

④ 칼 슘

⑤ 칼 륨

해설 고칼륨혈증

칼륨의 90%가 신장을 통해 배설되기 때문에 신장질환자에게서 고칼륨혈증이 나타날 수 있다. 근육의 마비로 손발이 저리고 다리가 무거우며 혈압이 떨어지고, 부정맥 등의 심장장애 증세를 보인다.

37 ATP의 구성성분이며, 과다 섭취 시 칼슘의 흡수를 저해할 수 있는 무기질은?

① 칼 륨 ② 칼 슘

③ 나트륨 ④ 염 소

⑤ 인

해설 인의 기능

- 완충작용 · 혈액과 세포에서 인산으로 산과 염기의 평형조절
- 신체 구성성분 · DNA, RNA 등 핵산의 구성성분, 모든 세포막과 지단백질의 형성에 필요한 인지질을 구성하는 필수 요소
- 비타민 및 효소의 활성화, 골격 구성(골격, 치아), 에너지대사(ATP) 등
- 과잉 섭취 시 칼슘의 흡수를 저해함

38 2가철을 3가철로 산화시킴으로써 트랜스페린과의 결합을 촉진하여 철의 이동을 돕는 물질은?

① 세룰로플라스민

② 트랜스코발라민

③ 메탈로티오네인

④ 킬로미크론

⑤ 아포페리틴

해설 세룰로플라스민은 2가철을 3가철로 산화시켜 점막 세포 내에서나 혈액에서 철의 이동을 도움으로써 철의 흡수를 돕는다.

36 ⑤ **37** ⑤ **38** ① 정답

CHAPTER 06 비타민

01 비타민의 개요

(1) 비타민의 정의

① 비타민은 사람, 동물의 정상적인 성장과 생명현상의 유지 및 번식 등 대사활동에 필수적인 영양소
② 체내에서 합성되지 않기 때문에 음식이나 다른 공급원으로부터 반드시 공급받아야 하는 유기화합물
③ 다른 영양소와는 달리 아주 소량으로 필요한 물질

(2) 비타민의 일반적 기능

① 번식, 시력, 골격형성 등의 고유한 생리 현상을 지배
② 조효소의 구성성분으로 탄수화물 대사 및 에너지대사에 관여
③ 여러 영양소의 효율적인 이용에 관여
④ 피부병, 빈혈, 신경증 등의 질병을 예방
⑤ 일부는 항산화제로 이용

(3) 비타민의 분류

① **지용성 비타민** : 비타민 A · D · E · K
② **수용성 비타민** : 비타민 B 복합체(티아민, 리보플라빈, 니아신, 피리독신, 판토텐산, 엽산, 비오틴, 코발아민, 콜린)와 비타민 C

(4) 지용성 비타민과 수용성 비타민의 비교 ✩

성 질	지용성	수용성
용해도	지용성(기름, 유기용매에 녹음)으로 물에는 불용	수용성(물에 녹음)으로 지방에는 불용
흡수와 이송	지방과 함께 흡수되며, 임파계를 통하여 이송	당질, 아미노산과 함께 소화되고 문맥으로 흡수
저 장	여분의 양은 간 또는 지방조직에 저장	초과량은 배설하고 저장하지 않음
공 급	필요량을 매일 절대적으로 공급할 필요성은 없음	필요량을 매일 절대적으로 공급해야 함

전구체	존 재	존재하지 않음(niacin은 예외)
조리 시 손실	산화를 통하여 약간 손실이 일어날 수 있음	조리 시 손실이 큼
결 핍	결핍증세가 서서히 나타남	결핍증세가 빨리 일어남
구성원소	H, O, C	H, O, C, N, S, Co 등

02 지용성 비타민의 특징

비타민	급 원	생리적 기능	결핍증	과잉증	안정성
비타민 A (retinol) 〈항안구건조증 인자〉 39 41 43 44 45 46 47	간, 난황, 버터, 강화마가린, 녹황색의 채소, 황색의 과일, 생선간유	로돕신 생성, 상피조직의 형성과 유지, 항암제, 정상적 성장유지, 면역반응 증강 ※ 다량 : 독성	안구건조증, 야맹증, 상피조직의 각질화, 불완전한 치아 형성	두통, 탈모, 창백	큰 문제 없음
비타민 D (calciferol) 〈항구루병 인자〉 38 39 45 47	생선기름, 강화우유, 대구간유, 버터, 달걀(식품 섭취보다는 자외선 흡수가 중요)	Ca과 P의 흡수·촉진, 골격의 석회화, 아미노산 재흡수 ※ 다량 : 독성	• 어린이 : 구루병, 치아·골격성장 부진 • 성인 : 골연화증	구토, 피로, 신장결석	없 음
비타민 E (tocopherol) 〈항불임증, 항산화제 인자〉 38 43 46	식물성 기름과 그 제품들, 푸른 채소	세포막 손상을 막는 항산화제	용혈성 빈혈, 근육·신경세포 손상, 불임증	–	산화와 175℃ 이상 가열로 파괴
비타민 K (menaquinone) 〈혈액응고 인자〉 38 41 42 45 46 47	녹색채소, 간	혈액응고인자 prothrombin 합성에 필수적, 단백질 형성에 도움 ※ 다량 : 독성	신생아의 출혈병, 혈액응고 결여로 상처에 심한 출혈	–	대부분 조리에 안정

비타민	급 원	생리적 기능	결핍증	영향요인
thiamin (비타민 B₁) 〈항각기병 인자〉 37 38 42 44 45 46	돼지고기, 콩류, 땅콩, 전곡류, 소간, 강화곡류	당질 대사의 보조효소 (thiamin pyrophosphate, transketolase)	각기병(식욕저하, 단기 기억력 상실, 혼돈, 근육약화), 베르니케-코르사코프증후군(알코올 중독자에게 발생, 치매, 안구운동 이상, 보행장애)	질병, 알코올, 나이, 영양소 (고당질식)
riboflavin (비타민 B₂) 〈항구순구각염 인자〉 38 39 44 45	낙농제품, 고기, 달걀, 강화곡류, 녹색채소	• 당질, 지질, 단백질 대사의 보조효소 • FMN, FAD : 에너지 대사과정에서 수소 운반 • 전자전달계에 작용 • 적혈구 조성(세포호흡에 관여)	구순구각염, 설염, 눈부심, 피부염	질병, 알코올, 중금속, 나이, 스트레스
niacin (nicotinic acid) 〈항펠라그라 인자〉 37 38 40 45 47	땅콩류, 육류, 간 (대부분의 단백질식품)	• 당질산화, 지방산 생합성, 전자전달계에 작용 • NAD, NADP : 에너지 대사과정에서 수소 운반	심한 설사, 피부염, 신경장애, 전신 쇠약, 펠라그라, 치매 ※ 과잉증 : 구역질, 토사, 설사, 얼굴·목·손이 붉어짐	약물, 질병, 알코올, 흡연, 스트레스, 외상
pyridoxine (비타민 B₆) 〈항피부병 인자〉 38 41 43 46	간, 육류, 가금류, 어류, 콩류, 땅콩	아미노산 대사의 보조효소 (PLP), 단백질 대사, 적혈구 합성, 신경전달체 대사, 근육기능 유지	유아(발작)지루성 피부염, 빈혈, 신경염	약물, 알코올, 나이, 스트레스
pantothenic acid (비타민 B₅) 42 43 47	동물성 식품, 곡류 등 모든 식품	Coenzyme A(CoA)와 Acyl carrier protein(ACP)의 구성성분	피로, 불면증, 복통, 수족의 마비 ※ 과잉증 : 무독성, 가끔 설사 유발	식이지방 함량, 식이단백질, 비타민 B₁₂ 절약, 비타민 C
folic acid (비타민 M) 엽산 35 37 38 41 47	간, 녹색채소, 오렌지주스, 콩류, 땅콩	RNA와 DNA 대사의 보조효소, 단일탄소 전달의 보조효소, 핵산·아미노산 대사, 적혈구 생성	거대적아구빈혈 (megaloblastic anemia), 신경계 장애	임신, 수유, 약물 (항증식 인자), 비타민 B₁₂ 결핍

biotin (비타민 H)	간, 마른 콩류, 땅콩, 곡류, 신선한 채소	당질, 지방 대사에서 탄소길이를 늘이는 데 필요한 보조효소, 아미노산대사로서 장애 생성(지방산 합성·분해)	비늘이 벗겨지는 피부염	과량의 난백 섭취, 간질병, 임신, 수유
cobalamin (비타민 B$_{12}$) 〈항악성빈혈 인자〉 ㊳ ㊹	동물성 식품	RNA와 DNA 보조효소, 메티오닌 합성 관여, 신경섬유의 수초유지	악성빈혈, 신경계 질환	내적 인자 부족, 소장결손
ascorbic acid (비타민 C) 〈항괴혈병 인자〉 ㊺	과일, 채소류, 브로콜리, 배추, 콜리플라워, 키위, 감귤류, 딸기	콜라겐 합성, 항산화제, 철 흡수, 혈액응고, 모세혈관 기능유지, 산화·환원계 관여, 호르몬·신경계 전달물질 생성	괴혈병, 정상출혈, 허약증세, 상처 회복의 지연, 면역체계, 치아 손상 ※ 과잉증 : 신결석	수술, 외상, 감기, 암, 알코올 중독, 지질 대사, 스트레스

※ 트립토판 60mg은 니아신 1mg으로 전환. 그래서 니아신의 결핍일 경우 트립토판의 결핍도 같이 나타남 ㊳ ㊷ ㊼
※ 티아민(B$_1$), 리보플라빈(B$_2$), 니아신(B$_3$)은 특히 탄수화물에서 에너지를 얻는 데 필수적인 비타민. 노동을 하는 근로자에게는 꼭 필요하고, 간, 고기, 달걀, 생선 등에 많이 함유 ㊳

영양보충

비타민의 1일 상한섭취량(성인기준) ㊲ ㊻
- 지용성 비타민
  - 비타민 A : 3,000㎍ RAE
  - 비타민 D : 100㎍
  - 비타민 E : 540mg α−TE
- 수용성 비타민
  - 비타민 B$_6$: 100mg
  - 비타민 C : 2,000mg
  - 니아신 : 35/1,000mg NE
  - 엽산 : 1,000㎍ DFE

콜린(choline) ㊺
- 비타민 B 복합체의 일종이다.
- 체내에서도 합성되지만, 평소 식사에서 적당히 섭취하는 것이 중요하다.
- 메티오닌 합성과정에서 콜린은 메틸기 공여체로 작용한다.
- 아세틸콜린, 지단백, 세포막, 레시틴의 구성물질이다.
- 콜린 결핍 시 지방간이 발생할 수 있다.
- 2020 한국인 영양소 섭취기준 제정 위원회는 콜린 섭취기준을 제정하기에는 과학적 근거가 부족하다고 판단하여 대상 영양소에서 제외하였다.

(1) 지용성 비타민

성별	연령	비타민 A(μg RAE/일)				비타민 D(μg/일)				비타민 E(mg α-TE/일)				비타민 K(μg/일)			
		평균필요량	권장섭취량	충분섭취량	상한섭취량	평균필요량	권장섭취량	충분섭취량	상한섭취량	평균필요량	권장섭취량	충분섭취량	상한섭취량	평균필요량	권장섭취량	충분섭취량	상한섭취량
영아	0~5(개월)			350	600			5	25			3				4	
	6~11			450	600			5	25			4				6	
유아	1~2(세)	190	250		600			5	30			5	100			25	
	3~5	230	300		750			5	35			6	150			30	
남자	6~8(세)	310	450		1,100			5	40			7	200			40	
	9~11	410	600		1,600			5	60			9	300			55	
	12~14	530	750		2,300			10	100			11	400			70	
	15~18	620	850		2,800			10	100			12	500			80	
	19~29	570	800		3,000			10	100			12	540			75	
	30~49	560	800		3,000			10	100			12	540			75	
	50~64	530	750		3,000			10	100			12	540			75	
	65~74	510	700		3,000			15	100			12	540			75	
	75 이상	500	700		3,000			15	100			12	540			75	
여자	6~8(세)	290	400		1,100			5	40			7	200			40	
	9~11	390	550		1,600			5	60			9	300			55	
	12~14	480	650		2,300			10	100			11	400			65	
	15~18	450	650		2,800			10	100			12	500			65	
	19~29	460	650		3,000			10	100			12	540			65	
	30~49	450	650		3,000			10	100			12	540			65	
	50~64	430	600		3,000			10	100			12	540			65	
	65~74	410	600		3,000			15	100			12	540			65	
	75 이상	410	600		3,000			15	100			12	540			65	
임신부		+50	+70		3,000			+0	100			+0	540			+0	
수유부		+350	+490		3,000			+0	100			+3	540			+0	

(2) 수용성 비타민

성별	연령	비타민 C(mg/일)				티아민(mg/일)				리보플라빈(mg/일)				니아신(mg NE/일)[1]1,000			
		평균 필요량	권장 섭취량	충분 섭취량	상한 섭취량	평균 필요량	권장 섭취량	충분 섭취량	상한 섭취량	평균 필요량	권장 섭취량	충분 섭취량	상한 섭취량	평균 필요량	권장 섭취량	충분 섭취량	상한 섭취량
영아	0~5 (개월)			40				0.2				0.3				2	
	6~11			55				0.3				0.4				3	
유아	1~2 (세)	30	40		340	0.4	0.4			0.4	0.5			4	6		10/180
	3~5	35	45		510	0.4	0.5			0.5	0.6			5	7		10/250
남자	6~8 (세)	40	50		750	0.5	0.7			0.7	0.9			7	9		15/350
	9~11	55	70		1,100	0.7	0.9			0.9	1.1			9	11		20/500
	12~14	70	90		1,400	0.9	1.1			1.2	1.5			11	15		25/700
	15~18	80	100		1,600	1.1	1.3			1.4	1.7			13	17		30/800
	19~29	75	100		2,000	1.0	1.2			1.3	1.5			12	16		35/1,000
	30~49	75	100		2,000	1.0	1.2			1.3	1.5			12	16		35/1,000
	50~64	75	100		2,000	1.0	1.2			1.3	1.5			12	16		35/1,000
	65~74	75	100		2,000	0.9	1.1			1.2	1.4			11	14		35/1,000
	75 이상	75	100		2,000	0.9	1.1			1.1	1.3			10	13		35/1,000
여자	6~8 (세)	40	50		750	0.6	0.7			0.6	0.8			7	9		15/350
	9~11	55	70		1,100	0.8	0.9			0.8	1.0			9	12		20/500
	12~14	70	90		1,400	0.9	1.1			1.0	1.2			11	15		25/700
	15~18	80	100		1,600	0.9	1.1			1.0	1.2			11	14		30/800
	19~29	75	100		2,000	0.9	1.1			1.0	1.2			11	14		35/1,000
	30~49	75	100		2,000	0.9	1.1			1.0	1.2			11	14		35/1,000
	50~64	75	100		2,000	0.9	1.1			1.0	1.2			11	14		35/1,000
	65~74	75	100		2,000	0.8	1.0			0.9	1.1			10	13		35/1,000
	75 이상	75	100		2,000	0.7	0.8			0.8	1.0			9	12		35/1,000
임신부		+10	+10		2,000	+0.4	+0.4			+0.3	+0.4			+3	+4		35/1,000
수유부		+35	+40		2,000	+0.3	+.04			+0.4	+0.5			+2	+3		35/1,000

1) 1mg NE(니아신 당량) = 1mg 니아신 = 60mg 트립토판

성별	연령	비타민 B$_6$(mg/일)				엽산(μg DFE/일)[1]				비타민 B$_{12}$(μg/일)				판토텐산 (mg/일)	비오틴 (μg/일)
		평균 필요량	권장 섭취량	충분 섭취량	상한 섭취량	평균 필요량	권장 섭취량	충분 섭취량	상한 섭취량[2]	평균 필요량	권장 섭취량	충분 섭취량	상한 섭취량	충분 섭취량	충분 섭취량
영아	0~5 (개월)			0.1				65				0.3		1.7	5
	6~11			0.3				90				0.5		1.9	7
유아	1~2 (세)	0.5	0.6		20	120	150		300	0.8	0.9			2	9
	3~5	0.6	0.7		30	150	180		400	0.9	1.1			2	12
남자	6~8 (세)	0.7	0.9		45	180	220		500	1.1	1.3			3	15
	9~11	0.9	1.1		60	250	300		600	1.5	1.7			4	20
	12~14	1.3	1.5		80	300	360		800	1.9	2.3			5	25
	15~18	1.3	1.5		95	330	400		900	2.0	2.7			5	30
	19~29	1.3	1.5		100	320	400		1,000	2.0	2.4			5	30
	30~49	1.3	1.5		100	320	400		1,000	2.0	2.4			5	30
	50~64	1.3	1.5		100	320	400		1,000	2.0	2.4			5	30
	65~74	1.3	1.5		100	320	400		1,000	2.0	2.4			5	30
	75 이상	1.3	1.5		100	320	400		1,000	2.0	2.4			5	30
여자	6~8 (세)	0.7	0.9		45	180	220		500	1.1	1.3			3	15
	9~11	0.9	1.1		60	250	300		600	1.5	1.7			4	20
	12~14	1.2	1.4		80	300	360		800	1.9	2.3			5	25
	15~18	1.2	1.4		95	330	400		900	2.0	2.4			5	30
	19~29	1.2	1.4		100	320	400		1,000	2.0	2.4			5	30
	30~49	1.2	1.4		100	320	400		1,000	2.0	2.4			5	30
	50~64	1.2	1.4		100	320	400		1,000	2.0	2.4			5	30
	65~74	1.2	1.4		100	320	400		1,000	2.0	2.4			5	30
	75 이상	1.2	1.4		100	320	400		1,000	2.0	2.4			5	30
임신부		+0.7	+0.8		100	+200	+220		1,000	+0.2	+0.2			+1	+0
수유부		+0.7	+0.8		100	+130	+150		1,000	+0.3	+0.4			+2	+5

1) Dietary Folate Equivalents, 가임기 여성의 경우 400μg/일의 엽산보충제 섭취를 권장함
2) 엽산의 상한섭취량은 보충제 또는 강화식품의 형태로 섭취한 μg/일에 해당됨

CHAPTER

06 적중예상문제

출제유형 45

01 알코올 중독자가 베르니케-코르사코프증후군으로 기억력 장애, 정신혼란, 운동실조 등의 증상을 보인다. 어떤 비타민이 결핍된 것인가?

① 비타민 C

② 비타민 A

③ 리보플라빈

④ 엽 산

⑤ 티아민

해설 베르니케-코르사코프증후군

치매, 안구운동 이상, 보행장애를 일으키는 드문 뇌질환으로, 장기간의 알코올 중독으로 티아민 결핍 시 발생한다. 급격한 진행 속도를 보이며, 응급으로 치료하지 않으면 혼수나 사망까지 이를 수 있다.

출제유형 47

02 결핍 시 혈중 호모시스테인 농도가 상승하고, 심혈관질환 발생 위험이 증가하는 비타민은?

① 비오틴

② 니아신

③ 티아민

④ 리보플라빈

⑤ 엽 산

해설 엽산은 호모시스테인이 메티오틴으로 전환되는 과정에서 메틸기를 제공하는 조효소 역할을 한다. 체내 엽산이 부족하면 혈장 호모시스테인이 상승하고, 혈장 호모시스테인의 상승은 심혈관계 질환과 뇌졸중의 위험요인이 된다.

01 ⑤ 02 ⑤ 정답

03 다음 설명에 해당하는 비타민은?

> • 면역기능에 도움을 준다.
> • 상피세포 분화에 관여한다.
> • 시각기능을 유지한다.

① 비타민 A
② 비타민 D
③ 비타민 E
④ 비타민 K
⑤ 비타민 B_{12}

> 해설 비타민 A는 체내의 생리적 작용에 필수적인 지용성 비타민으로, 세포의 증식과 분화 조절, 배아의 성장과 발생, 시각, 염증 및 면역작용에 관여하며, 비타민 A와 그 유도물질은 생물학적인 발달과 노화에 관여한다.

04 비타민 A와 아연이 결핍되었을 때 체내에서 공통적으로 나타나는 증상은?

① 심박출량이 감소한다.
② 빈혈이 발생한다.
③ 골밀도가 감소한다.
④ 근육경련이 나타난다.
⑤ 면역기능이 저하된다.

> 해설 비타민 A는 면역세포인 T-세포와 B-세포에 영향을 미쳐 피부와 점막을 강화하는 역할을 한다. 아연은 면역반응에 가장 깊이 관여하는 무기질로 흉선이나 임파선 같은 면역기관을 지켜주며 T-세포와 대식세포의 기능을 활성화시킨다.

정답 03 ① 04 ⑤

05 다음은 비타민에 대한 설명이다. 옳지 않은 것은?

① 대부분의 수용성 비타민은 체내에서 조효소로서 작용한다.

② 프로트롬빈의 형성과정에 비타민 K가 필요하다.

③ 비타민 E는 인체 세포막의 산화를 방지하는 기능이 있다.

④ 수용성 비타민은 체내에 거의 저장되지 않거나 소량 저장되므로 가능한 한 매일 섭취하는 것이 좋다.

⑤ 니아신은 트립토판으로 전환될 수 있다.

해설 트립토판이 니아신으로 전환된다.

06 비타민 A의 전구물질 중 비타민 A의 활성도가 가장 큰 것은?

① 크립토잔틴

② 리코펜

③ α-카로틴

④ β-카로틴

⑤ γ-카로틴

해설 비타민 A의 전구물질 중 가장 활성도가 높고 양적으로 우세한 것은 β-카로틴으로서 다른 카로티노이드들에 비해 비타민 A의 활성이 2배 이상 된다.

07 『2020 한국인 영양소 섭취기준』 중 상한섭취량이 설정되어있는 영양소는?

① EPA+DHA

② 알파-리놀렌산

③ 에너지

④ 지 방

⑤ 비타민 B_6

해설 상한섭취량이 설정되어있는 영양소

칼슘, 인, 마그네슘, 철, 아연, 구리, 불소, 망간, 요오드, 셀레늄, 몰리브덴, 비타민 A, 비타민 D, 비타민 E, 비타민 C, 니아신, 비타민 B_6, 엽산

05 ⑤ **06** ④ **07** ⑤ **정답**

08 『2020 한국인 영양소 섭취기준』 중 상한섭취량이 제시된 비타민은?

① 니아신

② 리보플라빈

③ 비오틴

④ 티아민

⑤ 판토텐산

> **해설** 상한섭취량이 제시된 비타민
> 비타민 A, 비타민 D, 비타민 E, 비타민 C, 니아신, 비타민 B_6, 엽산

09 고온환경 노동 시 요구량이 증가하고 부신호르몬 생성에도 필요한 비타민은?

① 비타민 A

② 비타민 D

③ 비타민 K

④ 비타민 C

⑤ 비타민 B_1

> **해설** 비타민 B_1의 필요량은 에너지 소비 증가에 따라 비례적으로 증가된다. 특히 고온에서 노동이나 운동은 땀으로의 손실 증가와 대사를 증진시키므로 겨울보다 여름에 체내 소비가 크다. 따라서 우유나 유제품, 녹황색 채소를 충분히 섭취하고 전곡이나 혼식, 콩류 등으로 특히 티아민 보강을 꾀해야 한다.

10 식물성 기름에 풍부하게 포함되어 있으며 세포막의 손상을 억제하는 비타민은?

① 콜레칼시페롤

② 필로퀴논

③ 티아민

④ 토코페롤

⑤ 레티놀

> **해설** 토코페롤(비타민 E)
> 동물의 생산 기능에 작용하며, 부족하면 불임증, 유산, 정자 형성기능 퇴화, 근육 영양장애, 중추신경장애를 일으킨다. 식물성 기름, 밀·쌀의 씨눈, 우유, 노른자, 푸른 잎 채소에 들어있다.

정답 08 ① 09 ⑤ 10 ④

11 탄수화물 대사에서 피루브산의 탈탄산반응의 보조효소로 작용하는 비타민은?

① 니아신

② 피리독신

③ 비타민 C

④ 티아민

⑤ 리보플라빈

> **해설** 티아민
> 당질대사의 보조효소로 탄수화물에서 에너지를 얻는 데 필수적인 비타민이다. 간, 고기, 달걀, 생선 등에 많이 함유되어 있다.

12 망막의 간상세포에 있는 색소로서 어두운 곳에서의 시력과 관계있는 물질은?

① 아이오돕신

② 레티놀

③ 레티날

④ 멜라닌

⑤ 로돕신

> **해설** 비타민 A가 로돕신(rhodopsin) 형성에 관여하므로 비타민 A가 결핍될 경우 야맹증에 걸리며, 각막건조증, 각막 연화증, 시신경 변성 등을 일으키기도 한다.

13 당질대사와 관계있는 비타민은?

① 비타민 K

② 엽 산

③ 비타민 A

④ 비타민 B_2

⑤ 비타민 E

> **해설** 당질대사에 관여하는 비타민에는 비타민 B_1(TPP), 비타민 B_2(FAD), 니아신 등이 있다.

14 녹황색 채소에 풍부하게 포함되어 있으며 로돕신 생성에 필요한 비타민은?

① 비타민 A
② 비타민 B₁₂
③ 비타민 C
④ 비타민 D
⑤ 비타민 E

> **해설** 비타민 A
> 항안구건조증 인자로 간, 난황, 버터, 강화마가린, 녹황색 채소, 생선 간유에 함유되어 있다. 로돕신 생성, 상피 조직의 형성과 유지, 항암제, 정상적인 성장유지, 면역반응 증강 등의 기능이 있다. 결핍 시 안구건조증, 야맹증, 상피조직 각질화, 불완전한 치아 형성 등이 발생한다.

15 콜린에 대한 설명으로 옳은 것은?

① 체내에서 합성되지 않는다.
② 노르에피네프린 합성에 사용된다.
③ 과잉섭취 시 지방간이 발생할 수 있다.
④ 2020 한국인 영양소 섭취기준에 충분섭취량이 설정되어 있다.
⑤ 레시틴의 구성물질이다.

> **해설** 콜린(choline)
> • 비타민 B 복합체의 일종이다.
> • 체내에서도 합성되지만, 평소 식사에서 적당히 섭취하는 것이 중요하다.
> • 메티오닌 합성과정에서 콜린은 메틸기 공여체로 작용한다.
> • 아세틸콜린, 지단백, 세포막, 레시틴의 구성물질이다.
> • 콜린 결핍 시 지방간이 발생할 수 있다.
> • 2020 한국인 영양소 섭취기준 제정 위원회는 콜린 섭취기준을 제정하기에는 과학적 근거가 부족하다고 판단 하여 대상 영양소에서 제외하였다.

정답 14 ① 15 ⑤

16 Coenzyme A(CoA)와 Acyl Carrier Protein(ACP)을 구성하는 비타민은?

① 리보플라빈
② 비타민 B_{12}
③ 니아신
④ 판토텐산
⑤ 비오틴

해설 판토텐산은 Coenzyme A(CoA)와 Acyl carrier protein(ACP)의 구성성분으로, 아실기의 운반 및 활성화 과정에 참여함으로써 탄수화물, 지방, 단백질의 대사 과정에 중요한 기능을 수행한다.

17 아미노산에서 전환될 수 있는 비타민은?

① 비타민 C
② 엽 산
③ 비타민 B_6
④ 티아민
⑤ 니아신

해설 니아신 1mg은 아미노산인 트립토판 60mg으로부터 합성된다.

18 다음 중 권장량 책정 시 단백질 섭취량에 의해 그 양을 결정하는 비타민은?

① 비타민 A
② 비타민 B_1
③ 비타민 B_2
④ 비타민 B_6
⑤ 비타민 D

해설 비타민 B_6는 아미노산 대사의 보조효소(PLP)로서 아미노기 전이반응, 아미노기 대사과정, 탈아미노반응 등에 작용한다.

16 ④ 17 ⑤ 18 ④ 정답

19 체내에서 1개의 탄소전이 작용에 관여하는 조효소와 관련된 물질은?

① 피리독신
② 판토텐산
③ 엽 산
④ 이노시톨
⑤ 티아민

해설 엽산(folic acid)은 1개의 탄소기 운반체로 체세포 내에서 활성 조효소인 Tetrahydrofolic Acid(THFA) 형태로 존재하며, 엽산 결핍은 빈혈을 일으키고 혈구에 거대적아구성 빈혈을 초래한다.

20 다음은 비타민 D에 대한 설명이다. 옳지 않은 것은?

① 칼슘 대사에 미치는 영향이 크다.
② 음식 섭취 또는 햇빛이나 자외선을 쪼이면 7−dehydrocholesterol에서 합성된다.
③ 발육, 임신, 산욕, 수유 등 1인당 소요량이 다르다.
④ 칼슘의 흡수 · 이동 · 축적을 도와서 뼈와 치아의 석회화를 증진시킨다.
⑤ 산화와 열에 의해 쉽게 파괴된다.

해설 비타민 D는 열, 햇빛, 산소와의 접촉에 쉽게 파괴되지 않는 안정한 물질이다.

21 비타민 D에 대한 설명 중 옳지 않은 것은?

① 부족하면 골연화증을 일으킬 수 있다.
② 어린이의 경우, 결핍되면 구루병을 일으킨다.
③ 칼슘 결합 단백질 합성을 자극한다.
④ 신장에서 1,25−dihydroxycholecalciferol로 합성되어 소장에서 칼슘의 흡수를 증가시킨다.
⑤ 과잉증세로 두통, 신경통, 발열이 있다.

해설 비타민 D 과잉증세
설사, 신장 장애, 탈모, 식욕 감퇴 등 유발
비타민 D 결핍증세
신경통, 구루병, 골연화증, 골다공증 등 유발

정답 19 ③ 20 ⑤ 21 ⑤

22 비타민 D 결핍 시 체내 변화는?

① 골격의 석회화가 감소한다.
② 안구건조증이 발생한다.
③ 말초신경 장애가 발생한다.
④ 적혈구 생성이 억제된다.
⑤ 철 흡수가 억제된다.

해설 비타민 D 결핍 시 골격의 석회화가 감소하여 뼈의 강도가 저하되고, 심해지면 뼈가 물렁해지는 골연화증이 발생한다.

23 비타민 B₆는 어떤 영양소의 대사에 관여하는가?

① 탄수화물
② 지 방
③ 단백질
④ 무기질
⑤ 물

해설 비타민 B_6의 활성형인 피리독살인산은 아미노기 전이효소의 보결분자단으로 전이반응에 관계함으로써 아미노산과 단백질 대사에 관여한다.

24 비타민 E에 대한 설명 중 옳지 않은 것은?

① 조직의 세포막을 보호하는 생리적인 항산화제 역할을 한다.
② 노화과정의 지연, 근육질병 예방 효과가 있다고 알려져 있다.
③ 필요량은 포화지방산 섭취량과 관계가 깊다.
④ 여러 동족체가 있고, 지용성으로 비교적 열에 안정하다.
⑤ 주된 급원식품은 식물성 기름, 견과류, 종자류 등이 있다.

해설 비타민 E의 필요량은 다중불포화지방산 섭취량에 따라 달라진다. 다가불포화지방산은 이중결합이 많아서 쉽게 과산화물을 형성하는 경향이 있으며 비타민 E는 과산화물 형성을 저지하는 항산화 작용을 한다. 따라서 다가불포화지방산 섭취를 많이 하는 경우 비타민 E 필요량은 높아진다.

22 ① 23 ③ 24 ③ 정답

25 비타민 E의 항산화 작용을 원활하게 도와주는 무기질은?

① Ca
② Mg
③ Se
④ Fe
⑤ Zn

해설 셀레늄(selenium)
비타민 E의 체내작용으로서 가장 중요한 역할은 항산화제로서의 역할이다. 셀레늄은 이 과정에서 비타민 E와 함께 항산화 작용을 수행하는 글루타티온 과산화물 분해효소계의 필수적인 구성물질로 미량원소의 하나이다.

26 단백질 섭취가 증가하면 요구량이 증가하는 비타민은?

① 티아민
② 비오틴
③ 토코페롤
④ 니아신
⑤ 비타민 B_6

해설 비타민 B_6
주로 아미노산 대사에 조효소로 작용하므로 비타민 B_6 필요량은 단백질 섭취량과 상관관계가 있으며, 단백질 섭취량이 늘어날수록 비타민 B_6 요구량이 늘어난다.

27 각기병 환자에게 충분히 공급해야 할 식품은?

① 돼지고기
② 생선기름
③ 우 유
④ 과 일
⑤ 채소류

해설 ① 비타민 B_1(티아민) 결핍 시 각기병에 걸릴 수 있다. 대표적인 급원식품으로는 돼지고기, 콩류, 땅콩, 소간 등이 있다.
② 생선기름은 대표적인 비타민 D의 급원식품, ③ 우유는 비타민 B_2의 급원식품, ④ · ⑤ 과일, 채소류는 비타민 C의 급원식품이다.

정답 **25** ③ **26** ⑤ **27** ①

28 다음 중 비타민 K가 풍부하게 함유된 식품은?

① 시금치

② 딸 기

③ 소고기

④ 우 유

⑤ 버 섯

해설 「2020 한국인 영양소 섭취기준」에 따르면 한국인의 비타민 K 주요 급원식품을 산출한 결과, 배추김치, 시금치, 들깻잎, 무시래기, 상추 순으로 비타민 K 섭취에 기여하는 것으로 나타났다. 그 외 곡류군, 어육류군, 과일군, 우유 및 유제품군 등에는 거의 함유되어 있지 않았다.

29 다음 중 각 영양소의 결핍증과 그 영양소가 풍부한 음식이 틀리게 연결된 것은?

① 비타민 A – 성장불량 – 버터

② 비타민 B_1 – 각기병 – 쌀겨, 돼지고기

③ 비타민 C – 잇몸출혈 – 풋고추

④ 니아신 – 펠라그라 – 소고기

⑤ 비타민 D – 구순구각염 – 돼지고기

해설 비타민 D의 결핍증은 구루병이고, 비타민 B_2의 결핍증은 설염, 구순염, 구각염 등이다.

30 다음은 비타민과 결핍증을 짝지은 것이다. 옳지 않은 것은?

① 엽산 – 악성빈혈

② 비타민 C – 괴혈병

③ 비타민 D – 구루병

④ 비타민 A – 야맹증, 안구건조증

⑤ 니아신 – 피부염, 설사

해설 엽산의 결핍증세는 거대적아구성 빈혈이며, 악성빈혈은 비타민 B_{12}의 결핍증세로서 거대적아구성 빈혈 증세와 신경 증세를 동반한다.

28 ① **29** ⑤ **30** ① 정답

31 칼슘과 인의 흡수를 도와주는 비타민으로 과잉되면 신장이 경화되어 요독증이 유발되는 것은?

① 비타민 A

② 비타민 B₁

③ 비타민 C

④ 비타민 D

⑤ 비타민 K

> **해설** 칼슘 흡수를 도와주는 비타민은 비타민 C와 비타민 D가 있다. 문제에서 칼슘과 인의 흡수라 했으니 답은 비타민 D이다. 비타민 C는 칼슘과 철의 흡수를 돕는다.

32 비타민과 좋은 급원식품으로 옳지 않은 것은?

① 리보플라빈 – 우유

② 엽산 – 시금치

③ 티아민 – 돼지고기

④ 피리독신 – 육류

⑤ 코발아민 – 감귤류

> **해설** 코발아민(cobalamin, 비타민 B₁₂)은 간, 동물성 식품에는 풍부하나, 식물성 식품인 곡류, 채소, 과일에는 거의 없으므로 장기간 동안 채식 위주의 식사를 하는 사람에게 결핍증이 나타날 우려가 있다.

33 다음 중 관련된 물질끼리 바르게 짝지어지지 않은 것은?

① 비타민 C – 콜라겐

② 비타민 A – 로돕신

③ 비타민 B₆ – 피리독살인산(pyridoxal phosphate)

④ 비타민 K – γ–carboxyglutamate

⑤ 판토텐산 – FMN

> **해설** 판토텐산(pantothenic acid)은 CoA의 구성성분으로 자연계에 널리 분포되어 있어 결핍증이 잘 나타나지 않는 비타민이다. 비타민 B₂는 FMN, FAD의 구성성분으로, FMN, FAD는 수소전달효소의 조효소로 작용한다.

정답 31 ④ 32 ⑤ 33 ⑤

34 다음 설명에 해당하는 영양소가 충분히 함유된 식품은?

> • 열에는 안정적이나 자외선에는 쉽게 파괴된다.
> • 체내 에너지 대사 과정에서 산화-환원반응에 관여한다.
> • 결핍 시 설염, 구순구각염, 피부염 등이 나타난다.

① 사 과
② 우 유
③ 조 청
④ 해바라기유
⑤ 고춧가루

해설 설명에 해당하는 영양소는 리보플라빈이다. 리보플라빈의 급원식품으로는 유제품과 육류, 닭고기, 생선과 같은 동물성 식품이 있으며, 이 외에 두류, 녹색채소류, 곡류, 난류 등도 급원으로 이용되고 있다.

35 다음 설명에 해당하는 비타민은?

> • 트립토판에서 전환된다.
> • 에너지 대사과정에 관여한다.
> • 결핍 시 피부염, 설사, 치매 등이 발생한다.

① 티아민
② 니아신
③ 리보플라빈
④ 비타민 A
⑤ 비타민 E

해설 니아신
• 니아신 1mg은 트립토판 60mg으로부터 합성된다.
• 에너지 대사과정에서 수소를 받거나 내놓는 수소운반체로서 역할을 한다.
• 결핍 시 펠라그라(pellagra)라는 질병을 일으킨다. 펠라그라에서는 이른바, 3D라고 하여 Diarrhea(설사), Dementia(치매), Dermatitis(피부염)의 특징적인 증상이 나타난다.

34 ② 35 ② 정답

36 다음은 니아신에 대한 설명이다. 옳지 않은 것은?

① TPP는 니아신을 함유한 조효소이다.

② NAD, NADP 등의 조효소를 형성하여 탄수화물대사, 지방대사 등을 조절한다.

③ 나이아신이라고도 하며 결핍되면 피부염, 설사, 우울증 등이 발생한다.

④ 식사 중의 트립토판 함량에 따라서 필요량이 영향을 받는다.

⑤ 니아신과 트립토판이 부족하면 펠라그라가 발생한다.

해설 TPP는 티아민을 함유한 조효소이다.

37 비타민 C 보충제 과다복용 시 나타날 수 있는 증상은?

① 반사기능 장애

② 백혈구 생성 억제

③ 신장결석

④ 간경화증

⑤ 고칼슘혈증

해설 비타민 C가 우리 몸에 들어오면 대사과정을 거쳐 수산(oxalate)으로 바뀐다. 수산은 신장결석을 일으키는 인자로, 비타민 C를 너무 많이 먹으면 콩팥에서 수산이 축적돼 신장결석을 일으킬 수 있다.

38 비오틴(biotin)에 대한 설명으로 옳지 않은 것은?

① 아비딘은 장내에서 비오틴의 흡수를 촉진한다.

② 항피부염 인자 또는 항난백성 피부장애 인자이다.

③ 조효소로 카르복실화 작용을 돕는다.

④ 장내 미생물에 의해 합성된다.

⑤ 생난백을 많이 섭취하면 부족되는 비타민이다.

해설 생난백에 있는 아비딘(avidin) 단백질은 장내에서 비오틴(biotin)과 결합하여 비오틴의 흡수를 저해한다.

정답 36 ① 37 ③ 38 ①

39 다음 설명에 해당하는 비타민은?

> • 단백질 형성에 필요함
> • 혈액응고인자 합성에 필요함
> • 결핍 시 신생아 출혈병이 발생함

① 피리독신
② 니아신
③ 비오틴
④ 판토텐산
⑤ 비타민 K

해설 비타민 K
혈액응고와 골 대사에 관련된 단백질을 활성화하는 조효소 역할을 한다. 활성형 비타민 K의 형태로 필로퀴논과 메나퀴논이 있으며, 항균작용을 하고 장내 미생물에 의해 합성된다.

40 탄수화물 위주의 식습관으로, 티아민 요구량이 증가할 때 섭취하면 좋은 식품은?

① 돼지고기　　　　　　　② 모시조개
③ 근 대　　　　　　　　　④ 들기름
⑤ 브로콜리

해설 티아민은 당질대사에 작용하는 조효소로, 탄수화물 음식을 많이 먹는 사람에게 필요하며 돼지고기, 두류 등에 많이 함유되어 있다.

41 비타민 E가 가장 많이 함유된 식품은?

① 아몬드　　　　　　　　② 양배추
③ 바나나　　　　　　　　④ 토마토
⑤ 오 이

해설 아몬드는 비타민 E가 풍부한 견과류로 노화지연, 혈액순환 개선, 궤양성 질환 등의 효능이 있다.

39 ⑤　**40** ①　**41** ①　정답

42 근육을 만들기 위해 닭고기를 섭취했을 때 같이 섭취하면 더 좋은 영양소로 옳은 것은?

① 비타민 A

② 비타민 B$_6$

③ 비타민 M

④ 비타민 D

⑤ 비타민 C

해설 닭고기의 30%는 단백질로 이루어져 있고, 비타민 B$_6$는 근육형성과 재생을 돕는 기능을 한다.

43 성인 여성이 니아신 12mg과 트립토판 180mg을 섭취했다면 몇 mg의 니아신을 섭취한 것과 같은가?

① 13mg

② 15mg

③ 17mg

④ 20mg

⑤ 22mg

해설 트립토판 60mg은 니아신 1mg으로 전환된다. 12mg + (180/60) = 15mg이 된다.

44 다음 중 비타민과 기능이 옳게 연결된 것은?

① 레티놀 – 항구루병 인자

② 칼시페롤 – 항안구건조증 인자

③ 메나퀴논 – 항구순구각염 인자

④ 토코페롤 – 항산화제 인자

⑤ 리보플라빈 – 항혈액응고 인자

해설 토코페롤(비타민 E)은 항불임증과 항산화제의 기능을 한다. 주로 식물성 기름과 푸른 채소에 함유되어 있고 신체에서 항산화 효과를 나타내며 혈액세포막을 보호한다. 결핍되면 적혈구의 용혈작용, 불임증이 나타난다.

정답 **42** ② **43** ② **44** ④

45 지하에서 주로 작업을 하거나, 빛을 적게 보는 노동을 하는 사람에게 필요한 비타민은?

① 비타민 B_1

② 비타민 C

③ 비타민 D

④ 비타민 E

⑤ 비타민 K

해설 비타민 D(calciferol)는 식품으로 섭취하는 것보다 자외선을 흡수해서 신체 내에서 생성되는 것이 좋다. 하지만 빛을 잘 보지 못하거나 지하에서 작업을 하는 사람은 섭취를 해야 한다.

46 다음 비타민 중 단위가 당량인 비타민은?

① 엽 산

② 리보플라빈

③ 티아민

④ 비타민 D

⑤ 비타민 C

해설 엽산당량(㎍ DFE)이란 엽산의 형태, 음식의 섭취 여부 등에 따라 체내의 엽산의 흡수율 및 이용률(생체 이용률)의 차이가 있으므로 이를 고려하여 나타낸 엽산의 함량을 뜻한다.

47 다음 중 항생제를 장기 복용했을 경우 결핍증이 나타날 수 있는 비타민은?

① 비타민 A

② 비타민 C

③ 비타민 D

④ 비타민 E

⑤ 비타민 K

해설 비타민 K는 혈액응고와 골 대사에 관련된 단백질을 활성화시키는 조효소 역할을 한다. 활성형 비타민 K의 형태로 필로퀴논(phylloquinone)과 메나퀴논(menaquinone)이 있으며, 필로퀴논은 주로 식물에서 합성되고, 메나퀴논은 장내 미생물에 의해 합성된다. 일반적으로 정상적인 식사를 하는 성인의 비타민 K 결핍은 흔하지 않다. 그러나 약물 복용, 지방흡수불량, 간질환이 있는 경우 결핍증이 나타날 수 있고, 특히 항생제를 장기 복용하는 경우 장내 미생물에 의해 합성되는 메나퀴논의 양이 줄어들 수 있다.

48 피부에 존재하는 비타민 D 전구체로 햇빛에 노출 시 비타민 D로 전환되는 물질은?

① 7-dehydrocholesterol

② 1,25-(OH)$_2$-D$_3$

③ 25-OH-D$_3$

④ 24,25-OH-D$_3$

⑤ calcitonin

해설 비타민 D 전구체는 7-dehydrocholesterol 형태로 피부에 존재하며 자외선에 의하여 비타민 D$_3$으로 전환된다.

49 20대 여성의 비타민 C 일일 권장섭취량은?

① 35mg/일

② 40mg/일

③ 100mg/일

④ 105mg/일

⑤ 110mg/일

해설 2020 한국인 영양소 섭취기준에서 20대 여성의 비타민 C 권장섭취량은 100mg/일이다.

50 지용성 비타민의 설명으로 옳은 것은?

① 혈액 내에서 운반체 없이 이동한다.

② 결핍증이 빠르게 나타난다.

③ 과잉분은 소변으로 쉽게 배설된다.

④ 독성의 위험이 없다.

⑤ 소화과정에 담즙이 필요하다.

해설 ① 혈액 내에서 운반을 위해 단백질운반체가 필요로 한다.
② 결핍증이 서서히 나타난다.
③ · ④ 과잉분은 간과 지방조직에 저장되어 쉽게 배설되지 않는다. 따라서 그 저장량이 지나치거나 섭취량이 과할 때는 독성이 나타날 수 있다.

정답 **48** ① **49** ③ **50** ⑤

CHAPTER 07 수분, 효소, 호르몬

01 수 분

(1) 수분의 기능 ⭐

① 체조직의 구성성분(60%), 소화작용(소화액)

② 체내 영양소의 공급과 노폐물의 방출

③ 체온 조절, 신진대사 증진, 갈증 해소

④ 전해질 평형, 태아보호(양수)

⑤ 윤활작용(관절액, 타액), 외부 충격으로부터의 보호작용
  (뇌척수액)

> **TIP**
>
> **체 액**
> - 총 체액 : 체중의 60%
> - 세포내액 : 체중의 40%
> - 세포외액 : 체중의 20%
>   [세포간질액(15%) · 혈장(5%)]

(2) 수분의 흡수 · 배설

① 수분의 흡수는 삼투압의 차이에 의한 확산현상

② 소화관에 들어오는 수분의 95%는 소장, 4%는 대장에서 흡수되고, 1%는 소변으로 배설

(3) 수분의 균형 이상 ⭐

① 수분 부족 : 신체중심부 온도 상승, 체온조절 능력 손상, 신체수행 능력 감소

② 탈수증(dehydration) : 더운 날 수분을 보충해주지 않은 채 격한 육체운동을 계속하거나 감염에 의해 고열이 나거나, 출혈 · 화상 · 장기간 설사나 구토가 일어나면 발생

수분손실량	2%	4%	12%	20%
탈수증세	갈 증	근육 피로	더위에 못 견딤	사 망

③ 수분 중독 : 신장의 기능 저하로, 단시간에 많은 물을 섭취했을 때 발생. 메스꺼움, 구토, 근육경련, 방향감각 쇠퇴, 발작, 혼수, 사망 등의 증상 발생

④ 부종(edema) : 혈액에 충분한 전해질 또는 단백질이 존재하지 않으면 혈액 중의 수분이 세포와 세포 사이의 틈(세포간액, 조직액)으로 나가 붓는 현상

(4) 수분 필요량

① 연령 : 어린이가 성인에 비해 대사율이 높고, 단위 표면적이 넓으며, 성장을 위한 조직구성에 필요하므로 신생아는 1kcal당 1.5mL, 성인은 1mL 필요

② 섭취식품의 종류

    ㉠ 고지방식 : 지방산화 시 수분 생성량이 많으므로 수분 필요량 감소

    ㉡ 고단백질식 : 요소배설을 위해 수분 필요량 증가

    ㉢ 고염식, 고당질식 : 희석을 위해 수분 필요량 증가

    ㉣ 커피, 엽차, 코코아(xanthine 유도체 함유), 알코올 : 이뇨작용으로 수분 배설량 증가

(5) 수분 조절 🌟46

① 항이뇨호르몬(ADH) : 혈액이 너무 농축되어 있으면 항이뇨호르몬이 분비되어 신장에서 수분 손실을 가급적 적게 만들고 수분 재흡수를 촉진 🌟36 🌟45

② 알도스테론(부신피질호르몬) : 신장의 나트륨 재흡수를 증가시키고 그에 따라 수분 재흡수도 증가 🌟38 🌟47

③ 뇌의 시상하부(갈증중추) : 혈액 중에 녹아있는 물질의 농도가 너무 진할 경우 갈증을 느끼게 함

02 효 소

(1) 효소의 개념

세포조직에서 분리되어 있어도 작용을 잃지 않는 고분자의 유기화합물로 단순 혹은 복합단백질의 형태이며, 동·식물 및 미생물의 세포에서 생성되어 생체 내 반응을 촉매하고 화학반응을 조절(활성에너지를 감소시킴)

> apoenzyme + coenzyme = holoenzyme
> (단백질 부분) (비단백질 부분)   (완전효소)

(2) 조효소(coenzyme)의 종류 및 기능 🌟37 🌟38 🌟41 🌟45

조효소	비타민	기능
TPP	thiamin	탈탄산반응
FAD, FMN	riboflavin	산화환원반응
NAD, NADP	niacin	산화환원반응
PLP	pyridoxine	아미노기 전이반응
CoA	pantothenic acid	아세틸기, 아실기 전이반응
THF	folic acid	단일 탄소화합물의 전이반응
methylcobalamin	cobalamin	메틸기 전이반응
biotin	biotin	CO_2 전이반응

※ 조효소 − 물질운반 기능 : 기질로부터 전자나 원자를 받아서 다른 물질에 전달해 준다.

03 호르몬

(1) 호르몬(hormone)의 정의

특정 장기나 조직에서 생성되어 혈액이나 림프액으로 분비되어 특정의 장기나 조직으로 운반되며, 특정의 장기나 조직의 활성을 조절하는 유기화합물

(2) 내분비선

호르몬을 분비하는 기관 : 뇌하수체, 송과체, 갑상샘, 부갑상샘, 흉선, 췌장, 부신, 태반, 난소, 정소 등

(3) 뇌하수체호르몬 ⭐ ⭐ ⭐ ⭐

내분비선	호르몬	조 절	적용부위	기 능	저 하	과 다
뇌하수체 전엽	성장호르몬 (GH)	유리호르몬	골격, 연조직	뼈와 근육의 성장, 단백질 합성, 지방분해 촉진	난쟁이, 시몬드병	거인증
	갑상샘자극 호르몬 (TSH)	유리호르몬	갑상샘	갑상샘호르몬의 합성과 분비 촉진	갑상샘기능 저하증	－
	부신피질자극 호르몬 (ACTH)	유리호르몬	부신피질	부신피질호르몬의 합성과 분비 촉진	부신피질 기능 저하	－
	난포자극 호르몬 (FSH)	유리호르몬	난소, 고환	난자 생성 촉진 에스트로겐의 분비, 정자의 형성, 배란·수정관의 발달	난소, 고환기능 저하	－
	황체형성 호르몬 (LH)	유리호르몬	난소, 고환	황체 형성, 프로게스테론의 분비, 안드로겐의 분비	난소 기능 저하	－
	프로락틴 (prolactin)	유리호르몬	유 선	유선의 발달과 유즙 분비	－	－
뇌하수체 중엽	멜라닌세포 자극호르몬 (MSH)	유리호르몬	피 부	멜라닌색소 합성 촉진	－	－
뇌하수체 후엽	항이뇨호르몬 (ADH)	혈장삼투압	말초혈관, 신장관	혈압 상승, 수분 재흡수 촉진, 혈관 수축	－	－
	옥시토신 (oxytocin)	신경성조절	평활근 (자궁, 유선)	분만 시 자궁 수축, 유즙 분비	－	－

(4) 갑상샘, 부신호르몬 36 37 38 39

내분비선	호르몬	조 절	적용부위	기 능	저 하	과 다
갑상샘	티록신 (thyroxine)	TSH	전 신	기초대사율 조절	• 어린이 : 크레틴병 • 성인 : 점액수종, 갑상샘종	그레이브스병 (바제도병)
	칼시토닌 (calcitonin)	혈장 Ca 농도	뼈, 신장	뼈에서 칼슘 용출 저해 : 혈장의 칼슘 농도 낮춤	고칼슘혈증	저칼슘혈증
부갑상샘	부갑상샘 호르몬(PTH)	혈장 Ca 농도	뼈, 신장	칼슘, 인 대사 조절	테타니	낭포성섬유성 골염 : 골연화증
부신피질	알도스테론 (aldosterone)	혈장 Na 농도	신장, 혈관	염과 물의 균형 유지	애디슨병	–
	코르티솔 (cortisol)	ACTH, 스트레스	간, 지방세포, 혈구 등	탄수화물, 단백질, 지방대사, 염증, 감염에 대한 저항성	애디슨병	쿠싱병
부신수질	아드레날린 (epinephrine)	교감신경계	심장, 간, 근육, 혈관	글리코겐 분해, 지방 분해	–	크롬친화성세포종

(5) 혈당조절 호르몬 45 46 47

내분비선	호르몬	조 절	적용부위	기 능	저 하	과 다
췌 장	인슐린 (insulin)	혈당농도	간, 근육	탄수화물 대사조절 : 혈당 저하, 글리코겐 합성, 지방 합성	당뇨병	저혈당
	글루카곤 (glucagon)	혈당농도	간	글리코겐 분해, 포도당 신생, 지질분해 촉진, 혈당 상승	저혈당	과혈당

영양보충

cAMP(cyclic adenosine monophosphate) 46

세포막에 존재하는 아데닐산고리화효소(adenylate cyclase)에 의하여 ATP에서 만들어지는 물질이며, cAMP는 호르몬작용의 세포내전달인자가 된다. cAMP는 에피네프린, 글루카곤, ACTH, TSH, LH, 바소프레신, 갑상샘자극호르몬, 부갑상샘호르몬 등의 2차 전령(세포내전달인자)으로서 호르몬작용에 관여한다.

CHAPTER

07 적중예상문제

01 호르몬과 그 작용으로 옳지 않은 것은?

① 성장호르몬 – 뼈와 근육의 성장

② 프로락틴 – 유즙 분비 자극

③ 알도스테론 – 염과 물의균형 유지

④ 옥시토신 – 티록신 합성과 분비 촉진

⑤ 프로게스테론 – 유산 방지

해설 옥시토신은 자궁의 평활근 수축을 촉진한다.

출제유형 44

02 체내 수분에 관한 설명으로 옳은 것은?

① 성인 체중의 약 80%가 수분이다.

② 세포외액은 세포내액보다 크다.

③ 나이가 어릴수록 체내 수분 비율이 낮다.

④ 근육이 많을수록 체내 수분 비율이 낮다.

⑤ 혈장은 세포외액에 속한다.

해설 ① 성인 체중의 약 60%가 수분이다.

② 세포외액 20%, 세포내액 40%로 세포외액은 세포내액보다 작다.

③ 나이가 어릴수록 체내 수분 비율이 높다.

④ 근육이 많을수록 체내 수분 비율이 높다.

01 ④ **02** ⑤ **정답**

출제유형 37

03 다음 중 운동할 때 땀이 나는 이유는?

① 대사량 증가 　　　　　　　② 체온 조절
③ 피부 건조 방지 　　　　　　④ 체내 염분 조절
⑤ 면역력 증가

해설 땀은 체온이 올라가거나 흥분했을 때 뇌의 시상하부를 통해 체온조절 중추신경인 교감신경을 자극해 분비된다. 땀은 얼굴, 목, 가슴, 등, 팔, 손 등으로 열을 발산해 체온을 조절하는 '냉각장치' 역할을 한다.

04 뇌하수체전엽호르몬의 설명으로 옳은 것은?

① 성장호르몬 분비로 장골 및 연골 성장을 돕는다.
② 항이뇨호르몬 분비로 신장 세뇨관에서 수분 재흡수를 한다.
③ 티록신은 기초대사를 저하시킨다.
④ 에피네프린은 혈당치를 상승시킨다.
⑤ 옥시토신은 젖분비를 자극한다.

해설 ① 뇌하수체 전엽에서 분비되고 성장에 관계한다.
② 뇌하수체 후엽에서 분비되고 신장에서 수분의 재흡수를 촉진한다.
③ 갑상샘에서 분비되고 탄수화물 · 지방 · 단백질대사 · 열량대사에 관여하며 기초대사가 항진된다.
④ 부신수질에서 분비되고 혈압 상승, 세포에서 에너지 유리를 증가시키고 글리코겐을 분해한다.
⑤ 뇌하수체 후엽에서 분비되고 출산 중 자궁수축에 기여하고, 수유 동안 젖분비를 촉진한다.

출제유형 38

05 다음 중 당질코르티코이드의 역할은?

① 지방세포에서 지방의 합성을 돕는다.
② 체내의 열량 과잉 시에 역할이 커진다.
③ 혈청 내의 포도당 농도가 높아지면 분비된다.
④ 혈청 내의 아미노산 농도를 떨어뜨린다.
⑤ 근육 내에서 단백질의 분해대사를 증진시킨다.

해설 당질코르티코이드는 부신피질에서 나오는 스테로이드호르몬 중 하나이다. 글루코코르티코이드라고도 한다. 주로 부신피질의 제2층에서 생성된다. 탄수화물을 간에서 글리코겐으로 저장하고, 단백질과 지질에서 당질을 만드는 작용을 돕는다. 염증을 억제하는 작용을 가지고 있기 때문에 항염증성 코르티코이드에 포함된다. 코르티손 · 프레드니솔론 등은 의약용으로 사용된다.

정답 03 ② 　04 ① 　05 ⑤

06 체내수분 평형 조절에 관여하는 호르몬은?

① 글루카곤

② 성장호르몬

③ 칼시토닌

④ 옥시토신

⑤ 항이뇨호르몬

해설 ① 글루카곤 : 혈당 상승

② 성장호르몬 : 뼈와 근육의 성장, 단백질 합성, 지방분해 촉진

③ 칼시토닌 : 뼈에서 칼슘 용출 저해

④ 옥시토신 : 분만 시 자궁 수축, 유즙 분비

07 혈당에 대한 설명 중 옳지 않은 것은?

① 혈당이 낮아지면 간에 저장되어 있는 글리코겐이 우선적으로 사용되어 혈당이 유지된다.

② 정상인의 공복 시 혈당치는 70~100mg/dL 정도이다.

③ 식후 상승된 혈당은 인슐린의 작용으로 식후 2시간 이내에 다시 정상수준으로 되돌아온다.

④ 기아 시 간의 당신생에 의하여 포도당을 합성하여 사용한다.

⑤ 포도당 합성에 주로 사용되는 아미노산은 류신이다.

해설 류신은 케톤 생성 아미노산이다.

08 수분 조절과 가장 관계 깊은 호르몬은?

① TSH

② LH

③ ADH

④ ACTH

⑤ LTH

해설 ③ 항이뇨호르몬(vasopressin), 수분의 재흡수

① 갑상샘자극호르몬, 티록신(thyroxine) 분비 촉진

② 황체형성호르몬, 프로게스테론(progesterone) 분비 촉진

④ 부신피질자극호르몬, 당질 코르티코이드(corticoid) 분비 촉진

⑤ 황체자극호르몬, 성숙한 유선에만 작용하여 젖분비 조절

06 ⑤ **07** ⑤ **08** ③ 정답

09 다음은 호르몬에 대한 설명이다. 옳지 않은 것은?

① 알도스테론은 시세뇨관에서의 나트륨 재흡수를 증가시켜 체내 세포외액의 나트륨을 보유하게 해준다.
② 갑상샘호르몬이 부족할 경우 기초대사율이 감소된다.
③ 인슐린의 분비가 증가하면 지방 분해가 감소된다.
④ 부갑상샘호르몬은 비타민 D를 활성화시키는 과정을 통해 장내 칼슘의 흡수를 증진시킨다.
⑤ 사춘기 이후에는 프로게스테론의 작용으로 여성의 생식기관과 골반이 커지고 피하지방이 발달된다.

해설 사춘기부터 에스트로겐의 분비가 증가되면서 여성의 생식기관과 골반이 커지고, 피하지방도 발달된다. 프로게스테론은 임신에 필요한 준비를 하고 또 임신을 계속시키는 등, 임신 중 자궁의 발육 성장을 지배하는 작용을 한다.

10 다음은 호르몬에 대한 설명이다. 옳지 않은 것은?

① 알도스테론이 증가되면 신장에서 나트륨의 재흡수가 증가한다.
② 글루카곤의 분비가 증가하면 글리코겐의 분해가 촉진된다.
③ 소장에서 칼슘의 능동운반에 의한 흡수과정은 부갑상샘호르몬에 의해 촉진된다.
④ 배설관이 없는 내분비선, 그 외의 조직, 소화기관에서 분비된다.
⑤ 체액의 운반과 조절을 한다.

해설 세포막 내외의 체액의 분포는 전해질에서 일어나는 삼투압과 단백질에서 오는 압력에 따라 조절되므로 체액의 운반, 조절은 호르몬과 관계가 적다.

출제유형 47

11 부신피질에서 분비되며, 신장에서 나트륨과 수분의 재흡수를 촉진하여 혈압을 높이는 호르몬은?

① 알도스테론　　　　　　　　② 옥시토신
③ 안지오텐신　　　　　　　　④ 항이뇨호르몬
⑤ 프로락틴

해설 알도스테론
부신피질에서 분비되는 대표적인 스테로이드 호르몬으로, 나트륨 이온의 재흡수와 칼륨 이온의 배출 증가를 통해 체내 염분과 수분 평형조절 및 혈압 조절에 중요한 역할을 한다.

정답 09 ⑤ 10 ⑤ 11 ①

12 호르몬에 관한 설명 중 옳지 않은 것은?

① 티록신은 갑상샘에서 생성되며, 요오드를 함유하고 기초대사를 억제한다.

② 신경전달물질로는 도파민, 아세틸콜린, 노르에피네프린 등이 있다.

③ 소마토트로핀은 성장호르몬이다.

④ 테타니 증상, 칼시토닌, 상피소체(부갑상샘), 비타민 D는 칼슘 대사와 관계있다.

⑤ 랑게르한스섬의 α-cell에 분비되는 호르몬은 글루카곤이다.

[해설] 갑상샘 기능항진증의 증세에는 체중 감소, 안구 돌출, 신경과민, 기초대사율 상승 등이 있다.

13 다음 중 잘못 연결된 것은?

① 아드레날린 – 당화 촉진

② 바소프레신 – 항이뇨작용

③ 부갑상샘 – 칼슘 농도 증가

④ 세크레틴 – 췌장액 분비 촉진

⑤ 프로락틴 – 자궁의 평활근 수축 촉진

[해설] 프로락틴은 최유호르몬으로서 유선조직의 선세포에 작용하여 유즙 분비를 촉진한다.

출제유형 45

14 조효소와 비타민의 연결이 옳은 것은?

① NAD – 리보플라빈

② FAD – 티아민

③ CoA – 판토텐산

④ TPP – 비타민 B_6

⑤ PLP – 엽산

[해설] ① NAD – 니아신
② FAD – 리보플라빈
④ TPP – 티아민
⑤ PLP – 비타민 B_6

15 다음 중 갑상샘호르몬과 그에 관여하는 무기질로 옳은 것은?

① 칼시토닌 – 망간

② 코르티솔 – 크롬

③ 알도스테론 – 셀레늄

④ 에피네프린 – 아연

⑤ 티록신 – 요오드

해설 요오드는 갑상샘호르몬의 구성성분으로 기초대사를 조절한다. 티록신이 결핍되면 갑상샘종, 점액수종, 크레틴병이 나타나고 과잉되면 그레브스병이 나타난다.

16 뇌하수체 후엽에서 분비되는 호르몬으로 흡유자극으로 인해 분비가 촉진되고 유즙의 생성 및 분출을 촉진하는 호르몬은?

① 프로락틴

② 옥시토신

③ 프로게스테론

④ 에스트로겐

⑤ 태반락토겐

해설 옥시토신(oxytocin)은 뇌하수체 후엽에서 분비되는 호르몬으로 유두의 자극과 흡유자극으로 분비가 촉진된다. 프로락틴은 뇌하수체 전엽에서 분비된다.

17 음식물의 소화 중 소화액을 분비하는 곳과 소화효소, 그리고 소화 작용을 하는 대상물의 연결이 옳은 것은?

① 소장 – 리파아제 – 자당

② 소장 – 수크라아제 – 유당

③ 소장 – 말타아제 – 맥아당

④ 위액 – 프티알린 – 전분

⑤ 위액 – 아밀롭신 – 전분

해설 리파아제는 췌장에서 분비되는 소화효소로 지방을 지방산과 글리세롤로 분해한다. 수크라아제는 자당을 분해하는 효소이고, 프티알린은 입에서 분비되고 아밀롭신은 췌장에서 분비된다.

정답 **15** ⑤ **16** ② **17** ③

18 체내에서 수분의 기능으로 옳지 않은 것은?

① 신경자극 전달

② 영양소와 노폐물의 운반

③ 체온 조절

④ 체조직 구성성분

⑤ 외부로부터 충격에 대한 보호

해설 수분의 기능에는 영양소와 노폐물 운반, 체온 조절작용, 외부로부터 충격에 대한 신체보호작용, 체조직의 구성
성분, 삼투압 조절, 윤활작용, 전해질의 평형, 갈증 해소 등이 있다.

19 수분평형에 대한 설명으로 옳은 것은?

① 불감증산은 대변으로 배설되는 수분이다.

② 수분 손실량이 4%가 되면 갈증을 느낀다.

③ 혈액 삼투압이 감소하면 갈증을 느낀다.

④ 항이뇨호르몬은 수분 배출을 촉진한다.

⑤ 알도스테론은 수분 배설량을 조절한다.

해설 ⑤ 알도스테론은 부신피질에서 분비되는 호르몬으로 신장에서 배설되는 Na^+의 재흡수를 촉진시킨다. Na^+의 재흡
수 증가는 삼투압의 농도를 증가시키고 소변량을 감소시켜 혈액량을 증가시키므로 혈압을 상승시킬 수 있다.
① 불감증산은 스스로 느끼지 못하는 사이 피부나 몸속 점막 등에서 수분이 증발 · 발산하는 현상을 말한다.
② 수분 손실량이 2%가 되면 갈증을 느끼고, 4%가 되면 근육 피로를 느낀다.
③ 혈액 삼투압이 상승하면 갈증을 느낀다.
④ 혈액이 너무 농축되어 있으면 항이뇨호르몬이 분비되어 신장에서 수분손실을 가급적 적게 만들고 수분 재흡
수를 촉진한다.

18 ① **19** ⑤ 정답

CHAPTER 08 생애주기영양

01 임신기 영양

(1) 임신의 과정

① **수정 → 착상** : 난소에서 교대로 4주마다 배란되는 난자는 난관으로 흡입되어 난관에 진입한 정자와 수정이 이루어짐

② **세포분열** : 수정란이 자궁질 내의 점막에 착상되어 세포분열이 일어나 세포수 증가

③ 착상 후 탈락막을 만들고 태반과 제대가 형성되어 태아가 성장

④ 태반은 태아의 성장유지에 필요한 황체호르몬과 기타 호르몬 분비

⑤ 태반에서 분비된 호르몬은 배란기의 최저온으로부터 체온을 급상승시킴

(2) 임신에 따른 모체의 변화

① **자궁의 확대** ⭐ ⭐

ㄱ 에스트로겐과 프로게스테론 분비로 비대해지면서(무게, 모양, 위치의 변화) 자궁 근육벽이 강해지고 탄력성이 있게 됨

ㄴ 임신 말기에는 길이와 폭은 6배, 두께는 8~9배, 무게 약 20배, 용적 약 500배 정도가 확대

ㄷ 자궁 확대로 모체의 내장이나 방광이 압박되어 소변의 횟수가 잦아지고, 장의 연동운동이 방해되어 변비가 생김

② **심장 · 순환계의 변화**

ㄱ 모체의 체중과 혈액량 증가로 심장의 좌심실이 비대해짐

ㄴ 자궁의 비대로 폐의 횡격막이 밀려 올라가 상하운동에 방해를 받으므로 흉식호흡을 하게 됨

ㄷ 정맥이 압박을 받아 하반신, 하지, 직장, 질 등의 정맥이 확장되고 혈행의 방해로 정맥류와 부종이 발생

ㄹ 임신 말기에 태아와 모체의 대사량이 증가하고 심장이 압박을 받으므로 맥박과 혈액 박출량, 혈압이 상승

③ 혈액 및 조혈장기의 변화 ⭐

  ㉠ 임신 중에는 태아에게 공급할 혈액량이 증가. 혈액의 혈장(액체 부분)이 적혈구(헤모글로빈 함유)의 수 증가보다 더 빠르게 증가하므로 혈액희석 현상이 나타나 빈혈 발생 ⭐

  ㉡ 혈액의 pH는 거의 변하지 않고, 정상분만에 따른 200~300mL의 출혈로 조혈장기의 기능이 항진

  ㉢ 혈장이 증가하고 태아의 질소수요가 증가하기 때문에 총단백질과 알부민의 농도 감소

  ㉣ 총지질은 임신 중 증가해서 고지혈증이 되며, 총콜레스테롤(에스트로겐과 프로게스테론의 전구체)과 중성지방도 증가

④ 유방의 변화 ⭐

  ㉠ 프로게스테론의 작용에 의해 유선의 증식, 비대 및 피하지방의 증가로 유방이 팽대되고 멜라닌 색소의 증가로 유두가 암갈색으로 변하며 과민해짐

  ㉡ 뇌하수체 전엽에서 분비되는 프로락틴이 유당 제조를 촉진시킴

⑤ 골계통의 변화 : 뇌하수체 전엽기능 항진에 의해 골반이나 늑골 등에 골조직의 신생(임신치골)이 나타나며 치아가 약해져 충치, 치육염이 생기기 쉬움

⑥ 신경계의 변화 : 자율신경계, 말초신경계, 교감·부교감신경 등에 변화가 일어나 전신권태, 졸음, 기분의 변화, 불안정 피로감 등이 발생

⑦ 내분비호르몬 대사의 변화 ⭐ ⭐ ⭐ ⭐ ⭐

  ㉠ 프로게스테론(progesterone) : 수정란 착상 촉진, 자궁내막 비대, 자궁근 수축 억제, 위장운동 감소, 나트륨 배설 증가, 유선세포 증식 촉진, 지방합성, 체온 상승

  ㉡ 에스트로겐(estrogen) : 자궁내막 증식, 자궁근 수축, 부종 유발, 유선발육 촉진

  ㉢ 태반락토겐(HPL) : 글리코겐의 분해를 촉진하여 혈당 증가, 유즙 분비

  ㉣ 융모성성선자극호르몬(chorionic gonadotropin) : 초기 임신 유지, 자궁내막 성장 자극

  ㉤ 갑상샘자극호르몬(TSH) : 갑상샘 내로 요오드의 유입 증가, 티록신 분비 자극에 관여

  ㉥ 알도스테론(aldosterone) : 나트륨 보유, 칼륨 배설 촉진(부신피질)

  ㉦ 코르티손(cortisone) : 단백질 분해로 인한 혈당 증가에 관여(부신피질)

  ㉧ 티록신(thyroxine) : 기초대사율 조절

  ㉨ 인슐린(insulin) ⭐

    • 임신 초기 : 인슐린 민감성 증가, 글리코겐과 지방축적 등 나타남

    • 임신 말기 : 인슐린 저항성 상승으로 임신성 당뇨가 나타날 수 있음

  ㉩ 레닌-안지오텐신(renin-angiotensin) : 신장에서 알도스테론 분비 자극, 나트륨과 수분 보유, 갈증 유발에 관여

⑧ 임신구토 및 기호물의 변화

　　㉠ 입덧 : 임신 5~6주경에 시작하여 3~4개월까지 계속

　　㉡ 입덧의 증세 : 이른 아침이나 공복 시에 메스꺼움, 구토, 식욕 부진, 타액분비 항진, 신경성 소화불량 등이 나타남

　　㉢ 기호물의 변화 : 물질대사의 변조, 정신작용 등에 의해 신선한 과일, 산미, 담백하고 시원한 음식을 좋아하고 생쌀, 벽토, 담뱃재 등을 먹고 싶어 하는 이식증이 나타나기도 함

⑨ 체중과 체온의 증가

　　㉠ 체중 증가 : 임신기간 동안 증가하는 체중이 10~12kg이면 그중 5kg이 태아와 그 부속물

　　㉡ 체온의 변화 : 배란 후 황체기의 고온을 지속하며, 3~5개월에는 최고치에 달한 후 점차 하강하여 임신 말기에는 비임신기의 체온보다 낮음. 임신 초기에 해열제 복용은 주의를 요함

⑩ 피부의 변화

　　㉠ 임신선 : 임신 후반기에 생기는 복부, 요부, 하지, 대퇴부에 장방형 직선 또는 자색선

　　㉡ 색소침착 : 임신 2~3개월경부터 얼굴, 유방, 복부, 외음부에 색소 침착

　　㉢ 발모 : 모발이 길어지고 밀생

　　㉣ 부종 : 하복부, 하반신, 전신, 안면 등에 나타남

　　㉤ 피하지방 침착 : 임신 4개월경부터 안면, 복부, 유방, 사지 등에 피하지방이 침착

(3) 임신 시 사용되는 에너지원

① **임신 초기** : 에너지원 확보를 위해 모체조직의 인슐린 민감성이 증가하여 글리코겐과 지방 합성이 촉진. 모체조직의 증가에 따라 체중이 증가

② **임신 후기** : 인슐린 저항성이 증가하여 글리코겐과 지방의 분해가 이루어짐. 모체 내 포도당은 태아가 우선 사용하고 모체는 지방산이나 케톤체를 에너지원으로 사용 🌟36 🌟44

③ 포도당은 태아의 주 에너지원으로 전체 에너지의 80%를 포도당에서 얻음 🌟40

(4) 태아의 발육

① **제1개월** : 1~4주로 제대가 완성(자궁벽을 통해 영양 공급)

② **제2개월** : 5~8주로 뇌와 척추의 신경세포가 80%까지 형성, 양수가 생기며 태아의 영양은 융모막 혈관을 통해 자궁점막에서 공급

③ **제3개월** : 9~12주로 심장 등 인체의 형태가 확실해지고, 남녀성별이 분리되며 손가락, 손톱, 내장 등이 생기고 양수가 충만(모체에서 산소·영양 공급)

④ **제4개월** : 13~16주로 남녀구별이 확실, 태아의 사지운동이 시작, 심장이 움직이고 태반이 완성되어 태아와 제대가 연결

⑤ **제5개월** : 17~20주로 모발이 돋고, 모체는 태동을 느끼며 심음(心音)을 들을 수 있음

⑥ **제6개월** : 21~24주로 골격이 단단해지며 눈썹과 속눈썹이 나고 태아의 위치를 알 수 있음

⑦ **제7개월** : 25~28주로 체표면에 솜털이 많아지고, 임신선이 나타나며 태아의 피부는 진홍색으로 주름이 많고 눈을 뜨며 태어나도 호흡이 가능

⑧ 제8개월 : 29~32주로 모체 외의 생활도 가능, 청각이 완성되어 어머니의 혈류음이나 음성에 익숙함. 이 시기에 태어나면 조산이라 함

⑨ 제9개월 : 33~36주로 얼굴, 배 등에 솜털이 없어지고 피하지방이 많아짐

⑩ 제10개월 : 37~40주로 신장 50cm, 체중 3kg 정도이며 피부가 윤택이 나며 두발은 1~2cm 정도 자라고 모체는 태반을 통해 면역체를 태아에게 보내며, 호흡력과 운동력이 활발해져 젖을 빠는 흡인력이 좋음

(5) 태아의 부속물

① 난 막
  ㉠ 태아를 둘러싸고 있는 막으로 외층은 탈락막, 중층은 융모막, 내층은 양막이라 하며 탈락막은 모체 자궁내막이 변화한 것
  ㉡ 융모는 영양소의 흡수를 좋게 하며, 내층은 단단한 막으로 그 속은 양수로 채워져 태아를 보호

② 제대 : 제대는 태아와 태반을 연결하는 끈 모양이며, 3개의 혈관이 있는데 2개는 제대동맥으로 산소와 영양소를 태반에서 태아로 보내는 동맥혈이 흐르고, 1개는 제대정맥으로 노폐물과 탄산가스를 태아에서 모체로 보내는 정맥혈이 흐름

③ 양수 : 800~1,200cc 정도 양막에 채워진 액체이며 그 속에 태아, 제대, 태반이 들어 있음
  ㉠ 임신 중 역할
    • 외부의 충격으로부터 태아와 그 부속물을 보호하고 태아와 자궁벽의 유착을 방지
    • 태아운동을 자유롭게 하고 사지의 성장발육
    • 태아운동에 의해 모체 복벽의 충격을 방지하고 태아의 체온을 일정하게 유지
  ㉡ 분만 시 역할
    • 자궁경관과 자궁구를 확장
    • 자궁 수축에 따른 아기머리의 압박을 막아주고, 태아의 산도통과를 원활히 해줌
    • 태반의 조기 이탈을 예방

④ 태 반
  ㉠ 임신 4개월경에 완성되며 영양소와 산소를 모체에서 태아로, 탄산가스를 태아에서 모체로 운반하는 물질통로 ㊵
  ㉡ 임신성 변화를 초래하는 물질대사 기능이 있고 세균 등의 감염으로부터 태아를 보호
  ㉢ 에스트로겐, 프로게스테론, 융모성 성선자극호르몬, 태반락토겐(인슐린의 저항성을 증가, 임신성 당뇨의 원인, 글리코겐의 분해를 촉진, 혈당 증가) 분비

(6) 임신 중 나타나는 증상

① 입덧 : 임신 4주 내지 8주부터 시작하여 호르몬의 변화, 간장의 해독기능 장애, 자율신경계의 영향을 받아 나타나는 오심, 구토, 식욕 부진, 기호변화 등의 증상으로 임신 10~12주가 되면 자연 소실

> **영양보충**
>
> **입덧 시의 식사관리** 36 41 42 45 47
> • 변비를 예방하고 소화되기 쉽고, 영양가 높은 식품으로 소량씩 자주 먹는다.
> • 기호에 맞는 음식, 담백한 음식, 신 음식, 찬 음식 등을 공급한다.
> • 공복 시 증상이 심해지므로 속이 비지 않도록 하고 적당한 운동이나 가벼운 산책을 한다.
> • 식사 후 30분간 안정하고, 수분은 식사와 식사 사이에 섭취한다.
> • 입덧 치료에는 비타민 B_1, B_6 투여가 효과적이다.

② 임신오조 : 입덧증상이 강해져 영양섭취가 불가능해 영양실조 등의 영양 장애를 일으키는 증상

③ 임신성 빈혈 37
　㉠ 임신 중에는 모체의 혈액량이 증가하고 태아의 피도 신생되므로 다량의 철 요구
　㉡ 식사요법 : 철, 엽산, 비타민 C, 양질의 단백질 등을 충분히 섭취. 식후에 진한 녹차나 커피는 철의 흡수를 방해하므로 삼갈 것

④ 임신성 당뇨
　㉠ 정상인임에도 불구하고, 모체와 태반에서 분비되는 호르몬(human chorionic somatomammotropin, estrogen, cortisol, progesterone) 등의 인슐린 길항작용으로 혈당이 상승
　㉡ 모체혈당의 과대 공급과 태아 인슐린의 복합작용으로 조산아를 출산, 또한 임신 후에 케토시스 유발로 지능에 영향을 줄 수 있고 분만 후 태아가 저혈당을 나타낼 수 있음
　㉢ 복합증세 : ketosis, 혼수, 인슐린 shock, 감염, 상처회복 지연, 심근경색 등
　㉣ 식이요법 : 표준체중을 유지하도록 열량을 조절하며 고단백 식이를 하고, ketosis를 막기 위해 1일 100g 이상의 당질을 섭취해야 하며 염분을 제한하고 인슐린 검사를 자주 실시

⑤ 위장 장애 : 태반에서 분비되는 프로게스테론에 의해 자궁과 장근육이 이완되어 변비를 유발하므로 신선한 채소 · 과일, · 해조류 등을 섭취, 기름진 음식, 강한 향신료 등을 금하고 물은 식사시간을 피해 마시며 식후 바로 눕지 않는 것이 좋음 37

⑥ 자간전증(임신중독증) 37 38 44
　㉠ 개념 : 임신 20주 이후에 고혈압과 단백뇨가 발생하는 질환
　㉡ 증상 : 부종(edema), 단백뇨, 고혈압, 자간(경련) 등
　㉢ 식이요법 : 소식, 식염섭취량 감소, 고단백 식이, 저지방 식이, 저에너지 식이

(7) 임신 중 흡연, 음주, 카페인, 약물복용 등 ⭐

① 흡 연

　㉠ 임신 중 흡연은 신생아의 체중 저하를 초래, 니코틴은 혈관을 수축시켜 태반 혈류량 감소와 식욕을 감퇴시키며 호흡기 점막에서 이물질의 침입을 막는 섬모세포(cilia)를 감소시켜 세균에 대한 방어작용을 약화

　㉡ 호흡작용, 혈액의 산소운반 작용 등을 방해, 저체중아 출생률 및 태아 사망률 등을 높이고, 지적 능력과 언어능력을 저해

　　※ 저체중이 되는 것은 담배의 일산화탄소가 헤모글로빈과 친화력이 강해서 산소운반 등에 문제를 야기하기 때문

② 알코올

　㉠ 모체의 만성 알코올 중독은 태아알코올증(FAS ; Fetal Alcohol Syndrome)을 나타냄

　㉡ 알코올은 위벽을 자극하여 위산의 분비를 증가시켜 위의 기능을 좋지 않게 하고, 산전·산후에 태아의 성장장애와 심장 및 순환계, 사지, 두부, 안면의 기형을 유발

③ 카페인

　㉠ 1일 커피 두 잔 이상은 바람직하지 못하고 홍차, 녹차, 코코아, 콜라 등도 주의를 요함

　㉡ 임신 초기와 중기에 자연유산 위험이 높고, 과량 섭취는 저체중아 및 사산을 유발

④ **약물복용** : 신경안정제, 항생제, 수면제 등의 약물복용과 배란기에 복부 X-ray 촬영은 기형아를 유발할 수 있음

(8) 임신부의 영양대사 및 영양권장량 ⭐

영양소	섭취기준	
	비임신여성 (19~29세/30~49세)	임신부 1기/2기/3기
에너지(kcal/일)*	2,000/1,900	+0/+340/+450
단백질(g/일)	55/50	+0/+15/+30

*필요추정량, **충분섭취량

① **단백질** : 부족 시 만기 임신중독증, 태아의 발육 장애 및 부진

② 지 질

　㉠ 필요량 : 총열량의 15~30% 정도 필요

　㉡ 과잉 시 : 산독증, 콜레스테롤 증가, 간기능 장애

　㉢ 부족 시 : 임신중독증, 태아발육 장애

③ 당 질

　㉠ 과잉 시 : 비타민 B_1과 B_2, 니아신의 요구량이 증가

　㉡ 부족 시 : 단백질 분해와 축적지방의 이용이 증가되어 대사이상과 태아의 발육 장애

TIP

임신 시기별 단계

• 임신 1기 : 1~12주

• 임신 2기 : 13~26주

• 임신 3기 : 27~40주

영양소	섭취기준		
	비임신여성 (19〜29세/30〜49세)	임신부	
칼슘(mg/일)	700/700	+0	
철(mg/일)	14/14	+10	
나트륨(mg/일)	1500/1500	+0	
아연(mg/일)	8/8	+2.5	
요오드(μg/일)	150/150	+90	
인(mg/일)	700/700	+0	

*필요추정량, **충분섭취량

④ 무기질

　㉠ 칼슘 : 태아의 골격 형성, 태아의 축적량(27g 정도), 체내의 산·염기 평형조절 등에 필요

　㉡ 철 : 모체의 혈액 증가, 태아 혈액의 신생, 분만 시 출혈 등에 필수적으로 필요

　㉢ 나트륨 : 삼투압 조절, 체액과 조직의 이온평형, 단백질과 수분대사에 중요하며 임신중독증 시 고단백과 병행하여 식염을 제한

　㉣ 아연 : DNA와 RNA 합성, 생식과 번식에 관여. 부족 시 기형아 출산·이상분만

　㉤ 요오드 : 요오드 부족 시 크레틴병 초래와 신체적·정신적 성장부진이 발생

　㉥ 인 : 인지질·핵산 조성에 필요

영양소	섭취기준		
	비임신여성 (19〜29세/30〜49세)	임신부	
비타민 A(μg RAE/일)	650/650	+70	
비타민 D(μg/일)**	10/10	+0	
비타민 E(mg α−TE/일)**	12/12	+0	
비타민 K(μg/일)**	65/65	+0	
비타민 B_1(mg/일)	1.1/1.1	+0.4	
비타민 B_2(mg/일)	1.2/1.2	+0.4	
비타민 B_6(mg/일)	1.4/1.4	+0.8	
비타민 B_{12}(μg/일)	2.4/2.4	+0.2	
비타민 C(mg/일)	100/100	+10	
니아신(mg NE/일)	14/14	+4	

엽산(µg DFE/일)	400/400	+220
수분(mL/일)	2,100/2,000	+200

*필요추정량, **충분섭취량

⑤ 비타민

   ⑦ 비타민 A : 당질대사 촉진, 태아의 발육과 성장, 세균 감염에 대한 저항력 증진, 시력 증진에 필수적

   ⓛ 비타민 D : 모체와 태아의 칼슘균형 유지, 골연화증 방지, 태아의 골격형성 등에 중요

   ⓒ 비타민 E : 항산화 작용으로 적혈구의 용혈현상과 근육이나 신경세포의 손상을 방지하며 습관성 유산을 방지 ⭐

   ⓔ 비타민 K : 혈액응고에 필요하며 신생아 출혈을 방지

   ⓜ 비타민 B_1 : 감염, 갑상샘기능 장애, 만성간질환, 당뇨 등의 예방과 에너지 대사 항진에 필요량 증가 시 관여하고 유산이나 조산 예방 등에 필수적

   ⓗ 비타민 B_2 : 에너지 대사에 관여, 감염에 대한 저항력 증진, 구각염 예방, 모유분비에 관여하며 부족 시 태아 발육장애 초래

   ⓢ 비타민 B_6 : 피부염, 지루성 피부염, 임신오조 예방을 위해 필요

   ⓞ 비타민 B_{12} : 항악성빈혈인자로 조혈작용에 필요, 동물성 식품에만 존재

   ⓩ 비타민 C : 임신 지속에 필요한 황체호르몬의 분비기능에 중요한 역할을 하며 부족 시 사산, 유산, 조산, 괴혈병, 난소, 부신피질 기능 저하, 분만 시 다량출혈 초래

   ⓧ 니아신 : 당질과 단백질 대사에 관여, 펠라그라 예방을 위해 필요

   ⓚ 엽산 : 핵산 합성, 세포분열, 조혈작용, 태아의 성장과 발육 등에 필수적으로 필요, 부족 시 유산, 임신중독증, 저체중아, 조산아, 태아의 신경관 결손 초래 ⭐ ⭐ ⭐ ⭐

⑥ 수분 : 혈액량과 세포외액량 증가, 노폐물 배설, 양수 생성, 변비 예방을 위해 200mL/일을 더 섭취해야 함

(9) 임신부의 영양지도 ⭐

① 임신 전반기

   ⑦ 임신 2~3개월에는 열량, 당질, 지질, 단백질, 무기질, 비타민 등을 골고루 공급하고 편식하지 않도록 하고 소량씩 자주 공급

   ⓛ 구토가 자주 일어나므로 차고 담백하며 염소가 많은 식품을 주며 수분 공급도 충분히 함

   ⓒ 기호를 존중하고 식후 안정을 취하고, 변비를 막기 위해 채소 및 과일류를 공급

② 임신 후반기

   ⑦ 전반적으로 영양소를 충분히 공급하고, 변비 예방을 위해 채소, 과일, 해조류 등을 충분히 공급

   ⓛ 체중 증가가 많은 경우는 열량 섭취를 제한하고 부종에 대비하여 염분 축적을 예방

   ⓒ 분만 시 출혈 예방을 위해 단백질, 철, 비타민 C, 엽산, 비타민 K, 비타민 B_{12} 등을 충분히 공급

(10) 분만의 생리

① 분만 시의 영양

ㄱ 갈증에는 냉수, 엽차를 주며 구토를 제외하고는 음료와 식사를 공급

ㄴ 진통 간헐시간에 죽 · 달걀 · 우유 · 수프 · 치즈 등 소화가 쉽고, 자극이 없는 간단한 형태의 음식을 공급

② 분만의 합병증 : 난산, 지연분만, 조기파수, 산후출혈, 자궁내반증, 양수색전 등

ㄱ 조기파수 : 분만 전 파수는 산후 균 감염, 분만 중단, 조산, 제대 탈출 위험

ㄴ 자궁내반증 : 태반박리 전후나 태아 만출 후 자궁이 뒤집히는 현상

ㄷ 양수색전 : 분만 중 태지, 솜털, 태변 등이 섞인 양수가 모체 혈류로 들어가 폐에 가서 순환을 차단하여 모체 질식, 산소결핍증 현상을 초래하는 것

(11) 산욕의 생리

① 산욕이란 임신과 분만에 의해 생긴 모체의 기능적 변화가 임신 전의 상태로 회복될 때까지의 기간을 말하며, 분만 후 6~8주간 정도임

② 감염 예방과 안정을 취하고 자궁 수축과 오로 배설을 촉진하기 위해 실내 보행 등 적당한 운동이 필요하며 변비 예방에도 도움

③ 규칙적인 배변습관을 갖고 충분한 수분과 미역 등 해조류 등의 수용성 섬유소들을 섭취

④ 물이나 엷은 차를 분만 후 공급하며 수면을 취하고, 출혈과 오로 배설로 단백질과 수분손실이 크므로 충분히 공급, 소화흡수가 좋은 죽 종류로 분만 후 1~2일간 공급. 수유로 1일 340kcal(필요추정량)의 열량이 더 필요

02 수유기 영양

(1) 유즙의 생성과 분출

① 유선의 발육 : 황체호르몬의 작용으로 유선이 발육하며 임신 시 난소, 부신, 뇌하수체, 태반 등에서 분비되는 호르몬의 작용으로 유방 확대

② 임신 시 유즙 분비 억제 : 에스트로겐과 프로게스테론은 최유억제호르몬으로 유즙 분비를 저해하여 임신 시는 유즙이 분비되지 않음

③ 유즙의 합성 및 분비

ㄱ 프로락틴 : 뇌하수체 전엽에서 분비되며, 수유부의 유즙 분비세포를 성숙시키고, 유즙 합성 촉진 ⭐44 ⭐46

ㄴ 옥시토신 : 뇌하수체 후엽에서 분비되며, 유즙 분비 촉진 ⭐38 ⭐40 ⭐44 ⭐45 ⭐47

(2) 초유의 성분 및 특성 ⭐ ⭐

① 성숙유와 비교하면 단백질, 무기질, β-카로틴이 많음

② 성숙유와 비교하면 유당, 지방, 에너지 함량이 적음

③ 초유는 항체인 IgA가 있어 신생아 장염을 방지 ⭐

④ 숙주방어요소 ⭐

    ㉠ 라이소자임(lysozyme) : 미생물 분해효소로 우유보다 모유에 300배 많음

    ㉡ 락토페린(lactoferrin) : 박테리아 증식에 필요한 철과 결합함으로써 포도상구균과 대장균의 생장을 억제(항바이러스, 항균성)

    ㉢ 락토페록시다제(lactoperoxidase) : 항균작용 및 면역기구에 참여하여 연쇄구균을 물리침

    ㉣ 프로스타글란딘(prostaglandin) : 해로운 물질이 장내에 들어왔을 때 위장관에 있는 상피층의 안전성을 유지

⑤ **임파구와 식세포** : 모유에 존재하는 임파구가 바이러스 억제물질인 인터페론을 생성

(3) 성숙모유의 성분 및 특성

① 분만 2일째부터 약 5일간 초유가 분비된 후 성숙된 모유가 분비

② 유즙성분은 단백질, 유당(lactose), 물, 지방으로 구성되어 있고 혈장과 같이 등장액이며 주요한 단백질은 α-lactalbumin, β-lactoglobulin, casein 등

③ 지방의 총량은 일정하지만, 수유부의 식사구성으로 지방산의 구성은 바뀔 수 있음 ⭐ ⭐ ⭐ ⭐

④ 필수아미노산은 혈액에서 공급되고, 기타 아미노산은 혈액 또는 유선에서 합성

⑤ 수유부의 섭취가 적당하면 모유의 비타민 함량은 비교적 안정되며, 섭취에 둔감하나 수유부의 섭취가 부적절한 경우에는 수용성 비타민(특히 비타민 B군)은 수유모의 섭취에 따라 반응 ⭐ ⭐

⑥ 유즙에는 비타민 K를 제외한 비타민이 있으며 철 함량은 낮으나 우유보다 흡수가 잘 됨

⑦ **비피더스 요소** : 비피더스균의 생장을 돕는 질소가 함유된 다당류의 일종으로 모유에는 많이 있으며, 이 균은 병균의 방어기능이 있음

    ※ 항생물질 : IgA, IgG, IgM, IgE 등 면역글로불린이 있어 장점막에서 바이러스 및 세균의 침입을 막음

⑧ **매크로파지** : 식세포성으로 운동성이 있고 다른 미생물을 둘러싸고 바이러스 억제물질인 인터페론을 자유롭게 해줌

(4) 모유와 우유의 비교 ⭐ ⭐ ⭐

구 분	열량 (kcal)	단백질 (g)	지질 (g)	당질 (g)	칼슘 (mg)	인 (mg)	수분 (g)	비타민			
								A(IU)	B_1(mg)	B_2(mg)	C(mg)
모 유	65	1.1	3.5	7.2	27	14	87.5	170	0.02	0.03	5
우 유	66	3.2	3.9	4.5	100	90	87.3	110	0.03	0.15	1

① 탄수화물
  ㉠ 모유는 그 양이 850mL 정도로 많아지면서 단백질의 양은 감소하고 유당은 늘어남
  ㉡ 유당은 비교적 용해성이 적어 소장에서 서서히 소화·흡수, 장내를 산성화하여 해로운 세균의 생장을 억제, 장을 자극하여 변비예방, Ca, P, Mg 등의 흡수를 촉진
② 단백질
  ㉠ 모유의 단백질량 : 우유의 1/3~1/2 이하
  ㉡ 모유의 단백질에는 락토페린 등의 성분이 있고, 카세인 함량이 낮아 위에서는 부드러운 커드를 형성하므로 소화가 쉬움
  ㉢ 지방의 소화를 돕고 두뇌 발달에 필요한 타우린의 함량이 높음
③ 지 질
  ㉠ 모유와 우유의 지질 함량은 비슷함
  ㉡ 지방산 조성에서 리놀레산(linoleic acid)의 함량은 모유가 높은 반면, 탄소수가 C_4에서 C_8에 이르는 짧은 지방산은 낮음
  ㉢ 모유는 필수지방산 함량이 높고, 우유는 포화지방산(특히, 저급의 휘발성 지방산)이 많음
  ㉣ 다른 동물조직에서는 검출되지 않는 EPA가 있음
    ※ EPA : 동물의 실험에서 학습능력이 있는 것으로 알려진 탄소수 20개의 이중결합이 5개 있는 불포화지방산
④ 무기질
  ㉠ 모유의 칼슘은 우유 1/4 정도
  ㉡ 모유의 칼슘과 인의 비율 = 2 : 1
  ㉢ 우유에는 칼슘의 함량이 높아 신장의 재흡수에 문제를 일으키기 쉬움
  ㉣ 철은 모유가 우유보다 적으나 흡수율은 높음
  ㉤ 마그네슘과 나트륨은 모유보다 우유에 많음
⑤ 비타민
  ㉠ 비타민 A, 비타민 C, 비타민 E : 모유에 많음
  ㉡ 비타민 B_1, 비타민 B_2, 비타민 B_6, 비타민 B_{12}, 비타민 D, 비타민 K, 판토텐산 : 우유에 많음

(5) 모유 수유의 장점과 관리

① 모유 수유가 아기에게 좋은 이유

    ㉠ 모유는 성장과 발육에 이상적인 영양소로 구성

    ㉡ 항체와 면역물질이 있어 질병 예방 및 억제효과

    ㉢ 소화를 돕는 효소가 있으며 변비, 설사, 구토를 일으키지 않음

    ㉣ 이를 상하지 않게 하고 건강한 치아와 턱을 발달

    ㉤ 모유는 농도와 온도가 적정하고 손쉽게 먹일 수 있음

    ㉥ 엄마와 아기 사이에 따뜻한 정

② 모유 수유가 어머니에게 좋은 이유

    ㉠ 옥시토신의 분비로 자궁의 수축을 촉진하여 산욕 회복이 빠름

    ㉡ 자연피임(배란 정지)이 됨

    ㉢ 어머니의 역할에 정서적 만족감이 생김

    ㉣ 임신 중 체내 저장된 체지방이 유즙 생성에 이용되어 체지방량이 감소하여 체중감소에 효과적

    ㉤ 경제적이며 간편함

③ 모유 수유를 금해야 하는 경우

    ㉠ 모친에게 만성 B형간염, HIV, cytomegalovirus 등 감염병이 있을 때

    ㉡ 모친에게 간질병, 정신병이 있을 때

    ㉢ 만성질환 : 심한 당뇨병, 신염, 결핵, 심장질환, 만성빈혈이 있을 때

    ㉣ 산후합병증 : 임신중독증, 출혈, 패혈증일 때

④ 산후 식사관리의 유의점

    ㉠ 양질의 단백질을 섭취하고 2컵의 우유로 칼슘을 보충

    ㉡ 치아에 자극을 주는 것은 피함

    ㉢ 매운 것, 짠 것, 신 것, 자극이나 향미가 강한 것은 피함

    ㉣ 미역에 있는 요오드는 갑상샘호르몬을 합성하므로 신생아의 성장, 에너지 대사 등에 관여하고 미역의 다당류는 변비를 예방

영양보충

모유 분비 부족의 원인 ✿
- 한쪽 유방으로만 수유한 경우
- 유방을 완전히 비우지 않았을 경우
- 신생아기에 너무 일찍 혼합영양으로 이행한 경우
- 엄마가 정신적 · 육체적으로 스트레스가 쌓인 경우
- 엄마의 영양상태가 불량한 경우

(6) 수유부의 영양관리 ⭐

[수유부의 영양섭취기준(권장섭취량)]

영양소	섭취기준	
	비임신여성 (19~29세/30~49세)	수유부
에너지(kcal/일)*	2,000/1,900	+340
단백질(g/일)	55/50	+25
비타민 A(μg RAE/일)	650/650	+490
비타민 D(μg/일)**	10/10	+0
비타민 E(mg α-TE/일)**	12/12	+3
비타민 C(mg/일)	100/100	+40
비타민 B₁(mg/일)	1.1/1.1	+0.4
비타민 B₂(mg/일)	1.2/1.2	+0.5
니아신(mg NE/일)	14/14	+3
비타민 B₆(mg/일)	1.4/1.4	+0.8
엽산(μg DFE/일)	400/400	+150
칼슘(mg/일)	700/700	+0
인(mg/일)	700/700	+0
철(mg/일)	14/14	+0
아연(mg/일)	8/8	+5

*필요추정량, **충분섭취량

① **열량** : 필요추정량은 1일 340kcal를 추가하여 2,240~2,340kcal/일
② **단백질** : 1일 25g을 추가한 75~80g/일이 영양권장량
③ **지질** : 필수지방산은 모유 분비에 필요하고 영아성장에 기여하므로 총열량의 1~2%를 공급해야 하며 모체의 지방 섭취는 모유의 질에 영향을 줌
④ **비타민 A** : 성장발육, 시력, 세균에 대한 저항력, 상피세포 정상화, 모유 분비에 관여
⑤ **비타민 D** : 영아의 골격 석회화, 치아 발생 등에 필요하며 10μg/일이 충분섭취량
⑥ **비타민 K** : 신생아 출혈과 황달 예방을 위해 필요
⑦ **비타민 B₁** : 모유 분비에 중요하며 각기병을 예방하고 부족 시 피로, 식욕감퇴, 부종, 출혈, 자궁회복 지연 등 발생

⑧ 비타민 B$_6$: 아미노산 대사에 관여하며 영아 성장에 기여하고 부족 시 펠라그라, 피부염, 구내염 등 발생

⑨ 엽산 : 조혈인자로 세포 분열, 생식 등에 관여하고 부족 시 빈혈이 나타나므로 150㎍ DFE/일을 추가한 550㎍ DFE/일이 권장량임

⑩ 칼슘 : 칼슘 부족 시 모체의 뼈가 용출되어 골연화증, 골다공증이 나타날 수 있음

03 영아기 영양

(1) 영아기의 신체적 특성 ⭐ ⭐ ⭐

① 영양 : 단위체중당 체표면적이 성인에 비해 크고 체표면을 통한 열과 수분 발산이 많아 열량, 단백질, 당질 등 영양소 필요량이 많음

② 체중 : 출생 시 3.3~3.5kg, 3개월 후 2배, 1년 후 3~3.5배로 증가

③ 신장 : 출생 시 46~56cm, 1년 후 1.5배, 4세가 되면 2배로 증가

④ 흉위 : 출생 시 약 32cm, 1년이 되면 두위(45cm 정도)와 같음

⑤ 치아 : 출생 후 6~7개월경부터 아래 앞니부터 나와 2년 6개월이면 20개가 전부 나옴

⑥ 뇌 : 뇌 세포수는 출생 시까지 급격히 증가하고 6~12개월은 서서히 증가

⑦ 골격 : 신생아의 뼈는 약하므로 자세에 따라 변하고 눕히는 방향에 따라 영향을 받음

(2) 영아기의 신체기능적 발달

① 체온 : 신생아기는 체온이 높고, 생후 50일 정도가 되면 내려감

② 호흡 : 신생아기는 1분에 40~50회로 성인의 2배인데 영아기는 30회로 떨어짐

③ 맥박 : 출생 시는 1분에 140~180회, 신생아기는 120~160회, 영아기는 120~140회 정도로 감소하고 신체적 · 정서적 자극에 의해 불규칙해짐

④ 혈압 : 영아는 혈압이 낮고 특히 미숙아는 낮음

⑤ 혈액 : 출생 시는 적혈구수와 헤모글로빈 양이 높으나 영아기에 감소

⑥ 구강 : 신생아기는 타액의 분비량이 적고 산성이며, 점차 증가하여, 중성 내지는 알칼리성이 되며 주성분은 프티알린으로 그 양이 이유기에 증가

⑦ 위

㉠ 신생아의 위는 가늘고 길게 세워진 통 모양이고 괄약근 발달 미숙으로 토하기 쉬움

㉡ 위 내에 머무르는 시간은 모유 2.5시간, 우유 3.5시간, 죽 4시간이며, 엽산, 응유효소, 펩신, 리파아제 등이 함유

⑧ 장 : 통과시간은 모유는 15시간, 우유 16시간 정도이며 췌액과 장액, 담즙에 의해 90%가 소화 · 흡수되고 대장에서는 수분과 식염을 흡수

⑨ 변
　　㉠ 모유영양아의 변 : 약산성으로 황금색을 나타내고 수분이 많으며 비피더스균이 많음
　　㉡ 인공영양아의 변 : 알칼리성으로 변의 냄새가 심하고 약간 굳으며 대장균이 많음
⑩ 신장 : 영아는 반사적으로 배설하며 1년 6개월이 되면 대뇌에서 조절할 수 있음
⑪ 모로반사 : 신생아가 큰소리를 듣거나 놀라거나 몸의 균형을 잃을 경우 몸을 껴안는 듯한 자세를 취하게 되는 현상
⑫ 특수감각 : 신생아는 촉각이 가장 발달되었고 입술, 혀, 귀, 이마 등에서 예민하여 소리에 반응하고 단맛을 좋아하며 후각이 발달되어 젖 냄새도 맡음

(3) 체구성 성분의 변화

① 체액의 변화 : 출생 시 체내 총수분 함량이 74%이었으나 1년 후 60%로 감소하고, 주로 세포외액이 감소 ⭐ 🔟
② 근육조직 : 단백질 보유량이 증가하여 근육조직이 증대되고 체수분 함량이 감소, 무기질 함량은 증가
③ 지방 축적량 : 지방 축적량은 신생아 때에는 12%이고 1세 영아는 25%로 증가하며 출생 후 9개월까지 지방의 축적이 빠르게 진행

(4) 영아기 영양권장량

① 에너지 : 0~5개월 영아는 500kcal/일, 6~11개월 영아는 600kcal/일이 필요추정량
② 단백질 : 0~5개월 영아는 10g/일이 충분섭취량이며, 6~11개월 영아는 15g/일이 권장섭취량
　　※ 영아는 생후 1년간이 단위체중당 필요한 단백질의 양이 일생 중 가장 높은데 성장, 면역기능 증가, 효소 합성, 호르몬 생성, 단백질 합성 등에 이용 ⭐
③ 지방(필수지방산) : 리놀레산의 최소 요구량은 총열량의 1% 정도이나 적정 섭취량은 총열량의 4~5% 정도임
　　※ 지방은 농축된 열량원으로 소모열량의 40~50%를 공급하며 모유는 48%, 우유는 46%가 지방으로 공급. 리놀레산은 습진성 피부염을 예방
④ 당질 : 모유영양아는 총열량의 50%을 당질에서 공급
　　※ 젖 속의 유당은 케톤증 예방, 에너지원, 영아의 뇌 구성성분, 독특한 맛과 향기 조성, 유산균의 번식 촉진, 칼슘의 흡수 촉진 등에 필요
⑤ 무기질 권장량 ⭐ 🔟
　　㉠ 칼슘 : 0~5개월 영아는 250mg/일, 6~11개월 영아는 300mg/일이 충분섭취량
　　㉡ 철 : 0~5개월 영아는 0.3mg/일이 충분섭취량, 6~11개월 영아는 6mg/일이 권장섭취량
　　㉢ 아연 : 0~5개월 영아는 2mg/일이 충분섭취량, 6~11개월 영아는 3mg/일이 권장섭취량
　　　※ 우유는 모유보다 4배의 칼슘을 함유하고 있으나 모유영양아가 칼슘이용률이 높으며 골격 형성, 최대 골질량 형성, 치아 형성 등에 이용

⑥ 비타민 권장량

    ⊙ 비타민 A : 0~5개월 영아는 350μg RAE/일, 6~11개월 영아는 450μg RAE/일이 충분섭취량

    ⓛ 비타민 D : 0~11개월 영아는 5μg/일이 충분섭취량

       ※ 모유의 비타민 D는 부족하므로 영아가 햇볕을 자주 받도록 해야 함

    ⓒ 비타민 E : 0~5개월 영아는 3mg α-TE/일, 6~11개월 영아는 4mg α-TE/일이 충분섭취량

       ※ 모유에 불포화지방산이 많으므로 항산화작용이 매우 유용

    ⓔ 비타민 B_1 : 0~5개월 영아는 0.2mg/일, 6~11개월 영아는 0.3mg/일이 충분섭취량

       ※ 비타민 B_1은 당질 대사, 식욕 증진, 위액분비 촉진 등에 관여하며, 부족 시 영아에게 각기증세 발생

    ⓜ 비타민 B_2 : 0~5개월 영아는 0.3mg/일, 6~11개월 영아는 0.4mg/일이 충분섭취량

    ⓗ 니아신 : 0~5개월 영아는 2mg NE/일, 6~11개월 영아는 3mg NE/일이 충분섭취량

       ※ 당질과 단백질 대사에 관여, 펠라그라 예방, 모유에 더 많이 함유

    ⓢ 엽산 : 0~5개월 영아는 65μg DFE/일, 6~11개월 영아는 90μg DFE/일이 충분섭취량

       ※ 적혈구 숙성에 필수적

    ⓞ 비타민 B_6 : 0~5개월 영아는 0.1mg/일, 6~11개월 영아는 0.3mg/일이 충분섭취량

       ※ 단백질 대사에 관여하며 부족 시 경련, 발작 등이 발생

    ⓩ 비타민 C : 0~5개월 영아는 40mg/일, 6~11개월 영아는 55mg/일이 충분섭취량

⑦ **수분** : 단위체중당 수분필요량이 성인의 3배

영양보충

> **영아의 수분필요량이 높은 이유**
> • 수분교환이 증가한다. : 에너지 대사기(체온조절기) 필요, 수분 손실
> • 영아의 신장기능은 성인에 비해 적다.
> • 단백질 분해산물의 배설은 성인보다 높다.

(5) 유즙 성분의 비교

① **초유** : 성숙유보다 단백질이 많고 유당과 지방이 적으며 효소 · IgA · 락토페린 등 면역체, 콜레스테롤과 인지질, 염소 · 인 · 칼륨 · 나트륨 등 무기질이 풍부 🌟 🌟

② **이행유** : 분만 후 1~2주일 동안 분비되는 젖을 말함. 초유와 비교하였을 때 색이 하얗고 단백질함량이 적으며 유당과 지방이 많음

③ **성숙유** : 2주 이후 분비되는 젖을 말함. 일반적으로 영양조성이 안정적이기 때문에 에너지, 단백질, 탄수화물 등의 함량은 모체의 식사섭취에 따라 영향을 받지 않으며 모유 내에 일정한 농도로 분비. 그러나 지질과 무기질, 비타민은 식사내용에 영향을 받음

④ 모유와 우유의 비교

성 분	모 유	우 유
열 량	에너지 함량은 비슷함	
당 질	유당 많음	유당 적음
단백질	• 카세인 적음, 락트알부민 많음 • 타우린 많음	• 카세인 많음 • 단백질 함량은 모유보다 2~3배 많음
지 질	불포화지방산(리놀레산) 많음	포화지방산 많음
무기질	• 철은 우유보다 함량은 적으나 흡수율은 높음 • Ca : P = 2 : 1	• 인, 칼슘, 마그네슘 많음 • Ca : P = 1.2 : 1
비타민	비타민 A · C · E 많음	비타민 B_1 · B_2 · B_6 · B_{12} · K, 판토텐산 많음

(6) 조제분유 46

① 당질 : 유당 강화

② 단백질 : 유청단백질과 카세인의 비율을 모유와 비슷하게 하고 단백질량은 감량

③ 지질 : 흡수율이 좋은 식물성 기름으로 치환하여 불포화지방산을 첨가

④ 무기질 : 칼슘, 인, 나트륨, 염소 등을 줄이고 철, 구리, 아연 등의 함유량을 높임

⑤ 비타민 : 비타민 C, D, E, 니아신 등을 강화

(7) 특수 조제분유

① 두유로 만든 조제유 : 메티오닌 강화와 설탕, 콘시럽, 대두유 등 첨가, 비타민과 미량 무기질 강화. 트립신 저해제를 열처리하여 불활성으로 만듦

② 가수분해한 카세인으로 만든 조제유 : 카세인 가수분해물과 옥수수기름으로 만든 조제유와 카세인 가수분해물과 중성지방과 혼합한 조제유가 있음

영양보충

보충식
• 모유나 인공유에 부족한 비타민 C 공급을 위해 과즙을 2배로 희석하여 한숟가락 주면서 양을 늘리다가 희석하지 않은 채 준다.
• 유즙 이외의 맛을 길들이기 위해 맛과 향이 강한 것은 피하여 오전 중의 수유와 수유 사이에 준다.

(8) 혼합 영양

① 모유분비량의 부족 시, 수유부의 사회생활, 수유부의 질환 시 모유와 우유를 1회씩 교대로 수유

② 모유를 먹인 후 부족량을 우유로 대치시킴. 싫어하는 것을 먼저 줌

③ 낮에는 인공유만 주고 밤에는 모유만 주는 등 수유시기에 따라 줌

04 이유기 영양

(1) 이유의 필요성

① 모유분비량, 태내에서 비축된 영양소의 감소 등 영양보급을 위해 필요

② 세균에 대한 저항력 감소 등 질병 예방을 위해 필요

③ 소화와 흡수기능 강화로 소화효소의 증가를 위해 필요

(2) 이유의 시기 ☆ ☆

생후 5개월 전후, 출생 시 체중의 약 2배에 가까워졌을 때가 적절, 고온다습한 여름은 피하고, 아기가 건강할 때 줌

(3) 이유기 단계에 따른 이유식 준비

① 이유 초기(생후 4~6개월) ☆ ☆ ☆ ☆ ☆

　㉠ 씹지 않고 그대로 먹을 수 있는 입자가 고운 죽, 삶아서 으깨거나 곱게 간 과일 · 채소, 흰살생선, 난황, 고기

　㉡ 대부분 음식이 미음 형태로 젖병에 넣지 말고 숟가락으로 떠먹여야 함

　㉢ 이유식 횟수 : 1회

② 이유 중기(생후 7~8개월) ☆

　㉠ 우물우물해서 넘길 수 있음

　㉡ 알레르기 유발 식품이 아니라면 대부분의 식품을 부드럽게 삶아서 으깨 주면 됨

　㉢ 이유식 횟수 : 2회

③ 이유 후기(생후 9~12개월)

　㉠ 진밥, 된죽, 달걀, 두부, 잘게 썬 고기

　㉡ 혼자 식사하거나 컵으로 마실 수 있는 능력 발달

　㉢ 이유식 횟수 : 3회

영양보충

이유 시 주의점 ③⑥ ③⑧ ④② ④④ ④⑥
- 건강상태가 좋을 때 : 이유시작 1개월 전부터 수유는 시각과 간격을 규칙적으로 한다.
- 이유식은 공복일 때, 기분이 좋거나, 소화기능이 활발한 오전 중 수유 직전에 준다.
- 하루에 한 종류로 하며 2~3일에 한 숟가락씩 늘려가면서 다른 식품을 하나씩 시도하고, 먹다 남은 것은 먹이지 않는다.
- 너무 이른 시기에 이유식을 시작할 경우, 영아비만이나 알레르기를 일으킬 수 있다. 또 이유식을 주는 시기가 지연될 경우에는 편식 · 빈혈 · 성장지연을 일으킬 수 있다.
- 아이의 식사 시 부모의 지나친 관심이나 지시가 있게 되면 식욕저하, 식욕부진, 편식 등이 나타날 수 있다.
- 일정한 시간에 이유식을 제공한다.

(1) 신체적 발달

① 신 장

　㉠ 영아기 1년 동안은 신장 약 24cm 증가, 체중 증가는 7.8kg, 유아기 5년간은 신장 약 31cm, 체중 9.6kg 증가

　㉡ 6~10세가 되면 1년에 체중은 2~3kg, 신장은 5~5.5cm씩 증가, 여아는 10세, 남아는 12세경에 사춘기가 나타나 제2차 성징이 발달 ⭐

　㉢ 발육급진기를 가장 잘 나타내는 지표는 신장이며 여아는 10~12세로 2년간, 남아는 11~14세로 3년간이 가장 현저

　㉣ 체중 증가의 경우 남아는 14~16세에, 여아는 11~12세에 정점을 이루게 되어 15세경부터 남자가 여자보다 신체크기가 큼

영양보충

성장 관련 호르몬 ⭐
- 성장호르몬 : 단백질 합성 촉진으로 세포를 증식시키고 골아세포의 세포분열속도를 증가시켜 뼈의 성장을 촉진한다.
- 갑상샘호르몬 : 에너지 생산작용, 단백질 합성 등에 관여한다.
- 인슐린 : 단백질 합성을 증진시키고, 단백질 분해를 억제하며 에너지 방출과 글리코겐 합성에 관여한다.

② 근육과 골격

　㉠ 미취학기 : 근육은 연령 증가와 함께 증가하고 피하지방과 수분은 감소. 단백질 부족은 골격 성장을 저해, 반면 과량 단백질 섭취는 칼슘 배설을 촉진 ⭐

　㉡ 취학기 : 골격 성장으로 다리가 길어지고 남아의 경우 근육량이 많아지며 피하지방량은 여아에게 증가

③ **뇌** : 뇌는 2세 말에 성인의 50%, 4세에 75%, 6~10세경에 100% 완성

④ **치아** : 유치열은 3세까지 완성되고 영구치는 6세부터 나기 시작

(2) 영양섭취기준(권장섭취량)

연령 (세)	에너지 (kcal/일)*	단백질 (g/일)	칼슘 (mg/일)	철 (mg/일)	아연 (mg/일)	인 (mg/일)
1~2	900	20	500	6	3	450
3~5	1,400	25	600	7	4	550
6~8	• 1,700(남) • 1,500(여)	35	700	9	5	• 600(남) • 550(여)
9~11	• 2,000(남) • 1,800(여)	• 50(남) • 45(여)	800	• 11(남) • 10(여)	8	1,200

※ 단백질 : 체조직 유지, 새로운 조직의 합성
※ 칼슘 : 골격과 치아 형성
※ 철 : 혈액 조성, 산소의 운반과 이동
※ 아연 : 단백질 합성

연령 (세)	비타민 A (μg RAE /일)	비타민 D (μg/ 일)**	비타민 E (mg α-TE /일)**	비타민 B₁ (mg/ 일)	비타민 B₂ (mg/ 일)	니아신 (mg NE/ 일)	비타민 B₆ (mg/ 일)	엽산 (μg DFE/ 일)	비타민 C (mg/ 일)
1~2	250	5	5	0.4	0.5	6	0.6	150	40
3~5	300		6	0.5	0.6	7	0.7	180	45
6~8	• 450(남) • 400(여)		7	0.7	• 0.9(남) • 0.8(여)	9	0.9	220	50
9~11	• 600(남) • 550(여)		9	0.9	• 1.1(남) • 1.0(여)	• 11(남) • 12(여)	1.1	300	70

*필요추정량, **충분섭취량

(3) 영양관련 문제점

① 충 치 ✿

㉠ 발생 원인 : 치아표면의 플라크는 타액, 단백질, 박리된 세포 박테리아로 구성된 것으로 플라크에 있는 박테리아가 당질을 분해하고 산성 발효작용으로 산도를 낮추어 에나멜층의 탈무기질화와 단백질 분해작용으로 치아를 부식 ✿

※ 당질 : 설탕, 포도당, 맥아당, 유당, 과당들도 타액과 섞여 있는 아밀라아제의 작용을 받으면 단당류로 분해되어 박테리아가 이것을 이용하면서 치아를 부식

㉡ 예방대책 : 불소를 섭취하고, 설탕 등 충치유발식품의 섭취를 줄이며, 플라크의 pH를 5.5 이하로 저하시키는 음식의 섭취도 줄임. 특히 식품 내 성분 중 단백질, 지방, 칼슘, 불소, 비타민 A, 비타민 C, 비타민 D가 많으면 충치가 예방

※ 금지식품 : 플라크의 pH를 5.5 이하로 저하시키는 식품으로 산이 많이 함유된 탄산음료(콜라, 주스 등), 초콜릿, 캐러멜, 캔디, 도넛, 건포도, 당이 첨가된 곡류

② 비 만

㉠ 원인 : 소아비만(운동부족, 조기이유 실시, 단음식 선호, 간식 선호 등)과 조절성 비만(유전, 환경, 중추신경계이상), 대사성 비만(내분비, 효소, 대사이상)

㉡ 비만의 조절 : 영양소를 조절하고, 운동 및 활동량을 증가시키며, 자기통제로 행동의 변화를 가져오게 함

③ 식품알레르기

㉠ 정의 : 어떤 식품에 대해 면역학적으로 일어나는 과민반응

㉡ 원인 : 소아에서는 우유, 달걀, 땅콩, 콩, 밀 등이 흔함

㉢ 치료 : 원인이 되는 식품 알레르겐이 체내에 유입되는 것을 막는 것으로, 원인식품을 식사에서 제외하되 영양필요량을 충족할 수 있도록 대체식품을 섭취해야 함 ✿

④ 편 식 ✿

㉠ 원인 : 과잉보호, 잘못된 식단구성, 식사 중 지나친 간섭, 음식을 강제로 먹이려고 할 때, 이유기에 당분이 너무 많은 음식을 주었을 때, 가족 중 편식하는 사람이 있을 때, 이유의 방법에 잘못이 있을 때 등

㉡ 편식 교정법 : 또래친구와 어울려서 식사하기, 가족의 편식 고치기, 조리법 개선하기, 싫어하는 음식을 강제로 주지 않기, 즐거운 식사분위기 조성하기, 간식은 정해진 시간에 정해진 양만 주기

(1) 신체적 특징

① 성호르몬의 증가로 2차 성징이 나타나고 생식기능을 갖추며 사춘기의 2~3년 동안 최고의 성장에 달함

② 남자는 14세경, 여자는 10~11세경에 사춘기가 시작

③ 갑상샘호르몬은 사춘기 이전의 성장을 도움

④ 남성은 안드로겐이 테스토스테론과 결합하여 단백질 합성, 근육과 뼈의 성장을 도움

⑤ 여성은 안드로겐의 영향을 받으며 에스트로겐에 의해 성장이 종료

⑥ 여자는 체지방 축적이 많아지며, 남자는 근육과 골격의 증대가 현저함

(2) 청소년기의 영양섭취기준 ⑮ ㊱ ㊲ ㊳ ㊷ ㊼

① 에너지 : 12~14세 남자는 2,500kcal/일, 15~18세는 2,700kcal/일, 12~18세 여자는 2,000kcal/일이 필요추정량

② 단백질 : 12~14세 남자는 60g/일, 15~18세는 65g/일, 12~18세 여자는 55g/일이 권장섭취량

③ 무기질

　㉠ 칼슘 : 12~14세 남자는 1,000mg/일, 15~19세는 900mg/일, 12~14세 여자는 900mg/일, 15~19세 800mg/일이 권장섭취량(골격 성장을 위해)

　㉡ 철 : 12~18세 남자는 14mg/일, 12~14세 여자는 16mg/일, 15~18세 여자는 14mg/일이 권장섭취량(헤모글로빈과 미오글로빈을 형성하기 때문에 보조효소로 중요한데 남자는 근육 증가로 여자는 월경으로 철의 요구량이 증가)

　㉢ 아연 : 12~14세 남자는 8mg/일, 15~18세는 10mg/일, 12~14세 여자는 8mg/일, 15~18세는 9mg/일이 권장섭취량(단백질 합성에 관여)

④ 비타민 : 비타민 A는 시력, 성장, 세포의 분화와 증식, 생식, 면역능력에 필요하고 비타민 D는 골격의 석회화에 관여하며 비타민 C는 콜라겐의 합성에 필수적으로 필요

연령 (세)		비타민 A (μg RAE/일)**	비타민 D (μg/일)***	비타민 E (mg α-TE/일)***	비타민 B_1 (mg/일)**	비타민 B_2 (mg/일)**	니아신 (mg/일)**	비타민 B_6 (mg NE/일)**	엽산 (μgDFE/일)**	비타민 C (mg/일)**
남	12~14	750	10	11	1.1	1.5	15	1.5	360	90
	15~18	850		12	1.3	1.7	17		400	100
여	12~14	650		11	1.1	1.2	15	1.4	360	90
	15~18			12			14		400	100

※ 필요추정량만 발표된 것은 필요추정량을, 충분섭취량만 발표된 것은 충분섭취량을, 권장섭취량이 함께 발표된 것은 권장섭취량을 기재함(*필요추정량, **권장섭취량, ***충분섭취량)

(3) 청소년기의 영양과 관련된 문제점

① 신경성 식욕부진증 ⭐ ⭐

   ㉠ 자신의 실제 모습이 말랐음에도 불구하고 살이 쪘다고 느끼며, 자신의 행동이 비정상적임을 부정함

   ㉡ 증상 : 피로감, 무기력증, 집중 감소, 월경 중지, 서맥(1분당 맥박수 60회 이하), 과장된 행동, 구토, 피하지방 감소, 체표면에 솜털 증가

   ㉢ 치료 대책 : 초기에 발견하여 적절한 심리상담, 정신의학적 치료 및 영양관리가 이루어져야 함

② 신경성 탐식증(신경성 폭식증, bulimia) ⭐ ⭐ ⭐

   ㉠ 정의 : 반복적으로 단시간 내에 많은 양의 음식을 먹고, 먹는 동안 섭취에 대한 통제를 하지 못함. 또 체중 증가를 막기 위해 섭취한 음식을 토하거나 설사약이나 이뇨제를 사용하고, 체형과 체중에 집착

   ㉡ 증 상
   • 남의 눈에 띄지 않게 반복적으로 포식하고 이를 통해 우울증이나 고립감을 표현
   • 포식행위는 복통, 수면, 고립 또는 구토 자행으로 일시 중단
   • 아이스크림, 초콜릿, 케이크 등과 같은 고열량과 쉽게 소화되는 음식을 선호
   • 대다수 폭식증 환자는 정상체중 범위에 있지만 관심과 걱정이 지나치게 많으며, 자신의 행동이 비정상임을 자각
   • 급성 위확장증, 월경 불순, 위 파열, 치아 에나멜층 부식, 식도염 등 발생

   ㉢ 치료 대책 : 죄의식이나 열등감을 씻어주고 심리적인 치료와 상담 외에도 환자에게 섭식의 중요성과 신체 제반 생리기능을 이해시킴

③ **여드름** : 땀샘들이 염증반응을 일으키는 것으로, 원인이 스트레스, 월경 주기, 식사 요인 등으로 다양함

④ **흡 연**

   ㉠ 흡연을 하면 혈중 콜레스테롤 농도와 폐암 발생률이 높아짐. 혈중 비타민 C, 비타민 E, α-카로틴과 β-카로틴 농도가 낮아짐

   ㉡ 흡연 시 공복감이 쉽게 오고 체중이 감소되고, 금연 시 체중이 증가

⑤ **음주** : 1g이 7kcal의 열량만 발생, 알코올의 독성은 간과 췌장에 손상을 가져오며, 비타민, 무기질 흡수에 장애를 초래

07 갱년기 영양

(1) 원 인

에스트로겐의 분비 감소로 시상하부에서 난소로 에스트로겐이 분비(불규칙한 반응)되고 아드레날린을 과잉 분비시켜 고열, 가슴떨림 등을 일으킴. 에스트로겐은 지방에서 만들어지므로 지방이 있는 여성이 폐경이 늦고 흡연은 폐경을 촉진

(2) 증상 및 생리적 변화 ⭐

① 40대가 되면 생리주기가 깨지고 얼굴, 머리, 목, 가슴 등의 피부가 갑자기 붉어지면서 열이 나고, 땀이 나기도 함

② 질점막 위축으로 질염 · 소양증 · 빈뇨 · 배뇨통 · 요실금 등이 나타나며, 피로감 · 신경과민 · 우울증 · 불안감 · 두통 · 어지러움 · 불면증 등이 발생

③ 폐경 이후 뼈의 소실이 매년 약 5%씩 증가되므로 골다공증이 나타나며, 혈중 총콜레스테롤과 LDL-콜레스테롤 농도가 높아지는 등의 심혈관계질환이 증가함

(3) 갱년기 증상의 치료 ⭐ ⭐ ⭐

① 에스트로겐의 투여로 칼슘 흡수 촉진, 칼슘 유출을 막음, 혈중 콜레스테롤 감소효과, 엔도르핀이나 세로토닌 같은 뇌신경전달 호르몬 분비 상승 등에 의해 갱년기 증상을 완화

② 콩에는 파이토에스트로겐(식물성 에스트로겐)인 아이소플라본이 많이 있어 갱년기 증세를 완화하는 대표적인 식품으로, 골다공증, 유방암, 심장질환 등의 예방 및 치료에도 효과적

08 성인병과 영양

(1) 성인병의 종류

① 대사증후군 : 원인은 매우 복잡하나 인슐린 저항성이 가장 중요한 인자로 고려되고 있으며, 비만, 당뇨병, 동맥경화증, 고혈압 등이 동반되어 나타남 ⭐

   ㉠ 비만 : 체지방이 비정상적으로 많이 축적되어 체중이 표준 체중의 20%를 초과한 경우

   ㉡ 당뇨병 : 40대 이후 비만한 사람에게 많은 병으로 인슐린 분비는 정상이나 지방조직세포에 인슐린 수용체 수의 감소가 된 것이 그 원인이며 체중을 감량하면 수가 증가

   ㉢ 동맥경화증, 고혈압 등 : 동맥 혈관내벽에 지방이 축적되어 혈관벽이 두꺼워지면서 제 기능을 할 수 없는 경우를 동맥경화증이라 하며, 심장마비, 뇌졸중의 원인이 됨

② 골다공증 : 뼈 칼슘대사의 불균형으로 뼈의 용해량이 생성량을 초과하여 골질량 또는 골밀도가 감소한 상태

③ 암 : 지방으로 인한 유방암 · 직장암 · 대장암, 소금의 과잉섭취로 인한 위암, 흡연으로 인한 폐암, 과음과 곰팡이 독소에 의한 간암

(2) 알코올과 건강

① 알코올의 대사

　㉠ 알코올은 위(20%)와 소장(80%)에서 바로 흡수되어 혈액을 통해 간, 뇌 및 다른 조직으로 보내지면 대부분 간에서 산화반응으로 대사

　㉡ 알코올은 알코올탈수소효소(ADH)에 의해 아세트알데하이드(숙취 원인)로 분해되고, 아세트알데하이드탈수소효소(ALDH)에 의해 무독성의 아세트산으로 대사. 아세트산은 또 다른 대사과정을 거쳐 아세틸-CoA로 전환되어 에너지 합성에 이용되거나, 콜레스테롤과 지방산 합성, 케톤체 생성에 이용 ✫

② 영양소와 알코올 : 간장에서 알코올의 산화는 알코올 탈수소효소(ADH)에 의해 진행, 다량의 단백질, 당질의 섭취와 소량의 지질 섭취는 알코올의 산화력을 강하게 함

　㉠ 알코올의 과다 섭취는 단백질 흡수 장애로 근육을 위축시킴

　㉡ 지나친 음주는 간에 중성지방을 축적시켜 지방간을 유발 ✫

　㉢ 알코올은 항이뇨호르몬(ADH) 분비를 억제시켜 빈번한 이뇨현상을 초래

　㉣ 엽산, 비타민 B_{12}의 흡수 장애로 거대적아구성 빈혈을 초래, 피리독신의 대사 장애로 빈혈을 초래 ✫

　㉤ 티아민 결핍으로 베르니케-코르사코프 증후군(실어증, 알코올 중독) 초래, 니아신 결핍으로 펠라그라 초래, 체내 비타민 A 저장량 감소

　㉥ 혈액과 조직에 축적된 젖산이 신장에서 요산 배설을 저해하여 통풍을 유발

　㉦ 소량의 알코올은 HDL 콜레스테롤 수치를 높여주지만, 과량의 알코올은 HDL 콜레스테롤을 저하시킴

　㉧ 간에서 알부민 합성 감소

　㉨ 위산 분비 촉진, 위의 괄약근을 느슨하게 함

(3) 스트레스와 영양

① 세로토닌의 감소로 우울감과 식욕 증진, 비만 초래

② 단백질은 스트레스 완화 작용을 하며, 칼슘은 뇌세포의 흥분억제 작용을 함

③ 비타민 B군은 정신안정 유지에 필요하고 당질의 섭취가 많을 때는 비타민 B_1 소비를 증가시킴

④ 스트레스에 의한 질병 : 위궤양, 과민성 대장염, 비만, 심근경색증, 뇌혈관 질환, 고혈압, 고지혈증, 당뇨병

(1) 생리적 변화 ⚾ ⚾ ⚾

① **생리적 기능 저하** : 체지방이 증가하고 고형분이 감소하여 기초대사량이 감소

② **뇌와 신경조절기능의 변화** : 뇌의 혈류량이 감소되어 중추신경계의 기능이 저하, 도파민, 세로토닌, 아세틸콜린 등 신경자극 전달물질이 감소 ⚾

⊙ 도파민 : 티로신으로 합성하며 이것은 노르에피네프린과 에피네프린를 합성하여 스트레스나 위급한 상황에 대처함. 이러한 합성이 부족하면 손의 경련, 파킨슨병이 발생

ⓒ 아세틸콜린 : 아세틸콜린의 분비가 부족하면 기억감소, 우울증, 방향감각의 상실, 정신병 등의 증세인 알츠하이머병에 걸릴 수 있음

③ **내분비계의 변화** : 호르몬 분비반응이 둔화되며 항이뇨호르몬 조절이상으로 요농축이 저하되고 코르티솔, 레닌, 알도스테론 분비도 감소

④ **심장 및 혈관계** : 혈관의 지질 축적 및 탄력성이 떨어지고 동맥경화성 침착이 생겨 말초저항이 증가되어 수축기 혈압이 상승하고 1회 심박출량은 감소 ⚾ ⚾

⑤ **신장기능** : 노화의 진행은 네프론의 감소로 사구체 여과속도가 저하되어 노폐물이나 약물배설이 느리므로 고단백 식사와 수용성 비타민의 과량 섭취는 삼가야 하고 또한 수분의 적절한 섭취가 중요 ⚾

⑥ **호흡기능** : 폐세포의 표면적 감소와 탄력성이 저하되어 동맥혈의 산소 포화도가 낮아지고 체조직으로의 산소운반이 어려움

⑦ **영양소의 소화, 흡수 및 위장기능** : 타액 · 위액 등 소화액 분비 저하, 위기능 약화, 소장의 흡수력 저하 ⚾

⑧ **혈액성분의 변화** : 골수의 조혈작용이 감퇴하여 적혈구양 감소, 용혈성 증가, 혈색소양 감소

⑨ **감각의 변화** ⚾ ⚾

⊙ 시각 : 30세부터 저하되어 40세 이후에는 심하게 저하되는데 특히, 암 적응능력, 수정체의 조절력이 낮아져 원시 등으로 변하게 됨

ⓒ 청각 : 고음부와 저음부가 저하되어 난청자가 많아짐

ⓒ 미각 : 미뢰 수 감소 → 미각 감소 → 식욕 저하

(2) 노인의 영양섭취기준 ⚾

① **에너지** : 65~74세 남자는 2,000kcal/일, 75세 이상 남자는 1,900kcal/일, 65~74세 여자는 1,600kcal/일, 75세 이상 여자는 1,500kcal/일이 필요추정량

② **단백질** : 65세 이상 남자는 60g/일, 65세 이상 여자는 50g/일이 권장섭취량

③ **지질** : 동물성 지방의 다량 섭취는 혈중 콜레스테롤 수치를 높이고 필수지방산의 섭취는 혈중 콜레스테롤 수치를 저하시킴

④ 무기질
  ㉠ 칼슘 : 65세 이상 남자는 700mg/일, 65세 이상 여자는 800mg/일이 권장섭취량
  ㉡ 철 : 65세 이상 남자는 1일 9mg, 65세 이상 여자는 1일 8mg(75세 이상은 7mg)이 권장섭
     취량(부족 시 조혈 저하)
⑤ 비타민 ☆
  ㉠ 지용성 비타민 : 비타민 D의 합성능력이 저하되면 골다공증 증가
  ㉡ 수용성 비타민 : 비타민 B_{12}는 노인의 경우 저산증이 많아 흡수가 저하되므로 주의

10 운동과 영양

(1) 운동과 대사

① 운동 시 에너지 대사 : 운동 시 대사량이 20~40배가 되며 교감신경이 흥분되며 갑상샘호르몬,
  성장호르몬, 인슐린, 부갑상샘호르몬 등의 대사량이 증가하고 체온 1℃ 증가에 기초대사량 약
  13% 증가
② 운동 시 호흡계의 변동
  ㉠ 근육의 산소 소모량과 탄산가스 생산이 증가
  ㉡ 폐포와 동맥혈의 탄산가스 분압이 높아짐
  ㉢ 호흡 증진과 혈액 내의 H^+ 농도가 증가
  ㉣ 운동 시 에너지 소비량은 증가하나 산소섭취량은 일정
③ 운동 시 순환계의 변동
  ㉠ 혈액의 변동 : 저장된 적혈구를 순환계 혈액 내로 이동하고 혈액 내로 나온 젖산과 CO_2로
     인한 H^+ 농도 증가
  ㉡ 심장 박출량의 증가 : 정상인(5L)보다 5배 증가
  ㉢ 혈압 상승 : 혈액의 pH가 감소하고 심장근 수축, 혈관 수축이 이루어짐
  ㉣ 체온의 변화 : 근육 수축 시 화학에너지 70%가 열에너지로 전환(피부의 혈류량을 증가시켜
     열을 발산)
  ㉤ 소변의 변화 : 신장의 혈류량 감소와 세뇨관에서 물의 재흡수 증가로 요량이 감소(젖산, 탄
     산 증가로 오줌의 산성화)

(2) 운동(스포츠)과 영양

① 운동과 에너지
  ㉠ 운동의 에너지원 : 주로 당질과 지질
  ㉡ 단백질 요구량 증가 : 체단백질이 열량으로 이용되면
    근육감소나 운동성 빈혈이 발생
  ㉢ 운동 중에는 근육의 글리코겐이 연소한 후에 지질이 연
    소됨
  ㉣ 열량구성비 : 운동선수는 지질을 줄이고 당질을 늘리는 것이 좋음(고탄수화물식 당질은 에
    너지원으로 빠르게 전환되므로) ⭐

② 무기질
  ㉠ Fe : 심한 운동 시 혈중 Hb과 근육 내 Mb의 증대 및 발한에 의해 Fe 필요량 증가
  ㉡ Ca : 발달기의 어린 선수에게 특히 중요(고온에서 심한 운동 시 특히)
  ㉢ K : 고칼슘식품과 당질은 글리코겐 회복, K 공급에도 도움이 되므로 함께 섭취(장기간 운
    동 시 저칼슘 혈증 발생)
  ㉣ NaCl : 운동 중간에 약간의 저장액을 공급하는 것이 바람직

③ 비타민
  ㉠ 비타민 A : 시신경에 예민한 운동선수에게 중요한 비타민(저온환경에서 비타민 A 요구 증가)
  ㉡ 비타민 B_1 : 당질대사와 신경반응계 반응과정에 관여하여 부족 시 피로물질 축적에 영향을 줌
  ㉢ 비타민 B_2 : 비타민 A와 함께 시력을 보호하며, 부족 시 지구력 강화, 피로 발생에 영향을 미침
  ㉣ niacin : 신경계 활성에 관여(중추신경계 피로에 관련)
  ㉤ 비타민 C : 호르몬 합성 · 콜라겐 합성 · 철의 흡수를 도우며, 부족할 경우 지구력이 저하되
    고 기력회복이 지연 ⭐

TIP

운동 시 에너지원 사용순서
⭐14 ⭐15 ⭐16 ⭐17
ATP → 크레아틴인산 → 글리
코겐과 포도당 → 지방산

(3) 글리코겐의 부하와 운동효과 ⭐

① 운동선수들에게는 탄수화물 부하(carbohydrate-loading)로 근육의 글리코겐의 축적을 극대화시키는 것이 운동수행 능력에 도움이 될 수 있음

② 7일 후에 경기가 있다고 할 때

[글리코겐 부하법의 식사와 운동]

식 사	50% 당질 식사 (고단백 · 고지방식)			70% 당질 식사 (고당질식)			정상식사	경기당일
운 동	운 동 (첫날에 가장 강한 운동을 하고, 이후 시간과 강도를 점차 줄이지만, 강도 높은 운동을 지속함)						휴 식	경기당일
D-Day	7일 전	6일 전	5일 전	4일 전	3일 전	2일 전	1일 전	0

※ 이 방법은 근육의 글리코겐 축적을 50~80% 더 증가시킬 수 있음

③ 근육에 탄수화물이 더 많이 저장될수록 운동경기에 지구력이 증가되며 개인에 따라 초과된 수분의 무게가 운동기록을 저하시킬 수 있음. 따라서 탄수화물 축적을 고려하는 운동선수들은 중요한 경기가 있기 훨씬 전 훈련기간 중에 이것을 시험해 보아 운동기록에 어떤 영향을 주는지 검토하는 것이 필요

④ 마라톤 · 장거리 수영 · 30km 달리기 · 토너먼트 농구시합 · 장거리 카누 경기가 적합하고, 미식축구 · 10km 달리기 · 대부분의 수영 · 농구 한 경기 · 역도 등은 적합하지 않음

영양보충

운동할 때 땀나는 이유 ⭐
땀은 체온이 올라가거나 흥분했을 때 뇌의 시상하부를 통해 체온조절 중추신경인 교감신경을 자극해 분비된다. 땀은 얼굴, 목, 가슴, 등, 팔, 손 등으로 열을 발산해 체온을 조절하는 '냉각장치' 역할을 한다.

(1) 에너지와 다량영양소

성별	연령	에너지 필요추정량	수분 (mL/일) 음식	물	음료	충분섭취량 액체	총수분	탄수화물 (g/일) 평균필요량	권장섭취량	충분섭취량	식이섬유 (g/일) 충분섭취량
영아	0~5 (개월)	500				700	700			60	
	6~11	600	300			500	800			90	
유아	1~2(세)	900	300	362	0	700	1,000	100	130		15
	3~5	1,400	400	491	0	1,100	1,500	100	130		20
남자	6~8(세)	1,700	900	589	0	800	1,700	100	130		25
	9~11	2,000	1,100	686	1.2	900	2,000	100	130		25
	12~14	2,500	1,300	911	1.9	1,100	2,400	100	130		30
	15~18	2,700	1,400	920	6.4	1,200	2,600	100	130		30
	19~29	2,600	1,400	981	262	1,200	2,600	100	130		30
	30~49	2,500	1,300	957	289	1,200	2,500	100	130		30
	50~64	2,200	1,200	940	75	1,000	2,200	100	130		30
	65~74	2,000	1,100	904	20	1,000	2,100	100	130		25
	75 이상	1,900	1,000	662	12	1,100	2,100	100	130		25
여자	6~8(세)	1,500	800	514	0	800	1,600	100	130		20
	9~11	1,800	1,000	643	0	900	1,900	100	130		25
	12~14	2,000	1,100	610	0	900	2,000	100	130		25
	15~18	2,000	1,100	659	7.3	900	2,000	100	130		25
	19~29	2,000	1,100	709	126	1,000	2,100	100	130		20
	30~49	1,900	1,000	772	124	1,000	2,000	100	130		20
	50~64	1,700	900	784	27	1,000	1,900	100	130		20
	65~74	1,600	900	624	9	900	1,800	100	130		20
	75 이상	1,500	800	552	5	1,000	1,800	100	130		20
임신부[1]		+0 +340 +450					+200	+35	+45		+5
수유부		+340				+500	+700	+60	+80		+5

1) 1,2,3 분기별 부가량

성별	연령	지방 (g/일) 충분섭취량	리놀레산 (g/일) 충분섭취량	알파-리놀렌산 (g/일) 충분섭취량	EPA+DHA (mg/일) 충분섭취량	단백질 (g/일) 평균필요량	단백질 (g/일) 권장섭취량	단백질 (g/일) 충분섭취량
영아	0~5 (개월)	25	5.0	0.6	200[2]			10
	6~11	25	7.0	0.8	300[2]	12	15	
유아	1~2(세)		4.5	0.6		15	20	
	3~5		7.0	0.9		20	25	
남자	6~8(세)		9.0	1.1	200	30	35	
	9~11		9.5	1.3	220	40	50	
	12~14		12.0	1.5	230	50	60	
	15~18		14.0	1.7	230	55	65	
	19~29		13.0	1.6	210	50	65	
	30~49		11.5	1.4	400	50	65	
	50~64		9.0	1.4	500	50	60	
	65~74		7.0	1.2	310	50	60	
	75 이상		5.0	0.9	280	50	60	
여자	6~8(세)		7.0	0.8	200	30	35	
	9~11		9.0	1.1	150	40	45	
	12~14		9.0	1.2	210	45	55	
	15~18		10.0	1.1	100	45	55	
	19~29		10.0	1.2	150	45	55	
	30~49		8.5	1.2	260	40	50	
	50~64		7.0	1.2	240	40	50	
	65~74		4.5	1.0	150	40	50	
	75 이상		3.0	0.4	140	40	50	
임신부			+0	+0	+0	+12 +25	+15 +30	
수유부			+0	+0	+0	+20	+25	

1) 단백질 : 임신부-2, 3 분기별 부가량
2) DHA

성별	연령	메티오닌+시스테인 (g/일)			류신(g/일)			이소류신(g/일)			발린(g/일)			라이신(g/일)		
		평균 필요량	권장 섭취량	충분 섭취량	평균 필요량	권장 섭취량	충분 섭취량	평균 필요량	권장 섭취량	충분 섭취량	평균 필요량	권장 섭취량	충분 섭취량	평균 필요량	권장 섭취량	충분 섭취량
	0~5 (개월)			0.4			1.0			0.6			0.6			0.7
	6~11	0.3	0.4		0.6	0.8		0.3	0.4		0.3	0.5		0.6	0.8	
유아	1~2 (세)	0.3	0.4		0.6	0.8		0.3	0.4		0.4	0.5		0.6	0.7	
	3~5	0.3	0.4		0.7	1.0		0.3	0.4		0.4	0.5		0.6	0.8	
남자	6~8 (세)	0.5	0.6		1.1	1.3		0.5	0.6		0.6	0.7		1.0	1.2	
	9~11	0.7	0.8		1.5	1.9		0.7	0.8		0.9	1.1		1.4	1.8	
	12~14	1.0	1.2		2.2	2.7		1.0	1.2		1.2	1.6		2.1	2.5	
	15~18	1.2	1.4		2.6	3.2		1.2	1.4		1.5	1.8		2.3	2.9	
	19~29	1.0	1.4		2.4	3.1		1.0	1.4		1.4	1.7		2.5	3.1	
	30~49	1.1	1.4		2.4	3.1		1.1	1.4		1.4	1.7		2.4	3.1	
	50~64	1.1	1.3		2.3	2.8		1.1	1.3		1.3	1.6		2.3	2.9	
	65~74	1.0	1.3		2.2	2.8		1.0	1.3		1.3	1.6		2.2	2.9	
	75이상	0.9	1.1		2.1	2.7		0.9	1.1		1.1	1.5		2.2	2.7	
여자	6~8 (세)	0.5	0.6		1.0	1.3		0.5	0.6		0.6	0.7		0.9	1.3	
	9~11	0.6	0.7		1.5	1.8		0.6	0.7		0.9	1.1		1.3	1.6	
	12~14	0.8	1.0		1.9	2.4		0.8	1.0		1.2	1.4		1.8	2.2	
	15~18	0.8	1.1		2.0	2.4		0.8	1.1		1.2	1.4		1.8	2.2	
	19~29	0.8	1.0		2.0	2.5		0.8	1.1		1.1	1.3		2.1	2.6	
	30~49	0.8	1.0		1.9	2.4		0.8	1.0		1.0	1.4		2.0	2.5	
	50~64	0.8	1.1		1.9	2.3		0.8	1.1		1.1	1.3		1.9	2.4	
	65~74	0.7	0.9		1.8	2.2		0.7	0.9		0.9	1.3		1.8	2.3	
	75 이상	0.7	0.9		1.7	2.1		0.7	0.9		0.9	1.1		1.7	2.1	
임신부		1.1	1.4		2.5	3.1		1.1	1.4		1.4	1.7		2.3	2.9	
수유부		1.1	1.5		2.8	3.5		1.3	1.7		1.6	1.9		2.5	3.1	

아미노산 : 임신부, 수유부－부가량 아닌 절대필요량임

성별	연령	페닐알라닌+티로신(g/일)			트레오닌(g/일)			트립토판(g/일)			히스티딘(g/일)		
		평균 필요량	권장 섭취량	충분 섭취량	평균 필요량	권장 섭취량	충분 섭취량	평균 필요량	권장 섭취량	충분 섭취량	평균 필요량	권장 섭취량	충분 섭취량
영아	0~5 (개월)			0.9			0.5			0.2			0.1
	6~11	0.5	0.7		0.3	0.4		0.1	0.1		0.2	0.3	
유아	1~2 (세)	0.5	0.7		0.3	0.4		0.1	0.1		0.2	0.3	
	3~5	0.6	0.7		0.3	0.4		0.1	0.1		0.2	0.3	
남자	6~8 (세)	0.9	1.0		0.5	0.6		0.1	0.2		0.3	0.4	
	9~11	1.3	1.6		0.7	0.9		0.2	0.2		0.5	0.6	
	12~14	1.8	2.3		1.0	1.3		0.3	0.3		0.7	0.9	
	15~18	2.1	2.6		1.2	1.5		0.3	0.4		0.9	1.0	
	19~29	2.8	3.6		1.1	1.5		0.3	0.3		0.8	1.0	
	30~49	2.9	3.5		1.2	1.5		0.3	0.3		0.7	1.0	
	50~64	2.7	3.4		1.1	1.4		0.3	0.3		0.7	0.9	
	65~74	2.5	3.3		1.1	1.3		0.2	0.3		0.7	1.0	
	75 이상	2.5	3.1		1.0	1.3		0.2	0.3		0.7	0.8	
여자	6~8 (세)	0.8	1.0		0.5	0.6		0.1	0.2		0.3	0.4	
	9~11	1.2	1.5		0.6	0.9		0.2	0.2		0.4	0.5	
	12~14	1.6	1.9		0.9	1.2		0.2	0.3		0.6	0.7	
	15~18	1.6	2.0		0.9	1.2		0.2	0.3		0.6	0.7	
	19~29	2.3	2.9		0.9	1.1		0.2	0.3		0.6	0.8	
	30~49	2.3	2.8		0.9	1.2		0.2	0.3		0.6	0.8	
	50~64	2.2	2.7		0.8	1.1		0.2	0.3		0.6	0.7	
	65~74	2.1	2.6		0.8	1.0		0.2	0.2		0.5	0.7	
	75 이상	2.0	2.4		0.7	0.9		0.2	0.2		0.5	0.7	
임신부		3.0	3.8		1.2	1.5		0.3	0.4		0.8	1.0	
수유부		3.7	4.7		1.3	1.7		0.4	0.5		0.8	1.1	

아미노산 : 임신부, 수유부－부가량 아닌 절대필요량임

CHAPTER

08 적중예상문제

출제유형 46

01 수정관의 발달을 촉진하고 에스트로겐 분비를 자극하는 호르몬은?

① 프로락틴

② 난포자극호르몬

③ 옥시토신

④ 황체형성호르몬

⑤ 프로게스테론

해설 ② 난포자극호르몬 : 난포의 성장과 에스트로겐의 분비, 정자의 형성, 배란·수정관을 발달시키는 호르몬이다.
① 프로락틴 : 뇌하수체 전엽에서 분비되며, 유즙 분비세포의 성숙, 모유 합성 촉진의 기능을 하는 호르몬이다.
③ 옥시토신 : 뇌하수체 후엽에서 분비되며, 유즙 분비를 촉진하는 호르몬이다.
④ 황체형성호르몬 : 배란을 촉진하며, 프로게스테론을 분비하는 호르몬이다.
⑤ 프로게스테론 : 임신 시 수정란 착상 촉진, 자궁내막 비대, 자궁근 수축 억제 기능을 하는 호르몬이다.

출제유형 47

02 생후 5~6개월 된 영아에게 이유식을 제공하는 방법은?

① 향신료를 사용한다.

② 단맛을 내기 위해 꿀을 첨가한다.

③ 다양한 식재료를 혼합해서 먹인다.

④ 철 보충을 위해 달걀노른자를 먹인다.

⑤ 먹기 쉽게 젖병에 담아서 먹인다.

해설 태반을 통해 공급받은 저장철은 생후 3개월부터 줄어들기 시작하여 6개월이면 대부분 고갈되기 때문에 생후 5~6개월부터는 균형 있는 이유식을 통해 철을 공급해야 한다.

01 ② 02 ④ 정답

03 다음 설명 중 옳지 않은 것은?

① 임신 중 단백질 결핍에 의한 증상은 빈혈, 영양성 부종, 임신중독증, 태아성장 부진 등이다.

② 임신부의 갑상샘 기능 항진은 바세도우씨병을 일으킨다.

③ 임신 중 나이신이 부족하면 당질, 단백질대사에 지장이 있으며, 펠라그라의 원인이 된다.

④ 저단백질을 섭취한 임신부는 영양성 부종 증상이 발생한다.

⑤ 임신부의 부종의 원인으로는 고지방 식이 때문이다.

> **해설** 임신부 부종의 원인
> 저단백 식이, 짠 음식으로 인한 다량의 수분 섭취, 비타민의 부족 등이 있다.

04 임신부가 영양가는 거의 없고 때로 비위생적인 이물질에 강하게 집착하여 지속적으로 섭취하는 행동을 행하는 것으로 옳은 것은?

① 입 덧

② 이식증 또는 이기증

③ 신경성 식욕부진증

④ 신경성 탐식증

⑤ 과행동증

> **해설** 이식증(Pica)
> 흙, 소다, 얼음, 담뱃재 등 영양가가 전혀 없는 물질에는 강하게 집착하여 지속적으로 섭취하는 행동이다.

출제유형 46

05 생후 4개월 이전에 이유식을 시작하면 발생할 수 있는 문제점은?

① 알레르기

② 성장지연

③ 편 식

④ 빈 혈

⑤ 충 치

> **해설** 이유의 시기
> 이유의 시기는 생후 5개월 전후, 출생 체중의 약 2배에 가까워졌을 때가 적절하다. 너무 이른 시기에 시작할 경우 영아 비만이나 알레르기를 유발하고, 지연될 경우 편식·빈혈·성장지연을 유발할 수 있다.

정답 03 ⑤ 04 ② 05 ①

06 입덧 시 식사관리로 옳지 않은 것은?

① 따뜻하고 기름진 음식을 섭취하는 것이 좋다.

② 시원하고 담백한 음식을 섭취토록 한다.

③ 변비 예방을 위해 신선한 채소와 과일을 충분히 섭취하도록 한다.

④ 대개 신맛의 음식을 좋아하게 되므로 기호를 존중한다.

⑤ 공복 시에는 입덧이 심하므로 가벼운 간식을 섭취하는 것이 좋다.

> **해설** 입덧이 있을 때는 기호에 맞는 음식을 먹도록 하며, 공복 시에 입덧이 더 심하므로 간식을 먹도록 한다. 담백하고 시원한 음식을 주고 대개 신맛을 선호하므로 신 과일과 입맛 나는 음식을 먹는다. 변비는 입덧에 좋지 않은 영향을 끼치므로 변비 예방이나 치료를 위한 음식을 먹는다.

07 다음 중 임신중독증 식사의 기본으로 가장 옳은 것은?

① 고열량, 고염식

② 고열량, 저염식

③ 고단백, 저염식

④ 고단백, 고염식

⑤ 고단백, 고열량

> **해설** 임신중독 시에는 고단백, 저열량식을 원칙으로 한다. 식염은 신장에 부담을 주고 수분축적을 초래하며 혈압을 상승시키므로 저염식을 권장한다. 수분도 가급적 과음하지 않고 비타민과 무기질은 충분히 섭취한다.

출제유형 42

08 임신 시 속쓰림 증상 완화 방법으로 가장 옳은 것은?

① 과일을 많이 섭취한다.

② 기름진 음식을 섭취한다.

③ 소량씩 자주 섭취한다.

④ 단 음식을 섭취한다.

⑤ 식사시간에 물을 많이 마신다.

> **해설** 임신 시 속쓰림 완화 방법
> • 식사횟수를 늘려서 공복을 피하는 것이 가장 중요하다.
> • 식후에 바로 눕지 않기, 자극적인 향신료 금지, 기름진 음식 섭취 줄이기, 천천히 먹기 등이 있다.

06 ① **07** ③ **08** ③ **정답**

09 임신기 영양지도에 대한 설명으로 옳지 않은 것은?

① 빈혈 예방을 위해 동물성 단백질 식품과 비타민 C를 충분히 섭취하게 한다.

② 식사에 의한 철 섭취가 부족할 때는 철보충제를 복용한다.

③ 소화기 부담을 줄이기 위해 지방에너지 섭취 비율은 20% 정도로 유지한다.

④ 임신 말기에는 한 번에 다량의 식사가 요구된다.

⑤ 임신 중 영양소 섭취량은 수유기에 비해 전반적으로 낮다.

해설 임신 말기 소화기 부담을 줄이기 위해서는 한 번에 다량의 식사는 피해야 한다.

출제유형 38

10 임신부의 빈혈에 대한 설명 중 옳지 않은 것은?

① 거대적아구성 빈혈(megaloblastic anemia)은 엽산, 비타민 B_{12}로 치료한다.

② 임신기간 중 엽산의 섭취가 부족하면 적혈구 생성이 안 되어 심한 빈혈증이 발생하게 된다.

③ 임신 중 빈혈 예방을 위한 영양소에는 비타민 B_{12}, 비타민 C, 철이다.

④ 빈혈 예방을 위하여 채소, 과일, 해조류, 유산균음료, 수분 등을 먹을 것을 권장한다.

⑤ 철은 저색소성 소혈구성 빈혈의 예방을 위해 중요한 영양소이다.

해설 빈혈 예방을 위하여 흔히 부족하기 쉬운 철의 좋은 급원인 간, 진한 녹색 채소, 굴, 대두 등을 많이 먹어야 한다.

출제유형 41, 42

11 임신 중 프로게스테론(progesterone)의 기능으로 옳지 않은 것은?

① 위장운동을 감소시킨다.

② 지방 합성을 저하시킨다.

③ 자궁의 수축을 억제하고, 평활근을 이완시킨다.

④ 유방 발달을 촉진시킨다.

⑤ 나트륨 배설을 증가시킨다.

해설 임신기간 중에 프로게스테론은 지방 합성 및 유방의 발달을 촉진시키고, 위장운동을 저하시키며 자궁의 평활근을 이완시키고, 요를 통한 나트륨 배설을 증가시킨다.

정답 **09** ④ **10** ④ **11** ②

12 다음 설명 중 옳지 않은 것은?

① 임신 중에 비타민 A가 필요한 이유로는 당질대사의 촉진, 시력의 증진, 태아의 정상적인 발육, 세균감염에 대한 저항력 증진이 있다.

② 피임약 복용 시 비타민 B$_6$의 요구량이 증가되는 이유는 트립토판 산화효소의 활성을 증가시키기 때문이다.

③ 비타민 C는 임신 중 증가된 철 보충을 위해 철 흡수를 돕는다.

④ 비타민 C는 임신 중 결핍 시 태아의 사망, 괴혈병, 유산 또는 조산을 일으킬 수 있다.

⑤ 비타민 B$_1$은 임신 중 결핍 태아의 발육장애를 나타낸다.

해설 ⑤ 비타민 B$_2$에 대한 설명이다.

출제유형 46

13 태아의 신경관 결손(Neural tube defect)을 예방하기 위해 임신부에게 섭취를 권장하는 식품은?

① 시금치
② 바나나
③ 감 자
④ 달걀흰자
⑤ 치 즈

해설 신경관 결손(Neural tube defect)
엽산 결핍 시 DNA의 번역과정(translation) 후단에서 세포 골격의 메틸화가 제대로 이루어지지 않을 경우 신경관 결손이 발생하므로, 임신 시 엽산을 220μg DFE/일(권장섭취량) 더 섭취해야 한다. 엽산이 풍부한 식품에는 시금치, 케일, 쑥갓, 부추, 오렌지, 토마토 등이 있다.

14 다음 중 임신기의 생리적 대사기능 변화로 옳지 않은 것은?

① 총혈액량 증가로 순환기계 부담 증가
② 기초대사율의 증가
③ 신장에서 사구체여과율 증가
④ 태반에서 임신 유지를 위한 호르몬 생성 분비
⑤ 에스트로겐에 의한 신장에서 나트륨 배설 증가

해설 임신기에 나트륨 배설을 증가시키는 것은 프로게스테론이다.

15 임신부는 비타민 B₁을 특히 많이 섭취해야 하는 경우가 있는데, 그 이유로 옳지 않은 것은?

① 에너지 대사 항진, 갑상샘 기능 항진에 따라 비타민 B_1의 필요량이 증가할 때
② 부족하면 임신구토증이 심하게 되는 비타민이므로
③ 만성 간질환, 당뇨병 등으로 비타민 B_1의 이용이 장애를 받을 때
④ 임신 말기 출혈증을 막기 위해
⑤ 감염증에 의해 발열이 있거나, 조산이나 유산의 우려가 있을 때

해설 ④ 비타민 K를 섭취해야 하는 이유이다.

16 임신기간 중 칼슘의 필요량이 증가하는 이유로 옳지 않은 것은?

① 태아 내 축적
② 자궁근육의 강화
③ 태아 체조직의 생성 및 발육
④ 모체 내 각 기관의 증식과 비대
⑤ 잦은 임신으로 인한 골다공증 예방

해설 임신 중 칼슘 요구량이 증가하는 이유
  • 태아의 골격 형성
  • 태아의 축적량
  • 체내의 산과 염기 평형 조절

출제유형 38

17 임신부의 영양에 대한 설명 중 옳지 않은 것은?

① 임신부에게 충분한 엽산을 섭취시키기 위한 권장식품으로 가장 좋은 것은 채소와 과일이다.
② 임신 중의 단백질 추가 권장량은 임신 2/3분기 15g/일이다.
③ 임신기간 동안 필요한 열량은 2/3분기에는 200kcal/일, 3/3분기에는 450kcal/일이 추가로 요구된다.
④ 임신부(19~29세)의 영양권장량은 아연 +2.5mg/일, 비타민 C +10mg/일이다.
⑤ 임신 중 체중이 감소되거나 체중이 전혀 늘지 않는 것은 좋지 않다.

해설 임신 기간 동안 추가로 필요한 열량은 1/3분기 0kcal/일, 2/3분기 340kcal/일, 3/3분기 450kcal/일이다.

정답 15 ④ 16 ② 17 ③

18 **다음 중 옳지 않은 것은?**

① 임신 중에 요오드가 부족하면 모체는 갑상샘종에 걸리며, 태어난 어린이는 크레틴증에 걸리기 쉽다.

② 임신부는 칼슘대사를 위하여 비타민 D를 충분히 섭취해야 한다.

③ 임신 시에는 엽산이 부족하면 당질과 단백질대사에 이상이 있으며, 펠라그라의 원인이 된다.

④ 임신 시 혈액성분의 변화로는 총적혈구 수 증가, 혈장량 증가, 혈액 내 콜레스테롤 증가, 순환 혈액량의 증가 등이 있다.

⑤ 태아는 출생 후 저장철을 이용하여 혈색소를 만드는데 그 저장기관은 간장이다.

해설 ③ 임신 시 당질과 단백질대사 이상과 펠라그라(pellagra)의 원인이 되는 것은 니아신 부족이다.
임신 중에 엽산이 부족하면 빈혈을 일으키기 쉬우며 유산 또는 조산의 가능성이 있고 핵산대사에 장해를 가져온다.

19 **태반의 주요 기능이 아닌 것은?**

① 태아의 배설물을 모체로 이동시킨다.

② 호르몬을 합성·분비한다.

③ 태아의 간, 폐, 신장의 구실을 해준다.

④ 모체와 태아 사이에는 융모막 상피가 있어서 물질교환의 중요한 역할을 한다.

⑤ 영양소 이외의 알코올, 약물 등은 태아로 이동하지 않는다.

해설 모체가 섭취한 알코올, 약물 등도 태반을 거쳐 태아로 이동하므로 임신부는 카페인, 알코올, 약물 등의 섭취를 제한해야 한다.

20 **임신 시 대사변화에 대한 설명으로 옳지 않은 것은?**

① 총혈액량 증가로 순환기계 부담이 증가하고 신장에서의 사구체여과율이 증가한다.

② 임신 말기에는 모체의 당질 저장량이 감소한다.

③ 임신 초기 모체의 글리코겐과 지방합성이 촉진된다.

④ 태반에서 임신 유지를 위한 호르몬 생성분비가 된다.

⑤ 에스트로겐에 의해 신장에서 나트륨 배설이 증가한다.

해설 신장에서 나트륨 배설증가, 위장운동 감소, 지방합성 촉진, 엽산 대사 방해에 관여하는 것은 프로게스테론이다.

21 다음은 태반의 작용에 대한 설명이다. 옳지 않은 것은?

① 프로게스테론, 에스트로겐, 부갑상샘호르몬 등이 분비되어 임신의 지속을 돕는다.

② 태아를 세균 등에 의한 감염으로부터 보호한다.

③ 태아로부터 탄산가스와 노폐물을 운반하는 통로이다.

④ 영양소와 산소를 태아에게 운반한다.

⑤ 태아조직에서 생성된 대사산물을 제거한다.

> 해설 ① 부갑상샘호르몬은 부갑상샘에서 분비되는 호르몬이다.

출제유형 35

22 다음은 한국의 영양권장량 중 임신부와 수유부를 비교한 것이다. 옳은 것은?

가. 엽산 : 임신부 > 수유부
나. 비타민 B_6 : 임신부 = 수유부
다. 비타민 D : 임신부 = 수유부
라. 칼슘 : 수유부 > 임신부

① 가, 나, 다
② 가, 다
③ 나, 라
④ 라
⑤ 가, 나, 다, 라

> 해설 권장섭취량

분 류	임신부	수유부	비 고
엽 산	+220	+150	
비타민 B_6	+0.8	+0.8	
비타민 D	+0	+0	충분섭취량임
칼 슘	+0	+0	

정답 **21** ① **22** ①

23 수유부의 1일 추가 에너지 필요 추정량은?

① 300kcal

② 320kcal

③ 340kcal

④ 360kcal

⑤ 380kcal

해설 수유부는 1일 340kcal 추가하여 섭취한다.

24 임신과 알코올에 관한 설명 중 옳지 않은 것은?

① 임신 시 자궁 증대에 따른 이상증에는 위의 트림, 변비, 피부의 변화, 속쓰림 등이 있다.

② 기형아 출산의 요인으로는 풍진, 매독, 알코올, 약물복용 등이 있다.

③ 태아알코올증(FAS ; Fatal Alcohol Syndrom)의 증상으로 안면 기형, 신장 · 체중의 발육부진, 학습장애 등이 있다.

④ 알코올 섭취에서 절대 주의가 필요한 시기는 수정이 일어나는 임신 초기이다.

⑤ 알코올이 태아에 영향을 미쳐 이식증이 생긴다.

해설 알코올이 태아에 미치는 영향
• 생명에 지장을 줄 수 있다.
• 성장 지연과 정신발달 부진을 초래한다.
• 심장 및 순환기 계통의 선천적 이상을 초래한다.
• 안면, 중추신경계에 비정상적인 영향을 준다.
산모의 흡연이 태아에 미치는 영향
• 조산의 위험이 있다.
• 미숙아 출생 위험이 있다.
• 저체중아 출생의 위험이 있다.
• 니코틴과 일산화탄소가 태반을 통해 태아에게 전달된다.

25 **모유영양에 관한 설명 중 가장 옳은 것은?**

① 모유단백질은 우유단백질보다 생물가가 낮다.

② 모유 속에는 질소화합물이 많아 모유의 단백질 이용률을 낮춘다.

③ 모유 속의 칼슘과 인의 비율은 약 3 : 1이므로 영아의 신장에 부담을 주지 않는다.

④ 모유단백질은 인체단백질과 유사하여 모유 알레르기를 일으킨다.

⑤ 모유에는 유아를 보호하는 분비형 IgA라는 면역물질이 있어 감염으로부터 보호한다.

해설 면역글로불린(IgA)은 모유에 있는 항감염성 인자(장점막세포 침입 방지)로 모유의 우수한 면역체이다.

26 **모유에 함유된 항감염성 인자 중 철과 결합하여 박테리아의 증식을 억제하는 물질은?**

① 비피더스 인자(bifidus factor)

② 락토페린(lactoferrin)

③ 인터페론(interferon)

④ 라이소자임(lysozyme)

⑤ 항포도상구균 인자(anti staphylococcus factor)

해설 모유의 숙주방어요소
- 라이소자임(lysozyme) : 미생물 분해효소로 우유보다 모유에 300배 많다. 직접적으로 세균을 파괴시키는 효소이며, 항생물질의 효율성을 간접적으로 증가시키는 역할을 한다.
- 락토페린(lactoferrin) : 철과 결합하여 세균의 증식을 억제하고 미생물 분해작용과 포도상구균과 대장균 생장 억제, 위장관 상피층의 안정성 유지, 장내 바이러스 방어의 역할을 한다.
- 인터페론(interferon) : 항바이러스성 물질로 바이러스 증식을 억제한다.
- 비피더스 인자(bifidus factor) : 아미노당으로서 인체에 유리한 비피더스의 성장을 자극하고 유해한 장세균의 생존을 막는다.
- 락토페록시다제(lactoperoxidase) : 연쇄구균을 물리치는 성분이다.
- 프로스타글란딘(prostaglandin) : 해로운 물질이 장내에 들어왔을 때 위장관에 있는 상피층의 안정성을 유지한다.

27 모유에 들어있는 항감염물질로 직접 세균을 파괴시키는 효소이며 항생물질의 효율성을 간접적으로 증가시키는 것은?

① 면역글로불린　　　　　　　　　② 락토페린
③ 라이소자임　　　　　　　　　　④ 백혈구
⑤ 비피더스 인자

28 모유에 대한 설명 중 옳지 않은 것은?

① 모유영양아가 변비가 적은 이유는 모유 중 카세인 함량이 적고 유당 함량이 많기 때문이다.
② 필수지방산인 리놀레산(linoleic acid)의 함량이 높다.
③ 모유에는 단백질 함량이 우유보다 적다.
④ 요오드는 어머니의 혈관을 통해 젖으로 공급된다.
⑤ 뇌하수체 후엽의 프로락틴은 유선을 수축시켜 모유의 배출을 도와준다.

> **해설** ⑤ 옥시토신의 설명이다.
> 프로락틴은 임신 중과 분만 중에 분비량이 증가하며, 유즙 합성을 돕고 자궁수축을 억제하여 조기 출산을 방지한다.

29 모유수유의 특징이 아닌 것은?

① 모유의 영양 조성은 영아의 성장에 알맞게 되어 있다.
② 분만 후 자궁의 회복이 빠르다.
③ 배란을 촉진한다.
④ 모유에는 면역글로불린, 대식세포, 락토페린 인자가 있어 알레르기를 일으키지 않는다.
⑤ 모유의 아미노산 조성은 아기가 빨리 잠들게 한다.

> **해설** 모유의 장점
> • 모유영양아는 정서적으로 안정하다.
> • 모유영양은 인공영양보다 경제적이다.
> • 모유에는 콜레스테롤이 우유보다 많기 때문에 아기에게 좋다.
> • 모유에는 비타민 E가 많기 때문에 항산화 작용을 한다.
> • 모유에는 단백질이 우유보다 적으나, 아미노산 조성이 아기의 성장 및 발육에 이상적이다.
> • 아기의 턱과 치아발달에 도움을 준다.
> • 세균 감염의 우려가 없어 안전하고 늘 신선하다.
> • 배란을 억제하여 자연피임 효과가 있다.

27 ③　**28** ⑤　**29** ③　**정답**

30 다음 중 임신 중에 복용을 금지해야 하는 약품이 아닌 것은?

① 혈압강하제
② 소화제
③ 항생제
④ 수면제
⑤ 항우울증 요법제

해설 신경안정제, 항생제, 수면제 등의 약물복용은 기형아를 출산할 수 있다.

출제유형 47

31 뇌하수체 후엽에서 분비되며, 모유의 사출반사를 자극하는 것은?

① 코르티솔
② 칼시토닌
③ 태반락토겐
④ 옥시토신
⑤ 프로락틴

해설 옥시토신은 뇌하수체 후엽에서 분비되며, 사출반사(모유가 유두에서 나오도록 유도하는 반응)와 함께 자궁 수축을 유도한다.

32 다음 중 모유의 Ca과 P의 비율로 옳은 것은?

① 1 : 1
② 1 : 1.2
③ 1 : 2
④ 1.2 : 1
⑤ 2 : 1

해설 모유의 Ca과 P의 비율은 2 : 1이고, 우유의 Ca과 P의 비율은 1.2 : 1이다. 우유가 모유에 비해 Ca의 함량이 훨씬 높지만 신장의 재흡수에 문제를 일으키기 쉽다.

정답 30 ② 31 ④ 32 ⑤

33 수유횟수를 줄이고, 주스나 발효유를 제한하며, 수분과 전해질을 보충해야 하는 영아기 관련 문제는?

① 황 달

② 성장 지연

③ 우유병 우식증

④ 식품 알레르기

⑤ 설 사

해설 영아기에는 성인보다 설사가 자주 일어나며 설사가 심하면 수유횟수를 줄이고, 탈수를 방지하기 위해서 수분과 전해질을 보충해야 한다. 또한, 주스와 발효유는 장내에서 발효를 일으켜 설사를 악화시킬 수 있으므로 섭취를 제한해야 한다.

34 다음은 모체의 상태가 수유에 미치는 영향에 대한 설명이다. 옳지 않은 것은?

① 수유부의 영양상태가 극히 불량하면 모유 분비량이 감소할 수 있다.

② 불안, 공포가 있게 되면 젖의 분비량이 감소한다.

③ 알코올은 젖의 분비를 촉진한다.

④ 수유부가 섭취한 카페인이 모유를 통해 분비된다.

⑤ 지질은 모유성분 중 영양상태에 가장 민감하게 반응하는 영양소이다.

해설 수유부가 섭취한 알코올은 흘러내림반사를 억제함으로써 젖의 분비를 방해한다.

35 성숙유에 비해 초유에 더 적게 함유된 성분은?

① 무기질

② 단백질

③ 유 당

④ IgA

⑤ β-카로틴

해설 초유 성분
- 성숙유보다 초유에 적은 성분 : 유당, 지방, 에너지
- 성숙유보다 초유에 많은 성분 : 단백질, 무기질, β-카로틴
- IgA는 초유에 함유되어 신생아 장염 방지

33 ⑤ **34** ③ **35** ③ **정답**

36 우유와 모유의 영양성분을 비교 시 모유에 더 많이 함유되어 있는 영양성분은?

① 카세인
② 칼 슘
③ 리놀레산
④ 인
⑤ 페닐알라닌

> **해설** 모유가 우유보다 우수한 영양성분
> 유당, 락트알부민, 비타민 A, 비타민 C, 비타민 E, 타우린, 리놀레산

37 입덧을 감소하기 위한 식사요법은?

① 향이 강한 음식을 섭취한다.
② 공복 상태를 유지한다.
③ 담백하고 시원한 음식을 섭취한다.
④ 튀긴 음식을 섭취한다.
⑤ 카페인 음료를 섭취한다.

> **해설** 입덧 시의 식사관리
> • 변비를 예방하고 소화되기 쉽고, 영양가 높은 식품으로 소량씩 자주 먹는다.
> • 기호에 맞는 음식, 담백한 음식, 신 음식, 찬 음식 등을 공급한다.
> • 공복 시 증상이 심해지므로 속이 비지 않도록 하고 적당한 운동이나 가벼운 산책을 한다.
> • 식사 후 30분간 안정하고, 수분은 식사와 식사 사이에 섭취한다.
> • 입덧 치료에는 비타민 B_1, B_6 투여가 효과적이다.

정답 36 ③ 37 ③

38 수유부의 식사 구성에 영향을 받는 모유 성분은?

① 엽 산

② 지방산

③ 포도당

④ 아미노산

⑤ 칼 슘

해설 수유부의 식사 구성으로 인해 모유의 지방산의 구성과 비타민(특히 비타민 B군)은 바뀔 수 있다.

39 모유와 우유의 영양성분을 비교한 설명으로 옳지 않은 것은?

① 모유는 우유에 비해 락트알부민 함량이 많고 카세인은 적다.

② 모유의 에너지 함량은 우유보다 적다.

③ 모유의 콜레스테롤 함량이 우유보다 높다.

④ 모유의 유당 함량이 우유보다 높다.

⑤ 모유는 우유에 비해 리놀레산 함량이 높다.

해설 모유와 우유의 에너지와 지방의 함량은 비슷하나 모유에 불포화지방산과 필수지방산은 많으며, 단백질 함량은 낮다.

40 수유부의 유즙 생성과 분비에 관여하는 호르몬은?

① 프로락틴, 에스트로겐

② 프로락틴, 옥시토신

③ 락토겐, 알도스테론

④ 성장호르몬, 프로게스테론

⑤ 프로게스테론, 알도스테론

해설 뇌하수체 전엽에서 분비되는 호르몬인 프로락틴과 뇌하수체 후엽에서 분비되는 옥시토신은 유즙의 생성과 방출을 촉진하여 유즙 분비를 도우며, 영아의 흡인력에 의해 호르몬 분비가 자극된다.

38 ② **39** ② **40** ② 정답

41 임신 전 정상체중이었던 단태아 임신부가 임신 25주에 다음과 같은 증상을 보였다면 의심되는 상태는?

> - 혈압은 150/100mmHg이다.
> - 단백뇨를 보인다.
> - 체중이 임신 전보다 18kg 증가하였다.

① 임신성 당뇨병
② 갑상샘기능항진증
③ 임신성 고혈압
④ 자간전증
⑤ 임신성 빈혈

> 해설 자간전증
> 자간전증은 임신 20주 이후에 혈압상승, 단백뇨, 부종 등의 증상이 나타날 때 의심할 수 있다. 고혈압은 자간전증에서 가장 많이 나타나는 증상으로 갑자기 혹은 점차적으로 발생한다. 갑작스러운 체중 증가는 조직 내에 수분 축적으로 인하여 발생한다.

42 초유에 대한 설명으로 옳은 것은?

① 락토페린이 많아 세균의 생장을 억제한다.
② 분만 후 1개월간 분비된다.
③ 성숙유보다 단백질과 무기질이 적다.
④ 성숙유보다 에너지 함량이 높다.
⑤ β-카로틴 함량이 낮아 하얀빛을 띤다.

> 해설 ② 분만 2일째부터 약 5일간 분비된다.
> ③ 성숙유보다 단백질과 무기질이 많다.
> ④ 성숙유보다 에너지 함량이 적다.
> ⑤ 초유는 β-카로틴 함량이 높아 노란빛을 띠고 있다.

정답 41 ④ 42 ①

43 수유부의 모유 분비량이 감소하는 경우는?

① 육체적 피로가 쌓이지 않도록 한다.

② 한쪽 유방으로만 수유한다.

③ 수유 시 남은 모유를 짜 낸다.

④ 모유수유에 대한 자신감을 갖는다.

⑤ 부드럽게 유방 마사지를 한다.

해설 모유 분비 부족의 원인
- 한쪽 유방으로만 수유한 경우
- 유방을 완전히 비우지 않았을 경우
- 신생아기에 너무 일찍 혼합영양으로 이행한 경우
- 엄마가 정신적·육체적으로 스트레스가 쌓인 경우
- 엄마의 영양상태가 불량한 경우

44 임신기 입덧 증상을 완화하는 방법은?

① 식사 중에 물을 자주 마시기

② 음식을 조금씩 자주 먹기

③ 향이 강한 조미료 첨가하기

④ 기름에 볶거나 튀긴 음식 먹기

⑤ 찬 음식보다는 더운 음식 먹기

해설 입덧 시의 식사관리
- 변비를 예방하고 소화되기 쉽고, 영양가 높은 식품으로 소량씩 자주 먹는다.
- 기호에 맞는 음식, 담백한 음식, 신 음식, 찬 음식 등을 공급한다.
- 공복 시 증상이 심해지므로 속이 비지 않도록 하고 적당한 운동이나 가벼운 산책을 한다.
- 식사 후 30분간 안정하고, 수분은 식사와 식사 사이에 섭취한다.
- 입덧 치료에는 비타민 B_1, B_6 투여가 효과적이다.

43 ② **44** ② 정답

45 월경주기 중 난포기에 분비되어 자궁내막을 증식시키는 호르몬은?

① 프로락틴

② 바소프레신

③ 에스트로겐

④ 테스토스테론

⑤ 칼시토닌

해설 월경주기 중 난포기(배란 전)에는 에스트로겐의 분비가 증가하여 자궁내막을 증식시킨다. 황체기(배란 후)에는 프로게스테론의 분비가 증가하여 두껍게 준비된 자궁내막을 유지·발달시켜 수정란의 착상이 잘 되도록 한다. 수정과 착상이 이루어지지 않아 임신이 되지 않을 경우에는 이 두 호르몬이 감소하여 자궁내막이 탈락되어 몸 밖으로 빠져 나오게 되며, 만약 임신이 되었을 경우에는 두 호르몬이 증가하여 수정란이 태아로 잘 성장할 수 있도록 태반을 유지하며 더 이상의 배란을 막는 역할을 한다.

46 수유부의 모유 합성을 촉진하는 뇌하수체전엽호르몬은?

① 프로게스테론

② 에스트로겐

③ 옥시토신

④ 황체형성호르몬

⑤ 프로락틴

해설 ⑤ 프로락틴 : 뇌하수체 전엽에서 분비되며, 유즙 분비세포의 성숙, 모유 합성 촉진의 기능을 하는 호르몬이다.

　　① 프로게스테론 : 임신 시 수정란 착상 촉진, 자궁내막 비대, 자궁근 수축 억제 기능을 하는 호르몬이다.

　　② 에스트로겐 : 임신 시 자궁내막 증식, 자궁근 수축, 부종 유발, 유선발육 촉진의 기능을 하는 호르몬이다.

　　③ 옥시토신 : 뇌하수체 후엽에서 분비되며, 유즙 분비를 촉진하는 호르몬이다.

　　④ 황체형성호르몬 : 배란을 촉진하며, 프로게스테론을 분비하는 호르몬이다.

정답 **45** ③　**46** ⑤

47 인공수유 시 유의할 사항으로 옳지 않은 것은?

① 모유수유처럼 아기를 품에 안아서 심장소리와 체온을 느낄 수 있도록 한다.

② 공기를 삼키지 않도록 젖병을 충분히 기울여 먹이고, 수유가 끝난 후에는 트림을 시켜 삼킨 공기를 내보낸다.

③ 먹다 남은 우유를 다시 가열하여 아기에게 준다.

④ 젖병과 젖꼭지를 세제로 솔과 수세미로 깨끗이 닦고 물로 비눗기가 없을 때까지 헹군다.

⑤ 젖병과 젖꼭지는 반드시 소독하여 사용한다.

해설 남은 것은 절대 재수유하지 않는 것이 위생상 안전하며, 수유가 끝나면 아기를 반듯하게 안고 등을 가볍게 쓸어 주어 트림을 시켜 젖과 함께 마신 공기를 밖으로 나오게 해야 젖을 토하지 않는다.

48 영아의 영양요구량에 관한 설명으로 옳지 않은 것은?

① 출생 시 충분한 철을 보유하고 태어나므로 영아기 동안 철 결핍의 우려가 없다.

② 성장에 따라 총에너지요구량은 증가하나 단위체중당 에너지 요구량은 감소한다.

③ 페닐케톤뇨증(PKU) 아기의 경우 티로신도 필수아미노산이 된다.

④ 영아는 칼슘요구량과 흡수율이 높다.

⑤ 모유의 비타민 C 함량은 비교적 충분하므로 보충하지 않아도 된다.

해설 출생 후 수개월이 지나면 체내 철 고갈이 일어나 철 결핍의 우려가 높다.

49 신생아에 대한 설명 중 옳지 않은 것은?

① 생후 4주일까지의 영아를 신생아라고 한다.

② 우리나라 영아의 출생 시 평균체중은 3.3~3.5kg이다.

③ 출생 시 평균신장은 50~52cm가량이며, 생후 1년이 되면 약 2배로 증가한다.

④ 체중 감소는 피부와 폐로부터 수분 손실, 그리고 요의 배설 때문에 일어난다.

⑤ 출생 시 머리의 크기는 몸길이의 1/4 정도이나 월령에 따라 몸길이에 비해 상대적으로 작아진다.

해설 생후 1년이 되면 신장은 약 1.5배로 증가한다. 출생 시 평균신장은 46~56cm, 1년 후 1.5배, 4세가 되면 2배로 증가한다.

47 ③ 48 ① 49 ③ 정답

50 출생 후 6개월까지 우리나라 영아의 1일 평균 모유 섭취량으로 가장 옳은 것은?

① 450mL

② 550mL

③ 650mL

④ 750mL

⑤ 850mL

해설 모유의 1일 분비량이 평균 750mL이고, 1일 평균 모유 섭취량도 750mL 정도이다.

51 영아기에는 단위체중당 수분필요량이 크다. 다음 중 옳지 않은 것은?

① 체중 kg당 체표면적이 작기 때문에 손실이 많다.

② 신체 크기에 비해 발한량이 많다.

③ 신체 내 수분비율이 다른 시기에 비해 크다.

④ 요 농축능력이 부족하여 수분 손실이 많다.

⑤ 호흡수가 많아 호흡을 통해 증발되는 수분이 많다.

해설 영아기에는 단위체중당 체표면적이 크기 때문에 열이나 수분 손실이 많다.

출제유형 35

52 연령에 따른 중추신경계의 발달과정에서 영양 상태가 가장 중요하게 작용하는 시기는?

① 출생 후 6개월까지

② 출생 후 1세까지

③ 출생 후 2세까지

④ 출생 후 3세까지

⑤ 출생 후 4세까지

해설 출생 후 1년까지는 뇌세포의 형성과 중추신경조직이 급격히 발달하므로 필요한 영양소를 충분히 공급해야 한다.

정답 **50** ④ **51** ① **52** ②

53 다음 중 옳지 않은 것은?

① 유아의 왕성한 체중 증가는 주로 물의 축적 때문이다.
② 모유영양아는 열량의 약 50%를 지질로부터 얻는다.
③ 유아기에는 다리보다도 머리나 몸통이 더 빨리 성장한다.
④ 소아는 성인보다 고단백식을 하나, 특이동적 작용 때문에 사용하는 열량은 성인과 비슷하다.
⑤ 두뇌의 성장이 계속되고, 전체적인 성장 속도가 완만해진다.

> 해설 영아기에는 몸통의 발육이 빠른 데 비해 유아기에는 다리가 더 빨리 성장한다.

출제유형 41

54 다음은 영아기의 1년간의 발육상태에 대한 설명이다. 옳지 않은 것은?

① 출생 시 체중의 3배가 되는 것은 만 1년경이다.
② 신장과 체중이 백분위그래프에서 3% 미만이면 성장 부진이다.
③ 가슴둘레와 머리둘레가 같아진다.
④ 생후 8~9개월이 되면 유치가 나기 시작한다.
⑤ 체중과 신장은 각각 출생 시의 3~3.5배, 약 1.5배 정도이다.

> 해설 젖니는 생후 6~7개월이 되면 앞니부터 나오기 시작한다.

55 에너지필요량에 대한 설명으로 옳지 않은 것은?

① 영아는 상대적으로 기초대사율이 높다.
② 소아의 체중 kg당 체표면적이 성인보다 크기 때문에 열이나 수분의 발산이 크며 동시에 필요 열량도 높다.
③ 에너지필요량은 실제 체중보다 기대되는 체중에 기초해서 계산되어야 한다.
④ 에너지 균형의 가장 좋은 지표는 신장과 체중의 성장률이다.
⑤ 영아의 단위체중당 단백질 권장량은 성인에 비해 훨씬 낮다.

> 해설 영아의 단위체중당 단백질권장량은 빠른 성장으로 인해 성인에 비해 높다.

53 ③ **54** ④ **55** ⑤ 정답

56 생후 4~6개월 모유 영양아의 이유식으로 좋은 음식은?

① 난황을 으깨어 넣은 미음

② 두부부침

③ 굵게 썬 채소

④ 생선 그라탕

⑤ 소고기죽

> **해설** 이유 초기(생후 4~6개월)
> • 씹지 않고 그대로 먹을 수 있는 입자가 고운 죽, 삶아서 으깨거나 곱게 간 과일 · 채소, 흰살생선, 난황, 고기
> • 대부분 음식이 미음 형태로 젖병에 넣지 말고 숟가락으로 떠먹여야 함
> • 이유식 횟수 : 1회

57 영유아의 영양요구량에 관한 설명으로 옳지 않은 것은?

① 유아기 초기 결핍빈도가 가장 높은 무기질은 칼슘이다.

② 어린이는 체표면적비가 크고 대사가 활발하여 체중당 수분요구량이 높다.

③ 비율은 연령 증가에 따라 증가하므로 단백질의 절대요구량은 점차 많아진다.

④ 유아기 열량요구량의 3대 결정인자는 기초대사, 신체활동, 성장이다.

⑤ 모유나 조제분유를 통해 수분공급이 충분히 이루어지므로 영아에게 따로 물을 먹일 필요는 없다.

> **해설** 유아기 초기 결핍빈도가 가장 높은 무기질은 철이며, 우유는 철의 불량급원이다.

58 다음 중 영아의 선천성 대사 장애와 그 원인이 옳지 않은 것은?

① 페닐케톤뇨증 − 페닐알라닌 대사효소 결함

② 히스티딘뇨증 − 히스티딘 대사 결함

③ 단풍시럽뇨증 − 곁사슬아미노산의 대사 결함

④ 호모시스틴뇨증 − 발린, 류신, 이소류신 대사 결함

⑤ 갈락토스혈증 − 선천성 유당분해효소 결함

> **해설** 호모시스틴뇨증은 시스타티오닌 합성효소의 결함으로 인한 것이다.

59 생후 6~12개월 된 영아는 신생아보다 체내수분 비율이 감소하는데 그 주요 원인은?

① 체지방이 감소로 인함

② 근육량의 증가로 인함

③ 단백질 보유량의 감소로 인함

④ 골격량의 증가로 인함

⑤ 세포외액의 감소로 인함

> **해설** 체내수분 비율은 출생 시 74%에서 1년 후 60%로 감소하는데 이러한 전체 체액의 감소는 세포외액의 감소로 발생한다.

60 이유식을 시작할 때 적절한 방법은?

① 젖병에 넣어서 먹인다.

② 배가 부른 상태에서 기분이 좋을 때 이유식을 제공한다.

③ 한 번에 여러 가지 식품을 제공한다.

④ 모유를 먼저 준 후 이유식을 제공한다.

⑤ 규칙적으로 시간을 정하여 이유식을 제공한다.

> **해설** ① 젖병으로 이유식 섭취 시 편식, 발육부진, 우유병우식증 등의 부작용이 나타나므로 숟가락으로 먹여야 한다.
> ② 공복 상태에서 기분이 좋을 때 이유식을 제공한다.
> ③ 하루 한 가지 식품을 한 숟갈 정도로 시작하여 차츰 증량시킨다.
> ④ 이유식을 먼저 주고 이후에 모유나 우유를 준다.

61 다음은 이유를 실시하는 방법에 대한 설명이다. 옳지 않은 것은?

① 식품을 다양하게 사용하되 1일에 한 종류로 한다.

② 식욕, 소화능력에 주의하면서 단계적으로 증량한다.

③ 조미는 엷게 하고 짠맛에 대한 식습관이 생기지 않도록 한다.

④ 이유식은 공복일 때, 소화기능이 활발한 오전 중에 주며, 건강상태가 좋을 때 준다.

⑤ 고형식, 반고형식, 반유동식 순으로 변경해 간다.

> **해설** 반유동식, 반고형식, 고형식의 순으로 변경해 간다.

59 ⑤ **60** ⑤ **61** ⑤ 정답

62 일반 영아용 조제분유를 만들 때 첨가되는 당질은?

① 이눌린

② 과 당

③ 갈락토스

④ 라피노스

⑤ 유 당

해설 조제분유
- 당질 : 유당 강화
- 단백질 : 유청단백질과 카세인의 비율은 모유와 비슷하게 하고 단백질량은 감량
- 지질 : 흡수율이 좋은 식물성 기름으로 치환하여 불포화지방산 첨가
- 무기질 : 칼슘, 인, 나트륨, 염소 등을 줄이고 철, 구리, 아연 등의 함유량은 높임
- 비타민 : 비타민 C, 비타민 D, 비타민 E, 니아신 등 강화

63 유아의 충치 예방을 위해 제공할 수 있는 간식은?

① 건포도

② 캐러멜

③ 바나나

④ 탄산음료

⑤ 아이스크림

해설 어린이 충치 예방
불소를 섭취하고, 설탕 등 충치 유발식품의 섭취를 줄이며, 플라크의 pH를 5.5 이하로 저하시키는 음식의 섭취도 줄인다. 특히 식품 내 성분 중 단백질, 지방, 칼슘, 불소, 비타민 A, 비타민 C, 비타민 D가 많으면 충치가 예방된다.

정답 62 ⑤ 63 ③

64 이유에 대한 설명 중 옳지 않은 것은?

① 이유란 유아가 유동식에서 고형식으로 옮겨가는 과정이다.

② 이유 초기인 생후 3~4개월에는 유즙 이외의 식품에 적응해야 하며 특히 달걀흰자가 좋다.

③ 이유 초기에 사용되는 조리법은 끓여서 밭이는 법이 가장 좋다.

④ 생후 4~5개월 된 영유아에게 가장 적합한 이유 보충식은 과일주스, 묽은 미음, 쌀가루 죽, 달걀(노른자를 익혀서 으깬 것)이 있다.

⑤ 이유완료란 주된 영양원이 모유와 조제분유 이외의 것으로 변했을 때이다.

> **해설** 달걀흰자는 소화가 잘 안되므로 이유 초기에는 삼간다.

65 영아의 이유 실시방법에 대한 설명으로 옳지 않은 것은?

① 이유는 보통 생후 4~5개월, 또는 체중이 7kg에 도달했을 때부터 시작한다.

② 이유가 완료되는 시기는 보통 생후 10~12개월이다.

③ 이유가 적절하지 못하면 단백질이나 철 등의 부족을 초래하여 성장이 늦어질 수 있다.

④ 보충식품 중 가장 먼저 먹일 수 있는 식품은 곡류이다.

⑤ 공복 시에 수유를 먼저 하고 이유식은 나중에 준다.

> **해설** 이유를 실시할 때는 이유식의 적응을 돕기 위해 공복 시 이유식을 먼저 주고 유즙을 나중에 주는 것이 좋다.

66 다음은 이유가 매우 지연될 때 나타날 수 있는 문제점들이다. 옳지 않은 것은?

① 영양 공급의 부족으로 성장이 저해되어 체중 증가속도가 느리다.

② 병에 대한 저항력이 약해지고 체중이 증가한다.

③ 체내 철의 고갈로 인해 빈혈증이 나타난다.

④ 영아는 점차 안정과 온유를 잃고 신경증이 생긴다.

⑤ 식욕에 기복이 많아지고 이식증이 나타나는 아기도 있다.

> **해설** ② 이유가 지연되면 면역체의 저하가 일어나며, 체중의 증가 정지 · 빈혈증 · 신경증 등의 영양 장애가 일어난다.
>
> 이유의 목적
> • 섭식기능과 저작기능을 확립시키기 위하여
> • 영양 보충을 시키기 위하여
> • 정신적인 발달을 시키기 위하여
> • 올바른 식습관을 확립시키기 위하여

64 ② 65 ⑤ 66 ② 정답

67 **다음은 사춘기에 이루어지는 성장에 대한 설명이다. 옳지 않은 것은?**

① 발육기에는 기초대사량이 높다.

② 사춘기에는 신체적 성장이 두루 일어나게 되나 일반적으로 두뇌조직의 성장은 거의 일어나지 않는다.

③ 학동기 성장에 성장호르몬과 갑상샘호르몬이 중요한 역할을 한다.

④ 성적 성숙은 대부분 비슷한 연령에 일어난다.

⑤ 사춘기 남학생의 총에너지필요량에 영향을 주는 요소 중 가장 많은 에너지가 요구되는 요인은 기초대사이다.

> **해설** 성적 성숙은 개인에 따라 다른 연령에 이루어지며 청소년기의 성장 정도는 개인에 따라 차이가 크다.

68 **다음 이유의 방법 중 옳지 않은 것은?**

① 전란의 사용은 면역성이 생기는 이유 중기(7개월경)부터 시작하는 것이 좋다.

② 생후 3~4개월에 곡류식품을 주는 이유는 점착성인 것에 익숙하게 하기 위해서이다.

③ 생후 4~6개월에 난황을 주는 이유는 단백질을 공급하기 위해서이다.

④ 하루 한 가지 식품을 한 숟갈 정도로 시작하여 차츰 증량시킨다.

⑤ 조리방법은 단순한 것이 좋다.

> **해설** 생후 4~6개월이 되면 간에 저장된 철이 고갈되어 철의 섭취가 중요하다. 이유 시기에 철의 공급원으로 달걀노른자, 간 등이 좋다.

69 **이유를 실시할 때의 주의와 요령으로 옳지 않은 것은?**

① 간은 강하지 않고 자극성이 없으며 부드러워야 한다.

② 그릇은 깨끗하며, 평화롭고 안정된 환경에서 식사를 하도록 한다.

③ 이유식은 무엇보다 신선한 식품으로 안전하고 위생적이어야 한다.

④ 이유 시기는 추운 때는 피하고 과일이 많이 나는 여름이 좋다.

⑤ 이유 시작 전에 규칙적인 식사를 습관화시킨다.

> **해설** 이유를 시작할 때는 고온다습한 여름은 피하는 것이 좋다.

정답 **67** ④ **68** ③ **69** ④

70 사춘기의 성장 특성으로 모두 옳은 것은?

> 가. 사춘기 동안 여성은 체지방 비율이 증가하고 남성은 감소한다.
> 나. 일생 중 제2의 급성장기이다.
> 다. 사춘기의 시작은 남성이 여성에 비하여 늦으나 성장의 크기는 크다.
> 라. 남녀 모두 근육량이 증가되나 남성이 여성보다 증가율이 크고 지속적이다.

① 가, 나, 다
② 가, 다
③ 나, 라
④ 라
⑤ 가, 나, 다, 라

해설 사춘기 성장의 특징
- 성호르몬의 증가로 2차 성징이 나타나고 생식기능을 갖추며 사춘기의 2~3년 동안 최고의 성장에 달한다.
- 남자는 14세경, 여자는 10~11세경에 사춘기가 시작된다.
- 갑상샘호르몬은 사춘기 이전의 성장을 돕는다.
- 남성은 부신호르몬인 안드로겐이 고환에서 분비되는 테스토스테론과 결합하여 단백질 합성, 근육과 뼈의 성장을 돕는다.
- 여성은 안드로겐의 영향을 받으며 에스트로겐에 의해 성장이 종료된다.
- 여자는 체지방 축적이 많아지며, 남자는 근육과 골격의 증대가 현저하다.

출제유형 47

71 임신 초기 모체의 변화로 옳은 것은?

① 헤모글로빈 수치가 증가한다.
② 위장관 통과 시간이 감소한다.
③ 인슐린 저항성이 감소한다.
④ 에너지원으로 케톤체 이용이 증가한다.
⑤ 임신중독증 발생이 증가한다.

해설 ① 임신 중에는 혈장량이 증가하고, 이러한 혈장량의 증가는 일반적으로 헤모글로빈과 헤마토크리트 수치의 감소로 반영된다.
② 임신 중에는 위장관 통과 시간이 증가한다.
④·⑤ 임신 후기에 해당한다.

72 유아의 편식을 교정하는 방법은?

① 강압적인 식사분위기 조성하기

② 또래친구와 함께 먹도록 하기

③ 수시로 간식 주기

④ 한 번에 많이 먹이기

⑤ 음식을 강제로 주기

해설 편식 교정법

• 또래친구와 어울려서 식사하기

• 가족의 편식 고치기

• 조리법 개선하기

• 싫어하는 음식을 강제로 주지 않기

• 즐거운 식사분위기 조성하기

• 간식은 정해진 시간에 정해진 양만 주기

73 신경성 식욕부진증과 신경성 폭식증의 증상을 갖는 청소년을 치료하기 위한 방법으로 옳지 않은 것은?

① 불안을 극복하게 한다.

② 식품에 대한 편견을 없애준다.

③ 증세가 심하면 조절이 어려우므로 방치한다.

④ 섭식의 중요성과 신체 제반의 생리기능을 이해시킨다.

⑤ 죄의식이나 열등감을 줄여 자신감을 갖게 한다.

해설 이러한 증세가 나타날 경우에는 방치하지 말고 적절한 심리 상담, 정신의학적 치료 및 영양관리가 이루어져야 하고 환자에게 섭식의 중요성과 신체 제반 생리기능을 이해시킨다.

정답 72 ② 73 ③

74 영아가 성인에 비해 단위체중당 수분필요량이 많은 이유는?

① 신장의 요 농축능력이 높기 때문에

② 체수분 비율이 낮기 때문에

③ 호흡으로 발생하는 수분 손실이 적기 때문에

④ 단위체중당 체표면적이 크기 때문에

⑤ 피부와 호흡기를 통한 불감성 수분 손실량이 적기 때문에

해설 영아가 성인에 비해 단위체중당 수분필요량이 많은 이유
- 신장의 요 농축능력이 낮기 때문에
- 체수분 비율이 다른 시기에 비해 크기 때문에
- 단위체중당 체표면적이 크기 때문에
- 호흡을 통한 수분 손실이 많기 때문에
- 피부와 호흡기를 통한 불감성 수분 손실량이 많기 때문에

75 영아의 지방 소화에 관한 설명으로 옳은 것은?

① 담즙 분비량이 성인과 비슷하다.

② 모유가 우유보다 지방의 흡수가 더 용이하다.

③ 지방 분해능력이 성인보다 우수하다.

④ 췌장 리파아제의 활성이 성인보다 높다.

⑤ 구강 내에서는 지방의 소화가 발생하지 않는다.

해설 영아의 지방 소화
- 췌장 리파아제 함량이 적으며 담즙산이 적어 지방 분해능력이 약하지만 구강과 위에 리파아제가 있어 이를 보완한다.
- 불포화지방산은 포화지방산에 비하여 소화와 흡수가 용이한데 모유에는 우유보다 불포화지방산의 함량이 많으므로, 모유가 우유보다 지방의 흡수가 더 용이하다.

76 다음은 청소년기의 신경성 식욕부진에 대한 설명이다. 옳지 않은 것은?

① 체중에 대한 왜곡된 인식으로 심한 체중 감소와 식욕 저하가 나타난다.

② 무월경, 서맥, 저혈압 등의 증상이 생긴다.

③ 정신적 · 영양적 치료의 병행이 요구된다.

④ 25세 이하의 연령에서 나타나며, 열량요구량이 충족되기 어렵다.

⑤ 신체 발달에 큰 지장을 초래하지 않는다.

> **해설** 신경성 식욕부진은 청소년기의 신체에 대한 왜곡된 태도로 인해 음식섭취를 거부하고 체중 감량을 일종의 즐거움으로 생각하며 극도의 마른 몸매 유지를 추구하는 심리적 · 신체적 질환의 일종으로, 심하면 탈모, 근육 소모, 무월경, 저혈압, 피부건조증세 등 신체 발달에 큰 지장을 초래한다.

출제유형 44

77 임신 중 모체의 혈액성분 변화는?

① 혈액량의 감소

② 혈장량의 감소

③ 총단백질 농도의 증가

④ 헤모글로빈 농도의 감소

⑤ 알부민 농도의 증가

> **해설** 임신 중에는 태아에게 공급할 혈액량이 증가하게 된다. 혈액의 혈장(액체 부분)이 적혈구(헤모글로빈 함유)의 수 증가보다 더 빠르게 증가하므로 혈액희석 현상이 발생하여 빈혈이 발생하며, 총단백질과 알부민의 농도는 감소한다.

78 아동기에 많이 나타나는 과행동증(ADHD)에 대한 설명으로 옳지 않은 것은?

① 과행동증을 나타내는 아동은 정상보다 지능이 떨어진다.

② 집중력 저하, 충동적 행동, 감정적 불안이 나타난다.

③ 여자 어린이보다 남자 어린이에게서 더 많이 발생한다.

④ 식품 첨가제, 설탕과 인공감미료 섭취 등이 그 원인으로 추측되고 있다.

⑤ 사춘기가 되면 증세가 감소하지만 일부는 청소년기와 성인기가 되어서도 증상이 남게 된다.

> **해설** 지능은 정상이나 산만하고 충동적인 행동을 보인다.

정답 76 ⑤ 77 ④ 78 ①

79 유아가 식품알레르기 반응을 보일 때 우선적으로 해야 하는 일은?

① 증상이 사라질 때까지 모든 음식물 섭취를 금지한다.

② 생식품보다 가공식품을 먹인다.

③ 원인식품을 지속적으로 소량씩 먹여 적응시킨다.

④ 단백질식품의 섭취를 제한한다.

⑤ 원인식품을 식단에서 제외한다.

해설 식품알레르기로 진단되고 원인식품이 확인이 되면, 현재로서는 가장 확실하고 유일한 치료법은 원인식품을 식단에서 제거하는 것이다.

80 폐경한 여성에게서 호르몬 변화로 발생위험이 증가하는 질환은?

① 심혈관계질환

② 위 암

③ 간경화

④ 만성콩팥병

⑤ 빈 혈

해설 폐경 후 에스트로겐 결핍으로 여성의 심혈관질환 위험이 상승한다. 에스트로겐 결핍은 HDL 콜레스테롤을 감소시키고 LDL 콜레스테롤을 증가시키며 이러한 변화는 관상동맥 경화, 심장마비, 뇌졸중 등을 유발한다.

81 노인의 고호모시스테인혈증을 방지하는 비타민은?

① 비타민 B₆, 비타민 B₁₂, 비타민 C

② 비타민 B₆, 엽산, 비타민 B₁₂

③ 엽산, 비타민 B₁₂, 비타민 D

④ 티아민, 리보플라빈, 비타민 K

⑤ 비타민 B₁₂, 비타민 D, 비타민 E

해설 고호모시스테인혈증

메티오닌과 시스테인이 만들어지는 과정에 문제가 발생하면 호모시스테인이 증가하게 되고, 혈액 속 호모시스테인 농도가 비정상적으로 증가한다. 호모시스테인의 대사과정에 비타민이 조효소로 작용하기 때문에 비타민 B₆, 비타민 B₁₂, 엽산의 결핍이 원인이 될 수 있으며, 신기능 장애, 음주, 특정 약물과 같이 비타민 결핍을 일으키는 후천적 요인도 고호모시스테인혈증의 원인이 될 수 있다.

82 영아가 설사가 지속되어 탈수 증상을 보였을 때 제공할 수 있는 것은?

① 우 유

② 액상 요구르트

③ 오렌지주스

④ 탄산음료

⑤ 보리차

해설 영아는 어른에 비해 설사가 자주 일어나며, 이에 따른 탈수가 올 수 있다. 설사가 심하면 수유를 중단하고 끓인 보리차, 엷은 포도당액 등을 먹여 탈수를 방지한다.

정답 81 ② 82 ⑤

83 임신기에 필요량이 증가하는 영양소는?

① 비타민 D
② 엽 산
③ 칼 륨
④ 비오틴
⑤ 칼 슘

해설 엽 산
엽산은 태아의 척추, 뇌, 두개골의 정상적인 성장을 위해 필요한 영양소로, 임신기간 초기 1~4개월 동안 특히 중요하다. 임신 초기에 엽산이 결핍되면 신경관결손, 심장기형 등 태아의 척추와 신경계에 선천적인 장애를 초 래할 수 있으며, 임신부에게는 태반조기박리, 빈혈 등이 발생될 수도 있다. 성인여성의 평균필요량 320㎍ DFE/ 일에 +200㎍ DFE/일, 권장섭취량 400㎍ DFE/일에 +220㎍ DFE/일을 추가하여야 한다.

84 혈중 아세토아세트산, β-하이드록시뷰티르산, 아세톤의 농도가 매우 높은 이유와 치료방법으로 가장 옳은 것은?

① 케토산의 과잉 산화에 의한 것이므로 아미노산 섭취를 제한한다.
② 단백질 부종으로 주로 체단백이 분해된 결과이므로 단백질을 공급한다.
③ 페닐케톤뇨 증상이므로 페닐알라닌 섭취를 제한한다.
④ 기아상태로 인해 체지방이 과다 분해된 결과이므로 당질을 공급한다.
⑤ 당뇨 치료 시 인슐린 과다 투여 결과이므로 글루카곤을 주사한다.

해설 당을 적게 섭취할 때 지방을 분해하여 완전 연소되지 못한 케톤체(아세토아세테트산, β-하이드록시뷰티르산, 아세톤)가 생성되어 정상량 이상 함유된 것으로 당질을 공급하면 정상으로 돌아온다.

83 ② 84 ④ 정답

85 단위체중당 단백질 필요량이 가장 높은 생애주기는?

① 영아기

② 유아기

③ 학령기

④ 성인기

⑤ 노인기

해설 영아기 동안 새로운 체조직의 합성, 체단백질 축적 및 효소, 호르몬 그 외 생리적 주요 물질의 합성 등에 이용되므로 단위체중당 단백질 필요량이 일생 중에서 가장 높다.

86 적혈구의 크기가 정상보다 크고 혈색소의 양은 정상인 빈혈 환자에게 공급해야 하는 것은?

① 엽 산

② 철

③ 비타민 A

④ 코발트

⑤ 구 리

해설 엽산 결핍은 적혈구 수 감소, 헤모글로빈량 저하, 백혈구와 혈소판의 양 저하, 거대적아구성 빈혈 유발 등의 특징이 있다.

정답 85 ① 86 ①

87 「2020 한국인 영양소 섭취기준」상 12~18세 남자가 철 권장섭취량이 남자의 전 연령에서 가장 높은 이유는?

① 체지방량이 감소하여

② 근육량이 증가하여

③ 기초대사량이 감소하여

④ 골질량이 감소하여

⑤ 체수분량이 감소하여

> **해설** 철은 적혈구를 구성하는 성분으로 급격한 성장으로 인해 혈액과 근육이 늘어나면서 적혈구 생성이 증가하는 청소년에게 꼭 필요한 영양소이다. 남자는 근육량 증가를 위해, 여자는 월경으로 인한 혈액 손실을 보충하기 위해 철 섭취를 늘릴 것을 권장한다.

88 지방의 불완전 연소로 인한 케톤혈증 발생을 예방하기 위하여 필요한 영양소로 옳은 것은?

① 필수지방산　　　　　　　　　② 단백질

③ 탄수화물　　　　　　　　　　④ 비타민

⑤ 무기질

> **해설** 케톤혈증이란 당을 적게 섭취할 때 지방을 분해하여 완전 연소되지 못한 케톤체(ketone body)를 생성하여 일어나므로 탄수화물을 공급하면 예방할 수 있다.

89 알칼리 형성식품이 아닌 것은?

① 달 걀　　　　　　　　　　　　② 우 유

③ 사 과　　　　　　　　　　　　④ 미 역

⑤ 양배추

> **해설** 식품의 회분 중 산인 질산염, 인산염, 불연성 유기산염 등이 많은 식품을 산성식품, 염기인 나트륨, 칼륨, 칼슘, 마그네슘 등이 많은 식품을 알칼리성 식품이라 한다. 즉, 인, 황 또는 염소이온 등의 음이온을 형성하는 성분이 다량 함유된 육류, 생선, 난류, 곡류 등은 산을 형성하는 식품들이다. 우유와 대두는 인에 비해 칼슘의 함량이 높아 알칼리성 식품에 속하고, 과일이나 채소는 칼륨, 나트륨, 칼슘이 높기 때문에 알칼리성 식품이다.

87 ② **88** ③ **89** ① **정답**

90 「2020 한국인 영양소 섭취기준」 중 학령기(9~11세) 남녀 간 권장섭취량에 차이가 있는 무기질은?

① 철
② 나트륨
③ 마그네슘
④ 염 소
⑤ 칼 슘

> 해설 「2020 한국인 영양소 섭취기준」 중 학령기(9~11세) 남녀 간 권장섭취량에 차이가 있는 무기질은 철과 구리이다. 철은 남자 11mg/일, 여자 10mg/일이며, 구리는 남자 600μg/일, 여자 500μg/일이다.

91 45세 남성 K씨의 공복 시 혈액검사 결과이다. K씨는 어떤 검사를 받는 것이 좋을까?

- 포도당 180mg/dL
- 총 콜레스테롤 160mg/dL
- GOT 10V/L
- GPT 15V/L
- 알부민 4.0g/dL

① 심전도 검사
② 골밀도 검사
③ 간기능 검사
④ 잠혈 검사
⑤ 포도당 부하검사

> 해설 당부하시험(GTT)
> 공복 시 포도당 부하시험을 하여 그 후의 혈당치에 대해서 판정한다. 식후 2시간 혈당치가 200mg/dL 이상 또는 공복 시에 혈당치가 126mg/dL 이상일 때 당뇨병으로 진단한다.

정답 **90** ① **91** ⑤

92 만성질환 예방을 위한 중년의 영양관리지침은?

① 대장암 – 식이섬유 섭취량 줄이기

② 대사증후군 – 포화지방산 섭취량 줄이기

③ 골다공증 – 비타민 D 섭취량 줄이기

④ 고혈압 – 염분 섭취량 늘리기

⑤ 과체중 – 당질 섭취량 늘리기

해설 ① 대장암 : 식이섬유 섭취량 늘리기
③ 골다공증 : 비타민 D 섭취량 늘리기
④ 고혈압 : 염분 섭취량 줄이기
⑤ 과체중 : 당질 섭취량 줄이기

93 장기간 알코올을 다량 섭취한 사람에게 나타나는 체내 현상은?

① 간에서 중성지방 합성이 증가한다.

② 위산 분비가 감소한다.

③ 소장에서 티아민 흡수가 증가한다.

④ 간에서 알부민 합성이 증가한다.

⑤ 혈중 HDL 콜레스테롤 수치가 증가한다.

해설 ② 위산 분비가 증가한다.
③ 소장에서 티아민 흡수가 감소한다.
④ 간에서 알부민 합성이 감소한다.
⑤ 혈중 HDL 콜레스테롤 수치가 감소한다.

94 빨리 걷기를 1시간 정도 했을 때 주된 에너지원의 사용 순서는?

① 크레아틴인산 → 포도당 → 지방산

② 크레아틴인산 → 지방산 → 포도당

③ 포도당 → 지방산 → 크레아틴인산

④ 포도당 → 크레아틴인산 → 지방산

⑤ 지방산 → 크레아틴인산 → 포도당

해설 운동 시 에너지원 사용 순서
ATP → 크레아틴인산 → 글리코겐과 포도당 → 지방산

92 ② **93** ① **94** ① 정답

95 노인기에 나타나는 생리적 변화로 옳은 것은?

① 수축기 혈압이 상승한다.

② 소화액 분비가 증가한다.

③ 체지방률이 감소한다.

④ 사구체 여과속도가 증가한다.

⑤ 기초대사량이 증가한다.

> **해설** 노인기에 나타나는 혈관계의 특징은 수축기 혈압의 증가, 이완기 혈압의 감소, 1회 심박출량의 감소이다.

96 노인 영양에 대한 설명 중 옳은 것은?

① 활동량이 적으므로 단백질과 비타민 필요량이 감소한다.

② 흡수가 좋은 정제된 당을 공급한다.

③ 불포화지방산이 다량 함유된 식물성 식품이 좋다.

④ 혈중 지방량이 높으므로 되도록 많이 공급한다.

⑤ 콜레스테롤이 많은 식품을 공급한다.

> **해설** 불포화지방산이 다량 함유된 식물성 식품은 혈중 지질의 농도를 낮추는 효과가 있어 혈중 지방량이 증가되는 노인기에 적합한 식품이라 할 수 있다.

97 노인기가 되면 식욕부진이 일어나는데 그 요인은?

① 위액 분비의 증가

② 위장관 운동성의 증가

③ 맛의 역치 감소

④ 혀 미뢰 수의 감소

⑤ 타액 분비의 증가

> **해설** 나이가 들면 맛을 담당하는 혀유두의 숫자와 기능이 50% 이상 줄어든다. 특히 단맛과 짠맛을 담당하는 혀의 미뢰 수가 감소하여 음식이 쓴맛으로 느껴지고 이는 식욕부진으로 이어진다.

정답 95 ① 96 ③ 97 ④

98 노화가 진행되면서 신체기능의 감소가 일어나는데 이 중 신경기능의 감소와 직접 관련되는 현상은?

① 폐활량이 감소한다.
② 위액 분비가 감소한다.
③ 심장박동수가 감소한다.
④ 기초대사율이 증가한다.
⑤ 청각기능이 둔화된다.

해설 신경기능의 감소에 따라 운동기능이 감소되어 자극에 대한 반응능력이 감소되고 청각기능이 둔화된다.

출제유형 46

99 『2020 한국인 영양소 섭취기준』 중 성인의 섭취량보다 65세 이상 노인의 섭취량이 더 높게 제시된 영양소는?

① 철
② 요오드
③ 식이섬유
④ 단백질
⑤ 비타민 D

해설 『2020 한국인 영양소 섭취기준』 중 성인의 섭취량보다 65세 이상 노인의 섭취량이 더 높게 제시된 영양소는 비타민 D뿐이다.

100 노인의 영양상태를 불량하게 하는 주된 임상적인 장애요인으로 옳지 않은 것은?

① 후각, 미각, 시각의 장애
② 치아 탈락 및 소화액 분비 감소
③ 대사효율의 감소
④ 심리적인 스트레스
⑤ 만성적인 변비

해설 노인의 영양 섭취 저하 요인
후각 · 시각 · 미각의 둔화, 치아 탈락, 심리적 스트레스 증가, 위산 분비 감소, 위장기능 약화, 체성분 변화와 각종 대사효율 감소, 뇌와 신경조절기능 변화, 간 · 신장기능의 감소, 폐기능의 감소 등이 있다.

101 50세 이후 성인기에 증가하는 체성분은?

① 체지방량

② 근육량

③ 제지방량

④ 체수분량

⑤ 골질량

> 해설 50세 이후 성인기 체성분 변화
> 체지방량 증가, 근육량 감소, 제지방량 감소, 체수분량 감소, 골질량 감소

102 노인에게 있어 수분 섭취가 중요한 이유로 가장 옳은 것은?

① 배뇨량이 늘어나기 때문이다.

② 요농축 능력이 감소되기 때문이다.

③ 입이 마르기 때문이다.

④ 변비가 있기 때문이다.

⑤ 갈증을 많이 느끼기 때문이다.

> 해설 노인들은 실제 수분이 필요함에도 불구하고 갈증을 느끼지 못하여 수분 섭취가 저하될 수 있다. 노인들은 요를 농축할 수 있는 기능이 감소하므로 충분한 수분 섭취는 더욱 중요하다. 심장이나 신장에 문제가 없다면 매일 6~8잔의 음료를 마시는 것이 필요하다.

103 다음 중 노령화와 함께 에너지요구량이 감소하는 원인이 아닌 것은?

① 제지방(lean body mass)의 감소

② 신체활동의 감소

③ 체표면적의 감소

④ 기초대사량의 감소

⑤ 저장 지방량의 감소

> 해설 노령에 따른 저장 지방량 증가 등의 요인으로 열량필요량이 감소된다.

정답 **101** ① **102** ② **103** ⑤

104 노년기에 나타나는 연령에 따른 기능 장애로 옳지 않은 것은?

① 인슐린 저항성 증가
② 혈장 단백질량의 감소
③ 동맥내강의 직경 감소
④ 용혈성의 증가
⑤ 혈관 내 칼슘의 침착

> 해설 노년기에는 지방조직과 근육조직 등의 말초조직의 인슐린 저항성 증가에 따른 당내성의 감소가 있으며, 노년기에는 동맥벽에 칼슘과 콜레스테롤이 침착하여 점차 경화된다. 또 적혈구량이 감소하고 약해져서 용혈성이 증가한다.

105 노화로 인한 식욕 감퇴의 원인으로 옳지 않은 것은?

① 점막의 위축으로 소화불량이 일어나기 쉽기 때문이다.
② 미뢰의 수가 감소됨에 따라 미각이 감퇴되기 때문이다.
③ 펩신, 리파아제 등 소화효소 분비가 감소되기 때문이다.
④ 타액 분비량의 감소로 맛을 느낄 수 없기 때문이다.
⑤ 신경세포의 노화로 미각이 둔해지기 때문이다.

> 해설 신경세포의 노화로 인한 기능 감퇴보다는 신경세포 수의 감소가 원인이다.

106 노인의 식사방법으로 옳지 않은 것은?

① 동물성 지방을 피한다.
② 연한 음식과 신선한 채소를 많이 먹는다.
③ 치아가 탈락되므로 탄수화물 위주로 식단을 구성한다.
④ 노인의 식품기호도 존중한다.
⑤ 지질의 과잉섭취를 피하면서 식물성 기름을 충분히 섭취하는 것이 좋다.

> 해설 염미, 감미에 대한 감각이 둔해지므로 덜 짜게, 덜 달게 섭취하고, 영양소를 고루 섭취해야 한다.

107 노년기의 면역기능 장애와 특히 관련이 큰 영양소로 가장 옳은 것은?

① 섬유소　　　　　　　　② 당 질
③ 아 연　　　　　　　　　④ 비타민 K
⑤ 칼 슘

> **해설** 아연은 상처 회복을 돕고 성장이나 면역기능을 원활하게 하는 데 필요한 영양소로 양질의 단백질 식품에 함께 존재하나, 아연의 흡수는 나이가 들어감에 따라 감소한다.

출제유형 45

108 노인을 위한 식사관리는?

① 미각의 둔화로 단맛을 잘 느끼지 못하므로 더 달게 조리한다.
② 저작능력의 저하로 과일 섭취를 줄인다.
③ 신체활동량의 감소로 단백질 섭취를 줄인다.
④ 위점막이 위축되므로 칼슘 섭취를 줄인다.
⑤ 타액 분비의 감소로 음식을 부드럽고 촉촉하게 조리한다.

> **해설** ① 미각의 둔화로 노인은 단맛을 잘 느끼지 못하여 더 달게 조리할 경우 과체중, 대사질환, 심혈관질환 등의 위험이 높아지므로 주의해야 한다.
> ② 과일은 무기질과 비타민의 급원이므로 부드럽고 씹는 데 어렵지 않은 과일로 섭취해야 한다.
> ③ 단백질은 근육과 뼈 손실을 막고, 면역력을 유지하는 데 필요하므로 섭취를 줄이지 않는다.
> ④ 칼슘은 뼈의 주요 구성성분으로, 칼슘 부족은 골다공증으로 이어지므로 골다공증 예방을 위해서는 충분한 칼슘 섭취가 필요하다.

출제유형 47

109 대사증후군 발생을 증가시키는 특성은?

① 신경전달속도가 증가한다.
② 혈중 지방성분이 감소한다.
③ 폐활량이 저하된다.
④ 인슐린 저항성이 증가한다.
⑤ 기초대사량이 증가한다.

> **해설** 대사증후군의 원인은 매우 복잡하나 인슐린 저항성이 가장 중요한 인자로 고려되고 있다. 인슐린 저항성을 통하여 혈당조절 장애, 혈압 상승, 중성지방 상승, 고밀도지질단백질(HDL) 콜레스테롤 저하 및 복부비만이 발생하게 된다.

정답 107 ③　108 ⑤　109 ④

110 「2020 한국인 영양소 섭취기준」상 19~29세 여자보다 50~64세 여자의 권장섭취량이 더 높은 영양소는?

① 아 연
② 인
③ 나트륨
④ 칼 슘
⑤ 셀레늄

해설 19~29세 여자의 칼슘 권장섭취량은 700mg, 50~64세 여자의 칼슘 권장섭취량은 800mg이다. 50~64세 여자는 19~29세 여자보다 칼슘 흡수율이 감소하고 뼈에 있는 칼슘의 용출이 더 활발하기 때문에 뼈가 약해지지 않도록 충분한 칼슘을 섭취해야 한다.

111 노년기 여성에게 흔히 발생되는 골다공증을 예방하기 위한 방법으로 옳은 것은?

> 가. 육류 섭취 증가
> 나. 비타민 D 섭취 증가
> 다. 체중감량을 위해 에너지 섭취 감소
> 라. 운동량 적절히 증가

① 가, 나, 다
② 가, 다
③ 나, 라
④ 라
⑤ 가, 나, 다, 라

해설 육류 단백질의 섭취량이 과다하면 칼슘의 요배설량을 증가시켜 골다공증의 위험도를 증가시킨다.
골다공증을 예방하기 위한 방법
• 칼슘을 보충 섭취한다(우유, 뼈까지 먹는 생선류 등).
• 에스트로겐 호르몬을 투여한다.
• 규칙적으로 운동을 한다.
• 칼슘 흡수에 필요한 비타민 D의 섭취량이 부족하지 않게 한다.

110 ④ **111** ③ 정답

112 노인 영양에 대한 설명 중 옳지 않은 것은?

① 65세 이상의 노인이라 하더라도 비타민 A · C 및 칼슘과 인의 권장량은 성인에 비해 감소되지 않는다.

② 노인이 되면 기초대사량과 신체활동량이 줄기 때문에 에너지 요구량이 감소한다.

③ 노인은 포도당 내성이 떨어지면서 혈당치가 올라간다.

④ 노인은 포도당에 대한 인슐린의 저항성이 높아진다.

⑤ 노인의 빈혈유발인자로 위산과다증을 들 수 있다.

> **해설** 식이섬유질은 철을 비롯한 미량무기질들과 결합함으로써 철의 흡수율을 감소시키며 위절제 수술 시 위산분비량의 감소로 인해 철흡수율이 떨어진다. 위 · 십이지장궤양, 위암, 아스피린의 과다 사용으로 인한 출혈 등도 철의 손실이 따른다.

113 노인에게 필요한 영양소와 결핍증의 연결이 옳지 않은 것은?

① 비타민 A − 망막 변성

② 비타민 C − 치아 탈락

③ 비타민 B_1 − 악성빈혈

④ 칼슘 − 골다공증

⑤ 철 − 빈혈

> **해설** 노인 영양상 필요한 물질이 결핍했을 경우
> - 칼슘 : 골다공증
> - 철 : 조혈작용 저하, 빈혈
> - 비타민 A : 망막 변성
> - 비타민 B_1 : 다발성 신경염
> - 비타민 C : 출혈, 치아 탈락, 피부착색
> - 비타민 E : 성선 위축, 항산화 작용

정답 **112** ⑤ **113** ③

114 다음 중 운동의 효과로 모두 옳은 것은?

> 가. 근육 발달
> 나. 체지방 감소
> 다. 골손실 방지
> 라. HDL 증가

① 가, 나, 다
② 가, 다
③ 나, 라
④ 라
⑤ 가, 나, 다, 라

해설 운동의 효과
- 최대의 산소흡수력 증가
- 근육에 글리코겐 축적의 증가
- 근육의 증가, 골손실 방지
- 심장근력의 강화
- 체지방량 감소
- LDL 수준 감소
- HDL 수준 증가
- 혈청지질 수준 감소

출제유형 47

115 알코올 대사의 중간산물로 숙취의 원인물질은?

① 아세틸-CoA(acetyl-CoA)
② 아세트산(acetic acid)
③ 아세틸콜린(acetylcholine)
④ 아세트알데하이드(acetaldehyde)
⑤ 아세토나이트릴(acetonitrile)

해설 알코올은 간에서 알코올탈수소효소(Alcohol dehydrogenase, ADH)에 의해 아세트알데하이드로 분해되는데, 이 아세트알데하이드가 미주신경, 교감신경 내의 구심성신경섬유를 자극하여 구토 및 어지러움, 동공확대, 심장박동 및 호흡의 빨라짐 등 흔히 말하는 숙취를 일으킨다.

116 노인기의 생리적 변화로 옳은 것은?

① 짠맛의 역치가 감소한다.

② 체지방 비율이 감소한다.

③ 항상성 유지 기능이 증가한다.

④ 골질량이 증가한다.

⑤ 체수분 비율이 감소한다.

해설 노인기의 생리적 변화
- 쓴맛, 짠맛, 신맛, 단맛 등의 역치가 상승한다.
- 체지방 비율이 증가한다.
- 체수분 비율이 감소한다.
- 항상성 유지 기능이 저하한다.
- 골질량이 감소한다.

117 운동 시 에너지소모량에 대한 설명으로 옳지 않은 것은?

① 무산소 상태에서 근육세포가 이용할 수 있는 주 에너지원은 포도당이다

② 운동 시간에 따라 ATP-크레아틴인산-혐기성 해당과정-호기성 글리코겐과 포도당-지방산 과정으로 열량이 공급된다.

③ 훈련이 잘 된 선수가 초보선수에 비해 에너지소모량이 적다.

④ 여자선수가 남자선수에 비해 동일한 운동에서 에너지소모량이 더 크다.

⑤ 꾸준한 운동은 근육으로 하여금 지방 이용능력을 길러준다.

해설 남자는 여자에 비해 근육량이 많아서 같은 운동이라도 사용하는 근육의 양이 많아 에너지 소모가 많다.

정답 116 ⑤ 117 ④

118 다음과 같은 특징을 보이는 경우는?

> • 피하지방이 줄어든다.
> • 체표면에 솜털이 증가한다.
> • 말랐음에도 불구하고 살이 쪘다고 느낀다.
> • 자신의 행동이 비정상적임을 인정하지 않는다.

① 신경성 식욕부진증
② 신경성 탐식증
③ 마구먹기 장애
④ 이식증
⑤ 야식증후군

해설 신경성 식욕부진증
• 자신의 실제 모습이 말랐음에도 불구하고 살이 쪘다고 느끼며, 자신의 행동이 비정상적임을 부정함
• 증상 : 피로감, 무기력증, 집중 감소, 월경 중지, 서맥(1분당 맥박수 60회 이하), 과장된 행동, 구토, 피하지방 감소, 체표면에 솜털 증가
• 치료 대책 : 초기에 이런 장애를 발견하여 적절한 심리 상담, 정신의학적 치료 및 영양관리가 이루어져야 함

119 다음 중 노동 시 무기질, 비타민 요구량에 대한 설명으로 옳지 않은 것은?

① 야간작업이나 암실작업을 하는 사람에게 비타민 D를 공급한다.
② 칼슘은 격심한 노동 시 발한에 의해 소실되므로 충분히 공급한다.
③ 사춘기 여자운동선수에서 섭취에 가장 신경써야 할 중요한 영양소는 비타민 C이다.
④ 철은 땀으로 손실되어 월경을 하는 젊은 여자 선수에게 특히 빈혈이 심한 경향이 있다.
⑤ 운동 시 아드레날린 분비가 증가하면서 글리코겐 소모가 커지고, 적혈구가 감소한다.

해설 사춘기 여자 운동선수들은 산소 공급에 기여하는 헤모글로빈이 부족하기 쉽다. 즉, 자신의 신체적 성장과 월경 시작, 운동능력을 좌우하는 산소 공급을 위해 혈액 내 헤모글로빈의 대사량이 크므로 빈혈 방지를 위해서 우선적으로 철이 필요하다.

120 노동자의 영양에 대하여 옳지 않은 것은?

① 산과다증이 되기 쉬우므로 비타민 B 복합체나 칼슘을 공급하여야 한다.

② 중노동을 하는 경우에 기초대사가 항진되며, 땀을 많이 흘리는 경우는 칼슘의 손실이 크다.

③ 피로 예방을 위하여 채소나 과일을 충분히 섭취하여야 한다.

④ 고열환경인 경우에는 소금을 충분히 섭취하여야 한다.

⑤ 격심한 노동에 종사하는 우리나라 성인노동자의 단위체중당 에너지권장량은 35kcal/kg 이다.

> **해설** 보통 정도의 활동에 종사하는 우리나라 성인의 단위체중당 에너지 권장량은 38kcal/kg이다. 그러나 격심한 운동의 노동자들은 45kcal/kg로 에너지 섭취량을 높여야 한다.

출제유형 46

121 신경과민, 불면증, 화끈거림, 우울감이 있는 40대 여성에게 도움이 되는 식품은?

① 두 부

② 커 피

③ 소고기

④ 홍 차

⑤ 고구마

> **해설** 갱년기
> 40대가 되면 생리주기가 깨지고 얼굴, 머리, 목, 가슴 등의 피부가 갑자기 붉어지면서 열이 나고, 땀이 난다. 갱년기에 도움이 되는 식품으로는 콩이 가장 대표적이며, 콩에는 파이토에스트로겐(식물성 에스트로겐)인 아이소플라본이 많아 갱년기 증세를 완화하며 골다공증, 유방암, 심장질환 등의 예방 및 치료에도 효과적이다.

정답 120 ⑤   121 ①

122 글리코겐에 대한 설명 중 옳지 않은 것은?

① 운동 시 근육의 피로는 대부분 근육 글리코겐의 고갈 및 젖산의 축적으로 인한 것이다.

② 운동 시간이 길어짐에 따라 주된 에너지 급원이 글리코겐으로부터 지방으로 변화된다.

③ 간과 근육 모두의 글리코겐 저장량이 많으면 운동능력이 향상된다.

④ 근육 글리코겐의 초과 축적을 위해 운동경기 전 2~3일 동안 운동의 강도를 최대한 높이고 고탄수화물 식사를 한다.

⑤ 근육 내 글리코겐의 저장량을 증가시키려면 격렬한 운동으로 글리코겐을 고갈시킨 다음 고탄수화물 식이를 하면 보다 많은 양의 글리코겐이 저장될 수 있다.

> **해설** 근육에 글리코겐을 최대한 축적시키기 위해서는 우선, 보통의 식사나 심한 운동을 하면서 글리코겐을 고갈시키고 다음 단계로 운동 경기 전 2~3일 동안 운동의 수준을 최소한으로 낮추고(또는 운동을 전혀 하지 않음) 고탄수화물, 저지방, 정상 단백질로 구성된 식사를 한다.

출제유형 44

123 다음과 같은 식행동에 해당하는 것은?

> • 살 찌는 것에 대한 두려움 때문에 폭식 후 토하거나 설사약을 사용한다.
> • 자신의 행동이 비정상적이라는 것을 알고 있다.

① 반추장애

② 이식증

③ 마구먹기장애

④ 신경성 탐식증

⑤ 신경성 식욕부진증

> **해설** 신경성 탐식증
> 반복적으로 단시간 내에 많은 양의 음식을 먹고, 먹는 동안 섭취에 대한 통제를 하지 못한다. 자신의 행동이 비정상적임을 인지하고 폭식과 구토, 설사약 복용을 비밀리에 행한다.

124 역도처럼 순간적으로 폭발적인 힘을 내는 데 먼저 사용되는 에너지원은?

① 글리코겐

② 아미노산

③ 지방산

④ 포도당

⑤ 크레아틴인산

해설 크레아틴인산은 순간적으로 활성화되어 에너지를 빠르고 강력하게 제공하나, 근육 내 양이 충분히 저장되어 있지 않다. 그래서 단거리 달리기나 역도처럼 짧은 시간 동안 높은 강도로 하는 무산소 운동에서 근수축에 필요한 에너지를 제공하는 데 쓰인다.

125 저강도의 운동을 1시간 정도 했을 때 가장 늦게 사용되는 에너지원은?

① 체지방

② ATP

③ 혈중 포도당

④ 크레아틴인산

⑤ 근육 글리코겐

해설 운동 시 에너지원 사용 순서

ATP → 크레아틴인산 → 글리코겐과 포도당 → 지방산

정답 124 ⑤ 125 ①

126 다음 보기의 증상을 나타내는 환자의 질병으로 옳은 것은?

> • 주로 성년 초기에 발생한다.
> • 많은 양의 음식을 먹고 토하기를 반복한다.
> • 먹는 음식은 고열량이고 소화하기 쉬운 음식물이다.
> • 체중은 정상범위에 있으나 관심과 걱정이 지나치게 많다.

① 신경성 거식증
② 역류성 식도염
③ 신경성 폭식증
④ 이식증
⑤ 신경성 식욕부진증

> 해설 신경성 폭식증
> 반복적으로 단시간 내에 많은 양의 음식을 먹고, 먹는 동안 섭취에 대한 통제를 하지 못한다. 또 체중 증가를 막기 위해 섭취한 음식을 토하거나 설사약, 복통, 고립 등을 하고, 체형과 체중에 집착을 한다.

127 성인과 비교하여 유아가 더욱 발달된 소화에 대한 내용으로 옳은 것은?

① 구강 – 아밀라아제
② 췌장 – 리파아제
③ 췌장 – 아밀라아제
④ 락타아제의 활성
⑤ 키모트립신과 카복시펩티다아제의 활성

> 해설 유아와 영아는 소장내 2당류 분해효소인 말타아제, 이소말타아제, 수크라아제, 락타아제가 일찍부터 발달되어 있다. 이는 모유의 유당을 분해하기 위한 것으로 성인은 락타아제의 부족으로 유당불내증이 나타나기도 한다.

126 ③ **127** ④ 정답

128 임산부가 일반인에 비해서 빈혈 판정기준의 수치가 낮은 이유로 옳은 것은?

① 태아의 헤모글로빈 수치까지 포함하기 때문에
② 혈액의 pH가 변화에 따른 판정기준이 다르기 때문에
③ 체중 증가에 따른 혈액량이 증가하기 때문에
④ 임신 중에는 혈액량의 증가가 미비하기 때문에
⑤ 혈장량의 증가에 비해서 적혈구의 증가량이 적기 때문에

> 해설 임신 중 혈액량은 임신 전 혈액량에 비해 45%까지 증가하지만 증가한 혈장량에 비해 적혈구 증가량의 부족으로 혈액 희석작용이 있다. 그렇기 때문에 일반인에 비해서 빈혈 판정기준(헤모글로빈 농도)이 낮다.

129 갱년기 증상을 겪는 여성의 증상을 완화하는 방법으로 옳은 것은?

① 콩을 섭취한다.
② 우유를 섭취한다.
③ 운동량이 높은 운동을 한다.
④ 운동량이 낮은 운동을 한다.
⑤ 프로게스테론을 투여한다.

> 해설 콩에는 파이토에스트로겐(식물성 에스트로겐)인 아이소플라본(isoflavone)이 많이 있어 갱년기 증세를 완화시켜 준다. 또 골다공증, 유방암, 심장질환 등의 예방 및 치료에도 효과적이다.

130 초유의 성분 중 항체로 신생아 장염을 방지하는 것으로 옳은 것은?

① IgA
② IgD
③ IgE
④ IgG
⑤ IgM

> 해설 초유에는 항체인 IgA가 함유되어 있어 신생아의 장염을 방지한다. 성숙모유에는 IgA, IgG, IgM, IgE 등 면역글로불린이 있어서 장점막의 바이러스 및 세균의 침입을 막는다.

정답 **128** ⑤ **129** ① **130** ①

131 식욕부진과 철 부족으로 빈혈이 나타난 청소년에게 옳은 급원식품은?

① 땅 콩

② 소불고기

③ 미 역

④ 사 과

⑤ 녹 차

해설 철 부족으로 인한 빈혈은 철을 보충해야 한다. 철이 많은 소간, 소고기, 굴, 달걀, 완두콩, 시금치, 검정콩, 참깨, 파래 등이 급원식품이고, 이런 식품을 이용하여 식욕부진을 해소할 수 있는 레시피로 제공한다.

132 청소년기의 남성이 여성보다 단백질, 철, 아연의 요구량이 높은 이유는?

① 남성이 여성보다 성호르몬 분비가 많기 때문이다.

② 남성이 여성보다 소비열량이 많기 때문이다.

③ 남성이 여성보다 근육조직 발달이 많기 때문이다.

④ 남성이 여성보다 체지방 축적이 많기 때문이다.

⑤ 남성이 여성보다 2차 성징이 빠르게 시작되기 때문이다.

해설 청소년기의 남성은 여성보다 골격과 근육조직이 더 많이 증대되기 때문에 남성은 이 근육조직 발달에 필요한 단백질, 철, 아연, 칼슘의 요구량이 여성보다 많게 된다.

133 등산으로 땀을 많이 배출한 후 물을 섭취 했을 때 체액의 변화는?

① 세포내액 증가

② 세포외액 증가

③ 세포간질액 증가

④ 혈장 감소

⑤ 총체액 감소

해설 염분 결핍에 의한 탈수(물을 지나치게 많이 마시거나 염분이 결핍된 상태)에서는 모세혈관의 압력 상승으로 세포간질액이 혈액에서 체액으로 이동하므로 체액의 세포간질액이 증가한다. 반대로 일반 탈수 상태에서는 모세혈관의 압력이 감소하여 세포간질액이 혈액으로 이동하기 때문에 체액의 세포간질액은 감소한다.

131 ② **132** ③ **133** ③ 정답

출제유형 41, 42, 45, 46, 47

134 다음 중 수유부의 식이에 따라 모유의 성분이 바뀔 수 있는 것은?

① 아미노산

② 카세인

③ 지방산

④ 무기질

⑤ 전해질

해설 모유 지방의 총량은 일정하지만 수유부의 식사구성으로 지방의 구성은 바뀔 수 있다. 다가불포화지방산이 많은 식사를 하면 모유의 지방함량은 같아도 모유의 다가불포화지방산이 증가한다. 비타민은 수유부의 섭취가 적당하면 모유의 비타민 함량은 비교적 안정되며, 섭취에 둔감하다. 그러나 수유모의 섭취가 부적절한 경우에는 수용성 비타민(특히 비타민 B군)은 수유모의 섭취에 따라 반응한다.

출제유형 44

135 임신 후기에 모체에서 나타나는 특징은?

① 혈중 콜레스테롤 농도가 감소한다.

② 케톤체 합성이 감소한다.

③ 글리코겐 합성이 증가한다.

④ 지방산 이용이 증가한다.

⑤ 단백질 합성이 증가한다.

해설 임신 후기에는 인슐린 저항성이 증가하여 글리코겐과 지방의 분해가 이루어진다. 모체 내 포도당은 태아가 우선 사용하고 모체는 지방산이나 케톤체를 에너지원으로 사용한다.

정답 134 ③ 135 ④

제**2**과목

생화학

 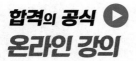

CHAPTER

01 탄수화물 및 대사

01 정 의

탄수화물은 식물체 또는 조류의 엽록소에서 광합성에 의해 생성된 당 또는 당의 축합물. 탄소(C), 수소(H), 산소(O)의 3원소로 이루어져 있음. 즉 polyhydroxy aldehyde나 polyhydroxy ketone 및 그 유도체로서 일반적으로 분자식이 $C_m(H_{2m}O_m)$ 혹은 $C_m(H_2O)_n$으로 나타낼 수 있음

02 분 류

(1) 단당류(monosaccharide)

① 단당류는 가장 간단한 탄수화물로, 분자 속에 있는 탄소원자의 수와 특이적인 기능기의 유무에 따라 명명되고 분류. 유리 상태의 알데하이드기(-CHO)나 케톤기(=CO)와 2개 이상의 하이드록시기(수산기, -OH)를 가지고 있는 화합물로 3탄당, 4탄당, 5탄당, 6탄당 등이 있음. 관능기에 따라 알데하이드기가 있는 것을 aldose, 케톤기가 있는 것을 ketose라 부름

D - glyceraldehyde
(aldose)

dihydroxyacetone
(ketose)

aldose와 ketose

② 화학 구조

　㉠ 모든 탄수화물(dihydroxyacetone은 제외)은 적어도 하나의 비대칭 탄소(부제탄소 원자, 키랄탄소 원자)를 가짐. 비대칭 탄소 원자에 붙어 있는 −OH의 위치가 오른쪽이면 D형, 왼쪽이면 L형으로 표시. 이것은 화학 구조상의 차이를 구별하기 위한 것으로, 화합물 자체의 선광도는 아님

　㉡ 당류의 실제적인 분자 구조는 분자량이 더 큰 단당류는 하나 이상의 비대칭 탄소를 가질 수 있으므로 많은 수의 다른 입체 이성질체가 가능

　㉢ 4번 또는 5번 탄소의 −OH가 결합함에 따라 furanose(5각형) 또는 pyranose(6각형)를 만들게 되며 1번 탄소는 새로운 비대칭 원소가 됨. 이때 1번 탄소에 붙는 −OH의 위치에 따라 α−형 또는 β−형이라 부름

　㉣ 부제탄소 원자(asymmetric carbon atom) : 탄소 4개의 결합손이 모든 다른 원자 혹은 원자단으로 된 탄소. 키랄탄소 원자(chiral carbon atom), 비대칭 탄소라고도 함

③ 환원당 : 알도스의 카르보닐 산소는 여러 물질을 환원시킬 수 있음. 유리상태의 알데하이드기는 산화되고, 2가 구리(Cu^{2+})를 1가 구리(Cu^+)로 환원시킬 수 있는 당을 환원당(reducing sugar)이라 함. 수크로스를 제외한 단당류와 2당류는 모두 환원당이고 환원당은 베네딕트 시험에서 적색 침전물을 만듦

$$RCHO + 2Cu^{2+} + 4OH^- \longrightarrow RCOOH + Cu_2O + 2H_2O$$
(환원당) (청색)　　　　　　　　　　　　　　　　　　　(적색)

④ 단당류 유도체 : 글루쿠론산(우론산), 소르비톨(당알코올), 글루코사민(아미노당), glucose−6−phosphate(당인산에스테르)

⑤ 당질을 구성하는 기본단위로 탄소 원자 수에 의한 화합물

　㉠ 2탄당 $C_2H_4O_2$(diose) : glycolaldehyde

　㉡ 3탄당 $C_3H_6O_3$(triose) : glyceraldehyde, dihydroxyacetone

　㉢ 4탄당 $C_4H_8O_4$(tetrose) : erythrose, erythrulose, threose

　㉣ 5탄당 $C_5H_{10}O_5$(pentose) : ribose, arabinose, xylose, deoxyribose

　㉤ 6탄당 $C_6H_{12}O_6$(hexose) : glucose, fructose, galactose, mannose

(2) 소당류(oligosaccharide)

단당류가 glycoside 결합에 의해 여러 개로 연결된 당류

① 2당류 : $C_{12}H_{22}O_{11}$

    ⊙ sucrose(설탕, glucose + fructose, α-1,2 결합, 비환원당) : 식물계에 존재, 사탕수수, 사탕무

    ⓛ maltose(엿당, glucose + glucose, α-1,4 결합, 환원당)

    ⓒ lactose(유당, glucose + galactose, β-1,4 결합, 환원당) : 동물계에만 존재, 동물의 젖

    ⓔ isomaltose(glusoce + glucose, α-1,6 결합, 환원당)

② 3당류 : $C_{18}H_{32}O_{16}$

    raffinose(galactose + glucose + fructose, 비환원당)

③ 4당류 : $C_{24}H_{42}O_{21}$

    stachyose(2 galactose + glucose + fructose, 비환원당)

(3) 다당류(polysaccharide)

자연계에서 발견되는 대부분의 탄수화물은 다당류라고 불리는 매우 길고 복잡한 사슬 형태로 되어 있음. 다당류는 많은 수의 단당류 단위로 구성된 중합체

① **전분(starch)** : 식물세포 안에서 물에 녹지 않은 입자의 형태로 존재하는 세포의 연료 저장물질

    ⊙ amylose : glucose 분자가 α-1,4 결합에 의해 연결된 수백 개의 직쇄상의 구조(가지가 없는 분자)

    ⓛ amylopectin : glucose 분자가 α-1,4와 α-1,6 glycoside 결합에 의해 서로 연결된 가지가 매우 많은 다당류

② **섬유소(cellulose)** : 식물세포의 기본적인 골격 성분으로, 구조는 amylose와 비슷하나 glucose 단위가 β-1,4 glycoside 결합에 의해 연결된 점이 다름. 섬유소는 사람의 소화액에 의하여 소화가 되지 않는데, 그 이유는 소화액에 β-glycoside 결합을 가수분해할 수 있는 효소가 존재하지 않기 때문. 그러므로 cellulose를 영양소로는 이용할 수 없음

③ **글리코겐(glycogen)** : glucose의 주요한 저장 형태. 구조는 amylopectin과 유사하지만, 곁가지를 더 많이 가지고 있으므로 포유동물의 간이나 골격·근육세포의 세포질에서 과립을 형성 ✪ ✪

④ **복합다당류** : 한 종류 이상의 단당류 분자로 구성되며 중성점질 다당류, 히알루론산, 콘드로이틴황산염과 헤파린 등이 있음

03 탄수화물 대사경로

(1) 개요

탄수화물 대사경로를 통해 포도당(glucose)은 해당과정과 이후의 혐기적 경로, 호기적 경로를 거쳐 ATP, 젖산, 물, 이산화탄소 등 여러 물질을 생성하면서 여러 가지 방법으로 대사

① TCA 회로와 전자전달계(호흡쇄)에 의해 완전 산화되어 CO_2와 H_2O를 생성하며 세포 내에 에너지 공급 ☆

② 세포 내에서 저장성 다당류로 전환(글리코겐으로 합성되어 간과 근육에 저장)

③ pentose 단위, 구조 다당류, 포도당의 생성

④ 지질, 아미노산, 기타 화합물의 합성

⑤ 산화반응 : 해당계 → TCA → 호흡쇄 → 에너지

⑥ **지방 합성** : 해당계 → acetyl-CoA → 지방산

⑦ **다른 당으로 이행** ☆

  ㉠ ribose 5-phosphate는 핵산의 구성단위인 뉴클레오타이드 생합성에 이용

  ㉡ UDP-glucuronic acid는 반응성이 높으므로 해독작용을 함

  ㉢ galactose로 변하여 lactose, glycoprotein을 생성

⑧ **해당과 당신생합성의 분기점 : 피루브산** ☆

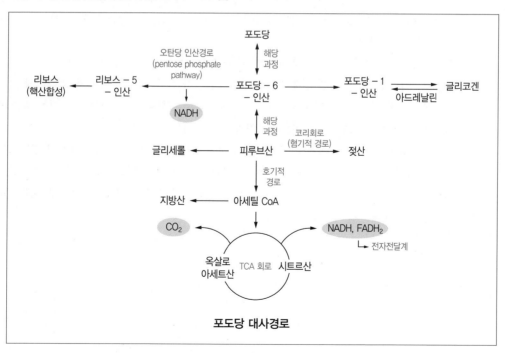

포도당 대사경로

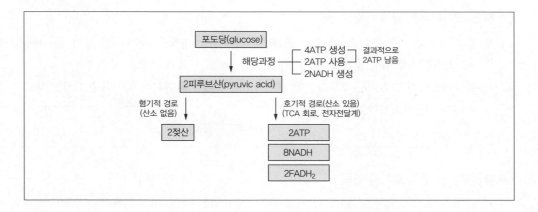

(2) 해당과정(glycolysis, EMP ; Embden Meyerhof Pathway) 36 97

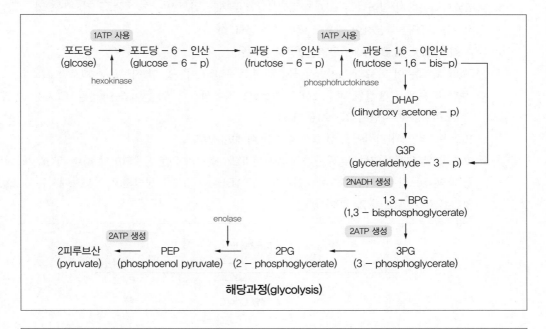

해당과정(glycolysis)

1포도당 → 2피루브산 + 2ATP + 2NADH$_2$

① 6탄당인 포도당을 미토콘드리아로 들어갈 수 있는 작은 분자인 3탄당 피루브산으로 분해하는 과정
② 산소의 유무와 관계없이 일어나는 반응
③ 가장 일반적인 대사과정으로, 세포질(원형질)에서 일어남
④ 해당과정의 촉진 : ADP, AMP
⑤ 해당과정의 억제 : ATP, Citrate, NADH

(3) 해당과정 이후의 혐기적 경로 ☆40

① 혐기적 조건, 즉 산소(O_2)가 없는 조건에서 일어나는 과정. 피루브산이 생성되는 해당과정에 이 경로를 포함시켜 '혐기적 해당'이라고 포괄적으로 부르기도 함

② 해당과정에서 만들어진 피루브산이 혐기적 조건하에서 환원되어 젖산이 생성되는 경로

2피루브산 → 2젖산

(4) 해당과정 이후의 호기적 경로

① 호기적 조건, 즉 산소(O_2)가 있는 조건에서 일어나는 과정. 피루브산이 생성되는 해당과정에 이 경로를 포함시켜 '호기적 해당'이라고 포괄적으로 부르기도 함

② 미토콘드리아에서 일어나는 TCA 회로와 전자전달계(산화적 인산화 진행)를 거쳐 H_2O와 CO_2를 생성하고, ATP를 생성하여 세포에 에너지를 공급 ☆41

③ TCA 회로(Citric Acid Cycle, 구연산 회로) ☆36 ☆47

㉠ TCA 회로는 이 회로의 초기반응 물질인 시트르산의 이름을 따 시트르산 회로라고도 함

㉡ 해당 작용에서 생성된 피루브산은 미토콘드리아의 기질로 들어가 아세틸-CoA가 된 후 TCA 회로를 거치면서 CO_2로 분해 ☆35

㉢ 미토콘드리아의 기질에서 산소가 충분할 때에만 진행

㉣ 포도당 1분자를 완전히 분해하기 위해서는 TCA 회로가 2번 진행되어야 하며, TCA 회로를 통해 피루브산 1분자당 $3CO_2$, 4NADH, $1FADH_2$, 1ATP가 생성되고, 2분자에서는 $6CO_2$, 8NADH, $2FADH_2$, 2ATP가 생성

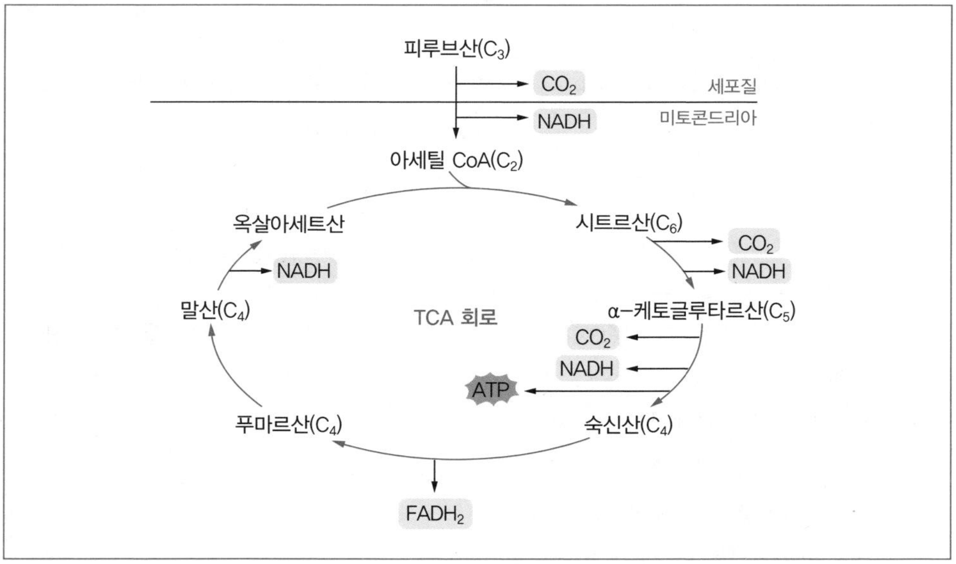

(5) 코리회로 🌟

근육에서 생성된 젖산의 간에서 포도당으로의 전환(lactate-glucose 회로)

① 급격한 운동 시 근육에서 산소와 포도당의 공급이 불충분한 상태로 대사가 진행되므로 글리코
  겐을 사용하게 되고, 해당과정에서 TCA 회로로 들어가지 못하여 젖산으로 축적

② 젖산은 간에서 당신생 과정으로 포도당으로 전환

③ 합성된 포도당은 다시 근육에서 글리코겐으로 저장

(6) 각 반응에서 도움을 주는 조효소 🌟 🌟

포도당 → 피루브산	NAD(니아신), 마그네슘
피루브산 → 아세틸 CoA	TPP(B_1의 유도체), FAD(B_2의 유도체), NAD(Niacin의 유도체), CoA(판토텐산의 전환형), 리포산(lipoic acid), 칼슘
아세틸 CoA → 수소 발생	FAD(B_2의 유도체), NAD(Niacin의 유도체), CoA(판토텐산의 전환형), 비오틴
전자전달계	FAD(B_2의 유도체), NAD(Niacin의 유도체), 철분

(7) 탄수화물 대사에서 생성되는 ATP 수 🌟

해당과정		2NADH, 2ATP
호기적 경로	피루브산의 산화 및 TCA 회로	8NADH, 2FADH$_2$, 2ATP
	전자전달계	• NADH와 FADH$_2$는 전자전달계로 들어가 1NADH는 2.5ATP, 1FADH$_2$는 1.5ATP 생성 • 2NADH(해당과정에서 생성), 8NADH(피루브산의 산화 및 TCA 회로에서 생성), 2FADH$_2$는 전자전달계의 산화적 인산화 과정을 거치며 $2 \times 2.5ATP + 8 \times 2.5ATP + 2 \times 1.5ATP = 28ATP$ 생성
총 ATP		32ATP

CHAPTER
01 적중예상문제

01 피루브산(pyruvate)으로부터 옥살로아세트산(oxaloacetate)을 생성하는 반응의 조효소로 관여하는 비타민은?

① carnitine

② thiamine

③ biotin

④ riboflavin

⑤ ascorbic acid

> **해설** 피루브산(pyruvate)은 미토콘드리아에 존재하는 pyruvate carboxylase에 의해 CO_2와 결합해서 옥살로아세트산(oxaloacetate)이 되며 최후에 CO_2와 H_2O로 완전 산화된다. 이때 비오틴(biotin)이 관여한다.

출제유형 35

02 당질의 대사에 특히 많이 필요한 비타민은?

① pyridoxine

② riboflavin

③ niacin

④ thiamine

⑤ folic acid

> **해설** 당질이 많은 식이의 경우에 비타민 B_1(티아민)이 많이 소모된다. 비타민 B_1은 체내에서 인산 2분자와 결합한 형태인 TPP(thiamine pyrophosphate)가 되어 Co-carboxylase로서 탄수화물 대사과정 중에 조효소로서 매우 중요한 역할을 한다.

정답 01 ③ 02 ④

03 효소에 의한 해당의 저해는 무엇으로 알려져 있는가?

① 크랩트리 효과

② 파스퇴르 효과

③ 무니 효과

④ 힐 반응

⑤ 폴리머 반응

해설 에너지를 보유하고 있는 ATP의 농도가 높아지면 해당을 조절하는 효소인 PFK(Phosphofructokinase)가 저해되어 해당반응 속도가 저하된다. 이 효과를 파스퇴르(pasteur) 효과라 한다.

출제유형 42

04 해당과정 중 ATP가 소모되는 반응은?

① glucose → glucose-6-p

② glucose-6-p → fructose-6-p

③ fructose-1,6-bis-p → glyceraldehyde-3-phosphate

④ 3-phosphoglycerate → 2-phosphoglycerate

⑤ 2-phosphoglycerate → phosphoenol pyruvate

해설 1분자 ATP를 소모해서 glucose-6-phosphate로 변환한다.

05 베네딕트시험법(benedict's test)에 의하여 당의 환원성 실험을 하였을 때 적색 침전이 생기지 않는 것은?

① glucose

② fructose

③ sucrose

④ maltose

⑤ galactose

해설 베네틱트시험법(Benedict's test)은 베네딕트 용액을 이용하여 당의 환원성 여부를 확인하는 시험이다. 베네딕트 시약 5mL를 환원당에 가하고 혼합하여 2분간 강하게 끓이면 환원당의 양에 따라 적색 침전물이 생긴다. 자당(sucrose)을 제외한 단당류, 2당류는 모두 환원당이다. 자당은 비환원당이기 때문에 적색 침전이 생기지 않는다.

06 포도당과 만노스는 에피머이다. 무엇을 의미하는가?

① 이들은 서로 이성체이다.

② 1개는 aldose이고 1개는 ketose이다.

③ 이들은 평광면을 서로 반대쪽으로 회전시킨다.

④ 이들은 분자 내에 단 1개의 탄소 배열상태가 서로 다르다.

⑤ 이들은 분자 내에 2개 이상 탄소 배열상태가 서로 다르다.

해설 하나의 특정한 비대칭 탄소 주위에 −OH기의 배치만 다른 당을 에피머(epimer)라 한다. 예컨대 D−glucose와 D−mannose는 epimer 관계에 있다. 이는 2번 탄소 주위에 위치한 −OH기의 배치만 다르기 때문이다.

07 당질의 환원력은 다음 중 어떤 기능기에 의한 것인가?

① 하이드록실기

② 카보닐기

③ 카복실기

④ 케톤기

⑤ 하이드록시 메틸기

해설 aldose의 carbonyl 산소는 여러 물질을 환원시킬 수 있다.

출제유형 46

08 NADH 1분자가 전자전달계로 들어가 생성하는 ATP의 수는?

① 1

② 1.5

③ 2

④ 2.5

⑤ 5

해설 1NADH는 전자전달계로 들어가 2.5ATP로, 1FADH$_2$는 1.5ATP를 생성한다.

정답 06 ④ 07 ② 08 ④

09 간에서 생성되지 않는 것은?

① 콜레스테롤

② 담즙산

③ 케톤체

④ 인슐린

⑤ 포도당

> **해설** 인슐린(insulin)은 췌장의 랑게르한스섬 β-cell에서 생성되며 6탄당(hexose)의 인산화를 촉진시켜 당의 세포막 투과성을 증대시키며 단백질에서의 당 신생을 저해한다. 즉, 간에서 아미노산의 탈아미노화를 억제한다.

출제유형 37

10 해당과정에서 생성되는 ATP의 수와 소모되는 ATP의 수로 옳은 것은?

① 생산 : 4ATP, 소모 : 2ATP

② 생산 : 4ATP, 소모 : 1ATP

③ 생산 : 2ATP, 소모 : 4ATP

④ 생산 : 1ATP, 소모 : 4ATP

⑤ 생산 : 2ATP, 소모 : 1ATP

> **해설** 해당과정에서는 포도당이 포도당-6-인산이 될 때와 과당-6-인산이 과당-1,6-이인산이 될 때 각각 1ATP, 모두 2ATP가 사용되고, 1,3-BPG가 3PG가 될 때 2ATP, PEP가 피루브산이 될 때 2ATP, 즉 모두 4ATP가 생성된다.

출제유형 46

11 TCA회로에서 아세틸 CoA와 옥살로아세트산이 합성하여 형성하는 물질은?

① 시트르산

② 말 산

③ 푸마르산

④ 숙시닐 CoA

⑤ 알파-케토글루타르산

> **해설** TCA회로
> 옥살로아세트산 + 아세틸 CoA → 시트르산 → 숙신산 → 푸마르산 → 말산 → 옥살로아세트산

09 ④ **10** ① **11** ① **정답**

12 glucose는 glucose-6-phosphate가 되어 해당과정으로 들어간다. 이때 작용하는 효소는?

① phosphohexoseisomerase

② phosphofructokinase

③ isomerase

④ hexokinase

⑤ pyruvate kinase

> **해설** glucose는 먼저 hexokinase의 작용으로 glucose-6-phosphate가 되고, 해당과정을 거쳐서 pyruvic acid로 분해된다.

출제유형 44, 46

13 코리회로(cori cycle)에 대한 설명으로 옳은 것은?

① 아미노산으로부터 단백질을 합성한다.

② 피루브산에서 알라닌으로 전환된다.

③ 글리코겐을 포도당으로 분해한다.

④ 젖산으로부터 포도당을 합성한다.

⑤ 암모니아로부터 요소를 합성한다.

> **해설** 코리회로(cori cycle)
> 활동하고 있는 근육에 의해 형성된 젖산(lactic acid)은 간에서 포도당(glucose)으로 전환된다. 이 반응들은 코리회로를 이루며, 활동하고 있는 근육의 대사적 부담의 일부분을 간으로 전가한다.

14 acetyl-CoA로부터 malonyl-CoA로 되는 반응에 보조효소(coenzyme)로 필요한 것은?

① FAD

② lipoic acid

③ CoA-SH

④ biotin

⑤ NAD

> **해설** 아세틸 CoA(acetyl-CoA)가 말로닐-CoA(malonyl-CoA)이 되는 과정에서는 비오틴(biotin)이 조효소로 작용한다.

정답 12 ④ 13 ④ 14 ④

15 glucose의 수용액이 입체이성을 나타내는 현상은?

① polarization

② enantiomeric excess

③ optical isomerism

④ mutarotation

⑤ configuration

해설 용액 속에 anomer 형태의 당은 변광회전(mutarotation)이라 불리는 과정을 통해서 매우 빠르게 상호 변환된다.

16 당에 대한 설명 중 옳지 않은 것은?

① glucose는 pyranose의 환상형으로 존재한다.

② glucose와 galactose는 탄소 1개의 입체이성체인 epimer 관계에 있다.

③ sucrose는 glucose와 fructose가 α−1,4 결합한 것이다.

④ glucose가 수용액 중에서 α와 β형이 상호전환되는 성질을 변광회전이라고 한다.

⑤ 당뇨병의 임상검사는 glucose가 $Cu^{2+} \rightarrow Cu^+$로 환원하는 반응을 응용하여 측정하였는데, 현재는 glucose가 산화되어 생성되는 H_2O_2 측정에 의해 이루어진다.

해설 sucrose는 glucose와 fructose의 α−1,2 결합이다.

출제유형 39

17 해당과정(glycolysis)에서 조절작용을 담당하는 다른자리입체성 조절효소(allosteric regulatory enzymes) 3가지로 바르게 묶인 것은?

① glucokinase, phosphofructokinase, pyruvate kinase

② hexokinase, aldolse, pyruvate kinase

③ hexokinase, glyceraldehyde−3−phosphate dehydro−genase, enolase

④ phosphofructokinase, enolase, pyruvate kinase

⑤ aldolase, phosphofrutokinase, pyruvate kinase

해설 glucokinase 또는 hexokinase, phosphofructokinase와 pyruvate kinase가 glycolysis의 allosteric regulatory 효소들이다.

18 해당과정에서 ATP를 소모하는 반응에 관여하는 효소로 옳은 것은?

> 가. hexokinase 나. glucosphosphate isomerase
> 다. phosphofructokinase 라. enolase

① 가, 나, 다 ② 가, 다
③ 나, 라 ④ 라
⑤ 가, 나, 다, 라

> **해설** 해당과정에서 ATP 소모 단계
> • hexokinase 단계(glucose → glucose−6−p)
> • phosphofructokinase 단계(fructose−6−p → fructose−1,6−bis−p)

19 pyruvate가 탄산가스를 잃어버리고 acetyl−CoA로 산화되는 반응에 관여하는 피루브산 탈수소효소 복합체(pyruvate dehydrogenase complex)에 참여하지 않는 물질은?

① FAD ② NAD^+
③ PALP ④ TPP
⑤ lipoic acid

> **해설** 피루브산 탈수소효소 복합체(pyruvate dehydrogenase complex)에 참여하는 인자는 FAD, NAD^+, TPP, lipoic acid, CoA이다.

20 다당류의 설명으로 옳은 것은?

① 간세포에서 glycogen의 합성전구체 및 분해물질은 UDP−glucose이다.
② polysaccharide는 단당류가 2개에서 10개까지 결합된 polymer이다.
③ glycogen은 glycogen의 합성효소 및 분해효소와 결합되어 있다.
④ cellulose는 β−1,4 결합으로 되어 있어서 β−amylase에 의해 분해된다.
⑤ glycogen과 starch는 α−amylase에 의해 직접 glucose로 분해된다.

> **해설** ① glycogen의 합성전구체는 UDP−glucose이며 분해물질은 glucose−1−phosphate이다.
> ② polysaccharide는 단당류 100개에서 수천 개가 연결되어 있다.
> ④ cellulose는 cellulase에 의해 가수분해된다.
> ⑤ glycogen과 starch는 α−amylase에 의해 maltose, maltotriose, α−dextrin으로 분해된다.

정답 18 ② 19 ③ 20 ③

21 fructose-6-p가 fructose-1,6-bis-p로 될 때 관여하는 효소는?

① hexokinase

② aldolase

③ enolase

④ phosphofructokinase

⑤ pyruvate kinase

해설 phosphofructokinase(PFK)는 F-6-P를 F-1,6-P로 전환하며, ADP, AMP 농도가 높으면 활성화된다.

22 glucose의 중합체가 아닌 다당류는?

① amylose

② amylopectin

③ inulin

④ glycogen

⑤ cellulose

해설 ③ 이눌린(inulin)은 과당(fructose)으로 이루어진 다당류이다.

glucose의 중합체로 amylose, amylopectin, glycogen, cellulose, dextrin이 있다.

출제유형 45

23 근육에서 생성된 젖산이 간으로 이동하여 포도당으로 전환되는 과정은?

① 글리코겐 합성

② 코리회로

③ 해당과정

④ TCA 회로

⑤ 포도당-알라닌 회로

해설 코리회로(cori cycle)

활동하고 있는 근육에 의해 형성된 젖산(lactic acid)은 간에서 포도당으로 전환된다. 이 반응들은 코리회로를 이루며, 활동하고 있는 근육의 대사적 부담의 일부분을 간으로 전가한다.

21 ④ **22** ③ **23** ② 정답

24 TCA 회로에서 CO_2가 생성되는 단계는?

① 아세틸 CoA → 시트르산

② 말산 → 옥살아세트산

③ 이소시트르산 → α-케토글루타르산

④ 숙신산 → 푸마르산

⑤ 푸마르산 → 말산

해설 TCA 회로에서 CO_2가 생성되는 단계는 두 곳으로, 이소시트르산 → α-케토글루타르산 → 숙시닐 CoA이다.

출제유형 46

25 글리코겐 분해 시 에피네프린의 2차 전령(second messenger)의 역할을 하는 것은?

① cAMP

② NAD^+

③ CaM

④ GTP

⑤ FMN

해설 cAMP(cyclic adenosine monophosphate)
세포막에 존재하는 아데닐산고리화효소(adenylate cyclase)에 의하여 ATP에서 만들어지는 물질이며, cAMP는 호르몬작용의 세포내전달인자가 된다. cAMP는 에피네프린, 글루카곤, ACTH, TSH, LH, 바소프레신, 갑상샘자극호르몬, 부갑상샘호르몬 등의 2차 전령(세포내전달인자)으로서 호르몬작용에 관여한다.

정답 **24** ③ **25** ①

26 근육에 저장된 글리코겐이 분해되어 혈당에 영향을 미치지 않는 것은 어떤 효소가 없기 때문인가?

① 글리코겐 가인산분해효소(glycogen phosphorylase)
② 가지제거효소(debranching enzyme)
③ 포도당-6-인산 가수분해효소(glucose-6-phosphatase)
④ 포스포글루코뮤테이스(phosphoglucomutase)
⑤ 헥소키나아제(hexokinase)

해설 혈액에 운반된 포도당은 근육에서 글리코겐으로 합성된다. 근육에는 포도당-6-인산을 분해하는 효소인 포도당-6-인산 가수분해효소가 없으므로 근육 글리코겐은 포도당으로 분해되지 않아 혈당에 영향을 미치지 않는다.

27 4일 이상 단식하게 되어 혈당이 저하된 경우 체내 대사는?

① 글리코겐 합성이 증가한다.
② 케톤체 합성이 증가한다.
③ 지방산 합성이 증가한다.
④ 단백질 합성이 증가한다.
⑤ 콜레스테롤 합성이 증가한다.

해설 단식한 지 4일 정도 지나면 케톤체 합성이 증가하게 되고, 뇌조직은 케톤체 합성으로 생성된 케톤체를 에너지원으로 사용한다.

26 ③ **27** ② 정답

28 글리코겐이 포도당으로 분해되는 것을 촉진하는 호르몬인 아드레날린이 간세포의 수용체 부위에 결합되면 제일 먼저 활성을 띠는 효소는?

① adenylate cyclase

② phosphorylase kinase

③ phosphorylase

④ phosphorylase B

⑤ phosphorylase A

29 미토콘드리아 내에서의 citrate 회로에 관여하는 효소는 주로 어디에 존재하는가?

① 내 막

② 외 막

③ cristae

④ matrix

⑤ 막 간

해설 호기적 산화에 관여하는 효소(TCA 회로 중의 각종 효소), 지방산 산화계 효소, 간세포에서 작용하는 요소 합성계 효소 등이 내막의 내측, 즉 matrix에 존재한다.

30 포도당이 해당경로로 들어가기 위한 최초 단계에서 인산화에 관여하는 효소는?

① enolase

② aldolase

③ hexokinase

④ phosphofructokinase

⑤ phosphoglucose isomerase

해설 세포 내로 들어간 glucose는 hexokinase의 촉매작용으로 ATP에 의해서 인산기를 받아 glucose-6-phosphate가 된다.

정답 28 ① 29 ④ 30 ③

31 인체에서 단위면적당 글리코겐 함량이 가장 많은 조직과 총 글리코겐 함량이 가장 많은 조직을 순서대로 바르게 나열한 것은?

① 간, 심장
② 심장, 간
③ 심장, 골격근
④ 간, 골격근
⑤ 골격근, 골격근

해설 인체에서 글리코겐은 간과 골격근에 저장된다. 간에 저장되는 글리코겐의 중량은 일반적으로 간 중량의 약 6%에 해당하는 50~100g이다. 골격근에 저장되는 글리코겐은 200~300g 정도로 총 함량이 가장 많다.

출제유형 42

32 오탄당인산경로의 설명으로 옳지 않은 것은?

① NADPH 생성에 의해 지방산 합성의 환원력을 제공한다.
② 리보스가 생성되므로 핵산 합성의 전구체를 제공할 수 있다.
③ TCA 회로로 주로 연결되어 에너지를 생성한다.
④ 트랜스케톨라아제와 트랜스알돌라아제가 반응에 관여한다.
⑤ 지방조직의 경우 리보스가 잘 쓰이지 않아 6개의 5탄당이 5개의 6탄당으로 회수되는 과정을 거친다.

해설 오탄당인산경로(pentose phosphate pathway)는 포도당 6-인산을 리보스 5-인산으로 산화시키는 대사경로이다. 이 대사과정은 TCA 회로와 연결되어 있지 않으며 이 경로에서 NADPH가 만들어져 환원제로 쓰일 수 있다. 지방조직에서 NADPH의 필요량을 충족시키려면 리보스가 잉여로 남게 된다. 이를 다시 글루코스로 회수하기 위해 트랜스케톨라아제와 트랜스알돌라아제의 반응을 거쳐 6개의 5탄당이 5개의 6탄당이 된다.

출제유형 47

33 TCA 회로의 시작물질인 시트르산을 옥살로아세트산과 결합하여 생성하는 물질은?

① 피루브산
② 아세틸 CoA
③ 푸마르산
④ 말 산
⑤ 숙시닐 CoA

해설 TCA 회로
옥살로아세트산 + 아세틸 CoA → 시트르산 → 숙신산 → 푸마르산 → 말산 → 옥살로아세트산

31 ④ **32** ③ **33** ② 정답

34 근육에 의하여 생성된 젖산을 간에서 다시 포도당으로 전환하는 생화학적 반응은?

① 알라닌회로

② 요소회로

③ 코리회로

④ TCA회로

⑤ 글루쿠론산회로

해설 코리회로(Cori cycle)
근육에서 생성된 젖산이 간으로 이동하여 포도당으로 전환되는 과정으로, 활동하고 있는 근육의 대사적 부담 일부분을 간으로 전가한다.

35 다음 중 TCA cycle에서 환원력 생성으로 인한 에너지를 낼 수 있는 반응으로 옳은 것은?

> 가. isocitrate → α−ketoglutarate
> 나. succinate → fumarate
> 다. malate → oxaloacetate
> 라. fumarate → malate

① 가, 나, 다

② 가, 다

③ 나, 라

④ 라

⑤ 가, 나, 다, 라

해설 fumarate에서 malate가 생성되는 과정은 fumarase에 의해서 진행되며, 에너지 생성은 없는 수화반응이다.

정답 34 ③ 35 ①

36 단식 등으로 인해 glucose를 모두 소진했을 경우 뇌세포는 무엇을 에너지원으로 사용하는가?

① lactose

② sucrose

③ ketone body

④ galactose

⑤ thiamine

해설 뇌세포는 포도당만을 에너지원으로 사용하나, 전부 소진된 경우 지방의 케톤체(ketone body)를 사용한다.

37 pyruvate가 TCA 회로로 들어갈 때 제일 먼저 무엇으로 변화되는가?

① lactate

② acetyl−CoA

③ fumarate

④ citrate

⑤ succinate

해설 피루브산은 호기적 조건하에서는 아세틸 CoA(acetyl−CoA)를 거쳐 TCA 회로에 의해서 완전히 산화되어 CO_2 와 H_2O를 생성한다.

38 pyruvate로부터 glucose를 만드는 당신생 과정과 관련이 있는 효소는?

① succinate dehydrogenase

② fumarase

③ phosphofructokinase

④ pyruvate carboxylase

⑤ citrate synthase

36 ③ **37** ② **38** ④ 정답

39 TCA 회로에 관여하는 조절효소 중 ADP에 의해 촉진을 받는 다른자리입체성 조절효소는?

① citrate synthetase

② isocitrate dehydrogenase

③ α-ketoglutarate dehydrogenase

④ aconitase

⑤ succinyl-CoA synthetase

> **해설** TCA 회로를 조절하는 다른자리입체성 조절효소는 citrate synthetase와 isocitrate dehydorgenase가 있다. 이 두 효소가 모두 ATP와 NADH(저해적 조절 인자)에 의해 저해를 받으며, 후자는 ADP(촉진적 조절 인자)에 의해 촉진된다.

출제유형 47

40 포도당-1-인산과 반응하여 글리코겐 합성에 관여하는 물질은?

① guanosine

② pyruvate kinase

③ glucokinase

④ cytidine triphosphate

⑤ uridine triphosphate

> **해설** 우리딘 삼인산(UTP ; uridine triphosphate)은 포도당-1-인산과 반응해서 글리코겐 합성에 관여한다.

41 에피네프린은 글리코겐 분해를 촉진시켜 혈당을 증가시킨다. 이 과정에서 에피네프린에 의하여 활성이 증가하는 효소는?

① glycogen phosphorylase

② glucose oxidase

③ glycogen synthase

④ phosphoglucomutase

⑤ glucose-6-phosphatase

> **해설** epinephrine과 glucagon이 cyclic AMP를 증가시켜 phosphorylase를 활성화시키므로 글리코겐 분해가 되어 혈당이 증가한다.

정답 39 ② 40 ⑤ 41 ①

42 오탄당인산경로는 간보다 지방조직에서 더 활발하게 일어난다. 그 이유는?

① 지방조직에서는 5탄당 공급이 활발히 이루어져야 하므로

② 지방조직에서는 헥소키나아제가 존재하지 않으므로

③ 지방조직에서는 지방 합성에 환원력(NADH)이 필요하므로

④ 지방조직에서는 미토콘드리아가 존재하지 않기 때문에

⑤ 지방조직에서는 해당과정이 일어나지 않으므로

해설 지방조직에서는 NADPH 생성이 활발하게 이루어져서 지방산 합성에 필요한 환원력을 제공한다.

출제유형 37

43 다른자리입체성 조절효소 중 하나인 과당인산키나아제의 활동을 억제하는 것은?

> 가. citric acid
> 나. ADP
> 다. ATP 농도
> 라. AMP

① 가, 나, 다

② 가, 다

③ 나, 라

④ 라

⑤ 가, 나, 다, 라

해설 과당인산키나아제(phosphofructokinase)는 ADP, AMP 농도가 높으면 활성화되고 ATP 농도가 높으면 억제되며, 시트르산(citric acid)에 의해서도 억제된다.

42 ③ **43** ② 정답

44 pyruvate가 lactate로 전환되는 과정에 대한 설명으로 옳은 것은?

① 호기성 조건에서 주로 이루어진다.

② pyruvate dehydrogenase에 의해 촉매된다.

③ 해당과정에 필요한 NADH+H$^+$ 공급을 위해 일어난다.

④ lactate는 적혈구의 glucose 에너지 대사의 최종산물이다.

⑤ lactate는 근육조직 내에서 gluconeogenesis를 거쳐 glucose로 전환될 수 있다.

> 해설 ④ 적혈구에는 mitochondria가 존재하지 않으므로 lactate가 최종산물이다.
> ① · ② lactate까지의 대사는 혐기적이며 lactate dehydrogenase에 의해 일어난다.
> ③ 해당과정에 필요한 NAD 공급을 위해 일어날 수 있다.
> ⑤ 근육에서는 lactate로부터 직접 glucose를 만들 수 없다.

45 glycolysis와 gluconeogenesis 반응에서 공통으로 관여하는 효소는?

① aldolase

② hexokinase

③ glucose-6-phosphatase

④ phosphofructokinase

⑤ fructose-diphosphatase

> 해설 ① 알돌라아제(aldolase)는 해당과정과 포도당신생합성을 가역적으로 촉매하는 효소이다.
> ② · ③ · ④ · ⑤ 해당과정에만 관여하는 효소이다.

정답 **44** ④ **45** ①

CHAPTER 02 지질 및 대사

01 정의

지질은 물에 불용이며, 주된 역할은 에너지원과 세포막의 구성성분(인지질, 당지질, 콜레스테롤). 지질은 지방산과 결합하는 물질에 따라서 단순 지질, 복합 지질, 유도 지질로 분류

02 분류

[지질의 분류]

분류		형태
단순 지질	중성지방	글리세롤과 지방산의 에스테르
	왁스	고급지방족 알코올과 지방산의 에스테르
복합 지질	인지질	글리세롤과 지방산의 에스테르에 인산과 질소화합물을 함유
	당지질	지방산, 당질 및 질소화합물로 구성
유도 지질	지방산	–
	이소프레노이드	–
	스테롤	–

(1) 단순 지질

① **중성지방** : 자연계에 가장 많은 지질의 형태로, 글리세롤과 지방산의 에스테르의 결합으로 글리세리드 또는 중성지방이라 함. 지방산의 결합수에 따라서 monoglyceride(MG), diglyceride(DG), triglyceride(TG)라 부름

② **왁스** : 중성지방과 달리 고급지방족 알코올(긴 사슬 알코올)과 지방산의 에스테르. 동식물체의 표면에 있음

(2) 복합 지질

복합 지질이란 지방산, 글리세롤과 아울러 다른 성분을 함유하고 있는 것

① **인지질**

　㉠ 인산이 결합된 지방을 인지질(인산지방질)이라고 함

　㉡ 인지질은 계면활성제 또는 유화제로 지질과 친수성을 띤 인산과 질소 등의 물질이 밀접하게 접근해야 되는 세포막과 세포 내 입자에서 많이 발견됨. 인지질은 혈청 중에 lipoprotein으로서 콜레스테롤과 거의 같은 양이 들어 있으며 식품가공에서는 레시틴을 유화제로 이용

　※ 글리세롤과 결합한 포스포글리세리드(phosphoglyceride)와 스핑고지질(sphingolipid)

포스포글리세리드의 기본구조

$$CH_3(CH_2)_{12}CH = CH - CH - CH - CH_2 - O - X$$

OH NH
|
C = O
|
R

스핑고지질의 기본구조

② **당지질** : 인지질과 달리 인산이 없으며 당(galactose 등)을 함유하기 때문에 galactolipid라고
도 부름. 신경, 뇌조직 등에 많으며 장쇄지방산이 많음

(3) 유도 지질

① **지방산** : 자연계에 존재하는 지방산은 말단에 카복실기(−COOH)를 가진 짝수 개의 탄소수를
가진 직사슬 구조를 갖고 있음. 일부는 유리지방산으로서 혈장 중에 존재

　㉠ 포화지방산 : 분자 내에 이중결합이 없는 것

　㉡ 불포화지방산 : 분자 내에 이중결합의 수에 따라 monoene, diene, triene acid 등

　㉢ 필수지방산 : 동물의 세포에서 리놀레산(linoleic acid), 리놀렌산(linolenic acid), 아라키돈
산(arachidonic acid)은 비타민 F라는 별명을 가지고 생체 내에서 중요한 역할을 함. 서로
변환시킬 수는 있으나 합성할 수는 없기 때문에, 음식물에서 섭취해야 함

② **이소프레노이드** : 이소프렌을 구성단위로 하는 유기화합물의 총칭으로 이소프레노이드 중에서
생화학적으로 중요한 것은 스테로이드임. 스테로이드의 생리작용은 광범위하여 담즙산, 부신
피질호르몬, 황체호르몬, 남성호르몬 등이 스테로이드에 속함. 스테로이드 이외에 지용성 비타
민 A, D, E, K도 이소프레노이드에 속함

③ **스테롤** : 지방산이 없어 비누화되지 않는 지질(non-saponifiable lipid)로 콜레스테롤
(cholesterol), 에르고스테롤(ergosterol), 시토스테롤(sitosterol), 스티그마스테롤
(stigmasterol) 등이 있음

지질의 대사는 가수분해 과정, 산화 과정, 생합성 과정으로 나뉨

(1) 지질의 가수분해 과정

① lipase : 저장지질의 대부분도 triglyceride(TG) 형태로 존재. 에너지를 생성해야 할 필요가 있을 때에는 먼저 TG가 lipase의 존재하에서 가수분해되어 지방산과 글리세롤이 됨. 지방산은 β−산화, ω−산화, α−산화 등의 과정을 통해 에너지를 방출함
② phospholipase : 효소작용을 받는 위치에 따라 4가지의 효소가 있음

(2) 지방산의 산화과정(β−산화) ☆ ☆ ☆ ☆ ☆ ☆ ☆

① 지방은 지방산과 글리세롤로 분해
② 지방산이 활성화되어 카르니틴(carnitine)을 담체로 하여 미토콘드리아 내로 들어가 산화
③ 연속적인 4단계 반응에 의해 지방산의 탄소가 2개씩 짧아지면서 $FADH_2$, NADH, acetyl−CoA를 생성
　㉠ 산화 반응 : FAD에 의한 $FADH_2$를 생성(반응효소 : acyl−CoA dehydrogenase)
　㉡ 수화 반응(반응효소 : enoyl−CoA hydratase)
　㉢ 산화 반응 : NAD^+에 의한 NADH를 생성(반응효소 : β−hydroxyacyl−CoA dehydrogenase)
　㉣ 분해 반응 : CoA에 의한 탄소수가 2개 적은 acyl−CoA와 acetyl−CoA를 생성(반응효소 : acetyl−CoA acyltransferase)
④ 1회의 β−산화에 의해 $FADH_2$와 NADH가 각 1분자씩 생성되어 전자전달계를 통해 4ATP 생성
⑤ β−산화가 반복되어 여러 개의 acetyl−CoA를 생성하여 TCA 회로로 보내져 다량의 에너지(ATP)를 생성
⑥ 짝수의 탄소 사슬을 가진 포화지방산의 경우 4단계 반응이 (탄소수/2)−1회만큼 반복됨

(3) 케톤체의 생성 ⭐36 ⭐42

① 오랜 공복이나 당뇨병일 경우 포도당이 뇌의 에너지원으로 이용되고, 세포는 주로 체지방을 에너지원으로 이용

② 지방의 산화로 생성된 다량의 아세틸 CoA에 비해 포도당으로부터 생성되는 옥살로아세트산 (oxaloacetate)이 부족하면 TCA 회로는 원활히 진행이 안 됨. 이때 축적된 아세틸 CoA는 아세토아세트산(acetoacetate), β-하이드록시뷰티르산(β-hydroxybutyrate), 아세톤(acetone) 등의 케톤체를 대량 생성하고 케톤증(ketosis)을 유발

③ 케톤체의 합성 경로

acetoacetyl-CoA → HMG CoA → acetoacetate → Acetone, β-hydroxybutyrate

(4) 불포화지방산의 산화

불포화지방산의 산화에는 이성화 효소(isomerase)와 에피머 효소(epimerase)가 필요함. COOH기 쪽으로부터 β-산화를 받는 것은 포화지방산의 경우와 같지만 이중결합의 2개 앞쪽 탄소에 isomerase가 작용해서 이중결합이 enoyl-CoA가 됨

(5) 홀수 개 탄소의 지방산

천연에는 많지 않고 포화지방산의 탄소수가 홀수인 경우 산화를 받게 되면 최후에 Propionyl-CoA가 됨. 프로피온산(propionic acid)은 이소류신(isoleucine)이나 발린(valine)으로부터도 생성

(6) ω(omega)-산화

지방산의 β-산화는 COOH기 쪽에서부터 시작되지만, 반대쪽의 CH_3기쪽의 ω-탄소가 산화되어 COOH기로 되는 반응. 이 산화는 간이나 신장의 마이크로솜에 들어 있는 효소에 의함

(7) α-산화

지방산의 위치가 산화되어 CO_2를 유리. 뇌에 많이 들어있는 스핑고지질 성분 중의 지방산은 먼저 α-산화에 의해서 탄소사슬이 짧아진 다음 β-산화를 일으킴

(8) 지방산의 생합성

① 반응 장소 : 세포질

② 아세틸-CoA가 CO_2와 결합하여 말로닐-CoA를 생성. 카르복실화효소에 의해 일어남(조효소는 비오틴)

③ $C_{16:0}$인 팔미트산 생성 후 다른 지방산 합성. 팔미트산은 아세틸-CoA 1분자와 말로닐-CoA 7분자를 연속으로 결합하여 합성됨

④ 지방산 합성 효소계복합체, 6종류의 효소들이 Acyl Carrier Protein(ACP) 단백질과 결합하고, 차례로 1번씩 반응할 때 지방산의 탄소가 2개씩 증가

⑤ **지방산합성 환원단계에서 전자공여체** : 오탄당인산염경로에서 생성된 보조효소 NADPH. 팔미트산 1분자 합성에 14NADPH 소비 ⭐38 ⭐39 ⭐41 ⭐44 ⭐46

⑥ acetyl-CoA + 7malonyl-CoA + 14NADPH → palmitic acid + $7CO_2$ + $6H_2O$ + 8CoA + 14NADP

⑦ 지방산의 생합성과 β-산화의 차이

구 분	생합성	β-산화
반응 위치	세포질	미토콘드리아
아실기 운반체	ACP	CoA
탄소단위 형태	malonyl-CoA	acetyl-CoA
에너지 형태	NADPH	NADH, $FADH_2$
CO_2 관여	관 여	관여하지 않음

CHAPTER 02 적중예상문제

01 C_{14}의 지방산이 β−산화하여 생성되는 것으로 가장 옳은 것은?

① 7개의 malonyl−CoA

② 7개의 acetyl−CoA

③ 7개의 pyruvate

④ 1개의 acetyl−CoA와 6개의 malonyl−CoA

⑤ 7개의 acetoacetic acid

해설 acetyl−CoA의 분자수 = 탄소수/2이다. 즉, 14/2 = 7개의 acetyl−CoA이다.

02 포유동물에서 지방산 합성 효소에 의하여 생성되는 주생성물은?

① 부티르산

② 스테아르산

③ 리놀레산

④ 팔미트산

⑤ 엽 산

해설 지방산의 합성 경로에서 NADPH에 의한 환원, 탈수, 환원반응을 거쳐 팔미트산이 생성된다.

03 다음 중에서 미셀(micelle)을 형성하는 데 필수적인 물질은?

① 팔미트산

② 콜레스테롤

③ 포스파티딜콜린(레시틴)

④ 중성지방

⑤ 글리세롤

해설 포스파티딜콜린(레시틴)은 글리세롤의 2개 OH기에 에스테르 결합으로 붙어 있는 지방산으로 인하여 꼬리 부분이 있고, 나머지 1개의 OH기에 인산−콜린이 붙어 극성머리를 이루는 양극성 물질이므로 수용액에서 비극성 부분은 안쪽으로, 극성머리는 바깥쪽(물)으로 향하는 미셀을 형성하기에 적합하다. 그러나 팔미트산, 중성지방은 전적으로 비극성이며, 콜레스테롤도 약간 극성이기는 하지만 단독으로 미셀을 형성할 만큼 양극성이 아니며, 글리세롤은 완전히 수용성이므로 미셀을 형성하지 못한다.

01 ② 02 ④ 03 ③ **정답**

04 지방의 알칼리 가수분해 반응을 무엇이라고 부르는가?

① 축합 반응

② 에스테르화 반응

③ 탈수 반응

④ 비누화 반응

⑤ 수소첨가 반응

> **해설** 지방산과 글리세롤로 결합된 triglyceride(TG)는 알칼리 처리에 의해 비누와 글리세롤로 가수분해되는데 이런 반응을 비누화 반응(saponification)이라 한다.

출제유형 40

05 지방산의 β-산화에 관한 설명이다. 옳은 것은?

> 가. 불포화지방산은 융점이 낮다.
> 나. 지방산은 일반적으로 짝수의 탄소 원자로 구성되어 있다.
> 다. 지방산은 일반적으로 직쇄상의 monocarboxylic acid이다.
> 라. 불포화지방산은 사슬 내 cis-형 또는 trans-형의 이중결합을 하고 있다.

① 가, 나, 다   ② 가, 다

③ 나, 라   ④ 라

⑤ 가, 나, 다, 라

> **해설** 불포화지방산은 이중결합이 한 개 이상 있는 지방산이다. 탄소와 탄소 간의 이중결합에 결합된 수소는 같은 방향으로 있는 형태(cis형)와 위 아래로 나뉜 형태(trans형)가 있다.

06 다음 중 아라키돈산의 표기로 옳은 것은?

① $C_{20:3}(\omega-6)$

② $C_{20:4}(\omega-6)$

③ $C_{20:3}(\omega-3)$

④ $C_{20:5}(\omega-6)$

⑤ $C_{20:5}(\omega-3)$

> **해설** 아라키돈산은 불포화 ω-6 지방산으로, 4개의 이중결합을 갖는 탄소 20개로 구성된 지방산이다.

정답 **04** ④ **05** ⑤ **06** ②

07 지방산 합성에 필요한 NADPH를 생성하는 당 대사경로는?

① 해당과정

② TCA 회로

③ 포도당 신생

④ 코리회로

⑤ 오탄당인산경로

해설 오탄당인산경로

glucose-6-phosphate가 산화적 탈탄산되어 pentose-phosphate와 NADPH를 생성하는 과정과 인산에스테르가 상호전환하는 과정으로 NADPH는 지방산과 스테로이드 합성에 필요하다.

08 천연에 존재하는 지방산의 특징은?

가. NADP를 필요로 한다.

나. flavoprotein(riboflavin)을 필요로 한다.

다. β-산화를 하면 지방산에서는 탄소수가 2개 적은 acyl-CoA가 생성된다.

라. 불포화지방산의 β-산화는 cis-형이 trans-형으로 바뀌고 난 다음에 β-산화가 일어난다.

① 가, 나, 다   ② 가, 다

③ 나, 라   ④ 라

⑤ 가, 나, 다, 라

해설 천연의 지방을 구성하는 지방산은 약 50여 종이며 포화 또는 불포화로 분포하고, 불포화지방산은 cis-형이 많다.

09 다음 중 세포막의 기본을 이루는 지질은?

① 왁 스   ② 글리세롤

③ 인지질   ④ 콜 린

⑤ 중성지방

해설 인지질은 글리세롤과 지방산의 에스테르에 인산과 질소화합물을 함유한다. 핵, 미토콘드리아와 같은 세포의 구성성분이다.

07 ⑤ **08** ⑤ **09** ③ 정답

10 지방산 합성 과정에서 citrate의 역할로 옳은 것은?

① 미토콘드리아에서 세포질로 H^+(reducing equivalent)를 옮겨준다.

② 지방산 생합성 효소를 억제한다.

③ 미토콘드리아에서 세포질로 acetyl group을 옮겨준다.

④ malony-CoA를 합성할 CO_2를 공급한다.

⑤ 콜레스테롤 합성을 억제한다.

> 해설 미토콘드리아 내에서 생성된 acetyl-CoA를 지방산 합성의 재료로 사용하기 위하여 미토콘드리아 내에서 acetyl-CoA는 oxaloacetate와 결합하여 citrate를 형성한 후, 미토콘드리아막을 통과하여 세포질로 나온다. 그 다음 citrate는 citratelyase에 의하여 분해되고 acetyl-CoA는 지방산 합성의 재료로 사용된다.

11 불포화지방산이 아닌 것은?

① palmitic acid
② linoleic acid
③ linolenic acid
④ arachidonic acid
⑤ oleic acid

> 해설 ① 팔미트산(palmitic acid)은 포화지방산이다.
> 불포화지방산은 한 개 이상의 탄소-탄소 이중결합을 가진 지방산이다. 불포화지방산 중 체내에서 합성되지 않는 리놀레산, 리놀렌산, 아라키돈산 등은 일종의 비타민 작용을 하는 지방산을 필수지방산이라고 한다.

12 생체막에 대한 설명으로 옳은 것은?

① 인지질의 이중층(bilayer)이 기본이며 당은 세포막의 바깥쪽에만 있다.

② 인지질의 이중층으로 된 것도 있고 단층(monolayer)으로 된 것도 있다.

③ 생체막에 포함된 단백질 함량은 지질 함량보다 적다.

④ 구성 지질은 인지질, 콜레스테롤, 토코페롤 등이 있는데 극성을 띤 부위가 막 내부를 향하여 있다.

⑤ 인지질을 사용하여 인위적으로 만든 미셀과 유사하다.

> 해설 생체막은 인지질의 이중층(bilayer)으로 단층으로 구성된 미셀 형태가 아니라 리포솜의 형태와 같다. 극성머리는 물이 존재하는 바깥 양쪽으로 위치하고 있으며, 대부분 단백질을 포함하는데 막의 종류에 따라 지질과 단백질의 함량이 다르며 미엘린의 막은 지질이 훨씬 많으나 미토콘드리아 내막은 단백질 함량이 80%로 지질 함량보다 많다.

정답 **10** ③ **11** ① **12** ①

13 **지방산의 β−산화에 관한 설명으로 옳은 것은?**

① 세포질에서 주로 일어난다.

② malonyl−CoA를 생성한다.

③ β−산화의 주생성물은 아세토아세트산이다.

④ 포화지방산의 β−산화는 지방산의 탄소 개수가 2개씩 줄어 acetyl−CoA로 변환된다.

⑤ 불포화지방산의 β−산화는 trans−형이 cis−형으로 변경된다.

해설 지방산 β−산화는 acetyl−CoA를 생성하며 미토콘드리아에서 일어난다. 불포화지방산의 β−산화는 cis−형이 trans−형으로 변경된다.

14 **레시틴의 구성물질은?**

① 글리세롤, 지방산, 인산, 에탄올아민

② 글리세롤, 지방산, 인산, 세린

③ 글리세롤, 지방산, 인산, 콜린

④ 글리세롤, 지방산, 인산, 이노시톨

⑤ 글리세롤, 지방산, 인산, 갈락토스

해설 레시틴은 글리세롤 1분자, 지방산 2분자, 인산 1분자, 콜린 1분자로 구성되어 있다.

15 **다음 중 케톤체 생성에 관여하는 효소는?**

① 3−hydroxyacyl−CoA epimerase

② hydroxymethylglutaryl−CoA synthase

③ hydroxymethylglutaryl−CoA reductase

④ acetyl−CoA carboxylase

⑤ methylmalonyl−CoA mutase

해설 hydroxymethylglutaryl−CoA synthase는 콜레스테롤 합성에 관여한다.

16 지방의 소화 흡수에 관여하는 효소로 옳은 것은?

> 가. lipase(리파아제)
> 나. chymotrypsin(키모트립신)
> 다. esterase(에스테라아제)
> 라. dipeptidase(디펩티다아제)

① 가, 나, 다　　　　　　　　　② 가, 다
③ 나, 라　　　　　　　　　　　④ 라
⑤ 가, 나, 다, 라

해설 지방의 소화 흡수 과정은 간으로부터 생성된 담즙이나 췌장에서 보내진 lipase의 작용을 받으며 이 lipase에 의해서 지방산과 glycerol로 분해된다. esterase는 콜레스테롤 에스테르 분해 등에 관여한다.

17 다음 중 비극성 지질은?

① 포스파티딜 에탄올아민
② 트리팔미틴
③ 갈락토세레브로시드
④ 콜레스테롤
⑤ 스핑고미엘린

해설 포스파티딜 에탄올아민과 스핑고미엘린은 인산-콜린의 극성 머리 부분으로 인하여 극성 지질이며, 콜레스테롤과 세레브로시드는 유리 OH기로 인하여 극성을 갖지만, 트리팔미틴은 palmitic acyl group만 셋이 있는 중성지방(triglyceride)으로 비극성이다.

18 지방산의 β-산화가 일어나는 세포 내 분획은?

① 미토콘드리아　　　　　　　② 소포체
③ 세포질　　　　　　　　　　④ 골지체
⑤ 리보솜

해설 지방산의 β-산화는 미토콘드리아 기질(matrix) 내에서 일어난다.

19 지방산 생합성의 출발물질은?

① 아세틸–CoA

② 메틸말로닐–CoA

③ 부티릴–CoA

④ 아세토아세틸–CoA

⑤ 숙시닐–CoA

해설 **지방산 생합성**

아세틸–CoA를 출발물질로 하여 아세틸–CoA 카르복실화효소에 의한 ATP의 분해로 CO_2와 결합하고 말로닐–CoA를 생성함으로써 개시된다. 지방산 생합성은 시트르산에 의해 조절된다.

20 LCAT(Lecithin Cholesterol Acyl Transferase)에 대한 설명으로 옳은 것은?

① 여러 종류의 지단백질에 모두 존재하지만 조직에는 존재하지 않는다.

② cholesterol ester를 가수분해하는 방향으로 작용한다.

③ 간조직으로부터 타조직에 콜레스테롤을 이동할 때 주로 작용한다.

④ HDL에 있으며 주생성물은 cholesterol ester와 lysolecithin이다.

⑤ 간조직에 있으며 콜레스테롤 섭취에 의해 활성이 증가된다.

해설 LCAT는 HDL에 존재하는 효소 단백질로서 간 이외의 조직으로부터 콜레스테롤을 받아 자신의 인지질 lecithin에 있는 지방산을 제공하여 콜레스테롤 에스테르를 생성하는 반응(cholesterol + lecithin → cholesterolester + lysolecithin)을 촉매한다. 이렇게 HDL 내에 콜레스테롤 에스테르가 증가하면 처음에 원판형이던 신생 HDL이 구형으로 바뀌고, 이러한 콜레스테롤 에스테르의 상당량이 간으로 이동된다.

21 지방산의 합성에서 palmitic acid는 acetyl–CoA 몇 분자와 malonyl–CoA 몇 분자를 연속으로 결합시켜 합성하는가?

① malonyl–CoA 1분자

② malonyl–CoA 3분자

③ malonyl–CoA 7분자

④ acetyl–CoA 3분자

⑤ acetyl–CoA 7분자

해설 acetyl–CoA + 7malonyl–CoA + 14NADPH → palmitic acid + $7CO_2$ + $6H_2O$ + 8CoA + 14NADP

19 ① 20 ④ 21 ③ 정답

22 지방산의 전환반응 중 체내에서 일어나지 않는 것은?

① palmitic acid – stearic acid

② stearic acid – oleic acid

③ oleic acid – linoleic acid

④ linoleic acid – palmitic acid

⑤ arachidonic acid – prostaglandin

> 해설   불포화지방산으로서는 C_{18}의 oleic acid가 가장 많이 발견되며 같은 C_{18}의 linoleic acid, linolenic acid, r–linolenic acid와 C_{20}의 arachidonic acid 등은 생체 내에서 합성되지 않으므로 필수지방산이라 한다.

출제유형 38

23 동물세포 내 지방산 산화과정에 대한 설명으로 옳은 것은?

> 가. acyl–CoA가 미토콘드리아 내막을 통과하려면 카르니틴과 결합이 필요하다.
> 나. 지방산의 산화는 세포질과 미토콘드리아에서 일어난다.
> 다. 지방산의 산화에 malonyl–CoA는 관여하지 않는다.
> 라. 팔미트산은 β–산화를 통해 9개의 acetyl–CoA로 분해된다.

① 가, 나, 다

② 가, 다

③ 나, 라

④ 라

⑤ 가, 나, 다, 라

> 해설   나. 지방산의 합성은 세포질에서, 지방산의 산화는 미토콘드리아에서 일어난다.
> 라. 팔미트산(C_{16})은 β–산화를 통해 8개의 acetyl–CoA로 분해된다.

정답   **22** ③   **23** ②

24 다음 중 포화지방산의 일반식은?

① $C_nH_{2n-5}COOH$

② $C_nH_{2n-3}COOH$

③ $C_nH_{2n-1}COOH$

④ $C_nH_{2n+1}COOH$

⑤ $C_n(H_2O)_m$

해설 포화지방산의 일반식은 $C_nH_{2n+1}COOH$이고, 불포화지방산 중 이중결합이 1개인 올레산(oleic acid) 등은 C_nH_{2n-1} COOH, 이중결합이 2개인 리놀레산(linoleic acid) 등은 $C_nH_{2n-3}COOH$, 이중결합이 3개인 리놀렌산(linolenic acid) 등은 $C_nH_{2n-5}COOH$로 표시한다.

25 다음 중 혈중에서 발견되는 케톤체는?

① β-hydroxybutyrate

② lactic acid

③ dihydroxyacetone

④ ketoglutaric acid

⑤ acetoacetyl-CoA

해설 지방산의 산화에 의해서 생성된 아세토아세트산(acetoacetate), β-하이드록시뷰티르산(β-hydroxybutyrate), 아세톤(acetone)을 총칭해서 케톤체라 한다.

26 다음은 케톤체에 대한 설명이다. 옳은 것은?

> 가. 간에서 합성되어 근육조직에서 열량원으로 쓰인다.
> 나. pyruvic acid와 4-hydroxybutric acid가 이에 속한다.
> 다. 지방산화가 증가할 때 합성이 증가한다.
> 라. 미토콘드리아 내의 NADH / NAD가 증가하면 생성량이 증가한다.

① 가, 나, 다
② 가, 다
③ 나, 라
④ 라
⑤ 가, 나, 다, 라

> **해설** 케톤체는 지방의 산화가 증가할 때 합성이 증가하며, 오랜 절식 후 뇌에서 에너지원으로 사용된다. 주 케톤체는 아세토아세트산(acetoacetate), β-하이드록시뷰티르산(β-hydroxybutyrate), 아세톤(acetone)이다. 케톤체의 산화는 CoA로 활성화된 후 행해진다.

27 인지질 합성 과정에 대한 설명으로 옳은 것은?

① 전구체가 되는 diacylglycerol의 지방산 성분이 영향을 준다.
② phosphatidylethanolamine 합성 시 S-adenosyl methionine이 필요하다.
③ phosphatidylcholine 합성에는 CTP가 필요하지만 phosphatidylethanolamine 합성 시에는 필요하지 않다.
④ 전구체가 되는 diacylglycerol은 phosphatidic acid 생성 이전에 생성된다.
⑤ 전구체인 diacylglycerol은 중성지방 합성에는 사용되지 않는다.

> **해설** 체내에서 합성되는 대부분의 인지질은 생체막의 성분이 되므로 적당한 유동성을 가지기 위하여 지방산 성분이 일정해야 하며 특히 글리세롤의 두 번째 OH 위치에 다가불포화지방산이 있어야 하므로 그러한 지방산을 가진 diacylglycerol을 우선적으로 전구체로 선택한다. 포스파티딜콜린(phosphatidylcholine)과 포스파티딜에탄올아민(phosphatidylethanolamine)의 합성 경로에는 CTP를 이용하는 반응이 대부분이며, S-adenosyl methionine은 phosphatidylcholine 합성 시 사용된다.

28 다음은 지방산 합성 시 활성의 변화가 있는 효소들이다. 옳은 것은?

> 가. glucose-6-phosphate 탈수소효소
> 나. 지방산 합성 효소
> 다. 구연산분해효소
> 라. 아세틸-CoA 카르복실화효소

① 가, 나, 다

② 가, 다

③ 나, 라

④ 라

⑤ 가, 나, 다, 라

> **해설** 지방산 합성 시 활성이 증가되는 효소(lipogenic enzyme)들은 아세틸-CoA 카르복실화효소, 지방산합성효소, 구연산분해효소(citratelyase), glucose-6-phosphate 탈수소효소와 말산효소(malic enzyme) 등 5가지이다.

29 다음 중 고급지방산과 고급알코올로 이루어진 물질은?

① 콜레스테롤

② 왁 스

③ 단백질

④ 인지질

⑤ 당지질

> **해설** 왁스는 중성지질과 달리 고급알코올(긴 사슬 알코올)과 고급지방산이 에스테르와 결합된 것으로 밀랍이나 경랍 등의 성분이다.

30 소화 흡수된 지방을 혈액으로 운반하는 지단백 형태는?

① HDL

② LDL

③ IDL

④ VLDL

⑤ chylomicron

> 해설 지질의 소화 흡수로 소장내공(lumen) → 소장점막세포(mucosa) → 림프계 또는 문맥혈액을 거쳐 흡수된다. chylomicron은 모세혈관을 통과할 수 없고 그 대신 림프계로 들어가 흉관을 거쳐 혈액순환계로 들어간다.

31 지질 합성에 필요한 glycerol-3-phosphate를 공급하는 반응은?

① dihydroxyacetone의 산화

② glyceraldehyde-3-phosphate의 산화

③ glycerol-1,3-diphosphate의 탈인산화

④ ATP에 의한 glycerol의 인산화

⑤ phosphatidic acid의 가수분해

> 해설 glycerol kinase에 의하여 free glycerol으로부터 만들어지거나 dihydroxyacetone phosphate의 환원에 의하여 형성된다.

32 지방산 생합성 과정에 필요한 물질은?

① FAD

② lipase

③ acyl carrier protein

④ acyl carnitine

⑤ glycerol phosphate acyltransferase

> 해설 acyl carrier protein은 pantothenic acid를 포함하는 단백질로 fatty acid synthase 복합체의 한 성분을 이루어 지방산의 사슬 연장에 중요한 역할을 한다.

정답 **30** ⑤ **31** ④ **32** ③

33 콜레스테롤과 관계가 없는 것은?

① 담즙산

② 비타민 D

③ 남성호르몬

④ 유 화

⑤ 비누화

해설 콜레스테롤(cholesterol)의 작용
- 인지질과 같이 세포의 구성성분이다.
- 불포화지방산의 운반체 역할을 한다.
- 담즙산의 전구체이다.
- 스테로이드 호르몬의 전구체이다.
- 유도 지질인 콜레스테롤은 TG나 인지질과 달리 알칼리 처리에 의한 비누화가 일어나지 않는다(非비누화 지방).

34 다음은 지방조직에 저장된 중성지방(triacylglycerol)에 대하여 설명한 것이다. 옳은 것은?

가. 가수분해되어 지방산과 dihydroxyacetone을 생성한다.
나. 분해되어 생성된 지방산은 지단백질에 의하여 운반된다.
다. 글루카곤에 의해 분해 효소가 탈인산화되어 활성이 증가한다.
라. 가수분해를 촉매하는 효소는 cAMP에 의해 활성이 증가된다.

① 가, 나, 다

② 가, 다

③ 나, 라

④ 라

⑤ 가, 나, 다, 라

해설 지방조직에 저장된 지방은 글루카곤(glucagon)이나 에피네프린(epinephrine)에 의하여 촉진되는 lipase에 의하여 분해되는데, 이 효소는 cAMP에 의하여 인산화가 촉진되므로 활성이 증가한다. 분해되면 지방산과 글리세롤을 생성하며, 지방산은 혈중 알부민에 의하여 운반되고, 글리세롤은 간에 운반되어 신생 당합성에 사용될 수 있다.

35 인산과 결합하여 존재하다가 분해되면서 나오는 에너지로 ADP와 P가 ATP로 재합성되도록
돕는 물질은?

① glycine

② creatine

③ glucagon

④ acetoacetate

⑤ carnitine

해설 크레아틴은 아미노산 유사 물질로 근육 속에 다량으로 존재하다가 인산과 결합하여 크레아틴인산이 되며 산소
결핍 시 근육에서 ADP를 ATP로 인산화시키면서 다시 인산과 크레아틴으로 분해된다.

36 지방산 생합성에 관여하는 조효소는?

① PLP

② TPP

③ FADH$_2$

④ FMN

⑤ NADPH

해설 지방산의 생합성은 세포의 세포질에서 일어나며, malonyl-CoA를 통해 지방산 사슬이 2개씩 증가되는 과정으
로, NADPH를 조효소로 사용한다.

정답 35 ② 36 ⑤

37 지방산의 산화 시에 지방산을 미토콘드리아 내로 운반하는 역할을 하는 것은?

① 카르니틴
② 리포프로틴
③ 포스포리파아제
④ β-케토티올라아제
⑤ 이성질화효소

해설 지방산은 CoA와 결합해 acetyl-CoA로 된 뒤 미토콘드리아 내로 운반되어 산화분해된다. acetyl-CoA는 미토
콘드리아 내막을 통과할 수 없는데 카르니틴(carnitine)이 담체가 되어 아세틸카르니틴 형이 되면 미토콘드리아
내로 진입할 수 있다.

38 지방산의 β-산화에 대한 설명으로 옳은 것은?

① 말로닐-CoA가 촉진인자이다.
② 최종적으로 아세토아세트산을 생성한다.
③ 미토콘드리아에서 일어난다.
④ NADPH를 생성한다.
⑤ 탈수 반응을 거친다.

해설 지방산의 β-산화
미토콘드리아 기질에서 일어나는 연속적인 4단계 반응에 의해 지방산의 탄소가 2개씩 짧아지면서 $FADH_2$,
NADH, 아세틸-CoA를 생성하는 과정(산화 → 수화 → 산화 → 분해 반응)이다.

37 ① **38** ③ 정답

39 아세틸 CoA를 TCA 회로에서 처리할 때 필요한 이것이 없으면 TCA 회로가 충분히 돌아가지 않아 케톤증이 발생할 수 있다. 이 물질은 무엇인가?

① oxaloacetate

② acetoacetate

③ β-hydroxybutyrate

④ acetone

⑤ lactic acid

> **해설** 케톤증(ketosis)
> 지방의 산화로 생성된 다량의 아세틸 CoA에 비해 포도당으로부터 생성되는 옥살로아세트산(oxaloacetate)이 부족하면 TCA 회로는 원활히 진행이 안 된다. 이때 축적된 아세틸 CoA는 간의 미토콘드리아에서 아세토아세트산(acetoacetate), β-하이드록시뷰티르산(β-hydroxybutyrate), 아세톤(acetone) 등의 케톤체를 대량 생성하고 케톤증(ketosis)을 유발한다.

40 당질 섭취의 부족으로 지방산이 과잉 산화될 때 생성이 많아지는 것은?

① 아세토아세트산   ② 말 산

③ 숙신산   ④ 피루브산

⑤ 젖 산

> **해설** 케톤체는 체내에서 과량의 지방산이 불완전 연소로 생성되는 지방산의 유도체로, 아세토아세트산(acetoacetate), β-하이드록시뷰티르산(β-hydroxybutyrate), 아세톤(acetone) 등이 있다.

41 NADPH가 조효소로 작용하는 대사과정은?

① 지방산 생합성

② 케톤체 합성

③ 콜레스테롤 분해

④ 지방산 β-산화

⑤ TCA 회로

> **해설** 지방산의 생합성은 세포의 세포질에서 일어나며, malonyl-CoA를 통해 지방산 사슬이 2개씩 증가되는 과정으로, 조효소로 NADPH가 필요하다.

정답 **39** ①   **40** ①   **41** ①

단백질 및 대사

01 정 의

단백질은 약 20종의 아미노산이 펩타이드 결합(peptide bond)으로 연결된 분자량 수천~수백만 정도
의 고분자 화합물. 단백질은 탄소(C), 수소(H), 산소(O), 질소(N)로 이루어져 있으며 생체의 중요한
구성 성분

02 분 류

(1) 화학적 분류

아미노산만으로 구성된 단순단백질, 아미노산과 다른 성분이 결합된 복합단백질, 이화학적 변화
를 받아서 생성된 유도단백질로 분류

① 단순단백질 : 알부민, 글로불린, 글루텔린, 프롤라민, 히스톤 등

② 복합단백질 : 핵단백질, 인단백질, 당단백질, 지방단백질, 금속단백질, 색소단백질 등

③ 유도단백질 : 변성단백질, 분해단백질 등

(2) 형태에 따른 분류

① 구상 단백질 : 혈청 albumin, lactalbumin(유즙), myogen(근육)

② 섬유상 단백질 : collagen(연골), keratin(머리카락, 손톱), elastin(결합조직), fibroin(견사) ⭐

(3) 기능에 의한 분류

① 효소 단백질 : 소화효소(pepsin 등)

② 저장 단백질 : casein(우유), ovalbumin(난백), ferritin(간에 철분 저장) 등

③ 운반 단백질 : hemoglobin(산소 운반), 혈청 albumin(지방산 운반)

④ 수축(운동) 단백질 : actin, myosin(근육)

⑤ 구조 단백질 : collagen(연골, 결합조직), keratin(머리카락)

⑥ 항체 단백질 : γ-globulin

⑦ 조절 단백질 : 성장호르몬, insulin 등

(4) 영양적 분류

① 완전단백질 : 필수아미노산을 충분히 함유하여, 동물의 정상적인 성장을 돕고, 체중을 증가시키며 생리적 기능을 돕는 단백질

② 부분적 불완전단백질 : 동물의 성장은 돕지 못하나 체중 증가 및 생명을 유지하는 단백질

③ 불완전단백질 : 계속 섭취 시 동물의 성장이 지연되고 체중이 감소되며 생명에 지장을 초래

03 아미노산

(1) 아미노산의 정의

생체 내의 아미노산은 대부분 단백질 구성성분으로 존재하며, 대부분 α-아미노산. glycine을 제외한 모든 아미노산에서는 두 가지 이성체가 가능 ✿

```
        COOH                    COOH
         |                       |
    H – C – NH₂            NH₂ – C – H
         |                       |
         R                       R
    ┌─────────┐            ┌─────────┐
    │ D – 아미노산 │            │ L – 아미노산 │
    └─────────┘            └─────────┘
```

(2) 아미노산의 종류

① 지방족 아미노산

  ㉠ 중성 아미노산 : glycine, alanine, valine, leucine, isoleucine

  ㉡ 하이드록시 아미노산 : serine, threonine

  ㉢ 함황 아미노산 : cysteine, cystine, methionine

  ㉣ 산성 아미노산 : aspartic acid, glutamic acid

  ㉤ 염기성 아미노산 : lysine, arginine, histidine

② 방향족 아미노산 : phenylalanine, tyrosine

③ 헤테로고리(복소환) 아미노산 : tryptophan, proline, hydroxyproline, histidine

(3) 아미노산의 성질

① 아미노산 일반식은 중성의 수용액 속에 $-COOH$ 와 $-NH_2$를 가지고 있어 이온화될 수 있음

$$R - COOH \rightleftharpoons RCOO^- + H^+$$
$$R - NH_3^+ \rightleftharpoons RNH_2 + H^+$$

② 단백질은 산성 용액 중에서 양(+)전하, 알칼리성에서 음(−)전하를 띠며, 그 중간의 pH가 등전점이 됨. 이때 한 분자 내에 COO^- 이온과 NH_3^+ 이온이 함께 있는 상태를 양성이온(dipole ion)이라 부름. 이와 같이 양성이온으로 존재할 때의 pH를 그 화합물의 등전점(isoelectric point)이라 부름. 단순한 아미노산의 경우는 양이온과 음이온이 하나씩 있으므로 이때는 등이온점이라 함. 전하의 차를 이용하여 종류가 다른 단백질을 분별하는 방법이 이온교환법임

$$
\begin{array}{ccccc}
COOH & & COO^- & & COO^- \\
| & +OH^- & | & +OH^- & | \\
H - C - NH_3^+ & \xrightleftharpoons[H^+]{} & H - C - NH_3^+ & \xrightleftharpoons[+H^+]{} & H - C - NH_2 \\
| & & | & & | \\
R & & R & & R
\end{array}
$$

| 낮은 pH에서 (양이온) | 등전점에서 (양성이온) | 높은 pH에서 (음이온) |

04 펩타이드 결합(peptide bond)

단백질은 아미노산과 같이 아미노기($-NH_2$)와 다른 쪽 카복실기($-COOH$) 사이에서 물분자(H_2O)를 떼어내고 탈수축합반응에 의해 산 아미드결합을 형성하는 것

05 단백질의 구조

(1) 1차 구조 ☆

단백질의 1차 구조란 펩타이드 결합에 의하여 연결된 polypeptide의 사슬에서 N 말단에서 C 말단까지의 아미노산 배열 순서와, 사슬 내부나 사슬 사이에서 다리의 결합을 이루는 이황화 결합(S-S bond)의 위치를 말하는 것. 즉, 아미노산의 결합 순서를 1차 구조라 하며 아미노산의 결합 순서를 바꿈으로써 무수한 단백질을 만들 수 있음

(2) 2차 구조 ☆ ☆ ☆

공유 결합으로 연결된 polypeptide 사슬이 서로 어떻게 엉겨 붙는가를 말해주는 것으로 이때 상호작용에 관여하는 결합은 주로 펩타이드 결합에서 >C=O와 H-N< 사이의 수소 결합으로 안정을 유지하고 있음. 수소 결합에 의해 인접 peptide 사슬의 같은 방향 혹은 역방향에 따라 나선상 구조(α-helix 구조)와 병풍 구조(β구조)의 두 가지 기본적인 형태를 만들게 됨

(3) 3차 구조

2차 구조가 3차원적으로 감겨서 구부러진 단백질 구조로, 일정한 형태를 안정되게 유지하는 데 관여하고 있는 것은 이황화 결합(S-S bond), 이온 결합, 소수성 결합, 정전기적 결합에 의한 결합임. 특히 이황화 결합은 입체 구조의 유지에 크게 기여함

(4) 4차 구조

단백질 중에서 polypeptide 사슬 몇 개가 화합하여 더 큰 단백질을 이루는 구조를 4차 구조라 함. 이때 화합하는 작은 단위를 소단위(subunit)라고 하며 더욱 복잡한 반응이나 조절을 하는 단백질에 있어서는 몇 개의 subunit이 모였을 때 그의 기능을 발휘함

(1) 아미노산의 대사

① **탈아미노 반응** : transaminase와 dehydrogenase에 의해 암모니아가 유리되는 반응으로 모든 아미노산은 해당되는 α-케톤산과 암모니아로 분해 **39**

② **아미노기 전이반응(transaminase)** : 한 아미노산의 아미노기가 어떤 α-케톤산과의 사이에서 aminotransferase(transaminase, 보조효소로 PLP, 비타민 B$_6$를 전구체로 함)에 의해 새로운 아미노산과 새로운 α-케톤산으로 생성되는 반응. transaminase는 alanine 또는 glutamic acid를 요구하는 기질 특이성이 있음 **37 40 46**

③ **탈탄산 반응(decarboxylation)** : 아미노기는 그대로 둔 채 carboxyl만을 제거하는 반응. amino acid decarboxylase가 작용하는데, 강한 특이성을 요구. 인체에서는 일어나지 않고 부패성 미생물에 의해 일어남

(2) 요소회로(오르니틴 회로) **46**

① 탈아미노 반응 생성물인 암모니아는 혈액을 통해 간으로 이동하여 간세포에서 이산화탄소와 반응하고 그 생성물은 오르니틴과 반응하여 시트룰린이 되면서 요소 생성경로로 돌아가 신장으로 배설

② **요소회로 과정** **45**

ㄱ 암모니아는 카바모일인산합성효소에 의해 카바모일인산(carbamoyl phosphate) 생성

ㄴ 카바모일인산의 카르바모일기가 오르니틴으로 전이되어 시트룰린 생성

ㄷ 시트룰린이 아스파르트산과 반응하여 아르기노숙신산 생성

ㄹ 아르기니노숙신산은 아르기닌과 푸마르산으로 분해

ㅁ 아르기닌이 가수분해되어 요소와 오르니틴이 생성되며 요소회로 종결

※ ㄱ, ㄴ 반응은 미토콘드리아에서 ㄷ, ㄹ, ㅁ 반응은 세포질에서 일어난다.

(3) 생리활성물질의 합성 **43 44 47**

아미노산	생리활성물질
티로신	카테콜아민(도파민)
히스티딘	히스타민
트립토판	세로토닌
시스테인, 메티오닌	타우린
글루탐산, 시스테인, 글리신	글루타티온

CHAPTER 03 적중예상문제

01 다음 중 섬유상(fibrous) 단백질은?

> 가. α-keratin
> 나. fibroin
> 다. elastin
> 라. albumin

① 가, 나, 다
② 가, 다
③ 나, 라
④ 라
⑤ 가, 나, 다, 라

해설 알부민(albumin)은 구상단백질(globular)이다.

02 다음 중 중성 아미노산은?

① arginine
② lysine
③ glycine
④ glutamic acid
⑤ aspartic acid

해설 아미노산의 종류
- 염기성 아미노산 : arginine, lysine, histidine
- 산성 아미노산 : aspartic acid, glutamic acid
- 중성 아미노산 : glycine, alanine, valine, leucine, isoleucine

정답 01 ① 02 ③

03 단백질에 관한 설명 중에서 옳지 않은 것은?

① albumin은 globulin보다 물에 대한 용해도가 높다.
② 닌하이드린 반응에서 proline은 황색을 나타낸다.
③ 단백질 내 아미노산 간의 주요 결합은 수소 결합이다.
④ tripeptide와 protein은 보통 뷰렛 반응에서 양성을 나타낸다.
⑤ 단백질은 등전점(PI)에서 용해도가 최소가 된다.

해설 단백질을 이루는 아미노산의 주요 결합은 한 아미노산의 카복실기와 다른 아미노산의 아미노기가 탈수축합하여 생기는 펩타이드 결합이다.

04 펩타이드 결합을 설명한 것으로 옳지 않은 것은?

① 같은 아미노산 안에 있는 amino기와 carboxyl기의 결합이다.
② 두 아미노산의 펩타이드 결합을 dipeptide라 한다.
③ 펩타이드 결합을 할 때는 물 한 분자가 빠진다.
④ 다수의 amino acid가 결합한 것은 polypeptide라 한다.
⑤ 강한 산화제에 의해 절단될 수 있다.

해설 두 개 이상의 아미노산이 한 아미노산의 −COOH기와 다른 아미노산의 −NH₂기가 탈수하며 −CONH−로 결합하여 펩타이드 결합이 된다.

05 아미노산 전이효소(transferase)의 보조효소는?

① NAD
② TPP
③ CoA
④ PLP
⑤ THF

해설 transferase는 아미노산의 amino기가 다른 α−케토산에 이행되어 새로운 아미노산과 α−케토산이 생기는 반응에 관계하는 효소이다. 이 효소는 pyridoxal phosphate(PLP)를 보조효소로 한다.

03 ③ 04 ① 05 ④ 정답

06 에피네프린을 생성할 수 있는 아미노산은?

① 티로신

② 트립토판

③ 트레오닌

④ 페닐알라닌

⑤ 프롤린

해설 에피네프린은 티로신으로부터 생성되는 부신수질호르몬이다.

07 다음 중 아미노산에서 생합성되는 것은?

가. 니아신
나. 에피네프린
다. 아데닌
라. 세로토닌

① 가, 나, 다

② 가, 다

③ 나, 라

④ 라

⑤ 가, 나, 다, 라

해설 니아신과 세로토닌은 트립토판에서, 에피네프린은 티로신, 아데닌은 아스파르트산, 글루타민, 글리신에서 각각 합성된다.

정답 06 ① 07 ⑤

08 요소회로(urea cycle) 중 미토콘드리아 내에서 일어나는 단계의 반응은?

① citrulline → arginosuccinate

② arginine → ornithine

③ arginosuccinate → arginine

④ ornithine → citrulline

⑤ glutamate → aspartate

해설 urea(ornithine) cycle
- CO_2와 NH_3가 먼저 ATP 존재하에 carbamoyl phosphate 형성, 이는 ornithine과 작용하여 citrulline을 생성한다.
- citrulline은 ATP와 Mg^{2+} 존재하에 aspartic acid와 결합하여 복합체인 argininosuccinic acid를 생성한다.
- 아르기니노숙신산은 argininosuccinase에 의해서 분해되어 fumaric acid와 arginine을 생성한다. → urea

09 아미노산의 아미노기를 근육으로부터 간으로 이동시키는 과정으로 옳은 것은?

① 코리회로

② 글루코스-알라닌 회로

③ TCA회로

④ 요소회로

⑤ 해당과정

해설 근육에서 생성되는 암모니아는 피루브산으로 넘겨져 알라닌이 되고, 알라닌은 혈류를 통해 간으로 운반되어 거기서 암모니아를 유리하여 피루브산이 된다. 피루브산은 글루코스 신생합성경로를 거쳐 글루코스가 되고, 혈류를 매개로 다시 근육으로 되돌아가 해당경로를 지나 피루브산을 생성한다.

10 단백질 합성이 이루어지는 세포 내 부위와 합성이 시작되는 말단으로 옳은 것은?

① nucleus, N-말단

② mitochondria, N-말단

③ ribosome, N-말단

④ lysosome, C-말단

⑤ endoplasmic reticulum, C-말단

해설 단백질의 생합성은 ribosome에서 N-말단으로부터 시작된다.

08 ④ **09** ② **10** ③ 정답

11 단백질의 2차 구조를 이루게 하는 주요한 화학 결합은?

① 이온 결합

② 공유 결합

③ 수소 결합

④ 친수성 결합

⑤ 소수성 결합

해설 두 줄의 β-형 polypeptide chain이 평형으로 섰을 때 양자의 펩타이드 결합 간에 수소 결합이 있어 그 구조를 안정화시킨다.

12 단백질의 3차 구조를 유지하는 데 크게 기여하는 것은?

① 펩타이드

② 이황화 결합

③ van der Waals

④ 수소 결합

⑤ 이온 결합

해설 단백질의 3차 구조는 peptide chain이 복잡하게 겹쳐서 3차원의 구조를 이루고 있는 것을 말한다. 이 구조는 수소 결합, 이황화 결합, 해리 기간의 염 결합(이온 결합), 다시 비극성 기간의 van der Waals에 의한 소수 결합으로 유지되며, 특히 이황화 결합은 입체 구조의 유지에 크게 기여하고 있다.

13 다음은 단백질의 흡수 스펙트럼(spectrum)에 대한 설명이다. 옳지 않은 것은?

① 단백질의 자외선 흡수는 방향족 아미노산에 의한다.

② 흡수 스펙트럼에서 단백질을 정량할 수 있다.

③ 카복실기나 이미다졸기의 존재도 알 수 있다.

④ 단백질의 농도는 280nm에서의 흡광도를 측정하여 결정할 수 있다.

⑤ 자외선 흡수 스펙트럼이 장파장 쪽으로 이동하는 것을 변성 청색이동이라고 한다.

해설 변성에 따라 단백질용액의 자외선 흡수 스펙트럼은 단파장 쪽으로 이동하게 되는데 이것을 변성 청색이동이라 한다.

정답 **11** ③ **12** ② **13** ⑤

14 미생물의 아미노산 합성 경로에 중요한 조절기전은?

① 다른자리입체성 저해(allosteric inhibition)
② 촉진인자(activator)의 존재
③ 공유 결합성 저해(covalent inhibition)
④ 저해인자(inhibitor)의 존재
⑤ 억제인자(repressor)의 존재

해설 여러 아미노산이 단백질 합성에 이용되기 위해서는 각 아미노산 서로 간에 균형된 합성이 이루어져야 한다. 따라서 합성된 각 아미노산은 합성의 pathway에 저해작용을 통해 서로 간의 균형된 합성을 가능케 한다.

15 다음 중 heme을 가지는 단백질이 아닌 것은?

① myoglobin
② catalase
③ cytochrome
④ urease
⑤ hemoglobin

해설 heme을 가지는 단백질은 myoglobin, catalase, cytochrome, hemoglobin 등이 있다.

16 단백질의 구조를 연구하는 실험에서 fluorodinitrobenzene(FDNB)이 쓰이는 것은?

① N-말단결정
② C-말단결정
③ 2차 구조결정
④ 3차 구조결정
⑤ 4차 구조결정

해설 단백질에서 아미노산의 결합 순위와 말단결정법에는 amino 말단결정법(N-말단법)이 쓰인다.

17 단백질 가수분해 시 변화 중 옳은 것은?

① 펩타이드 결합을 형성한다.
② 유리카복실기가 감소한다.
③ pH가 내려간다.
④ 유리아미노기가 증가한다.
⑤ 양성이온 물질의 특이성을 상실한다.

해설 단백질 가수분해 시 유리아미노기와 −COOH가 증가한다.

출제유형 37

18 단백질의 1차 구조를 이루는 주된 결합은?

① 공유 결합
② 이온 결합
③ 펩타이드 결합
④ 수소 결합
⑤ 인산디에스테르 결합

해설 아미노산이 펩타이드 결합에 의하여 사슬모양으로 결합된 polypeptide chain은 단백질 구조를 이룬다.

19 아미노산에 대한 설명으로 옳지 않은 것은?

① 콩의 단백질 중에 결핍되는 아미노산은 글루타민이다.
② 부제탄소가 없는 아미노산은 글리신이다.
③ 체내에서 니아신으로 이행하는 아미노산은 트립토판이다.
④ 메틸기를 공급해주는 아미노산은 메티오닌이다.
⑤ 아미노산 중에서 −S−S−결합을 형성하는 아미노산은 시스테인이다.

해설 아미노산의 특징
• 메티오닌은 SAM(S−Adenosyl Methionine)의 형태로 생체 내 여러 반응에서 메틸 제공자로 작용한다.
• 트립토판 60mg은 대사되어 니아신 1mg을 생성한다.
• 글리신의 R기는 H로 부제탄소가 없다.
• 콩의 단백질 중에 결핍되는 아미노산은 메티오닌이다.

정답 **17** ④ **18** ③ **19** ①

20 정상인의 생체 내에서 생합성된 암모니아의 처리 과정 중 옳지 않은 것은?

① α-케토산과 결합하여 아미노산이 된다.
② 요소 합성에 이용된다.
③ 주로 간에 축적된다.
④ creatinine 생성에 이용된다.
⑤ glutamine 형성에 이용된다.

> **해설** 암모니아의 처리 과정(해독)
> • 간에서 요소회로를 통해서 요소를 합성함으로써 해독시켜 소변으로 배설한다.
> • glutamic acid → glutamine 형성
> • creatinine 생성에 이용된다.

21 단백질 생합성 반응 순서를 바르게 나열한 것은?

> 가. 아미노산의 활성화(activation)
> 나. 연장(elongation)
> 다. 접힘과 처리과정(folding and processing)
> 라. polypeptide의 합성 개시(initiation)
> 마. 종결(termination)

① 가 – 라 – 나 – 다 – 마
② 가 – 라 – 마 – 나 – 다
③ 가 – 라 – 나 – 마 – 다
④ 라 – 가 – 나 – 다 – 마
⑤ 라 – 가 – 나 – 마 – 다

> **해설** 단백질 합성 과정(대장균)
> • 아미노산의 활성화 : 20여 종의 아미노산, 20종의 아미노아실 tRNA 합성 효소, 20종 이상의 tRNA, ATP 및 Mg^{2+} → 아미노산은 아미노아실 tRNA 합성효소에 의해 tRNA로 아실화된다.
> • polypeptide의 합성 개시 : mRNA 및 그의 개시 codon(AUG), methionyl tRNAF, transformylase, 리보솜, 30s 및 50s subunit, GTR, Mg^{2+}, 개시 인자(IF-1, IF-2, IF-3) → transformylase에 의해 met 부분을 Formyl화
> • 폴리펩타이드 사슬의 신장(연장) : 개시복합체, 각 codon에 특이적인 아미노아실
> • 종결 : mRNA의 종결, codon, GTP, polypeptide 유리 인자(EF), signal peptide에 대한 특이적인 peptidase
> • 폴리펩타이드 사슬의 접힘, 처리과정 : 특이적인 효소 및 당 등의 보조인자

22 근육에서 생성된 암모니아가 간으로 이동하는 데 활용되는 cycle은?

① TCA cycle

② urea cycle

③ cori cycle

④ glucose-alanine cycle

⑤ kreb cycle

23 다음 아미노산 중 광학활성이 없는 것은?

① lysine

② glycine

③ leucine

④ alanine

⑤ cystine

해설 glycine은 asymmetric carbon(부제탄소)이 없어 광학활성이 없다.

24 체내에서 단백질 합성을 촉진하는 호르몬은?

① epinephrine

② decarboxylase

③ alanine

④ valine

⑤ thyroxine

해설 단백질 합성에 관여하는 호르몬에는 인슐린, 티록신, 성장호르몬이 있다.

정답 22 ④ 23 ② 24 ⑤

25 인간의 단백질(질소) 대사의 주된 대사 최종산물은?

① 암모니아

② 아미노산

③ 요 소

④ 요 산

⑤ 글리신

해설 단백질(질소) 대사에 주된 대사 최종산물은 요소(urea)이다. 간에서 합성되어 혈액으로 들어간 후에 신장으로부터 몸 밖으로 배설된다.

26 아미노산이 탈아미노화되고 남은 α-케토산의 이용에 관한 것으로 옳지 않은 것은?

① 아미노산으로 재합성

② 산화되어 열량을 발생

③ 요소로 전환되어 체외로 배설

④ 당질 또는 지질로 전화

⑤ 케톤체 형성

해설 탈아미노 반응(deamination)으로 생긴 α-케토산은 다음과 같은 경로로 변화된다.
• 아미노기 전이반응 : 아미노화에 의해 아미노산의 재합성
• TCA 회로나 당신생에 쓰여 열량을 발생한다.
• 포도당을 거친 후에 지방산으로 합성되거나 직접 지방산으로 합성된다.

27 알라닌(alanine)과 같은 아미노산이 당질로 전환되는 것은?

① 당신생합성 작용

② 산화적 인산화 작용

③ 해당작용

④ 당분해 작용

⑤ 당산화 · 환원 작용

해설 당원성 아미노산(glycogenic amino acid)이나 항케톤 작용 아미노산(antiketogenic amino acid)은 당으로 변화하는데, 이를 당신생합성(gluconeogenesis)이라 하며, 간장에서 주로 일어난다.

28 아미노산과 그 대사물질의 연결로 옳은 것은?

① 트립토판 – 타우린
② 티로신 – 세로토닌
③ 히스티딘 – 히스타민
④ 메티오닌 – 글루타티온
⑤ 시스테인 – 도파민

해설 아미노산과 그 대사물질

아미노산	생리활성물질
티로신	카테콜아민(도파민)
히스티딘	히스타민
트립토판	세로토닌
시스테인, 메티오닌	타우린
글루탐산, 시스테인, 글리신	글루타티온

29 아미노기 전이반응에서 피리독사민이 피루브산과 반응하여 생성되는 아미노산은?

① 히스티딘
② 아스파르트산
③ 라이신
④ 알라닌
⑤ 이소류신

해설 아미노기 전이반응
α-아미노산의 아미노기가 다른 α-케토산으로 이동하여 새로운 아미노산과 케토산을 생성하는 반응이다. 아미노기 전이반응의 첫 단계에서 인산피리독살은 피리독사민으로 전환된다. 효소와 결합한 피리독사민은 피루브산, 옥살로아세트산, 알파케토글루타레이트와 반응하여 각각 알라닌, 아스파르트산, 글루탐산을 생성한다.

정답 28 ③ 29 ④

30 근육과 장기(뇌 등)에서 아미노산 대사에 의해 생성된 암모니아를 간으로 운반하는 아미노산의 형태는?

① 알라닌, 글루타민

② 아스파르트산, 글루탐산

③ 아르기닌, 글루타민

④ 알라닌, 글루탐산

⑤ 아르기닌, 글루탐산

> 해설 • 근육조직에서 glucose-alanine 회로에 의해서 알라닌으로서 간으로 운반되는 경로도 있다(암모니아는 독성이 있으며, 특히 뇌에서는 독성이 매우 강하다).
> • 간 이외의 조직에서 생성된 암모니아는 글루타민으로 되어 간에 운반된다.

31 아미노산의 알파-케토글루타르산(α-ketoglutarate)에 아미노기를 주고 자신은 케토산(keto acid)이 되는 반응으로 옳은 것은?

① 탈아미노화(deamination)

② 아미노기 전이(transamination)

③ 탈카복실화(decarboxylation)

④ 수화(hydration)

⑤ 탈수소화(dehydrogenation)

> 해설 α-아미노기의 전이반응
> pyridoxal phosphate를 보조효소로 하는 transaminase의 촉매에 의해서 아미노산의 아미노기를 α-케토산으로 새로운 아미노산을 생성하는 반응이다.

32 3중 나선구조를 갖고 있는 단백질은?

① 면역단백질

② 항체단백질

③ 효소단백질

④ 콜라겐

⑤ 케라틴

> 해설 콜라겐은 세 개의 나선형 사슬이 밧줄처럼 꼬여 있다. 이 나선의 한 회전은 세 단위의 아미노산을 포함한다.

30 ① **31** ② **32** ④ 정답

33 아미노산의 아미노기 전이효소(transaminase)에 대한 보조효소는?

① TPP(Thiamin Pyrophosphate)

② PLP(Pyridoxal Phosphate)

③ CoA(Coenzyme A)

④ NAD(Nicotinamide Adenosine Dinucleotide)

⑤ THF(Tetrahydrofolate)

해설 PLP는 아미노기 전달반응의 보조효소로 비타민 B_6 유도체이다.

34 혈액의 응고작용에 관여하는 혈장 단백질은?

① 트랜스페린(transferrin)

② 락트알부민(lactoalbumin)

③ 피브리노겐(fibrinogen)

④ 프리알부민(prealbumin)

⑤ 글로불린(globulin)

해설 fibrinogen은 thrombin과 Ca^{2+}의 존재하에 fibrin으로 변하여 혈액 응고를 가능하게 한다.

35 요소회로에 관계되는 것 중 가장 옳은 것은?

① ornitine

② β-alanine

③ hydroxylysine

④ dihydroxy phenylalanine

⑤ serine

해설 arginine에 arginase가 작용해서 요소와 ornitine을 생성한다.

정답 33 ② 34 ③ 35 ①

36 닌하이드린(ninhydrin)의 정색반응에 관계되는 것은?

① 알칼리 용액에서 반응한다.

② 등전점에서 정색이 된다.

③ peptide에만 정색반응한다.

④ 다당류와 단백질에 정색반응한다.

⑤ 아미노산, peptide 및 단백질에 정색반응한다.

해설 아미노산의 중성 용액을 ninhydrin과 같이 가열하면 CO_2가 정량적으로 발생하면서 청색을 띤다. 이 반응은
α-아미노산, 단백질 peptide에 양성이며 아미노산의 종류에 따라 색이 달라진다.

출제유형 45

37 요소회로에서 카바모일인산(carbamoyl phosphate)이 합성되는 곳은?

① 골지체

② 미토콘드리아

③ 세포질

④ 핵 막

⑤ 리보솜

해설 요소회로 과정
1. 암모니아는 카바모일인산합성효소에 의해 카바모일인산(carbamoyl phosphate) 생성
2. 카바모일인산의 카바모일기가 오르니틴으로 전이되어 시트룰린 생성
3. 시트룰린이 아스파르트산과 반응하여 아르기니노숙신산 생성
4. 아르기니노숙신산은 아르기닌과 푸마르산으로 분해
5. 아르기닌이 가수분해되어 요소와 오르니틴이 생성되며 요소회로 종결
※ 1, 2 반응은 미토콘드리아에서 3, 4, 5 반응은 세포질에서 일어난다.

36 ① **37** ② 정답

38 신체 내에서 암모니아를 요소로 전환하는 대사 경로는?

① 오탄당인산경로

② 요소회로

③ TCA회로

④ 코리회로

⑤ 당신생경로

> **해설** 요소회로(urea cycle)
> 탈아미노 반응 생성물인 암모니아가 간으로 이동하여 이산화탄소와 반응하고 그 생성물이 오르니틴과 반응하여 시트룰린이 되면서 요소 생성경로를 통해 신장으로 배설되는 대사이다.

39 아미노산 등전점으로 옳지 않은 것은?

① 해리정수에 따라 등전점이 다르다.

② 등전점에서 침전이 잘 된다.

③ 등전점에서 산화가 잘 된다.

④ 등전점에서 전기적으로 중성이다.

⑤ 전기장 내에서 이동할 수 없다.

> **해설** 아미노산에서 양(+) 및 음(-)전하의 이온이 같을 때, 그 용액의 pH 값을 등전점이라 하며 용해도가 가장 낮고 침전이 잘 되며 해리정수에 따라 등전점이 다르다. 중성에서 산성 아미노산은 아미노산 용액에 전류를 보내게 되면 양극으로, 염기성 아미노산은 음극으로 이동하는 성질을 이용하는 분리법을 전기영동이라 한다.

정답 38 ② 39 ③

CHAPTER 04 핵 산

핵산이란 세포의 핵에서 발견되는 산성 물질이라는 뜻으로, 핵산의 기본단위는 뉴클레오티드 (nucleotide)이고, 뉴클레오티드를 가수분해하면 함질소염기, 당분, 인산 등이 됨. 생명체의 발생, 증식, 재생 등에 필요한 유전정보(DNA)의 간직이나, 단백질 합성(RNA)에 사용되는 고분자 물질. 보통 핵단백질 형태로 존재

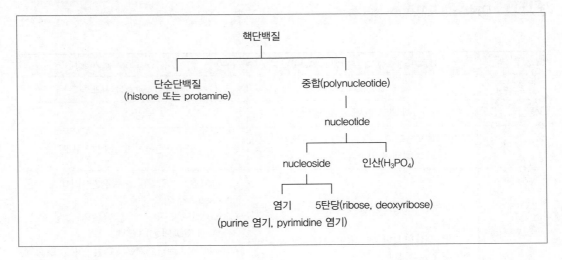

01 구성 성분

뉴클레오티드는 5탄당, 인산, 염기의 3가지 요소로 구성

DNA	RNA
5탄당 : deoxyribose	5탄당 : ribose
인 산	인 산
염 기 • purine 염기 : 아데닌, 구아닌 • pyrimidine 염기 : 티민, 시토신	염 기 • purine 염기 : 아데닌, 구아닌 • pyrimidine 염기 : 우라실, 시토신

염 기	Nucleoside	nucleotide(~MP)
adenine	adenosine	AMP
guanine	guanosine	GMP
cytosine	cytidine	CMP
uracil	uridine	UMP
thymine	thymidine	TMP

03 **DNA와 RNA** ⭐35 ⭐37 ⭐39 ⭐44

구 분	DNA(Deoxyribo Nucleic Acid)	RNA(Ribo Nucleic Acid)
분 포	세포핵	세포질(cytosol), 세포핵
물질적 성질	백색의 견사(실) 상태	분말 상태
구 조	2가닥의 사슬이 A=T, G≡C의 수소 결합으로 조립되어 이중나선을 형성	1가닥, 부분적인 이중나선 구조
종류, 기능	• 세포분열 시 염색체를 형성하여 유전형질을 전달 • 단백질을 합성할 때 아미노산 배열 순서의 지령을 mRNA에 전달	• tRNA(전달 RNA) : 특정한 아미노산을 ribosome의 주형 쪽에 운반 • rRNA(리보솜 RNA) : 단백질의 합성 장소, 세포 내 RNA의 50~60% • mRNA(messenger RNA ; 전령 RNA) : DNA에서 주형을 복사하여 단백질의 아미노산 배열 순서를 전달 규정하여 단백질 합성에 관여

04 DNA의 복제와 단백질의 합성

(1) DNA의 복제

세포분열 시 새로운 세포의 유전자로 사용하기 위해 원본 DNA를 복제하여 새로운 두 DNA로 만드는 과정. DNA 복제에는 DNA 복제효소계 또는 리플리솜(replisome)이라 불리는 20여 가지의 효소가 관여하며, mononucleotide 1개 결합에 2ATP가 소비(ATP → AMP+PP)

(2) 복제 순서

① 나선효소(helicase)가 DNA의 각 가닥의 이중나선구조를 풂. DNA binding protein은 풀린 가닥이 다시 꼬이지 못하도록 수소 결합을 방해

② DNA 중합효소가 상보적으로 결합할 수 있는 여러 nucleotide 사이에 공유 결합을 만들어 각각 새로운 나선구조를 합성. DNA의 한쪽 가닥은 연속적으로 합성되나 반대쪽 가닥은 일정한 간격을 두고 이어서 합성. 이는 DNA 중합효소가 당의 5'에서 3' 방향으로만 당−인산 결합을 만들 수 있기 때문

③ 결합한 DNA 중합효소 복합체는 원래 DNA를 양쪽으로 풀어나가며 새로운 DNA 분자를 합성

④ 생겨난 새로운 DNA는 원본이 된 DNA와 결합하여 다시 나선구조를 형성

⑤ 복제가 끝난 뒤에는 두 DNA 이중나선이 생김

(3) 단백질의 생합성 ⭐

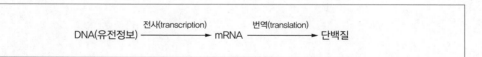

염기의 배열순서 형태로 저장된 DNA의 유전정보를 RNA polymerase의 존재하에 mRNA 형태로 전사하고 이 mRNA의 염기배열에 따라 펩타이드 전이효소(peptidyl transferase)의 작용으로 아미노산을 차례로 결합시켜 단백질을 합성

CHAPTER

04 적중예상문제

01 핵단백질의 가수분해 순서로 옳은 것은?

① 핵단백질 – 핵산 – 뉴클레오티드 – 뉴클레오시드 – 염기
② 핵단백질 – 뉴클레오티드 – 핵산 – 뉴클레오시드 – 염기
③ 핵단백질 – 핵산 – 뉴클레오시드 – 뉴클레오티드 – 염기
④ 핵단백질 – 뉴클레오시드 – 핵산 – 뉴클레오티드 – 염기
⑤ 핵단백질 – 뉴클레오티드 – 뉴클레오시드 – 핵산 – 염기

> 해설 핵단백질은 protease에 의해 단백질과 핵산으로 분해되고 단백질은 아미노산이 되어 흡수된다. 핵산의 부분은 먼저 nuclease에 의해 mononucleotide가 생기고, nucleotidase에 의해 인산과 nucleoside로 분해된다. 다음 nucleoside는 nucleosidase에 의하여 염기와 오탄당으로 분해된다.

02 mRNA에 대한 설명으로 옳은 것은?

① 가용성 RNA와 같은 것이다.
② 단백질 합성에 관한 정보를 갖는다.
③ mRNA는 세포 내에서 전 RNA의 80%를 차지한다.
④ 단백질 합성에 관한 정보를 주지 않는다.
⑤ 각 아미노산에 1개씩 최소한 20개의 서로 다른 형이 있어야 한다.

> 해설 핵 안에서 합성되어 세포질 안의 리보솜에 유전정보를 전달하므로 전령(messenger) RNA라 불린다. mRNA는 불안정하고 종류가 다양하며, 세포 내 5% 미만을 차지하며 단백질 합성에 관한 정보를 갖는다.

정답 01 ① 02 ②

03 다음은 코돈(codon)에 대한 설명이다. 옳은 것은?

> 가. 메티오닌은 오직 한 개의 코돈을 지닌다.
> 나. mRNA에 있는 뉴클레오타이드는 세 개씩 짝지어져 코돈을 이룬다.
> 다. 대부분의 아미노산들이 2개 이상의 코돈을 가진다.
> 라. 3개의 무의미코돈이 존재하며 이들은 정지코돈으로 이용된다.

① 가, 나, 다

② 가, 다

③ 나, 라

④ 라

⑤ 가, 나, 다, 라

해설 파괴된 코돈의 경우 대체로 처음 두 개의 염기는 같으나, 세 번째만이 다르다. 무의미코돈은 UAA, UAG, UGA이다. 트립토판과 메티오닌을 제외한 대부분의 아미노산은 2개 이상의 코돈을 가진다.

04 핵산의 완전 가수분해 산물이 아닌 것은?

① 퓨린 염기

② 5탄당

③ 아데노신

④ 인 산

⑤ 피리미딘

해설 핵산의 기본단위는 뉴클레오티드이고 이를 가수분해하면 인산, 염기(퓨린 염기, 피리미딘 염기), 5탄당으로 분해된다.

03 ⑤ 04 ③ 정답

05 다음은 RNA의 구성성분이 되는 화합물이다. 옳은 것은?

가. 티 민
나. 아데닌
다. 데옥시리보스
라. 우라실

① 가, 나, 다
② 가, 다
③ 나, 라
④ 라
⑤ 가, 나, 다, 라

해설 티민(thymine)과 데옥시리보스(2-deoxyribose)는 DNA의 구성분이 될 수 있으나 RNA의 구성성분은 될 수 없다.

06 다음의 과정에서 ⓐ, ⓑ에 해당하는 사항으로 옳은 것은?

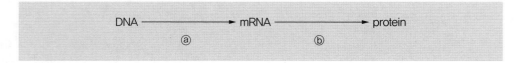

① ⓐ 복제, ⓑ 번역
② ⓐ 번역, ⓑ 전사
③ ⓐ 번역, ⓑ 복제
④ ⓐ 복제, ⓑ 전사
⑤ ⓐ 전사, ⓑ 번역

해설 진핵세포에서 유전 정보는 반드시 DNA에서부터 transcription(전사) 과정을 거쳐 heterogeneous nuclear RNA(hnRNA)로 전달되고, hnRNA에서부터 processing을 거쳐 mRNA로, 다시 mRNA에서 translation(번역) 과정을 거쳐 단백질로 단일 방향성적으로 이전된다.

정답 05 ③ 06 ⑤

07 핵산(DNA, RNA)의 기본단위가 되는 것은?

① nucleoside

② nucleotide

③ nucleosome

④ cAMP

⑤ histone

해설 핵산의 최소 단위 분자는 nucleotide(purine 또는 pyrimidine 염기 + 5탄당 + 인산)이다.

출제유형 37, 38, 44, 45

08 단백질 합성에 필요한 핵 안에 있는 DNA 유전정보를 리보솜에 전달하는 것은?

① DNA

② NADP

③ tRNA

④ rRNA

⑤ mRNA

해설 mRNA는 DNA에서 주형을 전사하여 유전 정보를 간직, 단백질 합성의 주형 역할을 한다.

09 tRNA에 관한 설명으로 옳지 않은 것은?

① 디하이드로유라실의 염기도 있다.

② 아미노산의 활성에 필요한 요소이다.

③ 뉴클레오티드 잔기수는 보통 73~93 사이이다.

④ tRNA의 3차 구조는 클로버 형태이다.

⑤ 아미노산이 결합하는 부위의 염기배열은 C-C-A로 되어 있다.

해설 tRNA의 분자량은 2~3만이고 세포질상 등에 함유하며, 활성아미노산을 리보솜(ribosome)의 주형 쪽으로 운반한다. 2차 구조는 클로버 형태이고, 3차 구조는 L자형이다.

10 대장균에서 DNA를 복제하는 과정에서 관여 효소들을 순서대로 나열한 것은?

① helicase → DNA polymerase I → DNA polymerase III → primase → DNA ligase

② primase → helicase → DNA polymerase III → DNA ligase → DNA polymerase I

③ primase → helicase → DNA polymerase I → DNA polymerase III → DNA ligase

④ helicase → primase → DNA polymerase III → DNA polymerase I → DNA ligase

⑤ helicase → primase → DNA polymerase I → DNA polymerase III → DNA ligase

> **해설** helicase가 DNA의 이중나선을 풀어줌 → lagging stand가 5'→ 3' 방향으로 불연속적으로 합성되기 위해 RNA primer가 합성 → DNA polymer III가 사슬을 연장 → DNA polymery I 이 먼저 만들어진 primer를 잘라내어 그 틈을 deoxyribonucleotide로 채움 → 단편과 단편 사이를 DNA ligase가 붙임

11 DNA의 이중나선 구조에서 cytosine과 염기 짝짓기(base pairing)를 이루는 것은?

① uracil

② thymine

③ guanine

④ adenine

⑤ pyrimidine

> **해설** DNA의 이중나선 구조에서 cytosine은 guanine과 수소 결합에 의해 연결된다.

12 단백질의 생합성이 이루어지는 장소는?

① cytosol

② purine

③ ribosome

④ polypeptide

⑤ nucleotide

> **해설** 리보솜은 작은 소단위체(30S)에서 mRNA와 결합하고, 그 유전정보를 아미노아실화된 tRNA를 사용하여 nucleotide 서열을 아미노산 서열로 번역한다. 한 번에 코돈(codon) 하나씩을 번역하여 정확한 아미노산은 polypeptide 사슬 말단에 붙인다.

정답 10 ④ 11 ③ 12 ③

13 DNA와 함께 염색질을 형성하는 주된 염기성 단백질은?

① histone

② ribonucleoprotein

③ transcription factor

④ albumin

⑤ RNA polymerase

해설 핵의 내부에서 DNA는 histone이라는 염기성 단백질과 결합하여 염색질을 형성한다. 염색질에는 DNA와 histone 단백질이 1 : 1의 비율로 함유되어 있고, 그 외 소량의 non-histone 단백질과 RNA로 구성되어 있다.

출제유형 35

14 DNA와 RNA를 비교한 설명으로 옳지 않은 것은?

① DNA는 A, T, C, G, RNA는 A, U, C, G라는 4가지 염기를 사용한다.

② DNA는 이중나선구조이고 RNA는 단일나선구조이다.

③ 둘 다 nucleotide로 구성되어 있다는 공통점이 있다.

④ RNA에서 산소원자 하나가 떨어져 나온 구조가 DNA의 기본구조이다.

⑤ DNA는 RNA보다 반응성이 크다.

해설 DNA는 산소원자를 포함하고 있지 않으므로 반응성이 작아 RNA보다 안정되어 있다.

출제유형 37

15 핵산 rRNA의 기능으로 옳은 것은?

① 아미노산을 리보솜으로 운반

② DNA에서 주형을 전사하여 유전정보를 간직

③ 단백질 합성에 관여

④ RNA를 절단 가공

⑤ 단백질의 합성 장소

해설 리보솜 RNA(rRNA)은 세포의 전 RNA의 약 80%를 차지한다. rRNA는 핵 속의 인에서 전사되는데, 인은 rRNA와 단백질을 합쳐서 리보솜을 합성하는 장소이다.

13 ① **14** ⑤ **15** ⑤ 정답

CHAPTER

05 효소

01 정 의

(1) 특 징

① 효소는 촉매제이며 촉매는 화학반응이 끝난 뒤에도 자신은 구조나 그 작용이 변하지 않고, 반응 속도를 촉진시키는 작용을 함

② 효소가 갖는 촉매작용의 특징 : 생체촉매이므로 활성화 에너지가 낮고, 기질 특이성이 높으며 온화한 조건에서 작용

(2) 관련 용어

① 내재효소(endoenzyme) : 고등생물의 효소로 세포 내에서 합성되어 존재하며 반응을 촉매

② 외재효소(exoenzyme) : 하등생물의 효소로 세포 내에서 합성되나 세포 밖으로 유출되어 반응을 촉매

③ 기질(substrate) : 효소가 반응을 일으키는 대상물질

④ 최종생성물(end product) : 효소반응의 결과 마지막으로 생성되는 물질

⑤ 비활성(specific activity) : 효소단백질 1mg이 최적반응조건에서 나타내는 활성

⑥ 기질포화곡선 : 일정 효소농도에서 기질의 농도를 증가시키면서 효소반응속도를 측정하여 기록한 곡선

⑦ 최대반응속도(V_{max}) : 기질포화곡선에서 가장 빠르게 나타나는 반응속도. 효소가 기질에 포화된 상태

⑧ Michaelis−Menten 상수(K_m) : 최대반응속도의 1/2이 되는 지점에서의 기질농도

⑨ 저해(inhibition) : 효소작용이 방해받는 현상

⑩ 되먹임 저해(feedback inhibition) : 다단계 효소반응에서 반응결과 생성된 최종생성물이 최초반응에 관여하는 효소반응을 저해하는 현상. 최종생성물을 제거하면 반응은 재개됨 36 37

⑪ 동위효소(isoenzyme) : 같은 효소작용을 하지만 분자구조가 다른 효소로 2개 이상의 분자형으로 존재

⑫ 불활성화(inactivation) : 효소가 활성을 잃어버리는 현상으로 활성재생이 안 됨

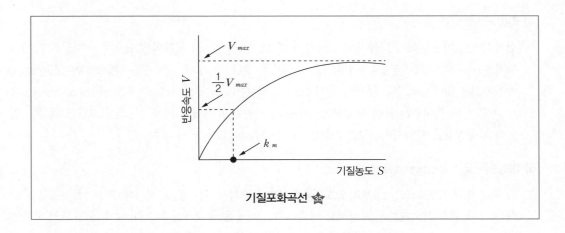

기질포화곡선 ⑮

02 효소의 종류

(1) 산화환원효소(oxidoreductase)

체내에서 산화와 환원을 촉매하는 효소를 통틀어 산화환원효소라 하는데, 다른 효소보다 종류가 많음. 체내에서 일어나는 산화는 대부분 기질로부터 수소가 이탈하는 반응인데, 이에 관여하는 산화환원효소를 탈수소효소(dehydrogenase)라고 함. 산화효소(oxidase), 과산화효소(peroxidase), 수산화효소(hydroxylase), 산소화효소(oxygenase) 등이 이에 속함

(2) 전이효소(transferase)

전달효소라고도 하며 어떤 기질분자로부터 기능기를 떼어서 다른 기질분자에 옮겨주는 효소임. 아미노기 전이효소(aminotransferase)는 아미노산의 아미노기(-NH₂)를 떼어 케토산에 옮겨주며, 키나아제(kinase)는 ATP의 인산기를 다른 기질에 옮겨주는 역할을 함. 포도당이나 그 밖의 헥소스에 ATP로부터 인산기를 전이하여 포도당-6-인산의 생성반응을 촉매하는 헥소키나아제(hexokinase)도 이에 해당함

(3) 가수분해효소(hydrolase)

기질분자에 물 분자를 첨가하여 작은 분자로 분해하는 효소를 통틀어 가수분해효소라 함. 탄수화물, 지질, 단백질을 분해하는 효소들은 모두 가수분해효소이며 소화효소들이 이에 해당함

(4) 리아제(lyase)

산화작용과 가수분해에 의해서 기질분자의 C-C, C-O, C-N 결합의 절단으로 원자단의 첨가나 제거를 촉매하는 효소군을 가리킴. C-C 결합의 절단·생성에 관여하는 알돌라아제(aldolase), 탈카복실효소(CO_2 생성), 구연산 생성효소, L-말산(L-malic acid)을 푸말산(fumaric acid)으로 바꾸는 데 관여하는 푸마라아제(fumarase), 펙틴을 분해하여 생성되는 올리고당의 비환원 말단에 이중결합을 도입시키는 펙틴리아제(pectin lyase) 등이 이에 속함

(5) 이성질화효소(isomerase) 🌟

기질 분자 내의 분자식은 바꾸지 않고 원자 배열을 변화시키는 효소. 즉, 하나의 이성질체를 화학식은 같고 구조식이 다른 이성질체로 변화시키는 과정을 촉매하는 효소를 의미. 단당류의 하나인 D형 포도당을 이것의 이성질화당인 D형 과당으로 변환시키거나 그 반대 작용을 하는 글루코스 케탈 아이소메라아제(glucose ketal isomerase)가 대표적이며, 그 외에도 에피머화효소(epimerase), 뮤타아제(mutase), 라세미화효소(racemase) 등이 있음

(6) 합성효소(ligase)

두 종의 기질분자를 하나로 결합시키는 효소들로 합성효소(synthetase)라고 부름. 이 반응에는 항상 에너지가 쓰이기 때문에 이 반응은 언제나 ATP가 ADP 또는 AMP로 분해되는 반응과 동시에 일어남. 아미노산과 운반 RNA(tRNA) 간의 탄소-산소 결합을 촉매하는 효소를 아미노산-RNA 리가아제라 함

03 효소반응의 특이성

(1) 작용 특이성

하나의 효소는 하나의 화학반응을 촉매. 하나의 기질에 가능한 반응은 몇 가지가 있지만, 하나의 효소가 촉매할 수 있는 반응은 여러 반응 중 하나임

(2) 기질 특이성

효소가 특정 분자에 대해서만 특이적으로 결합하여 반응을 진행시키는 성질을 기질 특이성이라 함. 무기 촉매도 특이성은 있으나 효소의 단백질 부분으로 요구되며, 작용 특이성도 단백질 부분에 의하여 나뉨. 절대적 특이성, 상대적 특이성, 광학적 특이성으로 특정 지음

(1) 기질 농도

일정한 환경(온도, pH, 이온강도 등) 조건에서 일정한 효소에 대해서 기질 농도를 높여가면 전형적인 쌍곡선을 얻을 수 있음. 기질 농도를 더욱 증가시키면 효소가 기질로서 포화되어 그 이상 기질을 넣어주더라도 반응속도가 변화되지 않음

(2) 온 도

0℃에서 반응 속도는 0에 가까우나, 온도의 상승과 더불어 반응속도는 최곳값에 이를 때까지 증가. 이보다 더 높은 온도가 되면 효소단백질이 열변성되어 반응속도는 다시 감소하여 0으로 되는데, 이때 최대 반응속도를 보일 때의 온도를 효소의 최적 온도(optimum temperature)라 함

(3) pH의 영향

효소는 단백질이므로 그 성질은 pH의 영향을 받음. 효소가 작용하기에 가장 적당한 조건은 효소나 기질이 일정한 이온화 상태를 유지해야 되기 때문에, 일정한 pH 값에서 반응 속도가 최고로 나타나고, 이 값에서 멀어짐에 따라 그 속도가 급격하게 떨어짐. 효소 활성이 가장 좋은 때의 최고 속도를 나타내는 pH를 그 효소의 최적 pH(optimum pH)라 함

(4) 효소의 농도

기질의 농도가 일정할 때 반응 초기의 효소 반응속도는 효소의 농도에 직선적으로 비례 증가. 그러나 반응이 진행되어 반응생성물이 효소작용을 저해하므로 반드시 정비례하지는 않음

(5) 금속이온

효소에 따라 금속이온에 의해 반응이 더 활성화되거나 저해되는 경우가 있음

효소단백질은 여러 가지 관능기를 가지고 있기 때문에 다른 화합물과 상호작용을 일으킬 수 있음. 이 때 효소작용을 억제하는 화합물을 저해 물질 또는 저해제라 부르며, 효소반응이 억제되는 현상을 저해작용이라 함. 어떤 것은 대사 저해 또는 살균의 목적으로서 이용되며 효소의 저해작용은 그 방법에 따라 경쟁 저해와 비경쟁 저해로 나눔

(1) 경쟁적 저해(competitive inhibition) ✿

① 기질과 저해제가 효소의 결합 부위를 두고 경쟁을 함

예 호박산 탈수소효소(succinate dehydrogenase)에 대한 말론산(malonic acid)

② V_{max}에 대한 영향 : 일정(불변)

③ K_m에 대한 영향 : 증가

(2) 비경쟁적 저해(non-competitive inhibition)

① 기질과 저해제가 효소의 다른 부위에 따로 결합할 때 일어남

예 중금속 이온으로서 효소단백질의 SH기와 반응함으로써 단백질의 형태가 가역적으로 바뀌는 경우

② V_{max}에 대한 영향 : 감소

③ K_m에 대한 영향 : 일정

CHAPTER

05 적중예상문제

출제유형 37, 39

01 정상기질과 유사한 구조를 가지는 저해제가 효소의 활성 부위에 가역적으로 결합하여 효소 반응의 생성물을 형성시키지 못하게 하는 경우는?

① 비경쟁적 저해(non-competitive inhibition)

② 경쟁적 저해(competitive inhibition)

③ 불경쟁적 저해(uncompetitive inhibition)

④ 조절적 저해(allosteric inhibition)

⑤ 되먹임 저해(feedback inhibition)

해설 정상기질과 유사한 구조를 가진 저해제가 효소의 활성 부위에 대해 기질과 경쟁적 관계에서 가역적 결합을 함으로써 효소반응을 억제하는 경우를 경쟁적 저해라고 한다.

02 효소에 관한 설명으로 옳지 않은 것은?

① 효소는 생체 내 반응을 촉매한다.

② apoenzyme + coenzyme = holoenzyme

③ 단백질만으로 이루어진 효소도 있다.

④ 한 개의 효소는 몇 가지 기질에 특이성을 갖는다.

⑤ 단백질 외에 단백질이 아닌 다른 물질이 결합된 것도 있다.

해설 효소는 단백질이므로 그중에는 소화 효소와 같이 단순단백질로 된 완전 효소가 있고, 산화 효소와 같이 비단백질 부분과 결합함으로써 복합단백질로 된 탈리 효소도 있다. 효소가 촉매작용을 발휘하는 경우 단백질 부분만으로 활성이 발휘되는 효소와 단백질 부분 이외의 인자를 필요로 하는 효소가 있다. 또한 효소는 특정 기질하고만 작용하는 기질 특이성을 갖고 있다.

01 ② **02** ④ **정답**

03 위액에서 분비되는 효소는?

① dipeptidase

② RNA-ase

③ lipase

④ sucrase

⑤ ptyalin

해설 위에서 분비되는 주요 유기물에는 뮤신(mucin), 펩신(pepsin)과 리파아제(lipase), 레닌(rennin)이 있다.

04 대사의 최종산물이 최초반응에 관여하는 효소반응을 저해하는 것을 무엇이라 하는가?

① inhibition

② regulatory enzyme

③ feedback inhibition

④ allosteric enzyme

⑤ inactivation

05 다음 중 전이효소(transferase)에 속하는 효소로 옳은 것은?

가. 알데하이드 탈수소효소
나. 아르기나아제
다. 글루타민 합성효소
라. 헥소키나아제

① 가, 나, 다

② 가, 다

③ 나, 라

④ 라

⑤ 가, 나, 다, 라

해설 헥소나아제는 인산기전이효소에 속하며, 그 외에 알데하이드 탈수소효소는 산화환원효소에, 아미노펩티다아제와 아르기나아제는 가수분해효소에, 글루타민 합성효소는 리가아제에 속한다.

06 레닌의 작용은?

① 단백질 분해
② 지질 분해
③ 젖산 생산
④ 탄수화물 분해
⑤ 카세인을 파라카세인으로 변화

해설 레닌은 강력한 응유작용을 가지며 Ca²⁺의 존재로 카세인을 불용성의 파라카세인으로 만들며, 펩신의 작용을 쉽게 하고 자신도 소화작용이 있다.

07 핵산 생합성 과정에 대한 설명으로 옳지 않은 것은?

① purine 생합성에서 formyl carrier는 tetrahydrofolate이다.
② 피리미딘의 생합성은 carbamyl phosphate와 aspartate의 중합에서부터 시작된다.
③ 5'-phosphoribosyl-1-pyrophosphate(PRPP)는 purine과 pyrimidine 생합성의 전구체이다.
④ purine ring의 질소 원자는 glutamate, glycine과 ammonia에서 유래된 것이다.
⑤ inosine monophosphate에서부터 각기 서로 다른 경로를 거쳐 adenosine monophosphate과 guanosine monophosphate가 형성된다.

해설 purine ring의 4가지 질소 원자는 aspartate, glutamate, glycine에서 유래된 것이다.

08 숙신산이 푸마르산으로 될 때, 숙신산 탈수소효소가 관여한다. 이 효소의 경쟁적 저해물은?

① 말 산
② 말론산
③ 시트르산
④ 젖 산
⑤ 아세트산

해설 TCA 회로 가운데 숙신산에서 푸마르산을 합성하는 반응을 촉매하는 숙신산 탈수소효소는 말론산에 의해 저해된다.

09 IUB에서 분류한 6가지 효소 계통 중 산화환원효소(oxidoreductase)에 속하는 것이 아닌 것은?

① ptyalin

② peroxidase

③ oxygenase

④ catalase

⑤ cytochrome oxidase

해설 프티알린(ptyalin)은 포유류의 침 속에 들어 있는 아밀라아제로, 녹말을 가수분해하여 maltose로 만드는 소화효소이다. IUB의 6가지 효소 계통 중 가수분해효소(hydrolase)에 해당한다.

10 효소에 대한 설명으로 옳지 않은 것은?

① 효소는 기질의 종류에 대한 특이성뿐만 아니라 기질의 입체 구조에 대한 특이성을 나타낸다.

② 효소는 생체 내에서 반응이 빨리 일어나도록 하는 촉매 역할을 한다.

③ isoenzyme은 동일한 gene에서 합성된 두 개 이상의 다른 단백질이다.

④ 동일한 반응이 서로 다른 조직에서 isoenzyme에 의해 촉매되기도 한다.

⑤ 효소는 반응 특이성을 지니며, 구조가 비슷한 기질을 대상으로 하여 같은 종류의 반응을 촉매하기도 한다.

해설 반응 특이성이나 기질 특이성이 똑같으면서 다른 분자 구조를 가진 효소를 isoenzyme(isozyme) 즉, 동질 효소라 한다.

11 응유 작용이 있는 효소는?

① pepsin

② lipase

③ dipeptidase

④ amylopsin

⑤ amylase

해설 주요한 위액의 소화효소인 펩신(pepsin)은 펩시노겐(pepsinogen)의 형태로 분비되며 레닌(renin)과 같은 응유 작용이 있다.

정답 **09** ① **10** ③ **11** ①

12 뉴클레오티드가수분해효소가 분비되는 곳은?

① 타 액 　　　　　　　　　　② 위 액

③ 췌 액 　　　　　　　　　　④ 담 즙

⑤ 장 액

해설 뉴클레오티드가수분해효소(nucleotidase)는 펩티다아제, 이당분해효소와 함께 소장의 소화효소로 뉴클레오타이드를 튜클레오사이드와 인산으로 분해한다. 장액 효소로 당질은 단당류로, 단백질은 아미노산으로, 지방은 지방산과 글리세롤로 분해한다.

13 다음 중 효소에 관한 설명으로 옳은 것은?

가. 효소 자체는 반응 후에도 변화가 없다.
나. 모든 효소의 최적 pH와 최적 온도는 같다.
다. 주 성분이 단백질이므로 열에 민감하다.
라. 효소는 일종의 탄수화물이다.

① 가, 나, 다

② 가, 다

③ 나, 라

④ 라

⑤ 가, 나, 다, 라

출제유형 35, 42

14 K_m에 관한 설명으로 옳은 것은?

① 효소기질 복합체

② 효소반응을 따르기 위한 기질의 성질

③ V_{max}에 이르기 위해 필요한 기질 농도

④ $1/2\ V_{max}$에 이르기 위한 기질 농도

⑤ K_m 값이 작을 때에는 기질과 효소의 친화성이 작다.

해설 K_m은 V가 $1/2\ V_{max}$가 되기 위해 필요한 기질의 농도이며 기질의 효소에 대한 상대적 친화도이므로 $1/2\ V_{max}$까지는 기질 농도에 비례하여 반응 속도가 빨라진다.

15 다음 중 효소 촉매반응의 속도에 크게 영향을 미치는 인자가 아닌 것은?

① 기질의 농도
② 효소의 농도
③ 압 력
④ 온 도
⑤ pH

> **해설** 효소가 존재하는 환경, 즉 온도, pH, 이온의 농도, 기질의 농도 등의 차이에 따라서 효소단백질의 구조가 변하며, 반응 속도에 영향을 미치는 주된 환경 인자들이다.

출제유형 42

16 CoA의 전구체로서 수용성 비타민에 속하는 것은?

① thiamine
② cobalamin
③ riboflavin
④ pantothenic acid
⑤ pyridoxine

> **해설** 판토텐산(pantothenic acid)은 CoA의 구성성분으로 수용성 비타민이다.

출제유형 37

17 아미노기 전이반응에 사용되는 보조효소로 옳은 것은?

① TPP(Thiamine pyrophosphate)
② FMN(Flavin mononucleotide)
③ NAD(Nicotinamide adenine dinucleotide)
④ PLP(Pyridoxal Phosphate)
⑤ THF(Tetrahydrofolate)

> **해설** 아미노기 전이반응(transaminase)
> 한 아미노산의 아미노기가 어떤 α-케톤산과의 사이에서 aminotransferase(transaminase, 보조효소로 PALP 또는 PLP-비타민 B$_6$를 전구체로 함)에 의해 새로운 아미노산과 새로운 α-케톤산이 되는 반응이다. transaminase는 alanine 또는 glutamic acid를 요구하는 기질 특이성이 있다.

정답 15 ③ 16 ④ 17 ④

18 효소반응이 경쟁적인 저해를 받고 있다면 다음 설명 중 옳은 것은?

① K_m의 측정치는 변화가 없다.

② K_m의 측정치는 작아진다.

③ 효소반응의 속도는 기질 농도와 관계가 없다.

④ 최대 반응속도(V_{max})는 감소한다.

⑤ 최대 반응속도(V_{max})는 변동이 없다.

해설 경쟁적 저해작용은 기질과 유사한 구조를 가진 저해제가 효소의 활성 부위에 대해 기질과 경쟁을 일으킴으로써 효소의 촉매작용을 저해한다. 경쟁적 저해제에 의한 억제결과 V_{max}는 변화하지 않으나, K_m 값이 $1+1/K_I$배만큼 증가한다.

출제유형 44

19 효소반응에서 경쟁적 저해제를 첨가할 경우 저해 형태의 변화는?

① K_m 증가, V_{max} 감소

② K_m 증가, V_{max} 불변

③ K_m 감소, V_{max} 감소

④ K_m 감소, V_{max} 불변

⑤ K_m 불변, V_{max} 불변

해설 경쟁적 저해
- K_m에 대한 영향 : 증가
- V_{max}에 대한 영향 : 일정(불변)

비경쟁적 저해
- K_m에 대한 영향 : 일정
- V_{max}에 대한 영향 : 감소

18 ⑤ **19** ② **정답**

CHAPTER 06 비타민

01 정 의

비타민은 미량으로 동물의 영양을 지배하고 정상적인 생리기능을 조절하면서 완전한 물질대사가 일어나도록 하는 유기화합물로서 생체조직의 구성성분도 아니고 에너지 급원도 아닌 필수물질의 총칭

02 지용성 비타민

(1) 비타민 A ⭐ ⭐

① 피부 및 점막 상피세포의 기능을 보전
② 망막세포 내 시색소의 구성성분
③ 세균에 대한 저항력을 보호 · 유지
④ 정상적인 성장과 골질의 생장에 필요
⑤ 황색채소(당근)와 과실, 녹색엽채소에 다량 함유
⑥ **결핍증** : 야맹증, 안구건조증, 피부염, 성장 지연 등

(2) 비타민 D(항구루병 인자) ⭐ ⭐ ⭐ ⭐

① 칼슘과 인의 장내 흡수를 촉진하여 칼슘의 보유량을 높임
② 인산에스테르 분해 효소의 효력을 증가시켜 조직 중의 인산을 동원하여 칼륨과 결합하여 뼈에 침착되게 함
③ 칼슘, 인의 정상대사에 협력
④ 버섯, 효모 등의 식물류에 많고 동물체의 피하지방이나 장기에 함유
⑤ 체내에서 합성(7-데히드로콜레스테롤)되고, 호르몬과 비슷하게 사용
⑥ **결핍증** : 구루병, 골다공증, 치아의 약화

(3) 비타민 E(항불임 인자)

① 증식, 세포막 안정화에 작용

② 근육 내의 효소, 비타민 A, 지방, 불포화지방산의 산패를 방지

③ 곡물의 배유(소맥, 쌀의 배아유)에 분포

④ 결핍증 : 근육위축증, 생식 기능 감소, 불임증, 용혈성 빈혈(신생아, 미숙아의 경우)

(4) 비타민 K(혈액 응고 인자) ⭐ ⭐

① 프로트롬빈 형성에 관여(혈액 응고 촉진)

② 산화효소제, 산화적 인산화에 관여

③ 비타민 K_3는 항균작용을 함

④ 장내 미생물에 의해 합성

⑤ 결핍증 : 혈액 응고 지연, 출혈성 빈혈

03 수용성 비타민

(1) 비타민 B_1(티아민) ⭐ ⭐ ⭐

① thiamine pyrophosphate(TPP)는 각종 탈탄산반응의 보조효소(보효소, 조효소)로 작용

② 감염병 방지

③ 결핍증 : 각기병, 신경염, 신경통

(2) 비타민 B_2(리보플라빈)

① 단백질과 지방 대사에 중요한 역할을 해결하고 여러 효소의 조효소로 작용

② 결핍증 : 구진, 구내염, 안면 피부염, 간장장해, 성장지연

(3) 비타민 B_6(피리독신)

① 여러 효소의 조효소로 작용

② 지방의 대사에 관계

③ 비타민 F와 상호 절약작용

④ 결핍증 : 습진, 빈혈, 근육위축증

(4) 니아신(niacin) ⭐ ⭐ ⭐

① 여러 효소의 조효소로 작용

② 전자전달계에 작용

③ 결핍증 : 펠라그라, 소화기장애, 신경장애

(5) 판토텐산 ⭐35 ⭐40 ⭐43

① pantothenic acid로부터 생합성되는 acetyl-CoA는 지방산의 산화와 합성에 관여
② 결핍증 : 피부염, 간장염, 부신의 호르몬 합성 능력의 상실, 발육 장해, 체중 감소

(6) 비오틴(biotin) ⭐37

① 여러 카복실라아제(carboxylase)의 조효소로 작용
② 옥살로아세트산(oxaloacetic acid) 생성에 관여
③ 항피부염 인자
④ 결핍증 : 지루성 피부염, 탈모증, 환각증, 피로감

(7) 엽 산

① 핵산의 대사에 작용
② 단백질, 지방의 대사에 관여
③ 효소계에 영향을 미침
④ 항빈혈 인자
⑤ 결핍증 : 거대적아구성 빈혈, 백혈구 감소

(8) 비타민 B_{12}(코발아민) ⭐47

① 단백질을 합성하는 아미노산의 활성화를 촉진
② 당질, 지방 대사에 관여
③ 메티오닌, thymine의 메틸기 생성에 관여
④ 항빈혈 인자
⑤ 신경계 악성 빈혈에 효과적
⑥ 동물의 간, 젖, 치즈에 분포, 식물계에는 거의 없음
⑦ 황(S)과 인(P)을 포함하고 있어서 비타민 중 유일하게 붉은색을 띰
⑧ 식물에서 합성되지 않으므로 채식주의자의 경우 결핍되기 쉬움
⑨ 결핍증 : 악성빈혈, 신경질환, 간장해, 간질환

(9) 비타민 C

① 세포 내 산화환원반응에 촉매적 작용
② 아미노산 대사에 관여하고 콜라겐을 합성
③ 효소의 활성에 필요
④ 부신피질호르몬의 형성에 관여
⑤ 멜라닌 색소를 퇴색
⑥ 임신기보다 수유기 때에 더 필요
⑦ 결핍증 : 괴혈병, 상처회복 지연, 잇몸출혈, 빈혈

CHAPTER 06 적중예상문제

01 결핍 시 악성빈혈이 나타나는 비타민은?

① 니아신
② 리보플라빈
③ 비타민 C
④ 비타민 D
⑤ 비타민 B$_{12}$

해설 비타민 B$_{12}$는 항빈혈 인자로 결핍증은 악성빈혈이다.

02 수용성 비타민이 체내에서 하는 대표적 역할은?

① 효소 같은 역할
② 포합체(conjugate) 형성
③ 영양소의 전구체
④ 호르몬 같은 작용
⑤ 보조효소

해설 당의 대사에 필수적이며 TPP는 cocarboxylase라고도 부르며 보조효소 작용을 한다.

03 다음은 비타민과 그의 결핍증의 관계이다. 연결이 옳지 않은 것은?

① thiamine − 각기병(beriberi)
② niacin − 펠라그라
③ 비타민 C − 괴혈병
④ 비타민 D − 구루병
⑤ 비타민 B$_{12}$ − 야맹증

해설 비타민 B$_{12}$는 항빈혈 인자로 결핍증은 악성빈혈이다.

01 ⑤ 02 ⑤ 03 ⑤ 정답

04 지방산의 생합성에서 CO_2의 고정에 관여하는 것은?

① 에르고스테롤
② S-아실 리포산
③ 비오틴
④ FAD
⑤ 아미노기 전이효소

> **해설** 해당 중간체인 피루브산이 탈수소화되어 acetyl-CoA를 생성하고 비오틴(biotin) 효소인 acetyl-CoA carboxylase 에 의해서 malonyl-CoA로 전환되어 지방산 합성이 개시된다. 즉, 탄산고정 카복실기 전이에 작용한다.

05 토코페롤의 작용은 무엇인가?

① 산화촉진제
② 항산화 작용
③ 아미노기 전이효소의 조효소
④ 결체조직의 성분
⑤ 항빈혈 인자

> **해설** 비타민 E(tocopherol)는 지용성 비타민 중 하나로 항산화, 노화방지, 세포막 보호 기능을 하며, 부족할 경우 불 임증, 유산, 정자형성 기능 퇴화, 근육영양장애, 중추신경장애를 일으킬 수 있다.

06 체내에서 산화환원반응에 보조적으로 작용하는 비타민의 쌍은?

① niacin, riboflavin
② biotin, cobalamin
③ riboflavin, pyridoxine
④ pyridoxine, niacin
⑤ retinol, niacin

> **해설** 수용성 비타민 중 riboflavin과 niacin은 대표적인 항산화 비타민으로서 riboflavin은 FMN과 FAD의 형태로, niacin은 NAD, NADP의 형태로 조효소로서 관여한다.

정답 04 ③ 05 ② 06 ①

07 채식주의자들에게 가장 결여되기 쉬운 비타민은?

① 비타민 E

② 비타민 B_{12}

③ folic acid

④ 비타민 B_6

⑤ biotin

> **해설** 비타민 B_{12}는 동물의 간, 신장에 많고, 근육, 젖, 치즈, 달걀에도 있다. 그러나 식물계에는 거의 존재하지 않는다. 단, 이 비타민은 미생물로부터 만들어질 수 있으므로 발효식품이나 장내세균에 의하여 어느 정도 공급이 가능하다.

08 β-carotene이 비타민 A로 변화되는 장기는?

① 위 장

② 소장 점막

③ 췌 장

④ 비 장

⑤ 부신피질

> **해설** 베타카로틴은 장과 간에서 레티놀로 전환되며, 레티놀은 다시 비타민 A의 형태로 전환된다.

09 collagen 단백질의 proline 아미노산이 hydroxy(OH)-proline으로 전환될 때 작용하는 비타민은?

① 비타민 A

② 비타민 C

③ 비타민 D

④ 비타민 E

⑤ 비타민 K

> **해설** 비타민 C는 hydroxylation(-OH기 결합) 과정에 필요한 보조인자로 알려졌으며 collagen의 proline과 lysine의 hydroxylation 과정을 촉진한다.

07 ② **08** ② **09** ② **정답**

10 인체의 장내 미생물에 의해 생합성되고, 결핍 시 혈액응고 지연이 나타나는 비타민은?

① 비타민 A

② 비타민 D

③ 비타민 E

④ 비타민 K

⑤ 비타민 C

> **해설** 생체의 비타민 K는 저장 능력이 적다. 혈액 중에는 거의 존재하지 않으며 오줌이나 담즙에도 배설되지 않는다. 대변 중에 다량 존재하며 이는 장내의 미생물에 의해서 생성된다. 지용성이므로 지질의 흡수와 거의 같으며 담즙의 존재로 흡수가 촉진된다.

11 인슐린이 촉진하는 대사과정은?

① 당신생 과정

② 지방 분해

③ 단백질 분해

④ 글리코겐 합성

⑤ 케톤체 합성

> **해설** 인슐린은 체내 대사의 동화(anabolic) 작용을 촉진한다. 특히 식후 포도당의 이용을 원활하게 하므로 글리코겐 합성(glycogenesis) 및 지방생합성(lipogenesis) 과정을 촉진한다.

12 성인의 경우 결핍되는 경우가 거의 없으나, 신생아나 미숙아에게 결핍될 경우 용혈성 빈혈을 일으킬 수 있는 비타민은?

① thiamine

② niacin

③ β-carotene

④ ascorbic acid

⑤ α-tocopherol

> **해설** 비타민 E(α-tocopherol)는 생체막에서 지질 산화를 방지하고, 적혈구 보호 · heme 합성 및 혈소판 응집에 관여한다. 결핍될 경우 신생아나 미숙아에게 용혈성 빈혈을 일으킬 수 있다.

정답 10 ④ 11 ④ 12 ⑤

13 다음은 비타민에 관한 내용들이다. 옳지 않은 것은?

① 비타민 B_{12}는 수용성이므로 체내에 저장된다.

② 레티놀은 주로 간장에 저장된다.

③ 7-dehydrocholesterol은 피부에서 비타민 D로 전환되고 간장과 신장을 거쳐 호르몬 형태로 활성화된다.

④ β-carotene은 주로 소장세포에서 레티놀로 전환된다.

⑤ 트립토판은 간에서 니아신으로 전환된다.

> **해설** 수용성 비타민은 체내에 저장되지 않는다. 비타민 B_{12}는 수용성이며, 엽산(folic acid) 활성화, 신경섬유 보호, 수초의 정상적인 유지에 관여한다. 식물조직에서는 발견되지 않으므로 주로 육류나 어패류, 달걀, 유제품 등에서 섭취할 수 있다. 부족하면 악성빈혈을 일으킬 수 있다.

출제유형 45

14 다음 설명에 해당하는 비타민은?

> • 뼈의 성장과 유지에 필수적이다.
> • 자외선 차단제를 사용하게 합성이 저해된다.
> • 부갑상샘호르몬에 의해 활성화된다.

① 비타민 D

② 비타민 E

③ 비타민 K

④ 비타민 B_1

⑤ 비타민 B_2

> **해설** 비타민 D
> • 뼈발달과 유지에 필수적이다.
> • 비타민 D_3는 피부에 정상적으로 존재하는 7-dehydrocholesterol로부터 형성되는데 자외선 자극에 의해 이루어진다. 따라서 자외선 차단제가 피부의 비타민 D 생성을 방해할 수 있다.
> • 혈중 칼슘의 농도가 감소하면 부갑상샘호르몬이 분비되어 신장에서 1,25-$(OH)_2$-D_3의 합성을 촉진시켜 혈중 칼슘의 농도를 높인다.

15 다음 중 판토텐산과 관계있는 것은?

① 지방산 산화 · 합성

② 아미노기 전이반응

③ 탈탄산반응

④ 해당과정

⑤ 요소회로

해설 판토텐산은 CoA의 구성성분으로 지방산의 산화와 합성에 관여하는 수용성 비타민이다.

16 성인 권장량보다 임신부에게는 10mg, 수유부에게는 40mg을 추가로 섭취하도록 권장되고 있는 비타민은?

① 비타민 A

② 비타민 B_{12}

③ 비타민 K

④ 비타민 C

⑤ 비타민 E

해설 한국인 영양섭취기준에서 지정된 우리나라 성인 남녀의 비타민 C 권장섭취량은 1일 100mg이다. 임신부의 경우 태아로 전달되는 수송량인 10mg을 가산하여 1일 110mg이 권장되고 있으며, 수유기에는 유즙 분비로 비타민 C의 요구량이 증대되므로 모유로 배출되는 비타민 C 양인 40mg을 가산하여 1일 140mg이 권장된다.

17 항산화 능력이 크다고 알려진 비타민은?

① 비타민 C, niacin

② folic acid, 비타민 D

③ 비타민 D, α-tocopherol

④ α-tocopherol, ascorbic acid

⑤ β-carotene, 비타민 K

해설 항산화 작용에 대해서는 아직 확실히 알려지지 못한 점이 많다. 비타민 중에서는 지용성으로 비타민 E와 β-carotene, 수용성으로는 비타민 C(ascorbic acid)가 잘 알려져 있다.

정답 **15** ① **16** ④ **17** ④

18 thiamine−pyrophosphate(TPP)가 관여하는 효소는?

① fatty acid synthase

② glucokinase

③ transaminase

④ transketolase

⑤ protein kinase

> **해설** 티아민(thiamine)의 활성화된 형은 thiamine−pyrophosphate로서 당질 대사 중 오탄당인산경로의 transketolase에 작용함이 잘 알려져 있다. 그 외에도 pyruvate → acetyl−CoA 반응을 촉매하는 pyruvate dehydrogenase에도 작용한다.

19 다음 중 연결이 옳은 것은?

① NAD − riboflavin

② tyrosine − thiamine

③ FAD − niacin

④ tryptophan − niacin

⑤ FMN − thiamine

> **해설** 조효소 이름과 비타민 이름의 연결은 다음과 같다.
> • TPP − 티아민(thiamine)
> • FMN(FAD) − 리보플라빈(riboflavin)
> • NAD(NADP) − 니아신(niacin)
> • CoA(coenzyme A) − 판토텐산(pantothenic acid)
> • niacin은 사람, 동물 등에서 tryptophan으로부터 합성

20 NAD와 NADP의 형태로 이동되며 생체에 산화환원에 중요한 비타민은?

① α−tocopherol ② riboflavin

③ niacin ④ lipoic acid

⑤ epinephrine

> **해설** 생체 산화환원과 호흡의 효소제에 관여하는 보효소로 NAD와 NADP가 있으며 산화환원에 중요한 비타민은 니아신(niacin)이다.

18 ④ **19** ④ **20** ③ 정답

21 조리하지 않는 생선(raw fish)이 갖고 있는 비타민 파괴 효소는?

① reductase

② oxidase

③ thiaminase

④ dehydrogenase

⑤ ketolase

> 해설 한국인은 곡류 위주의 식사를 하므로 당질 대사에 주요한 티아민(thiamine)을 많이 필요로 한다. 조개류, 갑각류, 어류(주로 담수어) 중에는 thiamine을 파괴하는 thiaminase가 있다. 조리하지 않은 생선을 먹으면 thiamine 결핍증에 걸린다.

출제유형 36

22 호르몬으로 분류되는 비타민은?

① 비타민 B_{12}

② 비타민 K

③ 비타민 A

④ 비타민 E

⑤ 비타민 D

> 해설 비타민 D는 스테로이드로서 호르몬으로 분류되며 그 작용기전에 있어서도 다른 스테로이드 호르몬처럼 세포핵의 DNA 즉, 유전자 수준에서 작용함이 밝혀졌다.

출제유형 35

23 다음 중 비타민 K의 주기능은?

① 담즙 형성 방지

② 항산화 작용

③ 망막 기능 유지

④ 프로트롬빈 생합성

⑤ 조효소 A의 구성성분

> 해설 혈장 단백질 중 하나인 프로트롬빈(prothrombin)은 트롬보겐이라고도 하며, 간에서 비타민 K의 작용으로 생성된다.

정답 21 ③ 22 ⑤ 23 ④

24 비타민 A가 혈액에서 운반되는 것을 돕는 결합단백질(Retinol Binding Protein)이 합성되는 곳은?

① 소 장
② 간 장
③ 비 장
④ 췌 장
⑤ 신 장

> **해설** 비타민 A의 95%는 주로 에스테르형으로 간에 축적되어 있다가 간에서 만들어진 결합단백질(RBP)과 결합하여 혈액으로 분비된다. 만약 비타민 A가 과량이고 결합단백질이 부족하여 비타민 A가 결합하지 않은 채 혈액에 과량이 떠다니면 독성을 나타낼 수 있다.

25 다음은 단백질 펩타이드계 호르몬과 스테로이드계 호르몬에 관한 설명이다. 옳지 않은 것은?

① 단백질계 호르몬은 세포 안의 cAMP가 2차 전령의 역할을 하므로 그 작용을 발휘한다.
② 스테로이드계 호르몬은 세포핵 내의 유전자 발현을 촉진함으로써 그 기능을 발휘한다.
③ 단백질계 호르몬으로는 인슐린을, 스테로이드계 호르몬으로는 에스트로겐을 들 수 있다.
④ 비타민 D도 스테로이드계 호르몬으로 간주된다.
⑤ 단백질계 호르몬과 스테로이드계 호르몬 모두 수용성이다.

> **해설** 단백질은 수용성이지만 스테로이드, 티록신은 지용성이다.

출제유형 44

26 비타민 D_3가 25-히드록시 비타민 D_3(25-hydroxy vitamin D_3)로 전환되는 기관은?

① 췌 장
② 위
③ 십이지장
④ 이 자
⑤ 간

> **해설** 비타민 D_3는 간에서 25-OH-D_3로 대사되고 신장에서 활성형 비타민 D인 1,25-$(OH)_2$-D_3로 전환된다.

27 비타민의 체내작용을 설명한 것으로 옳은 것은?

> 가. 비타민 B_1(thiamine)은 α−케톤산의 산화적 탈탄산반응에 관여한다.
> 나. 비타민 C(ascorbic acid)는 탄소전이(one carbon unit transfer)에 관여한다.
> 다. 비타민 B_6(pyridoxine)는 아미노기 전이반응에 관여한다.
> 라. 비타민 B_2(riboflavin)는 아세틸기 전이에 관여한다.

① 가, 나, 다
② 가, 다
③ 나, 라
④ 라
⑤ 가, 나, 다, 라

해설 · 비타민 B_2(riboflavin) − 성장 촉진인자 : 생체 산화환원반응에서 조효소로 작용하며 단백질과 지방 대사에 관여한다.
· 비타민 C(ascorbic acid) − 항괴혈병 인자 : 포도당(glucose) 구조를 가진 산의 enediol lactone으로 강력한 환원력을 가진다. collagen 전구체 중의 proline → hydroxyproline으로, lysine → hydroxylysine으로 변화시킨다.

출제유형 44

28 당근 섭취 시 체내에서 전환되어 생성되는 비타민은?

① 비타민 A
② 비타민 D
③ 비타민 B_1
④ 비타민 B_6
⑤ 비타민 C

해설 베타카로틴은 체내에 흡수되면 비타민 A로 전환되는데 당근은 녹황색 채소 가운데 베타카로틴 함량이 가장 높다.

정답 **27** ② **28** ①

제3과목

영양교육

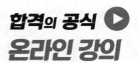

CHAPTER 01 영양교육의 개념

01 영양교육의 개요

(1) 영양교육의 의의

① 개인이나 집단이 적절한 식생활을 실천하기 위한 합리적 방법이나 행위
② 다양한 교육적 수단을 통해 영양에 관한 지식과 정보를 여러 대상자들에게 바르게 이해시킴
③ 영양교육의 목표에 도달하기 위해 <u>스스로 의욕</u>을 갖고 태도를 변화시켜 실천하게 하는 데 있음

(2) 영양교육의 목적 🌟 🌟

① 식품과 영양에 관한 지식 및 기술을 이해시키고 영양에 대한 관심과 의욕을 일으킴
② 감정과 의지로 생각을 바꾸게 하고 태도와 행동을 변화시킴
③ 영양에 관한 지식을 갖도록 하여 국민의 건강을 증진시킴

(3) 영양교육의 목표 🌟 🌟

① 영양에 대한 지식의 보급으로 영양수준 및 식생활의 향상을 꾀함
② 영양교육으로 질병예방과 건강증진을 도모
③ 체력향상과 경제안정을 꾀하여 국민의 복지향상에 기여

(4) 영양교육의 내용

① 식생활에 대한 올바른 이해와 인식에 관한 내용
② 식생활과 건강과의 관계(영양부족 또는 영양과잉의 문제)
③ 영양섭취에 대한 실태와 식품소비 유형의 변화
④ 편식 및 잘못된 식습관의 건강피해
⑤ 식품낭비와 손실의 방지
⑥ 식량의 생산과 배분에 대한 문제

(5) 영양교육의 실시

① 현재의 영양상태를 명확하게 판단하여 문제점을 발견

② 영양교육은 계획적이고 조직적으로 실시하며, 반복지도가 필수적

③ 영양개선의 방법으로 실천방법을 모색해야 함

④ 피교육자에게 실시한 교육방법이 맞는지 사용 후 반드시 효과판정을 해야 함

⑤ 효과판정 시 효과를 얻지 못했을 때는 문제를 다시 진단해서 새로운 계획으로 실시하여 효과판정을 반복

(6) 영양교육의 난이성 ⭐ ⭐

① 피교육자 대상의 나이, 교육수준, 성별, 기호, 식생활 등이 단일하거나 획일적이지 않음

② 식습관이 보수적이어서 개선하기 힘들고 경제와 직접적인 관련이 있음

③ 영양교육의 효과는 장기적, 비가시적으로 나타나므로 실행하는 데 곤란을 겪게 됨

④ 식품과 영양의 결함으로 야기되는 해독이나 위험이 즉시 판정, 인식되는 것이 아님

(7) 영양교육의 효과

① 정신적으로 도덕심을 앙양시킴

② 육체적으로 신체적 성장발육, 건강향상, 체질개선, 질병감소, 사망률 저하 등이 있음

③ 사회정책상 노동임금의 안정과 생계비의 합리화 및 능률을 증진시킴

④ 식량정책상 식량의 생산과 소비 및 식품의 강화에 기여함

영양보충

영양교육 실시 과정 ⭐ ⭐ ⭐ ⭐

1. 진단 : 대상자의 문제 분석, 교육요구도 파악
2. 계획 : 구체적 학습목표 설정, 학습내용 선정, 시간 · 장소 고려, 교육방법 선정, 평가자료 · 매체 선정, 평가기준 설정 등
3. 실행 : 학습환경 고려, 융통성 있게 운영
4. 평가 : 과정평가, 효과평가

영양플러스사업 ⭐ ⭐ ⭐ ⭐ ⭐

• 지원대상 : 만 6세 미만의 영유아, 임산부, 출산부, 수유부
  – 소득수준 : 가구 규모별 최저생계비의 200% 미만
  – 영양위험요인 : 빈혈, 저체중, 성장부진, 영양섭취불량 중 한 가지 이상 보유
• 지원내용
  – 영양교육 및 상담(월 1회, 개별상담과 집단교육 병행)
  – 보충식품패키지 6종 제공(가구소득이 최저생계비 대비 120~200%인 경우 10% 자부담)
  – 정기적 영양평가(3개월에 1회 실시)

02 영양교육의 배경 및 기초

(1) 영양의 역사

① 식의 : 고려와 조선 시대에 오늘날의 영양사 임무를 담당했던 직책

② 영양사에 관한 규칙 제정(식품위생법) : 1963년 6월 12일

③ 한국영양사협회 창립 : 1969년 10월 18일

④ 대한영양사회로 개칭 : 1974년 5월 4일

(2) 한국인 영양소 섭취기준(Dietary Reference Intakes Koreans, KDRIs)

① 목적 : 건강한 개인 및 집단을 대상으로 하여 국민의 건강을 유지 · 증진하고 식사와 관련된 만성질환의 위험을 감소시켜 궁극적으로 국민의 건강수명을 증진

② 안전하고 충분한 영양을 확보하는 기준치 ⭐ ⭐ ⭐ ⭐ ⭐

   ㉠ 평균필요량(EAR) : 건강한 사람들의 일일 영양소 필요량의 중앙값으로부터 산출한 수치

   ㉡ 권장섭취량(RNI) : 인구집단의 약 97~98%에 해당하는 사람들의 영양소 필요량을 충족시키는 섭취수준으로, 평균필요량에 표준편차 또는 변이계수의 2배를 더하여 산출

   ㉢ 충분섭취량(AI) : 영양소의 필요량을 추정하기 위한 과학적 근거가 부족할 경우 실험연구 또는 관찰연구에서 확인된 건강한 사람들의 영양소 섭취량 중앙값을 기준으로 설정

   ㉣ 상한섭취량(UL) : 인체에 유해한 영향이 나타나지 않는 최대 영양소 섭취 수준

③ 식사와 관련된 만성질환 위험감소를 고려한 기준치

   ㉠ 에너지적정비율(AMDR) : 영양소를 통해 섭취하는 에너지의 양이 전체 에너지 섭취량에서 차지하는 비율의 적정범위

   ㉡ 만성질환위험감소섭취량(CDRR) : 건강한 인구집단에서 만성질환의 위험을 감소시킬 수 있는 영양소의 최저 수준의 섭취량

④ 영양소 섭취기준의 활용

   ㉠ 식사평가 : 식사 섭취의 양과 질이 적절한지를 평가

   ㉡ 식사계획 : 적절한 영양을 제공하여 개인 및 집단의 영양이 부족하거나 지나치지 않도록 하는 것

   • 개인 : 권장섭취량 또는 충분섭취량을 기준으로 하며, 상한섭취량을 초과하지 않도록 함

   • 집단 : 평균필요량 미만의 사람과 상한섭취량 이상의 사람의 비율을 최소화하여 집단의 중앙값이 충분섭취량이 되도록 함

각 분야별 영양소 섭취기준 활용
- 정부부처, 지자체 : 식생활 정책 및 사업의 계획, 실행, 평가(영양, 식품, 건강, 식량생산 및 교역 등)
- 학교 : 학교급식 계획 및 평가, 식생활 평가, 영양교육, 식사지도
- 병원 : 환자급식 계획 및 평가, 식생활 평가, 영양교육, 식사지도
- 산업체 : 급식 계획 및 평가, 제품 개발, 식품표시
- 개인 : 식생활 계획 및 평가, 영양교육, 식사지도

(3) 우리나라 영양정책의 문제점

① 소득 수준의 차이, 계층별 및 지역 간의 차이로 영양불균형과 부족현상을 보이고 있음
② 영양에 대한 행정체계와 각종 기초통계가 미비함
③ 국민영양사업을 향상시키기 위한 법적, 제도적 장치가 미비함
④ 정부와 일반국민의 영양에 대한 인식이 부족함
⑤ 식품정책과 영양정책이 연계되어 있지 않음

(4) 농촌 식생활의 문제점

① 곡류의 과식 및 편식
② 동물성 단백질 섭취량의 부족
③ 빈혈, 피로, 고혈압, 임신중독증 등의 건강장애
④ 부엌 등 생활구조 개선 등의 문제점

(5) 영양교육이 평생교육이 되어야 하는 이유

① 생활패턴과 식품소비패턴이 계속 변화하고 있음
② 다양한 기능과 모양의 식품이 계속 개발되고 있음
③ 경제적으로 어려운 계층의 사람들에게 바람직한 식품선택의 요령을 지도하는 것이 필요함
④ 주요 사망원인이 되는 만성 퇴행성질환이 영양과 식생활에 관련이 있음

CHAPTER 01 적중예상문제

출제유형 35

01 다음 중 영양섭취기준(DRIs ; Dietary Reference Intakes)의 설정목표로 가장 알맞은 것은?

① 식료품 판매점 및 시장에 대한 지도

② 국민의 건강수명 증진

③ 식량생산과 공급계획

④ 인적 자원 확보

⑤ 경제 발전

해설 영양섭취기준 설정목표는 국민의 건강수명을 증진시키는 것이다.

02 다음 중 영양교육이 평생교육으로 되어야 하는 이유가 아닌 것은?

① 주요 사망원인이 되는 만성퇴행성 질환이 영양과 식생활에 관련되는 것으로 밝혀지고 있다.

② 경제적으로 어려운 계층의 사람들에게 바람직한 식품선택의 요령을 지도하는 것이 필요하다.

③ 다양한 기능과 모양의 식품이 계속 개발되고 있다.

④ 사람들의 생활패턴과 식품소비패턴이 계속 변화한다.

⑤ 권위 있는 영양정보급원의 확산을 위해서이다.

해설 영양정보급원의 확산은 바람직한 평생교육을 위한 수단이 된다.

출제유형 37

03 영양교육의 최종목표는?

① 식생활 개선   ② 영양섭취

③ 신체발육   ④ 경제적인 식생활

⑤ 건강증진

해설 질병예방과 체력향상, 즉 건강증진에 최종목표를 두고 있다.

01 ② 02 ⑤ 03 ⑤ 정답

04 「2020 한국인 영양소 섭취기준」 중 인구집단의 약 97~98%에 해당하는 사람들의 영양소 필요량을 충족시키는 섭취수준으로, 평균필요량에 표준편차 또는 변이계수의 2배를 더하여 산출한 값은?

① 목표섭취량　　　　　　　　　　② 권장섭취량
③ 상한섭취량　　　　　　　　　　④ 충분섭취량
⑤ 필요추정량

> **해설** 권장섭취량
> 권장섭취량은 인구집단의 약 97~98%에 해당하는 사람들의 영양소 필요량을 충족시키는 섭취수준으로, 평균 필요량에 표준편차 또는 변이계수의 2배를 더하여 산출하였다.

05 다음은 영양교육의 목표이다. 옳은 것은?

> 가. 식습관이 올바르게 바뀌도록 동기를 유발한다.
> 나. 식사하는 태도와 행동을 변화시킨다.
> 다. 국민의 건강과 복지에 기여한다.
> 라. 영양에 대한 지식을 전달한다.

① 가, 나, 다　　　　　　　　　　② 가, 다
③ 나, 라　　　　　　　　　　　　④ 라
⑤ 가, 나, 다, 라

06 영양교육의 목적으로 옳은 것은?

① 국민의 건강증진　　　　　　　　② 국민의 식생활 변화
③ 국민의 체력향상　　　　　　　　④ 식품낭비와 손실 방지
⑤ 합리적인 식량 배분

> **해설** 영양교육의 목적
> • 식품과 영양에 관한 지식 및 기술을 이해시키고 영양에 대한 관심과 의욕을 일으킴
> • 감정과 의지로 생각을 바꾸게 하고 태도와 행동을 변화시킴
> • 영양에 관한 지식을 갖도록 하여 국민의 건강증진

정답 04 ② 05 ⑤ 06 ①

07 영양교육 실시의 일반원칙은?

① 대상의 진단 → 실행 → 계획 → 평가

② 대상의 진단 → 계획 → 실행 → 평가

③ 대상의 진단 → 평가 → 계획 → 실행

④ 계획 → 대상의 진단 → 실행 → 평가

⑤ 계획 → 평가 → 대상의 진단 → 실행

해설 영양교육 실시 과정
1. 진단 : 대상자의 문제 분석, 교육요구도 파악
2. 계획 : 구체적 학습목표 설정, 학습내용 선정, 시간 · 장소 고려, 교육방법 선정, 평가자료 · 매체 선정, 평가기준 설정 등
3. 실행 : 학습환경 고려, 융통성 있게 운영
4. 평가 : 과정평가, 효과평가

출제유형 46

08 다음에서 설명하는 영양사업은?

• 영양상태에 문제가 있는 임신, 출산, 수유부 및 만 5세 이하의 영유아를 대상으로 한다.
• 미국의 WIC(Women, Infants and Children) 프로그램을 우리나라 실정에 맞게 수정하였다.
• 영양교육 및 필수식품 6종 제공을 통한 식생활 관리 능력을 향상시키고자 한다.

① 모자동실 프로그램

② 건강프런티어전략

③ 푸드스탬프 프로그램

④ 아이돌봄서비스

⑤ 영양플러스사업

해설 영양플러스사업
• 지원대상 : 만 6세 미만의 영유아, 임산부, 출산부, 수유부
  – 소득수준 : 가구 규모별 최저생계비의 200% 미만
  – 영양위험요인 : 빈혈, 저체중, 성장부진, 영양섭취불량 중 한 가지 이상 보유
• 지원내용
  – 영양교육 및 상담(월 1회, 개별상담과 집단교육 병행)
  – 보충식품패키지 6종 제공(가구소득이 최저생계비 대비 120~200%인 경우 10% 자부담)
  – 정기적 영양평가(3개월에 1회 실시)

09 『2020 한국인 영양소 섭취기준』 중 건강한 사람들의 일일 영양소 필요량의 중앙값으로부터 산출한 수치는?

① 권장섭취량   ② 상한섭취량

③ 평균필요량   ④ 충분섭취량

⑤ 만성질환위험감소섭취량

> **해설** 평균필요량
> 건강한 사람들의 일일 영양소 필요량의 중앙값으로부터 산출한 수치이다.

출제유형 35

10 영양교육의 어려운 점을 설명한 것으로 옳지 않은 것은?

① 영양교육에 대한 인식과 적극성이 적으므로 실행하는 데 곤란하다.

② 조직체계를 이용하기 어렵다.

③ 사람들의 식생활이나 식습관은 쉽게 바꿀 수가 없다.

④ 영양상의 결함은 쉽게 빠른 효과가 나타나지 않는다.

⑤ 대상자가 식생활, 식습관, 경제상태, 지식 등에 있어서 차이가 심하다.

> **해설** 영양교육의 곤란성
> • 영양교육의 대상이 단일하고 획일적이 아니고, 식생활의 균형과 기호가 다르다.
> • 식습관이 보수적이고, 경제와 식생활이 직결되어 있다.
> • 영양교육에 대한 인식과 적극성이 적으므로 실행하는 데 곤란을 겪게 된다.
> • 식품과 영양의 결함으로 야기되는 해독이나 위험은, 곧 판단되고 인식되는 것이 아니다.

---

11 영양교육의 의의로 가장 옳은 것은?

① 영양과 건강에 대한 지식을 증가시킨다.

② 건강상태를 판정하기 위한 기술을 습득시킨다.

③ 식생활에 대한 관심을 유도한다.

④ 식품조리기술을 습득시킨다.

⑤ 식생활을 개선하고자 하는 태도로 변화시켜 스스로 실천하게 한다.

> **해설** 영양교육의 의의
> 개인이나 집단이 적절한 식생활을 실천하는 데 필요한 모든 영양지식을 바르게 이해시켜, 학습한 지식과 기술을 식생활에 실천하려는 태도로 변화시켜 스스로 행동에 옮기도록 하는 데 있다.

정답 09 ③ 10 ② 11 ⑤

12 보건소에서 실시하고 있는 영양플러스사업에 관한 설명으로 옳은 것은?

① 개별상담과 집단교육을 병행하여 영양교육을 한다.

② 대상자는 초등학생과 임신부이다.

③ 수혜대상자가 지불하는 영양교육비는 동일하다.

④ 영양위험군에 해당하는 대상자는 혜택을 받을 수 없다.

⑤ 영유아보육법에 준하여 시행하고 있다.

해설 영양플러스사업
- 지원대상 : 만 6세 미만의 영유아, 임산부, 출산부, 수유부
  - 소득수준 : 가구 규모별 최저생계비의 200% 미만
  - 영양위험요인 : 빈혈, 저체중, 성장부진, 영양섭취불량 중 한 가지 이상 보유
- 지원내용
  - 영양교육 및 상담(월 1회, 개별상담과 집단교육 병행)
  - 보충식품패키지 6종 제공(가구소득이 최저생계비 대비 120~200%인 경우 10% 자부담)
  - 정기적 영양평가(3개월에 1회 실시)

13 영양교육 실시 과정의 첫 단계는?

① 교육의 과정과 결과 평가

② 교육 실시

③ 영양중재 방법 선택 및 교육활동 설계

④ 교육의 목표와 목적 설정

⑤ 대상자의 문제 분석 및 교육요구도 파악

해설 영양교육 실시 과정
1. 진단 : 대상자의 문제 분석, 교육요구도 파악
2. 계획 : 구체적 학습목표 설정, 학습내용 선정, 시간·장소 고려, 교육방법 선정, 평가자료·매체 선정, 평가기준 설정 등
3. 실행 : 학습환경 고려, 융통성 있게 운영
4. 평가 : 과정평가, 효과평가

12 ① **13** ⑤ 정답

14 『2020 한국인 영양소 섭취기준』 중 다음 설명에 해당하는 것은?

> 영양소의 필요량을 추정하기 위한 과학적 근거가 부족할 경우, 실험연구 또는 관찰연구에서 확인된 건강한 사람들의 영양소 섭취량 중앙값을 기준으로 설정

① 충분섭취량(AI)

② 상한섭취량(UL)

③ 에너지적정비율(AMDR)

④ 평균필요량(EAR)

⑤ 권장섭취량(RNI)

해설 충분섭취량(AI)
- 대상 인구집단의 건강을 유지하는 데 충분한 양을 설정한 수치이다.
- 영양소의 필요량을 추정하기 위한 과학적 근거가 부족할 경우, 실험연구 또는 관찰연구에서 확인된 건강한 사람들의 영양소 섭취량 중앙값을 기준으로 설정한다.

정답 14 ①

CHAPTER 02 영양교육과 사업의 이론 및 활용

01 영양교육의 이론 및 활용

(1) 건강신념모델(HBM ; Health Belief Model) ✿

① 개념 : 건강행동의 실천여부는 개인의 신념, 즉 여러 종류의 건강관련 인식에 따라 정해진다는 이론

② 구성요소

    ㉠ 인지된 민감성 : 특정 질병에 걸릴 가능성의 정도에 대한 인지

    ㉡ 인지된 심각성 : 특정 질병과 그 질병이 가져올 수 있는 결과의 심각성에 대한 인지

    ㉢ 인지된 이익 : 행동변화로 얻을 수 있는 이익에 대한 인지

    ㉣ 인지된 장애 : 행동변화가 가져올 물질적, 심리적, 비용 등에 대한 인지

    ㉤ 행위의 계기 : 변화를 촉발시키는 계기

    ㉥ 자기효능감 : 행동을 실천할 수 있다는 스스로에 대한 자신감

(2) 합리적 행동이론

① 개념 : 인간은 기본적으로 합리적이며 자신이 이용할 수 있는 정보를 활용해서 행동을 결정한다고 가정하며, 행동은 행동의도에 의해 결정되고, 행동의도는 태도와 주관적 규범에 의해 영향을 받음

② 구성요소

    ㉠ 행동의도 : 행동에 대한 동기유발이나 준비

    ㉡ 행동에 대한 태도 : 행동의 결과가 긍정적 또는 부정적 결과를 가져올 것이라는 개인적 평가

    ㉢ 주관적 규범 : 의미 있는 타인들이 무엇을 옳다고 여기는지 개인이 인식하는 것

(3) 계획적 행동이론 ✿

① 개념 : 합리적 행동이론이 확대된 이론으로, 행동수행과 관련된 인지된 행동통제 개념을 추가함

② 구성요소

    ㉠ 합리적 행동이론의 구성요소인 행동의도, 행동에 대한 태도, 주관적 규범은 동일함

    ㉡ 인지된 행동통제력 : 어떻게 하면 행동실천을 용이하게 할 수 있는지에 대해 개인이 인식하는 것

(4) 사회인지론 ⭐ ⭐

① **개념** : 인간의 행동은 개인적 요인, 행동적 요인, 환경적 요인이 상호작용하여 결정된다는 이론
② **구성요소**
　　㉠ 개인적 요인
　　　　• 결과기대 : 행동 후 기대하는 결과
　　　　• 자아효능감 : 목표한 과업을 달성하기 위해 필요한 행동을 계획하고 수행할 수 있는 자신의 능력에 대한 자신감
　　㉡ 행동적 요인
　　　　• 행동수행력 : 특정 목표를 달성하거나 수행하는 데 요구되는 지식과 기술
　　　　• 자기조절 : 목표지향적인 행동에 대한 개인적 규제
　　㉢ 환경적 요인
　　　　• 관찰학습 : 타인의 행동과 그 결과를 관찰하면서 그 행동을 습득
　　　　• 강화 : 행동이 계속될 가능성을 높이거나 낮추는 것
　　　　• 환경 : 개인에게 물리적인 외적 요인

(5) 행동변화단계모델 ⭐ ⭐ ⭐ ⭐

① **개념** : 행동변화에 대한 대상자의 현재 의도와 행동상태에 따른 단계를 구분하고, 그 단계에 따라 다른 전략을 사용하여야 교육효과를 얻을 수 있다는 이론
② **구성요소**
　　㉠ 고려 전 단계 : 문제에 대한 인식이 부족하고, 향후 6개월 이내에 행동변화를 실천할 예정이 없는 단계
　　㉡ 고려 단계 : 문제에 대한 인식을 하고, 향후 6개월 이내에 행동변화를 실천할 의도가 있는 단계
　　㉢ 준비 단계 : 향후 1개월 이내에 행동변화를 실천할 의도가 있으며, 변화를 계획하는 단계
　　㉣ 실행 단계 : 행동변화를 실천한 지 6개월 이내인 단계
　　㉤ 유지 단계 : 행동변화를 6개월 이상 지속하고 바람직한 행동을 지속적으로 강화하는 방법을 찾는 단계

(6) 개혁확산모델

① **개념** : 지역사회 내에서 개혁적인 성향이 있는 구성원이 먼저 새로운 개념의 건강행위를 수용함으로써 다른 구성원이 그 효과를 확인하고 따라서 행동하도록 유도하는 모델
② **개혁확산의 구성요소** : 상대적 이점, 적합성, 복잡성, 시험가능성, 관찰가능성

(7) 프리시드-프로시드(PRECEDE-PROCEED) 모델 ⭐ ⭐

① **개념** : 문제의 진단부터 수행평가 과정의 연속적인 단계를 제공하여 포괄적인 건강증진계획이 가능한 모형

② **PRECEDE(요구진단 단계)**

　㉠ 사회적 진단(1단계) : 대상자의 삶의 질과 요구에 대한 지각을 확인하는 것

　㉡ 역학, 행위 및 환경적 진단(2단계)

　　• 역학적 진단 : 사회적 진단을 통해 규명된 건강문제를 파악하고 제한된 자원을 사용할 가치가 큰 순서대로 우선순위를 설정

　　• 행위 및 환경적 진단 : 규명된 최우선의 건강문제와 원인적으로 연결된 건강행위와 환경요인을 규명하여 개인 및 조직의 바람직한 행동목표를 수립

　㉢ 생태학적 · 교육적 진단(3단계) : 개인이나 집단의 건강행위에 영향을 주는 성향요인, 촉진요인, 강화요인을 규명하는 것

　　• 성향요인(소인요인) : 개인의 건강문제에 대한 내재된 요인으로, 지식, 태도, 신념, 가치, 자기효능, 의도 등

　　• 촉진요인(가능요인) : 건강행위 수행을 가능하게 도와주는 요인으로, 접근성, 시간적 여유, 개인의 기술, 개인 및 지역사회의 자원 등

　　• 강화요인 : 보상, 칭찬, 벌 등과 같이 건강행위가 지속되게 하거나 없어지게 하는 요인으로, 사회적 지지, 신체적 유익성, 충고, 친구의 영향 등

　㉣ 행정적 · 정책적 진단(4단계) : 이전 단계에서 세워진 계획이 건강증진프로그램으로 전환되기 위한 행정적 및 정책적 사정이 이루어짐

③ **PROCEED(실행 및 평가 단계)**

　㉠ 수행(5단계) : 프로그램을 개발하고 시행방안으로 마련하여 시행

　㉡ 과정평가(6단계) : 사업수행이 정책, 프로토콜에 따라 잘 이루어졌는지 평가

　㉢ 영향평가(7단계) : 프로그램을 투입한 결과로 대상자의 지식, 태도, 가치관, 기술, 행동에 일어난 변화를 평가

　㉣ 결과평가(8단계) : 프로그램을 시행한 결과로 얻어진 건강 또는 사회적 요인의 개선점 등을 평가

(8) 사회마케팅

① **개념** : 대상자에게 필요한 정보를 제공하는 프로그램에 스스로 참여하도록 하는 프로그램의 계획 과정

② **사회마케팅 실천의 기본** : 마케팅믹스 요소(제품, 촉진, 유통, 가격)를 이해 · 평가 · 활용하는 것

(1) 지역사회 영양학의 의의

① 지역사회 구성원의 건강증진을 위해 영양문제를 파악하고 이를 개선하기 위한 영양사업을 실시하는 데 필요한 지식과 기술에 관한 학문

② 지역주민의 식생활 개선을 통해 궁극적으로 지역주민 전체의 건강 유지와 건강한 상태로의 수명을 연장시키고 이에 따라 주민의 삶을 향상시키기 위함

(2) 지역사회 영양학의 대상

① 집단에 초점을 맞추며, 집단은 가족, 주민, 국민 전체가 될 수 있음

② 건강한 사람, 반건강인, 질병이 매우 경미한 사람을 주대상으로 하는 경우가 많음

(3) 지역사회 영양의 목표

건강증진, 질병예방, 영양개선, 영양실천, 영양관리 능력 향상

(4) 지역사회 영양활동의 종류

영양사업, 급식 제공, 영양교육, 영양지원, 영양 관련 연구

(5) 지역사회 영양활동의 방법

영양상담실 운영, 방문 및 순회, 자원활동, 집단지도, 매체 활용, 영양지원, 급식지원

(6) 지역사회 영양활동 과정 ⭐

지역사회 영양요구 진단 → 지역사회 영양지침 및 기준 확인 → 사업의 우선순위 결정 → 목적 설정 → 목적 달성을 위한 방법 선택 → 집행계획 → 평가계획 → 사업집행 → 사업평가

영양보충

평가 ⭐ ⭐ ⭐ ⭐
- 구조(자원)평가 : 교육에 투입되는 시간, 예산, 인력 등의 적절성을 평가
- 과정평가 : 교육이 실행되는 과정의 평가로, 일정 준수, 교육방법의 적절성, 대상자의 특성과 형평성, 교육참여도 등을 평가
- 효과(결과)평가 : 교육 후 목표 달성 여부를 평가

CHAPTER

02 적중예상문제

01 영양사가 40대 대상자에게 고혈압의 위험성과 고혈압에 걸렸을 때 건강에 미치는 심각한 영향에 대해 교육을 하고, 고혈압 개선을 위한 식사요법으로 인한 이득을 교육하였다. 이때 어떤 영양교육을 이용한 것인가?

① 사회학습이론   ② 합리적 행동이론
③ 건강신념 모델   ④ 개혁확산 모델
⑤ 계획적 행동이론

> **해설** 건강신념 모델
> 건강행동의 실천여부는 개인의 신념, 즉 여러 종류의 건강관련 인식에 따라 정해진다는 이론이다. 개인의 인지된 민감성, 인지된 심각성, 인지된 이익, 인지된 장애, 행위의 계기, 자기효능감에 따라 한 개인이 건강관련 행동을 할 것인가 여부를 예측할 수 있게 해준다.

출제유형 44

02 영양사가 건강신념모델을 이용하여 편식 아동에게 우유 섭취 시 장점에 관한 교육을 하였다. 이때 적용한 구성요소는?

① 인지된 민감성   ② 인지된 심각성
③ 인지된 이익   ④ 행동의 계기
⑤ 자기효능감

> **해설** 건강신념모델의 구성요소
> • 인지된 민감성 : 특정 질병에 걸릴 가능성의 정도에 대한 인지
> • 인지된 심각성 : 특정 질병과 그 질병이 가져올 수 있는 결과의 심각성에 대한 인지
> • 인지된 이익 : 행동변화로 얻을 수 있는 이익에 대한 인지
> • 인지된 장애 : 행동변화가 가져올 물질적, 심리적, 비용 등에 대한 인지
> • 행위의 계기 : 변화를 촉발시키는 계기
> • 자기효능감 : 행동을 실천할 수 있다는 스스로에 대한 자신감

01 ③ 02 ③ 정답

03 대사증후군을 진단받은 김 씨는 여러 방법을 알아보던 중 보건소를 방문하여 2주일 후에 시작하는 대사증후군 교실에 등록하였다. 이는 행동변화단계 중 어디에 속하는가?

① 고려 전 단계
② 고려 단계
③ 준비 단계
④ 행동 단계
⑤ 유지 단계

해설 행동변화단계
• 고려 전 단계 : 문제에 대한 인식이 부족하고, 향후 6개월 이내에 행동변화를 실천할 예정이 없는 단계
• 고려 단계 : 문제에 대한 인식을 하고, 향후 6개월 이내에 행동변화를 실천할 의도가 있는 단계
• 준비 단계 : 향후 1개월 이내에 행동변화를 실천할 의도가 있으며, 변화를 계획하는 단계
• 실행 단계 : 행동변화를 실천한 지 6개월 이내인 단계
• 유지 단계 : 행동변화를 6개월 이상 지속하고 바람직한 행동을 지속적으로 강화하는 방법을 찾는 단계

04 사회인지론을 바탕으로 영양사가 독거노인을 대상으로 생선조리법을 가르쳤다. 효과평가를 위해 "혼자서 생선을 조리할 자신이 얼마만큼 있습니까?"라고 질문하였다면 측정하고자 한 구성요소는?

① 강 화
② 촉 진
③ 환 경
④ 목적의도
⑤ 자아효능감

해설 자아효능감
목표한 과업을 달성하기 위해 필요한 행동을 계획하고 수행할 수 있는 자신의 능력에 대한 자신감이다.

정답 03 ③ 04 ⑤

05 채소 섭취가 적은 대학생에게 채소 섭취를 할 수 있는 손쉬운 방법에 관한 영양교육을 실시하였다. 그 결과 학생들은 '매일 채소를 충분히 섭취할 수 있는 자신감'을 가지게 되었다. 이때 적용한 계획적 행동이론의 구성요소는?

① 행동의도
② 순응동기
③ 행동에 대한 태도
④ 주관적 규범
⑤ 인지된 행동통제력

해설 계획적 행동이론
- 합리적 행동이론이 확대된 이론으로, 행동수행과 관련된 인지된 행동통제 개념을 추가하였다.
- 구성요소
  - 합리적 행동이론의 구성요소인 행동의도, 행동에 대한 태도, 주관적 규범은 동일하다.
  - 인지된 행동통제력 : 어떻게 하면 행동실천을 용이하게 할 수 있는지에 대해 개인이 인식하는 것

06 지역사회 영양사가 저나트륨 식단을 제공하였는데, 건강상의 효과를 확인한 다른 구성원이 이를 따라서 행동했다면 어떤 이론이 적용된 것인가?

① 건강신념모델
② 합리적 행동이론
③ 사회인지론
④ 사회학습이론
⑤ 개혁확산모델

해설 개혁확산모델
- 개념 : 지역사회 내에서 개혁적인 성향이 있는 구성원이 먼저 새로운 개념의 건강행위를 수용함으로써 다른 구성원이 그 효과를 확인하고 따라서 행동하도록 유도하는 모델이다.
- 개혁확산의 구성요소 : 상대적 이점, 적합성, 복잡성, 시험가능성, 관찰가능성

05 ⑤ **06** ⑤ 정답

07 지역사회 영양사업에서 교육에 투입되는 자원의 적절성을 평가하는 것은?

① 효과평가

② 구조평가

③ 과정평가

④ 관찰평가

⑤ 목표평가

해설 구조(자원)평가
교육에 투입되는 시간, 예산, 인력 등의 적절성을 평가한다.

08 지역사회 영양프로그램에서 우선 선정해야 할 문제는?

① 경제적 손실이 큰 영양문제

② 주민 관심도가 낮은 영양문제

③ 개선될 가능성이 낮은 영양문제

④ 심각하지 않은 영양문제

⑤ 희귀한 영양문제

해설 영양문제 가운데 우선순위를 정할 때는 경제적 손실이 큰 문제, 이환율이 높은 문제, 개선 가능성이 높은 문제, 긴급성이 높은 문제, 심각성이 높은 문제 등을 고려한다.

09 지역사회 영양사업에서 영양교육을 실시한 후에 하는 평가는?

① 효과평가

② 내용평가

③ 개발평가

④ 공평성 평가

⑤ 과정평가

해설 영양교육을 한 후에는 효과평가를 실시하는데, 효과평가는 계획과정에서 설정된 목표달성 여부에 대한 평가로 대상자의 영양지식, 식태도, 식행동의 변화 등을 알아본다.

정답 07 ② 08 ① 09 ①

10 지역사회 영양사업에서 영양교육이 계획대로 진행되었는지를 확인하는 평가는?

① 결과평가

② 효과평가

③ 비용평가

④ 자원평가

⑤ 과정평가

해설 과정평가는 영양교육이 진행되는 과정에 대해 평가하는 것으로, 영양교육을 진행하는 과정에서 시행상의 문제점을 파악하고 그 개선방안을 탐색하는 것을 목적으로 한다.

11 다음의 행동변화 단계는?

> • 건강검진 결과 고혈압 진단을 받음
> • 건강문제를 인식하였으나 수정하겠다는 의지는 밝히지 않음
> • 6개월 이내 행동을 바꿀 의향이 있음

① 고려 전 단계

② 고려 단계

③ 준비 단계

④ 실행 단계

⑤ 유지 단계

해설 행동변화단계모델
• 고려 전 단계 : 문제에 대한 인식이 부족하고, 향후 6개월 이내에 행동변화를 실천할 예정이 없는 단계
• 고려 단계 : 문제에 대해 인식하고, 향후 6개월 이내에 행동변화를 실천할 의도가 있는 단계
• 준비 단계 : 향후 1개월 이내에 행동변화를 실천할 의도가 있으며, 변화를 계획하는 단계
• 실행 단계 : 행동변화를 실천한 지 6개월 이내인 단계
• 유지 단계 : 행동변화를 6개월 이상 지속하고 바람직한 행동을 지속적으로 강화하는 방법을 찾는 단계

10 ⑤ **11** ② 정답

12 비만 초등학생에게 적용한 다음의 영양교육 이론은?

> • 개인적 요인 – 건강 체중과 1일 섭취 에너지 인식 교육
> • 행동적 요인 – 긍정적 행동에 대한 보상 제공
> • 환경적 요인 – 학교급식 시 단맛을 줄인 조리법 사용

① 개혁확산 모델
② 건강신념 모델
③ 사회마케팅
④ 사회인지론
⑤ 합리적 행동이론

해설 사회인지론의 구성요소
- 개인적 요인
  - 결과기대 : 행동 후 기대하는 결과
  - 자아효능감 : 목표한 과업을 달성하기 위해 필요한 행동을 계획하고 수행할 수 있는 자신의 능력에 대한 자신감
- 행동적 요인
  - 행동수행력 : 특정 목표를 달성하거나 수행하는 데 요구되는 지식과 기술
  - 자기조절 : 목표지향적인 행동에 대한 개인적 규제
- 환경적 요인
  - 관찰학습 : 타인의 행동과 그 결과를 관찰하면서 그 행동을 습득
  - 강화 : 행동이 계속될 가능성을 높이거나 낮추는 것
  - 환경 : 개인에게 물리적인 외적 요인

13 지역사회 영양활동 과정 중 첫 번째 단계는?

① 평가계획
② 목적 설정
③ 지역사회 영양요구 진단
④ 지역사회 지침 및 기준 확인
⑤ 목적 달성을 위한 방법 선택

해설 지역사회 영양활동 과정
지역사회 영양요구 진단 → 지역사회 영양지침 및 기준 확인 → 사업의 우선순위 결정 → 목적 설정 → 목적 달성을 위한 방법 선택 → 집행계획 → 평가계획 → 사업집행 → 사업평가

정답 12 ④ 13 ③

14 대사증후군 환자를 대상으로 한 영양교육에서 효과평가 항목은?

① 교육자료의 적절성

② 교육자의 설득력

③ 대상자 간의 의사소통 정도

④ 대상자의 교육 참여도

⑤ 대상자의 콜레스테롤 섭취량 변화

해설 **효과평가**
영양교육 후 목표달성 여부를 확인하는 평가이다.

15 영양교육의 평가방법 중 과정평가에 해당하는 것은?

① 비용 대비 효과가 어느 정도인가

② 교육내용이 계획한 내용과 일치하는가

③ 대상자의 영양지식 수준이 향상되었는가

④ 영양교육에 투입된 인력이 어느 정도인가

⑤ 대상자의 건강 및 영양상태가 개선되었는가

해설 **과정평가**
영양교육이 실행되는 과정의 평가이다.

14 ⑤ **15** ② 정답

16 영양교육을 다음과 같이 했을 때 적용된 건강행동 이론은?

> • 대상집단의 요구진단 결과
>   – 평균 체질량지수(BMI) : 27kg/m²
>   – 식습관 : 고열량 섭취
>   – 체중감량에는 자신이 있지만 영양지식은 부족하여 이에 관한 교육을 원함
> • 진단내용에 따라 영양교육을 실시한 후 교육 중 과정평가와 영양지식점수, 체질량지수 및 삶의 질을 측정하여 효과 및 결과평가를 했다.

① 계획적 행동이론
② 프리시드-프로시드(PRECEDE-PROCEED) 모델
③ 합리적 행동이론
④ 개혁확산모델
⑤ 건강신념모델

해설 프리시드-프로시드(PRECEDE-PROCEED) 모델
 • PRECEDE(요구진단 단계)
  – 1단계 : 사회적 진단
  – 2단계 : 역학, 행위 및 환경적 진단
  – 3단계 : 생태학적 · 교육적 진단
  – 4단계 : 행정적 · 정책적 진단
 • PROCEED(실행 및 평가 단계)
  – 5단계 : 실행
  – 6단계 : 과정평가
  – 7단계 : 영향평가
  – 8단계 : 결과평가

정답 16 ②

17 영양사 A 씨는 12세 이상의 남자를 대상으로 뼈 성장과 칼슘 섭취량의 관계에 대한 영양교육을 실시하고 평가하고자 한다. 다음의 내용을 포함한 평가계획은?

> • 교육방법이 적절한지?
> • 교육내용이 대상자들의 특성에 적합한지?
> • 교육에 어느 정도 참여했는지?

① 참여평가
② 효과평가
③ 과정평가
④ 사전평가
⑤ 관찰평가

해설 **과정평가**
교육이 실행되는 과정의 평가로, 일정 준수, 교육방법의 적절성, 대상자의 특성과 형평성, 교육참여도 등을 평가한다.

17 ③ 정답

CHAPTER 03 영양교육의 방법

01 개인지도

(1) 개인지도의 유형

방 법	장 점	단 점	적용 및 유의점
가정 방문	• 개인별 요구에 맞는 상담이 가능 • 대상자 이해의 도움과 사회 조사의 공정성이 큼	• 시간, 경비, 노력이 많이 듦 • 대상자 부재 시가 많음 • 사전준비(기후대비, 휴대품) 필요	• 사전통보(통반장) • 사전계획
상담소 방문	가정방문보다 시간, 경비, 노력이 적게 듦	대상자의 선택성 (적극성이 있는 사람)	영양전문기관이나 단체에 설치된 상담소 이용
전화 상담	편리하고 능률적	• 대상이 제한 • 간단한 정보교환만 가능하 므로 효과가 다소 떨어짐	• 사전 및 추구조사와 지도 • 가정방문이 어려울 때
서신 지도	시간과 경비 절약	대상이 제한	교통이 불편하고 먼 거리 거주 시

(2) 개인지도 시 면담자가 갖추어야 할 태도

① 성실한 태도로 안정감과 신뢰감을 주어야 함

② 객관성과 인내력을 갖고 감정을 수용해야 함

③ 상대방의 입장에서 중립적 입장을 유지하면서 공감대를 갖도록 노력함

④ 상대방의 표정, 태도 등을 파악하여 충고나 지시는 삼가야 함

⑤ 결과를 파악한 후 잘못된 것을 고침

(1) 집회지도의 유형

① 일방적으로 가르치는 방법 : 강연회, 영화 등 ⭐
② 서로 협의하는 방법 : 좌담회, 토론회 등
③ 여러 사람이 연구하는 방법 : 연구회, 사례연구 등

TIP

교수-학습과정 순서 ⭐ ⭐
계획 → 도입 → 전개 → 정리
→ 평가

(2) 집단지도의 장단점

① 장점 : 많은 사람에게 동시에 많은 교육자료를 전달할 수 있으며, 여러 번의 기회를 만들 수 있음
② 단점 : 성과면에서 개인지도보다 철저하지 못함

(3) 집단지도 시 유의할 점

① 집단지도로서만 목적달성을 하려 하지 말고 여러 가지 활동을 같이 하는 것이 좋음
② 대상의 종류, 연령, 직업 등을 고려하여야 함
③ 이해를 구하고 협력을 얻어야 함
④ 참가자가 참여의식과 소속감을 갖도록 해야 함
⑤ 시청각 교재와 매체를 잘 이용해야 함

(4) 집단지도자가 유의할 점

① 한 사람이 말을 독점하지 않도록 함
② 한 가지 주제가 끝나면 그 주제에 대한 결론을 분명히 맺고 다음 주제로 넘어가도록 함
③ 다른 참가자 의견에 대해 비판을 하여 상대방에게 무안을 주지 않아야 함
④ 참가자에게 교육적이어야 함
⑤ 상대방의 말을 도중에 가로막지 않도록 함
⑥ 주제에서 이탈하지 않도록 하며 이탈할 때에는 가볍게 시정하여 줌
⑦ 개인의 의사발표 기회나 집단에게 연설의 기회로 착각하지 않도록 함
⑧ 토의 내용을 종합하여 이의가 없는지 확인함

영양보충

집단지도 ⭐
- 강의형 지도 : 강의, 강연
- 토의형 지도 : 강의식 토의, 강단식 토의, 좌담회, 배석식 토의, 공론식 토의, 6·6식 토의, 연구집회, 브레인스토밍, 시범교수법 등
- 실험형 지도 : 시뮬레이션, 역할 연기법, 인형극, 그림극, 견학, 동물 사육실험 등
- 기타 : 캠페인 교육, 지역사회조사, 오리엔테이션 등

(1) 강의와 강연

① 장 점
- ㉠ 짧은 시간에 다수인을 대상으로 많은 양의 지식과 정보를 전달할 수 있음
- ㉡ 준비가 쉬우며 간편하고 경제적임

② 단 점
- ㉠ 많은 인원을 대상으로 하므로 주의집중이 어려움
- ㉡ 주어진 시간이 짧아 개인차를 무시한 획일적인 교육이 되기 쉬움
- ㉢ 학습자의 적극적인 참여와 동기조성이 힘들고, 추상적인 전달이 되기 쉬우며, 종합적인 효과를 파악하기 힘듦

③ 특징 : 강사의 강의방법에 따라 성과가 나타나며, 강의는 구체적으로 이해시킨 후 주제와 내용을 간단 · 명료하게 설명해야 하고 인원은 20~70명 정도가 적당함

(2) 원탁식 토의법(좌담회)

① 참가자는 10~20명으로 구성하며, 토의시간은 2~3시간이 적당함
② 참가자는 같은 수준의 동격자로 전원이 발언하며 공동의 문제를 해결하는 것
③ 주의할 점
- ㉠ 진행자의 진행이 중요하므로 중간에 적당히 끊어서 결론을 내리면서 진행
- ㉡ 이해도, 실천의욕, 방침 등을 사후평가해야 하며 이때 독단적인 결론이나 해설은 삼갈 것

영양보충

좌장이 유의할 점 ⭐
- 토의내용에 대해 사전에 충분히 준비하여 미리 진행방법을 결정한다.
- 참가자들에게 토의의 목적과 내용을 간단히 소개한다.
- 개회 시 논제에 대하여 잘 설명하고 방향을 설정한다.
- 참가자 전원이 발언할 수 있도록 하며 공평한 발언권을 준다.
- 토의 중간에 적당히 중간 결론을 내려가면서 진행한다.
- 처음부터 결론적인 해설은 하지 않는다.

(3) 배석식 토의법(panel discussion)

① 청중 중에서 4~8명의 강사를 등단시켜 전문가들이 특정안에 대해 토의한 후 질의응답
② 전문가들 간의 좌담식 토의를 내용으로 하여 사회자, 전문가, 참가자가 실시하는 대중토의
③ 강사 또는 전문가(panel) 간의 토의시간은 20~30분 정도로 하고, 사회가 청중의 발언에 따라서 강사와 청중 사이에 10~15분 정도 다시 토의
④ 일반청중도 토론에 참여함으로써 어느 개인의 주장에 치우치지 않도록 함

(4) 공론식 토의법 ⭐

① 일종의 공청회와 같은 토의 형식

② 한 가지 주제에 대하여 의견이 다른 몇 사람의 강사가 의견을 발표하고, 발표가 끝난 후 청중이 질문을 함. 청중의 질문을 받은 후 강사는 다시 간추려 토의함

③ 각 발표자의 의견은 충분히 들을 수 있으나 일정한 결론을 내리기 어려움

(5) 강의식 토의법

① 강사가 1명인 것이 공론식 토의법과 다르고 강연 후 그 주제를 중심으로 일반청중과 함께 추가 토론을 하는 점이 강연과 차이점임

② 슬라이드, 영화, 실물모형, 도표 등을 이용하면 효과적

(6) 강단식 토의법(심포지엄) ⭐ ⭐ ⭐

① 공개토론의 한 방법으로 한 가지 주제에 대해 여러 각도에서 전문경험이 많은 강사(4~5명)의 의견을 듣고 일반청중과 질의응답하는 방법

② 사회자는 참석자에게 논제와 진행방법을 설명하고 한 사람의 강사에게 질문이 집중되지 않도록 조절해야 함

③ 강사 간에는 토의를 하지 못하도록 되어 있음

④ 사회자는 개회 전에 각 강사와 상의하여 발언내용이 중복되지 않도록 하고 발언시간에 대해 충분히 의논해야 함

(7) 6 · 6식 토의법 ⭐

① 6명이 한 그룹이 되어 1명이 1분씩 6분간 토의하여 종합하는 방식

② 주로 2가지 의견에 대해 찬 · 반에 대한 의견을 물을 때 많이 사용

(8) 분단식 토의법

① 집회에 참가자가 많을 경우에 전체를 여러 분단으로 나누어서 주제를 가지고 토론

② 하나의 큰 문제에 대해서 각 그룹이 각각 주제를 택하여 토의하고 그 결과를 보고하면 그에 대한 질문과 추가토의를 하는 방법

영양보충

집단 토론법
- 장점
  - 개인이 내린 결정보다 참가의욕을 불러 일으키며 실천하기 쉽다.
  - 토의에 참가한 각자가 자주적 · 적극적으로 자신을 표현할 기회를 가질 수 있다.
  - 상대방의 발언을 듣고 이해하여 사고의 폭을 넓힐 수 있으며, 협의성이 강화된다.
- 단점 : 시간이 많이 걸리고 다소 번거롭다.
- 특징 : 토의는 강의처럼 일방적으로 가르치는 것이 아니라 공동의 문제에 대해 참가자 전원이 연구하고 서로의 의견을 제시하여 협동으로 문제를 해결하려는 민주적인 방식이다.

(9) 연구집회 ⭐ ⭐

① 집단회합의 한 형태로, 생활체험과 직업 등을 같이 하는 사람들이 모여서 스스로의 문제나 지역사회의 발전계획 및 실천방향에 대해 연구하고, 권위 있는 강사의 의견을 듣고 토의하여 문제를 해결해 나가는 방법

② 대중교육보다는 공통의 교육자료 개발이나, 지도자 교육으로 적합한 방법

(10) 브레인스토밍

① 제기된 주제에 대해서 참가자 전원이 차례로 생각하고 있는 아이디어를 제시하고 그 가운데에서 최선책을 결정하는 방법

② **효과** : 발언이 활발해지고 독창력이 활발해지며, 단시간에 많은 아이디어가 나옴. 사기가 높아지고 단결이 잘 되며 실천을 잘 할 수 있음

(11) 역할 연기법(role playing) ⭐

① 같은 문제에 대해서 연구를 하는 사람들이 참가하여 일상생활에서 일어나는 상황을 즉흥적으로 연기하여 이해를 도와주며, 연기가 끝난 후에 토의하고 비판·검토하는 방법

② 특별한 상황하에서 행위나 감정으로서 상태를 실감할 수 있어 영화보다 효과적

③ 간단한 촌극으로서 시간이 절약되며 토의가 끝난 후 사회자에 의해 결론이 내려짐

(12) 사례연구 ⭐

① 특정사례에 대한 실제적 경험을 토대로 장·단점을 토론하여 해결되어야 할 문제점을 스스로 해결할 수 있도록 사고를 자극하는 방법

② 참가자들이 영양교육을 받은 경험이 없는 경우에는 영화나 그림을 이용하면 효과적으로 주위를 집중시킬 수 있음

③ 사례상황을 기록·분석하여 널리 쓰이고 있음

(13) 시범교수법 ⭐ ⭐

① 시청각 교육에 있어 가장 효과적인 방법으로 참가자들이 직접 보고 들음으로써 실제로 경험하게 하는 영양교육법

② **방법 시범교수법** : 참가자들의 이해 여부를 확인하면서 정확하게 단계적으로 교육을 실시하는 방법

③ **결과 시범교수법** : 교육지도자나 지역사회 주민 등의 실제활동, 경험담 등을 보여주고 설명하면서 토의하는 방법

④ **주의할 점**
    ㉠ 시범 전에 시범의 목적 및 내용, 절차에 관하여 명확하고 이해하기 쉽게 간단히 설명
    ㉡ 강조할 점을 시범 도중에 반복하여 보여줌

(1) 집단급식지도

① 사업장·공장·학교·병원 등 단체급식에서 급식을 통하여 영양지도를 함께 실시하는 것
② 일정한 시간에 다수인에게 비교적 철저히 지도할 수 있으며 사례연구를 병행할 수 있어 효과적
③ 식단작성에 많은 사람을 참가시켜 영양지식 보급, 식습관과 식품에 대한 기호를 변화시키는 등 실질적인 영양교육이 되는 장점이 있음

(2) 지역사회조사

① 지역사회의 문제점 해결에 그 주민들을 참여시켜 조사·분석하는 방법
② 지역주민들이 조사에 직접 참여함으로써 문제점을 보다 확실하게 알게 되고, 문제해결에 적극적인 태도를 취해 지역사회의 발전과 개선운동 전개에 적절한 방법

(3) 견 학

① 참가자들로 하여금 직접 눈으로 보고 확인하게 하여 산 교육을 할 수 있는 영양교육방법
② 소그룹으로 만들어 질문과 설명의 이해를 돕고, 견학 후 함께 토의하여 견학의 목적과 성과에 대하여 결론을 맺도록 해야 함

(4) 동물사육실험

① 학교에서 학생들을 대상으로 실시하는 동물성장 실험방법으로 동물의 성장과 건강증진에 있어서 식품의 중요성을 알게 함
② 각종 영양소의 중요성을 직접 확인할 수 있는 산 교육임
③ 동물사육실험이 끝나면 실험결과에 대해 여러 가지 질문을 하여 그 결과를 이해하도록 재확인시킴

(5) 조리실습 ✿ ✿

① 자신이 직접 만든 음식을 먹음으로써 식품에 대한 식습관을 바꾸며 영양의 개념을 터득할 수 있는 기회가 됨
② 새로운 음식을 만들어 맛을 봄으로써 참가자가 그 음식을 먹고 싶어지도록 유도

CHAPTER

03 적중예상문제

출제유형 45

01 각 분야의 전문가가 '한식의 발전방안'에 관한 서로 다른 측면에서 각자의 견해를 발표한 후 일반청중과 질의응답을 하였다. 이 방법은?

① 브레인스토밍(brainstorming)

② 원탁식 토의(round table discussion)

③ 배석식 토의법(panel discussion)

④ 연구집회(workshop)

⑤ 강단식 토의법(symposium)

> **해설** 강단식 토의법(심포지엄)
>
> 공개토론의 한 방법으로 한 가지 주제에 대해 여러 각도에서 전문경험이 많은 강사(4~5명)의 의견을 듣고 일반 청중과 질의응답한다. 사회자는 참석자에게 논제와 진행방법을 설명하고 한 사람의 강사에게 질문이 집중되지 않도록 조절해야 한다. 강사 간에는 토의를 하지 못하도록 되어 있고, 사회자는 개회 전에 각 강사와 상의하여 발언내용이 중복되지 않도록 하고 발언시간에 대해 충분히 의논해야 한다.

02 좌담회에서 좌장이 회의진행을 할 때 유념할 점이 아닌 것은?

① 즐거운 분위기가 되도록 한다.

② 참가자 전원이 발언할 수 있도록 한다.

③ 회의진행의 방향을 제시해 준다.

④ 발언하는 순서는 앉은 차례대로 한다.

⑤ 처음부터 결론적인 해설은 하지 않도록 한다.

> **해설** 한 사람이 말을 독점하지 않도록 하고 참가자 전원이 고루 발언할 수 있도록 하며, 발언은 지그재그나 별표 모양으로 순서를 지명한다.

정답 01 ⑤ 02 ④

03 좌담회에서 좌장이 회의진행을 할 때 유념할 점은?

① 엄숙한 분위기가 되도록 분위기를 통제한다.

② 처음부터 결론을 제시하게 한다.

③ 특정인 혼자서 지나치게 많이 발언하는 것을 제지한다.

④ 결론은 중간에 내리지 않고 진행한다.

⑤ 각자의 의견 제시는 못 하도록 통제한다.

해설 좌담회에서 좌장이 유념해야 할 점
- 즐거운 분위기가 되도록 한다.
- 참가자 전원이 발언할 수 있도록 한다.
- 토의 중간에 적당히 중간결론을 내려가면서 진행한다.
- 편중되게 발언이 되지 않도록 유도한다.
- 처음부터 결론적인 해설은 하지 않도록 한다.

04 조리종사원에게 영양교육을 효과적으로 수용할 수 있는 방법을 모색하고자 소수의 영양사들이 모임을 갖고자 할 때 가장 옳은 방법은?

① 사례연구

② 브레인스토밍

③ 연구집회

④ 배석식 토의

⑤ 심포지엄

해설 연구집회(work shop)
비교적 수준이 높은 특정 직종의 사람들이 공통으로 필요한 문제를 가지고 전문가의 협조하에 서로 경험이나 연구하고 있는 것을 의논하며 진행하는 것으로 이 집회는 영양사, 보건간호사 등과 같은 동종의 사람들, 또는 단체급식 관계자와 같은 사람들의 연구회로 적합하다.

03 ③ **04** ③ 정답

05 **연구집회로서 옳지 않은 것은?**

① 장기간에 걸쳐 실시하는 방법이다.

② 같은 직업과 동일 체험을 가진 사람으로 구성한다.

③ 전문가의 의견을 듣고 토의한다.

④ 공통문제에 관하여 자주적으로 해결하는 집회이다.

⑤ 집회지도 중간에 여러 가지 매체를 이용한다.

해설 **연구집회(work shop)**
비교적 수준이 높은 특정 직종의 사람들이 공통으로 필요한 문제를 가지고 전문가의 협조하에 서로 경험이나 연구하고 있는 것을 의논하며 진행하는 것으로 이 집회는 영양사, 보건간호사 등과 같은 동종의 사람들, 또는 단체급식 관계자와 같은 사람들의 연구회로 적합하다.

06 **강단식 토의법과 관련이 없는 것은?**

① 4~5인의 강사가 다른 전문적인 각도에서 의견을 발표 후 청중과 질의응답한다.

② 한 가지 주제를 여러 각도로 경험이 많은 몇몇 강사의 의견을 듣는다.

③ 사회자는 한 사람의 강사에게 질문이 집중되지 않도록 조절해야 한다.

④ 사회자는 각 강사의 발언시간을 5~10분 정도로 조절한다.

⑤ 강사 간에 활발한 토의를 촉진시킨다.

해설 강단식 토의는 한 주제를 가지고 다른 각도에서 연구한 전문가 4~5인이 의견을 발표한 후 청중과 질의응답하나 강사 상호 간에 토의하지 않는 것을 원칙으로 한다.

정답 05 ① 06 ⑤

07 보기와 관련된 토의 형식은?

> '당뇨환자의 관리'란 주제를 가지고 교육을 시행하고자 한다. 청중을 대상으로 당뇨병 전문의는 당뇨의 원인과 대사 변화에 대해, 영양사는 당뇨병의 식사요법에 대해, 간호사는 인슐린 주사법에 대해, 환자가족 대표는 가정에서의 환자간호법에 대해 의견을 발표하였다.

① 강 의
② 심포지엄
③ 워크숍
④ 브레인스토밍
⑤ 분단식 토의

해설 강단식 토의법(symposium)
- 공개토론의 한 방법으로 한 가지 주제에 대해 여러 각도에서 전문경험이 많은 강사의 의견을 듣고 일반청중과 질의응답하는 방법이다.
- 강사 상호 간에는 토의를 하지 않는 것을 원칙으로 하며, 발언내용이 중복되지 않도록 한다.
- 사회자는 참석자에게 논제와 진행방법을 설명한다.
- 사회자는 한 사람의 강사에게 질문이 집중되지 않도록 조절하며, 각 강사의 발언시간을 5~10분 정도로 조절한다.

08 강연(lecture)의 특징을 잘못 설명한 것은?

① 자세하게 강의할 수 없다.
② 다수인을 대상으로 계통적으로 지도할 수 있다.
③ 강의 분위기는 주의 집중이 어렵다.
④ 여러 사람을 대상으로 단시간에 지도할 수 있다.
⑤ 각자의 생각을 정리할 수 있고 사기가 높아진다.

해설 강연은 다수인을 대상으로 계통적으로 지도할 수 있으나, 일반적으로 자세히 강의할 수 없으며, 강의 분위기는 주의집중이 어렵고 이해도나 의견을 파악할 수 없다.

07 ② 08 ⑤ 정답

09 다음 중 6 · 6식 토의를 할 때 특징이 아닌 것은?

① 분위기가 해이해질 때 좋으며 전원이 발언할 수 있다.

② 토의에 익숙하지 않은 사람이 많을 때 좋다.

③ 다수 참가자 의견을 제한된 시간에 파악할 수 있다.

④ 시간이 많이 걸린다.

⑤ 찬반의 두 가지 의견을 물을 때 이용한다.

해설 6 · 6식 토의법은 6사람씩 그룹으로 나누어 각 그룹마다 한 사람이 1분씩 전부 6분간 토의를 한다.

10 참가자 모두가 영양문제를 개선하기 위해 자유롭게 의견을 제시하고, 그 과정에서 좋은 아이디어를 찾아내는 방법은?

① 브레인스토밍

② 롤플레잉

③ 심포지엄

④ 워크숍

⑤ 강의식 토의법

해설 브레인스토밍

제기된 주제에 대해서 참가자 전원이 차례로 생각하고 있는 아이디어를 제시하고 그 가운데에서 최선책을 결정하는 방법이다. 제시된 의견에 대하여 충분히 토론한 다음 가장 좋은 아이디어를 선택한다.

정답 09 ④ 10 ①

11 일반대중을 상대로 한 영양교육 방법 중 연사 혼자 발표하여 짧은 시간에 많은 지식과 정보를 제공할 수 있는 방법은?

① 강연회

② 좌담회

③ 토론회

④ 연구회

⑤ 공청회

해설 강연회의 장점
- 짧은 시간에 많은 양의 지식과 정보를 전달시킬 수 있다.
- 같은 시간에 많은 사람을 교육하여 경제적이다.
- 준비가 쉬우며, 간편하고, 편리하다.

강연회의 단점
- 일방적인 설명과 강의를 학습하게 되어, 목적을 달성하는 데 소극적이 될 수 있다.
- 개인차를 무시한 획일적인 학습방법이 될 수 있다.
- 추상적으로 전달되어, 이해가 힘들고 종합적으로 효과를 파악할 수 없다.

출제유형 36

12 다음 시범교수법에 대한 설명으로 옳지 않은 것은?

① 실물을 이용하여 참가자들이 눈으로 보게 하고 실제로 경험하게 하는 영양교육방법이다.

② 참가자들의 문제와 직접 관련시켜 설명한다.

③ 방법 시범교수법은 참가자의 이해를 확인하면서 단계적으로 실시한다.

④ 방법 시범교수법은 실제 활동, 경험담 등을 보여주고 설명하며 토의하는 방법이다.

⑤ 방법 시범교수법이 결과 시범교수법보다 시간, 노력, 비용이 더 많이 든다.

해설 결과 시범교수법은 실제 활동, 경험담을 보여주고 설명하는 토의 방법으로 방법 시범교수법보다 시간, 노력, 비용이 적게 든다.

13 배석식 토의법(panel discussion)을 설명으로 옳지 않은 것은?

① 사회자, 강사진, 참가자가 실시하는 대중토의이다.

② 토론과제를 청중 중에 4~8명이 토의한 후 질의응답식으로 하는 토의방법이다.

③ 여러 명의 강사가 자유롭게 토의하고 청중도 토론에 참석하며, 결론을 어느 쪽에도 치우치지 않게 하는 토의법이다.

④ 청중은 100명 이상으로 많을 때 하는 토의법이다.

⑤ 배심원 사이의 토의시간은 보통 20~30분이다.

> **해설** 배석식 토의법(panel discussion)
> 청중 가운데 배심원 4~8명을 뽑아서 등단시켜 특정문제에 대해 토의한 후 질의응답을 하는 방법으로 배심원 간의 토의시간은 20~30분 정도이며, 청중이 질의한 다음, 10~15분 정도 다시 토의한다. 청중의 수는 제한이 없다.

14 조리사들을 위한 집단지도에서 사용할 수 있는 영양교육방법으로 적절하지 못한 것은?

① 영 화

② 상 담

③ 좌담회

④ 강연회

⑤ 연구집회

> **해설** 상담은 개인 혹은 가족과 같은 소집단을 대상으로 한다.

15 공론식 토의법의 설명 중 옳지 않은 것은?

① 일종의 심포지엄이다.

② 강사가 서로 다른 견해를 말하게 하여 청중의 반응을 살피고 의견을 결정하게 하는 방법이다.

③ 청중은 많을수록 좋다.

④ 반대 의견을 가진 강사를 초대한다.

⑤ 강사들 사이의 토론이 끝나면 강사와 참가자 사이의 토론을 한다.

> **해설** 공론식 토의법은 2~3명의 강사들이 서로 다른 견해를 발표한 후 청중의 질문을 받고 다시 간추린 토론을 하는 방법으로 일정한 결론을 내리기가 어렵다. 청중의 수와는 관계없다.

정답 13 ④ 14 ② 15 ③

16 초등학교 1학년 아이를 대상으로 영양교육을 하고자 할 때 가장 적합한 교육방법은?

① 강의(lecture)

② 인형극(puppet play)

③ 연구집회(work study)

④ 시범교수법(demonstration)

⑤ 역할연기법(role playing)

> **해설** 어린이들에게 영양교육을 시킬 때는 특별한 방법이 요구된다. 즉, 직접 시청하게 함으로써 흥미를 끌 수 있는 교육방법으로 인형극을 널리 쓰고 있다.

17 초등학교 1학년 어머니들을 대상으로 하여 간식마련에 대한 영양교육을 실시할 때 가장 효과적인 교육방법은?

① 사례연구   ② 강 연

③ 원탁식 토의법   ④ 연구집회

⑤ 시범교수법

> **해설** 사례연구는 참여자가 실제로 공급해오던 간식을 예로 들어 장단점을 토론하고 개선점을 제공하므로 교육효과를 높일 수 있다.

18 다음의 집회방법에 대한 설명으로 옳지 않은 것은?

① 토의법의 형식에는 원탁식, 공론식, 강연식, 강단식, 6 · 6식, 부분식 토의법이 있다.

② 포럼이란 공론식 토의법으로, 하나의 문제에 대해서 다른 의견을 가지고 있는 전문가의 의견을 발표한 후 청중의 질문과 의견을 받는 방법이다.

③ 심포지엄이란 강단식 토의법으로 일정한 주제를 갖고 특수한 의견이나 지식 · 경험을 가진 사람을 선정하고 각자 자기 입장에서 발언하는 방법이다.

④ 패널 토론은 전원이 토의하지 않고 4~8명을 선발해서 그들로 하여금 토의와 질문 · 응답을 하도록 한다.

⑤ 문제 해결을 할 때 가장 민주적인 방식은 강의이다.

> **해설** 참가자 전원이 의견을 제시하여 협동적으로 문제를 해결할 수 있는 방법은 토론회이다.

19 주부들을 대상으로 집단 영양교육을 실시하려 할 때 가장 효율적인 방법은?

① 견학(field trip)

② 조리실습

③ 동물사육실험

④ 집단급식지도

⑤ 역할연기법(role playing)

해설 주부들 스스로 조리실습에 참여함으로써 식습관의 변화, 영양의 개념을 터득할 수 있는 기회가 되므로 영양교육 효과를 높일 수 있다.

20 일상생활에서 일어나는 어떤 상황을 즉흥적으로 연기하여 이해를 도와주며, 끝난 후에 참가자들이 토의하고 비판·검토하는 방법은?

① 역할연기법

② 사례연구

③ 인형극

④ 견 학

⑤ 시범교수법

해설 역할연기법
어린이의 소꿉놀이와 같은 방법으로서 일상생활에서 일어나는 상황을 즉흥적으로 연기하여 이해를 도와주며, 그 극이 끝난 후 연기자와 참가자들이 토의하는 방법이다.

21 실연에 관한 설명 중으로 옳지 않은 것은?

① 실제로 실시하여 보여주는 것이다.

② 구체적인 교육방법이다.

③ 피교육자가 모든 것을 실시한다.

④ 친근감을 갖도록 한다.

⑤ 장황하게 설명하는 시간이 절약된다.

해설 실연(영화)은 관람자의 관심을 집중시킬 수 있는 힘을 가진 반면, 수동적인 학습을 조장시키는 단점도 있다.

정답 **19** ② **20** ① **21** ③

22 한 가지 주제에 의견이 다른 2~3명의 강사가 상대방의 의견을 논리적으로 반박하며 토의하는 영양교육 방법은?

① 강단식 토의

② 원탁식 토의

③ 공론식 토의

④ 강의식 토의

⑤ 배석식 토의

해설 ③ 공론식 토의 : 한 가지 주제에 대하여 의견이 다른 몇 사람의 강사가 의견을 발표하고, 발표가 끝난 후 청중이 질문한다. 청중의 질문을 받은 후 다시 간추려 토의한다.
① 강단식 토의 : 공개토론의 한 방법으로 한 가지 주제에 대해 여러 각도에서 전문경험이 많은 강사(4~5명)의 의견을 듣고 일반 청중과 질의 응답하는 방법이다.
② 원탁식 토의 : 참가자는 같은 수준의 동격자로 전원이 발언하며 공동의 문제를 해결하는 토의방법이다.
④ 강의식 토의 : 강사가 1명인 것이 공론식 토의법과 다르고, 강연 후 그 주제를 중심으로 일반 청중과 함께 추가 토론을 하는 점이 강연과의 차이점이다.
⑤ 배석식 토의 : 청중 중에서 4~8명을 등단시켜 전문가들이 안건에 대해 토의한 후 질의응답한다. 전문가들 간의 좌담식 토의를 내용으로 하여 사회자, 전문가, 참가자가 실시하는 대중토의방법이다.

23 '식사요법으로 만성질환 예방하기'라는 영양교육을 시행하고자 할 때, 교수-학습과정안 작성에서 학습목표 제시 및 동기유발이 해당하는 과정은?

① 계 획

② 평 가

③ 전 개

④ 정 리

⑤ 도 입

해설 ⑤ 도입 : 주의집중과 학습목표의 제시 및 동기유발을 위해 각종 시각, 동영상 자료를 이용한다.
교수-학습과정
계획 → 도입 → 전개 → 정리 → 평가

22 ③ **23** ⑤ 정답

CHAPTER 04 영양교육의 매체

01 매체의 개요

(1) 영양교육 매체의 종류

① **인쇄매체** : 팸플릿, 리플릿 및 전단, 벽보, 신문, 포스터, 만화, 스티커, 달력, 카드 등
② **전시 · 게시매체** : 전시, 게시판, 괘도, 도판, 통계 도표, 그림판, 융판자료, 사진 등
③ **입체매체** : 실물, 표본, 모형, 인형, 디오라마 등
④ **영상매체** : 슬라이드(OHP), 실물환등기, 영화 등
⑤ **전자매체** : 라디오, 녹음자료(테이프, 레코드), VTR, 텔레비전, 컴퓨터, 팩시밀리 등

(2) 감각에 따른 매체의 종류

① **시각매체** : 교육자가 쉽게 제작할 수 있는 간이자료로 게시판, 융판그림, 만화, 신문, 사진, 실물, 표본, 모형 등
② **청각매체** : 녹음자료와 라디오 방송 등이 있는데, 특히 라디오는 시사성과 동시성이 있는 매체
③ **시청각매체** : 영화, 연극, 그림극, 견학, TV방송 등 생생한 현장감을 제공

(3) 매체의 사용효과

① 학습자의 흥미를 유발하고 적극적인 학습활동을 유도
② 인상적이고 기억에 오래 남는 학습을 가능하게 함
③ 학습자의 이해 · 습득을 효과적으로 도움

(4) 매체 사용 시 유의점

① 대상, 시간, 장소, 교육내용에 따라 적절한 매체를 사용할 것
② 매개체에 따라 참여도가 달라질 수 있으므로 보조재료를 이용하고 또 보조재료를 소재로 한 토의가 이루어질 것
③ 매체는 간단명료하고 논리적이며 지속성이 있을 것
④ **매체 선정기준** : 적절성, 신빙성, 흥미, 조직과 균형, 기술적 질, 가격 등

(5) 매체의 활용방법 ⭐ ⭐

① **팸플릿 · 리플릿 및 전단** : 작성 시에 대상과 그 내용을 이해하기 쉽게 만듦

  ㉠ 팸플릿 : 글씨와 그림 및 도표 등을 삽입하여 흥미를 갖도록 하며, 색채감을 살림. 단, 매수가 너무 많으면 읽는 데 부담을 줌

  ㉡ 리플릿 : 종이를 두 번 내지 세 번 접어서 만든 인쇄물로 두꺼운 종이를 사용하고 그림이나 사진을 많이 넣어서 만듦. 그러나 많은 부수를 인쇄하여 배부할 경우 비용이 많이 듦

  ㉢ 전단 : 한 장의 종이에 간단히 인쇄한 것으로 간단한 내용과 지도 또는 연락에 사용함. 전단의 시작하는 말은 대중의 관심을 끄는 내용이어야 하고 일회용이므로 고급 종이를 사용할 필요가 없음

② **포스터** : 대중의 눈에 띌 수 있게 색채와 글씨 및 그림의 비율에 유의해야 함. 가능한 한 글씨를 적게 사용하며 그림이 큰 것이 좋음

③ **벽보** : 직장이나 학교 구내식당, 역이나 고속버스터미널 등의 장소에 게시하는 것으로 글씨 크기가 3m 거리에서도 읽을 수 있을 것

④ **정기간행물** : 지역사회조직, 연구집단, 병원 및 보건소의 외래환자들을 대상으로 하며, 중심 기사가 드러나게 하고, 만화식 기사로 게재하는 등 대상자들에게 적합한 내용으로 편집 ⭐

⑤ **괘도** : 강의 · 토의 등의 보조재료로 통계표나 사진, 그림 등을 넣어서 만든 것

⑥ **도판** : 전시회장 같은 곳에 게시하기 위해 그래프 · 지도 · 사진 등을 한 장의 종이에 나타내어 판에 발라 가장장리를 붙여서 튼튼하게 만든 것

⑦ **통계표** : 수를 비교해서 관련성을 한 눈에 알아볼 수 있도록 굵은 선 또는 원형 속의 비율 등으로 표시

영양보충

도표선택의 예
- 단순한 수량 비교 : 막대그래프, 그림그래프(예 식품별 편식자의 수 등)
- 백분비 : 파이도표, 띠도표(예 식품의 성분조성 등)
- 수량의 시간적 변화 : 봉도의 병렬, 대수도표(예 비타민 A 섭취량의 연차적 변화)
- 비율의 시간적 변화 : 대수도표(예 단백질 섭취량 중 동물성 단백질 비율의 연차적 변화)
- 지역적 분포상황 : 분포도
- 도수분포 : 도수분포도
- 상관도수 : 상관점도

---

⑧ **융판그림(flannel graph)** : 융판그림은 털이 비교적 긴 모직 · 융단 · 면 · 우단 등의 천으로 녹색을 가장 많이 이용함

  ㉠ 소수집단에서 효과적인 교육 보조자료로 미리 준비한 그림을 자유로이 벽면에 붙이거나 이동시키면서 토의나 해설에 맞춰서 이용하기 편리함

  ㉡ 식품의 분류, 식품구성, 5가지 기초식품 등을 설명 · 지도하는 데에 편리함

⑨ 슬라이드 : 슬라이드는 움직이지 않는 결점이 있으나 강의내용에 따라 영사시간을 자유롭게 조절할 수 있는 장점이 있음

⑩ OHP(Over Head Project) : 투명 셀로판지에 복사해서 교실 및 회의실에서 편리하게 활용할 수 있음

⑪ **영화** : 영화는 슬라이드와는 달리 그림이 움직이므로 이해하기 쉽고 흥미로움

⑫ **테이프 레코드** : 테이프는 토론 · 회의 · 강연회 등을 녹음해 두면 필요한 부분을 재생해서 사용할 수 있음. 간접적인 지도 또는 슬라이드 및 영화를 해석할 때 지도에 도움이 됨

⑬ **방송** : 학교 및 공장 등의 방송설비가 있거나 유선방송이 있는 농촌에서는 방송에 의해 영양지도가 가능함

⑭ **영양지도차** : 주로 농촌진흥청의 생활개선사업으로 농촌순회 영양개선대상에 이용되고 있음. 조리 실현을 할 수 있도록 설계되어 있으므로 시범학습이 가능한 장점이 있음

⑮ **입체매체** : 현실감 있는 교육이 가능함 ⭐ ⭐ ⭐
  ㉠ 모형 : 실물과 같은 느낌을 제공하고, 다루기 쉬워 교육 보조자료로 사용
  ㉡ 실물 : 가장 직접적이고 효과적이지만, 망가지기 쉽고 휴대가 어려움
  ㉢ 표본 : 실물로 소장하기 어려운 것을 수집하여 장기간 보관이 가능하도록 가공한 것
  ㉣ 인형 : 어린이들의 흥미를 이끌어 상상력을 자극하는 교육 자료로 사용

02 매스미디어를 활용한 영양교육

(1) 매스미디어를 통한 영양교육의 목표

① 불완전성(애매모호성)을 해결하고 태도와 가치를 형성함
② 토크쇼, 전화연결, PC 통신 등을 이용하여 수용자와의 의견교환이나 영양상담을 함
③ 궁극적으로 국민의 영양개선과 건강 증진에 목적이 있음

(2) 매스미디어 활용의 이점 ⭐ ⭐

① 주의집중, 동기부여가 강하게 유발되어 다수인에게 다량의 정보를 신속하게 전달할 수 있음
② 시간적 · 공간적인 문제를 초월하여 구체적인 사실까지 전달할 수 있음
③ 지속적인 정보의 제공으로 행동변화를 쉽게 유도할 수 있음
④ 신문이나 잡지의 경우 높은 경제성과 광범위한 파급효과를 가져올 수 있음

(3) 일반대중의 메시지 수용도

① 건강에 대한 상대적 위험도(교통사고, 살인사건 등)는 과대평가하며, 자신의 위험도(뇌졸중, 당뇨병 등)는 과소평가함

② 쉬운 해결방법(혈액검사, 콜레스테롤 검사 등의 저비용)은 쉽게 수용하고 복잡한 행동(암 예방을 위한 금연, 음주 등)은 덜 받아들임

③ 대중들은 가능성의 개념을 이해하지 못하고 과학적이며 확실한 정보를 원함

④ 대중들은 공포감에 대해서는 거부감, 신경질, 허탈감 등 나쁘게 반응

⑤ 대중들은 과학의 진실성에 대해서도 의심이나 주저함을 가짐

(4) 매스미디어의 종류별 특성 ☆

① 라디오

㉠ 수용자 범위 : 방송의 다양한 형태로 TV보다 많은 수용자를 겨냥할 수 있음(실제로는 적을 수도 있음)

㉡ 전달경로 : 음성전달로 청취자에게 부담이 없음

㉢ 전달방법 : 토크쇼, 전화연결을 통해 청취자를 직접 참여시킬 수 있음

㉣ 효과 : 청각적인 전달만 가능하므로 TV보다 효과가 적음

㉤ 정보의 활용 : 유료의 건강관리 프로그램을 이용하지 않는 청취자에게도 정보를 제공할 수 있음

㉥ 수용자의 자세 : 청취자의 자세가 대체로 수동적이나 참여 시에는 의견교환도 가능함

㉦ 프로그램 제작과 전달과정 : 생방송은 매우 유동적이며 비용이 적게 드나 정보내용의 형식이 방송국의 양식과 같아야 함

② 신 문

㉠ 수용자 범위 : 넓은 독자에게 빠르게 정보를 제공할 수 있음

㉡ 전달경로 : 문자전달로 문자를 이해할 정도의 교육수준이 요구됨

㉢ 전달방법 : 필요에 따라 영양관련 정보를 자세하게 전달할 수 있음

㉣ 효과 : 정보를 보다 사실적으로 자세하게 합리적으로 전달함

㉤ 정보의 활용 : 주제의 심층취재에 독자가 쉽게 접근할 수 있음

㉥ 수용자의 자세 : 단일성으로 다시 읽거나 다른 사람과 의견교환이 제한됨

㉦ 프로그램 제작과 전달과정 : 간지를 이용한 공공서비스 광고를 할 수 있음

③ 텔레비전

　　㉠ 수용자 범위 : 방송시간에 따라 잠재적 범위가 매우 넓음

　　㉡ 전달경로 : 시청각 전달로 정서적이고 부담이 없음

　　㉢ 전달방법 : 뉴스, 쇼, 좌담회, 드라마 등을 통해 다양한 정보를 제공할 수 있음

　　㉣ 효과 : **호소력**이 강하고 **신뢰성**이 높으며 행동시범이 용이함

　　㉤ 정보의 활용 : 저소득층 시청자에게도 정보를 전달할 수 있음

　　㉥ 수용자의 자세 : 상업광고의 삽입으로 정보전달이 분명치 않을 수 있으며, 시청자는 수동적 수용자세를 취함

　　㉦ 프로그램 제작과 전달과정 : 영양정보의 제작과 전달은 비용이 많이 듦. 또 인기프로그램에 영양정보의 배치는 교재가 필요하며 시간 낭비일 수 있음

④ **인터넷** ⭐

　　㉠ 수용자 범위 : 전세계적

　　㉡ 전달경로 : 문자, 소리, 영상 등을 컴퓨터를 통해야 하므로 컴퓨터 사용방법을 알아야 하며 수용자가 전달자의 역할도 할 수 있음

　　㉢ 전달방법 : 영양관련 뉴스, 정보 등을 신문·잡지보다 신속하게 전달할 수 있으며, 수용자 가 전달자의 역할도 할 수 있음

　　㉣ 효과 : 인쇄와 전자매체가 갖는 정보전달 효과를 동시에 얻을 수 있으며 **전파력**이 뛰어나 **교육효과를 최대화**할 수 있음(다기능매체)

　　㉤ 정보의 활용 : 정보의 수집, 보관, 재활용이 가능하며 수용자와 전달자, 수용자와 수용자의 즉각적인 상담이나 토론이 가능함. 또 수용자의 의견 수렴이 가능

　　㉥ 수용자의 자세 : 원하는 영양정보를 원하는 시간에 선택하므로 수용자의 집중력이 완전하 며 적극적인 영양정보의 수용과 상담이 가능함. 그러나 정보선택의 광범위함과 다양성은 수용자에게 혼란을 초래할 수 있음

　　㉦ 프로그램 제작과 전달과정 : 홈페이지 제작기술만 알면 정보의 제작과 전달이 가능하며 비 용이 들지 않음. 또 정보의 제공방법이 자유로우며 정보의 질이 제작하는 개인 또는 단체에 의존

CHAPTER 04 적중예상문제

01 괘도를 만들 때의 주의사항으로 잘못된 것은?

① 되도록 단순한 표현일 것

② 한 장에 여러 가지를 넣지 말 것

③ 너무 진한 색을 쓰지 말 것

④ 해설을 위한 글을 많이 쓸 것

⑤ 이해하기 쉽게 표현할 것

해설 괘도는 강습회나 토의 도중에 설명의 보조재료와 토의자료로서 부드러운 색을 사용하고 단순하여야 하며, 글씨는 간결해야 한다. 또 움직이는 괘도를 사용하면 기분을 전환시키고 주의를 집중시킬 수 있어서 효과적이다.

02 영양교육의 매체로 사용하려고 할 때, 가장 경제성이 낮은 것은?

① 슬라이드 ② 모 형

③ 융판그림 ④ 실 물

⑤ 영 화

해설 실물은 교육매체로서 운반 및 보관 등이 가장 어려우며, 다시 사용할 수가 없어서 손실이 큰 것이 단점이다.

출제유형 36

03 영양에 관한 정보를 일시에 많은 대중에게 전달할 수 있으나 교육효과를 확인할 수 없는 교육매체는?

① 벽보(wall chart) ② 유인물(leaflet)

③ 소책자(booklet) ④ 라디오(radio)

⑤ 융판그림(flannel graph)

해설 대중매체인 영화, 라디오, 신문, TV 등은 신속성, 대량정보 전달성을 가지고 있지만 대상이 고르지 못해 교육효과를 확인, 판정할 수 없다.

01 ④ **02** ④ **03** ④ 정답

04 당뇨병환자에게 식품교환법에 대한 교육을 실시하는 데 가장 좋은 교육매체는?

① 유인물
② 포스터
③ 벽 보
④ 식품모형
⑤ 융판그림

> **해설** 식품모형
> • 실제상황과 거의 비슷한 효과를 낼 수 있으며, 정확한 검사나 진단이 쉽다.
> • 단면화 또는 복잡한 내용을 확대해서 볼 수 있고, 구조와 기능 시범을 보일 수 있다.
> • 실물을 활용할 경우와는 달리 대상자가 완전히 실기에 익숙해질 때까지 반복해서 할 수 있다.
> • 교육목적에 맞는 자료로 영양사 자신이 제작할 수 있다.
> • 실물이나 실제상황으로는 불가능한 것도 해볼 수 있다.

05 라디오 방송을 활용한 영양교육의 특성으로 옳은 것은?

> 가. 대상자의 교육수준의 영향을 비교적 덜 받는다.
> 나. 많은 대상자에게 별도의 비용부담 없이 영양정보를 제공할 수 있다.
> 다. 교육대상자의 자세가 비교적 수동적이다.
> 라. 수준 높은 정보를 효과적으로 전달할 수 있다.

① 가, 나, 다
② 가, 다
③ 나, 라
④ 라
⑤ 가, 나, 다, 라

> **해설** 라디오의 특성(영양정보제공 측면에서)
> • 수용자 범위 : 문맹자나 교육수준이 낮은 사람에게도 효과적이므로 보다 많은 수용자를 겨냥할 수 있으며 대중매체이므로 일반적인 내용을 전달해야 한다.
> • 전달 경로 : 음성으로 전달하므로 청취자에게 부담이 없다.
> • 전달 방법 : 전화연결 프로그램 등을 통해 청취자를 직접 참여시킬 수 있다.
> • 효과 : 청각적 전달만 가능하므로 TV보다 침투력이 약하다.
> • 정보의 활용 : 유료의 건강관리 프로그램을 이용하지 않는 청취자에게도 정보를 제공할 수 있다.
> • 수용자의 자세 : 청취자의 자세가 대체로 수동적이다.
> • 프로그램 제작과 전달과정 : 정보내용의 형식이 방송국의 양식과 맞아야 한다.

정답 04 ④ 05 ①

06 다음 중 영양교육에 이용할 수 있는 인쇄매체가 아닌 것은?

① 신 문
② 방 송
③ 소책자
④ 포스터
⑤ 영양 달력

해설 TV나 라디오, PC 통신, 인터넷 등은 인쇄매체가 아닌 전파매체이다.

07 다음은 어떤 종류의 매체를 이용한 영양교육인가?

• 판 넬	• 통계표
• 포스터	• 식품모형
• 사 진	• 실물식품

① 인쇄매체
③ 영상매체
⑤ 실연매체
② 전시매체
④ 청각매체

출제유형 36

08 전기가 없는 농촌 마을에서 적은 수의 어머니들을 대상으로 영양교육을 하려 할 때 가장 적합한 교육의 보조자료는?

① 영 화
② 유인물
③ 융판그림(flannel graph)
④ 슬라이드
⑤ 소책자(booklet)

해설 융판그림은 영양에 관한 지식을 전달하는 과정 중에서 참가자들에게 직접 붙이도록 함으로써 흥미를 일으킬 수 있고, 움직이는 자료이므로 여러 가지 주제를 필요에 따라 바꿀 수 있다. 또 비용이 적게 들고 누구나 이용할 수 있으며 소수집단에서 효과적으로 사용할 수 있다.

09 다음은 유인물(leaflet)을 영양교육을 위한 자료로 사용할 때의 유의점이다. 옳은 것으로 모두 조합된 것은?

> 가. 영양 지도용으로 가장 많이 사용한다.
> 나. 간단한 그림을 넣어 설명한다.
> 다. 내용을 대상에 맞추어 만든다.
> 라. 나타내고 싶은 내용을 명확하게 설명한다.

① 가, 나, 다
② 가, 다
③ 나, 라
④ 라
⑤ 가, 나, 다, 라

해설 유인물은 영양 지도용 인쇄매체로 가장 많이 사용되며, 시선을 끌도록 간결하고 명확하게 설명해서 요점을 기억하는 데 도움이 되도록 작성한다.

10 영양교육매체의 효과적인 사용방법이 될 수 없는 것은?

① 언제나 교재에 대한 창의적인 생각으로 효과적인 방법을 사용한다.
② 교육자의 능력에 알맞게 교재를 선택한다.
③ 교육의 보조재료이기 때문에 일방적으로 보이거나 들려주기만 하면 안 되고, 그것을 소재로 하여 대화가 이루어지도록 한다.
④ 될 수 있는 대로 여러 종류의 교재를 동시에 사용한다.
⑤ 교육대상·시간·장소와 지도내용을 파악하고, 적당한 매체의 종류를 선정하며, 적절한 사용법을 생각한다.

해설 한 번의 교육에 여러 가지 보조자료가 활용되는 경우, 활용목적에 따라 단계적으로 제시되어야 한다. 즉, 동시에 많은 교재를 사용하면 주의가 산만해져서 효과가 줄어든다.

정답 09 ⑤ 10 ④

11 다음은 어떤 매체의 특징인가?

> • 그림을 미리 만들 수 있다.
> • 이야기를 진행하면서 자유롭게 그림을 붙이고 뗄 수 있다.
> • 그림의 위치를 이동하기 쉽다.
> • 휴대가 간편하고 비용이 적게 든다.

① 슬라이드(slide)
② 팸플릿(pamphlet)
③ 융판그림(flannel graph)
④ 포스터(poster)
⑤ 리플릿(leaflet)

12 슬라이드를 사용할 때 이점이 될 수 없는 것은?

① 영사기보다 간편하고, 경제적이다.
② 인원수에 크게 제한을 받지 않고 짧은 시간에 많은 정보를 얻을 수 있다.
③ 소재가 풍부해서 만들기 쉽고 주의를 집중시키기 쉽다.
④ 설명의 내용과 속도를 바꿀 필요가 없다.
⑤ 진행속도를 조절할 수 있고 여러 번 반복 사용할 수 있다.

해설 슬라이드는 움직이지 않는 결점이 있으나 해설하는 내용에 따라 영사하는 시간을 길게 하는 등, 자유롭게 조절할 수 있는 이점이 있다.

13 초등학교 5학년 여학생을 대상으로 조사한 각 식품별 편식학생 수를 도표로 나타내고자 한다. 가장 적합한 통계도표는?

① 상관도
② 다각형표
③ 점그래프
④ 막대도표
⑤ 시간경향선도

해설 막대도표(bar graph)
막대도표는 통계량이 연속적인 사항이 아닐 때 사용한다. 막대의 굵기를 일정하게 하며, 기선은 반드시 0에서 시작하고 눈금의 단위는 일정하게 한다. 단순한 수량비교, 항목의 수치, 구성비율을 나타내는 데 사용한다.

14 포스터를 제작할 때 요점을 설명하려고 한다. 적당하지 않은 것은?

① 아이디어가 신선하며 강력한 인상을 주어야 한다.

② 밝은 색을 사용하여 주의를 끌도록 하여야 한다.

③ 도안이나 글자의 배치를 연구하고 인상에 남도록 한다.

④ 횡서와 종서를 혼용함으로써 변화를 주도록 하여야 한다.

⑤ 목적은 하나로 하고 너무 많은 것을 써넣어 복잡하게 하지 말아야 한다.

> **해설** 포스터는 알기 쉽고 균형이 잡혀 있으며 대중의 눈에 띄어야 한다. 따라서 글씨는 읽는 방향을 통일하고 너무 많은 글씨를 쓰지 않아야 한다.

15 조리실에 화재예방 교육을 위한 자료를 비치하려고 한다. 가장 알맞은 것은?

① 포스터

② 벽보(wall chart)

③ 유인물(leaflet)

④ 소책자(booklet)

⑤ 융판그림(flannel graph)

16 영양교육자료를 사용하는 데 있어 적합하지 않은 것은?

① 사진과 그림 속의 대상은 친근해야 한다.

② 모형은 실물과 같은 크기가 가장 이상적이다.

③ 소책자 내용은 과학적 사실로 이해하기 쉽게 쓴다.

④ 융판그림(flannel graph)은 30명 이하 소집단에 사용한다.

⑤ 많은 아이디어를 일시에 전시해서 관람자 이해의 폭을 넓힌다.

> **해설** 전시하는 경우에는 읽는 부분을 적게 하며 주제를 한 가지만 부각시키고 너무 많은 자료를 동시에 전시하지 않도록 한다.

정답 **14** ④ **15** ① **16** ⑤

17 대량매체로서 효과를 판정할 수 없는 것은?

① 토 의
② 실 습
③ TV
④ 강 연
⑤ 연구집회

해설 대량매체는 영화 · 라디오 · 신문 · TV이다. 일시에 많은 대중에게 전달되지만, 효과는 판정할 수 없다.

18 도표의 활용방법으로 옳지 않은 것은?

① 수치의 시간적 변화 파악 – 선그래프
② 지역적인 분포상황 – 막대그래프
③ 수치와 추이 – 점그래프
④ 수량의 크기, 길이, 면적을 그림으로 표시 – 그림그래프
⑤ 구성비율의 파악 – 원그래프

해설 도표의 활용방법

내 용	종 류
단순한 수량비교	막대그래프, 그림그래프
백분비	파이도표, 띠도표
수량의 시간적 변화	시간경향선도, 대수도표
비율의 시간적 변화	대수도표
지역적인 분포 상황	분포도
도수 분포	도수분포도
상관의 도수	상관점도

17 ③ 18 ② 정답

19 다음 설명 중 가장 알맞지 않은 것은?

① 매체 중에서 시각을 주로 하는 것은 융판그림, 사진, 슬라이드, 모형 등이 있다.

② 영양교육에서 홍보할 때 가장 많이 쓴 방법은 인쇄물이다.

③ 영양교육의 효과에 대한 평가를 하는 데 가장 좋은 조건은 조사자료이다.

④ 30명 정도의 소집단을 대상으로 영양교육을 할 때, 그림이나 모양을 바꾸는 융판그림의 교육이 가장 효과가 좋다.

⑤ 영양교육의 방법 중 관청에서 많이 사용하는 방법은 강습이다.

해설 관청에서 가장 많이 사용하는 것은 유인물이나 홍보활동이다.

20 사진과 그림자료에 대한 특성으로 옳지 않은 것은?

① 언어와 마찬가지로 사상을 전달한다.

② 오랫동안 인상에 남는다.

③ 현실적이고 생동감이 있다.

④ 요점을 강조하는 데 효과가 많다.

⑤ 보관하기 편하고 반복해서 사용할 수 있다.

해설 정확한 심도의 지각이 요구되는 개념이나 기술의 학습은 평면적 그림으로는 요점을 강조하는 데 효과가 없다.

출제유형 35

21 팸플릿을 만들려고 할 때 고려할 점으로 적당하지 않은 것은?

① 대상을 명확히 한다.

② 크기나 페이지 수를 적당히 한다.

③ 흥미를 갖도록 한다.

④ 아름답지 않아도 된다.

⑤ 문제 및 문자를 읽기 쉽게 한다.

해설 팸플릿

그림과 글씨, 도표 등을 삽입하여 흥미를 갖도록 하며 색채감을 살린다.

정답 19 ⑤ 20 ④ 21 ④

22 시청각 교재를 평가하는 기준이 아닌 것은?

① 구 성
② 경제성
③ 방 법
④ 명확성
⑤ 반복성

출제유형 37, 38

23 영양교육매체 중 현실감 있는 교육을 할 때 사용할 수 있는 자료로 옳은 것은?

① 포스터
② 괘 도
③ 모 형
④ 영 화
⑤ 팸플릿

해설 **입체매체**
- 모형 : 실물과 같은 느낌을 제공
- 실물 : 가장 직접적이고 효과적
- 표본 : 실물이 어려운 것을 수집하여 가공
- 인형 : 어린이들의 흥미를 유도, 상상력 자극

24 통계도표의 선택 시 목적에 잘못 연결된 도표는?

① 식품성분 조성 – 상관점도
② 식품성분 조성 – 띠도표, 파이도표
③ 식품별 편식자 수 – 막대그래프, 그림그래프
④ 영양소 섭취량의 연차변화 – 대수도표, 절선그래프, 막대도표의 병렬
⑤ 열량과 단백질의 연차변화 두 개를 동시에 비교 – 대수도표

해설 ① 식품군별 보완, 경합의 상호관계 – 상관점도

22 ⑤ **23** ③ **24** ① 정답

25 매스미디어를 영양교육매체로 활용하고자 할 때 유의하여야 할 사항 중 옳은 것은?

> 가. 지면이나 시간이 제한되므로 한 가지 주제에 집중한다.
> 나. 다양한 계층의 다수를 대상으로 하므로 교육내용을 신중히 계획하여야 한다.
> 다. 제작자들이 구체적인 내용을 모르는 경우가 많으므로 구체적인 정보를 제공하여야 한다.
> 라. 방송이나 보도계획을 고려하여 주제에 맞는 매스미디어를 선택하여야 한다.

① 가, 나, 다
② 가, 다
③ 나, 라
④ 라
⑤ 가, 나, 다, 라

해설 매스미디어 활용 시 유의사항
- 영양교육에 할당된 지면이나 시간이 제한되므로 한 가지 주제에 집중해야 한다. 즉, 주제선택이나 내용면에서 편견이 제시되지 않도록 해야 한다.
- 다양한 계층의 불특정 다수인을 상대함에 따라 교육내용을 신중히 계획해야 한다.
- 제작관계인(기자, PD, 방송기술자 등)들이 구체적인 내용을 모르는 경우가 많으므로 방송의 특성에 맞게 구체적으로 정보를 제공해야 한다.
- 매스미디어의 종류를 선정할 때는 주제에 맞게 대상자에게 타당성 있는 매스미디어를 선택해야 한다.
- 영양교육은 특정시점에 집중적, 반복적, 장기적으로 해야 효과가 있다.

출제유형 46

26 매스미디어를 활용한 영양교육의 이점은?

① 쌍방향 의사소통이 가능하다.
② 인원 측정이 용이하다.
③ 신속하게 행동을 변화시킬 수 있다.
④ 다량의 정보를 전달할 수 있다.
⑤ 파급효과 측정이 용이하다.

해설 매스미디어를 활용한 영양교육의 이점
- 주의집중과 동기부여가 강하게 유발되어 다수인에게 다량의 정보를 신속하게 전달할 수 있다.
- 시간적·공간적 문제를 초월하여 구체적인 사실까지 전달할 수 있다.
- 지속적인 정보의 제공으로 행동변화를 쉽게 유도할 수 있다.
- 신문이나 잡지의 경우 높은 경제성과 광범위한 파급효과를 가져올 수 있다.

정답 25 ⑤ 26 ④

05 영양상담

01 영양상담

(1) 영양상담의 개념

현재 영양문제를 가지고 있거나 잠재적인 가능성이 있는 사람뿐만 아니라 건강한 사람에게도 영양 정보를 제공하고, 본인 스스로 영양관리를 할 수 있는 능력을 갖도록 개별화된 지도를 하는 과정

(2) 영양상담 이론

① 내담자 중심요법 : 내담자 스스로 자신의 영양문제 인식, 목표 설정, 해결방안 탐구 등의 과정에 참여하고 상담자는 내담자에게 정보 제공, 정서적 지지 등의 역할을 함. 내담자와 상담자 간 친밀관계 형성이 중요함 ⭐

② 행동요법 : 내담자의 행동수정에 초점을 두며, 개인의 행동은 학습되는 것으로 환경이나 주위 사람들의 영양에 따라 달라진다고 봄

③ 합리적 정서요법 : 인간은 합리적·긍정적인 사고를 하는 측면과 비합리적·부정적인 사고를 하는 측면을 모두 가지고 있음을 전제로, 합리적인 사고방식을 학습시켜 비합리적인 생각들을 변화시키고 제거하고자 함

④ 가족요법 : 내담자의 문제해결을 할 때 가족의 참여가 중요하며, 서로에게 영향을 미치는 문제 해결을 위해 가족 간의 새로운 상호작용 방법을 배움

⑤ 현실요법 : 내담자의 현재 행동에 초점을 맞추어 상담하는 이론

(3) 영양상담의 실시과정

> 상담시작 → 친밀관계 형성 → 자료수집 → 영양판정 → 목표설정 → 실행 → 효과평가

① 친밀관계 형성 : 상담자와 내담자 간의 상관관계를 형성하는 과정
② 자료수집 : 내담자와의 면접, 의무기록, 관찰 등으로 자료수집을 함
③ 영양판정 : 식사섭취조사, 신체계측, 생화학검사 결과를 수집ㆍ해석하는 과정
④ 목표설정 : 내담자에게 영양관리의 필요성을 알려주고, 변화의 필요성을 인식하고 받아들이게 함
⑤ 실행 : 영양목표를 달성하기 위하여 학습경험을 하도록 하는 과정
⑥ 효과평가 : 영양상담 실시 후 목표를 어느 정도 이루었는지 평가하고, 내담자와 함께 결과를 분석하고 내담자 스스로 관리할 수 있을 때까지 추후관리를 계속함

(4) 영양상담 기술 ⑰ ㉝ ㉛ ㊷ ㊹ ㊻

① 수용 : 내담자에게 지속적으로 시선을 주어 관심을 표현함
② 반영 : 내담자의 말과 행동(감정, 생각, 태도 등)을 상담자가 부연해 줌으로써 내담자가 이해받고 있다는 느낌이 들도록 함
③ 명료화 : 내담자가 애매모호하거나 깨닫지 못하는 내용을 상담자가 명확하게 표현해 줌으로써 상담의 신뢰성을 주어야 함
④ 질문 : 적절한 질문을 통해 내담자를 깊이 이해해야 함. 그러나 복잡하거나 지나친 질문은 삼가야 함
  ㉠ 개방형 질문 : 내담자의 관점, 의견, 사고, 감정까지 끌어내 친밀감을 형성할 수 있고 대화에 참여를 유도하고, 심리적인 부담 없이 자기의 문제점을 드러내도록 유도할 수 있음
  ㉡ 폐쇄형 질문 : 신속히 질문한 사항에 대해 정확한 답변을 얻을 수 있지만 명백한 사실만을 요구하여 진행이 정지되기 쉬움
⑤ 요약 : 매회 상담이 끝날 때마다 상담의 내용을 지루하지 않게 간략히 요약해서 내담자에게 설명해 줌
⑥ 조언 : 무분별한 조언이나 지나친 조언을 삼가고 상담자의 객관적 판단에 의한 암시적인 조언을 함. 또, 내담자가 내면에 지니고 있는 그릇된 생각을 스스로 깨닫도록 함
⑦ 제시 : 내담자가 직접 말하지 않은 내용이나 개념을 추론하여 새로운 개념이나 관계를 제시하고 해결방안이 나오지 않은 경우는 차후 상담을 잡고 필요한 자료를 보내는 등 계속적으로 지도함
⑧ 해석 : 내담자의 여러 말들 간의 관계와 의미에 대해 가설을 제시하는 것

(5) 영양상담 결과에 영향을 미치는 요인 ⑰

① 내담자 요인 : 상담에 대한 기대, 영양문제의 심각성, 영양상담에 대한 동기, 내담자의 지능, 정서상태, 방어적 태도, 자아강도, 사회적 성취수준과 과거의 상담경험, 자발적인 참여도 등
② 상담자 요인 : 상담자의 경험과 숙련성ㆍ성격ㆍ지적능력, 내담자에 대한 호감도
③ 내담자와 상담자 간의 상호작용 : 공동협력, 의사소통양식, 성격적인 측면

CHAPTER

05 적중예상문제

01 영양상담의 실시과정의 순서로 옳은 것은?

① 친밀관계 형성 → 자료수집 → 영양판정 → 목표설정 → 실행 → 효과평가
② 자료수집 → 친밀관계 형성 → 목표설정 → 영양판정 → 실행 → 효과평가
③ 친밀관계 형성 → 자료수집 → 목표설정 → 효과평가 → 영양판정 → 실행
④ 자료수집 → 목표설정 → 효과평가 → 친밀관계 형성 → 영양판정 → 실행
⑤ 친밀관계 형성 → 목표설정 → 자료수집 → 영양판정 → 실행 → 효과평가

해설 영양상담의 실시과정
- 친밀관계 형성 : 상담자와 내담자 간의 상관관계를 형성하는 과정
- 자료수집 : 내담자와의 면접, 의무기록, 관찰 등으로 자료수집을 함
- 영양판정 : 식사섭취조사, 신체계측, 생화학검사 결과를 수집 · 해석하는 과정
- 목표설정 : 내담자에게 영양관리의 필요성을 알려주고, 변화의 필요성을 인식하고 받아들이게 함
- 실행 : 영양목표를 달성하기 위하여 학습경험을 하도록 하는 과정
- 효과평가 : 영양상담 실시 후 목표를 어느 정도 이루었는지 평가하고, 내담자와 함께 결과를 분석하고 내담자
  스스로 관리할 수 있을 때까지 추후관리를 계속함

출제유형 45

02 내담자 중심의 영양상담 요법에서 성공적으로 영양문제를 해결할 수 있는 요건은?

① 내담자의 가정환경
② 상담자의 가치관
③ 상담자의 신념
④ 내담자와 상담자 간의 친밀함
⑤ 상담자 의견의 적극적 반영

해설 내담자 중심요법
내담자 스스로 자신의 영양문제 인식, 목표 설정, 해결방안 탐구 등의 과정에 참여하고 상담자는 내담자에게 정보 제공, 정서적 지지 등의 역할을 한다. 내담자와 상담자 간 친밀관계 형성이 중요하다.

01 ① **02** ④ **정답**

03 영양상담 시 개방형 질문에 해당하는 것은?

① 오늘 점심은 드셨나요?

② 아침식사는 무엇으로 했는지 말해줄래요?

③ 환절기 때 감기에 자주 걸리나요?

④ 식사요법에 대해 말해볼래요?

⑤ 건강보조식품을 드시나요?

> **해설** 질 문
> • 개방형 질문 : 내담자의 관점, 의견, 사고, 감정까지 끌어내 친밀감을 형성할 수 있고 대화에 참여 유도. 심리
>   적인 부담 없이 자기의 문제점을 드러내도록 유도한다.
> • 폐쇄형 질문 : 신속히 질문한 사항에 대해 정확한 답변을 얻을 수 있지만 명백한 사실만을 요구하여 진행이
>   정지되기 쉽다.

04 효율적인 개인 영양상담을 하기 위한 의사소통방법은?

① 상대의 의견에 동조하는 태도를 피한다.

② 감정이 상하더라도 필요한 조언은 반드시 한다.

③ 상대방의 시선을 피하여 자유롭게 의사를 표시하도록 한다.

④ 상대방의 이야기를 적절히 요약해 준다.

⑤ 상담내용에 대해 되도록 질문하지 않는다.

> **해설** 개인 영양상담을 위한 효율적인 의사소통방법
> • 내담자에게 지속적으로 시선을 주어 지속적인 관심을 표현한다.
> • 지나친 질문이나 복잡한 질문은 피한다. 그러나 적절한 질문을 통해 내담자를 더 깊이 이해할 수 있으므로 반
>   드시 필요하다.
> • 내담자가 애매모호하거나 깨닫지 못하는 내용을 상담자가 명확하게 표현해 줌으로써 상담이 잘 진행되고 있
>   다는 느낌을 갖도록 한다.
> • 내담자의 말과 행동(감정, 생각, 태도) 등을 상담자가 부연해 줌으로써 내담자가 이해받고 있다는 느낌이 들
>   도록 한다.
> • 매회 상담이 끝날 때마다 상담의 내용을 요약해서 내담자에게 설명해 준다.
> • 무분별한 조언이나 지나친 조언을 삼가하고 상담자의 객관적 판단에 의한 암시적인 조언을 한다.

정답 03 ② 04 ④

05 개인 영양상담을 위한 의사소통 방법 중 내담자의 말과 행동을 상담자가 부연해 주는 방법은?

① 수 용

② 반 영

③ 조 언

④ 제 시

⑤ 명료성

> **해설** 반 영
> 내담자의 느낌이나 진술을 다른 동일한 의미로 바꾸어 기술하는 상담기법으로, '~(사건, 상황, 사람, 생각) 때문에, ~(느낌, 기분, 감정)이구나. 너는 ~하기를 원하는데'라는 형태를 취한다. 내담자가 이야기하는 정보나 생각을 올바르게 해독하여 그것을 다시 내담자에게 되돌려주어 확인하고 수정하면서 내담자의 고민 속으로 들어가는 방법이다.

06 영양상담 시 내담자의 말 속에 포함된 감정이나 의미 등에 대하여 스스로 깨닫지 못하고 혼돈스럽게 느끼는 것을 상담자가 명확하게 해주어 상담이 잘 진행되고 있다는 느낌을 주는 것은?

① 요 약

② 수 용

③ 직 면

④ 반 영

⑤ 명료화

> **해설** ⑤ 명료화 : 내담자가 애매모호하거나 깨닫지 못하는 내용을 상담자가 명확하게 표현해줌으로써 상담의 신뢰성을 주는 상담기법이다.
> ① 요약 : 매회 상담이 끝날 때마다 상담의 내용을 지루하지 않게 간략히 요약해서 내담자에게 설명해 주는 상담기법이다.
> ② 수용 : 내담자에게 지속적으로 시선을 주어 관심을 표현하는 상담기법이다.
> ③ 직면 : 내담자가 의식적, 무의식적으로 피하고 있는 사실에 대해 일치하지 않는 언행을 의도적으로 지적함으로써 알게 하는 상담기법이다.
> ④ 반영 : 내담자의 말과 행동(감정, 생각, 태도 등)을 상담자가 부연해 줌으로써 내담자가 이해받고 있다는 느낌이 들도록 하는 상담기법이다.

05 ② **06** ⑤ 정답

07 다음은 12세 김 군과 영양사의 영양상담 내용으로, 영양사가 사용한 상담기술은?

> 김 군 : 선생님, 어제 친구가 저보고 살이 많이 쪘다며 돼지라고 놀려서 속상해서 친구랑 싸웠어요.
> 영양사 : 살이 많이 쪘다고 놀리다니 친구가 많이 미웠겠네요.

① 요 약   ② 설 명
③ 수 용   ④ 반 영
⑤ 질 문

> **해설** 반 영
> 내담자의 느낌이나 진술을 다른 동일한 의미로 바꾸어 기술하는 상담기법으로, '~(사건, 상황, 사람, 생각) 때문에, ~(느낌, 기분, 감정)이구나. 너는 ~하기를 원하는데'라는 형태를 취한다. 내담자가 이야기하는 정보나 생각을 올바르게 해독하여 그것을 다시 내담자에게 되돌려주어 확인하고 수정하면서 내담자의 고민 속으로 들어가는 방법이다.

08 영양상담 결과에 영향을 미치는 상담자의 요인은?

① 상담에 대한 기대   ② 영양상담에 대한 동기
③ 자발적인 참여도   ④ 경험과 숙련성
⑤ 영양문제의 심각성

> **해설** 상담결과에 영향을 주는 요인
> • 내담자 요인 : 상담에 대한 기대, 영양문제의 심각성, 영양상담에 대한 동기, 내담자의 지능, 정서상태, 방어적 태도, 자아강도, 사회적 성취수준과 과거의 상담경험, 자발적인 참여도 등
> • 상담자 요인 : 상담자의 경험과 숙련성 · 성격 · 지적능력, 내담자에 대한 호감도
> • 내담자와 상담자 간의 상호작용 : 공동협력, 의사소통양식, 성격적인 측면

09 성공적인 영양상담을 위해 상담자와 내담자가 형성해야 하는 관계는?

① 상담자와 내담자는 동등한 노력으로 상호 협력한다.
② 상담자와 내담자 간의 친밀감은 상담후기에 형성되도록 한다.
③ 상담자는 상담자 중심에서 내담자를 이끈다.
④ 상담자는 내담자에게 비판적인 태도를 보인다.
⑤ 상담자는 내담자에게 나아갈 방향을 지시한다.

> **해설** 영양상담 시 상담자와 내담자 간의 공동협력은 성공적인 결과를 이끈다.

정답 07 ④ 08 ④ 09 ①

CHAPTER 06 영양관계 행정기구, 영양표시제

01 영양정책과 영양행정

(1) 영양정책

① **정책** : 공공문제를 해결하거나 어떤 목표를 달성하기 위하여 정부가 결정한 행동방침
② **식품영양정책** : 국민이 최적의 영양상태를 유지하도록 식품의 생산과 공급, 보건, 교육 등 다양한 분야를 연계·조정하는 복합조치로서, 국민의 건강확보와 국가발전에 기여하는 것을 목적으로 함
③ **양적 영양정책** : 전체 인구집단이 충분한 식품을 섭취하여 영양부족에 걸리지 않도록 하는 정책. 일반적으로 영양부족이나 빈곤, 기아, 식품 수급 및 분배에 문제가 있는 경우에 적용
④ **질적 영양정책** : 잘못된 식생활로 인한 당뇨, 고혈압, 심혈관계 질환 등 만성질환과 관련하여 조기 사망 등을 예방하기 위한 정책

(2) 영양행정

① 영양관계법규에 따라 국민 전체를 대상으로 사회복지, 사회보장 및 공중위생의 향상 및 식생활개선을 위한 기본적인 업무를 행하는 것
② 기본 업무
  ㉠ 국민건강영양조사와 영양에 관한 지도
  ㉡ 영양교육사업 및 영양개선사업 업무
  ㉢ 국민식생활지침 및 영양섭취기준 마련
  ㉣ 영양사, 영양조사원, 영양지도원 제도
  ㉤ 국민건강증진종합계획 수립 등
  ㉥ 영양관계법규 : 식품위생법, 식생활교육지원법, 어린이 식생활안전관리 특별법, 국민영양관리법, 국민건강증진법

02 영양행정기구

(1) 우리나라의 영양행정기구

① **보건복지부(영양행정의 중앙기관)** ⭐⑭ ⑮
  ㉠ 국민영양관리법과 국민건강증진법 시행령 및 시행규칙 등을 관장하며 '한국인 영양소 섭취 기준'을 제시함
  ㉡ 건강정책국 건강정책과 : 국민건강증진사업에 관한 종합계획 수립 및 조정, 국민건강교육 · 홍보, 건강증진서비스 공급기반 조성을 위한 사항 등
  ㉢ 건강정책국 건강증진과 : 국민영양관리 기본계획 수립 및 평가 등 국민 식생활 · 영양 정책 수립 및 총괄, 국민 식생활 건강 · 영양 관리사업 등
  ㉣ 보건소 : 생애주기별 영양교육 및 상담, 임산부 · 영유아 대상 영양플러스 사업, 맞춤형 방문 건강관리사업, 대사증후군 관리, 영양상태 조사 및 평가 등 ⑯
  ㉤ 질병관리청 : 전문조사수행팀을 구성하여 '국민건강영양조사'를 실시
  ㉥ 한국보건산업진흥원 : 국민건강영양조사 결과에 근거 '국민건강통계'를 생산
  ㉦ 국립보건연구원 : 비만대사 영양질환 연구
② **식품의약품안전처(위생행정의 중앙기관)** ⭐
  ㉠ 국무총리실 산하기관으로 식품 · 의약품 · 건강기능식품 · 마약류 · 화장품 · 의약외품 · 의료기기 등의 안전에 관한 사무를 관장함
  ㉡ 식품위생심의위원회 : 식품의약품안전처장의 자문기관으로 국민의 영양개선에 대한 문제를 토의 및 의견을 건의하며 위원회 안에 영양분과위원회가 있음
  ㉢ 식품위생법, 어린이 식생활안전관리 특별법, 건강기능식품에 관한 법률
③ **농림축산식품부**
  ㉠ 식량정책과 : 식량수급계획 제시, 주곡 소비에 대한 식생활 개선, 혼식 · 분식에 관한 식생활문제
  ㉡ 식생활교육지원법, 식품산업진흥법
④ **교육부**
  ㉠ 학교급식과 각 학교에서의 영양 및 식생활 교육내용에 대하여 연구 및 계획
  ㉡ 학교급식법, 영유아보육법, 유아교육법, 초 · 중등교육법
⑤ **국방부** : 육 · 해 · 공군의 급식정책 · 관리를 위해 '전군 급식정책심의위원회'를 운영하며, 급식 방침 수립, 신규급식 품목의 도입, 기존급식 품목의 퇴출, 급식관련 법령 및 주요지침의 제 · 개정, 급식정책에 관한 중요한 사항 등을 심의 · 의결
⑥ **법무부** : 교정국, 교도소, 소년원에 대한 급식문제를 연구, 계획
⑦ **고용노동부** : 공장, 사업소, 기숙사 등의 영양을 위한 연구
⑧ **기획재정부** : 영양교육 등에 관한 예산을 책정

(2) 영양행정 국제기구

① WHO(세계보건기구) : 모든 인류의 건강 및 영양향상을 위해 발족

② FAO(식량농업기구)

ⓐ 설치목적 : 인류의 영양개선

ⓑ 식량의 생산증가, 식량의 분배개선, 생활수준의 향상 등이 수반되어야 한다는 기준 위에서 영양개선에 관한 큰 방침을 세워 각국의 영양행정에 영향을 주고 있음

ⓒ FAO한국협회 : 1962년 한국인 영양권장량 제정

ⓓ 식품수급표(세계 각국의 영양수준의 비교검토와 식량자원의 공급 및 이용실태를 파악할 수 있는 간접적인 영양상태 평가자료)를 발행

③ UNICEF(국제아동기금) : 뉴욕에 본부를 두고 있으며, 개발도상국이나 재해를 입은 지역의 아동과 임산부의 구제사업을 함

03 영양표시제

(1) 영양표시제의 의의

식품의 영양에 대한 적절한 정보를 소비자에게 전달하여 소비자들이 합리적인 식품을 선택할 수 있도록 돕는 제도

(2) 영양표시제의 필요성

① 국민영양의 불균형이 증가함에 따라 비만을 비롯한 만성 퇴행성질환의 이환율이 증가하므로 국민들이 쉽게 영양섭취 내용을 인식할 필요가 있음

② 가공식품의 이용이 증대되고 있음

③ 식품산업의 기술발달로 영양성분을 통한 제품의 차별화가 강조되고 있음

④ 정보의 범람으로 소비자가 제품을 제대로 이해하고 선택하는 데 도움이 되는 표준화된 품질표시양식이 정착되어야 함

(3) 영양표시제의 활용도

① **소비자 측면** : 소비자가 건강한 식생활을 유지하도록 도와줌

② **식품업자 측면** : 상품개발 시 영양면의 품질향상을 촉진하게 되고, 기업이미지를 좋게 하며 판매량을 높이는 계기가 될 수 있음

③ **식품의 수출입 측면** : 세계적인 무역의 자유화 추세에 따라 영양표시제의 정착이 필요해지고 있음

ⓐ 수출 시 : 요구되는 영양표시로 만족시킴

ⓑ 수입 시 : 국민의 이해를 도움

(4) 영양표시제의 내용 ★

① **영양성분 표시** : 제품의 일정량에 함유된 영양성분의 함량을 표시하는 것

    ㉠ 표시대상 영양성분 : 열량, 나트륨, 탄수화물, 당류, 지방, 트랜스지방, 포화지방, 콜레스테롤, 단백질

    ㉡ 해당 영양성분의 명칭, 함량, 1일 영양성분 기준치에 대한 비율(%)을 표시해야 함

    ㉢ 열량, 트랜스지방은 1일 영양성분 기준치에 대한 비율(%) 표시에서 제외

    ㉣ 1일 영양성분 기준치는 영양성분의 평균적인 1일 섭취기준량을 의미함

② **영양성분 강조 표시**

    ㉠ 영양성분 함량강조표시 : '무○○', '저○○', '고○○', '○○함유' 등과 같은 표현으로 그 영양성분의 함량을 강조하여 표시하는 것

    ㉡ 영양성분 비교강조표시 : '덜', '더', '강화', '첨가' 등과 같은 표현으로 같은 유형의 제품과 비교하여 표시하는 것

③ **영양성분 표시대상** : 레토르트식품(축산물 제외), 과자류, 빵류 또는 떡류(과자, 캔디류, 빵류 및 떡류), 빙과류(아이스크림류 및 빙과), 코코아 가공품류 또는 초콜릿류, 당류(당류가공품), 잼류, 두부류 또는 묵류, 식용유지류[식물성유지류 및 식용유지가공품(모조치즈 및 기타 식용유지가공품 제외)], 면류, 음료류[다류(침출차·고형차 제외), 커피(볶은커피·인스턴트커피 제외), 과일·채소류음료, 탄산음료류, 두유류, 발효음료류, 인삼·홍삼음료 및 기타 음료], 특수영양식품, 특수의료용도식품, 장류[개량메주, 한식간장(한식메주를 이용한 한식간장 제외), 양조간장, 산분해간장, 효소분해간장, 혼합간장, 된장, 고추장, 춘장, 혼합장 및 기타 장류], 조미식품[식초(발효식초만 해당), 소스류, 카레(카레만 해당) 및 향신료가공품(향신료조제품만 해당)], 절임류 또는 조림류[김치류(김치는 배추김치만 해당), 절임류(절임식품 중 절임배추 제외) 및 조림류], 농산가공식품류(전분류, 밀가루류, 땅콩 또는 견과류가공품류, 시리얼류 및 기타 농산가공품류), 식육가공품[햄류, 소시지류, 베이컨류, 건조저장육류, 양념육류(양념육·분쇄가공육제품만 해당), 식육추출가공품 및 식육함유가공품], 알가공품류(알 내용물 100퍼센트 제품 제외), 유가공품(우유류, 가공유류, 산양유, 발효유류, 치즈류 및 분유류), 수산가공식품류(수산물 100퍼센트 제품 제외)(어육가공품류, 젓갈류, 건포류, 조미김 및 기타 수산물가공품), 즉석식품류[즉석섭취·편의식품류(즉석섭취식품·즉석조리식품만 해당) 및 만두류], 영업자가 스스로 영양표시를 하는 식품 및 축산물

(1) 국민건강영양조사의 이해

① **실시 근거** : 국민건강영양조사는 국민건강증진법 제16조에 근거하여 국민의 건강 및 영양 상태를 파악하기 위해 실시

② **실시 목적** : 국민의 건강 및 영양 상태에 관한 현황 및 추이를 파악하여 정책적 우선순위를 두어야 할 건강취약집단을 선별하고, 보건 정책과 사업이 효과적으로 전달되는지 평가하는 데 필요한 통계를 산출. 또한 세계보건기구(WHO)와 경제협력개발기구(OECD) 등에서 요청하는 흡연, 음주, 신체활동, 비만 관련 통계자료를 제공

③ **실시 내용** : 매년 192개 지역의 25가구를 확률표본으로 추출하여 만 1세 이상 가구원 약 1만 명을 조사. 대상자의 생애주기별 특성에 따라 소아(1~11세), 청소년(12~18세), 성인(19세 이상)으로 나누어, 각기 특성에 맞는 조사항목을 적용

조사분야	조사내용 ※ 제9기 2차년도(2023년) 조사 기준
검진조사	비만, 고혈압, 당뇨병, 이상지질혈증, 간질환, 신장질환, 빈혈, 구강질환, 악력, 이비인후질환, 체성분, 시력검사, 가족력
건강설문조사	가구조사, 흡연, 음주, 비만 및 체중조절, 신체활동, 이환, 의료이용, 예방접종 및 건강검진, 활동제한 및 삶의 질, 손상, 안전의식, 정신건강, 수면건강, 여성건강, 교육 및 경제활동, 구강건강
영양조사	식품 및 영양소 섭취현황, 식생활행태, 식이보충제, 영양지식, 식품안정성, 수유현황, 이유보충식

CHAPTER

06 적중예상문제

01 영양표시제도에 대한 설명으로 옳은 것은?

① 식품업자의 경우 영양표시제도로 제품판매에 불이익을 당하게 되었다.

② 수입식품 관리에는 적용하지 않는다.

③ 영양표시제도는 영양불균형 해소에는 큰 도움이 되지 않는다.

④ 표시기준은 식품의약품안전처 고시(식품 등의 표시기준)를 따른다.

⑤ 국민의 건강한 식생활 유지에는 큰 도움이 되지 않는다.

해설 **영양표시제의 필요성과 활용도**
- 필요성
  - 국민영양의 불균형 증가
  - 가공식품의 이용 증대
  - 식품산업의 기술발달
  - 영양표시 미흡으로 소비자 식품선택에 도움이 필요
- 활용도
  - 소비자 측면 : 건강한 식생활 유지에 도움
  - 식품업자 측면 : 상품개발 시 품질향상 촉진
  - 식품의 수출입 측면 : 수출 시 요구되는 영양표시를 하여 만족을 주고, 수입 시는 국민의 이해를 도움

출제유형 44

02 다음의 영양교육 및 사업을 수행하는 영양사는?

- 대사증후군 관리를 위한 영양교육 및 상담
- 지역사회 주민의 생애주기별 영양교육 및 상담
- 맞춤형 방문건강관리사업

① 종합병원 임상영양사　　　　② 고등학교 영양사

③ 보건소 영양사　　　　　　　④ 사회복지시설 영양사

⑤ 산업체 영양사

해설 보건소 영양사에 대한 설명이다.

정답 01 ④　02 ③

03 다음의 영양표시에 관한 설명으로 옳은 것은?

영양정보

총 내용량 400g / 1회 제공량 100g당 509kcal

나트륨	530mg	27%	**지 방**	25g	46%
탄수화물	65g	20%	**트랜스지방**	0.6g	–
당 류	27g	27%	**포화지방**	13g	87%
단백질	6g	11%	**콜레스테롤**	9mg	3%

*1일 영양성분 기준치에 대한 비율(%)은 2,000kcal 기준이므로 개인의 필요 열량에 따라 다를 수 있습니다.

① 총 내용량 섭취 시 에너지는 509kcal이다.
② 총 내용량 섭취 시 당류는 1일 기준량을 초과한다.
③ 1회 제공량 섭취 시 포화지방은 1일 기준량을 초과한다.
④ 1회 제공량 섭취 시 나트륨은 만성질환위험감소섭취량 1일 기준을 초과한다.
⑤ 100g 섭취 시 콜레스테롤은 1일 권고량 이상이다.

해설 ① 총 내용량 섭취 시 에너지는 2,036kcal이다.
　　 ③ 1회 제공량 섭취 시 포화지방은 87%이므로, 1일 기준량을 초과하지 않는다.
　　 ④ 1회 제공량 섭취 시 나트륨은 530mg이고, 만성질환위험감소섭취량은 2,300mg이므로 1일 기준을 초과하지 않는다.
　　 ⑤ 100g 섭취 시 콜레스테롤 1일 권고량의 3%이므로 권고량 이내이다.

04 FAO가 하는 사업내용과 관련이 없는 것은?

① 생활수준 향상
② 식량의 생산 증가
③ 식량의 분배 개선
④ 전염병 및 풍토병 퇴치
⑤ 식량수급표 발행 및 영양권장량 제정

해설 FAO
인류의 영양개선을 목적으로 설립되었으며 식량의 생산 증가, 식량의 분배 개선, 생활수준의 향상 등이 수반되는 기준 위에 세계 각국의 영양행정에 영향을 주고 있으며 영양권장량 제정과 식품수급표를 발행한다.

05 개발도상국 아동의 구제 · 복지 · 건강의 개선을 목적으로 식품 · 의복 · 약품 등을 아동 · 임신부에 공급하고 있는 국제연합의 전문기관은?

① AID

② FAO

③ UNICEF

④ CARE

⑤ peace corps

06 다음 중 식품위생심의위원회의 역할은?

① 식품위생 검사

② 단체급식 관리지도

③ 국민영양조사 계획 수립

④ 영양사 및 관련단체회원 교육

⑤ 국민영양개선에 관한 자문 및 의견 건의

해설 식품위생심의위원회는 식품의약품안전처의 자문기관으로 국민의 영양개선에 대한 문제의 토의 및 의견을 건의한다.

출제유형 44

07 '한국인 영양소 섭취기준'을 규정하는 곳은?

① 기획재정부

② 농림축산식품부

③ 식품의약품안전처

④ 보건복지부

⑤ 세계보건기구

해설 국민영양관리법에 따르면 보건복지부장관이 한국인 영양소 섭취기준을 매 5년 주기로 제 · 개정하여 발표 및 보급하도록 규정하고 있다.

정답 05 ③ 06 ⑤ 07 ④

08 보건소 영양사의 업무는?

① 영양정책을 개발한다.

② 가족계획 사업을 실시한다.

③ 영양상태를 조사하고 평가한다.

④ 식품위생감시원을 관리한다.

⑤ 감염병을 예방하고 환자를 진료한다.

> 해설 보건소 영양사의 업무
> 생애주기별 영양교육 및 상담, 임산부·영유아 대상 영양플러스 사업, 맞춤형 방문 건강관리사업, 대사증후군 관리, 영양상태 조사 및 평가

09 전문조사수행팀을 구성하여 '국민건강영양조사'를 실시하는 기관은?

① 환경부

② 질병관리청

③ 교육부

④ 식품의약품안전처

⑤ 국립보건연구원

> 해설 질병관리청은 2007년부터 전문조사수행팀을 구성하여 국민건강영양조사를 실시하고 있다.

10 식품의약품안전처에서 관장하는 업무는?

① 어린이 식생활 안전관리종합계획의 수립

② 식품산업진흥 기본계획의 수립

③ 학교급식에 관한 계획의 수립

④ 국민영양관리기본계획의 수립

⑤ 국민건강영양조사의 실시

> 해설 ② 농림축산식품부, ③ 교육부, ④ 보건복지부, ⑤ 질병관리청에서 관장하는 업무이다.

08 ③ 09 ② 10 ① 정답

11 국민의 영양 및 건강 증진을 도모하고 삶의 질 향상에 이바지하기 위한 「국민영양관리법」을 소관하는 부처는?

① 행정안전부

② 농림축산식품부

③ 보건복지부

④ 교육부

⑤ 식품의약품안전처

해설 국민영양관리법은 국민의 식생활에 대한 과학적인 조사·연구를 바탕으로 체계적인 국가영양정책을 수립·시행함으로써 국민의 영양 및 건강 증진을 도모하고 삶의 질 향상에 이바지하는 것을 목적으로 하며, 보건복지부가 소관한다.

12 질병관리청이 국민의 건강한 삶을 위하여 담당하는 것은?

① 국민건강영양조사

② 어린이 식생활 안전지수 조사

③ 건강기능식품이력 추적관리

④ 고열량·저영양 식품 등의 판매 금지

⑤ 어린이 기호식품의 영양성분 기준 고시

해설 질병관리청장은 보건복지부장관과 협의하여 국민의 건강상태·식품섭취·식생활조사 등 국민의 영양에 관한 조사를 정기적으로 실시한다.

13 제9기 국민건강영양조사에서 측정하는 신체계측 항목은?

① 가슴둘레

② 허리둘레

③ 머리둘레

④ 상완위둘레

⑤ 엉덩이둘레

해설 제9기 국민건강영양조사의 검진조사항목 중 신체계측에서는 만 1세 이상의 조사대상자는 공통적으로 신장, 체중을 재며, 만 6세 이상 조사대상자는 허리둘레를 재고, 만 40세 이상의 조사대상자는 목둘레도 함께 잰다.

정답 **11** ③ **12** ① **13** ②

14 보건소의 전문인력이 다음 대상자의 집으로 찾아가 서비스를 제공하는 사업은?

> • 80세 독거노인
> • 경제적 어려움으로 하루 한 끼 또는 두 끼를 밥과 김치로 해결함
> • 20년 전 고혈압과 당뇨병을 진단받았으나 정기적인 진료를 받지 못하는 사정
> • 허리 통증으로 하루 중 대부분을 누워서 생활함

① 노인건강증진사업　　　　　　　② 무료급식지원사업
③ 푸드뱅크　　　　　　　　　　　④ 맞춤형 방문건강관리사업
⑤ 생애초기 건강관리사업

해설 **맞춤형 방문건강관리사업**
• 지역별 담당 방문간호사가 대상자 가정을 방문, 찾아가는 통합의료서비스 제공
• 만성질환관리(고혈압, 당뇨, 심·뇌혈관질환, 관절염 등), 혈압, 혈당 등 기초검사, 건강문제 상담 및 보건교육
• 건강생활습관 위험요인 관리, 금연, 절주, 영양, 비만, 운동 등 건강생활 실천 지도
• 노인 건강관리, 허약노인 낙상예방, 구강관리 상담, 치매관리, 관절 예방 운동요법교육 등 대상별 건강 요구도에 맞는 건강관리 및 보건교육

15 다음 설명에 해당하는 영양사업은?

> • 센터장(비상근), 기획운영팀, 위생팀, 영양팀과 운영위원회 등으로 운영할 수 있다.
> • 소규모 어린이 급식소를 대상으로 사업을 진행한다.
> • 위생·안전 및 영양관리 업무를 수행한다.

① 아동비만예방사업　　　　　　　② 드림스타트 사업
③ 어린이급식관리지원센터 사업　　④ 모유수유실천사업
⑤ 중앙육아종합지원센터 사업

해설 **어린이급식관리지원센터**
• 지역센터는 센터 규모에 따라 2~5개 팀으로 적절히 구성하여 운영할 수 있다.
　- 센터장(비상근), 기획운영팀, 위생팀, 영양팀과 운영위원회 등
• 시·도 또는 시·군·구에 설치된 지역센터는 관내의 어린이 급식소(어린이집, 유치원, 기타시설 등)를 대상으로 체계적으로 위생·안전 및 영양관리 업무를 수행하여야 한다.
• 어린이 급식소의 위생·안전 및 영양관리를 위한 현장 순회방문지도 및 안전한 급식관리를 위한 급식소 컨설팅 등 지원활동을 한다.

14 ④ **15** ③ 정답

CHAPTER 07 대상에 따른 영양교육

01 임신부의 영양관리

(1) 임신부의 영양지도상의 요점 ⭐

① 임신 중 정상체중을 유지할 수 있도록 균형 잡힌 식단의 식습관으로 1일 총섭취열량을 조절
② 신장기능장애가 없으면 양질의 단백질을 충분히(60~80g) 섭취
③ 동물성 지방을 피하고 필수지방산 함량이 풍부한 식물성 지방을 섭취
④ 무기질 중 특히 칼슘과 철 및 비타민을 충분히 섭취
⑤ 식염과 수분은 적정량 섭취하되 부종이 있으면 증상에 따라 제한
⑥ 과식은 위장을 압박하므로 소량씩 나누어 자주 섭취
⑦ 산미가 있는 담백한 음식, 차가운 음료, 신선한 채소, 과일 등을 충분히 섭취
⑧ 비타민 B_1과 칼슘을 많이 섭취할 수 있도록 유제품을 이용
⑨ 부드러운 향신료, 조미료 등을 소량 사용하여 식욕을 촉진
⑩ 자극성이 강한 향신료, 술 등은 피함
⑪ 식후에는 가벼운 운동과 더불어 정신적 안정을 취하도록 함

(2) 임신 시 입덧의 영양지도 ⭐

① 심신을 안정시키고 편식을 삼가며 식품을 조화시켜 균형식을 섭취
② 음식은 담백한 것을 먹고 냄새가 강한 것과 비린 냄새가 강한 것은 피함
③ 시원한 음식(아이스크림, 냉면, 주스)을 선호하고, 신선한 과일 및 채소를 섭취
④ 먹고 싶은 것과 좋아하는 음식은 소량씩 나누어 여러 번 섭취
⑤ 수분은 충분히 섭취하되 식사 후 바로 음료수를 마시지 말고 후에 소량씩 마심
⑥ 적당한 운동

(3) 임신중독증의 영양지도 ⭐ ㉚

① 부종이 심하고 혈압이 높은 경우에는 소금 섭취를 제한

② 부종이 있으면 수분을 제한하고 심한 경우에는 전날 뇨량에 500mL의 수분을 더해서 섭취 (우유 및 과실로 수분을 공급)

③ 동물성 유지는 피하고 식물성 유지를 적당히 섭취

④ 에너지는 열량이 적은 것을 섭취

⑤ 자극성이 강한 향신료는 피하도록 함

⑥ 단백질을 너무 많이 제한하면 태아의 영양이 나빠지고 미숙아가 태어나기 쉬우므로 단백질을 충분히 섭취

⑦ 비타민을 다량 공급하고, 철과 칼슘 공급도 보충해야 하므로 신선한 과일 및 녹황색 채소를 충분히 섭취

영양보충

철(Fe)의 소화흡수력을 증진시키는 것

비타민 C, 동물성 단백질, 위산

이유기식 편식의 예방 및 치료

• 양친이 편식하지 말고 식사분위기를 바꾼다.
• 이유기부터 음식의 맛, 냄새, 촉감 등에 광범위하게 접할 수 있도록 한다.
• 편식을 유발시키는 언사는 피하고 유아가 싫어하는 음식을 강제로 먹이지 않는다.
• 싫어하는 음식을 주는 횟수와 양을 줄이고 서서히 준다.
• 식사시간에는 적당한 공복을 느낄 수 있도록 일상생활에서 계획을 세운다.

(1) 영양소 섭취량

① **열량** : 기초대사와 신체활동 저하로 열량필요량이 감소
　㉠ 65세 이상 남자 : 2,000kal/일
　㉡ 65세 이상 여자 : 1,600kcal/일
② **단백질** : 체성분의 재생과 유지에 필요하며 결핍 시 노화가 촉진
　㉠ 65세 이상 남자 : 60g/일
　㉡ 65세 이상 여자 : 50g/일
③ **당질** : 당질은 총열량섭취량의 55~65%가 바람직하고, 케톤증을 막기 위해 적어도 100g/일
　은 공급해야 함

영양보충

> 식이섬유는 변비, 동맥경화, 암, 당뇨병 등을 예방하므로 채소와 과일을 충분히 섭취하는 것이 좋다.

④ **지질** : 동물성 지방의 다량 섭취는 혈중 콜레스테롤치를 높이고 필수지방산의 섭취는 혈중 콜
　레스테롤치를 저하시킴
⑤ **총에너지 섭취비율** = 탄수화물 55~65 : 단백질 7~20 : 지방 15~30
⑥ **고혈압, 신장병, 당뇨병 등의 만성질환자** : Na량, 수분량, 열량 제한
⑦ 비타민과 무기질은 충분히 공급하도록 함

(2) 노인의 식사법

① 육류는 지방이 적고 부드러운 부위, 흰 살코기 생선이 소화가 잘 됨
② 두부, 우유, 치즈 등은 소화가 잘 되는 단백질 식품
③ 과식은 피하며 취침 전에 저녁식사를 하지 않음
④ 소금 섭취량에 주의하며 음식의 간은 싱겁게 함
⑤ 노인의 식습관은 이미 고정되어 있으므로 평소 노인에게 익숙한 식품을 주로 선택하여 최적의
　조리를 함

03 학교급식과 영양교육

(1) 학교급식 영양교육의 중요성

① 올바른 식습관의 형성과 성장발육에는 균형식이 필요

② 감수성이 예민해서 빨리 감화를 받아, 곧 실행으로 옮길 수 있음

③ 최소한의 비용으로 큰 효과를 얻을 수 있고 반복교육이 쉬우며 파급효과가 큼

④ 영양에 관한 지식을 빨리 알고 식생활 개선에 큰 도움을 줄 수 있음

> **영양보충**
>
> **학교급식의 원칙** 🌟
> 합리적인 영양섭취, 올바른 식습관 형성, 식사예절의 함양, 지역사회의 식생활 개선에 기여, 급식을 통한 영양교육, 정부의 식량정책에 대한 이해도 함양 등

(2) 학교급식의 효과

① 건강한 체격유지 및 건강증진에 이바지함

② 좋은 식습관을 키우며, 편식을 빨리 고칠 수 있음

③ 자신의 영양과 건강에 관심을 갖고 실천하고자 노력을 함

④ 급식과정을 이해하여 식단준비에 협조하는 노력을 함

> **영양보충**
>
> **아동을 위한 식습관 지도방법** 🍴
> • 잘못된 식습관을 고치는 데 시간과 노력이 많이 필요하다는 것을 교육한다.
> • 지도내용은 처음부터 끝까지 일관성이 있어야 효과가 있다.
> • 어린이의 정신발달 연령에 맞추어 순서적으로 지도하고 자발적으로 참여하도록 유도한다.
> • 보호자와의 의견교환 및 빈번한 접촉이 필요하다.
> • 유치원 등의 집단생활에서의 단체급식을 통해 사회성과 인간관계를 터득하도록 지도한다.
> • 신체적으로 저항력이 약하므로 위생적으로 유의하도록 지도한다.

04 사업체 급식과 영양지도

(1) 사업체 급식의 중요성

① 근로자의 건강증진 및 식비의 경제적 부담을 감소시킴

② 근로의욕을 증진시키며, 직원 사이에 화목을 도모함

③ 영양은 질병과의 밀접한 관계로 인식하게 되며, 건강증진을 위한 식생활을 실행하게 하는 동기가 됨

④ 영양의 불균형, 과식과 편식하는 식습관을 고칠 수 있음

(2) 단체급식의 영양지도

① 권장량에 맞고, 기호와 경제를 고려한 식단을 작성

② 필요한 식단표에서 계절, 노동 종류에 따라 식단을 조절

③ 급식을 받은 대상자가 만족하는지 또는 적당량으로 골고루 급식이 되는지 확인하며, 문제점을 보충

④ 정기적으로 영양에 대한 홍보책자를 제작하여 건강과 영양에 대한 지식을 지도

05 각종 성인병의 영양지도

(1) 고혈압의 영양지도 ✿

① 소금의 과잉섭취는 고혈압, 뇌졸중의 원인이 되므로 평상시 소금의 건강표준권장량을 지키도록 함(1g/dL 최저)

② 부종이 있을 경우 음식의 Na을 완전히 제한시킴

③ Na에 비해서 K의 함량이 많은 콩, 감자, 채소류, 과실류를 적극적으로 선택

④ 소금 없이도 맛있게 먹을 수 있는 향신료(생강, 계피, 레몬즙 등)와 방향성 채소(깻잎, 쑥갓, 고추 등)를 이용

⑤ 체내에 Na이 배설될 때에는 비타민 K도 배설되며 비타민 K의 감소는 심근경색을 유발하므로 식사 시 비타민 K의 양을 증가시킴

⑥ 고혈압이면서 혈청 지질이 높으면 율상동맥경화, 허혈성 심질환의 발병을 촉진시킬 가능성이 있으므로 지질의 양을 제한하되 필수지방산을 충분히 공급

⑦ 간장, 된장, 고추장의 염분을 주의하며 찌개 종류는 피함(조미료도 제한)

(2) 동맥경화 영양지도

① 동맥경화의 지도에 있어서 가장 강조해야 할 점 : 비만 해소 및 예방과 당분섭취의 억제

② 당질은 가능한 한 전분에서 섭취하고, 당분의 과잉섭취는 지방의 생성호르몬인 인슐린 분비를 자극하므로 당분과 설탕은 제외

③ 혈중 콜레스테롤의 증가는 동맥경화의 주 원인이 되므로 하루에 200mg 이상을 섭취하지 않도록 함

영양보충

콜레스테롤을 많이 함유한 식품 ⭐

쇠골, 돼지머리 등으로 만든 편육, 오징어, 새우, 게, 간, 달걀 노른자 등

---

④ 육류는 지방이 적은 부위를 선택하고 조리 시에는 식물성 기름을 사용하며 포화지방산과 불포화지방산의 비율을 고려해야 함(1 : 2)

⑤ 생선은 가능한 한 지방이 적은 것을 선택하며 생선머리 또는 어란은 먹지 않도록 함

⑥ 불소화성 다당류(섬유소)가 많은 식품을 선택해서 콜레스테롤 배설을 촉진하고 변비를 예방함

⑦ 저녁식사의 양을 줄이고 과식을 금함(혈청 지질함량 상승)

⑧ 식사를 중심으로 한 생활계획을 세우며 규칙적인 일상생활을 지키도록 함

(3) 심장병의 영양지도 ⭐

① 심신의 안정이 중요하므로 심장에 부담을 주는 과식을 피하고 저에너지식을 함

② 심근의 경화, 부종 발생을 억제하기 위하여 단백질이 부족하지 않도록 양질의 단백질을 다량 섭취하도록 하고 나트륨 식품을 제한

③ 단백질은 생선 · 육류 · 탈지유 · 두부 · 순두부 · 두유 등을 선택하여 소화가 잘 되는 조리법으로 조리

④ 칼륨이 만성적으로 부족해지면 저칼륨증이 생겨 심근경색이 발생하기 쉬우므로 칼륨이 많은 식품과 과실류 · 채소류 · 감자 등의 부드러운 섬유질 식품을 섭취하여 변비에 걸리지 않도록 함

⑤ 소화가 잘되고 장내에서 발효되기 쉬운 음식은 피함(장내 가스가 발생하므로 헛배가 부르고 심장을 압박)

⑥ 식사는 한 끼의 분량을 줄이고 여러 번 나누어 섭취함으로써 심장의 부담을 줄이도록 함

⑦ 저녁식사는 너무 늦지 않도록 하며 너무 차가운 음식은 피하도록 함

(4) 당뇨병의 영양지도 ⭐

① 당뇨병에서 에너지의 과잉섭취는 가장 위험하므로 공복감을 느껴도 하루의 필요량을 꼭 지키도록 함

② 당질성 식품 중 소화속도가 빠른 설탕, 포도당, 과당 등은 혈당치를 상승시키게 되므로 제한

③ 합병증으로 인한 동맥경화를 예방하기 위해 동물성 유지를 제한하고 식물성 유지를 권장. 채소를 충분히 섭취하고 과일과 우유를 간식으로 이용

④ 공복감을 해소하기 위해 소화가 잘 되는 상추, 근대, 애호박, 쑥갓, 무 같은 채소를 나물 또는 샐러드, 생식 등으로 풍부하게 섭취

⑤ 버섯 및 해조류를 이용한 음식을 먹고 극심한 공복감을 느끼지 않도록 함

⑥ 인슐린 주사의 종류에 따라 지속성인 경우에는 취침 전에 간식을 가볍게 해서 새벽의 인슐린 쇼크를 예방함

⑦ 기호품 중 알코올, 담배, 커피, 홍차 등은 제한하고 설탕 사용량은 거의 없도록 함

⑧ 함량을 확실히 알 수 없고 고열량식·저섬유질 우려가 있으므로 가공식품이나 외식은 금함

(5) 통풍의 영양지도 ⭐

① 통풍환자는 일반적으로 비만이 많으므로 표준체중이 되도록 총에너지량을 제한

② 퓨린체 대사장애 때문에 혈청 요산값이 높아지므로 외인성 요산을 감소시키기 위해 퓨린체 함량이 많은 식품 섭취를 제한
　　㉠ 퓨린체 함량이 많은 식품 : 핵단백질, 간 및 신장 등의 장기에 많으며 육류 및 생선류, 곡류, 두류의 눈 등
　　㉡ 퓨린이 없는 식품 : 감자류, 우유 및 유제품, 난류, 채소, 과실류, 해초류 등

③ 단백질을 과잉 섭취하면 요산의 생합성이 촉진되고 신장에도 요산이 부담을 주게 되므로 체중 kg당 1g 정도로 섭취함

④ 지방을 과잉 섭취하게 되면 혈청의 요산값이 상승하여 요산의 요중 배설장애가 나타나므로 지방을 제한함

⑤ 요산배설량을 증가시키기 위해 수분을 충분히 공급(하루 2L 이상의 요 배설이 좋음)

⑥ 소금, 염분이 많은 음식이나 조미료의 사용이 지나치지 않도록 함

⑦ 특히 저녁식사를 과식하지 않도록 하며 알코올은 피함

영양보충

지역사회 영양지도의 요령
- 획일적 지도에서 대상에 따른 세부적 개별지도로 할 것
- 지도할 과제를 착상해서 선택할 것
- 대상자의 생활환경, 생활조건, 경제를 고려할 것
- 먼저 조사를 한 후, 대상을 선정해서 실태를 파악할 것
- 질병예방 및 치료를 위한 영양지도를 할 것

CHAPTER

07 적중예상문제

01 임신부와 영양상담을 할 때 조사하지 않아도 무방한 것은?

① 신체둘레
② 영양지식 정도
③ 약물복용 정도
④ 임신하기 전 체중
⑤ 식품기호도의 변화

> **해설** 임신부의 각 부위 신체둘레는 개인차가 대단히 크기 때문에 신체둘레 변화로 모체의 영양 및 건강상태를 객관적으로 평가하는 것은 적절하지 못하다.

출제유형 38

02 학교급식의 의의로 옳은 것은?

> 가. 바른 식습관의 형성
> 나. 지역사회에 있어서의 식생활 개선에 기여
> 다. 급식을 통한 영양지식의 보급
> 라. 가정의 일상 식사에서 결핍된 영양소의 공급

① 가, 나, 다
② 가, 다
③ 나, 라
④ 라
⑤ 가, 나, 다, 라

01 ① 02 ⑤ 정답

03 임산부의 영양지도로 옳지 않은 것은?

① 변비예방을 위해서 하루 6~8컵 정도의 물이나 음료의 섭취는 바람직하다.

② 임신 전 체중미달이거나 마른 여성은 13~18kg의 체중증가가 바람직하다.

③ 임산부에게 에너지를 보충하기 위해서는 당도가 높은 음료 섭취가 바람직하다.

④ 비만을 방지하기 위해 적당한 운동과 열량섭취를 조절한다.

⑤ 빈혈 방지를 위해 철, 엽산, 단백질, 비타민 C 등의 섭취를 권장한다.

> **해설** 임산부에게 물이나 무가당과일 · 야채 주스 및 우유가 바람직하며 탄산음료나 알코올, 카페인, 인공향료 또는 설탕이 많이 함유된 음료는 제한하여야 한다.

04 다음의 각 대상들에게 영양개선의 효과를 평가하는 방법 중 옳은 것은?

> 가. 유아 – 편식 실태조사
> 나. 성인 – 비만도 조사
> 다. 수유부 – 수유 및 이유 실태조사
> 라. 노인 – 시력과 악력 조사

① 가, 나, 다

② 가, 다

③ 나, 라

④ 라

⑤ 가, 나, 다, 라

> **해설** 노인기의 질환으로는 고혈압, 신장병, 당뇨병 등이 가장 많으므로 영양교육도 이러한 성인병 예방을 위한 내용을 중심으로 심사 평가되어야 한다.

05 다음은 어떤 대상을 위한 영양교육으로 가장 적합한가?

> • 철 부족 시 나타나는 증상과 철 함유식품에 대해 설명한다.
> • 엽산 섭취의 필요성과 엽산 함유식품에 대해 설명한다.
> • 부종의 원인과 식사요법에 대해 설명한다.
> • 알코올의 독성에 대하여 설명한다.

① 암환자
② 임신부
③ 노인기 여성
④ 고혈압 환자
⑤ 청소년기 여학생

해설 임신 중 모체는 체중 증가, 혈액량과 체액 증가, 위장관 기능 변화 등 다양한 생리적 변화와 입덧, 빈혈 같은 영양관련 문제를 겪을 수 있다. 영양소 섭취가 부족하지 않도록, 임신 중 발생 가능한 문제점을 이해하도록 적절한 영양교육이 필요하다.

06 임신중독증의 영양지도로 옳지 않은 것은?

① 단백질 – 단백뇨가 있는 경우 강한 신장기능도 장애가 있으므로 조직의 회복을 위해 양질의 단백질을 많이 섭취한다.
② 수분 – 부종이 심한 경우에는 전날 뇨량에 500mL의 수분을 더해서 섭취토록 한다.
③ 유지류 – 라드, 버터, 소기름 등의 동물성 유지는 피하고 식물성 유지를 적당히 섭취하도록 한다.
④ 비타민과 무기질 – 신선한 과일 및 녹황색 채소를 충분히 섭취해야 한다.
⑤ 식염 – 부종이 심하고 혈압이 높은 경우에는 소금 섭취를 제한한다. 단, 된장, 고추장, 간장에 함유된 소금의 양은 환산하지 않는다.

해설 식 염
부종이 심하고 혈압이 높은 경우에는 소금 섭취를 제한한다. 된장, 고추장, 간장, 화학조미료에 함유된 Na도 소금의 Na과 함께 환산한다.

07 영희는 5살 된 여자 어린이로 김치를 먹지 못한다. 영희의 식습관에 가장 영향을 끼친 요인은?

① 가정의 경제수준　　　　　　　　② 영양교육, 지식수준

③ 대중매체, 광고　　　　　　　　　④ 어머니의 식습관

⑤ 지역의 시장구조

해설　아동의 식습관에 가장 영향을 미치는 것은 가정에서의 식사환경으로 부모의 식습관이 주원인이다.

08 다음 중 아동을 위한 식습관 지도방법 및 내용으로 적합하지 않은 것은?

① 지도내용은 일관성이 있어야 한다.

② 가족의 현재 식습관에 맞추도록 지도한다.

③ 아동의 정신 발달연령에 맞추어야 한다.

④ 음식을 먹는 방법도 주요 지도항목 중 하나이다.

⑤ 건강 유지를 위한 위생지도도 포함되어야 한다.

해설　유아의 식사 지도방법
- 식습관의 중요성을 교육하고 자발적으로 참여하도록 유도한다.
- 지도내용은 처음부터 끝까지 일관성이 있어야 효과가 있다.
- 어린이의 정신 발육과정에 맞추어 순서적으로 지도한다.
- 유치원 등의 집단생활에서의 급식을 통해 사회성과 인간관계, 식사예절 등을 터득하도록 지도한다.
- 신체적으로 저항력이 약하므로 위생적으로 유의하도록 하고 위생지도를 실시한다.

09 노동량이나 운동량이 많은 사람들에 대한 영양지도 내용으로 옳지 않은 것은?

① 운동과 노동 강도에 따라 열량을 증감한다.

② 운동선수의 에너지원은 주로 지방으로, 지방섭취를 늘리도록 한다.

③ 고열환경에서 작업하는 사람은 소금 섭취가 부족하지 않도록 지도한다.

④ 스트레스를 많이 받는 환경에 있는 사람은 단백질의 섭취를 충분히 하도록 한다.

⑤ 중노동으로 땀 손실이 많을 때는 칼슘의 손실도 많으므로 칼슘이 부족하지 않도록 한다.

해설　운동과 에너지
- 운동의 에너지원은 주로 당질과 지질이다.
- 단백질 요구량 증가 : 체단백질이 열량으로 이용되면 근육감소나 운동성 빈혈이 발생한다.
- 운동 중에는 근육의 글리코겐이 연소하고 다음으로 지질이 연소된다.
- 열량 구성비 : 운동선수는 지질을 줄이고 당질을 늘리는 것이 좋다(당질은 에너지원으로 빠르게 전환되므로).

정답　**07** ④　**08** ②　**09** ②

10 여성들의 경제활동참여 증가추세에 따라 필수적으로 변화되어야 할 영양관련 문제를 열거했다. 옳은 것은?

> 가. 영유아 보육시설 확충에 따른 영유아 영양관리 철저
> 나. 학교급식 확대
> 다. 영양 및 위생적으로 우수한 반조리 식품, 편의식품의 생산 증가
> 라. 식품표시

① 가, 나, 다
② 가, 다
③ 나, 라
④ 라
⑤ 가, 나, 다, 라

해설 경제활동 참여 여성의 증가 추세에 따른 영양관련 변동사항
• 여성의 사회 진출에 따라 영유아 시설의 확충과 단체급식 관리가 확대되었다.
• 가정 내 조리식품에서 가공식품 및 편의 식품의 이용이 증가하였다.
• 국민건강증진법에 따른 국민 영양개선사업의 일환으로 포장가공식품의 식품표시제와 영양표시제도가 필요하게 되었다.
• 제조사가 가진 정보와 소비자가 가진 정보는 격차가 심하므로 소비자가 적정한 선택 및 구매를 하기 위해서는 제조업자나 유통업자로부터 상품에 대한 정보제공이 필수적이다.

출제유형 36

11 병원급식에서 영양사의 임무가 아닌 것은?

① 식단작성
② 급식업무 기준의 작성
③ 급여기준량의 산출
④ 조리지도
⑤ 진단에 따른 식사처방의 발행

해설 진단에 따른 식사처방은 의사가 한다.

10 ⑤ **11** ⑤ 정답

12 만 3세 유아들은 햄을 좋아하여 매일 먹고 채소는 싫어하여 먹지 않는 상황에서 가장 적절한 영양교육은?

① 텃밭상자에서 기른 채소로 비빔밥 만들어 먹기
② 맛있게 채소를 조리하는 방법 작성하기
③ 영양표시를 활용한 가공식품 선택하기
④ 햄에 들어있는 식품첨가물 알기
⑤ 채소의 영양소 성분 알기

해설 텃밭교육을 통해 채소의 형태, 맛, 냄새에 대한 선호도가 높아지며, 어린이가 채소와 친해지는 데 기여하고 나아가 잘 먹도록 도와주는 데 효과가 있다.

13 질병과 영양교육의 관계를 연결한 것으로 옳지 않은 것은?

① 고혈압 – 식염의 섭취를 줄인다.
② 당뇨병 – 열량의 과잉섭취를 피한다.
③ 통풍 – 단백질 섭취를 증가시킨다.
④ 위궤양 – 위액의 산도를 감소시키기 위하여 식사를 자주 한다.
⑤ 각기병 – 비타민 B_1이 많이 함유된 식품을 섭취 시킨다.

해설 통풍
단백질을 과잉 섭취하면 요산의 생합성이 촉진되고 신장에도 요산이 부담을 주게 되므로 체중 kg당 1g 정도로 섭취한다.

14 다음의 질병에 대한 영양지도로 옳지 않은 것은?

① 신장염 – 감염식을 시킨다.
② 간염 – 양질의 단백질, 지질, 무기질, 비타민이 많은 식품을 권장한다.
③ 허혈성 심질환 – 포화지방, 콜레스테롤, 동물성 단백질을 줄인다.
④ 대장암 – 식이성 섬유질을 섭취한다.
⑤ 동맥경화증 – 동물성 지방을 증가시키고 식물성 지방을 줄인다.

해설 동맥경화의 지도에 있어서 가장 강조해야 할 점은 비만해소 및 예방과 당분섭취 억제이다(혈중 중성지방과 콜레스테롤 증가 억제하기 위해서). 따라서 동물성 지방을 줄이고 식물성 지방을 증가시켜야 한다.

정답 **12** ① **13** ③ **14** ⑤

15 **고혈압증에 대한 식사지도로 옳지 않은 것은?**

① 정상체중을 유지할 정도의 열량을 섭취한다.

② 정상열량을 초과하지 않은 선에서 양질의 단백질을 정상으로 섭취한다.

③ 소금을 비롯한 sodium 함유식품의 섭취를 제한한다.

④ 소금은 제한하고, 가공식품이나 조미·향신료는 자유로이 사용한다.

⑤ 지나친 양의 수분이나 알코올 음료의 섭취는 제한한다.

해설 소금뿐만 아니라 가공식품이나 조미·향신료는 다량의 sodium을 함유하므로 제한해야 한다.

16 **노인기 영양지도에 대한 설명으로 옳지 않은 것은?**

① 개인별 영양소요량 구체적 지도, 술과 알코올의 감소, 쉬운 조리법을 지도한다.

② 씹기 쉬운 음식, 저자극성 식사, 포만감을 주지 않는 영양식, 적정한 식사량을 공급한다.

③ 치아 기능의 감소로 음식물을 되도록 갈거나 다져서 부드럽게 한다.

④ 섬유소가 높은 과일, 채소는 피하고, 수분을 충분히 공급한다.

⑤ 주로 육류는 지방이 적고 부드러운 부위, 흰 살코기 생선, 소화가 잘 되는 식품을 공급한다.

해설 변비예방을 위하여 섬유소가 높은 채소, 과일 등을 충분히 공급해야 한다.

15 ④ 16 ④ 정답

17 임신부의 식생활 지도지침으로 옳은 것은?

> 가. 입덧이 심하므로 먹고 싶은 음식만 양만큼 먹도록 할 것
> 나. 편식을 삼가고 식품을 조화시켜 균형식을 섭취할 것
> 다. 지나친 체력소모는 유산의 원인이 되므로 가능한 한 움직이지 않도록 주의할 것
> 라. 섬유질을 적당히 섭취하고 염분을 줄일 것

① 가, 나, 다
② 가, 다
③ 나, 라
④ 라
⑤ 가, 나, 다, 라

해설 임신 중의 전반적인 영양지도
- 균형 잡힌 식단에 의한 식사습관을 갖도록 한다.
- 영양권장량에 대해 과부족이 없도록 식사를 한다.
- 양질의 단백질이 풍부한 식사를 한다.
- 식사는 여러 번 나누어서 한다(과식은 위장에 압박).
- 소화가 잘 되는 식품을 선택하고 소화가 잘되는 방법으로 조리한다.
- 신선한 채소·과실·우유는 반드시 섭취하도록 한다.
- 편식은 교정하도록 한다.
- 자극성이 강한 향신료와 술 등은 피하도록 한다.
- 소금의 과잉섭취는 임신중독증의 원인이 되므로 음식을 싱겁게 먹도록 한다.
- 수분의 과잉섭취는 부종의 원인이 되기 쉽다.
- 입덧으로 고생할 때 소량씩 자주 음식을 먹으면 나아진다.

제**4**과목

식사요법

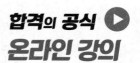

CHAPTER

01 영양관리과정

01 영양관리과정(NCP)

(1) 영양관리과정(NCP)의 개념

영양관리업무 수행 시 근거 중심의 합리적인 사고에 바탕을 둔 의사결정을 하도록 도와주는 체계적인 문제해결과정으로, 이를 통해 영양사들은 영양관리업무를 체계적으로 계획하고 표준화된 방식으로 수행함으로써 질 높은 임상영양치료를 할 수 있게 됨

(2) 영양관리과정(NCP) 🌟44 🌟45 🌟46 🌟47

> 영양판정 → 영양진단 → 영양중재 → 영양모니터링 및 평가

① **영양판정** : 환자의 영양상태 및 영양요구량의 측정을 위한 정보수집의 단계
② **영양진단** : 영양판정에서 발견된 영양문제의 원인 및 증상 등을 고려하여 환자의 문제점을 확인하고 위험요인을 도출하는 단계
③ **영양중재** : 영양진단에서 도출된 환자의 문제해결을 위하여 가장 적절하고 효과적인 영양치료계획을 구체적으로 수립하는 단계
④ **영양모니터링 및 평가** : 영양치료의 정기적인 평가를 통하여 효과를 판정하고 계획하였던 목표와의 차이를 분석하는 단계

02 영양검색(영양스크리닝)

(1) 영양검색(영양스크리닝)의 개념 🌟46 🌟47

① 영양결핍이나 영양불량의 위험이 있는 입원 환자를 신속하게 알아내기 위하여 실시하는 것으로, 입원한 모든 환자를 대상으로 입원 후 24~72시간 내에 실시하는 것이 이상적
② 영양검색 후 문제가 있는 환자에 대하여는 영양판정을 실시함

영양판정이란 환자의 정확한 영양상태를 파악하고 적절한 영양관리를 위해 식사섭취조사, 신체계측, 생화학검사, 임상조사 결과를 수집·해석하는 과정임

(1) 식사섭취조사(영양판정의 중심)

영양교육상담에서 가장 많이 쓰이는 것은 개인별 식사조사임. 섭취한 식품의 종류와 양을 조사하고 함유된 영양소량을 산출하여 영양소 섭취기준치와 비교함으로써 영양상태를 판정함

> **영양보충**
>
> • 양적 평가 : 식사기록법, 24시간 회상법, 실측법
> • 질적 평가 : 식품섭취 빈도조사법, 식사력 조사법

① **24시간 회상법** : 대상자가 지난 하루 동안 섭취한 식품의 종류와 양을 기억하도록 하여 조사자가 기록하는 방법 ⭐⭐⭐
  ㉠ 장점 : 대상자의 부담이 없고 조사시간이 적게 들며 인력 경비가 적게 듦. 다양한 집단(문맹인도 가능)의 평균적인 식사섭취량 조사에 매우 유용함
  ㉡ 단점 : 기억이 분명하지 않거나 면접상태에 따라 섭취한 식품의 종류와 양 측정에 정확도가 떨어질 수 있으므로 기억력이 약한 어린이, 노인, 장애인에게는 적합하지 않음
② **식품섭취 빈도조사법** : 100여 종류의 개개 식품을 정해 놓고 일정기간에 걸쳐 평상적으로 섭취하는 빈도를 조사하는 방법으로 국민건강영양조사에 사용 ⭐⭐⭐⭐
  ㉠ 장점 : 피조사자의 부담이 거의 없고 단시간 내에 큰 집단에 대해 비교적 저렴한 비용으로 전반적인 식품섭취 상태를 파악할 수 있음
  ㉡ 단점 : 조사대상 집단에서 많이 소비하는 식품에 대하여 자료가 있어야 하며 영양소를 전환하는 경우 많은 기초자료가 있어야 함
③ **식사력 조사법** : 개인의 장기간에 걸친 과거의 일상적 식이섭취 경향을 설문지를 통해 조사하는 방법
  ㉠ 장점 : 오랜 기간의 질적인 식품섭취를 조사할 수 있으며 상세한 자료조사가 가능함
  ㉡ 단점 : 시간과 경비가 많이 들고 대상자의 협력이 요구되며 숙달된 조사원이 필요함
④ **식사기록법** : 하루 동안 섭취하는 모든 음식의 종류와 양을 섭취할 때마다 스스로 기록하는 방법 ⭐⭐
  ㉠ 장점 : 기억 의존도가 낮아 식품섭취에 대한 정확한 양적 정보를 제공하며 많은 수의 조사자가 필요 없음
  ㉡ 단점 : 심리적 부담을 주고 시간소비가 많아 대상자의 협조가 필요하며 교육수준이 높아야 함

⑤ **실측법** : 조리하기 직전의 식품을 실측하고 섭취한 식품의 종류와 양을 집계하여 실제 섭취량을 구하는 방법 🔟

　㉠ 장점 : 식사섭취량을 가장 정확하게 측정

　㉡ 단점 : 시간과 비용이 많이 들고 대상자들이 번거로워하며, 일상생활에서 음식을 잴 수 있는 저울이 항상 준비되기는 어려움

영양보충

소집단 또는 지역사회집단의 식사조사
- 식품계정법 : 조사대상자가 일정기간에 구입 또는 생산하거나 얻은 식품의 종류와 양을 기록한다. 식품의 폐기량이 고려되지 못한다.
- 식품열거법 : 일정기간에 소비한 식품의 종류와 양을 조리 담당자와 면접을 통해 조사한다.
- 식품재고조사 : 조사기간 시작과 마지막에 식품잔고와 조사기간에 구입된 양을 조사하여 식품 소비량을 조사한다.
- 식품수급표 : 생산 또는 수입에 따라 공급되는 식량이 최종소비에 도달하기까지의 총량, 가식부량, 수량, 영양성분이 계산된다.

---

(2) 신체계측

신장, 체중, 피하지방의 두께 등을 계측하여 이들로부터 산출된 여러 신체치수를 기준치와 비교하여 영양상태를 평가하는 방법

① 성장 정도를 측정하는 신체계측법

　㉠ 체중 : 전 연령에 적용하며 현재의 영양상태 과부족을 알 수 있으나 체성분을 반영하지 못함

　㉡ 신장 : 2세 이상 아동과 성인. 장기적인 영양상태를 파악하나 유전적 요인도 작용하는 단점이 있음

　㉢ 누운 키 : 2세(24개월) 이하의 아동

　㉣ 두위 : 0~4세까지의 유아에게 적용하며 현재의 영양상태의 과부족을 파악

　㉤ 무릎 길이 : 신장과 밀접한 관계가 있으며, 척추 손상이나 기타 질병으로 인해 서 있기 힘든 사람의 신장을 추정할 때 사용

　㉥ 골격크기(손목둘레, 팔꿈치 넓이) : 신체 골격의 크기를 알기 위한 것으로 골격크기는 체지방이나 근육량과 상관성이 있음

② 신체 구성성분을 측정하는 신체계측법

　㉠ 제지방조직 측정

　㉡ 체지방 측정
- 피부두겹두께 : 캘리퍼로 삼두근, 복부, 견갑골 등을 측정
- 허리 둘레 : 남자 90cm 이상, 여자 85cm 이상 시 복부비만

© 체중/신장을 이용한 신체지수 평가
- BMI(Body Mass Index ; 체질량지수) ⑯ ⑰
  - 체중(kg)/신장(m)^2 → 성인 비만 판정
  - 대한비만학회 기준치 : 18.5 미만(저체중), 18.5~22.9(정상), 23~24.9(비만 전 단계, 과체중), 25~29.9(1단계 비만), 30~34.9(2단계 비만), 35 이상(3단계 비만, 고도비만)
- 체중변화율
  - 평소체중 변화율 : 현재체중 / 평소체중×100
  - 체중변화율 : 평소체중 − (현재체중 / 평소체중)×100

(3) 생화학적 조사 ⑱ ㉑ ㊸ ㊺

다른 방법들에 비해 가장 객관적이고 정량적인 영양판정법

① 생화학적 조사의 분류
  - ㉠ 성분검사 : 혈액, 소변 또는 조직 내 영양소와 그의 대사물 농도를 측정
  - ㉡ 기능검사 : 효소활성, 면역기능 등을 분석

② 단백질 영양상태 판정방법
  - ㉠ 알부민 : 측정이 쉽고 검사비용이 저렴함
  - ㉡ 프리알부민 : 단백질 결핍 상태를 민감하게 나타내지만 검사비용이 비쌈
  - ㉢ 트랜스페린

③ 철 영양상태 판정방법
  - ㉠ 헤모글로빈 : 가장 일반적 사용, 성인남자 13g/dL, 성인여자 12g/dL 이하인 경우는 빈혈로 진단
  - ㉡ 헤마토크리트 : 전체 혈액 중에 차지하는 적혈구 용적을 %로 표시한 것
  - ㉢ 트랜스페린 : 혈액 내에서 철과 결합하여 철 운반
  - ㉣ 총철결합능력(TIBC) : 혈청 단백질과 결합할 수 있는 철의 양
  - ㉤ 적혈구 지수 : MCV(평균적혈구용적), MCH(평균적혈구혈색소량), MCHC(평균적혈구혈색소농도)
  - ㉥ 혈청 페리틴 : 체내에서 철이 감소되는 첫 단계를 진단하는 데 사용되는 지표로 빈혈 초기 진단에 가장 예민하게 사용

(4) 임상조사 ⑭ ⑮

① 영양판정 방법 중 가장 예민하지 못한 방법
② 대상자의 영양 문제를 판정할 때 신체적 징후를 시각적으로 진단하는 주관적인 평가

CHAPTER 01 적중예상문제

CHAPTER 01

출제유형 44

01 입원 환자의 병태 확인 후 영양치료를 위해 시행하는 영양관리과정(NCP) 단계는?

① 영양판정 → 영양검색 → 영양중재 → 영양모니터링 및 평가
② 영양판정 → 영양진단 → 영양중재 → 영양모니터링 및 평가
③ 영양검색 → 영양판정 → 영양중재 → 영양모니터링 및 평가
④ 영양검색 → 영양판정 → 영양진단 → 영양모니터링 및 평가
⑤ 영양중재 → 영양판정 → 영양모니터링 및 평가 → 영양진단

해설 영양관리과정(NCP)

영양판정 → 영양진단 → 영양중재 → 영양모니터링 및 평가

출제유형 45, 47

02 비만 환자의 자료를 바탕으로 탄산음료의 잦은 섭취로 인한 '단순당 섭취 과다'라는 영양문제를 파악하고 기술하였다. 이는 영양관리과정(NCP) 중 어디에 해당하는가?

① 영양진단
② 영양판정
③ 영양중재
④ 영양감시
⑤ 영양조사

해설 영양관리과정(NCP)

• 영양판정 : 환자의 영양상태 및 영양요구량의 측정을 위한 정보수집의 단계
• 영양진단 : 영양판정에서 발견된 영양문제의 원인 및 증상 등을 고려하여 환자의 문제점을 확인하고 위험요인을 도출하는 단계
• 영양중재 : 영양진단에서 도출된 환자의 문제해결을 위하여 가장 적절하고 효과적인 영양치료계획을 구체적으로 수립하는 단계
• 영양모니터링 및 평가 : 영양치료의 정기적인 평가를 통하여 효과를 판정하고 계획하였던 목표와의 차이를 분석하는 단계

01 ② 02 ① 정답

03 입원 환자의 영양검색에 대한 설명으로 옳은 것은?

① 영양불량 위험 환자를 선별한다.
② 3개월 이상 장기 입원한 환자를 대상으로 한다.
③ 만성질환 환자를 대상으로 한다.
④ 정확한 영양판정이 가능하다.
⑤ 고도의 전문지식이 필요하다.

해설 영양검색(영양스크리닝)
영양불량 환자나 영양불량 위험 환자를 발견하는 간단하고 신속한 과정이다. 입원한 모든 환자를 대상으로 입원 후 24~72시간 내에 실시하는 것이 이상적이지만 인력과 자원이 제한된 상황에서 이를 시행한다는 것은 매우 어렵다. 따라서 몇 가지 위험요인을 선정하여 단시간에 많은 환자를 대상으로 한 영양검색을 시행하여 환자를 선별한 후 체계적인 영양평가를 하는 방법을 권하고 있다.

04 영양불량의 위험이 있는 입원 환자를 간단하고 신속하게 가려내는 데 사용하는 방법은?

① 실링검사　　　　　　　　　② 식사기록법
③ 식사력조사법　　　　　　　④ 영양스크리닝
⑤ 생체전기저항측정법

해설 영양스크리닝은 영양검색이라고도 하며, 영양결핍이나 영양불량의 위험이 있는 입원 환자를 신속하게 선별하기 위하여 실시한다.

05 환자의 영양상태를 파악하고 적절한 영양관리를 위해 신체계측, 식사섭취조사, 생화학검사 결과를 수집하고 해석하는 과정은?

① 영양검색　　　　　　　　　② 영양진단
③ 영양중재　　　　　　　　　④ 영양판정
⑤ 영양모니터링 및 평가

해설 영양판정
대상자의 식사섭취조사, 신체계측, 생화학검사, 임상증상 조사 결과 등 다양한 정보를 서로 연관시키고 종합하여 평가 대상자의 영양 및 건강상태에 대하여 진단함으로써 문제점을 분석하고 해석하는 일련의 과정이다.

정답 03 ① 04 ④ 05 ④

06 식사섭취조사 방법 중 24시간 회상법에 대한 설명으로 옳은 것은?

① 대상자가 하루 전에 섭취한 식품의 종류와 양을 기억하도록 하여 조사자가 기록한다.

② 대상자가 섭취한 식품의 종류와 양을 조사자가 저울로 측정해서 기록한다.

③ 대상자가 과거의 특정 식품에 대한 섭취빈도를 기억하여 기록한다.

④ 대상자가 섭취한 식품의 종류와 양을 먹을 때마다 기록한다.

⑤ 대상자가 일정기간 섭취한 식품의 양과 섭취횟수를 기록한다.

> **해설** 24시간 회상법
> • 조사원이 피조사자의 하루(24시간) 전에 섭취한 음식의 종류와 양을 기억하도록 하여 기록하는 방법이다.
> • 장점 : 조사대상자의 부담이 없고 조사시간이 적게 들며 인력 경비가 적게 든다. 다양한 집단(문맹인도 가능)의 평균적인 식사섭취량 조사에 매우 유용하다.
> • 단점 : 기억이 분명하지 않거나 면접상태에 따라 섭취한 식품의 종류와 양 측정에 정확도가 떨어질 수 있으므로 기억력이 약한 어린이, 노인, 장애인에게는 적합하지 않다.

07 식사섭취조사방법 중 조사단위가 개인인 것은?

① 식품섭취 빈도조사법

② 식품재고조사법

③ 식품목록회상법

④ 식품계정조사

⑤ 식품수급표

> **해설** 식품섭취 빈도조사법
> • 100여 종류의 개개 식품을 정해 놓고 일정기간에 걸쳐 평상적으로 섭취하는 빈도를 조사하는 방법이다.
> • 장점 : 피조사자의 부담이 거의 없고 단시간 내에 큰 집단에 대해 비교적 저렴한 비용으로 전반적인 식품섭취 상태를 파악할 수 있다.
> • 단점 : 조사대상 집단에서 많이 소비하는 식품에 대하여 자료가 있어야 하며 영양소를 전환하는 경우 많은 기초자료가 있어야 한다.

06 ① 07 ① 정답

08 식사섭취조사방법 중 식사기록법의 장점은?

① 조사자의 자료처리 부담이 적다.

② 응답의 교육수준이 낮아도 된다.

③ 기억 의존도가 낮다.

④ 식사섭취 내용을 변경할 가능성이 적다.

⑤ 대상자의 부담이 적다.

> **해설** 식사기록법
> • 하루 동안 섭취하는 모든 음식의 종류와 양을 섭취할 때마다 스스로 기록하는 방법이다.
> • 장점 : 기억 의존도가 낮아 식품섭취에 대한 정확한 양적 정보를 제공하며 많은 수의 조사원이 필요 없다.
> • 단점 : 심리적 부담을 주고 시간소비가 많아 기록자의 협조가 필요하며 교육수준이 높아야 한다.

09 입원 환자의 영양검색에 이용되는 지표는?

① 지방산 농도

② 입원한 기간

③ 의도하지 않은 체중감소율

④ 사구체여과율(GFR)

⑤ 당화알부민 농도

> **해설** 입원 환자의 초기 영양검색의 기준으로 사용하는 영양검색 지표들은 주로 객관적인 지표와 주관적인 지표로 구분된다. 많이 사용되는 객관적인 지표는 표준체중, BMI, 의도하지 않은 체중감소율, 혈청 알부민, 헤모글로빈, 진단명, 섭취형태 등이며, 주관적인 지표는 식사 시 문제점(연하곤란, 저작곤란), 식욕저하 또는 섭취량 감소, 소화기계 이상증상(오심, 구토, 설사), 근육 및 체지방 소모, 부종이나 복수 등이 있다.

정답 08 ③ 09 ③

10 어느 농촌마을 식품섭취조사를 하는데 주부는 젊고 기억력이 좋다. 이때의 조사방법으로 가장 좋은 것은?

① 식품섭취 빈도조사
② 24시간 회상법
③ 식품기록법
④ 식품계정조사
⑤ 식품재고조사

해설 **24시간 회상법**
- 조사대상자가 24시간 전에 섭취한 음식의 종류와 양을 기억을 통해 조사한다.
- 장점 : 문맹자도 가능하므로 조사대상자의 부담이 없다. 다양한 집단의 평균적인 식사섭취량 조사에 매우 유용하다.
- 단점 : 조사자의 능력에 따라 섭취한 식품의 종류와 양의 측정에 정확도가 달라질 수 있고 기억력에 의존해야 하므로 기억력이 약한 어린이, 노인, 장애인에게는 적합하지 않다.

출제유형 46

11 식사섭취조사 방법 중 실측법에 관한 설명으로 옳은 것은?

① 지난 하루 동안 섭취한 식품의 종류와 양을 기억하여 조사자가 기록한다.
② 식품이나 음식 목록이 적힌 조사지에 섭취한 횟수와 양을 기록한다.
③ 일련의 목록으로 제시된 식품 또는 음식을 일정기간에 걸쳐 평균적으로 섭취하는 빈도를 조사한다.
④ 식품을 섭취할 때마다 종류와 양을 스스로 기록한다.
⑤ 섭취한 식품의 종류와 양을 저울로 측정해서 기록한다.

해설 **실측법**
조리하기 직전의 식품을 실측하고 섭취한 식품의 종류와 양을 집계하여 실제 섭취량을 구하는 방법이다. 식사섭취량을 가장 정확하게 측정하는 방법이나, 시간과 비용이 많이 들고 일상생활에서 저울을 준비하기 어렵다는 단점이 있다.

10 ② **11** ⑤ 정답

12 40세 여성의 신체검사 결과를 보고 바르게 진단한 것은?

> • 신장 : 160cm
> • 체중 : 57kg
> • 체질량 지수(BMI) : 22.27kg/m²
> • 체지방률 : 28%
> • 비만도 : 106%
> • 허리둘레 : 88cm
> • 엉덩이둘레 : 93cm

① 체지방률 28%로 마른비만에 해당한다.

② 허리-엉덩이둘레비 0.95로 내장비만에 해당한다.

③ 허리둘레 88cm로 복부비만에 해당한다.

④ 체질량 지수(BMI) 22.27kg/m²로 비만에 해당한다.

⑤ 비만도 106%로 비만에 해당한다.

> **해설** ③ 허리둘레가 성인 남성 90cm, 성인 여성 85cm 이상일 때 복부비만에 해당한다.
> ① 체질량 지수(BMI)는 정상이면서 체지방률이 남성 25% 이상, 여성 30% 이상일 때 마른비만에 해당한다.
> ② 허리-엉덩이둘레비로는 내장지방의 분포를 평가하기 어렵기 때문에 전산화 단층촬영검사를 이용한다.
> ④ BMI 지수 25kg/m² 이상일 때 비만에 해당한다.
> ⑤ 비만도 120% 이상일 때 비만에 해당한다.

13 신체에 미세한 전류를 흘려보내 저항력으로부터 체지방량을 계산하는 방법은?

① 허리둘레 측정

② 이중에너지방사선흡수계측법

③ 피부두겹두께 측정

④ 생체전기저항측정법

⑤ 컴퓨터단층촬영법

> **해설** 생체전기저항측정법
> 지방조직은 수분을 거의 함유하지 않고, 원형의 세포로 이루어져 다른 조직에 비해 높은 전기저항을 가진다. 따라서 전기저항의 값을 토대로 체내 지방량과 제지방량을 도출할 수 있다.

정답 **12** ③ **13** ④

14 영양판정 방법 중에서 가장 객관적이고 정량적인 방법으로 옳은 것은?

① 개인별 식사조사

② 신체계측법

③ 생화학적 검사

④ 간접평가

⑤ 표본가구조사

해설 생화학적 검사

다른 방법들에 비해 가장 객관적이고 정량적인 영양판정법이다. 성분검사(혈액, 소변, 조직 내 영양소와 그 대사물 농도 측정)와 기능검사(효소활성, 면역기능 분석)로 분류된다.

15 체내 철 결핍의 진단에서 첫 단계로 사용되는 지표는?

① 헤모글로빈

② 트랜스페린 포화도

③ 헤마토크리트

④ 혈청 페리틴

⑤ 적혈구 프로토포르피린

해설 혈청 페리틴 농도는 조직 내 철 저장 정도(페리틴)를 알아보기 위한 민감한 지표로 사용되어, 빈혈의 초기 진단에 이용한다.

16 혈액검사 항목 중 입원 환자의 영양부족 상태를 판정할 때 주로 사용하는 것은?

① 중성지방(TG)

② 포도당

③ LDL 콜레스테롤

④ 요 산

⑤ 알부민

해설 생화학적 영양평가에서 알부민은 혈액검사로 쉽게 측정 가능하고 비용이 저렴하여 단백질 영양상태를 평가하는 핵심지표로 사용하고 있다.

14 ③ **15** ④ **16** ⑤ 정답

17 영양 문제를 진단할 때 신체적 징후를 시각적으로 진단하는 영양판정방법은?

① 임상조사

② 생화학적 검사

③ 신체계측법

④ 영양스크리닝

⑤ 식사섭취조사

> 해설 임상조사
> 영양불량에 의해서 나타나는 신체적 징후를 시각적으로 진단하는 주관적인 영양판정방법이다.

18 입원 환자의 임상조사 결과 설염, 구각염, 구순염 증상이 나타났을 때 결핍이 예상되는 영양소는?

① 요오드

② 아 연

③ 리보플라빈

④ 비타민 B_6

⑤ 판토텐산

> 해설 리보플라빈(비타민 B_2) 결핍 시 구각염, 구순염, 설염, 지루성 피부염, 안구건조증 등이 나타난다.

19 영양관리과정 중 영양중재에 해당하는 것은?

① 설탕 대신 대체감미료를 사용하도록 한다.

② 가족력으로 당뇨병이 있고, 고혈압약을 복용 중이다.

③ 간식의 과다 섭취로 인한 에너지 과다가 문제다.

④ 입원 당시 체중이 평균 체중의 80% 수준이다.

⑤ 한 달 전보다 총에너지 섭취가 20% 감소하였다.

> 해설 ② · ④ 영양판정, ③ 영양진단, ⑤ 영양모니터링 및 평가에 해당한다.
> 영양중재
> 영양진단에서 도출된 환자의 문제해결을 위하여 가장 적절하고 효과적인 영양치료계획을 구체적으로 수립하는 단계이다.

정답 **17** ① **18** ③ **19** ①

CHAPTER

02 식사요법의 개요

01 식사요법의 정의와 목적

(1) 정 의

의사의 진단에 따라 영양 원리를 기본으로 치료 및 예방을 위한 영양 관리의 실천을 체계화한 학문

(2) 목 적

질병의 종류와 상태에 따라 환자의 개인적인 특성, 식욕, 기호도 등을 고려하여 환자에 맞는 적절한 영양소를 공급함으로써 질병의 치료 및 예방, 재발 방지, 영양상태 증진을 목적

02 식사 계획

(1) 식품교환표

① 의의 : 식품들을 영양소 구성이 비슷한 것끼리 6가지 식품군으로 나누어 묶은 표로, 같은 군 내에서는 자유롭게 바꿔 먹을 수 있도록 설정되어 있음

② 식품군의 1교환단위당 영양가 ⭐35 ⭐38 ⭐39 ⭐40 ⭐45 ⭐46 ⭐47

식품군		열량(kcal)	당질(g)	단백질(g)	지방(g)
곡류군		100	23	2	–
어육류군	저지방	50	–	8	2
	중지방	75	–	8	5
	고지방	100	–	8	8
채소군		20	3	2	–
지방군		45	–	–	5
우유군	일반우유	125	10	6	7
	저지방우유	80	10	6	2
과일군		50	12	–	–

③ 6가지 식품군 1교환단위의 양

곡류군		쌀밥 · 잡곡밥 70g(1/3공기), 삶은 국수 90g(1/2공기), 감자 140g(중 1개), 고구마 70g(중 1/2개), 식빵 35g(1쪽), 도토리묵 200g(1/2모), 밤 60g(대 3개), 크래커 20g(5개), 강냉이 30g(1.5공기), 콘플레이크 30g(3/4컵), 미숫가루 30g(1/4컵), 백미 30g(3큰술), 마른국수 30g, 완두콩 70g(1/2컵), 인절미 50g(3개), 가래떡 50g(썰은것 11~12개)
어육류군	저지방군	돼지고기 · 쇠고기 40g(로스용 1장), 가자미 · 동태 50g(소 1토막), 건오징어채 · 북어채 15g, 멸치 15g(잔 것 1/4컵), 물오징어 50g(몸통 1/3등분), 새우(중하) 50g(3마리), 굴 70g(1/3컵)
	중지방군	돼지고기(안심) 40g, 쇠고기(등심) 40g, 햄(로스) 40g(2장), 고등어 · 꽁치 · 갈치 50g(소 1토막), 어묵 50g(1장), 검정콩 20g(2큰술), 두부 80g(1/5모), 낫또 40g(작은 포장단위 1개)
	고지방군	닭고기(닭다리) 40g(1개), 삼겹살 40g, 찜갈비 · 양념갈비40g(소 1토막), 비엔나 소시지 40g(5개), 베이컨 40g(1+1/4장), 참치통조림 50g(1/3컵), 치즈 30g(1.5장), 유부 30g(5장), 뱀장어 50g(소 1토막)
채소군		연근 · 도라지 40g, 당근 70g(대 1/3개), 단호박 40g(1/10개), 시금치 70g(익혀서 1/3컵), 애호박 70g(지름 6.5cm×두께 2.5cm), 오이 70g(중 1/3개), 표고버섯 50g(대 3개), 느타리버섯 50g(7개), 당근주스 50g(1/4컵)
지방군		참기름 5g(1작은스푼), 땅콩 8g(8개), 잣 8g(1큰스푼), 호두 8g(중 1.5개), 이탈리안 드레싱 10g(2작은스푼)
우유군		우유 · 두유 200cc(1컵)
과일군		곶감 15g(소 1/2개), 귤 120g, 바나나(생것) 50g, 배110g(대 1/4개), 오렌지 100g(대 1/2개), 딸기 150g(중 7개), 단감 50g(중 1/3개), 사과(후지) 80g(중 1/3개), 수박 150g(중 1쪽), 키위 80g(중 1개), 토마토 350g(소 2개), 사과 1교환단위(1/3개)

[출처 : 대한당뇨병학회]

예 곡류군에 해당하는 쌀밥과 식빵의 경우 밥 70g(1/3공기)과 식빵 35g(1쪽)은 1교환단위양으로 열량 및 영양소 함량이 비슷하며 같은 군에 속하기 때문에 서로 바꾸어 먹을 수 있음

(2) 식사구성안

① 의의 : 일반인이 복잡하게 영양가 계산을 하지 않고도 개인의 영양소 섭취기준을 충족할 수 있도록 식품군별 대표식품과 섭취횟수를 이용하여 식사의 기본구성 개념을 설명한 것 ⭐ ⭐ ⭐

② 식사구성안 영양목표 ⑮

  ㉠ 에너지 : 100% 필요추정량

  ㉡ 탄수화물 : 총 에너지의 55~65%

  ㉢ 단백질 : 총 에너지의 약 7~20%

  ㉣ 지방 : 총 에너지의 15~30%(1~2세는 총 에너지의 20~35%)

  ㉤ 식이섬유 : 100% 충분섭취량

  ㉥ 비타민과 무기질 : 100% 권장섭취량 또는 충분섭취량, 상한섭취량 미만

③ 식품군별 대표식품의 1인 1회 분량 ⭐

  ㉠ 곡류 : 탄수화물의 주공급원으로 주식으로 이용되는 곡류, 면류, 떡류, 빵류, 시리얼류, 감자류, 기타, 과자류 등

품 목		식품명	1회 분량(g)	횟 수
곡 류 (300kcal)	곡 류	백미, 보리, 찹쌀, 현미, 조, 수수, 기장, 팥, 귀리, 율무	90	1회
		옥수수	70	0.3회
		쌀 밥	210	1회
	면 류	국수/메밀국수/냉면국수(말린 것)	90	1회
		우동/칼국수(생면)	200	1회
		당 면	30	0.3회
		라면사리	120	1회
	떡 류	가래떡/백설기	150	1회
	빵 류	식 빵	35	0.3회
	시리얼류	시리얼	30	0.3회
	감자류	감 자	140	0.3회
		고구마	70	0.3회
	기 타	묵	200	0.3회
		밤	60	0.3회
		밀가루, 전분, 빵가루, 부침가루, 튀김가루(혼합)	30	0.3회
	과자류	과자(비스킷, 쿠키)	30	0.3회
		과자(스낵)	30	0.3회

ⓒ 고기 · 생선 · 달걀 · 콩류 : 단백질의 주공급원으로 육류, 어패류, 난류, 콩류, 견과류

품 목		식품명	1회 분량(g)	횟 수
고기 · 생선 · 달걀 · 콩류 (100kcal)	육류	쇠고기	60	1회
		돼지고기	60	1회
		닭고기	60	1회
		오리고기	60	1회
		돼지고기가공품(햄, 소시지, 베이컨)	30	1회
	어패류	고등어, 명태/동태, 조기, 꽁치, 갈치, 다랑어(참치), 대구, 가자미, 넙치/광어, 연어	70	1회
		바지락, 게, 굴, 홍합, 전복, 소라	80	1회
		오징어, 새우, 낙지, 문어, 쭈꾸미	80	1회
		멸치자건품, 오징어(말린 것), 새우자건품, 뱅어포(말린 것), 명태말린 것)	15	1회
		다랑어(참치통조림)	60	1회
		어묵, 게맛살	30	1회
		어류젓	40	1회
	난류	달걀, 메추리알	60	1회
	콩류	대두, 녹두, 완두콩, 강낭콩, 렌틸콩	20	1회
		두 부	80	1회
		두 유	200	1회
	견과류	땅콩, 아몬드, 호두, 잣, 해바라기씨, 호박씨, 은행, 캐슈넛	10	0.3회

ⓒ 채소류 : 비타민, 무기질, 식이섬유의 주공급원으로 채소류, 해조류, 버섯류 ⭐

품 목		식품명	1회 분량(g)	횟 수
채소류 (15kcal)	채소류	파, 양파, 당근, 무, 애호박, 오이, 콩나물, 시금치, 상추, 배추, 양배추, 깻잎, 피망, 부추, 토마토, 쑥갓, 무청, 붉은고추, 숙주나물, 고사리, 미나리, 파프리카, 양상추, 치커리, 샐러리, 브로콜리, 가지, 아욱, 취나물, 고춧잎, 단호박, 늙은호박, 고구마줄기, 풋마늘, 마늘종	70	1회
		배추김치, 깍두기, 단무지, 열무김치, 총각김치, 오이소박이	40	1회
		우엉, 연근, 도라지, 토란대	40	1회
		마늘, 생강	10	1회
	해조류	미역(마른 것), 다시마(마른 것)	10	1회
		김	2	1회
	버섯류	느타리버섯, 표고버섯, 양송이버섯, 팽이버섯, 새송이버섯	30	1회

② 과일류 : 비타민, 식이섬유의 주공급원으로 과일류

품 목		식품명	1회 분량(g)	횟 수
과일류 (50kcal)	과일류	수박, 참외, 딸기	150	1회
		사과, 귤, 배, 바나나, 감, 포도, 복숭아, 오렌지, 키위, 파인애플, 블루베리, 자두	100	1회
		대추(말린 것)	15	1회

⑩ 우유 · 유제품류 : 칼슘 등의 무기질의 주공급원으로 우유, 유제품

품 목		식품명	1회 분량(g)	횟 수
우유 · 유제품류 (125kcal)	우 유	우유	200	1회
	유제품	치 즈	20	0.5회
		요구르트(호상)	100	1회
		요구르트(액상)	150	1회
		아이스크림, 셔벗	100	1회

⑥ 유지 · 당류 : 주로 조리 시 이용되며 고열량 식품이므로 과도하게 사용하지 않도록 주의

품 목		식품명	1회 분량(g)	횟 수
유지 · 당류 (45kcal)	유지류	참기름, 콩기름, 들기름, 유채씨기름, 옥수수기름, 올리브유, 해바라기유, 포도씨유, 미강유, 버터, 마가린, 들깨, 흰깨, 깨, 커피크림	5	1회
		커피믹스	12	1회
	당 류	설탕, 물엿, 꿀	10	1회

병인식(일반 치료식)

(1) 일반식, 상식(general diet)

① 특별한 식사 조절이나 소화기계 장애가 없는 환자에게 제공되는 식사
② 자극성이 강한 조미료와 향신료, 여러 번 사용한 기름에 튀긴 음식 등은 피하고 위생상 안전한
계절식품을 선택

(2) 경 식

① 연식에서 일반식으로 전환하는 회복기 환자에게 공급
② 소화하기 쉽고 위에 부담이 없는 식품을 선택
③ 육류는 기름기가 적고 부드러운 것을 선택하고 튀기거나 기름기가 많은 것은 피함
④ 자극적인 식품이나 섬유소가 많은 생채소와 과일은 피함

(3) 연식(죽식) ⭐ ⭐ ⭐

① 소화가 잘되고 부드러운 죽식 → 3부죽(전죽3 : 미음7), 5부죽(전죽5 : 미음5), 7부죽(전죽7 : 미음3)

② 소화기 질환자, 구강과 식도 장애 환자, 수술 후 회복기 환자, 식욕부진 환자, 고열 환자 대상 ⭐

③ 강한 향신료, 튀긴 음식, 건조과일, 고춧가루, 카레가루, 겨자, 생강 등의 자극적 식품은 피함

④ 채소는 삶은 것을, 과일은 주스를 이용

⑤ 비소화성 섬유질 및 결체조직이 적은 식품, 위에서 체류시간이 짧고 위벽에 자극을 주지 않는 식품(과일퓨레, 주스, 곱게 다져 익힌고기, 애호박 나물, 흰살생선, 잘 익은 바나나 등)

(4) 유동식(liquid diet) ⭐

① 수술 후 회복기 환자 또는 고형식품을 섭취할 수 없는 환자가 처음으로 경구급식을 시작하는 경우 제공되는 식단으로 당질과 물로만 구성됨. 단기간에 연식으로 옮겨야 영양부족을 피할 수 있음(수분 공급이 주목적)

② 맑은 유동식 : 수분 공급을 목적으로 끓인 액체음료로 보리차, 녹차, 옥수수차, 맑은 과일 주스(토마토 주스, 넥타 제외) 등. 수술 후 가스나 가래가 나오면 공급해야 함 ⭐ ⭐ ⭐

③ 전유동식(일반 유동식, full liquid diet) : 수분 공급을 위한 미음식으로 반액체 상태의 식품, 미음, 수란, 푸딩, 아이스크림, 채소주스 등 ⭐

> **영양보충**
>
> 전유동식은 열량을 비롯한 모든 영양소가 부족하기 쉬우므로 장기간 계속되지 않도록 하며, 부득이 장기화될 경우는 영양보충액이나 동물성 단백질을 반드시 공급해야 한다.

04 영양보충 방법(영양지원)

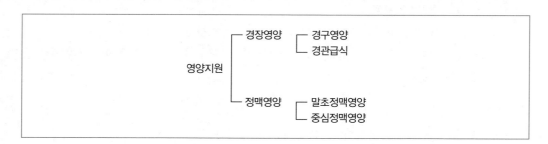

(1) 경구영양

① 식욕부진, 질병의 회복 등을 위하여 입을 통하여 영양을 공급하는 방법

② 보충제 : 분말형의 액상우유, 분말달걀, 달걀의 알부민(농축 단백질) 등을 이용

(2) 경관급식(tube feeding) ⭐ ⭐

① **적용 대상** : 위장관 기능은 정상이지만(위장관 기능이 비정상적인 경우에는 사용하지 못함) 수술 또는 기계적 장애(심한 혼수, 식도장애) 등으로 구강으로 음식을 섭취할 수 없는 환자 ⭐

② **경관급식의 공급경로**

　㉠ 비장관 : 경관급식 공급이 3주 이하로 단기간 사용이 예상되는 경우

　　• 비십이지장관, 비공장관 : 흡인의 위험이 높은 경우

　　• 비위관 : 흡인의 위험이 적은 경우

　㉡ 관조루술 : 경관급식 공급이 4~8주 이상 장기간 사용이 예상되는 경우

　　• 공장조루술 : 흡인의 위험이 높은 경우 ⭐

　　• 위조루술 : 흡인의 위험이 적은 경우

③ **경관급식 내용물의 조건**

　㉠ 투여하기 쉬운 유동성(유동체)이며 영양가가 높은 것

　㉡ 충분한 영양과 수분을 공급할 수 있고 무기질, 비타민을 함유하는 것

　㉢ 주입하기 용이하고 변질되지 않으며 보존이 가능한 것

　㉣ 삼투압이 높지 않고 점도가 적절한 것

　㉤ 열량밀도가 1kcal/mL 정도일 것

　㉥ 위장 합병증 유발이 적을 것

④ **경장영양액의 종류**

　㉠ 표준 영양액 : 정상적인 소화 흡수 기능이 유지되는 환자에게 사용하는 영양액으로, 필요한 에너지 및 영양소의 대부분을 공급할 수 있음. 대부분 유당이 제외되어 있고 비교적 등장성이며 잔사가 적음

　㉡ 농축 영양액 : 수분제한이 요구되는 환자에게 제공함

　㉢ 가수분해 영양액 : 최소한의 소화 흡수과정만 필요하도록 구성된 영양액으로, 영양소 분자량이 작아 삼투압이 높으므로 이로 인한 복부 불편감, 오심, 구토, 설사 등의 부적응증이 발생할 수도 있음

　㉣ 특수질환 영양액 : 환자의 질병이나 대사적 장애 등에 따라 특정 영양소가 조정된 영양액

④ 주입 영양액의 조건

　　㉠ 삼투압 : 단백질의 양, 에너지 함량 및 단백질 가수분해 정도가 높을수록 삼투압이 높으며, 삼투압이 높을수록 설사 위험이 큼(삼투압의 농도 300~600mOsm/kg) ⭐

　　㉡ 에너지 : 보통 1~1.2kcal/mL를 공급하나 고에너지 처방 시에는 2kcal/mL도 가능

　　㉢ 단백질 : 소고기퓨레, 달걀의 알부민, 대두 알부민, 약간 가수분해된 단백질(peptides), 완전히 가수분해된 유리아미노산 등이 있음(총 열량의 4~26%)

　　㉣ 지방 : 필수지방산이 많은 옥수수유, 대두유, 해바라기씨 기름, 잇꽃 기름 등(총 열량의 20~30%)

　　㉤ 당질 : 말토덱스트린, 콘시럽, 과일과 채소퓨레 등이 있고 자당, 유당, 포도당, 과당 등 2당류와 단당류가 있음(총 열량의 55~60%)

　　㉥ 비타민과 무기질 : 간, 신장질환, 심부전증 환자에게는 칼륨을 늘리고 나트륨은 줄임

　　㉦ 섬유소 : 대두의 불용성 섬유소는 설사, 변비 예방에 효과적이고 펙틴, 검(gum) 등 수용성 섬유소는 혈당 조절, 콜레스테롤 저하 등에 효과적

⑤ 경관급식의 합병증의 원인 : 유당불내증, 영양액의 높은 삼투 농도, 빠른 주입 속도, 영양액의 변질, 환자의 위장관 미생물군의 변경, 저산소증 등

　　㉠ 위장관 합병증 : 오한, 구토, 위경련, 설사, 변비, 복부팽만, 복통, 위 잔여물 증가 등

　　㉡ 기계적 합병증 : 식도 궤양, 운동항진증, 중이염, 관막힘, 관위치 이동, 영양액 역류, 흡인 등

　　㉢ 대사적 합병증 : 포도당불내증, 탈수, 혼수, 저·고 혈당증, 저·고 나트륨혈증, 저·고 칼륨혈증, 저·고 인산혈증 등

(3) 정맥영양

① 구강이나 위장관으로 영양공급이 어려울 때 정맥주사에 의하여 영양요구량을 공급하는 방법 ⭐

② **정맥영양액의 구성** ⭐ ⭐

　　㉠ 당질 : 덱스트로오스

　　㉡ 단백질 : 아미노산(필수아미노산과 비필수아미노산 적절히 혼합)

　　㉢ 지질 : 지방유화액, MCT

　　㉣ 비타민, 무기질 : 소화흡수를 거치지 않으므로 권장량보다 적게 공급

③ **중심(완전)정맥영양** : 심장 근처의 정맥에 카테터를 삽입하여 필요한 영양소 전부를 공급하는 것으로, 장기간(2주 이상) 사용 가능함. 경구적 섭취가 불가능한 상태, 심각한 영양불량 상태, 위장관의 손상으로 소화흡수가 불가능한 상태, 심한 화상 등에 사용함 ⭐

④ **말초정맥영양** : 말초정맥으로부터 주사하여 영양을 보급하는 것으로, 단기간(2주 이내) 사용하도록 함

05 특별 병인식

(1) 열량 조절식

비만, 당뇨, 대사항진증일 때 제한하거나 더해 줌으로써 체중 조절

(2) 단백질 조절식

단백질이나 아미노산을 가감하는 식이
① 고단백 : 간질환자, 신질환자, 화상 등
② 저단백 : 간성 혼수, 급성 장염, 급성 췌장염 등

(3) 당질 조절식

당뇨병, 덤핑증후군에 당의 섭취를 제한

(4) 지방 조절식

비만, 고지혈증, 동맥경화증, 흡수불량증 등에 지방량과 콜레스테롤을 제한하는 식이

(5) 염분 조절식

복수, 부종, 심장질환, 고혈압, 만성 신부전증, 통풍 등에 염을 제한하는 식이

(6) 기 타

암치료식, 신장결석식, 위장질환식, 알레르기식 등

06 검사식

(1) 레닌 검사식

고혈압 환자의 레닌활성도를 알기 위해 나트륨과 칼륨 섭취를 조절하는 검사식

(2) 5-HIAA 검사식

소변 중 5-HIAA(5-Hydroxyindoleacetic Acid)의 유무로 세로토닌의 생성이 정상인지 아닌지를 알 수 있어 암종양을 암시해 줄 수 있는 검사식

(3) 당내응력 검사식(포도당 부하검사)

포도당을 일정량 투여한 후 신체의 적응 능력을 측정하는 검사로 당뇨병 진단에 이용

(4) 기 타

지방변 검사식, 바륨식, 잠혈 검사식, 갈색세포증 검사식, 호흡 수소농도 검사식

CHAPTER

02 적중예상문제

출제유형 35, 39

01 식품교환표 중의 일반우유 1컵, 토마토 350g, 식빵 35g 1쪽을 먹었을 때 얻은 kcal와 단백질 양으로 옳은 것은?

① 215kcal, 8g

② 285kcal, 10g

③ 255kcal, 8g

④ 275kcal, 8g

⑤ 275kcal, 10g

> **해설** 식품교환표에서 일반우유는 우유군으로 열량 125kcal, 단백질 6g이며, 토마토는 과일군으로 열량 50kcal, 단백질은 없으며, 식빵은 곡류군으로 열량 100kcal, 단백질 2g이다. 그래서 총 열량 275kcal, 총 단백질 8g이다.

출제유형 45

02 식품교환표의 식품군 중 1교환단위당 열량(kcal)이 가장 높은 것은?

① 지방군

② 과일군

③ 우유군(저지방우유)

④ 어육류군(저지방)

⑤ 곡류군

> **해설** 식품교환표 식품군의 1교환단위당 열량
> - 곡류군 : 100kcal
> - 어육류군 : 저지방 50kcal, 중지방 75kcal, 고지방 100kcal
> - 채소군 : 20kcal
> - 지방군 : 45kcal
> - 우유군 : 일반우유 125kcal, 저지방우유 80kcal
> - 과일군 : 50kcal

정답 01 ④ 02 ⑤

03 당뇨병 환자를 위한 식품교환표에서 저지방 어육류군에 속하는 식품은?

① 달 걀

② 돼지고기(안심)

③ 두 부

④ 치 즈

⑤ 동 태

해설 저지방 어육류군

돼지고기 · 쇠고기 40g(로스용 1장), 가자미 · 동태 50g(소 1토막), 건오징어채 · 북어채 15g, 멸치 15g(잔 것 1/4 컵), 물오징어 50g(몸통 1/3등분), 새우(중하) 50g(3마리), 굴 70g(1/3컵)

04 식빵 2쪽, 우유 1컵, 치즈 1.5장의 열량은?

① 275kcal

② 350kcal

③ 425kcal

④ 500kcal

⑤ 575kcal

해설 ③ 식빵 2쪽은 2교환단위로 열량은 200kcal, 우유 1컵은 우유군의 1교환단위로 열량은 125kcal, 치즈는 어육류 군 고지방군으로 1.5장이 1교환단위이며 열량은 100kcal이다.

05 경관급식(tube feeding)이 사용되는 상황으로 가장 옳은 것은?

① 삼투압에 의한 설사가 있을 때

② 장천공이 된 상태

③ 장폐색 및 식도협착이 있을 때

④ 식욕부진 및 쇠약 환자

⑤ 심한 화상이나 수술 후 연동 기능을 되찾지 못한 상태의 환자

해설 경관급식은 위장관의 소화 · 흡수 능력은 있으나 구강으로 음식을 섭취할 수 없는 환자(구강수술, 연하 곤란, 의 식 불명, 식도 장애 등)와 구강 섭취만으로 불충분한 환자에게 적용된다.

03 ⑤ **04** ③ **05** ④ **정답**

06 경관급식에 대한 설명으로 옳은 것은?

① 뇌졸중으로 의식이 없는 환자에게 제공할 수 없다.

② 흡인의 위험이 높은 경우 비공장관으로 공급한다.

③ 표준 영양액은 주로 유당으로 구성되어 있다.

④ 농축 영양액은 수분제한이 요구되는 환자에게 제공할 수 없다.

⑤ 가수분해 영양액은 체액보다 삼투압이 낮다.

> 해설 ① 위장관 기능은 정상이지만 수술 또는 기계적 장애(심한 혼수, 식도장애) 등으로 구강으로 음식을 섭취할 수
> 없는 환자에게 제공한다.
> ③ 표준 영양액은 대부분 유당이 제외되어 있다.
> ④ 농축 영양액은 수분제한이 요구되는 환자에게 제공된다.
> ⑤ 가수분해 영양액은 최소한의 소화 흡수과정만 필요하도록 구성된 영양액으로, 영양소 분자량이 작아 삼투압
> 이 높다.

07 일반인이 여러 식품이 적절히 함유된 영양적으로 균형 잡힌 식사를 실천하는 데 도움을 주기 위하여 식품군별 대표식품과 섭취횟수를 제시한 것은?

① 표준레시피

② 식량분석표

③ 식품교환표

④ 식품성분표

⑤ 식사구성안

> 해설 식사구성안
> 일반인이 복잡하게 영양가 계산을 하지 않고도 영양소 섭취기준을 충족할 수 있도록 식품군별 대표식품과 섭취
> 횟수를 이용하여 식사의 기본구성 개념을 설명한 것이다.

정답 06 ② 07 ⑤

08 다음 설명에 해당하는 것은?

> • 6가지 식품군 섭취를 통한 균형 잡힌 식사
> • 충분한 수분 섭취와 적절한 운동을 통한 비만 예방에 기여할 수 있도록 함

① 국가표준식품성분표
② 표준레시피
③ 식품구성자전거
④ 식품교환표
⑤ 식품피라미드

해설 식품구성자전거
우리가 주로 먹는 식품들의 종류와 영양소 함유량, 기능에 따라 비슷한 것끼리 묶어 6가지 식품군으로 구분하고, 자전거 바퀴모양을 이용하여 6가지 식품군의 권장식사패턴에 맞게 섭취횟수와 분량에 따라 면적을 배분하여 일반인들의 이해를 돕기 위해 개발된 식품모형이다. 식품구성자전거는 권장식사패턴을 반영한 균형 잡힌 식단과 규칙적인 운동이 건강을 유지하는 데에 중요함을 전달하고자 제작하였으며, 아울러 수분의 적당한 섭취가 중요함을 강조하기 위하여 앞바퀴에 물이 담긴 컵을 표시했다.

09 식사계획 시 활용되는 식사구성안의 영양목표로 옳은 것은?

① 탄수화물 – 총 에너지의 65~75%
② 식이섬유 – 100% 권장섭취량
③ 지방 – 총 에너지의 15~20%
④ 단백질 – 총 에너지의 7~20%
⑤ 비타민 – 100% 평균필요량

해설 식사구성안 영양목표
• 에너지 : 100% 필요추정량
• 탄수화물 : 총 에너지의 55~65%
• 단백질 : 총 에너지의 약 7~20%
• 지방 : 총 에너지의 15~30%(1~2세는 총 에너지의 20~35%)
• 식이섬유 : 100% 충분섭취량
• 비타민과 무기질 : 100% 권장섭취량 또는 충분섭취량, 상한섭취량 미만

08 ③ **09** ④ **정답**

10 다음은 경관급식(tube feeding) 내용물의 조건이다. 옳은 것은?

> 가. 투여하기 쉬운 유동성인 것
> 나. 충분한 영양과 수분을 공급할 수 있는 것
> 다. 사용하기 간편하고 위생적인 것
> 라. 열량을 높이기 위해 다량의 당류를 첨가한 것

① 가, 나, 다
② 가, 다
③ 나, 라
④ 라
⑤ 가, 나, 다, 라

해설 경관급식 내용물의 조건
- 유동성이 있고 영양가가 높을 것
- 영양소의 배합에 균형이 있고 충분한 무기질 및 비타민을 함유하는 것
- 주입하기 용이하고 24시간 내에 변질하지 않고 보존이 가능한 것
- 오심, 구토, 설사, 변비 등의 위장관 합병증이 적은 것
- 지방질 또는 당질의 농도가 높지 않은 것(구토 방지)
- 삼투압이 높지 않고 점도가 적절한 것

출제유형 46

11 경관급식을 제한하는 환자는?

① 영양불량 환자
② 의식불명 환자
③ 식도협착 환자
④ 장폐색 환자
⑤ 연하곤란 환자

해설 경관급식
경관급식은 위장관의 소화 · 흡수 능력은 있으나 구강으로 음식을 섭취할 수 없는 환자(구강수술, 연하곤란, 의식불명, 식도장애 등)와 구강 섭취만으로 불충분한 환자에게 적용한다.

정답 **10** ① **11** ④

12 연하곤란이 있는 환자에게 제공할 수 있는 식품은?

① 치 즈
② 우 유
③ 견과류
④ 사과주스
⑤ 호상 요구르트

해설 연하곤란(삼킴장애)

음식물이 구강 내에서 인후, 식도를 통해 위장 내로 정상적으로 이동하는 데 장애가 있는 상태이다. 부드러운 음식을 공급하고, 흐르는 액체상태의 유동식이나 입천장에 달라붙는 음식, 너무 뜨겁거나 차가운 음식은 피한다.

13 경관급식 방법 중 중력이나 주입펌프를 이용하여 장시간(20~24시간) 천천히 영양액을 투여하는 방법은?

① 볼루스 주입
② 간헐적 주입
③ 경피적 주입
④ 주기적 주입
⑤ 지속적 주입

해설 경관급식 주입방법

• 볼루스 주입 : 주사기로 4~6시간 간격으로 2~3분 내에 250~400mL정도씩 주입하는 방법이다.
• 간헐적 주입 : 4~6시간 간격으로 20~40분 동안 100~400mL의 영양액을 주입하는 방법이다.
• 경피적 주입 : 경관급식 공급이 4~8주 이상 장기간 사용이 예상되는 경우 사용하는 방법이다.
• 지속적 주입 : 중력을 이용하거나 주입펌프를 이용하여 장시간(20~24시간)에 걸쳐 천천히 영양액을 주입하는 방법이다.
• 주기적 주입 : 밤시간 동안 8~16시간에 걸쳐 펌프를 사용하여 다소 빠른 속도로 지속 주입하는 방법이다.

12 ⑤ **13** ⑤ 정답

14 『2020 한국인 영양소 섭취기준』에 따른 식품군별 대표식품의 1인 1회 분량은?

① 참외 100g

② 쌀밥 90g

③ 우유 200mL

④ 시금치(생) 40g

⑤ 두부 55g

해설 ① 참외 150g, ② 쌀밥 210g, ④ 시금치(생) 70g, ⑤ 두부 80g이 1인 1회 분량이다.

15 위장관의 소화·흡수 기능은 정상이지만 입으로 음식물을 섭취할 수 없는 환자에게 알맞은 영양지원은?

① 말초정맥영양

② 중심정맥영양

③ 정맥영양

④ 경구영양

⑤ 경장영양

해설 경장영양(enteral nutrition)

소화·흡수 기능이 가능한 환자에게 위장관을 경유하여 영양을 공급하는 것으로, 입으로 섭취하는 경구영양과 소화관으로 튜브를 통해 주입하는 경관급식(tube feeding)을 포함한다.

16 식품교환표에서 쌀밥 1공기(210g)와 오렌지 100g(대 1/2개)의 열량은?

① 300kcal

② 350kcal

③ 400kcal

④ 450kcal

⑤ 500kcal

해설 식품교환표에서 곡류군 1교환단위는 100kcal이며, 과일군 1교환단위는 50kcal이다. 쌀밥 1/3공기(70g)는 곡류군 1교환단위의 양이므로, 쌀밥 1공기(210g)는 300kcal이며, 오렌지 100g(대 1/2개)은 과일군 1교환단위의 양으로, 50kcal이다. 그래서 300kcal + 50kcal = 350kcal이다.

정답 14 ③ 15 ⑤ 16 ②

17 음식을 삼키기 어려운 환자에게 제공할 수 있는 식품은?

① 보리차

② 비스킷

③ 미역국

④ 찹쌀떡

⑤ 달걀찜

해설 음식을 삼키기 어려운 환자는 흡인의 위험이 있으므로 묽은 액체, 질긴 음식, 끈적거리는 음식, 바삭거리는 음식은 피한다.

18 음식물을 삼킬 때 연하통증을 호소하는 식도염 환자에게 적합한 식사요법은?

① 한 번에 많은 양의 식사를 제공한다.

② 오렌지주스를 제공한다.

③ 고지방, 저단백 식사를 제공한다.

④ 자극적이지 않은 연식을 제공한다.

⑤ 식사 후 바로 누워 안정을 취하게 한다.

해설 식도염 환자의 경우 저지방·고단백 식사하기, 소량씩 여러 번 나누어 식사하기, 자극적인 음식 피하기, 식후 바로 눕는 행동 피하기 등을 해야 한다. 연하통증을 호소할 경우에는 무자극 연식을 제공한다.

19 연식으로 제공할 수 있는 음식은?

① 멸치볶음

② 애호박나물

③ 콩자반

④ 오징어채볶음

⑤ 김치볶음

해설 연식으로 과일퓨레, 주스, 곱게 다져 익힌 고기, 애호박나물, 흰살생선, 잘 익은 바나나 등을 제공할 수 있다.

17 ⑤ **18** ④ **19** ② 정답

20 다음 식사구성안에서 배추김치의 1회 분량과 칼로리로 옳은 것은?

① 40g − 10kcal

② 40g − 15kcal

③ 40g − 20kcal

④ 50g − 15kcal

⑤ 50g − 20kcal

해설 식사구성안에서 배추김치 1회 분량은 40g이고 15kcal이다.

21 6주 이상 경관급식이 필요한 흡인의 위험이 높은 환자에게 적합한 영양공급 경로는?

① 공장조루술

② 위조루술

③ 비십이지장관

④ 비공장관

⑤ 비위관

해설 경관급식의 공급경로
- 비장관 : 경관급식 공급이 3주 이하로 단기간 사용이 예상되는 경우
  - 비십이지장관, 비공장관 : 흡인의 위험이 높은 경우
  - 비위관 : 흡인의 위험이 적은 경우
- 관조루술 : 경관급식 공급이 4~8주 이상 장기간 사용이 예상되는 경우
  - 공장조루술 : 흡인의 위험이 높은 경우
  - 위조루술 : 흡인의 위험이 적은 경우

22 경관급식 환자의 설사 원인은?

① 삼투 농도가 낮은 영양액

② 삼투 농도가 높은 영양액

③ 느린 주입 속도

④ 섬유소 섭취 부족

⑤ 실온의 영양액 공급

해설 경관급식 환자의 설사 원인
영양액의 높은 삼투 농도, 빠른 주입 속도, 영양액의 변질, 환자의 위장관 미생물군의 변경, 유당불내증 등이 있다.

정답 **20** ② **21** ① **22** ②

23 정맥영양액의 구성으로 옳은 것은?

① 당질 공급원으로 덱스트린을 이용한다.

② 비필수아미노산은 제외하고 필수아미노산만 공급한다.

③ 단백질 공급원으로 아미노산을 이용한다.

④ 지질은 제외한다.

⑤ 비타민은 상한섭취량으로 공급한다.

> **해설** 정맥영양액의 구성
> • 당질 : 덱스트로오스
> • 백질 : 아미노산(필수아미노산과 비필수아미노산 적절히 혼합)
> • 지질 : 지방유화액, MCT
> • 비타민, 무기질 : 소화흡수를 거치지 않으므로 권장량보다 적게 공급

24 위장관 기능의 이상으로 장기간의 금식이 필요한 환자에게 적합한 영양지원 방법은?

① 유동식   ② 정맥영양

③ 경관급식   ④ 경구급식

⑤ 연 식

> **해설** 정맥영양
> 구강이나 위장관으로 영양 공급이 어려울 때 정맥주사에 의하여 영양요구량을 공급하는 방법이다.

25 정맥영양액의 성분으로 옳은 것은?

① 섬유질

② 말토덱스트린

③ 폴리펩티드

④ 아미노산

⑤ 녹 말

> **해설** 정맥영양액의 구성
> • 당질 : 덱스트로오스
> • 단백질 : 아미노산(필수아미노산과 비필수아미노산 적절히 혼합)
> • 단지질 : 지방유화액, MCT
> • 비타민, 무기질 : 소화흡수를 거치지 않으므로 권장량보다 적게 공급

23 ③   **24** ②   **25** ④   정답

CHAPTER 03 소화기계 질환

01 위장질환

(1) 급성 위염

① 원인 : 과음, 과식, 부패된 음식 섭취, 스트레스, 술, 커피, 담배, 자극성 조미료, 해열제, 진통제 복용, 신경성, 화상 등

② 증상 : 위 팽만감, 구토, 식욕부진, 상복부 통증, 설사, 속쓰림, 발열, 위액 분비항진, 혈압 강하, 식은땀 등이 나타나고 심하면 토혈 및 빈맥, 발한, 창백, 혈압강하, 쇼크 등

③ 식사요법

　㉠ 위 점막의 염증을 자극하지 않고 통증완화와 함께 염증조직 재생을 목표로 함

　㉡ 위점막을 자극하거나 위산 분비를 증가시키는 식품은 피하고 물리적 · 화학적 자극도 피함

　㉢ 1~2일간 절식 후 맑은 유동식으로 수분과 전해질을 공급하고 호전되면 영양소 기준에 따라 유동식 → 연식 → 회복식 등 점진 병인식으로 함

　㉣ 탄산음료, 알코올, 향신료, 날고기, 구운 고기, 붉은살 생선, 고기수프, 고섬유소 등은 피함

(2) 만성 위염

① 원인 : 헬리코박터균에 의한 감염(가장 많음), 생활습관(식사, 수면), 과음, 과식의 반복, 급성 위염 지속, 장기간 약복용, 위산 과다 시, 위산 감소 시 등

② 증상 : 식욕부진, 상복부 팽만감, 설태, 구취, 변비, 권태감, 빈혈, 체중 감소 등

③ 무산성 위염의 특징 및 식사요법

　㉠ 단백질 · 당질의 소화 장애, 살균 작용 불충분, 식욕부진, 팽만감, 빈혈 등이 나타남

　㉡ 식욕을 증진시키는 식품 : 초장, 유자차, 레몬, 귤차, 엷은 차 등

　㉢ 위액 분비를 촉진시키는 식품 : 육즙, 콘소메, 멸칫국물, 토마토주스, 요구르트 등

　㉣ 철이 많은 식품 : 닭간, 소간, 당밀, 녹황색 채소 등

④ 과산성 위염의 특징 및 식사요법 ⭐38 ⭐40

　㉠ 청 · 장년기에 주로 나타나며 점막조직에 생긴 염증이 위점막을 자극하여 위산분비 과다로 이어진 상태

　㉡ 과식, 과음, 자극성 음식 섭취 등의 원인으로 소화성 궤양과 유사한 증상을 보임

© 위산을 중화시키는 제산제를 복용하고 편식 예방과 무자극성 식이를 함

@ 위산 분비 억제제를 공급하며 육즙, 산미가 강한 것, 자극이 강한 조미료, 커피, 술, 탄산음료를 제한

@ 전분, 저섬유 곡류, 흰살생선(가자미 구이), 삶은 고기, 익힌 채소, 두부 등을 제공

(3) 소화성 궤양(위궤양 15%, 십이지장궤양 85%)

① 원인 : 염산 및 펩신 분비 증가, 가스트린과 히스타민 생성 증가, 헬리코박터 파이로리, 폭음, 폭식, 과로, 단백질의 섭취 부족, 스트레스, 아스피린 및 비스테로이드성 항염증제 등

② 증상 : 속쓰림과 통증, 구토, 출혈, 빈혈, 체중 감소, 식욕부진, 메스꺼움, 가슴통증 등

③ 식사요법(소량씩 1일 5∼6회 식사) ⭐ ⭐

㉠ 위염의 식사요법에 준하여 식이를 함

㉡ 강한 자극성 식품은 위산 분비 촉진, 위장관점막 손상을 가져오므로 피함

㉢ 유화된 지방은 위산 분비 억제 효과가 있으므로 적당량 섭취

㉣ 궤양 부위의 빠른 상처 치유를 위해 단백질, 철, 비타민 C 등을 충분히 섭취

㉤ 우유는 오히려 2∼3시간 후 위산 분비를 증가시킬 수 있으므로, 하루 1컵 정도 섭취

(4) 덤핑증후군 ⭐

① 원인 : 위암, 위궤양 등으로 위절제 수술 등을 받으면 나타나는 증상

② 증 상

㉠ 조기증후군 : 식사 중 또는 식사 10∼15분 후에 발생되며 오한, 복통, 구토, 설사, 식은땀 등이 일어나 위 내용물이 급속히 배출, 순환 혈액량 감소, 혈당 상승 또는 저하

㉡ 후기증후군 : 식사 2∼3시간 후 나타나며, 저혈당, 경련, 오한, 창백, 무력감, 불안, 허기, 탄수화물의 흡수가 너무 빠르고 인슐린 분비가 과잉인 경우 일종의 인슐린 쇼크가 일어나기도 함

③ 식사요법 ㊲ ㊴ ㊵ ㊶ ㊸ ㊺ ㊻ ㊼

㉠ 소량씩 자주 공급

㉡ 단순당(설탕, 꿀, 케이크, 아이스크림, 시럽 등) 제한

㉢ 지방식품은 유화지방 이용

㉣ 단백질은 부드럽고 무자극적인 육류, 흰살생선, 달걀, 두부, 푸딩, 크림치즈, 크림수프 등으로 충분히 공급

㉤ 식후 20∼30분 비스듬히 누워서 휴식을 취하며 오른쪽으로 누워 역류를 예방

㉥ 식사 중에 물이나 음료수의 섭취는 피하고, 식사와 식사 사이에 섭취

㉦ 고섬유소식은 제한함

(5) 위 하수증

① 위가 배꼽 아래까지 축 늘어져서 머물러 있는 것

② 위 내용물을 내려보내는 힘이 약해서 소화력이 약해져 있는 상태

③ 식사요법

ㄱ 수분이 많은 식사를 피하고 과식을 삼갈 것

ㄴ 소화가 쉽고 장기간 머물지 않는 식사를 선택(지방식 ×)

ㄷ 늘어진 위를 회복하기 위해 운동은 필수적이며, 꽉 끼는 옷은 피하는 것이 좋음

영양보충

역류성 식도염(위-식도 역류질환) 😊 😊 😊 😊
- 정의 : 위의 내용물이나 위산이 식도로 역류하여 발생하는 식도염
- 원인 : 위식도 경계 부위의 하부식도 괄약근의 기능 약화로 역류가 발생하고, 지속되는 경우 식도염이 발생
- 증상 : 가슴 쓰림, 답답함, 속쓰림, 신트림, 목에 이물질감, 목쓰림, 가슴 통증 등
- 식사요법
  - 고지방식, 초콜릿, 알코올 등은 하부식도 괄약근의 기능을 저하시키므로 섭취 금지
  - 콜라, 오렌지 주스, 레드 와인 등 산도가 있는 음료는 피하는 것이 좋음

---

02 장질환

(1) 급성 장염 😊

① 원인 : 폭음, 폭식, 복부의 냉각, 식중독, 이질, 장염, 비브리오, 살모넬라, 콜레라 등의 세균과 바이러스, 알레르기 등

② 증상 : 식욕부진, 구토, 발열, 복통, 설사

③ 식사요법

ㄱ 1~2일 절식 후 맑은 유동식 → 전유동식 → 연식 → 경식으로 이행

ㄴ 설사로 인한 탈수증을 막기 위해 수분과 전해질을 충분히 공급

ㄷ 뜨겁거나 찬 음식, 자극성 음식(우유)과 gas forming food를 피함

ㄹ 두부, 생선, 살코기, 달걀 등 단백질 위주로 섭취

ㅁ 가지, 버섯, 애호박 등 부드러운 채소 섭취

영양보충

가스형성식품(gas forming food) 😊
- 콩류 : 강낭콩, 리마콩, 완두콩
- 과일 : 사과, 멜론, 수박, 바나나, 참외, 포도
- 채소 : 양배추, 브로콜리, 가지, 오이, 마늘, 양파, 부추, 고추, 순무, 콜리플라워
- 기타 : 캔디, 탄산음료, 옥수수, 발효한 치즈, 견과류

(2) 만성 장염 ⭐

① 원인 : 급성 장염에서 이행되거나 궤양성 대장염, 위 무산증, 약물의 상용, 직장암, 췌장 기능 저하로 발생

② 증상 : 식욕부진, 복통, 복부 팽만감, 체중 감소, 빈혈 등

③ 식사요법

ㄱ 약물요법과 병행하고 기계적·화학적 자극을 피함

ㄴ 소화되기 쉽고 자극이 적은 식사(저잔사식, 저지방식)

ㄷ 설사 시 수분을 충분히 섭취하고 양질의 단백질, 비타민, 무기질을 섭취

(3) 변 비 ⭐

① 이완성 변비 ⭐ ⭐

ㄱ 원인 : 운동 부족, 약물 복용, 부적절하고 불규칙한 식사와 배변습관 등

ㄴ 증상 : 두통, 구토, 하복부의 통증과 불쾌감, 항문 균열, 배변 후 잔변감 등

ㄷ 식사요법

- 규칙적이고 균형된 식사를 하며 운동을 병행
- 충분한 수분, 섬유질(채소, 과일 등)과 펙틴, 만난 등의 섭취를 증가
- 발효가 쉬운 설탕, 꿀차 등과 신맛 나는 과즙, 바나나, 탄산음료, 해조류 등을 공급

② 경련성 변비 ⭐ ⭐

ㄱ 원인 : 스트레스, 과로, 긴장, 카페인, 항생제, 알코올, 흡연, 수면 부족, 수분 부족 등

ㄴ 증상 : 복통, 메스꺼움, 가스 발생, 경련, 토끼똥 모양의 변, 설사와 변비가 번갈아 일어나기도 함

ㄷ 식사요법

- 정제된 곡류, 잘게 다진 고기, 달걀, 연한 채소, 생선과 자극이 적은 저섬유소, 저지방식과 저잔사식을 공급
- 카페인, 알코올, 탄산음료 등은 피함

영양보충

저잔사식 ⭐

- 목적 : 장의 움직임을 최소화하고, 변의 생성을 억제함으로써 장의 휴식을 도움
- 잡곡(보리, 현미, 콩) 대신 쌀밥, 생과일 대신 과일통조림, 과일주스 섭취하기
- 육류·가금류의 결체조직이 많은 부위 피하기
- 연한 육류·달걀·생선·닭고기를 섭취하되, 기름기를 제거하고 부드럽게 조리하기
- 가스형성식품 피하기(콩류, 옥수수, 양파, 양배추, 브로콜리, 탄산음료, 커피 등)
- 생야채, 해조류 제한하기
- 우유, 유제품 하루 2컵 이하로 제한하기

(4) 설사

① 급성 설사 ⭐

○ 원인 : 감염성 설사는 살모넬라, 장염 비브리오균, 포도상구균 등이 있고 비감염성은 과식, 약물, 중금속, 신경성 등이 있으며 발효성 설사는 탄수화물의 흡수 장애이며, 부패성 설사는 단백질의 소화 흡수 장애임

○ 증상 : 식욕 감퇴, 탈수, 전해질 손실, 설사, 복통, 복부 팽만감, 두통, 구토 등

○ 식사요법
- 심할 때는 1~2일 절식해야 하며 정맥주사로 수분, 전해질, 포도당, 비타민 등을 공급
- 유동식 → 연식 → 회복식 → 일반식 순으로 이행하여 저잔사식을 공급하며 자극성, 고지방, 고섬유소, 가스형성식품 등을 제한

② 만성 설사

○ 원인 : 과민성 장증후군, 흡수불량증후군, 유당불내증 등에 의함

○ 증상 : 전해질, 무기질, 단백질의 손실로 영양 결핍, 빈혈, 체중 감소, 식욕부진 등

○ 식사요법
- 고열량, 고단백식과 저섬유소 식사를 공급해야 하며 구강 섭취가 어려울 경우에는 정맥주사로 주입
- 항생제 사용 시 엽산, 니아신, 비타민 B_{12} 등을 보충

(5) 지방변증 ⭐ ⭐ ⭐

① 원인 : 지방의 흡수 결함, 담즙 부족, 지방 분해효소 부족, 회장절제, 스프루(sprue) 및 장염으로 소화 흡수가 되지 않을 때

② 식사요법
- ○ 고열량, 고단백, 비타민 D, 비타민 K, 철, 칼슘을 섭취
- ○ 지방을 제한하되 중쇄지방(MCT)을 이용하여 공급

(6) 유당불내증 ⭐ ⭐

① 원인 : 장내 lactase 부족으로 유당이 단당류로 가수분해되지 못해 복부팽만, 방귀, 설사, 더부룩함이 발생하며, 유당 섭취를 중단하면 증상이 호전됨

② 식사요법 : 우유, 유제품의 사용을 제한하고 두유나 이와 유사한 식품을 보충하여 하며 칼슘, 비타민 D 섭취량을 늘려줌

(7) 게실염

① 원인 : 장기간의 변비와 압력으로 대장의 벽에 생기는 주머니로 대개 'S'자 결장 또는 좌측 대장에 생기며, 50세 이상의 연령층에서 주로 발생

② 증상 : 염증, 궤양, 천공 등의 증상으로 구토, 메스꺼움, 복통, 설사, 변비, 복부팽만 등

③ 식사요법 : 충분한 수분(2~3L/일), 고섬유질 식사를 권장

(8) 글루텐 과민성 장질환(비열대성 스프루) ⭐️ ⭐️ ⭐️ ⭐️

① 원인 : 글루텐 안의 글리아딘이 흡수 장애를 일으킴

② 증상 : 탄수화물, 지방, 비타민, 철 등의 흡수 장애

③ 식사요법 : 글루텐 성분이 있는 보리, 밀, 오트밀, 귀리, 메밀, 호밀, 빵, 국수, 돈가스 등을 제한하고 쌀, 옥수수, 감자(구운 감자) 등으로 보충

영양보충

크론병(Crohn's disease) ⭐️ ⭐️ ⭐️
- 정의 : 입에서 항문까지 소화기관 전체에 걸쳐 발생할 수 있는 만성 염증성 장질환
- 원인 : 정확히 알려져 있지 않지만 점막하조직의 염증성 질환, 유전적 요인, 박테리아 감염, 면역과민반응으로 발생
- 증상 : 설사, 복통, 식욕감퇴, 체중감소, 미열, 관절염, 포도막염 등이 일어나고 담관벽이 두꺼워지면서 경화성 담관염, 신장 결석 등이 나타남
- 식사요법 : 소화기관에 생긴 염증과 조직 파괴를 늦추고 증상을 완화시키는 것이 목적
  - 급성기 동안에는 고단백, 저지방, 저잔사식을 제공
  - 지방변의 경우 지방 섭취를 줄이고 중쇄중성지방을 공급
  - 지방이 많은 육식 및 유제품, 자극이 강한 향신료, 알코올, 커피, 탄산음료, 식이섬유 섭취를 줄이고, 비타민과 무기질을 충분히 공급
  - 소화가 잘되도록 조리한 육류, 생선, 밥 또는 죽을 섭취

CHAPTER 03 적중예상문제

출제유형 38, 40

01 위산과다성 위염 환자에게 적합한 식단으로 가장 옳은 것은?

① 토스트, 버터, 잼, 커피

② 오렌지주스, 달걀, 튀김, 오트밀

③ 흰죽, 가자미찜, 애호박나물

④ 흰죽, 고등어자반, 당근볶음

⑤ 라면, 꽁치구이, 시금치나물

해설 가능한 한 자극이 적은 음식을 택해야 위산의 과다한 분비를 방지할 수 있다.

출제유형 45, 46

02 위 절제 수술 후 덤핑증후군을 예방하기 위한 식사요법은?

① 단순당이 많이 함유된 식품을 제한한다.

② 식사 도중 물을 마신다.

③ 단백질 공급을 위해 우유를 충분히 마신다.

④ 식사횟수는 하루 3회 이하로 한다.

⑤ 지방질 섭취를 제한한다.

해설 덤핑증후군 식사요법
- 단순당의 함량이 높은 식품을 제한한다.
- 식사를 하면서 물을 마시지 않는다.
- 유제품 섭취 시 복통, 설사가 발생할 수 있으므로 일시적으로 제한한다.
- 식사는 소량씩 자주(하루 5~6회 정도) 공급한다.
- 지방은 열량을 많이 내고 음식물의 위장 통과 속도를 늦추므로 섭취를 제한하지 않는다.

정답 01 ③ 02 ①

03 급성 위염에 대한 설명으로 옳지 않은 것은?

① 급성 위염의 가장 흔한 원인은 과식 때문이다.

② 심한 위통을 느끼는 경우 위를 자극하지 않기 위해 절식한다.

③ 갈증이 나면 적은 양의 보리차를 준다.

④ 1~2일 동안의 절식기간 중이라도 수분은 계속 공급한다.

⑤ 증상이 심할 때는 부드러운 음식을 자주 준다.

> **해설** 부패한 식품이나 세균성 음식으로 중독된 경우는 희석한 중탄산나트륨으로 위를 씻어내고 1~2일간을 절식한 후에 증세가 호전되면 유동식부터 시작하여 회복식을 한다.

04 위산 분비가 저하된 환자의 식사요법으로 가장 옳은 것은?

① 전분보다 소화가 잘되는 설탕을 많이 공급하는 것이 좋다.

② 지방의 함량을 증가시키는 것이 좋다.

③ 우유를 많이 공급하는 것이 좋다.

④ 과일주스나 육수로 만든 국물을 준다.

⑤ 채소와 과일류를 많이 준다.

> **해설** 위산저하성 환자의 식사요법
> • 위점막 보호, 위선의 위축 억제, 위액 분비 촉진 및 위점막 회복을 원칙으로 한다.
> • 위산 분비를 촉진시키기 위하여 고기수프, 과즙, 알코올, 향신료 등을 적당히 섭취한다.

05 위축성 위염 환자의 식사요법으로 옳지 않은 것은?

① 식사를 규칙적으로 한다.

② 소화성이 좋은 양질의 단백질을 섭취한다.

③ 위액 분비가 저하하고 위의 운동이 약화되어 식욕부진이 일어나므로 식욕 촉진을 위해 고기수프, 과일 등을 적당히 사용한다.

④ 향신료와 포도주 정도는 병세에 따라 식욕을 촉진시키기 위해 약간 사용해도 좋다.

⑤ 당질은 소화가 잘 되므로 고구마는 그대로 먹어도 좋다.

> **해설** 위축성 위염의 특징
> 단백질 소화 장애, 탄수화물 소화 장애, 음식의 살균작용 장애, 식욕부진

03 ⑤ **04** ④ **05** ⑤ 정답

06 위염 환자에게 적합한 식사요법으로 가장 옳은 것은?

① 무자극 연식

② 고섬유식

③ 저나트륨식

④ 무지방식

⑤ 저단백식

해설 급성 위염 환자의 식사요법
- 절식 : 위를 쉬게 하고 위장관의 자극을 피하기 위해 내용물을 비우게 함
- 위의 안정 및 점막 보호를 위해 절식 후 점진 병인식으로 처치함
4단계 무자극성 식이
- 1~2일간 : 절식, 물도 제한
- 3일 : 우유, 미음 등을 조금씩 30분 간격으로 주고 식사량을 늘림
- 4~5일 : 고깃국물, 흰죽, 달걀반숙, 토스트 섭취 가능
- 6~7일 후 : 완화식

출제유형 44

07 저잔사식에 허용되는 식품으로 묶인 것은?

① 콩비지, 커피

② 보리밥, 양배추찜

③ 감자튀김, 당근주스

④ 쌀밥, 달걀찜

⑤ 옥수수죽, 우유

해설 저잔사식
- 목적 : 장의 움직임을 최소화하고, 변의 생성을 억제함으로써 장의 휴식을 도움
- 잡곡(보리, 현미, 콩) 대신 쌀밥, 생과일 대신 과일통조림, 과일주스 섭취하기
- 육류 · 가금류의 결체조직이 많은 부위 피하기
- 연한 육류 · 달걀 · 생선 · 닭고기를 섭취하되, 기름기를 제거하고 부드럽게 조리하기
- 가스생성식품 피하기(콩류, 옥수수, 양파, 양배추, 브로콜리, 탄산음료, 커피 등)
- 생야채, 해조류 제한하기
- 우유, 유제품 하루 2컵 이하로 제한하기

정답 06 ① 07 ④

08 소화성 궤양의 식사요법에 대한 설명으로 옳지 않은 것은?

① 손상된 조직의 회복을 위해 적절한 단백질을 공급한다.

② 음식의 온도는 체온과 비슷한 정도가 좋다.

③ 화학적으로나 기계적으로 자극성이 강한 음식의 섭취를 피한다.

④ 비타민 C 섭취는 궤양에 생긴 상처 치료를 위해 특히 필요하다.

⑤ 하루 5~6회의 잦은 급식은 위산의 분비를 자극하므로 좋지 않다.

> **해설** 소화성 궤양 환자에게는 1일 5~6회에 걸쳐 소량씩 공급한다.

09 위궤양 발생에 대한 설명으로 옳지 않은 것은?

① 단백질의 부족은 위궤양을 일으키기 쉽다.

② 지나친 음주 또는 알코올 중독은 위점막을 손상시키므로 위궤양의 원인이 된다.

③ 뜨겁고 매운 음식을 즐기는 습관은 위궤양을 일으키기 쉽다.

④ 만성화된 자극적인 식사는 위궤양을 일으키기 쉽다.

⑤ 위궤양의 증상으로 피부염, 복통, 체중 감소를 일으킨다.

> **해설** 위궤양의 증상
> 공복 시에 상복부 통증, 구토, 혈청 단백질량 감소, 위벽의 출혈, 빈혈 등이다. 장기화될 때 체중 감소가 나타난다.

10 위하수증의 식사요법 중 옳지 않은 것은?

① 단백질은 부드러운 고기나 생선 등을 섭취한다.

② 고열량, 고단백식을 섭취한다.

③ 위의 기능이 약하므로 식사횟수를 줄인다.

④ 소화가 잘 되며, 위에 오래 머무르지 않는 음식이 바람직하다.

⑤ 자극성이 너무 강한 식품은 피한다.

> **해설** 위의 소화 능력이 떨어져 속이 더부룩하게 되므로 식사량을 소량으로 하고, 식사횟수를 늘림으로써 영양을 보충한다.

11 **위궤양 환자의 식사요법에 대한 설명으로 옳지 않은 것은?**

① 위궤양 식사요법에서 가장 중요한 것은 위산 분비를 자극하는 조리법 및 식품을 제한하는 것이다.

② 위산의 분비를 촉진하는 식품과 조리법을 피한다.

③ 1일 4~5회로 나누어 위의 8할 정도만 차도록 먹는다.

④ 철, 비타민 C가 풍부한 식품을 많이 먹는다.

⑤ 위궤양 환자에게는 햄, 소시지, 딸기, 파인애플이 좋다.

> **해설** 위궤양 환자에게 줄 수 있는 것
> 흰죽, 콩국수, 우유, 아이스크림, 근죽, 으깬 감자, 대구찜 등이 있으며 경질 식품, 섬유질 식품, 자극성이 강한 조미료, 향신료, 산미가 강한 식품은 피하고, 위액 분비를 촉진시키는 육즙, 콘소메 등을 제한한다.

12 **역류성 식도염 환자에게 제공할 수 있는 식품은?**

① 쌀밥, 고추장아찌, 소시지

② 쌀밥, 양배추샐러드, 삼겹살

③ 쌀밥, 숙주나물, 달걀찜

④ 토스트, 감자샐러드, 콜라

⑤ 호두파이, 오렌지주스, 베이컨

> **해설** 역류성 식도염 환자에게는 탄수화물 식품, 저지방, 고단백 식사를 제공하며, 탄산음료, 커피, 강한 향신료, 토마토, 오렌지주스, 매우 뜨겁거나 차가운 음식, 알코올, 초콜릿, 기름진 음식, 가스형성식품은 제공하지 않는다.

13 **식사 30분 후 설사, 복통, 식은땀의 증상을 보이는 위절제 환자에게 적합한 식사요법은?**

① 단순당의 함량이 높은 식품을 제공한다.

② 단백질을 제한한다.

③ 식사를 소량씩 자주 제공한다.

④ 식사 도중에 충분한 물을 제공한다.

⑤ 고섬유소식을 제공한다.

> **해설** 질문의 증상은 덤핑증후군으로, 식사요법에는 식사 소량씩 자주 제공하기, 단백질 충분히 공급하기, 단순당 제한하기, 식사 도중 물 섭취 자제하기, 고섬유소식 제한하기 등이 있다.

정답 11 ⑤ 12 ③ 13 ③

14 덤핑증후군 환자의 식사요법으로 옳지 않은 것은?

① 고단백식과 무자극성 음식을 준다.

② 전체 열량의 30~40%를 중등지방으로 공급한다.

③ 한 끼의 식사량을 줄이고 여러 번으로 나누어 준다.

④ 흰살생선, 균질육, 크림치즈, 그라탱 등을 주고 튀긴 음식은 피한다.

⑤ 당분 함량이 높은 음식을 준다.

> **해설** 덤핑증후군
> 위의 절제수술 후에 당분이 많이 들어 있는 음식을 섭취했을 때 나타나는 현상으로 위에 오래 머무를 수 있는 고단백, 중등지방을 준다.

15 우유 섭취 후 더부룩함, 복부팽만, 설사, 복통이 발생하며, 섭취를 중단하면 증상이 호전된다. 이러한 증상을 유발하는 성분은?

① 카세인

② 유 당

③ 아비딘

④ 맥아당

⑤ 알부민

> **해설** 유당불내증
> 유당분해효소인 락타아제가 부족한 사람이 유당을 섭취하면, 유당이 소장에서 삼투 현상에 의해 수분을 끌어들임으로써 팽만감과 경련을 일으키고, 대장을 통과하면서 설사를 유발한다.

16 설사를 심하게 하는 환자에게 옳은 식사요법은?

① 전해질과 수분, 포도당을 공급한다.

② 수분이 많은 식사는 삼가고 과식은 피한다.

③ 소화되기 쉽고 자극이 적은 식사를 한다.

④ 충분한 수분과 고섬유질 식사를 권장한다.

⑤ 음식 공급을 삼가고 2~3일 금식한다.

> **해설** 급성 설사가 심할 때는 1~2일 절식해야 하며 정맥주사로 수분, 전해질, 포도당, 비타민 등을 공급한다.

14 ⑤ **15** ② **16** ① 정답

17 이완성 변비의 식사요법으로 옳지 않은 것은?

① 고사리, 우엉과 같은 고섬유소 식품을 바로 섭취한다.
② 규칙적이고 균형된 식사를 한다.
③ 꿀의 유기산은 배변운동을 촉진하므로 변비에 효과가 있다.
④ 해초의 갈락당은 수분을 많이 흡수해서 장운동을 촉진한다.
⑤ 지방의 지방산은 대장의 점막을 자극하여 배변작용을 촉진한다.

해설 고사리나 우엉 같은 식품은 섬유조직이 강하므로 삶아서 섭취하도록 한다.

18 글루텐 과민성 장질환 환자가 섭취해도 되는 식품은?

① 밀가루
② 호 밀
③ 귀 리
④ 옥수수가루
⑤ 보리가루

해설 글루텐 과민성 장질환의 경우 글루텐이 함유된 밀, 보리, 호밀, 귀리, 맥아 등을 제한하며, 옥수수가루, 쌀, 감자 등을 섭취한다.

19 급성 장염 환자에게 제한해야 하는 식품은?

① 달걀찜
② 흰살생선
③ 우 유
④ 호박나물
⑤ 보리차

해설 급성 장염 시 탈수를 예방하기 위하여 보리차나 이온음료를 제공하며, 증상이 개선되면 두부, 달걀, 흰살생선 등의 단백질 식품과 버섯, 호박, 가지 등의 부드러운 채소를 섭취한다. 유제품, 카페인, 지방이 많은 식품 등은 섭취를 제한한다.

정답 **17** ① **18** ④ **19** ③

20 **경련성 변비에 관한 설명으로 옳지 않은 것은?**

① 증상이 강할 때는 과일을 과즙으로 하여 먹는 것이 좋다.

② 우유, 달걀, 정제된 곡물과 빵, 잘게 간 고기, 생선 등은 좋은 식품이다.

③ 홍차, 녹차 등은 섭취해도 좋다.

④ 자율신경계의 장애로 인한 비정상적인 장운동이 원인이다.

⑤ 섬유소는 너무 많이 줄이면 배변작용이 둔해진다.

해설 경련성 변비에서도 홍차나 녹차 등은 제한한다.

21 **경련성 변비 환자에게 제공할 수 있는 식품은?**

① 현미밥

② 탄산음료

③ 달걀프라이

④ 야채샐러드

⑤ 미역국

해설 경련성 변비는 가능한 한 과도한 대장의 연동운동을 감소시켜야 하므로 이완성 변비와는 반대로 기계적 화학적 자극이 적은 식품을 섭취해야 한다. 흰밥, 연한 육류, 달걀, 생선 등을 제공하고, 현미, 탄산음료, 생야채, 해조류 등은 피해야 한다.

22 **글리아딘 알레르기로 인해 소장 점막층이 손상된 환자가 먹어도 되는 식품은?**

① 찐감자

② 칼국수

③ 김치전

④ 붕어빵

⑤ 호밀빵

해설 글루텐 과민성 장질환(비열대성 스프루)
글리아딘(글루텐의 주요성분)의 소화·흡수 장애로 인해 장점막이 손상되어 모든 영양소의 흡수불량이 일어나는 질환이다. 글루텐이 함유된 밀, 보리, 호밀, 귀리, 맥아 등을 제한하며, 옥수수가루, 쌀, 감자 등을 섭취한다.

20 ③ **21** ③ **22** ① 정답

23 담즙 분비 이상, 체중감소, 심한 지방변의 증상을 보이는 환자의 에너지를 보충하기 위해 공급하면 좋은 유지는?

① 올리브유   ② MCT 오일

③ 들기름   ④ 참기름

⑤ 포도씨유

> **해설** 지방변증
>
> 지방의 흡수 결함, 담즙 부족, 지방분해효소 부족, 회장절제, 스프루(sprue) 및 장염으로 지방이 소화·흡수가 되지 않아 과량의 지방이 대변으로 배출되는 질환이다. 지방 제한식을 하되 중쇄지방(MCT 오일)을 이용하여 공급하도록 한다.

24 지방변증 환자의 식사요법으로 옳은 것은?

① 저단백 식사를 한다.

② 저열량 식사를 한다.

③ 중쇄지방 식사를 한다.

④ 칼슘과 철의 섭취를 감소시킨다.

⑤ 비타민 D와 K의 섭취를 감소시킨다.

> **해설** 지방변증 환자의 식사요법
>
> • 고열량, 고단백질, 비타민 D, 비타민 K, 철, 칼슘의 충분한 섭취를 권장한다.
> • 지방을 제한하되 중쇄지방(MCT)을 이용하여 공급한다.

25 설사 환자의 식사요법으로 옳지 않은 것은?

① 체내의 수분과 염분의 손실을 보충하는 것이 가장 중요하다.

② 장내에서 당질의 소화 흡수가 나쁠 때는 설탕이나 전분을 준다.

③ 급성 설사 시 장을 진정시키는 작용이 있는 펙틴을 함유한 음식을 먹이면 좋다.

④ 초기에는 가급적 우유 및 유제품의 사용을 제한한다.

⑤ 발효성·소화성 설사는 당질의 과잉 섭취로 소화가 불충분하여 장에서 세균에 의해 발효되어 산과 탄산가스가 생기므로 장을 자극해서 설사가 발생한다.

> **해설** 전분질이나 설탕은 과량 복용 시 장내에서 발효를 일으킬 수 있다. 음료는 가능한 한 따뜻하게 해서 주고 섬유소나 잔사는 어느 정도 제한하는 것이 좋다.

정답 23 ②   24 ③   25 ②

26 다음 중 궤양성 대장염의 설명으로 옳지 않은 것은?

① 급성기에는 설사로 인한 탈수 등을 예방하기 위해 수분과 전해질 보충이 우선돼야 한다.

② 흡수 불량 상태가 지속되면 저단백혈증이 나타난다.

③ 설사가 주증상이면 복통, 발열, 혈변 등을 수반한다.

④ 궤양성 대장염의 저잔사식에는 우유는 섭취하고 알코올, 카페인 음료, 기포성 음료 등은 제한한다.

⑤ 증상이 심할 경우에는 금식 후 필요한 수분과 영양분을 정맥영양으로 공급해야 한다.

> **해설** 우유 및 유제품은 세균에 의해 발효를 일으켜 장점막을 자극하는 물질을 발생하게 하여 증세를 더욱 악화시키므로, 증세가 없어질 때까지는 우유 및 유제품을 제한한다.

27 글루텐 과민성 장질환 환자의 식단으로 옳은 것은?

① 크림수프, 전유어, 보리차

② 돈가스, 비스킷, 보리 미숫가루

③ 어묵조림, 국수, 마카로니

④ 흰쌀밥, 콩나물, 생선조림

⑤ 옥수수 수프, 감자떡, 푸딩

> **해설** • 글루텐 과민성 장질환 환자는 글루텐(gluten) 성분이 있는 음식을 제한하고, 쌀, 옥수수, 감자 등으로 보충을 해야 한다. 글루텐은 밀, 보리, 호밀 및 그 가공 제품에 함유되어 있다.
> • 글루텐 함유 식품 : 햄버거, 돈가스, 어묵, 전유어, 빵, 크래커, 쿠키, 피자, 국수, 오트밀, 호밀, 보리, 마요네즈, 크림수프, 푸딩, 파이, 케이크, 아이스크림 등

28 위-식도 역류질환 환자의 식사요법으로 옳은 것은?

① 취침시간 전의 음식을 섭취한다.

② 고지방 음식은 증상을 완화하는 데 좋다.

③ 콜라, 오렌지 주스 같은 산도가 있는 음료는 제한한다.

④ 음식을 섭취한 후에는 눕는 것이 좋다.

⑤ 식욕이 없으므로 자극적인 음식을 공급한다.

> **해설** • 고지방음식, 초콜릿, 알코올 등은 하부식도 괄약근의 기능을 저하시키므로 섭취를 금지한다.
> • 콜라, 오렌지 주스, 레드 와인 등 산도가 있는 음료는 피하는 것이 좋다.

26 ④ **27** ④ **28** ③ 정답

29 급성기 크론병 환자의 식사요법은?

① 고단백식, 고섬유식, 저지방식

② 저단백식, 고섬유소식, 저지방식

③ 저단백식, 저잔사식, 고지방식

④ 고단백식, 저잔사식, 저지방식

⑤ 저단백식, 저잔사식, 저지방식

해설 크론병이란 입에서부터 항문까지 소화기관 전체에 걸쳐 발생할 수 있는 만성 염증성 장질환으로, 소화기관에 생긴 염증과 조직 파괴를 늦추고 증상을 완화시키는 것을 목적으로 식사요법을 진행한다. 급성기 동안에는 고단백식, 저잔사식, 저지방식을 제공한다.

30 위액 분비를 적게 하는 음식으로 옳은 것은?

① 조기 - 오렌지주스

② 두부 - 감자

③ 고깃국물 - 달걀

④ 닭고기수프 - 불고기

⑤ 흰밥 - 꽁치

해설 위액 분비 촉진
- 위액, 가스트린, 분노, 고기추출물, 알코올, 카페인, 조미료, 농축된 당, 고섬유소식, 흡연, 스트레스 등
- 촉진 식품 : 육즙, 멸칫국물, 토마토주스, 요구르트, 콘소메, 구운 고기, 날고기, 붉은살생선, 닭고기수프 등
위액 분비 감소
- 유화지방, 저섬유소식, 운동 부족, 공포 등
- 감소 식품 : 엽차, 설탕, 전분, 곡류, 감자, 우유, 달걀, 두부, 삶은 고기, 흰살생선, 국 형태로 조리된 채소 음식 등

31 소화성궤양 환자에게 제공하면 좋은 식품은?

① 삼겹살구이　　　　　　② 생선튀김

③ 꽁치조림　　　　　　　④ 영계백숙

⑤ 돼지갈비구이

해설 궤양 부위의 빠른 상처 치유를 위해 비계가 없는 살코기, 껍질을 제거한 닭고기가 좋기 때문에 영계백숙, 닭곰탕 등을 제공한다. 생선의 경우 살코기 색이 짙을수록 위벽을 자극하는 성분이 많으므로 고등어, 꽁치 등의 생선은 가급적 사용하지 않으며 생선튀김도 제한한다.

정답 29 ④ 30 ② 31 ④

CHAPTER 04 간장과 담낭 · 췌장 질환

01 간질환

(1) 급성 간염

① 원 인
- ㉠ A형 간염(감염성) : 청소년기에 흔하며 환자의 분변에 오염된 음료수나 식품을 통한 경구감염
- ㉡ B형 간염(혈청간염) : 수혈, 외상, 침, 눈물, 성적 접촉, 소독이 안 된 주사기 등으로 감염
- ㉢ C형 간염 : 정액, 타액, 혈액, 수혈 등에 의하여 감염(B형 간염과 유사한 경로로 회복률이 15~30%이며, 만성 간염, 간경변, 암 등으로 진행될 확률이 50%)
- ㉣ E형 간염 : 분변, 오염된 물 등으로 감염

② 증상 : 피로, 전신 권태감, 두통, 발열, 구토, 식욕부진, 우울증, 황달, 간이나 비장 비대증

③ 식사요법(무자극성 식사) ⭐
- ㉠ 고열량식 : 1일 2,400~2,700kcal 이상 공급하여 단백질의 이용률을 높임
- ㉡ 고단백식 : 지방간 예방과 간세포의 재생과 지단백질 합성 및 촉진을 위하여 1일 100~120g을 공급
- ㉢ 고당질식 : 1일 300~400g을 공급하여 간의 글리코겐 양을 증가시킴
- ㉣ 중등지방 : 황달, 위장 장애가 있는 급성 초기에만 제한하며 회복에 따라 증가시키고 유화지방을 증가시킴
- ㉤ 고비타민 : 비타민 B군, 니아신, 비타민 C 및 지용성 비타민을 충분히 공급
- ㉥ 복수 시 저염식(8g/일)을 주고 알코올은 금지하며 수분을 충분히 섭취

(2) 만성 간염 ⭐

① 원인 : 급성 간염에서 이행될 때가 많으며, 바이러스, 영양 불량, 약물 복용, 알코올의 과잉 섭취 등

② 증상 : 일반적으로 무증상이나 권태감, 피로감, 구역질, 식욕부진, 복부 불쾌감, 체중 감소 등

③ 식사요법
- ㉠ 고열량(2,300~2,500kcal), 고단백(80~100g) 및 고비타민식을 공급하며 지방은 적당량(50~60g)을 공급
- ㉡ 소금은 1일 8~10g으로 하되 복수와 부종이 있는 경우에는 나트륨 제한(1일 3~5g), 간성혼수 시 저단백 식사

(3) 지방간 ⭐ ⭐ ⭐ ⭐ ⭐ ⭐

① **원인** : 과음, 비만, 기아, 당뇨병, 항지방간 인자 감소, 지방산의 연소 저하, 임신중독증, 단백질 결핍 등

② **증상** : 간의 지방대사 장애로 중성지방이 간에 지나치게 증가하여 간이 비대해짐, 전신 권태감, 식욕부진, 피로, 체중 감소 등

③ **식사요법**

   ㉠ 알코올성 지방간 : 금주

   ㉡ 영양불량성 지방간 : 고열량식, 고단백식

   ㉢ 비만에 의한 지방간 : 체중조절

   ㉣ 항지방간성 인자 감소에 의한 지방간 : 콜린, 메티오닌, 레시틴, 셀레늄, 비타민 E 보충

(4) 간경변증 ⭐ ⭐ ⭐

① **원인** : 만성 알코올중독, 영양불량, 만성 간염, 문맥계나 담도계 장해, 약물, 독성물질, 울혈성 심부전, 동맥경화, 자가면역 결핍 등

② **증상** : 피로, 황달, 식욕부진, 위장 장애, 복부 팽만감, 복수, 부종, 식도정맥류, 출혈, 간성혼수 등

③ **식사요법**

   ㉠ 고열량식, 고단백질, 고당질식, 고비타민식

   ㉡ 지방은 20% 내외로 중쇄지방산을 주며 알코올은 금하고 복수와 부종 시에는 나트륨을 제한함

(5) 간성혼수(간성 뇌질환) ⭐ ⭐ ⭐ ⭐ ⭐ ⭐ ⭐

① **원 인**

   ㉠ 간질환 시 암모니아가 간으로 들어가지 못하고 일반 혈액순환계로 들어가 혈중 암모니아가 상승되어 뇌신경 장애를 일으킴

   ㉡ 방향족 아미노산 증가, 분지아미노산 감소로 혈중 아미노산 농도에 변화가 생김

   ㉢ 뇌세포에 영향을 일으켜 혼수 발생

② **증상** : 지적 능력 저하, 혼수, 근육경련, 성격 변화, 구취 등

③ **식사요법** : 저단백식을 하며 분지아미노산(류신, 이소류신, 발린)이 많고 방향족 아미노산이 적게 함유된 식품을 주는 것이 좋음(쌀밥, 식빵, 우동, 고구마, 감자, 두부, 호박, 당근, 시금치, 오이, 강낭콩, 토란 등)

(6) 알코올성 간질환 ⭐

① **원인** : 간세포 내에서 알코올은 알코올탈수소효소(ADH)에 의해 **아세트알데하이드(간독성 물질)**로 바뀌게 되며, 아세트알데하이드는 다시 아세트알데하이드탈수소효소(ALDH)에 의해 아세테이트로 대사된 후 물과 이산화탄소로 분해, 지방산으로 전환된 후 중성지방의 형태로 간에 축적

② **종류** : 알코올성 지방간, 알코올성 간염, 알코올성 간경변증

③ **식사요법**

㉠ 알코올 제한, 균형 잡힌 식사, 충분한 에너지 섭취

㉡ 충분한 당질 공급, 저혈당이 발생할 수 있어 복합당질을 충분히 공급

㉢ 충분한 단백질 공급, 간성혼수가 있으면 단백질 섭취 제한

㉣ 비타민과 무기질을 충분히 보충하기 위해 채소와 과일을 충분히 공급, 필요시 보충제 섭취

㉤ 복수 및 부종이 동반된 경우 저염식 병행

02 담낭질환

(1) 담낭염 ⭐⭐⭐⭐⭐⭐

① **원인** : 담낭세포가 박테리아 감염에 의하거나 비만, 임신, 변비, 부적당한 식사, 소화기관의 장애 등

② **증상** : 담낭 부위의 통증, 구토, 황달, 메스꺼움, 복부팽만, 고열, 오한 등

③ **식사요법**

㉠ 급성기는 절식하고 수분과 전해질은 정맥주사로 공급

㉡ 저열량식 : 비만자의 체중 감소를 위해서 저열량식을 권장

㉢ 저지방식 : 기름기 없는 고기(삼겹살 ×), 흰살생선, 난백, 탈지우유 등을 공급

㉣ 고당질 : 쌀밥, 식빵, 죽, 과일 등을 공급

㉤ 알코올, 카페인, 탄산음료, 향신료, 자극성 식품, 가스형성식품은 피함

(2) 담석증 ⭐ ⭐

① **원인** : 담낭염과 함께 담낭 속에 농축된 담즙의 침체, 담즙의 성분 변화, 비만, 임신, 담낭 부위 압박, 코르셋 등
② **종류** : 콜레스테롤결석, 빌리루빈결석, 탄산칼슘결석
③ **증상** : 상복부의 심한 통증, 발작, 황달, 구토
④ **식사요법**
　㉠ 처음 하루는 절식하며 열량이 적은 식사를 함
　㉡ 통증이 없어진 후 유동식 → 연식 → 일반식으로 공급
　㉢ 무자극성 식이, 저에너지식, 저지방식을 하고 단백질은 정상 공급하며 고당질식, 비타민, 무기질을 보충

03 췌장질환

(1) 급성 췌장염 ⭐ ⭐ ⭐ ⭐ ⭐ ⭐ ⭐

① **원인** : 담낭염과 함께, 담석증, 만성 알코올 중독, 고지방식의 과식, 소화성 궤양, 세균 감염 등
② **증상** : 혈중 아밀라아제와 리파아제가 정상 수치의 3배 이상, 상복부 통증, 구토, 멀미, 복부 팽만, 발열 등
③ **식사요법**
　㉠ 급성기에는 2~3일 금식하고 수분과 전해질을 정맥주사로 공급
　㉡ 당질 함유 유동식 → 연식 → 일반식으로 이행
　㉢ 단백질은 초기에만 억제하되 호전되면 단백질을 늘림
　㉣ 저지방식
　㉤ 비타민 A, D, K와 비타민 B_{12}, C를 공급하고 알코올, 커피, 향신료, 탄산음료, 가스형성식품 등을 피함

(2) 만성 췌장염 ⭐ ⭐

① **원인** : 만성 알코올 중독, 급성 췌장염의 만성화
② **증상** : 상복부 통증, 구토, 설사, 체중 감소, 식욕부진, 설사, 영양불량 등
③ **식사요법**
　㉠ 급성 췌장염에 준해서 당질을 중심으로 공급
　㉡ 저지방식
　㉢ 단백질은 충분히 공급
　㉣ 당뇨병 발생 시 당뇨병 치료식에 준함

CHAPTER

04 적중예상문제

01 지방간의 생성을 방지하는 데 가장 좋은 영양소는?

① 포도당 ② 메티오닌
③ 아 연 ④ 수 분
⑤ 구 리

해설 항지방간 인자는 레시틴, 콜린, 메티오닌, 비타민 E, 셀레늄이다.

02 알코올성 간경변증 환자의 영양 섭취 방법으로 가장 옳은 것은?

① 저열량식으로 간에 부담을 없게 한다.
② 간성혼수를 막기 위해 저단백식을 실시한다.
③ 생물가가 높은 단백질 식품으로 고단백식을 실시한다.
④ 간세포의 보호를 위하여 고지방식으로 충분한 지방을 공급한다.
⑤ 식욕을 증진시키기 위해 소금 섭취량을 늘린다.

해설 알코올성 간경변증 환자에게는 간 기능이 정상화될 때까지 고열량 · 고단백 · 고비타민을 하고, 지방 · 나트륨은 제한해야 한다.

출제유형 37, 40

03 급성 간염 환자의 식사요법으로 옳은 것은?

① 고비타민, 저단백식, 고열량식 ② 고비타민, 고단백식, 저열량식
③ 고비타민, 고단백식, 고열량식 ④ 무단백식, 고섬유소식, 고열량식
⑤ 저열량식, 고당질식, 저지방식

해설 간질환은 간성혼수를 제외하고는 공통적으로 고열량, 고단백, 고비타민식으로 공급한다. 급성 간염 환자는 무자극성 식사, 고열량식, 고단백식, 고당질식, 중등지방, 고비타민식을 공급한다.

01 ② **02** ③ **03** ③ 정답

04 **간경변증 환자가 식도정맥류와 부종을 동반할 때 식사요법은?**

① 생채소를 충분히 섭취한다.

② 나트륨 섭취를 제한한다.

③ 마른과일을 충분히 섭취한다.

④ 저열량 식사를 한다.

⑤ 견과류를 충분히 섭취한다.

> **해설** 간경변증 환자의 식사요법
> - 고열량식, 고단백질식, 고당질식, 고비타민식을 한다.
> - 지방은 20% 내외로 중쇄지방산을 주며 알코올은 금한다.
> - 복수와 부종 시에는 나트륨 제한한다.
> - 식도정맥류 시에는 딱딱하거나 거친 음식(잡곡류, 견과류, 마른과일 등), 섬유질이 많은 생채소 섭취를 제한한다.

05 **175cm, 90kg인 50세 남자가 건강검진에서 지방간 판정을 받았다. 적절한 영양치료는?**

① 체중을 서서히 5~10kg가량 감량한다.

② 탄수화물은 하루 총 에너지의 75% 이상 섭취한다.

③ 단백질은 하루에 체중 1kg당 3g 이상 섭취한다.

④ 지방은 하루 총 에너지의 10% 미만으로 제한한다.

⑤ 식이섬유는 하루에 10g 미만으로 제한한다.

> **해설** BMI 수치상 29.39로 비만에 해당하며, 비만은 지방간의 원인이 되므로 체중을 서서히 감량(현재 체중의 10%를 3~6개월간 감량)하는 것이 가장 적절한 개선방법이다. 너무 갑작스러운 체중 감량은 오히려 지방간을 악화시킬 수 있으므로 주의해야 한다. 그리고 탄수화물, 단백질, 단백질의 구성 비율보다는 총 에너지 섭취량을 줄이는 것이 치료에 더 주요한 요소이다.

정답 04 ② 05 ①

06 간성혼수에 대한 설명으로 옳지 않은 것은?

① 혈액 내의 암모니아와 아민류의 증가로 중추신경 계통에서 독성을 일으켜 현기증으로 시작하여 혼수 상태로 빠지게 된다.

② 고단백, 고당질식을 한다.

③ 혈중 분지아미노산의 농도가 저하된다.

④ 혈중 세로토닌이 증가하여 신경흥분 과다를 유발한다.

⑤ 당질과 지방으로 충분한 열량을 주는 이유는 체단백질의 이화작용을 억제시키기 위해서이다.

> **해설** 간성혼수 시 단백질을 제한한다. 하루 단백질 공급량은 30~40g 정도가 적당하나, 심한 경우에는 20g 이하로 공급한다.

07 회복기 간염 환자의 식사요법 원칙으로 가장 옳은 것은?

① 고열량, 고단백, 중등지방

② 고열량, 고단백, 고지방

③ 고열량, 저단백, 중등지방

④ 저열량, 고단백, 저지방

⑤ 저열량, 고단백, 고지방

> **해설** 간염 환자의 식사요법
> - 고열량식 : 1일 3,000kcal 이상을 섭취한다.
> - 고단백식 : 1일 100g 이상을 취하고, 간세포의 재생과 지단백질 합성 및 촉진을 위한 식사이며, 지방간을 예방한다.
> - 고당질식 : 간에 글리코겐을 충분히 저장하여 간을 보호한다.
> - 중등지방 : 황달과 위장 장애가 있는 급성 초기에만 제한하고, 회복됨에 따라 적당량으로 증가시킨다.
> - 비타민을 충분히 섭취하고 알코올을 금지한다.

08 지방간 환자가 섭취를 제한해야 하는 식품은?

① 시금치

② 두 부

③ 고등어

④ 호 두

⑤ 와 인

해설 지방간이란 간세포에 중성지방이 축적된 질환으로, 기름진 음식, 단순당, 술, 폭식 등을 금한다.

09 급성 췌장염 환자의 식사요법에서 영양소의 공급 순서로 가장 옳은 것은?

① 지방 → 단백질 → 탄수화물

② 지방 → 탄수화물 → 단백질

③ 탄수화물 → 지방 → 단백질

④ 탄수화물 → 단백질 → 지방

⑤ 단백질 → 탄수화물 → 지방

해설 급성 췌장염 환자의 식사요법
- 3~5일 절음, 절식한다.
- 당질 함유 맑은 유동식 → 연식 → 일반식으로 이행 공급한다.
- 단백질은 초기에만 제한한 후 소화가 잘되는 식품으로 공급한다.
- 지방은 제한(MCT 공급)하고, 비타민 A, C, K, B_{12}는 공급한다.

10 췌장염 환자에게 가장 적합한 음식은?

① 닭튀김, 보리밥

② 생선구이, 쌀밥

③ 비프커틀릿, 현미밥

④ 흰쌀, 생선튀김

⑤ 핫도그, 감자구이

해설 소량의 우유, 지방 함량이 적은 어육류, 두부, 간, 닭고기, 소고기, 달걀 등은 기름을 사용하지 않아야 한다.

정답 08 ⑤ 09 ④ 10 ②

11 담석증 환자가 금식 이후 통증이 없어진 후 제일 먼저 섭취할 수 있는 식사 형태는?

① 고섬유소 일반식

② 고지방 일반식

③ 고지방 연식

④ 저지방 유동식

⑤ 고섬유소 유동식

> 해설 담석증 환자가 금식 이후 통증이 없어진 후 유동식 → 연식 → 일반식 순으로 공급하며, 저지방식을 원칙으로
> 한다.

12 담석증 환자의 식사요법은?

① 단백질이 많은 식사를 한다.

② 고열량 식사를 한다.

③ 섬유소가 적은 식사를 한다.

④ 당질이 적은 식사를 한다.

⑤ 지방이 적은 식사를 한다.

> 해설 담석증 환자의 식사요법
> • 처음 하루는 절식하며 열량이 적은 식사를 한다.
> • 통증이 없어진 후 유동식 → 연식 → 일반식으로 공급한다.
> • 무자극성 식이, 저에너지식(주로 당질로 공급), 저지방식을 하고 단백질은 정상 공급하며, 비타민, 무기질을
> 보충한다.

13 복수를 동반한 간성혼수 환자에게 제한해야 하는 것은?

① 나트륨

② 열 량

③ 지 방

④ 비타민

⑤ 분지아미노산

> 해설 간성혼수 시 저단백식을 하며 분지아미노산(류신, 이소류신, 발린)이 많고 방향족 아미노산이 적게 함유된 식품
> 을 주는 것이 좋으며, 복수 시 나트륨을 제한한다.

14 담낭과 담석증에 대한 설명으로 옳지 않은 것은?

① 담석증 환자는 자극적인 음식, 섬유질이 많은 음식, 가스를 많이 발생시키는 콩, 양파, 열무, 옥수수 등을 피하는 것이 좋다.

② 잣, 우유, 버터, 아이스크림의 지방이 담즙 분비를 촉진하기 때문에 담낭 수술 환자에게 는 부적합하다.

③ 담낭 수술 후 환자에게는 시원한 보리차, 작은 얼음덩어리, 꿀차, 유자차 등의 수분을 조 금씩 준다.

④ 담즙 분비를 감소시키는 식품은 당질 식품류이며, 육류, 콜레스테롤이 많은 지방식은 피 한다.

⑤ 담즙 생성에 도움을 주는 단백질을 증가시킨다.

> **해설** 식품 중의 지방과 지방산은 담낭을 자극하고 담관을 수축하는 데 영향을 미치고, 가스를 발생시키는 음식은 심 한 복통을 일으킨다. 무자극성 식이, 고당질식을 하고 단백질은 정상 공급한다.

출제유형 44

15 알코올성 간질환 환자의 식사요법으로 옳은 것은?

① 저혈당 예방을 위해 단순당을 충분히 제공한다.

② 단백질 섭취를 위해 기름기가 많은 고기를 직화구이로 제공한다.

③ 저에너지식을 제공한다.

④ 간성혼수의 합병증이 있으면 단백질 섭취를 제한한다.

⑤ 무기질, 비타민 보충제를 다량 제공한다.

> **해설** ① 저혈당이 발생할 수 있어 복합당질을 충분히 공급한다.
> ② 손상된 간세포의 재생을 위해 양질의 단백질 섭취가 필요한데 기름기가 적은 살코기 위주로 선택하고, 직화 구이 · 튀김보다는 수육 · 국 · 조림 등의 조리법을 활용하는 것이 좋다.
> ③ 충분한 에너지를 섭취할 수 있도록 한다.
> ⑤ 비타민과 무기질을 충분히 보충하기 위해 채소와 과일을 충분히 공급하며 필요시 보충제를 제공한다.

정답 14 ⑤ **15** ④

16 췌장염과 같은 지방흡수불량 환자에게 공급해야 할 것으로 옳은 것은?

① 급성기에는 1주일 정도 절식, 절음한다.

② 단백질과 지방의 공급은 줄인다.

③ 지용성 비타민 A, D, K는 공급하지 않는다.

④ 당질섭취를 위해 커피, 탄산음료는 섭취해도 된다.

⑤ 지방은 흡수가 좋은 중쇄지방산을 공급한다.

해설 췌장염은 알코올 중독, 고지방식의 과식, 소화성 궤양, 담석증 등이 원인이 되고 상복부 통증, 구토, 설사, 멀미, 복부 팽만, 발열, 식욕부진 등의 증상이 나타난다. 단백질은 초기에만 억제하고 증세가 호전되면 늘리고 지방은 흡수가 좋은 중쇄지방산(MCT 오일)을 공급한다.

17 간경변증 환자가 합병증으로 식도정맥류가 있을 때 제공할 수 있는 식품은?

① 생당근

② 양파장아찌

③ 현미밥

④ 무나물볶음

⑤ 건포도

해설 간경변증 환자가 합병증으로 식도정맥류를 동반할 때 딱딱하거나 거친 음식(잡곡류, 견과류, 마른과일 등), 섬유 질이 많은 생채소 섭취를 제한한다.

18 췌장염 환자의 급성기에는 제한하고 회복기에는 점차 늘려야 하는 영양소는?

① 탄수화물

② 단백질

③ 지 방

④ 나트륨

⑤ 수 분

해설 단백질은 초기에 제한하고 증세가 호전되면 점차 증가시킨다. 아미노산은 지방산과 함께 장벽을 자극하여 췌액 효소의 분비를 촉진하여 췌장에 자극을 주므로 초기에는 단백질을 제한한다. 증세가 호전되면 췌장 세포의 재 생을 위해 소화가 잘되는 단백질 식품을 선택하여 충분히 제공한다.

16 ⑤ **17** ④ **18** ② 정답

19 담낭염 환자에게 허용되는 음식은?

① 도 넛 ② 쌀 밥
③ 잣 죽 ④ 케이크
⑤ 삼겹살

해설 담낭염 환자의 식사는 담낭의 수축과 담도의 심한 발작을 예방하는 당질 위주의 저지방식이 좋다. 알코올, 카페인, 탄산음료, 향신료, 짜고 매운 자극성 식품, 가스형성식품의 과량섭취는 담낭 수축을 촉진하여 발작을 일으킬 수 있으므로 피해야 한다.

20 다음의 증상을 보이는 환자는 통증이 완화될 때까지 금식하고, 정맥영양을 통해 수분과 전해질을 공급한다. 그 이후에 제공하는 식사요법은?

> 술을 자주 마시는 이 씨가 상복부 통증으로 입원 후 혈액검사를 받은 결과, 혈청 아밀라아제(amylase)와 리파아제(lipase)의 농도가 정상 수준보다 매우 높았다.

① 고당질, 저지방식
② 고당질, 고지방식
③ 저당질, 저지방식
④ 저당질, 고지방식
⑤ 고단백, 고지방식

해설 급성 췌장염
- 혈액 검사상 아밀라아제와 리파아제 수치가 3배 이상 상승하고, 상복부 통증을 보인다.
- 당질은 비교적 소화가 잘되므로 당질을 중심으로 제공하며, 지방산은 췌액효소의 분비를 촉진하여 췌장에 자극을 주므로 지방은 증세가 호전되어도 여전히 제한하며 환자의 적응도에 따라 소량씩 증량한다.

21 단백질 섭취를 제한해야 하는 간질환은?

① 지방간 ② 간성혼수
③ 급성간염 ④ 간 암
⑤ 간경변증

해설 간성혼수 시 저단백식을 하며 분지아미노산(류신, 이소류신, 발린)이 많고 방향족 아미노산이 적게 함유된 식품을 공급하는 것이 좋다.

정답 **19** ② **20** ① **21** ②

CHAPTER 05 비만증과 체중 부족

01 비만

(1) 비만의 정의

체지방량이 보통 체중보다 비정상적으로 축적되어 체기능이 방해를 받는 상태

(2) 비만의 원인 ★ ★

① 단순성 : 과식, 식습관과 식사행동, 사회환경 요인(기계문명의 발달) 등으로 제일 많은 비율을 차지

② 유전성 : 양쪽 부모가 비만일 경우 자녀의 80%가 비만이고, 한쪽 부모만 비만일 경우 40~50%의 자녀가 비만이며, 양쪽 부모가 정상일 경우 10%의 자녀가 비만

③ 내분비성 : 부신피질호르몬 분비 증가, 갑상샘 기능저하증, 인슐린 과잉 분비, 에스트로겐 분비 증가, 시상하부 이상 등

④ 정신적 요인 : 사회적 · 심리적 스트레스와 욕구불만으로 음식 섭취가 증가

⑤ 잘못된 식습관 : 지방이 많고 단 음식을 좋아하거나 굶다가 한꺼번에 많이 먹는 습관이 있는 경우

⑥ 생리적 요인 : 연령 증가로 기초대사 감소

(3) 비만의 분류 ★ ★

① 체조직의 형태에 따른 분류
  ⊙ 지방세포 증식형 : 유년기에 집중적으로 지방세포 수 증가
  ⓛ 지방세포 비대형 : 성인비만에 해당하며 지방세포 크기의 증가
  ⓒ 지방세포 혼합형 : 사춘기비만으로 지방세포수의 증가와 지방세포 크기의 증가

② 지방조직 분포 부위에 따른 분류
  ⊙ 상체비만(복부비만) : 허리의 피하지방량이 둔부의 피하지방량보다 높은 경우로 당뇨병, 고지혈증 등 성인병 발병률이 높음(허리둘레 남성 90cm 이상, 여성 85cm 이상) ★ ★ ★ ★
  ⓛ 하체비만 : 허리의 피하지방량보다 둔부의 피하지방량이 큰 경우로 여자에게 많음
  ⓒ 내장형 비만 : 내장지방량 / 피하지방량 > 0.4
  ⓔ 피하지방형 비만 : 내장지방량 / 피하지방량 < 0.4

> **TIP**
>
> **마른비만**
> 체질량 지수(BMI)는 정상이지만 체지방률이 남성 25% 이상, 여성 30% 이상인 경우

요요현상(Yo-yo effect) ☆

- 식이요법으로 체중 감량을 하였지만 기초대사량의 저하로 체중이 다시 원래의 체중으로 돌아가는 현상이다.
- 증상이 반복될수록 체지방량이 증가하며 체중감량에 소요되는 시간이 점점 길어진다.
- 체중 감량 시 근육소모를 막기 위해 단백질을 충분히 섭취하고 운동을 하여 근육을 늘린다.

(4) 비만의 진단 및 판정

① Kaup 지수 : 영유아기부터 학령 전반기까지 - 22 이상 비만

$$\text{Kaup 지수} = \text{체중(kg)} / \text{신장(cm)}^2 \times 10^4$$

② Rohrer지수 : 학령기 이후 어린이 - 160 이상 비만

$$\text{Rohrer 지수} = \text{체중(kg)} / \text{신장(cm)}^3 \times 10^7$$

③ Vervaek 지수 : 92 이상 비만

$$\text{Vervaek 지수} = \text{체중(kg)} + \text{흉위(cm)} / \text{신장(cm)} \times 10^2$$

④ 표준체중(Broca 지수) : 중등 신장에만 적합하다는 단점이 있음

$$\text{표준체중(Broca 지수)} = [\text{신장(cm)} - 100] \times 0.9$$

⑤ BMI 지수(Body Mass Index ; 체질량 지수) : 30 이상 비만(WHO), 25 이상 비만(대한비만학회)

$$\text{BMI 지수} = \text{체중(kg)} / \text{신장(m)}^2$$

대한비만학회 기준치 : 18.5 미만(저체중), 18.5~22.9(정상), 23~24.9(비만 전 단계, 과체중), 25~29.9(1단계 비만), 30~34.9(2단계 비만), 35 이상(3단계 비만, 고도비만) ☆ ☆ ☆ ☆

⑥ 비만도 : 20% 이상 비만

$$\text{비만도(\%)} = (\text{실제체중} - \text{표준체중}) / \text{표준체중} \times 10^2$$

⑦ 비만도 : 120% 이상 비만

$$\text{비만도(\%)} = \text{실제체중} / \text{표준체중} \times 10^2$$

(5) 비만의 식사요법 ⭐ ⭐

① **에너지** : 1주일에 0.5~1kg을 줄이는 것이 바람직하며, 목표체중에 필요한 열량의 20%부터 감량

② **단백질** : 체조직 보수, 질소 균형 유지 등에 필요하므로 양질의 단백질을 총 열량의 15~20%로 공급하는 것이 좋음, 식물성·동물성 골고루 섭취

③ **당질** : 단백질의 열량 소모 방지, 케톤증, 신장의 Na 재흡수 장애 방지를 위해 적어도 1일 100g 이상의 당질을 섭취하고 채소, 현미, 과일 등을 통해 복합당질과 섬유소를 공급

④ **지방** : 만복감을 주며 지용성 비타민의 공급과 이용에 필수적이고 필수지방산 공급에 필요하며 총 열량의 15~20%가 적당

⑤ **비타민과 무기질** : 무기질, 비타민 섭취를 위해 우유, 채소, 과일, 해조류, 버섯류 등을 공급

⑥ **수분** : 제한하지 않고 충분히 공급

⑦ **알코올** : 1g당 7kcal를 내므로 금하는 것이 좋음

(6) 비만증의 치료 ⭐

① **식사요법** : 활동량에 맞게 1일 800~1,200kcal 정도로 나누어 섭취

② **운동요법** : 섭취한 것을 소모할 수 있을 정도로 운동을 매일 30분~1시간 정도 하는 것이 좋음

　㉠ **당질** : 분자 내에 산소를 많이 함유하므로 산소 소모량이 큰 운동에너지원

　㉡ **지방** : 산소 소모량이 작은 운동에너지원이므로 체지방을 줄이기 위해서는 뛰는 것보다 꾸준히 걷는 것이 좋음

③ **약물요법** : 식욕억제제(NEP, dopamin 관여), 소화·흡수억제제(cholestyramine), 이뇨촉진제, 신진대사촉진제

④ **수술요법** : 소장회로 수술, 위 성형술, 지방제거 수술 등

⑤ **행동수정요법** : 잘못된 생활습관, 식습관을 스스로 인식하고 수정하여 행동을 통제하는 것 ⭐

　㉠ **자기관찰** : 식사일기와 활동량 일지 작성하기

　㉡ **자기조절** : 식후에 장보기, 구매목록 작성해서 구매하기, 먹을 만큼만 조리하고 먹기, 천천히 식사하기 등

　㉢ **보상** : 구체적인 보상을 해줄 것(긍정), 벌을 주거나 야단을 칠 것(부정)

TIP

원푸드 다이어트 ⭐
체중감량에는 좋은 방법이지만 체내 수분과 체지방 성분이 줄어들고, 지방의 감소보다는 근육량의 감소로 기초대사량이 감소하는 결과를 낳는다.

TIP

초저열량 식이 ⭐
1일 400~800kcal의 열량을 섭취하여 단기간에 많은 체중 감소가 목적이다.

TIP

체지방 1kg = 7,700kcal
⭐ ⭐ ⭐ ⭐ ⭐ ⭐

TIP

한 달 후에 1키로 체중 감량 시 1일 줄이는 칼로리 : 250kcal ⭐

02 체중 부족

(1) 체중 부족의 원인

① 질환에 의한 경우 : 소모성 질환, 열병, 흡수 불량, 만성 설사, 당뇨병, 암, 치아질환

② 저영양 상태의 경우 : 뇌하수체, 갑상샘, 부신 등 내분비 장애

③ 기타 : 식욕부진, 비만에 대한 혐오, 신경성 과민스트레스 등

(2) 식사요법

① 위장, 소화기 장애 질병 시는 먼저 치료

② 신경 안정과 대인 관계를 개선

③ 열량 : 체지방 축적을 위해 1일 500~1,000kcal 정도 증가 ⭐

④ 단백질 : 체중 kg당 1.5g 정도로 1일 100g 이상을 공급

⑤ 지질 : 당질과 유화된 지질을 충분히 공급하고 식욕 증진을 위해 비타민 B군을 증가

03 대사증후군

(1) 정 의

생활습관병으로 심근경색이나 뇌졸중의 위험인자인 비만, 당뇨, 고혈압, 고지혈증, 복부비만 등의 질환이 한사람에게 한꺼번에 나타나는 것

(2) 원 인 ⭐

① 비만과 연관된 인슐린 저항성이 가장 중요한 인자

② 인슐린 저항성 : 인슐린이 분비됨에도 불구하고 인슐린의 작용이 감소된 상태

(3) 진단기준 ⭐ ⭐ ⭐ ⭐ ⭐ ⭐

3개 이상 해당된 경우 대사증후군으로 정의할 수 있음

① 허리둘레 : 남자 90cm 이상, 여자 85cm 이상

② 혈압 : 130/85mmHg 이상

③ 공복혈당 : 100mg/dL 이상 또는 당뇨병 과거력, 약물복용

④ 중성지방(TG) : 150mg/dL 이상

⑤ HDL-콜레스테롤 : 남자 40mg/dL 이하, 여자 50mg/dL 이하

(4) 식사요법 ⭐

저에너지식, 저염식, 채소, 불포화지방산, 복합당, 등푸른생선 섭취

CHAPTER

05 적중예상문제

01 비만 환자의 식사요법으로 옳은 것은?

> 가. 지방 함량이 많은 어육류를 제한한다.
> 나. 섬유질을 제한한다.
> 다. 단 음식을 제한한다.
> 라. 단백질을 제한한다.

① 가, 나, 다
② 가, 다
③ 나, 라
④ 라
⑤ 가, 나, 다, 라

해설 비만증 식사요법
- 섭취에너지를 제한하고 소비에너지를 증대시킨다.
- 저열량식으로 필요에너지를 섭취한다.
- 단백질 : 질소균형 유지를 위해 질 좋은 단백질을 공급한다.
- 지방 : 섭취에너지의 15∼20% 공급, 필수지방산을 공급한다.
- 당질 : 단백질의 에너지화, 지방의 불완전산화로 인한 케톤체 형성을 방지하기 위해 1일 100g을 공급한다.
- 비타민, 무기질 : 충분히 섭취한다.
- 식이섬유 : 당질·지질 흡수 지연, 공복감 완화의 기능이 있으며, 채소, 해초, 버섯 등 저에너지식품을 적극 섭취한다.

02 주로 유년기에 발생하는 비만 형태로, 성인이 된 후에도 비만으로 이어질 위험이 높은 것은?

① 지방세포 증식형 비만

② 지방세포 비대형 비만

③ 지방세포 혼합형 비만

④ 상체비만

⑤ 하체비만

해설 지방세포 증식형 비만은 유년기에 집중적으로 지방세포 수가 증가하는 것이다. 지방세포 수는 일단 늘어나면 평생 그 수가 줄지 않기 때문에 치료도 어렵고, 성인까지 비만이 이어질 확률이 높다.

출제유형 41

03 비만증 환자의 식이처방으로 옳은 것은?

① 저열량, 저단백질식이

② 저당질, 무지방식이

③ 고당질, 저단백질식이

④ 저열량, 질소균형 유지식이

⑤ 저당질, 저단백질식이

해설 비만증 환자의 식이처방은 저열량이면서 질소균형 유지를 위해서 질 좋은 단백질을 공급해야 한다.

출제유형 47

04 대사증후군의 진단기준 항목은?

① 몸무게

② 혈중 총콜레스테롤

③ 혈중 중성지방

④ 체질량지수

⑤ 경구당부하 2시간 후 혈당

해설 대사증후군의 진단기준 항목
　　　허리둘레, 혈압, 공복혈당, 중성지방, HDL-콜레스테롤

정답 **02** ① **03** ④ **04** ③

05 대한비만학회 '2020 비만 진료지침'에 근거했을 때 성인의 비만 평가기준에서 정상수치에 해당하는 것은?

① 여자 : 체질량지수 23kg/m², 허리둘레 87cm

② 여자 : 체질량지수 25kg/m², 허리둘레 86cm

③ 남자 : 체질량지수 23kg/m², 허리둘레 87cm

④ 남자 : 체질량지수 24kg/m², 허리둘레 92cm

⑤ 남자 : 체질량지수 26kg/m², 허리둘레 90cm

해설 성인 비만의 기준은 체질량지수 25kg/m² 이상으로 한다. 복부비만의 기준은 허리둘레를 측정하여 성인 남자에서는 90cm 이상, 성인 여자에서는 85cm 이상으로 한다.

06 비만의 식사요법으로 가장 바람직한 식품 구성은?

① 냉면, 어묵, 젓갈, 버섯

② 무밥, 버섯, 오이, 미역

③ 잡곡밥, 두부, 소다수, 오이

④ 보리밥, 다시마, 콜라, 달걀

⑤ 채소국, 미역, 아이스크림, 우유

해설 채소류 중 엽채류, 오이, 무 등과 대부분의 해조류는 열량도 많지 않고 섬유질 또는 수분이 많아서 저열량식에 이용된다. 버섯류도 섬유질을 많이 함유하고 있어서 비만의 식사요법에 이용하기에 좋다. 자반, 젓갈 같은 염장 식품은 짠맛으로 인해 오히려 식욕을 촉진시킬 수 있다. 현미밥, 보리밥, 콩나물국, 더덕구이 등도 바람직하다.

07 비만판정법 중에서 전체 체중에 대한 체지방의 비율로 비만의 정도를 나타내는 것은?

① 비만도　　　　　　　　② 영양지수

③ 체 적　　　　　　　　④ 체지방률

⑤ 피하지방 두께

해설 체지방률
피하지방의 두께를 캘리퍼(caliper)로 측정한 후 체성분 중 지방의 양이 전체 체중의 몇 %인가로 비만의 정도를 나타낸다.

08 비만을 치료하기 위해 행동수정요법(자기관찰 → 자기조절 → 보상)을 적용하려고 한다. 자기조절 단계에 해당하는 것은?

① 식사 후에 장보기를 한다.

② 체중감소에 달성하면 선물을 한다.

③ 식사일기를 작성한다.

④ 바람직하지 못한 행동을 할 경우 벌을 준다.

⑤ 활동량 일지를 작성한다.

해설 행동수정요법
- 자기관찰 : 식사일기와 활동량 일지 작성하기
- 자기조절 : 식후에 장보기, 구매목록 작성해서 구매하기, 먹을 만큼만 조리하고 먹기, 천천히 식사하기 등
- 보상 : 구체적인 보상을 해줄 것(긍정), 벌을 주거나 야단을 칠 것(부정)

09 25세 비만여성이 체중 조절을 위해 평상시보다 하루에 600kcal 적게 섭취하고 있다. 1개월 후 이 환자는 어느 정도의 체중 감량이 되는가?

① 약 1.5kg

② 약 2.5kg

③ 약 3.5kg

④ 약 4.5kg

⑤ 약 5.5kg

해설 체지방의 열량가는 1kg당 7,700kcal, 하루 1,100kcal 섭취 감소 → 1주일에 1kg 체중 감소
600kcal × 30일 = 18,000kcal → 18,000kcal / 7,700kcal = 2.34

10 신장이 160cm이고 체중이 60kg인 사람의 체질량 지수(BMI)는 얼마인가?(반올림하여 소수점 이하 첫째 자리까지 나타낼 것)

① 11.1 ② 23.4

③ 26.7 ④ 33.8

⑤ 37.5

해설 체질량 지수는 현재 비만도의 판정에 매우 유용하게 쓰이는 지표이며, 이의 계산 방식은 체중(kg) / 신장(m)^{2}이므로 60 / 2.56을 계산하면 약 23.4가 된다.

정답 08 ① 09 ② 10 ②

11 체지방의 열량가를 기준으로 할 때 1주일에 500g의 체중을 감소시키려면 하루 몇 kcal의 섭취를 감소시켜야 하는가?

① 450kcal   ② 500kcal

③ 550kcal   ④ 600kcal

⑤ 650kcal

> **해설** 체지방의 열량가는 1kg당 7,700kcal이다. 500g의 체중을 감소시키려면 1kg = 1,000g이므로, 7,700kcal / 2 = 3,850kcal, 기간이 1주일이므로 하루에 3,850kcal / 7 = 550kcal의 열량 섭취를 감소시켜야 한다.

12 비만인 25세 여자의 하루 에너지 섭취량은 2,700kcal이다. 식사요법으로 2주일에 체중 1.4~1.5kg을 줄이려면 하루에 섭취해야 하는 적정 에너지양은?

① 1,200kcal   ② 1,400kcal

③ 1,700kcal   ④ 1,900kcal

⑤ 2,300kcal

> **해설** 체지방 칼로리
> 체지방은 1kg에 약 7,700kcal로, 2주일에 체중 1.4~1.5kg을 줄이려면 7,700 × 1.4 / 14 = 770kcal, 700 × 1.5 / 14 = 825kcal만큼 덜 섭취해야 한다. 2,700 − 770 = 1,930, 2,700 − 825 = 1,875 즉, 1,875~1,930kcal를 섭취하면 된다.

13 BMI(체질량지수)에 관한 설명으로 옳은 것은?

① BMI 25.0kg/m²이면 저체중이다.
② 체지방량과 키를 이용하여 계산한다.
③ 영아의 영양상태를 진단한다.
④ 피하지방의 양을 측정할 수 있다.
⑤ BMI가 정상 이상이면 만성질환의 발생 위험이 높다.

> **해설** BMI(체질량지수)
> • 체중(kg)/신장(m)²을 이용하여 성인 비만 판정에 이용된다.
> • 18.5 미만(저체중), 18.5~22.9(정상), 23~24.9(과체중), 25~29.9(1단계 비만), 30~34.9(2단계 비만), 35 이상 (3단계 비만)
> • BMI가 정상 이상이면 만성질환의 발생 위험이 높다.

14 비만 환자를 위한 식사요법은?

① 당질은 적어도 1일 100g 이상 공급한다.

② 단백질은 식물성 위주로 공급한다.

③ 지질은 총에너지의 5% 이내 공급한다.

④ 수분 섭취를 제한한다.

⑤ 식이섬유 섭취를 제한한다.

해설 ② 단백질은 동물성 · 식물성을 적절히 섞어서 공급해야 단백질 합성 효율이 높아진다.

③ 지질은 총에너지의 15~20%로 공급한다.

④ 수분은 제한하지 않고 충분히 공급한다.

⑤ 식이섬유는 식사의 열량 밀도를 낮추고 공복감을 줄여주므로 충분히 공급한다.

15 대사증후군 환자에게 적절한 식사요법은?

① 단백질 섭취를 줄인다.

② 식이섬유가 풍부한 채소를 충분히 섭취한다.

③ 동물성 지방성을 충분히 섭취한다.

④ 에너지 섭취를 증가시킨다.

⑤ 단순당을 충분히 섭취한다.

해설 대사증후군 환자는 저에너지식, 저염식, 채소, 불포화지방산, 복합당, 등푸른생선 위주로 식사를 한다.

16 다이어트 프로그램에 참여한 대상자가 복부비만인지를 판정하기 위해 사용할 수 있는 방법은?

① 밀도측정법

② 엉덩이둘레

③ 허리둘레

④ 삼두근

⑤ 체질량지수

해설 허리둘레

남자 90cm 이상, 여자 85cm 이상 시 복부비만으로 판정한다.

정답 **14** ① **15** ② **16** ③

17 단식 초기에 나타나는 급격한 체중 감소의 주된 원인은?

① 회분 손실
② 체수분 손실
③ 체지방 손실
④ 나트륨 손실
⑤ 체단백질 손실

해설 단식 초기의 며칠 동안에는 수분과 나트륨의 손실이 크게 일어나 급격한 체중 감소가 나타난다. 이때 체중 감소의 주된 원인은 수분 손실로 인한 것이며, 신체는 초기에 체액 손실이 컸던 것을 다시 복원시키는 경향이 있으므로 이후의 체중 감소는 오히려 완만하게 나타난다.

18 대사증후군 환자의 식사요법은?

① 쇼트닝 대신 마가린을 섭취한다.
② 육류 대신 가공육제품을 섭취한다.
③ 흰밥 대신 현미를 섭취한다.
④ 설탕 대신 꿀을 섭취한다.
⑤ 생과일 대신 과일주스, 통조림으로 섭취한다.

해설 ① 쇼트닝과 마가린은 트랜스지방으로 섭취를 제한한다.
② 육류는 껍질과 지방을 제거하고 섭취한다.
④ 설탕, 꿀 등 단순당의 섭취를 줄이고, 식이섬유소의 함량이 높은 복합당의 형태로 섭취한다.
⑤ 과일주스나 통조림 대신 생과일 형태로 섭취한다.

19 키 165cm의 몸무게 54kg인 30대 여자의 BMI 지수로 옳은 것은?

① 16
② 18
③ 20
④ 22
⑤ 24

해설 BMI 계산식
BMI 지수 = 체중(kg) / 신장(m)^2
= 54 / (1.65 × 1.65) ≒ 20

17 ② 18 ③ 19 ③ 정답

20 검사결과 다음의 수치를 보이는 사람이 있다. 이 사람의 병명으로 옳은 것은?

> • BMI : 23
> • 중성지방(TG) : 160mg/dL
> • HDL : 55mg/dL
> • 혈압 : 140/85mmHg
> • 공복혈당 : 108mg/dL

① 고혈압   ② 비 만
③ 당 뇨   ④ 심근경색
⑤ 대사증후군

해설 대사증후군
- 생활습관병으로 심근경색이나 뇌졸중의 위험인자인 비만, 당뇨, 고혈압, 고지혈증, 복부비만 등의 질환이 한 사람에게 한꺼번에 나타나는 것이다.
- 진단 기준 – 3개 이상 해당된 경우 대사증후군 판정
  - 허리둘레 : 남자 90cm 이상, 여자 85cm 이상
  - 혈압 : 130/85mmHg 이상
  - 공복혈당 : 100mg/dL 이상 또는 당뇨병 과거력, 약물복용
  - 중성지방(TG) : 150mg/dL 이상
  - HDL : 남자 40mg/dL 이하, 여자 50mg/dL 이하

21 비만의 원인이 될 수 있는 요건으로 옳은 것은?

① 갑상샘 기능항진증
② 부신피질호르몬 분비 감소
③ 느린 식사 속도
④ 균형 잡힌 세끼 식사
⑤ 활동량 대비 에너지 섭취 과다

해설 비만의 원인
- 단순성 비만 : 과식, 식습관과 식사행동, 사회환경 인자
- 유전(체질) : 양쪽 부모가 모두 비만일 경우에 자녀의 80%, 한쪽 부모일 경우는 40%, 양쪽 부모 모두 정상일 경우는 10% 비만
- 운동 : 육체적 활동이 적은 사람(열량 소모가 적기 때문)
- 내분비성 : 갑상샘 기능저하증(hypothyroidism), 부신피질호르몬 분비 증가, 갱년기 후, 인슐린 분비 과잉 등
- 정신·심리적 인자 : 시상하부의 종양 손상, 섭식중추의 항진, 만복중추 장해, 정서 불안, 욕구불만 등

정답 **20** ⑤ **21** ⑤

22 비만 환자가 운동요법과 식사요법을 병행했을 때 체내에서 나타나는 변화는?

① 인슐린 저항성이 증가한다.
② 단위 체중당 근육량이 증가한다.
③ LDL 콜레스테롤이 증가한다.
④ 기초대사율이 감소한다.
⑤ 양의 에너지 균형을 이룬다.

해설 ① 인슐린 저항성이 감소한다.
③ LDL 콜레스테롤은 감소하고 HDL 콜레스테롤은 증가한다.
④ 기초대사율이 증가한다.
⑤ 에너지 섭취량이 에너지 소모량보다 적은 상태인 음의 에너지 균형을 이룬다.

23 비만아의 영양교육을 실시함에 있어서 옳지 않은 것은?

① 고열량식품의 섭취량을 줄이도록 교육한다.
② 몸무게 측정치를 정확히 본인에게도 알린다.
③ 비만아 자신이 식습관을 검토하여 문제점을 파악한다.
④ 계획안을 본인과 검토하여 실천의 어려움을 미리 논의해 본다.
⑤ 보호자의 역할이 크므로 본인보다는 보호자에게 중점적 교육을 실시한다.

해설 비만아 예방을 위해서는 학교와 학부모, 아동의 일치된 협력이 필요하며, 또한 올바른 식품선택과 식사법을 지도해야 한다.

24 초저열량 식이에 대한 설명으로 옳은 것은?

① 1일 1,100kcal을 섭취한다.
② 신체에 무리를 주지 않는 효과적인 체중감소 방법이다.
③ 비타민, 무기질 보충은 하지 않아도 된다.
④ 케톤증이 발생할 수 있다.
⑤ 요요현상이 거의 발생하지 않는다.

해설 초저열량 식이(Very Low Calorie Diet, VLCD)
• 1일 400~800kcal의 열량을 섭취하여 단기간에 많은 체중감소가 목적이다.
• 초기 급격한 체중감소 효과 있으나 장기적 저열량식에 비해 체중감소 효과가 떨어진다.
• 케톤증의 발생 및 신체에 무리가 온다.
• 비타민과 미네랄 (특히 칼륨과 마그네슘)을 반드시 포함해야 한다.

22 ② **23** ⑤ **24** ④ 정답

25 대한비만학회에서 제시하는 체질량지수(BMI)의 정상 범위는?

① 18.5 미만
② 18.5 ~ 22.9
③ 23 ~ 24.9
④ 25 ~ 29.9
⑤ 30 ~ 34.9

> 해설 체질량지수(BMI)
> • 성인의 비만판정에 유효함
> • 18.5 미만(저체중), 18.5~22.9(정상), 23~24.9(과체중), 25~29.9(1단계 비만), 30~34.9(2단계 비만), 35 이상(3단계 비만)

26 요요현상에 대한 설명으로 옳은 것은?

① 근육량이 증가된다.
② 체지방량이 감소된다.
③ 기초대사량이 감소된다.
④ 갈색지방 세포가 많으면 요요현상이 빨리 온다.
⑤ 백색지방 세포가 많으면 요요현상이 늦게 온다.

> 해설 • 요요현상은 식이요법으로 체중 감량을 하였지만 기초대사량의 저하로 감량했던 체중이 다시 원래의 체중으로 돌아가는 현상이다.
> • 갈색지방은 열발산을 증가시켜 기초대사량을 높이고, 백색지방은 에너지를 저장하여 비만을 유발한다.

27 대한비만학회(2020년)에서 제시하는 체질량지수의 성인 2단계 비만에 속하는 수치는?

① $20kg/m^2$
② $23kg/m^2$
③ $26kg/m^2$
④ $29kg/m^2$
⑤ $32kg/m^2$

> 해설 BMI(대한비만학회기준치)
> 18.5 미만(저체중), 18.5~22.9(정상), 23~24.9(비만 전 단계, 과체중), 25~29.9(1단계 비만), 30~34.9(2단계 비만), 35 이상(3단계 비만, 고도비만)

정답 **25** ② **26** ③ **27** ⑤

CHAPTER 06 심장혈관계 질환

01 심장질환

(1) 울혈성 심부전 ⓢ ⓢ

① 원인 : 심장판막증, 심근질환, 심내막염, 부정맥, 관상동맥질환 등 심장혈관계의 장애로 인해서 온몸으로 혈액이 충분히 운반되지 못하여 심장기능 장애가 발생

② 증 상

㉠ 심장근육 약화, 심박출량이 감소되면 신장혈류량이 감소되고 물과 나트륨의 배설 감소로 이어져 정맥압이 상승되고 부종이 나타남

㉡ 좌심부전 시 폐울혈, 폐부종, 호흡곤란, 기침, 천식, 가래, 혈담 등이 나타나고 우심부전으로 진행되어 정맥울혈, 말초부종 등이 나타남

③ 식사요법 ⓢ ⓢ ⓢ ⓢ ⓢ

㉠ 열량 : 신체 생리기능을 유지할 정도의 저열량식(1,000~1,200kcal)

㉡ 단백질 : 정상 기능을 유지하기 위하여 양질의 단백질을 공급

㉢ 지방 : 지방은 제한하되 불포화지방산을 증가

㉣ 나트륨 : 부종이 생기기 쉬우므로 부종을 줄이기 위해 나트륨 섭취 제한

㉤ 수분 : 부종이 있는 경우 1일 소변량에 따라 수분 섭취 제한

㉥ 수용성 비타민 보충

> **영양보충**
>
> 나트륨의 제한
> • 무염식 : 하루에 나트륨을 400mg(식염 1g) 이하로 엄격히 제한하며 시금치, 케일, 근대, 쑥갓, 비트, 우유, 어육류 등과 미원, 간장, 소금을 금한다. → 나트륨 함량이 높은 식품
> • 저염식 : 하루에 2,000mg(식염 5g) 정도를 공급한다.
> • 중염식 : 하루 3,000~4,000mg(식염 8~10g) 정도를 공급한다.
> • 나트륨 제한 시는 설탕, 식초, 깨 등으로 조미하며, 이뇨제 사용 시 저칼륨이 발생되면 칼륨을 보충한다.

(2) 허혈성 심장병

① 협심증 ⭐

    ㉠ 원인 : 일이나 운동과잉으로 심근의 산소 수요량 증가, 관상동맥경화·협착, 고혈압, 고지혈증, 비만 등

    ㉡ 증상 : 흉부의 통증, 호흡곤란, 부정맥 등

    ㉢ 식사요법 : 동맥경화증에 준함

② 심근경색

    ㉠ 원인 : 관상동맥경화로 모세혈관에 혈액이 공급되지 않아 심근의 세포가 죽어 굳어지는 상태이며 이외 원인으로 고지혈증, 당뇨, 고혈압 등이 있음

    ㉡ 증상 : 흉부 등의 통증, 혈압 저하, 부정맥, 구토, 창백, 손발이 참

    ㉢ 식사요법

      • 처음 2~3일 동안은 500~800kcal의 유동식을 주고 당질 중심으로 저열량, 저지방, 저염식, 고단백으로 소량 자주 공급

      • 회복기에는 동맥경화증 식사에 준하고 포화지방산과 콜레스테롤 섭취를 줄이며 불포화지방산, 특히 등푸른생선과 들기름, 콩기름 등을 많이 섭취

02 고지혈증

(1) 지단백질의 의의

지단백질은 콜레스테롤, 중성지방, 인지질, 유리지방산의 함유 비중에 따라 분류되며 이들 중 하나 또는 둘 이상의 농도가 비정상적으로 증가한 상태

> **TIP**
>
> **이상지질혈증**
>
> 고지혈증, 고콜레스테롤혈증, 고중성지방혈증을 모두 포함하는 광의의 질환명으로, 총콜레스테롤, LDL-C, 중성지방이 증가한 상태이거나 HDL-C이 감소한 상태를 뜻한다.

(2) 지단백질의 종류

① chylomicron(유미입자) : 중성지방이 약 90%로 크기가 가장 큼(소장점막에서 합성 후 중성지방을 간으로 운반)

② pre-β-lipoprotein, VLDL(초저밀도 지단백) : 중성지방 약 50%, 콜레스테롤 약 20%, 나머지가 인지질과 단백질로 구성

③ β-lipoprotein, LDL(저밀도 지단백) : 콜레스테롤 45%, 중성지방 10%, 단백질 25%, 인지질 20%로 구성

④ α-lipoprotein, HDL(고밀도 지단백) : 단백질 50%, 인지질 22%, 콜레스테롤 17%, 중성지방 8%로 구성(간과 소장에서 합성되어 콜레스테롤을 간으로 운반하여 동맥경화를 예방)

(3) 고지혈증의 분류와 치료식 ⭐ ⭐ ⭐ ⭐ ⭐ ⭐

① 고chylomicron혈증(제1형) : LPL의 활성 저하 및 결핍으로 고지방식에 의해 발생
  ㉠ 증상 : 급성 복증, 췌장염, 황색종 등
  ㉡ 치료 : 저지방식을 하고 알코올 금지

② 고LDL혈증(제2형 a) : 간조직의 LDL 수용체 이상, 간의 콜레스테롤 합성 증가로 인한 LDL 생성률 증가, 혈중 콜레스테롤 농도 상승 등이 원인
  ㉠ 증상 : 허혈성 심장질환, 황색종, 대사증후군 등
  ㉡ 치료 : 포화지방산 섭취를 제한하고 다가불포화지방산을 섭취하며, 콜레스테롤을 제한

③ 고LDL, 고VLDL혈증(제2형 b) : LDL 수용체 이상, VLDL과 LDL 합성 증가로 중성지방과 콜레스테롤이 높아짐
  ㉠ 증상 : 허혈성 심장질환, 황색종, 대사증후군 등
  ㉡ 치료 : 열량, 당질, 포화지방산, 콜레스테롤을 제한하고 다가불포화지방산을 증가

④ 고IDL혈증(제3형) : VLDL이 LDL로 대사되는 과정에서 아포단백 E의 이상으로 IDL의 농도가 상승하며, 콜레스테롤과 중성지방이 모두 증가
  ㉠ 증상 : 황색종, 말초동맥경화증 등
  ㉡ 치료 : 체중 감소, 콜레스테롤 · 농축 당질 · 전분 · 지방은 제한하고 고단백식이

⑤ 고VLDL혈증(제4형) : VLDL 합성 증가와 VLDL 처리 장애로 발생, 당질 섭취가 많은 사람에게 흔히 발생
  ㉠ 증상 : 허혈성 심장병, 저HDL혈증 등
  ㉡ 치료 : 정상체중 유지, 중정도의 콜레스테롤을 공급하며 열량, 당질 등을 제한

⑥ 고chylomicron혈증, 고VLDL혈증(제5형) : chylomicron과 VLDL의 처리 장애와 VLDL의 합성 항진으로 발생
  ㉠ 증상 : 급성 복증, 췌장염, 황색종, 허혈성 심장질환 등
  ㉡ 치료 : 정상체중 유지, 불포화지방산 섭취 증가, 고단백식, 중정도 콜레스테롤 유지하며 열량, 지방, 당질 등을 제한

(1) 동맥경화의 분류

① 내막성 동맥경화 : 가장 흔한 형태로 대동맥, 관상동맥 등 굵은 동맥에 콜레스테롤, 섬유성 물질, 칼슘 침착으로 혈관이 두꺼워지고 혈관조직에 장애가 발생(죽상 또는 아테롬성 동맥경화라고도 함)

② 중막성 동맥경화 : 당뇨나 노화와 관련되며 경동맥이나 말초동맥 중막에 칼슘 침착으로 섬유화현상이 나타나 동맥의 탄력성이 저하되고 경화가 나타남(동맥의 노화현상)

③ 세동맥경화 : 신장, 간장 등의 내피세포의 변성과 증식으로 내막과 중막이 비후해지는 현상으로 신경화, 뇌출혈, 뇌경색 등을 일으킴

(2) 동맥경화의 원인

① 고혈압 : 혈액 내 지질량 증가와 혈압이 높을 때 촉진

② 흡연 : 일산화탄소는 저산소증을 유발시키고 혈청 지질 농도를 증가

③ 고콜레스테롤 : 고지방식, 다량의 당질 섭취, 아연과 구리 비율의 불균형, 피로, 스트레스, 비만, 성호르몬, 당뇨병, 유전 등

(3) 동맥경화증의 혈중 지질 대사 장애(변화)

① 총 지질량의 변화

② 인지질 증가

③ LDL 상승, HDL 감소

④ 중성지방의 증가

⑤ 유리지방산의 증가

⑥ LPL(lipoprotein lipase) 감소

⑦ 콜레스테롤 증가

(4) 동맥경화증의 식사요법 ☆ ☆ ☆

① **열량** : 표준체중 유지 정도로 섭취량 조절

② **당질** : 복합당질과 섬유소를 충분히 공급(pectin은 혈중 콜레스테롤 농도를 저하시킴)

③ **단백질** : 총 열량의 15~20% 정도

④ **지방** : 총 열량의 15~20% 정도, 불포화지방산이 높은 식물성 지방(들기름, 콩기름)이 좋으며 등푸른생선에는 EPA가 많아 혈소판 응집을 억제

⑤ **비타민** : 비타민 E, 니아신, 판토텐산, 콜린 등은 동맥경화를 예방하므로 충분히 공급

⑥ **나트륨** : 1일 3g을 초과하여 공급하지 않음

⑦ 설탕, 알코올, 커피 등은 제한

04 　고혈압, 저혈압

(1) 고혈압

① 고혈압의 진단

혈압 분류	수축기 혈압(mmHg)		이완기 혈압(mmHg)
정상혈압	<120	그리고	<80
주의혈압	120~129	그리고	<80
고혈압전단계	130~139	또는	80~89
고혈압 1기	140~159	또는	90~99
고혈압 2기	≧160	또는	≧100
수축기단독고혈압	≧140	그리고	<90

[출처 : 대한고혈압학회 2022 진료지침]

② **고혈압의 원인** ⭐

ㄱ 신경성 : 교감신경의 자극으로 인한 정신의 중압감, 스트레스, 흥분, 불안, 과로, 긴장 등

ㄴ 내분비 : 부신수질의 에피네프린, 노르에피네프린과 부신피질의 알도스테론이 분비되어 혈압이 상승

ㄷ 신장성 : 혈류량 감소로 신세뇨관에서 나트륨의 재흡수가 감소되면 레닌(rennin)의 분비가 상승되어 혈중으로 들어가 혈압이 상승

ㄹ 염류성 : 식염의 과량 섭취로 나트륨이온이 체내에 과잉축적되어 세포외액량의 증가로 혈압이 상승

ㅁ 유전 : 양쪽 부모일 경우는 약 70%, 한쪽 부모가 고혈압이면 약 50%가 발병

ㅂ 식사성 인자 : 알코올, 육식, 지방, 설탕 등의 다량 섭취, 칼륨의 섭취 부족으로 혈압이 상승

ㅅ 약물 : 식욕억제제, 경구피임약, 제산제, 항염제 등

③ **고혈압의 식사요법** ⭐36 ⭐41 ⭐43 ⭐45 ⭐47

ㄱ 열량 : 적절한 체중을 유지할 수 있도록 열량을 제한

ㄴ 단백질 : 총 열량의 15~20%, 질소평형과 신장의 정상적인 질소의 배설을 위해서 양질의 단백질을 충분히 공급(신성 고혈압 제외)

ㄷ 지질 : 총 열량의 20% 정도 EPA가 많은 등푸른생선과 불포화지방산이 많은 식물성 기름을 공급(저지방 식사)

ㄹ 당질 : 총 열량의 60% 정도, 복합당질과 섬유소를 증가시키고 정제된 당은 감소

ㅁ 무기질 : 나트륨은 제한하고 칼륨을 충분히 공급

ㅂ 알코올 : 제한

영양보충

DASH(Dietary Approaches to Stop Hypertension) Diet ⭐45 ⭐46 ⭐47
- 포화지방산 및 콜레스테롤, 지방 등의 총량을 줄인다.
- 과일, 채소, 저지방 유제품 섭취를 늘린다.
- 전곡류를 통하여 식이섬유 섭취를 늘린다.
- 소금은 1일 6g 이하로 줄인다.
- 단 간식 및 설탕 함유 식품 섭취를 줄인다.

---

(2) 저혈압

① **원인** : 최고혈압이 100mmHg, 최저혈압이 60mmHg 이하인 상태이며 원인을 모르는 본태성 저혈압이 많고 심장 쇠약, 암, 영양부족, 내분비질환 등

② **증상** : 무기력, 피로, 불면증, 현기증, 두통, 손발이 차고 쉽게 놀라며, 체질적으로 약함

③ **식사요법** : 규칙적인 식습관으로 고열량, 고단백, 고비타민식이로 식욕을 촉진시키며 소화 흡수가 잘되는 음식을 공급

(1) 뇌졸중의 분류

① **뇌경색** : 뇌혈관이 막히고 그 앞의 뇌조직이 괴사하게 되는 질환
② **뇌출혈** : 뇌혈관의 약해진 부위가 파열되어 출혈이 일어나는 질환

(2) 위험요인 및 증상

① **위험요인** : 고혈압, 당뇨병, 동맥경화증, 고지혈증, 심장질환, 흡연, 과음 등
② **증상** : 언어장애, 반신불수, 두통, 구토, 연하곤란, 혼수상태 등

(3) 뇌졸중의 식사요법 ☆ ☆ ☆

① 연하곤란 시 다소 걸쭉하게 점도를 높인 형태의 식사로 공급
② 콜레스테롤, 포화지방산, 염분 제한
③ 식이섬유소를 충분히 공급

CHAPTER 06 적중예상문제

출제유형 47

01 다음의 식사요법이 필요한 질환은?

> • 나트륨과 수분 섭취를 제한한다.
> • 단백질을 충분히 섭취한다.
> • 소량씩 자주 섭취한다.

① 급성 췌장염
② 위궤양
③ 당뇨병
④ 갑상샘기능저하증
⑤ 울혈성 심부전

해설 울혈성 심부전의 식사요법
과량의 식사는 호흡 곤란을 유발하므로 매끼의 식사량을 감소시키고 식사 횟수를 늘리도록 하며, 양질의 단백질을 공급하여 영양의 균형을 유지한다. 부종이 생기기 쉬우므로 부종을 줄이기 위해 나트륨 섭취를 제한하며, 부종이 있는 경우 1일 소변량에 따라 수분 섭취를 제한한다.

출제유형 46

02 총콜레스테롤과 LDL-콜레스테롤 수치가 모두 높은 환자에게 제공할 수 있는 식품은?

① 케이크
② 소갈비
③ 소시지
④ 닭껍질튀김
⑤ 돼지등심찜

해설 총콜레스테롤과 LDL-콜레스테롤 수치가 모두 높은 경우 포화지방산과 콜레스테롤이 낮은 식품을 섭취해야 한다. 소갈비, 소시지, 닭껍질튀김, 케이크에는 포화지방이 많으므로 섭취를 제한하고, 육류는 기름기를 제거하고 살코기만 섭취한다.

정답 01 ⑤　02 ⑤

03 심장병의 원인과 가장 관계가 먼 것은?

① 열량 과다 섭취

② 콜레스테롤 다량 섭취

③ 염분 과다 섭취

④ 비타민 과다 섭취

⑤ 스트레스

해설 심장병 환자에게 비타민류는 충분히 공급해야 한다.

04 소금을 금하는 심부전 환자에게 줄 수 있는 식품은?

① 고춧가루

② 겨 자

③ 복합조미료(MSG)

④ 계피가루

⑤ 맛소금

해설 부종이 있는 심부전 환자는 소금이나 고춧가루, 식초 등 자극성 있는 식품을 제한하며 저염식의 맛을 돕기 위하여 부드러운 향신료인 계피, 정향과 후추, 생강은 중환을 제외하고는 소량 사용할 수 있다.

출제유형 47

05 뇌졸중으로 연하곤란을 겪는 환자에게 제공할 수 있는 식품은?

① 콩나물국

② 수 박

③ 가래떡

④ 연두부

⑤ 쿠 키

해설 연하곤란(삼킴장애)은 음식을 씹고 삼키는 것이 어려운 것으로, 걸쭉하고 부드러운 형태로 식사를 제공한다.

06 다음은 심근경색증 환자에 대한 식사요법이다. 옳은 것이 모두 조합된 것은?

> 가. 식염의 섭취를 제한한다.
> 나. 차거나 뜨거운 음식으로 제공한다.
> 다. 식사는 소량씩 자주 공급한다.
> 라. 고열량식이를 제공한다.

① 가, 나, 다
② 가, 다
③ 나, 라
④ 라
⑤ 가, 나, 다, 라

해설 협심증이나 심근경색 환자의 경우 원인이 되는 동맥경화를 예방하고 심장에 부담을 주지 않도록 에너지 제한과 특히 동물성 유지나 콜레스테롤을 많이 함유한 식품은 되도록 삼간다. 식사는 소량, 자주 공급하고 온도가 너무 차거나 뜨겁지 않게 공급한다.

07 다음 환자에게 식사계획으로 권장하는 것은?

> • 키 165cm, 체중 80kg인 50세 남자
> • 수축기 혈압 155mmHg, 이완기 혈압 95mmHg

① 에너지 – 2,400kcal/일
② 탄수화물 – 50g/일
③ 식이섬유 – 30g/일
④ 단순당 – 총 에너지 섭취량의 35%/일
⑤ 소금 – 20g/일

해설 고혈압 1기 환자로, 비만을 동반하고 있다. 정상체중을 유지하도록 열량을 제한하며, 탄수화물은 케톤증 예방을 위해 최소 100g/일을 섭취한다. 단순당의 섭취는 줄이고, 소금은 1일 6g 이하로 제한한다. 식이섬유는 체내의 나트륨을 흡착해 대변으로 배설시키는 작용을 통해 혈압 상승을 억제하므로, 50세 남자의 1일 충분섭취량인 30g을 섭취한다.

정답 06 ② 07 ③

08 혈중 콜레스테롤을 증가시키는 요인은?

① 수용성 섬유질

② 포화지방산

③ 카페인

④ 타우린

⑤ 불포화지방산

해설 포화지방산은 동물성 기름에 많으며 혈중 콜레스테롤을 증가시키므로 가급적 섭취를 제한해야 한다.

09 뇌졸중 환자가 섭취해도 좋은 유지는?

① 들기름

② 마가린

③ 라 드

④ 생크림

⑤ 코코넛유

해설 뇌졸중 시 포화지방산, 콜레스테롤의 섭취는 줄이고, 불포화지방산이 풍부한 참기름, 들기름, 올리브유 등을 섭취하는 것이 좋다.

10 혈압에 대한 설명으로 옳지 않은 것은?

① 출혈이 많으면 혈압이 낮아진다.

② 육체적·정신적 스트레스로 혈압이 상승한다.

③ 혈액의 점성, 혈류량, 심박출량, 혈관반경 중 혈압에 가장 큰 영향을 주는 것은 혈관반경이다.

④ 지역적으로 볼 때 더운 지방보다는 추운 지방에 고혈압 환자가 많다.

⑤ 동맥경화로 인해 세동맥벽의 탄력성이 적어지면 혈압이 낮아진다.

해설 혈압은 항상 여러 가지 요인으로 변동이 있어서 일정하지 않다. 혈액의 양이 많아지거나 나트륨의 흡수가 증가하거나 동맥경화가 생기면 혈압이 상승한다.

08 ② 09 ① 10 ⑤ 정답

11 kempner의 식사요법에 대한 설명으로 옳은 것은?

> 가. 고혈압성 신장질환 환자를 위한 식사이다.
> 나. 쌀과 과일로 구성되며 소금을 약간 첨가한다.
> 다. 저나트륨, 저지방, 저단백질로 구성된 식사이다.
> 라. 액체는 과일주스 700~1,000mL로 제한하고 토마토주스와 채소주스를 허용한다.

① 가, 나, 다　　　　　　　　② 가, 다
③ 나, 라　　　　　　　　　　④ 라
⑤ 가, 나, 다, 라

해설 1944년 kempner가 고혈압과 신장질환의 치료를 위해서 쌀, 과일과 과즙, 설탕으로 이루어진 저지방, 저염식, 저단백식을 소개하였다. 소금은 엄격하게 금지하고 토마토주스와 채소주스도 금한다.

12 나트륨(Na)을 제한하여야 할 질병 중 가장 옳은 것은?

① 간장병, 고혈압, 당뇨병
② 신장병, 고혈압, 심장병
③ 신장병, 동맥경화, 당뇨병
④ 신장병, 간질환, 당뇨병
⑤ 신장병, 고혈압, 위장병

해설 신장, 간장, 심장 순환계통 및 부종 혹은 고혈압에서는 나트륨 섭취를 제한한다.

출제유형 44

13 연하곤란을 겪는 뇌졸중 환자에게 적절한 식품은?

① 기름기 많은 육류　　　　　② 묽은 액체의 식품
③ 신맛이 강한 식품　　　　　④ 걸쭉한 형태의 식품
⑤ 뜨거운 음식

해설 뇌졸중의 식사요법
　• 연하곤란 시 다소 걸쭉하게 점도를 높인 형태로 공급
　• 콜레스테롤, 포화지방산, 염분 제한
　• 식이섬유소를 충분히 공급

정답 11 ② **12** ② **13** ④

14 나트륨(Na) 제한식을 위한 식품으로 가장 옳은 것은?

① 가능한 한 밥류보다는 빵류를 선택한다.
② 천연 그대로의 식품보다는 가공 식품을 이용한다.
③ 근대, 시금치, 해조류 등의 섭취를 제한한다.
④ 우유, 버터, 마가린 등을 충분히 섭취한다.
⑤ 저장식품을 주로 이용한다.

해설 나트륨의 급원
• 자연 식품에 함유된 나트륨 : 우유, 치즈, 고기, 생선 등
• 음료수 중의 나트륨
• 식품조리 시 첨가되는 소금, 간장, 된장, 고추장 등
• 나트륨화합물 : 베이킹파우더, MSG, 염화나트륨
• 기타 : 항생제, 감기약, 치약

출제유형 47

15 나트륨 2,000mmg은 소금으로 환산하면 몇 g인가?

① 1g
② 5g
③ 10g
④ 20g
⑤ 50g

해설 소금은 염소 60%, 나트륨 40%로 구성되어 있으므로, 나트륨 2,000mmg을 소금으로 환산하면 5g이다.

출제유형 44

16 고탄수화물 식이를 하는 사람에게 흔히 나타나는 고지혈증의 형태는?

① 제1형(킬로미크론의 증가)
② 제2형a(LDL의 증가)
③ 제3형(IDL의 증가)
④ 제4형(VLDL의 증가)
⑤ 제5형(킬로미크론, VLDL의 증가)

해설 고VLDL혈증(제4형)은 당질의 과잉 섭취에 기인하므로 당질의 섭취를 제한한다.

14 ③ **15** ② **16** ④ **정답**

출제유형 46, 47

17 DASH 식이요법에서 권장하는 식품은?

① 두유, 소시지   ② 꿀, 소고기

③ 버터, 요구르트   ④ 감자칩, 호밀빵

⑤ 양상추, 저지방우유

해설   DASH 식이요법
- 포화지방산 및 콜레스테롤, 지방 등의 총량을 줄인다.
- 과일, 채소, 저지방 유제품 섭취를 늘린다.
- 전곡류를 통하여 식이섬유 섭취를 늘린다.
- 소금은 1일 6g 이하로 줄인다.
- 단 간식 및 설탕 함유 식품 섭취를 줄인다.

18 동맥경화증일 때 혈중 지질 변화로 옳은 것은?

① LDL 증가   ② HDL 증가

③ 인지질 감소   ④ 콜레스테롤 감소

⑤ 중성지방 감소

해설   동맥경화증의 혈중 지질대사 변화에는 총지질량의 변화, 인지질 증가, LDL 증가, HDL 감소, 콜레스테롤 증가, 중성지방 증가, 유리지방산 증가 등을 보인다.

출제유형 35

19 다음 동맥경화증에 대한 설명으로 옳지 않은 것은?

① 섬유소의 과다 섭취도 동맥경화증의 원인이 된다.

② 동맥경화증의 식사요법은 단백질(총 열량의 15~20%)과 불포화지방산이 많은 식품을 권장하는 것이다.

③ 원인은 확실하지 않지만 유전적 소인, 연령, 성, 내분비 인자 등이 관여한다.

④ 커피 중의 카페인은 혈중 유리지방산과 중성지방을 증가시키므로 제한한다.

⑤ 비타민 E는 지질대사와 관계가 있으므로 채소, 과일, 해조, 버섯류를 충분히 섭취한다.

해설   동맥경화증의 위험 인자
고콜레스테롤 혈증, 고지혈증, 고혈압, 당뇨병, 스트레스, 흡연 등이며 식이 인자로는 과다한 지방, 포화지방, 콜레스테롤 섭취 및 식이섬유가 적은 것 등이다.

정답   **17** ⑤   **18** ①   **19** ①

20 등푸른생선에 함유된 지방산으로, 심혈관계질환 개선에 도움이 되는 것은?

① 올레산

② 스테아르산

③ 라우르산

④ 부티르산

⑤ EPA

해설 등푸른생선(고등어, 꽁치, 참치)은 오메가-3 지방산인 EPA가 풍부하여 혈액 속 콜레스테롤의 함량을 낮추고 혈전 형성을 억제하므로 동맥경화 및 심장병 등을 억제한다.

21 동맥경화증의 발생과 가장 관계가 적은 혈청 지질은?

① 유리지방산

② 콜레스테롤

③ 중성지방

④ LDL

⑤ lecithin

해설 동맥경화증의 혈중 지질대사 변화에는 총지질량의 변화, 인지질 증가, LDL 증가, HDL 감소, 콜레스테롤 증가, 중성지방 증가, 유리지방산 증가 등을 보인다.

22 혈청 지질 중 내인성 중성지방이 증가된 형태의 고지혈증 환자에게 가장 적합한 처방으로 옳은 것은?

① 포화지방산 섭취의 증가

② 불포화지방산 섭취의 감소

③ 총 섭취 열량의 증가

④ 당질 섭취의 제한

⑤ 콜레스테롤 섭취의 증가

해설 고지혈증 중 제4형은 당질의 과잉 섭취에 기인하므로 당질의 섭취를 제한하고 제3형과 제5형은 당질과 지방의 과잉 섭취가 원인이 되므로 총열량, 탄수화물, 지방의 섭취량을 적절하게 제한한다.

20 ⑤ **21** ⑤ **22** ④ 정답

23 식이와 혈중 콜레스테롤의 관계 중 가장 옳은 것은?

① 코코넛기름은 식물성이므로 혈중 콜레스테롤을 감소시킨다.

② 불포화지방산의 함량이 많은 식이는 혈중 콜레스테롤을 감소시킨다.

③ 식이에 포화지방산이 많으면 혈중 콜레스테롤을 감소시킨다.

④ 혈중 콜레스테롤은 섭취된 식품 콜레스테롤 함량에 의해서만 영향을 받는다.

⑤ 혈중 콜레스테롤은 식이 중 당질에 의해서만 영향을 받는다.

> **해설** 식이와 혈중 콜레스테롤의 관계
> - 다가불포화지방산이 풍부한 식물성 기름은 혈장 콜레스테롤을 낮추는 반면, 동물성 식품에 많은 포화지방산은 이를 높이는 역할을 한다. 포화지방산은 육류, 치즈, 버터, 우유제품 등에 많이 함유되어 있고 불포화지방산은 참기름, 콩기름, 옥수수기름 등 식물성 기름에 많이 들어 있다. 식물성 기름 중 올리브유는 단일불포화지방산이 많고 코코넛유, 야자유 등은 포화지방산이 많다.
> - 체내 대부분의 콜레스테롤은 당질, 지방, 단백질 대사의 중간산물에서 합성되며 그 나머지는 식사 내 콜레스테롤에서 유입된다.

출제유형 38, 40

24 고지혈증 환자의 식사요법으로 적당하지 못한 것은?

① 식사성 섬유소는 콜레스테롤의 저하에 효과가 있으므로 하루에 약 20g 정도를 권장한다.

② 알코올은 내인성 중성지방 생성의 급원이 되므로 제한한다.

③ 지방은 가능한 한 불포화지방산이 많이 함유되어 있는 식물성 기름을 이용한다.

④ 비타민 급원인 채소를 충분히 섭취한다.

⑤ 청량음료, 잼, 과자류 등 당분이 많은 식품을 자주 섭취한다.

> **해설** 당분을 많이 섭취하면 중성지방이 상승한다.

25 혈중 콜레스테롤치를 낮추는 방법으로 가장 옳은 것은?

① 운동량을 늘려 킬로미크론 중 콜레스테롤 함량을 낮춘다.

② 식이섬유의 섭취량을 줄임으로써 식이 콜레스테롤의 흡수율을 낮춘다.

③ 고단백, 고지방식으로 체내에서 합성되는 콜레스테롤 양을 줄인다.

④ 동물성 지방/식물성 지방의 섭취 비율을 높여 콜레스테롤 배설을 증가시킨다.

⑤ 식이섬유의 섭취로 담즙산의 재흡수율을 낮추어 혈중 콜레스테롤 수치를 감소시킨다.

> **해설** • 식이섬유질의 펙틴은 혈청 콜레스테롤 농도를 저하시킨다.
> - 정상적인 지방 섭취에 충분한 양의 불포화지방산을 첨가하면 혈장 지질과 혈청 콜레스테롤이 감소한다.
> - 식사 내 콜레스테롤은 포화 또는 불포화지방산의 섭취처럼 혈청 콜레스테롤 농도에 큰 영향을 끼치지 않는다.

정답 23 ② 24 ⑤ 25 ⑤

26 혈청 콜레스테롤의 증가 요인으로서 옳지 않은 것은?

① 간의 콜레스테롤 합성이 증가할 때

② 담즙의 십이지장으로 배설되는 기능에 장애가 생겼을 때

③ 장관으로부터 담즙의 흡수가 감소할 때

④ 고콜레스테롤 식품을 만성적으로 섭취할 때

⑤ 콜레스테롤이 대변으로 배설되기 어려울 때

> **해설** 체내 대부분의 콜레스테롤은 당질, 지방 및 단백질 대사의 중간산물에서 합성되며, 그 나머지는 식사 내 콜레스테롤에서 유입되며 포화지방산 및 고열량 섭취에 의한다. 반면 장관에서 담즙 재흡수가 감소되면 콜레스테롤 재흡수도 감소되므로 혈청 콜레스테롤은 감소한다.

출제유형 45, 46

27 고혈압 환자를 위한 DASH Diet에서 섭취를 권장하는 것은?

① 통곡물 ② 페이스트리

③ 붉은색 육류 ④ 전지분유

⑤ 밀크셰이크

> **해설** DASH(Dietary Approaches to Stop Hypertension) Diet
> • 포화지방산 및 콜레스테롤, 지방 등의 총량을 줄인다.
> • 과일, 채소, 저지방 유제품 섭취를 늘린다.
> • 전곡류를 통하여 식이섬유 섭취를 늘린다.
> • 소금은 1일 6g 이하로 줄인다.
> • 단 간식 및 설탕 함유 식품 섭취를 줄인다.

출제유형 45

28 동맥경화증 환자에게 적합한 식품은?

① 베이컨 ② 곤 약

③ 명란젓 ④ 마요네즈

⑤ 달걀노른자

> **해설** 곤약에 함유된 수용성 식이섬유는 혈청 콜레스테롤과 LDL 콜레스테롤을 낮추므로 동맥경화증 환자에게 적합하다.

26 ③ **27** ① **28** ② 정답

29 고혈압 환자가 섭취를 제한해야 하는 식품은?

① 자반고등어, 피자   ② 콩나물국, 순살닭조림

③ 시금치나물, 탈지분유   ④ 두부, 숙주나물

⑤ 보리밥, 귤

> **해설** 고등어는 불포화지방산인 EPA가 풍부하여 고혈압 예방에 유익하지만, 고등어자반은 염분이 많으므로 섭취를 제한해야 한다. 피자도 마찬가지로 염분이 많기 때문에 섭취를 제한해야 한다.

30 호흡곤란과 부종을 동반한 울혈성 심부전 환자의 식사요법은?

① 수분을 충분히 섭취한다.

② 충분한 열량을 섭취한다.

③ 나트륨 섭취를 제한한다.

④ 수용성 비타민 섭취를 제한한다.

⑤ 단백질 섭취를 제한한다.

> **해설** 울혈성 심부전 환자의 식사요법
> • 열량 : 신체 생리 기능을 유지할 정도의 저열량식(1,000~1,200kcal)
> • 단백질 : 정상 기능을 유지하기 위하여 양질의 단백질 공급
> • 지방 : 지방은 제한하되 불포화지방산을 증가
> • 나트륨 : 부종이 생기기 쉬우므로 부종을 줄이기 위해 나트륨 섭취 제한
> • 수분 : 부종이 있는 경우 1일 소변량에 따라 수분 섭취 제한
> • 수용성 비타민 보충

31 부종, 호흡곤란, 기침, 천식이 나타나는 질환으로 심장혈관의 장애로 혈액이 충분히 운반되지 못하여 나타나는 질환으로 옳은 것은?

① 심근경색증   ② 울혈성 심부전

③ 동맥경화증   ④ 저혈압

⑤ 고혈압

> **해설** 울혈성 심부전은 심장판막증, 심근질환, 심내막염, 부정맥, 관상동맥질환 등 심장혈관계의 장애로 인해서 온몸으로 혈액이 충분히 운반되지 못하여 심장 기능 장애가 발생된다. 심장근육 약화, 심박출량이 감소되면 신장혈류량이 감소되고 물과 나트륨의 배설 감소로 이어져 정맥압이 상승되고 부종이 나타난다.

정답 29 ①   **30** ③   **31** ②

32 **고지혈증 환자의 혈중 중성지방을 증가시키는 요인은?**

① 아연 섭취가 적을 경우

② 당질을 과잉으로 섭취했을 경우

③ 비타민 A 섭취가 적을 경우

④ 콜레스테롤을 과잉으로 섭취했을 경우

⑤ 칼륨 섭취가 적을 경우

해설 당분을 과잉 섭취하면 체내에서 중성지방으로 합성된다.

33 **고중성지방혈증 환자의 식사요법은?**

① 오메가-3 지방산 섭취를 권장한다.

② 단백질 섭취를 제한한다.

③ 충분한 열량을 섭취한다.

④ 포화지방산 섭취를 권장한다.

⑤ 식이섬유 섭취를 제한한다.

해설 고중성지방혈증이란 혈중에 중성지방과 VLDL이 증가된 상태를 말한다. 오메가-3 지방산은 지단백질지방분해
효소(LPL) 활성을 증가시켜 지방산 분해를 촉진하고, 간에서 VLDL(초저밀도 지질단백질)과 중성지방 합성을
줄이고 장으로 분비를 늘려 혈중 중성지방을 감소시킨다.

32 ② **33** ① 정답

CHAPTER 07 비뇨기계 질환

01 신장질환의 개요

(1) 신장질환의 일반적 증상 ✿

① **단백뇨** : 사구체 염증 시 1일 5g 이상의 단백질이 배설(정상인 20mg)

② **부종** : 안면에 제일 먼저 발생하며 사구체 여과량의 감소로 수분과 나트륨이 체내에 보유되어 부종 발생

  ㉠ 심장성 부종 : 혈압이 높아지면서 심장의 부담이 가중되어 심장성 부종이 발생

  ㉡ 네프로제부종 : 단백뇨의 발생으로 혈액의 단백질이 감소하여 전신부종이 발생

  ㉢ 급성 신염 : 얼굴에 부종 발생

  ㉣ 단백뇨로 저알부민 혈증이 되어 삼투압 저하로 부종 발생

③ **혈뇨** : 신장염, 신결석, 요로계통 질환의 적혈구 배출로 발생

④ **고혈압** : 신혈류량, 사구체 여과량 감소로 혈압이 상승

⑤ **다뇨와 결뇨** : 부종 시 요량이 감소되면 결뇨, 부종이 없어져 요량이 증가하면 다뇨

⑥ **고질소혈증** : 신장질환으로 질소성분 배설 능력이 저하

⑦ **요독증** : 신장 기능 장애로 질소 함유물질인 크레아티닌, 요소, 질소, 구아니딘 유도체 등이 배설되지 않고 혈중에 증가 ㊻

⑧ **빈혈** : 조혈 인자인 에리트로포이에틴 생성 감소로 빈혈이 발생

(2) 신장질환 식사요법의 목적

① 신장의 작업량을 감소시키고 정상체중과 손실된 영양소량의 보충

② 질소분해물과 나트륨 체내 축적 유발 물질을 식사에서 제외하고 식욕 증진

02 신장질환

(1) 급성 사구체신염

① 원인 : 생체의 항원 · 항체 반응의 증세로 인후염, 폐렴, 편도선염, 감기, 중이염 등을 앓고 난 후 연쇄상구균이나 포도상구균, 바이러스 등에 감염 후 발생되는 경우가 많음 ⓒ

② 증상 : 부종(얼굴, 눈주위, 하지 등), 결뇨, 단백뇨, 혈뇨, 고혈압, 질소화합물(요소, 크레아티닌, 암모니아) 증가 등

③ 식사요법 ⓒ ⓒ ⓒ ⓒ ⓒ ⓒ

　　㉠ 열량 : 당질을 위주로 충분히 공급(35~40kcal/kg 건체중)

　　㉡ 단백질 : 초기에는 0.5g/kg(보통 30g 이하)으로 제한하고 신장기능이 회복됨에 따라 증가시킴

　　㉢ 나트륨 : 부종과 고혈압 여부에 따라 제한

　　㉣ 수분 : 일반적으로는 제한하지 않으나 부종 · 핍뇨 시(1일 소변량이 500mL 이하) 전일 소변량 + 500mL로 제한

　　㉤ 칼륨 : 신부전, 인공투석, 결뇨 시 칼륨 제거율이 손상되어 고칼륨혈증(갑작스러운 심장마비 초래)이 생기므로 칼륨이 높은 식품(토마토)은 피함

(2) 만성 사구체신염

① 원인 : 급성 사구체신염에서 이행 또는 85%가 처음부터 만성으로 시작되며 원인불명도 있음

② 증상 : 야뇨, 두통, 알부민뇨, 혈뇨, 고혈압, 부종 등 (안정과 보온이 중요)

③ 식사요법

　　㉠ 열량 : 당질 위주로 충분히 공급(30~40kcal/kg 건체중)하고 지방도 적당량(80g) 공급

　　㉡ 단백질 : 1일 100~150g 정도 충분히 공급

　　㉢ 나트륨과 수분 : 부종과 고혈압의 여부에 따라 제한

(3) 네프로제(신증후군) ⓒ ⓒ

① 원인 : 사구체 신염, 세뇨관의 변성 질환으로 어린이에게 많이 발생(환자 80%는 15세 미만)

② 증상 : 부종, 구토, 복통, 설사, 근육소모, 감염, 빈혈, 구루병, 골격질환, 식욕부진, 단백뇨, 저단백혈증, 저알부민혈증, 고지방혈증 등

③ 식사요법 ⓒ

　　㉠ 열량 : 단백질 이용률을 높이기 위해 고열량식(어린이 경우 건체중 kg당 1일 100~150kcal 공급)

　　㉡ 단백질 : 적절한 단백식(0.8~1g/kg 건체중)으로 혈장알부민 보충

　　㉢ 나트륨 : 저염식(2,000mg 이하로 제한)하고 부종 시는 무염식

　　㉣ 지방 : 혈장 콜레스테롤 방지를 위해 중등지방을 공급

(4) 급성 신부전(급성 콩팥병) ⭐

① 원인 : 급성 사구체신염, 신혈류의 폐쇄, 화상, 신결석, 심근경색으로 인한 쇼크, 외상, 감염, 중금속 중독 등에 의해 발생될 수 있음

② 증 상

ㄱ 결뇨기 : 사구체여과율 감소로 소변량이 감소하고 혈중 요소, 크레아티닌, 칼륨, 인산 농도가 증가하며 산혈증, 단백뇨, 고칼륨혈증, 부종, 심부전, 고혈압, 저칼슘혈증(1~2주 지속) 등이 발생

ㄴ 이뇨기 : 결뇨 이후 세뇨관 재흡수 능력이 저하되며 다량의 수분, 전해질 손실에 대한 보충이 필요(1주간 지속)

ㄷ 회복기 : 이뇨기 이후 소변량 정상, 신장기능 정상화, 급성 신부전증 회복(환자의 60% 정도 회복)

③ **식사요법**

ㄱ 열량 : 체단백 분해와 혈중 요소 및 칼륨 상승을 막기 위해 충분히 공급(35~40kcal/kg 건체중)

ㄴ 단백질 : 단백질 제한(kempner's rice diet)

ㄷ 수분 : 전일 소변 배설량에 500mL를 추가

ㄹ 전해질 : 1일 500~1,000mg으로 제한하되 회복 정도에 따라 증가시키고 나트륨은 1일 2~3g 이하로 제한하며, 고칼륨혈증 시 과일, 채소를 제한

> **TIP**
>
> **kempner's rice diet**
>
> 1944년 kempner가 고안한 고혈압성 혈관질환과 신장질환의 치료식으로 저단백, 저지방, 저나트륨 식사요법이며 쌀과 설탕, 과일로 구성되었다.

(5) 만성 신부전(만성 콩팥병)

① 원인 : 급성 신부전에서 이행되거나 네프로제의 점진적 퇴화 또는 신동맥 장애, 결석, 당뇨병성 신질환, 고혈압 등

② **증상** : 빈혈, 고혈압, 동맥경화, 고인산혈증, 부종, 피로, 가려움증, 식욕부진, 오심, 구토, 호흡곤란, 경련, 혼수, 혈액 산성, 신장성 골형성장애, 요독증 등 신체 전체에서 나타남 ⭐ ⭐

③ **식사요법** ⭐ ⭐ ⭐ ⭐ ⭐ ⭐

ㄱ 열량 : 단백질의 이용률을 높이기 위해 충분한 에너지를 공급(단순당 사용)

ㄴ 단백질 : 투석 전에는 0.6~0.8g/kg으로 제한, 투석할 때에는 1.2~1.3g/kg으로 충분히 공급

ㄷ 나트륨 : 고혈압과 부종을 완화시키기 위해 1일 2,000mg 미만으로 제한

ㄹ 칼륨 : 사구체여과율이 저하되고 소변량이 감소하면 칼륨이 배설되지 않아 혈중 칼륨농도가 비정상적이 될 수 있음. 고칼륨혈증은 근육쇠약, 심장부정맥, 심장마비 등을 유발할 수 있어 칼륨 제한

> **TIP**
>
> **칼륨 함량이 높은 식품** ⭐ ⭐
>
> 도정이 덜 된 잡곡류, 감자, 고구마, 옥수수, 밤, 팥, 은행, 근대, 무말랭이, 쑥갓, 참외, 토마토, 바나나, 천도복숭아, 키위, 호두, 땅콩, 잣, 초콜릿, 코코아, 해조류

ⓜ 수분 : 일반적으로 제한하지 않으나 부종 및 핍뇨 시 섭취하는 수분량을 전날 소변량 +500mL로 제한

ⓗ 인 : 인이 체외로 원활히 배설되지 않아 혈중 인산치가 증가하게 되면 부갑상샘호르몬 분비를 증가시켜 2차적인 부갑상샘 기능항진증, 신성 골이영양증과 조직 내의 칼슘침착을 일으키므로 섭취 제한

ⓢ 칼슘 : 칼슘과 인의 균형을 유지하기 위하여 칼슘 보충

ⓞ 수용성 비타민, 무기질 보충

(6) 투 석 ⭐⭐

신부전증, 약물중독증, 간부전 등으로 수분 · 전해질의 대사 이상이나, 각종 질소화합물이 축적하여 체액의 향상성이 이루어지지 않을 때 인공적으로 실시

① 혈액투석

㉠ 인공신장을 이용하며, 크레아틴 제거율이 5~10mL/분일 때 필요함

㉡ 체내 노폐물 제거, 수분과 염분 배설 조절, 전해질 조절, 혈압 조절의 역할을 함

㉢ 식사요법
- 충분한 열량과 양질의 단백질을 공급
- 나트륨, 수분, 칼륨, 인을 제한
- 수용성 비타민과 무기질의 보충 필요

② 복막투석 ⭐

㉠ 높은 삼투성 용액으로 혈액을 인공적으로 여과하는 방법

㉡ 포도당 주입에 의한 체중 증가, 혈중 콜레스테롤, 중성지방 등의 증가를 예방해야 함

㉢ 식사요법 ⭐⭐
- 고단백(1.3~1.5g/kg), 고열량식이. 단, 섭취칼로리는 투석액의 칼로리를 빼고 계산
- 칼륨, 수분은 제한하지 않음(부종이 있으면 나트륨, 수분 제한)
- 나트륨은 1일 2~3g, 칼슘은 1,000~1,500mg, 콜레스테롤은 200mg 이하로 공급

(7) 신장결석 ☆

① 수산칼슘결석 ☆ ☆ ☆
   ㉠ 원인 : 소화기질환 시 1일 4g 이상의 비타민 C를 복용하거나, 비타민 B_6 결핍 시 소변 속에 수산염 배설이 증가되어 결석을 형성
   ㉡ 식사요법 : 칼슘과 수산 함량이 높은 식품과 비타민 C의 제한 및 금지하고 비타민 B_6는 보충

② 인산칼슘결석
   ㉠ 원인 : 인산칼슘이 다량 배설된 경우 발생
   ㉡ 식사요법 : 칼슘과 인 함량이 적은 식사

③ 요산결석
   ㉠ 원인 : 요산의 전구체인 퓨린의 함량이 높은 음식을 섭취하면 요산이 생성되어 결석이 됨 ☆
   ㉡ 식사요법 : 고수분식 및 알칼리성 식품을 공급하고 퓨린이 많은 육류, 두류, 전곡류 등의 섭취를 제한

④ 시스틴결석 ☆
   ㉠ 원인 : 선천적 아미노산 대사 장애로 시스틴이 체내에서 분해되지 않아 발생
   ㉡ 식사요법 : 저단백식을 하며, 알칼리성 식사와 황 함유, 아미노산이 적은 식사를 하며 수분을 충분히 공급

> **TIP**
>
> **수산 함량이 높은 식품**
> 아스파라거스, 시금치, 무화과, 자두, 코코아, 초콜릿, 커피, 부추, 차 등

> **TIP**
>
> **인산 함량이 높은 식품**
> 현미, 잡곡, 오트밀, 유제품, 말린 과일, 간, 뇌, 난황, 초콜릿, 견과류 등

CHAPTER

07 적중예상문제

출제유형 46

01 급성 사구체신염 환자가 핍뇨 및 부종을 동반할 때 제한하는 영양소는?

① 당질, 단백질

② 나트륨, 지방

③ 지방, 수분

④ 당질, 수분

⑤ 나트륨, 단백질

해설 급성 사구체신염 환자의 식사요법

- 열량 : 당질 위주로 충분히 공급한다.
- 단백질 : 초기에는 0.5g/kg으로 제한, 신장 기능이 회복됨에 따라 증가시킨다.
- 나트륨 : 부종과 고혈압 여부에 따라 제한한다.
- 수분 : 일반적으로는 제한하지 않으나 부종·핍뇨 시 전일 소변량 + 500mL로 제한한다.
- 칼륨 : 신부전, 인공투석, 결뇨 시 칼륨 제거율이 손상되어 고칼륨혈증이 생기므로 칼륨이 높은 식품은 피한다.

02 급성 신부전 환자의 임상 증상에 대하여 옳지 않은 것은?

① 요소의 배설이 감소하여 고요소혈증이 된다.

② 단백질의 여과 장애로 인하여 단백뇨 증상이 있다.

③ 칼륨 배설이 증가하여 저칼륨혈증을 유발한다.

④ 신기능 장애로 결뇨현상이 있다.

⑤ 고혈압, 부종 등이 나타난다.

해설 급성 신부전의 임상 증상

- 결뇨기 : 사구체여과율 감소로 1일 소변량 400~500mL 이하로 감소되면 혈중에 요소, 크레아티닌, 칼륨, 인산 농도가 증가하여 산혈증, 저칼슘혈증, 고혈압, 부종, 심부전, 감염증, 단백뇨 등이 유발된다.
- 이뇨기 : 결뇨 이후 세뇨관 재흡수 능력 저하, 1일 소변량 3,000mL 이상이 1주간 지속되면 다량의 수분, 전해질 손실에 대한 보충이 필요하다.
- 회복기 : 이뇨기 이후 수개월간 소변량이 정상 수준에 이르고, 신장기능이 정상화되므로 급성 신부전의 60%는 회복 가능하다.

01 ⑤ 02 ③ 정답

03 결뇨기 때 급성 신부전 환자의 수분 섭취량으로 옳은 것은?

① 전일 소변 배설량 만큼이 적당하다.

② 전일 소변 배설량에 100mL 추가한 만큼이 적당하다.

③ 전일 소변 배설량에 300mL 추가한 만큼이 적당하다.

④ 전일 소변 배설량에 500mL 추가한 만큼이 적당하다.

⑤ 전일 소변 배설량에 1,200mL 추가한 만큼이 적당하다.

해설 나트륨과 칼륨을 제한하고, 체중 유지를 위해 충분한 에너지를 공급하고, 열량 보충으로 지방과 당질을 이용하며, 수분 섭취량은 1일 소변 배설량에 500mL를 추가한다.

04 결뇨가 심한 신장질환자의 식사요법으로 옳은 것은?

① 고나트륨식

② 고단백식

③ 저칼슘식

④ 저칼륨식

⑤ 고콜레스테롤식

해설 급성 신부전

저단백식, 저나트륨식을 해야 하며, 사구체여과율 감소로 칼륨 배설이 저하되어 고칼륨혈증을 유발하므로 칼륨을 1일에 60mEq 이하로 제한한다.

05 감기를 심하게 앓고 난 후 단백뇨, 혈뇨, 부종 등의 증상이 나타났을 때 의심되는 질환은?

① 급성 사구체신염

② 만성 사구체신염

③ 네프로제

④ 급성 신부전

⑤ 신장결석

해설 급성 사구체신염의 원인은 생체의 항원·항체 반응의 증세로 인후염, 폐렴, 편도선염, 감기, 중이염 등을 앓고 난 후에 발생되는 경우가 많다. 증상으로는 부종, 결뇨, 단백뇨, 혈뇨, 고혈압 등이 나타난다.

정답 **03** ④ **04** ④ **05** ①

06 만성 신부전 환자가 핍뇨 증상을 보일 때 제한해야 하는 영양소는?

① 칼 슘

② 칼 륨

③ 철 분

④ 염 소

⑤ 수용성 비타민

해설 만성 신부전 환자의 경우 사구체여과율이 저하되고 소변량이 감소하면 칼륨이 배설되지 않아 고칼륨혈증이 발생할 수 있으므로 칼륨의 섭취를 제한해야 한다.

07 만성 신부전으로 인한 요독증 환자의 식사요법은?

① 고식이섬유식

② 저지방식

③ 고칼륨식

④ 저단백식

⑤ 저에너지식

해설 요독증

- 신장기능 장애로 요소, 질소, 크레아티닌, 구아니딘 유도체 등이 배설되지 않고 혈중에 잔류되고 질소혈증, 고칼륨혈증, 야뇨증, 혼수(coma) 등을 일으킨다.
- 요독증 환자에게 저단백질 식사를 권장하는 이유는 단백질을 많이 섭취하면 요소의 합성이 많아지고 이것이 신장에 부담을 주기 때문이다.

08 고칼륨혈증을 동반한 만성 콩팥병(신부전) 환자에게 적합한 식품은?

① 옥수수

② 토마토

③ 미 역

④ 배 추

⑤ 바나나

해설 칼륨은 과일과 채소의 종류에 따라 그 함량이 다르다. 바나나, 참외, 토마토, 키위보다는 포도, 오렌지, 사과에 칼륨이 적고, 채소도 옥수수, 버섯, 호박, 미역, 시금치, 쑥, 부추, 상추 등에는 칼륨이 많고, 가지, 당근, 배추, 콩나물, 오이, 깻잎에는 상대적으로 적다.

06 ② 07 ④ 08 ④ 정답

09 급성 사구체신염 환자의 식사요법은?

① 열량은 10kcal/kg 제공한다.

② 고단백식을 제공한다.

③ 지방 섭취를 제한한다.

④ 핍뇨를 보일 때는 수분은 전일 소변량에 500mL 더해 제공한다.

⑤ 고칼륨 식품을 제공한다.

해설 급성 사구체신염 환자의 식사요법
- 열량 : 당질 위주로 충분히 공급한다(35~40kcal/kg 건체중).
- 단백질 : 초기에는 0.5g/kg으로 제한, 신장기능이 회복됨에 따라 증가시킨다.
- 나트륨 : 부종과 고혈압 여부에 따라 제한한다.
- 수분 : 일반적으로는 제한하지 않으나 부종·핍뇨 시 전일 소변량 + 500mL로 제한한다.
- 칼륨 : 신부전, 인공투석, 결뇨 시 칼륨 제거율이 손상되어 고칼륨혈증이 생기므로 칼륨이 높은 식품은 피한다.

10 콩팥부전 환자가 복막투석을 하는 경우 전보다 더 많이 섭취해야 하는 것은?

① 단순당

② 나트륨

③ 단백질

④ 인

⑤ 수 분

해설 복막투석 환자의 식사요법
- 당질 : 투석액에는 다량의 당이 포함되어 있어 투석과정 중 흡수되므로 설탕, 사탕, 꿀 등의 단순당은 섭취하지 않는 것이 좋다.
- 단백질 : 복막투석 시 1일 10~15g의 단백질이 손실되므로 충분한 양의 단백질 섭취가 필요하다.
- 나트륨 : 나트륨 함량이 높은 식품들은 피한다.
- 인 : 과다한 인은 복막투석을 통해 잘 제거되지 않고 단백질 섭취가 증가하면서 인의 섭취도 함께 증가하기 때문에 주의가 필요하다.
- 수분 : 복막투석을 하면 약 2L 정도의 수분이 제거되므로 엄격한 수분 제한은 필요없으나 만약 부종이 있는 경우에는 제한한다.

정답 **09** ④ **10** ③

11 콩팥질환자가 요독증을 동반할 때 혈액에서 수치가 낮아지는 것은?

① 요 소

② 칼 륨

③ 질 소

④ 인 산

⑤ 칼 슘

해설 콩팥질환자가 요독증을 동반할 때 혈액의 인산, 요소, 칼륨, 질소의 수치는 증가하고, 칼슘의 수치는 감소한다.

12 만성 콩팥병 환자에게 나타나는 증상은?

① 저인산혈증

② 저혈압

③ 요독증

④ 탈 수

⑤ 혈액 알칼리성

해설 만성 콩팥병 환자는 빈혈, 고혈압, 동맥경화, 고인산혈증, 부종, 피로, 가려움증, 식욕부진, 오심, 구토, 호흡곤란, 경련, 혼수, 혈액 산성, 신장성 골형성장애, 요독증 등의 증상이 나타난다.

13 신장 기능의 저하로 비타민 D가 활성화되지 못할 때 혈중 농도가 감소되는 영양소는?

① 단백질

② 지 방

③ 칼 슘

④ 포도당

⑤ 지방산

해설 비타민 D

장점막에서 칼슘 결합 단백질을 합성하여 장관에서 칼슘 흡수를 촉진시키고, 신장의 세뇨관에서 칼슘의 재흡수를 증가시키며, 또한 뼈에서 칼슘의 용해를 촉진시켜서 혈중 칼슘 농도를 증가시킨다.

11 ⑤ **12** ③ **13** ③ 정답

14 **만성 신부전 환자에게 나타나는 증상은?**

① 식욕이 증진된다.

② 알칼리혈증이 발생한다.

③ 혈중요소질소(BUN)가 감소한다.

④ 골형성장애가 발생한다.

⑤ 체액량이 감소한다.

> **해설** 만성 신부전 증상
>
> 빈혈, 고혈압, 동맥경화, 고인산혈증, 부종, 피로, 가려움증, 식욕부진, 오심, 구토, 호흡곤란, 경련, 혼수, 혈액 산성, 신장성 골형성장애, 요독증 등 신체 전체에서 나타난다.

15 **복막투석 환자의 식이에 대한 내용으로 옳지 않은 것은?**

① 수분은 제한하지 않는다.

② 비타민 섭취를 충분히 한다.

③ 인이 많은 식품을 제한한다.

④ 단백질 섭취를 충분히 한다.

⑤ 칼륨 섭취를 제한한다.

> **해설** 칼륨은 과일, 채소를 다양하게 섭취하며 증가시키는 것이 좋으며 탈수 방지를 위하여 수분도 제한하지 않는다. 단백질은 특별히 제한할 필요 없다.

16 **다음은 신결석 식사요법이다. 옳지 않은 것은?**

① 칼슘결석에는 고산성식사를 처방한다.

② 요산과 시스틴결석에는 고알칼리성 식사를 처방한다.

③ 수산칼슘결석에는 초콜릿, 아스파라거스를 제한한다.

④ 인산칼슘결석에는 달걀과 내장을 권장한다.

⑤ 요산결석에는 단백질과 퓨린의 섭취를 제한한다.

> **해설** 우유, 달걀, 내장 등의 식품은 인의 함량이 높아 인산칼슘결석의 치료식이에 제한되고 수산 함량이 높은 초콜릿, 아스파라거스, 시금치 등은 수산칼슘결석에 제한해야 한다.

정답 **14** ④ **15** ⑤ **16** ④

17 핍뇨기에 있는 만성 신부전 환자가 고혈압을 동반하였을 때 적합한 식사요법은?

① 수분제한식, 고단백식

② 수분제한식, 저염식

③ 고지방식, 저염식

④ 고지방식, 저단백식

⑤ 고단백식, 저염식

해설 만성 신부전 환자는 일반적으로 수분을 제한하지 않으나 핍뇨 시 섭취하는 수분량을 전날 소변량 +500mL로 제한하며, 혈압이 높은 경우에는 염분섭취를 1일 소금 5g 이하(나트륨 2,000mg 이하)로 제한한다.

18 고칼륨혈증이 있는 만성 신부전 환자가 섭취를 제한해야 하는 식품은?

① 바나나

② 콩나물

③ 쌀 밥

④ 꿀

⑤ 배 추

해설 칼륨 함량이 높은 식품

도정이 덜 된 잡곡류, 감자, 고구마, 옥수수, 밤, 팥, 은행, 근대, 무말랭이, 쑥갓, 참외, 토마토, 바나나, 천도복숭아, 키위, 호두, 땅콩, 잣, 초콜릿, 코코아

19 수산칼슘결석증에서 제한하는 식품으로 가장 옳은 것은?

① 우유, 시금치

② 달걀, 밀눈

③ 육류, 대두

④ 어란, 통밀빵

⑤ 바나나, 김

해설 수산칼슘결석 시 수산 함량이 높은 식품(아스파라거스, 시금치, 초콜릿, 코코아, 무화과)과 칼슘급원 식품을 제한 및 금지한다.

17 ② 18 ① 19 ① 정답

20 신증후군 환자의 식사요법은?

① 고지방식

② 고단백식

③ 저열량식

④ 저섬유식

⑤ 저염식

해설 나트륨은 부종을 일으키고 혈압을 올려 신장에 부담을 주게 되므로 1일 2,000mg(소금으로 환산 시 5g) 이내로 제한한다.

21 수산칼슘결석에 대한 설명으로 옳은 것은?

① 퓨린이 많은 식품을 섭취하면 나타난다.

② 비타민 C와 비타민 B_6의 섭취를 늘린다.

③ 현미, 오트밀, 간 등의 섭취를 금지시킨다.

④ 다량의 수분을 섭취하도록 한다.

⑤ 선천적 아미노산 대사 장애로 나타난다.

해설 수산칼슘결석은 소화기질환 시 1일 4g 이상의 비타민 C를 복용하거나, 비타민 B_6 결핍 시 소변 속에 수산염 배설이 증가되어 결석을 형성한다. 칼슘과 수산 함량이 높은 식품과 비타민 C의 섭취를 제한하거나 금지해야 한다.

22 급성 사구체신염 회복기의 식사요법은?

① 나트륨을 제한한다.

② 에너지를 제한한다.

③ 단백질을 제한한다.

④ 수분을 제한한다.

⑤ 칼륨을 증가시킨다.

해설 급성 사구체신염 환자의 전체적인 시기에는 부종과 고혈압을 예방하기 위하여 나트륨 섭취를 제한한다.

정답 20 ⑤ 21 ④ 22 ①

23 혈액투석 시 제한해야 하는 영양소는?

① 칼륨, 나트륨

② 칼륨, 당질

③ 비타민 B_2, 나트륨

④ 비타민 C, 단백질

⑤ 지방, 당질

해설 혈액투석 시 식사요법
- 충분한 열량과 양질의 단백질 공급
- 나트륨, 수분, 칼륨, 인 제한
- 수용성 비타민과 무기질의 보충 필요

24 만성 신부전 환자는 뼈가 약해져서 골절이 쉽게 발생할 수 있다. 이는 신장의 어떤 기능이 손상된 것인가?

① 비타민 D의 활성화

② 산-염기 조절

③ 에리트로포이에틴 생성

④ 혈압 조절

⑤ 노폐물 배설

해설 비타민 D는 간에서 25-OH-D_3로 대사되고 신장에서 활성형 비타민 D인 1,25-$(OH)_2$-D_3로 전환된다. 하지만 만성 신부전 환자의 경우 활성형 비타민 D인 1,25-$(OH)_2$-D_3의 합성에 손상이 와서 비타민 D 결핍 상태가 되고, 칼슘 흡수에 지장을 주어 골질환을 초래하게 된다.

23 ① **24** ① 정답

CHAPTER

08 당뇨병

01 당뇨병의 원인

(1) 췌장의 내분비선에서 분비되는 인슐린의 양이나 기능이 상대적 · 절대적으로 부족하여 일어나는 대사성 질환

(2) 유전, 연령, 성별, 비만, 스트레스, 운동부족, 약물(부신피질호르몬제, 고혈압 치료제로 쓰이는 이뇨제) 등이 원인이 됨

02 당뇨병의 종류

(1) 진성 당뇨병

구강 당내성 시험에서 공복 시의 고혈당증이나 상승된 혈장 포도당치를 기준으로 하여 혈당이 160~180mg/dL 이상이 되면 요중으로 빠져 당뇨가 됨

① 제1형 : 인슐린 의존성 당뇨병 ⭐ ⭐ ⭐ ⭐ ⭐

ㄱ 췌장세포의 자가면역성 파괴(랑게르한스섬에 의한 β세포가 파괴)로 내인성 인슐린의 분비량이 부족하여 발생

ㄴ 아동이나 30세 이전의 젊은 층에 많이 발생하므로 소아성 당뇨라고도 함

ㄷ 인슐린이 분비되지 않으므로 인슐린 주사가 필요

ㄹ 산독증, 탈수, 당뇨성 케톤산증, 혼수(coma) 발생

ㅁ 다뇨, 다갈, 다식의 증상

영양보충

임상증상

• 다뇨증 : 혈당이 너무 높아 세뇨관에서 재흡수할 정도 이상이므로 배설한다.
• 다갈증 : 요의 삼투압이 상승하여 물을 많이 배설하면 체액을 잃게 되어 목이 마르다.
• 다식증 : 식욕이 증진되어 과식을 하게 되며 심한 공복감을 느낀다.
• 체중 감소 : 포도당이 혈중에 있다가 배설되어 열원으로 쓰이지 못하여 체지방, 근육단백질을 소모하므로 체중이 준다.
• 케토시스 : 혈중에 저급지방산의 축적을 나타내기 때문에 소변으로 케톤체를 배설하는 증상이다.

② 제2형(가장 일반적) : 인슐린 비의존형 당뇨병 ⭐️ ㊳ ㊵ ㊷ ㊹ ㊺ ㊻

  ㉠ 40대 이후 복부비만자에게 많이 발생

  ㉡ 제1형보다 유전적 요인이 많음(부모 모두 당뇨병력이 있으면 자식의 58%가 발병 가능)

  ㉢ 치료 시 인슐린이 반드시 필요한 것은 아니며, 체중을 감소하면 정상으로 돌아오는 경우가 많음

  ㉣ 혈중 인슐린의 양이 정상치보다 높은 경우가 많음

  ㉤ 비만, 과식, 운동 부족, 스트레스 등으로 근육의 말초조직이 인슐린에 대한 감수성이 둔화 (인슐린 저항성 있음)되어 당대사 장애가 나타남

  ㉥ 주된 증상 : 고혈당, 다뇨, 다식, 다갈, 말초신경증, 피부염, 체중과다 등

영양보충

고혈당증(hyperglycermia)
식사 후 12시간이 경과한 다음에도 높은 양의 당이 혈중에 존재한다. 공복혈당(FBS)이 126mg/dL 이상이면 당뇨병으로 판정된다.

③ 이차성 당뇨병

  ㉠ 부신피질호르몬, 뇌하수체호르몬의 과잉 분비

  ㉡ 췌장염, 간질환, 신장염, 질병에 대한 합병증

  ㉢ 인슐린 분비와 작용을 방해하는 약물 사용(이뇨제, 피임제, 갑상샘호르몬, 카테콜아민 등)

(2) 손상된 당내성(내당능 장애) ㊹ ㊺

① 경구당부하검사 2시간째 혈당이 140~199mg/dL 범위인 경우로, 당뇨병 전 단계 상태라 할 수 있음 ㊹

② 원인 : 비만, 노화, 운동 부족, 특정 약물 부족 등

(3) 임신 당뇨병 ⭐️ ㊺

① 원래 당뇨병이 없던 사람이 임신 중 인슐린 저항성이 생겨 발생(임신 후반기)

② 태아에게 포도당보다 지방을 에너지로 공급하여 선천적 기형, 거대아, 심한 저혈당 등이 발생

③ 모체는 유산, 고혈압 등이 발생

④ 임신기간 중 조절을 잘하면 출산 후 정상으로 되돌아감

⑤ 임신성 당뇨병 병력이 있는 여성은 이후에 제2형 당뇨병이 발생할 가능성이 더 높음

⑥ 장기적으로 다음번 임신에서 임신당뇨병의 재발가능성이 높음

(1) 당뇨병의 진단 ⭐ ⭐

① 요검사
　ⓐ 비중 : 1.008~1.030이면 정상이고, 그 이상이면 당뇨병
　ⓑ 요량 : 1.2~2L이면 정상이고, 그 이상이면 당뇨병
　ⓒ 당뇨 : 1일 5~10g이면 정상이고, 그 이상이면 당뇨병
　ⓓ 요중 케톤체 : 1일 3~15mg이면 정상이고, 그 이상이면 당뇨병

② 혈당 검사 : 식후 2시간 혈당치 200mg/dL 이상이면 당뇨병. 공복 시 정상혈당은 70~100mg/dL이며 공복 혈당치 126mg/dL 이상이면 당뇨병 ⭐

③ 경구내당성 검사(OGTT ; Oral Glucose Tolerance Test) : 검사 3일 전까지 일상적인 식사 섭취를 유지하다가 검사 전 최소 8시간 동안 금식한 후 물에 용해시킨 포도당을 복용하고 검사하는데, 포도당 복용 전과 복용 후 120분에 채혈하여 혈중 포도당 농도를 측정

④ 당화혈색소 측정 : 당화혈색소는 성숙한 혈색소와 혈중 포도당이 비효과적으로 결합할 때 생성되며 혈당 증가 시에 당화혈색소 양이 증가(정상 : 4~5.6%)

영양보충

당뇨병 진단기준

구 분	공복혈당(mg/dL)	경구당부하 2시간 후 혈당(mg/dL)
정 상	100 미만	140 미만
공복혈당 장애	100~125	140 미만
내당능 장애	100~125	140~199
당뇨병	126 이상	200 이상

(2) 당뇨병 대사

① 당질 대사 ⭐
　ⓐ 인슐린의 양이나 작용의 부족으로 인해 포도당이 세포 내로 유입되지 않아 글리코겐 합성이 저하되고 분해는 증가되며 혈액으로 포도당 방출이 증가
　ⓑ 당뇨병 환자의 공복 시 혈당은 126mg/dL 이상, 식후 2시간 혈당은 200mg/dL 이상이며 혈당치가 180mg/dL을 넘을 때 신세뇨관에서 포도당 재흡수 불능으로 당뇨 발생

② 지방 대사 ⭐ ⭐
　ⓐ 인슐린이 결핍되면 혈중 LPL(lipoprotein lipase) 활성 저하로 혈중 지단백 농도 증가 등이 발생
　ⓑ 간과 근육에서 포도당 대신 유리지방산이 에너지원으로 많이 이용되므로 케톤체 합성이 증가되어 케톤증이 발생

③ 단백질 대사 ⭐ ⑮
    ㉠ 간, 근육의 단백질 분해 증가, 체단백 감소
    ㉡ 아미노산은 당신생에 의해 포도당으로 전환되어 혈당을 상승시킴(간의 알라닌이 분해되어 소변 중 질소 배설량이 증가)
    ㉢ 혈중 분지아미노산(발린, 류신, 이소류신) 농도 증가

04 당뇨병의 치료

(1) 약물요법

① 경구혈당강하제 ⭐
    ㉠ 췌장을 자극하여 인슐린 분비를 촉진시킴(제2형에 사용)
    ㉡ 종류 : 설포닐유레아(sulfonylurea), 비구아나이드제(biguanide) 등
② 인슐린 주사 : 돼지나 박테리아로부터 합성(제1형에 사용)
    ㉠ 속효성 인슐린 : 주사 30분 후 발효, 6~8시간 지속 → 수술 시, 혼수상태 시
    ㉡ 중간형 인슐린 : 주사 1~4시간 후 발효, 16~24시간 지속 → 아연과 단백질이 포함되었으며 제일 많이 사용하는 인슐린(NPH, globin, lente insulin)
    ㉢ 지속성 인슐린 : 주사 6시간 후 발효, 24~36시간 지속 → 위급할 때 빨리 효과를 내지 못함

(2) 식사요법 ⑬ ⑭ ⑮ ⑯ ⑰

① 열량 : 저에너지식
    ㉠ 육체활동이 거의 없는 경우 : 표준체중 × 25~30kcal
    ㉡ 보통 활동인 경우 : 표준체중 × 30~35kcal
    ㉢ 심한 육체활동인 경우 : 표준체중 × 35~40kcal
② 당질 : 1일 에너지 필요량의 50~60%, 1일에 300g 이상은 피함
    ㉠ 당질은 제한해도 혈당 조절에 변화가 없으며 복합당질을 공급
    ㉡ 수용성 식이섬유는 음식물을 위장에 오래 머물게 해 혈당을 천천히 상승시키며, 인슐린이 한꺼번에 분비되는 것을 방지함
    ㉢ 단순당인 설탕, 꿀, 사탕 등은 제한하고 대용품으로 인공감미료를 소량 이용
    ㉣ 혈당지수(GI)가 낮은 식품 이용
③ 단백질 : 권장섭취량은 체중 kg당 0.8g이며 1일 에너지 필요량의 10~20% 섭취 권장
④ 지방 : 1일 에너지 필요량의 20~25% 섭취 권장, 포화지방산은 총 열량의 7% 이내, 콜레스테롤은 1일 200mg 미만, 트랜스지방산의 섭취는 최소화함
⑤ 무기질 : 인슐린 합성을 위해 아연과 내당성을 위해 크롬 등의 섭취를 권장
⑥ 알코올 : 고혈당이나 저혈당이 초래되므로 제한

(3) 운동요법

① 운동을 하면 말초조직의 포도당에 대한 세포의 감수성이 높아져 포도당 사용이 증가

② 제1형 당뇨병은 심한 운동은 삼가고, 제2형은 체중 감소가 되어 효과를 가져옴

③ 매일 일정량의 운동으로 30~60분 정도, 저혈당이 되지 않도록 주의해야 하고 중증의 심장 및 신장질환자, 만성 합병증이 있는 환자는 운동을 금지

05   당뇨병의 합병증

(1) 저혈당증

① 원 인 ⭐42 ⭐46 ⭐47

　　㉠ 인슐린 쇼크에서 기인

　　㉡ 인슐린 주사를 맞고 식사를 하지 않았을 때

　　㉢ 심한 운동을 했을 때 포도당이 35~50mg/100mL 정도면 혼수 발생

　　㉣ 경구혈당강하제의 과다복용 등으로 혈당이 50mg/dL 이하로 저하되었을 때

　　㉤ 구토, 설사 등으로 혈당이 저하되었을 때

② 증상 : 두통, 공복감, 발한, 현기증, 의식장애, 경련, 불안, 심약함, 가슴 두근거림 등

③ 치료 : 꿀, 설탕, 사탕, 젤리, 포도당 등 단순당을 공급 ⭐37 ⭐39

(2) 당뇨병성 혼수(고혈당증)

① 원 인

　　㉠ 당질식품을 과잉 섭취했을 때

　　㉡ 인슐린 주사를 정해진 시간(중단)에 맞지 않았을 때 케톤증 발생

② 증상 : 구토, 호흡 곤란, 현기증, 갈증, 안면홍조, 탈수, 산독증, 혼수 등

③ 치료 : 즉시 인슐린 요법(속효성)을 실시하고 수분과 전해질 공급을 위해 정맥주사 ⭐45 ⭐39

(3) 당뇨병성 신증 ⭐44 ⭐46

① 원인 : 당뇨병이 장기간 지속되어 신장의 혈관이 손상되면 혈액 여과를 담당하는 사구체가 손상되면서 단백뇨가 나타나고, 이로 인해 신장 기능이 저하됨

② 증상 : 단백질이 소변에 나타나며, 손상이 지속되면 신장기능이 감소

③ 치료 : 단백질 섭취 제한, 저하된 단백질 섭취량만큼 열량섭취량 증가, 신장기능에 따라 칼륨·인 섭취 제한, 혈당 조절, 혈압 조절 등

(4) 기 타

동맥경화, 신경장애, 신장질환, 심장혈관질환, 소르비톨 장해, 망막증(당뇨병 발생 5~6년 경과 후) 등의 합병증을 초래

CHAPTER 08 적중예상문제

01 제1형 당뇨병의 식사요법으로 옳은 것은?

① 인슐린을 사용하지 않고 열량 조절만으로 혈당 조절이 가능하다.

② 운동 시 간단한 당질식품을 간식으로 준비한다.

③ 당질을 많이 섭취하고 당질량에 따라 인슐린 양을 증가시킨다.

④ 인슐린을 주사하므로 식품 선택과 양은 자유롭다.

⑤ 운동량을 줄이고 지방과 당질은 충분히 섭취한다.

해설 제1형 당뇨병의 치료
- 인슐린 투여가 필수적이며, 인슐린의 종류에 따라 식사량, 식사시간, 운동 등을 조절한다.
- 운동 중 또는 운동 후 저혈당 증세를 대비하여 정기적인 식사와 간식으로 혈당을 조절해야 한다.
- 가벼운 운동 전에는 10~15g, 격심한 운동 전에는 20~30g의 당질을 섭취해야 한다.

02 다음 환자에게 적합한 1일 에너지양은?

- 2형 당뇨병을 진단받은 40세 여자
- 보통 활동의 사무직
- 현재 체중 75kg, 표준체중 60kg

① 1,000kcal

② 1,300kcal

③ 1,800kcal

④ 2,300kcal

⑤ 2,700kcal

해설 당뇨병 환자의 1일 에너지양
- 육체활동이 거의 없는 경우 : 표준체중 × 25~30kcal
- 보통 활동인 경우 : 표준체중 × 30~35kcal
- 심한 육체활동인 경우 : 표준체중 × 35~40kcal

01 ② 02 ③ 정답

03 당뇨병 환자의 혈당관리를 위한 영양교육 내용으로 옳은 것은?

① 수용성 식이섬유 섭취를 권장한다.

② 고혈당지수 식품의 섭취를 권장한다.

③ 정제된 곡류 섭취를 권장한다.

④ 인공감미료 사용을 금지한다.

⑤ 포화지방산 섭취를 권장한다.

해설 ① 수용성 식이섬유는 음식물을 위장에 오래 머물게 해 혈당을 천천히 상승시키며, 인슐린이 한꺼번에 분비되는 것을 방지한다.

② 혈당지수가 낮은 식품의 섭취를 권장한다.

③ 정제된 곡류 섭취는 혈당을 급격히 올려 당뇨병을 악화시킬 수 있다.

④ 사카린과 아스파탐과 같은 인공감미료는 단맛을 내지만 혈당과 체중에 대한 영향이 적어 당뇨병이 있는 경우 설탕대용품으로 이용할 수 있다.

⑤ 불포화지방산 섭취를 권장한다.

04 제2형 당뇨병 환자의 식사요법으로 옳은 것은?

① 수용성 식이섬유를 충분히 섭취한다.

② 인공감미료를 섭취할 수 없다.

③ 고단백식을 한다.

④ 지방은 1일 에너지 필요량의 35% 이상 섭취한다.

⑤ 복합당질 대신 단순당질 섭취를 권장한다.

해설 제2형 당뇨병 환자의 식사요법

• 복합당질을 섭취한다.

• 섬유소는 당의 흡수를 서서히 시키고 혈중 콜레스테롤치를 낮추며 만복감을 주므로 충분히 섭취한다.

• 단순당인 설탕, 꿀, 사탕 등은 제한하고 대용품으로 인공감미료를 소량 이용한다.

• 단백질은 1일 에너지 필요량의 10~20% 섭취를 권장한다.

• 지방은 1일 에너지 필요량의 20~25% 섭취를 권장한다.

정답 03 ① 04 ①

05 당뇨병 환자가 하루 100g 이상의 당질을 섭취해야 하는 이유는?

① 고지혈증을 예방한다.

② 단백뇨가 감소한다.

③ 에너지를 공급한다.

④ 저혈당을 예방한다.

⑤ 케톤증을 예방한다.

> **해설** 당질 섭취가 부족하게 되면 지방의 불완전 연소로 케톤체(ketone body)가 생성되어 케톤증(Ketosis)을 일으키므로 지방질의 완전연소를 위해서는 적어도 1일 100g 이상의 당질 섭취가 필요하다.

06 당뇨병에 관한 설명으로 옳은 것은?

① 제1형 당뇨병은 인슐린 저항성의 증가로 발생한다.

② 제1형 당뇨병은 주로 40세 이후 중년기에서 발생한다.

③ 제2형 당뇨병은 식사조절과 운동으로 합병증을 예방할 수 있다.

④ 제2형 당뇨병은 인슐린 투여가 필수적이다.

⑤ 제2형 당뇨병은 췌장의 베타세포가 파괴되어 발생한다.

> **해설** 당뇨병
> • 제1형 당뇨병 : 췌장 베타세포의 파괴로 인슐린 분비량의 감소가 주된 원인으로 발생하며, 인슐린 투여가 필수적이다.
> • 제2형 당뇨병 : 인슐린 저항성이 증가되어 발생하며, 주로 중년기에서 발병한다. 체중조절과 식사 및 운동에 관련된 생활습관 교정은 합병증 예방에 도움이 된다.

07 11살의 초등학생이 갑자기 쓰러졌다. 혈당검사로 혈당수치가 300mg/dL이었을 때 올바른 처치는?

① 경구혈당강하제 공급   ② 인슐린 투여

③ 글리코겐 공급   ④ 철과 수용성 비타민 공급

⑤ 수분과 전해질 공급

> **해설** 소아성 당뇨로 제1형 인슐린 의존성 당뇨병이다. 혈당이 160~180mg/dL 이상이 되면 요중으로 빠져 당뇨가 된다. 증상으로는 산독증, 탈수, 당뇨성 케톤산증, 혼수가 나타난다. 인슐린이 분비되지 않으므로 인슐린 주사가 필요하다.

08 당뇨병 환자의 지방 섭취 방법 중 옳은 것은?

① 콜레스테롤은 제한하지 않아도 된다.
② 지방량은 제한하나 종류는 상관없다.
③ 산독증 예방을 위해 지방을 제한한다.
④ 환자의 열량 소모에 따라 불포화지방을 공급한다.
⑤ 불포화지방의 섭취는 제한이 없다.

해설 지방 중에서도 불포화지방산은 주로 산화되어 에너지로 이용되는 반면에 포화지방산은 체지방과 지단백 합성에 주로 이용되기 때문에 불포화지방산보다도 포화지방산의 섭취가 비만을 초래하므로 불포화지방산을 공급한다.

09 경구혈당강하제를 복용하는 제2형 당뇨 환자에게 실시하는 교육내용은?

① 탄수화물 섭취 조절을 위한 식품선택법
② 덤핑증후군을 대처하는 방법
③ 인슐린 주사법 교육
④ 체중증가를 위한 식사방법
⑤ 당뇨병성 케톤산증에 대처하는 방법

해설 경구혈당강하제는 제2형 당뇨 환자의 혈당조절을 위해 투여된다. 인슐린 작용 및 분비 감소 개선, 포도당 흡수 조절 등을 통해 혈당을 조절한다. 경구혈당강하제를 사용할 경우 가능하면 매일 매일의 탄수화물 섭취량을 일정하게 유지하는 것이 혈당조절에 유리하다.

10 제1형 당뇨병의 원인으로 옳은 것은?

① 열량의 과다 섭취로 인한 비만　　② 근육 활동의 부족
③ 정신적 스트레스　　④ 임신으로 인한 포도당 내성 저하
⑤ 내인성 인슐린 분비량 부족

해설 제1형 당뇨병
- 당뇨병 환자의 약 2% 미만이다.
- 인슐린 분비가 되지 않아 인슐린 주사가 필요하다.
- 아동기나 젊은 층에 많기 때문에 소아성 당뇨라고도 한다.
- 증세가 심하고, 진단이 빠르며, 진전이 빠르고, 병세가 심하다(ketosis, coma).
- 자가면역에 의해 랑게르한스섬 공격 → 췌장이 랑게르한스섬에 대한 자기 항체를 만들어 항체가 세포를 공격해서 세포 기능이 저하되고, 따라서 내인성 인슐린 분비량이 저하된다.

정답 08 ④　09 ①　10 ⑤

11 당뇨병 환자에게 가장 적합한 식사요법은?

① 당질은 총 열량의 75% 이상 섭취한다.

② 단백질은 총 열량의 10% 미만으로 섭취한다.

③ 우유 섭취를 제한한다.

④ 수용성 식이섬유를 충분히 섭취한다.

⑤ 설탕, 꿀, 사탕 등으로 에너지를 보충한다.

> 해설 ① 당질은 총 열량의 50~60% 정도 섭취한다.
> ② 단백질은 총 열량의 10~20% 정도 섭취한다.
> ③ 영양소의 균형이 잘 갖추어진 우유는 간식으로 섭취할 수 있는 좋은 식품이다.
> ⑤ 단순당은 소화흡수가 빨라 혈당 상승을 촉진시키므로 제한하고, 대용품으로 감미료를 소량 사용한다.

12 지난 2~3개월간의 평균적인 혈당을 반영하며 당뇨병의 합병증 발생과 상관관계가 높은 검사 항목은?

① 당화혈색소 측정 ② 경구내당성 검사

③ 요 검사 ④ C-펩타이드 검사

⑤ 공복혈당 검사

> 해설 당화혈색소
> 지난 2~3개월 동안의 혈당 평균치를 평가하는 것으로 당화된 A1c형 혈색소의 농도를 측정하는 검사이다. 혈중 포도당 수치가 높을수록 더 많은 당화혈색소가 생성된다.

13 다음에 해당하는 상태는?

> 경구당부하 검사에서 포도당 경구 투여 2시간 후 정맥혈당치가 185mg/dL를 보였다.

① 제1형 당뇨병 ② 제2형 당뇨병

③ 정 상 ④ 공복혈당장애

⑤ 내당능장애

> 해설 내당능장애
> 경구당부하 검사 2시간 후 혈당이 140~199mg/dL 범위인 경우로, 당뇨병 전 단계 상태라 할 수 있다.

11 ④ **12** ① **13** ⑤ 정답

14 당뇨병성 신증 환자에게 적합한 식사요법은?

① 단백질 섭취를 제한한다.

② 열량 섭취를 줄인다.

③ 칼륨 섭취를 늘린다.

④ 인 섭취를 늘린다.

⑤ 지방 섭취를 줄인다.

해설 당뇨병성 신증 환자의 식사요법
- 단백질 섭취 제한을 통해 알부민뇨의 진행, 사구체여과율의 감소, 말기신부전의 발생을 줄일 수 있다. 과도한 단백질 섭취는 알부민뇨의 증가와 빠른 신기능 저하를 야기하므로 체중당 0.8g 정도로 제한한다.
- 신장기능에 따라 칼륨, 인 등의 섭취 제한이 필요할 수 있다.
- 에너지 섭취량이 감소할 경우 체내 단백질·지방의 소모로 인해 단백뇨 증가 및 케톤체가 생성되므로 저하된 단백질 섭취량만큼 에너지 섭취량을 늘린다.

15 임신 당뇨병에 대한 설명으로 옳은 것은?

① 당뇨병 환자가 임신한 경우를 의미한다.

② 인슐린 민감도가 증가한다.

③ 저체중아 출생을 유발하는 주요 원인이다.

④ 출산 후 정상혈당으로 회복되지만 당뇨병이 재발할 수 있다.

⑤ 다음번 임신에서 임신 당뇨병의 재발 가능성이 거의 없다.

해설 임신 당뇨병
- 원래 당뇨병이 없던 사람이 임신 중 인슐린 저항성이 생겨 발생한다.
- 태아에게 포도당보다 지방을 에너지로 공급하여 선천적 기형, 거대아, 심한 저혈당 등이 발생한다.
- 모체는 유산, 고혈압 등이 발생한다.
- 임신기간 중 조절을 잘하면 출산 후 정상으로 되돌아가지만 당뇨병이 재발할 수 있다.
- 장기적으로 다음번 임신에서 임신당뇨병의 재발 가능성이 높다.

정답 14 ① 15 ④

16 식전에 운동을 한 당뇨병 환자가 불안해하고 어지러움을 느끼며 식은땀을 흘리면서 혈당이 45mg/dL로 나타났다. 우선 해야 할 일로 가장 옳은 것은?

① 수분과 전해질을 정맥주사로 공급한다.
② 에너지 공급을 위해 소량의 알코올을 공급한다.
③ 설탕물(15% 용액)을 반컵 먹는다.
④ 부종을 예방하기 위해 나트륨 섭취를 제한한다.
⑤ 혈당 유지를 위해 지속성 인슐린을 투여한다.

해설 ③ 과다 운동, 장기여행, 공복 시에 저혈당이 되어 인슐린 쇼크가 일어나게 되면 즉시 흡수되기 쉬운 당질음료를 주어야 한다.

17 다음 증상을 보이는 당뇨병 환자에게 즉시 제공할 수 있는 것은?

> 공복 혈액검사를 위해 기다리던 중 갑자기 식은땀이 나고 기운이 없어지면서 두통, 메스꺼움이 나타났다.

① 오렌지주스
② 생 수
③ 우엉차
④ 보리차
⑤ 우 유

해설 저혈당증
인슐린이나 경구용 혈당 강하제를 과량 투여하거나, 평소보다 음식 섭취량이 적을 때, 활동량이 과한 경우 식은땀, 창백, 현기증, 두통, 메스꺼움, 기운 없음 등을 보이는 증상이다. 따라서 기운이 없고 식은땀이 나면 저혈당이 더 진행되기 전에 혈당을 올릴 수 있는 음식인 오렌지주스, 사탕, 설탕 등을 섭취해야 한다.

18 당뇨병 환자의 체내 지방이 비정상적으로 대사되어 소변으로 다량 배출되는 물질은?

① 빌리루빈

② 알부민

③ 케톤체

④ 요 산

⑤ 크레아티닌

해설 지방은 탄수화물 없이는 불완전 연소하여 β-hydroxybutyrate나 acetoacetate와 같은 케톤체(ketone body)가 축적 또는 소변으로 배설되는 ketosis를 일으킨다.

19 당뇨병 환자에게 제한해야 하는 식품은?

① 수 박

② 상 추

③ 오 이

④ 시금치

⑤ 치커리

해설 수박은 당지수(GI)가 72로 높기 때문에 혈당이 빠르게 상승할 수 있다.

20 당뇨병 환자의 단백질 대사로 옳은 것은?

① 소변 중 질소 배설이 증가한다.

② 체단백이 증가한다.

③ 당신생이 감소한다.

④ 근육의 단백질 분해가 감소한다.

⑤ 혈중 분지아미노산의 농도가 감소한다.

해설 당뇨병 환자의 단백질 대사
- 간, 근육의 단백질 분해 증가, 체단백 감소
- 아미노산은 당신생에 의해 포도당으로 전환되어 혈당을 상승시킴(간의 알라닌이 분해되어 소변 중 질소 배설량 증가)
- 혈중 분지아미노산(valine, leucine, isoleucine) 농도 증가

정답 18 ③ 19 ① 20 ①

21 제1형 당뇨병의 합병증으로 옳은 것은?

① 당뇨성 케톤산증　　　　② 췌장염

③ 신장염　　　　　　　　　④ 고혈당증

⑤ 말초신경증

해설 당뇨성 케톤산증이란 케톤산이 과다하게 생성되어 몸에 쌓이게 되는 것으로 산독증이다. 당질식품을 과잉 섭취했을 때, 인슐린 주사를 정해진 시간에 맞지 않았을 때 나타난다.

22 제2형 당뇨병의 유발 인자는?

① 복부비만

② 케톤증

③ 간질환

④ 체중미달

⑤ 신부전증

해설 제2형 당뇨병은 동일한 비만 정도라 할지라도 복부비만인 경우에서 더욱 증가한다. 복부비만은 당내성의 악화를 초래하는 인슐린 저항성 증가의 직접적 원인으로 알려져 있다.

23 제2형 당뇨병의 특징으로 옳은 것은?

① 정상체중인 사람에게 주로 나타난다.

② 췌장기능 저하로 나타난다.

③ 소아에게 주로 발생한다.

④ 인슐린에 대해 저항성이 있다.

⑤ 다뇨, 다갈, 케톤증 등 증상이 뚜렷하다.

해설 제2형 당뇨병
- 40대 이후 복부비만자에게 많이 발생한다.
- 제1형보다 유전적 요인이 많다(부모 모두 당뇨병력이 있으면 자식의 58%가 발병 가능).
- 치료 시 인슐린이 반드시 필요한 것은 아니며, 체중을 감소하면 정상으로 돌아오는 경우가 많다.
- 혈중 인슐린의 양이 정상치보다 높은 경우가 많다.
- 비만, 과식, 운동부족, 스트레스 등으로 근육의 말초조직이 인슐린에 대한 감수성이 둔화되어 당대사장애가 나타난다.
- 주된 증상은 고혈당, 다뇨, 다식, 다갈, 말초신경증, 피부염, 체중과다 등이 있다.

21 ① **22** ① **23** ④ **정답**

24 **제1형 당뇨병에 대한 내용으로 옳은 것은?**

① 30세 미만의 젊은 층에서 많이 발생한다.

② 부모의 당뇨 병력이 있으면 발병가능성이 높다.

③ 혈중 인슐린의 양이 정상치보다 높은 경우가 많다.

④ 근육의 말초조직이 인슐린에 대한 감수성이 둔화되어 있다.

⑤ 치료 시 반드시 인슐린이 필요한 것은 아니다.

해설 ② · ③ · ④ · ⑤ 제2형 당뇨병에 대한 내용이다.

제1형 당뇨병
- 인슐린 의존성 당뇨병으로 인슐린의 분비량이 부족해 발생한다.
- 아동이나 30세 미만의 젊은 층에서 발병하므로 소아성 당뇨라고 한다.
- 인슐린이 분비되지 않으므로 인슐린 주사가 필요하다.

25 **50세 여성의 제2형 당뇨병의 위험인자에 해당하는 것은?**

① 혈압 110/70mmHg

② LDL 콜레스테롤 80mg/dL

③ HDL 콜레스테롤 60mg/dL

④ 중성지방 120mg/dL

⑤ BMI 지수 $29kg/m^2$

해설 ⑤ 제2형 당뇨병은 비만에 의한 발생위험이 가장 높은 대사질환으로, BMI 지수가 높을수록 제2형 당뇨병의 유병률이 증가한다. BMI 지수 $29kg/m^2$은 1단계 비만으로서 제2형 당뇨병의 위험인자에 해당한다.
① · ② · ③ · ④ 당뇨병은 고혈압, LDL 콜레스테롤의 증가, HDL 콜레스테롤의 감소, 중성지방의 증가와 관련이 있는데, 정상 범위에 해당한다.

26 **제2형 당뇨병 환자가 비만과 고혈압을 동반할 때 식사요법은?**

① 저열량식, 저나트륨식   ② 고지방식, 저칼륨식

③ 저지방식, 저칼륨식   ④ 저열량식, 고나트륨식

⑤ 저단백식, 저나트륨식

해설 제2형 당뇨병 환자는 비만과 고혈압 등의 대사증후군을 동반하는 경우가 많다. 비만과 고혈압을 관리하기 위해서는 저열량식과 저나트륨식을 한다.

정답 24 ① 25 ⑤ 26 ①

CHAPTER 09 감염성 질환과 선천성 대사장애

01 감염성 질환

감염성 질환에는 급성, 만성, 희귀성의 세 종류가 있으며, 체내에서 생성되는 열에 비해 방출되는 열이 적어 체온이 상승하고 체내대사 상승, 생체방어 약화, 영양불량 등이 발생

(1) 감염 시 체내 대사 ⭐

① 단백질 대사
  ㉠ 체온이 1℃ 증가하면 대사속도가 13% 증가하며 단백질 대사도 증가
  ㉡ 질소손실 증가, 근육단백질의 이화, 아미노산의 포도당으로의 전환, 알부민, 트랜스페린 합성 감소
  ㉢ 간에서 급성기 반응성 단백질 합성 증가, 식세포와 림프계 세포의 증식

> **영양보충**
>
> **단백질 대사 증가**
> 장티푸스, 말라리아, 콜레라를 앓은 경우에 더욱 심하고 요소로 인한 신장에 부담을 준다.

② 당질 대사
  ㉠ 가성당뇨병
  ㉡ 말초(근육) 인슐린 저항성
  ㉢ 포도당 신생합성 항진 및 포도당 분해 증가
③ 무기질 대사
  ㉠ 혈장 세룰로플라스민 농도의 상승
  ㉡ 혈장 철을 간으로 운반
  ㉢ Mg, P, K, S이 소변, 대변, 땀으로 손실
  ㉣ 망상내피계의 Zn 유입

감염성 질환
- 급성 감염성 질환 : 폐렴, 장티푸스, 류머티스열, 회백수염, 콜레라, 성홍열, 유행성 독감, 편도선염
- 만성 감염성 질환 : 폐결핵
- 유행성 감염성 질환 : 말라리아, 기종 등

(2) 급성 감염성 질환자의 식사요법

① **열량** : 3,000~4,000kcal의 고열량을 공급
② **수분** : 수분대사 평형을 유지하기 위해 1일 3,000~3,500mL의 물을 공급
③ **당질** : 글리코겐 저장과 단백질 절약작용 및 ketosis를 방지하므로 충분히 공급(하루에너지의 50~60%)
④ **지방** : 소화하기 쉬운 유화지방이나 짧은사슬 및 중간사슬지방을 충분히 공급(튀김은 피함)
⑤ **단백질** : 체세포량의 회복을 위해 체중 kg당 1.5~2g 정도 공급하며 면역체 합성을 위해 양질의 단백질
⑥ **전해질** : 나트륨, 칼륨, 마그네슘, 인 등을 공급(고깃국물, 우유, 과즙, 채소즙)
⑦ **비타민** : 열량 증가로 비타민 B 복합체(B_1, B_2, 니아신), 비타민 A, C를 증가

02 급 · 만성 감염성 질병

(1) 폐렴(pneumonia) 🌟 🌟

① **증상** : 폐가 충혈되고 심장이 과격한 부담을 받으며, 기침, 오한, 신진대사(20~50%) 상승
② **식사요법** : 2~3시간 간격으로 고열량, 고단백질, 고비타민, 고무기질 식사를 유동식으로 공급(우유, 아이스크림, 고기, 채소류, 삶은 달걀 등)

(2) 장티푸스(typhoid fever) 🌟 🌟

① **원인** : 원인균은 Salmonella typhi로 불결한 음료수와 음식물
② **증상** : 고열, 두통, 설사, 장의 궤양 및 출혈 등(40~50% 신진대사 증가)
③ **식사요법**
    ㉠ 고열량식 : 체중 kg당 50~60kcal
    ㉡ 고단백식 : 체중 kg당 2~3g(단백질 파괴율 3배)
    ㉢ 고당질식 : 체단백 소모 방지
    ㉣ 무기질, 비타민을 충분히 공급하고 무자극 · 저잔사식을 함
    ㉤ 수분을 충분히 공급하며 열이 심할 때는 유동식을 함

(3) 류마티스열(rheumatic fever) − 후진국(위생, 영양 불량지역)에서 많이 발생

① **원인** : 연쇄상구균(Streptococcus)이 후두와 편도에 감염되어 발병
② **증상** : 피로, 식욕부진, 발열, 오한 등
③ **식사요법**
　　㉠ 급성기에 순수 아스코르브산, 철, 단백질, 체중 유지에 필요한 에너지 공급
　　㉡ 수분 공급과 비타민 C를 증가
　　㉢ 코르티손과 ACTH 복용 시 나트륨 제한식사를 하여 체내 나트륨과 수분 보유를 예방

(4) 콜레라(cholera) − 아시아에서 많이 발생

① **원인** : 원인균인 Vibrio cholerae에 감염되어 발생
② **증상** : 대량 설사, 탈수, 산−염기 불균형 등
③ **식사요법** : 정맥주사로 신속히 수분, 포도당, 전해질을 공급

(5) 회백수염(poliomyelitis)

① **원인** : 폴리오 바이러스에 의해 감염
② **증상** : 어린이에게 많이 발생하며 골격 마비, 뇌세포 마비, 고열 등
③ **식사요법** : 고열량, 고단백질, 고비타민 식사, 열이 심하면 맑은 유동식 공급

(6) 폐결핵(tuberculosis) ⭐ ⭐

① **원인** : 원인균은 Mycobacterium tuberculosis이며 빈곤, 비위생, 교육의 빈곤 등의 지역에 발생하기 쉬움
② **증상** : 고열(체온의 급격한 상승), 피로, 기침, 체중감소, 쇠약, 각혈, 빈혈 등
③ **식사요법**
　　㉠ 열량 : 고발열 시 2,000~3,000kcal를 공급
　　㉡ 단백질 : 체단백 소모로 질소 배설이 증가되므로 체중 kg당 최저 1.5g 고단백질을 공급해야 하며 양질의 단백질을 공급
　　㉢ 무기질 : Ca, Fe, Cu 등을 충분히 보충(우유, 달걀, 육류, 생선, 닭고기, 녹황색 채소 등)
　　㉣ 비타민 : 비타민 A, C, D 및 B_1, 니아신, B_6를 충분히 공급

(7) 학질(malaria)

모기에 의해 감염되며 풍토병으로 간이 커지고 손상됨. 고열량(4,000kcal 이상), 고단백, 고당질, 중정도의 지방, 고비타민 식사를 공급

(8) 기종(emphysema)

① **원인** : 가스가 폐조직 사이에 차게 되어 폐포의 부피가 팽창하고 탄력성이 감소하게 됨

② **증상** : 호흡곤란, 연하곤란, 체중감소, 복부통증, 위궤양

③ **식사요법** : 섬유소, 육류 등 씹기 어려운 음식은 피하고 농축된 연식을 소량 자주 공급

(9) 만성폐쇄성 폐질환(chronic obstructive pulmonary disease. COPD)

① **원인** : 흡연, 노화, 대기오염, 직업병, 감염, 유전

② **증상** : 만성 기관지염, 폐기종

③ **식사요법**

　　㉠ 고단백질식 : 1.2~1.5g/체중(kg)

　　㉡ 탄수화물 섭취 제한 : 이산화탄소 생성

　　㉢ 고지방식 : 폐근력을 강화하기 위한 충분한 영양공급이 필요

　　㉣ 부드러운 형태의 음식으로 소량씩 자주 제공

　　㉤ 가스발생 음식 제한, 충분한 수분 섭취

영양보충

호흡기 질환

- 급성 호흡기 질환
  - 종류 : 바이러스 감염, 감기, 폐렴, 급성 기관지염 등이 있다.
  - 원인 및 증상 : 영양 결핍된 환자에게 많이 나타나며 인공호흡기를 필요로 하고 폐근육의 약화를 가져온다.
  - 식사요법 : 열량과 단백질을 충분히 공급하되 CO_2 생성을 최소화하고 수분평형을 유지하도록 하여야 한다.
- 만성 호흡기 질환
  - 원인 및 증상 : 만성 기관지염, 기종 등이 있으며 영양 불량인 환자에게서 더 많이 발생되고 체중 감소가 나타난다.
  - 식사요법 : 표준체중을 유지하도록 열량을 증가시키고 수분평형을 유지하도록 해야 한다.

[식사개정으로 치료되는 대사성 장애]

영양소대사	질 병
당 질	• 갈락토스혈증(galactosemia) • 글리코겐(glycogen) 저장 질병 • 1차적 유당(lactose) 결핍증(소장 lactase의 결핍) • 유전성 과당불내증(fructose-1,6-diphosphatase의 결핍) • 2당류의 소화불량증(disaccharidase의 결핍)
아미노산	• 페닐케톤뇨증(phenylketonuria) • 시스틴뇨증(cystinuria) • 호모시스틴뇨증(homocystinuria) • 단풍당밀뇨증(maple syrup urine disease)
지 방	과지질 단백혈증 : 유전성 고콜레스테롤혈증 혹은 글리세린혈증
무기질	• 장말단피부염(acrodermatitis enteropathica) : 아연 흡수의 결여 • 윌슨씨병(Wilson's disease) : 구리 대사의 장애 • 낭포성 섬유증(cystic fibrosis) : 염소 대사의 이상
기 타	• 통풍(gout) : 요산 대사의 이상 • 유기산혈증(organic acidemia) : 분지아미노산 대사의 장애 • 과암모니아혈증(hyperammonemia) : 요소회로에서 여러 단계의 지장

(1) 페닐케톤뇨증(phenylketonuria, PKU)

① 원인 : phenylalanine hydroxylase의 유전적 결핍 또는 불활성화로 인해 페닐알라닌 (phenylalanine)이 티로신(tyrosine)으로 전환되지 않는 질병 ☆ ☆ ☆

② 증상 : 성장저하, 백색피부, 금발, 지능저하, 혈당 및 혈압저하 등

③ 식사요법 ☆

  ㉠ 페닐알라닌의 양을 60mg/100mL에서 6mg/100mL로 줄이도록 함(허용한도 : 200~ 500mg/day)

  ㉡ 페닐알라닌을 제거한 분유로 단백질 보충

  ㉢ 제한식품 : 페닐알라닌 함량이 높은 잔멸치, 마른문어, 마른 오징어, 대구포, 노가리, 볶은 땅콩, 북어, 검정콩, 대두, 치즈, 닭가슴살, 견과류 등

  ㉣ 허용식품 : 캔디, 젤리, 옥수수, 녹말, 꿀, 타피오카(페닐알라닌이 적은 식품)

(2) 티로신 대사장애

① 신생아 티로신혈증

　㉠ 원인 : tyrosine transaminase, p-OH phenylpyruvate hydroxylase 부족으로 조숙아에게 발생

　㉡ 증상 : 황달, 복수, 혈중 메티오닌 증가, 아미노산, 인, 혈당 배설, 저프로트롬빈혈증

　㉢ 식사요법 : 저단백, 고비타민 식사

② 유전성 티로신혈증

　㉠ Type Ⅰ : fumarylacetoacetate hydrolase 결핍으로 발생

　　• 증상 : 혈장 내 티로신이 증가하고 성장 장애, 간기능 손상, 구루병, 고혈압, 저혈당 등

　　• 식사요법 : 중탄산염, 인산, K 등을 공급하고 메티오닌, 티로신과 페닐알라닌을 저하시켜야 함

　㉡ Type Ⅱ : 간과 세포질의 tyrosine transaminase 결핍으로 발생

　　• 증상 : 티로신이 오줌으로 배설되고, 손발의 각질화, 정신 장해 등

　　• 식사요법 : 단백질을 제한하고 비타민을 충분히 공급

(3) 갈락토스혈증(Galactosemia)

① 원인 : galactose-1-phosphate uridyl transferase의 결핍으로 갈락토스(galactose)가 글루코스(glucose)로 전환되지 못하여 체내에 다량의 갈락토스 축적 ⭐

② 증상 : 설사, 식욕부진, 구토, 황달, 백내장, 정신지체

③ 식사요법 : 갈락토스를 함유한 우유 및 유제품을 제한하고, 두유나 카세인 가수분해물 음식, 특수조제분유 섭취 ③⑦ ④⓪ ④⑥

(4) 과당불내증(Fructose intolerance)

① 원인 : 본태성 과당뇨증과 유전성 과당불내증

　㉠ 유전성 과당불내증 : fructose-1-phosphate aldolase 결핍으로 구토, 간종, 저혈당증, 저색소성 빈혈, 산독증 등

　㉡ fructose-1,6-diphosphatase 결핍 : 저혈당증, 간종, 저혈압, 대사성 산독증 등 발생

② 식사요법 : 과당, 설탕, 소르비톨, 전화당 등을 함유한 식품을 제한하고 비타민 C를 보충

(5) 통풍(Gout)

① 원인 : 체내 퓨린(핵산 구성물질의 하나) 대사이상으로 혈중 요산치가 증가하고 요산 배설량이 감소하여 요산이 체내에 축적 ⭐️⭐️⭐️⭐️⭐️⭐️

② 증 상
 ㉠ 요산칼슘염을 형성하여 연골, 관절 등에 침착되면 관절의 통증이 심하게 됨
 ㉡ 발열, 두통, 위장 장애 등이 나타나며 30세 이후 남성(비만)에게 많이 발생

③ 식사요법
 ㉠ 표준체중 유지를 위해 열량 섭취를 조절
 ㉡ 극단적인 고지방, 고단백식을 피함
 ㉢ 수분은 충분히 섭취하고 알코올은 금함
 ㉣ 알칼리성 식품을 섭취하고 나트륨의 섭취를 제한
 ㉤ 퓨린 성분이 적은 식품을 섭취 ⭐️⭐️⭐️⭐️⭐️
  • 고퓨린 식품(100~1,000mg/100g) : 멸치, 고깃국물, 간, 콩팥, 소고기, 엽통, 청어, 청어알, 고등어, 조개, 빙어, 다랑어, 시금치, 아스파라거스, 바나나, 단순당이 든 음료
  • 저퓨린 식품 : 곡류, 국수, 옥수수, 비스킷, 과자, 우유, 치즈, 아이스크림, 커피, 홍차, 케이크, 스파게티, 흰빵, 달걀, 과일, 채소

(6) 호모시스틴뇨증(Homocystinuria)

① 원인 : 시스타티오닌 합성효소의 유전적 결핍으로 인해 메티오닌과 호모시스틴이 체내에 축적되어 발생

② 증상 : 지능장애, 경련, 골격 이상, 안과적 이상, 혈전 형성

③ 식사요법
 ㉠ 저메티오닌 · 고시스틴 식사
 ㉡ 비타민 B_6는 시스타티오닌 합성효소의 조효소로 대량 투여
 ㉢ 비타민 B_{12}, 엽산 보충

(7) 단풍당뇨증(MSUD ; Maple Syrup Urine Disease) ⭐️⭐️⭐️

① 원인 : 류신, 이소류신, 발린과 같은 분지아미노산(BCAA)의 산화적 탈탄산화를 촉진시키는 단일효소가 유전적으로 결핍

② 증상 : 출생 시에는 정상으로 보이나 4~5일이 지나면 포유곤란, 식욕감퇴, 구토, 주기적인 고장성 같은 증상들이 나타남. 출생 후 일주일쯤 되면 뇨와 땀, 타액에서 특유의 단풍시럽 냄새가 나고, 산독증과 감염, 중추신경계의 손상, 발작, 혼수에 이르러 결국 사망하게 됨

③ 식사요법
 ㉠ 분지아미노산을 제한한 조제식을 공급
 ㉡ 혈액의 분지아미노산(특히 류신)의 농도와 어린이의 성장, 일반적인 영양요구량을 고려하여 조정

CHAPTER

09 적중예상문제

01 다음 중 대사장애 질환이 아닌 것은?

① 과당불내증

② 골다공증

③ 류마티스열

④ 통 풍

⑤ 티로신혈증

해설 류마티스열은 연쇄상구균(Group A Streptococcus)이 후두와 편도에 감염되어 발병하는 감염성 질환이다.

02 발열에 의한 체내대사의 변화로 옳은 것은?

① 영양소 흡수력이 증가한다.

② 칼륨, 염분의 배설이 감소한다.

③ 당질 대사와 단백질 대사가 감소한다.

④ 수분 손실이 감소한다.

⑤ 글리코겐 저장량이 감소한다.

해설 발열에 의한 체내대사 변화

• 영양소 흡수력이 감소한다.

• 칼륨, 염분의 배설이 증가한다.

• 당질 대사와 단백질 대사가 증가한다.

• 수분 손실이 증가한다.

• 글리코겐 저장량이 감소한다.

정답 01 ③ 02 ⑤

03 류마티스열의 식사요법으로 옳지 않은 것은?

① 고열량식
② 수분 제한식
③ 고단백식
④ 고비타민식
⑤ 나트륨 제한식

해설 급성기에 순수 아스코르브산, 철, 단백질, 체중 유지에 필요한 에너지 공급, 수분 부족을 예방하는 식사요법을 한다.

04 장티푸스의 식사요법으로 적당하지 않은 것은?

① 고열량식을 준다.
② 고단백식을 준다.
③ 충분한 수분을 준다.
④ 무자극식을 준다.
⑤ 저당질식을 준다.

해설 장티푸스 환자의 식사요법
  • 고열량식, 고단백식, 고당질식을 한다.
  • 무기질, 비타민을 충분히 섭취하도록 한다.
  • 섬유질이 적고 장을 자극하지 않는 저잔사식을 한다.
  • 열이 심할 때는 유동식을 준다.

출제유형 45

05 체조직 소모가 심한 폐결핵 환자에게 권장되는 식품은?

① 사과, 무
② 감, 옥수수
③ 고구마, 콩나물
④ 생선, 오이
⑤ 소고기, 두부

해설 결핵 환자의 식사요법
  • 고열량식, 고단백식이를 한다.
  • 무기질 : Ca, Fe, Cu 등을 충분히 보충(우유, 달걀, 육류, 생선, 닭고기, 녹황색 채소)한다.
  • 비타민 : 비타민 C, A, D, B_6 등의 섭취는 충분히 하여야 한다.

06 페닐케톤뇨증 환자의 혈액과 소변에서 증가하는 것은?

① 호모시스틴

② 갈락토스

③ 티로신

④ 페닐알라닌

⑤ 메티오닌

해설 페닐케톤뇨증(PKU, phenylketonuria)
- 원인 : 필수아미노산인 페닐알라닌을 티로신으로 전환하는 효소인 페닐알라닌 하이드록시라제가 선천적으로 결핍되어 혈중 또는 요중에 페닐알라닌이 현저히 증가
- 영양 관리 : 페닐알라닌 양(16~60mg/dL)을 정상치(2~10mg/dL)로 줄이기 위해 음식 제한

07 급성감염성질환 환자의 대사변화는?

① 체온이 저하된다.

② 기초대사량이 증가한다.

③ 나트륨과 칼륨의 배설이 감소한다.

④ 체단백질 합성이 증가한다.

⑤ 글리코겐 저장량이 증가한다.

해설 급성감염성질환 환자의 대사변화
- 발열이 일어나 체온 1℃ 증가 시 기초대사량은 13% 상승한다.
- 나트륨과 칼륨의 배설이 증가한다.
- 체단백질이 분해된다.
- 저장 글리코겐이 분해되고, 당신생이 일어난다.

정답 06 ④ 07 ②

08 갈락토스혈증일 때 공급할 수 있는 식품은?

① 두 유

② 치 즈

③ 버 터

④ 우 유

⑤ 요구르트

해설 갈락토스혈증(Galactosemia)
- 원인 : galactose-1-phosphate uridyl transferase가 결핍되어 갈락토스가 글루코스로 전환되지 못하여 체내에 다량의 갈락토스 축적
- 증상 : 설사, 식욕부진, 구토, 황달, 백내장, 정신지체
- 식사요법 : 갈락토스를 함유한 우유 및 유제품을 제한하고, 두유나 카세인 가수분해물 음식, 특수조제분유 섭취

09 다음 환자의 질환에 적합한 식사요법은?

- 비만 남성에게 주로 발병한다.
- 퓨린의 최종 대사산물이 원인물질로, 관절조직에 침착되어 통증을 유발한다.

① 맥주를 마셔 이뇨작용을 돕게 한다.

② 채소, 과일을 섭취한다.

③ 우유와 달걀을 섭취하지 않는다.

④ 고등어, 청어 등의 등푸른 생선을 충분히 섭취한다.

⑤ 멸치국물을 주로 활용한다.

해설 통풍 환자의 혈액에는 퓨린의 최종 대사산물인 요산이 높으므로 저퓨린 식품을 섭취해야 한다. 저퓨린 식품에는 곡류, 국수, 옥수수, 비스킷, 과자, 우유, 치즈, 아이스크림, 커피, 홍차, 케이크, 스파게티, 흰빵, 달걀, 과일, 채소 등이 있다.

08 ① 09 ② 정답

10 신장 168cm, 체중 90kg인 48세의 성인 남자가 간에 지방이 많고 통풍 증상이 있다는 진단을 받았다. 이 사람에 대한 지도방법으로 가장 옳은 것은?

① 스트레스를 받지 않고 충분한 휴식을 취하며 먹고 싶은 것을 먹도록 한다.
② 매일 우유 2컵과 두유 2컵을 먹도록 한다.
③ 지방 섭취를 제한하고 단백질 식품 위주의 식사를 하도록 한다.
④ 동물성 식품은 제한하고 잡곡과 채소, 과일을 많이 섭취하도록 한다.
⑤ 자유롭게 식사를 하고 의사의 처방에 따라 약만 정확하게 복용하도록 한다.

> **해설** 통풍 환자의 식사요법
> • 표준체중을 유지하기 위해 열량 섭취를 조절한다.
> • 극단적인 고단백식, 고지방식을 피해야 한다.
>   – 단백질 : 퓨린 함량이 많은 멸치, 고등어, 연어, 육수, 간, 콩팥 등은 피한다.
>   – 지방 : 심장병과 고지혈증이 많으므로 불포화지방산의 섭취를 증가시킨다.
> • 알코올의 섭취는 금하고 수분을 충분히 섭취한다.
> • 알칼리성 식품을 섭취하고 소금 섭취를 제한한다.
> • 퓨린 성분의 함량이 적은 식품을 섭취한다.

출제유형 46

11 만성폐쇄성폐질환 환자의 식사요법은?

① 고열량식
② 저단백식
③ 저지방식
④ 고탄수화물식
⑤ 고잔사식

> **해설** 만성폐쇄성폐질환(COPD)
> • 고열량식, 고단백식을 한다.
> • 탄수화물을 제한한다.
> • 호흡률이 가장 낮은 지방을 주 에너지원으로 제공한다.
> • 가스 발생 식품은 제한한다.

12 통풍 환자에게 적합한 음식으로 구성된 것은?

① 완두콩밥, 조갯국, 고등어찜, 콩자반

② 잡곡밥, 소고기뭇국, 멸치볶음, 버섯볶음

③ 양송이스프, 비프스테이크, 아스파라거스 구이

④ 흰빵, 달걀프라이, 치즈, 우유

⑤ 쌀밥, 홍합탕, 연어구이, 시금치나물

해설 통풍 환자에게 퓨린 함량이 적은 식품(빵, 달걀, 치즈, 우유 등)을 제공한다.

13 폐결핵 환자의 식사요법으로 옳은 것은?

① 저에너지식

② 저단백식

③ 철보충식

④ 저비타민식

⑤ 고섬유식식

해설 폐결핵은 고열, 피로, 기침, 각혈, 체중 감소 등의 증상을 보이는 소모성 질환이므로, 충분한 열량과 단백질을 공급해야 한다. 각혈에 따른 빈혈을 예방하기 위하여 철과 구리를 충분히 공급한다.

14 류신, 이소류신, 발린의 대사장애로 나타나는 선천성 질환은?

① 갈락토스혈증

② 티로신혈증

③ 페닐케톤뇨증

④ 단풍당뇨증

⑤ 호모시스틴뇨증

해설 단풍당뇨병
분지아미노산인 류신(Leuicine), 이소류신(Isoleuicine), 발린(Valine)의 대사장애로 이들 아미노산이 혈액 내에 축적되는 질환이다. 땀과 소변, 귀지 등에서 특유의 단 냄새가 나는 것이 특징이다.

12 ④ **13** ③ **14** ④ 정답

15 다음 중 퓨린 함량이 적은 식품은?

① 닭간, 근대, 우유
② 빵, 무청, 멸치
③ 아이스크림, 국수, 우유
④ 치즈, 달걀, 정어리
⑤ 콩팥, 버섯, 치즈

해설 퓨린 함량이 많은 식품과 적은 식품
- 퓨린 함량이 많은 식품 : 등푸른 생선, 육류의 내장, 알류, 견과류
- 퓨린 함량이 적은 식품 : 육류의 살코기, 국수, 빵 등의 곡류식품, 우유, 치즈

16 통풍의 식사요법 지도에서 옳지 않은 것은?

① 1일 3식 일정량으로 규칙적인 식사 습관과 균형식을 취하고 간식을 피한다.
② 퓨린 함량이 많은 유제품(우유·치즈) 등을 제한한다.
③ 지방도 요산의 배설을 방해하므로 튀김, 전 등의 요리 횟수를 줄인다.
④ 퓨린 함량은 적지만 지방이 많은 크림, 초콜릿, 땅콩 등을 많이 먹는 것은 피한다.
⑤ 알코올은 요산 생성을 증가시킬 수 있으므로 가급적 제한하도록 한다.

해설 통풍 환자의 혈액에는 퓨린의 최종 대사산물인 요산이 높으므로 퓨린체가 낮은 식품을 공급하여야 한다. 어란, 정어리, 멸치, 고깃국물 등은 제한하고, 우유, 치즈, 채소 등을 충분히 섭취하도록 하고 술은 금하여야 한다.

17 어린아이의 소변과 땀에서 특유의 자극적인 향이 날 때 섭취를 금지해야 할 것은?

① 페닐알라닌
② 분지아미노산
③ 아연과 구리
④ 유제품
⑤ 티로신

해설 페닐케톤뇨증
페닐알라닌을 분해하는 효소의 결핍으로 페닐알라닌이 체내에 축적되어 경련 및 발달장애를 일으키는 상염색체성 유전 대사 질환이다. 소변과 땀에서 곰팡이 또는 쥐오줌 비슷한 냄새가 난다.

정답 15 ③ 16 ② 17 ①

18 급성 감염성 질환에 의한 발열 환자의 식사요법으로 옳은 것은?

> 가. 수분 대사의 평형을 유지하기 위하여 수분을 충분히 공급한다.
> 나. 열량을 보충하기 위하여 농축 열량 식품을 이용한다.
> 다. 대사의 증가와 질소 손실의 보충을 위하여 단백질 식품을 충분히 공급한다.
> 라. 나트륨, 칼륨의 손실이 일어나기 쉬우므로 과즙, 우유를 공급한다.

① 가, 나, 다
② 가, 다
③ 나, 라
④ 라
⑤ 가, 나, 다, 라

해설 급성 감염성 질환의 식사요법
- 수분 : 수분 대사 평형을 유지하기 위해 1일 3,000~3,500mL의 물을 공급한다.
- 열량과 단백질 : 급성 감염병 환자에게 2g/kg의 단백질과 3,000~4,000kcal의 에너지를 공급한다.
- 당질 : 고당질식은 글리코겐을 저장하고 gluconeogenesis와 ketosis를 방지한다.
- 지질 : 유화된 지방으로 충분히 섭취한다.
- 비타민 : 비타민 B 복합체, 아스코브르산, 비타민 A의 양을 증가한다.
- 무기질 : 급성 발열 단계에서는 나트륨 및 칼륨의 손실이 크므로 보충해야 한다.

출제유형 44

19 갈락토스혈증의 원인이 되는 효소는?

① galactose-1-phosphate uridyltransferase
② glucose-6-phosphatase
③ phosphoglucomutase
④ glucokinase
⑤ hexokinase

해설 갈락토스혈증(Galactosemia)
갈락토스 대사에 관여하는 galactose-1-phosphate uridyltransferase에 선천적 장애가 발생하여 체내에 다량의 갈락토스가 축적되어 발육부진, 구토, 황달, 설사 등의 증상을 나타내는 질환이다.

CHAPTER
10 수술, 화상, 알레르기

01 수 술

(1) 수술 전 영양 관리 ⭐ ⭐

① 충분한 영양지원을 통해 영양상태 개선(헤모글로빈 수준 75% 이상, 혈청 단백질 6.0g/dL 이상, 헤마토크리트 41% 이상)
② 단백질의 이용을 위해 고열량식이를 함(평소보다 30~50% 추가공급)
③ 단백질 : 혈청단백질 수준이 6.0~6.5dL 이상이 되게 양질의 단백질을 공급
④ 당질 : 글리코겐 저장 증가, 단백질 절약, 케톤증 방지를 위해 충분히 공급
⑤ 비타민과 무기질 : 상처 회복과 지혈에 관계되는 비타민 A, C, K를 충분히 공급하고 Ca, Fe, Cu, Zn을 보충
⑥ 수분 : 수술 시 손실이 많으므로 충분히 공급
⑦ 수술 전날은 밤 12시부터 금식

(2) 수술 후 영양 관리 ⭐

① 수술의 종류, 환자의 건강상태에 따라 적절히 공급
② 열량 : 정상필요량의 10~25% 정도를 수술 내용에 따라 증가시켜야 함(체중 kg당 35~45kcal)
③ 단백질 : 체중 kg당 1~2g의 양질의 단백질을 공급
④ 비타민 : 비타민 C는 콜라겐 형성을 위해 1일 100~300mg 정도, 비타민 A와 K는 상처 회복과 응혈작용을 위해 충분히 공급하고, 비타민 B군도 당질과 단백질 대사를 위해 충분히 공급
⑤ 무기질 : 아연(상처 회복)과 철(조혈작용)을 충분히 공급
⑥ 수분 : 수분과 전해질 손실이 많으므로 충분히 공급
⑦ 음식 섭취 : 수술 후 1~2일간에는 정맥영양을 하거나 맑은 유동식을 주고 전유동식 → 연식 → 일반식으로 이행

(1) 화상 후 생리적 변화 ✿

① 이화호르몬(코르티솔, 글루카곤, 에피네프린, 노르에피네프린) 분비 증가

② 당신생 증가, 기초대사량 증가, 체지방 합성 감소, 수분과 전해질 배설 증가, 요 질소 배설 증가

(2) 식사요법

① **수분과 전해질 보충** : 화상 부위를 통해 증발되는 수분과 전해질 손실이 많아 24~48시간 내에 7~10L 이상의 수분과 전해질을 충분히 공급

② **열량(고열량)**

　㉠ 화상 전 체중 kg당 50~90kcal 필요

　㉡ 열량 필요량(kcal)

　　• 성인 : 25kcal × 정상체중 kg + 40kcal × 전체 체표면적에 대한 화상의 백분율(%)

　　• 어린이 : 30~100kcal/kg(섭취권장량) × 화상 전 체중(kg) + 40kcal × 화상면적비율(%)

③ **단백질(고단백)** ✿

　㉠ 체중 kg당 2~3g(전체열량의 20~25%) 정도 단백질을 공급

　㉡ 단백질 필요량(g) = 1g 단백질 × 정상체중(kg) + 3g 단백질 × 전체 체표면적에 대한 화상의 백분율(%)

> **TIP**
>
> 식사와 식사 중간에 고열량, 고단백 식품을 보충하고, 구강급식이 어려운 환자는 경관급식, TPN, PPN 등으로 공급한다.

④ **당질과 지질**

　㉠ 당질은 주요 열량원으로 공급됨

　㉡ 고지질 섭취는 면역 반응을 악화시키나 n-3 지방산은 면역반응을 향상시킴

⑤ **비타민** : 비타민 A, C를 충분히 공급

⑥ **무기질** : 나트륨(Na)과 칼륨(K)의 저하가 나타나지 않도록 하며 칼슘, 아연, 인 등을 보충

03 알레르기(allergy)

(1) 알레르기반응

① 알레르기 : 정상적으로 항원이 되지 않는 이물질(음식, 꽃가루, 먼지 등)에 항체가 생겨서 과잉의 항원항체반응의 결과가 나타나는 증세

② 알레르겐 : 알레르기를 일으키는 항원

③ B임파구 : 체액성 면역과 관련되며 항원과 접촉하면 형질 세포로 변해 IgG, A, M, D, E 등과 같은 항체를 분비(흉선 → 골수 분화)

④ T임파구 : 세포성 면역과 관련되고 항원이 T임파구를 자극할 경우 림포카인을 방출하여 항원을 파괴(골수 → 간세포 분화)

(2) 알레르기반응에 영향을 미치는 요인

① 항원 침입 : 영양불량, 감염 등으로 장 투과성이 증가되면 영 · 유아는 IgA 항체 결핍으로 항원 침입이 증가

② 유전 : 양쪽 부모에게 알레르기가 있으면 75%, 한쪽 부모일 경우 50%가 자녀에게 알레르기가 있음

③ 식품 알레르겐 : 당단백질로 우유, 달걀의 난백, 생선, 견과류, 땅콩, 옥수수, 복숭아 등에 많이 있음 ⑩

> **TIP**
>
> IgE ⑮
> 아토피 피부염과 식품 알레르기를 매개한다.

(3) 치료 및 식사요법

① 치료법

    ⊙ 면역요법 : 식습관 조사나 피부검사 등으로 항원을 결정한 후, 소량의 항원부터 시작하여 그 양을 늘려 주사하여 체내 저항력을 증가시키는 방법

    ⓒ 항원의 제거 : 알레르기를 일으키는 식품 대신 대체식품을 넣음

    ⓒ 회전식단 : 알레르기 식품을 4~5일에 한 번씩 공급하여 반응을 봄

    ⓔ 약물요법 : 항히스타민제, 부신피질 스테로이드제 등을 사용

    ⓜ 조리법의 변경 : 찬 우유는 따뜻하게 데우는 등 조리법을 변경

② 식사요법 ⑯

    ⊙ 식품의 재료는 신선한 것을 이용

    ⓒ 가공식품은 가능한 한 피함(사용 시 첨가내용 확인)

    ⓒ 채소는 데쳐서 유독 성분을 제거한 후 이용(향기가 강한 것은 피함)

    ⓔ 기름은 신선한 샐러드 기름을 이용

    ⓜ 해조류는 가능한 한 섬유질이 적은 것을 택함

    ⓗ 모든 식품은 가능한 한 가열조리

[식품 알레르기일 경우 대체 식품] ⭐ ⭐ ⭐

제한해야 할 식품	피해야 할 식품	대체 식품
우 유	치즈, 아이스크림, 요구르트, 크림수프, 버터	커피, 두유, 우유가 없는 식품, 코코아
달 걀	커스터드, 푸딩, 마요네즈, 기타 달걀이 함유된 식품	달걀 없이 구운 빵, 스파게티, 쌀, 달걀대체물(라벨을 읽고)
밀	밀가루로 만든 식품, 크래커, 마카로니, 스파게티, 국수 등	밀이 없는 빵과 크래커, 옥수수, 쌀, 팝콘, 호밀, 고구마
두 류	콩가루, 두유, 채실류, 콩소스, 콩버터	너트우유, 코코넛우유
옥수수	팝콘, 콘시럽	밀가루, 고구마, 쌀가루
초콜릿	캔디, 코코아	설 탕
소고기	소고기수프, 소고기소스	식품성 쇼트닝
돼지고기	베이컨, 소시지, 핫도그, 돼지고기로 만든 소스	소고기 핫도그, 식품성 쇼트닝

CHAPTER

10 적중예상문제

출제유형 35

01 수술 후 환자에게 단백질을 충분히 공급해야 하는 이유로 옳은 것은?

> 가. 부종 방지를 위해
> 나. 조직 재생을 위해
> 다. 감염에 의한 저항력 증가를 위해
> 라. 출혈로 손실된 단백질 보충을 위해

① 가, 나, 다
② 가, 다
③ 나, 라
④ 라
⑤ 가, 나, 다, 라

해설 수술 후 이화작용이 항진되어 혈청 단백질 농도가 저하되고 질소 배설이 증가되며 상처의 빠른 회복, 빈혈 예방, 항원과 효소 생성을 위해 단백질을 충분히 공급해야 한다.

02 화상 후 생리적 변화로 옳은 것은?

① 요 질소 배설이 증가된다.
② 체지방 합성이 증가된다.
③ 수분과 전해질 배설이 감소된다.
④ 기초대사량이 감소된다.
⑤ 이화호르몬 분비가 감소한다.

해설 화상 후 생리적 변화
  • 이화호르몬(코르티솔, 글루카곤, 에피네프린, 노르에피네프린) 분비 증가
  • 당신생 증가, 기초대사량 증가, 체지방 합성 감소, 수분과 전해질 배설 증가, 요 질소 배설 증가

정답 01 ⑤ 02 ①

03 환자가 회복기에 들어서면 일어나는 현상이 아닌 것은?

① 환자에게 질소가 보유된다.

② 환자의 체중 증가가 일어난다.

③ 환자의 칼륨이 보유된다.

④ 환자의 나트륨과 수분이 보유된다.

⑤ 환자의 장기능이 정상으로 돌아온다.

> 해설 환자의 스트레스, 호르몬 분비가 줄어들면서 회복기에 접어들면 분해 호르몬의 기능이 약화되면서 나트륨, 수분의 배설이 증가하게 된다.

04 수술 후의 설명에 관한 내용으로 옳지 않은 것은?

① 수술 후 입으로 물이나 영양공급을 시작하는 때는 장의 연동운동이 돌아오는 때가 적절하다.

② 수술 후에는 체조직 합성 및 상처치유를 위한 단백질 합성이 증가되어야 하고 거기에 필요한 필수아미노산이 충분히 공급되어야 한다.

③ 수술 후에 특히 보충해야 할 무기질은 아연이다.

④ 위절제 수술을 한 환자가 비타민 보충을 하지 않을 경우 비타민 D의 결핍증을 일으키기 쉽다.

⑤ 수술 후에는 조직 분해시기, 조직 합성시기, 지방 축적시기 순서로 회복이 진행된다.

> 해설 수술 후 비타민 섭취
> • 비타민 C : 콜라겐 형성, 1일 100~300mg
> • 비타민 A, K : 상처 회복과 응혈 작용, 충분히 섭취
> • 비타민 B군 : 당질과 단백질 대사, 충분히 섭취

05 다음 설명 중 옳지 않은 것은?

① 회장에서 담즙산염이나 지방산을 흡수하므로 회장이 100cm 이상 절제되면 지방변을 유발시키게 된다.

② 수술 후에 체조직의 보수에 필요한 단백질을 절약하기 위해 충분히 섭취해야 하는 영양소는 단백질이다.

③ 수술 전에 수술 후의 합병증 위험도가 높은 환자를 선별할 때 쓰이는 지수는 혈장 알부민이다.

④ 수술 후 스트레스 시에는 항이뇨호르몬의 증가로 인해 나트륨과 소변의 배설이 억제된다.

⑤ 수술 후 스트레스반응은 소화 기능이 저하되고 기초대사율이 높아지는 것이다.

해설 수술 후 지방과 탄수화물로부터 얻는 에너지가 부족하면 단백질은 체조직 보수에 쓰이지 못하고 에너지원으로 쓰인다. 단백질이 체조직 보수를 위해 쓰이게 하기 위해서는 탄수화물이나 지방으로부터 에너지를 충분히 섭취해야 한다.

06 수술 시 단백질의 영양병리 현상으로 옳은 것은?

> 가. 혈청 단백질 농도 저하
> 나. 이화작용이 항진
> 다. 소변으로 질소의 배설이 증가
> 라. 알부민 대 글로불린 비의 상승

① 가, 나, 다
② 가, 다
③ 나, 라
④ 라
⑤ 가, 나, 다, 라

해설 수술 시의 대사 변화
- 단백질 : 이화작용 항진, 알부민 합성 감소, 혈중 잔여 질소 상승
- 당질 : 부신피질호르몬 분비 증가, 혈당 상승
- 지질 : 저장지방 증가
- 비타민 : 비타민의 활성화 감소
- 수분, 전해질 : 수분 배설 감소, 나트륨, 염소, 배설 감소, 칼륨 배설 증가

정답 05 ② 06 ①

07 회복기 화상 환자의 영양관리로 옳은 것은?

① 고단백, 고비타민, 고에너지

② 저단백, 고비타민, 고에너지

③ 저단백, 고당질, 저에너지

④ 고단백, 저지방, 저에너지

⑤ 고단백, 고당질, 저에너지

> **해설** 화상 환자의 영양관리
> • 감퇴기(초기 단계) 때의 식사요법 : 물, 전해질 공급 중요
> • 유출기 때의 식사요법
>   − 고열량(3,500~5,000kcal), 고단백식(1일에 125~150g)
>   − 고비타민, 특히 비타민 C, 비타민 B 복합체
>   − 고무기질, 특히 Na, K, Ca, Zn, Mg 충분히 공급

출제유형 39

08 심한 화상을 입은 환자의 식사요법이다. 옳은 것은?

> 가. 고단백식
> 나. 고열량식
> 다. 고비타민식
> 라. 고당질식

① 가, 나, 다

② 가, 다

③ 나, 라

④ 라

⑤ 가, 나, 다, 라

> **해설** 화상 환자의 식사요법
> • 수분과 전해질 보충 : 일반 화상 1일에 7~10L
> • 에너지 : 50~90kcal/kg(화상 전 체중 기준)
> • 당질 : 주요 에너지급원
> • 단백질 : 2~3g/kg
> • 지질 : 에너지의 15% 이내, 필수지방산 공급
> • 비타민 : 비타민 C(콜라겐 합성) 1일에 1~2g
> • 무기질 : 아연(식욕부진 치료와 손상된 상처 치유)

09 화상을 당했을 때 영양 관리로 옳지 않은 것은?

① 몸의 40% 이상을 2도 화상을 입은 환자의 경우 즉각적으로 고단백질, 고열량식을 실시한다.

② 당질은 에너지원이므로 충분히 준다.

③ 단백질은 화상 범위에 의하며, 체중 kg당 2~3g을 준다.

④ 화상 환자에 있어서 식사요법의 중요한 목표는 몸무게 감소율을 화상 전 몸무게의 10% 이하로 제한하는 것이다.

⑤ 화상 환자의 식사요법에 있어서 가장 강조해야 하는 양질의 단백질과 비타민 C 및 칼로리를 많이 섭취한다.

> **해설** 환자는 쇼크 상태에 있고 상처를 통해 많은 양의 체액과 전해질의 소실이 있기 때문에 물과 전해질의 공급이 가장 중요하다.

10 식사성 알레르기일 때 식품선택으로 옳은 것은?

① 가공식품을 되도록 이용한다.

② 식품재료는 신선한 것을 선택한다.

③ 채소의 향미가 강한 것을 선택하고 생채로 섭취한다.

④ 여러 번 사용한 기름으로 조리한 음식을 선택한다.

⑤ 해조류는 가능한 한 섬유질이 많은 것을 선택한다.

> **해설** 알레르기 식사요법
> - 식품 재료는 신선한 것 선택
> - 가공식품은 피하고, 사용 시 첨가내용 확인
> - 채소류 : 향기 강한 것 피함, 가열 조리
> - 기름은 신선한 것 이용
> - 향신료 제한
> - 소화 흡수가 잘되는 것 섭취(특히 저녁식사)
> - 어린이의 간식, 음료 중에 알레르겐 유·무를 확인
> - 해조류는 섬유질이 적은 것을 선택

11 우유 알레르기를 보이는 환자에게 주어도 되는 식품은?

① 아이스크림

② 케이크

③ 두 유

④ 요구르트

⑤ 치 즈

> **해설** 우유 알레르기는 유제품인 치즈, 요구르트, 아이스크림은 물론 빵, 케이크 등 우유 성분이 함유된 모든 식품 섭취 시 나타날 수 있다.

12 식품 알레르기와 아토피 피부염과 관련된 면역글로불린은?

① IgA

② IgD

③ IgE

④ IgG

⑤ IgM

> **해설** IgE(면역글로불린 E)
> - 식품 알레르기가 있는 사람이 식품 알레르겐을 섭취할 경우 IgE 항체가 매우 많은 양의 히스타민 및 기타 염증전달 물질을 빠르게 체조직으로 방출한다. 이 염증전달 물질에 의해 알레르기반응을 유발하는 염증이 발생한다.
> - 아토피 피부염 환자의 대부분은 음식물이나 공기 중의 항원에 대한 특이 IgE 항체가 존재해서 항원에 노출되면 양성 반응을 보여 아토피 증상을 보인다.

11 ③ **12** ③ **정답**

13 알레르기에 대한 설명 중 옳지 않은 것은?

① 식사성 알레르기는 식물성과 해산물 근원의 고단백질 함유 식품이다.

② 고추, 겨자, 와사비 같은 자극성이 강한 향신료는 자율신경을 흥분시킴으로써 신경성 알레르기를 가져온다.

③ 항히스타민제는 알레르기의 항원항체 반응의 결과 생긴 화학 전달물질을 중화하여 알레르기 증상을 완화시킨다.

④ 어린이에게 가장 많은 식사성 알레르기는 우유, 콩, 달걀, 밀, 생선 등이 원인이 되기 쉽다.

⑤ 담수어에 비해 해수어는 항원이 되는 일이 적다.

해설 해수어에 비해 담수어는 항원이 되는 일이 적다.

14 다음 중 알레르기를 가장 적게 일으키는 식품은?

① 쌀 밥

② 달 걀

③ 오렌지

④ 초콜릿

⑤ 고등어

해설 쌀은 알레르기 유발이 적은 식품이다. 동 · 식물에 있는 단백질에는 알레르기를 잘 일으키는 강한 식품이 많다.

15 어떤 사람이 우유 및 유제품에 알레르기를 가지고 있을 때 제한하지 않아도 되는 식품은?

① 요구르트

② 크림수프

③ 커스터드

④ 버 터

⑤ 마요네즈

해설 버터에도 소량의 유제품이 함유되어 있으며 유제품이 함유되어 있지 않은 것은 마요네즈이다.

정답 13 ⑤ 14 ① 15 ⑤

16 식품 알레르기 체질인 사람에게 주어도 되는 식품끼리 묶은 것은?

① 아스파라거스, 배추, 복숭아

② 오이, 호박, 사과, 인절미

③ 초콜릿, 고등어, 우유, 쌀

④ 시금치, 딸기, 밀, 새우

⑤ 조개류, 게, 코코아, 돼지고기

> **해설** 알레르기 체질인 사람에게는 복숭아, 고등어, 새우, 조개류 등을 주의하여야 한다.

출제유형 37

17 화상 환자의 피부 재생을 돕기 위해 공급해야 하는 것은?

① 비타민 C

② 콜라겐

③ 당 질

④ 전해질

⑤ 단백질

> **해설** 피부 재생과 합병증 발생 등이 많은 에너지를 요구하기에 고칼로리, 고단백질 식사를 하면서 필요한 비타민과 전해질 등의 보충이 필요하다. 특히 단백질 소모량이 크고, 피부의 재생을 위해서 고단백식을 섭취해야 한다.

출제유형 38, 44

18 소화기계 수술 후 환자에게 수분 공급을 목적으로 제공할 수 있는 음식은?

① 우 유

② 수 란

③ 채소주스

④ 보리차

⑤ 아이스크림

> **해설** 맑은 유동식은 수분 공급을 목적으로 끓인 액체 음료로 보리차, 녹차, 옥수수차, 보리차, 맑은 과일주스를 공급한다. 수술 후 가스나 가래가 나오면 공급해야 한다.

16 ② 17 ⑤ 18 ④ 정답

19 외상수술 후 환자의 대사변화는?

① 칼륨 배설이 감소한다.

② 나트륨 배설이 증가한다.

③ 지방 분해가 감소한다.

④ 당신생이 감소한다.

⑤ 체단백질 분해가 촉진된다.

> **해설** 외상수술 후 대사 변화
> - 체단백질 분해가 촉진된다.
> - 나트륨 배설이 감소하고, 칼륨 배설이 증가한다.
> - 지방 분해가 증가한다.
> - 당신생이 증가한다.
> - 에너지 대사가 항진된다.

20 달걀 알레르기가 있는 사람이 피해야 할 식품은?

① 소시지

② 베이컨

③ 요구르트

④ 치 즈

⑤ 커스터드

> **해설** 달걀 알레르기가 있는 사람은 커스터드, 푸딩, 마요네즈, 기타 달걀이 함유된 식품을 피해야 한다.

정답 **19** ⑤ **20** ⑤

CHAPTER 11 암

01 암의 정의

신체조직의 자율적인 과잉성장에 의해 비정상적으로 자라난 덩어리로 주위 조직에 침윤 및 확산·전이, 악액질 수반

> **영양보충**
>
> ### 악액질(Cachexia) 42 43 44 45 46 47
> - 악성종양에서 볼 수 있는 고도의 전신쇠약 증세
> - 체력 저하, 체중 감소, 빈혈, 소화불량, 면역기능 저하, 대사와 호르몬 이상, 무기력, 식욕부진으로 인한 영양불량, 피부건조, 피부색소 침착, 부종, 저단백혈증 등의 임상적인 증상
> - 영양소 대사 변화 : 기초대사량 증가, 에너지 소비량 증가, 당신생 증가, 인슐린 민감도 감소, 고혈당증, 근육단백질 합성 감소, 지방 분해 증가, 수분과 전해질 불균형

02 암 발생의 원인

(1) 외적 환경 인자

흡연, 음주, 식품첨가물, 방사선, 대기오염, 약물, 자외선, 바이러스, 감정적 스트레스

(2) 내적 환경 인자

유전적 소인, 노화, 면역력 저하, 호르몬 대사이상 등

> **영양보충**
>
> ### 니트로소아민(Nitrosamine) 45
> 단백질 식품에 존재하는 아민이나 아미드가 질소화합물 등과 반응하여 제조과정 중 생성되는 발암 가능물질이다. 훈연가공육에 첨가되는 아질산나트륨은 단백질 속의 아민과 결합하여 니트로소아민을 생성한다.

(1) 위 암

① 위험 요인 : 고염식, 훈제 식품, 고질산 함유 식품, 뜨거운 음식, 불규칙한 식사, 탄 음식, 알코올 섭취 등
② 억제 요인 : 우유, 유제품, 녹황색 채소와 과일, 양질의 단백질 등

> **TIP**
>
> **위암 수술 후 식사진행** ⭐
> 맑은유동식 → 전유동식 →
> 연식 → 진밥

(2) 대장암 ⭐

① 위험 요인 : 고지방식, 저섬유식, 맥주, 생선과 육류 조리 시 생성되는 헤테로고리아민 등
② 억제 요인 : 고섬유식, 양질의 단백질(두류, 우유, 어패류, 소고기 등)

(3) 간 암

① 위험 요인 : 곰팡이가 핀 식품, 알코올, 식품첨가물, 단백질 부족 등
② 억제 요인 : 양질의 단백질, 비타민, 미량원소가 많은 식품

(4) 폐 암

① 위험 요인 : 흡연 등
② 억제 요인 : 토마토, 수박 등 채소 , 비타민 A, 비타민 C 등

(5) 유방암

① 위험 요인 : 고지방식, 고열량식, 저섬유식 등
② 억제 요인 : 저지방식, 저열량식, 이소플라본이 함유된 콩류, 신선한 채소 및 과일 등

(6) 식도암과 구강암

① 위험 요인 : 뜨거운 음식, 알코올, 흡연, 곰팡이 독, 비타민·무기질이 부족한 식사
② 억제 요인 : 녹색 채소, 과일, 양질의 단백질 등

(7) 자궁암

① 위험 요인 : 고지방식, 고열량식, 저섬유식 등
② 억제 요인 : 비타민 A, 비타민 C, 카로틴, 엽산 등이 풍부한 채소나 과일 등

04 영양소와 암과의 관계

(1) 열 량

열량 제한은 종양의 발현 억제와 DNA 회복 능력에 효과가 있음

(2) 지 방 ⭐

고지방식은 유방암, 대장암, 직장암, 전립선암, 담낭암 등의 요인을 증가시킴

(3) 단백질

저단백식은 세포 매개성 면역이 억제되어 암이 발생. 반면 고단백식은 유방암, 간암, 대장암, 전립선암과 관련이 있음

(4) 비타민

① 고비타민 A 섭취는 위암, 후두암, 인두암, 폐암(흡연 시) 등의 발생을 억제함

② 비타민 E 부족은 폐암, 유방암을 발생시킴

> **TIP**
> 비타민 C는 항산화 작용이 있어 nitrosamine과 N-nitroso 화합물 형성을 방지하여 암을 예방하고, 흡연자에게 좋다. ⭐

(5) 무기질

① 비소, 카드뮴, 크롬, 니켈 등은 암의 발생을 증가시킴

② 셀레늄은 항산화 작용이 있어 대장암, 유방암, 직장암 등의 발생을 낮춤

③ 아연의 다량 섭취는 유방암, 위암 발병을 증가시킴

(6) 섬유소

고섬유식은 결장암과 직장암을 예방함

(7) 알코올

담배를 피우면서 마실 때 상승작용이 있으며 구강, 후두, 식도암을 발생시킬 수 있음

(8) 질산염, 기타 첨가물

위암 등을 발생시킴

(9) 커피와 담배

카페인의 다량 섭취는 방광암, 췌장암 등을 발생시키고 흡연은 폐, 후두, 구강, 인두, 식도, 방광 등의 암과 관련이 있음

(10) 조리법

숯불구이나 튀김으로 발생되는 헤테로고리아민과 훈연 제품의 발암물질인 다환방향족탄화수소에 의해 간암, 위암, 식도암 등이 발생

(11) 겨자과 채소(양배추, 콜리플라워, 브로콜리)

소화기계, 호흡기계에 방어적임

> **영양보충**
>
> **피토케미컬** ⭐
> - 식물에 들어있는 화학물질로 대부분 색이 진한 채소나 과일류에 많이 함유되어 각종 해충, 바이러스, 미생물 등의 병충해로부터 식물을 지키는 역할을 한다.
> - 항산화와 항암활성화, 생체방어력 향상 효과가 있다는 것이 알려지면서 최근 주목을 받고 있다.
> - 버드나무 껍질에서 추출한 아스피린(Aspirin), 말라리아 특효약 퀴닌(Quinine), 발암물질 생성을 억제하는 플라보노이드(Flavonoid), 카로티노이드(Carotinoid) 등이 대표적인 피토케미컬이다.

05 암의 예방

(1) 암 예방을 위한 식생활

① 규칙적으로 균형된 식생활을 함
② 소량의 지방을 섭취(20% 이내)
③ 40% 이상의 과체중은 체중을 감소시켜야 함
④ 고섬유식이를 하며 신선한 채소를 충분히 섭취
⑤ 짜고 자극성 있는 식품을 적게 섭취(질산염, 훈연식품, 염장식품 등)
⑥ 훈제음식이나 탄 음식을 기피
⑦ 알코올, 흡연을 줄임
⑧ 적당한 운동을 함

(2) 항암치료 부작용에 따른 식사관리 ⭐

① **식욕부진** : 소량씩 자주 섭취, 영양보충음료 활용
② **연하곤란** : 부드러운 음식 제공
③ **구강건조** : 촉촉하고 부드러운 음식, 상온 상태로 제공
④ **메스꺼움, 구토** : 차고 시원한 음료 · 냄새가 거의 없는 식품 제공, 기름진 음식 · 단 음식 · 향이 강하고 뜨거운 음식 제한, 증상이 심할 경우 금식
⑤ **후각과 미각 변화** : 입안 자주 헹굼, 향신료 적절히 사용, 신 음식 제공, 금속 맛을 잘 느껴 금속 식기보다는 플라스틱 식기를 사용하고, 통조림 식품은 피하기

CHAPTER

11 적중예상문제

출제유형 45

01 훈연가공육(햄, 베이컨)에 함유된 발암물질은?

① 니트로소아민

② 히스타민

③ 과산화수소

④ 멜라민

⑤ 석 면

해설 니트로소아민(Nitrosamine)
단백질 식품에 존재하는 아민이나 아미드가 질소화합물 등과 반응하여 제조과정 중 생성되는 발암 가능물질이다. 훈연가공육에 첨가되는 아질산나트륨은 단백질 속의 아민과 결합하여 니트로소아민을 생성한다.

출제유형 47

02 항암치료 중인 암 환자가 후각과 미각 변화가 나타났을 때 적절한 식사관리법은?

① 통조림 식품 사용하기

② 단순당 함량이 높은 식품 제공하기

③ 금속 식기류에 담아서 식사 제공하기

④ 향신료 적절히 사용하기

⑤ 튀김류 제공하기

해설 항암치료 중인 암 환자의 후각과 미각에 변화가 나타났을 때는 입안을 자주 헹구고, 향신료를 적절히 사용하며, 신 음식을 제공한다. 또한, 항암치료 중에는 금속 맛을 잘 느껴 금속 식기보다는 플라스틱 식기를 사용하고, 통조림 식품은 피하는 것이 좋다.

01 ① **02** ④ **정답**

03 암에 대한 설명으로 옳지 않은 것은?

① 담배, 방부제, 방사선, 자외선 등은 암을 유발시키는 원인으로 알려져 있다.

② 훈연제품의 과잉섭취가 위암의 발생빈도를 높인다.

③ 비타민 A와 C는 항암효과가 있다.

④ 오메가3계 PUFA 함유 어유는 암 발생을 억제하는 경향이 있다.

⑤ 불포화지방산이 많이 함유된 동물성 지방 섭취가 많을 때 암발생을 증가시킨다.

> 해설 불포화지방산보다는 포화지방산이 암 발생률이 높다.

출제유형 47

04 위암 수술 후 환자에게 적용하는 식사 순서는?

① 진밥 → 일반유동식 → 연식 → 맑은유동식

② 일반유동식 → 맑은유동식 → 연식 → 진밥

③ 연식 → 일반유동식 → 맑은유동식 → 진밥

④ 맑은유동식 → 진밥 → 연식 → 일반유동식

⑤ 맑은유동식 → 일반유동식 → 연식 → 진밥

> 해설 위암 수술 후 식사 진행
> 수술 직후에는 물을 조금씩 씹듯이 삼키며, 적응도에 따라 점차 물의 양을 증가시키고 맑은유동식 → 일반유동식(전유동식) → 연식 → 진밥으로 식사를 단계적으로 진행시킨다.

---

05 암 환자에게 일어나는 현상이 아닌 것은?

① 글리코겐 생성 저하

② 대사 기능 항진

③ 인슐린 저항 감소

④ 체지방 감소

⑤ 혈청 알부민 감소

> 해설 암 환자는 인슐린에 대한 저항(insulin resistance)이 증가하여 말초혈관에서 포도당의 흡수가 감소되고 글리코겐 생성이 저하됨과 동시에 당신생(gluconeogenesis)이 증가한다.

정답 03 ⑤ 04 ⑤ 05 ③

06 암과 영양소의 관계에 대한 설명으로 옳지 않은 것은?

① 고지방식은 유방암, 대장암, 직장암 등의 위험요인이다.

② 셀레늄은 항산화 작용이 있어 암의 발생을 낮춘다.

③ 야채와 과일에 들어있는 피토케미컬은 발암물질을 억제한다.

④ 아연의 다량 섭취로 유방암, 위암 등 발병을 억제한다.

⑤ 고섬유식은 결장암과 직장암을 예방한다.

해설 아연의 다량 섭취는 유방암, 위암 등 발병을 증가시킨다.

출제유형 46

07 악성종양의 특성으로 옳은 것은?

① 세포 성장이 느리다.

② 세포에 피막이 있다.

③ 성장하는 범위가 한정적이다.

④ 수술 후 재발 가능성이 없다.

⑤ 다른 장기로 쉽게 전이된다.

해설 양성종양과 악성종양

특 징	양성종양	악성종양
성장속도	천천히 자람	빨리 자람
성장양식	확대, 팽창하거나 주위조직을 침범하지 않음	주위조직을 침범함
피 막	있 음	없 음
세포의 특성	잘 분화되어 정상세포와 구분 가능	분화되어 있지 않음
재발 가능성	거의 재발하지 않음	재발이 쉬움
전 이	없 음	있 음
인체에 미치는 영향	거의 해가 없으나 위치한 부위에 따라 다름	인체에 영향을 주며 완전히 제거되지 못하면 사망에 이름

06 ④ 07 ⑤ 정답

08 암 환자의 영양소 대사변화는?

① 당신생이 증가한다.

② 근육단백질 합성이 증가한다.

③ 인슐린 민감도가 증가한다.

④ 기초대사량이 감소한다.

⑤ 지방 분해가 감소한다.

해설 암 환자의 영양소 대사변화

기초대사량 증가, 에너지 소비량 증가, 당신생 증가, 인슐린 민감도 감소, 고혈당증, 근육단백질 합성 감소, 지방 분해 증가, 수분과 전해질 불균형

09 암 환자의 항암치료 부작용에 따른 식사요법은?

① 식욕을 증가시키기 위해 동물성 지방이 많은 식사를 제공한다.

② 정규식사를 충실히 하기 위하여 간식은 공급하지 않는다.

③ 식욕부진 시에도 억지로 먹게 한다.

④ 영양밀도가 높은 식사를 제공한다.

⑤ 음식물 소화가 어려우므로 맑은 유동식을 유지한다.

해설 ① 크래커 등의 마른 음식이나 신선한 채소, 과일 등을 먹어 식욕을 증가시킨다.

② 열량을 보충하기 위해서 간식을 활용해야 한다.

③ 식욕부진 시 억지로 먹지 않도록 하며 소량씩 자주 먹게 한다.

⑤ 맑은 유동식은 메스꺼움이나 구토 증세를 보일 때 제공하며, 정규식사로 점차 진행하도록 한다.

정답 08 ① 09 ④

10 위 절제 수술을 받은 위암 환자의 식사요법은?

① 단당류를 공급한다.

② 식사 도중 충분한 물을 공급한다.

③ 양질의 단백질 식품을 포함해 소화되기 쉬운 부드러운 형태로 제공한다.

④ 하루 3끼 규칙적으로 식사를 제공한다.

⑤ 식사 후에 바로 걷기 운동을 한다.

해설 위 절제 수술을 받은 위암 환자의 식사요법
- 복합당질이 풍부한 빵, 쌀, 채소류 등을 적당량 공급한다.
- 식사 도중 수분의 섭취는 가급적 줄이고, 식전 30분이나 식후 30분 이후에 마시도록 한다.
- 하루 6~8회 소량씩 식사를 제공한다.
- 식사 후에는 15~30분 정도 비스듬히 기댄 자세를 취하여 휴식한다.

출제유형 46

11 악액질 증상을 보이는 암 환자의 대사변화로 옳은 것은?

① 간의 당신생 감소에 따른 저혈당증 발생

② 체단백질 분해 증가에 따른 음의 질소평형 발생

③ 기초대사량 감소

④ 지방 합성 증가에 따른 체지방량 증가

⑤ 암세포에서의 포도당 이용률 감소

해설 암 악액질
악성종양에서 볼 수 있는 고도의 전신쇠약 증세이다. 기초대사량 증가로 체중이 감소하며, 당질이 지방으로 전환이 잘 되지 않아 체지방량이 고갈된다. 또한 암세포는 코리회로를 통해 당신생을 증가시키며, 고혈당증이 발생한다.

10 ③ **11** ② **정답**

12 위암으로 위 절제 수술을 받은 환자에게서 나타나기 쉬운 현상은?

① 혈액량 증가
② 변 비
③ 체중 증가
④ 철 결핍성 빈혈
⑤ 위 배출시간 지연

해설 위 절제 수술 후 현상
- 위 수술 초기에는 소화되지 않은 음식물이 소장으로 너무 빨리 내려가면서 덤핑증후군이 발생할 수 있다.
- 위 수술 후에는 1~2개월에 걸쳐 수술 전 몸무게의 평균 약 10~15% 정도 체중 감소를 보인다.
- 수술로 인해 위산이 감소함으로써 철 흡수율이 낮아져 철 결핍성 빈혈이 일어난다.

출제유형 37

13 대장암의 유발요인으로 옳지 않은 것은?

① 고지방식
② 맥 주
③ 닭튀김
④ 식이섬유
⑤ 헤테로고리아민

해설 대장암의 요인
- 위험 요인 : 고지방식, 저섬유식, 맥주, 생선과 육류 조리 시 생성되는 헤테로고리아민
- 억제 요인 : 고섬유식, 양질의 단백질

14 암을 예방하는 식습관으로 옳지 않은 것은?

① 우유 및 유제품의 섭취 증가
② 염장식품의 섭취 감소
③ 가공식품의 섭취 감소
④ 채소의 섭취 증가
⑤ 섬유소 식품의 섭취 감소

해설 암을 예방할 수 있는 식생활
- 규칙적으로 균형된 식생활을 하며 지방 섭취를 적게 한다(20% 이내).
- 섬유소를 충분히 공급(채소 섭취)한다.
- 짜고 자극성 있는 식품을 적게 섭취하고 탄 음식을 피한다.
- 질산염, 훈연식품, 염장식품의 섭취를 줄인다.
- 알코올, 흡연을 줄인다.
- 적당한 운동을 한다.

정답 12 ④ 13 ④ 14 ⑤

15 암 악액질의 증상으로 옳지 않은 것은?

① 체중증가

② 피부색소 침착

③ 저단백혈증

④ 면역기능 저하

⑤ 무기력

> **해설** 암 악액질(cancer cachexia)
> 체력저하, 체중감소, 빈혈, 소화불량, 면역기능 저하, 대사와 호르몬 이상, 무기력, 식욕부진으로 인한 영양불량, 피부건조, 피부색소 침착, 부종, 저단백혈증 등의 임상적인 증상

16 식욕부진, 구토 증세를 보이는 암 환자의 식사요법으로 옳은 것은?

① 자극적인 음식을 제공하여 식욕을 촉진시킨다.

② 뜨겁게 음식을 제공한다.

③ 에너지 밀도가 높은 고지방 식품을 제공한다.

④ 음식을 소량씩 자주 제공한다.

⑤ 세끼 식사는 정해진 시간에 제공한다.

> **해설** 식욕부진과 구토 증세를 보이는 암 환자의 경우 소량씩 자주 섭취하고, 자극적인 음식과 고지방 식품을 피하여야 한다.

17 암 악액질이 있는 말기 암환자의 체내 대사변화는?

① 당신생이 증가한다.

② 인슐린 민감성이 증가한다.

③ 골격근이 증가한다.

④ 기초대사량이 감소한다.

⑤ 체지방량이 증가한다.

> **해설** 암 악액질
> 악성종양에서 볼 수 있는 고도의 전신쇠약 증세이다. 기초대사량 증가로 체중이 감소하며, 당질이 지방으로 잘 전환되지 않아 체지방량이 고갈된다. 체력 저하, 소화불량, 면역기능 저하, 식욕부진으로 인한 영양불량, 피부색소 침착, 부종, 저단백혈증 등이 나타난다.

15 ① **16** ④ **17** ① 정답

CHAPTER
12 빈혈

01 영양성 빈혈

(1) 엽산 결핍성 빈혈(거대적아구성 빈혈) ⓐ

① 원인 : 엽산은 DNA의 합성을 촉진하여 적혈구의 합성과 성숙에 관계하므로 엽산 결핍 시 적혈구는 크고 정상적으로 성숙하지 못한 거대적아구를 형성

② 증상 : 허약하고, 숨이 차며, 입, 혀가 쓰리며 설사, 부종

③ 식사요법 : 고열량, 고단백, 엽산 보충, 비타민 B_{12} 공급(신선한 과일, 녹황색 채소, 간 등)

(2) 철 결핍성 빈혈(소적혈구 저색소성 빈혈) ⓐ ⓐ ⓐ ⓐ ⓐ ⓐ ⓐ

① 원 인

ⓐ 식사성 철 섭취 부족

ⓑ 철 흡수 장애 : 위절제, 무산증, 흡수불량증후군

ⓒ 철 필요량 증가 : 성장, 임신, 수유, 월경

ⓓ 철 배설량 증가 : 소화성 궤양, 위염, 암, 치질, 자궁근종, 생리과다

② 증상 : 권태감, 피로, 안색 창백, 귀울림, 현기증 등

③ 식사요법

ⓐ 고열량, 고단백, 고철, 고비타민 등 균형이 있는 식사

ⓑ 커피, 홍차, 녹차, 타닌 등에는 수산과 인산이 함유되어 철 흡수를 방해하므로 과잉 섭취 금지

ⓒ 철 함량이 높은 식품 : 소고기, 간, 두부, 굴, 난황, 땅콩, 녹색 채소(부추, 시금치), 당밀, 건포도 등

영양보충

철 결핍증 지표 ⓐ ⓐ

• 초기 단계 : 혈청 페리틴 농도 감소

• 결핍 2단계 : 트랜스페린 포화도 감소, 적혈구 프로토포르피린 증가

• 마지막 단계 : 헤모글로빈과 헤마토크리트의 농도 감소

(3) 비타민 B₁₂ 결핍성 빈혈(악성빈혈) ✿ ✿

① 특징 : 비타민 B_{12}는 엽산의 대사과정에 필수요소로 엽산과 함께 DNA 합성을 촉진하여 적혈구의 합성과 성숙에 관여함. 비타민 B_{12} 결핍 시 거대적아구성 빈혈과 악성빈혈을 일으킴

② 원인
   ㉠ 비타민 B_{12}를 흡수하는 데 필요한 위 내적인자(IF) 부족
   ㉡ 비타민 B_{12}의 흡수장소인 회장의 질환, 회장 절제 시
   ㉢ 비타민 B_{12} 함유식품인 동물성 식품을 금하는 채식주의자

③ 증상 : 현기증, 두통, 혀의 통증, 환각, 기억력 장애

④ 식사요법 : 고단백, 비타민 C, 비타민 B_{12}, 철, 엽산 공급

(4) 구리 결핍성 빈혈

구리는 철이 우리 몸에서 흡수되고 헤모글로빈을 합성하는 것을 도와주므로 구리 부족 시 철 결핍성 빈혈이 발생할 수 있음

(5) 단백질 결핍성 빈혈(에너지 불량성 빈혈)

① 원인 및 증상 : 단백질, 철 등의 영양소 결핍과 세균 감염 등으로 적혈구 수가 감소

② 식사요법 : 동물성 단백질, 철, 엽산, 비타민 B_{12} 공급

02 비영양성 빈혈

(1) 출혈성 빈혈

① 급성 출혈 : 외상이나 십이지장의 출혈 등 혈액이 많이 손실되는 경우로 철, 비타민 C, 단백질, 수분 등을 충분히 공급하여 헤모글로빈을 재생시키거나 수혈을 함

② 만성 출혈 : 위궤양, 대장염, 치질, 결핵, 폐농양 등 혈액이 손실되는 경우

(2) 재생불량성 빈혈(무형성 빈혈)

X선이나 방사능에 과도하게 노출되거나 독성 약품 등에 의한 골수 기능 저하로 적혈구 생성 부족이나 성숙 부진으로 발생

(3) 용혈성 빈혈

① 원인 : 적혈구의 파괴 속도가 생성 속도를 초과할 경우 발생

② 겸상적혈구 빈혈 : 아연 결핍에 의해 발생하며, 간의 철 저장량이 증가하고 황달, 저체중, 거친 피부 등이 나타나므로 철과 비타민 C를 제한하고 아연, 비타민 E, 엽산을 공급

③ 구상적혈구 빈혈 : 유전성 빈혈로 적혈구 지름이 작고 두께가 커 정상적인 기능을 하지 못함

CHAPTER

12 적중예상문제

출제유형 44

01 철 결핍 시 가장 마지막에 낮아지는 지표는?

① 헤모글로빈 농도
② 트랜스페린 포화도
③ 혈청 철 함량
④ 혈청 페리틴 농도
⑤ 적혈구 프로토포르피린

해설 철 결핍증 지표
- 초기 단계 : 혈청 페리틴 농도 감소
- 결핍 2단계 : 트랜스페린 포화도 감소, 적혈구 프로토포르피린 증가
- 마지막 단계 : 헤모글로빈과 헤마토크리트의 농도 감소

출제유형 35, 39

02 철 결핍증에 의해서 가장 영향을 많이 받은 혈청 단백질의 지표는?

① 알부민(albumin)
② 트랜스페린(transferrin)
③ 프리알부민(prealbumin)
④ 레티놀 바인딩 단백질(retinol binding protein)
⑤ 총 혈청 단백질(total protein)

해설 트랜스페린(transferrin)은 철을 이동시키는 단백질로서 체내의 철이 부족할 때 트랜스페린의 수치가 올라간다.

출제유형 44, 45, 46, 47

03 철 결핍성 빈혈인 사람에게 공급하면 가장 좋은 음식?

① 소간전, 시금치나물
② 삼겹살, 깍두기
③ 닭튀김, 녹차
④ 갈치구이, 배추김치
⑤ 두부구이, 콩나물국

해설 철이 많은 식품으로는 소고기, 간, 굴, 두부, 난황, 시금치, 부추 등이 있다.

정답 01 ① 02 ② 03 ①

04 결핍 시 거대적아구성 빈혈을 초래하는 영양소는?

① 엽 산

② 구 리

③ 단백질

④ 비타민 B_6

⑤ 비타민 D

해설 거대적아구성 빈혈(엽산 결핍성 빈혈)
- 원인 : 엽산은 DNA의 합성을 촉진하여 적혈구의 합성과 성숙에 관여하므로 엽산 결핍 시 적혈구는 크고 정상적으로 성숙하지 못하여 거대적아구 형성
- 증상 : 허약, 숨참, 입·혀 쓰림, 설사, 부종
- 식사요법 : 고열량, 고단백, 엽산 보충, 비타민 B_{12} 공급(신선한 과일, 채소, 간)

05 회장절제 수술 후 결핍되기 쉬운 영양소는?

① 철

② 칼슘

③ 니아신

④ 비타민 B_6

⑤ 비타민 B_{12}

해설 비타민 B_{12}의 흡수장소는 회장으로, 회장 질환이나 회장 절제 시 비타민 B_{12}가 결핍되기 쉽다.

06 7년 전 위절제 수술을 받은 후 채식 위주의 식사를 한 환자가 최근 악성빈혈 진단을 받았다. 이 환자에게 결핍된 영양소는?

① 비타민 B_{12}

② 비타민 D

③ 요오드

④ 구 리

⑤ 엽 산

해설 비타민 B_{12} 결핍성 빈혈(악성빈혈)
- 비타민 B_{12}는 엽산의 대사과정에 필수요소로 엽산과 함께 DNA 합성을 촉진하여 적혈구의 합성과 성숙에 관여한다. 비타민 B_{12} 결핍 시 거대적아구성 빈혈과 악성빈혈을 일으킨다.
- 원 인
  - 비타민 B_{12}를 흡수하는 데 필요한 위 내적인자(IF) 부족
  - 비타민 B_{12} 흡수장소인 회장의 질환, 회장 절제 시
  - 비타민 B_{12} 함유식품인 동물성 식품을 금하는 채식주의자

04 ① 05 ⑤ 06 ① 정답

CHAPTER 13 신경계 및 골격계 질환

01 신경계 질환

(1) 간질(뇌전증) ⭐ ⭐

① **원인** : 외상, 뇌수술에 의한 뇌손상, 감염, 뇌졸중, 뇌종양 등 후천적인 요인과 다양한 유전자에서 나타나는 돌연변이가 위험인자로 작용

② **증상** : 눈꺼풀을 가볍게 깜빡이는 것부터 몸 전체가 격심하게 떨리는 것까지 다양한 양상으로 나타남

③ **식사요법** : 케톤성 식사

  ㉠ 케톤체가 발작을 억제하는 효과가 있음

  ㉡ 당질을 극도로 제한함으로써 뇌세포가 당을 에너지원으로 사용하지 못하고, 지방으로부터 공급되는 케톤체를 에너지원으로 사용하게 만드는 법

(2) 알츠하이머병

① **원인** : 정확한 발병 기전과 원인은 밝혀진 건 없지만, 베타아밀로이드(β-amyloid)라는 유해 단백질이 과도하게 생성되어 뇌에 침착하고 뇌 신경세포를 파괴해 뇌 기능을 떨어뜨리는 것으로 알려져 있음

② **증상** : 기억장애, 우울증, 망상, 환각

③ **식사요법**

  ㉠ 에너지 : 지나친 체중감소나 체중증가를 예방하기 위해 에너지 조절

  ㉡ 단백질 : 충분한 단백질 공급

  ㉢ 지방 : 오메가-3 지방산 섭취

  ㉣ 수분 : 변비나 탈수를 예방하기 적절한 수분 섭취

(3) 파킨슨병

① 원인 : 신경조절 물질인 도파민을 생성하는 뇌세포의 퇴화

② 증상 : 자세 불안정, 손떨림, 자세 이상, 경직, 보행이상, 수면장애

③ 식사요법

 ㉠ 특정 식품 위주로 섭취하지 않고, 골고루 섭취

 ㉡ 씹거나 삼키기 쉬운 음식으로 1일 4~6회 식사와 간식으로 소량씩 자주 섭취

 ㉢ 씹거나 삼키는 기능에 문제가 있을 경우 연하곤란식 실시

 ㉣ 엘-도파 약물 사용 시 단백질과 경쟁적으로 작용하기 때문에 단백질 섭취를 줄이기도 함

 ㉤ 수분, 식이섬유 : 변비 예방을 위해 충분히 섭취

02 골격계 질환

(1) 골다공증 ㉟ ㊳ ㊶ ㊷ ㊹ ㊺ ㊼

① 원인 : 골아세포가 감소하고 파골세포가 활성화되어 나타나는 질환

 ㉠ 칼슘 흡수 저하, 인 과잉섭취, 비타민 D 부족, 단백질 과잉섭취, 알코올 과잉섭취 등에 의해 발생

 ㉡ 갑상샘 기능 저하 및 칼시토닌과 에스트로겐 분비 저하, 내분비계 질환 등에 의해 발생

 ㉢ 백인의 발병률이 높고 유전성이 있고, 폐경 후 여성에게 자주 발생

 ㉣ 운동 부족에 의한 뼈의 밀도가 낮아져 발생

② 증상 : 대퇴골 상부, 팔목뼈, 어깨뼈, 늑골, 골반 등의 골절이 자주 발생하고 뼈의 변형과 파열로 통증

③ 식사요법

 ㉠ 칼슘 : 1일 1,200~1,500mg로 충분히 섭취

 ㉡ 인 : 과잉 시 칼슘 흡수를 방해하므로, 칼슘과 인은 1 : 1 비율로 섭취

 ㉢ 비타민 D : 결핍 시 칼슘 흡수를 방해하므로 충분히 섭취

 ㉣ 비타민 K : 뼈에 칼슘이 부착되도록 돕고, 골절 치유에 도움을 주므로 충분히 섭취

 ㉤ 단백질 : 과잉 시 소변으로 칼슘 배출이 증가하므로 적정량 섭취

 ㉥ 식이섬유 : 과잉 시 장에서 칼슘과 결합하여 칼슘 흡수를 저해하므로 적정량 섭취

 ㉦ 금연, 금주 및 카페인의 섭취 제한

(2) 골연화증

    ① 원인 : 비타민 D 섭취 부족 및 대사이상, 자외선 노출 부족, 신장질환으로 인한 인의 흡수 손상, 비타민 D 활성화 불능, 칼슘섭취 부족 및 배설 증가

    ② 증상 : 뼈의 통증, 근육 약화, 식욕부진, 골절

    ③ 식사요법

        ㉠ 비타민 D : 충분히 섭취

        ㉡ 칼슘과 인 : 충분히 섭취

(3) 류마티스성 관절염

    ① 원인 : 관절 주위를 둘러싸고 있는 활막이라는 조직의 염증으로 인해 발생하는 질환

    ② 증상 : 관절이 뻣뻣해짐, 전신피로, 체중감소, 고열, 오한, 부종, 손발저림

    ③ 식사요법

        ㉠ 에너지 조절 : 관절에 부담을 주지 않으려면 적정체중을 유지해야 함

        ㉡ 단백질 : 체단백 분해가 증가되므로 양질의 단백질 섭취

        ㉢ 칼슘, 비타민 D : 합병증인 골연화증과 골다공증 예방을 위해 칼슘과 비타민 D 충분히 섭취

        ㉣ 비타민 C : 관절의 기질인 교원섬유 합성에 관여하므로 충분히 섭취

        ㉤ 아연 : 면역반응에 관여하므로 충분히 섭취

CHAPTER 13 적중예상문제

출제유형 43, 46

01 케톤식 식사요법을 해야 하는 질환은?

① 간질(뇌전증)

② 당뇨병

③ 신우염

④ 지방간

⑤ 알츠하이머병

해설 케톤식 식사요법
- 케톤체가 발작을 억제하는 효과가 있어 간질(뇌전증)에 사용하는 식사요법이다.
- 당질을 극도로 제한함으로써 뇌세포가 당을 에너지원으로 사용하지 못하고, 지방으로부터 공급되는 케톤체를 에너지원으로 사용하게 만드는 법이다.

출제유형 43

02 간질 환자의 케톤식을 위하여 제공할 수 있는 식품은?

① 식빵, 고구마

② 탄산음료, 꿀

③ 케이크, 옥수수

④ 아이스크림, 바나나

⑤ 버터, 견과류

해설 케톤식은 식사 내 지방량을 늘리고 탄수화물과 단백질의 함량을 낮추는 것으로, 견과류, 올리브유, 휘핑크림, 버터 등을 섭취한다. 반면, 당이 많이 함유된 가당연유, 껌, 꿀, 롤빵, 사탕, 샤베트, 설탕, 시럽, 아이스크림, 잼, 젤리, 케이크, 케첩, 쿠키, 탄산음료, 파이, 페스트리, 푸딩 등은 제한한다.

01 ① 02 ⑤ 정답

03 뇌전증(간질) 환자의 식사요법은?

① 고단백식   ② 고지방식

③ 고당질식   ④ 고나트륨식

⑤ 고식이섬유식

해설 케톤식 식사요법
- 케톤체가 발작을 억제하는 효과가 있어 뇌전증에 사용하는 식사요법이다.
- 당질을 극도로 제한함으로써 뇌세포가 당을 에너지원으로 사용하지 못하고, 지방으로부터 공급되는 케톤체를 에너지원으로 사용하게 만드는 법이다.

04 파킨슨병 환자의 식사요법은?

① 연하곤란 시 묽은 액체의 음식을 제공한다.

② 엘－도파 약물 사용 시 고단백 식사를 한다.

③ 특정 식품 위주로 섭취하지 않고, 골고루 섭취한다.

④ 식이섬유 섭취를 제한한다.

⑤ 수분 섭취를 제한한다.

해설 파킨슨병 환자의 식사요법
- 특정 식품 위주로 섭취하지 않고, 골고루 섭취
- 씹거나 삼키기 쉬운 음식으로 1일 4~6회 식사와 간식으로 소량씩 자주 섭취
- 씹거나 삼키는 기능에 문제가 있을 경우 연하곤란식 실시
- 엘－도파 약물 사용 시 단백질과 경쟁적으로 작용하기 때문에 단백질 섭취를 줄이기도 함
- 수분, 식이섬유 : 변비 예방을 위해 충분히 섭취

05 골다공증 환자의 식사요법 원칙 중 제한해야 하는 것은?

① 비타민 D   ② 비타민 K

③ 카페인   ④ 칼 슘

⑤ 유 당

해설 카페인은 소장에서 칼슘의 흡수를 방해하고, 신장의 이뇨작용을 활발하게 해 소변으로 칼슘을 많이 배출시키므로 골다공증 환자에게 제한한다.

정답 03 ②   04 ③   05 ③

06 골다공증 환자를 위한 영양관리는?

① 비타민 D 합성을 위해 낮 동안 햇볕을 쬔다.

② 카페인을 충분히 섭취한다.

③ 동물성 단백질을 많이 섭취한다.

④ 비타민 K 섭취를 제한한다.

⑤ 식이섬유소를 충분히 섭취한다.

> **해설** 골다공증 환자의 식사요법
> • 칼슘 : 충분히 섭취, 1일 1,200~1,500mg 섭취
> • 인 : 과잉 시 칼슘 흡수 방해하므로, 칼슘과 인은 1 : 1 비율로 섭취
> • 비타민 D : 결핍 시 칼슘 흡수를 방해하므로 충분히 섭취
> • 비타민 K : 뼈에 칼슘이 부착되도록 돕고, 골절 치유에 도움을 주므로 충분히 섭취
> • 단백질 : 과잉 시 소변으로 칼슘 배출이 증가하므로 적정량 섭취
> • 식이섬유 : 과잉 시 장에서 칼슘과 결합하여 칼슘 흡수를 저해하므로 적정량 섭취
> • 금연, 금주 및 카페인의 섭취 제한

07 류마티스성 관절염 환자를 위한 영양관리는?

① 단백질 섭취를 제한한다.

② 오메가-3 지방산을 충분히 섭취한다.

③ 아연 섭취를 제한한다.

④ 비타민 C 섭취를 제한한다.

⑤ 비타민 D 섭취를 제한한다.

> **해설** 류마티스성 관절염 환자의 식사요법
> • 에너지 조절 : 관절에 부담을 주지 않으려면 적정체중을 유지해야 함
> • 단백질 : 체단백 분해가 증가되므로 양질의 단백질 섭취
> • 칼슘, 비타민 D : 합병증인 골연화증과 골다공증 예방을 위해 칼슘과 비타민 D 충분히 섭취
> • 비타민 C : 관절의 기질인 교원섬유 합성에 관여하므로 충분히 섭취
> • 아연 : 면역반응에 관여하므로 충분히 섭취
> • 오메가-3 지방산 : 항염증 작용이 있으므로 충분히 섭취

08 노년기 여성에게 흔히 발생하는 골다공증 예방법은?

① 육류 섭취를 증가시킨다.

② 비타민 D 섭취를 감소시킨다.

③ 체중감량을 위해서 에너지 섭취를 줄인다.

④ 운동량을 적절히 증가시킨다.

⑤ 식이섬유 섭취를 증가시킨다.

해설 골다공증의 원인과 예방
- 식이성 요인 : 칼슘 부족, 인의 과잉섭취, 비타민 D의 부족, 고단백 식이, 고섬유소, 불소 부족, 알코올의 과잉 섭취 등에 의해 발생된다.
- 식이성 외의 요인
  - 연령과 성 : 연령 증가에 따라서 골질량이 감소되고 폐경 이후 여성의 발생률이 높다.
  - 종족과 유전 : 흑인이 백인에 비해 발생률이 낮고 양친과 자녀들 사이에 관련이 있다.
  - 에스트로겐 : 폐경 이후 에스트로겐 부족에 의해 발생된다.
  - 칼시토닌 : 칼시토닌 부족으로 골아세포수가 감소한다.
  - 운동 부족에 의해 뼈의 밀도가 낮아져 발생한다.
- 예방 대책 : 칼슘을 충분히 섭취하고 적당량의 단백질, 인, 비타민 C, D 등을 섭취하며 운동량을 적절히 증가시켜야 한다.

09 평소 운동량이 부족한 사람이 오랜 시간 동물성 단백질을 과잉섭취하였다면 발병 가능성이 높은 질병은?

① 각기병

② 야맹증

③ 펠라그라

④ 골다공증

⑤ 악성빈혈

해설 동물성 단백질을 과잉섭취하게 되면 혈액이 산성화되고 이를 중화시키기 위해 뼈에서 칼슘이 빠져나오게 되고 이는 골다공증으로 이어질 수 있다.

정답 08 ④ 09 ④

제5과목

생리학

CHAPTER

01 세 포

01 세포의 구조와 기능

(1) 세포막

① 세포막의 구조 : 지질 이중막(두께 약 75~100Å) 3층 구조, 지질(20~40%), 단백질(60~70%) 및 탄수화물(1~5%)로 구성되어 있으며, 무수한 구멍이 있고 표면장력이 낮으며, 전기적 전하를 띠고 있음

② 세포막의 기능

㉠ 세포 내외의 물질 이동통로로서 항상성 유지

㉡ 세포 내 환경을 일정하게 유지해 소기관을 보호

㉢ 세포외액과 내액의 구분

㉣ 인접한 세포가 동일 개체의 세포라는 것을 인지

㉤ 세포막 내의 효소를 통한 화학적 반응을 촉진(Na^+-K^+ 교환펌프, 효소적 산화반응 등)

(2) 세포질(세포의 미세구조)

① 핵(nucleus) : 이중막으로 이루어진 세포의 생명중추이며 주성분은 DNA로 유전정보를 함유(염색질), 핵 내에 핵소체(핵인)가 존재하여 RNA 합성 및 저장 ⭐

② 미토콘드리아(사립체) : 이중막, 외막과 내막으로 구성(세포 내 호흡기관)되어 있으며, 호흡효소계(연쇄계, 산화적 인산화)가 있어 ATP를 생산 ⭐ ⭐

③ 리보솜(ribosome, polysome) : 단백질 합성 장소로 단백질과 RNA로 이루어진 과립

④ 소포체(endoplasmic reticulum ; ER) : 단일막, 관상구조

㉠ 조면소포체 : 리보솜(단백질 합성)이 부착되어 있어 소포체 내강이나 골지체로 가는 단백질 합성 – 과립소포체

㉡ 활면소포체 : 당질대사, 지방산 합성 및 불포화, 콜레스테롤 합성, 해독작용 – 무과립소포체

⑤ 골지체(golgi apparatus) : 단일막, 고분자물질(당단백질)의 합성 및 분비과립 제조 ⭐

⑥ 리소좀(용해소체, lysosome) : 단일막, 가수분해효소를 함유하여 세포 내 소화 및 이물질을 처리

⑦ 과산화소체(미소체, peroxisome) : 단일막, 과산화수소 파괴(catalase) 및 산화효소 함유

세포의 종류
- 신경세포 : 흥분파의 전도
- 근세포 : 근육의 수축 · 이완
- 선세포 : 호르몬 · 소화액의 합성 · 분비
- 간, 지방세포 : 포도당 · 지방 저장
- 상피세포 : 신체 보호
- 소화관점막, 세뇨관세포 : 물질을 일정한 방향으로 운반
- 감수기세포 : 빛, 소리, 냄새, 화학적 농도 등에 반응

02 세포막을 통한 물질 이동

(1) 수동수송 ☆

에너지의 공급 없이 자연법칙(농도차, 압력차 등)에 따른 물질 운반

① **단순확산** : 분자의 운동 시 농도의 차이에 의해 농도가 높은 곳에서 낮은 곳으로 운반되어 농도를 같게 하려는 현상(세포 내의 gas 교환)으로 부피 변화가 없음 ☆ ☆

② **촉진확산** : 농도가 높은 곳에서 낮은 곳으로 운반되므로 에너지는 필요 없으나 운반체가 필요함

③ **삼투(osmosis)** : 용매는 통과시키나 용질을 통과시키지 않는 반투막이 있을 때, 삼투압의 차이에 의해 농도가 낮은 곳에서 농도가 높은 곳으로 용매가 이동하는 현상. 삼투압은 이때 반투막이 받는 압력

    ㉠ 등장액 : 삼투압(300mOsmol/L)이 같은 용액이 2개 이상 있을 때 한쪽을 다른 쪽에 대하여 일컫는 말

    ㉡ 저장액 : 300mOsmol/L보다 낮은 농도(용혈현상)

    ㉢ 고장액 : 300mOsmol/L보다 높은 농도(식물세포에서 원형질 분리현상), 적혈구 수축현상

신장질환
혈장단백질이 배뇨 시 유출되어 혈관 내 삼투농도가 떨어져 조직액 속으로 물 이동이 일어나서 부종이 생긴다.

④ **여과(filtration)** : 압력의 차이에 의해 압력이 높은 곳에서 낮은 곳으로 운반, 모세혈관막 또는 신사구체막(pore size, 40Å)을 통한 물질의 이동(심장박동의 혈압)

(2) 능동수송

농도차에 역행하여 운반체와 에너지(ATP)를 필요로 하는 이동

(3) 흡수작용(endocytosis, reverse exocytosis)

① 거대물질분자의 이동
② 음세포작용(pinocytosis) : 액체상태로 녹아있는 수용성의 물질(단백질, 호르몬 등)을 세포 안으로 끌어들이는 작용
③ 식세포작용(phagocytosis) : 미생물이나 세포 조각같이 크기가 큰 고형물질을 세포 안으로 끌어들이는 작용
　　예 백혈구에서 위족현상으로 세균(비수용성의 용질)을 세포 안으로 끌어들이는 작용

(4) 배출작용(토세포작용, exocytosis, emiocytosis)

① 흡수작용의 반대로, 세포막 운동에 의해 세포 안의 물질을 세포 밖으로 방출하는 현상
② 세포가 투과시킬 수 없는 거대분자를 세포 안에서 밖으로 내보내는 기전
③ 호르몬, 신경전달물질, 효소 등의 분비기전

영양보충

체액(Body fluid) 38 40

총 체액(60%)	
세포외액(20%)	세포내액(40%)
세포간질액(15%)	
혈장(5%)	

- 총 체액(Total body fluid) : 체중의 약 60~70%
- 세포내액(Intracellular fluid) : 체중의 약 40~50%
  - 체액(Body fluid) 중 세포 내에 포함되어 있는 것. 체액의 약 65%를 차지
  - 단백질, K, Mg, PO_4, SO_4가 많음
- 세포외액(Extracellular fluid) : 체중의 약 20%
  - 체액(Body fluid) 중 세포의 외부에 있는 조직액, 림프액 및 혈장의 총칭
  - Na, Ca, Cl, HCO_3가 많음
- 세포간질액(Interstitial fluid) : 조직과 세포간격을 채우는 액으로 체중의 약 15%
- 혈장(Plasma) : 체중의 약 5%. 세포간질액에 포함되지 않음

CHAPTER

01 적중예상문제

01 촉진확산(facilitated diffusion)의 특징으로 옳지 않은 것은?

① 에너지를 필요로 한다.

② 운반체를 필요로 한다.

③ 단순확산보다 이동속도가 빠르다.

④ 농도가 높은 곳에서 낮은 곳으로 이동한다.

⑤ 과당의 흡수기전이 촉진확산에 속한다.

해설 수동적 이동으로 에너지의 공급 없이 농도차에 의해 물질이 운반된다.

출제유형 37

02 다음은 세포막을 통한 물질의 이동에 관한 설명이다. 옳은 것은?

① 여과는 운반체를 필요로 하기 때문에 속도가 빠르게 이동하는 능동적 이동이다.

② 확산은 분자들의 브라운 운동에 의해 농도차에 따라 이동하는 수동적 이동이다.

③ 과당은 삼투현상에 의해 이동한다.

④ 촉진확산은 ATP를 에너지로 사용하여 물질을 빠르게 이동시키므로 능동적 이동이다.

⑤ 삼투압에 의한 이동은 용질의 농도가 높은 곳에서 낮은 곳으로 용매가 이동하는 수동적
이동이다.

해설 세포막의 물질 이동

• 여과는 압력의 차이에 의해 압력이 큰 곳에서 작은 곳으로 운반하는 수동적 이동이다.

• 과당의 흡수 기전이 촉진확산에 속한다.

• 촉진확산은 용질의 농도가 높은 곳에서 낮은 곳으로 운반체를 이용해 용질을 운반하는 수동적 이동이다.

• 삼투압에 의한 이동은 농도가 낮은 곳에서 높은 곳으로 용매가 이동하는 현상이다.

정답 01 ① 02 ②

03 다음 중 능동수송과 관계없는 내용은?

① 체내의 영양소 운반에 관여한다.
② 세포막에서 에너지를 소모한다.
③ 농도가 높은 곳에서 낮은 곳으로 물질 운반이 일어난다.
④ 이동기전의 포화가 일어난다.
⑤ 배출작용은 호르몬, 신경전달물질, 효소 등의 분비기전이다.

해설 ③ 수동수송 중 촉진확산의 특징이다.

04 세포막의 기능과 성질에 대한 설명으로 옳지 않은 것은?

① 물질을 인지하며 이동이 선택적이다.
② 분자가 작을수록 쉽게, 클수록 어렵게 이동시킨다.
③ 인접한 세포가 동일 개체라는 것을 인지하며, 신경전달물질의 수용기(receptor)가 있다.
④ 지방용해도가 클수록 이동속도가 빠르다.
⑤ (+)이온이 (−)이온에 비해 이동속도가 빠르다.

해설 세포막은 물질을 선택적으로 통과시키는데 세포막의 두께가 두꺼울수록, 물질의 크기가 클수록, 지방의 용해도가 낮을수록, (−)이온보다 (+)이온이 투과율이 낮다.

출제유형 35

05 체액량에 관한 설명으로 옳지 않은 것은?

① 체액의 양은 연령, 성별에 따라 체내 지방함량에 의해 달라진다.
② 성인 여자는 남자보다 체내 지방함량이 많기 때문에 세포내액량이 남자보다 적다.
③ 몸 전체의 60~70%를 수분이 구성하고 있으며, 이 중 20%가 세포외액에, 40~50%가 세포내액에 있다.
④ 세포외액 중 5%는 혈장이고 15%는 세포간질액(ISF)으로 구성되어 있다.
⑤ 체중 60kg의 남자는 총수분량이 체중의 약 70% 정도인데 이 가운데 세포내액량은 40L가 된다.

해설 체중 60kg의 남자인 경우 총수분량을 체중의 70%로 볼 때 세포내액이 50%, 세포외액이 20%를 차지하며 체중 60kg의 50%는 30kg이므로 세포내액량은 30L가 된다.

06 세포 내 소기관들의 기능으로 옳지 않은 것은?

① 조면소포체는 리보솜이 다수 있어 주로 단백질 합성을 하는 장소이다.

② 섬모는 세포표면에서 돌출된 운동성 돌기로 세포의 운동에 관여한다.

③ 활면소포체는 리보솜이 없으며 주로 지방합성을 한다.

④ 핵 안의 인에는 DNA가 많고 염색체에는 RNA가 많다.

⑤ 골지체는 당단백질의 합성에 관여한다.

> **해설** 핵 안의 물질에는 인과 염색체가 있는데 인에는 RNA가 많고 염색체(chromosome)는 DNA로 구성된 유전자 (gene)를 포함하여 세포 내의 control center 역할을 한다.

07 다음 중 세포에 대한 설명으로 옳지 않은 것은?

① 유사분열 때에는 제일 먼저 중심체가 갈라진다.

② 세포 내 호흡요소를 가지고 에너지를 발생시키는 것은 미토콘드리아이다.

③ 핵 속에 들어 있는 염색체는 주로 DNA이다.

④ 세포의 단백질 합성장소는 리보솜이다.

⑤ 지용성 물질은 수용성 물질에 비해 세포막을 통한 이동이 어렵다.

> **해설** 세포막을 구성하는 인지질의 이중막은 지용성 물질일수록 투과가 용이하다.

08 생명체가 외적 환경 변화에 대하여 스스로 세포 내에서 내부환경을 일정하게 조절하는 현상을 무엇이라 하는가?

① 대 사

② 항상성

③ 성 장

④ 적 응

⑤ 분 화

> **해설** 항상성(homeostasis)
> 세포외액량, 체온, 삼투압, 전해질농도, pH 등의 상태가 일정하게 유지될 때 정상적인 생명현상을 유지할 수 있는데, 이런 조절이 생체 내에서 스스로 이루어지는 것을 항상성이라 한다.

09 세포에 대한 설명으로 옳지 않은 것은?

① 핵막, 미토콘드리아는 이중막이다.

② 비타민 E는 항산화제 역할로 세포막을 구성하는 불포화지방산의 산화를 방지해준다.

③ 리소좀막은 단일막으로 비타민 E가 부족하면 막이 파괴된다.

④ 세포막 구성성분인 지방은 불포화지방산으로 비타민 E가 부족하면 지방산패가 일어난다.

⑤ 비타민 E는 가수분해효소를 생성한다.

해설 가수분해효소가 세포막 밖으로 분비되는 것을 방지하나 이 효소를 생성하지는 않는다.

10 다음 설명 중 옳지 않은 것은?

① 미토콘드리아는 단백질 생합성에 필요한 RNA를 많이 함유하고 있다.

② 미토콘드리아는 호흡효소가 많아 호흡작용과 가장 관계가 깊다.

③ 세포횡단 수분에는 담즙, 뇌척수액, 관절액, 소화액, 양수 등이 있다.

④ 백혈구는 식균작용을 한다.

⑤ 지방에 잘 용해되는 물질은 일반적으로 세포막을 잘 통과한다.

해설 ① 리보솜에 대한 설명이다.

출제유형 38

11 세포질에 대한 설명으로 옳은 것은?

① 핵의 주성분은 DNA로 유전정보를 함유하고 있다.

② 미토콘드리아는 RNA로 이루어진 과립이다.

③ 리보솜은 호흡효소계가 있어 ATP를 생산한다.

④ 리소좀, 골지체, 핵은 단일막으로 구성되어 있다.

⑤ 활성소포체는 골지체로 가는 단백질을 합성한다.

해설 ① 핵은 이중막으로 이루어진 세포의 생명중추이며 주성분은 DNA로 유전정보를 함유(염색질), 핵 내에 핵소체
(핵인)가 존재하여 RNA를 합성하고 저장한다.
② 리보솜, ③ 미토콘드리아, ⑤ 조면소포체에 대한 설명이다. ④ 핵은 이중막이다.

12 소장 점막에서 영양소가 에너지나 운반체를 사용하지 않고 농도의 차이에 의해 흡수되는 기전은?

① 단순확산

② 능동수송

③ 식세포작용

④ 여 과

⑤ 촉진확산

해설 ① 단순확산 : 분자의 운동 시 농도차에 의해 농도가 높은 곳에서 낮은 곳으로 운반되어 농도를 같게 하는 현상이다.

② 능동수송 : 농도차에 역행하여 운반되므로 운반체와 에너지를 필요로 한다.

③ 식세포작용 : 미생물이나 세포 조각같이 크기가 큰 고형물질을 세포 안으로 끌어들이는 작용이다.

④ 여과 : 압력차에 의해 압력이 높은 곳에서 낮은 곳으로 운반되거나, 모세혈관막 또는 신사구체막을 통한 물질의 이동이다.

⑤ 촉진확산 : 농도가 높은 곳에서 낮은 곳으로 운반되므로 에너지는 필요 없으나 운반체가 필요하다.

정답 **12** ①

CHAPTER 02 신 경

01 뉴런의 구조와 기능

(1) 뉴 런

신경조직의 기본단위로 세포체에 돌기가 많으며(수상돌기), 세포의 길이가 긺(축생). 재생이 불가
(비분열세포, 수명이 가장 긴 세포)하고, 흥분성을 가짐

(2) 뉴런의 구조

① **니슬체(nissl's body)** : 리보솜과 소포체의 덩어리로 신경세포체에 존재

② **신경세포체(soma, cell body)** : 뉴런의 몸체이자 대사의 중심이 되는 신경세포체

③ **수상돌기(dendrite)** : 자극의 수용체, 한 개의 뉴런에 여러 개가 있음

④ **축색돌기(axon)** : 신경세포체에서 뻗어 나오는 전깃줄 같은 것으로, 한 뉴런에 기다란 1개의
돌기가 있음

⑤ **수초(myelin sheath)** : 축색돌기의 마디를 붕대처럼 감고 있는 것으로 지질 75%, 단백질 20~
25%로 구성되어 있고, 절연체의 기능을 담당

　　㉠ 유수신경 : 축색이 수초와 슈반세포로 둘러싸여 있는
　　　 섬유로(굵은 신경) 절연기능이 높아서 흥분전도속도가
　　　 빠름(랑비에결절 있음)

　　㉡ 무수신경 : 수초가 없이 슈반세포로만 싸여 있는 세포로
　　　 (가는 신경) 흥분전도속도가 느림(랑비에결절이 없음)

⑥ **슈반세포(신경초)** : 말초신경섬유에서 수초를 형성하고 신
　 경(축색)의 재생에 관여

> **TIP**
>
> **랑비에결절(ranvier's node)**
> 축색돌기의 곳곳에 수초가 없
> 어서 축색돌기의 막이 노출되
> 어 있는 부분(도약전도에 관여)

> **TIP**
>
> **신경교**
> 신경세포인 뉴런을 지지해주
> 고, 영양을 공급하거나 노폐물
> 을 처리해주며, 방어작용, 보호
> 작용 등을 담당하기도 한다. 성
> 상교세포(지지장치, 교통기능),
> 희돌기교세포(수초 형성), 소교
> 세포(식작용) 등이 있다.

(1) 안정막전압(분극) ⭐

자극을 받지 않는 안정한 상태에서의 세포막 내외의 전압차이

(2) 활동전압 ⭐ ⭐

① 자극에 의해 안정막전압보다 크게 분극되었다가 다시 제자리로 돌아가는 세포 내외의 전압 변동(탈분극 → 재분극)

② 탈분극 : 휴지상태의 세포막에 자극을 가하면 안정막 상태의 전압은 증가. 즉, 세포막의 Na^+ 이온통로가 먼저 열림으로써 세포외액의 Na^+이 세포 내로 들어와 세포막 안쪽이 양성을 띰. 이때 전압은 역치를 지니면서 급히 상승하여 가시전압에 이름

③ 재분극 : 가시전압이 최고에 이르게 되면 Na^+의 이온통로가 닫히고 K^+ 이온통로가 열리면서 K^+ 이온은 세포외액으로 방출, 전압은 본래의 안정막전압으로 급히 회복

> **TIP**
>
> **활동전압 생성요인**
> 자극에 대한 Na^+의 세포 내 유입 때문에 야기된다(Na^+의 확산전압).

(3) 활동전압의 발생

① 역치 : 활동전압을 유발시킬 수 있는 최소 단위의 자극 강도

② 역치자극 : 신경을 흥분시킬 수 있는 최소한의 자극

③ 역하자극 : 자극의 강도가 적기 때문에 신경섬유가 흥분하지 않고 전기적 변동만 일어나는 자극

④ 실무율 : 역치자극보다 큰 자극에 대해서는 항상 최대의 반응을 일으키고, 역하자극에 대해서는 전혀 반응하지 않는 성질

⑤ 불응기 : 신경섬유가 활동전압 발생기간 중일 때에는 새로운 자극에 대해 다시 활동전압을 발생시키지 않는 기간

> **영양보충**
>
> **시냅스(뉴런과 뉴런의 접속부분)**
> - 시냅스를 통한 흥분의 전달(전방전도의 법칙)
> - 세포체 → 신경종말 → 다음 뉴런의 세포체 방향으로만 전달(역방향 불성립)

03 중추신경계

(1) 중추신경계의 기능적 분류

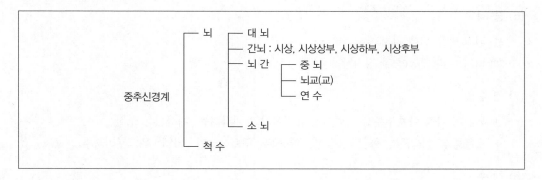

(2) 대 뇌

① **수질(백질부)** : 피질 밑에 있는 신경섬유로 이루어진 백질
② **피질(회백질부)** : 신경의 세포체가 존재, 대뇌피질(신피질)이라 부르며 100억 개의 뉴런이 있음
③ 인간의 대뇌가 가장 표면적이 넓음

> **영양보충**
>
> **대뇌피질의 구성(반구의 표면)**
> • 전두엽 : 자발적인 행동, 동기 유발, 공격성과 기분 좌우
> • 두정엽 : 통증의 인지, 온도와 촉각, 맛의 인지
> • 측두엽 : 후각 · 미각 · 청각의 정보에 대한 평가, 추상적인 생각이나 판단
> • 후두엽 : 시각정보의 인지 · 통합
> • 변연엽 : 정서반응 및 기억에 관여

(3) 소 뇌 ⭐39

① **외부(회백질)** : 신경의 세포체 존재, 신체의 자세 평형 및 근육의 긴장에 관여
② **내부(백질부)** : 신경섬유 존재
③ 손상 시 운동감각, 몸의 자세와 균형, 근육활동 등이 조절이 안 됨

(4) 간 뇌

① 중뇌와 대뇌 사이에 위치
② **시상** : 대뇌피질 바로 아래쪽에 위치하며, 신경섬유의 상 · 하행통로
③ **시상하부** : 중뇌의 위쪽에 위치하며, 자율신경중추(항상성 유지), 체온조절중추, 음수중추, 음식물 섭취조절중추, 내분비기능 조절, 수면 및 각성조절중추, 심장 및 혈관운동에 영향

(5) 뇌 교

① 연수 바로 위에 위치하며, 상하로 뻗치는 신경섬유가 많음

② 운동 조절에 관여하고 수면과 각성의 역할(망상체 발달)

(6) 중 뇌

① 뇌교 바로 위에 위치

② 뇌의 다리 역할(중간 정거장)

(7) 연 수

① 뇌간의 가장 아랫부분으로 의식을 유지시키고 내장기능, 체성기능 조절

② 호흡중추, 심장중추, 혈관운동중추, 연하중추, 구토 · 발한 · 타액 · 위액분비중추

(8) 척 수

① **척수** : 척수신경(31쌍)이 추간공을 통해 좌우로 나옴

　㉠ 수질 : 회백질 − 신경의 세포체(핵)로 구성, 반사중추 및 배뇨 · 배변중추

　㉡ 피질 : 백질 − 신경섬유로 구성, 신경흥분의 전도로(통로)

② **반 사**

　㉠ 반사 : 대뇌피질과 관계없이 자극에 대해 무의식적으로 반응하는 것으로 척수의 가장 주된 기능

　㉡ 반사궁

　　• 감각수용기 : 내 · 외부 환경변화에 반응하여 감각흥분 시작

　　• 구심성 신경 : 수용기에서 일어난 흥분이 후근 → 후각 → 반사중추에 전도

　　• 반사중추신경 : 감각뉴런과 운동뉴런이 연결되는 곳

　　• 원심성 신경 : 반사중추에서 흥분파를 근육 및 선세포에 전달

　　• 효과기 : 근육 및 선세포

　㉢ 척수반사

　　• 단일 시냅스 반사궁(슬개근반사) : 슬개근을 두드려 대퇴직근이 잡아당겨짐 → 구심신경이 운동신경 흥분 → 신근이 수축 → 신전반사, 신체자세 평형 유지

　　• 중복 시냅스 반사궁(굴곡반사) : 유해자극이 주어졌을 때 구심신경의 흥분으로 척수질에 있는 원심신경을 거쳐 다리굴근을 수축하고 관절에 굴곡을 일으킴(도피반사)

(1) 기능적 분류

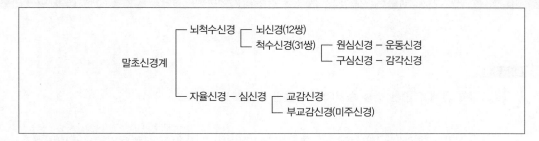

(2) 뇌척수신경

① 뇌신경 : 12쌍(대뇌~연수 사이)으로 구성되어 있으며, 운동성·감각성·혼합성 신경으로 작용이 각각 다름
② 척수신경 : 운동성과 감각성 섬유가 혼합된 혼합신경으로 전근은 운동, 후근은 감각에 관여하는 31쌍의 말초신경, 즉 위로부터 경신경(8쌍), 흉신경(12쌍), 요신경(5쌍), 천골신경(5쌍), 미골신경(1쌍)으로 구성

(3) 자율신경

① 교감신경 🏅38
  ㉠ 절전섬유가 척수의 흉수와 요수에서 시작되는 자율신경으로 절전신경의 길이가 짧음(절후신경의 길이가 긺)
  ㉡ 절전신경 말단에서 아세틸콜린(Ach) 분비, 절후신경 말단에서 노르아드레날린(NA) 분비
② 부교감신경
  ㉠ 절전섬유가 뇌간과 척수의 천수에서 시작되는 신경으로 절전신경의 길이가 긺(절후신경의 길이가 짧음)
  ㉡ 절전신경 말단과 절후신경 말단에서 아세틸콜린(Ach) 분비
③ 자율신경의 각 장기의 지배 🏅37 🏅38 🏅39

장 기	교감신경	부교감신경
심 장	촉진(혈압 상승)	억제(혈압 하강)
혈 관	수축(혈압 상승)	이완(혈압 하강)
기관지	이완(확장)	수축(호흡 곤란)
소화관	억 제	촉 진
동 공	산대(산동)	축소(축동)
입모근	수 축	무 관

CHAPTER 02 적중예상문제

출제유형 38

01 괄호 안에 적합한 것을 순서대로 나열한 것은?

> 신경세포막에 자극이 주어지면, 투과성이 증가된 (　　)가 세포 내로 유입되어 세포막 내부가 (　　)을 띠게 되는데 이것을 탈분극이라고 한다.

① Na^+, 양성
② K^+, 양성
③ Na^+, 음성
④ K^+, 음성
⑤ Na^+, 중성

해설 신경세포막은 자극을 받으면 Na^+ 통로가 열려 세포막 밖의 Na^+가 세포 내로 빠르게 유입되어 세포막 안쪽이 양전하를 띠게 된다.

출제유형 38, 39

02 교감신경계가 자극되면 나타나는 현상으로 옳은 것은?

① 맥박이 느려진다.
② 혈압이 상승된다.
③ 소장의 수축이 촉진된다.
④ 기도가 수축된다.
⑤ 장액 분비가 촉진된다.

해설 교감신경계가 자극되면 심장박동수 증가, 골격근 혈관 수축, 관상동맥 확장, 동공 산대, 심근수축력 증가, 기관지 확장, 위 · 소장 평활근 이완, 장액 분비 억제 등이 일어난다.

정답 01 ① 02 ②

03 다음은 부교감신경이 자극되었을 때 나타나는 현상이다. 옳은 것은?

> 가. 혈압 하강
> 나. 소화기능 촉진
> 다. 동공 축소
> 라. 심근수축력 증가

① 가, 나, 다
② 가, 다
③ 나, 라
④ 라
⑤ 가, 나, 다, 라

해설 부교감신경이 자극되면 혈압 하강, 골격근 혈관 이완, 기관지 수축, 소화기능 촉진, 동공 축소, 장액 분비 촉진 등이 일어난다.

출제유형 35, 38, 39

04 신경전달물질로 옳은 것은?

> 가. acetylcholine
> 나. dopamine
> 다. norepinephrine
> 라. histidine

① 가, 나, 다
② 가, 다
③ 나, 라
④ 라
⑤ 가, 나, 다, 라

해설 흥분성 신경전달물질
acetylcholine, serotonin, dopamine, norepinephrine(=noradrenaline), glutamic acid, aspartic acid, substance-P 등
억제성 신경전달물질
gamma-amino butyric acid(GABA)

05 시상하부에 존재하는 중추가 아닌 것은?

① 체온조절중추

② 섭식중추

③ 포만중추

④ 심장중추

⑤ 갈증중추

> **해설** 시상하부에 존재하는 중추
> • 자율신경 중추
> • 호르몬 분비조절 중추
> • 음식물 섭취조절 중추
> • 체온조절 중추
> • 기본욕망 중추
> • 정서반응 관련 중추
> • 음수중추(수분평형)

06 다음은 연수에 존재하는 중추이다. 옳은 것은?

가. 호흡중추
나. 심장중추
다. 혈관운동중추
라. 구토중추

① 가, 나, 다

② 가, 다

③ 나, 라

④ 라

⑤ 가, 나, 다, 라

> **해설** 연수에 존재하는 중추
> • 호흡중추
> • 심장중추 및 혈관운동중추
> • 소화기중추(타액분비중추, 저작반사중추, 연하중추, 구토중추, 위액분비중추)
> • 발한중추 및 눈 보호중추

정답 05 ④ 06 ⑤

07 신경에 대한 설명으로 옳지 않은 것은?

① 깊은 수면상태에서 나타나는 특정적인 뇌파의 파형은 δ파이다.

② 정상적인 어른의 안정상태에서 볼 수 있는 뇌파는 β파이다.

③ 중뇌와 연수 사이에 있는 것은 뇌교이다.

④ 뇌신경은 모두 12쌍이다.

⑤ 교감신경 절후신경의 말단에서는 노르아드레날린이 분비된다.

> **해설** ② α파의 설명이다. α파는 안정상태와 야간의 성인에게서 볼 수 있는 뇌파로 초당 8~12회 발생하며 자극에 의해 소멸되고 β파로 전환된다.

출제유형 38

08 부교감신경섬유의 말단에서 방출되는 신경전달물질은?

① 카페인

② 에피네프린

③ 아세틸콜린

④ 인슐린

⑤ 글루카곤

> **해설** 부교감신경 절전섬유가 뇌간과 척수의 천수에서 시작되는 신경으로 절전신경의 길이가 길고 절후신경의 길이가 짧다. 절전신경과 절후신경의 말단에서 아세틸콜린이 분비된다.

09 다음은 무엇에 관한 설명인가?

> 간뇌를 구성하는 일부분이며 중뇌의 위쪽에 위치한다. 자율신경계의 최고 중추부로서 생체 내부 환경의 항상성을 조절하는 가장 중요한 역할을 한다.

① 뇌 교　　　　　　　　　　② 기저핵

③ 시상후부　　　　　　　　④ 시상상부

⑤ 시상하부

> **해설** 시상하부는 자율신경계의 최고 중추부로서 자율신경중추, 호르몬분비중추 및 체온조절중추 등이 존재하여 내부환경의 항상성을 관장한다.

07 ② 08 ③ 09 ⑤ 정답

10 자율신경과 그 기능이 옳게 연결된 것은?

① 교감신경 – 혈압 하강
② 교감신경 – 동공 축소
③ 부교감신경 – 소화 촉진
④ 부교감신경 – 기관지 이완
⑤ 부교감신경 – 혈관 수축

해설 자율신경의 각 장기의 지배

장 기	교감신경	부교감신경
심 장	촉진(혈압 상승)	억제(혈압 하강)
혈 관	수축(혈압 상승)	이완(혈압 하강)
기관지	이완(확장)	수축(호흡 곤란)
소화관	억 제	촉 진
동 공	산대(산동)	축소(축동)
입모근	수 축	무 관

CHAPTER 03 근육과 감각

01 근육과 분류

(1) 구조적 분류 ⭐35 ⭐36 ⭐39

① 가로무늬근(횡문근) : 골격근, 심장근
② 민무늬근(평활근) : 장기 평활근, 다단위 평활근, 방광근

(2) 기능적 분류

① 골격근 : 뼈를 중심으로 근육이 형성
② 평활근
   ㉠ 단단위 평활근(근원성 근육) : 신경의 지배가 없이도 자동운동능력을 가짐(심장, 소화기계 등)
   ㉡ 다단위 평활근(신경원 근육) : 신경의 지배 없이는 근수축이 불가능(눈의 홍채, 모양체, 혈관의 벽 등)

02 골격근

(1) 근육의 구성

근원섬유 → 근육세포(단일섬유, 근섬유) → 근섬유다발→ 근육

(2) 근섬유의 구성

근섬유는 많은 근원섬유와 근장(반유동성 내용물)으로 구성되며, 근원섬유는 굵은 근필라멘트(미오신)와 가는 근필라멘트(액틴, 트로포미오신, 트로포닌)가 규칙적으로 배열되어 구성

(3) 골격근의 구조

① 근필라멘트 → 근원섬유 → 근섬유
② 수많은 횡문근섬유가 병렬로 뭉쳐진 다발로서 체중의 40~50%를 차지
③ 근원섬유의 가로무늬가 생기는 것은 단백질의 배열에 의한 것

㉠ A-band(A띠, 암대) : 어두운 부분, 미오신필라멘트와 액틴필라멘트 중첩부
　　　• H-zone(H역) : A-band의 중간에 위치하는 약간 밝은 부분, 미오신필라멘트만 존재
　　　• M-line : A-band의 중간 부분에 존재하는 선
　　㉡ I-band(I띠, 명대) : 밝은 부분, 액틴필라멘트만 존재
　　　• Z-line : I-band의 중간 부분에 있는 선
　　　• 근육의 수축은 H역과 I띠가 줄어듦
　　　• 인접한 두 개의 Z-line의 사이를 근절이라 함

03 골격근의 수축

(1) 근육수축의 종류

① **연축(twitch)** : 근수축의 기본형으로 단일신경-근섬유에 1회의 짧은 자극을 주었을 때 나타나는 수축의 형태

② **강축(rigidity)** : 다소 긴 시간간격을 두고 일정한 빈도로 자극을 되풀이할 때 연축이 융합되어 나타난 것(지속적인 수축)

③ **긴장(tonus)** : 부분적인 자극으로 근육의 부분적인 수축이 지속되는 것으로 각성 시의 근육상태이며, 극히 적은 양의 에너지만 사용하므로 피로하지 않음

④ **마비(paralysis)** : 뇌 속의 운동중추로부터 말초의 근육섬유 사이에 문제가 발생하여 사지 또는 개개의 근육의 자동적 수의운동에 장애가 있는 상태

> **TIP**
>
> **강 직**
>
> 병적 상태에서 활동전압 없이도 수축하는 상태(예 사후강직)

(2) 근육수축 에너지

① **근육수축 시 소모되는 물질** : ATP, 당질, 산소, 유기인산염

② **근육수축 시 생성되는 물질** : 젖산, 탄산가스, 무기인산염

(3) 근육의 성질

① **불응기** : 0.005초간 근섬유가 한 번 자극되어 수축반응이 일어나면, 일정 시간이 지나야 다음 자극을 받음

② **실무율** : 근섬유 하나의 연축 크기는 자극의 종류와 강도에 관계없이 일정. 단, 역치 이상의 자극(역상자극)에서는 근섬유가 가장 큰 크기로 수축하나 역치 이하의 자극(역하자극)에는 전혀 반응을 나타내지 않는 성질을 지님

③ **마비** : 부위의 손상으로 흥분 전달이 차단되어 근육의 수축이 일어나지 못함

　　㉠ 운동신경의 장애로 인한 근육마비 : 근육의 부피가 줄어들게 됨(근위축) - 소아마비
　　㉡ 중추신경의 장애로 인한 근육마비 : 근위축을 일어나지 않게 함 - 뇌졸중

④ **가중** : 골격근이 수축하는 동안에 다시 다른 자극을 가하면 앞서의 자극으로 생긴 수축곡선보다 나중에 가한 자극으로 생긴 수축곡선이 크게 되는데 이는 먼저 발생된 근내의 장력에 나중의 근내장력이 중합된 것

영양보충

운동 뉴런에서 흥분이 전도된 경우 ⚙

- 근섬유가 수축
- 수축되면 액토미오신 주위의 용액으로부터 Ca^{2+} 제거
- 구조가 원상복귀되어 근육이완
- ATP가 근수축 에너지원으로 쓰임
- Na^{+}이 안으로 들어오는 속도가 빨라져서 +, −가 바뀜
- Ca^{2+}이 액틴과 미오신 주위로 방출 : 활동전압이 유발되면 근장 내 그물에 저장되어 있던 Ca^{2+}을 근섬유 내로 방출시키고, Ca^{2+} 결합 부위와 결합함으로써 가는 섬유가 굵은 섬유 사이로 미끄러져 들어가 근육이 수축
- Ca이 많아지면 트로포닌과 Ca^{2+}이 결합
- 액틴과 미오신이 결합하여 액토미오신이 됨

04 시 각

(1) 눈의 구조와 기능

① **각막** : 안구 앞쪽에 있는 투명한 막(검은자위 부분)

② **공막** : 안구 맨 겉을 싸서 보호하는 백색의 막으로 눈의 형태를 유지·보호(흰자위 부분)

③ **맥락막** : 공막과 망막 사이의 중간층을 이루는 막으로, 멜라닌 색소와 혈관이 풍부하게 분포되어 있으며, 빛을 차단하여 암실작용을 함

④ **홍채** : 안구 앞쪽의 색깔을 띤 근육질 부분으로 홍채로 싸여 있는 둥근 부분이 동공. 홍채는 이 동공의 크기를 조절하여 빛의 입사량을 조절

⑤ **수정체** : 볼록렌즈 모양의 투명한 부분으로 빛을 알맞게 굴절시켜 망막에 상이 맺히도록 함

⑥ **모양체** : 수정체의 두께를 변화시켜 원근을 조절하는 근육

⑦ **유리체** : 안구 내부를 채우고 있는 반유동성의 투명한 물질이며, 안구의 모양을 유지

⑧ **망막** : 안구의 맨 안쪽을 싸고 있는 막으로, 빛의 자극을 신경의 흥분으로 바꾸는 수많은 시세포와 이 흥분을 대뇌에 전하는 시신경이 퍼져 있음

　㉠ 시세포의 종류

　　• 원추세포(원추체) : 망막의 중앙부에 많이 분포하며, 아이오돕신을 함유. 밝은 빛에 민감해서 물체의 형태와 색깔을 감지

　　• 간상세포(간상체) : 망막의 주변부에 많이 분포하며, 로돕신(시자홍)을 함유. 약한 빛에 민감해서 어두운 곳에서 물체의 형태를 식별하지만 색깔 감지는 못함

ⓛ 황반 : 망막 중앙의 약간 오목한 부분으로서, 특히 원추세포가 많이 분포되어 있어 빛에 가장 민감

ⓒ 맹점 : 망막의 시세포에 연결된 시신경 다발이 모여서 안구 뒤로 나가는 부분. 이곳에는 시세포가 없으므로 상이 맺혀도 보이지 않음

(2) 눈의 조절작용

① 원근 조절

ㄱ 먼 곳을 볼 때 : 모양체가 이완하여 뒤로 물러서면 진대가 당겨짐. 그 결과 수정체는 양쪽으로 당겨져 얇아지고, 초점거리가 길어짐

ㄴ 가까운 곳을 볼 때 : 모양체가 수축하여 수정체 쪽으로 나오면 진대가 늦추어짐. 그 결과 수정체는 두꺼워지고, 초점거리가 짧아짐

② 명암 조절

ㄱ 밝을 때 : 홍채가 동공을 축소시켜 들어가는 빛의 양을 적게 함

ㄴ 어두울 때 : 홍채가 동공을 확대시켜 들어가는 빛의 양을 많게 함

(3) 눈의 이상과 교정

① 근시 : 수정체와 망막 사이의 거리가 길거나 수정체가 두꺼워 멀리 있는 물체의 상이 망막 앞에 맺혀 잘 보이지 않는 눈 → 오목렌즈로 교정

② 원시 : 수정체와 망막 사이의 거리가 짧거나 수정체의 탄력이 약해져 충분히 두꺼워지지 못해서 가까이 있는 물체의 상이 망막 뒤에 맺히는 눈 → 볼록렌즈로 교정

③ 난시 : 각막의 표면이 균일하지 않아서 빛의 굴절이 불규칙하여 망막에 맺히는 상이 뚜렷하지 않은 눈 → 특수한 렌즈로 교정

(4) 시각의 성립

① 감지할 수 있는 파장 : 사람의 눈이 감지할 수 있는 파장의 범위는 380~770nm의 가시광선

② 시각을 일으키는 광화학반응

ㄱ 간상세포가 빛을 받으면 로돕신이 레티날과 옵신으로 분해되고 이때 일어나는 화학반응으로 간상세포에 전기적 변화가 일어나 흥분하게 됨

ㄴ 간상세포의 흥분이 시신경을 통해 대뇌에 전해지면 비로소 시각이 성립

ㄷ 로돕신의 분해로 생긴 레티날은 빛을 받으면 비타민 A로 되었다가 어두워지면 레티날로 되어 다시 옵신과 결합하여 로돕신을 만듦 ⓐ

ㄹ 혈액 중 비타민 A가 부족하면 망막에서 분해되거나 소실되는 레티날을 보충하지 못하므로, 로돕신의 양이 감소하여 야맹증에 걸리게 됨

(1) 귀의 구조와 기능

① 외이 : 소리를 모아 고막으로 보내는 부분으로, 귓바퀴와 외이도가 여기에 속함

② 중 이

    ㉠ 고막 : 소리 자극에 의해서 최초로 진동하는 부분

    ㉡ 청소골 : 고막의 진동을 증폭시켜서 달팽이관에 전달하는 3개의 작은 뼈로 이루어짐. 고막의 진동은 망치뼈 → 모루뼈 → 등자뼈의 순서로 진동

    ㉢ 유스타키오관 : 중이와 비강을 연결하는 관. 중이 내부의 압력을 외부의 압력과 같게 유지시켜 고막이 정상적으로 진동하도록 해줌

③ 내 이

    ㉠ 난원창 : 달팽이관의 입구가 되는 타원형의 막이며, 청소골의 진동을 달팽이관 속의 림프액에 전달

    ㉡ 달팽이관 : 달팽이처럼 말려 있는 관. 상하 두 장의 막(상 - 전정막, 하 - 기저막)에 의해 3개의 방(상 - 전정계, 중 - 달팽이세관, 하 - 고실계)으로 구분되며, 림프액이 차 있음

      • 전정계와 고실계 : 달팽이관 끝에서 서로 통하게 되어 있으며, 그 속에는 외림프가 차 있음

      • 달팽이세관 : 전정계와 고실계 사이에 위치하며, 내림프가 차 있음. 기저막 위에 있는 청세포 집단과 이들을 덮고 있는 덮개막을 합쳐서 코르티기관이라 함

(2) 청각의 성립

소리 → 고막 → 청소골 → 난원창 → 전정계 → 고실계 → 기저막 → 코르티기관

     (막 진동) (증폭) (막 진동)   (림프의 진동)   (막 진동) (세포 흥분)

---

06 평형감각

(1) 전정기관

① 몸의 위치감각을 맡고 있는 부분

② 구조 : 섬모를 가진 감각세포 위에 탄산칼슘($CaCO_3$)으로 된 이석(청사)이 놓여 있음

③ 작용 : 몸이 기울면 중력에 의해 이석에 대한 압력의 방향이 바뀌고 감각세포의 섬모가 움직여 흥분을 일으키게 됨

(2) 반고리관

① 몸의 회전감각을 맡고 있는 부분

② **구조** : 3개의 반원형인 관이 서로 직각으로 연결된 구조로 각 관의 끝은 볼록하고 그 속에 섬모를 가진 감각세포가 있고 림프액이 차 있음

③ **작용** : 몸이 회전할 때 림프액의 관성 때문에 감각세포의 섬모가 움직이게 되고, 이 움직임이 감각세포를 흥분시켜 회전을 느낌

07 미각과 후각

(1) 미 각

① **미각의 성립과정** : 액체상태의 화학물질 → 혀의 유두 → 미뢰(맛을 느낌) → 미각 세포 → 미각신경 → 대뇌

② **기본 미각** : 쓴맛, 단맛, 짠맛, 신맛

③ **설유두의 형상에 따른 종류**

ㄱ 사상유두 : 설배 전체에 밀생하며 표면이 실처럼 몇 가닥으로 나뉘어져 있음. 수가 가장 많음

ㄴ 용상유두 : 혀끝이나 혀 가장자리에 있으며, 둥글고 붉은 버섯 모양으로 육안으로도 잘 보인임. 미뢰가 존재

ㄷ 유곽유두 : 가장 크나 수는 적어 사람은 10개 정도이고, 설배의 뒤쪽에 있는 분계구 앞에 줄지어 있으며 미뢰 함유가 가장 많음

ㄹ 엽상유두 : 혀의 측면 가장자리 뒤에 있으며 미뢰가 존재

영양보충

미각수용기(taste bud, 미뢰)
미각세포와 지지세포로 구성, 미뢰는 유두 내에 존재(인체에서 혀의 미뢰수는 약 2,000개 정도이고, 그중 약 50% 정도가 유곽유두 내에 있음)

(2) 후 각

① **후각의 성립과정** : 기체상태의 화학물질 → 콧속의 후각상피(냄새 느낌) → 후각세포 → 후각신경 → 대뇌

② **후각의 특징**

ㄱ 후각은 다른 감각에 비하여 쉽게 피로

ㄴ 대뇌피질 특수감각 중 순응능력이 가장 빠름

08 피부감각

(1) 피부감각의 종류

피부에는 촉각, 압각, 통각, 온각, 냉각 등을 느끼는 감각세포들이 분포, 이 중 통각이 가장 많이 분포

(2) 피부감각기관

피부감각은 각각 촉점, 압점, 통점, 온점, 냉점의 감각수용기에서 따로따로 감각

(3) 피부감각소체

피부감각수용기는 감각의 종류에 따라 신경 말단이 각각 특수하게 분화되어서 감각소체를 이룸 (촉점 – 마이스너 소체, 압점 – 파치니 소체, 온점 – 루피니 소체, 냉점 – 크라우제 소체)

영양보충

감각신경
- 제1차 감각신경 : 척수 → 연수
- 제2차 감각신경 : 연수 → 시상
- 제3차 감각신경 : 시상 → 대뇌피질의 감각영역(후중심 회전)

CHAPTER
03   적중예상문제

01 근수축이 일어나는 순간에 분해되어 소모되는 물질은?

① ATP   ② 글리코겐
③ 글로불린   ④ 젖 산
⑤ ADP

해설 근수축 시에는 ATP가 소모되어 쓰이고, 지속적으로 ATP를 공급하기 위해 인산 크레아틴, 포도당이 분해된다.

02 근육의 수축에 필요한 칼슘이온은 근육세포의 어느 소기관에서 방출되는가?

① 미토콘드리아   ② 핵
③ 수용체   ④ 근장그물
⑤ 골지체

해설 활동전압의 유발은 근장 내 그물에 저장되어 있던 Ca^{2+}을 근섬유 내로 방출시키고 Ca^{2+}이 가는 섬유의 Ca^{2+} 결합 부위와 결합함으로써 가는 섬유가 굵은 섬유 사이로 미끄러져 들어가 근육이 수축하게 된다.

03 수정체와 망막 사이의 거리가 길어서 광선이 망막에 도달하기 전에 상을 맺는 것은?

① 노안시   ② 원 시
③ 근 시   ④ 전시안
⑤ 난 시

해설 눈의 이상과 교정
• 원시 : 수정체와 망막 사이의 거리가 짧거나 수정체의 탄력이 약해져 충분히 두꺼워지지 못해서 가까이 있는 물체의 상이 망막 뒤에 맺히는 눈이다. 이러한 눈은 볼록렌즈로 교정한다.
• 근시 : 수정체와 망막 사이의 거리가 길거나 수정체가 두꺼워 멀리 있는 물체의 상이 망막 앞에 맺혀 잘 보이지 않는 눈이다. 이러한 눈은 오목렌즈로 교정한다.
• 난시 : 각막의 표면이 균일하지 않아서 빛의 굴절이 불규칙하여 망막에 맺히는 상이 뚜렷하지 않는 눈이다. 이러한 눈은 특수한 렌즈로 교정한다.

정답 01 ① 02 ④ 03 ③

04 다음 감각에 대한 설명 중 옳은 것을 모두 고르시오.

> 가. 사람의 감각 중 예민하지만 가장 순응이 빠른 것은 후각이다.
> 나. 매운맛은 맛의 기본 감각의 종류가 아니다.
> 다. 시각중추의 존재 부위는 후두엽이다.
> 라. 피부에 분포되어 있는 감각점 중 가장 수가 많은 것은 통점이다.

① 가, 나, 다
② 가, 다
③ 나, 라
④ 라
⑤ 가, 나, 다, 라

05 근육에 대한 설명으로 옳지 않은 것은?

① 근육의 수축성 단백질은 콜라겐이다.
② 근의 전도로 잘 알 수 있는 현상은 근의 활동전위이다.
③ 근수축의 직접적인 원동력은 ATP의 분해이다.
④ 근육 내 ATP는 크레아틴과 인산으로부터 인산크레아틴을 합성하는 데 관여한다.
⑤ 근육 내 ATP는 젖산으로부터 글리코겐을 합성하는 데 관여한다.

해설 근수축계의 기본을 이루는 물질은 액틴과 미오신으로 이들이 결합하여 액토미오신으로 된다.

06 간상세포를 재생하는 데 필수적인 물질을 공급하기 때문에, 부족하면 야맹증에 걸리게 되는 비타민은 무엇인가?

① 비타민 A
② 비타민 B_1
③ 비타민 B_{12}
④ 비타민 C
⑤ 비타민 K

해설 망막에서 분해되거나 소실되는 레티날은 망막 뒤의 색소상피에 저장된 비타민 A에 의해 보충된다. 따라서 혈중 비타민 A가 부족하게 되면 레티날의 재합성량이 감소하고, 로돕신의 양도 함께 감소한다.

07 감각기관에 대한 설명으로 옳지 않은 것은?

① 달팽이관은 달팽이껍질 모양으로 나선의 관을 이루며 전정계, 중간계, 고실계로 나뉘어져 있다.

② 매우 빠른 빈도의 여러 충격파가 운동신경을 통해 근육에 도달했을 때 일어나는 수축은 강축이다.

③ 감각의 순응이란 일정 자극을 같은 크기로 반복하여 가하면 감각의 크기가 자극이 가해지는 시간의 길이와 더불어 차츰 작아지는 것이다.

④ 청각의 중이는 고막, 청소골, 유스타키오관으로 구성되어 있다.

⑤ 내이의 반고리관은 몸의 기울어짐을 감지한다.

> **해설** 반고리관은 회전감각이고 전정기관은 기울어짐(중력감각)을 감지한다.

출제유형 37

08 H-zone(H역)에 존재하는 것으로 옳은 것은?

① 액틴필라멘트

② 가는 필라멘트

③ Z 선

④ Y 선

⑤ 미오신필라멘트

> **해설** 근원섬유
> - A-band(A띠, 암대) : 어두운 부분, 미오신필라멘트와 액틴필라멘트 중첩부
>   - H-zone(H역) : A-band의 중간에 위치하는 약간 밝은 부분, 미오신필라멘트만 존재
>   - M-line : A-band의 중간 부분에 존재하는 선
> - I-band(I띠, 명대) : 밝은 부분, 액틴필라멘트만 존재
>   - Z-line : I-line의 중간 부분에 있는 선
>   - 근육의 수축은 H역과 I띠가 줄어듦
>   - 인접한 두 개의 Z-line의 사이를 근절이라 함

09 감각에 대한 설명으로 옳은 것은?

① 피부에는 촉각, 압각, 통각, 온각, 냉각 등이 있는데 그중 촉각이 가장 많이 분포되어 있다.

② 몸의 회전감각을 맡고 있는 기관을 반고리관이라 한다.

③ 미각은 미각신경을 통해서 소뇌로 전달된다.

④ 눈의 구조 중 안구 앞쪽에 있는 투명한 막을 공막이라 한다.

⑤ 미각 중 역치가 가장 낮은 것은 신맛이다.

해설 평형감각 중 몸의 위치감각을 맡고 있는 부분을 전정기관, 몸의 회전감각을 맡고 있는 부분을 반고리관이라 한다.

10 근육수축의 설명으로 옳지 않은 것은?

① 연축 – 근수축의 기본형으로 1회 짧은 자극을 주었을 때 나타나는 수축의 형태

② 강축 – 긴 시간 간격의 자극으로 연축이 융합되어 나타나는 형태

③ 긴장 – 근육의 부분적인 수축이 지속되는 것으로 각성 시의 근육 상태

④ 마비 – 근육의 자동적 수의운동에 장애가 있는 상태

⑤ 강직 – 활동전압이 있어야만 수축하는 상태

해설 강직이란 병적 상태에서 활동전압 없어도 수축하는 상태로 사후강직이 대표적인 예이다.

CHAPTER 04 혈액과 체액

01 혈 액

(1) 혈액의 구성

인간의 전체 혈액량은 약 4~6L 정도이며, 체중의 약 8%를 차지하고 있음

① 혈구 : 적혈구, 백혈구, 혈소판으로 이루어져 있음

② 혈장 : 단백질(알부민, 글로불린, 피브리노겐 등), 포도당, 노폐물 등이 녹아 있음

(2) 혈액의 기능

① 호흡가스를 교환하는 호흡작용

② 소화된 물질을 이동시키는 영양작용

③ 체내에서 노폐물을 제거하는 배설작용

④ 항체에 의한 면역작용

⑤ 생체의 수분조절작용

⑥ 체온조절작용

⑦ 호르몬 운반

⑧ 삼투압 조절, 이온 평형

⑨ 체액의 pH를 조절하는 완충작용

⑩ 혈압 조절, 출혈 방지

(3) 혈액의 비중

① 전혈(1.055~1.065), 혈장(1.022~1.029), 적혈구(1.092~1.093)

② 헤마토크리트(hematocrit, 혈구혈장 비율) : 전혈에서 적혈구가 차지하는 비율(40~45%)

③ 혈구의 크기 : monocyte(15μm) > eosinophil(10~14μm) > neutrophil(11μm) > basophil(8~10μm) > lymphocyte(8μm) > RBC > platelet

> **TIP**
>
> **혈액의 조성**
> 물(80%), 단백질(18%), 지방(2%), 무기질, 질소화합물로 구성된다.

(1) 적혈구 ⭐

무핵세포, 헤모글로빈에 의한 O_2 운반

(2) 백혈구

유핵세포, 아메바운동에 의한 식세포작용(식작용 기능은 중성구＞단핵구＞호산구＞임파구＞호염기구)

(3) 혈소판 ⭐

무핵세포, 혈액 응고

(4) 혈 장

각종 물질 운반, 삼투압과 pH 조절

분 류	크기(지름, μm)	수(개/mm³)	핵의 유무	생성장소	기 능	특 징
적혈구	약 7.5	약 450만(여자), 약 500만(남자)	없 음 (생성초기에만 있음)	골 수	O_2와 CO_2 운반	헤모글로빈 함유, 적색
백혈구	7~20	약 7,000	있 음	골 수 (단, 림프구는 림프절에서)	식세포작용, 항체 형성	헤모글로빈 없음, 무색, 종류 다양
혈소판	약 2	약 20~30만	없 음	골 수	혈액 응고	헤모글로빈 없음, 무색

(1) 적혈구의 특성 ⭐

① 골수에서 만들어져서 120일 만에 지라(비장)와 간에서 파괴
② 직경 7.5μm, 두께 2.5μm의 가운데가 오목한 원반형으로 헤모글로빈이라는 혈색소로 채워진 무핵세포(세포 소기관 없음)
③ 헤모글로빈 1분자는 산소 4분자와 결합할 수 있고, 산소와 결합한 헤모글로빈은 선홍색의 산소헤모글로빈을 만들고, 이산화탄소와 결합하면 암적색의 환원헤모글로빈이 됨
④ 100mL의 혈액에는 약 15g의 헤모글로빈이 있음

(2) 적혈구의 조혈

① 적혈구 조혈인자(erythropoietin) ⭐ ⭐
   ㉠ 동맥혈액의 산소분압 감소 시 신장의 방사구체에서 분비, 골수를 자극해 조혈
   ㉡ 조혈에 필요한 영양소 : 단백질, 철분, 비타민 B_{12}, 엽산 및 구리 등
② 적혈구 조혈장소 ⭐
   ㉠ 태아기 : 간, 비장, 적색골수에서 생성
   ㉡ 출생 후 : 적색골수에서만 생성
   ㉢ 성인 : 장골의 적색골수가 20세 전후에 퇴화하여 황색골수로 대체되면서 두개골, 척추, 늑골, 흉골 등에서 생성

영양보충

적색골수
- 장골(long bone, 대퇴골, 경골 등) : 20세 전후에 퇴화해 황색골수가 된다.
- 단골, 편평골, 불규칙골(short, flat & irregular bone, 척추, 흉골, 늑골 등) : 일생 동안 조혈

③ 적혈구 조혈과정 : 세망세포 → 혈구아세포 → 적아세포 → 다염성 적아세포 → 상아세포 → 세망적혈구 → 적혈구
④ 적혈구 용혈
   ㉠ 적혈구 내의 헤모글로빈이 적혈구 밖으로 유출되는 현상(혈구와 혈색소 분리) – 과잉 시 황달
   ㉡ 삼투적 용혈 : NaCl 0.48%에서 용혈 시작, 0.44%에서 반용혈, 0.33%에서 혈구 전체가 용혈
   ㉢ 화학적 용혈 : 독소나 화학물질에 의해서 발생
   ㉣ 기계적 용혈
   ㉤ sickle cell anemia(겸상 적혈구 빈혈증)와 같은 적혈구 자체의 원인으로 발생

황 달
적혈구 용혈 과정에서 나온 혈중 bilirubin의 농도가 높아져 눈의 흰자위 및 피부가 누런 빛으로 착색되는 현상이다.

겸상 적혈구 빈혈증
• β-chain의 6번 위치의 glutamic acid가 valine으로 대체되는 것이 원인인 유전성 질환이다.
• 용해성이 낮고 산소 장력의 저하에 따라 혈색소분자의 축합이 일어나, 적혈구가 낫 모양으로 변형한다. 이 겸상 적혈구는 파괴되기 쉬우며, 집합하여 혈관에 혈전증이 나타나기 쉽다.

⑤ 빈혈 : 혈액 중의 적혈구의 수 및 혈색소량이 정상범위보다 부족한 상태
  ㉠ 급식 부전 : 복합적 결핍성 빈혈(필요한 영양분 부족)
  ㉡ 흡수 부전 : 악성빈혈
  ㉢ 요구량 증가(저색소성 빈혈) : 임신, 성장기 등 철분 부족 시

산소해리곡선
• 산소분압 변화에 따라 얼마만큼의 헤모글로빈이 산소와 결합하여 산소헤모글로빈이 되는가를 나타낸 그래프
• 산소해리곡선에 영향을 주는 요인
  – 이산화탄소분압과 온도가 낮아지고, pH값이 높아지면 산소화 반응이 촉진되어 곡선은 왼쪽 위로 이동
  – 이산화탄소분압과 온도가 높아지고, pH값이 낮아지면 해리반응이 촉진되어 곡선은 오른쪽 아래로 이동

04 백혈구

(1) 백혈구의 특성

① 적혈구보다 크고 핵이 있으며 헤모글로빈을 포함하지 않음
② 염색성이 강하며 유주성이 있음
③ 골수와 림프절에서 생산, 식작용 및 면역작용

(2) 백혈구의 종류와 기능

① 과립백혈구 : 원형질에 무수한 과립이 있음(적색골수에서 생산) ⭐
  ㉠ 호중성 백혈구(neutropil, 호중구) : 중성 색소에 염색, 강한 식균작용, 급성 염증 시 증가, 전체 백혈구의 약 40~70%
  ㉡ 호산성 백혈구(eosinophil, 호산구) : 산성 색소에 염색, 알레르기질환, 기생충 감염 시 증가, 전체 백혈구의 약 1~4%
  ㉢ 호염기성 백혈구(basophil, 호염기구) : 염기성 색소에 염색, 헤파린과 히스타민 함유, 혈액응고 방지작용, 전체 백혈구의 약 1% 미만

② 무과립백혈구(agranulocyte, 임파구) : 과립백혈구보다 조금 적고 과립이 없음

    ㉠ 림프구(lymphocyte) : 전체 백혈구의 약 20~45%를 차지하며 만성염증 시 증가, 글로불린 생성. 세포성 면역에 관여하는 T-림프구(T-cell)와 체액성 면역에 관여하고 항체를 생산하는 B-림프구(B-cell)이 존재 ⭐

    ㉡ 단핵구(monocyte) : 전체 백혈구의 약 4~8%를 차지하며 강한 식균작용, T-cell에 항원 제공

(3) 백혈구감소증 및 과다증

① 약물, 화학물질, X-선 조사로 골수의 기능이 저하되면 백혈구 수효 감소

② 폐렴, 충수염, 편도선염 질환 : 백혈구의 수 증가(15,000~50,000개)

TIP

백혈병

골수 및 임파절에서 이상세포증식에 의하여 일어남(1mm^{3}당 60만 개)

05 혈소판과 혈액 응고

(1) 혈소판 ⭐

① 형태 : 무핵세포, 정상혈액 1mm^{3}에 30~50만 개 정도 들어 있으며, 수명은 약 1주일

② 생성 : 골수의 거핵세포의 세포질이 파괴되어 형성되고, 간, 폐, 비장에서 파괴

③ 역할 : 혈액 응고에 관여

④ 함유물 : platelet factor 3, 세로토닌(혈관 수축), ADP(혈소판이 서로 응집되도록 하여 혈전이 형성)

영양보충

지혈의 이상

- 혈소판의 수표가 적어 트롬보플라스틴이 부족
- 간에 손상을 입어, 혈장 섬유소원 함유량이 적음
- 비타민 K의 부족으로 프로트롬빈 생산이 부족
- 근친 간의 결혼에 의한 유전적 응고 이상(혈우병)

※ 혈관 속에서 혈액의 응고가 일어나지 않는 것은 헤파린이 있기 때문이다.

(2) 혈액 응고(지혈)

① 혈액 응고 과정 ☆

㉠ 트롬보플라스틴의 출현 : 상처로 출혈이 되면 혈소판이 파괴되어 그 속에 있던 트롬보플라스틴(트롬보키나아제)이 혈장으로 나옴

㉡ 트롬빈의 형성 : 트롬보플라스틴은 혈장 속의 Ca^{2+}과 함께 작용하여 혈장 속의 프로트롬빈을 트롬빈으로 활성화

㉢ 피브린의 형성 : 트롬빈이 혈장 속의 혈장단백질인 피브리노겐을 피브린이라는 섬유 모양의 단백질로 바꿈

㉣ 혈병의 형성 : 피브린이 혈구(주로 적혈구)를 얽어서 덩어리 모양의 혈병을 만듦. 혈병이 가라앉고 그 위에 생기는 황색의 투명한 액체를 혈청이라 함

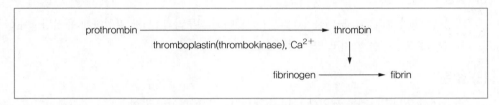

② 항응고 기전 : 응고된 혈전을 용해시키는 섬유소 용해효소로서 플라스민이 있으며, 이외에도 헤파린이 함유되어 있어서 혈액의 응고를 방지. 구연산염, 수산염, 디쿠마롤 등도 항응고제로서 작용

---

06 혈장

(1) 비중

혈액에서 혈구를 제외한 액체성분으로 혈액의 약 55%를 차지

(2) 혈장의 조성

약 90%는 물이고, 나머지 10%는 단백질, 아미노산, 포도당, 지질, 무기염류 등

(3) 혈장단백질 ☆

① 알부민 : 혈액의 점성을 유지해 주며, 혈장 삼투압 유지, 혈장 속의 단백질 가운데 양적으로 가장 많음

② 글로불린 ☆

    ㉠ α−글로불린 : 비타민, 호르몬 등과 결합하여 운반

    ㉡ β−글로불린 : lipoprotein, 비타민, 호르몬, 철 등을 운반

    ㉢ γ−글로불린 : 면역글로불린(Immunoglobulin)이라고도 하며, 항체를 형성하고 생체를 감염으로부터 방어하는 기능을 수행

③ 피브리노겐 : 혈액 응고에 관여

(4) 혈장의 작용

각종 물질(양분, CO_2, 노폐물 등)을 운반, 체내의 삼투압과 pH가 일정하게 유지되도록 조절, 항체나 혈액응고물질을 가지고 있어 몸을 보호

(5) 혈 청

혈장에서 피브리노겐을 제외한 나머지 액체성분을 혈청이라고 함

영양보충

알부민−글로불린 비(Albumin−Globulin Ratio)
- 혈장 내 알부민/글로불린의 비(A/G)
- 정상치는 1.1∼1.5(평균 1.2), 간장 질환 시에는 1.0 이하

---

07 면 역

(1) 항원과 항체

① 항원 : 우리 몸을 구성하고 있는 단백질과는 성질이 다른 단백질로 된 병원체, 독소, 이종의 혈구 등이 우리 몸에 들어오면 병의 원인이 되는데, 이들을 모두 항원이라 함

② 항체 : 항원이 들어왔을 때 이들의 작용을 없애기 위해 몸속에서 생성되는 물질

③ 항원, 항체가 되는 물질 : 대개 단백질로 구성

    ㉠ 항원이 되는 물질 : 병원체, 독소, 이종의 혈구 등이 병의 원인이 되는 것은 이들이 우리 몸의 단백질과 성질이 다른 단백질로 되어 있기 때문

    ㉡ 항체가 되는 물질 : 혈장단백질의 일종인 γ−글로불린이 항체가 되며, 항원의 종류에 따라 다르므로 그 종류가 수없이 많음

(2) 면역의 종류(항체 생산과정에 따른 구분)

① **선천적 면역** : 태어날 때부터 가지고 있는 면역

　　예 미생물이 침입하려고 할 때 피부가 막아주거나 상피세포에서 효소를 분비하여 방어하는 것, 백혈구의 식균작용 등과 같은 비특이적 방어

② **후천적 면역** : 자연면역과 인공면역으로 구분

　　㉠ 자연면역(병후면역) : 병을 앓고 나서 생기는 면역

　　㉡ 인공면역 : 인공적으로 항체를 몸속에 형성시켜 병을 예방하거나 치료하는 면역

　　　• 자동면역(백신요법) : 죽이거나 독성분을 약화시킨 병원체(항원)로 만든 백신주사를 몸에 주사하여 얻는 면역. 항체가 형성되기까지 시간이 걸리므로, 주로 병의 예방에 이용

　　　　예 결핵의 BCG 접종, 종두, 장티푸스, 백일해 예방주사

　　　• 타동면역(혈청요법) : 다른 동물에 병원체(항원)를 주사하여 항체가 생기게 한 후, 이 동물의 혈청(면역혈청)을 사람의 몸에 주사해서 얻는 면역. 효과가 빠르므로 주로 병의 치료에 이용

　　　　예 디프테리아(말의 혈청), 티푸스(모르모트의 혈청)

08　혈액형

(1) ABO식 혈액형

① A형, B형, AB형, O형의 4종류로 나뉨

② **응집원과 응집소** : 응집원은 A, B 두 가지이며 적혈구에 있고, 응집소는 α, β 두 가지로 혈청에 들어 있음

③ **각 혈액형의 응집원과 응집소** : 적혈구에 들어 있는 응집원에 따라 4가지 혈액형으로 나눔. 각 혈액형의 혈액 속에 들어 있는 응집원과 응집소는 응집반응을 일으키지 않음

④ **ABO식 혈액형의 응집원과 응집소** ☆

혈액형	혈구(막)응집원	혈장응집소(항체)	공급 혈액형	수혈 혈액형
A형	A	anti–B(β)	A, AB	A, O
B형	B	anti–A(α)	B, AB	B, O
AB형	AB	없음	AB	A, B, AB, O
O형	없음	anti–A 및 B	A, B, AB, O	O

(2) RH식 혈액형

① ABO식 혈액형과 관계없이 RH^+와 RH^-의 두 가지로 구분

② RH식 혈액형의 판정 : 토끼에 붉은털원숭이의 혈액을 주사하여 항체(응집소)를 형성시킨 토끼 혈청(항RH혈청)에 사람의 혈액을 섞었을 때의 반응으로 판정

　　⊙ 적혈구의 응집반응이 일어난 사람 : RH^+(양성)

　　ⓒ 적혈구의 응집반응이 일어나지 않은 사람 : RH^-(음성)

③ RH식 혈액형의 유전 : ABO식 혈액형처럼 유전되므로 후천적으로 변하지 않으며, RH^+가 RH^-에 대하여 우성

(3) 수혈 방법

① 적합한 수혈

　　⊙ ABO형 : A → A 또는 AB, B → B 또는 AB, AB → AB, O → 모두

　　ⓒ RH형 : RH^+ → RH^+, RH^- → RH^-나 RH^+

② 부적합한 수혈

　　⊙ ABO형 : A → B 또는 O, B → A 또는 O, AB → A, B, O

　　ⓒ RH형 : RH^+ → RH^-

③ RH식 혈액형 : RH^-인 사람이 RH^+(RH인자 가짐)의 혈액을 수혈받으면, RH^-인 사람의 혈청 중에 RH인자(응집원)에 대한 항체(응집소)가 생겨 응집반응에 의한 용혈이 일어나 위험

---

09   체 액

(1) 체액의 분류와 분포

① 체액은 크게 세포내액(체중의 약 40%)과 세포외액(체중의 약 20%)으로 구분하며, 다시 세포외액은 세포간질액과 혈장으로 나눔 ❸⑥

② 세포횡단 수분(transcellular fluid) : 구분이 모호한 특수체액으로 장기와 장기 사이의 마찰을 감소, 충격 및 압력 감소, 장기의 기능을 유지하며, 뇌척수액, 관절액, 늑막액, 소화액, 복강액, 안구의 방수, 분비선의 액체 등이 있음

(2) 체액의 이동

① 혈장과 조직액 사이의 이동 : starling의 가설, 확산, 혈관운동, 음세포작용

② 세포막 안팎의 이동 : 삼투압에 의하여 이동

> **TIP**
>
> **스탈링(starling)의 가설**
> 동맥단의 모세혈관에서는 혈관 내의 액체가 조직 쪽으로, 정맥단의 모세혈관에서는 조직액이 혈관 쪽으로 이동하게 되는 원리를 설명한 것이다.

(3) 체액의 측정

① TBF량 측정 : 세포막과 모세혈관을 투과. 중수소, 삼중수소, 요소 등
② ECF량 측정 : 세포막은 투과할 수 없으나 모세혈관막 투과. inulin, mannitol, raffinose 등
③ 혈장량 측정 : 모세혈관막을 투과할 수 없는 물질, bilirubin, congo red 등
④ ICF 측정 : TBF 량 – ECF량으로 간접 측정
⑤ ISF 측정 : ECF 량 – plasma

TIP

체액량의 조절
체액의 삼투질 농도는 300mOsm/L 이며, 이의 80%는 Na^+과 Cl^-이온에 기인한다. 따라서 Na^+ 재흡수의 조절은 체내 수분량의 조절을 담당하게 된다. 이는 renin–angiotensin–aldosterone 기전에 의한다.

(4) 체액의 수지

체액의 수분과 전해질은 섭취와 배설로 평형을 유지(2,500mL)
① 섭취 : 음료수 1,000mL, 음식물 1,200mL, 신진대사 300mL
② 배설 : 소변 1,400mL, 피부 600mL, 폐 300mL, 대변 200mL

(5) 탈수(음성수지)

① 원인 : 물의 섭취가 안 될 때, 체액의 손실(실혈, 요붕증, 구토, 설사, 땀을 흘림) 등
② 증상 : 몸무게 감소, 산–염기의 평형이 깨어져서 산증(acidosis), 체온 증가, 맥박 증가, 심박출량 감소, 격심한 갈증, 피부 건조, 허탈 등

(6) 부종(양성수지)

① 원인 : 신장의 장애로 오줌배설 장애, 간장의 장애(혈장단백질이 합성되지 못하여 교질삼투압이 낮아져서 물을 배설하지 못함), 조직압 상승(모세관 상승, 혈액량의 증가 시)
② 증상 : 체온 감소, 구토, 경련, 혼수상태

CHAPTER 04 적중예상문제

01 혈액형에 관한 설명으로 옳지 않은 것은?

① ABO혈액형 판정의 경우 항-A와 항-B혈청에 모두 응집되었다면 그 혈액형은 A형이다.

② RH⁻O형은 모든 혈액형에 수혈할 수 있다.

③ 적혈구막의 응집원은 혈청의 응집소와 결합하여 응집을 일으킨다.

④ 혈액형 결정항원은 상염색체에 의해 운반되는 유전형질이다.

⑤ 수혈의 목적은 적혈구 보충, 영양물질 공급, 체액의 삼투압 조절 등이 있다.

해설 ① A와 B혈청에 모두 응집되었으므로 AB형이다.

02 다음 중 transcellular fluid에 속하는 것은?

> 가. 뇌척수액
> 나. 소화액
> 다. 관절액
> 라. 복강액

① 가, 나, 다

② 가, 다

③ 나, 라

④ 라

⑤ 가, 나, 다, 라

해설 세포횡단 수분(transcellular fluid)은 세포외액의 일부로 장기와 장기 사이의 마찰을 줄이고 충격을 완화시켜주는 등의 다양한 역할을 담당한다. 뇌척수액, 관절액, 소화액, 복강액, 안구의 방수, 분비선의 액체 등이 이에 해당한다.

정답 01 ① 02 ⑤

03 다음 헤마토크리트(hematocrit)에 대한 설명으로 옳지 않은 것은?

① 혈액을 원심분리했을 때의 성분으로 호산구, 임파구, 단핵구, 헤모글로빈 등이 있다.

② 헤마토크리트의 정상값은 60%이다.

③ 원심분리했을 때 상층액의 녹황색 액체를 혈장이라고 한다.

④ 헤마토크리트의 값이란 혈액량 100에 대한 혈구비이다.

⑤ 빈혈 시 헤마토크리트 값이 저하된다.

해설 • 헤마토크리트의 정상값은 45%이다.
　　　• 헤마토크리트는 혈액량에 대한 혈구의 백분비율로 정상은 성인 남자 44~52%, 여자 38~48%이다.

04 다음은 혈액의 기능이다. 옳은 것은?

> 가. 항체에 의한 면역작용 및 식균작용
> 나. 가스 교환과 호르몬의 운반작용
> 다. 혈액의 pH를 일정하게 유지하는 완충작용
> 라. 노폐물을 제거하는 배설작용

① 가, 나, 다　　　　　　　　　② 가, 다

③ 나, 라　　　　　　　　　　　④ 라

⑤ 가, 나, 다, 라

해설 보기의 작용 외에도 소화된 물질을 이동시키는 영양작용, 생체의 수분조절작용, 삼투압조절작용, 혈압조절작용
　　　등이 있다.

05 혈액에 대한 내용으로 옳지 않은 것은?

① 혈액의 삼투질농도는 300mOsm/L이다.

② 혈액의 성분은 적혈구, 백혈구, 혈소판, 혈장이 있다.

③ 혈액의 pH는 약 7.4로 약한 알칼리성이다.

④ 순환계 안에 들어 있는 혈액량은 사람 몸무게의 5% 정도이다.

⑤ 혈액은 결체조직으로 분류되며 액체성 매질에 세포가 떠 있는 모습의 조직이다.

해설 혈액량은 사람 몸무게의 1/13 정도, 즉 8% 정도이다.

03 ② 04 ⑤ 05 ④ 정답

06 혈액 응고에 관여하는 것으로 옳은 것은?

> 가. 혈소판
> 나. 칼슘
> 다. 섬유소원
> 라. 헤파린

① 가, 나, 다
② 가, 다
③ 나, 라
④ 라
⑤ 가, 나, 다, 라

해설 혈액 응고 관여물질
혈소판, 칼슘이온, 섬유소원, 트롬빈, 피브리노겐, 트롬보플라스틴
혈액 응고 억제물질
플라즈민, 헤파린, 옥살산나트륨, 구연산소다

07 적혈구에 대한 설명으로 옳지 않은 것은?

① 적혈구의 평균 수명은 120일이다.
② 노화된 적혈구는 세망내피계의 대식세포에 의해 파괴된다.
③ 적혈구의 파괴산물은 대사 후 주로 담즙에 섞여서 배설된다.
④ 적혈구생성자극인자의 합성장소는 간이다.
⑤ 적혈구의 크기는 모세혈관을 통과할 수 있는 크기여야 하므로 모세혈관의 지름보다 약간
작은 7~8μm이다.

해설 몸은 각 장기마다 조혈기능에 관여하는데 위에서는 적혈구성숙인자를 생성하고 적혈구생성자극인자는 신장에
서 합성되어 간에 저장되며 간은 다른 혈액응고인자 등 혈액성분을 합성한다.

08 백혈구에 대한 설명으로 옳지 않은 것은?

① 과립백혈구에는 호중성구, 호산성구, 호염기성구가 있다.

② 백혈구저하증의 원인은 방사선조사, 각종 약물 섭취, 종양 등이 있다.

③ 백혈구 중 특이적 면역작용을 담당하는 것은 림프구(T세포, B세포)뿐이다.

④ 호산성구 백혈구는 주화성 음세포작용에 의해서 식균작용을 한다.

⑤ 단핵구는 세균 탐식성이 강한 세포로 만성 염증 시 작용하며 특히 결핵성 질환에 특이하게 증가한다.

> **해설** ④ 호중성 백혈구에 해당된다.
> 호산성 백혈구의 증가 · 감소
> • 알레르기반응 때 증가, 항원 · 항체반응
> • 십이지장충과 같은 기생충 존재 시 증가
> • 만성 염증 시 증가
> • 스트레스, 더위, 추위, 전기적 · 기계적 자극 때 감소
> • 부신피질 당류 코르티코이드 투여 시 감소

09 백혈구 중 호중성구의 증가원인으로 가장 옳은 것은?

① 기생충 질환 시

② 알레르기(allergy) 질환 시

③ 악성빈혈 시

④ 기관지 천식 시

⑤ 폐렴 등 감염증이 있을 시

> **해설** 과립백혈구(적색골수에서 생산)
> • 호중성 백혈구 : 강한 식균작용, 급성 염증 시에 증가
> • 호산성 백혈구 : 알레르기질환, 기생충 감염 시 증가
> • 호염기성 백혈구 : 헤파린과 히스타민 함유, 혈액응고 방지작용

10 다음은 적혈구에 대한 설명이다. 옳지 않은 것은?

① 철은 헤모글로빈의 성분이며, 비타민 B_{12}와 엽산, 비타민 B_6(피리독신)는 적혈구 조혈에 필수적이다.

② 비타민 B_{12}와 엽산은 DNA 합성에 관여하므로 세포의 분화과정에 기여한다.

③ 적혈구 생성에서 비타민 B_{12}와 엽산은 적혈구 아세포 형성과정에 사용된다.

④ 흡연으로 일산화탄소를 지속적으로 섭취하면 적혈구가 파괴되어 수가 감소한다.

⑤ 동맥혈의 산소분압을 낮게 하는 폐질환의 경우 적혈구 과다증이 일어날 수 있다.

> **해설** 흡연으로 일산화탄소를 지속적으로 섭취하게 되면 혈색소는 일산화탄소와 결합하여 체내에서는 산소부족 상태가 되며 이 경우 적혈구생성촉진인자를 생성하여 적혈구수를 증가시킨다.

11 혈액의 삼투질 농도에 크게 영향을 주는 요소는?

① 효 소

② 비타민

③ 지 질

④ 혈액응고인자

⑤ 전해질

> **해설** 혈액의 삼투질 농도는 전해질에 의해 영향을 받으며 전해질에는 등장액(세포 내와 같은 농도), 저장액(세포 내보다 낮은 농도), 고장액(세포 내보다 높은 농도)의 경우가 있다.

12 악성빈혈의 원인으로 가장 옳은 것은?

① 실 혈

② 용 혈

③ 혈구 생산능력의 이상

④ 출 산

⑤ 비타민 B_{12}의 부족

> **해설** ⑤ 악성빈혈은 적혈구가 수명이 매우 짧아져서 발생된 빈혈로서 주로 비타민 B_{12} 결핍(흡수 장애)이 원인이다.

13 백혈구의 종류와 기능을 연결한 것으로 옳은 것은?

> 가. 단핵구 – 강력한 식균작용
> 나. B세포 – 항체 생성에 관여
> 다. 호산구 – 기생충 감염, 알레르기 시 증가
> 라. 림프구 – 특이적 면역반응

① 가, 나, 다   ② 가, 다
③ 나, 라   ④ 라
⑤ 가, 나, 다, 라

14 혈액에 대한 설명으로 옳지 않은 것은?

① 혈장과 혈청의 구분으로 혈청은 혈장에서 응고단백질을 제외한 것이다.
② 혈구가 생성되는 곳은 심장이다.
③ 혈장은 혈액량과 체액 균형조절, 점성과 혈압을 유지한다.
④ 헤모글로빈은 헴(heme)과 글로빈(globin)이 결합된 것이다.
⑤ 혈액의 pH가 낮을수록 헤모글로빈의 산소해리도는 커진다.

해설 성인의 경우, 혈구가 생성되는 곳은 골수이다.

출제유형 38

15 혈소판에 대한 설명으로 옳지 않은 것은?

① 혈소판은 거핵구라는 거대한 세포다.
② 혈소판은 무핵세포이다.
③ 혈소판은 골수에서 형성되어 순환혈액으로 나온다.
④ 혈소판은 칼슘이온과 트롬보플라스틴, 세로토닌, 히스타민, 칼륨, ATPase 등을 모두 함유한다.
⑤ 혈액 응고에 관여하는 효소인 트롬보플라스틴, ADP, Ca^{2+}, K^+ 등의 인자를 함유한다.

해설 혈소판은 거핵구라는 세포가 파괴된 작은 세포조각들로서 정상혈액 $1mm^3$에 30~50만 개 정도 들어 있으며 수명은 약 1주일이다.

16 백혈구 기능에 대한 설명으로 옳지 않은 것은?

① 호염기성 백혈구는 강력한 항응고제 헤파린을 함유하고 혈액응고방지 기능이 있다.

② 호염기성 백혈구와 호산성 백혈구의 식작용이 가장 활발하다.

③ 백혈구는 아메바운동성을 가지고 있어 모세혈관을 빠져 나간다.

④ γ-globulin 내의 림프구는 면역체나 항체를 생산한다.

⑤ 백혈구의 종류에는 과립백혈구와 무과립백혈구가 있다.

해설 백혈구 중에서 호중성 단핵구의 식작용이 가장 활발하다.

17 혈색소에 대한 설명으로 옳지 않은 것은?

① 혈색소 분자의 구성은 heme과 globin이다.

② 혈색소는 4분자의 heme과 1분자의 globin이 결합되어 있다.

③ 혈색소에 함유된 금속원소는 Fe이다.

④ 이산화탄소와 결합된 혈색소(hemoglobin)를 카바미노혈색소(carbaminohemoglobin)라고 한다.

⑤ 일산화탄소는 혈색소와 결합하여 산소 이동을 촉진한다.

해설 일산화탄소는 산소보다 혈색소와 결합하는 능력이 200배나 되므로 함량이 적어도 모두 혈색소와 결합하여 산소가 결합할 수 있는 혈색소가 적어진다. 또 해리되기도 어려워서 결국 산소부족으로 위험하게 된다.

출제유형 45

18 신장에서 합성되고 골수에서 적혈구 생성을 촉진하는 것은?

① 에리트로포이에틴

② 에피네프린

③ 바소프레신

④ 프로스타글란딘

⑤ 코르티솔

해설 에리트로포이에틴(Erythropoietin)
신장에서 생성되는 적혈구 조혈 호르몬으로, 골수에서 적혈구의 생성을 조절하고 있다. 결핍 시 빈혈이 발생한다.

정답 16 ② 17 ⑤ 18 ①

19 혈액 응고에 대한 설명으로 옳지 않은 것은?

① 헤파린은 혈액 내에 존재하는 항응고제이다.

② 혈액응고인자로서 칼슘과 작용하여 프로트롬빈을 트롬빈으로 전환시키는 조직 또는 혈소판 중의 단백질은 피브리노겐이다.

③ 혈액응고 기전과 관계가 있는 비타민은 비타민 K이다.

④ 혈액응고 과정에 관계하는 물질은 피브리노겐, 트롬보플라스틴, 칼슘 등이 있다.

⑤ 혈액의 항응고제로는 헤파린, 플라스민, 구연산나트륨, 옥살산나트륨 등이 있다.

> **해설** ② 트롬보플라스틴이다.

20 혈장단백질의 설명으로 옳지 않은 것은?

① 혈장단백질에는 섬유소원, 알부민, 글로불린이 있다.

② 혈장단백질의 중요한 기능 중 하나는 혈액 교질삼투압 유지이다.

③ 정상 성인인 경우 혈장단백질은 혈액 100mg당 7g 정도 함유하고 있다.

④ 정상 성인인 경우 혈장단백질의 농도가 증가하면 부종이 생긴다.

⑤ 혈청이란 혈장에서 섬유소원을 제외한 나머지를 말한다.

> **해설** 부종
> 신장 장애로 오줌 배설 장애의 경우와 간장 장애, 즉 혈장단백질이 합성되지 못하여 교질삼투압이 낮아져서 물을 배설하지 못하는 것이다.

19 ② 20 ④ 정답

21 다음 혈장에 관한 설명 중 옳지 않은 것은?

① 혈장은 각종 물질을 운반한다.

② 혈장 내에서 교질삼투압 유지를 위한 주된 물질은 글로불린이다.

③ 혈장 감마글로빈을 생성하는 곳은 림프구이다.

④ 혈액은 혈장과 혈구로 나뉘고 혈장에는 단백질 영양소 등 고형성분이 8% 정도이며 나머지는 수분이다.

⑤ 혈장의 성분에는 섬유소원, 효소, 항체, 무기염류(Na^+, Cl^- 가장 많음) 등이 있다.

> **해설** 혈장단백질 중에서 알부민의 함량이 가장 많이 함유되어 있으므로 혈장단백질에 의한 교질삼투압의 75~80%를 좌우하고 있다.

22 다음은 감염에 대항하는 물질들이다. 옳은 것은?

가. 보체(complement)
나. interferon
다. histamine
라. γ-globulin

① 가, 나, 다

② 가, 다

③ 나, 라

④ 라

⑤ 가, 나, 다, 라

> **해설** 염증 반응
> 이물질 미생물이 체내에 침투하여 일어나는데 이때 박테리아에 감염된 조직은 히스타민, 프로스타글란딘, 보체 등을 분비하여 이에 대항한다. 인터페론은 바이러스성 감염에 대항하며 바이러스에 감염된 세포에서 분비되어 이웃한 세포의 표면에 결합하여 항바이러스 단백질의 생성을 촉진한다. γ-글로불린은 항체를 형성하고 생체를 감염으로부터 방어하는 기능을 수행한다.

정답 21 ② 22 ⑤

23 혈액에 대한 설명으로 옳은 것은?

① 적혈구는 유핵세포로 산소를 운반한다.

② 혈구의 수는 적혈구>혈소판>백혈구로 많다.

③ 혈소판은 각종 물질을 운반하고 삼투압과 pH를 조절한다.

④ 백혈구 중 가장 많은 것은 호산성 백혈구이다.

⑤ 적혈구 내의 헤모글로빈의 농도가 높이지면 황달 증세가 나타난다.

해설 ① 적혈구는 무핵세포이다.
③ 혈장의 설명으로 혈소판은 혈액 응고에 관여한다.
④ 호중성 백혈구가 약 40~70% 정도로 많다.
⑤ 황달은 혈중 빌리루빈의 농도가 높아져 나타나는 현상이다.

24 세포 중 항체를 생산하는 것은?

① B-림프구

② T-림프구

③ 호중구

④ 호산구

⑤ 호염기구

해설 B-림프구는 백혈구의 일종으로서 체액성 면역에 관여하고 항체를 생성하는 세포로 골수의 줄기세포에서 형성된다.

25 체내에서 면역 기능을 담당하는 혈장단백질은?

① 피브리노겐

② 히스타민

③ 혈소판

④ 글로불린

⑤ 알부민

해설 감마글로불린은 혈액을 구성하는 단백질인 글로불린의 한 종류로 항체에 존재하여 우리 몸의 면역 기능에 중요한 역할을 한다.

CHAPTER 05 심장과 순환

01 심 장

(1) 심장의 구조

4개의 방으로 된 근육질의 주머니로 위쪽의 두 개를 심방(좌심방, 우심방)이라 하고, 아래쪽의 두 개를 심실(좌심실, 우심실)이라고 함

① **심장근** : 횡문근(가로무늬근)이지만 마음대로 움직일 수 없는 불수의근(제대로근)이며, 심실의 근육층이 심방보다 두껍고, 특히 좌심실이 두꺼움 ⭐

② **심방** : 폐에서 들어오는 동맥혈을 받는 좌심방과 온몸을 돌고 오는 정맥혈을 받는 우심방으로 구성

③ **심실** : 온몸으로 동맥혈을 내보내는 좌심실과 폐로 정맥혈을 내보내는 우심실로 구성

④ **판막** : 심방과 심실 사이에는 방실판(왼쪽에는 이첨판, 오른쪽에는 삼첨판)이 있고, 대동맥과 폐동맥 입구에는 반월판이 있어 혈액의 역류를 막아줌

영양보충

심장판막

```
┌ 방실판 ┌ 이첨판 – 좌심방과 좌심실 사이 ┐
│        └ 삼첨판 – 우심방과 우심실 사이 ┼ 혈액 역류 방지
└ 반월판 – 대동맥과 폐동맥의 입구        ┘
```

---

(2) 심장의 기능

① 주기적인 박동운동에 의해 혈액을 온몸으로 순환시키는 기능을 맡음

② **박동횟수와 박출량** : 평상시에는 1분에 70회 정도 박동하며, 1분간의 박동으로 약 5L의 혈액을 밀어냄

  ㉠ 심박출량(cardiac output) : 1분간의 박동수 × 1회 박출량(stroke volume) = 5L/min

  ㉡ 1회 심박출량 : 좌·우심실에서 동일하나, 압력은 좌 : 우 = 5 : 1

③ **혈액의 기본순환** : 박동으로 밀려 나간 혈액은 동맥을 거쳐 모세혈관으로 갈라져 온몸을 돈 다음, 정맥을 거쳐 심장으로 돌아옴

심 음
- 제1심음 : 심실근 수축 초기에 방실 판막이 닫히면서 대정맥과 폐정맥으로부터 들어오는 혈액과 방실 판막이 부딪쳐서 생기는 진동
- 제2심음 : 심실근 확장 초기에 방실 판막은 열리고, 대동맥 판막과 폐동맥 판막이 닫히면서 심방으로부터 흘러 들어오는 혈액과 대동맥 · 폐동맥 판막이 부딪쳐서 생기는 진동

(3) 심장의 박동순서와 조절

① **박동순서** : 심방의 수축 · 이완 → 심실의 수축 · 이완의 순서로 박동을 반복

    ㉠ 좌심방과 우심방이 수축하여 심방의 혈액이 심실로 밀려 내려감. 이때, 방실판은 열리고, 반월판은 닫힘

    ㉡ 좌심실과 우심실이 수축하여 혈액이 대동맥과 폐동맥으로 밀려 나감. 이때, 방실판은 닫히고, 반월판은 열림

② **박동의 조절** ⭐

    ㉠ 박동의 자동성 : 자율신경과 기타 조직에서 완전히 분리해낸 심장은 한동안 박동을 계속하는 현상

      • 자동성의 원인 : 심장 자체에 스스로 흥분하여 박동을 시작하게 하는 박동원과 이 흥분을 심장 전체에 전하는 특수한 자극전도계가 있기 때문

      • 박동원 : 우심방과 대정맥이 만나는 부분에 있는 특수한 근육조직인 동방결절

      • 심장의 자극전도계 : 동방결절이 스스로 일으킨 흥분은 심방근육을 자극하여 심방을 수축시키는 동시에, 방실결절을 거쳐 심신근육에 전달되어 심실의 수축을 일으킴

심장의 자극전도계

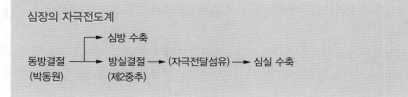

ⓒ 신경에 의한 박동 조절 : 동방결절에 연결되어 있는 자율신경과 조절중추인 연수에 의해 조절
  - 박동 촉진 : 대정맥 확장이나 혈액 중의 CO_2 농도 증가 → 연수 → 교감신경 → 박동 촉진
  - 박동 억제 : 대동맥, 경동맥 확장 → 연수 → 부교감신경(미주신경) → 박동 억제

영양보충

신경에 의한 박동 조절 ⑩

연 수 ┬ 교감신경 → 노르아드레날린 → 동방결절 → 박동 촉진
       (자율신경)   (화학물질)
     └ 부교감신경 → 아세틸콜린 → 동방결절 → 박동 억제

스탈링(Starling) 법칙 ⑯
심장이 이완상태에 있을 때 많은 혈액량이 심장으로 들어오면 심장이 팽대되어 섬유 길이가 늘어나게 됨으로써 더욱 강력히 수축

02 혈액 순환과 혈압

(1) 순환계의 개요

① **폐순환계(소순환계)** : 우심실에서 밀려 나간 정맥혈이 폐동맥을 거쳐 폐의 모세혈관을 지나는 동안에 CO_2를 버리고 O_2를 받아서 동맥혈로 된 다음, 폐정맥을 거쳐 좌심방으로 돌아오는 순환

② **체순환계(대순환계)** : 좌심실에서 밀려나간 동맥혈이 대동맥을 거쳐 모세혈관을 지날 때, 각 조직에 필요한 물질(O_2, 양분 등)을 주고 노폐물(CO_2, 요소 등)이나 호르몬을 받아 정맥혈이 된 다음, 대정맥을 거쳐 우심방으로 돌아오는 순환

③ **관상순환계** : 심장근육 자체의 혈액 공급

④ **림프순환계** : 림프가 조직과 조직 사이를 지나 모세 림프관으로 들어가고, 림프관에서 나와 정맥계로 들어가는 것

⑤ **문맥순환계** : 문맥이란 소화관에서 흡수한 영양물질을 간으로 운반하는 혈관을 뜻하며, 혈액이 직접 하대정맥으로 들어가지 않고 간을 경유하므로 다른 순환계와 달리 모세혈관계를 2번 경유

(2) 혈 관

① **동맥** : 심장에서 나가는 혈관으로 외막, 중막, 내막의 3층으로 구성, 정맥에 비해 평활근으로 구성된 중막이 두꺼우며, 탄성조직이 발달. 모든 동맥에는 동맥혈이 흐르나 폐동맥에는 정맥혈이 흐름(혈류 능동적)

② **정맥** : 심장으로 들어오는 혈관으로 외막, 중막, 내막의 3층으로 되어 있으나 중막이 얇으며, 곳곳에 판막이 있어 혈액의 역류를 막음(혈류 수동적)

③ **모세혈관** : 내피세포층의 내막으로만 구성된 혈관으로 물질교환에 관여, 맥압이 없어지는 부위

[혈관 분류] ☆ ☆ ☆

종 류	분 포	벽의 구조	탄력성	판 막	혈액내용	총 단면적	혈 압	혈류속도
동 맥	몸의 깊은 곳	내피층 근육층 탄력섬유층	강 함	X	동맥혈 (예외 : 폐동맥)	가장 작음	100 mmHg	약 50cm/초
정 맥	피부 가까이	내피층 근육층 탄력섬유층	약 함	O	정맥혈 (예외 : 폐정맥)	동맥보다 약간 큼	5~10 mmHg 또는 음압	약 25cm/초
모세 혈관	모든 조직	내피층	X	X	동맥혈과 정맥혈	가장 큼	12~25 mmHg	약 0.5mm/초

※ 혈압 : 동맥 > 모세혈관 > 정맥

  혈류속도 : 동맥 > 정맥 > 모세혈관

  총 단면적 : 모세혈관 > 정맥 > 동맥

(3) 혈류역학

① 혈액은 혈압이 높은 곳에서 낮은 곳으로 흐름

② 혈관저항은 혈관 내에 있는 혈액 흐름의 반대 방향으로 작용하는 힘이며, 혈관의 길이, 안지름, 혈관의 점성에 좌우

영양보충

혈 류 ☆36 ☆37
- 혈류량 = 혈압/혈류저항(혈류량은 혈압에 비례하고 혈류저항에 반비례한다)
- 전신혈관의 저항(R) = 평균 동맥압 / 1회 심박출량
- 평균동맥압 = 1회 심박출량 × 전신혈관의 저항
- 혈액의 점성이 클수록 혈관 내에서의 마찰이 커지기 때문에 혈류량은 혈액의 점성에 반비례한다.
- 혈관의 길이가 길수록 저항이 커지고 길이와 저항은 비례한다.
- 혈액이 가장 큰 저항을 받는 곳은 세동맥과 모세혈관이다.

(4) 혈압

① 혈관에 따른 혈압 변화 : 좌심실에서 멀어질수록 혈압은 낮아짐. 그러므로 혈압의 크기는 대동 맥 > 소동맥 > 모세혈관 > 소정맥 > 대정맥의 순서

② 최고 혈압 · 최저 혈압 : 심실이 수축할 때 생기는 혈압을 최고 혈압(수축기혈압), 심실이 이완 할 때의 혈압을 최저 혈압(이완기혈압)이라 함(심방의 수축 · 이완과는 관계없음)

```
                    ┌ 최고 혈압 : 120mmHg(수축압) ┐
        표준혈압 ┤                              ├ (차이) → 맥압(40mmHg)
                    └ 최저 혈압 :  80mmHg(이완압) ┘
```

③ 혈압에 영향을 미치는 요인

ㄱ 레닌−안지오텐신 시스템에 의해 생성된 안지오텐신 II 에 의한 조절

- 소동맥 : 수입성 및 수출성 소동맥 수축 → 신장 동 맥압 증가
- 부신피질의 구상대 자극 → 알도스테론 분비로 Na^+의 재흡수 촉진, 혈압 증가

ㄴ 히스타민 : 혈관 이완(BP 감소)

ㄷ 세로토닌 : S_1−receptor(혈관 이완), S_2−receptor(혈관 수축, 반응 초기)

ㄹ 브라디키닌 : 혈관 확장(BP 감소)

ㅁ 프로스타글란딘(PG) : PGE1 & PGE2(BP 감소), PFG(BP 증가)

영양보충

호르몬에 의한 혈압 조절 🏅 38 🏅 43
- 레닌 : 신장으로 유입되는 혈관의 혈압이 떨어져 신장의 혈류공급이 적어질 때 분비한다.
- 안지오텐신 II : 혈액으로 분비된 레닌은 안지오텐시노겐을 안지오텐신 I 으로 활성화시키고, 안지오텐신 I 은 다 시 안지오텐신 II 로 된다(혈압 상승).
- 알도스테론 : 부신피질에서 분비되는 호르몬으로 신장에서 배설되는 Na^+의 재흡수를 촉진시킨다. Na^+의 재흡수 증가는 삼투압의 농도를 증가시키고 소변량을 감소시켜 혈액량을 증가시키므로 혈압을 상승시킬 수 있다.
- 에피네프린 : 부신수질에서 분비되는 호르몬으로 아드레날린이라고도 한다. 교감신경의 말단에서 분비되어 심장 의 박동을 빠르게 하고 모세혈관을 수축시키므로 혈압이 상승한다.

(1) 림프

혈액 일부가 모세혈관벽을 통해 조직세포 사이로 스며나온 것을 림프 또는 조직액이라 함

(2) 림프의 조성

액체성분인 림프장과 백혈구의 일종인 림프구로 구성

① 림프장 : 혈장과 비슷하지만 단백질 함량이 훨씬 적음

② 림프구 : 백혈구의 일종이지만 백혈구보다 작고 골수, 지라(비장), 림프절에서 생성

(3) 림프의 기능 ⭐

① 림프장 : 조직세포 사이의 틈을 채우고 있으면서 세포와 세포 사이, 세포와 모세혈관 사이의 물질 교환의 중계역할을 함

② 림프구 : 백혈구처럼 식세포작용을 하는 한편, 일부는 항체를 생산하여 몸을 보호

(4) 림프관

① 림프가 흐르는 관으로 모세혈관처럼 온몸에 퍼져 있음

② 림프관의 특징 : 혈관과 달리 그 끝이 조직세포 사이에 열려 있으며, 정맥처럼 곳곳에 판막이 있음

③ 림프관계 : 왼쪽이 오른쪽보다 발달

　㉠ 좌림프관계 : 하반신, 소화관, 왼쪽 상반신 림프관 → 가슴관(좌림프 총관) → 좌쇄골하정맥 → 대정맥 → 심장

　㉡ 우림프관계 : 오른쪽 상반신의 림프관 → (모여서) → 우림프총관 → 우쇄골하정맥 → 대정맥 → 심장

④ 림프관의 기능 : 림프와 소장에서 흡수한 지방의 운반통로가 됨

(5) 림프절과 지라(비장)

① 림프절 : 림프관의 곳곳에 있는 작은 알갱이 모양의 구조를 림프절 또는 림프선이라 함

② 림프절의 기능 : 많은 림프구가 모여 있어 림프 속으로 들어온 세균이 이 속에서 제거됨으로써 몸 전체에 퍼지는 것을 막을 수 있으며, 또 새로운 림프구를 만들기도 함

③ 지라(비장) : 가장 큰 림프선으로 새로운 림프구를 생성, 오래된 적혈구를 파괴, 혈액을 저장하여 체내에 흐르는 혈액량을 일정하게 조절. 또 림프구에 의해 항체가 생성되거나 식세포작용이 일어나는 장소가 됨

CHAPTER

05 적중예상문제

출제유형 46

01 체순환의 순서는?

① 좌심방 → 좌심실 → 대정맥 → 정맥 → 모세혈관 → 동맥 → 대동맥 → 우심방

② 우심방 → 우심실 → 대동맥 → 동맥 → 모세혈관 → 대정맥 → 정맥 → 좌심방

③ 좌심실 → 대동맥 → 동맥 → 모세혈관 → 정맥 → 대정맥 → 우심방

④ 우심실 → 대동맥 → 동맥 → 모세혈관 → 정맥 → 대정맥 → 좌심방

⑤ 우심방 → 우심실 → 대정맥 → 정맥 → 모세혈관 → 동맥 → 대동맥 → 좌심방

> **해설** 체순환
> 좌심실 → 대동맥 → 동맥 → 모세혈관 → 정맥 → 대정맥 → 우심방
> 폐순환
> 우심실 → 폐동맥 → 폐 → 폐정맥 → 좌심방

02 관상동맥과 직접 관계가 있는 장기는?

① 위 장

② 신 장

③ 폐

④ 심 장

⑤ 췌 장

> **해설** 관상순환계는 대동맥으로부터 갈라져 심장근육 자체에 혈액을 공급한다. 이에는 관상동맥과 관상정맥이 있다.

정답 01 ③ 02 ④

03 심장에 대한 설명으로 옳지 않은 것은?

① 심장근은 자동성, 전도성 및 수축성을 가지는 수의근이다.
② 심장의 1회 박출량을 결정하는 가장 중요한 요인은 심장으로 돌아오는 혈액의 양이다.
③ 심장주기는 수축기와 이완기로 나뉘며, 이완기가 더 길다.
④ 심장박동은 연수에 의해서도 조절될 수 있다.
⑤ 건강한 성인의 안정시 정상혈압은 120/80mmHg이다.

해설 심장근은 자동성, 전도성, 수축성을 가지는 불수의근이다.

04 심장에 대한 설명 중 옳지 않은 것은?

① 좌심방과 우심실 사이에 삼첨판이 있어 한 방향으로만 이동하게 한다.
② 심장은 4개의 방으로 이루어진 근육기관으로 흉강 내에 위치하고 있다.
③ 심장이 기능을 수행하지 못하면 심잡음이 발생할 수 있다.
④ 심장의 주기는 심장이 수축을 시작할 때부터 다음에 오는 심방수축이 시작될 때까지이다.
⑤ 심장은 교감신경에 의해 심박동이 촉진되고 부교감신경에 의해 억제된다.

해설 우심방과 우심실 사이에는 삼첨판이 있어 혈액의 역류를 막아준다.

출제유형 44

05 혈압을 낮추는 요인으로 옳은 것은?

① 혈액 점도의 증가
② 심박출량의 감소
③ 혈관 직경의 감소
④ 혈관 수축력의 증가
⑤ 혈관 저항의 증가

해설 혈압을 낮추는 요인에는 혈액 점도의 감소, 심박출량의 감소, 혈관 직경의 증가, 혈관 수축력의 감소, 혈관 저항의 감소 등이 있다.

03 ① **04** ① **05** ② 정답

06 스탈링 법칙과 가장 관계가 있는 것은?

① 혈액의 심장박출량

② 대정맥 축압

③ 모세혈관의 투과성

④ 대동맥 산소분압

⑤ 심장수축기와 이완기의 압력 차이

> 해설 스탈링(starling) 법칙
> 박출량은 박동이 시작하는 순간의 심근 길이에 의한다는 법칙으로 심장이 1분에 동맥 내로 밀어내는 심장박출량은 '박동량 × 박동수'이다.

07 혈액 순환에 대한 설명 중 옳지 않은 것은?

① 관상동맥혈류의 차단은 뇌졸중을 일으킨다.

② 심장에서 나가는 혈액을 동맥, 들어오는 혈액을 정맥이라 한다.

③ 문맥순환은 소화기관에서 하대정맥으로 가지 않고 간으로 간다.

④ 동맥과 정맥 사이에는 모세혈관으로 연결되어 있다.

⑤ 임파계는 혈액으로부터 유래된 유동액을 다시 혈액으로 반환한다.

> 해설 심장은 주로 관상동맥을 통해 혈액 공급을 받는다. 관상동맥혈류의 차단은 심근허혈(cardiac ischemia)을 일으켜서 영구적인 손상을 초래한다.

08 혈액 순환에 대한 설명으로 옳지 않은 것은?

① 뇌조직으로 가는 혈류는 항상 일정하게 유지된다.

② 심박출량의 약 20~25%는 신장으로 공급된다.

③ 근육과 소화장기에 공급되는 혈류량은 대사활동에 따라 달라진다.

④ 정상 심장박동수는 약 70~80회/분이며 1회 박동량은 약 70mL이다.

⑤ 체순환에서는 우심실에서 혈압이 가장 높고 우심방에서는 0mmHg에 가깝다.

> 해설 체순환에서는 좌심실에서 가장 혈압이 높고 우심방으로 들어올 때에는 거의 0에 가깝다. 혈액은 이 압력차에 의해 높은 곳에서 낮은 곳으로 움직이고 있다.

09 부신수질에서 분비되는 호르몬으로 심장박동을 촉진시키는 것은?

① epinephrine

② renin

③ acetylcholine

④ thyroxine

⑤ angiotensin

해설 에피네프린은 아드레날린, 에피레나민이라고도 하며 화학식은 $C_9H_{13}O_3N$이다. 부신수질에서 분비되며, 중추로부터의 전기적인 자극에 의해 교감신경의 말단에서 분비되어 근육에 자극을 전달한다.

10 림프계의 설명으로 옳은 것은?

① 혈액 일부가 모세혈관 벽을 통해 조직세포 내로 스며든 것을 말한다.

② 림프장은 항체를 생산하여 몸을 보호한다.

③ 림프구는 세포와 모세혈관 사이의 물질교환의 중계역할을 한다.

④ 림프절에는 식균작용이 있어 신체 방어작용을 한다.

⑤ 림프관계는 오른쪽이 왼쪽보다 발달되어 있다.

해설 림프절은 림프관의 곳곳에 있는 작은 알갱이 모양의 구조를 말한다. 많은 림프구가 모여 있어 림프 속으로 들어온 세균이 이 속에서 제거됨으로써 몸 전체에 퍼지는 것을 막을 수 있으며, 또 새로운 림프구를 만들기도 한다.

11 혈관의 특징으로 옳지 않은 것은?

① 혈관은 동맥, 정맥, 모세혈관으로 구성되어 있다.

② 정맥은 가장 탄력성이 강하다.

③ 동맥은 몸의 깊은 곳에 분포한다.

④ 정맥은 판막이 있다.

⑤ 모세혈관은 총 단면적이 가장 크다.

해설 정맥은 탄력성이 약하며, 동맥이 가장 탄력성이 강하다.

09 ① **10** ④ **11** ② 정답

CHAPTER 06 호흡

01 호흡기의 구조

(1) 내호흡과 외호흡

① **내호흡** : 모세혈관과 조직세포 사이의 가스를 교환
② **외호흡** : 폐포와 모세혈관 사이의 가스를 교환

(2) 폐의 구조

① **폐엽** : 우측 3개(상·중·하엽), 좌측 2개(상·하엽)의 폐엽으로 구성, 폐엽은 늑막으로 둘러싸여 있음
② **폐포** : 사람의 폐는 약 3~4억 개의 폐포로 구성, 가스 교환을 할 수 있는 표면적이 약 $100m^2$에 달함 ⭐

02 호흡운동

(1) 흡식운동 ⭐

① **공기를 흡입할 때** : 늑골이 올라가고 횡격막(가로막)이 내려가 흉강이 넓어지면 폐가 늘어나 공기가 들어옴(근육 수축에 의한 능동적 운동)
② **외늑간근·횡격막의 수축, 내늑간근·복부근육의 이완**

(2) 호식운동(피동적 운동)

① **공기를 방출할 때** : 늑골이 내려가고 횡격막이 올라가 흉강이 좁아지면 폐가 줄어들어 공기가 밖으로 나감(근육 이완에 의한 수동적 운동)
② **외늑간근·횡격막의 이완, 내늑간근·복부근육의 수축**
③ **표면활성제** : 공기의 계면확장으로 표면장력 재형성 → 흉강 내압이 높아져서 폐포를 억압시켜 폐포 축소

surfactant(표면활성제)
- 폐포의 type II cell에서 분비하는 인지질(lecithin)
- 표면장력(surface tension) 저하
- 폐포 내에 부종액이 차는 것을 방지
- 폐포 내를 항상 습기가 있게 해주어 폐포를 안정화(폐포가 과잉 확장 · 수축이 되지 않게 함)

(3) 호흡운동의 조절

① 조절중추 : 심장박동과 함께 연수에서 조절
② 호흡운동의 조절 : 연수는 혈액의 CO_2 농도의 자극을 받아 자율신경을 통해 자동적으로 조절
    ㉠ CO_2 농도 증가 → 연수 → 교감신경 → 호흡운동 촉진
    ㉡ CO_2 농도 감소 → 연수 → 부교감신경 → 호흡운동 억제

03 폐의 용적과 용량

(1) 폐용적

① 일호흡용적(TV) : 1회의 흡식이나 호식으로 폐에 출입할 수 있는 기체량(450~500mL)
② 흡식 예비용적(IRV) : 1회 호흡량을 흡식한 후 최대로 더 흡입할 수 있는 기체량(2,800~3,000mL)
③ 호식 예비용적(ERV) : 1회 호흡량을 호식한 후 최대로 더 배출할 수 있는 기체량(1,200~1,500mL)
④ 잔기용적(V) : 최대로 호식한 후 허파 내에 남아 있는 공기량(1,200mL)

(2) 폐용량 ⭐

① 2가지 이상의 폐용적을 합친 것
② 폐활량 : 최대로 흡인한 후에 최대로 배출할 수 있는 공기량(4,000~4,800mL)

일호흡용적 + 흡식 예비용적 + 호식 예비용적

③ 흡식용량 : 정상 호식 후에 최대로 흡입할 수 있는 공기량

일호흡용적 + 흡식 예비용적

④ 기능적 잔기용량 : 정상 호식 후에 폐 내에 남아 있는 공기량

호식 예비용적 + 잔기용적

⑤ 총 폐용량 : 최대의 흡입으로 폐 내에 수용할 수 있는 공기량

폐활량 + 잔기용적

(3) 무효공간(호흡사강)

① 해부학적 사강 : 비강에서 호흡성 소기관지까지이며 폐포가 존재하지 않음
② 생리학적 사강 : 해부학적 사강+기능상실 폐포를 합친 부피이며 노화, 흡연, 폐질환 등의 원인에 의해 증가

04 가스 교환과 운반

(1) 가스 교환의 원리 ㊱ ㊽

폐포와 조직세포에서의 가스 교환은 각 기체의 분압 차이에 의한 확산현상으로 일어남. 즉, 각 기체는 분압이 높은 곳 → 낮은 곳으로 확산되어 이동

(2) 폐와 혈액 사이의 가스 교환

① 폐포의 산소분압은 100mmHg, 이산화탄소분압은 40mmHg. 그러나 폐포 주위의 모세혈관의 산소분압은 40mmHg, 이산화탄소의 분압은 46mmHg이므로 두 가스의 분압 차이에 의해 산소는 폐포에서 모세혈관으로, 이산화탄소는 모세혈관에서 폐포 내로 확산
② 동맥혈과 정맥혈 : 폐포를 지난 혈액처럼 O_2 분압이 높고 CO_2 분압이 낮은 혈액을 동맥혈이라 하고, 조직세포를 지난 혈액처럼 O_2 분압이 낮고 CO_2 분압이 높은 혈액을 정맥혈이라 함

(3) 산소의 운반

① O_2의 교환
  ㉠ O_2 분압의 크기 : 폐포 > 모세혈관 > 조직세포
  ㉡ O_2 이동 : 폐포 → 모세혈관 → 조직세포
② O_2의 이동
  ㉠ 혈색소와 결합된 상태 : 99.5%
  ㉡ 혈장의 물에 용해된 상태 : 0.3~0.5% 정도

③ 헤모글로빈의 산소화와 해리 : 헤모글로빈(Hb)은 산소분압이 높은 곳(폐)에서는 쉽게 산소와 결합하여 산소헤모글로빈이 되고, 산소분압이 낮은 곳(조직세포)에서는 결합했던 산소를 해리시키는 성질을 갖고 있어 산소 운반에 편리

$$Hb + 4O_2 \underset{\text{해 리}}{\overset{\text{산소화}}{\rightleftharpoons}} Hb(O_2)_4$$

㉠ 산소화 반응(정반응)은 폐에서, 해리반응(역반응)은 조직세포에서 일어남

㉡ 산소화 반응 및 해리반응은 산소분압뿐만 아니라 이산화탄소분압, 온도, pH 등의 영향을 받음 ⭐

• 산소화 반응 촉진요인 : O_2 분압↑, CO_2 분압↓, pH 값↑(중성에 가까울 때), 온도↓

• 해리반응 촉진요인 : O_2 분압↓, CO_2 분압↑, pH 값↓(산성으로 될 때), 온도↑

(4) 이산화탄소의 운반

① CO_2의 교환

㉠ CO_2 분압의 크기 : 조직세포 > 모세혈관 > 폐포

㉡ CO_2 이동 : 조직세포 → 모세혈관 → 폐포

② CO_2의 이동

㉠ 혈장에 용해된 상태 : 약 10%

㉡ Hb의 amino group과 결합된 상태(carbamino 화합물) : 약 25%

㉢ 중탄산이온(HCO_3^-) 형태 : 65%

③ CO_2의 운반형태 : CO_2의 대부분은 적혈구 속으로 들어가 다음의 정반응을 거쳐 중탄산이온(HCO_3^-)의 형태로 혈장에 녹아 운반

$$CO_2 + H_2O \overset{\text{탄산 탈수효소}}{\rightleftharpoons} H_2CO_3(\text{탄산}) \rightleftharpoons H^+ + HCO_3^- (\text{중탄산이온})$$

④ 폐에서의 CO_2 배출 : 위의 반응은 가역반응으로 CO_2 농도가 높은 곳에서는 정반응이, 낮은 곳에서는 역반응이 일어남. 따라서, 혈액이 폐에 도달하면 역반응이 일어나 CO_2가 몸 밖으로 방출

O_2와 CO_2의 분압

분류	O_2 분압	CO_2 분압
폐 포	100mmHg	40mmHg
동맥혈	95mmHg	40mmHg
조 직	30~40mmHg	50mmHg
정맥혈	40mmHg	46mmHg

05 호흡 조절

(1) 신경성 조절

① 연수 : 호흡의 기본적인 리듬을 조절(흡기중추, 호기중추)

② 뇌교 : 기본적인 호흡리듬의 변화를 조절(호식조절중추, 지속성 흡식중추)

(2) 화학적 조절

① 중추 화학수용기 : 연수에 존재하며 CSF의 수소이온농도를 감지(예민함)

② 말초 화학수용기 : 동맥혈의 PO_2 함량을 감지(예민도 낮음)

일산화탄소 중독

혈색소와 결합하는 힘이 일산화탄소가 산소보다 200배 강하므로 산소운반능력을 박탈하는 질식상태이다(저산소증, 무산소증).

- 빈혈 : 동맥혈의 PO_2가 낮을 경우
- CO 중독 : 혈액의 산소능력 감소
- 혈전 : 기관의 혈류 장애

cheyne-stoke 호흡

무호흡과 호흡곤란이 교대로 되풀이하여 나타나는 것으로, 두개강의 내압 상승 시, 마약이나 일산화탄소 중독 시, 중병으로 빈사상태에 있을 때, 생체가 죽기 직전에 나타난다.

(1) 호흡성 산증과 알칼리증 ☆

   ① 호흡성 산증(respiratory acidosis) : CO_2 함량이 증가하고 과소환기에 의함(폐결핵, 폐렴 등)

   ② 호흡성 알칼리증(respiratory alkalosis) : CO_2 함량이 감소하고 과다환기에 의함(체온 상승)

(2) 대사성 산증과 알칼리증

   ① 대사성 산증(metabolic acidosis) : 신장질환, 당뇨병, 설사 등

   ② 대사성 알칼리증(metabolic alkalosis) : 과잉의 제산제 복용 시, 구토(위산의 과잉소실로 위 내용물의 pH 증가)

CHAPTER 06 적중예상문제

01 연탄가스 중독에 대한 설명으로 틀린 것은?

① 일산화탄소 중독은 곧 산소의 결핍상태를 말하며 대뇌 및 심장조직에 손상을 주어 생명이 위험하다.

② 일산화탄소가 혈색소와 결합되면 좀처럼 혈색소가 산소와 결합되지 못해 무산소증이 된다.

③ 혈색소의 산소운반능력을 완전히 박탈해 버리는 일종의 질식상태(저산소증, 무산소증)가 된다.

④ 일산화탄소는 혈색소와의 친화력이 산소보다 200배나 크다.

⑤ 일산화탄소가 직접 우리 몸에 중독현상을 나타낸다.

해설 연탄가스 중독은 일산화탄소가 혈색소와 결합하여 혈색소의 산소운반능력이 저하되어 저산소증 내지는 무산소증이 되는 것으로, 생명이 위협받는다.

02 호흡에 대한 설명으로 옳지 않은 것은?

① 폐포에서 가스 교환이 잘 일어나는 이유는 폐포의 O_2가 혈액 중의 O_2보다 높기 때문이다.

② 혈중 CO_2량이 많을수록 또는 O_2량이 적을수록 호흡속도가 빠르다.

③ 폐환기량에 가장 큰 영향을 미치는 것은 혈액 CO_2 함유량이다.

④ 들숨과 날숨 공기의 조성을 비교할 때 거의 차이가 없는 것은 N_2 분압이다.

⑤ 흡기 시는 외늑간근이 이완된다.

해설 흡기 시 나타나는 현상
- 횡격막의 수축으로 흉강의 압력이 낮아진다.
- 외늑근이 수축하여 복부근육이 이완된다.
- 표면활성제가 분비되어 폐포가 표면장력을 약화시킨다.

정답 01 ⑤ 02 ⑤

03 폐포 내에서 O_2와 CO_2가 교환되는 기전은?

① 폐포 내 모세혈관의 수축작용에 의해 CO_2가 추출된다.

② 기관지의 수축에 의하여 CO_2가 혈액 속으로 유입된다.

③ O_2와 CO_2의 분압차에 의해 확산이 일어나서 교환된다.

④ 폐포의 기계적 자극에 의해 교환된다.

⑤ 기도의 섬모작용에 의해 교환된다.

해설 폐포 내에서의 가스 교환
- O_2 교환 : 폐포 내 O_2 분압이 100mmHg이고 모세혈관 내 정맥혈 O_2 분압은 40mmHg이므로 약 60mmHg 분압 차이로 정맥혈액 속으로 O_2가 이동
- CO_2 교환 : 폐포 내 CO_2 분압이 40mmHg이고 정맥혈 CO_2 분압은 46mmHg이므로 분압차 6mmHg가 생겨 혈액에서 폐포로 확산 이동

04 다음 중 호흡에 관한 설명으로 잘못된 것은?

① 호흡률(RQ) = 소비된 O_2량 / 배출된 CO_2량

② 일산화탄소와 헤모글로빈의 친화성은 산소와의 친화성보다 크다.

③ 이산화탄소는 주로 HCO_3^-의 형태로 폐에 운반된다.

④ 일호흡용적이란 1회의 흡식으로 폐에 출입할 수 있는 기체량이다.

⑤ 폐활량이란 최대로 흡입한 후에 최대로 배출할 수 있는 기체량이다.

해설 호흡률 = 배출된 CO_2량 / 소비된 O_2량이다.

05 기능적 잔기용량은 어느 것들의 합인지 고르시오.

> 가. 잔기용적
> 나. 호흡용적
> 다. 호식 예비용적
> 라. 흡식 예비용적

① 가, 나, 다
② 가, 다
③ 나, 라
④ 라
⑤ 가, 나, 다, 라

해설 폐용량(2가지 이상의 폐용적을 합친 것)
- 폐활량(4,800mL) = 일호흡용적(500mL) + 흡식 예비용적(3,100mL) + 호식 예비용적(1,200mL)
- 흡식용량(3,600mL) = 일호흡용적(500mL) + 흡식성 예비용적(3,100mL)
- 기능적 잔기용량(2,400mL) = 호식 예비용적(1,200mL) + 잔기용적(1,200mL)
- 총폐활량(6,000mL) = 폐활량(4,800mL) + 잔기용적(1,200mL)

06 다음 중 흡식운동 시 일어나는 반응을 고르시오.

> 가. 외늑간근 수축
> 나. 복부근육 이완
> 다. 횡격막 수축
> 라. 내늑간근 수축

① 가, 나, 다
② 가, 다
③ 나, 라
④ 라
⑤ 가, 나, 다, 라

해설 흡식운동 때 일어나는 것은 횡격막 수축, 복부근육 이완, 외늑간근 수축이며, 호식운동 때 일어나는 것은 내늑간근 수축, 외늑간근 이완이다.

정답 05 ② 06 ①

07 다음은 호흡과 관련된 내용이다. 옳지 않은 것은?

① 호흡은 O_2를 취하고 CO_2를 배출하는 것이다.
② 혈액 내 HCO_3^- 농도(대사성)나 PCO_2 크기(호흡성)에 의해 과산증이나 과염기증이 되지 않도록 체액의 pH를 조절한다.
③ 모세혈관 내에서 CO_2를 제거하기 위해 H_2O와 반응하여 탄산탈수효소에 의해 H^+와 HCO_3^-로 전환되며 호흡 시에 수분을 증발 배출한다.
④ 호흡률을 조절하는 호흡중추는 소뇌에 있다.
⑤ 1분간 호흡량은 1회의 호흡량 · 분당 호흡수로 산출한다.

해설 호흡중추는 연수와 뇌교의 하부에 있다.

출제유형 37

08 혈액의 산소포화도에 대한 설명으로 옳은 것은?

① pH가 낮을수록, Hb의 산소포화도가 증가한다.
② pH가 낮을수록, Hb의 산소포화도가 감소한다.
③ 온도가 높을수록, Hb의 산소포화도가 증가한다.
④ CO_2 분압이 높을 때, 산소화 반응이 촉진된다.
⑤ CO_2 분압이 낮을 때, 해리반응이 촉진된다.

해설 산소화 반응과 해리반응
• 산소화 반응 촉진요인 : O_2 분압↑, CO_2 분압↓, pH값↑(중성에 가까울 때), 온도↓
• 해리반응 촉진요인 : O_2 분압↓, CO_2 분압↑, pH값↓(산성으로 될 때), 온도↑

출제유형 37

09 다음 설명 중 옳지 않은 것은?

① 혈액의 PCO_2가 높아지면 연수의 호흡중추를 자극하여 폐환기량을 증가시킨다.
② 정맥혈의 PO_2는 폐포공기의 PO_2보다 더 높다.
③ 산소포화도가 가장 높은 혈액은 폐를 거친 모세혈관 혈액이다.
④ 산소해리곡선에서 O_2 분압이 높으면 각 결합 부위에서 혈색소와 O_2의 친화력이 증가된다.
⑤ 허파꽈리와 모세혈관 사이의 O_2와 CO_2의 가스 교환은 농도차에 의한 확산에 의한다.

해설 정맥혈의 PO_2는 40mmHg이고 폐포공기의 PO_2는 100mmHg이므로 폐포 쪽의 산소분압이 더 높다.

07 ④ **08** ② **09** ② 정답

10 혈액의 산과 염기의 평형이 깨어진 상태로, 혈액 내 이산화탄소의 농도가 높아졌을 때 생기는 현상은 무엇인가?

① 폐결핵
② 호흡성 알칼리증
③ 호흡성산증
④ 대사성산증
⑤ 대사성 알칼리증

> **해설** 혈액의 이산화탄소의 농도와 H^+의 양이 증가하여 산과 염기의 평형이 깨어져 산성이 된 상태이며, 폐의 가스 교환 기능 저하, 당뇨병, 신부전 등이 발생한 경우에 일어난다.

11 폐포와 혈액 및 조직세포 사이에서 가스가 교환되는 현상은?

① 분압의 차에 의한 확산현상
② 분압의 차에 의한 삼투현상
③ 분압의 차에 의한 여과
④ 산독증에 의한 대사 이상
⑤ 용해도 차이에 의한 삼투현상

> **해설** 가스 교환의 원리
> 폐포와 조직세포에서의 가스 교환은 각 기체의 분압 차이에 의한 확산현상으로 일어난다. 즉, 각 기체는 분압이 높은 곳에서 낮은 곳으로 확산되어 이동한다.

정답 10 ③ **11** ①

CHAPTER 07 신장(콩팥)

01 신장의 구조

(1) 비뇨기계의 구성 ⭐

신장 → 신우 → 요관(수뇨관) → 방광 → 요도

(2) 신장의 구조

신장은 복강의 뒤쪽에 좌우 2개가 있으며, 피질과 수질로 구성되어 있고 좌우 신장에는 각각 약 100만 개 정도의 네프론이 존재

(3) 네프론의 구성

① **신소체(말피기소체)** : 사구체와 보먼주머니를 합하여 신소체 또는 말피기소체라 함
  ㉠ 사구체 : 신동맥에서 갈라져 나온 모세혈관 덩어리로 세뇨관을 둘러싸고 있음. 또 사구체로부터 보먼주머니로 혈액이 여과되며, 이때 혈장성분 중 분자량이 큰 혈구와 혈장단백질을 제외한 거의 모든 성분이 여과
  ㉡ 보먼주머니 : 사구체를 둘러싸고 있는 주머니 모양의 부분으로 2중막이고 세뇨관이 연결되어 있음
② **세뇨관** : 보먼주머니와 집합관(수집관)을 연결하는 가늘고 긴 관이며 모세혈관으로 둘러싸여 있음
  ㉠ 근위세뇨관 : 보먼주머니에 연결되어 꼬여 있으며, 피질에서 수질 부분으로 박혀 있음
  ㉡ U자형의 헨레의 고리와 원위세뇨관이 있음

(1) 오줌의 생성과정

신장의 기능은 신동맥으로 들어온 혈액 속의 노폐물을 걸러내고 오줌을 만드는 작용인데, 여과와 재흡수 및 분비의 과정으로 이루어짐. 양 신장의 총 무게는 체중의 약 0.4%에 지나지 않지만, 심박출량의 약 20~25%가 신장으로 흘러 들어감

① **사구체 여과** : 사구체 내의 압력은 높고 보먼주머니의 압력은 낮음. 이러한 압력 차이에 의해 혈구와 단백질을 제외한 혈장의 대부분이 사구체에서 보먼주머니로 여과

　㉠ 여과되지 않는 성분 : 혈구나 분자량이 큰 단백질, 지방 등은 거의 여과되지 않음 ⭐

　㉡ 여과되는 성분 : 위의 성분을 제외한 나머지 물, 포도당, 아미노산, 무기염류, 질소노폐물 (요소) 등이며, 이렇게 여과된 성분을 원뇨라 함 ⭐

영양보충

사구체여과율(GFR) ⭐ ⭐

- 1분 동안에 사구체로부터 보먼주머니로 여과되는 액체의 양
- 성인 남자의 사구체여과율은 약 110mL/분, 성인 여자는 100mL/분이다.
- 세뇨관에서 재흡수 또는 재분비가 일어나지 않는 이눌린, 크레아틴, 만니톨 등을 이용한다.
- 사구체여과속도 = 오줌의 이눌린 × 1분간의 오줌량/혈장 내의 이눌린 농도
  ※ 사구체여과속도 측정에 쓰이는 물질은 이눌린이다.
- 신장의 혈액 유통
  신동맥 → 엽간동맥 → 궁상동맥 → 소엽간동맥 → 수입동맥 → 수출동맥 → 세뇨관 주위의 모세관 → 소엽간정맥 → 궁형정맥 → 엽간정맥 → 대정맥

---

② **세뇨관 재흡수** : 원뇨가 세뇨관을 흐르는 동안 원뇨 중의 유용성분이 모세혈관의 혈액 속으로 다시 흡수

　㉠ 재흡수되는 성분 : 포도당, 아미노산은 100%, 물은 약 99%, 무기염류는 혈액의 삼투압을 정상으로 유지할 만큼 재흡수 ⭐

　㉡ 재흡수되지 않는 성분 : 요소, 요산 등의 질소노폐물

③ **세뇨관 분비** : 사구체에서 미처 여과되지 못했거나 새로 생긴 노폐물은 세뇨관을 싸는 모세혈관의 혈액에서 세뇨관 속으로 분비

(2) 오줌의 배출경로

재흡수, 분비가 끝나면 세뇨관 속의 내용물은 혈장과는 전혀 다른 조성이 되고, 요소농도가 높은 오줌이 되어 신우에 이르고, 수뇨관을 지나 방광에 모였다가 요도를 통해 배출

① 오줌의 배출경로

　수입동맥 → 모세혈관 → 사구체 → 보먼주머니 → 근위세뇨관 → 헨레의 고리 → 원위세뇨관 → 집합관 → 신우 → 수뇨관 → 방광 → 요도

② 오줌의 생성과정

- 여과 : 사구체 $\xrightarrow{\text{압력차이}}$ 보먼주머니(단백질, 혈구 이외의 성분)

- 재흡수 : 세뇨관 $\xrightarrow{\text{능동수송}}$ 모세혈관(요소 이외의 유용성분)

- 분비 : 모세혈관 $\xrightarrow{\text{능동수송}}$ 세뇨관(요소 등의 노폐물)

(3) 신장의 역할

① 대사 후의 노폐물과 독소의 배설

② 정상 체액량의 유지

③ 혈액의 pH 유지 ⭐

④ 체액의 전해질 조성과 삼투압의 유지

⑤ 혈압의 조절(레닌 분비)

⑥ 적혈구 조혈인자의 분비를 통한 적혈구 생성의 촉진

03 세뇨관의 기능

(1) 세뇨관의 재흡수 ⭐ ㊴

① 포도당의 재흡수 : 사구체에서 여과된 포도당은 근위세뇨관에서 포도당 운반체에 의해 전량 능동적 방법으로 재흡수

② Na^+의 재흡수 : 근위세뇨관(약 80%)에서 능동적으로 재흡수. 나머지는 원위세뇨관과 집합관에서 부신피질호르몬인 알도스테론의 조절을 받음 ㊳

③ Cl^-의 재흡수 : 세뇨관 내외의 전기적 차이에 따라 수동적으로 재흡수

④ 수분의 재흡수 : 수분은 수동적(확산)으로 근위세뇨관(70~80%)에서 재흡수. 나머지는 원위세뇨관(수동적으로)에서 항이뇨호르몬(ADH)의 조절을 받음 ⭐

> **TIP**
>
> **포도당의 신장역치**
> 요중으로 당이 배설되기 시작하는 수치로 혈당치가 180mg/dL 이상이다.

(2) 세뇨관의 재분비

① 능동적 분비 : H^+ 및 K^+의 분비, 유기산계(PAH, phenol red, penicilin) 및 유기염기계(NMN, guanidine)

② 수동적 분비 : NH_3

(1) 신장에서 HCO₃⁻의 생산

① 여과된 중성염이 Na_2SO_4인 경우 : 세뇨관세포의 아미노산대사 결과 생긴 NH_3가 세뇨관 분비로 세뇨관강으로 나옴

$$Na_2SO_4 + 2NH_3^+H^+ \longrightarrow (NH_4)_2SO_4 + Na^+(Na^+ : Na^+/H^+ \text{ exchange})$$

② 여과된 중성염이 Na_2HPO_4인 경우 : H^+와 반응

$$Na_2HPO_4 + H^+ \longrightarrow NaH_2PO_4(\text{산성물질} \rightarrow \text{배설}) + Na^+(\text{재흡수})$$

(2) 사구체에서 여과된 HCO₃⁻

① 분비된 H^+와 결합해 H_2CO_3로 되어 세뇨관강 세포막의 탄산탈수효소에 의해 CO_2로 변해 확산되어 세포 내로 들어온 후 HCO_3^- 생성에 관여

② 신장 : 혈장 중탄산염이온(HCO_3^-)의 농도를 24~28mEq/L로 안정화

③ 폐 : 혈장 탄산(H_2CO_3) 농도를 1.2~1.4mEq/L로 유지

④ NH_3 : urea 또는 NH_4^+로 배설

영양보충

신장 혈액유동량 조절
- 외인성 조절 : 교감신경(혈관 축소로 유동량 감소)
- 내인성 조절 : 자동 조절(혈압이 80~180mmHg에서 신장 혈액유동량을 언제나 일정하게 유지, 사구체여과 속도가 일정)

05 배 뇨

(1) 배뇨량

평균 500mL 정도이며, 300~400mL 정도에서 신장수용기(strech receptor)의 흥분으로 요의를 느낌

(2) 배뇨반사

감각기(방광내벽) → 구심성 신경(골반신경) → 반사중추(천수와 요수) → 원심성 신경(부교감신경)→ 반응기(방광 내괄약근)

(3) 배뇨 억제

교감신경(하복신경), 방광 이완에 따른 배뇨 억제

06 생 식

(1) 남성 생식기

① 정소 : 정자가 만들어지는 곳으로 고환이라고도 함
② 수정관 : 부정소와 저정낭을 연결하는 관
③ 저정낭 : 정자를 저장하며 정액의 일부를 만듦
④ 고환(testis)
　　㉠ 정자 생산세포 : 정자 생산(곡정세관)
　　㉡ 간세포(leydig) : ICSH의 자극에 의한 테스토스테론 합성 및 분비
　　㉢ 정자 지지세포 : 정자 지지, 정자에 영양공급(세르톨리세포), 식균작용 ✪

> **TIP**
>
> 정자수
> 약 1억 마리/정액 1mL(1mL당 5,000만 개 이하가 될 때 → 남성 불임)

(2) 여성 생식기

① 여성 생식기관

  ㉠ 난소 : 난자가 생성되는 곳

  ㉡ 나팔관 : 난소에서 배출된 난자를 받아들이는 부분

  ㉢ 수란관 : 자궁과 연결되어 있으며 선단부에서 정자와 난자가 수정

  ㉣ 자궁 : 수정란이 착상하여 태아가 자라는 곳

② 수정과 임신

  ㉠ 배 란

    • 월경주기 중간, 14일째 성숙된 난자 배출

    • 기초체온 약간 상승(0.5℃) → 배란의 유무 판정

  ㉡ 수정과 착상 : 난소에서 배란된 난자는 그 둘레에 많은 과립세포가 둘러싸고 있는 상태로 배출 → 나팔관 → 수란관에서 정자와 만남 → 정자에서 분비되는 hyaluronidase에 의해 정자가 난자 내로 유입되어 수정

  ㉢ 태반 : 모체와 태아 사이를 연결해 영양분(포도당)과 산소 공급 및 노폐물 제거에 관여 ⭐40

영양보충

분만과 유즙 분비 호르몬

• 분 만 ⭐88
  − oxytocin : 자궁근육 수축, 젖 분비 촉진
  − prostaglandin : 자궁평활근 수축
  − progesterone : 배란 후 기초체온 증가, 임신초기 자궁수축 억제로 임신 유지, 임신말기 혈중 농도 감소 → 분만 촉진
• 유즙 분비
  − estrogen과 progesterone은 임신기간 동안 유즙 분비 억제 억제
  − oxytocin : 도관 주위의 평활근 수축 – 유즙 분비 촉진
  − prolactin : 분만 후 유즙 분비 촉진

CHAPTER 07 적중예상문제

01 생식에 대한 설명 중 옳지 않은 것은?

① 유산방지 역할을 하는 호르몬은 에스트로겐이다.

② 남성 생식기에는 전립선, 부고환 정세관, 저정낭, 정관 등이 있다.

③ 월경 후 1~13일에 난자가 점차 성숙하여 14일에 배란한다.

④ 난자가 수정되면 그 주위에 다른 정자의 통과를 방해하는 물질이 생긴다.

⑤ 난자의 수정은 난관에서 이루어진다.

> **해설** 황체호르몬 및 프로게스테론은 주로 임신에 관여하는 것으로 에스트로겐(estrogen)이 자궁내막의 성장을 촉진하는 데 반하여 프로게스테론은 착상된 수정란을 유지 · 보호하는 호르몬이다.

출제유형 35, 37

02 신장에서 레닌의 분비가 증가하면 무엇이 증가하는가?

① 혈액 중의 K^+ 농도

② 혈액 중의 H^+ 농도

③ 헤마토크리트

④ 혈액 중의 유리지방산

⑤ 혈액 중의 안지오텐신 농도

> **해설** 신장에서 방사구체세포 자극으로 레닌이 분비되면 안지오텐신이 활성화되고, 구심성 및 원심성 소동맥 수축 및 알도스테론 분비가 촉진되어 Na^+ 재흡수 촉진으로 혈압이 정상 유지된다.

01 ① **02** ⑤ **정답**

03 사구체여과에 관한 설명이다. 옳은 것은?

> 가. 사구체를 통과하는 총 혈장류(total blood plasma flow)와 여과율과의 비율을 Filtration Fraction(F.F)이라 한다.
> 나. 사구체여과량은 정상상태에서 10mL/분 정도이다.
> 다. 사구체여과율은 혈압과 관계된다.
> 라. 모세혈관막을 통하여 혈구와 단백질을 포함한 모든 혈장성분이 여과된다.

① 가, 나, 다
② 가, 다
③ 나, 라
④ 라
⑤ 가, 나, 다, 라

해설 신장의 나트륨 함량 조절에 의해 혈압을 조절하며 혈압이 떨어지면 승압반사와 더불어 과립세포에서 부신피질 호르몬(알도스테론) 생산에 의해 체내 나트륨 재흡수를 촉진시켜 혈압이 높아진다.

04 신장의 사구체에 대한 설명 중 옳지 않은 것은?

① 사구체는 혈장성분을 여과한다.
② 사구체여과량은 1일 평균 약 160L가 된다.
③ 사구체여과의 원동력은 높은 혈압이다.
④ 한 개의 '사구체−보먼주머니'와 연속되는 세뇨관을 네프론이라고 한다.
⑤ 사구체여과액은 하루에 약 17L로, 요배설량의 약 10배이다.

해설 사구체여과액은 하루에 약 160L(1분에 남자 110mL, 여자 100mL) 정도로, 요배설량의 약 100배에 달한다.

정답 03 ② 04 ⑤

05 혈액의 산·염기 평형을 유지하는 기관은?

① 췌 장

② 담 낭

③ 소 장

④ 심 장

⑤ 콩 팥

> **해설** 신장(콩팥)의 기능
>
> 콩팥은 수소이온을 배출시키고 중탄산염을 혈장과 세포외액으로 되돌리는 과정을 통해 산·염기 균형을 유지한다.

06 다음은 신장의 기능에 관한 설명이다. 옳은 것은?

> 가. 체내 수분평형에 관여한다.
> 나. 비타민 D 활성에 관여한다.
> 다. 체내 산-알칼리 평형에 관여한다.
> 라. 혈압 조절에 관여한다.

① 가, 나, 다

② 가, 다

③ 나, 라

④ 라

⑤ 가, 나, 다, 라

> **해설** 신장의 역할
> - 대사 후의 노폐물과 독소의 배설
> - 정상체액량 유지, 혈액의 pH 유지
> - 체액의 전해질 조성과 삼투압의 유지
> - 혈압의 조절(레닌 분비)
> - 적혈구 조혈인자의 분비를 통한 적혈구 생성의 촉진

05 ⑤ 06 ⑤ 정답

출제유형 41, 46

07 나트륨의 재흡수, 칼륨의 배설 등에 관여하여 혈압을 조절하는 호르몬은?

① thyroxine

② inulin

③ insulin

④ aldosterone

⑤ renin

> **해설** 알도스테론(aldosterone)은 세뇨관에서 Na^+의 재흡수를 촉진하여 삼투압을 증가시키는 역할을 하며, 삼투압이 증가되면 물의 재흡수가 더욱 촉진되어 혈액량과 혈압이 상승한다.

출제유형 39

08 다음 중 연결이 틀린 것은?

① 세뇨관의 재흡수 – 포도당, 단백질, 아미노산

② 요성분 – 수분, 요산, 요소

③ 요량 증가 – 항이뇨호르몬의 감소

④ 삼투성 이뇨물질 – 아미노산

⑤ 세뇨관 분비 – K^+, H^+

> **해설** 만니톨, 이눌린 같은 물질은 사구체에서 여과된 후 세뇨관에서 여과되지 않으므로 여과액의 삼투농도를 증가시켜 물의 재흡수를 억제시킴으로써 이뇨작용을 일으킨다.

09 다음 설명 중 옳지 않은 것은?

① 신장세뇨관에서 수분의 재흡수와 관계가 있는 호르몬은 항이뇨호르몬이다.

② 신장세뇨관에서 나트륨 이온의 재흡수와 관계있는 호르몬은 알도스테론이다.

③ 사구체에서 여과되지만 세뇨관에서 전혀 흡수되지 않는 물질은 이눌린이다.

④ 사구체에서 여과되지만 세뇨관에서 모두 재흡수되는 것은 아미노산이다.

⑤ 신체에 필요한 혈액성분의 대부분이 재흡수되는 곳은 사구체이다.

> **해설** 혈액성분이 대부분 재흡수되는 곳은 근위세뇨관이다.

10 다음 설명 중 옳지 않은 것은?

① 네프론은 신소체(사구체+보먼주머니)와 세뇨관으로 구성되어 있다.

② 안정 시 신장혈류량은 심장박출량(5L)의 약 25% 정도로 1,200mL/분이다.

③ 1일 정상 성인 남자의 사구체여과량은 110mL/분이다.

④ 혈장의 사구체여과량은 1일 110mL이다.

⑤ 포도당의 신장역치에 해당되는 혈당량은 180~200mL/dL이다.

> **해설** 혈장유통량은 550mL/분이며 이 중 20%(110mL/분)만이 사구체로 여과된다. 그러므로 1일 사구체여과량은 110mL × 60분 × 24시간 = 160L이다.

출제유형 38

11 다음 설명 중 옳지 않은 것은?

① 원위세뇨관에서의 나트륨의 재흡수는 호르몬의 영향을 받는다.

② 신장의 농축력이 저하되면 삼투압이 높은 오줌이 배출된다.

③ 부갑상샘호르몬은 세뇨관에서의 칼슘 재흡수를 촉진한다.

④ 알도스테론은 세뇨관의 나트륨 재흡수를 촉진한다.

⑤ ADH는 원위세뇨관의 수분 재흡수를 촉진한다.

> **해설** 신장의 소변 농축력이 저하되면 삼투압이 낮은 묽은 오줌을 과다하게 배설하게 된다.

출제유형 37

12 신우와 방광을 연결하는 부위의 명칭으로 옳은 것은?

① 사구체

② 요 로

③ 집합관

④ 수뇨관

⑤ 부 신

> **해설** 2개의 신장(신소체 – 세뇨관 – 집합관 – 소신배 – 대신배 – 신우) – 2개의 수뇨관(요관) – 1개의 방광에 집합 – 1개의 요도를 통하여 배설된다.

10 ④ **11** ② **12** ④ **정답**

13 다량의 식염섭취 시 신장에서 일어나는 나트륨의 배설 조절에 대한 설명으로 가장 옳은 것은?

① 사구체여과율이 증가하여 나트륨 배설이 증가된다.

② 부신피질에서 알도스테론의 분비가 증가되어 나트륨 배설이 증가된다.

③ 세포외액량이 증가되어 나트륨 배설이 감소된다.

④ 신장혈류량이 증가하여 나트륨 재흡수가 증가된다.

⑤ 혈장 내 교질삼투압이 감소하여 사구체여과율이 감소한다.

해설 ① 다량의 식염섭취 시 사구체여과율 증가 → 자동조절장치가 작동되지 않음 → 알도스테론 분비 억제 → 세뇨관에서 나트륨 재흡수 감소 → 나트륨 배설 증가로 이어진다.
② 알도스테론 분비가 증가되면 나트륨 재흡수를 촉진시켜 혈압이 높아진다.
⑤ 혈장 교질삼투압이 낮으면 사구체 여과압이 높아져 여과속도가 증가한다.

정답 **13** ①

CHAPTER

08 소화 · 흡수

01 소화기의 구조와 역할

(1) 소화기관의 구조

① **소화관** : 입 → 인두 → 식도 → 위 → 소장(십이지장, 공장, 회장) → 대장(맹장, 결장, 직장) → 항문에 이르는 약 9m의 긴 관

② **부속기관** : 타액선, 간, 담낭, 췌장으로 소화관과 관을 통해 연결되어 있으며 소화에 필요한 물질을 분비

(2) 소화관의 신경 지배

① **외재신경**

㉠ 부교감신경 : 소화관의 운동 및 소화액의 분비 촉진

㉡ 교감신경 : 소화관의 운동 및 소화액의 분비 억제

② **내재신경(부교감신경총)** : 소화관의 운동이 자동성을 가지는 이유

㉠ 차점막신경총 : 하점막층과 종주근 사이, 소화액 분비 조절

㉡ 근층간신경총 : 종주근과 윤상근 사이, 소화관 운동 조절

02 구강에서의 소화

(1) 저작과 연하

① 저작 : 입안의 음식물을 잘게 쪼개어 타액과 혼합하는 과정

② 연하 : 입안의 저작된 음식물이 식도를 따라 위로 들어가기까지의 과정

(2) 타 액

① 타액선

ⓐ 이하선(귀밑샘) : 장액선으로 타액량이 많고 프티알린(ptyalin) 함량이 많으며 크기가 가장 큼

ⓑ 설하선(혀밑샘) : 혼합선

ⓒ 악하선(턱밑샘) : 혼합선으로 크기가 가장 작음

② 타액의 분비 : 주로 부교감신경에 의하며, 조건반사(시각, 후각, 청각, 음식물 생각)와 구강 내 음식물의 타액선 자극에 의하여 분비되며, pH 6~7 정도

③ 타액의 기능

ⓐ 타액의 소화작용 : α-아밀라아제인 프티알린(ptyalin)에 의해 녹말(또는 글리코겐)을 엿당 (말토오스)으로 분해시킴

ⓑ 연하작용 : 점액소(mucin)에 의해 음식물의 연하를 도우며, 자극으로부터 점막을 보호

ⓒ 살균작용과 중금속 배설작용

03 위에서의 소화

(1) 위의 구조

① 분문 : 식도와 위의 경계

② 유문 : 위와 십이지장의 경계

③ 위저 : 분문 아래의 위로 팽창한 부분

④ 위체 : 분문 및 유문부를 제외한 나머지 부분

> **TIP**
>
> **위선(위액을 분비하는 샘)** ⭐
> - 주세포 : 펩시노겐 분비
> - 벽세포 : 염산, 내적인자 분비
> - 점액세포 : 당단백질로 이루 어진 점액 분비
> - 지(G)세포 : 가스트린 분비

(2) 위액의 작용 ⭐

위액은 위벽에 있는 위샘에서 분비되는 강한 산성의 소화액으로 주요 성분은 펩신, 염산, 뮤신 등

① 펩신 : 비활성상태인 펩시노겐으로 분비되어 염산에 의해 펩신으로 활성화. 펩신은 단백질을 폴리펩타이드로 소화 ⭐

② 염산 : 펩시노겐을 펩신으로 활성화, 음식물에 있는 각종 박테리아를 죽임 ⭐

③ 뮤신 : 위벽 자체의 단백질이 펩신에 의해 소화되는 것을 막아줌

(3) 위액 분비

① 신경에 의한 분비 : 뇌와 자율신경이 관계하며, 조건반사와 단순반사에 의해 분비

② 가스트린에 의한 분비 : 단백질이 위벽을 자극하면 위 점막에서 가스트린이 혈액으로 분비되어 정맥 → 심장 → 동맥의 혈액순환을 통해 위샘에 도달하여 위액 분비를 촉진 ⭐ ⭐

영양보충

위액 분비 조절

- 뇌상 : 음식물이 입에 있거나, 시각·청각·생각 등에 의해 위액이 분비되는 상태. 이때 분비되는 위액을 식욕액이라고도 하며, 가장 많은 양(500mL/h)이 분비
- 위상 : 음식물이 위로 넘어가서 호르몬에 의한 본격적인 위액의 분비가 되는 시기. 1시간에 약 80mL 분비
- 장상 : 음식물이 소장에 들어가서 장이 확장될 때 위액 분비가 촉진되는 상태. 1시간에 약 50mL 분비

(4) 위장의 운동

① 공복기 수축(hunger contraction) : 4시간마다 위의 배출에 의한 공복상태에서 나타남

② 소화성 연동(peristalsis) : 위의 배출 및 음식물과 위액이 혼합(미즙 형성 : chyme)

③ 위의 내용물 배출

　㉠ 미즙의 유동성이 클수록, 크기가 작을수록 위의 배출속도는 빨라지며, 성분별로는 탄수화물, 단백질, 지방의 순으로 빠름

　㉡ 십이지장 내에 도달되는 미즙의 양이 많아지면 위의 운동과 위액 분비는 반사적으로 억제

　㉢ 부교감신경은 위의 배출속도를 촉진

　㉣ 기분이 좋을 때는 위의 배출속도가 촉진

TIP

유문반사

십이지장 속의 pH가 중성이나 약한 알칼리성일 때 위의 유문이 자동으로 열려 위의 내용물이 십이지장으로 넘어간다. 넘어간 위의 내용물이 HCl 때문에 산성이 되면 유문은 닫힌다. 이러한 유문의 운동을 유문반사라 한다.

04 | 소장에서의 소화

(1) 소장에서 분비되는 소화액

이자액, 쓸개즙, 장액의 3가지 소화액이 분비되어 모든 소화를 완결

(2) 소장에서의 소화

① 기계적 소화 : 연동운동과 분절운동, 융모운동으로 일어남

  ㉠ 분절운동 : 내근육층(환상근)의 작용, 소화액과 장의 내용물 혼합

  ㉡ 연동운동 : 외근육층(종주근)의 작용, 장의 길이 변화(음식물의 하강)

  ㉢ 융모(진자)운동 : 장의 내용물과 융모의 접촉면적을 넓혀서 영양분의 흡수를 도움(villikinin이 촉진)

② 화학적 소화 : 3가지 소화액의 작용으로 아직 소화되지 않은 영양소의 소화를 완결

  ㉠ 장액에 의한 소화 : 장액은 융털 사이의 장샘에서 분비되는 약한 알칼리성의 소화액인데, 탄수화물과 단백질의 소화효소가 있음

    • 탄수화물 소화효소 : 말타아제, 락타아제, 수크라아제

    • 단백질 소화효소 : 펩티다아제

  ㉡ 이자액에 의한 소화 : 이자액은 이자에서 분비되는 약한 알칼리성의 액체로 탄산수소나트륨($NaHCO_3$)과 3대 영양소의 소화효소가 모두 들어 있는 가장 강력한 소화액

    • $NaHCO_3$의 작용 : 위에서 넘어온 강한 산성의 내용물을 중화시켜 장액이나 이자액의 소화효소가 잘 작용하도록 도와줌(이들 효소는 pH 7의 중성 근처에서 작용)

    • 단백질 소화효소 : 트립신, 키모트립신, 펩티다아제

    • 트립신은 이자에서 분비될 때 비활성 상태인 트립시노겐으로 분비되어 장액의 엔테로키나아제에 의해 트립신으로 활성화된 다음, 단백질이나 폴리펩타이드로 분해 ⚡ ⚡

    • 지방 소화효소 : 리파아제

    • 탄수화물 소화효소 : 아밀라아제, 말타아제

    • 세크레틴 : 위에서 넘어온 염산의 자극으로 십이지장 점막에서 분비되는 호르몬이며, 이자액 분비를 촉진

  ㉢ 쓸개즙에 의한 소화 : 쓸개즙은 간에서 만들어져 쓸개주머니에 저장되었다가 십이지장으로 분비되는 약한 알칼리성의 황갈색 소화액 ⚡

    • 쓸개즙의 특징 : 소화효소가 들어 있지 않음

    • 쓸개즙의 작용 : 지방을 유화시켜 리파아제가 작용하기 쉬운 상태로 바꾸어줌

    • 쓸개즙분비촉진호르몬 : 십이지장 점막에서 분비되는 콜레시스토키닌이라는 호르몬이 쓸개즙 분비를 촉진 ⚡

05 대장에서의 소화

(1) 대장의 구조

(맹장) → 상행결장 → 횡행결장 → 하행결장 → S상결장 → 직장 → 항문

(2) 대장의 작용

① 소화효소를 포함하지 않는 알칼리성 점액만을 분비
② 대장에서는 영양소의 소화 및 흡수작용이 없고 수분과 전해질이 흡수
③ 대장 내에는 여러 가지 미생물 존재
④ 장내 미생물에 의하여 비타민 K와 비타민 B 복합체를 장내 합성
⑤ 음식물이 위장에 들어오면 반사적으로 대장운동이 일어남(20cm 정도 수축)
⑥ 배변 : 직장 내압의 상승에 의한 직장 내벽의 수용기 자극에 의함

06 췌장에서의 소화

(1) 췌장의 구조

췌장은 소화액을 분비하는 외분비선과 호르몬(인슐린, 글루카곤 등)을 분비하는 내분비선(랑게르한스섬)으로 구성

(2) 췌액의 분비

췌장에서 합성된 췌액은 췌관을 통해 총담관을 경유하여 담즙과 함께 십이지장으로 분비

(3) 췌액 중의 소화효소

① 단백질 분해효소 : 트립시노겐, 키모트립시노겐이 단백질을 펩타이드로 분해
② 전분 분해효소 : α−amylase가 전분을 맥아당까지 분해
③ 지방 분해효소 : 스테압신이 지방을 지방산과 글리세롤로 분해 ☆

(4) 췌액 분비의 조절 ☆

① 세크레틴(secretin) : HCO_3^-가 풍부한 췌액의 분비를 촉진
② cholecystokinin−pancreozymin(CCK−PZ) : 소화효소가 풍부한 췌액의 분비를 촉진

> **TIP**
>
> **췌액 pH** ☆
> pH 8.0~8.5의 약알칼리성으로 위에서 십이지장으로 넘어온 산성의 미즙을 중화시켜 소장의 내부환경을 약알칼리성으로 만들어준다.

07 간의 기능

(1) 흡수된 양분의 이동경로

모세혈관으로 흡수된 양분과 림프관(암죽관)으로 흡수된 양분은 간문맥(정맥)을 거쳐 간에 이른 다음 심장에 모여 온몸으로 운반

(2) 간의 기능

① 양분의 동화저장
  ㉠ 포도당 ⇄ 글리코겐의 변화로 혈당량을 일정하게 유지시켜 줌. 즉, 혈액 속의 포도당이 많으면 간에서 글리코겐으로 전환시켜 저장하고, 반대로 혈당량이 떨어지면 저장했던 글리코겐을 포도당으로 전환
  ㉡ 아미노산 일부를 필요한 단백질로 합성 · 저장하고, 남은 아미노산은 탄수화물이나 지방으로 전환시켜 저장
  ㉢ 여분의 포도당이나 아미노산은 지방으로 전환
  ㉣ 카로틴을 비타민 A로 전환하고, 비타민 A와 D를 저장
② 쓸개즙 생성 : 쓸개즙을 생성하여 쓸개주머니에 저장
③ 해독작용 : 체내로 들어온 유독한 물질을 분해
④ 요소 생성 : 단백질 분해로 생긴 독성이 강한 암모니아와 이산화탄소를 독성이 약한 요소로 만듦
⑤ 헤파린 생성 : 헤파린을 만들어 체내에서 혈액이 응고되는 것을 방지
⑥ 혈구 파괴 : 오래된 적혈구를 파괴
⑦ 혈장단백질 생성 : 혈장단백질인 알부민, 피브리노겐, 프로트롬빈 등을 만듦
⑧ 발열에 의한 체온 조절 : 많은 열을 내어 체온을 조절
⑨ 항체 생산 : 간소엽을 형성하는 쿠퍼세포는 특수한 간엽계의 세포로 체내에 들어오는 이물질을 포착 · 제거

영양보충

담즙의 생리작용
- 지방유화 : lipase가 작용하기 쉽게 해줌
- 음식물의 부패 방지 : 담즙의 계면활성 작용 → 세균 사멸
- 장 연동운동 촉진
- 배설작용 : 분자량이 큰 물질을 배설

08 영양소의 흡수

(1) 흡수되는 장소

① 소화된 양분의 대부분은 소장 안벽의 융털돌기에 흡수

② 흡수에 알맞은 구조 : 안쪽 벽에 많은 주름이 있고 각 주름마다 수많은 융털이 나 있어 양분과 접촉하는 표면적이 대단히 넓음

③ 융털의 내부구조 : 길이 0.2~1mm의 작은 돌기로 중앙에는 암죽관이라는 가는 림프관이 있고, 그 주위에는 모세혈관이 그물처럼 퍼져있음

(2) 흡수되는 원리 ☆

소화가 끝난 양분은 확산 및 능동수송에 의해 융털로 흡수

(3) 흡수될 때의 상태

① 탄수화물은 포도당과 같은 단당류로, 지질은 지방산과 글리세롤로, 단백질은 아미노산으로 흡수(물과 비타민 등은 그대로 물에 녹아 흡수)

② 융털의 모세혈관으로 흡수되는 양분 : 단당류(포도당, 과당, 갈락토스 등), 아미노산, 수용성 비타민(B, C), 무기염류, 뉴클레오티드

③ 융털의 림프관으로 흡수되는 양분 : 지방산, 글리세롤, 지용성 비타민(A, D, E, K)

(4) 각종 영양소의 흡수

① 물의 흡수 : 삼투압에 의하여 십이지장, 대장의 점막세포에서 흡수

② 탄수화물의 흡수 : 단당류로 되어 능동적 운반으로 흡수되며, 운반체는 Na^+ 이온과도 결합하여 Na^+이 농도차에 따라 세포 내로 이동될 때 함께 이동

※ 당질의 흡수 속도

갈락토스(galactose) > 포도당(glucose) > 과당(fructose) > 만노스(mannose) > 자일로스(xylose) > 아라비노스(arabinose)

③ 단백질의 흡수 : 아미노산 및 펩타이드의 형태로 분해되어 능동적 운반으로 흡수

④ 지방질의 흡수 : 지방산과 글리세롤로 재흡수되고, 림프관이나 혈관을 통해서 운반

⑤ 무기질의 흡수

㉠ Na^+은 능동적 운반, Cl^-은 수동적 운반

㉡ 2가 이온(Ca^{2+}, Mg^{2+})보다 1가 이온(Na^+, K^+)이 흡수가 잘 됨

⑥ 비타민 흡수 ☆

㉠ 수용성 비타민 : 융털의 모세혈관 내로 흡수

㉡ 지용성 비타민 : 림프관을 통해서 흡수

CHAPTER 08 적중예상문제

출제유형 39

01 위에서 분비되는 염산(HCl)의 작용에 대한 설명이 아닌 것은?

① 주세포에서 분비된 펩시노겐(pepsinogen)을 펩신(pepsin)으로 전환한다.

② 벽세포(parietal cells)에서 분비되며 세균 및 이물을 죽이는 살균작용이 있다.

③ 위에서 단백질을 분해·소화한다.

④ 가스트린(gastrin)은 벽세포를 자극하여 염산의 분비를 촉진시킨다.

⑤ 염산은 위에서 직접적으로 소화에 관여하지는 않는다.

해설 위에서 단백질 소화에 관여하는 것은 펩신(pepsin)이다.

02 전분을 분해하는 프티알린이라는 효소가 있는 곳은?

① 위 액

② 타 액

③ 췌장액

④ 소장 점막

⑤ 대 장

해설 타액 중에 있는 프티알린은 α-아밀라아제라고도 하며, 전분(starch)을 맥아당(maltose)과 덱스트린(dextrin)으로 분해하는 기능을 한다.

03 위액 분비에 관한 설명 중 옳지 않은 것은?

① 위점막을 보호하는 물질은 뮤신(mucin)이다.

② 위액 분비를 촉진하는 호르몬은 가스트린(gastrin)이다.

③ 위의 운동은 부교감신경으로 촉진되고, 교감신경에 의해 억제된다.

④ 췌장에서 분비되는 세크레틴(secretin)은 위산 분비를 촉진한다.

⑤ 위에서의 위산 분비는 뇌상, 위상, 장상의 세 단계로 구분된다.

해설 지방질 등이 십이지장으로 가면 세크레틴(secretin)과 같은 위산분비억제물질이 십이지장 점막에서 분비되어 위산분비를 억제한다.

정답 01 ③ 02 ② 03 ④

04 소장운동에 관한 설명 중 틀린 것은?

① 연동운동은 소장벽의 수축으로 수축환을 만들어 항문 쪽으로 미즙을 매분 1cm 정도로 느리게 이동시킨다.

② 분절운동도 소장의 수축환에 의해 분절이 만들어짐에 따라 이루어진다.

③ 소장의 융모는 평활근섬유가 있어 전후좌우로 운동을 한다.

④ 소장의 융모운동은 소화작용을 돕고 소화된 영양물질과 융모의 접촉을 촉진시켜 흡수를 돕는다.

⑤ 부교감신경이 흥분하면 분절운동이 억제된다.

해설 소장은 자율신경의 지배를 받는데, 부교감신경이 흥분되면 소장운동을 촉진하고 교감신경이 흥분되면 소장운동을 억제한다.

05 담즙에 대한 설명 중 옳지 않은 것은?

① 담즙에는 담즙색소, 담즙산염, 콜레스테롤 지방산 등이 있다.

② 담즙은 지방을 유화시키고 염산의 중화에 기여한다.

③ 장의 연동운동을 촉진하며 부패를 방지한다.

④ 담즙에는 소화효소가 없으며, 간에서 생성되어 담낭에 저장·농축된다.

⑤ cholecystokinin-pancreozymine(CCK-PZ)은 담즙 분비를 억제한다.

해설 CCK의 자극을 받아 담즙이 십이지장으로 배출된다.

출제유형 35

06 지방의 분해에 관여하는 효소로 옳은 것은?

① pepsin

② trypsin

③ lipase

④ amylase

⑤ maltase

해설 소화효소
- 단백질 소화효소 : 트립신, 키모트립신, 펩티다아제
- 탄수화물 소화효소 : 말타아제, 락타아제, 수크라아제, 아밀라아제
- 지방 소화효소 : 리파아제

04 ⑤ **05** ⑤ **06** ③ 정답

07 다음 중 펩신에 의해서 소화·분해되지 않는 물질은?

① 알부민

② 헤모글로빈

③ 글리코겐

④ 글로불린

⑤ 피브린

해설 펩신은 단백질 분해효소이다.

08 다음 설명 중 틀린 것은?

① 키모트립시노겐을 키모트립신으로 분해시키는 소화효소는 트립신이다.

② 트립시노겐은 엔테로키나아제에 의하여 트립신으로 분해된다.

③ 단백질대사의 첫 단계는 간에서 탈질소반응이다.

④ 지방산으로부터는 당이 합성될 수 없으므로 혈당으로 쓰일 수 없다.

⑤ 성장기나 소모성 질환에서는 양성 질소평형이 일어난다.

해설 소모성 질환상태에서는 음성 질소평형이 일어나, 동화작용에 의한 단백질합성보다는 이화작용에 의한 단백질의 대사가 더 많이 일어난다.

출제유형 35

09 다음 설명 중 옳지 않은 것은?

① 아미노산으로부터 생성된 당은 혈당으로 쓰일 수 있다.

② 혈당량이 내려가면 지방산으로부터 케톤체가 생성된다.

③ 단백질이 결핍되었을 때는 단백질의 이화작용이 더 많이 일어난다.

④ 저단백식이나 기아상태에서는 음성 질소평형이 일어난다.

⑤ 근육에 저장된 글리코겐 분해로 생성된 당이 혈당으로 쓰인다.

해설 근육에 저장되어 있는 글리코겐은 혈당량이 내려가도 혈당으로 쓰일 수 없다.

정답 07 ③ 08 ⑤ 09 ⑤

10 이자에 의한 소화에 대한 설명으로 옳은 것은?

① 이자에서 직접적인 음식물의 소화가 이루어진다.

② 3대 영양소 중 탄수화물과 단백질의 소화효소가 포함되어 있다.

③ 단백질 소화효소는 이자에서 트립신의 형태로 분비된다.

④ 이자액에 포함되어 있는 탄수화물 소화효소는 프티알린이다.

⑤ 이자액 속의 $NaHCO_3$는 산성 내용물을 중화시킨다.

해설 이자액에 포함되어 있는 탄산수소나트륨($NaHCO_3$)은 위에서 산성화된 내용물을 중화하여 소장을 보호하고 이자 속 효소가 활성화되도록 한다.

11 다음 설명 중 옳지 않은 것은?

① 간의 공동(sinus) 모양의 모세관에는 이물질의 처리기능을 갖는 특수한 세포(쿠퍼세포)가 있다.

② 케톤체 형성(ketogenesis)은 주로 간에서 일어난다.

③ 췌액에는 $NaHCO_3$가 포함되어 있다.

④ 췌액에는 단백질 분해효소가 포함되어 있다.

⑤ 대부분의 케톤체는 간에서 대사되어 열량을 낸다.

해설 케톤체는 간에서 생성되어 일부는 간에서 산화되며 대부분의 케톤체는 혈액을 통해 다른 체조직의 이화작용에 사용된다. 특히 기아상태에서 케톤체는 뇌의 중요한 에너지급원이 된다.

12 전구체의 형태로 분비된 후 활성화 단계를 거쳐 음식물이 있을 때만 작용하는 소화효소는?

① 펩신(pepsin)

② 아미노펩티다아제(aminopeptidase)

③ 락타아제(lactase)

④ 포스폴리파아제(phospholipase)

⑤ 말타아제(maltase)

해설 펩신(pepsin)
불활성 단백질 분해효소인 펩시노겐은 염산에 의해 펩신으로 활성화되고, 활성화된 펩신은 음식물이 위에 들어왔을 때만 작용함으로써 위의 자가소화를 예방한다.

13 다음 설명 중 옳지 않은 것은?

① 전자현미경으로 볼 수 있는 미세융모는 췌장에 가장 많다.

② 십이지장벽에서 분비되는 담낭수축호르몬은 콜레시스토키닌이다.

③ 장벽(intestinal wall)을 통과할 수 있는 당류는 포도당이다.

④ 소화과정을 거쳐야만 혈관 안으로 흡수가 가능한 물질은 단백질이다.

⑤ 소화효소를 많이 함유하고 있어서 불필요한 물질을 분해 처리할 수 있는 곳은 리소좀이다.

해설 소장에는 흡수면적을 넓게 하기 위해 미세한 융모가 많이 있다.

14 다음 설명 중 옳지 않은 것은?

① 간장은 소화효소를 분비하지 않는다.

② 담즙에는 소화효소가 들어있지 않다.

③ 음식물이 위벽을 자극하면 가스트린이 분비된다.

④ 탄수화물, 단백질, 지질 등의 대사과정에서 TCA cycle 전의 공통 중간대사물은 malonyl-CoA이다.

⑤ 대장에서는 주로 소장에서 흡수하고 난 나머지 수분이 흡수된다.

해설 탄수화물, 단백질, 지질 등의 에너지 대사과정은 구연산회로에 들어가기 전에 공통의 중간대사산물인 acetyl-CoA로 전환되어야 한다.

15 서로의 관계가 틀린 것은?

① 구강 – ptyalin – 탄수화물 분해
② 위장 – pepsin – 단백질 분해
③ 간장 – 담즙 – 지방 분해
④ 췌장 – steapsin – 지방 분해
⑤ 소장 – maltase – 맥아당 분해

해설 담즙은 지방을 유화시킨다.

16 간과 지방대사에 대한 설명 중 옳지 않은 것은?

① 간에 산소를 공급하는 것은 간동맥이다.
② 지방대사는 인슐린에 의하여 주로 조절된다.
③ 에너지섭취량이 부족하면 저장 지방의 이화작용이 증가한다.
④ 간세포는 지방의 이화 또는 동화작용을 한다.
⑤ 과잉의 에너지로부터 지방을 합성하여 저장한다.

해설 간에서 과잉의 지방은 지단백의 형태로 분비되어 지방세포로 운반된 후 그곳에 저장된다.

17 소장에서의 영양소 흡수에 대한 설명으로 옳은 것은?

① 지용성 비타민은 융털의 모세혈관으로 흡수된다.
② 단당류와 아미노산은 융털의 림프관으로 흡수된다.
③ 수용성 비타민은 지용성 비타민과 함께 흡수된다.
④ Na^+는 수동적으로 흡수된다.
⑤ 지방은 확산에 의해 흡수된다.

해설 ① 지용성 비타민은 융털의 림프관으로 흡수된다.
② 단당류와 아미노산은 융털의 모세혈관으로 흡수된다.
③ 수용성 비타민은 융털의 모세혈관을 통해 흡수된다.
④ Na^+는 능동적으로, Cl^-는 수동적으로 운반된다.

18 위장의 기능으로 옳지 않은 것은?

① 위산에 의한 살균작용이 있다.

② 담즙을 분비하여 지방 소화를 돕는다.

③ 펩시노겐을 분비하여 단백질을 소화한다.

④ 연동운동으로 내용물을 십이지장으로 이동시킨다.

⑤ 음식물을 미즙으로 만든다

> **해설** 담즙(쓸개즙)은 간에서 생성되어 담낭(쓸개주머니)에 저장되어 십이지장으로 배출되며, 담즙에는 소화효소가 없다.

출제유형 44

19 위선의 주세포에서 분비하는 물질은?

① 가스트린

② 펩시노겐

③ 염 산

④ 내적인자

⑤ 점 액

> **해설** 위선(위액을 분비하는 샘)
> - 주세포 : 펩시노겐 분비
> - 벽세포 : 염산, 내적인자 분비
> - 점액세포 : 점액 분비
> - 지(G)세포 : 가스트린 분비

출제유형 45

20 위산 분비와 위 운동을 촉진하는 호르몬은?

① 세크레틴

② 콜레시스토키닌

③ 글루카곤

④ 엔테로가스트론

⑤ 가스트린

> **해설** 가스트린은 위의 G세포에서 분비되는 호르몬으로, 위산(gastric acid) 분비, 이자액 생성을 유도하고 위의 움직임도 촉진한다.

정답 18 ② 19 ② 20 ⑤

CHAPTER 09 내분비

01 호르몬의 성질과 분류

(1) 분비선의 종류

① 외분비선 : 도관을 따라 작용 부위로 분비(소화액, 침샘, 땀샘, 눈물샘 등)

② 내분비선 : 도관이 없이 혈액으로 분비된 후, 혈관을 통해 이동해 멀리 떨어져 있는 표적장기의 수용체(report)에 결합해 세포의 기능을 원격 조절. 따라서 그 호르몬에 대한 수용체를 갖고 있는 조직만이 그 호르몬의 효과를 나타낼 수 있음

(2) 호르몬의 특성

① 미량으로도 체내의 생리작용을 조절하는데, 즉효적이고 특정 표적기관에만 작용

② 내분비선에서 합성되어 혈액에 의해 운반

③ 척추동물에서는 같은 종류의 호르몬은 화학구조가 비슷하여 다른 동물에서도 같은 작용을 나타냄

　예 인슐린 부족으로 인한 당뇨병 환자에게 소나 돼지의 이자에서 추출한 인슐린을 주사하여 치료할 수 있음

④ 주사해도 항원이 되지 않음

⑤ 부족하면 결핍증, 지나치게 분비되면 과잉증이 나타남

⑥ 합성하는 곳과 작용하는 곳이 다름

⑦ 성호르몬(스테로이드호르몬) 이외의 호르몬 경구투여 시 효과 없음

⑧ 배설은 요를 통해 이루어짐

(3) 호르몬의 종류 ⭐38

① 구성물질에 따른 분류 ⭐39

　㉠ 아미노산유도체호르몬 : 갑상샘호르몬, 부신수질호르몬(카테콜아민 등)

　㉡ 스테로이드호르몬 : 부신피질호르몬, 성호르몬(콜레스테롤을 원료로 함)

　㉢ 펩타이드 및 단백질호르몬 : 아미노산, 스테로이드를 제외한 모든 호르몬

② 용해도에 따른 분류

    ⊙ 지용성 호르몬 : 콜레스테롤로부터 유래된 스테로이드성 호르몬(부신피질 및 성 호르몬)으로 세포막을 통과해 세포질에 있는 수용체와 결합 → 핵막 통과 → DNA상에 결합

    ⓛ 수용성 호르몬 : 세포막 통과 불가로 세포막 수용체와 결합 → 2차 전달자 → 핵

③ 호르몬의 수용체에 따라

    ⊙ 세포막 수용체 : catecholamines, peptides, polypeptide 및 proteins

    ⓛ 세포 내 수용체

        • 세포질 수용체 : 스테로이드성 호르몬(부신피질 및 성호르몬)

        • 세포핵 수용체 : 갑상샘호르몬

(4) 호르몬의 작용기전

① 스테로이드, 갑상샘호르몬 : 지용성 호르몬으로 세포 내에 있는 수용체에 결합하여 cell gene을 활성화시키며, 장시간 동안 작용하고, 반감기가 길고 배설이 느림

② 펩타이드, 카테콜아민호르몬 : 세포막 표면에 있는 수용체에 결합하는 호르몬으로 수용체는 혈관벽에 존재, 세포핵을 자극하기 위한 2차 전달자가 필요

(5) 호르몬의 조절작용

① 항상성 : 체내의 pH, 삼투압, 체온, 화학적 성분(포도당, 무기염류 등)의 농도가 언제나 일정하게 유지되는 것으로 이는 주로 호르몬과 자율신경에 의해 조절 🏅

② 피드백에 의한 호르몬의 상호조절 : 뇌하수체 전엽과 갑상샘, 부신피질, 생식선 등의 내분비선에서 분비되는 호르몬은 피드백에 의해 언제나 알맞게 분비되도록 상호 조절

③ 혈당량 조절 : 혈액 중의 포도당(혈당)의 농도는 0.1% 정도로 유지되어야 하는데, 이는 호르몬과 자율신경에 의해 조절 ⭐

    ⊙ 고혈당일 때 : 남는 포도당이 인슐린에 의해 글리코겐으로 합성되거나 산화됨으로써 조절

    ⓛ 저혈당일 때 : 아드레날린이나 글루카곤에 의해 글리코겐이 포도당으로 전환되거나 당질 코르티코이드에 의해 단백질 또는 지방이 포도당으로 전환됨으로써 부족한 포도당을 보충

④ 체내 수분량의 조절 : 수분 부족 → 체액의 삼투압 증가 → 간뇌 → 뇌하수체 후엽 → 바소프레신 분비 증가 → 세뇨관에서의 수분 재흡수 촉진 → 오줌량 감소(물을 많이 섭취하여 체액의 삼투압이 낮아지면 반대 기작으로 오줌량을 증가시킴)

⑤ 체내 무기염류의 조절 : 혈액 중의 무기염류량 조절은 체액의 삼투압 · pH의 유지에 중요한데, 주로 파라토르몬과 무기질 코르티코이드에 의해 조절

    ⊙ Ca, P의 조절 : 부갑상샘호르몬인 파라토르몬에 의해 조절

    ⓛ Na, Cl, K의 조절 : 부신피질호르몬인 무기질 코르티코이드에 의해 조절(이 호르몬은 신장의 세뇨관에서 Na^+과 Cl^-의 재흡수를 촉진하고, K^+의 재흡수는 억제)

⑥ 성주기의 조절 : 뇌하수체 전엽과 생식선 사이의 피드백에 의해 성주기와 생식활동이 조절

호르몬의 조절작용과 종류
- 에너지 생산의 조절 : 갑상샘호르몬, 성장호르몬, 인슐린, 글루카곤, 에피네프린, 코르티솔 등
- 체액의 양 및 조성의 조절 : 항이뇨호르몬(수분), 알도스테론(Na^+), 칼시토닌(Ca^{2+}), PTH(Ca^{2+}), 코르티솔 등
- 주위 환경에의 적응 : 뇌하수체, 부신, 갑상샘호르몬 등
- 성장과 발달 : 성장호르몬, 갑상샘호르몬 등
- 생식 : 성호르몬 등

02 뇌하수체호르몬

(1) 뇌하수체호르몬의 개요

① **위치** : 간뇌의 시상 하부 끝에 달린 지름 1cm 정도의 내분비선으로 전엽, 중엽, 후엽으로 구분

② **전엽호르몬의 분비 조절** : 간뇌의 시상 하부 말단에서 분비되는 방출인자에 의해 조절. 즉, 간뇌에서 방출인자가 분비되면 혈액을 따라 전엽에 도달되어 전엽호르몬의 분비를 촉진하고, 방출인자가 분비되지 않으면 전엽호르몬의 분비도 정지

③ **후엽의 특징** : 직접 호르몬을 합성·분비하는 것이 아니라 시상 하부의 신경 말단에서 분비한 물질을 저장했다가 혈액 속으로 방출

(2) 뇌하수체전엽호르몬 ✿

성장호르몬(GH)을 제외하고는 모두 자극호르몬

① **성장호르몬(GH)**

ⓐ 191개의 아미노산으로 구성된 단백질호르몬

ⓑ 뼈·근육·내장기관의 생장, 단백질 합성 촉진, 혈당의 증가, 지방 분해 촉진효과를 갖음

ⓒ 인체의 모든 조직이 표적기관이며 일생 동안 분비

ⓓ 과잉증 : 거인증(성장기), 말단비대증(성장 완료 후)

ⓔ 결핍증 : 난쟁이(성장기), 시몬드병(성장 완료 후)

② **갑상샘자극호르몬(TSH)**

ⓐ 갑상샘의 티록신 분비를 촉진

ⓑ 당단백질호르몬

③ **부신피질자극호르몬(ACTH)**

ⓐ 부신피질의 글루코코르티코이드(glucocorticoid) 분비를 촉진

ⓑ 39개의 아미노산으로 구성된 펩타이드호르몬

ⓒ 결핍증 : 애디슨병

④ 난포자극호르몬(FSH) : 여성호르몬인 에스트로겐(estrogen)의 분비 촉진 및 남성의 정자 성숙(배아상피 자극)을 촉진

⑤ 황체형성호르몬(LH)/간질세포자극호르몬(ICSH)

    ㉠ 여성 : 배란 후 난포를 황체로 변화시켜 프로게스테론을 분비시킴

    ㉡ 남성 : 고환을 자극시켜 테스토스테론의 분비를 촉진시킴. 이런 역할을 하기 때문에 남성에서는 간질세포자극호르몬(ICSH)이라고 부름

    ㉢ 배란 촉진, 생식기관의 발달을 촉진시킴

⑥ 황체자극호르몬(LTH, 프로락틴) ⭐

    ㉠ 젖샘의 젖 분비를 자극하고 황체호르몬 분비를 촉진

    ㉡ 임신 중에는 에스트로겐과 프로게스테론의 분비에 의해 작용이 억제

    ㉢ 고프로락틴혈증일 경우 생리불순, 불임, 유산이 발생

(3) 뇌하수체후엽호르몬

① 옥시토신(자궁수축호르몬)

    ㉠ 9개의 아미노산으로 구성된 펩타이드호르몬

    ㉡ 자궁, 소화관의 민무늬근 수축에 관여하여 분만을 촉진

    ㉢ 분만 후 자궁을 수축시켜 출혈을 방지

    ㉣ 프로락틴의 분비를 자극하여 유즙의 배출을 촉진 ⭐

② 바소프레신(ADH, 항이뇨호르몬) ⭐ ⭐ ⭐

    ㉠ 모세혈관 수축에 의하여 혈압이 상승하고 세뇨관에서의 수분의 재흡수를 촉진

    ㉡ 9개의 아미노산으로 구성된 펩타이드호르몬

    ㉢ 과잉증 : 혈관 평활근의 수축으로 혈압이 상승하므로 고혈압을 유발할 수 있음

    ㉣ 결핍증 : 요붕증(소변량의 증가)

03　갑상샘호르몬(thyroxine)

(1) 갑상샘호르몬의 구성 · 조절기능

① 구성 : 후두 하부에서 기관 상부에 걸쳐 있으며, 중량은 15~20g 정도이고, 나비 모양을 하고 있으며, 좌 · 우엽과 협부로 구성

② 갑상샘에서 분비되는 호르몬 : 여포세포에서는 갑상샘호르몬(티록신)을, 여포낭세포에서는 칼시토닌을 분비

③ 갑상샘호르몬의 합성 · 분비기전 ⭐

  ㉠ 합성기전 : 단백질분자 속의 티로신에 요오드 4개가 결합하여 합성

  ㉡ 분비기전 : 시상 하부의 갑상샘자극호르몬을 방출시키는 호르몬(TRH)과 뇌하수체 전엽의 갑상샘자극호르몬(TSH)의 분비 조절을 통해 이루어짐

④ 갑상샘호르몬의 기능

  ㉠ 기초대사율과 혈당을 상승시킴 ⭐

  ㉡ 체단백질의 합성 및 탄수화물, 지방대사를 촉진

(2) 갑상샘호르몬의 기능 이상

① 기능항진 : Grave's disease(그레이브스병) 또는 Basedow's disease(바제도병), 안구돌출성 갑상샘종, 심박동 증가, 감정불안(신경질적), 식욕이 왕성하나 이화작용이 촉진되어 체중감소(BMR, 즉 기초대사율 증가 때문), 혈당 상승 ⭐ ⭐

② 기능저하증 : 심장박동 저하, 피부 건조, 무감동적(정신적 둔감)

  ㉠ 점액수종(myxedema) : 전신이 부어 있는 증상(성인)

  ㉡ 크레틴병(cretinism) : 물질대사의 저하로 피부에 윤기가 없어지고 무기력해지며 생장이 정지

(3) 칼시토닌(calcitonin) ⭐ ⭐ ⭐

① 칼시토닌의 특성 : 32개의 아미노산으로 구성, 표적기관은 골조직

② 칼시토닌의 기능 : 칼슘이 뼈로 침착되는 데 관여

> **TIP**
>
> **바제도병 (Basedow's disease)**
>
> 물질대사가 비정상으로 높아져 체중 감소, 안구 돌출, 정신적 흥분 등의 증세가 나타난다.

> **TIP**
>
> **칼시토닌(calcitonin)**
>
> 혈액 중 Ca^{2+} 농도가 상승하면 분비가 자극되어 혈액에서 Ca^{2+} 을 뼈로 이동 · 저장시킨다.

04 부갑상샘호르몬

(1) 부갑상샘호르몬의 구성 · 조절 역할 ⭐

① 부갑상샘의 구성 : 갑상샘의 좌우엽에 각 1쌍씩(좌우 2쌍) 부착, 폴리펩타이드인 파라트로몬 합성 및 분비

② 부갑상샘호르몬의 분비 조절 : 혈중 Ca^{2+} 농도 감소 시에 분비가 증가하고 뇌하수체 전엽의 영향을 받지 않음

③ 부갑상샘호르몬의 역할 : 혈액 중 Ca^{2+} 농도가 저하되면 뼈에서 Ca^{2+}을 유리시켜 혈액으로 이동하여 혈중 Ca^{2+} 농도를 증가

(2) **부갑상샘호르몬(PTH)의 기능**

① 뼈로부터 칼슘의 유리를 촉진, 신장의 세뇨관에서의 칼슘의 재흡수를 촉진

② 혈중 칼슘의 농도가 감소하면 부갑상샘호르몬이 분비되어 신장에서 $1,25-(OH)_2-D_3$의 합성을 촉진시켜 혈중 칼슘의 농도를 높임

(3) **부갑상샘의 기능 이상**

① 과잉증 : 골연화증, 신결석

② 결핍증 : 테타니(Ca^{2+} 부족으로 신경과민과 함께 근육경련이 발생)

05 부신호르몬

(1) **부신피질호르몬**

당류와 무기질 코르티코이드로 구분되며, 당류 코르티코이드는 코르티솔, 무기질 코르티코이드는 알데스테론의 작용

① **당류 코르티코이드(코르티솔)** : 단백질과 지방을 포도당으로 신생시켜 혈당량 증가와 염증 억제로 부종, 통각 등을 멈추게 함

ㄱ 과잉증 - 쿠싱증후군

ㄴ 결핍증 - 애디슨병 ⭐

② **무기질 코르티코이드(알도스테론)** : 신장에서의 Na, Cl 재흡수 및 칼륨의 배출 촉진, 수분 조절, 염증 촉진 등의 역할을 함 ⭐

③ **안드로겐(androgens)** : 부신피질에서 분비되는 소량의 남성호르몬으로 단백질 합성과 성장 촉진

(2) **부신수질호르몬**

① **부신수질호르몬의 분비** : 에피네프린(아드레날린) 75%와 노르에피네프린(노르아드레날린) 25%를 분비. 이들은 모두 카테콜아민에 속하며, 교감신경 말단에서도 분비

② **부신수질호르몬의 작용** : 혈당량 증가, 혈압 상승, 교감신경과 협조 등

06 췌장호르몬

(1) 췌장호르몬의 구성 ✫

① 외분비선 : 선방세포로 췌장액(소화액)이 분비

② 내분비선 : 랑게르한스섬은 α-cell(20%), β-cell(75%), γ-cell(5%)로 구성되며, 각각의 세포에서 글루카곤, 인슐린, gastrin이 합성 및 분비

(2) 인슐린(insulin) ✫ ✫

① 혈중 포도당을 조직세포 내로 유입을 촉진(혈당 감소)

② 포도당을 글리코겐으로 저장하여 당 신생을 억제

③ 아미노산을 조직 내로 유입하여 단백질 합성을 촉진

④ 지방조직으로 당이 흡수되도록 촉진(지방 합성, 지방 분해 억제)

⑤ 근, 지방조직, 심장근 및 자궁근 세포에서는 효과가 크나, 대뇌세포, 간, 소화관, 점막 및 신장의 세뇨관에서는 효과가 없음

(3) 글루카곤(glucagon)

① 간의 글리코겐을 분해시켜 포도당을 혈중으로 유리시킴으로써 혈당량을 증가(당신생 촉진)

② 지방세포에 작용하여 지방산을 유리, 케톤체의 생성을 촉진

> **TIP**
>
> cAMP 증가로 인한 혈당 상승작용이 있는 호르몬
>
> GH, thyroxine, glucocorticoids, catecholamines, ACTH, TSH, vasopressin, glucagon

07 성호르몬

(1) 난소호르몬 ✫

① 난포호르몬(estrogen) : 여성의 2차 성징 발현 촉진, 생식기 발육 촉진, 자궁내막을 두껍게 만듦, 난포를 자극하여 배란 촉진, 뼈로부터 Ca^{2+}의 유리 억제로 골다공증 방지 등에 작용

② 황체호르몬(progesterone) : 성주기 후반에 작용하는 호르몬으로 임신상태를 유지시키기 위하여 자궁근의 운동을 억제, 착상된 수정란을 보호하는 한편, 배란을 억제시키며, 유선발육의 촉진 및 기초체온 측정에 의한 배란을 확인할 수 있음

(2) 정소호르몬

① 테스토스테론(testosterone) : 단백질 합성 촉진, 기초대사량 증대, 남성의 정자 생성 촉진, 2차 성징 발현 등

② 에스트로겐 : 정자 형성에 작용하고 정자 생산의 보호역할을 담당하며 sertoli세포에서 분비

CHAPTER
09 적중예상문제

01 갑상샘호르몬에 관한 설명으로 옳지 않은 것은?

① 갑상샘호르몬의 합성과 분비는 요오드 섭취, 요오드의 산화, 티로신의 요오드화, 축합, 저장과 분비 순으로 이루어진다.

② 갑상샘에서 합성·분비되는 호르몬에는 트리요오드티로닌(T_3), 티록신(T_4), 칼시토닌 등이 있다.

③ 적당량의 갑상샘호르몬은 신체의 거의 모든 조직의 대사와 성장·발달에 필요하다.

④ 갑상샘호르몬이 과다할 경우에는 세포 내의 미토콘드리아에 작용하여 산소소비량을 증가시키면서 단백질 합성을 증가시킨다.

⑤ 에너지 소비를 촉진하고 대사율을 증가시켜 체열을 많이 발생시킨다.

해설 갑상샘호르몬 과다는 단백질 분해와 지방 분해를 증가시키며 심장근에도 영향을 미쳐 심박동수를 증가시킨다.

02 부신수질에서 분비되어 동맥혈압을 상승시키며 혈당을 증가시키는 물질은?

① 인슐린

② 에피네프린

③ 티록신

④ 글루카곤

⑤ 칼시토닌

해설 부신수질호르몬
- 에피네프린 : 생체가 위급한 경우 분비되며 글루카곤 분비를 자극하고 인슐린 분비를 억제하며 인슐린 작용을 손상시킨다. 글리코겐 분해를 촉진하여 혈당을 증가시키는 작용을 하고 심박동수를 증가시키는 작용을 한다.
- 노르에피네프린 : 혈압 상승, 심박출량 및 박동수 증가, 동공 산대, 소화선 분비 억제 등의 역할을 한다.

정답 01 ④ 02 ②

03 부갑상샘호르몬의 작용 중 옳은 것은?

가. 신장에서 비타민 D(1,25-(OH)$_2$-D$_3$) 합성에 영향을 미친다.
나. 소화관을 통한 칼슘의 흡수가 감소된다.
다. 뼈에 침착되어 있는 칼슘이 유리된다.
라. 칼슘의 세뇨관 재흡수를 증가시키는데 이때 인의 재흡수가 동시에 이루어진다.

① 가, 나, 다
② 가, 다
③ 나, 라
④ 라
⑤ 가, 나, 다, 라

해설 부갑상샘호르몬의 역할
• 혈액 중 칼슘이온 농도가 저하되면 뼈에서 칼슘이온을 유리시켜 혈액으로 이동하여 농도를 증가시킨다.
• 신장의 세뇨관에서 칼슘의 재흡수를 촉진시키고 인산염의 재흡수능력을 저하시켜 배설량을 늘린다.
• 혈중 칼슘의 농도가 감소하면 부갑상샘호르몬이 분비되고, 부갑상샘호르몬은 뼈에서 골흡수(칼슘이 뼈에서 혈중으로 이동)를 증가시키는 한편, 신장에서 칼슘의 재흡수를 증가시키고, 1,25-(OH)$_2$-D$_3$의 합성을 촉진시킨다.

출제유형 35, 42

04 갑상샘호르몬 부족 혹은 과다에 의해 야기되는 것은?

① 갑상샘호르몬의 과다 분비는 기초대사를 높이고 체중을 감소시킨다.
② 갑상샘호르몬의 과다 분비는 체온을 저하시키고 맥압 상승을 유도한다.
③ 어린이에게 갑상샘호르몬의 저하는 성장호르몬 분비를 저하시켜 비만을 유도한다.
④ 갑상샘호르몬의 분비 저하는 심박출량을 증가시키고 혈당 증가를 유도한다.
⑤ 갑상샘호르몬의 분비 저하는 프로락틴의 작용을 저하시키고 유즙 분비를 억제시킨다.

해설 갑상샘기능 항진 및 저하
• 갑상샘기능 항진 : 그레이브스병, 바제도병, 안구돌출성 갑상샘종, 심박동 증가, 감정 불안, 식욕이 왕성하나 이화작용이 촉진되어 체중 감소, 혈당 상승, 체온 상승 등
• 갑상샘기능 저하 : 심장박동 저하, 피부 건조, 무감동적, 점액수종, 크레틴병 등

03 ② **04** ① 정답

05 다음 호르몬에 대한 설명 중 옳지 않은 것은?

① 송과체는 뇌의 제3뇌실 부근에 있는 작은 조직으로 신체 및 성기와 정신 발육에 영향을 준다.

② 카테콜아민은 부신수질, 교감신경 말단에서 분비되는 에피네프린, 노르에피네프린 등을 총칭하는 호르몬이다.

③ 카테콜아민은 대사항진 등을 통한 발열작용에 관여한다.

④ 아드레날린은 혈당을 높이고 인슐린은 혈당을 저하 및 저장시킨다.

⑤ 부갑상샘호르몬은 뇌하수체전엽호르몬이다.

해설 부갑상샘호르몬은 부갑상샘에서 분비되며, 뇌하수체전엽에서 분비되는 호르몬은 생장호르몬(STH), 부신피질자극호르몬(ACTH), 갑상샘자극호르몬(TSH), 난포자극호르몬(FSH), 황체형성호르몬(LH), 황체자극호르몬(LTH)의 6가지가 있다.

06 과량 투여 시 쿠싱증후군을 유발할 수 있는 호르몬은?

① 당류 코르티코이드

② 멜라토닌

③ 티록신

④ 노르에피네프린

⑤ 옥시토신

해설 부신피질에서 분비되는 스테로이드호르몬은 크게 당류 코르티코이드, 무기질 코르티코이드 및 성호르몬으로 구분된다. 당류 코르티코이드의 대표적인 것으로 코르티솔이 있으며, 주로 당질 및 지방대사에 영향을 미친다. 특히 코르티솔의 과잉 분비는 쿠싱증후군을 유발하여 골다공증, 여드름, 다모증, 우울증, 정신 이상, 당뇨, 고혈압 증세를 나타낸다.

정답 05 ⑤ 06 ①

07 부신호르몬에 대한 설명 중 옳지 않은 것은?

① 부신피질호르몬에는 알도스테론, 안드로겐, 코르티솔 등이 있다.

② 부신피질호르몬의 결핍증으로 애디슨병이 발생한다.

③ 무기질 코르티코이드는 수분 및 전해질대사에 중요하고 알도스테론이 이에 속한다.

④ 부신피질에서 분비되는 당류 코르티코이드는 림프구를 감소시켜 면역반응을 억제시킨다.

⑤ 당류 코르티코이드는 히스타민 분비를 증가시키는 항염증작용이 있고 위산 분비를 감소시키는 작용을 한다.

해설 당류 코르티코이드는 히스타민 분비를 억제하는 항염증 작용이 있고 위산 분비를 증가시키는 등 여러 가지 작용을 한다.

08 호르몬 분비 이상이 생겼을 때 나타나는 증상에 관한 것이다. 옳은 것은?

> 가. 성장호르몬 과다 → 거인증
> 나. 갑상샘호르몬 결핍 → 크레틴병
> 다. 부갑상샘호르몬 결핍 → 테타니
> 라. 부신피질호르몬 결핍 → 쿠싱증후군

① 가, 나, 다

② 가, 다

③ 나, 라

④ 라

⑤ 가, 나, 다, 라

해설 • 성장호르몬 : 과다 → 거인증, 결핍 → 난쟁이
  • 갑상샘호르몬 : 과다 → 바제도병, 갑상샘종, 결핍 → 크레틴병, 점액 수종
  • 부갑상샘호르몬 : 과다 → 골다공증, 결핍 → 테타니
  • 부신수질호르몬 : 에피네프린, 노르에피네프린 → 혈당 상승, 혈압 상승
  • 부신피질호르몬 : 당류 코르티코이드 중 코르티솔 과다 → 쿠싱증후군, 결핍 → 애디슨병

09 다음 중 외분비선과 내분비선을 겸하고 있는 기관은?

① 뇌하수체

② 갑상샘

③ 부 신

④ 췌 장

⑤ 비 장

해설 췌장의 α−세포에는 아닐린에 의해 붉게 염색되는 과립이 있고 글루카곤을 분비하며, β세포는 아닐린에 의해 청자색으로 염색되는 과립을 함유하여 인슐린을 분비한다. 따라서 췌장은 이자액을 분비하는 외분비선인 동시에 당대사 호르몬의 내분비선이기도 하다.

출제유형 35, 42

10 출산 후 유즙 분비를 촉진하는 호르몬은?

① 에스트로겐

② 바소프레신

③ 테스토스테론

④ 옥시토신

⑤ 안드로겐

해설 ④ 자궁 수축, 분만 촉진, 유즙 분비 촉진 등을 한다.

① 임신 중 에스트로겐은 자궁근육의 발육 비대를 촉진하고 프로게스테론은 자궁근의 수축성을 억제시켜 유산을 방지하고 임신을 지속시킨다.

② 뇌하수체 후엽에서 분비하며 강력한 혈관 수축으로 혈압을 증가시킨다.

③ 사춘기 골격과 근육의 성장 촉진과 남성의 제2차 성징 발현, 기초대사량 증진 등을 한다.

⑤ 남성호르몬으로 정소의 발육을 촉진한다.

정답 09 ④ 10 ④

11 결핍 시에 요붕증을 유발시키는 호르몬은?

① 바소프레신

② 에스트로겐

③ 노르에피네프린

④ 프로락틴

⑤ 안드로겐

> 해설 바소프레신은 항이뇨호르몬이라고도 하며, 모세혈관을 수축시켜 혈압을 상승시키고 세뇨관에서 수분이 재흡수
> 되도록 한다. 결핍될 경우 소변량이 증가하는 요붕증이 나타난다.

12 임신 초기 소변검사에 의한 임신진단에 이용되는 호르몬 중 가장 옳은 것은?

① 프로락틴

② 프로게스테론

③ 에스트로겐

④ 성장호르몬

⑤ 융모성 성선자극호르몬

> 해설 사람은 수정 후 6일이면 혈중에서, 14일이면 요중에서 융모성 성선자극호르몬이 검출되므로 임신판정에 이용
> 된다.

13 호르몬에 관한 설명으로 옳지 않은 것은?

① 배란 후 기초체온을 증가시키며 황체기에 급증하는 호르몬은 황체형성호르몬이다.

② 남성의 2차 성징을 나타나게 하는 호르몬은 테스토스테론이다.

③ 임신 중에 유산을 방지하고 임신을 지속시키는 호르몬은 프로게스테론이다.

④ 난소로부터의 에스트로겐 분비에는 뇌하수체 전엽의 난포자극호르몬이 관련하고 있다.

⑤ 뇌하수체 전엽에서 분비되는 성선자극호르몬은 난포자극호르몬과 황체형성호르몬이다.

> 해설 황체기는 황체에서 프로게스테론 분비가 급증하는 것이 특징이며, 배란 후 기초체온이 증가하는 것은 프로게스
> 테론 때문이다.

11 ① **12** ⑤ **13** ① 정답

14 다음 설명 중 옳지 않은 것은?

① 가스트린은 위 내에 산이 존재하는 경우에 분비된다.

② 위운동 및 음식물의 위 배출을 조절하는 호르몬은 엔테로가스트린이다.

③ 요오드(I)를 많이 함유하는 내분비선은 갑상샘이다.

④ 성장호르몬은 뇌하수체 전엽에서 분비되는 호르몬으로 GHRH에 의해서 생성과 분비가 촉진된다.

⑤ 항이뇨호르몬(ADH)은 혈액 삼투압 증가 시 신장의 원위세뇨관과 집합관에서 수분의 투과도를 증가시켜 물의 재흡수를 촉진하여 소변량을 감소시킨다.

> **해설** 가스트린(gastrin)
> 단백질을 섭취했을 때와 아세틸콜린이나 미주신경(vagus nerve)의 자극으로 분비가 촉진된다. 위장 내 산이 많은 경우, 지방을 섭취한 경우, 미주신경을 잘라낸 경우 분비가 감소된다.

출제유형 44

15 음식을 짜게 먹었을 때 체내 수분의 균형을 유지하는 호르몬은?

① 항이뇨호르몬

② 글루카곤

③ 프로락틴

④ 옥시토신

⑤ 칼시토닌

> **해설** 짠 음식을 섭취하면 뇌하수체후엽에서 항이뇨호르몬인 ADH 분비를 자극하고, ADH는 신장에 작용하여 수분의 배출을 억제한다.

정답 14 ① 15 ①

16 칼슘이 뼈로 침착되는 데 관여하는 호르몬은?

① 바소프레신

② 갑상샘호르몬

③ 부갑상샘호르몬

④ 칼시토닌

⑤ 프로락틴

해설 칼시토닌

혈중 칼슘 농도가 높으면 칼시토닌이 분비되어 혈중 칼슘을 뼈로 유입시켜 뼈가 재생되게 한다.

17 십이지장으로 운반된 산성의 유미즙을 중화시키는 것은?

① 위 액

② 타 액

③ 림프액

④ 췌장액

⑤ 소장액

해설 췌장액에는 중탄산염이 포함되어 있어서 위에서 십이지장으로 넘어온 산성 상태의 유미즙을 중화시킨다.

16 ④ 17 ④ 정답

나는 이렇게 합격했다

당신의 합격 스토리를 들려주세요
추첨을 통해 선물을 드립니다

베스트 리뷰
갤럭시탭/ 버즈 2

상/하반기 추천 리뷰
상품권/ 스벅커피

인터뷰 참여
백화점 상품권

이벤트 참여방법

합격수기

SD에듀와 함께한
도서 or 강의 **선택** > 나만의 합격 노하우
정성껏 **작성** > 상반기/하반기
추첨을 통해 **선물 증정**

인터뷰

SD에듀와 함께한
강의 **선택** > 합격증명서 or
자격증 사본 **첨부**,
간단한 **소개 작성** > 인터뷰 완료 후
백화점 상품권 증정

이벤트 참여방법
다음합격의 주인공은 바로 여러분입니다!

QR코드 스캔하고 ▷ ▷ ▷ ▶
이벤트 참여하여 푸짐한 경품받자!

합격의 공식
SD에듀

위생사 면허증 취득은
SD에듀와 함께!

- 과년도 시험을 반영한 핵심이론
- 시험에서 만나볼 적중예상문제
- 컬러풀한 사진, 그림 수록
- 최종 실력점검을 위한 모의고사 3회분
- 최신 위생관계법령 반영
- 빨리보는 간단한 키워드
- 45회 출제키워드 분석

SD에듀 위생사 한권으로 끝내기

| 가격 | 41,000원

- 출제예상 모의고사 5회분 수록
- 핵심만 콕콕 짚은 해설
- 최신 위생관계법령 반영
- 빨리보는 간단한 키워드
- 45회 출제키워드 분석

SD에듀 위생사 최종모의고사

| 가격 | 24,000원

영양사 면허증 취득은 SD에듀와 함께!

- 과년도 시험을 반영한 핵심이론
- 시험에서 만나볼 적중예상문제
- 최종 실력점검을 위한 모의고사 1회분
- 최신 식품 · 영양관계법규 반영
- 2020 한국인 영양소 섭취기준 반영
- 빨리보는 간단한 키워드
- 47회 출제키워드 분석

SD에듀 영양사 한권으로 끝내기

| 가격 | 45,000원

- 출제예상 모의고사 6회분 수록
- 핵심만 콕콕 짚은 해설
- 최신 식품 · 영양관계법규 반영
- 빨리보는 간단한 키워드
- 47회 출제키워드 분석

SD에듀 영양사 실제시험보기

| 가격 | 26,000원

※ 도서의 이미지와 가격은 변경될 수 있습니다.

영양사
합격 필독서

Since 2002 21년간 11.3만 독자들의 선택

Nutritionist
SD에듀

영양사

한권으로 끝내기

1권 1교시 | 2권 2교시

베스트셀러
1위

영양사
합격 필독서

영양사
Nutritionist
SD에듀

한권으로 끝내기

2권 2교시

1과목 식품학 및 조리원리 | 2과목 급식관리 | 3과목 식품위생
4과목 식품 · 영양관계법규 | 부록 실전 모의고사

Since 2002 21년간 11.3만 독자들의 선택

베스트셀러 1위

안심도서
합격 99.9%

온라인 동영상 강의
www.sdedu.co.kr

편저
만점해법저자진

주관 및 시행
한국보건의료인국가시험원

■ 과년도 시험을 반영한 핵심이론과 적중예상문제
■ 2020 한국인 영양소 섭취기준 반영
■ 최신 식품·영양관계법규 반영
■ 최종 실력점검을 위한 모의고사 1회분

SD에듀
(주)시대고시기획

최강 교수진의 풍부한 실무경험으로
합격을 앞당겨 드립니다!

교수 **조은진**

풍부한 실무경험으로
합격으로 이끌어주는
핵심 전략 강의

교수 **이유정**

누구나 이해하기 쉽게
수강생들의 이해를 돕는
명쾌한 강의

교수 **이영표**

법에 관한 모든
출제 포인트를 꿰뚫는
퍼펙트 강의

정확한 핵심내용 & 효율적인 학습법
합격에 가장 효과적인 커리큘럼

| 커리큘럼 1 | **기본이론** 기본 개념을 익히고 과목별 핵심 숙지 | 커리큘럼 2 | **문제풀이** 출제유형 파악 및 문제유형 완벽 적응 | 커리큘럼 3 | **모의고사** 실력점검 및 부족한 부분 보완 | 커리큘럼 4 | **기출복원특강** 출제 경향 파악 및 최종 마무리 |

Since 2002

21년간 11.3만 독자들의 선택

Nutritionist
SD에듀

영양사

한권으로 끝내기

2권 2교시

SD에듀
(주)시대고시기획

안녕하세요,
영양사 시험에 합격한 김유진입니다.

저는 식품영양학을 전공하였으며 마지막 학기에 학업과 취업 활동 그리고 시험 준비까지 하려니 너무 버거웠습니다. 그래서 강의의 도움을 받기로 하고 SD에듀의 인강을 결제하였습니다. 아무리 전공자라고 해도 영양사 시험은 결코 만만한 시험이 아니고 저는 영양사 면허증이 꼭 필요했기 때문에 강의를 결제한 것에 후회는 없습니다.

일단 강의를 처음 듣기 전에 교재를 받았는데 챕터별로 이론 학습 후 문제를 풀어 볼 수 있는 구성이 좋았습니다. 이론서와 문제집을 따로 구매하지 않고 한 권에 이론과 문제가 함께 수록되어 있으니 경제적으로나 학습의 효율 면에서도 좋았습니다.

강의는 한 번 밀리면 계속 밀리기 때문에 하루에 2강씩은 보려고 노력했습니다. 이미 학교에서 배운 내용이기 때문에 생소하지는 않았지만 혼자 공부했으면 헷갈렸을 부분을 시원하게 알려주시는 강사님 덕분에 공부하기가 수월했습니다.

물론 저처럼 의지가 약하지 않고 야무지신 분들은 이 도서로 충분히 독학이 가능하실 것 같습니다. 일단 책의 중요 부분은 별색으로 처리되어 핵심 내용을 파악하기가 쉬웠고 다양한 문제와 친절한 해설이 있어 계획을 잘 잡고 학습한다면 독학하기에 괜찮은 도서 같습니다.

이 시험은 과락을 맞으면 불합격하기 때문에 모든 과목에 고른 점수를 받는 게 중요합니다. 그래서 개인적으로 어려웠던 과목에 힘을 쏟고 과락을 피하기 위해 노력했습니다. 식품학이 쉬운 것처럼 보이지만 실제로는 3과목이 합쳐진 과목으로 내용이 많기 때문에 반복 학습하였고 실제로 시험에서 좋은 점수를 받을 수 있었습니다.

여러분도 벼락치기로 공부하면서 합격하길 바라기보다는 충분한 시간을 두고 계획을 세워 '내가 이 정도 공부했으면 합격해야지'라는 자신감이 들 정도로 공부하셨으면 좋겠습니다.

1 기본 이론 다지기

- 영양사는 공부해야 하는 이론이 정말 많지만 그럴수록 기초공사가 필요하다.
- 이론서를 보며 아는 부분은 빠르게, 모르는 부분은 꼼꼼하게 읽어본다.
- 무조건적인 암기보다는 영양학, 생화학, 생리학은 이해가 필수다.
- 시간이 있다면 2회독, 모르는 부분은 3회독을 하며 이론을 내 것으로 만든다.

2 문제를 풀며 부족한 부분 파악하기

- 챕터별 적중예상문제를 풀어보며 부족한 부분을 파악한다.
- 자주 틀리는 내용은 이론서에 표시해둔다.

3 나만의 요점정리 노트 만들기

- 중요한 이론, 자주 틀리는 내용으로 요점정리 노트를 만든다.
- 요점정리 노트는 문제집 그대로 옮겨적기보다 내 언어로 읽기 쉽게 재구성한다.

4 틀린 문제는 다시 풀어보기

- 요점정리로 이론을 정리한 후 틀렸던 문제를 다시 풀어본다.
- 많은 문제를 풀어보는 것도 좋지만 그 답이 왜 맞고 틀리는지 이해해야 한다.

5 모의고사 문제집으로 시험 대비하기

- 시험 1~2주 전 모의고사 문제집을 구매하여 시험을 대비한다.
- 실제 시험과 같이 시간을 정해 두고 문제를 풀어본다.
- 모의고사는 출제유형, 자주 나오는 내용이 시험과 비슷하므로 틀린 문제는 한 번 더 확인한다.

6 오답 노트 작성으로 취약점 메꾸기

- 문제집과 모의고사의 오답 노트를 작성하며 마지막으로 이론을 다지는 시간을 갖는다.
- 오답 노트를 작성하며 출제빈도가 높은 문제와 자주 틀리는 문제를 파악한다.

7 시험 후기 들어보기

시험장에 들어갔을 때 낯선 상황이 생기면 당황할 수 있으므로 시험 후기를 듣거나 찾아보고 상황에 대비한다.

2권 식품학 및 조리원리, 급식관리, 식품위생, 식품·영양관계법규

제**1**과목

식품학 및 조리원리

CHAPTER 01 식품화학

01 수 분

(1) 정 의

생물체나 식품 중에 들어 있는 물은 자유수(free water, 유리수)와 결합수(bound water)의 두 가지 상태로 존재

(2) 자유수의 성질 ⭐ ⑮

① 자유수는 보통 형태의 물의 성질을 나타냄

② 용질(염류, 당류, 수용성 단백질)에 대하여 용매로 작용

③ 식품을 건조시키면 쉽게 제거되며, 100℃에서 증발하는 형태의 물

④ 0℃ 이하로 냉각시키면 동결

⑤ 미생물의 번식, 발아에 이용 가능

⑥ 비열, 표면장력, 점성이 큼

⑦ 비중은 4℃에서 제일 큼

⑧ 화학반응에 관여

(3) 결합수의 성질 ⭐ ⑩ ⑪

① 용질에 대해서 용매로 작용하지 못함

② 보통의 물보다 밀도가 큼

③ 100℃ 이상 가열하여도 증발되지 않음

④ 식품조직을 압착하여도 제거되지 않음

⑤ 0℃ 이하의 저온에서도 잘 얼지 않음(보통 −80℃에서 얾)

⑥ 식품에서 미생물의 번식과 발아에 이용되지 않음

⑦ 식품성분인 단백질, 탄수화물 등과 결합

⑧ 화학반응에 관여하지 않음

(4) 식품의 수분활성도 ⑬

① **수분활성도(A_W ; water activity)** : 어떤 임의의 온도에서 식품이 나타내는 수증기압(P)에 대하여 그 온도에서 순수한 물의 수증기압(P$_o$)의 비율 ㉟

$$A_W = P / P_o$$

② **수분활성의 계산** : 식품의 수증기압은 그 식품에 있는 용질의 종류와 농도(mol수)에 따라 달라짐. 식품 중 물의 mol수를 M_W, 용질의 mol수를 M_S라 하면 이 식품의 수분활성도는 다음 식으로 계산할 수 있음

$$A_W = M_W / M_W + M_S$$

㉠ $0 < A_W < 1$
㉡ 온도가 높을 때가 낮을 때보다 높은 값을 보임

③ **상대습도(relative humidity ; RH)** : 대기 중의 수분함량을 상대습도라고 하며 식품의 수분함량은 상대습도와 평형에 이르며 그때의 식품의 수분함량을 평형수분함량이라고 함. 온도가 높으면 대기 중의 수분함량이 높고 온도가 낮으면 수분함량이 낮으므로 식품의 평형수분함량도 온도에 따라 달라짐

$$RH = A_W \times 100$$

④ **미생물의 생육에 필요한 최저 수분활성도** ㉟ ㊶

분 류	수분활성도(A_W)
세 균	0.90
효 모	0.88
곰팡이	0.80
내삼투압성 효모	0.6

(5) 등온흡습곡선

어떤 온도에서 대기의 상대습도와 식품의 평형수분함량과의 관계를 나타낸 곡선이며 보통 역 S자형
을 나타냄

① 이력현상(hysteresis) : 등온흡습곡선과 등온탈습곡선이 일치되지 않는 현상으로 건조식품 제
조 시 품질에 영향을 줄 수 있음 ⭐

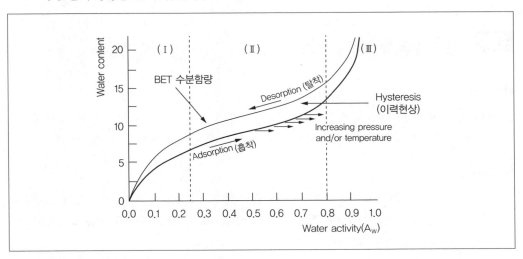

② 등온흡습곡선의 구분
　㉠ 제1영역(단분자층 형성영역, A지역)
　　• 단분자층 형성 : A_w < 0.25
　　• 결합수 형태 : 탄수화물이나 단백질 등과 결합하는 이온 결합
　　• 용매로 작용하지 않음
　㉡ 제2영역(다분자층 형성영역, B지역)
　　• 다분자층 형성 : 0.25 < A_w < 0.8
　　• 주로 결합수로 존재
　　• 상대습도의 증가에 따라 수분함량이 완만하게 증가하는 영역
　　• 건조식품의 안전성이 큰 영역
　　• 거의 용매로 작용할 수 없음
　㉢ 제3영역(모세관 응축영역, C지역)
　　• 곡선의 기울기가 크고 0.8 < A_w
　　• 자유수로 존재
　　• 식품의 다공질 구조, 모세관에 수분이 자유로이 응결
　　• 용매로 작용
　　• 식품의 품질 변화 : 가수분해반응, 효소반응, 유지산화
　　　반응, 미생물 증식 발생

TIP

제1영역과 제2영역은 결합수이
며 제3영역은 자유수이다.

(6) 수분활성과 식품 안정성

① 유지 산화 : 제1영역(단분자층 형성영역)에서 가장 안정
② 비효소적 갈변 : 0.6~0.8 범위에서 갈변반응이 빨리 일어나고 0.8 이상에서는 반응속도 저하
③ 효소반응 : A_W가 높을 때 활발

02 탄수화물(carbohydrate)

(1) 정 의

탄수화물은 C(탄소), H(수소), O(산소)의 3원소로 구성, 일반식은 $C_m(H_2O)_n$로 표시. 분자 내에 2개 이상의 하이드록시기(−OH, 수산기)기와 1개의 알데하이드기(−CHO) 및 케톤기(−CO)를 가짐

(2) 단당류

하나의 당으로 구성된 더 이상 가수분해되지 않는 탄수화물. 탄소의 수에 따라 2탄당, 3탄당, 4탄당, 5탄당, 6탄당으로 구분. 카보닐기 종류에 따라 알데하이드기(−CHO)를 가진 당을 알도스(aldose), 케톤기(−CO)를 가진 당을 케토스(ketose)라 함

① 5탄당

㉠ 리보스(ribose) : 핵산과 조효소의 구성성분
㉡ 아라비노스(arabinose) : 식물 검(gum)질 중 펜토산인 아라반(araban)의 구성단위
㉢ 자일로스(xylose) : 자일란(xylan)의 구성단위
㉣ 펜토산(pentosan) : 초식동물에게는 중요한 사료성분이나, 인체 내에서는 소화되지 않으므로 영양성분으로의 가치는 없음

② 6탄당

㉠ 포도당(glucose)

• 식물체에 널리 분포, 유리상태로서는 포도나 그 밖의 과실 및 일반 식물체 내에 광범위하게 분포
• 전분, 섬유소 등의 구성 성분으로 존재
• 포유동물의 혈액에도 0.1% 정도 존재, 동물 체내에서는 글리코겐의 형태로 저장

㉡ 과당(fructose) 🏅 🏅 🏅

• 유리상태로 과실, 꿀에 많이 존재
• 설탕(sucrose), 라피노스(raffinose), 이눌린(inulin)의 구성성분
• 천연의 당류 중에서 단맛이 가장 강함
• 용해도가 가장 크고, 점도가 설탕이나 포도당보다 작음
• 과당은 포도당과 같이 식품의 감미료로서 널리 사용

ⓒ 만노스(mannose)
- 유리상태로는 존재하지 않음
- 다당류인 만난(mannan)의 구성성분(곤약에 함유)

ⓔ 갈락토스(galactose)
- 유리상태로는 존재하지 않음
- 젖당(lactose), 갈락탄(galactan), 세레브로시드(cerebroside)의 구성성분
- 식물조직, 해초, 젖, 뇌, 신경조직 내에 함유

③ 당 유도체

ⓐ 당알코올(sugar alcohol) ★⑮
- 단당류의 카보닐기가 환원되어 알코올기가 된 것으로, 저열량 감미료로 이용
- 자일리톨(xylitol), 만니톨(mannitol), 소르비톨(sorbitol), 이노시톨(inositol)

ⓑ 아미노당(amino sugar)
- 단당류의 C_2의 수산기(−OH)가 아미노기(−NH$_2$)로 치환
- 글루코사민(glucosamine), 갈락토사민(galactosamine)

ⓒ 배당체(glycoside)
- 단당류의 수산기(−OH)와 비당류의 수산기가 글리코시드 결합한 것
- 비당류 부분을 아글리콘(aglycone)이라 함
- 아미그달린, 안토시아닌, 헤스페리딘, 나린진, 루틴, 시니그린, 솔라닌

ⓓ 우론산(uronic acid)
- 단당류의 말단에 있는 −CH$_2$OH가 산화되어 카복실기(−COOH)로 된 당
- 글루쿠론산(glucuronic acid), 갈락투론산(galacturonic acid)

ⓔ 데옥시당(deoxy sugar)
- 단당류의 수산기(−OH)가 수소(−H)로 치환된 당
- 데옥시리보스(deoxyribose), 람노스(rhamnose)
- 세포핵 중의 DNA의 구성성분

TIP

갈락탄(galactan) ★⑯
토란의 점액질 성분으로, 중성 지방 및 콜레스테롤 감소에 효과적임

(3) 2당류(disaccharide)

가수분해하면 단당류 2분자를 생성

① 설탕(자당, sucrose)
  ㉠ 포도당(glucose)과 과당(fructose)이 α-1,2 결합, 비환원당
  ㉡ 사탕수수의 줄기와 사탕무의 뿌리에 가장 많이 함유

② 맥아당(엿당, maltose) ⭐
  ㉠ 포도당(glucose) 2분자가 α-1,4 결합
  ㉡ 효모에 의해 발효

③ 유당(젖당, lactose)
  ㉠ 포도당(glucose)과 갈락토스(galactose)가 β-1,4 결합
  ㉡ 동물의 젖에 존재하며 식물계에는 존재하지 않음
  ㉢ 정장작용(intestinal regulation), 무기질(특히, 칼슘)의 흡수를 좋게 함
  ㉣ 영·유아의 장내에서 악성발효나 설사를 막음

④ 셀로비오스(cellobiose)
  ㉠ 포도당(glucose) 2분자가 β-1,4 결합
  ㉡ 자연계에 유리상태로는 존재하지 않음
  ㉢ 셀룰로스(cellulose)의 구성단위로 존재

⑤ 트레할로스(trehalose)
  ㉠ 포도당(glucose) 2분자가 α-1,1 결합, 비환원당
  ㉡ 버섯에 다량 함유

(4) 소당류

가수분해에 의해서 3~10개의 단당류를 생성. 소당류를 구성하는 6탄당의 수에 따라 3당류, 4당류라 함

① 3당류(trisaccharide)
  ㉠ 라피노스(raffinose)
    • 포도당(glucose), 과당(fructose), 갈락토스(galactose)로 구성
    • 콩, 사탕무, 식물종자, 면실 등에 존재
  ㉡ 겐티아노스(gentianose)
    • 포도당(glucose) 2분자, 과당(fructose) 1분자로 구성
    • 단맛이 없음

② 스타키오스(stachyose, 4당류) ⭐
  ㉠ 포도당(glucose), 과당(fructose) 각 1분자, 갈락토스(galactose) 2분자로 구성
  ㉡ 목화씨와 콩에 많이 들어있음
  ㉢ 인체 내에서 소화되기 어려우며, 장내세균에 의해 가스 생성

(5) 다당류(polysaccharide)

한 가지 종류의 단당류만으로 이루어진 단순다당류, 두 가지 이상의 다른 단당류로 이루어진 것을 복합다당류로 분류

① 단순다당류

　㉠ 전분(starch)
　　• 포도당(glucose) 수백~수천 개가 중합된 것으로 식물체의 광합성에 의해 생성
　　• 곡류 전분입자는 작고, 감자 전분입자는 매우 큼
　　• 비중이 물보다 크며(비중 1.55~1.65), 물에 잘 녹지 않고 현탁액을 만듦 → 전분을 분리함
　　• 아밀로오스(amylose)와 아밀로펙틴(amylopectin)으로 구성

구 분	아밀로오스(amylose) ⑯	아밀로펙틴(amylopectin)
모 양	직선형	나뭇가지형
결 합	α−1,4	α−1,4 및 α−1,6
요오드 반응	청 색	적갈색
수용액에서 안정도	노 화	안 정
용해도	높 음	낮 음
X−선 분석	고도의 결정성	무정형
호화 · 노화 반응	쉬 움	어려움
가열 시 변화	불투명	투명, 찰짐, 끈기
함 량	20~30%	70~80%

　　• 찹쌀, 찰옥수수, 찰보리, 차조 등은 아밀로펙틴만으로 구성
　㉡ 덱스트린(dextrin) : 전분을 가수분해할 때 맥아당(maltose)으로 되기 전의 중간생성물
　㉢ 셀룰로스(cellulose)
　　• 포도당(glucose)의 β−1,4 결합, 직선상의 구조
　　• 세포벽의 주성분
　　• 사람은 셀룰라아제(cellulase)가 없으므로 셀룰로스를 소화시킬 수 없음
　㉣ 글리코겐(glycogen) ⑯
　　• 동물의 몸에 저장되어 있는 포도당 중합체
　　• 포도당(glucose)의 α−1,4 결합 및 α−1,6 결합
　　• 아밀로펙틴과 구조는 유사하지만 아밀로펙틴보다 가지가 많고 훨씬 조밀
　　• 간, 근육, 신장 조직 등에 분포
　㉤ 이눌린(inulin) : 과당의 중합체, 돼지감자에 함유
　㉥ 키틴(chitin) : 게, 새우에 함유

② 복합다당류

　ㄱ 펙틴질(pectic substances) ⭐39

　　• 갈락투론산(galacturonic acid)의 중합체

　　• 겔(gel)을 만드는 성질을 이용하여 잼, 마멀레이드, 젤리를 만듦

종 류	특 징
프로토펙틴 (protopectin)	• 펙틴의 모체 • 덜 익은 과일에 존재 • 불용성, 겔(gel) 형성 X • 과실이 숙성함에 따라 **프로토펙티나아제**(protopectinase)에 의해 펙틴으로 변화
펙틴산 (pectinic acid)	• 익은 과일에 존재 • 수용성으로 겔 형성
펙 틴 (pectin)	• 익은 과일에 존재 • 수용성이며 적당량의 당, pH의 존재하에 겔 형성
펙트산 (pectic acid)	• 과숙된 과일에 존재 • 수용성이나, 찬물에 불용이며 겔 형성 X

　　• 펙틴분해효소 : **프로토펙티나아제**(protopectinase), 펙틴에스테라아제(pectinesterase), 폴리갈락투로나아제(polygalacturonase)

　　• 고메톡실 펙틴(HMP ; high methoxyl pectin)

　　　– 메톡실기 함량이 7% 이상

　　　– 펙틴(pectin), 설탕, 산이 적절히 유지되어야 겔(gel)이 형성

　　• 저메톡실 펙틴(LMP ; low methoxyl pectin)

　　　– 메톡실기 함량이 7% 이하

　　　– 칼슘 등의 다가 양이온에 의한 이온 결합으로 연결되어 겔을 형성

　　　– 일정 pH나 일정량의 당을 필요로 하지 않음

　ㄴ 글루코만난(glucomannan), 헤미셀룰로스(hemicellulose) 등

③ 천연 검(gum)질

　ㄱ 식물에서 추출 : 아바리아검(arabic gum), 구아검(guar gum), 로커스트빈검(locust bean gum)

　ㄴ 해조류에서 추출 : 한천(agar), 알긴산(alginic acid), 카라기난(carrageenan) ⭐45

　ㄷ 미생물이 생성 : 덱스트란(dextran), 잔탄검(xanthan gum)

영양보충

소화성 다당류와 난소화성 다당류 ⭐

• **소화성 다당류** : 사람의 소화효소에 의해서 분해됨
　– starch, dextrin, glycogen

• **난소화성 다당류** : 사람의 소화효소에 의해서 분해가 안 됨
　– cellulose, mannan, agar, dextran, pectin, inulin, chitin, alginic acid, xanthan gum

(5) 탄수화물의 성질

① 결정성 : 무색 또는 백색의 결정을 생성

② 용해성 : 물에 잘 녹으나, 알코올에는 잘 녹지 않음

③ 발효성 : 일부의 당을 제외하고 효모에 의해서 발효되어 에탄올(ethanol)과 CO_2를 생성 ⭐

④ 변선광 : α형 또는 β형만의 환상구조를 갖는 당은 수용액을 만들어 놓으면 쇄상구조를 거쳐서 α형과 β형의 혼합물이 만들어지면서 선광도가 변화

⑤ 환원성 : 자신이 산화되고 다른 화합물을 환원시킴(자당 및 라피노스 제외)

⑥ 산의 형성 : −CHO가 산화되어 −COOH기로 되므로, 산을 형성

⑦ 감미도 : 단맛을 내는 역할

(6) 전분의 호화(α화)

생전분에 물을 넣고 가열하면 미셀(micell) 구조가 파괴되어 투명한 콜로이드(colloid) 상태가 됨.

생전분(β−전분) → 호화전분(α−전분)

① 호화 메커니즘

   ㉠ 제1단계(수화) : 25~30%의 물을 흡수하는 가역적 과정

   ㉡ 제2단계(팽윤) : 전분에 물을 충분히 넣고 가열하면 전분은 물을 흡수, 비가역적 단계

   ㉢ 제3단계(겔 형성) : 전분 입자가 붕괴되고 콜로이드 용액이 됨 → 냉각 시 겔 형성

② 전분의 호화에 영향을 미치는 인자 ⭐ ⭐ ⭐ ⭐

   ㉠ 전분의 입자크기 : 크기가 클수록 촉진(서류전분이 곡류전분에 비해 호화가 잘 일어남)

   ㉡ 아밀로오스와 아밀로펙틴의 함량 : 아밀로오스의 함량이 높을수록 호화 촉진

   ㉢ 수분 : 수분함량이 높을수록 촉진

   ㉣ 온도 : 호화가 일어날 수 있는 최저 한계온도(대략 60℃ 전후) 이상에서는 온도가 높으면 촉진

   ㉤ pH : 알칼리성인 조건에서 전분의 팽윤과 호화 촉진(OH^-가 호화를 촉진)

   ㉥ 팽윤제(염류) : 수소 결합에 영향을 주어 팽윤과 호화 촉진(황산염은 호화를 억제)

     $OH^- > CNS^- > I^- > Cl^-$

   ㉦ 당류 : 탈수효과에 의한 호화 지연

   ㉧ 지방 : 전분을 둘러싸는 경향이 있어서 호화 지연

영양보충

아크릴아마이드(Acrylamide) ⭐
- 동물에게는 발암물질이며, 사람에게도 뉴런(neuron) 이상을 일으키는 물질
- 감자칩, 감자튀김, 빵, 커피 등 120℃ 이상의 온도에서 조리하는 음식에서 생성
- 식품에 포함되어 있는 아스파라긴과 환원당(포도당 포함)이 반응하여 생성

(7) 전분의 노화(β화)

호화전분(α-전분)을 실온에서 방치하면 차츰 굳게 되어 β-전분으로 되돌아가는 현상

① 전분의 노화에 영향을 미치는 인자 ❸❾
  - ㉠ 전분 종류 : 곡류 전분(밀, 옥수수 등)은 감자나 타피오카 전분보다 노화되기 쉬움
  - ㉡ 아밀로오스와 아밀로펙틴의 함량 : 아밀로오스의 함량이 높을수록 노화 촉진
     예 찹쌀밥이 멥쌀밥보다 노화가 늦게 일어나는 경우는 찹쌀 전분이 아밀로펙틴만으로 구성
  - ㉢ 전분 농도 : 농도가 높을수록 노화 촉진
  - ㉣ 수분함량 : 일반적으로 수분함량 30~60%에서 노화가 잘 일어나며 수분함량은 전분농도와
     밀접한 관계가 있음 ⭐
  - ㉤ 온 도
     - 노화 최적 온도 : 0~5℃
     - 노화 방지 온도 : 0℃ 이하, 60℃ 이상
  - ㉥ pH : pH가 낮을수록 노화 촉진, pH가 7 이상인 알칼
     리성인 용액은 노화 억제
  - ㉦ 염류 또는 이온 : 노화촉진제인 황산염을 제외한 염류는 노화를 억제

> **TIP**
>
> **이수현상(syneresis)**
> 노화가 진행되면서 전분과 결합한 물이 일부 방출되는 현상

> **영양보충**
>
> **호화와 노화에 따른 X선 회절도**
>
> | 호 화 | 노 화 |
> | --- | --- |
> | V형 | B형 |

② **노화 억제 방법** : 수분함량 조절(10~15%), 냉동보관, 설탕 첨가(탈수제 역할), 유화제 사용(안
   정도 증가) ⭐

(8) 전분의 호정화(dextrinization) ❸❾ ❹❶ ❹❻

① 전분에 수분 첨가 없이 고온(160℃ 이상)으로 가열하면 가용성 전분을 거쳐 호정(dextrin)으로
   변하는 현상
② 분자량이 호화보다 적고, 용해성도 크며, 소화도 잘 됨
   예 미숫가루, 뻥튀기, 비스킷, 토스트

(1) 정 의

물에 녹지 않으며 에테르, 석유 에테르, 벤젠, 아세톤, 클로로폼 등의 비극성 유기용매에 녹는 유기화합물로, 지방산의 에스테르(ester)로 존재하거나 지방산의 에스테르를 형성할 수 있는 물질

(2) 지질의 분류

① 단순지질 : 알코올과 지방산의 에스테르(ester) 결합으로 구성

㉠ 중성지방 : 지방산 + 글리세롤

㉡ 왁스 : 고급지방산 + 고급1가 알코올

② 복합지질 : 단순지질에 다른 원자단이 결합된 화합물

㉠ 인지질 : 레시틴, 스핑고미엘린

㉡ 당지질 : 세레브로시드, 강글리오시드

㉢ 지단백질 : 단백질과 결합

㉣ 황지질 : 유황 함유

③ 유도지질 : 단순지질이나 복합지질의 가수분해로 얻어지는 물질 ⭐ ⭐

㉠ 지방산

㉡ 스테롤 : 콜레스테롤, 에르고스테롤, 시토스테롤 등

㉢ 스쿠알렌, 고급1가 알코올, 지용성 비타민, 지용성 색소

(3) 지방산 ⭐

보통 짝수 개의 탄소를 가지며 말단에 카복실기(−COOH)를 1개 가지고 있으므로 일반식은 R−COOH로 표시. 일반적으로 C_{12} 이하의 것을 저급지방산, C_{14} 이상의 것을 고급지방산이라고 함

① 포화지방산(SFA ; Saturated Fatty Acid)

㉠ 이중결합이 없으며, 일반 동·식물성 유지에 많이 존재

㉡ 주요 포화지방산 : 팔미트산(palmitic acid, C_{16}), 스테아르산(stearic acid, C_{18}) 등

㉢ 탄소수가 증가할수록 물에 녹기 어려우며 녹는점(융점)은 상승

② 불포화지방산(UFA ; Unsaturated Fatty Acid) ⭐

㉠ 이중결합을 갖는 지방산

㉡ 주요 불포화지방산 : 올레산(oleic acid, $C_{18:1}$), 리놀레산(linoleic acid, $C_{18:2}$), 리놀렌산(linolenic acid, $C_{18:3}$), 아라키돈산(arachidonic acid, $C_{20:4}$), DHA($C_{22:6}$), EPA($C_{20:5}$)

㉢ 상온에서 액체, 대부분 cis형 ⭐

㉣ 이중결합이 증가할수록 산화속도 촉진, 융점이 낮아짐

③ 필수지방산(EFA ; Essential Fatty Acid)

㉠ 체내에서 합성되지 않거나 합성되는 양이 너무 적어서 식품으로 섭취

㉡ 리놀레산($C_{18:2}$), 리놀렌산($C_{18:3}$) 및 아라키돈산($C_{20:4}$)

(4) 유지의 성질 ⭐

① 물리적 성질

ㄱ 비 중
- 저급지방산의 함량이 많을수록 또는 불포화도가 클수록 비중이 높아짐
- 유지의 비중은 일반적으로 0.92~0.94로서 물보다 가벼움

ㄴ 용해성 : 극성 용매에 불용, 비극성 용매에 가용

ㄷ 발연점 ⭐
- 유지를 가열할 때 유지의 표면에서 엷은 푸른 연기가 발생하는 온도
- 발연점이 높은 유지를 사용해 하는 것이 좋음
- 글리세롤은 아크롤레인(acrolein)을 생성하여 자극적인 냄새를 형성 ⭐ ⭐

ㄹ 굴절률
- 유지는 일반적으로 1.45~1.47의 굴절률을 보임
- 산가가 높을수록 굴절률 감소
- 불포화도가 높고 탄소수가 증가할수록 굴절률 증가

ㅁ 유화성 : 유지는 유화제와 함께 물에 분산 ⭐ ⭐
- 유중수적형(W/O형) : 버터, 마가린,
- 수중유적형(O/W형) : 우유, 아이스크림, 마요네즈

ㅂ 점도 : 불포화도가 높을수록 점도는 감소함

ㅅ 융점 : 불포화도가 높을수록 융점은 낮아짐

② 화학적 성질 ⭐

ㄱ 검화가(비누화값)
- 유지 1g을 검화하는 데 필요한 KOH의 mg수
- 유지의 비누화값은 180~200 정도이며 버터는 200~235, 야자유는 253~256 정도
- 저급지방산을 많이 함유한 유지일수록 검화가는 커짐(검화가는 구성 지방산의 평균 분자량에 반비례)
- 식용유 제조 시 유리지방산을 제거(이 과정을 탈산이라 함)하는 데도 이용

ㄴ 산 가 ⭐
- 유지 1g 중 함유되어 있는 유리지방산을 중화하는 데 필요한 KOH의 mg수
- 산가는 유지의 산패 정도를 판정하는 지표
- 식용유지의 산가는 1.0 이하가 좋음

ⓒ 요오드가 🌟 🌟 🌟 🌟

- 유지 100g에 결합되는 요오드의 g수
- 불포화도를 나타내는 척도
- 불포화도가 높을수록 요오드가는 증가함
- 건성유(요오드가 130 이상) : 아마인유, 들기름
- 반건성유(요오드가 100~130) : 대두유, 면실유, 미강유, 옥수수유
- 불건성유(요오드가 100 이하) : 올리브유, 피마자유, 땅콩기름, 동백기름

ⓔ 아세틸가

- 아세틸화한 유지 1g을 가수분해할 때 얻어지는 초산을 중화하는 데 필요한 KOH의 mg수
- 유지 중의 유리수산기 함량 표시

ⓜ 라이헤르트-마이슬가

- 유지 5g을 검화한 후 산성에서 증류해서 얻은 수용성 휘발성 지방산을 중화하는 데 필요한 0.1N KOH의 mL수
- 버터의 순도나 위조 검정에 이용

ⓗ 폴렌스케가

- 유지 5g에 함유된 비수용성 휘발성 지방산을 중화하는 데 필요한 0.1N KOH의 mL수
- 버터 중의 야자유 검사에 이용

(5) 유지의 산패

분 류		특 징
산화적 산패	자동산화	• 상온에서 공기 중의 산소를 흡수하여 서서히 산화 • 유도기간 : 유지의 자동산화 초기에 산소의 흡수속도가 매우 낮은 어떤 특정기간
	효소산화	리폭시다아제, 리포하이드로퍼옥시다아제에 의한 산화
비산화적 산패	가수분해 산화	물, 산, 알칼리, 지방분해효소에 의해 산화
	케톤 생성형 산화	미생물 작용으로 생성된 케톤이 원인

① 산패에 영향을 주는 인자 : 산소 분압, 효소(특히 lipoxygenase), 클로로필, 금속이온(특히 Cu, Mn, Fe), 햇빛(특히 자외선), 온도, 수분(A_W 0.2~0.3에서 안정), 헴화합물 🌟

② 산패 억제 방법

ⓐ 항산화제 : 유지의 산화속도를 억제시키는 물질로 유도기간을 연장시켜 산패를 늦춤

ⓑ 상승제 : 자신은 항산화 역할이 없으나 항산화제의 효과를 크게 증진시킴

ⓒ 진공포장, 비금속용기 사용, 빛을 피하고 찬 곳에 보관 🌟

(6) 유지의 산패 측정법

① 물리적 방법 : 산소 흡수속도 측정

② 화학적 방법

    ㉠ 과산화물가 ✪

       • 유지 1kg에 함유된 과산화물의 밀리 몰수 또는 밀리 당량수

       • 가열에 따라 증가하다가 다시 감소하는 경향을 보임

       • 유지의 산패도, 유도기간 측정

    ㉡ TBA가 : 1kg의 유지 중에 함유되어 있는 말론알데히드의 mg수, 산패 시 계속 증가

    ㉢ 카르보닐가 : 전체 카보닐화합물의 양을 측정

    ㉣ AOM법 : 유지에 공기를 주입하면서 자동산화를 촉진시켜 시간에 따른 과산화물가를 측정하여 산패 유도기간 조사

③ 관능검사 방법 : 오븐테스트

(7) 유지의 가열변화 ✪ ✪

① 가열에 의한 변화

    ㉠ 물리적 변화 : 착색, 점도 · 비중 · 굴절률 증가, 발연점 저하

    ㉡ 화학적 변화 : 산가 · 과산화물가 증가, 요오드가 저하

② 유지의 가열 시 일어나는 반응

    ㉠ 산화반응 : 과산화물이 축적되지 못하고 고온에서 급격한 자동산화

    ㉡ 중합반응 : 자동산화 중합, 열중합, 열산화 중합

    ㉢ 열분해반응 : 고온 가열 시 푸른 연기(아크롤레인)를 내면서 분해

04 단백질 및 효소

(1) 정 의

단백질은 C(탄소), H(수소), O(산소) N(질소, 16%)를 반드시 가지고 있는 고분자 화합물로 S, P, Fe, Cu를 함유하고 있음. 단백질의 질소함량을 구하면 이로부터 단백질함량을 구할 수 있음

질소함량 × 6.25 = 단백질함량

*질소계수: 100/16 = 6.25

2) 아미노산의 구조와 성질 37 46

아미노산은 한 분자 내에 아미노기(−NH_2)와 카복실기(−COOH)를 동시에 갖는 화합물. 아미노기와 카복실기를 동시에 결합한 탄소를 α−탄소라고 함. 가수분해하여 얻어지는 아미노산은 일반적으로 α− L−형의 형태로 존재

① 아미노산의 종류 40 43 46 47

㉠ 중성 아미노산 : 글리신(glycine), 알라닌(alanine), 발린(valine), 류신(leucine), 이소류신(isoleucine)

㉡ 방향족 아미노산 : 페닐알라닌(phenylalanine), 티로신(tyrosine)

㉢ 함황 아미노산 : 메티오닌(methionine), 시스테인(cysteine), 시스틴(cystine)

㉣ 산성 아미노산 : 아스파트산(aspartic acid), 글루탐산(glutamic acid)

㉤ 염기성 아미노산 : 히스티딘(histidine), 아르기닌(arginine), 라이신(lysine)

㉥ 헤테로고리 아미노산 : 프롤린(proline), 하이드록시프롤린(hydroxy proline), 히스티딘(histidine), 트립토판(tryptophan)

㉦ 하이드록시 아미노산 : 세린(serine), 트레오닌(treonine)

② 필수아미노산 : 체내에서 합성되지 않아 식품으로 반드시 섭취하여야 함

㉠ 성인 : 라이신, 페닐알라닌, 트레오닌, 류신, 메티오닌, 이소류신, 발린, 트립토판

㉡ 유아 : 성인의 필수아미노산 8가지 + 히스티딘

③ 아미노산의 성질 39

㉠ 용해성 : 물과 같은 극성 용매에는 잘 녹으나, 에테르, 클로로포름, 아세톤 등 비극성 유기용매에는 잘 녹지 않음

㉡ 양성 전해질 : 산으로 작용하는 카복실기와 알칼리로 작용하는 아미노기를 공유하므로 양성 물질

㉢ 융점 : 보통 200℃ 이상으로 용융 전 또는 용융 중에 분해

㉣ 등전점 : 아미노산의 전하가 0이 되고 전장에서 이동하지 않게 되는 pH로 등전점일 때 아미노산의 침전력, 흡수력, 기포력은 최대로 되나 용해도, 점도, 삼투압은 최소 44

(3) 조성에 의한 단백질의 분류

① 단순단백질 : 아미노산만으로 구성된 단백질

⑦ 알부민(albumin) : 오브알부민(난백), 미오겐(근육)

ⓒ 글로불린(globulin) : 오보글로불린(난백), 미오신(근육), 글리시닌(대두)

ⓒ 글루텔린(glutelin) : 글루테닌(밀), 오리제닌(쌀)

ⓔ 프롤라민(prolamin) : 글라이딘(밀), 제인(옥수수), 호르데인(보리)

ⓜ 알부미노이드(albuminoid) : 콜라겐(연골), 케라틴(머리카락, 손톱), 엘라스틴(힘줄)

ⓗ 히스톤(histone)

ⓢ 프로타민(protamine) : 동물성 식품에만 존재

[단순단백질의 용해성]

분류	물	NaCl (0.8%)	pH 6 (약산)	pH 8 (약알칼리)	알코올 (60~80%)
알부민	O	O	O	O	X
글로불린	X	O	O	O	X
글루텔린	X	X	O	O	X
프롤라민	X	X	O	O	O
알부미노이드	X	X	X	X	X
히스톤	O	O	O	X	X
프로타민	O	O	O	X	X

② **복합단백질** : 아미노산 이외에 비단백성분인 인, 핵산, 지질, 당 등이 결합된 단백질

⑦ 인단백질 : 카세인(우유), 비텔린(난황)

ⓒ 핵단백질 : 뉴클레오히스톤(적혈구), 뉴클레오프로타민(어류 정자)

ⓒ 당단백질 : 뮤신(소화액, 침), 오보뮤신(혈청), 오보뮤코이드(난백)

ⓔ 색소단백질 : 헤모글로빈(혈액), 미오글로빈(근육), 아스타잔틴(갑각류), 클로로플라스틴(녹색잎)

ⓜ 금속단백질 : 티로시나아제(감자), 인슐린(췌장), 페리틴(간)

ⓗ 지단백질 : 리포비텔린(난황), 리포비텔리닌(난황)

③ **유도단백질** : 단순단백질 또는 복합단백질이 화학적 또는 물리적으로 변성된 단백질 ⭐ ⭐

⑦ 제1차 유도단백질(변성단백질) : 응고단백질, 젤라틴, 파라카세인, 프로티안, 메타프로테인

ⓒ 제2차 유도단백질(분해단백질) : 프로테오스, 펩톤, 펩타이드

(4) 구조에 의한 단백질의 분류 ⭐

① **구상 단백질** : 구상 또는 회원타원체 모양이며, 알부민, 글로불린, 글루텔린, 프롤라민, 히스톤, 프로타민 등이 있음

② **섬유상 단백질** : 긴 사슬구조의 분자를 갖는 섬유 모양이며, 콜라겐, 엘라스틴, 케라틴, 피브로인, 미오신, 액틴, 액토미오신 등이 있음

(5) 단백질의 구조

① **1차 구조** : 사슬 내 펩타이드 결합을 하고 있는 아미노산의 배열순서 ⭐

② **2차 구조** : 3차원적 구조를 이루고 있는 폴리펩타이드의 일부는 α-나선구조 또는 β-병풍구조를 가진 것도 있으나, 많은 단백질은 이상의 2개 구조를 모두 갖고 있음. 따라서 단백질의 3차원적 구조에서 α-나선구조(또는 β-병풍구조)를 그 단백질의 2차 구조라고 함 ⭐

③ **3차 구조** : 2차 구조를 한 펩타이드가 더욱 구부러지거나 종합된 복잡한 입체구조로 수소성 결합, 이온 결합, 수소 결합, 이황화 결합(S-S 결합)에 의해 안정화

④ **4차 구조** : 3차 구조를 한 복수의 폴리펩타이드가 비공유 결합에 의해 회합한 구조

(6) 단백질의 변성

① **열변성에 영향을 미치는 인자** ⭐

   ⊙ 온도 : 60~70℃ 변성. 10℃ 상승할 때 알부민은 20배, 헤모글로빈은 13배의 반응속도 상승

   ⓛ 수분 : 수분이 많으면 낮은 온도에서도 변성이 일어남

   ⓒ 전해질 : 변성온도가 낮아지고 변성속도가 빨라짐($MgCl_2$)

   ⓔ pH : 등전점에서 응고가 쉽게 됨

   ⓜ 설탕 : 당이 응고된 단백질을 용해시킴 → 응고온도 상승

② **산에 의한 변성** : 우유에 젖산이 생성되면 pH가 저하되고 카세인 단백질이 응고되어 치즈, 요구르트를 제조 ⭐

③ **효소에 의한 변성** : 레닌(rennin)은 카세인(casein)을 변성시켜서 파라카세인(paracasein)을 형성하고 Ca^{2+} 이온과 결합하여 응고(커드 형성)

④ **단백질의 자가소화** : 동물이 죽으면 글리코겐이 분해되고 젖산이 생성되어 강직현상이 일어남. 산성 중에서 활성을 가진 프로테아제(protease)에 의해 단백질이 분해되어 가용성 단백질, 아미노산, 펩타이드, 수용성 질소화합물이 증가되어 맛이 좋아짐

⑤ **변성단백질의 성질** ⭐ ⭐

   ⊙ 생물학적 기능 상실

   ⓛ 용해도 감소

   ⓒ 반응성 증가

   ⓔ 분해효소에 의한 분해 용이

   ⓜ 결정성의 상실

   ⓗ 이화학적 성질 변화

(7) 효소

① **정의** : 생체의 여러 화학반응을 촉진 또는 지연시키는 생체촉매. 효소는 기본적으로 단백질로 서 단순단백질인 경우와 복합단백질인 경우가 있음. 복합단백질로 된 효소를 완전효소라고 하고 단순단백질의 아포효소, 비단백질의 조효소로 구성. 조효소는 분자량이 적고 열에 안정하며 효소작용에 직접 관여하는 부분(apoenzyme + coenzyme = holoenzyme)

② **효소반응에 영향을 주는 인자** ⭐

　㉠ 온 도
- 온도가 상승함에 따라 반응속도가 증가하지만 일정 온도 이상 상승하면 효소단백질이 열변성되어 반응속도는 감소
- 효소반응은 생체온도에서 작용하므로 30~40℃에서 최대 활성을 보임

　㉡ pH
- 최적 pH : 대체로 중성 pH
- 강산성이나 강알칼리성 pH에서 단백질은 변성이 되는 동시에 효소작용은 완전히 상실

　㉢ 효소농도와 기질농도
- 효소반응 E + S $\rightleftarrows$ ES → E + P에서 기질(S)의 농도가 일정하면 초기에는 효소의 농도에 비례하여 반응이 직선적으로 증가하나, 반응이 진행함에 따라 기질이 소모되므로 반응속도는 점차 늦어지게 됨

　㉣ 효소활성저해제
- 효소작용을 억제하는 물질을 저해제(inhibitor)라 부르며, 이 현상을 저해작용이라 함
- 경쟁적 저해 : 기질과 구조가 유사한 화합물은 효소의 활성중심과 경합하여 효소작용을 억제하므로 효소반응은 저해되며 이러한 물질을 경쟁적 저해제라고 하고 이에 의해 효소반응이 저해되는 현상

③ **효소의 분류**

　㉠ 산화 · 환원효소(oxidoreductase) : 수소원자, 전자를 주고받으며 기질에 산소원자의 첨가반응을 촉매

　㉡ 전이효소(transferase) : 특정한 원자단 또는 기를 다른 기질에 전이하는 반응을 촉매

　㉢ 가수분해효소(hydrolase) : 물 분자의 개입으로 기질의 공유 결합을 가수분해하는 반응을 촉매

　㉣ 원자단 분리효소(lyase) : 기질에서 원자단을 제거하는 반응을 촉매

　㉤ 이성화 효소(isomerase) : 분자 내의 이성화 반응을 촉매

　㉥ 합성효소(ligase) : ATP와 같은 고에너지 화합물을 이용하여 2개의 분자를 결합시키는 반응을 촉매

(1) 무기질의 기능

① 신체 조직의 구성 성분

    ㉠ 칼슘(Ca) : 뼈, 치아 구성

    ㉡ 인(P) : 유기화합물과 결합하여 핵단백질 및 인지질의 구성성분이 되는 동시에 ATP의 구성 성분으로서 생물체의 대사에 관여 ☆

② 완충작용(buffer action) : 혈액의 pH를 7.3~7.5로 일정하게 유지

③ 체내 삼투압 조절

④ 근육과 신경의 기능 유지

⑤ 촉매적 기능

    ㉠ Fe, Cu, Zn, I, S, P, Mo 등 : 효소의 구성성분

    ㉡ K, Na, Cu, Mg, P, Zn, Co : 효소계의 촉매로서 작용

⑥ 산 · 알칼리의 평형

(2) 산성 식품과 알칼리성 식품 ☆

① 산성 식품

    ㉠ 생성 원소 : P, S, Cl, Br, I

    ㉡ 식품 : 곡류, 대두를 제외한 두류, 육류, 어류

② 알칼리성 식품

    ㉠ 생성 원소 : Ca, Fe, Mg, Na, K

    ㉡ 식품 : 과실류, 채소류, 해조류

(3) 산도와 알칼리도

① 산도 : 식품 100g을 연소시켜 얻은 회분의 수용액을 중화시키는 데 필요한 0.1 N NaOH의 mL수

② 알칼리도 : 식품 100g을 연소시켜 얻은 회분의 수용액을 중화시키는 데 필요한 0.1 N HCl의 mL수

(4) 식품의 가공 조리 중 무기질의 변화

① 구울 때 : 거의 변화가 없음

② 찔 때 : 생선 10~30%, 채소 0~50%

③ 삶을 때 : 생선 15~25%, 채소 25~50%

    ㉠ 철분 손실률 : 생선 · 고기 50~75%, 채소 30~50%

    ㉡ 구리 손실률 : 생선 · 고기 50~70%, 채소 30~50%

    ㉢ 요오드 손실률 : 23~80%

(1) 정 의

생체 내에서 적은 양으로 정상적인 성장과 건강을 유지시켜 주는 영양조절소로서, 인체 내에서 합성하지 못하므로 식품으로부터 섭취해야 하는 필수영양소

(2) 비타민의 역할

① 성장촉진
② 소화기관의 정상적인 작용
③ 신경의 안정성 유지
④ 조효소로서 체내 대사작용 조절
⑤ 질병에 대한 저항성 등의 기능

(3) 주요 비타민의 기능 ⭐ ⭐

구 분		화학명	조효소	기 능	결핍증
수용성 비타민 (모세혈관에서 흡수 · 이동)	B₁	thiamine	TPP	항각기성 인자, 에너지대사	각기병, 신경염
	B₂	riboflavin	FMN, FAD	성장촉진인자, 에너지대사	피부증상, 성장 정지, 구순 · 구각염
	B₆	pyridoxine	PLP	항피부염인자, 단백질대사	피부증상(장내세균)
	B₁₂	cobalamin	cobamide	항빈혈성 인자	악성빈혈
	niacin	nicotinic acid	NAD, NADP	항펠라그라인자 (트립토판으로부터 합성됨), 당질산화	펠라그라(사람), 흑설병(개)
	판토 텐산	pantothenic acid	CoA	탄수화물, 지질대사	피부증상(닭)
	엽 산	folic acid	THF	항빈혈성 인자	거대적아구성 빈혈
	C	ascorbic acid	–	항괴혈성 인자	괴혈병, 출혈, 해독기능 저하
지용성 비타민 (림프구에서 흡수 · 이동)	A	retinol	–	항야맹성 인자	건조성 안염, 야맹증
	D	calciferol	–	항구루병인자	곱추병, 골연화증
	E	tocopherol	–	항불임인자, 천연항산화제	불임증
	K	phylloquinone	–	혈액응고인자	혈액응고시간 연장

(1) 색소원설

물질이 발색하려면 발색단과 조색단을 구비해야 한다는 학설

① **발색단** : 발색의 기본이 되는 원자단

　카보닐기(−CO−), 아조기(−N=N−), 에틸렌기(−C=C−), 니트로기(−NO₂), 니트로소기(−NO),

　티오카보닐기(−CS−)

② **조색단** : 빛의 흡수를 긴 파장 쪽으로 옮기는 효과

　하이드록시기(−OH), 아미노기(−NH₂)

(2) 식품 색소의 분류

① **출처에 따른 분류**

　㉠ 식물성 색소

　　• 지용성 색소 : 클로로필, 카로티노이드

　　• 수용성 색소 : 플라보노이드, 안토시아닌, 베타레인(betalain), 타닌

　㉡ 동물성 색소 : 헤모글로빈, 미오글로빈

② **화학구조에 따른 분류**

　㉠ 테트라피롤(tetrapyrrole) 유도체 : 클로로필, 헤모글로빈, 미오글로빈

　㉡ 이소프레노이드(isoprenoid) 유도체 : 카로티노이드(공액 이중결합 발색단)

　㉢ 벤조피란(benzopyran) 유도체 : 플라보노이드, 안토시아닌

　㉣ 가공색소 : 멜라노이딘, 캐러멜(천연에는 존재하지 않음)

(3) 식물성 식품의 색소

① **엽록소(chlorophyll)**

　㉠ 식물의 녹색을 대표하는 색소

　㉡ 4개의 피롤(pyrrole) 유도체가 메틴기(−CH−)로 연결된 포르피린(porphyrin)에 Mg^{2+} 원

　　자가 결합하여 착염을 이룸

　㉢ chlorophyll a 청록색 : chlorophyll b 황록색 = 2~3 : 1

　㉣ chlorophyll의 분해는 효소와 산에 의해 촉진

　㉤ 금속과의 반응

　　• Cu−chlorophyll : 청록색

　　• Fe−chlorophyll, Zn−chlorophyll : 선명한 갈색

② 카로티노이드(carotinoid)

   ㉠ 카로티노이드계 색소 : 오렌지색, 황색, 황적색 색소

   ㉡ 동·식물성 식품에 널리 분포하며 식물계에는 주로 엽록체 속에 존재

   ㉢ 8개의 이소프렌 단위가 결합하여 형성된 테트라테르펜(tetraterpene)의 기본구조이며 분자 내에는 7개 이상의 짝 이중결합을 가짐

   ㉣ 종류 🟊 🟊

   • 카로티노이드류 : α-카로틴, β-카로틴, γ-카로틴, lycopene

   • 잔토필류(카로틴의 산화생성물) : cryptoxanthin, zeaxanthin, lutein, capsanthin, capsorbin, myxoxanthin, fucoxanthin

   ㉤ 카로티노이드계 색소는 산이나 알칼리에 의하여 파괴되지 않음

③ 플라보노이드(flavonoid)계 색소(anthoxanthins)

   ㉠ 녹엽, 과피, 꽃 등의 황색 계통의 색소 → 식물의 황색 색소를 이루므로 화황소라고도 함

   ㉡ 넓은 의미에서 플라보노이드계 색소에는 anthoxanthins, anthocyanins, tannins 등이 포함되나, 좁은 의미에서는 anthoxanthins만을 의미

   ㉢ 플라보노이드를 함유한 식품을 가열 조리하면 그 배당체는 가수분해되어 당류가 분리되어 노란색이 없어짐

   ㉣ 화학적 성질 🟊 🟊

   • 알칼리에 불안정 : 밀가루에 중조($NaHCO_3$) 섞은 빵 → 황색, 짙은 갈색

   • 감자, 고구마, 양파, 양배추, 쌀을 경수에서 가열 조리 시 → 황색

   • 금속과 반응하여 독특한 색을 가진 불용성 복합체를 만듦 → 녹색, 청갈색, 암청색

④ 안토시안(anthocyan)계 색소 🟊 🔟 🟊 🟊

   ㉠ 안토시안계 색소는 꽃, 과일, 채소류에 존재하는 빨간색, 자색 또는 청색의 수용성 색소들로, 이를 화청소라 함

   ㉡ 배당체인 안토시아닌과 아글리콘인 안토시아니딘과 당류로 분리. anthocyanin → anthocyanidin + sugar

   ㉢ 옥소늄(O^+H_3)의 형태

   ㉣ 화학적으로 불안정하여 pH에 따라서 색이 달라짐 : 산성(적색), 중성(무색~자색), 염기성(청색)

⑤ 타닌(tannin) ⭐36 ⭐38
  ㉠ 식물의 줄기, 잎, 뿌리, 덜 익은 과실과 식물종자 등에서 떫은맛과 쓴맛을 내는 물질
  ㉡ 타닌 그 자체는 원래 색이 없으나 그의 산화생성물은 갈색, 흑색, 홍색을 나타냄
  ㉢ 폴리페놀옥시데이스(polyphenol oxidase)에 의한 산화로 갈변
  ㉣ 차에는 많은 종류의 카테킨과 갈산(gallic acid), 에스테르화된 에피카테킨이 존재
  ㉤ 타닌은 뜨거운 물, 때로는 냉수에서 교질성 입자를 형성
⑥ 베타레인(betalain)계 색소 : 비트에서 추출된 항암 효과가 있는 적색, 황색의 색소 ⭐44

(4) 동물성 식품의 색소

① 미오글로빈(myoglobin, 육색소) ⭐35 ⭐39 ⭐45
  ㉠ 동물체내에서 산소저장체의 작용
  ㉡ heme 1분자에 globin 1분자가 결합한 복합단백질
  ㉢ Fe^{2+}을 함유
    ※ Fe^{3+}를 함유한 미오글로빈을 메트미오글로빈이라 하며 산소와 결합력이 없음
  ㉣ 산화 또는 가열반응에 의해 쉽게 변색
② 헤모글로빈(hemoglobin, 혈색소)
  ㉠ 산소운반체의 작용하므로 산소와 가역적으로 결합하여 산소헤모글로빈(HbO_2)을 형성
  ㉡ globin 1분자와 heme 4분자가 결합한 구조
  ㉢ 화학적 성질은 미오글로빈과 유사

(5) 식품의 갈변

식품의 갈색화 반응은 식품을 가공·저장하는 동안에 광범위하게 일어나는, 즉 식품고유의 색이 변하는 것으로 대부분의 갈색화 반응은 바람직하지 못함
① 효소적 갈변 ⭐38 ⭐39
  ㉠ 폴리페놀 옥시다제(polyphenol oxidase), 모노페놀 옥시다제(monophenol oxidase, tyrosinase라고도 함)
  ㉡ 배나 사과를 깎은 후 공기 중에 두면 폴리페놀류가 퀴논(quinone)으로 산화, 중합하여 흑갈색의 멜라닌(melanin) 생성 ⭐40 ⭐42 ⭐43
  ㉢ 클로로필라아제에 의한 갈변
  ㉣ 효소적 갈변의 방지법 : 효소 제거, 기질에서 효소 분리, 산으로 효소 불활성화, 환원성 물질 첨가, 미생물 이용, 열 처리, 산소 제거

② 비효소적 갈변
  ㉠ 마이야르(maillard) 반응 ⑩
    • 아미노기와 카보닐기가 공존할 때 일어나므로 amino-carbonyl 반응이라고도 함
    • 아미노 화합물 : 유리아미노산, 펩타이드, 단백질
    • 카보닐 화합물 : 유리알데하이드, 케톤기를 가지고 있는 당류, 유지의 산화로 생성된 카보닐 화합물 등
    • 마이야르 반응의 메커니즘 ⑩ ⑭ ㊸
      – 초기단계 : 당과 아미노산이 축합반응에 의해 질소배당체가 형성, 아마도리 전위반응
      – 중간단계 : 아마도리 전위에서 형성된 생산물이 산화, 탈수, 탈아미노반응 등에 의해 분해되어 오존, HMF(hydroxy methyl furfural) 등을 생성하는 반응
      – 최종단계 : 알돌 축합반응, 스트레커 분해반응, 멜라노이딘(갈색) 색소 형성
    • 마이야르 반응에 영향을 미치는 요인
      – 온도 : 온도가 높을수록 반응속도는 빨라짐
      – pH : pH가 높아질수록 갈변이 잘 일어남
      – 수분 : 최적수분함량이 각기 다름
      – 산 소
      – 광선 : 가시광선, 자외선, γ선이 갈변을 촉진
      – 당의 종류 : 5탄당 > 6탄당 > 환원성 2당류(mannose > galactose > glucose)
      – 아미노산의 종류 : glycine이 가장 빠름
      – 금속 용기
  ㉡ 캐러멜(caramel)화 반응 ㊸
    • 당류를 180~200℃의 고온으로 가열했을 때 산화 및 분해산물의 중합 또는 축합으로 생성되는 갈색물질에 의해 착색되는 갈변현상
    • 캐러멜화 반응의 메커니즘
      – 초기단계 : Lobry de Bruyn-Alberda Van Eckenstein 전위
      – 중간단계 : HMF 생성, 휘발성 carbonyl 화합물 형성
      – 최종단계 : 축합, 중합에 의해 휴민(humin) 물질인 캐러멜 생성
    • 캐러멜화 반응의 특징 : pH 2.3~3.0일 때 가장 반응이 일어나기 어려움
  ㉢ 아스코르브산(ascorbic acid)의 산화반응
    • pH가 낮을수록(pH 2.0~3.5) 잘 일어남
    • 감귤류 및 기타 과일주스의 갈변에 중요한 역할을 함
    • 산소의 존재 상관없이 발생

(1) 식물성 식품의 냄새 ⭐ ⭐ ⭐

① 과일의 냄새 · 지방산 ester류, terpene류, 방향족 alcohol : ethylformate(복숭아), amylformate(사과, 복숭아), isoamylformate(배), ethylacetate(파인애플), isoamylisovalerate(바나나) 등

② alcohol 및 aldehyde : ethanol(주류), propanol(양파), pentanol(감자), 3-hexenol(엽채류), 2,6-nonadienal(오이), furfuryl alcohol(커피), cinnamic aldehyde(계피)

③ terpene류 : limonene(오렌지, 레몬), camphene(레몬, 생강), menthol(박하), citral(오렌지, 레몬), thujone(쑥)

④ 함황화합물 : methyl mercaptan(무, 파, 마늘), diallyl disulfide(파, 마늘, 양파), propyl mercaptan(양파), allicin(마늘)

> **TIP**
>
> **티오프로파날-S-옥시드** ⭐
> 최루 성분으로 양파를 자를 때 눈물을 나게 하고, 휘발성이며 수용성이다.

(2) 동물성 식품의 냄새

① 생선의 냄새 : 휘발성 염기태 질소, 휘발성 황화합물

   ㉠ 해산어류의 비린내 : TMA(트리메틸아민), 신선도가 약간 저하된 어류에서 발생 ⭐

   ㉡ 민물어류의 비린내 : 민물고기에는 TMAO가 매우 적거나, 거의 없으므로 죽은 후에 발생되는 냄새는 해산어류와는 달리 피페리딘에 의한 것

② 수육 : 가열 시 알데히드류, 케톤류, 암모니아, 유기산, 황화합물의 지방산화, 캐러멜반응, 마이야르반응

③ 우유 및 유제품

   ㉠ 카보닐화합물(acetone, acetaldehyde), 저급지방산(butyric acid, 버터), 황화합물(methyl sulfide) ⭐ ⭐

   ㉡ 장기간 보관할 때 낡은 고무취(o-aminoacetophenone)

   ㉢ 일광취 : 비타민 C, B$_{12}$의 손실, 품질 저하

> **TIP**
>
> trimethylamine oxide(TMAO)
> → trimethylamine(TMA)

> **TIP**
>
> **버터 냄새 성분**
> diacetyl, acetone

(3) 냄새성분의 변화

① 효소 : 식품 가공 시에 손실되는 향기의 재생 · 강화에 이용, 단일효소가 아니라 복합효소에 의함. lipoxygenase는 산화환원효소의 일종으로 대두제품 특유의 콩냄새를 발생시킴 ☆❹

② 미생물

    ㉠ 미생물 발효 : 독특한 향기(발효식품)

    ㉡ 미생물 부패 : 악취

- 단백질 식품 부패취 : methyl mercaptan, alkane, skatole, 암모니아류
- 식용유지의 산패 : 불포화 aldehyde류의 불쾌취
- 쉰밥 : butyric acid 등의 유기산
- 오래된 지방식품 : 지방산 분해로 생성된 ketone류

③ 가열 조리에 의한 향기성분의 생성

    ㉠ amino-carbonyl(Maillard) : 비효소적 갈색화 반응

    ㉡ 빵

- 이스트 : 아미노화합물 – 알코올류
- 세균 : 유기산류(이스트보다 향기가 강함), 발효에 의해 diacetylalcohol, ester류 생성 → 굽는 동안 소실 → 유기산류 생성

    ㉢ 우유 : 74~75℃로 가열 → H_2S와 휘발성 유황화합물, 유기산(formic acid, acetic acid, propionic acid 등) 형성

09   식품의 맛

(1) 미각의 변화

① 온도에 의한 변화

    ㉠ 10~40℃에서 가장 잘 느끼게 되며, 특히 30℃ 전후에서 가장 예민

    ㉡ 온도가 올라감에 따라 단맛에 대한 반응은 증가하나, 짠맛과 쓴맛에 대한 반응은 감소하고, 신맛은 온도에 크게 영향을 받지 않음

    ㉢ 쓴맛과 단맛은 따뜻할 때 잘 융합하고 신맛과 짠맛은 낮은 온도에서 잘 융합함

② 맛의 대비효과

    ㉠ 맛을 내는 물질에 다른 물질이 섞임으로써 미각이 증가되는 현상(또는 강화현상이라고 함)

    ㉡ 설탕에 소금을 소량(0.15%) 가하면 단맛이 증가

    ㉢ 짠맛 성분에 소량의 신맛 성분을 가하면 짠맛이 증가

③ 맛의 상쇄 : 서로 다른 맛을 내는 물질 2종류를 적당한 농도로 섞어주면 각각의 고유한 맛이 느껴지지 않고 조화된 맛으로 느껴지는 현상(소멸현상)

④ 맛의 상승효과 : 같은 종류의 맛을 가진 2가지 물질을 혼합하였을 경우 각각의 맛보다 훨씬 강하게 느껴지는 현상

⑤ 맛의 변조현상 : 한 가지 맛을 느낀 직후 다른 맛 성분을 정상적으로 느끼지 못하는 현상

⑥ 미맹 : 맛 자체를 전혀 느끼지 못하는 것. phenylthiocarbamide(PTC)는 쓴맛 성분인데 정상적인 사람은 쓴맛을 느끼나, 일부 사람들은 쓴맛을 느끼지 못함

⑦ 단맛 억제물질 : gymnema sylvestre(당살초)라는 잎을 씹은 후 일시적으로 단맛과 쓴맛의 감각을 느낄 수 없게 되는데, gymnemic acid가 단맛을 느끼는 신경부위를 길항적으로 억제하기 때문

(2) 단맛 성분

① 당류 : 포도당, 과당, 설탕(100), 맥아당, 젖당

② 아미노산 : aspartame, glycine, alanine, proline, threonine

③ 당알코올 : sorbitol, mannitol, xylitol

④ 방향족화합물 : glycyrrhizin, phyllodulcin, perillartine

⑤ 함질소화합물 : betaine, TMAO, theanine

(3) 짠맛 성분(염미 성분)

짠맛 성분은 무기 및 유기의 알칼리염으로서 음이온을 의존하고 양이온은 쓴맛을 나타냄

① 무기염 : $NaCl$, KCl, NH_4Cl, NaI

② 유기염 : sodium malate, diammonium malonate, sodium gluconate

(4) 쓴맛 성분(고미 성분) ⭐37 ⭐39 ⭐44 ⭐47

① 분자 내에 ≡N, =N≡N, −SH, −S−S, −S−, −CS−, −SO₂, −NO₂ 등의 원자단

② 쓴맛의 표준물질 : 퀴닌(quinine)

③ 알칼로이드 : caffeine(차 · 커피), theobromine(코코아 · 초콜릿)

④ 배당체 : naringin(감귤류), cucurbitacin(오이꼭지부), quercetin(양파껍질)

⑤ 케톤류 : hop 암꽃(맥주의 쓴맛, humulone, lupulone), ipomeamarone(고구마흑반병), thuzone(쑥)

⑥ 무기염류 및 기타 : 간수($MgCl_2$, $CaCl_2$), 아미노산 (tyrosine, arginine, leucine), 펩타이드

> **TIP**
>
> 감귤의 쓴맛을 제거하는 효소는 나린진나아제(naringinase)이다.

(5) 매운맛 성분 ⭐35 ⭐41 ⭐43

① capsaicin : 고추

② allicin : 마늘, 양파

③ ally isothiocyanate : 흑겨자, 고추냉이, 무

④ cinnamic aldehyde : 계피

⑤ zingerone, shogaol, gingerol : 생강

(6) 감칠맛 성분 ⭐38 ⭐40 ⭐43 ⭐46

① amino acid 및 그 유도체 : monosodium L−glutamate(감칠맛의 대표적 물질, 다시마), glycine (조개, 새우의 감칠맛), glutamine(육류, 어류), theanine(녹차), asparagine(채소), betaine, taurine(문어, 오징어)

② nucleotides : 육류 및 물고기의 감칠맛으로 guanylic acid(GMP)와 inosinic acid(IMP)가 있으며 감칠맛의 강도는 5'−GMP > 5'−IMP > 5'−XMP

③ 기타 감칠맛 성분 : succinic acid(청주, 조개류)

(7) 떫은맛 성분

① 타닌류(tannin)류 : shibuol(감), chlorogenic acid(커피), ellagic acid(밤 내피), catechin(차, 과실), epigallocatechin gallate(찻잎), theanine(녹차)

② 알데히드(aldehyde) : 유리상태의 불포화지방산인 아라키돈산, 클루파노돈산 등과 이의 산화 분해 생성물인 알데히드

(8) 기 타

① 아린맛 : homogentisic acid(토란, 죽순, 우엉) ⭐38 ⭐43

② 알칼리맛 : OH⁻ 이온 맛(나무의 재나 중조)

③ 금속맛 : Fe, Ag, Sn 등의 금속이온 맛(수저나 식기)

④ 교질맛 : 호화전분, amylopectin, pectin(과실), gluten(밀), 다당류(해조류), 식물성 검, 동물성 식품(mucin, mucoid, casein, albumin, gelatin 등)

(1) 정 의

입안에서의 촉감과 관계되는 식품의 물성으로 인체의 감각으로 느낄 수 있는 물리적 성질. 식품의 물성은 식품의 조성이 가장 중요하나 저장, 가공에 의하여 식품 자체의 물성은 달라짐

(2) 식품의 콜로이드

① 식품에 존재하는 영양성분, 효소 등 일부는 물에 녹으나 대부분은 콜로이드 상태로 존재

② 콜로이드의 경우 어느 물질이건 입자의 직경이 $1 \sim 10nm(1nm=10^{-9}m)$이면 교질상태가 될 수 있으며 입자가 콜로이드보다 큰 경우에는 현탁액을 이룸

③ 식품에서 볼 수 있는 콜로이드계는 여러 종류가 있음

④ 콜로이드는 기체, 액체, 고체가 서로 분산되어 이루어질 수 있음

⑤ 식품에서의 분산계

분산질	분산매	교질상태	예
기 체	액 체	거 품	맥주의 거품, 발효 중의 거품
액 체	액 체	유화액	우유, 크림, 마요네즈
고 체	액 체	졸(sol)	전분액, 풀, 젤리
액 체	고 체	고체 sol	버터, 초콜릿, 마가린
고 체	고 체	고체 sol	사탕, 과자

(3) 겔(gel)과 졸(sol) ⭐ ⭐ ⭐

① 겔(gel) : 젤라틴의 망상구조에 물이 분산되어 있는 상태

　㉠ 친수 졸(sol)을 냉각하거나 가열하거나 또는 물을 증발시키면 반고체인 겔(gel)이 됨

　㉡ 젤라틴이나 한천의 뜨거운 용액을 냉각하였을 때 굳는 현상

　　예 과실로 만든 젤리나 잼, 또는 묵

　㉢ 팽윤(swelling) : 건조한 한천이나 아교를 물에 담가두면 흡수하여 다시 겔(gel)화하여 축화된 겔이 용매를 흡수하여 커지는 것

② 졸(sol) : 연속상인 물에 젤라틴 분자가 분산되어 있는 상태

　㉠ 젤리를 가열하면 다시 액화하여 졸이 되므로 졸과 겔은 온도에 의해 가역적으로 생성될 수 있음

　㉡ 졸을 냉각하면 단백질 분자는 인접한 단백질의 분자와 가교결합에 의하여 망상구조를 형성하여 겔을 형성

(4) 유화액(emulsion)

① 분산질과 분산매가 다 같이 액체인 교질상태를 유화액이라 하고 유화액을 이루는 작용을 유화 (emulsification)라 함

② 유화액에는 물 속에 기름이 분산된 수중유적형과 기름에 물이 분산된 유중수적형의 두 가지 형태가 있음 ★ ★ ★

  ㉠ 수중유적형(oil in water ; O/W) : 우유, 마요네즈, 아이스크림

  ㉡ 유중수적형(water in oil ; W/O) : 버터, 마가린

③ 유화액이 두 가지 형태로 나뉘는 조건 : 유화제의 성질, 물과 기름의 비율, 물과 기름의 첨가순서, 전해질의 유무와 그 종류 및 농도, 기름의 성질 등

(5) 식품과 rheology

특유의 촉감(알맞은 경도, 점성, 탄성들의 물리적 성질이 식품 맛에 큰 비중을 줌), 씹힘 등의 감촉 → 액체와 고체에 힘을 가하면 변형이나 유동이 되는데, 이는 물질의 성질 또는 구조로 결정

① 종 류

  ㉠ 점성 : 액체의 흐름에 대한 저항, 성질

  ㉡ 탄성 : 외부에서 힘을 받아 변형된 물체가 외부의 힘을 제거하면 원래 상태로 되돌아가려는 성질

  ㉢ 가소성(plasticity) : 외부압력으로 물질변형 → 힘을 없애도 원형으로 돌아가지 않음 ★

  ㉣ 점탄성 → 탄성변형, 점성 퍼짐을 모두 나타내는 복잡한 성질을 가진 식품

② 성 질

  ㉠ 예사성 : 청국장이나 달걀 흰자 등에 젓가락을 넣어 당겨 올리면 실을 빼는 것과 같이 되는 현상

  ㉡ weissenberg 효과 : 연유 중에 젓가락을 세워서 회전시키면 액체의 탄성에 의해 연유가 젓가락을 따라 올라오는 성질

  ㉢ 경점성 : 점성과 탄성이 복합된 식품의 경도

  ㉣ 신전성 : 국수나 어묵처럼 늘어나는 성질

  ㉤ 항복치 : 물체에 따라 작은 힘으로도 탄성을 나타내나, 큰 힘을 가하면 소성을 나타내는 것 (탄성 → 소성으로 변하는 한계의 힘)

(1) 곡 류

① 쌀 : 글루테닌(glutelin)이 쌀 단백질 중에서 가장 중요하며 이것을 오리제닌(oryzenin)이라 함 ⭐

② 밀

ⓐ 단백질 : 주로 글루텐이며, 글리아딘(42%)과 글루테닌(42%)의 단백질로 구성

ⓑ 구성 아미노산 조성 중에 트립토판(tryptophan), 라이신(lysine), 트레오닌(threonine), 메티오닌(methionine)이 부족

ⓒ 글루텐 함량에 따른 밀가루

- 강력분 : 13% 이상
- 중력분 : 10~13%
- 박력분 : 10% 이하

③ 보 리 ⭐

ⓐ 주단백질 : 호르데인(hordein)

ⓑ 구성 아미노산 중에 라이신, 트립토판, 함황아미노산 함량이 적음

ⓒ 보리에는 미량의 타닌(tannin)이 함유

④ 옥수수 ⭐ ⭐

ⓐ 주단백질 : 제인(zein)

ⓑ 옥수수를 주식으로 하는 경우 트립토판(tryptophan) 결핍으로 니아신 부족을 초래하여 펠라그라의 원인이 됨

⑤ 메 밀

ⓐ 단백질 : 알부민과 글루텔린이 전체 단백질의 80% 정도를 차지

ⓑ 라이신의 함량이 매우 높음

ⓒ 모세혈관을 강화하여 뇌출혈 방지 등의 약효를 가진 루틴(rutin, 비타민 P)을 함유

> **TIP**
>
> **피트산(phytic acid)** ⭐
> 곡류 껍질의 성분으로, 혈당 강하, 변비 해소, 항산화 작용을 하지만 칼슘, 철 등의 체내 흡수를 막는 나쁜 기능도 한다.

(2) 콩 류

① 단백질

ⓐ 주로 글로불린에 속하는데 이를 글리시닌(40%)이라고 함

ⓑ 단백질 급원효과는 크지만, 메티오닌, 시스테인 등이 적음

② 지 질

ⓐ 반건성유로 필수지방산인 리놀레산이 50% 이상이고, 올레산이 35% 정도

ⓑ 인지질은 1.5% 정도이며 대부분이 천연유화제인 레시틴

③ 무기질은 주로 K와 P로서, P는 대부분이 피틴 상태로 존재

(3) 서 류

① 감 자

ⓐ 주단백질 : 글로불린류의 투베린(tuberin)

ⓑ 솔라닌(solanine) : 감자의 싹이나 껍질에는 독성성분

ⓒ 감자 절단면의 갈변 원인 : 티로신(tyrosine), polyphenol류의 티로시나아제(tyrosinase)
에 의한 산화 ★ ㉛ ㉟ ㊵

② 고구마

ⓐ 주단백질 : 이포메인(ipomein)

ⓑ β-카로틴을 많이 함유

ⓒ 저장 : 13℃에서 습도 85~90%

ⓓ 얄라핀(jalapin) : 고구마를 절단하면 보이는 백색 유액으로 미숙한 것에 많음 ㊸

ⓔ 고구마의 갈변 원인 : 폴리페놀옥시데이스(polyphenol oxidase)에 의한 산화

영양보충

제한아미노산 ㉟ ㊵ ㊶ ㊹

필수아미노산 중 필요량에 비해 가장 부족한 아미노산으로 대개 라이신, 트립토판, 트레오닌, 메티오닌이 해당된다.

- 곡류의 제한아미노산 : 라이신, 트레오닌 → 콩밥, 팥밥으로 보충
- 소고기, 돼지고기의 제한아미노산 : 메티오닌
- 채소의 제한아미노산 : 메티오닌 → 견과 섞은 샐러드로 보충
- 콩의 제한아미노산 : 메티오닌 → 콩밥, 쌀밥으로 보충

---

12 동물성 식품

(1) 육 류

① **단백질** : 근육단백질은 육장단백질(알부민, 글로불린)과 육기질단백질(콜라겐, 엘라스틴)로 구성

② **지질** : 주로 중성지방으로 지방산은 팔미트산, 스테아르산(소고기의 주성분), 올레산(돼지기름) 등

③ **탄수화물** : 식육류의 대표적인 탄수화물은 글리코겐으로 근육과 간장에 저장되며 식육류의 색은 주로 근육색소인 미오글로빈과 혈색소인 헤모글로빈에 의함

(2) 어패류

① **단백질** : 어피단백질은 콜라겐과 엘라스틴으로 구성. 어육단백질은 미오신이며, 미오겐도 약간 존재

② **지질** : 불포화지방산과 포화지방산의 비율이 80 : 20으로 구성

③ **무기질** : P, S가 많고 Cu, Zn, Co, I 등도 함유

④ **사후 변화** : 식육류에서와 같이 사후경직 후 강직해제 상태로 신선도가 떨어짐. 자기분해(자가소화, autolysis), 미생물의 작용에 의해 변질 또는 부패

(3) 난 류

① **단백질** : 난백에는 항균작용이 있는 라이소자임(lysozyme), 오브알부민(ovalbumin)이 있음. 난황은 지단백질, 인단백질, 리베틴 등을 함유

② **지질** : 난백에는 지질이 거의 없으나 난황의 인지질은 레시틴(천연유화제)과 리보비텔린, 세팔린이며, 콜레스테롤이 난황에 집중적으로 존재 ⭐ ⭐

③ **탄수화물** : 난백에는 당단백질인 오보뮤신에 다당류가 결합되어 있고, 난황에는 미량의 포도당, 마노스, 갈락토스가 유리상태로 존재

④ **무기질** : 난백에는 P와 S가 존재하고 난황에는 다량의 P가 함유

(4) 우 유

① **단백질**
  ㉠ 주로 카세인이며 pH 4.6에서 응고하여 침전 ⭐ ⭐
  ㉡ 유청단백질 : 락토글로불린과 락토알부민으로 열에 의해 쉽게 변성, 응고
  ㉢ 메티오닌이 약간 부족

② **지질** : 대부분 중성 지방이며, 인지질 콜레스테롤 등도 함유

③ **탄수화물** : 우유의 탄수화물은 4~5% 정도로서 대부분 젖당으로 존재

④ **무기질**
  ㉠ 우유 중의 주요한 회분은 K, Na, Ca, Mg, Cl, P, S 등
  ㉡ Fe 및 Cu가 적게 함유된 것이 결점

⑤ **비타민** : 지용성 비타민과 B군이 고르게 함유

CHAPTER 01 적중예상문제

01 식품에 존재하는 자유수의 성질로 옳은 것은?

① 용매로 작용하지 못한다.

② −5~0℃에서 동결한다.

③ 식품의 구성성분과 이온결합되어 있다.

④ 미생물의 번식과 발아에 이용되지 않는다.

⑤ 화학반응에 관여하지 않는다.

해설 자유수의 성질
- 자유수는 보통 형태의 물의 성질을 나타낸다.
- 용질(염류, 당류, 수용성 단백질)에 대하여 용매로 작용한다.
- 식품을 건조시키면 쉽게 제거되며, 100℃에서 증발하는 형태의 물이다.
- 0℃ 이하로 냉각시키면 동결된다.
- 미생물의 번식, 발아에 이용 가능한 물이다.
- 비열, 표면장력, 점성이 크다.
- 비중은 4℃에서 제일 크다.
- 화학반응에 관여한다.

결합수의 성질
- 용질에 대해서 용매로 작용하지 못한다.
- 보통의 물보다 밀도가 크다.
- 100℃ 이상 가열하여도 증발되지 않는다.
- 식품조직을 압착하여도 제거되지 않는다.
- 0℃ 이하의 저온에서도 잘 얼지 않는다(보통 −80℃에서 언다).
- 식품에서 미생물의 번식과 발아에 이용되지 않는다.
- 식품성분인 단백질, 탄수화물 등과 결합되어 있다.
- 화학반응에 관여하지 않는다.

정답 01 ②

02 다음은 등온흡습 · 탈습곡선에서 제2영역에 대한 설명이다. 틀린 것은?

> 가. 카보닐기, 아미노기 같은 이온그룹과 강하게 이온 결합된 결합수가 존재하는 영역
> 나. 건조식품 품질의 안전성이 최적인 영역
> 다. 여러 가지 화학반응, 효소에 의한 반응, 미생물 증식이 일어남
> 라. 물 분자는 다분자층을 형성

① 가, 나, 다
② 가, 다
③ 나, 라
④ 라
⑤ 가, 나, 다, 라

해설 A · B · C영역
- 제1영역 : 수분이 식품성분과 단단히 결합하여 단분자층을 형성, 카보닐기, 아미노기 같은 이온그룹과 강하게 이온 결합된 결합수가 존재하는 영역
- 제2영역 : 다분자층 흡착, 여러 기능기와 수소 결합, 수분은 결합수 상태, 건조식품의 안전성 및 저장성이 최적인 영역
- 제3영역 : 식품조직의 미세한 모세관에 모관 응축, 수분은 자유수, 여러 가지 화학반응, 효소에 의한 반응, 미생물 증식이 일어남

출제유형 35, 39

03 미생물이 생장하는 데 수분활성이 영향을 준다. 높은 수분활성을 필요로 하는 것부터 순서대로 표시한 것은?

① 세균 > 곰팡이 > 효모
② 세균 > 효모 > 곰팡이
③ 곰팡이 > 효모 > 세균
④ 효모 > 세균 > 곰팡이
⑤ 곰팡이 > 세균 > 효모

해설 수분활성도
- 보통 세균 : 0.91
- 보통 효모 : 0.88
- 보통 곰팡이 : 0.80
- 내건성 곰팡이 : 0.65
- 내삼투압성 효모 : 0.60

02 ② 03 ② 정답

04 유지 중의 수산기(–OH)의 양을 나타낸 것은?

① 폴렌스케가   ② 산 가

③ 아세틸가   ④ 과산화물가

⑤ 요오드가

> **해설** 아세틸가
> 유지 속에 존재하는 수산기(–OH)를 가진 hydroxy산의 함량을 표시하여 주는 값이다.

05 15%의 수분과 10%의 소금을 함유한 식품의 A_w는?(단, 분자량은 H_2O : 18, NaCl : 58.5이다)

① 0.98   ② 0.90

③ 0.85   ④ 0.83

⑤ 0.80

> **해설** 일반적으로 식품의 수증기압은 순수한 물의 수증기압보다 작으므로 A_w는 1 이하이다.
>
> $$A_w = \frac{\text{물의 몰수}}{\text{용액의 전몰수(물의 몰수 + 용질의 몰수)}} = \frac{\frac{15}{18}}{\frac{15}{18} + \frac{10}{58.5}} = 0.83$$

06 식품의 수분활성도를 낮게 만드는 방법으로 옳은 것은?

> 가. 건조시킨다.
> 나. 설탕을 첨가한다.
> 다. 식염을 첨가한다.
> 라. 온도를 높인다.

① 가, 나, 다   ② 가, 다

③ 나, 라   ④ 라

⑤ 가, 나, 다, 라

> **해설** 온도가 높아지면 수분활성도도 높아진다.

07 cellulose가 이루고 있는 결합의 형태는?

① α-1,4 글리코시드 결합

② α-1,6 글리코시드 결합

③ β-1,4 글리코시드 결합

④ β-1,6 글리코시드 결합

⑤ α-1,1 글리코시드 결합

해설 섬유소(cellulose) 결합은 β-1,4 결합(β-glucose끼리 C_1과 C_4의 위치에서 결합)으로 이루어졌다.

08 전분의 노화속도에 영향이 적은 요인은?

① 온 도

② 조리시간

③ 수분함량

④ 전분분자 종류

⑤ pH

해설 노화되기 쉬운 조건은 수분함량 30~60%, 저장온도 0~5℃, 높은 아밀로오스 함량 등이며, 유화제의 첨가는 전분분자들의 침전 또는 결정질의 형성을 방지하므로 노화를 억제한다.

출제유형 46

09 포도당(glucose)으로만 구성된 다당류는?

① 글리코겐

② 이눌린

③ 펙 틴

④ 글루코만난

⑤ 헤미셀룰로스

해설 ① 글리코겐 : 포도당의 α-1,4 결합 및 α-1,6 결합

② 이눌린 : 과당의 중합체

③ 펙틴 : 갈락투론산의 중합체

④ 글루코만난 : 포도당과 마노스의 중합체

⑤ 헤미셀룰로스 : 여러 종류의 당으로 구성

07 ③ **08** ② **09** ① 정답

10 다음은 전분을 이루고 있는 아밀로오스(amylose)와 아밀로펙틴(amylopectin)에 대한 설명이다. 옳은 것은?

> 가. 아밀로오스(amylose)는 포도당이 α-1,4 결합을 되풀이하여 사슬모양으로 중합되어 있으며 전체적으로 나선상의 구조를 이루고 있다.
> 나. β-amylase에 의해 가수분해되면 maltose가 형성된다.
> 다. 아밀로펙틴은 β-아밀라아제에 의해서 완전히 분해되지 않는다.
> 라. 노화·호화가 비교적 어렵다.

① 가, 나, 다
② 가, 다
③ 나, 라
④ 라
⑤ 가, 나, 다, 라

해설 아밀로오스(amylose)와 아밀로펙틴(amylopectin)의 함량은 전분의 노화에 영향을 미치는 인자 중 하나인데, 일반적으로 아밀로오스의 함량이 많은 전분은 노화가 더 빨리 일어난다.
β-amylase는 식물의 아밀로오스, 아밀로펙틴의 포도당사슬 비환원말단부위로부터 시작하여 매 두 번째 α-1,4 글루코시드 결합을 가수분해하는 효소이다. 아밀로오스의 경우 β-amylase에 의해 가수분해되어 말토오스만 생성되지만, β-amylase는 α-1,6 결합을 절단하는 활성은 없으므로 아밀로펙틴의 경우 말토오스와 더불어 나머지 아밀로펙틴말단이 그대로 존재한다.

11 새우나 게의 껍질을 이루는 성분으로 질소를 함유한 다당류는?

① 키틴(chitin)
② 이눌린(inulin)
③ 갈락토만난(galactomannan)
④ β-글루칸(β-glucan)
⑤ 리그닌(lignin)

해설 게, 새우, 가재 등의 갑각류와 곤충 등 하등동물의 골격조직에는 chitin이 탄산칼슘에 의하여 강화되며, 겉껍질을 구성하는 성분은 N-acetylglucosamine이다.

12 설탕과 거의 같은 감미도를 가지면서 혈압 상승과 충치 예방, 당뇨 환자용 감미료로 사용되는 당알코올은?

① 만노스(mannose)

② 이노시톨(inositol)

③ 맥아당(maltose)

④ 과당(fructose)

⑤ 자일리톨(xylitol)

> **해설** 자일리톨(Xylitol)
> 당알코올(sugar alcohol)로서, 설탕과 거의 같은 감미도를 가지고 있지만 설탕에 비해 칼로리가 상대적으로 낮다. 당뇨병 환자의 설탕 대용 감미료로 이용되고 있으며, 충치 원인균에 의해 분해되지 않아 충치 예방용으로도 많이 사용된다.

13 전분의 아밀로오스 함량을 비교하기 위해 요오드용액을 사용하면 발색이 되는 이유는?

① 아밀로오스 말단에 요오드가 결합하여 발색한다.

② 요오드가 전분입자 표면을 둘러싸서 빛을 선택적으로 투과하기 때문이다.

③ 아밀로오스와 아밀로펙틴이 결합된 부분에 요오드가 포접화합물을 만들기 때문이다.

④ 아밀로오스 나선형 구조 속에 요오드가 포접화합물을 만들기 때문이다.

⑤ 아밀로오스 막대형 구조 때문이다.

> **해설** 아밀로오스는 나선형 구조를 하고 있으므로 그 내부의 공간에 다른 화합물이 들어가서 내포화합물을 형성할 수 있다. 특히 요오드분자들과 내포화합물을 형성하여 특유한 정색반응을 나타낸다.

14 동물성 식품에 함유된 저장 탄수화물은?

① 갈락탄(galactan)

② 글루칸(glucan)

③ 글리코겐(glycogen)

④ 글루코스(glucose)

⑤ 글루타티온(glutathione)

> **해설** 근육 중에 존재하는 당질은 주로 글리코겐이고 포도당, 과당, 갈락토스, 이노시톨을 미량 함유하고 있다.

12 ⑤ 13 ④ 14 ③ **정답**

15 설탕을 단맛의 표준물질로 삼는 가장 큰 이유는?

① 설탕에 대해 기호도가 높기 때문

② 가장 쉽게 구할 수 있는 당류이기 때문

③ 단맛이 가장 강하기 때문

④ 이성질체가 없기 때문

⑤ 용해도가 크기 때문

> **해설** ④ 설탕은 α, β의 이성체가 존재하지 않으며 이성화되지도 않는다.
>
> 당류의 단맛의 크기
>
> 과당 > 설탕 > 포도당 > 엿당 > 젖당

16 갈변반응 중 당에 의해서만 일어나는 반응은?

① 마이야르(maillard) 반응

② 스트렉커 중합반응

③ 캐러멜화 반응

④ 폴리페놀 산화반응

⑤ 알돌 축합반응

> **해설** 캐러멜화 반응은 아미노화합물 등이 존재하지 않는 상황에서 주로 당류의 가열에 의한 산화 및 분해산물에 의한 갈색화 반응을 보인다.

17 다음 탄수화물 중에 겔을 형성할 수 없는 것은?

① 아밀로오스

② 펙 틴

③ 한 천

④ 전 분

⑤ 아밀로펙틴

> **해설** 겔을 형성할 수 있는 탄수화물은 긴 분자의 형태를 갖는 것으로 아밀로오스나 아밀로오스를 갖는 전분, 펙틴질, 검물질의 겔 형성제이다.

정답 15 ④ 16 ③ 17 ⑤

18 다음 중 전분의 호화에 관한 설명으로 가장 옳은 것은?

① α화 전분을 상온에 방치할 때 β화 전분으로 되돌아가는 현상

② 전분에 묽은 산을 넣고 가열하였을 때 가수분해되어 당화되는 현상

③ 전분용액에 아밀라아제를 가한 뒤, 최적온도를 유지시켰을 때 당화되는 현상

④ 160~170℃로 가열하였을 때, 여러 단계의 가용성 전분을 거쳐 덱스트린으로 분해되는 현상

⑤ 전분에 물을 넣고 가열했을 때, 전분 알맹이가 물을 흡수하고 팽윤되어 70~75℃에서 점도가 큰 콜로이드 용액이 되는 현상

해설 전분에 물을 넣고 가열하면 온도가 올라감에 따라 전분의 분산액은 점도가 매우 큰 투명한 콜로이드 용액을 형성하며, 농도가 클 때나 냉각하였을 때는 반고체의 겔을 형성한다. 이런 현상을 호화라 한다.

19 다음 중 육류의 근육에서 사후경직과 관계가 있는 당으로 옳은 것은?

① 덱스트린(dextrin)

② 갈락토스(galactose)

③ 포도당(glucose)

④ 글리코겐(glycogen)

⑤ 전분(starch)

해설 근육에 있는 당질은 주로 글리코겐이다. 동물은 도살된 후 근육에 들어 있는 효소작용에 의하여 근육의 조성 및 성상에 변화가 있다. 도살된 직후의 근육은 굳게 수축되는 경직현상이 일어나나, 그 후 차차 수축이 풀려서 연화된다. 사후경직에 이르는 시간은 소동물일수록 짧다. 소는 사후 24시간, 돼지는 12시간, 닭은 2시간 정도다.

18 ⑤ **19** ④ **정답**

20 아밀로오스에 대한 설명으로 옳은 것은?

① 용해도가 낮다.

② 나뭇가지형 구조이다.

③ 요오드 반응에서 적자색을 나타낸다.

④ 포도당의 $\alpha-1,4$ 글리코시드 결합으로 구성되어 있다.

⑤ 찰옥수수는 아밀로오스만으로 구성되어 있다.

해설 아밀로오스
- $\alpha-1,4$ 결합, 직선형
- 요오드 반응 청색, 수용액에서 노화
- 용해도 높음, 호화 · 노화 쉬움, 가열 시 불투명

21 다음 중 유당의 특성으로 맞는 것은?

> 가. 포도당과 갈락토스가 결합된 2당류이다.
> 나. 유산균이 번식하여 젖산이 생성된다.
> 다. 단맛을 가지고 있으며 맥아당보다 덜 달다.
> 라. 용해성 당 중에서 용해도가 가장 높다.

① 가, 나, 다

② 가, 다

③ 나, 라

④ 라

⑤ 가, 나, 다, 라

해설 우유 중의 젖당은 젖산발효균에 의하여 분해되어 젖산을 형성한다. 우유 속 칼슘의 40~50%는 용액상태 또는 카세인, 인산과 결합하여 교질상태로 있다. 유당은 용해성이 낮다.

정답 20 ④ 21 ①

22 난소화성 다당류의 급원식품과 연결이 올바른 것은?

① 칡 – 만난(mannan)

② 돼지감자 – 이눌린(inulin)

③ 곤약 – 아가(agar)

④ 돼지고기 – 키틴(chitin)

⑤ 요구르트 – 펙틴(pectin)

해설 이눌린(inulin)은 국화과와 백합과의 뿌리나 줄기에 있는 다당류이다. 그중 돼지감자의 54%는 이눌린으로 이눌린 함량이 가장 많은 식품이다. 이눌린은 콜레스테롤 개선과 변비 개선, 식후 혈당억제의 효과가 있어 천연 인슐린이라고도 불린다.

23 아미노산의 아미노기가 환원당의 카보닐기와 축합하여 갈색 색소를 생성하는 반응은?

① 아스코르브산에 의한 갈변반응

② 마이야르 반응

③ 캐러멜화 반응

④ 폴리페놀에 의한 산화반응

⑤ 닌히드린 반응

해설 마이야르 반응은 아미노산, 아민, 펩타이드, 단백질 등이 당류, 알데하이드류, 케톤류 등과 반응하여 갈색물질을 생성하는 아미노기와 카르보닐기에 의한 갈색화 반응이기에 amino-carbonyl 반응이라 하며, 비효소적 갈색화 반응이다.

24 염류에 의해 변성된 단백질 식품은?

① 두 부

② 도토리묵

③ 젤라틴

④ 호상요구르트

⑤ 삶은 달걀

> **해설** 두 부
>
> 대두로 만든 두유를 70℃ 정도에서 두부응고제인 황산칼슘($CaSO_4$) 또는 염화마그네슘 ($MgCl_2$)을 가하여 응고
> 시킨 것이다.

출제유형 41

25 당류의 가수분해로 생성되는 물질을 잘못 연결한 것은?

① 라피노스 – 포도당 + 갈락토스 + 과당

② 유당 – 포도당 + 갈락토스

③ 맥아당 – 포도당 + 포도당

④ 설탕 – 포도당 + 과당

⑤ 말토트리오스 – 포도당 + 포도당

> **해설** ⑤ 말토트리오스(maltotriose)는 포도당 3개가 연결된 3당류이다.

출제유형 35

26 식품의 수분활성에 대한 설명으로 옳은 것은?

① 식품이 나타내는 수증기압과 그 온도에서의 순수한 물의 수증기압의 비

② 자유수와 결합수의 비

③ 식품표면으로부터 단위시간당의 수분의 증발량

④ 자유수의 수증기압을 해당 온도에서 식품이 나타내는 수증기압으로 나눈 값

⑤ 식품을 냉장하여 물의 활성도를 나타낸 값

> **해설** 식품의 수분활성도란 그 식품이 나타내는 수증기압을 그 온도에서 순수한 물의 수증기압으로 나눈 것을 말한다.

정답 24 ① 25 ⑤ 26 ①

27 마이야르 반응에 영향을 미치는 요인으로 잘못된 것은?

① 온도가 높을수록 반응속도는 빨라진다.

② pH가 낮아질수록 갈변이 잘 일어난다.

③ 산소는 반응에 영향을 미치는 요인 중 하나이다.

④ 가시광선과 자외선은 갈변을 촉진한다.

⑤ 금속용기는 갈변반응을 촉진한다.

해설 마이야르 반응은 pH가 높아질수록 갈변이 잘 일어난다.

28 이눌린을 구성하며, 케톤기를 갖는 당은?

① 포도당

② 만노스

③ 갈락토스

④ 셀로비오스

⑤ 과 당

해설 과당(fructose)은 대표적인 케토스(환원기로서 케톤기를 갖는 단당류)이며, 이눌린(과당 중합체)을 구성한다.

29 다음 중 유지의 자동산화가 가장 쉽게 일어날 수 있는 지방산은?

① 카프릴산(caprylic acid)

② 리놀렌산(linolenic acid)

③ 올레산(olecic acid)

④ 팔미트산(palmitic acid)

⑤ 스테아르산(stearic acid)

해설 유지의 자동산화 초기단계에서 리놀렌산, 이소리놀레산 등이 쉽게 산화되는 지방산이다.

27 ② **28** ⑤ **29** ② **정답**

30 유지가 잘 산패되는 경우는?

① 헤마틴 화합물이 제거된 경우

② 수분활성도(A_W)가 0.2~0.3을 유지할 경우

③ 구리 등 중금속이 존재할 경우

④ 자외선이 차단된 경우

⑤ 공기와의 접촉이 차단된 경우

해설 산패에 영향을 주는 인자

산소 분압, 효소(특히 lipoxygenase), 클로로필, 금속이온(특히 Cu, Mn, Fe), 햇빛(특히 자외선), 온도, 수분(A_W 에서 0.2~0.3 안정), 헴화합물

31 다음 중 유지의 유지기간 설정에 기준으로 사용되는 것은?

① 비누화가(saponification value)

② 요오드가(iodine value)

③ 아세틸가(acetyl value)

④ 과산화물가(peroxide value)

⑤ 산가(acid value)

해설 과산화물가란 산가와 함께 유지의 산패 정도를 판정하는 지표로서 유지 1kg에서 생성된 과산화물의 mg당량으 로 표시한다. 신선한 유지의 과산화물가는 10 이하이다.

32 식용유를 여러 번 사용하면서 튀김을 하는 중 유지의 산패도를 측정한 결과치가 '증가 → 감 소'를 보였다. 이러한 유지의 산패도 측정에 사용된 실험법은?

① 과산화물가   ② TBA가

③ 요오드가   ④ 카르보닐가

⑤ 검화가

해설 과산화물가

과산화물가는 가열에 따라 증가하다가 다시 감소하는 경향을 보인다. 그 이유는 비교적 고온에서 행해지는 튀 김 과정 중에서 과산화물의 형성 속도 못지않게 분해 속도도 가속화되어 과산화물이 축적되지 않기 때문이다. 그래서 초기에는 과산화물이 생성되어 증가하다가 산패가 진행됨에 따라 분해되는 양상을 보인다.

정답 30 ③ 31 ④ 32 ①

33 다음 중 레시틴(lecithin)에 대한 설명으로 옳은 것은?

① 아세톤에 녹는다.

② 유화제로 사용된다.

③ 뜨거운 알코올에 녹지 않는다.

④ 분자 중에 소수성인 콜린기를 가지고 있다.

⑤ 글리세롤, 지방산, 인산, 에탄올아민으로 구성되어 있다.

> **해설** 레시틴은 두 개의 지방산을 함유하며, 양성물질이므로 유화제로 사용된다. 에테르, 뜨거운 알코올에 잘 녹으나
> 아세톤에는 거의 녹지 않는다.

34 유지의 가수분해에 의한 산패에 대한 설명으로 옳은 것은?

① 리파아제에 의해 일어난다.

② 산 첨가에 의해 일어나지 않는다.

③ 알칼리 첨가에 의해 일어나지 않는다.

④ 유지 중에 녹아있는 산소에 의해 일어난다.

⑤ 고급지방산 함량이 높은 유지에서 잘 일어난다.

> **해설** **가수분해에 의한 산패**
> 유지가 산, 알칼리, 과열증기, 리파아제에 의하여 분해되는 것으로 저급지방산이 많을수록 커지고, 고급지방산
> 이 많을수록 적어진다.

출제유형 47

35 동물의 피부, 뼈, 치아, 연골 등의 결합조직을 구성하는 섬유상 단백질은?

① 미오신

② 글라이딘

③ 오리제닌

④ 콜라겐

⑤ 액 틴

> **해설** 콜라겐(collagen)은 대부분의 동물, 특히 포유동물에서 많이 발견되는 섬유상 단백질로, 피부와 연골 등 체내의
> 모든 결합조직의 대부분을 차지한다.

33 ② 34 ① 35 ④ 정답

36 숙성된 육류의 주된 감칠맛 성분은?

① EPA(eicosapentaenoic acid)

② XMP(xanthosine monophosphate)

③ ATP(adenosine triphosphate)

④ HDL(High Density Lipoprotein)

⑤ IMP(inosine monophosphate)

해설 육류 및 물고기의 감칠맛으로 guanylic acid(GMP)와 inosinic acid(IMP)가 있다. 감칠맛의 강도는 5'-GMP > 5'-IMP > 5'-XMP 이다.

37 다음 중 검화에 대한 설명으로 옳은 것은?

① 유지방의 검화가는 크다.

② 콜레스테롤은 검화물이다.

③ 불포화도가 높을수록 검화가가 크다.

④ 검화가는 지방산의 분자량에 비례한다.

⑤ 검화가는 유지 1g을 검화하는 데 요하는 KOH의 g수이다.

해설 검화가란 유지 1g을 비누화하는 데 필요한 KOH의 mg수로 지방산의 분자량에 반비례한다. 유지방은 검화가가 크며, 콜레스테롤은 검화되지 않은 불검화물이다.

38 아미노산의 양전하 수와 음전하 수의 전체 합이 0이 될 때의 pH는?

① 임계점

② 응고점

③ 어는점

④ 등전점

⑤ 비등점

해설 **등전점(Isoelectric point)**
양전하와 음전하를 동시에 지닐 수 있는 분자가 포함하는 양전하 수와 음전하 수가 같아져서 전체 전하의 합이 0이 되는 pH이다.

39 곡류의 껍질에 풍부하게 함유된 성분으로 칼슘과 철의 체내 흡수를 낮추는 작용을 하는 것은?

① 투베린(tuberin)

② 피트산(phytic acid)

③ 헤마글루티닌(hemmaglutinin)

④ 테오브로민(theobromine)

⑤ 쇼가올(shogaol)

해설 **피트산(phytic acid)**
곡류 껍질의 성분으로, 혈당강하, 변비해소, 항산화 작용을 하지만 칼슘, 철 등의 체내 흡수를 막는 나쁜 기능도 한다.

40 다음은 유화제에 대한 내용이다. 옳은 것은?

가. 친수성기와 소수성기를 모두 가지고 있는 지방질이다.
나. 유중수적형(W/O)의 예로는 마요네즈, 마가린, 버터 등이다.
다. 난황에 함유되어 있는 레시틴은 극성이 강하여 유화력이 우수한 인지질이다.
라. 기름 속에 물이 분산되어 있는 유화형태를 수중유적형(O/W)이라고 한다.

① 가, 나, 다

② 가, 다

③ 나, 라

④ 라

⑤ 가, 나, 다, 라

해설 지방의 유화에는 두 가지 형태가 있다. 물 속에 기름의 입자가 분산되어 있는 수중유적형(oil in water type ; O/W)으로 우유, 아이스크림, 마요네즈가 있고, 기름 속에 물이 분산되어 있는 유중수적형(water in oil type ; W/O)으로 버터, 마가린 등이 있다.

39 ② 40 ② 정답

41 다음은 유지의 발연점을 저하시키는 요인들이다. 옳은 것은?

> 가. 기름의 표면적이 좁을 때
> 나. 정제도가 높을 때
> 다. 유리지방산 함량이 적을 때
> 라. 튀김 횟수가 많을 때

① 가, 나, 다
② 가, 다
③ 나, 라
④ 라
⑤ 가, 나, 다, 라

해설 발연점은 유지를 가열할 때 유지의 표면에서 엷은 푸른 연기가 발생할 때의 온도를 말한다. 발연점은 기름의 표면적이 넓어질수록, 유리지방산의 함량이 많을수록, 지방 이외의 이물질이 존재할수록, 사용횟수가 증가할수록 낮아지게 된다.

출제유형 45

42 유화작용을 하는 인지질은?

① 레시틴(lecithin)
② 콜레스테롤(cholesterol)
③ 트랜스페린(transferrin)
④ 비텔린(vitellin)
⑤ 뮤신(mucin)

해설 레시틴은 인지질의 일종으로, 친유성을 가진 지방산기와 친수성을 가진 인산과 콜린 부분을 가지고 있어서 물과 유지를 혼합시켜주는 유화제 역할을 한다.

정답 **41** ④ **42** ①

43 다음은 항산화제에 대한 설명이다. 옳은 것은?

> 가. 카보닐화합물의 생성속도를 억제하여 준다.
> 나. hydroperoxide가 분해되는 것을 억제하여 준다.
> 다. hydroperoxide의 생성속도에는 별 효과가 없다.
> 라. 자동산화의 유도기간을 연장시켜 준다.

① 가, 나, 다
② 가, 다
③ 나, 라
④ 라
⑤ 가, 나, 다, 라

해설 유지의 산화속도를 억제하여 산패의 발생을 가져오는 시간, 즉 유도기간을 연장해주는 물질이 항산화제이다. 항산화제는 hydroperoxide의 생성속도를 억제하여 주나 그 분해속도 또는 카보닐화합물의 형성 속도에는 무관하다.

출제유형 44, 47

44 기름을 발연점 이상으로 가열 시 푸른 연기와 함께 자극적인 냄새가 발생한다. 이 냄새의 성분은?

① 아크롤레인
② 아크릴아마이드
③ 벤조피렌
④ 니트로사민
⑤ 다이옥신

해설 아크롤레인(Acrolein)
발연점을 넘긴 기름에서는 글리세롤이 분해되어 발암물질인 아크롤레인을 생성하면서 자극적인 냄새가 난다.

43 ④ **44** ① 정답

45 아미노산의 구조와 성질에 대한 설명으로 옳은 것은?

① 글리신 : 부제탄소가 없는 아미노산

② 글루탐산 : 중성 아미노산

③ 시스테인 : 방향족 아미노산

④ 아르기닌 : 산성 아미노산

⑤ 알라닌 : 함황 아미노산

해설 ① 글리신 : 부제탄소가 없는 유일한 아미노산
② 글루탐산 : 산성 아미노산
③ 시스테인 : 함황 아미노산
④ 아르기닌 : 염기성 아미노산
⑤ 알라닌 : 중성 아미노산

46 유지의 굴절률에 대한 설명 중 틀린 것은?

가. 식용유지는 1.45~1.47의 굴절률을 나타낸다.
나. 요오드가가 높은 것은 굴절률이 낮다.
다. 유지의 식별을 위해 유용한 방법이다.
라. 저급지방산이 많은 유지는 굴절률이 높다.

① 가, 나, 다

② 가, 다

③ 나, 라

④ 라

⑤ 가, 나, 다, 라

해설 유지는 일반적으로 1.45~1.47의 굴절률을 나타낸다. 동일한 유지일 경우 산가와 비누화가가 높은 것일수록 굴절률이 낮다. 즉, 불포화도가 클수록, 유지분자의 지방산 잔기의 탄소수가 증가함에 따라 굴절률도 증가한다.

정답 **45** ① **46** ③

47 리놀레산의 C 탄소수 : 이중결합수로 옳은 것은?

① $C_{18 : 1}$

② $C_{18 : 2}$

③ $C_{18 : 3}$

④ $C_{20 : 2}$

⑤ $C_{20 : 3}$

해설 리놀레산($C_{18 : 2}$, ω-6)

두 개의 이중결합을 가지는 불포화지방산으로 필수지방산이다. 콜레스테롤의 혈관 침착을 방지하여 동맥경화증 예방 효과가 있고, 결핍되면 피부염을 일으킨다.

48 다음 중 쇼트닝성이 가장 좋은 지방산은?

① 고급 포화지방산

② 저급 포화지방산

③ 이중결합이 세 개인 불포화지방산

④ 이중결합이 두 개인 불포화지방산

⑤ 이중결합이 한 개인 불포화지방산

해설 유지의 쇼트닝성은 케이크나 쿠키 제조 시 글루텐의 성질을 약화시켜 연화되는 성질을 이용한다. 이러한 성질은 이중결합이 많을수록 친수성 부분에 닿는 면이 커지므로 유리하다.

49 유지의 불포화도를 나타내는 척도로 건성유, 불건성유, 반건성유를 분리하는 것은?

① 산 가

② 검화가

③ 과산화물가

④ 요오드가

⑤ 비누화값

해설 요오드가는 유지 100g에 결합되는 요오드의 g수이며, 유지의 불포화도를 나타내는 척도이다. 요오드가가 높은 기름은 융점이 낮고, 반응성이 풍부하고, 산화되기 쉽다.

47 ② **48** ③ **49** ④ **정답**

50 포화지방산에 대한 설명 중 옳은 것은?

> 가. 지방산의 분자 내에 이중결합을 가지고 있지 않은 지방산
> 나. 탄소수가 증가함에 따라 융점이 높아지고 용해도와 휘발성이 감소
> 다. 상온에서 쉽게 산화되지 않고, 수소 첨가도 할 수 없음
> 라. 탄소수가 많은 지방산을 가지는 지방일수록 상온에서 액체 상태임

① 가, 나, 다
② 가, 다
③ 나, 라
④ 라
⑤ 가, 나, 다, 라

해설 포화지방산은 탄소수가 4개인 부티르산에서 30개의 멜리스산까지 있으며 탄소수가 증가함에 따라 물에 녹기 어려우며, 녹는점은 탄소수의 증가에 따라 상승한다.

출제유형 46

51 유지의 산패 정도 판정 중 산가로 측정하는 성분은?

① 요오드
② 과산화물
③ 부티르산
④ 유리지방산
⑤ 휘발성지방산

해설 산 가
산가는 유지의 산패 정도를 판정하는 지표로, 유지 1g에 함유된 유리지방산을 중화하는 데에 필요한 KOH의 mg수이다. 식용유지의 산가는 1.0 이하가 좋다.

정답 50 ① 51 ④

52 단백질의 3차 구조를 안정시키는 주요한 결합방법이 아닌 것은?

① 수소결합

② S–S결합

③ van der waals 힘

④ 금속결합

⑤ 정전기적결합

해설 **단백질의 3차 구조의 안정**
3차 구조의 안정화 요인은 곁사슬 간 또는 주사슬과 곁사슬 간의 상호작용으로 수소결합, 정전기적인력, 소수성 상호작용, 시스테인잔기 간의 S–S결합 등인데, 특히 소수성 상호작용이 가장 크게 기여한다.

53 다음은 밀가루에 대한 설명이다. 잘못된 것은?

① 강력분의 글루텐 함량은 8~11%이다.

② 식빵이나 마카로니 제조에 이용되는 밀가루는 강력분이다.

③ 강력분의 습부량(wet 글루텐)은 35% 이상이다.

④ 케이크, 튀김, 카스텔라 등의 식품에는 박력분을 사용한다.

⑤ 중력분의 글루텐 함량은 10~13%이다.

해설 밀가루는 글루텐 함량에 따라 세 가지로 분류된다. 글루텐 함량이 13% 이상인 것을 강력분, 10~13%인 것을 중력분, 10% 이하를 박력분이라 한다.

54 2가 철(Fe^{2+})이 3가 철(Fe^{3+})로 산화되었을 때의 색소는?

① 옥시미오글로빈

② 메트미오글로빈

③ 설프미오글로빈

④ 메트헤모글로빈

⑤ 니트로소미오글로빈

해설 메트미오글로빈(Fe^{3+}) $\underset{\text{산화}}{\overset{\text{환원}}{\rightleftarrows}}$ 미오글로빈(Fe^{2+}) $\underset{\text{환원}}{\overset{\text{산소화}}{\rightleftarrows}}$ 옥시미오글로빈(Fe^{2+})

52 ④ **53** ① **54** ② 정답

55 단백질 정색반응 중 펩타이드 사슬이 두 개 이상 있을 때 반응하여 보라색을 띠는 것은?

① 뷰렛반응

② 밀론반응

③ 파울리반응

④ 닌히드린반응

⑤ 크산토프로테인반응

> **해설** ② 밀론반응 : 티로신 확인 반응
> ③ 파울리반응 : 히스티딘 및 티로신의 발색 반응
> ④ 닌히드린반응 : 아미노산의 검출 및 정량에 이용
> ⑤ 크산토프로테인반응 : 단백질 정색반응 중 하나로, 티로신, 페닐알라닌 등의 잔기를 진한 질산으로 니트로화하면 황색으로 정색하고, 알칼리성으로 하면 등황색이 됨

56 다음은 제한아미노산에 대한 설명이다. 옳은 것은?

① 인체에 유해하여 섭취를 제한해야 할 아미노산

② 필수아미노산 이외에 제한적으로 섭취해야 할 아미노산

③ 식품 내에 아미노산 중 함량이 가장 많아 섭취량의 한계를 결정하는 필수아미노산

④ 식품 내 아미노산 중 함량이 적어 전체 효율을 결정하는 필수아미노산

⑤ 인체 내에서 제한적으로 합성이 되는 아미노산

> **해설** 제한아미노산
> 필수아미노산 중 필요량에 비해 가장 부족한 아미노산으로 대개 라이신, 트립토판, 트레오닌, 메티오닌이 해당된다.

57 밀가루의 제한아미노산이며, 염기성 아미노산인 것은?

① 류 신

② 라이신

③ 티로신

④ 메티오닌

⑤ 발 린

> **해설** ② 라이신 : 필수아미노산으로 밀가루, 쌀 등 곡류의 제한아미노산이며 염기성 아미노산
> ① 류신 : 중성 아미노산
> ③ 티로신 : 방향족 아미노산
> ④ 메티오닌 : 함황 아미노산
> ⑤ 발린 : 중성 아미노산

58 pH 4.6에서 용해도가 최소인 단백질은?

① 오리제닌

② 락트알부민

③ 카세인

④ 글로불린

⑤ 미오신

> **해설** 카세인은 우유의 주요 단백질로, 등전점인 pH 4.6 부근에서 침전하는 등 산성의 pH 영역에서 용해도가 급격하게 감소한다.

59 인단백질에 속하는 것은?

① 뉴클레오히스톤(nucleohistone)

② 오보뮤신(ovomucin)

③ 카세인(casein)

④ 헤모글로빈(hemoglobin)

⑤ 리포비텔린(lipovitellin)

> **해설** 인단백질에는 카세인과 비텔린 외에도 비텔레닌, 포스비틴 등이 있으며, 동물성 식품에 주로 존재한다.

57 ② **58** ③ **59** ③ **정답**

60 황(S)을 가지고 있는 아미노산만으로 짝지어진 것은?

① 라이신(lysine), 메티오닌(methionine)

② 페닐알라닌(phenylalanine), 글리신(glycine)

③ 시스테인(cysteine), 글루타민(glutamine)

④ 라이신(lysine), 글루타민(glutamine)

⑤ 시스테인(cysteine), 메티오닌(methionine)

해설 함황 아미노산

시스틴, 시스테인, 메티오닌

61 어육의 자가소화(autolysis)의 원인은?

① 세균의 작용에 의해 일어난다.

② 어육 내에 존재하는 효소에 의해 일어난다.

③ 어육 내에 존재하는 염류에 의해 일어난다.

④ 어육 내에 존재하는 유기산에 의해 일어난다.

⑤ 공기 중의 산소에 의해 일어난다.

해설 사후경직 후의 근육은 시간의 경과와 더불어 연화된다. 육조직 중에 있는 효소에 의하여 육단백질이 분해된다. 이런 경우 육의 자체분해를 자가소화라 한다.

62 과일이 익으면 조직이 연해진다. 이때 작용하는 효소는?

① 아밀라아제(amylase)

② 아스코르브산산화효소(ascorbic acid oxidase)

③ 셀룰라아제(cellulase)

④ 폴리갈락투로나아제(polygalacturonase)

⑤ 폴리페놀옥시데이스(polyphenol oxidase)

해설 폴리갈락투로나아제는 펙틴을 가수분해하는 효소로서 채소나 과실의 연화에 작용한다.

정답 60 ⑤ 61 ② 62 ④

63 효소는 어떤 물질로 구성되어 있는가?

① 탄수화물

② 단백질

③ 인지질

④ 당지질

⑤ 중성 지방

해설 효소는 일종의 단백질로 단순단백질로 이루어진 것과 복합단백질로 되어 있는 경우가 있다.

64 효소에 대한 설명 중 맞는 것은?

① 감귤류의 쓴맛을 제거하는 데 사용되는 효소는 글루코스이성화효소이다.

② 포도당으로 과당을 제조할 때 말타아제를 사용한다.

③ 전분은 카탈라아제에 의해서 덱스트린으로 변화된다.

④ 과산화효소는 쌀의 신선도를 측정하는 데 사용되는 효소이다.

⑤ 오이에는 펙티나아제가 많이 함유되어 있다.

해설 과산화효소(peroxidase)는 곡류의 신선도를 알기 위해서 활성을 측정하는 경우 사용된다. 식물체에서 카탈라아제는 산화대사에서 생성된 과량의 H_2O_2를 제거하는 능력을 가지고 있다.

출제유형 44

65 오이김치는 익어가면서 갈색을 띠는데, 그 원인색소는?

① 페오피틴

② 클로로필린

③ 카로티노이드

④ 안토시아닌

⑤ 피코시아닌

해설 오이를 김치로 담갔을 때 시간이 흐름에 따라 갈색을 띠게 된다. 그 이유는 발효에 의하여 생성된 젖산이나 초산이 클로로필에 작용하여 페오피틴을 형성하기 때문이다.

66 **오징어나 낙지의 먹물 성분은?**

① 멜라닌
② 구아닌
③ 페오포르바이드
④ 크립토잔틴
⑤ 베타라인

해설 오징어나 낙지의 먹물 성분은 단백질의 일종인 멜라닌 색소이다.

67 **효소반응에 대한 설명으로 옳은 것은?**

① 초기 반응속도는 효소의 농도와 상관없다.
② 한 종류의 기질에 작용하는 기질특이성을 보인다.
③ 반응생성물이 축적됨에 따라 반응속도가 빨라진다.
④ pH가 높을수록 반응속도가 빨라진다.
⑤ 반응속도는 온도와 무관하다.

해설 ① 초기에는 효소의 농도에 비례하여 반응이 직선적으로 증가하나, 반응이 진행함에 따라 기질이 소모되므로 반응속도는 점차 늦어지게 된다.
③ 반응생성물이 축적됨에 따라 반응속도가 느려진다.
④ 모든 효소에는 최적 pH가 있는데 대체로 중성 pH 범위에 있다.
⑤ 온도가 상승함에 따라 반응속도가 증가하지만 일정온도 이상 상승하면 효소단백질이 열변성되어 반응속도는 감소한다.

68 **다음 중 효소에 의한 식품의 변색현상에 해당되는 것은?**

① 사과를 잘라서 공기 중에 두었을 때 갈변하는 것
② 게나 가재를 가열했을 때 적색으로 되는 것
③ 빵을 구울 때 갈색으로 변하는 것
④ 김이 저장 중에 색깔을 잃는 것
⑤ 오이지의 색깔이 숙성 중 녹황색으로 변하는 것

해설 ① 산화효소에 의하여 페놀 화합물이 갈색물질로 변하기 때문이다.

정답 **66** ① **67** ② **68** ①

69 provitamin A로서 가장 효력이 큰 것은?

① α-카로틴

② β-카로틴

③ γ-카로틴

④ lycopene

⑤ xanthophyll

해설 β-카로틴은 2개의 β-ionone 핵을 가지고 있으며 다른 것에 비해 비타민 A로서의 효력이 2배가 된다.

70 트립신저해제를 함유한 식품은?

① 콩 류

② 곡 류

③ 어 류

④ 육 류

⑤ 채소류

해설 날콩에는 단백질의 소화·흡수를 방해하는 트립신저해제가 있다.

71 양배추, 오이, 당근 등 식물성 식품에 많이 함유되어 있는 효소는?

① 말타아제(maltase)

② 펙티나아제(pectinase)

③ 리파아제(lipase)

④ 리폭시다아제(lipoxidase)

⑤ 아스코르브산산화효소(ascorbic acid oxidase)

해설 비타민 C는 아스코르브산산화효소에 의하여 데히드로아스코르브산으로 산화된다. 생체조직 중에서는 이 반응이 가역적이지만 식품 중에는 데히드로아스코르브산이 불안정하여 산화가 더 진행되며 호박, 당근, 오이에 특히 많다.

72 콜라겐(Collagen)에 전혀 함유되어 있지 않은 필수아미노산은?

① 글리신(glycine)

② 프롤린(proline)

③ 알라닌(alanine)

④ 류신(leucine)

⑤ 트립토판(tryptophan)

> 해설 collagen은 ① · ② · ③ · ④ 외에 valine, phenylalanine, methionine, serine 등을 함유하고 있다.

출제유형 37, 41

73 효소와 기질의 연결이 잘못된 것은?

① trypsin - 단백질

② α-amylase - 전분

③ cellulase - cellulose

④ lactase - lactose

⑤ invertase - inulin

> 해설 inulin은 inulase에 의해 과당으로 분해된다. invertase는 sucrose를 포도당과 과당으로 가수분해하는 효소이다.

출제유형 45

74 저칼로리 감미료로 사용되는 단당류의 유도체는?

① 글루코사민(glucosamine)

② 소르비톨(sorbitol)

③ 글루쿠론산(glucuronic acid)

④ 갈락토사민(galactosamine)

⑤ 갈락투론산(galacturonic acid)

> 해설 소르비톨(sorbitol)
> 당알코올의 일종으로, 포도당이나 과당이 환원된 것으로 과실 중에 존재한다. 주로 비타민 C, L-sorbose의 합성원료로서 이용되며, 비만증 · 당뇨병 환자를 위한 감미료로 사용되는데 소화흡수가 잘 되지 않는 단점이 있다.

정답 **72** ⑤ **73** ⑤ **74** ②

75 과일을 차갑게 했을 때 단맛이 강해지는 이유로 옳은 것은?

① 과일 속의 포도당이 저온상태에서 α형이 증가하여
② 과일 속의 포도당이 저온상태에서 β형이 증가하여
③ 과일 속의 과당이 저온상태에서 α형이 증가하여
④ 과일 속의 과당이 저온상태에서 β형이 증가하여
⑤ 과일 속의 설탕이 저온상태에서 증가하여

해설 과일 속에 있는 과당은 α형과 β형이 같이 있고 이 둘은 온도변화에 따라 농도가 변하게 된다. 온도가 내려가면 β형 과당의 양이 증가하고, 온도가 올라가면 α형 과당이 증가하는데 β형 과당이 α형 과당보다 3배 정도 단맛이 강하다.

76 동물의 혈액 및 장기에 들어 있는 성분으로 효소작용을 활성화하는 것은?

① Mn
② Co
③ P
④ F
⑤ Ca

해설 망간(Mn)은 동물체내에서 효소작용을 보조하는 역할을 하며 곡류, 콩류 중에 많다.

77 칼슘(Ca)의 생리작용이 아닌 것은?

① 뼈 · 치아의 구성
② 혈액의 알칼리화
③ 혈액의 응고작용
④ 조혈작용
⑤ 신경의 안정작용

해설 칼슘(Ca)은 뼈대의 형성, 신경의 흥분성 억제, 효소의 활성화 등의 중요한 역할을 한다.

78 다음 중 두부 응고 단백질은?

① 글리시닌(glycinin)

② 락토글로불린(lactoglobulin)

③ 미오신(myosin)

④ 오리제닌(oryzenin)

⑤ 제인(zein)

해설 ② 우유, ③ 근육, ④ 쌀, ⑤ 옥수수에 해당한다.

출제유형 42

79 다음 중 겔(gel) 상태의 식품이 아닌 것은?

① 젤리

② 묵

③ 된장국

④ 양갱

⑤ 딸기잼

해설 ③ 된장국은 졸(sol) 상태의 식품이다.

출제유형 44

80 고구마에 흑반병이 생기면 쓴맛이 나는데, 그 원인성분은?

① 쇼가올

② 알리신

③ 쿠쿠르비타신

④ 퀘르세틴

⑤ 이포메아마론

해설 이포메아마론(ipomeamarone)
흑반병(검은무늬병)에 걸린 고구마는 쓴맛이 나는 이포메아마론이라는 독소가 생긴다.

정답 **78** ① **79** ③ **80** ⑤

81 우유로 치즈를 만들 때 관여하는 단백질은?

① 젤라틴

② 카세인

③ 락토페린

④ 락트알부민

⑤ 리포비텔리닌

해설 우유에 젖산이 생성되면 pH가 저하되고 카세인 단백질이 응고되어 치즈, 요구르트가 제조된다.

82 다음은 갈변반응에 대한 설명이다. 옳은 것은?

> 가. 식품을 가공, 저장하는 중에 가장 흔히 일어나는 효소적 갈변반응을 아미노–카르보닐반응이
> 라고 한다.
> 나. 과실이나 채소의 가공 시 아미노–카르보닐반응을 억제시키기 위해 데치기 조작을 한다.
> 다. 공기의 유통이 잘되는 다공성 용기에 식품을 보관하면 효소적 갈변반응을 효과적으로 방지할
> 수 있다.
> 라. 캐러멜화 반응은 고온에서 탈수, 분해, 중합 등의 반응을 거쳐 갈색 색소가 생성된다.

① 가, 나, 다

② 가, 다

③ 나, 라

④ 라

⑤ 가, 나, 다, 라

해설 아미노–카르보닐반응은 가장 흔히 일어나는 비효소적 갈변반응이다. 과실이나 채소의 가공 시 데치기 조작을
하면 효소가 불활성화되어 효소적 갈변반응이 억제된다. 기밀하게 밀폐된 용기에 식품을 넣어서 공기를 제거하
면 갈변반응을 억제할 수 있다. 페놀화합물이 폴리페놀 산화효소의 촉매하에 o–디페놀이 된 다음 o–퀴논이 되
는 것은 효소적 갈변반응이다.

81 ② 82 ④ 정답

83 유도지질로 옳은 것은?

① 왁 스

② 레시틴

③ 스쿠알렌

④ 중성지방

⑤ 스핑고미엘린

해설 지질의 분류
- 단순지질 : 중성지방, 왁스
- 복합지질 : 인지질(레시틴, 스핑고미엘린), 당지질, 지단백질, 황지질
- 유도지질 : 지방산, 스테롤(콜레스테롤, 에르고스테롤), 고급1가 알코올, 스쿠알렌, 지용성 비타민, 지용성 색소

84 비타민 B₂를 알칼리성에서 광분해시키면 생성되는 물질은?

① 루미플라빈(lumiflavin)

② 루미크롬(lumichrome)

③ 퀴논(quinone)

④ 티오크롬(thiochrome)

⑤ 히드록시퀴논(hydroxyquinone)

해설 비타민 B₂는 열에는 안정하고 광선에 불안정하여 약산성~중성에서는 루미크롬, 알칼리성에서는 루미플라빈이라는 형광물질이 생성된다.

정답 83 ③ 84 ①

85 동물성 식품에 존재하는 색소는?

① 미오글로빈

② 페오피틴

③ 베타라인

④ 안토잔틴

⑤ 카로티노이드

해설 미오글로빈(myoglobin)

근세포 속에 있는 헤모글로빈과 비슷한 헴단백질로 적색 색소를 함유하고 있어 조류나 포유류의 근육을 붉게 염색하는 물질이다.

86 단백질의 열변성에 대해 바르게 설명한 것은?

가. 소화율을 향상시키고, 유해단백질이나 효소작용의 저해물질을 파괴한다.
나. 수분은 열변성과 관련성이 적다.
다. 보통 60~70℃에서 일어나며, 10℃ 상승할 때 알부민은 20배 정도의 반응속도가 상승한다.
라. 등전점에서 열변성이 억제된다.

① 가, 나, 다

② 가, 다

③ 나, 라

④ 라

⑤ 가, 나, 다, 라

해설 단백질식품을 가열하면 연해지는 동시에 수분을 방출한다. 가용성 단백질을 가열하면 변성되어 불용성이 되어 응고하는데 불용성 단백질은 가열하면 변성되어 가용성이 된다.

87 수용성 비타민의 특성으로 옳은 내용은?

> 가. 체내에 저장되지 않으므로 필요량을 매일 섭취해야 한다.
> 나. 전구체가 존재한다.
> 다. 조리 시에 손실이 크므로 빠른 시간 내에 조리 가공해야 한다.
> 라. 체내에서 지방과 함께 흡수되며, 림프계를 통해 이송된다.

① 가, 나, 다
② 가, 다
③ 나, 라
④ 라
⑤ 가, 나, 다, 라

해설 수용성 비타민은 비타민 B_1, B_2, B_6, B_{12}, 니아신, 판토텐산, 엽산, 비오틴, 비타민 C 등이 있다.

88 카로티노이드에 대한 설명 중 옳은 것은?

① 구조의 차이에 의하여 카로틴류와 잔토필로 나누어진다.
② 무색 또는 연한 황색을 나타낸다.
③ β-카로틴은 결정형일 때는 주황색이지만 용해되면 진한 홍색으로 변한다.
④ 결정형의 카로티노이드는 체내에서 흡수가 잘 된다.
⑤ 카로티노이드는 수용성이므로 조리 중에 변색이 심하게 일어난다.

해설 카로티노이드계 색소 중에서 프로비타민 A가 되는 것은 구조상 α-카로틴, β-카로틴, r-카로틴 및 크립토잔틴이다. 이들 중 비타민 A로서의 효력은 β-카로틴이 가장 크나, 일반적으로 카로티노이드의 이용률은 30% 정도에 불과하다.

정답 87 ② 88 ①

89 다음은 비타민 K에 대한 설명이다. 옳은 것은?

> 가. 혈액응고인자로 작용한다.
> 나. 이뇨작용에 관여한다.
> 다. 생체 내의 저장능력이 아주 적다.
> 라. 임상적으로 비타민 K에 대한 결핍증은 나타나지 않는다.

① 가, 나, 다
② 가, 다
③ 나, 라
④ 라
⑤ 가, 나, 다, 라

해설 간은 비타민 K의 주요저장소이지만 전환속도가 빨라 체내 저장능력은 매우 적다. 또한 장내 미생물에 의해 합성이 가능하므로 결핍증이 잘 나타나지 않지만, 신생아는 장내가 무균상태이므로 결핍증이 일어날 수 있고 비타민 K가 흡수되지 못하여 결핍증이 일어날 수 있다.

90 천연단백질을 물리적 · 화학적으로 처리하여 얻은 유도단백질은?

① 젤라틴
② 글로불린
③ 히스톤
④ 프롤라민
⑤ 알부미노이드

해설 유도단백질
- 제1차 유도단백질(변성단백질) : 응고단백질, 젤라틴, 파라카세인, 프로티안, 메타프로테인
- 제2차 유도단백질(분해단백질) : 프로테오스, 펩톤, 펩타이드

89 ② 90 ① 정답

91 적양배추를 식초에 절였을 때 용출되는 붉은 색소는?

① 안토시아닌
② 플라보노이드
③ 제아잔틴
④ 미오글로빈
⑤ 아스타잔틴

해설 적양배추에 함유된 안토시아닌 색소는 화학적으로 불안정하여 pH에 따라서 색이 달라지는데 산성에서는 적색, 중성에서는 무색~자색, 염기성에서는 청색을 나타낸다.

92 다음 중 carboxylase 조효소의 구성성분이 되는 비타민은?

① 리보플라빈(riboflavin)
② 레티놀(retinol)
③ 티아민(thiamine)
④ 토코페롤(tocopherol)
⑤ 니아신(niacin)

해설 thiamine, pyrophosphate는 당질대사에 중요한 역할을 한다.

93 클로로필리드(chlorophyllide)에 대한 내용으로 옳은 것은?

① 지용성 물질로 물에 잘 녹지 않는 짙은 녹색 물질이다.
② 공액이중결합으로 이루어진 긴 탄소사슬의 발색단을 가지고 있는 물질이다.
③ 클로로필이 클로로필라아제의 작용을 받아 생기는 물질이다.
④ 광선조사에 의해서 생성되는 녹갈색 물질이다.
⑤ 클로로필 분자 중의 마그네슘이온(Mg^{2+})이 구리이온(Cu^{2+})으로 치환된 것이다.

해설 알칼리의 농도가 높을 때에는 클로로필리드의 메틸에스테르 그룹도 가수분해되어 메틸알코올이 떨어져 나가고 짙은 초록색의 수용성인 클로로필린이 형성된다.

정답 **91** ① **92** ③ **93** ③

94 미역에 많이 함유된 점성다당류는?

① 알긴산(alginic acid)

② 이눌린(inulin)

③ 구아검(guar gum)

④ 잔탄검(xanthan gum)

⑤ 카라기난(carrageenan)

해설 알긴산(alginic acid)

미역, 다시마 등 갈조류 세포벽의 점액질 다당류 성분이다.

95 Ca-P의 비율을 조성해주는 비타민은?

① 비타민 D

② 비타민 A

③ 비타민 C

④ 비타민 B$_1$

⑤ 비타민 K

해설 비타민 D는 Ca과 P의 흡수 및 체내 축적을 돕고 조직 중에서 Ca과 P을 결합시켜 $Ca_3(PO_4)_2$의 형태로 뼈에 침착시키는 작용을 촉진한다.

96 토란의 미끈미끈한 점액질의 성분은?

① 테타닌

② 호모젠티스산

③ 이포메아마론

④ 갈락탄

⑤ 쇼가올

해설 갈락탄

탄수화물과 단백질이 결합한 복합다당체로 혈중 중성지방 및 콜레스테롤 감소에 효과적이다.

94 ① 95 ① 96 ④ 정답

97 다음 엽록소에서 phytol과 Mg이 제거된 구조는?

① 포르피린(porphyrin)

② 플로로글루시놀(phloroglucinol)

③ 페오피틴(pheophytin)

④ 클로로필리드(chlorophyllide)

⑤ 페오포르비드(pheophorbide)

> 해설 클로로필은 산이 있을 때 포르피린 환에 결합한 Mg이 수소이온과 치환되어 녹갈색의 페오피틴을 형성한다. 엽록소에 계속 산이 작용하면 pheophorbide라는 갈색의 물질로 가수분해된다.

출제유형 35, 42, 45

98 햄이나 소시지를 가열하여도 붉은색을 유지하는 색소는?

① 헤모글로빈(hemoglobin)

② 옥시헤모글로빈(oxyhemoglobin)

③ 메트헤모글로빈(methemoglobin)

④ 메트미오글로빈(metmyoglobin)

⑤ 니트로소미오글로빈(nitrosomyoglobin)

> 해설 육류의 색이 갈색의 메트미오글로빈(Met, Mb)으로 변색되는 것을 방지하기 위하여 육류가공 때 질산염 및 아질산염을 사용하는데 질산염이 NO(일산화질소)로 변한 다음 이것이 니트로소미오글로빈을 형성하여 공기에 의한 산화를 방지하는 동시에 선명한 빨간색을 가진다.

99 provitamin A로 전환될 수 있는 물질은 분자구조에 무엇을 가져야 하는가?

① α−ionone ring

② β−ionone ring

③ γ−ionone ring

④ γ−pyrene

⑤ benzopyrene

> 해설 비타민 A의 구조는 β−ionone 핵과 Isoprene 사슬로 되어 있는데, β−ionone 핵을 가지고 있는 carotenoid 색소는 비타민 A로 전환되기 때문에 provitamin A이다.

정답 **97** ⑤ **98** ⑤ **99** ②

100 클로로필의 설명 중 옳지 않은 것은?

① 클로로필라아제에 의해 가수분해된다.

② 알칼리에 의해 변화되면 클로로필린을 생성한다.

③ Cu, Mg 등의 금속이온과 가열하면 안정한 녹색색소를 띠게 된다.

④ 수용성 색소로서 식물체의 잎에 많이 존재한다.

⑤ 엽록소를 약산으로 처리하면 갈색의 페오피틴을 형성한다.

해설 클로로필은 지용성으로서 지방이나 유기용매에 녹는다.

101 유지 가열 시 푸른 연기가 발생하기 시작하는 온도는?

① 인화점

② 연소점

③ 발연점

④ 등전점

⑤ 발화점

해설 발연점
유지를 가열할 때 온도가 상승하여 지방이 분해되어 푸른 연기가 나기 시작하는 시점을 말한다.

102 커피의 주된 타닌(tannin) 성분은?

① ellagic acid

② chlorogenic acid

③ catechin

④ phloroglucinol

⑤ shibuol

해설 ② 커피의 수렴성은 coffeic acid와 quinic acid가 축합한 chlorogenic acid에 의한다.
① 밤의 속껍질의 떫은맛
③ 녹차의 떫은맛
④ 커피의 떫은맛
⑤ 미숙한 감의 떫은맛

100 ④ **101** ③ **102** ② 정답

103 새우, 게 등을 가열하면 생기는 빨간 색소로 옳은 것은?

① 멜라닌(melanin)　　　　　　② 크립토잔틴(cryptoxanthin)

③ 아스타신(astacin)　　　　　　④ 플라빈(flavin)

⑤ 안토시아닌(anthocyanin)

해설 새우, 게 등의 갑각류에는 아스타잔틴(astaxanthin)이 함유되어 있으며 원래 붉은색이나 동물조직 내에서 단백질과 결합하여 청록색을 나타낸다. 그러나 가열하면 단백질이 변성하여 아스타잔틴(astaxanthin)은 유리되어 붉은색인 아스타신(astacin)이 된다.

104 토마토의 붉은색은 주로 무슨 색소에 의해서 나타나는가?

① 카로티노이드　　　　　　　　② 헤모글로빈

③ 엽록소　　　　　　　　　　　④ 타 닌

⑤ 시아닌

해설 카로티노이드는 당근에서 처음 추출하였으며 등황색, 황색 혹은 적색을 나타내는 지용성의 색소들이다.

105 버터의 향기성분으로 가장 옳은 것은?

① 4-vinylguaiacol　　　　　　　② methylmercaptan

③ trimethylamine　　　　　　　④ vanillin

⑤ diacetyl

해설 우유와 버터의 향기성분은 저급지방산과 아세톤이 주체를 이루고 있고, 특히 버터의 향기성분은 다이아세틸과 아세톤으로 이루어진다.

106 양파의 주된 향기성분은?

① 알칼로이드　　　　　　　　　② 질소화합물

③ 저급 지방산　　　　　　　　　④ 유기산

⑤ 휘발성 황화합물

해설 양파의 향기성분이 되는 각종 휘발성 황화합물은 그 선구물질인 알리인(alliin) 분해과정에서 형성된다.

정답 **103** ③ **104** ① **105** ⑤ **106** ⑤

107 미맹인 경우 쓴맛을 느끼지 못하는 물질은?

① phenylthiocarbamide ② phenyl hydrazine

③ disodium malate ④ quinine

⑤ theobromine

해설 미맹의 물질로서 페닐티오카바마이드는 대부분의 사람에 대하여 쓴맛을 주나 일부 사람들은 그 맛을 인식하지 못하여 무미로 느낀다. 이를 미맹이라 한다.

108 맥주의 쓴맛을 내는 주된 성분은 무엇인가?

① 카페인 ② 탄 닌

③ 나린진 ④ 리모넨

⑤ 휴물론

해설 케톤류로서는 호프 암꽃의 쓴맛 성분인 휴물론(humulone)과 루풀론(lupulone)이 있고 맥주의 특유한 쓴맛은 이들 성분에 의한다.

출제유형 46

109 흑겨자의 시니그린이 효소 미로시나아제에 의해 가수분해되어 생성되며 매운맛을 나타내는 것은?

① 진저론(zingerone) ② 캡사이신(capsaicin)

③ 시날빈(sinalbin) ④ 다이메틸 설파이드(dimethyl sulfide)

⑤ 알릴이소티오시아네이트(allyl isothiocyanate)

해설 흑겨자의 매운맛은 시니그린이 효소 미로시나아제에 의해 분해되어 생성되는 알릴이소티오시아네이트에 의한다.

110 다음 중 훈연식품의 특유한 향기성분과 관계가 없는 물질은?

① n-caproaldehyde ② 4-vinylguaiacol

③ coniferyl alcohol ④ ferulic acid

⑤ eugenol

해설 훈연식품 특유의 향미는 나무가 탈 때 그 속의 리그닌(lignin) 성분이 가열 분해되어 생성되는 여러 페놀계 향기 성분들에 의한다. 리그닌의 주성분인 코니페릴알코올의 일차적 산화생성물이 페루라산이고, 그것이 계속 가열 분해되면서 생성되는 페놀화합물들에는 4-비닐구아이아콜, 4-메틸구아이아콜, 유게놀 등이 있다.

107 ① **108** ⑤ **109** ⑤ **110** ① **정답**

111 알칼리성 식품에 대한 설명으로 옳은 것은?

① 떫은맛을 내는 식품이다.
② S, Cl이 많은 식품이다.
③ NaOH로 가공한 식품이다.
④ 생체 내에서 H_2CO_3를 생성하는 식품이다.
⑤ Na, K, Ca, Mg이 많은 식품이다.

해설 과실류, 채소 · 해조류는 무기염류로서 Ca, Fe, Mg, Na, K 등을 많이 가지고 있으므로 알칼리성 식품이고, 곡류는 탄수화물을 많이 가지고 있어 생체 내에서 분해되어 CO_2와 H_2O로 되고, H_2CO_3를 생성하므로 산성 식품이다.

출제유형 45

112 전분의 노화를 억제하는 방법은?

① pH를 5~7로 조절한다.
② 황산염을 첨가한다.
③ 0~5℃에서 보관한다.
④ 수분함량을 30~60%로 유지한다.
⑤ 유화제를 사용한다.

해설 ① pH가 낮을수록 노화를 촉진하고, pH 7 이상에서 노화가 억제된다.
② 노화촉진제인 황산염을 제외한 염류는 노화를 억제한다.
③ 0~5℃는 노화 최적온도로, 0℃ 이하, 60℃ 이상일 때 노화가 방지된다.
④ 일반적으로 수분함량 30~60%에서 노화가 잘 일어난다.

정답 111 ⑤　112 ⑤

113 다음 중 카로티노이드계 색소는?

① xanthophyll

② tannin

③ anthocyanin

④ myoglobin

⑤ anthoxanthin

해설 카로티노이드계 색소는 구조에 따라 2가지로 분류된다. 탄소와 수소만으로 구성된 카로틴과 카로틴 분자 중의 수소 원자가 산소 원자나 OH기를 치환되어 형성된 잔토필이다. 카로틴은 석유 에테르에 녹으나 에탄올에는 녹지 않는다. 그러나 잔토필은 에탄올에는 녹으나 석유 에테르에는 녹지 않는다.

출제유형 38, 39, 46

114 감자의 갈변현상에 주로 관여하는 것은?

① 타닌의 갈변

② 폴리페놀옥시데이스에 의한 갈변

③ 티로시나아제에 의한 갈변

④ 아스코르브산 산화에 의한 갈변

⑤ 마이야르 반응에 의한 갈변

해설 감자는 배당체인 솔라닌이란 독소를 함유하고 고구마와 달리, 전분이 많고 당분이 적다. 감자를 절단하면 티로신이 티로시나아제에 의해 멜라닌 색소가 되어 갈변한다.

출제유형 44

115 수중유적형(O/W형) 식품은?

① 아이스크림, 마요네즈

② 마요네즈, 마가린

③ 버터, 우유

④ 아이스크림, 마가린

⑤ 마가린, 버터

해설 **유화 형태에 따른 에멀전**
- 유중수적형(W/O형) : 버터, 마가린
- 수중유적형(O/W형) : 우유, 아이스크림, 마요네즈

113 ① **114** ③ **115** ① **정답**

116 사후경직과 관계가 없는 것은?

① 글리코겐 분해

② 젖산 생성

③ ATP 분해

④ 액토미오신 생성

⑤ 알칼리성으로 변함

해설 도살한 직후의 근육은 모든 활동이 정지하고 있는 생근육과 흡사하여 근원섬유의 미오신과 액틴이 부드러운 겔 상태로 존재하기에 미오신에 ATP가 흡착되며 해당작용이 일어나서 근육의 글리코겐은 분해되어 젖산이 생긴다.

117 근육섬유를 형성하는 주된 단백질은?

① 미오겐(myogen)

② 미오신(myosin)

③ 미오글로빈(myoglobin)

④ 콜라겐(collagen)

⑤ 엘라스틴(elastin)

해설 근육섬유를 형성하는 주된 단백질은 액틴, 미오신이다.

118 난황에 들어 있고, 기름의 유화제 역할을 하는 성분은?

① 황화철(FeS)

② 오브알부민(ovalbumin)

③ 오보글로불린(ovoglobulin)

④ 오보뮤코이드(ovomucoid)

⑤ 레시틴(lecithin)

해설 난황의 유화성을 이용한 조리가 마요네즈이다. 난황은 마요네즈의 유화제로서 난백의 약 4배의 효력을 가지고 있으며 이는 레시틴 성분 때문이다.

정답 116 ⑤ 117 ② 118 ⑤

119 반죽 시 빵을 부풀게 하는 데 관여하는 단백질로만 묶인 것은?

① 제인, 글로불린

② 알부민, 글리아딘

③ 알부민, 글루텔린

④ 호르데인, 글루테닌

⑤ 글리아딘, 글루테닌

해설 밀 단백질은 주로 글루텐이며, 글리아딘과 글루테닌의 단백질로 구성된다.

120 오징어를 먹은 직후 식초나 밀감을 먹었을 때 쓴맛을 느끼는 것으로 옳은 것은?

① 상 승

② 억 제

③ 변 질

④ 변 조

⑤ 대 비

해설 변 조
한 가지 맛을 느낀 직후 다른 맛 성분을 정상적으로 느끼지 못하는 현상이다.
예 단 것을 먹은 후 사과를 먹었을 때 신맛을 느끼는 경우, 쓴 약을 먹은 직후에 물을 마시면 달게 느끼는 경우

121 유지를 가열할 경우 나타나는 변화로 옳은 것은?

① 산가 감소

② 비중 감소

③ 발연점 상승

④ 점도 감소

⑤ 요오드가 감소

해설 유지의 가열에 의한 변화
• 물리적 변화 : 착색, 점도 상승, 비중 증가, 굴절률 증가, 발연점 저하
• 화학적 변화 : 산가 상승, 과산화물가 상승, 요오드가 저하

119 ⑤ **120** ④ **121** ⑤ 정답

122 미생물이 생장하는 데 수분활성이 영향을 준다. 다음 중 수분활성이 가장 낮은 것은?

① 보통 세균

② 보통 효모

③ 보통 곰팡이

④ 내건성 곰팡이

⑤ 내삼투압성 효모

해설 수분활성도
- 보통 세균 : 0.91
- 보통 효모 : 0.88
- 보통 곰팡이 : 0.80
- 내건성 곰팡이 : 0.65
- 내삼투압성 효모 : 0.60

123 감귤류의 쓴맛 성분으로 옳은 것은?

① 나린진

② 카페인

③ 쿠쿠르비타신

④ 퀘르세틴

⑤ 휴물론

해설 ② 차·커피, ③ 오이, ④ 양파껍질, ⑤ 맥주에 해당한다.

124 쌀의 주단백질로 옳은 것은?

① 호르데인

② 오리제닌

③ 글루테닌

④ 글리아딘

⑤ 제 인

해설 ① 보리, ③·④ 밀, ⑤ 옥수수에 해당한다.

정답 **122** ⑤ **123** ① **124** ②

125 껍질을 깎은 사과의 갈변을 일으키는 색소는?

① 멜라닌

② 캐러멜

③ 티로시나제

④ 퀘르세틴

⑤ 잔토필

해설 사과를 깎은 후 공기 중에 두면 폴리페놀류가 퀴논(quinone)으로 산화, 중합하여 흑갈색의 멜라닌(melanin)을 생성한다.

126 동일한 수분활성도에서 흡수과정과 탈수과정의 수분함량이 서로 다르게 나타나는 현상은?

① 녹변현상

② 경화현상

③ 이장현상

④ 갈변현상

⑤ 이력현상

해설 이력현상(hysteresis)은 등온흡습곡선과 등온탈습곡선이 일치되지 않는 현상을 의미한다.

127 비트에 함유된 적색 색소는?

① 타 닌

② 안토크산틴

③ 베타레인

④ 클로로필

⑤ 델피니딘

해설 비트는 베타레인이라는 성분 때문에 진한 붉은 색을 띠고 있다.

125 ① **126** ⑤ **127** ③ **정답**

CHAPTER

02 식품미생물학

01 식품미생물의 분류

(1) 미생물의 분류 체계

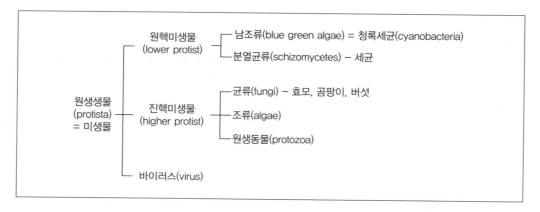

(2) 원핵 미생물

① 단세포로 구성
② 원핵세포를 가지는 미생물은 세균류(방선균 포함)와 남조류이며 이들을 하등미생물이라고 함
③ 원핵세포에는 핵막이 없음
④ 미토콘드리아, 소포체, 엽록체, 골지체 같은 기관이 없음
⑤ 세포벽은 펩티도글리칸이라는 복잡한 구조의 아미노산이 함유된 다당류로 구성
⑥ 생물의 진화 역사상 가장 최초에 나타난 생물로 알려져 있음

(3) 진핵 미생물 ⭐

① 핵막의 유무에 따라 원핵세포와 진핵세포로 구분
② 유사분열을 하는 세포로 형성된 생물
③ 단세포 · 다세포 동물, 남조류를 제외한 식물, 그리고 진핵균류가 이에 해당
④ 핵생물의 세포에서는 핵산 · 히스톤 단백질 · 핵소체로 이루어지는 핵이 핵막에 둘러싸여 있음
⑤ 유사분열을 할 때에는 핵이 일정한 수의 염색체를 만들어냄
⑥ 세포질에는 소포체와 미토콘드리아 등의 구조체가 분화 · 발달하여 존재

⑦ 진핵세포는 세포벽이 존재하지 않거나 종류에 따라 셀룰로스, 키틴 등으로 구성

⑧ 호흡에 관계하는 효소들은 미토콘드리아에 존재

> **영양보충**
>
> **원핵세포생물과 진핵세포생물의 구조**
> • 진핵세포의 호흡과 관계하는 효소들은 미토콘드리아에 존재한다.
> • 진핵세포는 핵막이 존재한다.
> • 원핵세포 세포벽의 기본조성은 펩티도글리칸 성분이다.
> • 원핵세포의 호흡과 관계하는 효소들은 세포막 또는 메소좀(mesosome)에 부착되어 있다.

02 식품미생물의 특성

(1) 곰팡이

① 곰팡이의 형태
  ㉠ 분류학상 진균류에 속함
  ㉡ 여러 세포가 모여 형성된 실모양의 관에 다핵의 세포질을 가진 균사(hyphae)로 되어 있는 균사의 집합체
  ㉢ 균총(colony) : 균사체(mycelium, 영양기관) + 자실체(fruit body, 번식기관)

② 곰팡이의 번식
  ㉠ 유성포자 : 난포자(oospore), 접합포자(zygospore), 자낭포자(ascospore), 담자포자(basidiospore)
  ㉡ 무성포자 : 내생포자인 포자낭포자(sporangiospore), 외생포자인 분생포자(conidium), 분절포자(arthrospore), 후막포자(chlamydospore)

> **영양보충**
>
> **곰팡이의 균사**
> • 단단한 세포벽으로 되어 있고 엽록소가 없다.
> • 유성 및 무성번식으로 증식한다.
> • 균사에는 격벽이 있는 것과 없는 것으로 구별되며 격벽의 유무는 분류의 지표가 된다.
> • 곰팡이는 조상균류, 자낭균류, 담자균류, 불완전균류로 분류한다.

③ 곰팡이의 분류
  ㉠ 조상균류
    • 균사는 단단한 세포벽으로 되어 있고 엽록소(chlorophyll)가 없으며 균사에는 격벽이 없음
    • 무성생식 시 포자낭포자(내생포자), 유성생식 시 접합포자로 증식

- 균사 끝에 중축이 생기고, 그곳에 포자낭이 형성되어 포자낭포자가 내생
- 대표균 ： Mucor속(털곰팡이), Rhizopus속(거미줄곰팡이), Absidia속(활털곰팡이), Thamnidium속

ⓒ 자낭균류
- 균사에 격벽이 있음
- 유성생식 시 자낭포자, 무성생식 시 분생포자로 증식
- 균종 특유의 분생자병을 형성하고 있으며, 그 위에 여러 개의 분생자를 착생하여 분생포자라는 외생포자를 형성
- 대표균 ： Aspergillus속(누룩곰팡이), Penicillium속(푸른곰팡이), Monascus속(홍국곰팡이), Neurospora속(붉은빵곰팡이)

ⓒ 불완전균류
- 진균류 중에서 균사체와 분생자만으로 증식하는 균류로 핵융합을 행하는 유성생식이 전혀 인정되지 않는 균류
- 대표균 ： Monilia속, Botrytis속, Fusarium속

ⓔ 담자균류
- 유성생식의 결과로 담자기에서 포자를 만드는 균류
- 목이, 송이, 느타리 등 대부분의 버섯이 속함
- 담자기(basidium)의 형태에 따른 분류
  - 진생담자균 ： 담자기의 형태가 단순한 단세포
  - 이담자균 ： 담자기에 격벽을 갖고 분지
- 일차균사끼리의 체세포 접합 등으로 두 세포가 융합하여 보통 2핵상을 유지하며 성장. 꺾쇠연결(clamp connection)을 통해 핵이 이동

(2) 효 모

① 효모의 특징
- ㉠ 주로 출아법(budding)에 의하여 증식하는 진균류를 총칭
- ㉡ 진핵세포를 갖는 고등미생물로 핵막, 인, 미토콘드리아를 가짐
- ㉢ 알코올 발효능이 강함 ： 맥주효모, 청주효모, 빵효모, 알코올 제조
- ㉣ 과피, 과즙, 수액, 꽃의 밀선, 토양, 바닷물, 곤충의 체내 등에 널리 분포

② 효모의 형태
- ㉠ 난형(Oval형) ： 효모의 대표적인 형태 (맥주효모, 빵효모)
- ㉡ 타원형(Elliptical형) ： 포도주의 양조에 사용, Saccharomyces ellipsoideus가 대표적
- ㉢ 구형(Round형) ： 간장의 후숙에 관여하여 맛과 향기를 부여하는 내염성 효모
- ㉣ 레몬형(Apiculate형) ： 방추형이라고 하며 Saccharomyces Cerevisiae, Kloeckera속

③ 효모의 증식

　　㉠ 출아법(budding)

　　　• 양극출아 : Nadsonia속, Hanseniaspora속, Kloeckera속

　　　• 다극출아 : Saccharomyces속

　　㉡ 분열법(Fission) : Schizosaccharomyces속

　　㉢ 출아분열법(Budding-Fission) : Schizosaccharomyces속

④ 효모의 특징별 분류

구 분	상면발효 효모	하면발효 효모
형 태	원 형	난형, 타원형
배 양	• 세포는 액면에 뜨므로 발효액이 혼탁 • 균체가 균막을 형성	• 세포는 저면으로 침강하므로 발효액이 투명 • 균체가 균막을 형성하지 않음
생 리	• 발육온도가 10~25℃로 발효작용이 빠름 • raffinose를 발효시키고, lactose는 발효시키지 못함	• 발육온도가 5~10℃로 발효작용이 느림 • raffinose, melibiose를 발효시킴
종 류	Saccharomyces cerevisiae	Saccharomyces pastorianus(carlsbergensis)

⑤ 유포자효모

생존에 불리한 환경 또는 생활 사이클의 일부로서 자낭포자 형성

　　㉠ 무성생식

　　　• 단위생식 : Saccharomyces cerevisiae속 → 한 개의 영양세포가 무성적으로 포자 형성

　　　• 위결합 : Schwanniomyces속 → 세포는 한 개 또는 수 개의 위결합관을 형성하지만 접합하지 않고 단위생식으로 포자 형성

　　　• 기타 : 사출포자, 분절포자, 후막포자 등을 형성

　　㉡ 유성생식

　　　• 동태접합 : Schizosaccharomyces속 → 같은 모양과 크기의 세포가 서로 접합하여 자낭포자 형성

　　　• 이태접합 : Nadson, Debaryomyces속 → 크기가 다른 세포가 서로 접합하여 자낭포자 형성

　　㉢ Saccharomyces속(알코올 발효에 이용), Saccharomycodes속 , Schizosaccharomyces속, Pichia속(산막효모), Hanseniaspora속, Hansenula속, Debaryomyces속, Lipomyces속, Nadsonia속

⑥ 무포자효모 : Candida속, Cryptococcus속, Kloeckera속, Rhodotorula속, Torulopsis속

⑦ 위균사효모 : Pichia속, Hansenula속, Candida속

(3) 세 균

① 세균의 특징
  ㉠ 분류학상 분열균류(Schizomycetes)에 속하며, 세포분열에 의해서 증식
  ㉡ 하등미생물(원시핵 세포)에 속함
  ㉢ 단세포미생물 : 점액세균, 방선균

② 세균의 형태
  ㉠ 구균(Coccus) : 단구균(Monococcus), 쌍구균(Diplococcus), 사구균(Tetracoccus), 팔련구균(Sarcina), 연쇄상구균(Streptococcus), 포도상구균(Staphylococcus)
  ㉡ 간균(Rod, Bacillus) : 단간균(Short rod), 간균(Rod), 장간균(Long rod), 연쇄상간균, 코리네형간균(Corynebacterium)
  ㉢ 나선균(Spirillum) : 호균, 나선균

③ 세균세포의 구조
  ㉠ 세균의 외부구조
    • 편모(flagellum) : 모양은 가늘고 긴 털과 같고 운동성이 있음. 편모의 유무, 수, 위치는 세균의 분류학상 중요한 기준이 됨. 편모의 위치에 따라 극모(단극모, 속극모, 양극모)와 주모로 분류. 편모는 주로 간균이나 나선균에만 있으며 구균에는 거의 없음
    • 선모(cilium) : 그람음성 세균에서 많이 발견되며 중앙이 관으로 구성된 DNA가 이동하는 통로 역할을 함
    • 협막(capsule) : 세포벽을 둘러싸고 있는 점질층으로 외부로부터 세포를 보호
  ㉡ 세균의 내부구조 : 핵(nucleus), 세포막(cell membrane), 리보솜(ribosome), 색소포

④ 그람(gram)염색
  ㉠ 세균의 분류학상 대단히 중요한 염색법
  ㉡ 그람염색 판별은 세균 세포벽의 구조적 차에 의함
  ㉢ 균체를 슬라이드 글라스 위에 도말, 건조, 고정 → crystal violet으로 염색 → 요오드 용액(lugol's solution)에 침지 → 95% 알코올 탈색 → 사프라닌(safranine) 대비염색 → 수세, 건조, 도말

영양보충

그람(gram)양성균
- 라이소자임에 의해 쉽게 용균된다.
- 펩티도글리칸 층이 두껍다.
- 포자를 형성하는 균이다.
- 세포벽에 테이코산(teichoic acid)이 존재한다.

그람(gram)음성균
- 얇은 세포벽이다.
- 지질과 다당류로 구성된 외막을 가진다.
- 그람양성균보다 세포벽에 지질성분이 많다.
- 여러 겹의 복잡한 구조를 가진다.

⑤ 중요한 세균

    ㉠ 젖산균(Lactic acid bacteria)

        • 종류 : Pediococcus속(homo형), Streptococcus속(homo형), Leuconostoc속(hetero형), Lactobacillus속(homo 및 hetero형)

        • 특징 : 그람양성, 비운동성, 구균, 통성혐기성 또는 혐기성, 생육에 미량의 비타민과 아미노산을 요구, 정장작용

    ㉡ 내생포자 형성 간균

        • 종류 : Bacillus속, Clostridium속 ⑫

        • 특징 : Bacillus속(호기성), Clostridium속(혐기성), 중온·고온성의 유포자 간균, 내생포자 형성, 주모성 편모, 토양에 주로 분포, 악조건에서도 장기간 생존

(4) 방선균

① 사상세균으로 곰팡이와 세균의 중간 형상으로 토양 및 퇴비에 존재하며, 흙냄새의 주요 원인

② 항생물질인 스트렙토마이신(streptomycin), 비타민 B_{12} 및 protease를 생산하는 것도 있음

(5) 박테리오파지(Bacteriophage) ⭐

① 세균 여과막을 통과하는 작은 미생물로 유전자로 DNA와 RNA 중 어느 하나만 가짐

② 독자적인 대사기능을 할 수 없으며, 반드시 생세포에서만 생육 가능

③ 세포 내에서만 증식하므로 생물과 무생물의 중간적인 존재라 할 수 있음

④ 핵산과 단백질로 구성되어 있고, 숙주에 대한 특이성이 있음

---

03 미생물의 생리 및 대사

(1) 미생물의 증식

미생물은 단세포생물로 조직분화를 할 수 없기 때문에 미생물의 증식은 크기가 아닌 개수로 나타냄

① 증식도 측정법

    ㉠ 건조균체량 : 배양액 일정량을 채취하여 원심분리 또는 여과에 의해서 균체를 분리하고 3회 정도 세척한 다음 건조하여 무게를 측정

    ㉡ 비탁법(turbidimetry) : 광전비색계를 이용하여 탁도(OD)를 측정

    ㉢ 총균계수법 : 혈구계수기(hematocytometer)를 이용하여 미생물을 직접 계수

    ㉣ 생균측정법 : 48시간 적절한 온도에서 배양 후 집락수로 측정. 콜로니계수법, 최확수법(MPN) 사용

최학수법(most probable number, MPN)
- 식품 시료 중 소수로 존재하는 특정 미생물의 수를 통계적으로 예측하는 방법
- 배양 후 균의 성장이나 생화학적 반응의 양성 여부를 활용하여 희석배수에 따른 특정 미생물의 검출결과에 따라 통계적 방법을 이용하여 식품 중의 미생물 수를 예측

② 증식곡선

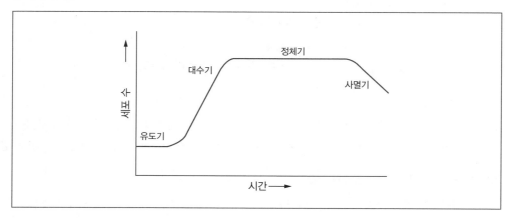

㉠ 유도기(lag phase) : 새로운 **생육환경에 적응하는 기간**
- RNA 함량의 증가
- 새로운 환경에 대한 적응효소 생성
- 대사활동 활발
- 호흡기능 활발
- 세포투과성 증가

㉡ 대수기(logarithmic phase) : 세포수가 **기하급수적으로 증가하는 기간**
- 세포질의 합성속도와 분열속도가 거의 비례
- 세대기간이 가장 짧고 일정
- 세포질 증대 최대
- 대사물질이 세포질 합성에 가장 잘 이용되는 시기
- 배양균을 접종할 가장 좋은 시기

㉢ 정지기(stationary phase) : 생균수가 거의 일정하고 **최대의 세포수가 유지되는 기간**
- 포자 형성
- 영양분을 소비하여 배지 자체의 pH 변화
- 대사생산물에 의한 독성물질이 생성되는 시기
- 산소 부족, 영양물질의 고갈

② 사멸기(declined phase) : 생균수가 감소하는 기간

- DNA, RNA의 분해
- 단백질분해효소의 작용으로 자가소화를 일으켜 용해
- 세포벽 분해
- 효소단백 변성
- 흡광도와 탁도 감소

③ 세대기간(generation time)

㉠ 세균이 분열하고 나서 다음 분열이 일어날 때까지의 소요시간

㉡ 총균수 = 초기 균수 × 2^n(n : 세대수)

(2) 미생물 증식에 영향을 미치는 요인

① 물리적 요인

㉠ 온도 : 저온균, 중온균, 고온균으로 구분

분류	생육 범위(℃)	생육 최적온도(℃)
저온균	0 ~ 30	15 ~ 25
중온균	15 ~ 45	25 ~ 40
고온균	40 ~ 70	50 ~ 60

㉡ 삼투압 : 미생물은 일반적으로 높은 삼투압을 좋아하지 않으므로 소금절임, 설탕절임 등으로 식품을 저장

- 호삼투압균 : 높은 삼투압을 생육에 필요로 하는 균
- 호당성균 : 65%의 설탕농도에서 자라는 균
- 호염성균 : 식염농도 2% 이상에서 자라는 균
- 비호염성균 : 외부의 삼투압이 증가하면 어느 농도 이상에서는 생육이 되지 않는 균
- 통성호염성균 : 대부분의 균이 여기에 속하고 어느 정도 배지의 삼투압이 있는 편이 생육에 좋음
- 편성호염성균 : 어느 정도의 삼투압이 없으면 생육이 되지 않는 균

㉢ 광선과 방사선 : 미생물은 광합성 세균을 제외하고는 보통 빛을 필요로 하지 않으며 오히려 빛의 존재는 유해작용을 함

㉣ pH : pH가 낮을수록 생육저지 효과가 나타나는데, 유기산이 무기산보다 크게 나타나며, 공업적으로는 프로피온산이 많이 이용

pH	곰팡이, 효모	세 균
최 저	2.5 ~ 5.0	4.5 ~ 5.0
최 적	4.0 ~ 6.0	6.5 ~ 7.5
최 고	8.0 ~ 10.0	8.0 ~ 8.5

② 화학적 요인

　　㉠ 영양소

　　　• 탄소원

　　　　－ 세포구성 및 에너지원으로 가장 많이 이용

　　　　－ 당류, 탄화수소, 무기탄소원(CO_2, HCO_3^-) 등이 이용

　　　　－ 세균은 0.1~2%, 효모나 곰팡이는 5% 정도로 충분

　　　　－ 발효를 위해서 10~15% 또는 그 이상에서 배양

　　　• 질소원

　　　　－ 균체 성분 및 에너지원으로 필요

　　　　－ 무기질소원(암모늄염, 질산염 등)과 유기질소원(아미노산, peptide, 단백질, 미각, 밀기울)을 이용

　　　• 무기염류

　　　　－ 세포성분, 보효소로 필요하며 세포 내 삼투압 조절 및 배지의 완충작용으로 중요

　　　　－ 다량무기질 : P, S, Mg, K, Na, Ca

　　　　－ 미량무기질 : Fe, Mn, Co, Zn, Mo, Cl, Cu

　　　• 생육인자

　　　　－ 미생물의 발육에 반드시 필요한 성분

　　　　－ 균체 자신은 합성능력이 없으나 미량으로 요구되는 유기화합물

　　　　－ 비타민, 핵산, 아미노산 등

　　㉡ 수분 : 미생물의 발육을 위한 수분필요량은 미생물의 종류나 온도와 기타의 환경조건에 따라 다름

　　㉢ 산 소

분류	특징
편성호기성균	산소가 있어야만 생육
통성혐기성균	산소의 유무에 상관없이 생육
미호기성균	대기압보다 낮은 산소분압에서 잘 생육
편성혐기성균	산소가 없어야 생육

영양보충

독립영양균

유기물에 의존하지 않고 이산화탄소나 무기질소화합물을 탄소원 및 질소원으로 이용하며, 에너지원으로서는 일광 또는 무기물의 산화 시에 발생되는 에너지를 활용한다. 광합성 독립영양균과 화학합성 독립영양균으로 나누어진다.

종속영양균

필수대사산물을 합성할 능력이 없는 균들로 생육을 위해 외부에서 유기물을 영양분으로 섭취하여야 한다.

(3) 미생물 간의 상호작용

① 경합 : 미생물들이 공존 시 영양물질, 산소, 생활공간 등을 서로 차지하려는 현상

② 길항 : 미생물들이 공존 시 한 균의 대사산물에 따라 다른 균의 생육이 억제되는 현상

③ 공생

    ㉠ 편리공생 : 미생물 공존 시에 한쪽에만 이익을 주는 것으로 젖산균에 의한 pH 하강과 내염성 효모의 생육작용

    ㉡ 상리공생 : 공존하는 각 미생물의 생육·생존에 상호 유리한 영향을 주는 경우

04 미생물의 이용 및 제품

(1) 미생물의 효소

① 아밀라아제(amylase) ⭐

    ㉠ 세균 : Bac.subtilis, Bac.mesentericus, Bac.amyloliquefaciens, Bac.amylosolvens

    ㉡ 곰팡이

        • Asp.oryzae(황국균, 누룩균), Asp.niger(흑국균), Asp.usamii(흑국균), Asp.awamori(흑국균), Rhi.delemar, Rhi.japonicus

        • pH 중성 : α-amylase, transglucosidase 생성

        • pH 산성 : glucoamylase 생성

② 프로테아제(protease)

    ㉠ 세균 : protease bacillus subtilis, bacillus licheniformis

    ㉡ 곰팡이 : protease aspergillus

    ※ 곰팡이는 같은 균종이라도 C 함량과 N 함량의 비율에 따라 생성효소가 상이

③ 리파아제(lipase) : 유지를 글리세롤과 지방산으로 분해하며 치즈 제조 시의 탈지 및 향의 생성, 초콜릿의 경우에 유지의 산패냄새를 막는 데 이용

④ 셀룰라아제(cellulase) : Myrothecium verrucaria, Irpex lacteus, Trichoderma koningii → 오렌지 주스 등의 섬유소에 의한 혼탁을 제거하는 데 이용

⑤ 락타아제(lactase) : Sacch.fragilis, Sacch.lactis, Candida spherical, Candida pseudotropicalis, Candida utilis → 아이스크림 제조 시 사용

⑥ 펙티나아제(pectinase) : Asp.wentii, Asp.oryzae, Asp.niger, Pen.chrysogenum, Pen.expasum, Monascus anka → 과즙을 투명하게 하며, 수량을 증가시키고 품질을 향상

⑦ 인버테이스(invertase) : Sacch.cerevisiae → 전화당의 제조, 과자의 sucrose 결정 석출 방지 등에 이용

⑧ 카탈라아제(catalase) : 식품에 첨가(살균 목적으로)된 H_2O_2를 제거하기 위하여 또는 포도당을 gluconic acid로 산화 시 H_2O_2로부터 O_2를 발생시킬 때 공업적으로 glucose oxidase와 catalase를 함께 사용

영양보충

효소 이용의 장·단점
- 장 점
  - 독성·맛·냄새가 없어 식품의 가치를 향상시킨다.
  - 온도, pH 등 작용조건이 좋아서 품질저하가 없다.
  - 기질의 특이성 때문에 불필요한 화학변화가 일어나지 않는다.
  - 낮은 온도에서도 반응이 빨리 일어난다.
  - 쉽게 불활성되어 반응을 끝낼 수 있다.
- 단 점
  - 활성을 잃기 쉽다.
  - 비싸다.

(2) 발효식품의 제조

① 주 류

㉠ 청 주
- 관련 미생물 : Aspergillus oryzae(당화, 코지곰팡이), Saccharomyces sake(발효), 젖산균, Hansenula anomala(방향성)
- 변패균 : Lactobacillus heterohiochii(화락균 : 백탁 및 산패의 원인균) ⭐

㉡ 맥 주
- 제조공정 : 맥아 - 부원료 - 당화 - hop 첨가 - 맥아즙 - 효모 접종 - 발효
- 상면발효 효모 : Saccharomyces cerevisiae(제빵에서 효모로 사용) ⭐
- 하면발효 효모 : Saccharomyces pastorianus(carlsbergensis)
- 변패균 : Pediococcus cerevisiae(sarcina병 : 술이 흐려지고 pH를 강하시키며 좋지 않은 냄새를 생성)

㉢ 포도주
- 관련 미생물 : Saccharomyces ellipsoideus ⭐
- 아황산 첨가 : 200~300ppm, 유해균의 사멸 또는 증식 방지, 백포도주에서의 산화효소에 의한 갈변 방지

㉣ 홍주, 홍두부 제조 곰팡이 : Monascus anka

② 조미 식품(발효콩 식품) ⭐

　㉠ 된 장
　　• 코지(koji)곰팡이 : Aspergillus oryzae(amylase, protease 등의 당화효소와 단백질 분해 효소가 강한 효소)
　　• 내염성 효모, 풍미 증진 : Saccaromyces, Zygosaccharomyces, Pichia, Hansenula, Debaryomyces, Torulopsis
　　• 내염성 세균, 젖산 생성 : Pediococcus sojae
　　• 산 생성 세균, 단백질 분해 : Bacillus subtilis, Mesentericus

　㉡ 간 장
　　• 코지(koji) 곰팡이 : Aspergillus oryzae, Aspergillus sojae(간장국은 균사가 짧고 protease의 효소활성이 강해야 하며 glutamine의 생성능력이 강한 곰팡이를 이용)
　　• 숙성 중 내삼투효모인 Zygosaccharomyces major, Zygo.sojae와 단백질 분해력이 있는 Bacillus subtilis, Pediococcus sojae와 젖산을 생성하는 Pediococcus halophilus 등의 세균이 관여

　㉢ 청국장 : Bacillus subtilis와 Bacillus natto 등의 납두균이 사용 ⭐ ⭐ ⭐

③ 유제품

　㉠ 치즈(cheese) ⭐ ⭐ ⭐
　　• 에멘탈치즈 : Propionibacterium shermanii(치즈의 고유한 맛과 눈(구멍) 형성)
　　• 로크포르치즈 : Penicillium roqueforti로 숙성
　　• 카망베르치즈 : Penicillium camemberti로 숙성
　　• 림버거(limburger)치즈 : Micrococcus, Brevibacterium linens로 숙성

　㉡ 버 터
　　• 발효버터밀크 : Streptococcus lactis, S.cremoris
　　• 발효크림 : Streptococcus lactis, Subsp.diacetylactis
　　• 발효버터 : Streptococcus lactis, S.cremoris

(3) 화학물질 발효

① 유기산 발효 : citric acid(Aspergillus niger), acetic acid(Acetobacter aceti-식초 양조), lactic acid(Lactobacillus delbrueckii) ⭐ ⭐

② 아미노산 발효 : glutamic acid, alanine, lysine(Corynebacterium, Brevibacterium), 당이나 합성초산에 NH_3 또는 $(NH_4)_2CO$를 가한 액으로부터 생산

③ 비타민 발효 : 비타민 B_2(Eremothecium ashbyii, Ashbya gossypii), 비타민 B_{12}(Propionibacterium, Bacillus, Streptomyces, Pseudomonas)

④ 항생물질 발효 : 페니실린(Penicillium chrysogenum), 대부분 Streptomyces속에 의한 항생물질 발효가 많음

05 식품의 부패

(1) 쌀 밥

Bacillus속(B.subtilis, B.megaterium, B.cereus 등) 취반 직후의 쌀밥 1g 중의 Bacillus속의 포자수는 $10^{2\sim3}$개이지만, 부패 시의 포자수는 $10^{7\sim8}$개로 먹을 수 없게 됨

(2) 빵 ⭐39

① 점질물질(ropy, slime) : Bacillus subtilis
② 검은빵(black bread) : Rhizopus nigricans
③ 적색빵(red bread) : Serratia marcescens
④ 핑크빵(pink bread) : Monilia(Neurospora) sitophila
⑤ 푸른빵(blue bread) : Penicillium속

(3) 통조림

① 황화물 변패 : Clostridium nigrificans(H_2S를 생성하여 내용물을 검게 함)
② flat sour : Bacillus coagulans, Bacillus thermoacidurans(내용물이 젖산으로 산패되지만 관의 양단은 평평)
③ 팽창 부패균 : Clostridium thermosaccharolyticum

(4) 달걀

① 녹색 부패(green rot) : Pseudomonas fluorescens
② 흑색 부패(black rot) : Proteus melanovogenes, 일부 Pseudomonas
③ 분홍색 부패(pink rot) : Pseudomonas속

(5) 어패류

저온세균인 Micrococcus, Pseudomonas, Flavobacterium, Achromobacter 등이 어패류를 부패시킴

(6) 우유(변색)

① 청변유(blue milk) : Pseudomonas syncyanea, 불쾌한 냄새

② 녹색유(green milk) : Pseudomonas fluorescens, 불쾌한 냄새

③ 황변유(yellow milk) : Pseudomonas synxantha, 끈끈하게 함

④ 적변유(red milk) : Serratia marcescens, 불쾌한 냄새

⑤ 갈변유(brown milk) : Alteromonas putrefaciens

(7) 육 류

① 호기적인 경우

㉠ 고기 색소의 변색 : Lactobacillus, Leuconostoc

㉡ 유지의 산패 : Pseudomonas, Achromobacter

㉢ 표면의 착색 및 반점 생성 : Serratia(적색), Flavobacterium(황색), Micrococcus

㉣ 산취 : 젖산균, 효모

㉤ 흙냄새 : Actinomycetes

② 혐기적인 경우

㉠ 부패 : Clostridium, Pseudomonas, Achromobacter, Proteus 등

㉡ 산패 : Clostridium

(8) 육제품

① 소시지 표면에 점질물 생성 : Micrococcus

② 어육소시지를 백색으로 탈색 : Streptococcus

06 미생물 실험법

(1) 살균 및 제균

① 화염살균 : 알코올램프에 의한 살균으로 백금선, 백금이, 시험관 입구, 핀셋 및 금속붙이 등을 화염에 2~3회 통과시켜 직접 살균

② 건열살균 : 드라이오븐에서 고온(150~160℃, 1~2시간)으로 솜마개한 시험관, 페트리접시, 피펫, 비커 등을 살균

③ 고압증기멸균 : 다수의 내열성 포자를 포함하는 배지 등의 살균에 적당하며 살균조건으로 121℃, 15분간, 압력 15pound

④ 상압증기 멸균(간헐살균) : 1일 100℃에서 30분간 끓이는 조작을 3회 반복

⑤ 살균제에 의한 살균

    ㉠ 0.1% 승홍수(0.1% HgCl₂) : 무균상, 유리기구, 목재류 살균 시(금속류는 부식성)

    ㉡ 70% 에탄올 : 손, 핀셋, 고무마개, 금속기구 등

    ㉢ 1~3% 크레졸 용액 : 피부 및 손발 소독

    ㉣ 포르말린 : 무균실

    ㉤ 역성비누 : 원액(10% 용액)을 200~400배로 희석하여 손, 식품, 기구 등에 처리

    ㉥ 표백분 : 손, 음료수, 식품, 기구 등에 50~200ppm 용액을 사용

⑥ **여과제균** : 무균액 제조, 열에 파괴되기 쉬운 특수배양기(혈청, 요소배양기 등) 제조 등에 세균 여과기 사용

    ㉠ 경질기 : chamberland 여과기(사기), berkefeld 여과기(규조토계)

    ㉡ 연질기 : seitz 여과기(석면제), membrane 여과기(cellulose의 유도체, 사용 편리)

(2) 미생물 순수 분리법

① **호기성균의 분리법**

    ㉠ 평판배양법(plate culture)

        • 주입평판법(pour plate method) : 시료를 페트리접시에 넣어 두고 여기에 한천배지 10~15mL를(45℃로 조절) 부어 빠르게 시료와 섞어 굳혀 배양

        • 도말평판법(spread plate method) : 미리 한천평판배지를 만들어 두고 여기에 시료 0.1mL를 배지 위에 넣고 유지 spread로 도말

    ㉡ 획선평판배양법(streaked plate culture) : 미리 한천평판배지를 만들어 두고 백금선으로 액체 검체를 1백금이를 적시어 배지 위에 지그재그(zigzag)로 획선을 그림

    ㉢ 소적배양법(drop culture method) : Lindner의 hollow ground slide glass를 사용하며 효모와 같은 단세포 미생물의 분리에 이용

    ㉣ 현미경배양법

② **혐기성균의 분리법**

    ㉠ 중층법 : Burri's법, 이중평판배양법

    ㉡ 진공배양법

(3) 미생물의 배양법

① **고체배양법** : 균의 보존, 생리, 형태, 생태관찰 등에 이용

    ㉠ 사면배양(slant culture) : 호기성균의 이식, 저장 등에 적합

    ㉡ 천자배양(stab culture) : 혐기성균, 생리실험에 이용하며 중앙에서 내부로 찌르고 발육하는 장소, 생육모양, 집락상황, 젤라틴 액화성과 상태를 관찰

② 액체배양법 : 균체를 대량으로 얻고자 할 때, 배양액 중에 통기가 필요시, 미생물의 생리관찰 시, 배양액의 분석 시, 발효생산물의 실험 시

　　㉠ 정치배양(stationary culture) : 호기성균은 액량을 넓고 얇게, 혐기성균은 액층을 깊게 배양

　　㉡ 진탕배양(shake culture) : 호기성균의 배양에 이용

　　㉢ 통기교반배양(submerged culture) : 대량의 배지에 배양할 때, jar fermentor를 이용

③ 도태배양법

　　㉠ 가열에 의한 방법 : 포자가 없거나 내열성이 작은 포자를 제거

　　㉡ 화학적 방법 : 내산성, 내알칼리성, 내당성, 내항생물질성 등을 이용

　　㉢ 동물통과법 : 동물체를 하나의 배지로 이용

(4) 균주의 보존법

보존 장소는 직사광선을 피하고, 습기가 적으며, 0~4℃인 곳(냉장고)이 좋음

① **계대배양법** : 세균은 6개월, 효모는 3~6개월 보존 가능

② **천자배양법** : 혐기성 세균 보존(약 2개월)

③ **모래배양법** : 3~4일간 배양한 균체 1mL를 모래에 섞고 진공 건조하여 밀봉 보존하는 방법으로 건조상태를 견디는 세균(Aceton-butanol균)이나 포자형성균, 곰팡이의 보존에 적합

④ **당액중보존법** : hausen's 병에 살균한 10% sucrose 또는 lactose를 배양한 효모를 넣고 암냉소에 보관하면 10년 이상 보존이 가능

⑤ **토양중보존법** : 풍건한 토양에 수분이 약 25%가 되도록 물을 가하여 시험관에 넣고 2~3회 살균한 후 포자 또는 균사현탁액을 가하여 실온에 보존하는 방법으로, 곰팡이의 경우는 9년간 보존이 가능(방선균에 적합)

⑥ **유중보존법** : 고체배양기에 충분히 배양시킨 균체 위에 살균된 mineral oil(광유)을 약 1cm 두께로 중층하면 건조를 막아서 3~4년간 곰팡이의 보존이 가능

(5) 효모의 생리실험(발효시험법)

① **당류 발효성 실험**(gas의 생성 여부로 판단)

　　㉠ Lindner의 소발효실험 : CO_2 발생

　　㉡ Einhorn 발효관에 의한 실험 : CO_2 발생

　　㉢ Durham 발효관에 의한 실험 : CO_2 발생

② **당류 자화성 실험**

　　㉠ 옥사노그래프(Auxanography)법

　　㉡ 당액과 무당액에서 생육의 차이 대조

(6) 염 색 ✿

① **보통 염색법** : 지방을 제거한 slide glass를 comet 핀셋으로 고정 → 도말 → 건조 및 고정(약한 불꽃을 통과시켜 고화에 의해 유리면에 고정) → 염색 → 수세 → 검경

② **그람(gram) 염색법** : 슬라이드 위에 균체를 백금이로 도말, 건조, 고정 → 염색(crystal violet 액, 1분간) → 수세 → iodine solution(lugiol's solution)에 침지(1분간) → 수세 → 95% 알코올로 탈색(30초간) → safranin 대비염색(10초간) → 수세, 건조, 검경

③ **효모의 포자염색** : 상법(고정) → carbolfuchsin으로 15분간 가열 염색 → 수세 → 무수알코올과 1% acetic acid를 2 : 1로 혼합한 액에 세척 → 포자가 적색으로 염색(대비염색은 0.5% methylene blue로 30~60초간 가열 염색)

④ **세균의 포자염색** : 상법(고정) → Ziehl-Neelsen carbolfuchsin 적하 후 3~5분간 알코올램프로 가열하면서 염색 → 수세 → 30% 염화제2철 수용액을 적하하여 1~2분간 반응시킴 → 수세 → 30% 아황산나트륨 수용액과 30초간 반응시킴 → 수세 → 포자가 붉게 보임(대비염색은 1% methylene blue로 1분간 염색)

(7) 미생물수의 측정

① **총균수측정법** : 혈구계수기(hemacytometer)를 쓰는 방법

② **생균수측정법(최확수법, MPN)** : 대장균군의 정량시험에 주로 이용되는 방법이지만 일반 세균에서도 응용

(8) 미생물 크기의 측정

① 효모와 같은 미생물의 크기를 측정하기 위하여 측미계(micrometer)를 이용

② 측미계의 종류
  ㉠ 대물측미계 : 한 눈금의 크기가 10µm(0.01mm)
  ㉡ 대안측미계 : 한 눈금의 크기가 100µm(0.1mm)

CHAPTER

02 적중예상문제

01 다음 중 원핵세포생물과 진핵세포생물에 대한 내용으로 옳지 않은 것은?

① 핵막의 유무에 따라 원핵세포와 진핵세포로 구분된다.
② 원핵세포 세포벽의 기본구조는 펩티도글리칸이다.
③ 진핵세포의 호흡과 관계하는 효소들은 미토콘드리아에 존재한다.
④ 진핵세포는 세포벽이 존재한다.
⑤ 원핵세포의 호흡과 관계하는 효소들은 세포막 또는 메소좀에 부착되어 있다.

해설 진핵세포는 세포벽이 존재하지 않거나 종류에 따라 셀룰로스, 키틴 등으로 구성되어 있다.

02 원핵세포를 가지는 미생물은?

① Protozoa
② Yeast
③ Bacteria
④ Mold
⑤ Virus

해설 원생생물(Protista)은 진핵세포(고등미생물), 원핵세포(하등미생물), 바이러스로 분류하는데 세균(Bacteria)은 곰팡이나 효모와는 다른 원핵세포의 구조를 가진다.

03 미생물의 증식에 대한 설명으로 옳은 것은?

① 유도기 – 생균수가 감소하는 기간이다.
② 사멸기 – 대사생산물에 의한 독성물질이 생긴다.
③ 대수기 – 세포수가 기하급수적으로 증가한다.
④ 대수기 – 성장속도와 생균수가 비례한다.
⑤ 사멸기 – 새로운 환경에 대한 적응효소를 생성한다.

해설 ① 사멸기, ② 정지기, ④ 정지기, ⑤ 유도기에 대한 설명이다.

01 ④ 02 ③ 03 ③ 정답

04 클로렐라(Chlorella)에 관한 설명으로 틀린 것은?

① 클로로필을 가지고 있다.
② 단세포조류이다.
③ 필수아미노산과 비타민 함량이 높다.
④ 태양에너지 이용률이 일반식물보다 높다.
⑤ 원시핵으로 된 하등미생물이다.

해설 녹조류에 속하는 클로렐라(Chlorella)는 직경 2~8μm의 단세포미생물인데 클로로필(chlorophyll)을 갖고 CO_2, 염소, 무기염류를 함유한 배지에서 광합성을 하여 에너지를 얻어 증식한다. 또한 태양에너지의 이용률은 일반 배지식물에서는 1~2%이나, 클로렐라는 최고 30%에 미치고 증식도 빠르다.

05 세균의 특징이 아닌 것은?

① 분열법에 의해 증식한다.
② 단세포이다.
③ 원시핵세포이다.
④ 운동성이 있는 것도 있다.
⑤ 협막의 유무는 증식에 영향이 있다.

해설 협막은 균체 주위에 있는 막 모양의 구조로, 협막이 있고 없고는 세균의 증식과는 무관하다.

06 다음 중 산막효모는?

> 가. Debaryomyces속
> 나. Hansenula속
> 다. Pichia속
> 라. Torulopsis속

① 가, 나, 다   ② 가, 다
③ 나, 라   ④ 라
⑤ 가, 나, 다, 라

해설 Pichia속, Hansenula속, Debaryomyces속은 피막을 만드는 효모로 산막효모라 하며, 생육에 많은 산소를 요구하고 산화력이 강하다.

07 분열에 의하여 증식하는 효모는?

① Saccharomyces속

② Candida속

③ Saccharomycodes속

④ Endomycopsis속

⑤ Schizosaccharomyces속

해설 Schizosaccharomyces속은 자낭균류로, 유일한 분열효모균속이다. 포자는 동태접합에 의하여 형성되며 자낭 속에 4~8개의 구형, 콩팥형 포자를 내장한다.

출제유형 46

08 간장, 된장 제조에 모두 사용되는 곰팡이와 세균으로 옳은 것은?

① spergillus flavus, Pediococcus halophilus

② Aspergillus niger, Streptococcus lactis

③ Bacillus subtilis, Aspergillus oryzae

④ Aspergillus kawachii, Lactobacillus bulgaricus

⑤ Aspergillus glaucus, Acetobacter pasteurianus

해설 Bacillus subtilis는 단백질 분해력이 있는 세균으로 된장, 간장, 청국장 제조에 사용된다. Aspergillus oryzae는 황국균으로 청주나 간장, 된장 제조 시 사용된다.

출제유형 35

09 유산균 파지(phage)의 방지대책으로 가장 옳은 것은?

① 로테이션 시스템(rotation system)으로 균주를 바꾼다.

② 스타터(starter)를 대량 첨가한다.

③ 유산을 첨가하여 배양한다.

④ 탈지유의 양을 높인다.

⑤ 열처리를 충분히 한다.

해설 파지의 방지대책
- 소독을 철저히 할 것(약제를 통한 철저한 살균 및 제조장 내의 용기 가열살균 등)
- 공장과 그 환경을 미생물학적으로 청결히 할 것
- 항생물질의 저농도에 견디고 정상발효를 행하는 내성균주를 이용할 것
- 숙주를 바꾸는 로테이션 시스템을 실시할 것

07 ⑤ 08 ③ 09 ① 정답

10 다음 중 방선균의 특징으로 틀린 것은?

① 원시핵세포이다.

② 항생물질을 생산하는 것도 있다.

③ 호기성의 사상세균이다.

④ 최적 pH는 8~9이다.

⑤ 세포벽 성분이 그람음성균과 비슷하다.

해설 토양 중에 많이 분포되어 있으며, 그람양성균으로 균사형으로 되어 있고, 포자나 균사의 단편으로 번식한다.

출제유형 39

11 세균의 증식곡선의 순서를 바르게 나타낸 것은?

① 대수기 → 유도기 → 정지기 → 쇠퇴기

② 정지기 → 쇠퇴기 → 유도기 → 대수기

③ 쇠퇴기 → 유도기 → 정지기 → 대수기

④ 유도기 → 대수기 → 정지기 → 쇠퇴기

⑤ 대수기 → 정지기 → 쇠퇴기 → 유도기

해설 세균의 증식곡선의 과정별 특징
- 유도기 : 균이 환경에 적응하는 시기
- 대수기 : 균이 기하급수적으로 증가하는 시기
- 정지기 : 세포수는 최대, 생균수는 일정한 시기
- 쇠퇴기(사멸기) : 생균수 감소, 세포의 사멸 시기

12 청주 양조 시 발효 후기에 향기성분을 생성하므로 유익한 산막효모는?

① Saccharomyces속

② Hansenula속

③ Pichia속

④ Rhodotorula속

⑤ Schizosaccharomyces속

해설 Hansenula속 효모는 산막효모로 알코올을 분해하여 과일향을 생성하므로 청주 양조 시 유용한 균이다.

정답 10 ⑤ 11 ④ 12 ②

13 덱스트란 형성 및 김치의 발효 초기에 주된 역할을 하는 젖산균은?

① Leuconostoc mesenteroides
② Lactobacillus brevis
③ Lactobacillus plantarum
④ Pediococcus halophilus
⑤ Bacillus megaterium

해설 Leuconostoc mesenteroides는 김치의 발효 초기에 주로 생육하고, 발효 후기에 L.plantarum은 김치의 숙성에 관여한다.

14 다음 설명 중 Aspergillus속의 특징이 아닌 것은?

① 청주, 간장, 된장의 제조에 이용되며, 발육적온은 20~37℃이다.
② 병족세포(foot-cell)를 갖는다.
③ 경자는 분생포자병 끝 정낭의 모든 표면에서 발생한다.
④ 균사는 백색이며 격막이 없다.
⑤ 색깔에 따라 황국균, 흑국균, 백국균 등으로 나뉜다.

해설 균사에는 격벽이 있으며, 무색 또는 약간의 색깔이 있는 것도 있다.

15 황변미와 관련 있는 곰팡이는?

가. Penicillium notatum
나. Penicillium citrinum
다. Penicillium chrysogenum
라. Penicillium islandicum

① 가, 나, 다   ② 가, 다
③ 나, 라   ④ 라
⑤ 가, 나, 다, 라

해설 Penicillium citrinum, Penicillium islandicum, Penicillium toxicarium은 황변미의 원인균으로서 신장장애를 유발하는 황색 유독색소인 시트리닌(citrinin)을 생성한다.

16 접합균류에 대한 특징으로 옳지 않은 것은?

① 유성생식으로 접합포자를 만든다.

② 균사에 격벽이 있다.

③ 조상균류에 속한다.

④ 무성생식으로 포자낭포자를 만든다.

⑤ Mucor속, Rhizopus속이 여기에 해당한다.

해설 접합균류는 균사에 격벽이 없는 조상균류에 속한다.

17 김치의 발효에 관여하는 젖산균은?

> 가. Streptococcus faecalis
> 나. Lactobacillus plantarum
> 다. Leuconostoc mesenteroides
> 라. Lactobacillus delbrueckii

① 가, 나, 다   ② 가, 다

③ 나, 라   ④ 라

⑤ 가, 나, 다, 라

해설 김치의 산미는 젖산에 의한 것으로 Streptococcus faecalis, Leuconostoc mesenteroides, Lactobacillus brevis, Lactobacillus plantarum 등이 있다.

18 곰팡이의 무성포자는?

① 접합포자   ② 난포자

③ 포자낭포자   ④ 자낭포자

⑤ 담자포자

해설 곰팡이의 번식
- 유성포자 : 난포자, 접합포자, 자낭포자, 담자포자
- 무성포자 : 포자낭포자, 분생포자, 후막포자, 분절포자

정답 16 ②   17 ①   18 ③

19 그람(gram)염색에 관한 설명 중 틀린 것은?

> 가. 그람염색 결과 남보라색은 그람양성으로 판정한다.
> 나. 세균의 연령에 따라 그람 염색의 결과는 거의 변하지 않는다.
> 다. 그람염색의 결과는 세균의 세포벽 조성 차이에 의해 구별된다.
> 라. 그람염색을 이용하여 세균의 편모를 확인할 수 있다.

① 가, 나, 다　　　　　　　② 가, 다
③ 나, 라　　　　　　　　　④ 라
⑤ 가, 나, 다, 라

해설　나. 세균의 배양시간에 따라 세포벽이 달라지므로 세균의 연령에 따라 변한다.
　　　라. 그람염색으로는 편모를 확인할 수 없다.

출제유형 35

20 다음 중 박테리오파지(Bacteriophage)에 관한 설명으로 옳은 것은?

> 가. 유전성이 있다.
> 나. 세균에 기생하는 바이러스이다.
> 다. 초여과성 미생물이다.
> 라. 광학현미경으로 관찰할 수 있다.

① 가, 나, 다　　　　　　　② 가, 다
③ 나, 라　　　　　　　　　④ 라
⑤ 가, 나, 다, 라

해설　박테리오파지(Bacteriophage)는 세균에 기생하는 바이러스로 크기가 0.5μm 정도의 초여과성 미생물이며 전자
　　　현미경으로 관찰이 가능하고 자기증식성, 병원성, 유전성을 가지나 알코올 발효에는 영향을 주지 않는다.

출제유형 36, 41, 44

21 청국장 발효 시 중요한 역할을 하는 미생물은?

① Leuconostoc　　　　　　② Aspergillus
③ Bacillus　　　　　　　　④ Lactobacillus
⑤ Clostridium

해설　청국장 발효 시 관련된 미생물로 Bacillus subtilis, Bacillus natto 등의 납두균이 사용된다.

19 ③　**20** ①　**21** ③　정답

22 우리나라 전통 메주에 번식하는 유익한 미생물은?

> 가. Mucor속
> 나. Rhizopus속
> 다. Bacillus subtilis
> 라. Aspergillus속

① 가, 나, 다   ② 가, 다
③ 나, 라   ④ 라
⑤ 가, 나, 다, 라

해설 전통 메주의 표면에서는 Mucor속, Rhizopus속의 털곰팡이가 자라고, 내부에서는 Bacillus subtilis가 번식하여 발효에 관계된다. 발효 초기에 건조가 덜 된 메주에는 곰팡이 독을 생성하는 Penicillium속 곰팡이가 번식할 우려가 있다.

23 포자낭병이 가근 위에 생성되는 속(genus)은?

① Penicillium   ② Aspergillus
③ Rhizopus   ④ Mucor
⑤ Absidia

해설 Rhizopus속과 Mucor속은 조상균류에 속하며 접합포자(유성포자)와 포자낭포자(무성포자)를 형성하나 Rhizopus속은 가근이 있고 Mucor속은 가근이 없다.

출제유형 47

24 과즙을 맑게 만드는 청정제로 사용되고 있는 곰팡이는?

① Mucor rouxii   ② Mucor mucedo
③ Mucor delemar   ④ Aspergillus niger
⑤ Mucor racemosus

해설 Asp.niger(흑국균)는 유기산 발효공업, amylase와 pectinase 생산에 이용되며 Asp.niger가 생산하는 hesperidinase에 의해서 오렌지 주스 등의 백탁을 방지한다.

정답 **22** ⑤ **23** ③ **24** ④

25 다음 중 클로렐라에 대한 설명으로 옳은 것은?

> 가. 엽록소을 갖는 구형이나 난형의 단세포조류이다.
> 나. 균체성분은 영양학적으로 풍부하여 양계사료로 이용되어 산란율을 높인다.
> 다. 건조물은 약 50%가 단백질이고 비타민과 아미노산이 풍부하다.
> 라. 태양에너지의 이용률은 일반 배지식물에서는 1~2% 정도이나 클로렐라는 최고 30%로 증식도 빠르다.

① 가, 나, 다
② 가, 다
③ 나, 라
④ 라
⑤ 가, 나, 다, 라

해설 클로렐라는 민물에 자라는 녹조류에 속하는 단세포 생물로서 플랑크톤의 일종이다. 단백질, 엽록소, 비타민, 무기질, 아미노산 등 각종 영양소가 풍부하다.

26 다음 중 간장용 개량 메주를 만들 때 사용되는 종국으로 알맞은 것은?

① 강한 protease를 분비하는 단모균
② 강한 protease를 분비하는 중모균
③ 강한 amylase를 분비하는 중모균
④ 약한 amylase를 분비하는 단모균
⑤ 강한 amylase와 protease를 분비하는 장모균

해설 개량 메주를 제조하기 위해서는 Aspergillus oryzae가 사용된다. 간장용 메주 제조 시에는 강한 protease를 분비하는 단모균이 사용된다.

출제유형 37

27 식품과 미생물의 이용으로 옳게 연결된 것은?

① 김치 – Streptococcus faecalis
② 청국장 – Aspergillus oryzae
③ 버터 – Bacillus subtilis
④ 탁주 – Lactobacillus plantarum
⑤ 치즈 – Zygosaccharomyces sojae

해설 김치의 산미는 젖산에 의한 것으로 Streptococcus faecalis, Leuconostoc mesenteroides, Lactobacillus brevis, Lactobacillus plantarum 등이 있다.

25 ⑤ **26** ① **27** ① 정답

28 미생물의 생육에 가장 적게 필요한 무기질은?

① P   ② Mg

③ S   ④ K

⑤ Mn

> **해설** 미생물의 생육에 필요한 무기염류로 세포성분, 보효소로 필수무기질은 P, Mg, S, K이고 미량무기질은 Cu, Co, Fe, Mn, Na, Zn이다.

29 다음 중 조상균류와 관련이 없는 것은?

① 격벽이 있다.

② 유성번식을 한다.

③ 털곰팡이속은 여기에 속한다.

④ 움직이는 것도 있다.

⑤ 발아해서 포자낭을 만들고 포자낭포자를 내생한다.

> **해설** 균사는 격벽이 없는 조상균류와 난균류, 접합균류로 나뉜다.

30 통성혐기성 미생물로 옳은 것은?

가. 낙산균
나. 초산균
다. 고초균
라. 포도상구균

① 가, 나, 다   ② 가, 다

③ 나, 라   ④ 라

⑤ 가, 나, 다, 라

> **해설** 초산균, 고초균은 호기성, 낙산균은 편성혐기성이다.

31 산소가 미량으로 존재할 때 생육이 촉진되는 미생물로 옳은 것은?

① 낙산균   ② 젖산균

③ 대장균   ④ 초산균

⑤ 청국장균

> **해설** 젖산균
> 그람양성, 비운동성이고 카탈라아제 음성인 미호기성이며 산소의 분압이 낮은 환경에서도 잘 증식한다. 젖산을 생성하는 적온은 35~40℃ 범위이다.

32 효모의 증식에 가장 적당한 조건은?

① 15~25℃, pH 4~4.5

② 25~30℃, pH 4~4.5

③ 25~30℃, pH 6~8

④ 30~40℃, pH 6~8

⑤ 30~35℃, pH 4~4.5

> **해설** 효모의 증식
> • 최적온도(중온균) : 25~30℃
> • 최적 pH : 4.0~6.0
> • 최적 A_w : 0.87~0.94

출제유형 37

33 세균의 그람 염색방법의 순서로 옳은 것은?

① 고정 → 염색 → 요오드액 처리 → 95% 알코올 탈색 → 사프라닌액 2분 수침

② 요오드액 처리 → 고정 → 사프라닌액 2분 수침 → 염색 → 95% 알코올 탈색

③ 염색 → 고정 → 95% 알코올 탈색 → 사프라닌액 2분 수침 → 요오드액 처리

④ 요오드액 처리 → 고정 → 95% 알코올 탈색 → 염색 → 사프라닌액 2분 수침

⑤ 사프라닌액 2분 수침 → 요오드액 처리 → 염색 → 고정 → 요오드액 처리

> **해설** 그람 염색방법 순서
> 도말, 건조, 고정 → 염색(crystal violet액, 1분간) → 수세 → 요오드액에 침지(1분간) → 수세 → 95% 알코올로 탈색(30초간) → 사프라닌 대비염색 → 수세, 건조, 검경(그람양성균은 자색, 그람음성균은 담적색으로 된다)

34 내삼투압성 효모로 간장에 독특한 향미를 내는 것은?

① Candida utilis

② Saccharomyces diastaticus

③ Saccharomyces mellis

④ Saccharomyces rouxii

⑤ Saccharomyces cerevisiae

> **해설** **내삼투압성 효모**
> • Saccharomyces rouxii : 간장에 독특한 향미를 낸다.
> • Saccharomyces mellis : 간장의 맛을 떨어뜨린다.

35 미생물 생육곡선이 의미하는 것은?

① 균체의 수

② 균체의 중량

③ 균체의 모양

④ 균체의 활성도

⑤ 균체의 성분

> **해설** 미생물을 액체배지에 접종하여 배양하면 배양시간과 균체의 수에 따라 유산균의 증식곡선이 생긴다.

36 다음 중 담자균류(Basidiomycetes)의 설명으로 틀린 것은?

① 유성생식 후에 균사의 끝이 부풀어서 담자기를 만든다.

② 균사는 격벽이 있고, 세포벽에는 키틴질을 가진다.

③ 분열자를 형성한다.

④ 유성생식기관으로 조정기와 조낭기를 가진다.

⑤ 진균류 중에서 가장 발달하였고, 기생성을 갖고 있는 것이 많다.

> **해설** 대부분의 버섯은 분류학상 담자균류에 속하며, 일부는 자낭균류에 속한다. 담자균류는 균사에 격벽이 있다.

37 다음 중 출아법으로 영양증식하고 자낭포자를 형성하는 것은?

① Torulopsis

② Saccharomyces

③ Candida

④ Torula

⑤ Schizosaccharomyces

해설 Saccharomyces는 유성생식에 의한 자낭포자를 형성하고, 영양세포는 다극출아에 의해 무성적으로 증식한다.

38 다음 중 호염균이 고농도 식염에서 생존할 수 있는 까닭이 아닌 것은?

① 삼투압에 견디는 세포벽의 존재

② 호염성 효소 존재

③ 대사 능동수송계

④ 호염균의 생리적 성질

⑤ 세포질의 큰 장력 유지

해설 **고도호염균의 특징**
- 소금이 적으면 세포가 파괴된다.
- 소금의 최적농도는 28~32%이다.
- 생육에 필요한 식염은 최소 12% 정도이다.
- 소금에 절인 생선 등의 식품을 주황~적색으로 만든다.

39 유도기에 일어나는 세포의 변화가 아닌 것은?

① 핵산효소 단백합성이 왕성하다.

② 호흡활성도가 높다.

③ 온도에 민감하다.

④ 최대속도로 분열된다.

⑤ 세포내 RNA의 양이 크게 증가한다.

해설 **유도기**
새로운 생육환경에 적응하는 기간으로 RNA 함량의 증가, 새로운 환경에 대한 적응효소 생성, 대사활동 활발, 호흡기능 활발, 세포투과성 증가 등의 시기이다.

40 효모로 인한 발효로 생성되는 것으로 옳은 것은?

① $C_6H_{12}O_6$ + 효모 → ethanol + CO_2

② $C_6H_{12}O_6$ + 효모 → CO_2 + H_2O

③ $C_6H_{12}O_6$ + 효모 → CO_2 + K_2CO_3

④ 효모의 알코올 생성반응은 유산소 반응이다.

⑤ 주로 맥주제조, 빵제조, 메주제조에 사용된다.

해설 발효란 산소 없이 당을 분해해서 에너지를 얻는 대사 과정을 말한다. 발효의 생성물은 유기산, 가스 또는 알코올이다.

41 다음 중 호염균이 아닌 것은?

① Saccharomyces cerevisiae

② Halobacterium salinarum

③ Vibrio parahaemolyticus

④ Halobacterium cutirubrum

⑤ Halococcus morrhuate

해설 Halobacterium속, Halococcus속, Vibrio속이 호염균이다.

42 가열처리에 대하여 저항성이 가장 큰 미생물은?

① 효 모

② 세균의 포자

③ 곰팡이의 균사체

④ 세균의 영양세포

⑤ 곰팡이의 포자

해설 미생물은 열에 의해서 쉽게 사멸된다. 일반적인 균은 55~60℃로 30분간 가열하면 멸균되지만 세균의 포자는 증식세포에 비해서 저항성이 강하여 습열로 100℃ 이상이 아니면 사멸되지 않는다. 하지만 미생물은 저온에 대해서는 대단히 저항성이 높다.

정답 **40** ① **41** ① **42** ②

43 가스상의 질소를 질소원으로 이용할 수 있는 미생물은?

① Vibrio

② Rhizobium

③ Pseudomonas

④ Bacillus

⑤ Nitrobacter

해설 Rhizobium, Azotobacter, 남조류 등이 가스상의 질소를 질소원으로 이용할 수 있는 미생물이다.

출제유형 37

44 다음 설명 중 옳은 것은?

가. Penicillium italicum은 감귤류의 푸른곰팡이의 원인균이다.
나. Aspergillus flavus는 발암물질인 aflatoxin을 생성하는 균주이다.
다. Monascus purpureus는 적색색소인 monascorubin을 생산하며 중국의 홍주 제조에 이용된다.
라. 젖산균 음료 제조 시 starter로 사용되는 균은 Staphylococcus aureus이다.

① 가, 나, 다

② 가, 다

③ 나, 다, 라

④ 다

⑤ 가, 나, 라

해설 젖산균 음료 제조 시 starter로 사용되는 균은 Lactobacillus bulgaricus와 Streptococcus lactis 등이다.

45 Penicillium속과 관계가 없는 것은?

① 항생물질   ② 치즈 숙성

③ 빵, 떡, 과일 등에 잘 번식   ④ 요구르트

⑤ 황변미

> **해설** Penicillium(푸른곰팡이)
> 빵, 떡, 과일 등에 잘 번식한다. 황변미의 원인균이며 페니실린을 생성하고, 치즈 숙성이나 유지의 생산에도 관련된다. 추상체의 형태에 따라 단윤생, 쌍윤생, 다윤생으로 구분하며 그 배열에 따라 대칭, 비대칭으로 구별된다.

46 다음 중 곰팡이의 유성포자에 속하는 것은?

> 가. 접합포자
> 나. 자낭포자
> 다. 담자포자
> 라. 포자낭포자

① 가, 나, 다   ② 가, 다

③ 나, 라   ④ 라

⑤ 가, 나, 다, 라

> **해설** 곰팡이의 유성포자는 난포자, 접합포자, 담자포자 및 자낭포자의 4종이 있다.

47 세균의 종류와 형태가 서로 맞지 않는 것은?

① Bacillus – 간균

② Spirillum – 나선균

③ Sarcina – 팔련구균

④ Diplococcus – 쌍구균

⑤ Streptococcus – 포도상구균

> **해설** 포도상구균은 Staphylococcus이다. 간균은 Bacillus, Bacter, Bacterium, Monas 등이 포함된 것이며, 구균은 Coccus가 포함된 것으로 배열에 따라 쌍구균(Diplococcus), 사구균(Tetracoccus), 팔련구균(Sarcina), 연쇄상구균(Streptococcus), 포도상구균(Staphylococcus)로 분류된다. Spirillum은 나선균의 대표균이다.

정답 45 ④ 46 ① 47 ⑤

48 식품과 미생물의 연결이 잘못된 것은?

① 빵 – 효모

② 청주 – 효모

③ 식혜 – 곰팡이

④ 식초 – 세균

⑤ 맥주 – 효모

해설 식혜는 젖산균이다.

49 다음 미생물 이용에 대한 내용으로 바르게 묶인 것은?

가. Bacillus subtilis – 청국장
나. Penicillium roqueforti – 치즈
다. Schizosaccharomyces pombe – 아프리카 폼베술
라. Saccharomyces ellipsoideus – 포도주

① 가, 나, 다 　　　　　　　　　② 가, 다

③ 나, 라 　　　　　　　　　　　④ 라

⑤ 가, 나, 다, 라

해설 Bacillus subtilis, Bacillus natto는 청국장 균주이고, Penicillium roqueforti는 치즈 숙성에 관여한다. Schizosaccharomyces pombe는 아프리카 폼베술 제조에 이용되며, Saccharomyces ellipsoideus는 포도주 효모이다.

50 유산균 음료나 발효유에서 정장작용을 하는 것은?

① Brevibacterium속 　　　　　② Azotobacter속

③ Vibrio속 　　　　　　　　　④ Lactobacillus속

⑤ Achromobacter속

해설 Lactobacillus속은 젖산균으로 그람양성, 비운동성, 구균, 미호기성, 생육에 미량의 비타민과 아미노산을 요구, 정장작용 등이 그 특징이다. 요거트용 유산균은 진한 발효유로서 장내 이상 발효를 방지하는 정장효과가 있다.

51 액체배지에 있어서 초산균의 특징은?

① 균막을 형성하고 호기성임
② 균막을 형성하고 혐기성임
③ 균막을 형성치 않는 호기성임
④ 균막을 형성치 않으며 약호기성임
⑤ 균막을 형성치 않으며 혐기성임

해설 액체배양 시 피막을 만들고 에탄올을 산화하여 초산을 만들며 포도당으로부터 글루콘산을 만들며 그람음성, 호기성이다.

출제유형 35

52 간장, 된장을 만들 때 곡류에 Aspergillus oryzae를 번식시킨 코지를 이용하는 것과 관계가 없는 것은?

① 당화효소의 이용
② 단백질분해효소의 이용
③ 지방분해효소의 이용
④ 장류의 색소 형성
⑤ 장류의 주된 맛과 향기 부여

해설 장류의 균주가 갖추어야 할 조건은 protease의 효소 활성이 강해야 하고, 글루탐산의 생성능력도 강해야 하며, 전분의 당화작용이 강해야 하므로 Aspergillus oryzae와 Aspergillus sojae를 쓴다.

53 다음 중 저온균인 것은?

① Pseudomonas fluorescens
② Bacillus cereus
③ Clostridium perfringens
④ Staphylococcus aureus
⑤ Vibrio parahaemolyticus

해설 저온균

미생물은 최적생육온도에 따라 저온균, 중온균, 고온균으로 구분하는데 저온균의 최적생육온도는 10~20℃이다. Alcaligenes속, Pseudomonas속이 대표적이다.

정답 **51** ① **52** ④ **53** ①

54 다음 중 청주의 변패균은?

① Bacillus subtilis

② Lactobacillus heterohiochii

③ Clostridium botulinum

④ Pseudomonas fluorescens

⑤ Escherichia coli

해설 Lactobacillus heterohiochii와 Lactobacillus homohiochii는 청주 변패균(화락균)으로 저장 중인 청주에 증식하여 백탁과 산패를 일으키고 향기를 나쁘게 한다.

출제유형 37

55 다음 중 주류 발효효모와 식품으로 옳은 것은?

① 포도주 – Saccharomyces sake

② 홍주 – Saccharomyces ellipsoideus

③ 막걸리 – Pediococcus acidilactici

④ 청주 – Saccharomyces pastorianus

⑤ 맥주 – Saccharomyces cerevisiae

해설 맥주는 라거(lager)용의 하면발효효모(Saccharomyces pastorianus)와 에일(ale)용의 상면발효효모(Saccharomyces cerevisiae)가 있다.

56 다음 중 연결이 옳은 것은?

> 가. Monascus anka – 홍주 곰팡이
> 나. Saccharomyces pastorianus – 청주효모
> 다. Saccharomyces ellipsoideus – 포도주효모
> 라. Saccharomyces pastorianus – 상면 발효효모

① 가, 나, 다
② 가, 다
③ 나, 라
④ 라
⑤ 가, 나, 다, 라

해설 맥주효모는 영국식 맥주 양조와 같이 발효 중에 액면에 떠오르는 효모, 즉 상면효모로서 Saccharomyces cerevisiae가 있다. 청주효모는 발효효모로 Saccharomyces sake가 있다.

57 김치, 깍두기를 담글 때 설탕을 넣으면 끈끈한 액체가 생성된다. 이것을 생성하는 미생물 및 그 성분은?

① Lactobacillus – amylopectin
② Leuconostoc – dextrin
③ Lactobacillus – dextrin
④ Leuconostoc – dextran
⑤ Lactobacillus – dextran

해설 덱스트란(dextran)
Leuconostoc mesenteroides는 sucrose로부터 대량의 덱스트란을 생성하며 이것은 대용혈장으로 사용한다. 한편 제당공장에서는 파이프를 막히게 하는 유해균이기도 하다.

정답 56 ② 57 ④

58 치즈의 제조와 관련이 있는 미생물은?

> 가. Lactobacillus casei
> 나. Propionibacterium shermanii
> 다. Penicillium roqueforti
> 라. Penicillium camemberti

① 가, 나, 다

② 가, 다

③ 나, 라

④ 라

⑤ 가, 나, 다, 라

해설 가. Lactobacillus casei – 모짜렐라 숙성
나. Propionibacterium shermanii – 에멘탈치즈의 눈 형성
다. Penicillium roqueforti – 로크포르치즈 숙성
라. Penicillium camemberti – 카망베르치즈 숙성

59 청국장 제조에서 활용하는 미생물은?

① Bacillus subtilis

② Bacillus megaterium

③ Bacillus paranthracis

④ Bacillus cereus

⑤ Bacillus coagulans

해설 Bacillus subtilis
청국장 제조에 관여하는 끈기 있는 균으로 일종의 고초균이다. 삶은 콩에 잘 번식하고 백색의 끈끈한 점질물을
만드는 균으로 독특한 향기를 낸다.

58 ⑤ **59** ① 정답

60 간장 양조에 관계되는 미생물들로 묶인 것은?

> 가. 곰팡이
> 나. 세 균
> 다. 효 모
> 라. 방선균

① 가, 나, 다   ② 가, 다
③ 나, 라   ④ 가, 라
⑤ 가, 나, 다, 라

해설 간장의 균주
- 곰팡이 : Aspergillus oryzae와 aspergillus sojae 사용
- 효모 : Saccharomyces rouxii 사용
- 세균 : 젖산균 - Pediococcus halophilus

61 식품가공에 코지균으로 Aspergillus oryzae를 사용하는 것은 어떤 효소를 많이 분비하기 때문인가?

① amylase와 protease   ② amylase와 zymase
③ amylase와 lipase   ④ amylase와 tannase
⑤ amylase와 cellulase

해설 Aspergillus oryzae는 대표적 누룩곰팡이로 개량 메주 제조 시, 청주 양조 시 이용된다.

62 백금선이나 시험관 솜마개 등의 살균에 적합한 것은?

① 화염살균   ② 자외선
③ 간헐살균   ④ 건열멸균
⑤ 고압증기멸균

해설 ② 물과 공기
③ 유포자 세균의 살균
④ 유리(초자)기구
⑤ 미생물 배지

정답 **60** ①   **61** ①   **62** ①

63 통조림의 제조공정으로 옳은 것은?

① 탈기 → 밀봉 → 냉각 → 살균

② 탈기 → 밀봉 → 살균 → 냉각

③ 밀봉 → 살균 → 탈기 → 냉각

④ 살균 → 밀봉 → 탈기 → 냉각

⑤ 밀봉 → 살균 → 냉각 → 탈기

> 해설 통조림 및 병조림 제조공정
> 원료 → 고르기 → 씻기 → 데치기 → 씨 빼기 → 껍질 벗기기 → 고르기 → 담기 → 조미액 넣기 → 탈기 → 밀봉 → 살균 → 냉각 → 검사 → 제품

64 저장 중의 사과 · 배에 푸른곰팡이병을 일으키는 것은?

① Penicillium islandicum

② Penicillium expansum

③ Penicillium notatum

④ Penicillium roqueforti

⑤ Penicillium citrinum

> 해설 ① 감자, 양파 등의 연부병
> ③ 복숭아, 배 등의 검은곰팡이병
> ④ 로크포르치즈 숙성균
> ⑤ 황변미의 원인 황색유독색소

65 소시지의 표면에 점질물이 생기게 하는 세균은?

① Micrococcus

② Proteus

③ Serratia

④ Pseudomonas

⑤ Achromobacter

> 해설 육제품에서 소시지 표면에 점질물 생성은 Micrococcus이고 어육소시지를 백색으로 탈색시키는 것은 Streptococcus 이다.

66 미생물의 대사 생성물 중에 식품의 부패와 가장 관계가 깊은 효소는?

① 리파아제
② 아밀라아제
③ 단백질 분해효소
④ 글루코스
⑤ 비타민

해설 부패는 발효의 한 형태로 미생물에 의한 유기물, 특히 단백질의 분해로 악취가 생성되는 과정을 말한다.

67 간장이나 된장을 제조할 때 쓰이는 누룩곰팡이에 의해서 가수분해되는 물질은?

가. 단백질
나. 지방질
다. 탄수화물
라. 비타민

① 가, 나, 다
② 가, 다
③ 나, 라
④ 라
⑤ 가, 나, 다, 라

해설 간장이나 된장은 효소에 의하여 단백질이 분해되어 펩타이드나 아미노산으로 분해되고, 전분의 당화작용도 강해야 하므로 Aspergillus oryzae를 이용한다.

68 통조림의 flat sour에 대한 원인균은?

① Morganella morganii
② Salmonella typhosa
③ Escherichia coli
④ Bacillus coagulans
⑤ Pseudomonas fluorescens

해설 통조림 관련 균
• H_2S를 생성하여 검게하는 균 : Clostridium nigrificans
• 팽창부패균 : Clostridium thermosaccharolyticum
• flat sour 원인균 : Bacillus coagulans, Bacillus thermoacidurans

정답 66 ③ 67 ② 68 ④

69 다음 중 식품의 부패미생물에 대한 설명으로 옳지 않은 것은?

① 식품에 오염되어 번식하여 흙냄새가 나게 하는 미생물은 Streptomyces이다.

② 빵의 점질물질(ropiness) 생성원인균은 Aspergillus niger이다.

③ 채소류에 연화병(pectin 분해)을 일으키는 균은 Erwinia이다.

④ aflatoxin이라는 발암성 물질을 분비하는 균으로 Aspergillus flavus이다.

⑤ 쌀밥에 잘 번식하는 세균은 Bacillus속이다.

해설 식빵의 점질화(Rope)는 Bacillus subtilis 또는 Bac.licheniformis의 점질층(slime)에 기인하며, 소맥분의 글루텐이 이들 균에 의하여 분해되고, 또 아밀라제에 의하여 전분에서 당이 생성됨으로써 그 현상을 조장한다.

70 우유를 녹색으로 변화시키는 부패세균은?

① Pseudomonas synxantha

② Clostridium lentoputrescens

③ Pseudomonas fluorescens

④ Pseudomonas syncyanea

⑤ Serratia marcescens

해설 우유 변색
- 청변유(blue milk) : Pseudomonas syncyanea, 불쾌한 냄새
- 녹색유(green milk) : Pseudomonas fluorescens, 불쾌한 냄새
- 황변유(yellow milk) : Pseudomonas synxantha
- 적변유(red milk) : Serratia marcescens, 불쾌한 냄새
- 갈변유(brown milk) : Alteromonas putrefaciens

71 식초 제조에 사용되는 균은?

① Streptococcus lactis

② Leuconostoc mesenteroides

③ Acetobacter aceti

④ Penicillium roqueforti

⑤ Bacillus subtilis

해설 Acetobacter aceti는 식초의 주성분인 아세트산을 생성하는 세균으로, 식초를 제조하는 데 쓰인다.

69 ② 70 ③ 71 ③ 정답

72 포도주 제조에 이용되는 미생물은?

① Candida utilis

② Aspergillus oryzae

③ Saccharomyces ellipsoideus

④ Penicillium chrysogenum

⑤ Lactobacillus delbrueckii

해설 Saccharomyces ellipsoideus는 포도주 양조에 필수적인 효모이다.

73 멸균방법과 대상의 관계가 틀린 것은?

① 승홍수 – 고무기구

② 자외선 – 물과 공기

③ 화염멸균 – 백금이, 금속기구

④ 건열멸균 – 페트리접시, 유리기구

⑤ 고압증기멸균 – 혈청을 함유한 배지

해설 고압증기멸균
생균수를 측정하는 데 사용하는 표준한천배지를 멸균하는 방법으로 살균조건은 121℃, 15분간, 압력은 15pound 이다.

74 Clostridium속의 포자를 멸균하는 방법은?

① 고압증기살균법

② 고온단시간살균법

③ 건혈살균법

④ 자비살균법

⑤ 자외선살균법

해설 고압증기살균법
포자형성균을 멸균하는 가장 좋은 방법으로, 고압증기멸균기에서 가압되어 인치 평방당 15파운드의 증기압 (121℃)에서 15~20분간 멸균하면 모든 미생물은 사멸한다.

정답 72 ③ 73 ⑤ 74 ①

75 간헐살균법(tyndallization)의 설명으로 옳은 것은?

① 65℃에서 30분간 살균

② 75℃에서 15분간 살균

③ 250℃에서 5초간 살균

④ 1kg/cm², 120℃에서 20분간 살균

⑤ 100℃에서 30분간 1일 1회 3일 연속 살균

> **해설** 간헐살균법
> 100℃로 30분 정도 살균하면 영양세포는 대부분 살균된다. 이것을 30℃ 정도의 항온기에 1일간 넣어두면 살아 있는 포자는 발아해서 내열성이 없는 영양세포가 되므로 다시 100℃로 살균한다. 이런 조작을 3회 정도 되풀이 한다.

출제유형 38

76 요구르트 제조에 이용하는 미생물은?

① Lactobacillus bulgaricus

② Acetobacter aceti

③ Aspergillus niger

④ Trichoderma koningii

⑤ Saccharomyces ellipsoideus

> **해설** Lactobacillus bulgaricus는 요구르트에서 발견되는 여러 가지 균 중의 하나로서 유제품 제조에 있어서는 매우 중요한 균이다. 글루코스, 젖당, 갈락토스 등을 잘 발효하며, 2.7~3.7%의 젖산을 생산한다. 우유를 원료로 한 젖산 음료 및 젖산 제조, 정장제, 피혁 탈석회제 등으로 이용되고 있다.

77 다음 중 그람양성균이 아닌 것은?

① Pseudomonas

② Bacillus

③ Lactobacillus

④ Staphylococcus

⑤ Clostridium

> **해설** 그람양성균은 젖산균, 포도상구균, 포자형성균 등이며, 그람음성균은 장내세균, Acetobacter(초산균) 등이다.

CHAPTER

03 조리원리

01 조리의 개요

(1) 조리의 목적 및 개요

① 조리의 의의 : 식품에 절단, 분쇄, 가열, 조미료 첨가 등 물리적, 화학적 조작을 가하여 먹기 좋고, 맛있고, 보기 좋게 하여 식욕이 나도록 음식물을 만드는 과정

② 조리의 목적 ⭐

ㄱ 기호성 : 향미와 외관 등을 좋게 하여 식욕을 돋움

ㄴ 안전성 : 유독성분 등의 위해물을 제거하여 위생상 안전하게 함

ㄷ 영양성 : 당질, 단백질 등의 흡수를 도와 영양효율을 높임

ㄹ 저장성 : 음식의 저장성을 높임

ㅁ 소화성 : 재료를 자르거나 익혀서 소화가 용이하게 함

③ 물의 역할

ㄱ 열전도체

ㄴ 조미료의 침투를 도움

ㄷ 글루텐을 형성

ㄹ 건조식품을 복원

ㅁ 변색 · 산화를 방지

ㅂ 모양과 맛을 변화시킴

ㅅ 전분의 호화를 도움

ㅇ 식품표면의 오염물을 제거

④ 소금의 역할

ㄱ 방부 작용 : 미생물의 발육을 억제(염장식품)

ㄴ 효소에 작용 : 산화효소 억제(채소, 과일의 갈변 방지), 아스코르비나아제 억제(과즙의 비타민 C 보유)

ㄷ 조직에 작용 : 수분 제거(채소절임)

ㄹ 단백질에 작용 : 열 응고(달걀 · 생선 요리), 점착성 증진(연제품, 햄버그스테이크), 밀가루 반죽의 강도 증진(빵, 면류)

ㅁ 기타 작용 : 녹색 유지(푸른 채소 데칠 때), 어류, 감자 등의 세정, 저온형성(얼음 혼합)

조리 중 중조의 역할 ⭐35
- 연화 : 채소 데칠 때, 팥 삶을 때
- 녹색 유지 : 푸른 채소 데칠 때
- 바삭함 : 튀김 반죽(박력분) → 비타민 B 손실
- 변화 : 플라본계 색소(무색 → 갈색)

(2) 기본 조리동작

① 계량 ⭐39 ⭐41 ⭐44 ⭐45

㉠ 액체 : 수평으로 된 바닥에 용기를 놓고 액체 표면의 밑선과 눈높이를 일치시켜 측정

㉡ 점성이 있는 액체(물엿, 시럽, 꿀, 기름) : 할편된 계량컵에 액체를 담은 후 스패튤라로 깎아 계량

㉢ 지방 : 계량컵이나 스푼에 실온의 지방(쇼트닝)을 꾹꾹 눌러 담은 후 주걱이나 칼로 깎아 계량

㉢ 밀가루 : 밀가루를 체에 내려서 컵에 담은 후 스패튤라로 평평하게 깎아 담음(오랜 시간 실온에 두면 덩어리가 생기기 때문에 덩어리가 없는 상태에서 측정)

㉣ 흑설탕 · 황설탕 : 꾹꾹 눌러 담은 뒤 수평으로 깎은 후 거꾸로 쏟았을 때 컵모양이 유지되도록 함

㉤ 흰설탕 : 스푼으로 떠서 담은 후 스패튤라로 깎음

㉥ 물에 담글 수 있는 고체식품 : 일정량의 물을 넣고 식품을 넣어 물의 용량이 높아진 만큼의 부피를 읽음

㉦ 물에 담글 수 없는 고체식품 : 일정한 그릇에 종실을 넣은 후 일부를 들어내고 측정하고자 하는 식품을 넣고 들어낸 종실을 구석구석 채운 다음 남은 양의 종실의 부피를 측정

계량단위(mL＝cc) ⭐46 ⭐47
- 1작은술(tea spoon ; ts)＝5mL
- 1큰술(table spoon ; Ts)＝15mL＝3작은술
- 1온스(ounce : OZ)＝30mL
- 1컵(cup)＝200mL(국제단위 240mL)
- 1파인트(pint)＝16온스
- 1쿼터(quart)＝32온스
- 1갤런(gallon)＝128온스
- 1국자＝100mL
- 1되＝1.8L＝1,800mL
- 1L＝1,000mL
- 쌀 1되＝1.6kg

② 씻기(세척)

    ㉠ 유해물 및 불미성분의 제거 등의 위생적인 면과 색깔이나 외양, 맛이나 질감 개선을 위해 이루어지지만 수용성 비타민과 단백질, 무기질 등의 영양손실이 문제가 됨

    ㉡ 조직을 끊어서 씻으면 영양손실이 크므로 가능한 한 통으로 씻는 것이 좋음

③ 수침(담그기)

    ㉠ 곡류·두류·건물류 등은 침수시켜 두었다가 조리에 사용하면 조리시간의 단축과 조미료의 침투 등에 좋음

    ㉡ 식품의 수분함유량을 증가시키고 조직을 연화하며 식품의 쓴맛, 떫은맛, 아린맛 등과 불쾌한 냄새, 색 등을 용출시켜 맛과 색을 좋게 하고 소화가 잘 되게 함

④ 썰기(자르기) ⭐

    ㉠ 채소를 썰 때 형태를 보존하기 위해서는 결을 경사지게 자름

    ㉡ 섬유가 단단한 식품은 섬유와 직각 또는 비스듬히 하여 잘게 자름

    ㉢ 고기의 단맛을 그대로 남겨 두며 영양소의 유출을 방지하려면 크게 절단하는 것이 좋고, 단시간에 고기의 단맛을 국물에 침출하고자 할 때에는 고기를 얇고 잘게 썰어서 표면적을 크게 함

    ㉣ 재료의 표면적을 증가시켜 조미료의 침투를 용이

⑤ **혼합 및 교반** : 재료와 열전도의 균질화, 조미료의 침투 및 거품내기, 점탄성의 증가 등을 위해 필요

(3) 기본 조리법

① **비가열조리** : 가열하지 않으므로 영양소 손실이 적으며 식재료의 맛과 질감, 풍미가 유지

② **가열조리** 35 40

    ㉠ 습열조리 : 수분이 열 전달매체로 이용 ⭐

        예 삶기, 끓이기, 찜, 데치기, 시머링

    ㉡ 건열조리 : 기름에 의한 열, 전도열, 대류열을 사용

        • 기름 사용하는 건열조리법 : 소테잉, 팬프라잉, 딥프라잉

        • 기름 사용 않는 건열조리법 : 로스팅, 그릴링, 브로일링, 베이킹

    ㉢ 전자레인지에 의한 조리 : 초단파 이용

    ㉣ 복합조리법 : 브레이징(습열+건열), 스튜잉, 훈연법

    ㉤ 특 징

        • 식품의 조직과 성분의 변화를 일으킴

          예 채소의 연화(펙틴질 분해), 전분의 호화, 단백질의 열변성, 지방의 융해, 결합조직과 지방조직의 연화 등 40

        • 소화·흡수를 도움

        • 살균·살충으로 안전한 식품으로 만듦

        • 맛의 증가, 불미성분 제거, 조미료와 향신료의 침투, 식품 감촉의 변화 등이 발생

(4) 가열조리법

① 끓이기

㉠ 특징 : 100℃의 액체에서 식품을 가열하는 방법으로 재료가 연해지고 조직이 연화되어 외관, 향, 맛의 변화가 일어남

㉡ 방 법
- 밥 : 수분을 충분히 흡수시키기 위해 처음에는 중간불로 끓이고 도중에 불을 강하게 하여 끓기 시작하면 그 비등을 유지할 정도로 화력을 유지
- 국물 : 찬물에 고기를 넣고 높은 온도에서 빨리 끓여야 맑은 국물을 얻고, 맛 성분이 많이 용출됨 ❹
- 어류 : 끓는 물에 넣어 표면 단백질을 응고시켜 단시간에 끓이는 것이 영양손실이 적고 모양이 흐트러지지 않음
- 두류 : 딱딱하므로 1%의 소금을 넣고 약한 불로 끓이면 빨리 연화되고 모양이 쭈글쭈글해지지 않음 ❸
- 다시마 : 찬물에 넣고 끓기 전 60℃ 정도(약 5분)에서 건져내는 것이 맛이 좋음 ❷
- 조미료 : 분자량이 적은 것이 먼저 침투하므로 설탕, 소금, 식초 순으로 사용해야 식품이 연하고 맛있게 됨 ❸

㉢ 장점 : 다량의 음식을 한 번에 만들 수 있고, 조미하는 데 편리함. 식품을 부드럽게 할 수 있고, 끓이는 동안 국물이 우러나 영양손실을 방지할 수 있음

㉣ 단점 : 다량의 경우 밑에 있는 음식이 눌려 모양이 좋지 않음

② 찜(steaming) ❸

㉠ 특징 : 수증기의 잠열(1g당 593kcal)을 이용하여 식품을 가열하는 방법으로 요리에 따라 10℃의 수증기나 85~90℃의 열로 찜

㉡ 방 법
- 찹쌀 : 2시간 정도 침수하였다가 찜통에 보를 깔고 뚜껑에서 증기가 새어나올 때까지 강한 불로 물을 한두 번 뿌려가며 찜
- 어류 : 소금을 살짝 뿌려 살이 단단해지도록 한 후 접시에 담아 생선의 탄력이 없어질 때까지 찜
- 달걀찜 : 용기에 담아 끓는 찜통에 넣고 90℃ 정도의 약한 불에서 13~15분간 찜
- 수비드 : 밀폐된 비닐봉지에 담긴 음식물을 미지근한 물속에 오랫동안 데우는 조리법 ❹

㉢ 장점 : 영양소 손실이 적고, 온도의 분포가 골고루 이루어지며 모양이 흐트러지지 않음

㉣ 단점 : 식품이 탈 염려가 없으나 조리시간이 오래 걸림

③ 조 림

㉠ 특징 : 재료와 재료 사이에 양념장을 넣어 식품 자체에 국물 맛이 배도록 조리하는 것

㉡ 방법 : 강한 불에서 끓기 시작하면 불을 약간 줄여 계속 끓이다가 재료가 다 익으면 불을 아주 약하게 하여 눋지 않도록 해야 함

④ 삶기와 데치기 ⭐

　㉠ 특징 : 맛이 없는 성분을 제거하고 식품조직을 연하게 하며, 부피를 축소시켜 탈기하고, 효소를 제거하며 소독을 할 수 있는 조리방법

　㉡ 방 법 ⭐

　　• 가장 이상적인 조리방법은 고압증기솥을 이용하는 것
　　• 녹색 또는 강한 맛이 있는 채소는 끓는 물에 뚜껑을 덮지 않고 익혀야 함
　　• 순한 맛을 지닌 녹색이 아닌 채소는 수증기를 이용한 **찜통 증기**에 익히는 것이 가장 좋음
　　• 물에 넣어 익힐 때는 물의 양을 적게 잡고 **물이 끓은 후에 채소를 넣음**
　　• 조리하는 시간은 가능한 한 짧게 하여 부드럽게 익었으면서도 약간은 씹히는 맛이 있도록 하여 색이나 질감, 맛, 영양을 갖춘 요리가 되도록 함
　　• 채소는 으깨지지 않도록 몇 번 나누어 익힘
　　• **중조** 또는 **식염을 넣고 삶으면 아름다운 녹색을 얻을 수 있으나 중조로 처리하면 비타민**의 손실이 큼 ⭐
　　• 죽순이나 우엉은 **쌀뜨물**에 잠길 정도로 붓고 삶으면, 쌀뜨물에 있는 효소의 작용으로 연화되므로 색이 희고 깨끗하게 삶아짐
　　• 우엉에 식초를 넣어도 흰색으로 만들 수 있음 ⭐
　　• 쑥갓이나 시금치를 데칠 때에는 1%의 식염을 넣어서 **뚜껑을 열고 살짝 데치는 것이 좋음** ⭐ ⭐
　　• 다량의 조리수를 넣고 채소를 데치면 색 변화를 막을 수 있음

⑤ 볶 기

　㉠ 특징 : 볶기는 구이와 튀김의 중간조리법으로 기름을 적절히 두르고 충분히 가열한 다음 재료를 뒤적이면서 **단시간에 조리**

　㉡ 방 법

　　• 불이 균일하게 작용하도록 균등한 모양의 재료를 준비하고 단단한 것은 미리 약간 익히며 유연한 것은 뒤에 넣음
　　• 수분이 많은 식품은 강한 불로 단시간에 볶고, 재료 자체를 변화시키는 양파나 밀가루 등은 약한 불로 천천히 볶음
　　• 볶음에 사용하는 기름의 양은 채소 및 육류 · 알류 3~5% 정도, 밥 10% 정도가 적당

　㉢ 볶음 시 식품의 변화

　　• **식물성** 식품은 **연화**되며, 동물성 식품은 단단해짐
　　• 수분이 감소하며 기름의 향이 증가
　　• 푸른 채소는 단시간 가열로 색이 아름다워짐
　　• 감미는 증가하고 당분은 캐러멜화됨

　㉣ 장점 : 대부분의 식품에 사용 가능한 조리법으로 조리조작이 간편하고, 고열로 단시간에 조리하므로 영양성분의 손실이 적고, 지용성 비타민의 흡수도 좋게 됨

⑥ 굽기(구이)
  ㉠ 특 징
    • 식품에 수분 없이 열을 가하여 익히는 것
    • 식품 중의 전분은 호화되고, 단백질은 응고함
    • 세포는 열을 받아 익으므로 식품이 연화됨
    • 지방의 분해나 당질의 캐러멜화로 맛있는 향기를 내므로 소화, 식욕, 살균효과가 증진됨
    • 고기는 결 반대 방향으로 썰어 석쇠구이하며 센불에서 표면을 응고시킨 후 약불에서 속까지 익도록 함
  ㉡ 장점 : 고온으로 가열해서 식품의 수용성 성분이 적고, 표면의 수분이 감소되어 식품 본래의 맛을 지님(석쇠 등을 이용한 직접구이 방법과 철판, 오븐 등을 이용한 간접구이 방법이 있음)
  ㉢ 단점 : 다른 조리방법에 비하여 열효율이 나쁘고, 온도조절이 어려움
⑦ 튀 김
  ㉠ 특 징
    • 160~180℃의 고온의 기름 속에서 식품을 가열하는 방법
    • 단시간에 처리해서 영양소 손실이 가장 적은 조리법
    • 콩기름, 채종유, 면실유, 올리브기름, 낙화생기름 등의 식물성 기름이 좋음
  ㉡ 방 법
    • 튀김용 기름은 향미가 좋고 산도가 높지 않으며, 점조성이 없는 새것으로 식물성이 좋음
    • 튀김그릇은 철제로 된 두껍고 밑면적이 좁으며, 열용량이 큰 재질이면서 고루 열을 받는 것이 좋음
    • 튀김옷은 글루텐 함량이 적은 박력분이 적당하고, 찬물로 반죽하여야 하며, 많이 젓지 않아야 함 ⑮
    • 튀김의 적온은 온도계를 사용하거나, 튀김기름에 튀김옷을 소량 넣었을 때 기름의 중간까지 가라앉았다가 떠오르면 170~180℃로 적당
    • 사용한 기름은 걸러서 불순물을 없애고 산화를 막기 위하여 입구가 좁은 용기에 담아 밀봉하여 보관
    • 튀김옷에 달걀을 넣으면 질감이 좋아 맛이 있고, 0.2%의 중탄산소다를 넣으면 수분이 증발하여 가볍게 튀겨짐
    • 한꺼번에 너무 많은 식품을 넣으면 온도의 상승이 늦어져서 흡유량이 늘어남
    • 수분이 많은 식품은 미리 어느 정도의 수분을 제거함

튀김을 할 때 기름의 흡유량이 많아지는 조건
- 튀기는 식품의 표면적이 클 때
- 재료 중에 당과 지방, 레시틴의 함량이 많을 때
- 재료의 수분 함량이 많을 때
- 재료 중에 글루텐 함량이 적을 때

(5) 조리의 기초과학

① **점성(viscosity)** : 점성이 클수록 액체는 끈끈하고, 온도가 낮아지면 점성이 높아지고 온도가 높아지면 점성이 낮아짐

② **거품(foam)** : 온도가 올라갈수록 액체의 표면장력이 저하되기 때문에 오래가지 못함

③ **표면장력(surface tension)** : 액체 내의 분자들이 서로 끌어주는 힘으로 온도의 상승에 따라 감소되며 표면장력을 증가시키는 물질은 설탕

④ **콜로이드(colloid)** : 0.1~0.01μm 정도의 미립자가 어떤 물질에 분산되어 현탁액이나 젤리상의 형태를 이루는 것

⑤ **수소이온농도(pH)** : pH < 7은 산성, pH = 7은 중성, pH > 7은 알칼리성이고 식품과 조리에 맛과 관련이 있으며 산성일 때 식품의 맛이 가장 좋음

⑥ **용해도(solubility)** : 용액 속에 녹아 있는 용질의 농도로 용해속도는 온도가 올라가면 증가하고, 용질의 상태, 결정의 크기, 삼투, 교반에 의해 영향을 받음

⑦ **효소(enzyme)** : 생물체 내의 여러 가지 화학반응에 촉매작용을 하며 단백질로 되어 있음

⑧ **산화(oxidation)** : 어떤 물질이 산소와 화합하여 산화물이 되는 반응

⑨ **삼투압(osmosis)** : 농도가 낮은 쪽 액체가 농도가 높은 쪽으로 수분이 빠져 나가는 현상

⑩ **용출(elution)** : 재료 내의 성분을 용매 속으로 녹아나오게 하는 현상

⑪ **팽윤(expansion)** : 수분을 흡수하여 불어나는 현상

(6) 조리용 열원

① **에너지의 전달**

　㉠ 전도(conduction)
- 물질 이동 없이 열에너지가 고온에서 저온으로 이동
- 열이 직접 닿아 있는 물체(냄비)에 접촉되어 전달
- 열전도율이 크면 클수록 빨리 데워지지만 식는 속도도 빠름
- 금속물질은 대부분 전도체(은, 구리, 알루미늄, 아연 등이 열전도율이 큼)

ⓛ 대류(convection)
- 열의 전달은 가스(공기)나 액체에 의해서 밀도가 높은 곳에서 낮은 곳으로 이동
- 밀도차의 현상으로, 가열된 것은 밀도가 낮아져서 위로 올라가게 되고, 차가운 것은 밀도가 높아져서 아래로 가라앉게 되며, 가열되면 다시 상승하는 등 전체가 고르게 열을 전달받고 대류속도도 점점 빨라지게 됨
- 음식을 저어주는 경우는 열이 균일하고 빠르게 전달되도록 기계적으로 대류현상을 일으키는 것

ⓒ 복사(radiation)
- 열이 식품에 중간매체 없이 직접 전달되는 것
- 표면이 검고 거칠수록 희고 반들반들한 것보다 열이 잘 흡수하여 조리시간이 단축
- 조리에 사용되는 복사열은 숯불, 가스, 그릴, 토스터, 오븐 등이며 복사에너지의 좋은 전도체는 Pyrex 유리
- 열의 전달 속도가 가장 빠름

TIP

열전달속도
복사 > 대류 > 전도

② 극초단파(microwave oven)
ⓖ 극초단파의 가열 ⭐ ⭐
- 전자파는 물체에 닿으면 금속의 경우는 반사되고, 유리 · 도자기 · 플라스틱 · 종이상자 등은 투과되며 물과 식품의 경우는 흡수하여 발열
- 전자레인지 내에서 식품은 모든 면에서 전파를 받으므로 잘 조리됨
- 전자레인지에 사용할 수 있는 그릇 : 파이렉스, 도자기, 내열성 플라스틱, 종이 등
- 전자레인지에 사용하지 못하는 그릇 : 알루미늄 제품, 캔, 법랑, 쇠꼬챙이, 석쇠, 칠기, 도금한 식기, 크리스털 제품, 금테 등이 새겨진 도자기 등 금속성분이 있는 것은 사용하지 못함

ⓛ 극초단파의 특징 ⭐38 ⭐39 ⭐40 ⭐46
- 조리시간 단축
- 재료의 종류, 크기에 따라 조리시간이 다름
- 식품의 중량이 감소
- 갈변현상이 일어나지 않음
- 조리실의 온도가 오르지 않음
- 편리하지만 다량의 식품을 조리할 수 없음
- 조리시간이 짧기 때문에 영양분의 파괴 또는 유출이 적음

(1) 전분의 변화

① 전분은 식물에서 합성된 포도당 중합체로 씨, 뿌리, 줄기 등에 저장되며 곡류, 서류 등이 주공 급원으로 대부분의 전분은 아밀로오스와 아밀로펙틴이 2 : 8의 비율로 들어있음(찹쌀은 아밀로펙틴 100% 함유)

② 조리 시 호화, 겔 형성, 노화, 호정화 등이 진행

③ **전분의 호화(α화)** : 전분에 물을 넣고 가열하면 전분입자가 물을 **흡수하여 팽창**하는데 이것을 호화라 하며 호화(α화)된 전분은 부드럽고 소화도 잘 되며 맛있게 됨 ⭐️

　ㅇ 전분이 호화되기 쉬운 조건 ⭐️
- 아밀로오스(amylose)의 함량이 높을수록 호화 촉진
- 전분의 입자크기가 클수록 호화 촉진(서류전분 > 곡류전분)
- 수분함량이 많을수록 호화 촉진
- 호화가 일어날 수 있는 최저 한계온도(대략 60℃ 전후) 이상에서는 온도가 높으면 호화 촉진
- 알칼리성인 조건에서 호화 촉진
- 염류는 수소 결합에 영향을 주어 호화 촉진(황산염은 호화 억제)

④ **전분의 노화(β화)** : 호화된 전분을 상온에서 방치하면 전분으로 되돌아가는데 이러한 변화를 노화라 함

　ㅇ 전분이 노화되기 쉬운 조건
- 아밀로오스(amylose)의 함량이 높을수록 노화 촉진
- 곡류전분은 서류전분보다 노화되기 쉬움
- 수분함량이 30~60%일 때 노화 촉진
- 0~5℃에서 노화 촉진
- 황산염은 노화 촉진
- 전분의 농도가 높을수록 노화 촉진
- pH가 낮을수록 노화 촉진

　ㅇ 노화 억제방법 ⭐️
- 수분함량 조절 : 호화전분을 고온(80℃ 이상)에서 급격히 수분제거하여 수분함량을 10~15% 이하로 건조시키는 방법으로 라면, 비스킷, 건빵 등의 제조에 이용
- 냉동 : 호화전분을 0℃ 이하에서 냉동건조하는 방법으로 냉동건조미 제조에 이용
- 설탕 첨가 : 설탕이 탈수제로 작용하여 α-전분을 단시간에 건조시킨 것과 같은 효과를 내며 양갱이 대표적
- 유화제 사용 : 전분교질용액의 안정도를 증가시켜 전분입자의 침전이나 부분적인 결정을 억제하여 노화를 방지하며 빵, 과자 등의 제조에 이용

⑤ 전분의 호정화 ⭐36 ⭐37 ⭐39 ⭐41 ⭐45

　　㉠ 전분에 물을 가하지 않고 160~170℃ 이상으로 가열하여 다양한 길이의 dextrin이 생성되는 현상을 호정화라 하며, 호정화된 전분은 노화현상이 일어나지 않음

　　㉡ 이때 생성된 dextrin을 pyrodextrin이라 하며 황갈색으로 물에 용해되나 점성은 약하며 소화가 잘됨

　　㉢ 미숫가루, 누룽지, 토스트, 뻥튀기, 쿠키, 비스킷, 브라운 루 등이 해당

⑥ 전분의 젤(gel) 형성

　　㉠ 유동성을 상실하에 분산액 중 물 분자들은 아밀로오스와 아밀로펙틴 또는 전분입자들 사이에 형성된 망상구조 사이에 갇히게 되어 액체로서의 성질이 사라지고 반고체의 성질을 띠게 되는 것

　　㉡ 아밀로펙틴만으로 구성되어 있는 찰전분은 젤화가 더디게 일어남

　　㉢ 아밀로오스를 함유하고 있는 메전분은 쉽게 젤화

⑦ 당 화

　　㉠ 전분을 산이나 당화효소로 이용, 가수분해하여 단당류, 2당류, 올리고당으로 만들어 내는 것

　　㉡ 종 류 ⭐38 ⭐40 ⭐42 ⭐43 ⭐46 ⭐47

　　　　• 식혜, 군고구마 : β-아밀라아제(발효온도 60℃)에 의해 가수분해 → 맥아당

　　　　• 엿(조청) : 전분을 완전 당화시킨 조청을 농축

　　　　• 콘시럽, 고추장

⑧ 전분을 분리시키는 요인

　　㉠ 냉수 : 소스를 만들고자 할 때 덩어리가 생기지 않게 냉수로 전분입자를 분리시켜 뜨거운 물에 붓고 끓임

　　㉡ 설탕 : 크림이나 푸딩을 만들고자 할 때는 덩어리가 지지 않게 하기 위하여 설탕을 전분과 먼저 고루 섞고 나중에 뜨거운 액체를 부어 가열

　　㉢ 버터 : 소스(white sauce, gravy sauce)를 만들 때 기름을 녹이고 가루를 넣어 충분히 전분입자를 분리시킨 후에 우유를 넣고 가열

영양보충

전분입자
- A-Type : 쌀, 보리, 밀 → 입자가 가장 작다.
- B-Type : 감자, 근경류 → 입자가 가장 크다.
- C-Type : 고구마, 칡, 타피오카, 콩 → A와 B의 중간 크기

⑨ 전분의 교화에 영향을 주는 조건

ⓐ 전분의 입자가 클수록 빠른 시간 내에 교화

ⓑ 물에 대한 전분의 농도가 높은 경우 저온에서도 호화를 일으켜 최고 점도를 나타냄

ⓒ 가열하는 온도가 높을수록 단시간에 겔화함

ⓓ 전분에 산을 가하여 가열하면 점도가 낮아지고 호화가 잘 안 됨

ⓔ pH 3.5 이하에서는 가수분해에 의하여 점도가 현저히 저하하고, pH 7 이상일 때는 호화가 촉진

ⓕ 전분에 3%의 수산화나트륨(NaOH)를 첨가하면 쉽게 호화

ⓖ 설탕, 식염, 글루탐산소다 등을 첨가하면 겔 저하

ⓗ 지방은 전분의 수화를 지연시키고 점도의 증가속도를 지연시킴

ⓘ 균등한 용액을 만들기 위하여 초기에는 잘 저어주어야 하나 지나치게 저어주면 전분입자가 팽창 · 파괴하여 점도가 낮아짐

(2) 쌀의 조리

① **쌀의 수분함량** : 쌀은 15% 정도의 수분을 함유하며 맛있게 지어진 밥은 65% 정도의 수분을 함유

② **주단백질** : 오리제닌

③ **제1제한아미노산** : 라이신

④ **밥짓기**

ⓐ 씻기 : 쌀을 씻을 때 비타민 B_1의 손실을 줄이기 위해 가볍게 3회 정도 씻음

ⓑ 침수 : 멥쌀은 30분, 찹쌀은 50분 정도 물에 담가 놓으면 물을 최대로 흡수

ⓒ 물의 분량 : 쌀의 종류와 수침시간에 따라 다르며 잘 된 밥의 양은 쌀의 2.5~2.7배 정도가 됨

영양보충

쌀의 종류에 따른 물의 분량

종 류	중량(무게) 비율	체적(부피) 비율
백미(보통)	쌀 중량의 1.5배	쌀 부피의 1.2배
햅 쌀	쌀 중량의 1.4배	쌀 부피의 1.1배
찹 쌀	쌀 중량의 1.1~1.2배	쌀 부피의 0.9~1배

소화가 잘 되는 쌀 ⭐
정백미 > 백미 > 7분도미 > 5분도미 > 3분도미

⑤ 밥맛의 구성 요소

    ㉠ 밥물은 pH 7~8의 것이 밥맛이 가장 좋고, 산성이 높아질수록 밥맛이 나쁨

    ㉡ 0.03%의 소금을 넣으면 밥맛이 좋아짐

    ㉢ 묵은 쌀보다 햅쌀이 밥맛이 좋고, 지나치게 건조된 쌀은 밥맛이 나쁨

    ㉣ 쌀의 품종과 재배 지역의 토질에 따라 밥맛이 달라짐

    ㉤ 쌀의 일반성분은 밥맛과 거의 관계가 없음

(3) 소맥분(밀가루)의 조리

① 밀가루의 점탄성 : 밀의 단백질인 글리아딘(gliadin)과 글루테닌(glutenin)이 결합하여 글루텐 (글루텐)을 형성하기 때문에 글루텐의 함량에 따라 밀가루의 종류와 용도가 결정 ⭐ ㊺ ㊻

    ㉠ 밀가루를 오랫동안 반죽한 것을 비닐에 싸서 잠깐 놔두면 점성이 강한 글루텐이 많이 형성 되어 탄력이 강하게 됨

    ㉡ 설탕·지방·전분 등을 첨가하면 글루텐 형성을 방해 ㊲

    ㉢ 글리아딘(gliadin) : 글루텐의 응집성과 신장성에 영향을 미쳐 점성을 주고 글루텐에 탄성 을 줌

    ㉣ 글루테닌(glutenin) : 탄성·선형이며 고분자량. 반죽시간과 반죽발전시간에 영향을 주며 팽화율은 글루텐 함량이 많을수록 큼

② 밀가루의 종류와 용도 ⭐ ㊶ ㊸

밀가루의 종류	글루텐 함량	용 도
강력분	13% 이상	식빵, 마카로니 등
중력분	10~13%	국수(면류), 만두피 등
박력분	10% 이하	케이크, 쿠키, 튀김옷 등

③ 제빵 재료의 역할

    ㉠ 지방 : 연화작용, 팽창작용, 발효작용, 갈변작용

    ㉡ 달걀 : 팽창제, 글루텐 형성 보조, 지방 유화시켜 골고루 분산, 맛·색 향상 → 다량 시 질겨짐

    ㉢ 설탕 : 연화작용(글루텐 형성 억제), 갈변작용, 이스트 성장 촉진, 바삭한 맛 제공, 팽창제는 아님

    ㉣ 소금 : 이스트 발효 조절, 글루텐의 강도 증진, 국수가 건조해 갈라지는 것 방지

    ㉤ 액체 : 물, 우유, 과일즙 → 글루텐 형성, 전분의 호화, 팽창제, 베이킹파우더 작용 유도제, 지 방을 골고루 분산

(4) 보리의 조리

① 주단백질 : 호르데인

② 식이섬유 : 베타글루칸(점성이 높아 혈중 콜레스테롤을 낮춤) ㊺

③ 엿기름(식혜)의 원료로 사용 ㊸

(1) 두류의 구성 ⭐ ⭐

콩은 단백질(100g당 40g 정도)과 지방이 풍부하며 주단백질은 글리시닌(glycinin)으로 날콩의 단백질은 소화율이 낮은 반면 익힌 콩의 단백질은 소화율이 70~80% 정도

① 고단백 저탄수화물류 : 대두(콩), 낙화생 등
② 저단백 고탄수화물류 : 팥(소두), 녹두, 완두, 강낭콩 등

(2) 두류의 조리법

① **침수** : 조리하기 전에 수침하여 최대한 물을 흡수하게 하면 시간과 연료를 절약할 수 있고, 수온이 높을수록 물의 흡수시간이 단축
② **연화** : 콩을 빨리 연화시키는 방법으로 1%의 식염수에 담가 두었다가 끓이는 방법과 0.3%의 중조(탄산수소나트륨)를 가하여 끓이는 방법이 있으나 중조를 가하면 비타민 B_1의 손실이 큼
③ 콩나물의 가열 조리 시 비타민 B군과 비타민 C의 손실을 줄이기 위하여 약간의 소금을 넣어 조리하는 것이 효과적
④ 재래식 된장은 오래 끓여야 맛이 좋고, 개량된장은 잠깐 끓여야 맛이 좋음

TIP

대두 물질 ⭐ ⭐
- 트립신저해제 : 단백질 소화 · 흡수 저해
- 헤마글루티닌 : 혈구응집 독소
- 사포닌 : 기포성, 용혈성분
- 리폭시게나아제 : 콩 비린내 효소

TIP

물의 흡수속도
백대두＞흑대두＞흰강낭콩＞얼룩강낭콩＞팥(햇 것)＞팥(묵은 것)

TIP

두부 ⭐ ⭐ ⭐ ⭐
대두로 만든 두유를 70℃ 정도에서 황산칼슘, 황산마그네슘, 염화칼슘, 염화마그네슘, 글루코노델타락톤을 가하여 응고시킨다.

(1) 채소 · 과일의 구성

채소 및 과일류는 수분을 80~90% 정도 함유하고 다량의 비타민과 나트륨(Na) · 칼슘(Ca) · 칼륨(K) · 마그네슘(Mg) 등의 무기질을 많이 함유하여 알칼리성 식품에 속함

(2) 채소 · 과일의 조리

① 채소는 보관 중에도 호흡작용에 의해 선도가 저하되므로, 어둡고 온도가 낮으며 습도가 높은 곳에 보관

② 채소를 가열하면 펙틴이 분해되어 조직이 연해지고 불미성분이 제거되며 조미료를 침투시켜 먹기 좋고 소화도 잘됨 ⓐ

③ 물에 씻고 난 후에 써는 것이 좋으며, 잘게 썰어 단면이 많으면 수용성 성분의 용출이 많음

④ 수용성 성분의 손실을 방지하기 위해 적은 양의 물로 고온에서 단시간 조리하는 것이 좋음

⑤ 당근에는 비타민 C를 파괴하는 효소인 **아스코르비나제(ascorbinase)**가 있어 **무와 함께 갈면 무의 비타민 C 손실이 큼** ⓐ

⑥ 대부분의 과일은 날 것으로 먹는 것이 좋으며 딸기는 씻은 다음 꼭지를 따고, 감귤류는 자르지 않고 그냥 먹는 것이 비타민 C의 보존에 좋음

⑦ 익지 않은 과일이나 과피는 대부분이 불용성인 **프로토펙틴** 상태이지만 성숙해감에 따라 **프로토펙티나아제**에 의해 가수분해되어 수용성 펙틴과 펙틴산이 되어 세포들의 조직이 연화 ⓐ ⓐ

⑧ 온도가 내려가면 단맛이 강한 β-과당이 많아지고, 온도가 올라가면 단맛이 약한 α-과당이 많아져서 과일을 냉장보관하면 과일이 더 달게 느껴짐 ⓐ

⑨ 과일을 우유와 함께 조리할 때 과일의 유기산이 우유의 응고를 촉진시킴 ⓐ

(3) 조리에 의한 색의 변화

① **엽록소(chlorophyll)** : 녹색채소에 들어 있는 녹색색소 ⓐ ⓐ ⓐ
   ㉠ 산에 약하므로 식초를 사용하면 누런 갈색이 됨(시금치에 식초를 치면 누렇게 변함)
   ㉡ 녹색채소를 데칠 때에는 끓는 물에 뚜껑을 열고 단시간에 조리
   ㉢ 알칼리 성분인 중탄산소다 및 황산동으로 처리하면 선명한 녹색을 유지

② **안토시안(anthocyan) 색소** ⓐ ⓐ
   ㉠ 산성에서는 적색(생강을 식초에 절이면 적색으로 변함), 중성에서는 보라색, 알칼리에서는 청색을 띰
   ㉡ 철(Fe) 등의 금속이온과 결합하면 고운 청색을 띰
   ㉢ 가지를 삶을 때 백반을 넣으면 보라색을 보존할 수 있음

③ **플라보노이드(flavonoid) 색소** ⓐ ⓐ
   ㉠ 콩, 밀, 쌀, 감자, 연근 등의 흰색이나 노란색 색소
   ㉡ 산에 안정하나 알칼리와 산화에는 불안정
   ㉢ 약산성에서는 무색이고, 알칼리에서는 황색, 산화하면 갈색이 됨

④ **카로티노이드(carotinoid) 색소** ⓐ
   ㉠ 등황색, 녹색채소에 들어 있는 황색이나 오렌지색 색소
   ㉡ 당근은 등황색, 고구마 · 옥수수는 황색, 토마토는 빨간색으로 나타남
   ㉢ 공기 중의 산소나 산화효소에 의해 쉽게 산화되어 퇴색
   ㉣ 열에 비교적 안정하고, 산과 알칼리에 영향을 받지 않음

클로로필 ⑤ ㉗ ㉘ ㊶ ㊷ ㊹

- 산과의 반응
  클로로필(녹색, 지용성) → 페오피틴(녹갈색, 지용성) → 페오포비드(갈색, 수용성)
  예 배추, 오이를 김치로 담그면 젖산에 의하여 갈색을 띤다.
- 알칼리와의 반응
  클로로필(녹색, 지용성) → 클로로필리드(청록색, 수용성) → 클로로필린(청록색, 수용성)
  예 김치나 오이지 등 녹색식품에 소량의 중탄산소다(알칼리)를 가하면 변색을 막고 녹색이 선명하다. 하지만 조
     직의 연화, 비타민 B, C 파괴가 일어난다.
- 클로로필라아제에 의한 가수분해
  클로로필(녹색, 지용성) → 클로로필리드(청록색, 수용성)
  예 녹색채소(시금치)를 물에 데치면 조리수가 푸르게 물든다.
- 금속과의 반응
  구리-클로로필(선명한 녹색), 철-클로로필(선명한 갈색)
  예 녹색식품(완두콩)의 통조림에 황산구리 첨가
- 조리 과정에서의 변화
  녹색채소를 가열하면 열에 의하여 마그네슘이 수소이온으로 치환되며, 이 물질은 페오피틴으로 녹황색을 띤다.
  시금치나 양배추를 끓일 때 뚜껑을 덮고 끓이면 그 액이 산성이 되어 즉시 퇴색되지만, 뚜껑을 열고 끓이면 녹색
  을 오래 유지시킬 수 있다.

(4) 과일 및 채소의 갈변 방지 ㉞ ㉟ ㊴ ㊶ ㊻

① 사과·배 등의 갈변은 구리나 철로 된 칼의 사용을 피하고 묽은 소금물(1%)에 담가두면 방지할
   수 있음
② 감자·고구마의 갈변은 티로시나아제(tyrosinase)에 의하는데 이 효소는 수용성이므로 물에
   담가 두면 갈변을 방지할 수 있음
③ 연근의 갈변은 식촛물에 담가두면 방지할 수 있음 ㊺
④ 바나나의 갈변은 레몬즙을 뿌려 두면 방지할 수 있는데 이것은 밀감류의 비타민 C가 효소작용
   을 억제하기 때문
⑤ 푸른잎 채소를 데칠 때 냄비의 뚜껑을 덮으면 유기산에 의해 갈색으로 변하므로 뚜껑을 열고
   끓는 물에 단시간에 데치는 것이 좋음
⑥ 설탕을 첨가하면 산소와의 직접적인 접촉을 어렵게 하고, 식품 중에 들어 있는 산화제
   (oxidase)의 활동을 억제
⑦ 냉장, 통조림, 병조림
⑧ pH 2.5~2.7이 되면 효소활동이 거의 정지되며, 또 엷은 유기산의 수용액에 담그면 갈변이 방지

백색채소의 백색과 담황색은 안토크산틴(anthoxanthins)계 색소이며 수용성이고 산에 안정하나 알칼리에는 불안정
하여 알칼리와 반응하면 노르스름하게 된다. 백색채소를 오래 가열하면 백색이 갈색으로 변색될 때가 있는데 이는
채소 내의 황과 철이 플라보놀(flavonol)과 반응하기 때문이다.

(1) 구 성

화학적으로 글리세롤과 지방산으로 구성되어 있어, 지용성 비타민(비타민 A, D, E, K)의 흡수를 촉진

(2) 비 중

자연계에 존재하는 모든 기름은 비중이 1.0 이하이며, 보통 0.92~0.94로 물보다 가벼움

(3) 발연점과 조리 ⭐

① 식용유는 융점이 낮은 것이 좋음

② 튀김기름은 발연점이 낮으면 튀김을 했을 때 기름이 많이 흡수되므로 발연점이 높은 것이 좋음

③ 300℃ 이상으로 가열하면 글리세롤이 분해되어 검푸른 연기를 내는데 이것은 아크롤레인(acrolein)으로 점막을 해치고 식욕을 잃게 함

> **TIP**
>
> **발연점(smoke point)**
> 유지를 가열할 때 온도가 상승하여 지방이 분해되어 푸른 연기가 나기 시작하는 시점을 말한다.

(4) 발연점에 영향을 주는 조건 ⭐

① **유리지방산의 함량** : 유리지방산의 함량이 높은 기름은 발연점이 낮음

② **기름의 표면적** : 같은 기름이라도 기름을 담은 그릇이 넓으면 발연점이 낮으므로 기름으로 조리하는 그릇은 되도록 좁은 것을 사용

③ **이물질의 존재** : 기름이 아닌 다른 물질이 기름에 섞여 있으면 기름의 발연점이 낮아짐

④ **사용횟수** : 반복 사용한 기름은 발연점이 낮아지는데 한 번 사용할 때마다 10~15℃ 정도씩 낮아짐

⑤ **박력분** : 강력분을 사용하는 경우보다 흡유량이 더 많음(글루텐이 흡유량을 감소시키기 때문)

> **영양보충**
>
> **기름흡수에 영향을 주는 조건 ⭐**
> • 기름 온도가 낮을수록 흡유량이 증가한다.
> • 튀기는 시간이 길어질수록 흡유량이 증가한다.
> • 튀기는 식품의 표면적이 클수록 흡유량이 증가한다.
> • 튀김재료 중에 수분·당·지방의 함량이 많을 때 흡유량이 증가한다.
> • 박력분일 때, 재료표면에 기공이 많고 거칠 때 흡유량이 증가한다.
> • 달걀 노른자에는 인지질이 함유되어 있어서 재료에 달걀을 넣게 되면 흡유량을 증가시킨다(유화제가 다량 함유된 식품).

(5) 유화성

① 분자 중에 친수성과 친유성을 가지고 있어서 유화시키는 성질이 있는 물질

② 유화 형태에 따른 에멀전의 분류

    ㉠ 유중수적형 유화액(W/O) : 버터, 마가린

    ㉡ 수중유적형 유화액(O/W) : 우유, 마요네즈, 아이스크림, 생크림

> **영양보충**
>
> **유화액** ⭐
> - 영구 유화액 : 마요네즈
> - 일시적 유화액 : 프렌치드레싱

(6) 쇼트닝성 ⭐ ⭐

① 유지가 반죽의 표면을 둘러싸서 글루텐 망상구조를 형성하지 못하게 함으로써 조직감을 바삭하고 부드럽게 하는 성질

② 쇼트닝성 적용 : 쿠키, 페이스트리

> **영양보충**
>
> **쇼트닝 파워에 영향을 주는 요인**
> - 불포화지방산이 포화지방산보다 쇼트닝 파워가 크다.
> - 기름의 양을 증가시키면 쇼트닝 파워는 증가한다.
> - 기름의 온도가 높아지면 더 쉽게 퍼져 글루텐 표면을 덮으므로 쇼트닝 파워는 커진다.
> - 반죽을 지나치게 많이 하면 글루텐이 많이 생겨 쇼트닝 파워는 감소한다.
> - 지방(달걀의 난황)의 일부가 유화액을 형성하면 쇼트닝으로서 작용할 양이 감소하므로 쇼트닝 파워는 감소한다.
> - 가소성이 큰 지방은 글루텐 표면에 더 넓게 퍼지므로 쇼트닝 파워가 크다.

(7) 크리밍성

버터 · 마가린 · 쇼트닝 같은 반고체나 고체 지방을 섞을 때 지방 안에 공기가 들어가면서 부피가 증가하고 부드러운 크림 상태로 변화

(8) 동유처리(winterizing) ⭐

① 액체기름을 7.2℃까지 냉장시켜 결정체를 여과처리로 제거하고 맑은 상태의 기름을 만드는 것

② 여과된 기름은 융점이 낮아 냉장온도에서 결정화가 일어나지 않음

(9) 경화(수소화, hydrogenation) ⭐

실온에서 액체인 기름에 수소를 첨가하여 가소성 지방으로 만드는 것

① 불포화지방산의 이중결합에 수소가 결합되어 불포화도가 낮아지고 경화유가 됨

② 어유, 고래기름, 대두유, 면실유 등으로 마가린과 쇼트닝 등을 만듦

(10) 산 패

① 지방은 효소 · 광선 · 미생물 · 수분 · 금속 등에 의해 산화

② 산패하면 맛과 영양소가 저하되고 악취를 내며 신맛을 가짐

③ 산패를 막으려면 공기와의 접촉을 적게 하고 암냉소에 저장하며, 사용한 기름은 새 기름과 섞지 말아야 함

영양보충

산패반응의 조건

- 온도가 낮으면 모든 화학반응은 속도가 저하되므로 유지의 산패를 방지할 수 있다.
- 지방산의 불포화도가 심할수록 유지의 산패는 더욱 활발하게 일어난다.
- 유지에 존재하는 대표적인 천연항산화제로는 토코페롤과 대두유와 옥수수유에 있는 레시틴, 참기름의 세사몰, 면실유의 고시폴, 그리고 향신료의 일종인 로즈메리 추출물의 rosemenol 등이 있다.
- 가공처리 중 기구 · 기계에서 묻어 나온 금속 및 금속화합물은 기름의 산패를 촉진시켜 산패가 빨라진다.
- 지방의 산화는 반응물, 산도, 불포화지방산의 농도와 온도가 상승함에 따라 촉진되며, 빛 특히 자외선은 산화를 촉진시킨다.
- Co, Cu, Fe, Mn, Ni 등과 같은 중금속은 자동산화 과정 중에 생성된 과산화물의 분해과정을 촉진시켜 준다.

(11) 가열에 의한 변화

① **중합**(polymerization) : 지방분자가 농축됨으로써 보다 큰 지방분자를 형성하는 것으로 지방의 분자량을 증가시키는데 지방을 이용한 모든 조리온도 하에서도 일어남

② **산화**(oxidation) : 지방을 산패로 이끄는 화학변화인 산화는 기름이 공기와 접촉하여 일어나는데 음식을 튀길 때 높은 온도에 의해 심하게 촉진

③ **가수분해** : 물과 지방이 반응해서 유리 지방산과 유리 글리세롤을 형성하는 것으로서 음식을 튀기기 위해서 기름을 고온으로 가열할 때 나타나는 현상

영양보충

아스코르브산의 산화

- 효과적인 자연항산화제 또는 갈변 방지제로 널리 이용
- 비가역적으로 산화되면 산화생성물은 계속 산화 · 중합되어 갈색물질을 형성
- 감귤류 또는 기타 과일주스의 갈변
- pH가 낮을수록 잘 일어남
- 중간과정에서 푸르푸랄(furfural)이 형성

(12) 조리용으로서의 유지류의 이용

① **튀김용 기름** : 정제도가 높고 발연점이 높은 것을 선택 ⭐

② **튀김온도와 시간**

　㉠ 튀김음식은 재료의 종류에 따라 튀기는 온도가 달라짐

　㉡ 표면만을 가열해도 좋은 음식은 고온에서 단시간 튀겨야 함

　㉢ 기름의 온도가 150℃일 때에는 튀김옷이 바닥에 가라앉아 떠오르지 않음

　㉣ 180℃ 정도에서는 즉각 떠오름

③ **튀김기름의 감소원인**

　㉠ 식품재료에 흡수

　㉡ 가열하는 동안 기름이 분해하여 휘발성 물질을 생성

　㉢ 수분이 증발할 때 비산

영양보충

바삭한 튀김 만드는 방법 ⭐ ⭐
- 박력분을 사용한다.
- 달걀을 약간 첨가한다.
- 0.2%가량의 식소다를 첨가한다.
- 설탕을 약간 첨가한다.
- 물의 온도는 15℃가 좋다.

---

06 육류의 조리

(1) 육류의 구조 및 성분

① **근육조직** : 횡문근, 평활근('고기'라고 부르는 부위), 심근으로 구성, 활동량이 많은 동물일수록 근섬유가 길고 굵음

② **결합조직** : 근섬유를 둘러싸고 있는 막으로 교원섬유(콜라겐)와 탄성섬유(엘라스틴) ⭐

③ **지방조직** : 결체조직의 일부로서 세포의 원형질에 형성되어 있으며 근육 내에 작은 백색반점같이 산재(마블링)되어 있음

④ **단백질** : 육류의 단백질에는 구상단백질, 섬유상단백질과 미오글로빈, 헤모글로빈의 색소단백질을 함유 ⭐

⑤ **색소** : 헤모글로빈은 혈액 내에서 산소를 각 조직에 운반하는 역할을 하고, 미오글로빈은 근육의 수축, 이완작용을 가능하게 함

> **TIP**
>
> **근육을 이루는 주 단백질**
> 액틴, 미오신

(2) 사후경직과 숙성 ⑫

동물을 도살하여 방치하면 조직이 단단해지는 사후경직 현상이 일어나고, 이 기간이 지나면 근육 자체 효소에 의하여 자가소화 현상이 일어나면서 고기가 연해지고 풍미와 보수성이 좋아지며 소화가 잘되게 하는 현상을 숙성이라 함 ⑩

① 사후경직에 이르는 시간 : 동물의 종류에 따라 각기 다르며 소동물일수록 짧음. 소는 사후 24시간, 돼지는 12시간, 닭은 2시간 정도 ㊱

  ㉠ 도살 직후(글리코겐과 ATP 많음) → 강직개시(ATP 감소) → 강직완료(ATP 고갈) ㊶

② 숙성에 요하는 시간 : 동물의 종류와 온도에 따라 다름. 일반적으로 4℃ 내외의 온도에서 소고기 7~14일, 돼지고기 1~2일, 닭고기 8~24시간이 지나면 조리하기 적당하며 온도가 높을수록 숙성을 단기간에 종료

  ㉠ 식육의 연화는 Ca^{2+} 또는 프로테아제가 근원섬유의 구조를 약화함에 따라 일어나며, 풍미의 향상은 펩타이드나 아미노산이 증가되기 때문

  ㉡ 산의 작용을 받는 콜라겐을 끓이면 쉽게 젤라틴으로 변하여 고기는 바로 연하게 됨

  ㉢ 숙성 중에 유리아미노산이나 핵산계 맛 성분(이노신산)이 생성되므로 숙성한 고기는 연하고 맛도 좋음 ㊴

> **영양보충**
>
> **사후경직기의 특징 ㊹ ㊼**
> • 근육의 글리코겐이 젖산으로 됨
> • pH 저하
> • ATP 감소
> • 액토미오신 생성 → 수축
> • 보수성 감소
>
> **숙성의 특징 ㊺**
> • 경도 감소
> • 액토미오신 감소
> • 핵산계 맛 성분 증가
> • 보수성 증가
> • 수용성 질소화합물 증가

(3) 가열에 의한 고기의 변화

① 응고 : 고기의 단백질은 열, 산, 염에 의해서 응고되며, 열에 의해서는 65℃ 부근에서 응고(중량 감소, 보수성 감소).

② 수축 : 고기를 가열하면 응고가 시작되면서 수축

③ 분해 : 65℃에서 서서히 분해되어 80℃ 이상에서 젤라틴화

④ 결합조직의 변화 : 콜라겐 → 젤라틴화(지방의 융해)되면서 고기는 연해짐

⑤ 풍미의 변화, 색의 변화(선홍색 → 회갈색)가 일어남 ㊵

  ㉠ 신선한 고기는 미오글로빈에 의해 적자색을 나타내나 고기를 절단하여 공기가 접촉되면 선홍색의 옥시미오글로빈이 됨

  ㉡ 고기 내부의 온도가 상승함에 따라 선명한 색을 가진 옥시미오글로빈은 변성된 글로빈 헤미크롬이 됨

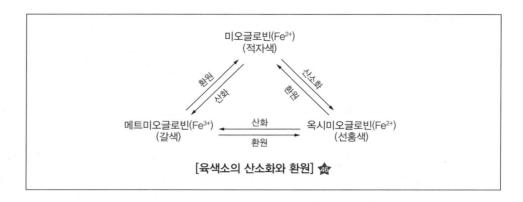

[육색소의 산소화와 환원] ⑯

(4) 육류의 조리법 ⑰

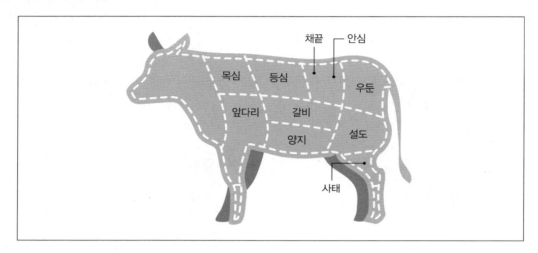

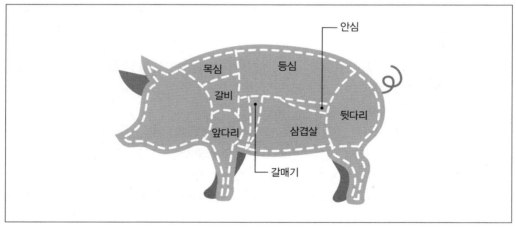

① 습열조리법 : 물과 함께 고기를 가열하는 것으로 결합조직이 많은 **사태육, 양지육, 장정육, 업진육** 등을 **편육, 장조림, 탕, 찜** 등으로 조리를 함 ⓐ

② 건열조리법 : 물을 사용하지 않고 직접 또는 간접열로 결합조직이 적은 **등심, 안심, 갈비** 등 살이 연한 부분을 구이, 불고기, 튀김 등으로 조리

③ 복합조리법 : 습열조리와 건열조리가 혼합된 방법으로, 완자탕, 돼지갈비찜 등으로 조리함

육류 조리법 ⓐ ⓐ
- 편육은 끓는 물에 고깃덩어리를 넣는다.
- 탕은 냉수에 고기를 넣고 조리한다.
- 장조림은 홍두깨살을 사용하며, 끓는 물에 고기를 넣어 익힌 후 간장을 넣는다.
- 숯불구이는 센 불(고온)에서 겉을 익힌 다음 불의 세기를 줄여야 육즙의 용출을 막을 수 있다.
- 스튜잉은 고기를 볶은 후 소스를 충분히 넣고 푹 끓여 준다.

(5) 육류의 연화 및 감별

① 고기의 경도에 영향을 주는 인자
  - ㉠ 근육 중의 결합조직량
  - ㉡ 근육단백질의 수화량
  - ㉢ 단백질의 근섬유
  - ㉣ 근육섬유 간의 지방량
  - ㉤ 연 령

② 고기의 연화법 ⓐ
  - ㉠ 숙성 : 효소작용에 의해 생긴 젖산과 인산이 콜라겐을 팽윤시켜 젤라틴화
  - ㉡ 기계적 방법 : 고기를 기계나 칼로 썰어 근육과 결합조직 사이를 끊어 연하게 함
  - ㉢ 단백질 분해 효소 첨가 : 파파야(파파인), 파인애플(브로멜린), 키위(액티니딘), 배즙(프로테아제), 무화과(피신) 등 ⓐ ⓐ ⓐ ⓐ ⓐ ⓐ
  - ㉣ pH의 변화 : pH 5~6은 고기가 단단해지므로 **토마토케첩**이나 식초 등을 첨가하여 알칼리성이나 산성으로 변화시킴
  - ㉤ 첨가물 : 레몬즙, 간장, 소금, 설탕, 술, 생강 등
  - ㉥ 동결 : 물이 얼면서 고기의 결을 끊어줌

(6) 육류의 가공

① **햄** : 돼지의 다리살로 만들며, 발색제로 초석이나 아질산을 넣음

② **소시지** : 돼지고기나 소고기를 다져 각종 양념을 넣고 훈연

③ **베이컨** : 측복부의 돈육을 소금에 절여서 훈제

④ **육포** : 얇게 저며 양념으로 재웠다가 건조

(1) 생선의 분류 및 성분

어류의 일반적인 조성은 수분 70~80%, 단백질 15~22%, 지방질 1~10%, 탄수화물 0.1~1%로 구성

① 단백질 : 근섬유 단백질 70%, 근장 단백질 25%, 기질 단백질(콜라겐, 엘라스틴) 3%

② 지방 : 불포화지방산 80%, 포화지방산 20%

영양보충

생선의 근섬유를 주체로 하는 섬유상 단백질(미오신·액틴·액토미오신)은 전체 단백질의 약 70%를 차지하고 소금에 녹는 성질이 있어 어묵의 형성에 이용한다. ⭐⭐⭐

(2) 특 징

① 일반적으로 해수어가 담수어에 비해 훨씬 맛이 특이하며 지방이 많은 어류가 맛이 좋음

② 적색 어류는 백색 어류보다 자가소화가 빨리 오고, 담수어는 해수어보다 낮은 온도에서 자가소화가 일어남 ⭐

③ 생선의 복부에는 지방이 많아 이 부분이 가장 맛이 좋으며, 산란 직전에는 복부뿐만 아니라 전체에 기름이 올라 맛있게 됨

④ 어류는 사후경직 시 맛이 있고, 강직 이후에는 자가소화와 부패가 일어남

영양보충

생 선

• 붉은살 생선 : 꽁치, 고등어, 청어 등(지방이 많음) → 탕, 찌개
• 흰살 생선 : 광어, 민어, 도미, 가자미 등(지방이 적음) → 전, 구이, 튀김

(3) 생선의 조리 ⭐⭐⭐

① 회는 등뼈를 중심으로 껍질을 벗기고 3장 포뜨기를 함

② 소금에 절이는 경우, 생선 무게의 2% 정도의 소금이 적당

③ 물이나 양념장이 끓을 때 넣어야 생선의 원형을 유지하고 영양손실을 줄일 수 있음

④ 어육단백질은 열·산·염에 의해 응고되어 살이 단단해짐

⑤ 생선을 조릴 때 비린내를 제거하기 위해 생강·술·설탕·간장·파·마늘 등의 양념을 사용

⑥ 조개류는 물을 넣어 가열하면 호박산(succinic acid)에 의해 독특한 국물 맛을 냄

⑦ 새우, 게, 가재 등의 갑각류는 가열하면 변색[아스타잔틴(청록색) → 아스타신(적색)] ⭐⭐

(4) 생선의 비린내 제거방법

① 물로 씻기 : 생선 비린내의 성분은 트리메틸아민(TMA ; trimethylamine)으로, 냉수로 깨끗이 씻으면 어느 정도 비린내를 없앨 수 있음 ⭐

② 산의 첨가 : 생선의 조리 시 산(식초, 레몬즙, 유자즙 등)을 첨가하면 산이 트리메틸아민과 결합하여 냄새가 감소 ⭐

③ 알코올의 첨가(정종, 포도주 등)

ⓐ 알코올에는 호박산(succinic acid)이 함유되어 있으므로 어취 제거와 맛의 향상에 도움을 줌

ⓑ 비린내의 주성분인 트리메틸아민이 알코올과 함께 날아가므로 비린내가 제거

④ 우유의 첨가 : 생선을 조리하기 전에 우유에 담가 두면 우유 단백질인 카세인이 트리메틸아민을 흡착하여 비린내를 약화 ⭐ ⭐

⑤ 마늘 · 양파 · 파 : 강한 향미성분인 황화알릴류에 의해 비린내가 둔화

⑥ 겨자 · 고추냉이 · 후추 : 겨자 · 고추냉이의 알릴이소티오시아네이트(allyl isothiocyanate), 고추의 캡사이신(capsaicin), 후추의 피페린(piperine)에 의해 혀가 마비되어 비린내를 둔화

⑦ 생 강

ⓐ 생강의 매운맛인 진저론(zingeron)과 쇼가올(shogaol)이 미각을 둔화시키고 TMA를 변성시켜 비린내를 약화

ⓑ 어육단백질은 생강의 탈취작용을 방해하므로, 끓고 난 다음 생선단백질이 변성된 후에 생강을 넣는 것이 탈취에 효과적

ⓒ 생강의 여러 효소들이 트리메틸아민과 결합하여 다른 물질로 변화시킴

⑧ 간장 · 된장 · 고추장 : 간장의 염분, 된장이나 고추장의 강한 향미와 콜로이드가 흡착하여 어취를 감소시킴

⑨ 무 · 미나리 · 쑥갓 등 향미채소 : 방향과 강한맛으로 어취를 약화시킴

TIP

비린내 ⭐
- 해수어의 비린내 : 트리메틸아민(TMA)
- 담수어의 비린내 : 피페리딘

(5) 어류의 조리에 의한 변화

① 산에 의한 변화

ⓐ 산미가 가해져 맛 향상

ⓑ 비린내 감소

ⓒ 단백질이 응고되어 단단해짐

ⓓ 뼈나 가시가 부드러워짐

② 가열에 의한 변화 ⭐ ⭐

ⓐ 콜라겐이 젤라틴화

ⓑ 단백질이 응고 수축

ⓒ 미오겐에 의한 열응착성

ⓓ 껍질이 수축

ⓔ 지방이 용출

③ 소금에 의한 변화

ⓐ 소금농도가 2%를 넘으면 단백질 용출량이 급격히 증가하고 점도도 높아짐

ⓑ 2~6% 소금농도에서는 액토미오신이 형성

ⓒ 15% 이상의 소금농도에서는 탈수

(6) 신선한 어류 감별법 ⭐ ⭐ ⭐

① 아가미 : 색이 선명하고 **선홍색**이며 단단한 것

② 안구 : 투명하고 광채가 있으며 돌출되어 있는 것

③ 생선의 표면 : 투명한 비늘이 단단히 붙어 있는 것

④ 근육 : 손으로 눌러서 단단하며 탄력성이 있는 것

⑤ 복부 : 탄력이 있고 팽팽하며 내장이 흘러나오지 않은 것

⑥ 냄새 : 어류 특유의 냄새가 나며 비린내가 강한 것은 신선하지 못함

⑦ 암모니아 및 아미노산, 트리메틸아민, pH의 변화, **휘발성 염기질소(5~10mg%)** 등 측정

08 알(난)류의 조리

(1) 달걀의 구성

① 껍질 및 난황(노른자), 난백(흰자)으로 구성

② 난백은 87.1%가 수분이고 나머지는 거의 단백질임

③ 난황은 수분 48.8%를 제외한 나머지 약 50%가 대부분 고형분이고 단백질 외에 다량의 지방과 인(P)과 철(Fe)이 들어 있음

④ 신선한 달걀은 깨뜨렸을 때 난황이 봉긋하게 솟아있고, 난백은 투명하고 점도가 있음

⑤ 신선한 달걀은 11% 식염수에 넣으면 가라앉고, pH가 낮아지며 보관기간이 길어질수록 pH 상승

⭐ ⭐ ⭐ ⭐

⑥ 신선한 달걀의 비중은 1.08~1.09이며, 오래된 달걀일수록 비중이 작아짐

영양보충

난백계수와 난황계수 ⭐

- 난백계수 : 달걀을 판판한 판 위에서 깨어 놓은 후 농후난백의 높이를 농후난백의 지름으로 나누어 구한다. 일반적으로 백색 레그혼종 닭의 신선한 달걀의 난백계수는 0.14~0.17이며, 오래된 달걀일수록 난백계수가 작아진다.
- 난황계수 : 달걀을 터트려서 평평한 판 위에 놓고 난황의 최고부의 높이를 난황의 최대직경으로 나눈 값이다. 일반적으로 신선한 알의 난황계수는 0.361~0.442의 범위이며, 오래된 달걀일수록 난황계수가 작아진다.

(2) 열 응고성

① 난백은 60℃에서 응고되기 시작하여 65℃에서 완전히 응고되고, 난황은 65℃에서 응고되기 시작하여 70℃에서 완전히 응고

② 달걀은 반숙이 소화가 가장 빠르고(약 90분) 달걀 프라이(약 3시간)가 가장 느림

③ 응고성을 이용한 조리 ✿

    ㉠ 농후제 : 달걀찜, 푸딩, 커스터드

    ㉡ 청정제 : 콘소메

    ㉢ 결합제 : 전, 만두소, 크로켓, 커틀렛

(3) 난백의 기포성 ✿ ✿ ✿ ✿ ✿ ✿ ✿

달걀의 흰자(ovoglobulin)를 저어주면 기포(거품)가 형성되는데 이것은 식품을 팽창시키거나 음식의 질감에 변화를 줌

① 신선한 달걀보다 오래된 달걀이 쉽게 거품이 일어나지만 거품의 안정성은 낮음

② 난백은 냉장온도보다 실내온도에서 쉽게 거품이 일어남

③ 소량의 산(예 레몬즙)은 거품을 내기 쉬움

④ 기름, 우유, 설탕, 달걀 노른자는 기포 형성을 방해

⑤ 봄과 가을에 산란한 달걀이 여름에 산란한 달걀보다 기포성이 좋음

⑥ 기포를 낼 때 사용하는 그릇은 밑이 좁고 둥근 모양이 좋음

⑦ 빨리 저을수록 기포력이 큼

⑧ 기포성을 이용한 조리 : 스펀지케이크, 케이크의 장식, 머랭(meringue) 등

[난백 단백질] ✿ ✿

분 류	조 성(%)	특성
오브알부민	60%	주요 단백질(60%)
콘알부민	13~14%	열에 불안정하며 금속이온과 결합하면 열안정이 커짐
오보뮤코이드	14%	열에 대한 응고성이 없고 트립신 작용을 저해
오보글로불린	8.9%	기포성이 큼
라이소자임	2.8%	용균작용
오보뮤신	2%	거품의 안정화에 기여
아비딘	0.06%	비오틴 흡수 방해

(4) 난황의 유화성 ⭐ ⭐

① 난황의 유화성은 레시틴(lecithin)이 분자 중에 친수기, 친유기를 갖고 있기 때문에 기름이 유화되는 것을 촉진
② 유화성을 이용한 조리 : 마요네즈

(5) 녹변현상

달걀을 껍질째 삶으면 난백과 난황 사이에 암녹색이 생기는 것을 볼 수 있는데 이는 가열에 의해 생긴 황화제1철이 원인임
① 가열온도가 높을수록 반응속도가 빠름
② 가열시간이 길수록(13분 이상) 녹변현상이 잘 일어남
③ 알칼리성에서 녹변현상이 잘 일어나므로, 신선한 달걀보다 오래된 달걀일수록 녹변현상이 잘 일어남
④ 삶은 후 즉시 찬물에 넣어 식히면 녹변현상을 방지할 수 있음

> **TIP**
>
> **황화제1철** ⭐
> 오랜 시간 달걀을 가열하면 외부의 압력은 높고 중심부의 압력은 낮아져 난백에서 생성된 황화수소(hydrogen sulfide, H_2S)가 난황 쪽으로 이동해 난황에 존재하는 철과 반응하여 황화제1철을 형성한다.

---

09 우유의 조리

(1) 우유의 구성성분 ⭐

① 단백질
  ㉠ 카세인(casein) : 우유의 주단백질로 산이나 레닌에 의해 응고되며 칼슘인카세인산염(calcium phosphocaseinate) 형태로 존재
  ㉡ 유청 단백질(whey protein) : 주로 β-락토글로불린, α-락트알부민으로 구성
② 지질 : 대부분 중성지방으로 구성
③ 탄수화물 : 대부분 유당(lactose)으로 구성

(2) 우유의 조리성 ⭐

① 요리를 희게 하며 매끄러운 감촉과 유연한 맛, 방향을 주고, 생선의 비린내를 흡착
② 단백질의 겔(gel) 강도를 높임(Ca의 염류작용에 의해서)
③ 제품에 좋은 탄색(노릿노릿한)을 줌(아미노산과 환원당이 반응하여 갈색의 물질을 형성하기 때문)
④ 유동성이 있음(커피, 홍차, 밀가루, 설탕, 코코아 등의 식품과 혼합이 잘 됨)
⑤ 우유 단백질 구성성분 중 유청단백질(whey protein)은 열에 쉽게 변성되므로 65℃ 이상 가열하면 응고되어 피막을 형성하고 바닥에 응고물이 생기므로 저어가며 데움 ⭐ ⭐
⑥ 우유의 당질인 유당은 열에 약하여 갈변반응을 쉽게 일으키므로 빵, 케이크, 과자류의 표면을 갈색화하는 데 이용

(3) 우유 조리 시 문제점

① 우유 단백질의 변화 ⭐ ⑮

  ㉠ 유청 단백질의 변화 : 우유는 가열하면 락트알부민과 락토글로불린이 열에 의하여 변성되어 피막을 형성

  ㉡ 카세인의 변화 : 카세인을 응고시키기 위해서는 100℃에서 12시간, 135℃에서 1시간, 155℃에서 3분간 가열해야 함

② 막의 형성

  ㉠ 우유를 뚜껑을 덮지 않고 가열하면 표면에 막이 생김

  ㉡ 피막의 형성은 냄비의 뚜껑을 닫거나, 우유를 희석하거나, 거품을 내어 데우거나 또는 마시멜로 같은 물질을 띄우면 방지할 수 있음

  ㉢ 피막은 60~65℃ 이상으로 가열할 때 생김

③ 색의 변화

  ㉠ 우유를 장시간 가열하면 엷은 갈색을 띠게 됨

  ㉡ 우유나 유제품의 갈변은 바람직하지 않음

④ 맛과 냄새의 변화 ⭐

  ㉠ 우유를 74℃ 이상으로 가열하면 독특한 익은 향(황화수소가 주된 성분)이 남

  ㉡ 고온 처리로 차츰 캐러멜취로 변함

  ㉢ 우유 지방은 가열하면 델타-데카락톤으로 변해 코코넛버터와 비슷한 향기를 냄

(4) 우유의 응고성

① 산에 의한 응고 : 카세인의 등전점은 pH 4.6~4.7이므로 우유에 산을 넣음

② 레닌에 의한 응고 : 레닌은 포유동물의 위에서 분비되며 위에서 카세인이 protease에 의해서 가수분해되기 전에 카세인을 응고시키는 효소

③ 폴리페놀 물질의 의한 응고 : 채소나 과일에는 페놀화합물에 속하는 타닌류가 함유되어 있는데 이 화합물도 역시 카세인을 응고시킴

④ 염류에 의한 응고 : 음식 중에 들어 있는 소금은 카세인이나 알부민을 응고시키는데 이러한 응고작용은 고온에 의하여 촉진

(5) 우유의 처리 · 가공

① 살균처리

    ㉠ 저온장시간살균법(LTLT법) : 우유를 63~65℃로 30분간 가열처리하는 방법으로 가장 경제적이고 간편한 방법이지만 비병원성 세균이 남아있음

    ㉡ 고온단시간살균법(HTST법) : 가장 보편적인 것으로 우유를 72~75℃에서 15~20초간 가열처리하는 방법

    ㉢ 초고온순간처리법(UHT법) : 130~150℃로 0.5~5초간 순간적으로 가열처리하는 방법으로 살균효과를 극대화하고 영양소 손실을 최소화하는 살균법

② 균질처리(homogenization) : 큰 지방구의 크림층 형성을 방지하는 방법으로 성분이 균일하게 되고 맛도 좋아지고 소화되기도 쉬운 반면 지방구의 표면적이 커지면 우유가 산패되기 쉬움 ⭐️ ⭐️ ⭐️

영양보충

유제품 제조 공정 ⭐️
- 우유 : 원료 → 예열 → 균질 → 살균 또는 멸균 → 냉각 → 충전 및 포장
- 탈지분유 : 원료 → 크림, 지방 분리 → 탈지유 → 예열 → 농축 → 분무 → 냉각 → 충전 및 포장
- 전지분유 : 원료 → 표준화 예열 → 균질 → 살균 → 농축 → 분무 → 냉각 → 포장
- 치즈 : 원료 → 표준화 예열 → 살균 → 유산균 발효 → 렌넷 첨가 → 커드 절단 → 유청 분리 → 성형 → 가염 → 숙성
- 버터 : 원료 → 크림 → 중화 → 살균 → 냉각 → 숙성 → 교동 → 세척 → 연압 → 충전 및 포장

10 냉동식품

(1) 냉동법

① 냉동품의 저장은 −15℃ 이하의 저온에서 주로 축산물과 수산물의 장기 저장에 이용

② 급속 냉동은 −30~−40℃의 저온으로 급속히 동결하므로 수분 결정이 작고 조직 및 영양변화가 거의 없음 ↔ 완만 냉동 ⭐️

(2) 해동법

① 실온 해동(자연 해동), 저온냉장 해동, 수중 해동, 전자레인지 해동, 가열 해동 등

    ㉠ 채소류 : 조리 시 지나치게 가열하지 말고 동결된 채로 단시간에 조리

    ㉡ 과실류 : 먹기 직전에 포장된 채로 냉장고, 실온, 흐르는 물에서 해동

② 냉장고에서 자연 해동하는 것이 가장 좋은 방법 ⭐️

③ 한 번 해동시킨 식품은 재동결하지 않음

④ 해동이 끝난 식자재는 실온에서 30분 이내에 사용함

11 한천 · 젤라틴 및 당류

(1) 한 천

① 우뭇가사리 등의 홍조류를 삶아 얻은 액을 냉각시켜 엉기게 한 것으로 겔화되는 성질이 있어 미생물의 배지, 과자, 아이스크림, 양갱, 양장피의 원료로 사용 ⭐ ⭐ ⭐ ⭐ ⭐

② 한천에 설탕을 첨가하면 점성과 탄력이 증가하고 투명감도 증가하며, 설탕농도가 높을수록 겔의 강도가 증가

③ 이장현상 : 오랜 시간 보관하면 수분이 빠져나가는 현상

    ㉠ 설탕의 양이 많으면 이장현상이 적음

    ㉡ 한천농도가 높고 가열시간이 길면 겔 강도가 커져 이장현상이 적음

    ㉢ 이장현상을 방지하는 방법

- 한천의 농도를 1% 높임
- 가열시간을 길게 함
- 설탕의 함량을 6% 이상으로 함
- 저온에 겔을 방치

> **TIP**
>
> **해조류** ⭐
> - 남조류 : 트리코데스뮴 등
> - 녹조류 : 가시파래, 홑파래, 매생이, 청각 등
> - 갈조류 : 미역, 다시마, 모자반, 톳 등
> - 홍조류 : 김, 우뭇가사리, 불등가사리, 풀가사리 등

(2) 한천의 응고

① 농도가 높을수록 높은 온도에서 빨리 응고

② 농도가 높을수록 겔 강도가 증가

③ 설탕농도가 높을수록 겔의 강도가 증가

④ 과즙을 첨가하여 가열하면 겔이 약화

⑤ 우유 첨가 시 한천의 농도를 높여야 함

(3) 젤라틴(gelatin) ⭐ ⭐

① 젤라틴은 동물의 뼈, 껍질을 원료로 콜라겐을 가수분해하여 얻은 경질 단백질

② 아교풀은 젤라틴으로 만든 조제품이고 이것을 정제하여 고급화한 것이 식용 젤라틴

③ 젤라틴은 젤리 · 족편 등의 응고제로 쓰이고, 마시멜로 · 아이스크림 및 기타 얼린 후식 등에 유화제로 사용 ⭐

한천과 젤라틴의 비교 ⭐⭐

구 분	한 천	젤라틴
급 원	우뭇가사리	동물의 결체조직
성 분	갈락토스의 중합체인 다당류	경단백질(콜라겐)
영양가	소화흡수 불가, 변통조절, 공업용품, 의약품, 미생물 배지	우유, 육류, 달걀과 함께 사용 → 단백질 보완 작용
융해온도	80~100℃	40~60℃
응고온도	30~35℃ 전후	3~10℃
사용농도	0.8~1.5%	3~4%
특 성	• 응고온도가 높아 조리하거나 이용하기에 편리함 • 융해온도가 높아 질감이 단단하고 거칠며 역치가 높음	• 응고온도가 낮아 냉각이나 냉동가공식품에 이용 • 융해온도가 낮아 여름에 취급이 불편하고 조직이 부드러움
조리 예	과일 젤리, 양갱	젤라틴 디저트, 냉동 디저트, 족편, 마시멜로나 아이스크림 등의 유화제

(4) 젤라틴의 응고

① 3~10℃에서 응고하는 데 온도가 낮을수록 빨리 응고

② 농도가 높을수록 빨리 응고

③ 젤라틴의 농도가 높아지면 응고온도는 상승하고 젤리의 융해온도도 상승

④ 식초, 레몬주스, 과일즙 등을 넣으면 젤라틴의 응고를 방해

⑤ NaCl은 물의 흡수를 막아 겔의 견고도를 높임

⑥ 증류수나 연수에 비해 경수가 빨리 응고

⑦ 우유의 염류는 응고를 도움

⑧ 설탕의 농도가 증가할수록 감소

⑨ 파인애플의 브로멜린은 젤라틴을 분해하여 겔을 감소

(5) 당의 가수분해

① 산에 의한 가수분해

  ㉠ 단당류 : 산에 별로 영향 받지 않음

  ㉡ 2당류 : 약산에 의하여 가수분해됨

  ㉢ 무기산은 캐러멜 물질을 만듦

② 효소에 의한 가수분해

    ㉠ 자당(2당류)은 수크라아제에 의하여 가수분해됨

    ㉡ 당의 결정화를 막기 위해 효소를 사용

③ 알칼리에 의한 파괴

    ㉠ 모든 알칼리는 당류를 파괴

    ㉡ 단당류는 2당류보다 알칼리에 더 잘 파괴됨

    ㉢ 캐러멜화 반응(caramelization)은 2당류가 알칼리에 반응을 보여 갈색의 쓴맛을 냄

④ 당의 발효 : 당이 이스트, 박테리아, 곰팡이가 분비하는 효소에 의해 분해되는 과정

12   향신료와 조미료

(1) 향신료 ⑤ ⑦ ⑧ ⑨ ㊸ ㊻

① 생강 : 매운맛 성분은 진저롤(gingerol) · 쇼가올(shogaol)이며, 육류의 누린내와 생선의 비린내를 없애는 데 효과적

② 겨자, 고추냉이 : 매운맛은 시니그린(sinigrin, 황 성분) 성분이 분해되어 생기는 알릴이소티오시아네이트(allyl isothiocyante)에 의함

③ 고추 : 캡사이신(capsaicin)은 매운맛의 주성분으로 소화촉진의 효과도 있음

④ 후추 : 매운맛은 차비신(chavicine)으로 육류 및 어류의 냄새를 감소시키며, 살균작용도 있음

⑤ 마늘 : 마늘의 매운맛은 알리신(allicin) 성분으로 비타민 B_1과 결합하여 알리티아민(allithiamine)으로 되어 비타민 B_1의 흡수를 도움

⑥ 파 : 황화알릴에 의한 강한 향이 있으며, 자극성의 방향을 냄

⑦ 기타 : 박하, 타임(thyme, 백리향), 정향, 계피, 월계수잎 등

(2) 조미료

① 고추장 : 간장 및 된장과 더불어 입맛을 돋우는 저장성 조미료로 1g의 소금 맛을 내려면 10g을 사용

② 설탕 : 음식에 단맛을 주며, 식품의 가공 및 저장의 재료로 수용성, 방부성, 흡습성, 결정성이 있음

③ 된장 : 소화되기 쉬운 단백질의 공급원이자 식염의 공급원으로 1g의 소금맛을 내려면 10g을 사용

④ 간장 : 재래식 간장은 주로 국 · 구이 · 볶음 등에 사용하고, 개량간장은 조림에 주로 사용. 소금 1g의 맛을 내려면 6g을 사용

⑤ 식초 : 초산을 5~6% 함유한 것으로 방부작용도 있음

⑥ 화학조미료 : 맛의 종류에 따라 감미료(단맛), 산미료(신맛), 지미료(감칠맛), 염미료(짠맛) 등

조미료 입자의 크기 ⭐ ⭐

설탕 > 소금 > 식초 > 간장 > 고추장 > 참기름

고기에 양념을 배도록 할 때는 분자량이 큰 조미료부터 넣어야 한다.

13 설 탕

(1) 설탕의 성질 ⭐

① 용해성

② 흡습성

③ 방부성

④ 전분의 노화 억제

⑤ 발효성

⑥ 산화방지성

⑦ 가수분해

⑧ 융해성

(2) 설탕의 결정형성에 영향을 주는 요인 ⭐

① 용질의 종류가 결정 형성에 영향을 줌

② 용액의 농도가 농축될수록 결정이 잘 됨

③ 농축된 설탕용액의 온도를 40℃로 식힌 후 저어주면 미세결정이 생성

④ 젓는 속도가 빠를수록 미세결정을 형성

⑤ 설탕 외에 다른 물질 존재 시 결정체 크기가 작아짐

⑥ 시럽, 주석염, 전화당, 꿀, 난백, 우유, 버터 등은 결정 형성을 방해

CHAPTER

03 적중예상문제

01 식초 60mL는 몇 큰술(Table Spoon ; Ts)인가?

① 1큰술

② 2큰술

③ 4큰술

④ 6큰술

⑤ 10큰술

해설 1큰술(Table Spoon ; Ts) = 15mL로, 식초 60mL는 4큰술이다.

02 계량기구를 사용한 식품의 계량 방법으로 옳은 것은?

① 흑설탕은 계량컵에 꾹꾹 눌러 담아 거꾸로 쏟았을 때 컵 모양이 유지되도록 한다.

② 밀가루는 계량컵에 꾹꾹 눌러 담은 뒤 수평으로 깎고 측정한다.

③ 물은 메니스커스 윗부분과 눈높이를 일치시켜 측정한다.

④ 꿀은 작은 계량컵으로 반복하여 측정한다.

⑤ 쌀은 계량컵에 수북하게 담고 그대로 측정한다.

해설 ② 밀가루는 체에 내려서 컵에 담은 후 스패튤라로 수평으로 깎은 후 측정한다.

③ 물은 수평 바닥에 용기를 놓고 메니스커스의 밑선과 눈높이를 일치시켜 측정한다.

④ 꿀은 할편계량컵을 이용하여 측정한다.

⑤ 쌀은 계량컵에 수북이 담은 뒤 깎아내고 측정한다.

01 ③ 02 ① 정답

03 식품의 계량법 중 옳지 않은 것은?

① 가루식품은 체로 쳐서 가볍게 담는다.

② 버터, 쇼트닝 같은 고체지방은 상온에 둔 후 꼭꼭 눌러 담아야 한다.

③ 흑설탕은 꼭꼭 눌러 계량한다.

④ 액체의 경우 눈금과 액체의 메니스커스의 밑선과 동일하게 읽어야 한다.

⑤ 기름, 조청 등과 같이 점성이 높은 액체는 눈금보다 조금 더 담아야 한다.

해설 식품의 계량법
- 흑설탕 : 꼭꼭 눌러 계량한다(쏟으면 컵 모양이 남아 있을 정도).
- 가소성 지방 : 계량법, 계량스푼에 가소성 지방을 가득 채운 후 주걱이나 칼로 밀어 덜어낸다.
- 고체식품의 부피 측정
  - 물에 담글 수 있는 것 : 달걀, 감자, 당근 등 물에 담글 수 있는 식품은 눈금이 있는 유리기구에 일정량의 물을 넣고 식품을 넣어 물의 용량이 높아진 만큼의 부피를 읽는다.
  - 물에 담글 수 없는 것 : 떡, 빵 등 물에 넣기 곤란한 식품은 일정 그릇에 쌀, 콩 등의 종실을 넣은 후 일부를 들어내고 측정할 식품을 넣고 들어낸 종실로 구석구석 채운 다음 남아 있는 종실의 부피를 재면 된다.
- 기름, 조청 등 점성이 높은 액체는 할편계량컵을 이용하여 계량한다.

04 조리의 목적과 관계가 없는 것은?

① 배추를 깨끗이 다듬고 씻어서 갖은 양념하여 먹음직스러운 맛있는 김치를 담근다.

② 식품, 식재료를 그대로 생식하면 생산성이 높아진다.

③ 달걀을 반숙하면 소화흡수가 잘 된다.

④ 소고기로 장조림을 만들면 저장성이 좋아진다.

⑤ 위생적으로 안전하게 하고 소화를 용이하게 한다.

해설 ② 식품을 식재료 그대로 생식하면 영양성이 높아진다.
조리의 목적
- 유해물을 제거하여 위생상 안전하게 한다.
- 불미성분을 제거하고 연화하여 소화를 용이하게 한다.
- 향미를 좋게 하고 외관을 아름답게 하여 식욕을 돋운다.

정답 03 ⑤ 04 ②

05 열의 전달에 대한 설명 중 옳은 것은?

① 복사가 전도보다 열전도율이 빠르다.

② 대류보다 전도가 열전도율이 빠르다.

③ 복사는 열이 직접 닿아 있는 물체에 접촉되어 전달된다.

④ 대류는 중간매체 없이 열이 직접 전달된다.

⑤ 전도는 공기의 밀도차에 의해서 열이 전달된다.

> **해설** 열은 전도, 대류, 복사 3가지 방법으로 전달된다. 열이 직접 이동하는 복사, 분자가 열을 얻고 직접 이동하는 대류, 분자가 열을 간접 이동하는 전도가 있다. 열전도율이 빠른 순서로는 복사 > 대류 > 전도의 순이다.

06 습열조리의 열 전달매체로 옳은 것은?

① 공 기

② 연 기

③ 기 름

④ 수증기

⑤ 압 력

> **해설** 습열조리
> 열 전달매체로 수분을 이용하는 조리법으로, 삶기, 끓이기, 찜, 데치기, 시머링 등이 해당한다.

07 전분을 찬물에 풀어 놓은 분산상태는?

① 진용액

② 졸(sol)

③ 유화액

④ 교질용액

⑤ 현탁액

> **해설** ⑤ 현탁액 : 액체 속에 미세한 고체의 입자가 분산해서 떠 있는 것으로 흙탕물, 먹물, 페인트 등
> ① 진용액 : 용질이 콜로이드 상태가 아니고 분자나 이온의 상태로 균일하게 섞여 있는 용액
> ② 졸(sol) : 연속상인 물에 젤라틴 분자가 분산되어 있는 상태로 미립자가 약 1μm 이하인 경우
> ③ 유화액 : 분산질과 분산매가 둘 다 액체인 교질 상태
> ④ 교질용액 : 콜로이드 상태에서 미립자의 크기가 1nm~0.1μm인 경우

08 영양소의 손실을 최소한으로 줄이기 위한 조리법으로 옳지 않은 것은?

① 감자는 통째로 씻어서 원하는 대로 썬다.

② 시금치를 데칠 때는 소금을 약간 넣어준다.

③ 마른 표고버섯을 불려 낸 물을 찌개에 이용한다.

④ 밥을 지을 때 쌀을 침수시켰던 물은 버리지 않고 밥물로 사용한다.

⑤ 고구마의 단맛이 가장 강한 가열법은 삶기이다.

해설 고구마의 단맛은 전분에 아밀라아제가 작용하여 맥아당이 생김으로써 강해지는 것으로 효소가 작용하는 시간이 길고, 약간의 수분 증발도 일어나 고형분이 농축되는 굽기가 가장 단맛이 강해진다.

09 식품조리법 중에서 식품 중의 비타민, 무기질 및 기타 영양성분이 심하게 용출되는 조리법은?

① 구 이

② 튀 김

③ 볶 음

④ 끓이기

⑤ 데치기

해설 ④ 끓이기를 하면 조직의 연화, 전분의 호화, 콜라겐의 젤라틴화 등 소화흡수가 잘 되게 하지만 영양적으로는 수용성 비타민과 무기질의 손실이 크다.
　　① 구이는 식품 자체의 성분이 용출되지 않고 표피 가까이 보존되므로 익히는 맛과 향이 잘 보존된다.
　　② 튀김은 식품의 수분을 감소하고 기름을 흡수하며 특히 가열시간이 짧으므로 영양손실이 적다.
　　③ 볶음은 튀김과 구이의 중간에 속하는 조리법으로 단시간에 조리함으로써 영양손실이 적으며 조리하면서 조미할 수 있다.

정답 08 ⑤　09 ④

10 달걀을 오래 저장하면 나타나는 변화는?

① 난백계수가 증가한다.

② 난황계수가 증가한다.

③ 비중이 증가한다.

④ 난황의 점도가 증가한다.

⑤ 난백의 pH가 증가한다.

해설 오래된 달걀의 특징
• 난백계수, 난황계수 감소
• 비중 감소
• 난황의 점도 감소
• 난백의 pH 증가

11 달걀을 오래 삶았을 때 난황 주위에 생성되는 암녹색 물질은?

① 오보뮤신

② 라이소자임

③ 아비딘

④ 오보뮤코이드

⑤ 황화제1철

해설 황화제1철
오랜 시간 달걀을 가열하면 외부의 압력은 높고 중심부의 압력은 낮아져 난백에서 생성된 황화수소(hydrogen sulfide, H_2S)가 난황 쪽으로 이동해 난황에 존재하는 철과 반응하여 황화제1철을 형성한다. 이는 달걀의 난황 주위를 암녹색으로 보이게 한다.

10 ⑤ **11** ⑤ 정답

12 소고기로 장조림을 만들 때 가장 적당한 부위는?

① 뒷다리살

② 안 심

③ 갈비살

④ 홍두깨살

⑤ 양지머리

해설 홍두깨살

우둔의 한 부분으로 넓적다리 안쪽에서 엉덩이 바깥쪽으로 이어지는 부위이며, 찢어지는 결을 가지고 있어 장조림용으로 적합하다.

13 전 요리를 할 때 사용하는 달걀의 주된 역할은?

① 농후제

② 결합제

③ 청정제

④ 팽창제

⑤ 유화제

해설 달걀의 조리 특성

• 농후제 : 달걀찜, 푸딩, 커스터드
• 결합제 : 전, 만두소, 크로켓, 커틀렛
• 청정제 : 콘소메
• 팽창제 : 머랭, 엔젤케이크
• 유화제 : 마요네즈

정답 12 ④ 13 ②

14 전자레인지 조리의 특성으로 옳은 것은?

① 데우기 등 가열 시 편리하다.

② 비효소적 갈변반응이 쉽게 일어난다.

③ 식품의 중량이 증가한다.

④ 조리실 내부가 뜨거워진다.

⑤ 열효율이 좋지 않아 조리시간이 길다.

> **해설** 극초단파의 특징
> • 조리시간 단축
> • 재료의 종류, 크기에 따라 조리시간 다름
> • 식품의 중량 감소
> • 갈변현상이 일어나지 않음
> • 조리실 온도가 오르지 않음
> • 편리하지만 다량의 식품을 조리할 수 없음
> • 조리시간이 짧아 영양분의 파괴 또는 유출 적음

15 전자레인지로 조리 시 특징으로 옳지 않은 것은?

① 전자레인지는 짧은 시간에 식품의 내부까지 가열할 수 있다.

② 조리 시 그릇은 뜨거워지지 않지만 조리시간이 길면 데워진 음식의 열이 전도되어 그릇
이 뜨거워진다.

③ 조리시간이 짧기 때문에 갈변현상이 일어난다.

④ 조리시간이 짧기 때문에 영양분의 파괴 또는 유출이 적다.

⑤ 식품 내부에 있는 물 분자가 겉에서부터 안으로 진동하여 식품 또한 겉에서 안으로 빨리
익는다.

> **해설** 조리시간이 짧기 때문에 갈변현상이 일어나지 않는다.

14 ① **15** ③ 정답

16 다음 중 전분의 호화에 영향을 미치는 인자와 거리가 먼 것은?

① 전분의 종류

② 가열온도의 고저

③ 젓는 속도와 양

④ 조섬유의 성질

⑤ 전분의 농도

해설 호화에 영향을 미치는 인자
- 전분의 종류
- 가열온도의 고저
- 젓는 속도와 양
- 전분의 농도
- 전분액의 pH
- 기타 첨가물 등

17 다음은 호화에 대한 설명이다. 옳은 것은?

① 전분입자가 클수록 저온에서 호화된다.

② 호화된 전분은 입자구조가 재배열되어 결정체의 구조가 없어진다.

③ 설탕을 50% 첨가하면 호화가 지연된다.

④ 전분에 산을 첨가하면 호화가 잘 일어난다.

⑤ 지방은 전분의 호화를 촉진한다.

해설 전분을 가열할 때 산을 첨가하면 가수분해가 일어나 점도가 낮아지고 호화가 잘 안 되며 pH가 7 이상일 때는 호화가 촉진된다.

정답 **16** ④ **17** ③

18 전분의 노화현상을 설명한 것 중 틀린 것은?

① 겨울철에 특히 밥이 빨리 굳어진다.

② 전분 중 아밀로오스 함량이 많은 것이 노화가 늦게 일어난다.

③ 찹쌀떡이 멥쌀떡보다 늦게 굳어진다.

④ 수분이 30~60%일 때는 노화가 쉽게 일어난다.

⑤ 수분 10% 이하에서는 노화가 어렵다.

해설 전분의 노화
- 노화가 잘 일어나는 조건 : 노화는 수분 30~60%, 온도 0~5℃일 때 가장 잘 일어나고, 전분은 아밀로오스의 함유비율이 높을수록 노화는 잘 일어난다.
- 노화억제 방법
  - 수분함량을 10~15% 이하로 조절
  - 0℃ 이하로 냉동
  - 80℃ 이상에서 급속히 건조
  - 설탕 또는 유화제 첨가

출제유형 45

19 보리에 함유된 다당류로서 점성이 높아 혈중 콜레스테롤을 낮추는 것은?

① 제 인

② 호르데인

③ 오리제닌

④ 글리아딘

⑤ 베타글루칸

해설 베타글루칸(β-glucan)
D-포도당이 β-글루코사이드 결합을 통해 형성된 다당류로서, 보리와 귀리에 많이 들어있다. 높은 점성을 가지고 있어 혈중 콜레스테롤 함량을 낮추고, 식후 당류의 소화흡수를 지연시키며 인슐린의 분비를 조절할 뿐 아니라 혈당 농도를 낮추는 작용을 한다.

20 다음 중 노화가 가장 늦게 일어나는 것은?

① 찰 떡
② 밥
③ 국 수
④ 마카로니
⑤ 백설기

> **해설** 전분은 아밀로펙틴의 함량이 많을수록 노화가 느리다. 멥쌀은 대개 아밀로오스 20%, 아밀로펙틴 80%의 비율로 구성되어 있는 데 비해 찹쌀은 아밀로펙틴으로만 구성되어 있으므로 노화가 늦다.

출제유형 46

21 식혜를 만들 때 전분이 가수분해되어 맥아당이 되는 변화는?

① 노 화
② 겔 화
③ 당 화
④ 유 화
⑤ 호정화

> **해설** 당 화
> 전분이 효소·산의 작용으로 가수분해되어 단당류, 이당류, 올리고당을 생성하는 것이다. 식혜, 군고구마, 엿, 콘시럽, 고추장 등이 해당한다.

출제유형 36

22 브라운 루를 만들기 위해서 건열로 밀가루를 볶았을 때 일어나는 전분의 변화는?

① 호정화
② 당 화
③ 노 화
④ 호 화
⑤ 팽 창

> **해설** 호정화란 전분에 물을 가하지 않고 160~170℃로 가열하면 가용성 전분을 거쳐 호정(dextrin)으로 되는 현상으로, 노화현상이 생기지 않으며 물에 녹기 쉽고 오랫동안 보존할 수 있으며 캐러멜화하여 점성이 없다. 호정화된 대표적인 식품으로 비스킷, 쿠키, 뻥튀기, 토스트, 브라운 루, 누룽지, 미숫가루 등이 있다.

정답 20 ① 21 ③ 22 ①

23 콩나물을 삶는 도중 뚜껑을 열면 비린내를 생성하는 효소는?

① 티로시나아제

② 프로테아제

③ 폴리페놀옥시다아제

④ 리파아제

⑤ 리폭시게나아제

> **해설** 리폭시게나아제(lipoxygenase)
> 콩나물에 함유된 리폭시게나아제 효소는 불포화지방산의 산화과정에 관여함으로써 비린내를 발생시킨다. 뚜껑을 닫으면 산소의 접촉을 방지하고 조리수의 온도를 빨리 증가시켜 효소를 불활성화시켜 비린내를 방지할 수 있다.

24 전분의 겔화를 이용한 식품은?

① 누룽지

② 뻥튀기

③ 비스킷

④ 미숫가루

⑤ 메밀묵

> **해설** 전분의 겔화를 이용한 대표적인 식품에는 도토리묵 · 메밀묵이 있다.

23 ⑤ **24** ⑤ 정답

25 밀가루의 종류와 용도가 바르게 연결된 것은?

① 강력분 – 식빵

② 강력분 – 스폰지케이크

③ 강력분 – 튀김옷

④ 박력분 – 국수면

⑤ 박력분 – 만두피

해설 밀가루의 종류와 용도
- 강력분(글루텐 13% 이상) : 식빵, 마카로니 등
- 중력분(글루텐 10~13%) : 국수(면류), 만두피 등 다목적용
- 박력분(글루텐 10% 이하) : 케이크, 쿠키, 튀김옷

26 밀가루 반죽에서 소금의 역할에 대한 설명 중 틀린 것은?

① 글루텐의 강도를 높여준다.

② 반죽 내에서 단백질의 연화작용을 한다.

③ 이스트의 발효작용을 조절해 준다.

④ 과량을 사용하면 글루텐이 질기게 된다.

⑤ 국수가 갑자기 건조하여 갈라지는 것을 방지한다.

해설 ② 반죽 내에서 단백질의 연화작용을 하는 것은 설탕이다.

정답 25 ① 26 ②

27 채소를 가열하면 조직의 연화가 발생하는 원인은?

① 불용성 칼슘염이 생성되어

② 전분의 노화현상으로 인하여

③ 유기산이 증가하여

④ 비타민 C가 파괴되어

⑤ 펙틴이 분해되어

> **해설** 채소 조직의 가열에 따른 연화 현상은 식물 세포벽 구성물질인 펙틴질의 분해에 기인되는 것으로, 가열되는 동안에 총 펙틴질이 손실되고, 불용성 프로토펙틴이 감소하는 데 반해, 수용성 펙틴은 증가하는 것이다.

28 다음 식품 중 전분의 변화와 식품의 연결로 옳은 것은?

① 뻥튀기 – 호화

② 브라운 루 – 호화

③ 미숫가루 – 호정화

④ 쌀밥 – 호정화

⑤ 떡 – 노화

> **해설** 전분에 물을 가하지 않고 160~170℃ 이상의 열로 가열하는 것을 호정화라 하고, 호정화된 전분은 노화되지 않는다. 대표적으로 미숫가루, 뻥튀기, 누룽지, 토스트, 쿠키, 비스킷, 브라운 루 등이 있다.

29 글루텐 형성에 관한 설명 중 옳지 않은 것은?

① 반죽에서 글리아딘은 점성을, 글루테닌은 탄성을 강하게 한다.

② 반죽을 오래하면 할수록 질기고 점성이 강한 글루텐을 형성한다.

③ 반죽하면 글리아딘과 글루테닌이 물과 결합하여 3차원의 망목구조를 형성한다.

④ 밀가루 반죽에 첨가되는 소금은 글루텐의 강도를 높여준다.

⑤ 글루텐 채취량이 가장 많은 경우는 밀가루에 설탕을 넣고 물에 반죽한 경우이다.

> **해설** 물로 반죽을 한 후에 기름 또는 설탕을 첨가하면 첨가하지 않았을 때와 글루텐의 채취량에 큰 차이가 없지만 밀가루에 기름 또는 설탕을 넣은 후 반죽하면 글루텐의 채취량이 훨씬 적어진다. 즉, 밀가루에 물을 넣고 반죽한 후 설탕을 첨가해야 채취량이 가장 많다.

30 메밀국수를 만들 때 밀가루를 첨가하는 이유는?

① 점탄성 증가를 위해

② 지질 증가를 위해

③ 갈색 증가를 위해

④ 쓴맛 증가를 위해

⑤ 식이섬유 증가를 위해

해설 메밀가루는 글루텐이 없어 점탄성이 낮아 잘 끊어지는 단점을 갖고 있다. 반면, 밀가루는 글루텐을 함유하여 점탄성을 갖고 있으므로 메밀국수의 반죽 제조 시 밀가루를 첨가한다.

31 식소다를 밀가루에 넣고 빵을 구우면 색이 누렇게 되는 이유는?

① 밀가루에 있는 글루텐에 알칼리가 작용하기 때문

② 밀가루에 있는 β-카로틴에 알칼리가 작용하기 때문

③ 밀가루에 있는 플라본계 색소에 알칼리가 작용하기 때문

④ 밀가루에 있는 글루텐에 자가효소와 알칼리가 작용하기 때문

⑤ 밀가루에 있는 당성분에 알칼리가 작용하기 때문

해설 밀가루에 식소다를 넣고 빵을 구우면 밀가루에 있는 플라본계 색소에 알칼리가 작용하여 색이 누렇게 변한다. 이것을 막기 위해 산을 첨가하거나(버터밀크, 과즙, 술 등), 산 생성물질을 넣은 베이킹파우더를 사용한다.

정답 30 ① 31 ③

32 밥맛을 좌우하는 요소로 잘못된 것은?

① 밥물의 산도가 높아질수록 밥맛이 좋아진다.

② 0.03%의 소금 첨가로 밥맛이 좋아진다.

③ 쌀은 수확 후 오래되면 밥맛이 나빠진다.

④ 쌀의 일반성분은 밥맛과 거의 관계가 없다.

⑤ 열원, 조리용기의 재질은 밥맛에 영향을 미친다.

해설 밥맛을 좌우하는 요소
- 밥물은 수소이온농도(pH) 7~8의 것이 밥맛이나 외관이 좋고, 산도가 높아질수록 밥맛이 나빠진다.
- 0.03%의 소금을 넣으면 밥맛이 좋아진다.
- 쌀은 수확 후 시일이 오래되거나 변질하면 밥맛이 나쁘다.
- 지나치게 건조된 쌀은 밥맛이 나쁘다.
- 쌀의 품종과 재배지역의 토지에 따라 밥맛이 다르다.
- 쌀의 일반성분은 밥맛과 거의 관계가 없다.

출제유형 44, 46

33 고기를 부드럽게 만들기 위해 사용하는 과일과 그 효소는?

① 파인애플 - 브로멜린

② 파파야 - 액티니딘

③ 키위 - 피신

④ 배즙 - 파파인

⑤ 무화과 - 프로테아제

해설 ② 파파야 : 파파인
③ 키위 : 액티니딘
④ 배즙 : 프로테아제
⑤ 무화과 : 피신

34 곡류의 입자 중 탄수화물이 다량 함유되어 있는 부분은?

① 과 피

② 호분층

③ 배 유

④ 배 아

⑤ 종 피

해설 **곡류의 구성**
- 외피, 배아, 배유로 구성
- 쌀 : 외피 5~6%, 배유 92%, 배아 2~3%
- 밀 : 외피 15~16%, 배유 82%, 배아 2~3%

35 덜 익은 과일이 숙성될 때 성분의 변화로 옳은 것은?

① 프로토펙틴 함량 감소

② 과당 함량 감소

③ 전분 함량 증가

④ 클로로필 함량 증가

⑤ 타닌 함량 증가

해설 **프로토펙틴**
펙틴의 모체로 덜 익은 과일에 존재한다. 과실이 숙성함에 따라 프로토펙티나아제에 의해 펙틴으로 변한다.

정답 **34** ③ **35** ①

36 녹색채소를 데칠 때 유의해야 할 사항 중에서 가장 옳은 것은?

① 단백질과 무기질

② 엽록소와 단백질

③ 비타민 C와 엽록소

④ 당분과 단백질

⑤ 철과 효소

해설 **녹색채소를 데칠 때 유의해야 할 점**
- 비타민의 손실 : 특히 비타민 B군의 물에 의한 손실, 비타민 C의 열에 의한 파괴, 카로티노이드의 산화 등과 무기질의 용출 등
- 엽록소의 변색 : 녹색채소를 뚜껑 덮고 가열 시 클로로필의 황변, 플라본 색소의 황변, 안토시안 색소의 갈변 (산화) 등

출제유형 45

37 생선을 구울 때 석쇠에 눌어붙는 성분은?

① 글루테닌

② 미오겐

③ 호르데인

④ 피브로인

⑤ 글라이딘

해설 **열응착성**
생선을 석쇠나 프라이팬과 같은 금속에 올려 가열하게 되면 수용성 단백질인 미오겐 성분이 생선 내부에 있던 물과 만나 녹아내린 후 금속에 닿아 응고하게 된다. 이때 생선을 뒤집게 될 경우 생선껍질이 그대로 금속에 붙어있기 때문에 살이 부서지고 지저분하게 눌어붙게 된다.

36 ③ 37 ② 정답

38 시금치 등의 녹색채소를 물에 가열했을 때 녹갈색으로 변하는 이유는?

① 엽록소가 파괴되어 카로틴으로 되었기 때문이다.

② 엽록소가 페오포르비드로 변하였기 때문이다.

③ 엽록소가 클로로필리드로 되었기 때문이다.

④ 엽록소가 페오포르비드와 클로로필리드로 되었기 때문이다.

⑤ 엽록소가 페오피틴으로 변하였기 때문이다.

해설 녹색채소를 가열하면 엽록소는 열에 의하여 분자 중심부에 있는 마그네슘이 수소이온으로 치환되며 엽록소가 페오피틴으로 변하여 녹황색을 띤다.

39 채소와 과일을 가열할 때 수분의 이동에 대한 설명으로 옳은 것은?

① 삼투현상

② 확 산

③ 팽 압

④ 여 과

⑤ 능동수송

해설 물의 이동
- 삼투 : 농도가 다른 두 용액 사이에 반투막이 있을 때, 물이 농도가 낮은 곳에서 높은 곳으로 이동하는 것 예 소금, 설탕에 의한 채소, 과일의 탈수
- 확산(침투) : 농도가 다른 두 용액 사이에 투과성 막이 있을 때, 물이 농도가 낮은 곳에서 높은 곳으로, 용질이 높은 곳에서 낮은 곳으로 이동하는 현상 예 소금물에 의해 배추가 절여지는 것
- 팽압 : 열에 의해 수분의 온도와 압력이 높아져 물이 세포 내로 이동하게 되는데 이때 압력에 의해 세포원형 질막이 늘어나는 현상

정답 **38** ⑤ **39** ③

40 식물성유지가 냉장온도에서 결정화되는 것을 방지하는 공정은?

① 동유처리

② 효소처리

③ 탈검처리

④ 수소처리

⑤ 탈산처리

해설 동유처리(winterizing)
- 액체기름을 7.2℃까지 냉장시켜 결정체를 여과 처리하여 제거하고 맑은 상태의 기름을 만드는 것이다.
- 여과된 기름은 융점이 낮아 냉장온도에서 결정화가 일어나지 않는다.

41 안토시아닌(anthocyanin) 색소에 대한 설명으로 옳지 않은 것은?

① 수용성 색소이다.

② 식초를 넣으면 붉은색이 더 진해진다.

③ 가지, 자색 양파 등에 들어 있다.

④ 기름을 넣고 조리할 때 색소가 나온다.

⑤ 포도, 앵두, 블루베리 등의 과일 껍질에도 함유되어 있다.

해설 안토시아닌은 수용성 색소로 기름에는 녹지 않는다.

40 ① **41** ④ 정답

42 두류 통조림의 가열, 살균, 조리과정에서 갈변을 막기 위해 첨가하는 것으로 옳은 것은?

① 유기산
② 철(Fe)
③ 황산동($CuSO_4$)
④ 피톨(phytol)
⑤ 에테르(ether)

해설 클로로필은 중금속이온과 결합하기 쉬운 성질이 있어 클로로필을 황산구리($CuSO_4$)와 같이 가열하면 안정한 녹색의 Cu−클로로필이 되는데 이것을 완두콩 등 녹색식품의 가공 · 저장에 이용한다.

43 죽순이나 콜리플라워에 함유된 떫은맛을 제거하는 방법으로 옳은 것은?

① 잿물에 담가둔다.
② 식초를 2~3방울 떨어뜨린 물에 담가둔다.
③ 소금물에 담가둔다.
④ 백반을 물에 조금 타서 담근다.
⑤ 쌀뜨물이나 밀가루를 조금 푼 물에 담가둔다.

해설 토란이나 죽순의 떫은맛은 호모겐티스산 및 수산염으로 쌀겨나 쌀뜨물에 담가둔다.

출제유형 45

44 어패류 비린내를 감소시키는 방법은?

① 뚜껑을 닫고 조리하기
② 따뜻한 물로 씻기
③ 식소다 첨가하기
④ 칼집 넣기
⑤ 레몬즙 첨가하기

해설 생선의 비린내는 염기성인 트리메틸아민인데 산성인 레몬즙을 뿌리면 중화반응을 일으켜 비린내를 없앨 수 있다.

정답 42 ③ 43 ⑤ 44 ⑤

45 다음 중 쑥갓이나 시금치를 데칠 때 색을 유지하는 방법으로 옳은 것은?

① 뚜껑을 닫고 데친다.

② 소금을 넣고 데친다.

③ 끓기 전에 건져낸다.

④ 쌀뜨물로 데친다.

⑤ 약한 불에서 은근히 데친다.

해설 녹색 또는 강한 맛이 있는 채소는 끓는 물에 뚜껑을 덮지 않고 익혀야 색을 유지하는 데 좋고 1%의 식염을 넣으면 변색이 되지 않는다. 시금치를 뚜껑을 덮고 데치면 그 액이 산성이 되어 즉시 퇴색된다.

46 전분이 호화되기 쉬운 조건은?

① 가열온도가 낮을 때

② 황산염을 첨가했을 때

③ 아밀로펙틴이 많을 때

④ 전분입자의 크기가 작을 때

⑤ 첨가한 수분이 많을 때

해설 전분의 호화가 일어나기 쉬운 조건
- 아밀로오스(amylose)의 함량이 높을수록 호화 촉진
- 전분의 입자크기가 클수록 호화 촉진(서류전분 > 곡류전분)
- 수분함량이 많을수록 호화 촉진
- 호화가 일어날 수 있는 최저 한계온도(대략 60℃ 전후) 이상에서는 온도가 높으면 호화 촉진
- 알칼리성인 조건에서 호화 촉진
- 염류는 수소 결합에 영향을 주어 호화 촉진(황산염은 호화 억제)

47 채소를 알칼리성 용액에서 데칠 때 일어나는 현상이 아닌 것은?

① 색은 선명해지나 비타민 C가 쉽게 파괴된다.

② 플라본 색소의 황갈색화가 일어난다.

③ 채소가 뭉그러지는 것을 어느 정도 막을 수 있다.

④ 세포벽 물질인 헤미셀룰로스의 분해가 일어난다.

⑤ 클로로필이 클로로필린으로 변화한다.

해설 헤미셀룰로스는 알칼리성 용액에서 쉽게 끊어지는 성질이 있으므로 채소가 뭉그러질 수 있다.

45 ② **46** ⑤ **47** ③ 정답

48 다음 설명 중 옳지 않은 것은?

① 적색채소를 조리할 때는 조리수를 소량 가하고 뚜껑을 덮는 것이 바람직하다.

② 카로티노이드계 색소는 지용성이어서 기름에 용해되며 조리과정에서는 비교적 안정한 색소이다.

③ 녹색나물을 초무침할 때는 페오피틴의 형성으로 녹황색으로 변화되는 것을 막기 위해서 먹기 직전에 무쳐야 된다.

④ 채소와 과일 중의 아스코르비나아제는 잘게 썰면 썰수록 활성화된다.

⑤ 채소를 삶을 때 영양분의 손실을 막기 위한 방법 중 껍질이 있는 채소는 껍질을 벗긴 다음에 빨리 삶는다.

> **해설** 감자 같은 껍질이 있는 채소는 껍질을 깨끗이 씻어 그대로 삶은 후 껍질을 벗기면 영양분의 손실을 크게 줄일 수 있다.

출제유형 45

49 시금치나물 조리 시 손실이 가장 적은 비타민은?

① 비타민 B_1

② 비타민 K

③ 비타민 C

④ 판토텐산

⑤ 비타민 B_2

> **해설** 시금치나물 조리 시 끓는 물에 시금치를 데쳐야 한다. 끓는 물에 시금치를 데치게 되면 시금치에 함유된 수용성 비타민인 티아민(비타민 B_1), 리보플라빈(비타민 B_2), 판토텐산, 비타민 C는 손실되고, 지용성 비타민인 비타민 K의 손실은 최소화할 수 있다.

정답 48 ⑤ 49 ②

50 바삭한 튀김을 만드는 방법으로 가장 옳은 것은?

① 밀가루를 숙성시킨다.

② 중력분을 사용한다.

③ 100℃의 끓는 물로 반죽을 한다.

④ 5%의 식소다를 첨가한다.

⑤ 박력분을 사용한다.

해설 바삭한 튀김 만드는 방법
- 박력분을 사용한다.
- 달걀을 약간 첨가한다.
- 0.2%가량의 식소다를 첨가한다.
- 설탕을 약간 첨가한다.
- 물의 온도는 15℃가 좋다.

51 우유를 균질처리하는 목적은?

① 크림층 형성을 방지하기 위해

② 영양가 증가를 위해

③ 응고성 감소를 위헤

④ 산패를 억제하기 위해

⑤ 미생물 사멸을 위해

해설 균질처리(homogenization)
큰 지방구의 크림층 형성을 방지하는 방법으로 성분이 균일하게 되고 맛도 좋아지고 소화되기도 쉬운 반면 지방구의 표면적이 커지면 우유가 산패되기 쉽다.

52 다음 젤리의 종류를 설명한 것 중 틀린 것은?

① preserve – 과일을 설탕에 절인 것
② jam – 과즙에 당을 가하여 끓인 것
③ jelly – 과일즙으로 만든 당분함량이 높은 gel
④ marmalade – 과일조직이나 껍질을 사용한 것
⑤ conserves – 여러 가지 과일을 혼합한 잼으로 건포도나 땅콩(nut)을 섞은 것

해설 젤리와는 달리, 잼은 과일과 과육을 전부 이용한다.

53 두부 제조에 사용하는 산성 응고제는?

① 황산칼슘(Calcium sulfate)
② 글루코노-델타-락톤(Glucono-δ-Lactone)
③ 황산마그네슘(Magnesium sulfate)
④ 염화칼슘(Calcium chloride)
⑤ 염화마그네슘(Magnesium dichloride)

해설 글루코노-델타-락톤은 산성 응고제로서, 물에 녹으면서 글루콘산으로 변화하는 과정에서 두유액을 응고시키게 하는 점을 이용해 연두부나 순두부 등 부드러운 두부를 만들 때 사용한다.

54 점질감자에 대한 요리방법으로 가장 옳은 것은?

① 굽는 요리에 이용한다.
② 볶는 요리에 이용한다.
③ 으깨는 요리에 이용한다.
④ 찌는 요리에 이용한다.
⑤ 삶는 요리에 이용한다.

해설 단백질의 함량이 많고 전분의 함량이 적은 점질감자는 강한 점성을 지니므로 기름에 볶는 요리에 적당하고 전분함량이 높은 분질감자는 찌는 요리에 적당하다.

정답 52 ② 53 ② 54 ②

55 콩과 두부에 대한 설명으로 옳지 않은 것은?

① 콩에는 거품이 나고 용혈작용을 하는 사포닌의 독성이 있으나, 독성이 매우 약해 가열 시 파괴된다.

② 부드러운 두부요리를 하려면 두부를 먼저 끓이다가 소금과 소량의 전분을 넣는다.

③ 두부는 콩단백질인 글리시닌이 염화칼슘 등의 염류에 응고되는 성질을 이용한 것이다.

④ 두부 응고제로는 염화마그네슘·염화칼슘, 황산마그네슘·황산칼슘이 사용된다.

⑤ 두부 제조 시 염류응고제를 첨가할 때 두유의 온도는 70~80℃가 적당하다.

해설 소금을 먼저 첨가하고 끓이면 소금 중의 나트륨 이온은 두부 중에 미결합 상태로 있는 칼슘 이온이 가열에 의해 결합하는 것을 방해하므로 연해진다.

56 튀김요리를 할 때 기름흡수량을 감소시킬 수 있는 조건은?

① 재료를 작게 잘라 표면적을 크게 한다.

② 빵가루를 입혀 다공질로 만든다.

③ 튀김옷을 두껍게 입힌다.

④ 재료의 수분을 제거한다.

⑤ 낮은 온도에서 오랜 시간 튀긴다.

해설 기름흡수에 영향을 주는 조건
기름 온도가 낮을수록, 튀기는 시간이 길어질수록, 튀기는 식품의 표면적이 클수록, 튀김재료 중에 수분·당·지방의 함량이 많을 때, 박력분일때, 재료표면에 기공이 많고 거칠 때, 달걀노른자 첨가 시 흡유량이 증가한다.

57 소불고기를 만들 때 양념 넣는 순서는?

① 간장 → 설탕 → 참기름

② 간장 → 참기름 → 설탕

③ 참기름 → 간장 → 설탕

④ 설탕 → 참기름 → 간장

⑤ 설탕 → 간장 → 참기름

해설 설탕 → 소금 → 식초 → 간장 → 고추장 → 참기름 순서로 넣는다.

58 참기름에 함유된 천연항산화 물질은?

① 안토시아닌

② 블랙커런트

③ 루테인

④ 세사몰

⑤ 카테킨

해설 참기름에는 천연항산화 성분인 세사몰과 토코페롤이 들어 있어 쉽게 변질되지 않는다.

59 유지의 용도와 적합한 유지 종류를 연결한 것 중 가장 옳은 것은?

① 식탁용 – 버터, 쇼트닝

② 볶음용 – 대두유, 라드

③ 튀김용 – 대두유, 채종유

④ 샐러드용 – 라드, 올리브유

⑤ 풍미용 – 참기름, 옥배유

해설 유지의 용도와 종류
  • 식탁용 : 버터, 마가린
  • 볶음용 : 라드, 쇼트닝, 올리브유
  • 튀김용 : 대두유, 채종유, 옥수수유, 면실유
  • 샐러드유 : 올리브유, 옥수수유
  • 풍미용 : 참기름

정답 **57** ⑤ **58** ④ **59** ③

60 가열 시 응고되는 난백 단백질은?

① 글리아딘

② 오브알부민

③ 오리제닌

④ 제 인

⑤ 글로불린

해설 ① 밀, ③ 쌀, ④ 옥수수, ⑤ 콩에 함유된 단백질이다.

61 버터가 많이 들어가는 케이크를 만들 때 먼저 버터를 설탕과 함께 혼합하여 잘 저어준다. 이 과정에서 나타나는 버터의 조리성은?

① 쇼트닝성

② 유화성

③ 용해성

④ 크리밍성

⑤ 기포성

해설 크리밍성

버터와 설탕의 혼합으로 공기가 흡입되고 지방분자에 의해 발효되며, 가열 시 기체의 유실을 막아 용적을 팽창시킨다.

62 우유에 과즙을 넣었을 때 우유를 응고시키는 과즙의 성분은?

① 포도당

② 레 닌

③ 과 당

④ 글루테닌

⑤ 유기산

해설 과일을 우유와 함께 조리할 때 과일의 유기산이 우유의 응고를 촉진시킨다.

60 ② **61** ④ **62** ⑤ 정답

63 튀김옷을 바삭하게 만드는 방법은?

① 식소다를 5% 첨가하기
② 듀럼밀 사용하기
③ 박력분 사용하기
④ 오래 저어주기
⑤ 미지근한 물로 반죽하기

해설 튀김옷은 글루텐 함량이 적은 박력분이 적당하고, 찬물로 반죽하여야 하며, 많이 젓지 않아야 한다. 또한, 0.2% 의 중탄산소다를 넣으면 수분이 증발하여 가볍게 튀겨진다.

64 불포화지방산을 경화하여 포화지방산으로 만든 가공유지는?

① 우 지
② 버 터
③ 마가린
④ 팜 유
⑤ 시어버터

해설 불포화지방산이 수소첨가로 포화지방산이 되면 융점이 상승하고 요오드가가 저하되어 가소성이 부여된다.

65 마요네즈는 어떤 유지의 성질을 이용하여 만든 것인가?

① 산 화
② 연 화
③ 유 화
④ 흡 수
⑤ 중 화

해설 유화란 서로 섞이지 않는 두 가지 액체 성질이 같이 혼합된 상태를 말한다.

정답 63 ③ 64 ③ 65 ③

66 마요네즈의 분리 원인이 아닌 것은?

① 마요네즈를 얼렸을 때

② 기름을 너무 빨리 넣었을 때

③ 젓는 속도가 빨랐을 때

④ 난황의 선도가 낮은 것을 사용했을 때

⑤ 유화제에 비해 기름의 양이 많았을 때

해설 젓는 속도가 빠르면 기름 입자가 작아져서 안정성이 커진다.

출제유형 47

67 쿠키나 페이스트리를 만들 때 글루텐 망상구조의 형성을 방해함으로써 조직감을 바삭하면서
도 부드럽게 하는 유지의 성질은?

① 쇼트닝성

② 유화성

③ 용해성

④ 결정성

⑤ 가소성

해설 쇼트닝성이란 유지가 반죽의 표면을 둘러싸서 글루텐 망상구조를 형성하지 못하게 함으로써 조직감을 바삭하
고 부드럽게 하는 성질이다.

---

68 편육을 끓는 물에 삶아내는 이유는?

① 육질을 단단하게 하기 위해

② 지방 용출을 적게 하기 위해

③ 근육 내의 수용성 추출물의 손실을 방지하기 위해

④ 고기 모양을 보존하기 위해

⑤ 고기 냄새를 없애기 위해

해설 끓는 물에 삶아야 외부의 단백질 변성으로 인한 근육 내의 수용성 추출물의 손실이 방지된다. 찬물에서 익히면
익히는 동안 단백질의 변성으로 근육 내의 수용성 추출물의 손실이 크다.
※ 찬물에 넣어 끓이면 맛 성분의 용출이 잘 되어 맛있는 국물이 된다.

66 ③ 67 ① 68 ③ 정답

69 다음 중 고기의 숙성에 관한 설명으로 옳은 것은?

> 가. 숙성한 고기는 연하고 맛이 있다.
> 나. 육류의 종류에 따라 숙성속도가 다르다.
> 다. 고기가 숙성하면 수용성 물질이 증가한다.
> 라. 고기가 숙성하면 아미노산의 함량이 증가한다.

① 가, 나, 다
② 가, 다
③ 나, 라
④ 라
⑤ 가, 나, 다, 라

해설 숙성의 특징
- 숙성은 효소반응과 단백질의 변성에 의해 근육이 부드러워진다.
- 자체의 성분이 자체의 효소에 의하여 분해되므로 자가소화(autolysis)라고 한다.
- 아미노산, 이노신산 등 생성으로 맛, 풍미가 증가한다.
- 숙성이 되면 pH가 상승하여 보수성이 높아진다.
- 수육류의 숙성은 일종의 연화법이라고 할 수 있다.

70 껍질을 제거한 연근의 갈변을 억제할 수 있는 방법은?

① 공기에 노출하기
② 식소다물에 담그기
③ 작게 자르기
④ 식촛물에 담그기
⑤ 실온에 두기

해설 연근은 폴리페놀, 클로로겐산으로 인해서 쉽게 갈변하기 때문에 식초와 같이 조리하거나 식촛물에 담갔다가 조리한다. 또한, 식초는 연근의 유효성분이 손실되는 것을 막고 흡수가 잘되도록 돕는 작용을 한다.

정답 69 ⑤ 70 ④

71 육류의 사후경직 시 나타나는 현상으로 옳은 것은?

① pH가 올라간다.
② 젖산이 생성된다.
③ 보수력이 올라간다.
④ 알칼리성으로 변한다.
⑤ ATP를 합성한다.

해설 육류의 사후경직은 근육의 글리코겐이 분해되어 젖산이 생성되기 때문에 나타나는 현상이다.

72 육류의 조리법 중 습열조리에 속하는 것은?

① 브로일링   ② 브레이징
③ 로스팅   ④ 베이킹
⑤ 프라잉

해설 습열조리
• boiling
• steaming
• blanching
• simmering
• braising

73 날콩에 함유된 성분 중 단백질의 소화·흡수를 방해하는 것은?

① 리폭시게나아제(lipoxygenase)
② 헤마글루티닌(hemagglutinin)
③ 오보뮤코이드(ovomucoid)
④ 글리시닌(glycinin)
⑤ 트립신저해제(trypsin inhibitor)

해설 대두 물질
• 트립신저해제 : 단백질 소화·흡수 저해
• 헤마글루티닌 : 혈구응집 독소
• 사포닌 : 기포성, 용혈성분
• 리폭시게나아제 : 콩 비린내 효소

71 ②   **72** ②   **73** ⑤   정답

74 조리법이 바르게 연결된 육류 음식은?

① 너비아니 - 복합조리법

② 불고기 - 습열조리법

③ 편육 - 습열조리법

④ 장조림 - 건열조리법

⑤ 소고깃국 - 건열조리법

해설 ① 너비아니 - 건열조리법
② 불고기 - 건열조리법
④ 장조림 - 습열조리법
⑤ 소고깃국 - 습열조리법

75 족편을 만들 때 불용성 단백질이 가용성 단백질로 젤(gel)화되는데, 이때 변성된 가용성 단백질은?

① 알부민　　　　　　　　② 젤라틴

③ 글리아딘　　　　　　　④ 호르데인

⑤ 글루테닌

해설 불용성 단백질을 가열하면 변성되어 가용성으로 되는 경우가 있는데, 육류를 장시간 가열하면 결합조직 중의 콜라겐이 변성되어 가용성인 젤라틴이 생성되는 경우가 그 예이다.

76 향신료와 성분으로 옳게 연결된 것은?

① 파 - 루틴

② 마늘 - 미르센

③ 고추 - 리모넨

④ 생강 - 진저롤

⑤ 겨자 - 나스닌

해설 ① 파 - 황화알릴
② 마늘 - 알리신
③ 고추 - 캡사이신
⑤ 겨자 - 알릴이소티오시아네이트

정답 **74** ③ **75** ② **76** ④

77 다음은 미오글로빈에 대한 설명이다. 옳지 않은 것은?

① 구상단백질로서 근육세포 내에서 산소를 저장하는 중요한 단백질이다.

② 수육류 근육색소의 주된 성분이다.

③ 근육이 절단되었을 때는 검은 적색을 나타내나 공기의 접촉으로 인하여 색이 점차 선명한 적색을 띠게 되는 성분이다.

④ 신선한 육류에서 산화가 더 진행되면 헴 색소의 분해로 인해 녹색의 화합물이 생성되는 수도 있다.

⑤ 근원섬유 단백질로서 육의 색과 밀접한 관계가 있다.

해설 근장단백질은 수용성의 구상단백질로 미오글로빈, 헤모글로빈, 시토크롬 C 등이 함유되어 있고 미오글로빈은 근육 색소이며 근육세포 내에서 산소를 저장하는 중요한 단백질이다(근섬유 단백질로는 미오신, 액틴, 트로포미오신, 근장단백질로는 미오겐, 미오글로빈이 있다).

78 유지의 쇼트닝성을 이용한 식품은?

① 프렌치드레이싱

② 마가린

③ 마요네즈

④ 국 수

⑤ 파 이

해설 유지의 쇼트닝성을 이용한 식품에는 파이, 페이스트리가 있다.

77 ⑤ 78 ⑤ 정답

79 청경채를 데친 후에 나타나는 변화는?

① 조직이 연화된다.

② 수용성 성분이 증가한다.

③ 휘발성 유기산이 증가한다.

④ 쓴맛이 증가한다.

⑤ 티아민이 증가한다.

> **해설** 청경채를 데친 후에는 조직의 연화, 떫은맛·쓴맛 제거, 휘발성 유기산 감소, 수용성 성분 감소, 티아민 감소의
> 변화를 나타낸다.

80 단백질을 분해하는 효소와 효소가 들어 있는 식품을 연결한 것으로 옳은 것은?

① 파파인 − 파인애플

② 브로멜린 − 파파야

③ 프로테아제 − 무화과

④ 피신 − 배즙

⑤ 액티니딘 − 키위

> **해설** ① 파파인 − 파파야
> ② 브로멜린 − 파인애플
> ③ 프로테아제 − 배즙
> ④ 피신 − 무화과

81 소고기 조리법의 연결이 잘못된 것은?

① 등심 − 전골, 구이

② 양지육 − 편육, 장국

③ 우둔살 − 포, 회, 조림

④ 홍두깨살 − 조림

⑤ 사태 − 편육, 장국, 구이

> **해설** 사태는 질겨서 구이에 적합하지 않다.

정답 **79** ① **80** ⑤ **81** ⑤

82 냉동식품의 해동법을 잘못 설명한 것은?

① 케이크는 냉장고에서 해동한다.
② 식육은 실온의 서늘한 곳에서 해동한다.
③ 어패류는 10℃ 정도의 소금물에서 해동한다.
④ 생으로 먹는 회 종류는 냉장고에서 해동한다.
⑤ 조리 또는 반조리 식품은 그대로 직접 가열한다.

해설 식육은 냉장고에서 완만하게 해동하는 편이 품질이 우수하다. 녹은 물이 세포와 조직에 재흡수되는 시간적 여유가 생기므로 드립현상이 적어지기 때문이다.

83 새우, 게 등을 가열하면 생기는 빨간 색소는?

① 멜라닌
② 아스타잔틴
③ 아스타신
④ 플라빈
⑤ 카로틴

해설 갑각류의 색소
카로티노이드계인 아스타잔틴(astaxanthin)을 가열하면 색소가 곧 산화되어 적색인 아스타신(astacin)으로 변화된다.

84 연근을 식초에 담가 두었을 때 갈변을 방지하는 수용성 색소는?

① 카로틴
② 잔토필
③ 클로로필
④ 안토시아닌
⑤ 안토크산틴

해설 감자, 고구마, 우엉 가지와 같이 껍질을 벗기면 갈변하는 백색 채소는 안토크산틴 색소를 함유하고 있는데, 식초와 같이 조리하거나 식촛물에 담갔다가 조리한다.

82 ② **83** ③ **84** ⑤ 정답

85 육류의 사후경직기에 관한 설명으로 옳은 것은?

① 호기적 해당작용에 의한 육류의 pH가 상승한다.

② 육류의 보수성이 좋아진다.

③ 인산과 ADP가 결합하여 ATP를 생성한다.

④ 육질이 연해진다.

⑤ 액토미오신이 생성되어 수축이 일어난다.

해설 육류의 사후경직기 특징
- 글리코겐이 혐기적으로 분해되어 젖산을 생성하며, pH가 저하된다.
- 인산가수분해효소(phosphatase) 작용으로 ATP가 분해된다.
- 액틴과 미오신이 액토미오신을 생성한다.
- 근육이 수축하여 육질이 단단해진다.
- 육류의 보수성이 감소한다.

86 조개의 해감에 사용하는 용액은?

① 2% 농도의 염소수용액

② 2% 농도의 탄산수소나트륨 수용액

③ 2% 농도의 알코올

④ 2% 농도의 식초

⑤ 2% 농도의 소금물

해설 조개를 깨끗이 씻은 후에 약 2% 농도의 소금물에 1~2시간 담가 놓으면 입을 벌리고 모래나 흙 등이 나오게 된다.

정답 85 ⑤ 86 ⑤

87 해수어의 주된 비린내 성분으로 가장 옳은 것은?

① 인돌(indole)

② 피페리딘(piperidine)

③ 트리메틸아민(trimethylamine)

④ 트리메틸아민 옥사이드(trimethylamine oxide)

⑤ 노르말 헥사날(N-hexanal)

해설 어취 성분
- trimethylamine(TMA) : 해수어의 주요 어취 성분
- piperidine : 담수어의 주요 어취 성분
- indole, skatole, H_2S : 단백질 부패취
- N-hexanal : 청엽의 냄새
- ammonia : 홍어의 코를 찌르는 냄새

88 신선도를 알아보기 위해 11%의 식염수에 달걀을 넣었을 때, 가장 신선한 달걀은?

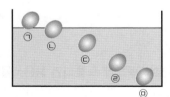

① ㉠

② ㉡

③ ㉢

④ ㉣

⑤ ㉤

해설 비중법으로 달걀의 신선도를 알아보고자 할 때는 11%의 식염수에서 침전하는 달걀이 가장 신선한 것이다.

87 ③ 88 ⑤ 정답

89 양파를 자를 때 눈물을 나게 하는 성분은?

① 신남알데히드
② 알릴이소티오시아네이트
③ 진저론
④ 캡사이신
⑤ 티오프로파날-S-옥시드

해설 티오프로파날-S-옥시드는 최루 성분으로 양파를 자를 때 눈물을 나게 하고, 휘발성이며 수용성이다.

90 신선한 생선의 감별법으로 옳지 않은 것은?

① 아가미 색이 선홍색이다.
② 눈알이 들어가 있다.
③ 복부가 탄력성이 있어 팽팽하다.
④ 비늘은 윤택이 나고 고르게 붙어 있어야 한다.
⑤ 냄새가 없다.

해설 신선한 생선은 눈알이 맑고 외부로 튀어 나와야 한다.

91 김이 습기를 머금거나 햇빛에 오래 노출되면 붉은색을 띄게 되는데, 그 원인물질은?

① 미오글로빈
② 안토시아닌
③ 크립토잔틴
④ 제아잔틴
⑤ 피코에리트린

해설 김이 햇빛을 받았거나 습기를 빨아들이면 녹색계 색소인 클로로필이 파괴되면서 적색계 색소인 피코에리트린의 붉은색이 부상하기 때문에 붉게 변한다.

정답 **89** ⑤ **90** ② **91** ⑤

92 브로콜리를 데칠 때 녹색을 유지하는 방법은?

① 조리수에 식초 넣기
② 브로콜리를 잘게 자르기
③ 소량의 조리수 사용하기
④ 높은 온도에서 단시간 가열하기
⑤ 냄비 뚜껑 닫기

해설 녹색채소를 데칠 때에는 다량의 조리수를 사용하여 높은 온도에서 뚜껑을 열고 단시간에 조리한다. 산에 약하
므로 식초를 넣으면 누런 갈색이 되므로 주의한다.

93 어취 제거법으로 적당하지 못한 것은?

① 식초나 술, 레몬즙을 이용한다.
② 조리 전에 우유에 담가서 조리한다.
③ 쑥갓, 고추, 들깻잎, 미나리, 파슬리 등을 이용한다.
④ 조리하기 전에 미지근한 물에 담가 둔다.
⑤ 미리 생선을 한 번 삶아낸 후에 조리한다.

해설 생선의 어취 제거법으로는 파, 마늘, 쑥갓, 들깻잎, 식초, 술 등을 이용하기도 하고 우유에 담그기도 한다.

94 어묵 형성에 이용되는 염용성 단백질은?

① 글로불린, 액토미오신
② 알부민, 콜라겐
③ 케라틴, 피브린
④ 미오겐, 액토미오신
⑤ 미오신, 액틴

해설 생선의 근섬유를 주체로 하는 섬유상 단백질(미오신·액틴·액토미오신)은 전체 단백질의 약 70%를 차지하고
소금에 녹는 성질이 있어 어묵 형성에 이용된다.

92 ④ **93** ④ **94** ⑤ 정답

95 신선한 달걀의 설명으로 옳은 것은?

① pH가 9.7 이상이다.

② 달걀 껍데기가 매끈하다.

③ 거품이 쉽게 일어난다.

④ 11%의 소금물에서 가라앉는다.

⑤ 난황계수가 0.25 이하이다.

해설 신선한 달걀
- 신선한 달걀은 11%의 식염수에 넣으면 가라앉는다.
- 표면에 이물질이 없고 흔들리지 않으며, 거칠거칠한 큐티클이 많아야 한다.
- 보관기간이 길어질수록 pH가 상승한다.
- 신선한 달걀의 난황계수는 0.361~0.442이다.
- 신선한 달걀보다 오래된 달걀이 쉽게 거품이 일어나지만 거품의 안정성은 낮다.

96 달걀흰자의 기포 형성을 촉진하는 것은?

① 레몬즙

② 설 탕

③ 우 유

④ 기 름

⑤ 달걀노른자

해설 기름, 우유, 설탕, 달걀노른자는 기포 형성을 방해하고, 산은 기포 형성을 도와준다.

정답 95 ④ 96 ①

97 튀김용 기름의 조건으로 적절한 것은?

① 유리지방산 함량이 높다.

② 발연점이 낮다.

③ 점도가 높다.

④ 정제도가 높다.

⑤ 융점이 높다.

해설 튀김용 기름은 정제도가 높고 발연점이 높은 것이 좋다.

98 달걀의 응고성에 관한 설명으로 옳지 않은 것은?

① 달걀은 가열, 산, 알칼리, 염, 기계적 교반, 방사선(γ선 조사) 등의 처리에 의해서 응고한다.

② 난백이 난황에 비해 먼저 응고된다.

③ 우유 및 새우젓 등을 첨가하면 부드러운 겔 상태로 응고한다.

④ 15분 이상 과숙하면 FeS 생성으로 난황이 암녹색으로 변한다.

⑤ 난백이 난황보다 높은 온도에서 응고된다.

해설 난백은 60℃ 정도에서 응고가 시작되며 65℃에서 완전히 응고된다. 난황은 65℃ 정도에서 응고가 시작되어 70℃가 되면 완전히 응고된다.

99 난백의 기포를 안정화시키는 주된 단백질은?

① 아비딘

② 오보뮤코이드

③ 오보글로불린

④ 오보뮤신

⑤ 라이소자임

해설 ① 아비딘 : 비오틴 흡수 방해

② 오보뮤코이드 : 열에 대한 응고성이 없고 트립신 작용을 저해

③ 오보글로불린 : 기포성이 큼

⑤ 라이소자임 : 용균작용

97 ④ **98** ⑤ **99** ④ 정답

100 두부 제조 시 염화칼슘 등의 염류에 응고되는 단백질은?

① 미오겐

② 호데인

③ 피브로인

④ 듀 린

⑤ 글리시닌

해설 두부는 콩단백질인 글리시닌(glycinin)이 염화칼슘 등의 염류에 응고되는 성질을 이용한 것이다. 두부 응고제로는 염화마그네슘, 염화칼슘, 황산마그네슘, 황산칼슘이 사용된다.

101 마요네즈 재생법으로 옳은 것은?

① 마요네즈에 식초를 첨가하여 다시 젓는다.

② 마요네즈에 물을 첨가하여 다시 젓는다.

③ 마요네즈에 난황과 식초를 첨가하여 다시 젓는다.

④ 난황에 마요네즈를 첨가하여 다시 젓는다.

⑤ 마요네즈에 전란을 첨가하여 다시 젓는다.

해설 분리된 마요네즈를 재생시키는 방법은 난황을 준비하고 분리된 마요네즈를 조금씩 넣어 주면서 젓는 것이다.

102 감자의 갈변에 관여하는 주된 반응은?

① 아스코르브산 산화반응

② 캐러멜화반응

③ 마이야르반응

④ 티로시나아제 산화반응

⑤ 폴리페놀산화효소 산화반응

해설 감자를 절단하면 티로신(tyrosin)이 티로시나아제(tyrosinase)에 의해 멜라닌 색소가 되어 갈변한다.

정답 100 ⑤ 101 ④ 102 ④

103 육류의 숙성 시 변화로 옳은 것은?

① 액토미오신이 증가한다.

② 보수성이 감소한다.

③ 경도가 증가한다.

④ 핵산계 맛 성분이 증가한다.

⑤ 수용성 질소화합물이 감소한다.

해설 육류의 숙성 시 변화
- 경도 감소
- 액토미오신 감소
- 핵산계 맛 성분 증가
- 보수성 증가
- 수용성 질소화합물 증가

104 우유를 가열 살균하는 목적으로 옳은 것은?

① 우유단백질을 변성시키기 위해

② 유산균을 증식시키기 위해

③ 유해균을 사멸시키기 위해

④ 우유의 질감을 부드럽게 하기 위해

⑤ 지방 입자의 크기를 고르게 하기 위해

해설 우유를 가열 살균하는 목적은 유해균을 사멸시키기 위해서이다.

105 우유를 가열할 때 형성되는 피막에 대한 옳은 설명은?

① 피막은 가열온도의 증가에 따라 얇아진다.

② 피막을 제거해도 영양상의 큰 손실은 없다.

③ 냄비의 뚜껑을 닫거나 저으면 피막 형성을 방지할 수 있다.

④ 피막은 열에 의한 카세인의 변성에 의해 생긴다.

⑤ 피막은 시간에 따라 얇아진다.

해설 **피막 현상**
우유를 데울 때 뚜껑을 덮지 않고 산소에 노출시키면 우유의 표면에 얇은 피막이 생기는데, 우유의 지방구를 둘러싸고 있는 단백질인 락트알부민과 락토글로불린이 변성·응고한 것이다. 피막을 제거하면 영양소가 손실되며, 피막형성을 방지하기 위해서는 그릇의 뚜껑을 덮고 조리하거나 우유를 희석하는 방법이 있으며 또한 거품을 내어 데우거나 저어주는 방법이 있다.

106 담수어 어취의 성분은?

① 인 돌

② 트리메틸아민

③ 암모니아

④ 프로피온산

⑤ 피페리딘

해설 ① 인돌 : 단백질 부패취
② 트리메틸아민 : 해수어의 주요 어취성분
③ 암모니아 : 홍어의 코를 찌르는 냄새
④ 프로피온산 : 톡 쏘는 썩은 냄새

정답 **105** ③ **106** ⑤

107 우유에 과당을 넣어 가열할 때 일어나는 갈변의 주된 원인은?

① 마이야르 반응

② 캐러멜화 반응

③ 당의 가열분해 반응

④ 티로신에 의한 갈변

⑤ 아스코르빈산의 산화작용

해설 당과 단백질의 작용

농축된 우유(연유)의 경우 마이야르 반응을 일으킬 수 있는 충분한 당과 단백질이 있으므로 가열에 의해 연유는 갈색을 띠게 된다.

108 다음과 같은 특징을 보이는 우유 가공방법은?

> • 지방구의 크기가 1μm 정도로 미세하다.
> • 소화와 흡수를 좋게 한다.
> • 유지방의 분리를 막아준다.

① 균질화

② 건 조

③ 강 화

④ 청 정

⑤ 가열살균

해설 균질화

원유에 강한 압력을 가해 입자를 균일한 형태로 만들어 주는 공정으로, 큰 지방구의 크림층 형성을 방지하며, 맛과 소화 · 흡수도 좋아진다.

107 ① **108** ① **정답**

109 우유를 가열할 때 형성되는 피막의 원인물질은?

① 칼 슘
② 비타민 C
③ 콜레스테롤
④ 리보플라빈
⑤ 유청단백질

해설 우유를 데울 때 뚜껑을 덮지 않고 산소에 노출시키면 우유의 표면에 얇은 피막이 생기는데, 우유의 지방구를 둘러싸고 있는 단백질인 락트알부민과 락토글로불린이 변성·응고한 것이다.

110 우유를 가열할 때 나타나는 변화는?

① 유지방 균질화
② 황화수소 미생성
③ 자동산화 억제
④ 피막형성 억제
⑤ 락토글로불린 응고

해설 우유를 가열하면 락트알부민과 락토글로불린이 열에 의하여 변성되어 피막을 형성한다.

111 호정화된 식품은?

① 보리밥
② 감잣국
③ 김치전
④ 도토리묵
⑤ 미숫가루

해설 호정화
전분에 수분 첨가 없이 고온(160℃ 이상)으로 가열하면 가용성 전분을 거쳐 호정(dextrin)으로 변하는 현상이다. 호화보다 분자량이 적고, 용해성도 크며, 소화도 잘된다. 호정화된 대표적인 식품으로 미숫가루, 뻥튀기, 누룽지, 토스트, 쿠키, 비스킷, 브라운 루 등이 있다.

정답 109 ⑤ 110 ⑤ 111 ⑤

112 가열한 우유에서 익은 냄새가 났을 때 주성분은?

① 트리메틸아민

② 미르센

③ 인 돌

④ 쇼가올

⑤ 황화수소

해설 우유를 74℃ 이상으로 가열하면 익은 냄새가 난다. 익은 냄새의 성분은 β-락토글로불린이나 지방구 피막단백질의 열변성에 의해 활성화한 황화수소이다.

113 조미료의 침투속도를 고려할 때 그 사용 순서가 옳은 것은?

① 소금 → 식초 → 설탕

② 설탕 → 소금 → 식초

③ 소금 → 설탕 → 식초

④ 식초 → 소금 → 설탕

⑤ 설탕 → 식초 → 소금

해설 조미료의 침투속도는 분자량이 작을수록 빨리 침투한다. 조미료는 설탕 → 소금 → 식초 → 간장 → 고추장 → 참기름의 순서로 사용한다.

114 식혜나 엿을 만들 때 사용되는 엿기름의 원료는?

① 보 리

② 수 수

③ 쌀

④ 호 밀

⑤ 율 무

해설 엿기름은 보리에 싹을 틔어 말린 것으로 엿과 식혜 제조 시 사용된다.

112 ⑤ **113** ② **114** ① 정답

115 새우, 게 등을 가열하면 붉게 만드는 물질은?

① 타 닌

② 클로로필

③ 크립토잔틴

④ 아스타신

⑤ 헤모글로빈

해설 청록색의 아스타잔틴(astaxanthin)에 열을 가하게 되면 붉은색의 아스타신(astacin)으로 변한다.

116 난백의 기포성을 이용하여 만드는 음식으로 옳은 것은?

① 계란찜

② 스펀지케이크

③ 계란프라이

④ 에그타르트

⑤ 카스텔라

해설 난백의 기포성을 이용한 조리로는 스펀지케이크, 케이크의 장식, 머랭, 수플레 등이 있다.

117 돼지고기 조리 시 냄새를 없애기 위해 넣는 재료 중 가장 효과적인 것은?

① 겨 자

② 고 추

③ 생 강

④ 계 피

⑤ 양 파

해설 생강은 육류의 누린내와 생선의 비린내를 없애는 데 효과적이다.

정답 115 ④ 116 ② 117 ③

118 젤라틴의 설명으로 옳은 것은?

① 동물의 뼈, 껍질을 원료로 얻은 경질의 지방질이다.
② 아교풀을 정제하여 고급화한 것이 식용 젤라틴이다.
③ 농도가 낮을수록 빨리 응고된다.
④ 레몬주스, 식초는 젤라틴의 응고를 돕는다.
⑤ 파인애플을 젤라틴에 넣으면 겔을 증가시킨다.

해설 젤라틴은 동물의 결체조직에 존재하는 단백질인 콜라겐을 가수분해한 후 형성된 아교풀을 다시 정제하여 유해
물질을 제거하고 설탕, 산, 색소, 향료 등을 첨가하여 가공한 것이다.

119 어류의 조리에 의한 변화로 옳은 것은?

① 산을 넣으면 비린내가 감소한다.
② 산을 넣으면 단백질과 뼈가 단단해진다.
③ 가열을 하면 단백질이 용출된다.
④ 소금농도가 2%를 넘으면 단백질 용출이 감소한다.
⑤ 15% 이상의 소금농도에서는 액토미오신이 형성된다.

해설 ② 어류에 산을 넣으면 뼈나 가시는 부드러워진다.
③ 어류를 가열하면 단백질이 응고 수축하고, 지방이 용출된다.
④ 소금농도가 2%를 넘으면 단백질 용출량이 급격히 증가한다.
⑤ 액토미오신은 2~6%의 소금농도에서 형성된다.

출제유형 41, 47

120 다음 중 전자레인지에 사용하면 안 되는 것은?

① 유 리
② 도자기
③ 내열성 플라스틱
④ 종 이
⑤ 금속용기

해설 전자레인지 용기
• 전자레인지에 사용할 수 있는 그릇 : 파이렉스, 도자기, 내열성 플라스틱 등
• 전자레인지에 사용하지 못하는 그릇 : 알루미늄 제품, 캔, 법랑, 쇠꼬챙이, 석쇠, 칠기, 도금한 식기, 크리스털
제품, 금테 등이 새겨진 도자기

118 ② 119 ① 120 ⑤ 정답

121 난백에 있는 단백질에 대한 설명으로 옳지 않은 것은?

① 오브알부민(Ovalbumin)은 인단백질로 난백에 가장 많은 양을 차지한다.

② 오브알부민은 65℃에서 쉽게 응고된다.

③ 오보글로불린(Ovoglobulin)은 용균작용을 갖는 리소자임을 함유하고 있다.

④ 콘알부민(Conalbumin)은 난백 단백질 중 거품형성에 기여가 가장 크다.

⑤ 오보뮤코이드(Ovomucoid)는 단백질 소화효소인 트립신을 억제시키는 저해작용이 있다.

해설 오보글로불린은 열 응고하기 쉬운 단백질이며, 난백의 거품형성에 기여가 가장 크다.

122 한천의 원료로 사용되는 해조류는?

① 미 역

② 톳

③ 트리코데스뮴

④ 매생이

⑤ 우뭇가사리

해설 한 천

우뭇가사리 등의 홍조류를 삶아 얻은 액을 냉각시켜 엉기게 한 것으로 겔화되는 성질이 있어 미생물의 배지, 과자, 아이스크림, 양갱, 양장피의 원료로 사용한다.

123 열전도율이 가장 높은 물질은?

① 도자기

② 금 속

③ 유 리

④ 플라스틱

⑤ 비 닐

해설 열전도율이 가장 높은 물질은 금속이다.

정답 121 ④ 122 ⑤ 123 ②

124 후추의 매운맛 성분은?

① 산쇼올
② 알리신
③ 차비신
④ 캡사이신
⑤ 시니그린

해설 후추의 매운맛은 차비신(chavicine)으로 육류 및 어류의 냄새를 감소시키며, 살균작용도 있다.

125 신선한 어류에 해당하는 것은?

① 휘발성 염기질소가 50mg% 이상이다.
② 눈알이 들어가 있다.
③ 손으로 눌렀을 때 흐물흐물하다.
④ 아가미색이 짙은 갈색이다.
⑤ 어류 특유의 냄새가 난다.

해설 ① 휘발성 염기질소가 5∼10mg%이다.
② 눈은 투명하고 광채가 있으며 돌출되어 있어야 한다.
③ 손으로 눌렀을 때 단단하며 탄력성이 있어야 한다.
④ 아가미색은 선홍색이다.

126 젤라틴(gelatin)을 이용한 식품은?

① 누룽지
② 도토리묵
③ 마시멜로
④ 브라우니
⑤ 엿

해설 젤라틴(gelatin)
젤라틴은 동물의 뼈, 껍질을 원료로 콜라겐을 가수분해하여 얻은 경질 단백질로, 젤리·샐러드·족편 등의 응고제로 쓰이고, 마시멜로·아이스크림 및 기타 얼린 후식 등에 유화제로 사용된다.

124 ③   125 ⑤   126 ③ 정답

127 고구마를 구울 때 어떤 효소의 작용으로 단맛이 강해지는가?

① 티로시나아제

② 아스코르비나아제

③ 펙티나아제

④ 프로테아제

⑤ β-아밀라아제

해설 고구마가 가열되는 동안 β-아밀라아제(발효온도 60℃)는 전분을 당화시켜 단맛(맥아당)을 만든다.

128 유지의 일시적 유화성을 이용한 유화액은?

① 프렌치드레싱

② 마요네즈

③ 아이스크림

④ 생크림

⑤ 버 터

해설 일시적 유화액이란 흔들거나 저을 때만 혼합 상태였다가 중지하면 분리되는 것으로 대표적으로 프렌치드레싱이 있다.

129 냉장보관한 수박은 상온보관한 수박보다 단맛이 증가하는데 이때 관여하는 당은?

① 자 당

② 유 당

③ 과 당

④ 맥아당

⑤ 포도당

해설 과일의 냉장보관
온도가 내려가면 단맛이 강한 β-과당이 많아지고, 온도가 올라가면 단맛이 약한 α-과당이 많아져서 과일을 냉장보관하면 과일이 더 달게 느껴진다.

정답 **127** ⑤ **128** ① **129** ③

제**2**과목

급식관리

CHAPTER

01 급식관리

01 정의

(1) 단체급식의 정의와 목적

① 단체급식의 정의 : 비영리를 목적으로 특정 다수인에게 계속하여 음식물을 공급하는 기숙사, 학교, 병원, 그 밖의 후생기관 등의 급식시설로 식품위생법에서는 상시 1회 50인 이상에게 식사를 제공하는 급식소를 의미 ⭐ ⭐

② 단체급식의 목적

　㉠ 공통의 목적
- 건강증진을 도모하여 피급식자의 영양을 확보
- 인간관계 육성과 도덕성, 사회성을 함양
- 피급식자에게 휴식처를 제공
- 피급식자의 가정, 지역사회에 대해 공헌
- 영양교육 및 영양지식을 함양

　㉡ 고유의 목적
- 산업급식 : 효율적인 생산성 향상, 복리후생에 이바지
- 학교급식 : 바람직한 식습관 형성에 이바지
- 아동복지시설 : 신체적이나 정신적으로 건전하게 육성
- 병원급식 : 환자의 쾌유를 촉진
- 사회복지시설 : 가정적인 분위기를 조성하여 즐거운 식사 제공

> **TIP**
>
> 일반 식당(호텔, 외식업체 등)은 불특정 다수인을 대상으로 하므로 단체급식에 속하지 않는다.

(2) 단체급식의 특성

① 영양사라는 관리자가 운영
② 규모가 크며, 짧은 시간에 다량의 식사를 공급하기 위해 모든 작업이 체계적으로 진행
③ 주로 셀프서비스가 많으며, 단시간에 집중식사
④ 메뉴가 날마다 변하며 기호에 맞고 영양가 있는 음식을 조리
⑤ 대규모 식중독 발생의 위험이 있으므로 위생상의 안전을 고려

(3) 단체급식의 문제점 및 개선방안

① 단체급식의 문제점 ✿

    ㉠ 영양 문제 : 영양가 산출을 잘못할 경우나 기초 조사가 불충분할 경우, 집단 전체에 영양 저하 현상이 생길 수 있음

    ㉡ 위생 문제 : 대규모 급식이므로 종업원 위생교육과 시설 및 기기 등의 위생관리가 잘못된 경우 위생 사고가 발생하기 쉬움

    ㉢ 비용 문제 : 급식비를 줄이기 위해 인건비, 시설비를 줄일 때 급식의 질이 저하될 수 있음

    ㉣ 심리 문제 : 가정식에 대한 향수로 급식에 적응을 못하거나 개인의 기호성향을 무시한 채 실시되는 획일적인 단일식단이 문제가 됨

    ㉤ 시간과 배식 등의 문제 : 정해진 짧은 시간 내에 다량의 음식을 준비해야 하는 제한으로 다양한 메뉴개발이 어렵고 조리 후 배식시간이 있어 품질이 저하될 수 있음

② 개선방안

    ㉠ 경비 절감 : 여건을 고려한 대량구매, 계절식품의 이용, 작업 분석을 통한 인건비 절감 등

    ㉡ 위생적인 급식 관리 : HACCP 적용

    ㉢ 기호도 충족 : 식단선택제 도입, 메뉴 개발 등

    ㉣ 가정식과 같은 분위기 연출 : 시설의 쾌적성 유지

    ㉤ 정기적인 모임 개최 : 급식 관리개선을 위해 경영자, 급식 관리자, 급식 담당자가 모여 의논

    ㉥ 시설의 쾌적성 유지와 사무관리의 전산화

(4) 단체급식관리

① 관리순환(management cycle) : 계획 → 실시 → 평가

② 관리 기능

    ㉠ 계획기능 : 영양계획, 식사계획, 식재료운영계획, 조리작업계획 등

    ㉡ 실시기능 : 식단작성, 식재료의 구입, 조리, 보관, 배식, 설비 등

    ㉢ 평가기능 : 급식수관리, 식사상황, 조리작업시간, 위생상태, 식품구입품목과 가격, 검식, 급식실태조사, 영양가 조사 등

영양보충

단체급식소의 기호도 조사 실시 이유

• 고객의 음식선호도 파악
• 피급식자의 반응도 조사
• 잔반량의 감소

(1) 전통식 급식제도(conventional food service system) ⭐

① 정의 : 한 주방에서 모든 음식 준비가 이루어져 같은 장소에서 소비되는 제도로서 생산과정에서부터 소비되는 시간이 짧음

② 장 점

  ㉠ 가격변동이 심하고 계절적 요인의 영향을 받을 때 더욱 유리

  ㉡ 피급식자를 쉽게 만족시킬 수 있도록 음식을 조리할 수 있음

  ㉢ 식단을 작성할 때 탄력성이 있어 음식의 개성을 살릴 수 있음

  ㉣ 배달비용을 줄일 수 있음

  ㉤ 관리자에 의해 메뉴, 레시피, 상품이 결정되므로 질이 좋음

  ㉥ 배식 직전에 음식이 준비되므로 관능적·영양적 품질이 좋음(분산조리 방법 활용)

③ 단 점

  ㉠ 음식의 수요가 과다할 때는 대처할 수 없음

  ㉡ 음식 생산을 위해 숙련된 조리원이 필요함

  ㉢ 직업의 분업이 일정치 못하여 생산성 저하를 초래하고 노동비용이 높아짐 ⭐

> **TIP**
>
> **분산조리** ⭐ ⭐ ⭐
> 한 번에 대량으로 조리하지 않고 배식시간에 맞추어 일정량씩 나누어 조리하는 방식. 음식의 맛과 품질 유지 가능

(2) 중앙공급식 급식제도(commissary food service system) ⭐ ⭐ ⭐

① 정의 : 중앙의 공동조리장에서 식품의 구입과 생산이 이루어지고 각 단위급식소로 운반된 후 배식이 이루어지는 급식 형태로서 생산과 소비가 시간적, 공간적으로 분리되는 방법

② 장 점

  ㉠ 시설과 노동력이 절감

  ㉡ 최소의 공간에서 급식이 가능하고 음식의 질과 맛을 통일시킬 수 있음

  ㉢ 식재료의 대량구입으로 식재료비가 절감

③ 단 점 ⭐

  ㉠ 중앙에 투자비용이 많이 듦

  ㉡ 운송시설에 투자가 필요

  ㉢ 음식을 배달할 때 음식의 안전성 문제(식중독)

(3) 예비저장식 급식제도(ready prepared food service system) ⭐ ⭐ ⭐ ⭐

① 정의 : 음식을 조리한 직후 냉장 및 냉동해서 얼마 동안 저장한 후에 데워서 급식하는 방법으로 조리저장식 급식제도라고도 함 예 기내식

② 장 점

    ㉠ 노동력 집중현상이 없음

    ㉡ 고임금의 숙련조리사 대신 미숙련조리사를 채용함으로써 경비절약

    ㉢ 대량의 식재료 구입으로 식재료비 절감

    ㉣ 생산과 소비가 시간적으로 분리되므로 계획생산 가능

③ 단 점

    ㉠ 냉장고, 냉동고, 재가열기기 등의 초기 투자비용이 많이 듦

    ㉡ 냉동, 냉장 및 재가열 시 음식의 품질 변화(미생물적, 관능적)가 있을 수 있음

(4) 조합식 급식제도(assembly food service system)

① 정의 : 식품제조업체나 가공업체로부터 완전 조리된 음식을 구입하여 배식하는 형태로 소규모의 급식인 경우에 많이 이용

② 장 점

    ㉠ 음식의 분량 통제가 철저하고 낭비가 없음

    ㉡ 시설비, 관리비가 적게 듦, 노동력과 시간절약

③ 단 점

    ㉠ 인건비는 저렴하나 상품화된 것을 구입하다 보면 비용이 많이 듦

    ㉡ 피급식자의 영양과 기호 및 식성 고려가 안 됨

    ㉢ 구입한 식재료의 저장공간이 필요

03 단체급식과 영양사

(1) 영양사의 직무

① 단체급식에서의 영양사 직무

    ㉠ 식단작성, 검식 및 배식관리

    ㉡ 구매식품의 검수 및 관리

    ㉢ 급식시설의 위생적 관리

    ㉣ 집단급식소의 운영일지 작성

    ㉤ 종업원에 대한 영양지도 및 식품위생교육(1회/월)

② 영양사의 임무 순서 : 식단작성 → 식품구입 → 조리감독 → 배식

> **영양보충**
>
> ### 검 식 ⭐ ⭐
> - 배식하기 전에 1인분량을 상차림하여 음식의 맛, 질감, 조리상태, 조리완성 후 음식온도, 위생 등을 종합적으로 평가하는 것이다.
> - 검식내용은 검식일지에 기록한다(향후 식단 개선자료로 활용).
>
> ### 보존식 ⭐ ⭐ ⭐
> - 식중독 사고에 대비하여 그 원인을 규명할 수 있도록 검사용으로 음식을 남겨두는 것이다.
> - 매회 1인분 분량을 섭씨 영하 18도 이하에서 144시간 이상 보관한다.

(2) 영양사의 업무

① 일반 업무 ⭐

- ㉠ 영양관리 : 대상별 영양섭취 기준설정, 식단작성, 영양출납, 식이요법
- ㉡ 조리지도 : 조리사의 조리지도, 검식, 배식
- ㉢ 급식, 재무, 노무, 사무관리 : 예산 계획 및 집행, 원가관리, 시장조사, 장부관리, 인적자원관리, 식수관리, 일지작성 등
- ㉣ 급식식품 구매 및 창고관리 : 식재료 구입, 검수, 식품의 취급 및 저장보존, 식품 및 비품의 창고관리
- ㉤ 급식위생, 시설관리 : 종업원의 위생, 기구 및 시설의 청소와 소독, 해충구제, 조리기기 및 기구, 시설관리
- ㉥ 급식조사 연구 및 효과판정 : 급식조사 연구, 기호조사의 설문조사 등
- ㉦ HACCP(해썹) 실무 담당자 ⭐

② 특수 업무

- ㉠ 병원급식 : 질병에 따른 영양섭취기준 설정, 일반 · 특별 환자식, 영양상담실 설치 및 지도, 다양한 치료식의 연구 및 개발, 식이요법 연구 및 지도, 적온급식을 위한 배분 및 배선의 합리화 도모
- ㉡ 학교급식 : 학년별 영양섭취기준 설정, 아동의 올바른 식습관 정립 및 영양교육, 영양 및 식생활 개선, 학교보건계획에 참여
- ㉢ 산업체 급식 : 노동별 영양권장량 설정, 식중독 예방관리, 산업질병의 예방대책 연구
- ㉣ 사회복지시설 : 연령별 영양권장량 설정, 건강증진을 위한 식단작성
- ㉤ 보건소 : 관내의 영양지도 · 계몽 · 관리 및 상담, 영유아 · 임산부 · 수유부 및 노인의 생애주기별 영양관리, 식생활개선, 영양지도 계획의 검토 분석 및 평가

(3) 영양사를 두어야 할 단체급식소 ⭐ ⭐ ⭐

- ① 기숙사, 학교, 유치원, 어린이집, 병원
- ② 사회복지시설, 산업체
- ③ 국가, 지방자치단체 및 공공기관, 그 밖의 후생기관 등

04 단체급식의 배식방법

(1) 셀프 서비스(self service)

① 카페테리아(cafeteria) ⭐⭐⭐⭐⭐⭐⭐
 ㉠ 정의 : 음식을 다양한 종류로 진열하고 진열된 음식 뒤의 안내인이 음식 선택에 도움을 주는 방법으로 가장 바람직한 급식 서비스 형태, 선택 음식별로 금액을 지불
 ㉡ 음식 배열 형태 : straight line, zigzag line, double line
② 자동판매기 : 조리시설이 없는 곳에서도 음식제공 가능
③ 뷔페 : 큰 서빙테이블에 음식을 나열함으로써 피급식자가 음식을 선택하도록 하는 형태

(2) 트레이 서비스(tray service) ⭐

병원환자식이나 기내식에 이용되는 배식 서비스
① 중앙집중식(병원급식) : 각 병동이나 각 층마다 주방을 두지 않고 한 주방에서 음식을 준비, 개인용 그릇에 담아 카트에 실어 복도나 승강기를 거쳐 운반하는 방법
 ㉠ 장점 : 상차림에 드는 노동력과 시간절약
 ㉡ 단점 : 분배하는 데 시간이 오래 걸리고 적온급식이 어려우며 음식의 품질저하가 우려
② 분산식 : 냉동차나 보온차로 각 병동으로 음식을 옮기고 간이 주방에서 쟁반에 담아 환자에게 배식하는 형태로 급식을 감독하는 영양사가 각 주방마다 배치
 ㉠ 장점 : 음식의 질을 높일 수 있고 적온급식에 유리
 ㉡ 단점 : 시설비와 인력이 많이 필요

(3) 배식원에 의한 서비스(waiter waitress service)

① 카운터 서비스(counter service) : 급식 요구자가 필요한 음식을 바로 배식하거나 조리사가 카운터 앞의 손님에게 식사를 제공하는 형태
② 테이블 서비스(table service) : 식탁에 편히 앉아 정식으로 음식을 먹을 수 있도록 서비스받는 형태
③ 드라이브-인 서비스(drive-in service) : 주차된 차 내에서 주문, 종업원이 서빙하는 형태

(4) 이동식사(portable meals) ⭐️

① home delivery : 거주지로 직접 음식을 배달하는 방법 → 노인, 만성환자

② mobile carts : mobile carts를 설치하여 작업 장소에까지 음식을 배달하는 방법 → 공장, 사무실에서 이용

05 단체급식시설

(1) 학교급식

① 학교급식의 목적 ⭐️
  ㉠ 합리적인 영양섭취로 편식교정 및 올바른 식습관을 형성
  ㉡ 도덕 교육의 실습장 및 지역사회의 식생활 개선에 기여
  ㉢ 급식을 통한 영양교육에 기여
  ㉣ 정부의 식량정책에 기여(농산물 소비 증진)

② 연 혁
  ㉠ 구호급식기(1953~1972년) : 전쟁재해 아동이나 극빈 아동에 대한 구호책 → 유니세프(UNICEF), 캐어(CARE), 유세이드(USAID) 등의 원조 양곡
  ㉡ 자립급식기(1973~1977년) : 농어촌은 자활급식, 도시는 제빵급식
  ㉢ 제도확립기(1978~1981년) : 1981년 1월 29일 학교급식법 및 시행령을 제정·실시
  ㉣ 관리체제 전환기(1982~1989년), 제도 확충 및 확대기(1990~1995년), 운영체제 다변화기(1996년~현재) : 학교급식법 및 시행규칙의 개정으로 점차 발전

③ 학교급식의 현황
  ㉠ 1997년까지 : 전국 초등학교 급식 100% 실시 확대에 따라 공동조리방식과 위탁급식 운영
  ㉡ 1999년 : 전국 초등학교 99.2%, 중학교 30.3%, 고등학교 48.2%, 특수학교 97.5% 실시
  ㉢ 2003년부터는 초·중·고등학교 급식이 전면 실시되어 전국민의 1/6을 차지하는 약 800만 명의 학생이 180일간 학교급식을 이용하고 있음

④ 학교 영양사의 업무
  ㉠ 식단작성 및 위생관리
  ㉡ 식품 조리지도 및 검식
  ㉢ 식품재료의 선정과 검수
  ㉣ 조리실 종사자 지도 및 감독
  ㉤ 영양 및 식생활 개선에 관한 학생지도와 학부모 상담

(2) 병원급식 ☆

① 병원급식의 목적
- ㉠ 환자에게 영양적 필요량에 맞는 식사 공급으로 환자의 건강을 빨리 회복시킴으로써 개인과 사회에 기여하도록 하는 데 있음
- ㉡ 계획된 예산범위 내에서 정확하게 수행하지 않으면 업무를 성공적으로 이룰 수 없음

② 식단계획
- ㉠ 식단의 형태 : 재료구입 시나 관리 면에서 효율적인 순환식단제(cycle menu)를 적용
- ㉡ 식사처방 지침서
  - 환자의 질병별 영양필요량에 맞게 준비
  - 연령, 성별, 질병에 따른 식사종류별 영양기준량을 설정한 것
  - 의사의 식사처방을 위한 안내서이자 영양사의 식사계획을 위한 지침서
  - 병원 내 환자급식에 영양위원회의 인준을 받아야 함
  - 최신 의료정보에 따라 정기적으로 개정되어야 함
- ㉢ 식단의 내용
  - 질병치료에 필요한 기초영양소 양을 포함
  - 대사이상 · 소화흡수장애 등은 그 증상에 대응하는 영양소를 공급
  - 1일 평균 입원환자수 : 병원급식에서 작업량을 결정짓는 직접적인 것
- ㉣ 기호도
  - 환자들의 생활양식이나 문화, 식습관을 조사해 식단작성에 반영
  - 환자의 식사섭취율을 높이고, 재료의 낭비를 막음
- ㉤ 조리의 표준화를 위한 표준레시피의 개발

③ 배식방법
- ㉠ 중앙배선 방식(중앙에서 쟁반에 배식)
  - 중앙취사실에서 상을 완전히 차려 운반차로 환자에게 공급 · 반송되는 방법으로 영양사가 각 병동의 환자식을 통제할 수 있어 감독 용이
  - 주방면적이 커야 함
  - 식품비의 낭비를 막을 수 있고 인건비도 절약할 수 있음
- ㉡ 병동배선 방식 ☆ ☆ ☆
  - 중앙취사실에서 병동단위로 보온고에 넣어 음식을 배분하여 병동취사실에서 상차림하여 환자에게 공급되는 방법
  - 취사실의 크기가 크지 않아도 됨
  - 음식의 적온급식이 중앙배선보다 효율적
  - 정확한 급식이 어렵고 비용의 낭비가 있음

(3) 산업체 급식

① 산업체 급식의 목적 ⭐⭐⭐

 ㉠ 적절한 영양 공급으로 근로자의 영양관리 및 건강유지

 ㉡ 적절한 영양교육을 통한 질병의 예방

 ㉢ 합리적인 식품소비 유도 및 국가 식량정책과 식생활 개선에 이바지

 ㉣ 급식을 통해 작업의 능률과 생산성을 향상시켜 기업의 이윤증대에 기여

 ㉤ 같은 장소에서 같은 식사를 함으로써 동료 · 상급자와의 원만한 인간관계를 유지

② 경영 형태 ⭐

 ㉠ 직영 : 단체의 조직체가 직접 급식경영을 실시하는 방식으로 가장 이상적

 ㉡ 위탁 : 급식경영 전문업체에 위탁하는 방식

 ㉢ 준위탁, 조합 : 경영체의 계열회사의 급식부가 경영하는 경우, 급식 시설의 이용자가 협력
  하여 조합을 결성하는 경우

③ 위탁경영의 장점 ⭐⭐⭐

 ㉠ 대량구매와 경영합리화로 운영비 절감, 자본투자 유치

 ㉡ 문제발생 시 조직이 형성되어 있으므로 전문가의 의견과 조언으로 문제를 쉽게 해결

 ㉢ 소수 인원이 교육과 훈련을 받아 관리하므로 전문관리층의 임금지출이 적어짐

 ㉣ 인건비가 절감되고, 노사문제로부터 해방

④ 위탁경영의 단점 ⭐

 ㉠ 개개 급식소에서 발생하는 사소한 문제를 소홀히 다루는 경우가 있음

 ㉡ 영양관리와 영양교육 및 급식서비스에 문제가 생길 수 있음

 ㉢ 만기 전 계약파기의 경우가 발생할 수 있음

 ㉣ 위탁경영자를 잘못 선택하면 원가 상승의 결과를 가져옴

 ㉤ 급식의 질에 일관성이 결여될 수 있음

⑤ 산업체 급식의 영양사 업무

 ㉠ 식단작성

 ㉡ 생산 · 위생 · 안전관리

 ㉢ 시설 · 설비 · 비품 · 집기관리 및 재무관리

 ㉣ 피급식자에 대한 영양관리 및 상담

 ㉤ 급식종업원에 대한 제반 교육

⑥ 급식관리업무의 운영계획

 ㉠ 운영계획의 기본 조건 : 급식목표에 맞는 시설, 시설의 특징과 피급식자의 요구 고려, 식재
  료 입수부터 배식까지 업무 전체 체계화

 ㉡ 시설 및 피급식자의 특성 : 운영계획에 앞서 시설 및 피급식자의 특성 파악

⑦ 식단계획

　　㉠ 영양기준량 결정 : 급식대상자의 성별, 연령별, 노동강도별, 인원구성표를 작성하여 한국인의 영양권장량 및 성인 활동별 에너지 권장량으로 환산하여 총급식인원으로 나눈 평균값으로 결정

　　㉡ 식품구성의 결정 : 주식의 종류와 양을 결정, 부식 결정

　　㉢ 식단의 보충 : 산업체 급식의 식단작성 시 각종 영양소가 부족할 경우 보충할 방법 고려

　　㉣ 식단의 주기 : 2~4주 단위의 주기식단제와 요일의 반복을 피해 10일 단위의 기간도 실시

⑧ 식단작성

　　㉠ 매끼마다 영양소가 균형을 이루어야 함

　　㉡ 피급식자의 기호를 고려

　　㉢ 색, 질, 맛의 조화를 이루어야 함

　　㉣ 급식비가 효율적이어야 함

　　㉤ 급식인원, 조리인력, 조리시간을 고려하여야 함

　　㉥ 1일 3식을 제공받는 피급식자는 3식의 식단을 다르게 함

06 영양관리

(1) 영양관리의 의의

합리적인 영양개선을 통하여 과학적인 급식을 제공하고 피급식자의 건강증진과 동시에 안정된 생활력, 원만한 인간관계 형성을 도모

(2) 식단작성

① 식단작성 시 고려할 사항 : 급식 대상자의 영양필요량, 식습관과 기호성, 식품의 선택과 조리기술, 예산에 알맞은 식품소비, 조리에서 배식까지의 노동시간

TIP

식단작성 시 가장 중요한 사항
영양가와 가격

② 식단작성 시 편리한 사항

　　㉠ 시간을 절약할 수 있음

　　㉡ 낭비를 막을 수 있음

　　㉢ 영양섭취를 최대화

　　㉣ 피급식자의 식습관을 바람직한 방향으로 유도

식단작성 시 참고자료
- 지금까지 사용해온 식단철
- 시장물가조사표
- 원가계산을 기입한 식단카드
- 각 식품별 조리별로 좋아하는 요리목록

③ 식단작성의 순서 ⭐ ⭐

　㉠ 급여영양량 결정 : 피급식자의 **연령, 성별, 신체활동 정도**에 따라 영양필요량을 산출

　㉡ 식품섭취량 산출 : 한국인 영양권장량을 기준으로 하루의 영양량을 3끼에 배분하여 식품을 선택하고 섭취량을 산출 ⭐ ⭐

　　• 탄수화물 : 총 열량의 55~65% 권장
　　• 단백질 : 총 열량의 7~20% 권장, 필수아미노산의 섭취를 위해 동물성 단백질은 총 단백질의 1/3 이상 계획
　　• 지방 : 총 열량의 15~30% 권장

　㉢ 세끼 영양량의 분배 결정
　　• 전체 열량에 대한 주식 대 부식 비율 → 6 : 4
　　• 1일 3식의 배분 : **주식 → 0.9 : 1 : 1** 또는 1 : 1 : 1로 배분, **부식 → 1 : 1.5 : 1.5**

　㉣ 음식수 계획

　㉤ 식품구성의 결정

　㉥ 미량영양소의 보급방법 모색 : 강화식품, 강화제 첨가

　㉦ 식단표 작성

　㉧ 식단 평가

④ **식품구성의 결정**

　㉠ 영양성분량이 비슷한 식품군별로 식품의 종류와 분량을 결정하여 제시함

　㉡ 6가지 식품군을 활용하여 끼니마다 균형 잡힌 식단을 작성함

　㉢ 식품구성은 식사구성안(일반인)과 식품교환표(식사 조절이 필요한 사람)을 이용하여 결정함

한국인 영양소 섭취기준(Dietary Reference Intakes Koreans, KDRIs) ⭐⭐⭐
- 평균필요량(EAR) : 건강한 사람들의 일일 영양소 필요량의 중앙값으로부터 산출한 수치
- 권장섭취량(RNI) : 인구집단의 약 97~98%에 해당하는 사람들의 영양소 필요량을 충족시키는 섭취수준으로, 평균필요량에 표준편차 또는 변이계수의 2배를 더하여 산출
- 충분섭취량(AI) : 영양소의 필요량을 추정하기 위한 과학적 근거가 부족할 경우 실험연구 또는 관찰연구에서 확인된 건강한 사람들의 영양소 섭취량 중앙값을 기준으로 설정
- 상한섭취량(UL) : 인체에 유해한 영향이 나타나지 않는 최대 영양소 섭취 수준
- 에너지적정비율(AMDR) : 영양소를 통해 섭취하는 에너지의 양이 전체 에너지 섭취량에서 차지하는 비율의 적정 범위
- 만성질환위험감소섭취량(CDRR) : 건강한 인구집단에서 만성질환의 위험을 감소시킬 수 있는 영양소의 최저 수준의 섭취량

식단작성 시 유의해야 할 사항 ⭐
- 식단작성 전에 급식대상자에 관한 정보 수집
- 각 부서 간 노동력의 적절한 분배가 되도록 식단작성
- 조리방법을 다양화하여 어느 특정한 기계 사용에 치우치지 않도록 식단작성
- 식품군별 각 영양소가 골고루 배합되도록 식단작성
- 제한된 비용에서 충분한 영양과 기호를 만족시킬 수 있는 급식
- 전 주일의 식단과 중복되지 않아야 함
- 식단 내용과 급식은 일치해야 함
- 영양량의 산출은 식품의 사용량(가식부분)에 준함

(3) 메뉴품목 변화에 의한 식단

① 고정식단 : 동일한 메뉴가 지속적으로 제공되는 형태로, 생산 조절과 재고관리가 용이함

② 순환식단(cycle menu, 회전식단) : 일정 주기에 따라 메뉴가 반복되는 형태 ⭐⭐⭐
  ㉠ 장 점
  - 메뉴개발과 발주서 작성 등에 소요되는 시간을 절약
  - 조리과정의 능률화
  - 작업부담의 고른 분배
  - 이용 가능한 설비들을 잘 이용
  - 필요한 물품의 구입절차 간소화로 경제적 구입 가능
  - 재고정리 용이
  ㉡ 단 점
  - 식단주기가 너무 짧을 경우 단조로움을 느낌
  - 식단의 변화가 한정되어 섭취식품의 종류 제한
  - 계절식품이 적당한 시기에 식단에 포함되지 않아, 오히려 식비가 비쌀 수 있음

③ 변동식단 : 식단 작성 시마다 새로운 메뉴를 계획하는 것으로, 단조로움을 줄일 수 있지만 재고관리와 작업통제가 어려움

(4) 선택에 의한 식단 ⭐

① 단일식단

　　㉠ 끼니마다 한 가지 식단만 제공하는 메뉴

　　㉡ 식수 예측이 가능함, 재고관리가 쉬움, 발주작업의 단순화, 조리와 배식 업무량의 감소

② 부분선택식단 : 주메뉴나 부반찬의 일부를 선택할 수 있는 메뉴

③ 선택식단

　　㉠ 선택할 수 있는 식단

　　㉡ 고객만족도의 향상, 식수 예측이 어려워 원가통제가 어려움

(5) 품목과 가격구성에 의한 식단

① 알라 카르테 메뉴(A La Carte Menu) : 메뉴 품목마다 개별적으로 가격 책정

② 따블 도우떼 메뉴(Table D'hote Menu) : 코스메뉴(주메뉴+몇 가지 단일메뉴)로 정해진 가격으로 제공

(6) 식품구성과 식단의 기능 ㊻

① 6가지 기초식품군, 식품교환표, 식사구성안에 의해 식품구성이 이루어짐

② 식단표 식품구성을 근거로 요리명과 사용식품명, 분량(1인당 사용량)을 기록

③ 식단의 기능 : 급식기록서 및 실시보고서, 급식업무의 요점, 급식관계자에 대한 작업지시서, 급식관리의 계획표

(7) 식단(메뉴) 평가 ⭐ ㊷ ㊸

① 단체급식의 단점인 개인의 섭취량 조절의 어려움을 극복하고자 시행하는 것으로, 피급식자의 만족과 합리적인 급식관리를 위해 실시

② 평가방법

　　㉠ 고객측면 : 기호도 조사(기호척도 사용), 고객만족도 조사(위생, 맛, 온도 등), 잔반량 조사 (기호도 및 음식에 대한 순응도 평가, 사후통제수단)

　　㉡ 메뉴엔지니어링 : 고객측면 + 급식경영

③ 메뉴엔지니어링(Menu engineering) ㊸ ㊹ ㊻ ㊼

　　㉠ Kasavana & Smith가 외식업소의 메뉴를 분석하기 위해 개발한 방법

　　㉡ 마케팅적 접근에 의해 메뉴의 인기도와 수익성을 평가하는 방법

　　㉢ 각 메뉴의 판매된 비율과 공헌마진을 근거로 메뉴를 결정

　　　• Stars : 인기도와 수익성 모두 높은 품목(유지)

　　　• Plowhorses : 인기도는 높지만 수익성이 낮은 품목(세트메뉴 개발, 1인 제공량 줄이기)

　　　• Puzzles : 수익성은 높지만 인기도는 낮은 품목(가격인하, 품목명 변경, 메뉴 게시위치 변경)

　　　• Dogs : 인기도와 수익성 모두 낮은 품목(메뉴 삭제)

(8) 조 리

① 조리의 목적 : 영양가 보유, 안전성 · 소화율 · 저장성 · 기호성의 증가
② 표준레시피 ⭐⭐⭐⭐
　㉠ 제공되는 급식의 질을 계속 유지하기 위해서 그 급식소 나름대로 이행하고 있는 **음식별 재료의 분량, 조리방법을 표준화**시킨 것
　㉡ **음식명**, 분류코드, **식재료명**, **재료의 분량**, 총생산량, 1인분량, 기기, **조리공정**, 소요시간, 폐기량, 끓어 없어지는 양, **조미료의 분량비율**, 급식 시의 냉 · 온도의 정도, **급식량의 적정한 분배**, 조리용도 등을 기록
　㉢ 장 점
　　• 생산량을 예측할 수 있고, 음식의 질을 균일하게 유지할 수 있음
　　• 인건비를 감소할 수 있고, 관리감독이 편리함
　　• 효율적인 생산계획이 가능함
　㉣ 단 점
　　• 표준화 작업에 시간이 많이 소요됨
　　• 표준레시피를 정확히 이용하도록 종업원 훈련이 필요함
　　• 처음 표준레시피를 사용하는 종업원은 번거롭다 생각하여 부정적인 반응을 보일 수 있음

07　수요예측

(1) 객관적 예측법

① 시계열 분석법 ⭐⭐⭐
　㉠ 단순이동평균법 : 최근 일정기간 동안의 기록을 평균하여 수요를 예측함
　㉡ 지수평활법 : 가장 최근 기록에 가중치를 두어 계산하는 것으로, 단기적인 수요예측에 많이 사용함
② 인과형 예측법 : 식수에 영향을 미치는 요인과 식수 간의 관계를 다중회귀분석 모델식을 적용하여 식수를 예측함

(2) 주관적 예측법

경험이 많은 전문가의 주관적에 판단에 의한 방법으로, 최고경영자기법, 외부의견조사법, 델파이기법 등이 있음

08 급식시설 및 설비관리

(1) 급식시설 계획

급식시설은 최소의 공간 내에 편의와 용도에 맞는 기구배치를 하여 작업능력을 극대화시키도록 계획되어야 함

(2) 급식시설 계획 시 고려할 사항

① 급식의 목표와 급식수
② 급식시간대와 영업일수 산정
③ 식사내용 및 메뉴패턴
④ 식품내용과 가공식품 사용도
⑤ 식재료의 반입, 반출방법
⑥ 설치한 조리기기의 종류
⑦ 사용연료
⑧ 후생복리시설
⑨ 장래의 계획(기구, 설비의 증설계획, 급식인원의 증가 등을 고려)

> **영양보충**
>
> **급식시설의 위치선정 조건**
> - 재료의 반입, 오물의 반출이 편리한 곳
> - 음식의 운반과 배식이 쉬운 곳
> - 통풍이 잘 되고 밝은 곳
> - 급수와 배수가 잘 되고 소음, 잡음, 기름연기, 냄새 등을 잘 처리할 수 있는 곳
> - 사고 시 대피하기 쉬운 곳
> - 피급식자의 왕래가 편리한 곳
> - 환경이 청결하고 좋은 곳

(3) 급식시설의 면적

① 식당면적 ⭐36 ⭐46 ⭐47

㉠ 식당면적 = 급식자 1인에게 필요한 면적 × 총 급식자(총 고객 수/좌석회전율)

㉡ 인원을 분할하여 급식 시 → 급식회전율을 고려하여 결정

② 식당의 식탁 배치

㉠ 통로폭 : 1.0~1.5m

㉡ 식탁폭 : 0.65m 이상

㉢ 식탁 사이 : 1.2m 이상

㉣ 식탁 높이 : 0.7m 내외

㉤ 의자 간격 : 0.5~0.65m

③ 주방의 면적

㉠ 공장 또는 사업장 : 식당면적 × 1/3

㉡ 사무실, 복지시설 : 식당면적 × 1/2

㉢ 기숙사 : 식당면적 × 1/5~1/3

㉣ 학교 급식 : 아동 수에 따른 기준 적용

> **TIP**
>
> **주방을 설계할 때의 결정요인**
> 식단의 종류, 배식인원수, 조리
> 기기의 종류, 조리종사원의 인원

(4) 급식시설의 분류 ⭐46

① 물품의 검수구역 ⭐44 ⭐45 ⭐47

㉠ 외부로부터 물품의 운송이 편리한 장소, 저장구역과 전처리구역에 인접

㉡ 물품의 상태 판정과 정확한 계량을 위해 540룩스 이상의 조도 유지

㉢ 청소가 쉽고 배수가 잘 되어야 함

㉣ 필요기구 : 책상과 의자, 계측 기기(대형 저울, 소형 정밀저울), 운반차류, 온도계(탐침온도계, 적외선 비접촉식 표면온도계) 등

② 저장구역 : 검수구역과 조리구역 사이에 배치

③ 전처리구역 : 1차 처리가 안 된 식재료가 반입되므로 불필요한 부분을 제거하고 다듬고 씻는 작업을 함. 저장구역과 조리구역에서 접근이 쉬워야 함 ⭐45

㉠ 채소 처리구역 : 2조 싱크, 작업대, 세미기, 구근탈피기, 채소절단기

㉡ 육류·어류 처리구역 : 싱크대, 작업대, 분쇄기, 골절기

④ 조리구역 : 작업동선을 고려하여 조리작업이 순서적으로 행해질 수 있도록 함

⑤ 배선구역 : 조리실에서 만들어진 음식을 그릇에 담아 식당으로 운반하는 장소로, 조리구역과 식당 사이에 배치

⑥ 세척구역 : 식기를 회수하여 세정·소독하는 장소로, 소음차단과 환기시설이 필요함

(5) 조리기기

① 조리기기 배치의 기본 원칙
  ㉠ 작업의 순서에 따라 배치
  ㉡ 동선은 최단거리로 서로 교차되지 않게 함
  ㉢ 작업원의 보행거리나 보행횟수의 절감
  ㉣ 작업대의 높이는 작업원의 신장, 작업의 종류를 고려

② 조리기기의 선정 조건
  ㉠ 조리방법과 급식방법
  ㉡ 경제성(내구성)
  ㉢ 유지관리와 성능
  ㉣ 전기, 가스, 상하수도 설비

TIP

스팀컨벡션 오븐 ⓯
• 구이, 찜, 데침, 볶음, 튀김 등의 다양한 조리 가능
• 공간 절약

③ 조리기기의 종류 ⓮
  ㉠ 가스레인지 : 가장 기본적인 가열기기
  ㉡ 오븐 : 식품을 굽거나 찌는 데 사용하는 기기
  ㉢ 번철(griddle) : 상판 위에서 부침 및 볶음을 할 수 있는 기기
  ㉣ 튀김기(fryer)
  ㉤ 다용도 조리기(tilting braising pan) : 채소·육류 등의 재료를 볶음·끓임·부침 등의 방법으로 넓게 사용하는 만능조리기
  ㉥ 스팀 쿠커(steam cooker) : 가압조리기 → 내부의 증기압력으로 빠른 시간 내에 채소류의 조리가 가능하고, 식품의 내부까지 균일하게 익혀줌
  ㉦ 보냉고 : 조리된 음식을 차게 보관하여 음식의 맛과 신선도를 유지하게 하는 기기 → 내부 온도는 3~5℃ 유지
  ㉧ 보온고 : 조리된 다량의 음식을 따뜻한 상태로 보관하여 적온급식을 하도록 돕는 기구 → 중앙공급식 급식 형태에 적합
  ㉨ 보관고 : 식기 및 식품의 보관, 조미료의 보관 등에 사용

(6) 급식시설의 세부기준 ⑩

① 조리장
  ㉠ 시 설
    • 위치 : 침수될 우려가 없고, 주변 환경이 위생적이며 쾌적한 곳으로 냄새나 소음으로 학습에 지장을 주지 않도록 함
    • 분리 : 교차오염이 발생되지 않도록 일반작업구역과 청결작업구역으로 분리 ⑩ ⑪ ⑫ ⑬

일반작업구역	검수구역, 전처리구역, 식재료저장구역, 세정구역, 식품절단구역(가열·소독 전)
청결작업구역	조리구역, 정량 및 배선구역, 식기보관구역, 식품절단구역(가열·소독 후)

- 면적 : 급식설비·기구의 **배치**와 작업자의 **동선** 등을 고려하여 작업과 청결유지에 필요한 적정한 면적을 확보할 것
- 내부벽 : 내구성, 내수성이 있는 **표면이 매끈한** 재질일 것
- 바닥 : 내구성, 내수성이 있는 재질로 하되, 미끄럽지 않아야 함. 적당한 위치에 상당한 크기의 배수구 및 덮개를 설치하되 청소하기 쉽게 설치함. **바닥의 기울기는 1/100이 적당함** ⭐
- 천장 : 내수성, 내화성이 있고 청소가 용이한 재질일 것
- 출입구 : 신발소독 설비를 갖추고, 해충 및 쥐의 침입을 막을 수 있는 **방충망** 등 적절한 설비를 갖출 것
- 창문 : 조리실 바닥면적의 20~30% 정도일 것
- 후드 : 후드의 크기는 조리기구보다 15cm 이상 넓어야 하고, 후드 외각의 크기는 35~45°형이 이상적임
- 콘센트 : 바닥에서 1m 이상 위치에 설치할 것
- 조명 : 220룩스(Lux) 이상, 검수구역은 540룩스 이상일 것
- 급배기시설, 냉·난방시설 또는 공기 조화시설 : 온도 및 습도관리를 위함

ⓒ 설비·기구 ⭐
- 조리기기 : 화재, 폭발 등의 위험성이 없는 제품을 선정하되, 재질의 안전성과 기기의 내구성, 경제성 등을 고려할 것
- 냉장고(냉장실)·냉동고 : **충분한 용량(공기순환을 위해 냉장고 용량은 70% 정도)과 온도(냉장고 5℃ 이하, 냉동고 −18℃ 이하)를 유지할 것. 날음식은 냉장고의 하단에, 채소, 조리음식, 가공식품 등은 상단에 보관**
- 식기세척기 : 세척, 헹굼 기능이 자동적으로 이루어지는 것
- 전기살균소독기·열탕소독시설 : 식기구를 소독
- 세정대 : 충분히 세척·소독할 수 있어야 함

② **식품보관실 등** ⭐
  ㉠ 식품보관실·소모품보관실을 별도로 설치하되 부득이하게 별도로 설치하지 못할 경우에는 공간구획 등으로 구분
  ㉡ 바닥의 재질은 물청소가 쉽고 미끄럽지 않으며, 배수가 잘 되어야 함
  ㉢ 환기시설과 충분한 보관선반 등이 설치되어야 하며, 청소 및 통풍이 쉬운 구조여야 함

③ **급식관리실, 편의시설**
  ㉠ 급식관리실, 휴게실은 외부로부터 조리실을 통하지 않고 출입이 가능하며 외부로 통하는 환기시설을 갖추어야 함
  ㉡ 휴게실은 **외출복장과 위생복장을 구분하여 보관할 수 있는 옷장을 두어야 함** ⭐
  ㉢ 샤워실을 설치하는 경우 외부로 통하는 환기시설을 설치하여 조리실 오염이 일어나지 않도록 함

(7) 조명(채광)과 환기 및 배기

① 조 명
  ㉠ 조도가 낮은 경우는 작업능률 저하, 피로도 증가 등으로 안전사고의 위험 증가
  ㉡ 작업상황에 맞게 설치하고 작업면과 역광선이 되지 않도록 주의

② 환 기
  ㉠ 연소공기 공급, 산소부족 방지, 실내 발생열의 제거, 방취·방습 및 식재료의 품질 유지를 위해 필요한 설비
  ㉡ 자연환기, 기계환기, 후드를 이용한 환기 등

③ 배 기
  ㉠ 국소배기방법 : 열발생기구 상부에 후드를 설치하여 사용
  ㉡ 후드 외곽의 각도 : 35° 및 45°형이 이상적이며 후드의 형태는 4방 개방형이 가장 효율적
  ㉢ 레인지, 튀김기 등 기름요리 사용 구역 : 그리스 필터(grease filter)가 부착된 후드(hood) 설치

(8) 급수 및 배수관리

① 급 수
  ㉠ 조리용 온수의 적온 : 45~50℃
  ㉡ 온수 공급방법 : 중앙공급식이 제일 좋음

② 배 수 🌠 🌠
  ㉠ 조리장 중앙부와 물을 많이 사용하는 지역에 바닥 배수 트렌치(trench)를 설치하여 배수효과를 높임
  ㉡ 배수관 종류 : 곡선형(S.P.U) 트랩, 수조형(관 트랩, 드럼 트랩, 그리스 트랩, 실형 트랩)

> **TIP**
>
> 오수가 많은 경우는 수조형이 효과적이고, 유지가 많은 오수는 수조형 중 그리스 트랩이 효과적이다. 🌠

(9) 저장관리

식품의 특성에 따라 물품을 분류하여 보관하고, 물품의 정리 및 안전을 위해서 선반을 설치
① **저장구역의 공간계획** : 저장실은 조리실과 연결되어 있어야 하며, 검수실과도 가까워야 함
② **저장구역의 종류** : 냉장실, 냉동실, 식품창고 등

(1) 단체급식소에서 영양사의 위생관리 임무

① 음식물을 통한 대량 식중독의 위험과 기생충의 오염방지

② 급식장의 환경개선

③ 조리종사자의 위생지식에 대한 교육

④ 식품 및 기기의 비위생적 취급에 대한 감독

⑤ 경영진의 위생적 배려와 관심 촉구

(2) 급식 종사원의 위생관리

① 정기적인 건강진단 : 식품위생법 제40조에 의거하여 의무적으로 실시 → 연 1회

② 조리원으로 종사하지 못하는 질병 ⭐

   ㉠ 결핵(비감염성인 경우는 제외)

   ㉡ 콜레라, 장티푸스, 파라티푸스, 세균성이질, 장출혈성대장균감염증, A형간염

   ㉢ 피부병 또는 그 밖의 고름형성(화농성) 질환

   ㉣ 후천성면역결핍증(성매개감염병에 관한 건강진단을 받아야 하는 영업에 종사하는 사람만 해당)

③ 복장 위생 ⭐

   ㉠ 위생모는 머리카락이 모자 밖으로 나오지 않도록 착용함

   ㉡ 작업복을 착용한 채 외출하지 않음

   ㉢ 위생복은 조리작업용과 배식용, 청소용으로 구별하여 사용함

   ㉣ 조리장 내에서는 발등을 덮은 전용 신발을 착용함

   ㉤ 배식 시 1회용 장갑을 착용함

   ㉥ 장신구는 착용하지 않아야 함

(3) 식품 처리장소와 그 주변의 위생관리

① 식품 처리장소의 위치와 구조

   ㉠ 환기, 통기, 채광, 배수가 좋은 장소

   ㉡ 상수도의 공급과 온수의 공급이 원활한 곳

   ㉢ 벽면과 바닥 : 흡습성이 강한 재질 사용금지

   ㉣ 조리장 바닥 : 미끄럽지 않고 파인 곳이 없어야 함 → 건조한 상태 유지

   ㉤ 급식장 내의 설비기기 : 가능한 한 스테인리스 스틸을 사용 → 부패와 부식 방지

   ㉥ 쓰레기장과 화장실 등으로부터 오염될 위험이 없는 장소

   ㉦ 급식종사자 전용 수세식 변소, 수세시설, 샤워장 구비

② 주변 위생
  ㉠ 고양이, 개 등의 동물사육 금지
  ㉡ 조리실 내 외부인 출입금지
  ㉢ 가열실과 처리실은 분리하여 설치
  ㉣ 물의 사용량이 많고 증기가 발생되는 식기세정실은 별도로 설치

(4) 작업장의 위생관리

① 검수 및 1차 처리장
  ㉠ 싱크대와 식품 처리장소를 생선용과 채소용으로 구분 → 세균성 식중독 병원균인 장염비브리오균의 감염 방지
  ㉡ 채광 및 조명시설 구비 → 식품의 신선도 판정
  ㉢ 1차 처리가 끝난 식품은 바로 냉장보관 → 사용 직전까지의 위생도 저하 방지
  ㉣ 교차오염이 발생되지 않도록 채소류 → 육류 → 어류 → 가금류 순으로 세척 ✪

② 주조리장 : 위생관리 시 최대로 역점을 두어야 할 곳
  ㉠ 사무, 식사 및 갱의 : 절대 금지
  ㉡ 칠판, 분필 : 사용 금지
  ㉢ 조리장 내에 쓰레기, 잡품, 개인소지품을 두지 않음
  ㉣ 도마 : 생선도마, 육류도마, 채소도마를 구분해 사용 → 목재도마보다는 합성도마의 사용이 위생적
  ㉤ 도마 · 조리대 · 생선 처리대 등 작업대 옆에 소독세제와 1회용 키친타월을 준비하고 살균효과가 있는 비누를 사용
  ㉥ 행주 : 열탕소독이나 염소소독 후 일광소독 → 건조 상태로 보관
  ㉦ 칼 : 스테인리스 제품 사용, 칼꽂이에 비치
  ㉧ 자외선 살균등 설치 : 조리장의 공기소독

③ 식품세정실과 잔식처리실
  ㉠ 식품세정실 : 잔재 처리용 개수대 부착, 잔식분쇄기, 식기세척기, 증기 또는 전기의 식기소독 보관기, 열탕소독기의 배치가 이상적
  ㉡ 잔식처리실
    • 주조리장 외곽에 설치
    • 냉장시설 바닥과 벽면은 흡습성이 없는 재질로 시설
    • 상 · 하수도 시설이 되어 있어야 하며 통풍 및 환기가 잘되어 악취를 없게함

10 식기 · 기구의 위생관리

(1) 식기 · 기구의 세정방법

① 수조에서 중성세제를 이용하여 세정하며, 흐르는 물에 5초 이상, 고인 물에는 3회 이상 헹굼

② 식기세척기 사용 시 : 76.5℃ 이상에서 20초간 씻고 82℃ 이상에서 10초간 헹굼

③ 음식이 담길 부분의 물기를 행주로 닦는 것은 금지

(2) 잔류 유무의 확인방법

① 전분 성분 : 0.1N 요오드 용액을 사용하여 청색으로 변하는지를 확인

② 지방 성분 : 0.1% 버터옐로우 알코올 용액을 사용하여 황색으로 변하는지를 확인

(3) 세척제 ✮

① 1종 세척제 : 채소 · 과일용

② 2종 세척제 : 식기류용

③ 3종 세척제 : 식품의 가공 · 조리기구용

(4) 소 독

① 소독방법 : 열탕 소독 및 증기 소독이 가장 안전

  ㉠ 열탕 : 100℃에서 3분 가열

  ㉡ 증기 : 100℃에서 15분 이상 가열

  ㉢ 열풍 : 80℃에서 30분 이상 가열

② 소독약 : 작업대, 기기, 도마 소독 ✮

  ㉠ 염소용액 : 50ppm 이상의 유효 염소가 함유된 24℃ 이상의 염소용액에 담금

  ㉡ 옥도 : 24℃ 이상의 온도와 pH 5.0 이하의 12.5ppm 이상의 유효 요오드가 함유된 용액에 담금

  ㉢ 강력 살균세정 소독제 : 차아염소나트륨 용액으로 현재 락스제로 시판, B형 간염 virus 소독에도 효과적, 단체급식소에서 이용하면 좋음

③ 자외선 소독 : 살균력이 강한 260~280nm(2,600~2,800Å)의 자외선 이용

④ 자외선 소독의 특징

  ㉠ 모든 균종에 대해 유효하며 조사 후 피조사물에 거의 변화를 주지 않음

  ㉡ 표면살균에 적당 : 공기만 투과하고 물질은 투과하지 않음 ✮

  ㉢ 살균력은 균종에 따라 다르나 같은 세균도 조도, 습도, 조사거리에 따라 효과가 달라짐

CHAPTER

01 적중예상문제

2과목 급식관리

출제유형 46

01 집단급식소 복장 위생관리로 옳은 것은?

① 위생모는 머리카락이 모자 밖으로 나오지 않도록 쓴다.

② 위생복은 용도의 구분 없이 사용한다.

③ 목걸이와 팔찌는 보이지 않게 착용한다.

④ 위생화는 발등이 드러난 것으로 신는다.

⑤ 일회용 장갑은 겉에 면장갑을 낀다.

> **해설** 복장 위생
> • 위생모는 머리카락이 모자 밖으로 나오지 않도록 착용한다.
> • 작업복을 착용한 채 외출하지 않는다.
> • 위생복은 조리작업용과 배식용, 청소용으로 구별하여 사용한다.
> • 조리장 내 발등을 덮은 전용 신발을 착용한다.
> • 배식 시 1회용 장갑을 착용한다.
> • 목걸이와 팔찌는 착용하지 않는다.

출제유형 47

02 다음 중 급식 생산성이 가장 낮은 것은?

① 군대 급식

② 도시형 중학교 급식

③ 대기업 공장 급식

④ 대학교 급식

⑤ 상급종합병원 환자식

> **해설** 병원급식은 환자의 연령대, 질병종류와 상태 등을 고려해 다양한 치료식을 제공해야 한다. 공휴일과 상관없이 연중무휴로 1일 3식을 제공해야 하며 병동과 각각의 병실을 찾아 환자 개개인마다 일일이 확인하고 식사를 가져다주는 서비스를 시행하는 만큼 인건비가 차지하는 비중이 여타 단체급식에 비해 높다. 또한, 병원급식은 일반인과 달리 면역력이 약하거나 질병치료 중에 있는 환자들에게 제공되는 식사인 만큼 식재료의 경우도 최상의 제품을 사용할 수밖에 없다. 그러므로 다른 급식유형에 비해 생산성이 현저하게 떨어진다.

01 ① 02 ⑤ 정답

03 공동조리장에서 음식을 대량으로 생산한 후 인근 단체급식소로 운송하여 배식하는 방식으로, 생산성 증가와 비용절감 효과를 볼 수 있는 급식체계는?

① 조합식 급식체계

② 조리저장식 급식체계

③ 중앙공급식 급식체계

④ 전통적 급식체계

⑤ 분산식 급식체계

해설 중앙공급식 급식제도(commissary food service system)
- 중앙의 공동조리장에서 식품의 구입과 생산이 이루어지고 각 단위급식소로 운반된 후 배식이 이루어지는 급식 형태로서 생산과 소비가 시간적, 공간적으로 분리되는 방법이다.
- 장 점
  - 시설과 노동력이 절감된다.
  - 최소의 공간에서 급식이 가능하고 음식의 질과 맛을 통일시킬 수 있다.
  - 식재료의 대량 구입으로 식재료비가 절감된다.
- 단 점
  - 중앙에 투자비용이 많이 든다.
  - 운송시설에 투자가 필요하다.
  - 음식을 배달할 때 음식의 안전성 문제(식중독)가 야기된다.

04 산업체 급식에 대한 설명으로 옳은 것은?

① 급식인원이 50인 이상일 때 영양사를 의무고용해야 한다.

② 근로자의 건강증진에 기여할 수 있다.

③ 근로자 영양상담이 의무화되어 있다.

④ 단체급식 시장 중 가장 작은 규모이다.

⑤ 근로자의 질병 치유가 목적이다.

해설 산업체 급식
- 단체급식 시장 중 가장 큰 규모를 차지한다.
- 근로자의 영양 관리 · 건강 유지 · 생산성 향상 · 기업의 이윤 증대가 목적이다.
- 1회 급식인원 100명 미만 산업체의 경우 영양사를 두지 아니하여도 된다.

정답 03 ③ 04 ②

05 표준레시피를 개발하는 과정에서 조리된 메뉴의 맛, 향기, 조직감 등을 평가하는 것은?

① 레시피 수정

② 레시피 확정

③ 레시피 검증

④ 실험조리

⑤ 관능평가

해설 관능평가(sensory evaluation)

미리 계획된 조건하에 훈련된 검사원의 시각, 후각, 미각, 청각, 촉각 등을 이용하여 식품의 외관, 풍미, 조직감 등 관능적 요소들을 평가하고 그 결과를 통계적으로 분석하고 해석하는 것이다. 관능검사 결과는 제품의 특성을 파악하고 소비자 기호도에 미치는 영향력을 평가하는 데 이용되고 있으며 신제품 개발, 제품 안전성, 품질관리, 가공 공정, 판매 등 다양한 분야에서 널리 활용되고 있다.

06 생산, 배식, 서비스가 같은 장소에서 이루어지며 노동생산성은 낮고 인건비는 높은 급식체계는?

① 편이식 급식

② 전통식 급식

③ 중앙공급식 급식

④ 조합식 급식

⑤ 예비저장식

해설 전통식 급식제도(conventional food service system)

• 한 주방에서 모든 음식 준비가 이루어져 같은 장소에서 소비되는 제도로서 생산 과정에서부터 소비되는 시간이 짧다.

• 직업의 분업이 일정치 못하여 생산성 저하를 초래하고 노동비용이 높아진다.

05 ⑤ 06 ② **정답**

07 교차오염 방지를 위해 냉장고 하단에 보관해야 하는 식품은?

① 사 과
② 맛 살
③ 고등어
④ 황태포
⑤ 우 유

해설 교차오염을 방지하기 위하여 생선·육류 등 날음식은 냉장고 하단에, 가열조리 식품, 가공식품, 채소 등은 상부에 보관한다.

08 학교급식의 목적으로 옳지 않은 것은?

① 식품선별능력 함양
② 편식 교정
③ 협동정신 함양
④ 균형 있는 영양섭취
⑤ 바람직한 식습관 형성

해설 **학교급식의 목적**
• 편식 교정
• 올바른 식사태도와 바람직한 식습관 형성
• 협동정신 함양
• 지역사회에서 식생활 개선 및 식량의 생산과 소비에 대한 올바른 이해와 정부의 식량 소비정책에 기여
• 균형 있는 영양섭취
• 도덕 교육의 실습장
• 집단 영양지도에 기여

09 집단급식소에서 식재료를 보관하는 방법으로 옳은 것은?

① 환기장치와 방서·방충설비가 제대로 갖춘 곳에 보관한다.
② 세제·소독제와 함께 식재료를 보관한다.
③ 외포장(박스포장)이 있는 식재료는 그대로 보관한다.
④ 조리·가공식품은 소비기한, 제조일자의 라벨을 붙이지 않고 보관한다.
⑤ 냉장고 용량의 100%까지 채운다.

해설 ② 식재료는 세제·소독제와 분리, 보관해야 한다.
③ 외포장이 있는 경우 교차오염의 우려가 있으므로 외포장을 제거 후 보관한다.
④ 조리·가공식품은 소비기한, 제조일자 등을 표시하여 보관한다.
⑤ 공기 순환을 위해 냉장고 용량의 70%까지 채운다.

정답 07 ③ 08 ① 09 ①

10 다음 중 병동배선방식의 장점은?

① 인건비가 적게 든다.

② 적온급식이 용이하다.

③ 식품비가 절약된다.

④ 영양사가 감독하기 쉽다.

⑤ 시설비가 적게 든다.

해설 병동배선은 적온급식이 잘 되지만, 인건비와 시설비의 증가와 식품비가 많이 든다.

11 다음 중 중앙배선 방법의 특징으로 옳지 않은 것은 ?

① 중앙취사실에서 완전히 상을 차려 운반차로 환자에게 공급되고 다시 반송되는 방법이다.

② 식품비의 낭비를 막을 수 있다.

③ 주방면적은 크지 않아도 되는 장점을 가지고 있다.

④ 인건비를 절약할 수 있다.

⑤ 1인당 배식량을 잘 조절할 수 있다.

해설 중앙배선 방법은 주방면적은 커져야 하나 1인당 배식량을 잘 조절할 수 있어 정확한 상차림을 위한 중앙통제가 가능하므로 식품비의 낭비를 줄일 수 있고 인건비도 절약할 수 있다.

12 카페테리아(cafeteria) 방식에 대한 설명으로 틀린 것은?

① 개성화시대에 맞는 급식시스템이다.

② 피급식자의 음식선택이 자유롭고 기호를 충족시킬 수 있다.

③ 영양지도에 효과적이다.

④ 급식의 강제성을 완화시킨다.

⑤ 피급식자가 영양지식이 있어야 한다.

해설 피급식자의 지나친 기호에 의해 영양의 불균형과 식비의 낭비가 초래된다.

10 ② **11** ③ **12** ③ 정답

13 식단작성 시 경제적인 측면을 가장 많이 고려할 경우 역점을 두어야 할 사항은?

① 영양이 좋고 기호에 잘 맞는 것

② 최소의 비용으로 최대의 영양균형을 얻는 것

③ 영양권장량에 준하는 것

④ 시장 선택을 잘해 신선한 식재료를 구매하는 것

⑤ 기초식품군을 골고루 배합하는 것

해설 식단작성 시 경제적인 측면을 고려하여 제한된 비용에서 충분한 영양과 기호를 만족시킬 수 있도록 유의해야 한다.

14 보존식의 보관온도와 시간으로 옳은 것은?

① −5℃ 이하, 72시간

② −10℃ 이하, 72시간

③ −10℃ 이하, 144시간

④ −18℃ 이하, 144시간

⑤ −25℃ 이하, 72시간

해설 **보존식**
식중독 사고에 대비하여 그 원인을 규명할 수 있도록 검사용으로 음식을 남겨두는 것이다. 매회 1인분 분량을 섭씨 −18℃ 이하 144시간 이상 보관한다.

15 병원급식에서 작업량을 결정할 때 직접적으로 고려할 사항은?

① 1일 평균 입원환자수

② 병상침대수

③ 하루 외래환자수

④ 퇴원환자수

⑤ 수술환자수

해설 병원급식에서 작업량을 결정하기 위해서는 1일 평균 입원환자수를 파악해야 한다.

정답 **13** ② **14** ④ **15** ①

16 단체급식 영양사가 5월 4일 화요일 점심으로 제공할 음식을 당일 오전 11시에 보존식 용기에 넣어 −18℃에서 보관하였다. 이 보존식의 최초 폐기가 가능한 시점은?

① 5월 6일 목요일 오전 11시
② 5월 7일 금요일 오전 11시
③ 5월 8일 토요일 오전 11시
④ 5월 9일 일요일 오전 11시
⑤ 5월 10일 월요일 오전 11시

해설 **보존식**
- 식중독 사고에 대비하여 그 원인을 규명할 수 있도록 검사용으로 음식을 남겨두는 것으로, 조리 · 제공한 식품의 매회 1인분 분량을 섭씨 영하 18도 이하로 144시간 이상 보관해야 한다.
- 5월 4일 오전 11시에서 144시간(6일) 이후면 5월 10일 월요일 오전 11시이다.

17 집단급식소에서 총 600분의 메뉴를 200인분씩 3회로 나누어 식재료를 미리 준비하고, 수요에 맞게 순차적으로 조리했을 때의 장점은?

① 인건비를 절감할 수 있다.
② 배식시간을 단축할 수 있다.
③ 맛과 품질을 유지할 수 있다.
④ 조리시간을 단축할 수 있다.
⑤ 재료비를 절약할 수 있다.

해설 **분산조리**
한 번에 대량으로 조리하지 않고 배식시간에 맞추어 일정량씩 나누어 조리하는 방식으로, 음식의 맛과 품질을 유지할 수 있다.

16 ⑤ 17 ③ 정답

18 작성된 식단에서 영양면을 평가하기 위한 확인 시 중요한 기준은?

① 식품군이 고르게 배합되었는지 평가한다.

② 식품구입의 방법과 계절식품의 활용이 잘 되었는지 검토한다.

③ 식단의 변화가 있는지 평가한다.

④ 인력의 안배와 기구 사용빈도의 균형이 잘 이루어졌는지 검토한다.

⑤ 각 식단에서 색, 맛, 질감 및 조리방법 등이 조화를 이루는지 평가한다.

해설 식단에서 영양면을 평가하는 첫째 기준은 각 식품군의 식품이 고르게 배합되었는가를 알아보는 것이다.

19 작업구역과 배치할 기기의 연결이 옳은 것은?

① 검수구역 – 구근탈피기

② 조리구역 – 식판공급운반차

③ 전처리구역 – 급속냉각기

④ 세정구역 – 식기소독고

⑤ 배선구역 – 스팀컨벡션 오븐

해설 ① 검수구역 – 계측기기
② 조리구역 – 스팀컨벡션 오븐
③ 전처리구역 – 구근탈피기
⑤ 배선구역 – 식판공급운반차

20 단체급식에서 생산성이 가장 낮은 상황은?

① 조리종사원의 교육과 훈련을 실시한 때

② 자동화기기를 사용한 때

③ 작업 표준시간을 설정한 때

④ 작업동선을 개선한 때

⑤ 전처리 작업을 하지 않은 식재료를 사용한 때

해설 ⑤ 전처리된 식재료를 사용하였을 때 투여 인력의 감소와 인건비 절감에 효과가 있다.
① · ② · ③ · ④ 생산성이 높아지는 상황이다.

정답 **18** ① **19** ④ **20** ⑤

21 음식의 품질을 유지하고 고객의 만족을 위해 배식시간에 맞추어 일정량씩 나누어 조리하는 급식생산 방법은?

① 고온조리

② 대량조리

③ 분산조리

④ 분자조리

⑤ 표준조리

해설 분산조리

한 번에 대량으로 조리하지 않고 배식시간에 맞추어 일정량씩 나누어 조리하는 방식이다.

22 급식소 조리장의 싱크대가 1개일 때 교차오염을 예방하기 위한 식재료의 세척 순서는?

① 채소류 → 육류 → 어류 → 가금류

② 채소류 → 가금류 → 육류 → 어류

③ 육류 → 가금류 → 어류 → 채소류

④ 육류 → 채소류 → 어류 → 가금류

⑤ 가금류 → 어류 → 육류 → 채소류

해설 교차오염이 발생되지 않도록 채소류 → 육류 → 어류 → 가금류 순으로 세척한다.

23 학교급식의 메뉴 검식 시 이물질이 발견되었다. 메뉴 폐기를 최종적으로 승인하고 사후조치의 결정권한을 가진 사람은?

① 영양사

② 보건교사

③ 위생사

④ 조리사

⑤ 교 장

해설 영양사는 식단 작성, 조리 및 위생지도, 식자재 검수 등 급식 전반을 책임진다. 검식 시 이물질이 발견되어 메뉴 폐기를 최종 승인하고 사후조치의 결정권한을 가진 것도 영양사의 임무이다.

21 ③ **22** ① **23** ① 정답

24 검식에 대한 설명으로 옳은 것은?

① 제공된 후 식수와 기호도를 조사한다.

② 배식 전 상차림하여 조리상태, 위생 등을 평가한다.

③ 식단작성 과정에서 음식의 조화를 미리 검토한다.

④ 검식결과는 검수일지에 작성한다.

⑤ 제공된 음식을 냉동보관하여 식중독 사고에 대비한다.

해설 검식

배식하기 전 1인분 분량을 상차림하여 음식의 맛, 질감, 조리상태, 조리완성 후 음식온도, 위생 등을 종합적으로 평가하는 것이다. 검식내용은 검식일지에 기록한다(향후 식단 개선 자료로 활용).

25 청결작업구역에 속하는 것은?

① 검수실

② 식기보관실

③ 전처리실

④ 식기세척실

⑤ 식재료 저장실

해설 급식시설의 작업구역

• 일반작업구역 : 검수구역, 전처리구역, 식재료저장구역, 세정구역, 식품절단구역(가열·소독 전)

• 청결작업구역 : 조리구역, 정량 및 배선구역, 식기보관구역, 식품절단구역(가열·소독 후)

26 열과 소음이 강하게 발생하여 환기시설과 소음차단설비를 설치해야 하는 급식시설 구역은?

① 세척구역

② 검수구역

③ 저장구역

④ 전처리구역

⑤ 배선구역

해설 세척구역에는 열탕소독기, 식기세척기 등이 있어서 고온다습하며, 소음도 많이 발생하므로 환기시설과 소음차단설비를 갖춰야 한다.

정답 **24** ② **25** ② **26** ①

27 병원 환자식, 기내식, 호텔 룸서비스에 이용되는 배식 서비스 형태는?

① 트레이 서비스(tray service)

② 카페테리아(cafeteria)

③ 카운터 서비스(counter service)

④ 테이블 서비스(table service)

⑤ 드라이브-인 서비스(drive-in service)

해설 트레이 서비스(tray service)

병원 환자식, 기내식, 호텔 룸서비스에 이용되는 배식 서비스 형태로, 중앙조리장에서 조리하여 1인분씩 배분한 식사를 트레이에 차려서 고객이 있는 장소로 가져다주는 형태이다.

28 다음 중 식단작성 시 가장 중요하고 고려해야 할 사항은?

① 식습관과 기호성

② 조리의 난이도 및 배식

③ 영양가와 가격

④ 조리와 배식의 노동시간

⑤ 제철에 맞는 식재료

해설 단체급식의 식단은 영양필요량, 식습관, 기호성, 조리 난이도, 노동시간 등 여러 가지를 고려해야 하지만 단체 급식의 목적에 따라 필요한 영양소의 공급과 저렴한 가격을 고려해야 한다.

29 단체급식소에서 단일식단에서 선택식단으로 바뀔 때의 장점은?

① 조리와 배식 업무량이 감소한다.

② 재고관리가 쉬워진다.

③ 식수예측이 쉬워진다.

④ 발주작업이 단순해진다.

⑤ 고객만족도가 증가한다.

해설 단일식단은 단체급식소에서 많은 인원에게 선택권을 주기 어려워 끼니마다 한 가지 식단만 제공하는 메뉴인데, 메뉴를 선택할 수 있는 선택식단으로 바뀌게 되면 기호에 맞는 식사를 할 수 있어 고객만족도가 높아진다. 반면, 다양한 메뉴를 준비하게 되어 발주작업도 복잡해지고, 식수예측과 재고관리가 어려우며, 조리와 배식 업무량도 증가하게 되는 단점도 발생한다.

30 표준레시피를 이용한 식단 관리 시 기대할 수 없는 것은?

① 식단의 일정한 품질유지 증진
② 식단의 일정한 생산량 관리용이
③ 조리원과 관리자의 노동생산성 증진
④ 경제적 손실 감소
⑤ 고객의 기호 충족

해설 표준레시피

음식별로 적정한 재료의 분량, 조리방법 등을 나타낸 것으로 적정구매량, 배식량의 기준이 될 뿐만 아니라, 조리작업을 효율화하고 음식의 품질을 일정하게 유지하는 데 있어 매우 중요한 자료이다.

31 식수 및 영향요인들 간의 인과모델을 개발하여 수요를 예측하는 기법은?

① 최고경영자기법
② 지수평활법
③ 인과형 예측법
④ 델파이기법
⑤ 단순이동평균법

해설 인과형 예측법이란 식수에 영향을 미치는 요인과 식수 간의 관계를 다중회귀분석 모델식을 적용하여 식수를 예측하는 기법이다.

32 예상 식수 900명, 좌석회전율 3인 집단급식소의 좌석당 면적을 1.5m^{2}로 정할 때 식당면적은?

① 300m^2
② 450m^2
③ 500m^2
④ 750m^2
⑤ 1,200m^2

해설 식당면적
- 급식자 1인의 필요한 면적 × 총 급식자 수(총 고객수 / 좌석회전율)
- 1.5m^2 × (900 / 3) = 450m^2

정답 **30** ⑤ **31** ③ **32** ②

33 집단급식소에서 기본적인 통제수단이며, 외부적으로는 영양교육의 도구로 활용 가능한 것은?

① 표준레시피

② 발주표

③ 식품교환표

④ 식단표

⑤ 식품구성표

해설 **식단표**
급식업무에 가장 중심적인 기능을 담당하며, 급식사무의 기본 계획표로 급식담당자에 의해 작성된다. 관리자의 승인을 받으면 관리자의 급식지시서로 쓰이고 급식작업이 끝나면 급식업무의 실시보고서로 보존된다.

34 영양사가 식재료명, 조리방법, 1인 분량, 총생산량, 배식방법 등을 기재하여 음식의 품질을 일관되게 유지하고 조리작업의 효율화를 꾀하는 도구로 사용하는 것은?

① 식품사용일계표

② 작업일정표

③ 표준레시피

④ 영양출납표

⑤ 작업공정표

해설 **표준레시피**
메뉴명, 식재료명, 재료량, 조리방법, 총생산량, 1인 분량, 생산 식수, 조리기구, 배식방법 등을 기재한다. 적정구매량, 배식량을 결정하는 기준이 될 뿐만 아니라 조리작업을 효율화(생산성 향상)하고 음식의 품질을 유지하는데 매우 중요하다.

35 분산조리를 해야 하는 음식으로 옳은 것은?

① 깍두기

② 오이미나리초무침

③ 미역국

④ 돼지감자탕

⑤ 어묵볶음

해설 분산조리는 무침, 튀김, 조림에 사용되며 주로 채소류 무침에 사용되는 것으로 채소류와 양념류를 따로 준비하여 필요할 때마다 적정량의 채소류에 양념류를 버무려낸다.

33 ④ 34 ③ 35 ② 정답

36 급식관리를 급식경영 전문업체에 위탁하였을 때의 기대효과는?

① 투자자본 회수로 급식품질이 향상된다.

② 조리종사자와 관련된 노사문제에서 벗어날 수 있다.

③ 급식비를 식재료비에 전부 사용할 수 있다.

④ 영양관리와 영양교육, 급식서비스를 쉽게 통제할 수 있다.

⑤ 위탁급식 전문업체의 급식원가를 신속하게 통제할 수 있다.

해설 위탁경영의 장점 · 단점
- 장 점
  - 대량구매와 경영합리화로 운영비 절감, 자본투자 유치
  - 문제발생 시 조직이 형성되어 있으므로 전문가의 의견과 조언으로 문제를 쉽게 해결
  - 소수 인원이 교육과 훈련을 받아 관리하므로 전문 관리층의 임금지출이 적어짐
  - 인건비가 절감되고, 노사문제로부터 해방됨
- 단 점
  - 급식소에서 발생하는 사소한 문제를 소홀히 다루는 경우가 있음
  - 영양관리와 영양교육 및 급식서비스에 문제가 생길 수 있음
  - 만기 전 계약파기의 경우가 발생할 수 있음
  - 위탁경영자를 잘못 선택하면 원가 상승의 결과를 가져올 수 있음
  - 급식의 질에 일관성이 결여될 수 있음

37 단체급식소 조리종사원의 정기건강진단 결과, 조리작업에 종사할 수 있는 질병은?

① 장출혈성대장균감염증

② 비감염성 결핵

③ 파라티푸스

④ 화농성 질환

⑤ 피부병

해설 조리작업에 종사하지 못하는 질병
- 결핵(비감염성인 경우는 제외한다)
- 콜레라, 장티푸스, 파라티푸스, 세균성이질, 장출혈성대장균감염증, A형간염
- 피부병 또는 그 밖의 고름형성(화농성) 질환
- 후천성면역결핍증(성매개감염병에 관한 건강진단을 받아야 하는 영업에 종사하는 사람만 해당)

정답 36 ② 37 ②

38 메뉴의 수익성과 인기도를 종합하여 평가하는 기법은?

① 메뉴잔반량조사

② 고객만족도조사

③ 메뉴엔지니어링

④ 메뉴스코어링분석

⑤ 메뉴기호도평가

해설 메뉴엔지니어링

각 메뉴의 판매된 비율과 공헌마진을 근거로 메뉴를 결정한다.

• Stars : 인기도와 수익성 모두 높은 품목(유지)

• Plowhorses : 인기도는 높지만, 수익성이 낮은 품목(세트메뉴 개발, 1인 제공량 줄이기)

• Puzzles : 수익성은 높지만, 인기도는 낮은 품목(가격인하, 품목명 변경, 메뉴 게시위치 변경)

• Dogs : 인기도와 수익성 모두 낮은 품목(메뉴 삭제)

39 다음은 단체급식소의 6월부터 9월까지의 식수이다. 3개월 단순이동평균법으로 예측한 10월의 식수는?

월	식 수
6월	500
7월	450
8월	350
9월	550
10월	( )

① 300

② 350

③ 400

④ 450

⑤ 500

해설 3개월 단순이동평균법은 최근 3개월간의 평균을 내는 방법으로, (450 + 350 + 550) / 3 = 450이다.

40 단체급식소에서 공간절약의 장점이 있으며, 튀김, 구이, 찜, 볶음, 데침 등의 각종 조리가 가능한 기기는?

① 번 철

② 브로일러

③ 스팀컨벡션 오븐

④ 스팀쿠커

⑤ 튀김기

해설 **스팀컨벡션 오븐**

다량조리에 주로 이용되는 컨벡션 오븐은 가스나 전기를 열원으로 하여 오븐 내에 설치되어있는 환풍기로 공기를 순환·대류시켜 식품을 가열한다. 여기에 스팀 기능을 추가한 것이 스팀컨벡션 오븐이다. 다양한 조리가 가능하기 때문에 조리기구가 차지하는 공간을 줄일 수 있다.

41 음식물 쓰레기 감량화를 위한 급식 생산단계별 방안은?

① 식단계획 – 기호도를 반영하여 식단을 작성한다.

② 구매 – 폐기율이 높은 식재료를 구매한다.

③ 검수 및 보관 – 신선식품은 조리 전까지 상온에서 보관한다.

④ 조리 – 먹음직스러워 보이기 위해 음식에 장식을 과도하게 한다.

⑤ 배식 – 정량배식을 한다.

해설 **음식물 쓰레기 감량방안**

• 식단계획 : 기호도를 반영한 식단을 작성한다.
• 발주 : 정확한 식수 인원을 파악하고, 표준레시피를 활용한다.
• 구매 : 선도가 좋고 폐기율이 낮은 식재료를 구매한다.
• 검수 : 정확한 검수관리를 하고, 실온에 방치하는 시간을 최소화한다.
• 보관 : 선입선출을 하고, 보관방법을 정확히 하여 버리는 것을 최소화한다.
• 전처리 : 신선도와 위생을 고려해 전처리한다.
• 조리 : 대상자의 만족도를 높일 수 있는 조리법을 연구한다.
• 배식 : 정량배식보다는 자율배식이나 부분자율배식을 실행한다.
• 퇴식 : 퇴식구에서 '잔반 줄이기 운동'을 한다.

정답 **40** ③ **41** ①

42 메뉴엔지니어링 기법을 활용한 급식메뉴의 분석 결과, 미트볼스파게티의 수익은 높지만 판매량은 적었다. 이 메뉴를 개선하는 방법은?

① 눈에 잘 띄도록 메뉴 게시위치를 변경한다.

② 가격이 비싼 메뉴로 변경한다.

③ 지금처럼 품질관리를 한다.

④ 메뉴를 삭제한다.

⑤ 가격을 인상한다.

> **해설** 메뉴엔지니어링
> • Stars : 인기도와 수익성 모두 높은 품목(유지)
> • Plowhorses : 인기도는 높지만 수익성이 낮은 품목(세트메뉴 개발, 1인 제공량 줄이기)
> • Puzzles : 수익성은 높지만 인기도는 낮은 품목(눈에 잘 띄도록 메뉴 게시위치 변경, 가격인하, 품목명 변경)
> • Dogs : 인기도와 수익성 모두 낮은 품목(메뉴 삭제)

43 배수관의 형태 중에서 찌꺼기가 많은 오수를 취급할 때, 특히 지방이 하수구로 들어가는 것을 방지하기 위한 가장 좋은 배수관의 형태는?

① S 트랩

② P 트랩

③ U 트랩

④ 드럼 트랩

⑤ 그리스 트랩

> **해설** 찌꺼기가 많은 오수는 수조형이 효과적이며, 유지가 많은 오수는 그리스 트랩이 효과적이다.

44 월별 또는 계절에 따라 반복되는 식단으로, 병원처럼 급식대상자가 자주 바뀌는 곳에서 사용하기 적합한 것은?

① 선택식단
② 순환식단
③ 변동식단
④ 고정식단
⑤ 단일식단

해설 순환식단(cycle menu, 회전식단)
　• 장 점
　　– 메뉴개발과 발주서 작성 등에 소요되는 시간을 절약
　　– 조리과정의 능률화
　　– 작업부담의 고른 분배
　　– 이용 가능한 설비들을 잘 이용
　　– 필요한 물품의 구입 절차의 간소화로 경제적 구입 가능
　　– 재고정리 용이
　• 단 점
　　– 식단주기가 너무 짧을 경우 단조로움을 느낌
　　– 식단의 변화가 한정되어 섭취식품의 종류 제한
　　– 계절식품이 적당한 시기에 식단에 포함되지 않아, 오히려 식비가 비쌀 수 있음

45 냉동 식자재의 취급방법으로 옳은 것은?

① 흐르는 온수로 해동한다.
② 사용하고 남은 식자재는 재동결한다.
③ −10℃ 이하로 저장한다.
④ 냉장고 안에서 해동한다.
⑤ 겉포장을 제거한 후 실온에서 해동한다.

해설 냉동 저장 및 해동
　• −18℃ 이하로 저장한다.
　• 해동할 식품은 포장지나 비닐봉지에 담아 해동한다.
　• 해동이 끝난 식자재는 실온에서 30분 이내에 사용한다.
　• 한 번 해동한 식품은 재동결하지 않는다.
　• 냉장고 안에서 해동(10℃ 이하), 교차오염 방지를 위해 냉장고 하단 전용칸에 분리 해동한다.
　• 흐르는 물에서 해동(밀봉한 상태로 흐르는 물 21℃ 이하)한다.

정답 **44** ② **45** ④

46 1년에 2회 정기건강진단을 받아야 하는 조리종사자는?

① 학교급식 조리종사자
② 군대급식 조리종사자
③ 병원급식 조리종사자
④ 산업체급식 조리종사자
⑤ 사회복지시설급식 조리종사자

해설 학교급식의 식품취급 및 조리작업자는 6개월에 1회 건강진단을 실시하고, 그 기록을 2년간 보관하여야 한다(학교급식법 시행규칙 별표 4).

47 트랩(trap)을 설치해야 하는 이유로 가장 옳은 것은?

① 주방의 바닥청소를 효과적으로 할 수 있도록 하기 위해서 설치한다.
② 더러운 물이 배수구로 직접 흘러들어 가도록 하기 위해서 설치한다.
③ 하수도로부터의 악취를 방지하기 위해 설치한다.
④ 온수를 공급해주기 위해서 설치한다.
⑤ 단체급식 작업 중 발생되는 연기나 증기, 음식냄새 등을 배출하기 위해서 설치한다.

해설 트랩의 설치는 하수도로부터의 악취 및 쥐, 해충 방지를 위해서이다.

48 공장이나 사업장의 주방면적은 어느 정도가 이상적인가?

① 식당면적 × 1/4
② 식당면적 × 1/3
③ 식당면적 × 1/2
④ 식당면적과 동일하게
⑤ 식당면적보다 크게

해설 주방면적
  • 공장 또는 사업장의 주방면적 : 식당 면적 × 1/3
  • 사무실, 복지시설의 주방면적 : 식당 면적 × 1/2
  • 기숙사의 주방면적 : 식당 면적 × 1/5~1/3

46 ① **47** ③ **48** ② 정답

49 식단 작성 시 급식 대상자의 영양필요량을 산출하기 위해 고려해야 할 항목은?

① 성별, 식습관, 식품군

② 성별, 기호도, 식습관

③ 연령, 식품군, 신체활동 정도

④ 연령, 성별, 신체활동 정도

⑤ 연령, 성별, 기호도

해설 급식 대상자의 연령, 성별, 신체활동 정도에 따라 영양필요량을 산출한다.

50 냉동된 양지 덩어리의 표면 온도를 측정하는 데 적합한 온도계는?

① 탐침 온도계

② 전기저항 온도계

③ 알코올 온도계

④ 적외선 온도계

⑤ 수은 온도계

해설 적외선 온도계
내장된 적외선 감지 센서가 물체에서 방사되는 에너지를 감지하여 온도를 표시하는 비접촉 방식의 온도계로, 식품의 오염을 방지하고 신속하게 온도를 측정할 수 있다.

51 집단급식소 안전관리로 옳은 것은?

① 바닥은 흡습성이 있는 재질로 한다.

② 날카로운 칼보다 무딘 칼이 안전하다.

③ 무거운 물건을 들 때는 허리의 힘으로 든다.

④ 뜨거운 팬을 잡을 때 젖은 행주를 사용한다.

⑤ 살균소독제 보관장소에는 이에 대한 물질안전보건자료를 게시한다.

해설 ① 바닥은 내구성과 내수성이 있는 재질로 한다.
② 날카로운 칼보다 무딘 칼이 더 위험하다.
③ 무거운 물건을 들 때는 물건을 가까이 두고 충분히 무릎을 구부리고 앉아 다리의 힘으로 일어난다.
④ 뜨거운 팬을 잡을 때는 마른 행주를 사용한다.

정답 **49** ④ **50** ④ **51** ⑤

52 단체급식에서 음식을 대량으로 조리할 때, 음식의 수분손실과 건조에 따른 중량 변화를 줄이기 위한 품질관리 요소는?

① 제품평가
② 발주량
③ 배식량
④ 검 식
⑤ 온도와 시간

해설 온도와 시간관리는 대량조리에서 필수적인 품질관리 요소이다. 온도와 시간관리가 제대로 되지 못하면 수분 손실과 건조에 따른 중량변화 등 품질 저하가 이어진다. 대량조리를 위한 표준레시피에는 정확한 조리온도와 시간이 기재되어 있어야 하며, 조리할 때는 온도조절이 가능한 기기와 시간을 측정할 수 있는 타이머 등을 활용해야 한다.

53 예비저장식 급식체계에 대한 설명으로 옳은 것은?

① 음식의 생산과 소비가 시간적으로 분리되어 있다.
② 전통적 급식체계보다 미생물적 품질 유지가 쉽다.
③ 전통적 급식체계보다 초기 투자비용이 적게 든다.
④ 전통적 급식체계보다 노동경비가 높다.
⑤ 완전조리된 식품을 구매하여 최소한의 조리작업을 거쳐 배식한다.

해설 예비저장식 급식제도
음식을 조리한 직후 냉장 및 냉동하여 저장한 후에 데워서 급식하는 방법이다.
• 장 점
  – 노동력 집중현상이 없음
  – 고임금의 숙련 조리사 대신 미숙련 조리사를 채용함으로써 경비 절약
  – 식재료의 대량 구입으로 식재료비 절감
  – 생산과 소비가 시간적으로 분리되므로 계획 생산 가능
• 단 점
  – 냉장고, 냉동고, 재가열기기 등의 초기 투자비용이 많이 듦
  – 냉동, 냉장 및 재가열 시 음식의 품질 변화(미생물적, 관능적)가 발생할 수 있음

52 ⑤ **53** ① 정답

54 단체급식에서 메뉴의 생산량과 원가를 통제하는 필수적인 요소로 고객만족에도 큰 영향을 주는 것은?

① 배식량　　　　　　　　　　　② 주문량
③ 발주량　　　　　　　　　　　④ 반품량
⑤ 산출량

해설 배식량

대량조리에서 생산량과 원가를 통제하는 필수적인 요소로, 음식을 균일한 분량으로 제공하는 것은 비용뿐만 아니라 고객만족에도 큰 영향을 준다. 배식 담당자는 배식량을 정확하게 인식하고 1인 분량 배분에 필요한 배식도구들의 용량을 파악하여 동일한 분량을 제공해야 한다.

55 저장구역과 조리구역과 가까운 곳에 위치하여야 하고, 구근탈피기와 세미기 등의 기기를 설치해야 하는 작업구역은?

① 배식구역　　　　　　　　　　② 배선구역
③ 검수구역　　　　　　　　　　④ 세척구역
⑤ 전처리구역

해설 전처리구역

• 1차 처리가 안 된 식재료가 반입되므로 불필요한 부분을 제거하고 다듬고 씻는 작업을 하는 곳이다. 저장구역과 조리구역에서 접근이 쉬워야 한다.
• 채소 처리구역 : 2조 싱크, 작업대, 세미기, 구근탈피기, 채소절단기
• 육류 · 어류 처리구역 : 싱크대, 작업대, 분쇄기, 골절기

56 식단을 작성할 때 급식대상자의 나이, 성별, 활동 정도 등을 고려하는 첫 번째 단계는?

① 급식횟수와 영양 배분
② 메뉴 품목수 및 종류 결정
③ 식단 구성
④ 영양제공량 목표 결정
⑤ 식단표 작성

해설 합리적인 식단운영의 기본은 영양량의 확보로, 한국인 영양섭취기준을 기준으로 급식대상자의 연령, 성별, 활동 정도에 따라 1인 1일당 평균 급여영양량을 산출하게 된다. 정해진 급여영양량은 개인차가 고려되지 않지만 대개의 신체 생리적인 요구량을 충족시키면서 건강을 유지하는 데 알맞은 영양량이다.

정답 54 ① 55 ⑤ 56 ④

57 음식별로 준비를 해 놓은 후 급식자가 메뉴를 선택하고 그 선택한 것에 대한 금액을 지불하는 급식방법으로 옳은 것은?

① 따블 도우떼 ② 알라 카르테
③ 부분식 급식 ④ 카페테리아
⑤ 뷔 페

해설 **카페테리아(Cafeteria)**
음식을 다양한 종류로 진열하고 진열된 음식 뒤의 안내인이 음식 선택에 도움을 주는 방법으로 가장 바람직한 급식 서비스 형태이다. 선택한 음식별로 금액을 지불한다.

58 순환식단(Cycle menu)의 장점이 아닌 것은?

① 식자재의 효율적 관리가 가능하다.
② 주기가 짧을수록 식단이 다양해진다.
③ 조리과정의 능률화를 만든다.
④ 조리 레시피의 표준화가 용이하다.
⑤ 재고정리가 용이하다.

해설 **순환식단의 단점**
• 식단주기가 너무 짧을 경우, 단조로움을 느낌
• 식단의 변화가 한정되어 섭취식품의 종류 제한
• 계절식품이 적당한 시기에 식단에 포함되지 않아, 오히려 식비가 비쌀 수 있음

59 급식시설 중 저장구역과 전처리구역에 인접하며, 조도가 가장 높은 작업구역은?

① 식기반납구역 ② 배식구역
③ 조리구역 ④ 세척구역
⑤ 검수구역

해설 **검수구역**
• 외부로부터 물품의 운송이 편리한 장소, 저장구역과 전처리구역에 인접
• 물품의 상태 판정과 정확한 계량을 위해 높은 조도 유지(540룩스)

57 ④ **58** ② **59** ⑤ 정답

60 여고생에게 2,000kcal/일 급식을 제공하려고 한다. 에너지적정비율을 탄수화물 60%, 단백질 20%, 지질 20%로 정하였을 때, 제공해야 할 단백질의 양은?

① 90g

② 100g

③ 110g

④ 120g

⑤ 130g

해설 2,000kcal/일에서 단백질이 20%이므로, 400kcal/일을 단백질로 제공해야 한다. 단백질은 1g당 4kcal이므로, 100g을 단백질로 제공한다.

61 영양섭취기준에 대한 설명 중 옳은 것은?

① 우리나라 사람에게 맞춰 제정되었고 10년마다 새로 만들어진다.

② 평균필요량, 권장섭취량, 충분섭취량, 상한섭취량, 하한섭취량으로 정해 놓았다.

③ 동양인의 식사패턴, 일상적 영양소섭취량 등을 고려하여 제정되었다.

④ 충분섭취량은 인체건강에 유해 영향이 없는 최대 영양소 섭취수준이다.

⑤ 권장섭취량은 평균필요량에 표준편차의 2배를 더한 값이다.

해설 ① 5년마다 제 · 개정한다.
② 하한섭취량은 영양섭취기준에 포함되지 않는다.
③ 한국인의 식사패턴, 일상적 영양소섭취량, 체위 등을 고려하여 제정되었다.
④ 설명은 상한섭취량에 대한 것이다.

62 산업체 급식의 목적으로 옳은 것은?

① 기업의 생산성 증가

② 올바른 식습관 교육

③ 노동자의 건강 증진

④ 지역사회 식생활 개선

⑤ 인건비 감소

해설 산업체 급식은 노동자의 건강과 노동에 따른 필요한 영양을 공급하여 생산성을 증가시키는 데 목적이 있다. 생산성의 증가는 기업의 이윤 증가와 관련이 있다.

정답 60 ② 61 ⑤ 62 ①

CHAPTER 02 인사관리

01 인사관리의 개념

(1) 인사관리의 정의

① 조직의 목적 달성을 위하여 필요한 인적자원을 조달·확보하고, 유지·개발하여, 유효한 노동력의 활용과 각자의 인간적 욕구를 충족시킴과 동시에 근로자와 사용자의 협력관계가 유지될 수 있도록 하는 모든 관리활동의 체계

② 종업원의 채용·배치·이동·승진·퇴직 등 인사와 교육·훈련·인사관리, 근로조건, 노사관계, 복리후생 등

③ 개인과 조직의 목표를 달성할 수 있도록 인적자원의 확보, 개발·유지 및 보상의 과정을 계획하고 조직, 지휘, 통제하는 과정

(2) 인사관리의 원칙 ⭐

① 적재적소 배치

② 공정 보상

③ 공정 인사

④ 종업원 안정

⑤ 독창력 계발

⑥ 단 결

(3) 인적자원관리의 기능

① 관리적 기능 : 계획, 조직, 지휘, 조정, 통제의 과정

② 업무적 기능 : 확보, 보상, 개발, 유지의 과정

③ 노사관리

(4) 인사관리자의 자질

① 관리 기술적 자질

② 직무에 대한 지식

③ 실제적인 경험

④ 원활한 인간관계의 조성

(1) 고용관리의 의의

고용관리란 기업의 생산, 판매활동을 담당할 종업원을 채용하고, 채용한 종업원의 능력을 개발하기 위한 교육·훈련은 물론, 그들의 능력을 평가하는 인사고과제도 등을 포함한 관리

(2) 모집(recruitment)

① 직무명세서를 기초로 각 라인에 필요한 인원을 확보하는 과정

② 내부 모집 : 조직 내부에서 적합한 사람을 추천하여 채용하는 형태로, 종업원의 승진, 전직, 재고용 등으로 충원하는 방법

　㉠ 장점 : 시간 단축 및 저렴한 비용, 종업원의 성과자료 사용 가능, 내부승진 동기부여, 훈련의 필요성 강조, 사회화 촉진

　㉡ 단점 : 동일직위 지원 집중 시 경쟁이 치열하여 갈등 초래, 탈락자의 사기와 성과 저하, 과도한 내부 모집은 조직의 창의성 저하, 승진사슬 초래

③ 외부 모집 : 조직 외부에서 새로운 경험과 능력을 갖춘 외부인을 고용하는 형태로 대부분의 조직에서 직원을 채용하는 방법

　㉠ 장점 : 새로운 아이디어와 관점 도입, 기존 종업원의 지식기반 확충, 외부인력 유입으로 조직분위기 쇄신, 신규인력 수요 대처, 능력과 자격을 갖춘 직무에 알맞은 자 영입

　㉡ 단점 : 새로운 조직문화에 적응시간 소요, 내부 지원자의 사기감소 초래, 훈련과 사회화에 시간 소요, 채용 시 장기간 소요와 모집비용 증가, 외부인력 채용에 따른 위험부담

(3) 선발(selection)

① 설정된 인력 기준에 가장 적합한 인력을 뽑아 직무에 배치하는 과정

② 선발절차 : 모집과정, 예비면담, 지원서 접수, 서류전형 또는 선발시험, 면접, 신원조회, 신체검사, 자료의 종합분석과 선발 결정

③ 선발시험의 조건 : 타당성, 판별력, 신뢰도, 객관성

(4) 면 접

① **면접의 목적** : 선발시험만으로는 알 수 없는 응시자의 용모, 태도, 성격, 사상 등을 파악하는 데 있으며, 주관적 평가에 대한 오류를 최소화함으로써 선발의 신뢰성을 높임

② **면접의 원칙** : 준비, 분위기 조성, 면접 수행, 종결, 평가

(5) 배치(placement)

① 모집 선발된 인원을 적재적소에 배치

② 적재적소의 요건

    ㉠ 직무의 요건 : 직무분석, 직무평가, 시간 및 동작의 연구를 통하여 직무가 요구하는 능력 수준, 인격적 특성, 직장의 환경, 직무 조직상의 지위 등 고려

    ㉡ 사람의 요건 : 인사고과, 적성검사시험 등으로 신체적, 정신적 특성과 개인적 배경을 조사

③ 부적격자의 조치 : 재교육 훈련, 생활지도, 직장환경의 개선, 배치전환 등

03　인사이동

(1) 인사이동의 의의와 목적 ⭐

① 의의 : 조직의 일정한 질서 속에서 그 담당직무의 위치가 변동하는 것

② 목적 : 유능한 후계자 양성, 적재적소의 배치, 승진의 욕구를 자극하여 높은 모랄(Morale)의 형성, 동일 지위에의 정착화를 배제하여 근로의욕 쇄신

(2) 인사이동의 유형 ⭐

① 전직 : 조직 내에서 종업원이 동일한 수준의 직위에서 수평 이동하는 것

② 승 진

    ㉠ 조직 내에서 종업원이 보다 더 유리한 위치의 직무로 수직 이동하는 것

    ㉡ 권한과 책임의 증대, 위신의 증대, 지위의 상승, 임금의 증가가 수반됨

    ㉢ 승진의 일반 원칙 : 적재적소, 업적주의, 인재육성, 동기부여

    ㉣ 승진 시 고려사항

       • 고위직은 내부 승진

       • 승진경로 명시

       • 승진 결정 시 스태프의 협력과 협조

       • 승진 후보자는 객관적 사실에 입각하여 선정

③ 좌천 : 책임 · 지위 · 임금 등의 측면에서 하위단계로의 이동을 의미 → 정신적, 경제적 손실 동반

④ 이 직

    ㉠ 자발적 이직 : 퇴직, 휴직

    ㉡ 비자발적 이직 : 해고, 레이오프(일시 귀휴)

(1) 직무분석(job analysis) ⭐

① **정의** : 인적자원 관리의 기초로 특정 직무의 특성을 파악하여 그 직무를 수행하는 데 필요한 경험, 기능, 지식, 능력, 책임 등과 그 직무가 다른 직무와 구별되는 요인을 명확하게 분석하여 명료하게 기술하는 작업과정

② **용도**
  ㉠ 일차적인 용도 : 직무기술서와 직무명세서를 작성
  ㉡ 인사관리의 기초자료 : 종업원의 채용 및 선발의 기준, 교육내용의 결정, 인사고과 등

③ **직무분석의 방법** : 면담법, 질문지법, 종합법

(2) 직무기술서와 직무명세서

① **직무기술서(job description)**
  ㉠ 정의 : 직무분석 결과로 얻은 각종 정보, 즉 주요 책무, 작업환경조건, 업무 수행에 사용되는 자원 혹은 기구 등에 관하여 조직적이고, 사실적으로 정보를 제공하는 일정양식의 표로서 주로 직무 중심으로 기술된 서식
  ㉡ 주요 내용 : 직무구분, 직무요약, 수행되는 임무, 감독자와 피감독자, 다른 직무와의 관계, 기계, 용구, 도구, 작업조건, 특별한 용어의 정의 등

② **직무명세서(job specification)** ⭐ ⭐ ⭐
  ㉠ 정의 : 직무를 성공적으로 수행하는 데 필요한 인적 특성, 즉 육체적·정신적 능력, 지식, 기능 등 인적 자격요건을 명시한 서식
  ㉡ 직무기술서와의 차이점

직무기술서	직무수행을 위한 직무내용과 직무요건을 기술하는 데 중점
직무명세서	직무요건 중에서 인적 요건에 대해 초점

(3) 직무설계 ⭐ ⭐ ⭐

① **직무 단순** : 작업절차를 단순화하여 전문화된 과업을 수행
② **직무 순환** : 다양한 직무를 순환하여 수행함
③ **직무 교차** : 직무의 일부분을 다른 사람과 함께 수행함
④ **직무 확대** : 과업의 수적 증가, 다양성 증가(양적 측면)
⑤ **직무 충실** : 과업의 수적 증가와 함께 책임과 통제 범위를 수직적으로 늘려 직원에게 동기부여를 줄 수 있음(질적 측면)

(4) 직무평가(job evaluation) ⭐

① 정의 : 기업에 있어서 각 직무의 중요도, 곤란도, 위험도 등을 타 직무와 비교, 평가하여 직무의 상대적 가치와 중요성을 서열로 정하는 체계적 방법 ⭐

② 용도 : 임금을 책정하는 데 있어서 내적, 외적 일관성을 유지함으로써 합리적인 임금체계를 수립하기 위함

③ 목적 : 조직 내 공정한 임금구조를 위한 기준을 마련하는 것

④ 방 법

　㉠ 질적 평가방법
　　• 서열법 : 각 직무를 전체적 관점에서 상호 비교하여 그 순위를 결정(평가방법 중 가장 간단함)
　　• 분류법 : 일정한 기준에 따라 사전에 설정해 놓은 여러 등급에 각 직무를 판정하여 이에 맞추게 한 평가방법

　㉡ 양적 평가방법
　　• 점수법 : 직무를 구성요소별로 그 중요도에 따라 점수를 준 후에 이 점수를 총계하여 직무의 가치를 평가하는 방법
　　• 요소 비교법 : 가장 핵심이 되는 몇 개의 직무를 기준으로 선정하고, 각 평가요소를 이 기준 직무의 평가요소와 비교함으로써 모든 직무의 상대적 가치를 결정하는 방법

⑤ 평가요소 : 기술, 노력, 작업조건, 책임

05　인사고과

(1) 인사고과의 정의와 목적 ⭐

① 정의 : 근로자의 이동, 승진 등의 재배치를 위하여 근로자의 능력, 성적, 적성, 태도 등을 조직체 유용성의 관점에서 평가하여 상대적 가치를 결정하는 것

② 목적 : 임금관리의 기초자료, 승진, 배치, 해고 등 인사이동의 기초자료, 종업원 간의 능력비교 및 능력발굴, 교육훈련을 위한 자료 등을 얻음

(2) 인사고과의 방법 ⭐

① 평정척도법 : 고과 요소마다 등급 척도를 만들어 평가하는 방법

　㉠ 장 점
　　• 분석적인 평가방식을 이용하여 평가결과에 대한 타당성이 높음
　　• 평가결과의 수량화 및 통계적 조정이 가능

　㉡ 단점 : 평가요소의 선정 및 비교결정이 어려움

② **종업원 비교법(서열법)** : 근무성적, 능력을 서로 비교하여 순위를 결정하는 방법

　　㉠ 장점 : 평가가 간단하고 종업원 수가 적을 때는 더욱 효과적

　　㉡ 단점

　　　• 종업원 수가 20~30인 이상일 때는 평가가 어려움

　　　• 동일 직무 내에서는 적용이 가능하나 각 부서 간의 비교는 불가능

　　　• 평가가 구체적인 기준이 없이 이루어지므로 평가결과에 대한 설득력이 부족하여 비교할 때는 불평이 발생할 수도 있음

③ **체크리스트법** : 대조리스트법이라고도 하며, 적당한 몇 가지 표준행동을 배열하고 해당사항을 체크하여 평가하는 방법 ⭐️ 🔵

　　㉠ 장점 : 평가자는 사실만 체크하면 됨

　　㉡ 단점 : 종업원의 특성과 공헌도에 관해 계량화, 종합화가 어려움

④ **강제선택법** : 주어진 4~5개의 선택해야 할 기술 중에서 피고과자가 가장 적합한 기술 또는 가장 적합하지 않은 기술 중 그 어느 하나를 선택

⑤ **강제할당법** : 전체의 평점등급을 수, 우, 미, 양, 가 또는 A, B, C, D, E 등 5등급으로 나누어 각 급에 피고과자의 총액의 10%, 20%, 40%, 20%, 10%씩을 강제할당

⑥ **목표관리법(MBO)** : 상·하급자가 공동으로 목표를 설정하고 그 목표 달성에 대한 성과를 상·하급자가 함께 평가하는 것 🔵

⑦ **기타** : 서술법, 주요사건 기술법, 행동기준 평가법, 자기신고법, 면접법, 평가센터법, 인적자원회계 등

(3) 인사고과의 오류

① 평가자의 심리적 현상에서 오는 오류

　　㉠ 현혹효과(halo effect) : 종업원의 호의적, 비호의적 인상이 고과내용의 모든 항목에 영향을 주는 오류 ⭐️ 🔵

　　㉡ 논리 오차(logical error) : 어떤 요소가 우수하게 평가되면 다른 요소도 우수하다고 인식하고 평가하는 오류 🔵 🔵

　　㉢ 대비 오차(proximity error) : 어떤 특성에 대해 평가자가 자신을 원점으로 하여 비평가를 자기와 반대방향으로 평가해 버리는 경향

② 집단 분포에 의한 오류

　　㉠ 관대화 경향(leniency error) : 실제보다 관대하게 평가되어 평가결과의 분포가 위로 편중, 평정자가 부하직원과의 비공식적 유대 관계의 유지를 원하는 경우 🔵

　　㉡ 중심화 경향(centeralization error) : 평가 대상자를 '중' 또는 '보통'으로 평가한 결과, 분포도가 중심에 집중하는 경향 ⭐️ 🔵 🔵

③ 기 타
- ⊙ 상동적 태도 : 타인에 대한 평가가 그가 속한 사회적 집단에 대한 선입관을 기초로 이루어지는 현상
- ⓛ 시간적 오류 : 평가자가 피평가자를 평가할 때 쉽게 기억할 수 있는 최근의 실적이나 능력 중심으로 평가하는 오류

06 교육훈련

(1) 교육훈련의 의의와 목적

① **의의** : 종업원에게 직무의 적응력을 키우고, 새로운 지식이나 기술을 습득하게 하여 업무능률을 향상시키고, 잠재능력을 발휘할 수 있도록 함. 한편, 사고를 예방하기 위해 적당한 교육과 훈련이 필요

② **목적** : 사고율의 감소, 의사소통의 개선, 사기앙양, 승진의 자극, 품질개선, 불평감소, 결근과 이직률 감소 및 기술습득 기간단축의 효과 등

(2) 교육훈련의 분류

① 훈련 장소에 의한 분류 ✐
- ⊙ 직장 내 훈련(OJT ; On-the-Job Training) : 직장 내부에서 수행되는 교육으로 주로 직무와 연관된 지식과 기술을 직속상관으로부터 직접적으로 습득하는 훈련
  - 장점 : 현실적인 훈련이 이루어질 수 있고, 생산이 훈련과 직결되어 경제적
  - 단점 : 지도자나 환경이 훈련에 반드시 적합하다고 할 수 없으며, 작업수행에 지장을 주고 원재료의 낭비
- ⓛ 직장 외 훈련(Off-JT ; Off-the-Job Training) : 직장에서 벗어나 직장 외부에서 일정기간 동안 교육에만 전념할 수 있는 훈련으로 일반적으로 집단 단위로 수행
  - 장점 : 많은 종업원들에게 통일적 · 조직적 훈련이 가능하며, 전문적 지도자 밑에서 훈련에 전념할 수 있어 훈련 효과가 큼
  - 단점 : 직무수행에 지장을 주고 비용이 부담됨

② 훈련 대상에 의한 분류

    ⊙ 신입자 훈련(Orientation Training) : 입직훈련, 기초훈련, 실무훈련의 3단계 과정을 통함

    ⓛ 감독자 훈련(TWI ; Training Within Industry) : 감독자의 직장 외 교육훈련의 대표적 방법. 감독자의 필요조건으로써 작업에 관한 지식, 직책에 관한 지식, 작업지시의 기능, 작업개선의 기능을 설정

    ⓒ 관리자 훈련(MTP ; Management Training Program) : 중간 관리자의 직장 내 교육, 훈련방법 중 가장 대표적인 것으로 미국 공군에서 개발된 훈련 방법

    ⓤ 경영자 훈련(ATP ; Administrative Training Program) : 기업 전반의 관점에서 전문적인 기술, 판단력 등을 개발하고 최고 경영자로서의 옳은 의사결정을 할 수 있도록 훈련

    ⓥ 미숙련공 훈련을 위한 지도자 교육(JIT ; Job Instruction Training) : 훈련을 받을 준비, 작업 방법에 대한 설명, 작업의 수행, 사후 검토의 4단계로 훈련효과를 높임

(3) 교육훈련의 방법 ⭐⭐⭐⭐

① 강의법 : 다수를 대상으로 교육하므로 비용적으로 가장 경제적임

② 역할연기(Role Playing) : 어떤 사례를 연기로 꾸며 실제처럼 재현해 봄으로써 문제를 완전히 이해시키고 그 해결 능력을 향상시킴

③ 사례연구 : 특정 사례에 대한 상황을 제시하고 해결책을 찾도록 한 후 이를 평가하고 피드백을 제공함

④ 브레인스토밍(Brain storming) : 짧은 시간 안에 주제에 대해 자유롭게 토론하고 창의적인 아이디어를 내도록 함

⑤ 프로그램 학습 : 강사나 훈련자 없이 피훈련자가 자율적으로 속도를 조절하면서 학습도구를 이용하는 방법

⑥ 집단토의 : 10~20명으로 구성되어 각자의 의견 종합

07 임금관리

(1) 임금관리의 의의

임금은 종업원이 기업에 제공하는 노동의 대가를 받는 것으로, 기업이 종업원에게 지급해야 할 임금의 금액과 제도를 합리적으로 계획, 조직, 통제하는 과정

(2) 임금 수준

① 임금 수준 : 일정기간 기업이 지급한 1인당 평균 임금액을 말하며, 임금의 기초
② 임금 수준의 결정 요인
   ㉠ 생계비 보장의 원칙
   ㉡ 기업 지급능력의 원칙
   ㉢ 사회적 임금수준 균형의 원칙
   ㉣ 노동가치 비례의 원칙
   ㉤ 임금계산 간편성의 원칙
   ㉥ 외적요인 : 종업원 수급, 생계비, 노동시장조건, 지리적 위치, 생활비용, 노동조합, 정부의 입법 ☆
   ㉦ 내적요인 : 기업의 경영상태, 단체교섭, 직무평가 결과, 인센티브제도, 직무가치

(3) 임금 체계

① **연공급** : 근속 연수에 비례하여 산정하는 임금 제도 ☆17
② **직무급** : 동일노동, 동일임금의 원칙에 입각하여 직무의 중요성·난이도 등에 따라서 각 직무의 상대적 가치를 평가하고 그 결과에 의거하여 그 가치에 알맞게 지급하는 임금 제도 ☆15
③ **직능급** : 연공급과 직무급 형태를 절충한 것으로 이것은 동일직무를 담당하더라도 상급직무를 담당할 능력이 있다고 평가되면 임금을 높이는 제도 ☆16

(4) 임금 형태

① **시간급** : 작업량에 관계없이 근로시간만을 기준으로 하여 임금을 지급하는 제도로서 노동시간에 따라 일정액이 지급되므로 정액급이라고도 함
② **성과급** : 근로자의 작업시간과는 관계없이 근로자의 작업성과에 따라 임금을 지급하는 제도
③ **추가급** : 일정 한도까지는 최저 일급을 보장해주고 그 이상의 성과에 대하여는 성과급을 적용하는 제도로서 일급보장성과급이라고도 함. 합리적인 임금형태를 마련하기 위하여 시간급 제도와 성과급 제도를 절충한 형태

(1) 복리후생관리

① **복리후생관리의 의의** : 근로자의 물질적 · 정신적 생활을 충실화하고 그 가족의 문화적, 경제적 소비생활을 향상시켜 종업원의 근로의욕을 증진시키려는 간접적인 보상체계로서 임금, 상여금 등과 같은 직접적인 보상이 아닌 근로조건을 보완하는 관리

② **법정 복리후생과 비법정 복리후생** ⭐

　㉠ 법정 복리후생 : 법률에 의해 의무적으로 제공하여야 하는 복리후생 → 건강보험, 국민연금, 산재보험, 고용보험 등

　㉡ 비법정 복리후생 : 기업이 자발적으로 혹은 협의 하에 제공하는 복리후생 → 경제적 복리후생, 보건위생 복리후생

③ **복리후생관리의 4원칙**

　㉠ 적정성의 원칙

　㉡ 합리성의 원칙

　㉢ 협력성의 원칙

　㉣ 공개성의 원칙

(2) 안전보건관리

① **안전보건관리의 의의**

　㉠ 고도화된 기계장치 작업에서는 근로자의 정신적 긴장이 연속되어 피로가 쌓이고, 인체에 해로운 유독성 가스와 액체, 고열, 먼지, 소음 등으로 인한 직업성 질환, 작업미숙 등으로 인한 업무상의 사고가 발생하기 쉬움

　㉡ 이러한 문제를 해결하려면 충분한 휴식공간이나 부대시설, 재해예방을 위한 사전교육 실시, 복지시설 확충 등에 노력을 기울여 종업원의 근로의욕을 고취시켜야 함

② **안전사고의 발생원인 및 예방**

　㉠ 물적 요인

　　• 원인 : 기업 내 각종 물적 시설의 결함 또는 시설의 보전, 관리, 운영의 과오에서 오는 사고

　　• 예방책 : 시설의 품질 · 내용 · 사용재료 검토, 수시점검 등

　㉡ 인적 요인

　　• 원인 : 종업원의 선천적 또는 후천적 소질에서 오는 사고와 부주의 · 피로에서 오는 사고

　　• 예방책 : 종업원 채용 전 · 후의 정기적인 적성검사, 신체검사, 직무분석, 교육훈련 등

　㉢ 환경적 요인

　　• 원인 : 작업환경에 따르는 물리 · 화학적 위험요소에서 오는 사고

　　• 예방책 : 물적 시설의 합리적인 설치와 청결 유지, 유해물 생성 시 즉시 제거 등

09 노사관계관리

(1) 노사관계관리의 의의

노사관계관리란 사용자와 근로자의 대립관계를 사용자 측과의 교섭을 통하여 조정·완화하고 이들 상호 간에 협력관계를 이루기 위하여 행하는 조직적, 계획적인 관리

(2) 노동조합 ⭐36 ⭐37 ⭐39

① 정의 : 근로자들이 스스로 단결하여 근로자의 지위를 확보하고 임금, 근로조건 등에 대하여 사용자와 대등한 관계에서 교섭하는 근로자의 자주적 이해집단

② 노동조합 가입 방법

　ㄱ 클로즈드 숍(closed shop) : 조합원만이 고용될 수 있는 제도로서 종업원의 채용, 해고 등은 노동조합의 통제에 따름

　ㄴ 오픈 숍(open shop) : 조합원 또는 비조합원이 자유로이 채용될 수 있으며, 조합 가입이나 탈퇴는 종업원의 자유에 맡김(일반적인 형태)

　ㄷ 유니언 숍(union shop) : 클로즈드 숍과 오픈 숍의 중간적 형태의 조합으로서, 비조합원도 채용될 수 있으나 채용 후 일정기간 안에 조합에 가입하여야 하며, 가입 거부 시 해고

③ 노동조합의 기능

　ㄱ 경제적 기능 : 사용자에 대해 직접적으로 발휘되는 노동력의 판매자로서 교섭기능이 중심

　　• 단체교섭 : 단체교섭은 임금, 승급, 노동시간, 안전과 위생, 고용조건 등에 관하여 사용자와 교섭하는 것으로, 정당한 사유 없이 사용자는 교섭을 거부하지 못함

　　• 단체협약 : 단체교섭의 결과 사용자와 근로자 양측의 의견이 일치하면 협약이 체결되고, 이 협약은 협의에 의하여 이루어진 것이므로 성실하게 지켜져야 함

　　• 노동쟁의 : 단체교섭의 결과 쌍방 간의 의견이 일치하지 않을 경우, 노동조합은 법률의 규정에 따른 절차를 거쳐 쟁의수단을 사용하게 됨

[노동쟁의의 수단]

노동조합 측	파업(strike), 피케팅(picketing), 태업(sabotage), 불매운동(boycott) 등이 있는데 이 중에서 가장 강력한 행위는 파업(strike)
사용자 측	공장 폐쇄(lock-out)

　　• 경영참가제도 : 근로자 또는 노동조합이 경영자와 공동으로 기업의 경영관리 기능

　ㄴ 공제적 기능 : 일시적 또는 영구적으로 조합원의 노동력이 상실되는 경우를 대비하여 기금을 설치, 상호공제하는 활동 ⭐38 ⭐42

　ㄷ 정치적 기능 : 정부의 노동관계법 제정 및 개정, 사회복지정책, 물가정책 등 경제, 사회정책에 관한 노조의 정치적 발언과 주장으로 노동자의 생활향상을 위해 노력하는 기능

④ 노동조합의 형태
  ㉠ 산업별 노동조합 : 일정 산업에 종사하는 근로자들로 조직되는 노동조합
  ㉡ 직업별 노동조합 : 동일 직업이나 동일 직종에 종사하는 숙련공들이 자기들의 지위를 확보하기 위하여 결성하는 형태의 노동조합
  ㉢ 기업별 노동조합 : 동일 기업에 종사하는 근로자들로 구성되는 직장별 노동조합
  ㉣ 일반 노동조합 : 산업이나 직업 또는 기업에 관계없이 동일 지역에 있는 기업을 중심으로 조직되는 노동조합

> **영양보충**
>
> **고충처리(grievance procedure)**
> 종업원들이 직무에 대해 공식적으로 문서화한 불만을 해결하기 위한 체계로, 불만이 있는 노동자와 일선감독자 등이 먼저 해결하려 하고 실패하면 최고경영진과 노조대표로 구성된 고충처리위원회로 회부된다.

(3) 경영참가제도

① **경영참가제도** : 사용자와 근로자가 노동이나 경영문제에 대하여 서로 이해하고 양보함으로써 건설적인 노사 관계를 유지하려는 노사협력의 방법
② **종업원 지주제도** : 근로자에게 기업의 주식 일부를 무상 또는 유리한 조건으로 나누어 주어 주주의 일원으로 참여시키는 제도
③ **이윤분배제도** : 정당한 임금 이외에 기업이윤을 예정된 기준에 따라 종업원에게 분배함으로써, 근로자의 근로의욕을 향상시키고 건설적인 노사 관계를 유지하려는 제도
④ **단체교섭제도** : 근로자가 근로조건의 유지 및 개선을 위해 노동조합을 통해 사용자와 교섭하는 것으로, 이러한 단체교섭을 할 수 있는 권리를 단체교섭권이라 함

10 인간관계관리

(1) 인간관계관리의 의의

종래의 관리론이 조직의 인간적 측면을 무시하고 작업능률 향상 등 외부적인 조건만을 강조하는 것에 대한 반성으로, 인간의 내면적 측면을 강조함으로써 경영자와 근로자가 상호이해와 신뢰를 바탕으로 일체감을 이루어 생산성 향상과 기업의 유지, 발전에 기여하도록 계획적 · 조직적으로 관리하는 것

(2) 인간관계에 대한 연구(호손 실험)

① 배경 : 1924년부터 1932년까지 8년간 미국 서부 전기회사의 **호손**(hawthorne) 공장에서 실시된 것으로, 하버드 대학교수 메이요(E. Mayo)에 의해 주도

② 실험내용 : 조명도 실험, 계전기 조립실험, 면접실험, 배전기 작업실험 등 4차에 걸쳐 이루어짐

③ 결과 : 작업 능률 내지 생산성 향상을 좌우하는 것은 임금 같은 물적 요건만이 아니라, 근로자의 심적 태도(사기, 감정)와 비공식 조직에 큰 영향을 받는다는 사실이 밝혀짐

(3) 인간관계 관리방법

① 제안제도(suggestion system) : 직무를 수행하는 과정에 필요한 여러 가지 개선안을 일반 종업원에게 제안하도록 하고 채택된 아이디어에 대해서는 적절한 보상을 하는 제도

② 인사상담제도 : 기업 내에 전문적인 상담원을 두어 욕구불만, 갈등, 정서적 혼란, 그리고 가정적·개인적 고민 등의 부적응 문제를 가진 종업원들이 자유롭게 상담하게 하여, 그들 스스로 문제를 해결하는 데 협조하기 위한 개인적인 상담 면접제도

③ 사기 조사 : 기업 내의 인간관계를 개선하기 위하여 종업원의 사기 또는 근로의 욕구상태를 파악하려는 사회과학의 조사방법. 종업원의 사기 또는 작업의욕을 저해하는 불평, 불만요인 및 분위기를 악화시키는 요인을 찾아내고, 이에 대한 개선방안을 수립할 수 있는 기초자료를 제공

(4) 리더십

① 리더십의 정의 : 특정 집단의 공동목표를 효과적으로 달성하기 위하여 상위자가 하위자들에게 자발적으로 노력하도록 영향을 주는 기술 또는 통솔의 힘

② 리더십의 이론 ⚓

　㉠ 특성이론(trait theory) : 리더의 개인적 특성이 리더십의 지위, 기능, 효과와 관련이 크다고 생각, 그 특성을 찾으려고 노력한 이론

　㉡ 행동이론(behavioral theory) : 밖으로 드러나는 리더의 행위 및 리더십 유형이 성과와 관계가 있는지 없는지를 규명하려는 이론적 연구가 진행된 것

　㉢ 상황이론(contingency theory) : 상황을 중심으로 한 리더의 행동변화 특성 연구

③ 리더십의 유형

　㉠ 전제형(독재형, 지시형)

　　• 상층으로부터의 하향식 관리법

　　• 독단적으로 대부분의 의사결정을 하고 명령을 하달하며, 하급자는 의사결정에 참여할 수 없고 명령에 복종할 것이 요구

　㉡ 민주형(참여형) ⚓

　　• 가장 이상적인 형태로 상향식 관리방법

　　• 조직 구성원의 행동을 제안하고 결정하는 데 있어서 하급자들의 의견을 참작하고 하급자도 의사결정에 참여를 장려하는 형태

ⓒ 자유방임형 : 리더가 권한이나 영향력을 거의 사용하지 않고 부하들이 하는 일에 고도의 독립성과 행동의 자유를 부여하는 형태

ⓔ 과업지향형 : 생산목표를 강조하기 때문에 모든 활동을 기획하고 지시하며 통제하는 데 관심을 집중(권위형)하는 형태 ⭐

ⓜ 섬기는 리더 : 서번트 리더십으로도 불리는 것으로 인간존중을 바탕으로, 다른 사람의 요구에 귀를 기울이는 하인이 결국은 모두를 이끄는 리더가 된다는 것이 핵심. 구성원들이 잠재력을 발휘할 수 있도록 앞에서 이끌어주는 리더십 ⭐

ⓗ 변혁적(전환적) 리더십 : 리더는 구성원들의 신뢰와 카리스마를 갖고, 조직의 장기적인 비전과 공동목표를 구성원들이 이룰 수 있도록 교육하는 역할을 하며 구성원 전체의 가치관과 태도를 변화시켜 성과를 이끌어냄 ⭐ ⭐

ⓢ 거래적 리더십 : 경영의 대표적인 리더십으로, 성과에 따라 금전적인 보상을 통해 구성원에게 동기를 부여하고 리더는 구성원에게 목표와 보상을 알리고, 변화를 촉진하기보다는 조직의 안정을 중시

④ 맥그리거의 XY이론 ⭐ ⭐ ⭐
ⓐ X이론 : 수동적 인간관으로 인간은 원래 게으르며 가능하면 일을 하지 않으려고 회피하기 때문에 조직목표를 달성하기 위해서는 처벌로 강제하고 통제해야 한다는 주장
ⓑ Y이론 : 자발적 인간관으로 인간은 본래 일을 즐기고 자아실현을 위해 노력하는 존재이므로 관리자는 도와주는 역할만을 수행해야 한다는 주장

⑤ 피들러의 상황적합이론 ⭐
ⓐ 집단의 작업수행 성과는 리더십 유형과 상황변수의 상호작용에 의해서 결정된다고 보는 형태
ⓑ 효과적인 리더십 유형의 결정에 영향을 미치는 변수 : 과업구조, 직위권력, 리더와 종업원 관계
ⓒ 상황에 맞는 효과적인 리더십
  – 통제 여건이 아주 약하거나 강할 때 : 과업지향적 리더
  – 통제 여건이 중간 정도일 때 : 관계지향적 리더

⑥ 허쉬와 블랜차드의 상황이론 : 리더의 행동을 과업지향적 행동과 관계지향적 행동의 2차원을 축으로 한 4분면으로 분류하고 여기에 상황요인으로서 구성원의 성숙도를 추가하여 리더십에 관한 3차원적 이론을 제시 ⭐
ⓐ 지시형 : 높은 과업지향, 낮은 관계지향(부하가 의욕과 능력이 모두 낮은 경우)
ⓑ 설득형 : 높은 과업지향, 높은 관계지향(부하가 의욕은 있으나 능력이 부족한 경우)
ⓒ 참여형 : 낮은 과업지향, 높은 관계지향(부하가 능력은 있지만 의욕이 부족한 경우)
ⓓ 위임형 : 낮은 과업지향, 낮은 관계지향(부하의 능력과 의욕이 모두 높은 경우)

(5) 동기부여

동기부여란 조직의 목표달성을 위해 구성원들이 자발적으로 협동하도록 보수, 승진, 직무의 안정성, 노동조건, 직장 내 인간관계 등의 욕구나 소망을 만족시킴으로써 적극적으로 일에 종사할 의욕을 갖게 하는 것

① 매슬로우의 욕구계층 이론 ⭐ ⭐

     ㉠ 인간의 욕구 5단계 : 생리적 욕구 → 안전욕구 → 친화욕구(사회적 욕구) → 존경욕구 → 성장욕구(자아실현 욕구)

     ㉡ 인간의 욕구는 저차원의 욕구로부터 고차원의 욕구로 발전되어가므로 욕구계층에 맞는 적절한 동기부여가 필요

② 알더퍼의 E.R.G 이론 : 생존욕구, 관계욕구, 성장욕구의 3단계로 구성된 욕구가 동기부여를 함

③ 허즈버그의 동기-위생 이론(2요인 이론) : 인간은 상호독립적인 두 가지 종류의 이질적인 욕구를 가지고 있는데, 이들은 직무만족에 대해 각각 다른 영향을 끼친다는 이론 ⭐ ⭐ ⭐ ⭐

동기요인(만족요인)	직무에 대한 성취감, 인정, 승진, 직무자체, 성장가능성, 책임감 등
위생요인(불만요인, 유지요인)	작업조건, 임금, 동료, 회사정책, 고용안정성 등

④ 맥클리랜드의 성취동기 이론 : 성취욕구, 권력욕구, 소속욕구가 동기부여에 중요한 역할을 함

⑤ 브룸의 기대 이론 : 개인의 동기는 그 자신의 노력이 어떤 성과를 가져오리라는 기대와, 그러한 성과가 보상을 가져다주리라는 수단성에 대한 기대감의 복합적 함수에 의해 결정된다는 이론 ⭐

⑥ 아담스의 공정성 이론 : 보상에 있어서 공정성을 가져야만 동기부여가 이루어질 수 있다고 보는 이론으로 불공정한 경우에는 불공정성을 시정하는 방향으로 동기부여가 됨 ⭐

     ㉠ 공정성 상태 : 자신의 투입에 대한 산출의 비율이 타인과 같을 때 공정성을 느낌

     ㉡ 불공정 상태 : 자신의 투입에 대한 산출비율이 타인보다 크거나 작을 때, 불공정성이 존재

영양보충

스키너의 강화이론 ⭐ ⭐
- 인간행동의 원인을 선행적 자극과 행동의 외적 결과로 규정
- ① 행동에 선행하는 환경적 자극, ② 그러한 환경적 자극에 반응하는 행동, ③ 행동에 결부되는 결과로서의 강화요인 등 세 변수의 연쇄적인 관계를 설명
- 강화 요인을 적극적 강화, 회피, 소거, 처벌의 네 가지 범주로 구분

(6) 인간관계 관리의 제도

① 사기(morale)

㉠ 사기조사
- 통계적 방법 : **노동이동률** 측정, 결근, 지각률 측정, **1인당 생산량** 측정, 사고율 측정
- 태도조사 방법 : 면접법, 질문지법

㉡ 사기앙양 방법 : 훌륭한 리더십, **적재적소 배치**, 비공식 조직, 원활한 의사소통, 경제적 보수, 자존심의 인정

㉢ 사기저하 시 나타나는 증상 : **작업의욕 상실**, 사고빈발, 결근율 증가, 능률저하 등

② 인사상담제도(personal counseling)

㉠ 의의 : 기업경영에 있어서 종업원의 불평, 불만이나 개인의 고민 등을 상담을 통하여 해소 또는 미연에 방지하여 개인직무를 충실히 이행하며, 동시에 목표지향적인 사기향상을 통해 생산성향상에 기여하도록 함

㉡ 방법 : 전문적인 상담자를 두어 종업원의 불평과 불만, 희망사항, 사적인 고민을 자유로이 상담할 수 있도록 함

③ 제안 제도(suggestion system)

㉠ 의의 : 구성원으로 하여금 조직체의 운영이나 작업의 수행에 필요한 개선안을 제안토록 하고 심사하여 우수한 제안에 대해서는 적당한 보상을 하는 제도

㉡ 목적 : 실질적인 개선안을 얻고자 하는 것도 있지만 구성원의 창의력을 발전시키고 그들의 근로의욕을 고양시키는 부차적 목적도 있음

(7) 의사소통의 유형 ⭐ ⭐

① **공식적 의사소통** : 조직이 정해 놓은 절차에 따라 이루어짐

㉠ 상향식 의사소통 : 하급자가 성과·태도·의견 등을 상위로 전달, 위계의 한계

㉡ 하향식 의사소통 : 조직의 위계·명령에 따라 하급자에게 전달, 직무지시, 명령

㉢ 수평적 의사소통 : 조직 내 위계수준이 같은 구성원·부서 간의 의사소통

㉣ 대각선 의사소통 : 프로젝트·매트릭스 조직에서의 의사소통, 조직 구조상 동일한 계층 또는 명령계통에 속하지 않는 하부단위 사이의 의사소통

② **비공식적 의사소통** : 조직 내에 인간적 유대 등에 의해 생긴 비공식 집단의 의사소통

㉠ 순기능 : 신속한 정보 전달, 비밀정보 공유, 하급직원의 불만·탄원 창구 기능

㉡ 역기능 : 비생산적 소문의 진원지, 갈등과 오해 발생, 조직 내 불신 조장, 생산성 하락

CHAPTER

02 적중예상문제

출제유형 42

01 민주형 리더십에 대한 설명으로 옳은 것은?

> 가. 리더의 역할 – 촉진 조업
> 나. 응집력 – 강함
> 다. 작업 성과 – 우수
> 라. 의사결정 – 구성원

① 가, 나, 다
② 가, 다
③ 나, 라
④ 라
⑤ 가, 나, 다, 라

해설 민주형 리더십
가장 이상적인 형태로 집단중심적 지도방법이며 작업을 유도하는 리더십, 참가적 리더십이라고도 한다. 팀워크가 잘 이루어지고 생산성과 구성원 만족에 효과적이다.

02 인적자원관리의 관리적 기능에 해당하지 않는 것은?

① 교육(training)
② 지휘(directing)
③ 조정(coordination)
④ 통제(control)
⑤ 계획(planning)

해설 인사관리의 기능
계획(planning), 조직(organization), 지휘(directing), 통제(control), 조정(coordination)

01 ⑤ **02** ① **정답**

03 다음에 해당하는 동기부여 이론은?

A 사업장 영양사가 자신의 업적에 대한 보상이 B 사업장 영양사보다 높다고 인식한 후 직무를 더 열심히 수행하였다.

① 알더퍼의 E.R.G 이론
② 허즈버그의 동기−위생 이론
③ 매슬로우의 욕구계층 이론
④ 맥그리거의 XY이론
⑤ 아담스의 공정성 이론

해설 **아담스의 공정성 이론**
보상에 있어서 공정성을 가져야만 동기부여가 이루어질 수 있다고 보는 이론으로 불공정한 경우에는 불공정성을 시정하는 방향으로 동기부여가 된다.

04 피훈련자가 교육해주는 사람 없이 자율적으로 속도를 조절하면서 학습도구를 활용하는 교육훈련 방법은?

① 프로그램 학습
② 브레인스토밍
③ 역할연기
④ 서류함 기법
⑤ 경영게임

해설 ② 브레인스토밍 : 짧은 시간 안에 주제에 대해 자유롭게 토론하고 창의적인 아이디어를 내도록 함
③ 역할연기 : 어떤 사례를 연기로 꾸며 실제처럼 재현해 봄으로써 문제를 완전히 이해시키고 그 해결 능력을 향상시킴
④ 서류함 기법 : 경영자의 한정된 시간 내에 업무처리, 의사결정 능력, 유연성을 훈련하는 기법
⑤ 경영게임 : 기업경영에 관계되는 의사결정 능력의 향상을 목적으로 하는 게임

정답 **03** ⑤ **04** ①

05 인적자원관리 중 유지적 기능에 해당하는 것은?

① 직무평가
② 경력개발
③ 안전·보건관리
④ 임금 및 보상관리
⑤ 조직인력계획

해설 인적자원관리의 업무적 기능
- 확보기능 : 직무분석 및 직무설계, 조직인력계획
- 보상기능 : 직무평가, 임금 및 보상관리
- 개발기능 : 경력개발, 조직문화개발, 교육과 훈련
- 유지기능 : 인사고과, 안전·보건관리, 징계와 이동에 관한 인사관리

06 승진 시 고려할 사항으로 틀린 것은?

① 승진 결정 시 스태프의 협력을 얻을 것
② 유능한 부하의 내·외부 승진을 적극 협력할 것
③ 승진경로를 명시할 것
④ 승진 결정에는 상급자들의 잡음을 피하기 위해 신속하고 비밀스럽게 처리할 것
⑤ 승진 후보자의 선정은 객관적 사실에 입각해서 할 것

해설 승진 시 고려 사항
- 고위직은 내부 승진
- 승진경로 명시
- 승진 결정 시 스태프의 협력을 얻을 것
- 승진 후보자는 객관적 사실에 입각하여 선정

07 직무분석을 통해 작성되는 서식으로 직무 구성요건 중에서 인적 요건에 중점을 두고 작성되는 서식으로 옳은 것은?

① 직업기술서
② 직무명세서
③ 직무일정표
④ 조직도
⑤ 직무평가표

해설 **직무명세서**
직무 수행에 필요한 인적 특성, 즉 육체적 · 정신적 능력, 지식, 기능 등 인적 자격요건을 명시한 서식

08 다음은 직무에 대한 불만을 해결하기 위한 직무설계상의 전략들이다. 이들 중 종업원에게 관리 기능상 계획과 통제까지 위임함으로써 직무의 질적인 측면에서 수직적 확대를 강조한 것은?

① 직무 확대화(job enlargement)
② 직무 다양화(job variety)
③ 직무 충실화(job enrichment)
④ 직무 단순화(job simplification)
⑤ 직무 순환(job rotation)

해설 • 직무 충실 : 종업원에게 관리 기능상 계획과 통제까지 위임하는 것으로 직무의 질적 측면에 초점을 둔다.
• 직무 확대 : 종업원의 과업의 수와 다양성의 증가를 그 내용으로 하고 직무의 양적 측면에 초점을 둔다.

정답 07 ② 08 ③

09 직무의 특성, 자격요건, 선발기준 등을 파악하기 위해 실시하는 것은?

① 직무평가
② 인사고과
③ 직무순환
④ 직무설계
⑤ 직무분석

해설 **직무분석**
- 정의 : 인적자원 관리의 기초로 특정 직무의 특성을 파악하여 그 직무를 수행하는 데 필요한 경험, 기능, 지식, 능력, 책임 등과 그 직무가 다른 직무와 구별되는 요인을 명확하게 분석하여 명료하게 기술하는 작업과정
- 용도
  - 일차적인 용도 : 직무기술서와 직무명세서를 작성
  - 인사관리의 기초자료 : 종업원의 채용 및 선발의 기준, 교육내용의 결정, 인사고과 등
- 직무분석의 방법 : 면담법, 질문지법, 종합법

10 직무분석의 결과로 얻어진 정보를 일정한 양식에 따라 기록한 문서로서 직무요건 중 인적요건을 중점적으로 다루고 있는 것은?

① 직무명세서
② 인사고과 평가서
③ 직무기술서
④ 직무수행서
⑤ 직무평가서

해설 직무기술서는 직무수행을 위한 직무내용과 직무요건을 기술하는 데 중점을 두지만 직무명세서는 직무요건 중에서 인적 요건에 중점을 둔다.

09 ⑤ **10** ① **정답**

11 직무기술서상에 명시되어야 할 항목으로 옳은 것은?

> 가. 직무요약
> 나. 다른 직무와의 관계
> 다. 감독자와 피감독자
> 라. 지적 능력

① 가, 나, 다
② 가, 다
③ 나, 라
④ 라
⑤ 가, 나, 다, 라

해설 직무기술서의 주요 내용
직무구분, 직무요약, 수행되는 임무, 감독자와 피감독자, 다른 직무와의 관계, 기계, 도구, 작업조건, 특별한 용어의 정의 등

출제유형 44

12 직무분석을 통해서 얻어지는 직무평가의 주용도는?

① 모집 및 선발
② 임금관리
③ 교육 및 훈련
④ 오리엔테이션
⑤ 인력 및 경력계획

해설 직무평가의 주용도
임금을 책정하는 데 있어서 내적, 외적 일관성을 유지함으로써 합리적인 임금 체계를 수립하기 위함이다.

정답 11 ① 12 ②

13 다음 중 직무평가의 방법이 아닌 것은?

① 요소비교법

② 점수법

③ 분류법

④ 서열법

⑤ 도식평정법

해설 **직무 평가방법**
- 질적 평가방법 : 서열법, 분류법
- 양적 평가방법 : 점수법, 요소비교법

14 다음 설명에 해당하는 리더십 이론은?

- 효과적인 리더십 유형의 결정에 영향을 미치는 변수 : 리더와 구성원의 관계, 과업구조, 직위권력
- 과업지향적 리더 : 통제 상황이 아주 약하거나 강할 때 적합하다.

① 맥그리거의 XY이론

② 알더퍼의 E.R.G 이론

③ 아담스의 공정성 이론

④ 브룸의 기대 이론

⑤ 피들러의 상황적합이론

해설 **피들러의 상황적합이론**
- 집단의 작업수행 성과는 리더십 유형과 상황변수의 상호작용에 의해서 결정된다고 보는 형태이다.
- 효과적인 리더십 유형의 결정에 영향을 미치는 변수 : 과업구조, 직위권력, 리더와 종업원 관계
- 상황에 맞는 효과적인 리더십
  - 통제 여건이 아주 약하거나 강할 때 : 과업지향적 리더
  - 통제 여건이 중간 정도일 때 : 관계지향적 리더

13 ⑤ **14** ⑤ 정답

15 인사고과 담당자가 조리기술 평가점수가 높은 작업자의 생산량을 정확하게 확인하지 않고 임의로 높게 평가했을 때 해당하는 오류는?

① 논리적 오차　　　　　　　　　② 관대화 경향
③ 중심화 경향　　　　　　　　　④ 대비 오차
⑤ 현혹 효과

해설 논리 오차(logical errors)
　　어떤 요소가 우수하게 평가되면 다른 요소도 우수하다고 인식하고 평가하는 오류이다.

16 다음 중 인사관리자가 유의해야 할 사항이 아닌 것은?

① 종업원으로 하여금 작업의 보람과 연대감을 느끼도록 해야 한다.
② 보상제도는 종업원의 노력에 상응하는 것임을 인식시켜야 한다.
③ 종업원의 지능과 의지력을 과소평가하지 않는다.
④ 인사 프로그램은 비밀리에 운영되어야 한다.
⑤ 만사를 공평하게 처리한다.

해설 인사고과란 객관적으로 종업원의 업무수행능력을 평가하는 절차이므로 비밀리에 운영되어서는 안 된다.

17 교육훈련의 목적으로 볼 수 없는 것은?

① 적절한 능력의 인재양성　　　　② 인력부족 해소
③ 직무수행 능력의 제고　　　　　④ 합리적인 채용관리
⑤ 잠재능력 개발

해설 교육훈련의 목적
　　• 적절한 능력의 인재양성
　　• 인력부족 해소
　　• 사기앙양과 동기유발
　　• 잠재능력 개발
　　• 업무변동에 따른 높은 수준의 지식 · 기술 · 태도의 신장

정답 15 ① 16 ④ 17 ④

18 인사고과에 대한 설명으로 옳지 않은 것은?

① 인사고과는 직무평가와 유사한 개념이다.

② 인사고과자와 피고과자에 대한 교육 및 훈련이 필요하다.

③ 인사고과 방법은 평가의 목적을 어디에 두느냐에 따라 달라진다.

④ 근래에 개발된 방법으로 행동기준 평가법과 목표관리법이 있다.

⑤ 인사고과는 종업원의 능력, 근무성적, 자질, 관습, 태도 등의 상대적 가치를 조직적으로 사실에 입각하여 객관적으로 평가하는 절차라 정의할 수 있다.

해설 인사고과는 인간을 대상으로 하여 가치를 평가하는 것이고, 직무평가는 직무 자체를 평가하는 것이다.

출제유형 37, 44

19 다음은 인사고과 시 평가자의 심리적 현상에서 오는 오류이다. 어떤 오류의 예인가?

'조리원이 근면하고 성실하면 조리실력도 좋다'라고 평가하게 되는 경우

① 관대화 경향(leniency tendency)

② 논리적 오류(logical error)

③ 현혹 효과(halo effect)

④ 편견(bias)

⑤ 중심화 경향(centralization tendency)

해설 현혹 효과(halo effect)
종업원의 호의적, 비호의적 인상이 고과내용의 모든 항목에 영향을 주는 오류이다.

20 직장 내 훈련(OJT)의 장점으로 옳은 것은?

> 가. 교육한 것을 즉시 이해할 수 있다.
> 나. 집단적으로 조직적이고 통일된 교육이 가능하다.
> 다. 감독자와의 직접 접촉이 원활하다.
> 라. 타 부서의 사람들과 지식, 정보, 경험을 교환할 수 있는 기회가 줄어든다.

① 가, 나, 다
② 가, 다
③ 나, 라
④ 라
⑤ 가, 나, 다, 라

해설 직장 내 훈련(OJT)
- 장 점
  - 장소 이동이 필요 없다.
  - 훈련이 현실적으로 이루어진다.
  - 훈련과 생산이 직결되어 경제적이다.
  - 교육한 것을 즉시 이해할 수 있다.
- 단 점
  - 지도자나 환경이 훈련에 반드시 적합하다고 할 수 없다.
  - 작업 수행에 지장을 준다.
  - 원재료의 낭비가 있다.

21 목표관리법에 대한 설명으로 옳지 않은 것은?

① 목표관리를 너무 많이 강조하면 독창성이 떨어진다.
② 상부와 하부 간에 공동목표를 설정한다.
③ 목표달성을 위해 공동으로 노력하고 평가한다.
④ 조직이 처해 있는 환경을 분석하기 위함이다.
⑤ 조직과 개인의 목표를 전체 시스템 관점에서 통합될 수 있도록 관리한다.

해설 ④ SWOT 기법이다.
목표관리법(MBO)
공동목표를 설정, 이행, 평가하는 전 과정에서 아래 사람의 능력을 인정하고 그들과 공동노력을 함으로써 개인목표와 조직목표 사이에, 상부목표와 하부목표 사이에 일관성이 있도록 관리하는 기법이다.

정답 20 ② 21 ④

22 근속연수에 비례하여 임금을 산정하는 제도는?

① 연공급

② 직무급

③ 성과급

④ 직능급

⑤ 시간급

해설 ② 직무급 : 동일노동, 동일임금의 원칙에 입각하여 직무의 중요성·난이도 등에 따라서 각 직무의 상대적 가치를 평가하고 그 가치에 알맞게 지급하는 임금 제도

③ 성과급 : 근로자의 작업시간과는 관계없이 근로자의 작업성과에 따라 임금을 지급하는 제도

④ 직능급 : 연공급과 직무급 형태를 절충한 것으로, 동일직무를 담당하더라도 상급직무를 담당할 능력이 있다고 평가되면 임금을 높이는 제도

⑤ 시간급 : 작업량과 관계없이 근로시간만을 기준으로 하여 임금을 지급하는 제도

23 다음 중에서 직장 내 훈련(OJT)의 효과가 가장 크게 나타나는 계층은?

① 기능공

② 중간 관리자

③ 관리자

④ 최고 경영자

⑤ 모든 계층

해설 OJT(On-the-Job Training)

직장 내 훈련 또는 현장훈련이라고 하며, 현장에 배치되어 감독자나 지도자로부터 직접 지도받는 훈련 방법으로, 비숙련·반숙련 기능공의 훈련에 효과적이다.

22 ① **23** ① 정답

24 직원을 보살펴 주는 리더로 인간존중을 바탕으로 하는 리더십은?

① 독재형 리더십

② 민주형 리더십

③ 참여형 리더십

④ 온정형 리더십

⑤ 섬기는 리더십

해설 서번트 리더십으로도 불리는 섬기는 리더십은 인간존중을 바탕으로, 다른 사람의 요구에 귀를 기울이는 하인이 결국은 모두를 이끄는 리더가 된다는 것이 핵심이다. 구성원들이 잠재력을 발휘할 수 있도록 앞에서 이끌어주는 리더십이라 할 수 있다.

25 감독자 훈련기법과 가장 관계가 깊은 것은?

① JIT

② TWI

③ OJT

④ 프로그램 학습

⑤ 사례연구법

해설 TWI(Training Within Industry)
- 감독자의 직장 외 교육훈련의 대표적 방법이다.
- 감독자의 필요조건으로 작업에 관한 지식, 직책에 관한 지식, 작업지시 기능, 작업개선 기능을 설정한다.

26 단체급식소의 관리자가 활용할 수 있는 자원의 종류에 해당되지 않는 것은?

① 자 본

② 노동력

③ 세부조직

④ 시 장

⑤ 기기시설

해설 자 원
인적 · 물적 자원, 자본, 기술, 경영기법

정답 24 ⑤ 25 ② 26 ④

27 직장 외 훈련(Off-JT)의 장점으로 옳은 것은?

① 훈련내용이 현실적이다.

② 훈련과 생산이 직결되어 경제적이다.

③ 장소이동의 필요성이 없다.

④ 많은 종업원에게 통일된 훈련을 할 수 있다.

⑤ 상사와 동료의 이해도가 커진다.

> **해설** 직장 외 훈련(Off-JT)
> • 장 점
> – 많은 종업원들에게 통일적, 조직적 훈련이 가능하다.
> – 전문적 지도자 밑에서 훈련에 전념할 수 있다.
> • 단점 : 직무수행에 지장을 주고 경제적 부담이 된다.

출제유형 43

28 조리원을 대상으로 고객의 급식서비스 만족도를 높일 수 있는 서비스 교육을 하고자 한다. 고객이 식사에 불만을 제기하는 상황에서 조리원의 응대요령과 표준 대화문을 연습하게 하는 방법은?

① 세미나법

② 사례연구

③ 프로그램 학습

④ 시청각 교육법

⑤ 역할연기

> **해설** 역할연기(Role Playing)
> 어떤 사례를 연기로 꾸며 실제처럼 재현해 봄으로써 문제를 완전히 이해시키고 그 해결 능력을 향상시킨다. 또한, 타인의 입장을 이해하는 감정이입 등의 공감능력을 함양하는 데도 도움이 된다.

27 ④ 28 ⑤ 정답

29 작업관리를 수행하면서 개선해 나가는 단계로 가장 옳은 것은?

> 가. 결과 평가
> 나. 실 시
> 다. 문제 발견
> 라. 현상 분석, 중요도 발견
> 마. 개선안 수립

① 가 → 나 → 다 → 라 → 마
② 가 → 다 → 라 → 마 → 나
③ 다 → 라 → 마 → 나 → 가
④ 다 → 마 → 나 → 가 → 라
⑤ 라 → 다 → 마 → 나 → 가

해설 작업기준을 만들어 표준화하는 절차
문제 발견 → 현상 분석 → 문제의 중점 발견 → 개선안 작성 → 실시 → 결과 평가

출제유형 45

30 동일한 업무에 대하여 동일한 임금을 지급하는 임금 제도는?

① 직능급
② 연공급
③ 시간급
④ 성과급
⑤ 직무급

해설 직무급
동일노동, 동일임금의 원칙에 입각하여 직무의 중요성·난이도 등에 따라서 각 직무의 상대적 가치를 평가하고 그 결과에 의거하여 그 가치에 알맞게 지급하는 임금 제도이다.

정답 29 ③ 30 ⑤

31 임금체계 중 직무 수행능력에 따라 임금에 차이를 두는 것은?

① 직능급

② 직무급

③ 성과급

④ 연공급

⑤ 시간급

> **해설** ① 직능급 : 연공급과 직무급 형태를 절충한 것으로, 동일직무를 담당하더라도 상급직무를 담당할 능력이 있다고 평가되면 임금을 높이는 제도
> ② 직무급 : 동일노동, 동일임금의 원칙에 입각하여 직무의 중요성·난이도 등에 따라서 각 직무의 상대적 가치를 평가하고 그 가치에 알맞게 지급하는 임금 제도
> ③ 성과급 : 근로자의 작업시간과는 관계없이 근로자의 작업성과에 따라 임금을 지급하는 제도
> ④ 연공급 : 근속연수에 비례하여 산정하는 임금 제도
> ⑤ 시간급 : 작업량과 관계없이 근로시간만을 기준으로 하여 임금을 지급하는 제도

32 작업일정표(work schedule)를 작성하여 얻을 수 있는 효과로 옳은 것은?

> 가. 종업원에 대한 평가가 용이하다.
> 나. 작업이 체계적으로 이루어진다.
> 다. 작업순서를 알 수 있다.
> 라. 작업에 대한 책임소재가 분명하다.

① 가, 나, 다

② 가, 다

③ 나, 라

④ 라

⑤ 가, 나, 다, 라

> **해설** 작업일정표(work schedule)
> 작업의 진행순서와 절차 등을 기록한 양식을 말하며, 제한된 시간 내에 많은 업무를 처리해야 하는 상황에서 업무를 효율적으로 처리하기에 유용하다.

33 다음 중 19C 후반 테일러가 주장한 '과학적 관리'의 기본원리는?

① 종업원들은 모든 분야의 작업에 참여한다.

② 종업원 각자가 스스로 자기 일의 작업방법을 계획·결정한다.

③ 급식업체의 모든 의사결정에 종업원과 관리자가 함께 참여한다.

④ 종업원을 가능한 한 적은 시간을 투자하여, 최대의 결과를 만들도록 훈련시킨다.

⑤ 급식업체의 모든 의사결정에 관리자만이 참여한다.

> **해설** 19C 후반 테일러(F. W. Taylor)가 주장한 '과학적 관리'의 기본원리
> - 집단의 행동에서 불화보다는 조화를 얻는다.
> - 주먹구구식 방법을 조직화된 지식으로 대체한다.
> - 제한된 산출보다는 최대 산출을 위해서 일한다.
> - 무질서한 개인주의보다는 인간의 협동을 달성한다.
> - 종업원 자신과 회사의 최대의 성공을 위해 모든 노동력을 최대한 개발시킨다.

출제유형 44

34 다음에 해당하는 직무설계법은?

> 대학교 단체급식소에서는 배선조와 조리조를 3개월마다 교체하여 동일작업으로 인해 발생하는 불만을 감소시켰다.

① 직무 단순

② 직무 순환

③ 직무 교차

④ 직무 확대

⑤ 직무 충실

> **해설** 직무설계
> - 직무 단순 : 작업절차를 단순화하여 전문화된 과업을 수행
> - 직무 순환 : 다양한 직무를 순환하여 수행함
> - 직무 교차 : 직무의 일부분을 다른 사람과 함께 수행함
> - 직무 확대 : 과업의 수적 증가, 다양성 증가(양적 측면)
> - 직무 충실 : 과업의 수적 증가와 함께 책임과 통제 범위를 수직적으로 늘려 직원에게 동기부여를 줄 수 있음 (질적 측면)

정답 33 ④ 34 ②

35 **맥그리거의 XY이론 중 Y이론에 대한 설명은?**

① 사람들은 일을 싫어하기 때문에 뭐든 억지로 시켜야 한다.

② 사람들은 은근히 위에서 명령이 하달되기를 바란다.

③ 사람들은 자신이 세운 목표에 스스로 매진하는 것을 좋아한다.

④ 직장인들에게 유일한 동기 부여의 수단은 돈이다.

⑤ 대부분의 사람들이 발휘하는 창의력이란 일을 하지 않기 위해 잔꾀를 부릴 때 발휘된다.

해설 X이론은 인간의 본성에 대해 부정적인 견해(수동적인 인간관)를 가진 전통적인 인간관에 입각한 것이고, Y이론은 긍정적인 견해(자발적 인간관)를 가진 현대적인 인간관에 입각한 것이다.

36 **동기부여이론 중 브룸의 기대이론에 대한 설명으로 틀린 것은?**

① 개인들이 특정 행동에 대한 동기부여가 어떤 과정을 통해 유발되는지에 초점을 둔다.

② 기대이론의 중요한 요소는 노력, 성과, 유인성이다.

③ 적절한 동기부여를 위해 공헌도에 따라 공정한 보상을 한다.

④ 개인의 가치관에 따른 주관적 판단에 따라 다른 행동을 선택한다.

⑤ 자신이 노력하면 가능하다는 기대를 가지고 있다.

해설 브룸의 기대이론은 개인의 동기는 그 자신의 노력이 어떤 성과를 가져오리라는 기대와, 그러한 성과가 보상을 가져다주리라는 수단성에 대한 기대감의 복합적 함수에 의해 결정된다는 이론이다.

37 노동조합이 조직을 강화하기 위한 방법으로 가장 강력한 제도는?

① 체크오프(check off) 제도

② 유니언 숍(union shop) 제도

③ 오픈 숍(open shop) 제도

④ 클로즈드 숍(closed shop) 제도

⑤ 메인트넌스 숍(maintenance of membership shop) 제도

> **해설** ④ 클로즈드 숍(closed shop) 제도 : 조합원만을 고용할 수 있는 제도로서, 종업원의 채용, 해고 등은 노동조합의 통제에 따른다.
> ① 체크오프(check off) 제도 : 조합비 징수 방식의 하나로 조합이 조합원에게 징수할 조합비를 노사합의하에 사용자가 징수하여 일괄적으로 조합에 교부하는 제도이다.
> ② 유니언 숍(union shop) 제도 : 클로즈드 숍과 오픈 숍의 중간적 형태의 조합으로서, 비조합원도 채용될 수 있으나 채용 후 일정기간 안에 조합에 가입하여야 하며, 만약 본인이 가입을 거부하면 해고된다.
> ③ 오픈 숍(open shop) 제도 : 조합원 또는 비조합원이 자유로이 채용될 수 있으며, 조합 가입이나 탈퇴는 종업원의 자유에 맡긴다.
> ⑤ 메인트넌스 숍(maintenance of membership shop) 제도 : 조합원이 되면 일정기간 조합원 신분을 유지해야 하는 제도를 말한다.

38 노동조합의 기능 중에서 단체교섭을 바르게 설명한 것은?

① 어떤 형태든지 종업원이 기업의 의사결정에 참여토록 하는 것이다.

② 노동조합에 의한 경영참가로 노사 상호협력을 위해 갖는 모임이다.

③ 구성원의 사회적·경제적 복지를 촉진시키고 증진시키기 위해 조직을 설계하는 것이다.

④ 기업의 대표(사용자) 측이 근로자의 대표(고용자) 측과 만나서 어떤 협약을 체결해 가는 과정이다.

⑤ 쌍방이 상대방의 입장을 수용하고 근로자의 문제와 기업의 생산성 문제만을 해소시키기 위해 함께 노력하는 것이다.

> **해설** ① 경영참가제도, ② 노사협의, ③ 노동조합에 대한 설명이다.

39 과업지향형 지도자의 특징으로 옳은 것은?

> 가. 수행해야 할 직무의 기준을 명확히 설정하며 과업책임을 부여한다.
> 나. 구성원 간의 만족과 신뢰를 존중한다.
> 다. 주어진 과업의 책임을 부여하고 결과에 대해 통제한다.
> 라. 다른 사람의 감정을 존중하며 우호적인 관계를 유지한다.

① 가, 나, 다
② 가, 다
③ 나, 라
④ 라
⑤ 가, 나, 다, 라

해설 **과업지향형 지도자**
　인간적 요소를 배제하고 과업을 최고로 중시하며 냉정하게 처리하는 행동유형을 가진다.

40 호손 실험의 성과를 나타낸 것으로 옳은 것은?

> 가. 합리적 행동의 중요성 파악
> 나. 비공식적 조직의 중요성 파악
> 다. 과학적 작업방법을 고안
> 라. 인적 요인에 의한 작업능률 개선

① 가, 나, 다
② 가, 다
③ 나, 라
④ 라
⑤ 가, 나, 다, 라

해설 가, 다는 테일러의 과학적 관리에 대한 설명이다.

39 ② **40** ③ **정답**

41 다음 중 노동조합의 숍제도(shop system)의 형태로서 조합원 또는 비조합원이 자유로이 채용될 수 있고 가입과 탈퇴도 자유인 것은?

① 클로즈드 숍(closed shop)

② 오픈 숍(open shop)

③ 에이전시 숍(agency shop)

④ 유니언 숍(union shop)

⑤ 프레퍼렌셜 숍(preferential shop)

해설 ① 조합원 자격을 가진 자만 채용될 수 있는 제도이다.

③ 대리기관 숍 제도라고도 하는데 이는 조합원이 아니더라도 모든 종업원에게 단체교섭의 당사자인 노동조합이 조합 회비를 징수하는 제도이다.

④ 클로즈드 숍과 오픈 숍의 중간 형태의 제도이다.

⑤ 노동조합 숍제도의 변형된 형태의 하나로 채용에 있어서 노동조합원에게 우선순위를 주는 제도이다.

42 다음은 지도자의 리더십 유형 중 어느 유형에 대한 설명인가?

- 상층으로부터의 하향식 관리이다.
- 직무지향적 지도자이다.
- 권력으로만 부하를 통제하려고 한다.
- 갈등의 원인을 근본적으로 해결하려는 것이 아니라 권력으로 복종만을 강요한다.

① 전제적 리더십

② 자유방임적 리더십

③ 민주적 리더십

④ 인간관계적 리더십

⑤ 온정주의적 리더십

해설 전제적 리더십

- 목표가 언제나 명확하다.
- 부하에게 명령과 복종이라는 형태의 리더십을 행사한다.
- 업무 중심의 감독자이다.
- 권력으로만 부하를 통제하려고 한다.
- 상층으로부터의 하향식 관리이다.
- 문제의 원인을 근본적으로 해결하는 것이 아니라 권력이나 권위로써 복종을 강요한다.

43 의사결정의 시급성을 요구하는 상황에서 가장 효과적인 지도자의 지도 유형은?

① 전제적 리더십

② 참여적 리더십

③ 자유방임적 리더십

④ 외교적 리더십

⑤ 민주적 리더십

해설 전제적 리더십은 생산성을 향상시키기 위해 인간적 요소를 배제하고 과업을 중요시하는 것으로 의사결정의 신속성을 요할 때에는 1인의 결정이 이루어지는 것이 필요하다.

출제유형 45

44 경영자와 종업원이 함께 목표를 설정하고, 성과를 객관적으로 측정·평가하여 그에 상응하는 보상을 주는 경영기법은?

① 경영혁신

② 스왓분석

③ 벤치마킹

④ 목표관리법

⑤ 지식경영

해설 목표관리법(MBO)
조직의 상하 구성원들이 참여의 과정을 통해 조직 단위와 구성원의 목표를 명확하게 설정하고, 그에 따라 생산활동을 수행한 후 업적을 객관적으로 측정·평가함으로써 관리의 효율화를 기하려는 포괄적 조직관리 체제이다.

45 아담스의 공정성 이론에 대한 설명으로 틀린 것은?

① 노력에 대한 대가를 기대하고 한 일에 대한 보상이 가치 있을 때 동기부여가 된다.

② 동등하게 대접받기를 원하는 것에서부터 출발한다.

③ 비교해서 동등하지 않다고 판단이 되면 그것을 수정하려는 행동을 하게 된다.

④ 동등한 대우를 받더라도 이를 다르게 평가할 수 있다.

⑤ 보상이 동기를 부여하기 위해서는 이것이 공정한 것으로 인식되어야 한다.

해설 ① 브룸의 기대이론이다.

43 ① 44 ④ 45 ① 정답

46 다음은 동기 유발에 대한 이론 설명이다. 옳지 않은 것은?

① Maslow의 욕구계층 이론 – 동기는 하위욕구로부터 상위욕구로 진행된다.

② Alderfer의 ERG 이론 – 존재, 관계 및 성장에 관한 이론으로 상위욕구가 충족되지 않을수록 하위욕구가 커진다.

③ Herzberg의 2요인 이론 – 위생요인보다 동기요인이 만족차원의 것이다.

④ Mcgregor의 XY이론 – X이론에 의한 인간형이 Y이론에 의한 인간형보다 성숙하고 자율적인 인간상이다.

⑤ Adams의 공정성 이론 – 직무에 대한 투입과 산출의 결과가 공정하지 못하면 직무의 성과에 지장을 준다.

> **해설** Mcgregor의 XY이론
> • X이론 : 수동적 인간관, 인간은 원래 게으르며 가능한 한 일을 하지 않으려 한다는 견해
> • Y이론 : 자발적 인간관, 인간은 본래 일을 즐기고 자아실현을 위해 노력하는 존재라는 견해

출제유형 37, 44

47 다음 보기는 신입 영양사 채용을 위한 입사지원서 중 어느 것에 해당하는가?

〈영양사 구인 · 구직〉
• ○○학교 3년제 졸업
• 한식 조리기능사 자격 소유

① 직업기술서
② 직무일정표
③ 직무평가서
④ 직무명세서
⑤ 조직도

> **해설** 직무명세서
> • 직무를 성공적으로 수행하는 데 필요한 인적 특성, 즉 육체적 · 정신적 능력, 지식, 기능 등 인적 자격요건을 명시한 서식
> • 직무기술서와의 차이점
>   – 직무기술서 : 직무수행을 위한 직무 내용과 직무요건을 기술하는 데 중점
>   – 직무명세서 : 직무요건 중에서 인적 요건에 대해 초점

48 단체급식소에서 영양사가 다음의 표를 활용하여 조리원을 평가했다면 어떤 인사고과 방법을 이용한 것인가?

평가항목	예	아니요
자신의 업무를 잘 수행하기 위해 노력하는가?		
고객을 친절하게 응대하는가?		
복장은 깔끔하고 단정한가?		
구성원들과의 관계가 좋은가?		

① 도표척도법

② 자유서술법

③ 속성열거법

④ 인적평정센터법

⑤ 체크리스트법

해설 체크리스트법
- 대조리스트법이라고도 하며, 적당한 몇 가지 표준행동을 배열하고 해당사항을 체크하여 평가하는 방법이다.
- 장점 : 평가자는 사실만 체크하면 된다.
- 단점 : 종업원의 특성과 공헌도에 관해 계량화, 종합화가 어렵다

49 허즈버그(Herzberg)의 이론 중 동기요인으로 옳은 것은?

① 직무 자체

② 기업정책과 경영

③ 감독자

④ 고용안정성

⑤ 작업 조건

해설 허즈버그의 동기-위생 이론(2요인 이론)
- 동기요인(만족요인) : 직무에 대한 성취감, 인정, 승진, 직무 자체, 성장가능성, 책임감 등
- 위생요인(불만요인, 유지요인) : 작업조건, 임금, 동료, 회사정책, 고용안정성 등

48 ⑤ **49** ① 정답

50 매슬로우가 제시한 욕구계층에 관한 가설로 옳지 않은 것은?

① 근로자는 일련의 내적 필요성을 만족시키려는 욕구에 의해 근로동기가 생긴다.

② 불만족한 욕구는 행동에 영향을 미친다.

③ 인간의 욕구는 그 중요성의 순서대로 기본적인 것에서부터 복합적인 것으로 배열된다.

④ 인간의 욕구는 낮은 계층의 욕구가 충족되었을 때 다음 단계의 욕구로 진행하게 된다.

⑤ 5단계의 인간 욕구가 모두 충족되어야 근로동기가 유발된다.

해설 매슬로우

하나의 욕구가 충족되면 다음 욕구가 생기고 언제나 욕구가 생겨 그것이 동기가 되어 행동한다. 즉, 여러 욕구가 완전히 충족될 수 없다 하더라도 어느 정도의 기대 수준이 만족되면 동기유발, 즉 근로의욕이 생기는 것이다.

51 다음 중 하향적 의사소통 경로로 옳은 것은?

> 가. 명 령
> 나. 면 접
> 다. 통 보
> 라. 제안제도

① 가, 나, 다

② 가, 다

③ 나, 라

④ 라

⑤ 가, 나, 다, 라

해설 의사소통
- 하향적 의사소통 : 명령, 통보
- 상향적 의사소통 : 보고, 제안

정답 50 ⑤ 51 ②

52 리더십 이론 중 상황이론에 대한 설명으로 옳은 것은?

① 리더의 개인적 특성에 의해 리더십이 결정된다.

② 추종자들의 태도와 능력에 의해 리더십이 결정된다.

③ 공통적인 특성을 가진 리더에 의해 리더십이 효율적으로 발휘된다.

④ 조직의 분업화 정도, 업무의 난이도 등에 따라 리더십이 결정된다.

⑤ 특성이론이라고도 한다.

[해설] 환경의 조건에 적합한 상대적 최적의 방법을 추구하는 상황조건별 적합이론으로서 리더의 행동이 어떤 특정의 상황과 부합될 때 그 리더십 유형이 유효적이라는 이론이다.

출제유형 45, 46

53 단체급식소에서 점장으로 승진한 관리자에게 영양사와 조리종사원 간의 갈등상황을 제시한 후 해결책을 찾도록 하는 교육훈련 방법은?

① 집단토의

② 프로그램 학습

③ 역할 연기법

④ 강의법

⑤ 사례연구

[해설] 사례연구
과거에 실제로 있었던 일이거나 있을 수 있는 상황을 제시한 후 해결책을 찾도록 하여 문제해결 능력을 기를 수 있게 하는 교육훈련의 방법이다. 주로 관리자나 감독자의 의사결정이나 인간관계에 관한 훈련에 활용되고 있다.

54 제안제도의 효과로 옳은 것은?

> 가. 원가 절감이 가능해진다.
> 나. 창의력을 개발시킨다.
> 다. 자기 직무에 관심이 생긴다.
> 라. 조직에 대한 신뢰감이 생긴다.

① 가, 나, 다
② 가, 다
③ 나, 라
④ 라
⑤ 가, 나, 다, 라

해설 제안제도의 효과
- 의사소통의 촉진
- 창의력의 개발
- 원가절감 가능
- 노사관계 원활
- 조직에 대한 일체감과 신뢰감
- 자기 직무에 대한 관심과 흥미
- 작업의욕과 작업능률 향상

출제유형 46

55 칭찬이나 좋은 보상을 함으로써 동기를 유발할 수 있다는 이론은?

① 스키너의 강화이론
② 브룸의 기대이론
③ 드러커의 목표관리법
④ 알더퍼의 E.R.G 이론
⑤ 매슬로우의 욕구계층 이론

해설 스키너의 강화이론
바람직한 행동을 학습시킬 수 있는 강화요인의 전략을 활용하는 이론으로, 강화요인은 적극적 강화, 회피, 소거, 처벌의 네 가지 범주로 구분된다.

정답 54 ⑤ 55 ①

56 다음에서 설명하는 경영관리 이론은?

> 인간의 본성을 '본래 인간은 일하기 싫어하고 수동적이다.'라고 보는 견해와 '인간은 본래 일을 즐기고 자아실현을 위해 노력한다.'라고 보는 견해가 있음

① 맥그리거의 XY 이론
② 아담스의 공정성 이론
③ 피들러의 상황적합이론
④ 맥클리랜드의 성취동기이론
⑤ 허쉬와 블랜차드의 상황이론

해설 맥그리거의 XY이론
- X이론 : 수동적 인간관으로 인간은 본래 게으르며 가능하면 일을 하지 않으려 회피하기 때문에 조직목표를 달성하기 위해서는 처벌로 강제하고 통제해야 한다는 주장이다.
- Y이론 : 자발적 인간관으로 인간은 본래 일을 즐기고 자아실현을 위해 노력하는 존재이므로 관리자는 도와주는 역할만을 수행해야 한다는 주장이다.

57 인사고과의 오류로 평가를 10점 만점으로 했을 시 6~7점과 같이 중심에 집중하는 경향으로 옳은 것은?

① 현혹효과
② 논리 오차
③ 중심화 경향
④ 관대화 경향
⑤ 대비 오차

해설 집단 분포에 의한 오류
- 중심화 경향 : 분포도가 중심에 집중
- 관대화 경향 : 분포도가 위쪽으로 편중

56 ① **57** ③ 정답

58 다음 보기의 모집방법으로 옳은 것은?

> • 종업원의 동기유발과 사기를 높인다.
> • 모집하는 범위가 한계가 있다.
> • 연고주의로 인간관계가 불편해지고 파벌이 생길 수 있다.

① 수시 모집
② 정규 모집
③ 연고 모집
④ 외부 모집
⑤ 내부 모집

해설 모 집

구 분	내부 모집	외부 모집
장 점	• 종업원의 성과자료 사용 가능(업무습관, 기능, 역량, 대인관계, 조직적응) • 내부승진 동기 부여 • 시간단축 및 비용 저렴 • 훈련의 필요성 강조, 사회화 촉진	• 새로운 아이디어와 관점 도입 • 기존 종업원의 지식기반 확충 • 외부인력 유입으로 조직분위기 쇄신 • 신규인력 수요를 대처 • 능력과 자격을 갖춘 직무에 알맞은 자를 영입
단 점	• 다수의 종업원들의 동일직위 지원집중 시 경쟁이 치열하여 갈등 초래 • 탈락자의 사기와 성과 저하 • 과도한 내부모집은 조직의 창의성 저하 • 승진사슬 초래	• 새로운 조직문화에 적응시간 소요 • 내부 지원자의 사기감소 초래 • 훈련과 사회화 시간이 소요 • 채용 시 장기간 소요와 모집비용 증가 • 외부인력 채용에 따른 위험부담

59 인원 배치, 임금 책정, 교육 훈련 따위를 위하여 종업원이나 직원의 능력·성적·태도를 종합적으로 평가하는 일을 결정하는 것은?

① 직무설계

② 직무분석

③ 직무확대

④ 직무평가

⑤ 인사고과

해설 인사고과

근로자의 이동, 승진 등의 재배치를 위하여 근로자의 능력, 성적, 적성, 태도 등을 조직체 유용성의 관점에서 평가하여 상대적 가치를 결정하는 것이다. 임금관리의 기초자료, 승진, 배치, 해고 등 인사이동의 기초자료, 종업원 간의 능력 비교 및 능력 발굴, 교육훈련을 위한 자료 등을 얻는 데 목적이 있다.

60 허쉬와 블랜차드의 상황이론에서 괄호에 들어갈 내용은?

급식 관리자가 능력은 부족하지만 의욕이 있는 종업원을 지도할 때에는 (A) 리더십을 발휘하는 것이 적합하나, 이 종업원이 급식업무에 익숙해지면 통제를 줄이고 의사결정과 권한을 적절하게 부여하는 (B) 리더십을 발휘하는 것이 바람직하다.

	A	B
①	지시형	설득형
②	지시형	참여형
③	설득형	지시형
④	설득형	위임형
⑤	참여형	위임형

해설 허쉬와 블랜차드의 상황이론
- 지시형 : 높은 과업지향, 낮은 관계지향(부하가 능력과 의욕이 모두 낮은 경우)
- 설득형 : 높은 과업지향, 높은 관계지향(부하가 능력이 부족하나 의욕은 있는 경우)
- 참여형 : 낮은 과업지향, 높은 관계지향(부하가 능력은 있으나 의욕이 부족한 경우)
- 위임형 : 낮은 과업지향, 낮은 관계지향(부하의 능력과 의욕이 모두 높은 경우)

59 ⑤ **60** ④ **정답**

CHAPTER 03 급식경영

01 경영관리

(1) 경영관리의 정의

생산, 마케팅, 재무, 인사, 연구개발, 회계 등 여러 가지 기업활동의 목적을 능률적으로 달성하기 위해서 각 부문별로 계획, 조직, 지휘, 조정, 통제기능을 종합적이고 합리적으로 관리하는 것

영양보충

급식경영 관리의 6요소(6M)
Men(사람), Material(물자), Method(방법), Machine(기계), Money(자금), Market(시장)

(2) 경영관리의 기능 ⭐ ⭐

① **계획(planning)** : 기업의 목적달성을 위한 준비활동으로서 앞으로의 경영활동의 목표와 방침, 절차 등을 세우는 기능으로 조직구성원들로 하여금 임무수행과 통제의 근거가 되며, 경영활동의 출발점이 됨

② **조직(organizing)** : 직무를 분담시키고, 이를 수행할 수 있는 권한과 책임을 명확히 하여 직무 상호 간의 관계를 합리적으로 편성하는 등의 공동목표 달성을 위한 협동체계의 구성

③ **지휘(directing)** : 각 업무의 담당자가 책임감을 가지고 적극적으로 업무를 수행하도록 지시, 감독하는 기능으로 구성원 스스로 창의력을 발휘하여 일할 수 있는 분위기를 조성하며 동기유발을 중시 ⭐

④ **조정(coordinating)** : 업무수행 중 일어나는 수직적·수평적 상호 간의 이해관계, 의견 대립 등을 조정하여 조화를 이루도록 하는 기능

⑤ **통제(controlling)** : 모든 활동이 처음에 계획한 대로 진행되고 있는가의 여부를 검토하고, 대비 평가하여 만일 차이가 있으면 처음의 계획에 접근하도록 개선책을 마련하는 최종 단계의 관리 기능으로, 계획기능과 더불어 가장 기본적인 기능

(3) 경영관리 기법 ⚑ ⚑ ⚑ ⚑ ⚑ ⚑ ⚑ ⚑ ⚑

① 벤치마킹 : 조직의 업적 향상을 위해 최고수준에 있는 다른 조직의 제품, 서비스, 업무방식 등을 서로 비교하여 상대의 강점을 파악하고 새로운 아이디어를 얻어 경쟁력을 확보해나가는 체계적이고 지속적인 경영혁신 기법

② 스왓(SWOT) 분석 : Strengths(강점), Weaknesses(약점), Opportunities(기회), Threats(위협)의 약자로, 조직이 처해 있는 환경을 분석하기 위한 기법. 장점과 기회를 규명하고 강조하고 약점과 위협이 되는 요소는 축소함으로써 유리한 전략계획을 수립하기 위한 방법

③ 아웃소싱(outsourcing) : 시장경쟁이 심해지고 기업의 특화의 정도가 고도화됨에 따라 핵심능력이 없는 부품이나 부가가치활동은 자체 내에서 조달하는 것보다 외부의 전문업체에 주문하여, 더 좋은 품질의 부품이나 서비스를 더 값싸게 생산 또는 제공받는 기법

④ 다운사이징(downsizing) : 조직의 효율성을 향상시키기 위해 의도적으로 조직 내의 인력, 계층, 작업, 직무, 부서 등의 규모를 축소시키는 기법

(4) 의사결정 유형

① 전략적 의사결정

ㄱ 기업의 외부문제에 관련된 것으로 최고경영자에 의해 결정

ㄴ 의사결정 문제 : 비정형적, 비구조적

ㄷ 의사결정 환경 : 동태적, 복잡, 불확실

ㄹ 대상 : 기업의 신규사업 진출, 해외진출, 신제품 개발 및 사업다각화 등

② 관리적 의사결정 ⚑

ㄱ 기업의 내부문제에 관련된 것으로 중간관리층에 의해 결정

ㄴ 불완전하지만 신뢰할만한 정보를 근거로 의사결정을 행함

ㄷ 대상 : 유통경로의 설정, 공장입지 및 자금, 설비, 인력 등

③ 운영적 의사결정

ㄱ 목적 : 전략적 의사결정과 관리적 의사결정을 보다 구체화하기 위하여 기업 내 모든 자원의 효율극대화

ㄴ 일선감독층이나 담당자에 의해 결정

ㄷ 안정적 환경에서 일상적이고 정형화된 의사결정 문제가 대부분

ㄹ 대상 : 제품의 품질개선, 재고처리방안, 매출채권회수, 통상적 구매행위 등

(1) 경영조직의 정의

기업의 경영을 일정한 목적에 따라 하나의 활동체로서 합리적으로 운영하기 위해서는 종업원 상호 간에 일의 분담을 명확히 정하고, 각 담당자 간에 밀접한 협력 관계가 이루어지도록 결합하는 힘의 체계가 필요한데, 이러한 결합의 방식을 경영조직이라고 함

> **영양보충**
>
> **종합적품질경영(TQM ; Total Quality Management)** ⭐ ⭐ ⭐ ⭐ ⭐
> • 의의 : 경영자가 소비자 지향적인 품질방침을 세워 최고경영진은 물론 전 종업원이 전사적으로 참여하여 품질향상을 꾀하는 활동이다. 제품이나 서비스의 품질뿐만 아니라 경영과 업무, 직장환경, 조직 구성원의 자질까지도 품질개념에 넣어 관리해야 한다.
> • 특징 : 경영활동 전반에 걸쳐 경쟁적 우위를 갖추도록 모든 구성원이 참여하는 종합적 · 전사적 경영관리체계. 고객지향의 제품개발 및 품질보증체계(ISO−9000 등)의 확보, 품질관리를 포함한 기업전반의 경영관리를 전략적으로 행하는 것
> • 원칙 : 고객중심, 공정개선, 전원참가

(2) 조직화

① **조직화의 개념** : 조직화는 계획 수립단계에서 확정된 계획을 실행으로 옮기기 위해 인적자원과 물적자원을 분배하고 조직 내 다양한 작업들을 조직화하며 종적 · 횡적 관계를 조정하는 기능

② **조직도의 기능** : 조직에서 각 부서 간의 관계와 필요한 업무의 분담 및 책임관계를 명확하게 공식적으로 명시해 놓은 표를 조직도라 하며, 조직도를 통해 조직의 명령체계, 의사소통체계, 직위, 활동규모 등을 알 수 있음

> **영양보충**
>
> **민츠버그의 경영자 역할** ⭐
> • 대인간 역할 : 연결자, 대표자, 지도자(리더)
> • 정보 역할 : 정보전달자, 정보탐색자, 대변인
> • 의사결정 역할 : 기업가, 협상자, 분쟁중재자, 자원분배자
>
> **카츠의 경영자에게 필요한 기술** ⭐ ⭐ ⭐ ⭐ ⭐
> • 전문적 기술 : 실무적인 기술로, 일선관리자에게 필요(하위관리자)
> • 대인적 기술 : 업무를 지휘 · 통솔하는 능력(중간관리자)
> • 개념적 기술 : 조직을 전체로 보고 각 부문 간의 상호관계를 통찰하는 능력(최고경영진)

(3) 경영조직의 일반 원칙

① **명령일원화의 원칙** : 경영조직의 질서를 유지하기 위해서 명령계통의 일원화가 필요하다는 원칙으로 조직의 각 구성원은 1인의 직속 상급자로부터 지시·명령을 받아야 함

  ㉠ 권한, 책임의 명료화

  ㉡ 부하의 효율적인 통제 가능

  ㉢ 상위자의 전체적인 조정 용이

  ㉣ 하위자는 상위자의 명령·보고 관계를 일원화 → 지휘에 대한 안정감

② **전문화의 원칙** : 조직구성원은 하나의 업무를 전문적으로 담당함으로써 경영활동의 능률을 높일 수 있도록 해야 한다는 원칙으로 실현하는 데 가장 적절한 방법은 직능을 분화하는 것

③ **권한위임의 원칙** : 권한을 가지고 있는 상위자가 하위자에게 직무를 위임할 경우에는 그 직무수행에 관한 일정한 권한까지도 주어야 하지만 권한을 위임해도 책임까지 위임할 수는 없음 ⭐14

④ **감독한계 적정화의 원칙(관리범위의 원칙)** : 한 사람이 업무를 수행하거나 감독할 수 있는 능력에는 한계가 있으므로 업무 범위와 감독할 수 있는 부하직원의 수를 알맞게 정해야 함 ⭐39

⑤ **기능화의 원칙** : 인간본위가 아닌 업무를 중심으로 접근하고자 하는 원칙 ⭐37

⑥ **계층단축화의 원칙** : 상하의 계층이 길게 되면 의사소통 불충분, 명령전달 지연, 인건비 증대의 폐단이 생기므로 조직의 계층을 단축하여 업무를 효율화함

⑦ **책임과 권한의 원칙** : 해당 직위에 있는 사람은 권한을 행사한 결과에 대한 책임을 져야 함

> **TIP**
>
> **삼면등가의 원칙**
> 권한, 책임, 의무가 직무를 중심으로 동등하게 부여되어야 한다는 원칙

(4) 경영조직의 직능 분화

① **수평적 분화**

  ㉠ 조직의 목표를 효과적으로 달성하기 위해 조직의 구성원에게 각각 다른 역할을 부여하는 것

  ㉡ 조직이 전문화된 여러 업무와 부서를 형성해 가는 과정으로 수평적 분화에는 직무의 부문화가 있음

② **수직적 분화**

  ㉠ 수직적 분화는 계층화의 원리에 의해 이루어지는데 한 사람의 상급자가 직접 감독할 수 있는 부하의 수에는 한계가 있다는 감독 범위의 원리에 따라 수직적 직능 분화가 일어남

  ㉡ 수직적 분화의 기본요소 : 명령체계, 감독범위, 권한이양, 집권화 등

(5) 경영조직의 형태

① 직계(line) 조직

ㄱ 특 징
- 가장 오래되고 단순한 조직 형태로 최고경영층의 명령이 상부에서 하부로 직선적으로 전달되는 단순한 조직 형태
- 지휘 · 명령일원화의 원칙 도입

ㄴ 장점과 단점

장 점	단 점
• 관리 비용이 적게 듦 • 권한과 책임관계가 명확 • 명령이 잘 전달되어 통솔력이 강함 • 결정이 신속하고 동일성을 기할 수 있음 • 직공의 훈련이 용이	• 만능 직공장의 양성 곤란 • 직공장의 부담이 너무 큼 • 각 부문 간의 유기적인 조정이 곤란 • 전문적 지식 · 기능을 활용할 수 없음 • 유능한 사람이 떠났을 때 후임자를 구하는 데 어려움이 따름 • 지휘자의 독단적인 처사로 인한 피해가 커질 수 있음

② 기능식(functional) 조직

ㄱ 특 징
- 직계(line) 조직의 단점을 시정하기 위하여 테일러(F. W. Taylor)가 제창
- 관리자의 업무를 전문화하고 각 기능별로 전문가를 두어 관리시키는 방식
- 전문화의 원칙을 도입

ㄴ 장점과 단점

장 점	단 점
• 전문화의 원리를 이용할 수 있음 • 직공장의 양성이 용이 • 차별적 성과급제를 적용할 수 있음 • 감독을 전문화할 수 있음 → 능률적 • 숙련층 대신에 하급 노무자를 쓸 수 있음	• 전문적 기능의 합리적인 분할이 쉽지 않음 • 조정이 곤란하고 지휘 · 명령의 통일이 어려움 • 책임의 전가가 용이 → 사기 저하 우려 • 인건비가 많이 들고, 질서유지가 곤란함 • 상위자들의 마찰이 일어나기 쉬움

③ 직계 · 참모식(line and staff) 조직

　　㉠ 특 징

　　　• 에머슨(H. Emerson)이 제안

　　　• 전문화의 원리와 명령일원화의 원리를 함께 이용한 조직 형태

line	staff
• 집행적 기능 • 결정권 및 명령권이 있음, 의사결정 빠름 • 경영의 목적 달성에 직접 기여 • staff의 권고를 참고할 의무와 거부할 자유	• 정보수집, 조사, 계획 • 결정권 및 명령권이 없음 • 경영 목적 달성에 간접 기여 • line에게 권고, 조언의 서비스 제공

　　㉡ 장점과 단점

장 점	단 점
• 능률 상승 • 조직의 안정 • 조직 전체로서의 관리통제가 수월	• 명령(line)과 조언(staff) 계통의 혼동 우려 • 간접 비용의 증가 • 직계(line)부문 직원과 참모(staff)부문 직원 간 대립 우려 • 직계(line)가 참모(staff)에 의존하려는 경향

④ 위원회 조직 ★

　　㉠ 특 징

　　　• 부문 상호 간의 의사소통과 의견의 불일치를 극복하기 위한 형태

　　　• 기본조직 외에 위원회 조직을 두어 집단토의 기회를 주고 합리적인 결정을 함

　　　• 경영참여 의식을 높여 경영 전반에 대한 이해를 높일 수 있게 함

　　㉡ 장점과 단점

장 점	단 점
• 집단토의 기회 제공 • 경영참여 의식 • 최선의 판단	• 책임 분산 • 시간과 비용 낭비 • 집행기관으로서는 적합하지 않음

⑤ 사업부제 조직

　　㉠ 특 징

　　　• 조직을 제품별, 지역별, 거래처별로 부문화

　　　• 경영상의 독립성을 인정하여 책임의식을 갖게 함으로써 경영활동을 효과적으로 수행할 수 있도록 함

　　㉡ 장점과 단점

장 점	단 점
• 전반 경영자의 부담 경감 • 제품의 다양화에 대응 • 경영자 훈련과 양성 용이 • 사업부장의 창의력 발휘	• 정책 결정 및 관리의 통일 곤란 • 유능한 인재가 많아야 함 • 자본과 경비 증대 • 기피선언권으로 전사적 이익 희생

⑥ 프로젝트 조직 ⭐

　㉠ 기업의 경영활동을 과제(project)별로 조직하는 형태로, 동태적 조직이라고도 함

　㉡ 특 징

　　• 최대도달목표, 최대투자목표, 최대허용기간을 조건으로 기초연구, 응용연구 등 한정된 목표를 달성하기 위한 수평적인 조직

　　• 목표가 달성되면 해산

⑦ 매트릭스 조직 ⭐ ⭐ ⭐

　㉠ 기능식 조직과 프로젝트 조직을 병합한 조직으로, 행렬 조직이라고도 함

　㉡ 특 징

　　• 명령계통의 이원화로 명령일원화의 원칙에 위배

　　• 특정제품이나 브랜드마다 제품계획, 시장조사, 광고, 촉진활동 등 각 항목별로 경영관리를 책임지는 책임자를 선임하는 방법

　　• 기능적 부문화에서의 장점과 분권조직에서의 장점을 동시에 취하려는 조직

⑧ 팀형 조직 : 기존의 부서, 과 위주의 조직을 팀으로 구성하여 명령의 단일화 및 단축화로 관리를 축소시킨 평탄구조의 조직으로 인간과 일이 중시 ⭐ ⭐

⑨ 네트워크 조직 : 업무의 핵심부문만을 남기고 그 외의 부분은 아웃소싱과 제휴로 운영하는 조직으로 환경변화에 유연하게 대처할 수 있음

(6) 공식 조직과 비공식 조직

① 공식 조직(formal organization)

　㉠ 공통의 목적을 달성하기 위해 인위적으로 형성된 이성적, 합리적 조직

　㉡ 비용의 논리와 능률의 논리를 기본으로 하는 조직도상에 나타나는 제도화된 조직

　㉢ 특 징

　　• 조직의 목적 및 방침의 결정을 용이하게 함

　　• 직무와 권한 관계를 명확히 규명

　　• 조정은 미리부터 정해진 방법에 따라 실시

　　• 권한은 위임에 의해 생김

② 비공식 조직(informal organization)

　㉠ 어떤 조직의 내부에 잠재해 있으면서 심리적 · 감정적인 면의 공통성에 의해 자연발생적으로 형성되는 조직

　㉡ 호손 실험을 통하여 중요성이 인식되었으며, 감정의 논리를 바탕으로 하고, 공식 조직에 영향을 줌

　㉢ 특 징 ⭐

　　• 일종의 사회규제기관으로서의 기능 수행

　　• 공식 조직과 의사소통시스템이 있음

　　• 각 구성원들 간의 관계는 공통적 감정이나 개인적 관계로 유지

③ 특징 및 차이점

공식 조직	비공식 조직
• 제도상의 조직, 인위적 조직 • 외면적, 외형적 조직 • 성문화된 조직 • 합리적 체계가 중심과제 • 전체적인 질서 • 능률의 원리에 따라 구성 • 상층의 위임으로 권한이 얻어짐 • 확대 성장함 • 직위, 직계 등 법률상의 권한에 중점을 둠	• 현실상의 조직, 자연발생적 조직 • 내면적, 내재적 조직 • 불문적 조직 • 인간관계가 중심과제 • 부분적인 질서 • 감정의 원리에 따라 구성 • 구성원 상호 간의 양해와 승인으로 권한이 얻어짐 • 항상 소집단 상태로 유지함 • 인간과 그들의 관계에 중점을 둠

(7) 집권관리 조직과 분권관리 조직

① 집권관리 조직

㉠ 관리의 권한을 최고관리층에 집중시켜 각 부문에는 자주성이나 독립성이 결여된 관료적 관리조직으로 소규모 기업과 1인 경영에 적합

㉡ 장점과 단점 ✿ 🕮

장 점	단 점
• 정책, 계획, 관리가 통일되어 표준화 • 최고경영자의 능력을 최대로 활용할 수 있음 • 일관된 품질과 서비스 제공 가능 • 긴급한 사태에 적응이 가능	• 기업의 다각화와 확대가 제한 • 최고경영자의 독재적 지배로 인한 폐해가 큼 • 각 부문 관리자들의 창의력 발휘 및 사기가 저하될 수 있음 • 관료적 형식주의의 폐해와 파벌주의가 생기기 쉬움

② 분권관리 조직

㉠ 경영상의 권한과 책임이 하부조직에 전반적으로 위임됨으로써, 자주성을 가지고 경영 활동을 수행할 수 있는 관리 조직

㉡ 장점과 단점

장 점	단 점
• 결정과 집행이 신속원활 • 생산성 향상에 대한 의욕 강함 • 제품 제조와 판매에 대한 전문화와 분업 촉진 • 관리책임자의 명확한 업무측정 가능 • 유능한 간부 육성 가능	• 부서별 상호 간 의사소통이 어려움 • 인건비 등 여러 가지 비용이 현저하게 증대 • 전체적인 통일성이 어려움 • 공장과 시설의 불필요한 중복 발생

(8) 마케팅 관리

① STP 전략 ⭐⭐⭐⭐⭐

- ⊙ 시장세분화(Segmentation) : 전체시장을 공통적인 수요와 구매행동을 가진 집단으로 나누는 과정
- ⊙ 표적시장 선정(Targeting) : 시장세분화를 통하여 기업에게 가장 유리한 조건을 갖춘 주고객 집단을 선정하는 과정
  - 비차별적 마케팅 : 세분시장의 차이를 무시하고 단일 마케팅활동으로 전체시장 공략
  - 차별적 마케팅 : 세분시장마다 차별적 마케팅활동 수행
  - 집중적 마케팅 : 여러 세분시장 중 가장 목표에 적합한 세분시장에 마케팅활동 집중
- ⊙ 포지셔닝(Positioning) : 고객에게 인식되고자 하는 이상향으로 기업의 제품과 이미지가 인식되도록 설계하는 과정

영양보충

관계마케팅
기업의 거래 당사자인 고객과 지속적으로 유대관계를 형성·유지하고 대화하면서 관계를 강화하고 상호 간의 이익을 극대화할 수 있는 다양한 마케팅활동이다.

MOT(moment of truth marketing)마케팅
소비자의 일상생활 공간 어느 곳에서나 제품의 이미지를 심어주는 마케팅이다.

---

② 마케팅 믹스

- ⊙ 의의 : 기업이 표적시장에서 원하는 반응을 얻을 수 있도록 사용하는 통제 가능한 마케팅 변수의 집합
- ⊙ 마케팅의 4요소 : 제품(Product)전략, 촉진(Promotion)전략, 유통(Place)전략, 가격(Price)전략 ⭐⭐⭐⭐⭐⭐
  - 제품(Product) : 제품의 생산공정과 검수, 질, 생산규모, 브랜드, 디자인, 포장
  - 촉진(Promotion) : 이벤트, 무료시식, 경품 제공 등의 조합을 효과적으로 이용하여 소비자들의 제품에 대한 구매경쟁을 높이고 정보를 주는 것
  - 유통(Place) : 적절한 시간에, 접근 가능한 위치에, 적절한 수량이 소비자에게 제공
  - 가격(Price) : 가격의 책정, 할인정책, 가격조건, 가격변동 저가전략, 고가전략, 유인가격전략
- ⊙ 확장된 마케팅 믹스 ⭐
  - 의의 : 마케팅 믹스 4P + 과정(Process) + 물리적 근거(Physical evidence) + 사람(People)
  - 과정(Process) : 서비스의 수행과정, 수행흐름, 고객과의 접점관리가 중요
  - 물리적 근거(Physical evidence) : 매장의 분위기, 공간배치, 사인, 패키지, 유니폼 등
  - 사람(People) : 종업원, 소비자, 경영진 등 소비와 관련된 모든 인적 요소

ⓔ 4C 전략

- 의의 : 고전적인 4P 전략이 판매자의 관점이라면 4C 전략은 지식정보 사회의 특성을 고려해 고객의 관점에서 파악
- 고객가치(Customer value) : 고객의 입장에서 니즈를 찾고, 편리함, 실용성, 효율성 등을 전달
- 고객비용(Cost to customer) : 기회비용, 처분비용, 사용가치, 소유가치를 고려하여 소비자 입장에서 가격을 책정
- 편리성(Convenience) : 고객과의 접점을 어디로 해야 가장 효과적이고 편리한지 파악
- 소통(Communication) : 일방적인 각인이나 프로모션이 아닌 쌍방향 소통

영양보충

서비스의 특성 ⭐07 ⭐09 ⭐12 ⭐14 ⭐16
- 무형성(보거나 만질 수 없다)
- 비일관성(품질이 일정하지 않다)
- 동시성(생산과 소비가 분리되지 않는다)
- 소멸성(남은 용량의 서비스는 저장되지 않는다)

03 작업관리

작업관리란 생산활동의 여러 과정 중에서 작업요소를 조사, 연구하여 합리적인 작업방법을 설정하고, 작업표준에 의해 작업활동을 계획 · 조직 · 통제하는 관리활동

TIP

단체급식의 작업관리
급식업무 중에서 행하여지는 조리, 배식, 세척, 청소, 소독, 보관 등 일련의 조리관계 작업을 관리하는 일이다.

(1) 작업개선의 원칙

① 목적 추구의 원칙 : 작업자는 일을 하면서 최종 목적과의 관계를 추구
② 배제의 원칙 : 작업의 최종 목적을 달성하기 위하여 불필요한 요소는 배제
③ 선택의 원칙 : 하나의 목적을 달성하기 위하여 여러 개의 수단과 방법 중에서 가장 효과가 큰 것을 선택
④ 호적화의 원칙 : 작업개선의 방법을 더욱 정연화하고 합리적으로 하기 위해서는 전문화, 단순화, 기계화, 표준화가 필요

(2) 작업관리의 목적

① 작업개선을 위한 합리적인 계획을 수립

② 적정인원을 배치하고 직무를 배분

③ 표준작업을 수행하기 위해 소요되는 표준시간을 설정

④ 작업의 개선이나 표준작업방법을 개발

(3) 작업관리 서식

① **업무분담표(직무배분표)** : 조직도상의 직책과 기능에 따라 각자의 업무를 명시해 놓은 것으로 작업표와 직무표에 의해서 만들어짐

② **작업일정표** ⭐ ⭐

   ㉠ 조리원의 출퇴근 시간과 근무시간대별 담당 업무의 내용을 기록한 표

   ㉡ 새로 채용된 직원의 훈련에 필요

   ㉢ 관리자와 종업원 간 의사소통의 수단이 됨

   ㉣ 작업을 효과적으로 하는 데 필요

(4) 작업연구

① **작업분석** : 생산량의 증가 및 원가 절감을 위하여, 작업자가 행하는 작업의 내용을 분석하여 작업의 생산적, 비생산적 요소를 가려내는 것

② **작업연구의 목적**

   ㉠ 작업방법을 개선하여 작업표준 설정

   ㉡ 생산능률 향상

   ㉢ 생산단가 절감

   ㉣ 종업원의 능률 향상

   ㉤ 복리 도모

③ **작업표준서** : 작업조건, 작업방법, 관리방법, 사용재료, 사용설비와 그 밖의 주의사항 등에 관한 기준을 규정한 것

(5) 공정연구(공정분석) ⭐

① 일정한 품질과 수량의 제품을 정해진 기일 내에 생산하기 위해 작업수행에 필요한 최선의 방법 및 시간을 결정

② 작업 상호 간의 관계를 조사 · 연구

③ 재료, 부분품 및 제품이 변화하는 상태를 공정별로 체크 및 조사

④ **과정표** : 한 공정에서 이루어지는 작업을 그 순서에 따라서 내용설명, 기재, 필요한 거리, 수량, 시간 등을 기록한 표 ⭐

⑤ 배치도 및 경로도

    ㉠ 내용 : 설비, 기구 등의 배치 및 작업동작의 흐름도

    ㉡ 이용 : 이동거리의 단축, 이동방향의 원활화, 관리하기 쉬운 작업배치 연구

(6) 동작연구 ☆

① 목적 : 작업자의 동작을 최소한의 동작단위로 분석하여, 효과적인 작업동작의 순서방법을 찾으려는 것 → 테일러(Taylor), 길브레스(Gilbreth)

② 길브레스(Gilbreth)가 고안한 동작연구 방법 → 서브릭(Therblig) 제안

    ㉠ 모든 동작을 분석하여 단위 동작으로 세분하여 규정

    ㉡ 좌우 손의 움직임을 경과시간과 함께 기록

    ㉢ 동작절약 원칙에 의해 불필요한 동작은 제거, 필요동작은 부가함으로써 작업개선에 사용

(7) 생산성

① 생산성 = 산출(output) / 투입(input)

    ㉠ 투입(input) : 식재료, 인력, 기술, 비용, 기기 및 설비

    ㉡ 산출(output) : 생산된 음식, 재정적 수익성, 고객만족, 종업원 직무만족

② 노동 생산성 ☆ ☆

    ㉠ 노동시간당 식수 = 일정기간 제공한 총 식수 / 일정기간의 총 노동시간

    ㉡ 1식당 노동시간 = 일정기간의 총 노동시간(분) / 일정기간 제공한 총 식수

    ㉢ 노동시간당 식당량 = 일정기간 제공한 총 식당량 / 일정기간의 총 노동시간

    ㉣ 노동시간당 서빙수 = 일정기간 제공한 총 서빙수 / 일정기간의 총 노동시간

③ 비용 생산성

    ㉠ 1식당 인건비 = 일정기간의 인건비 / 일정기간 제공한 총 식수

    ㉡ 1식당 총 비용 = 일정기간의 총 비용 / 일정기간 제공한 총 식수

조직의 목표를 달성하기 위하여 의사결정에 필요한 다양한 정보를 수집, 처리, 전달, 보관하는 기능에 대하여 계획, 조직, 통제 등의 관리원칙을 적용하여 효율화하는 과정

(1) 사무관리의 목표와 특징

① 사무관리의 목표
  ㉠ 모든 사무업무의 정확성
  ㉡ 최소의 비용으로 최대의 효과를 추구
  ㉢ 사무 목적에 맞는 사무업무의 처리
  ㉣ 사무의 신속성

② 사무관리의 특징
  ㉠ 사무실의 작업을 관리
  ㉡ 전반적 경영관리의 서비스를 지원
  ㉢ 경영의 모든 기능과 관련

(2) 사무관리자의 기능

① 적절한 사무관리 조직 구성
② 사무작업 계획 수립
③ 사무작업 통제
④ 경영활동의 보조기능
⑤ 경영관리의 도구기능
⑥ 정보처리기능

(3) 장표관리

① 장 표
  ㉠ 정의 : 장부와 전표를 합친 개념으로 문서 중에서 특히 일정한 형식이 갖추어져 있는 것
  ㉡ 장표의 관리 : 확정사실은 미리 인쇄하고, 변화가 있는 사항은 뒤에 기입하도록 여백을 남겨둠
  ㉢ 장표의 종류 : 식품수불표, 급식일지, 영양출납표, 영양소요량 산출표, 식단표, 식품사용일계표, 구매청구서, 구매표, 납품전표, 수령용 장표 ⭐

> **TIP**
>
> **식품수불부**
> 단체급식시설의 합리적인 운영을 위해서 식품의 수불관계를 명확하게 기록함으로써 급식원 재료의 관리를 정확하게 한다.

② 전표

    ⊙ 거래내용을 기입하기 위한 일정한 양식을 갖춘 지표로 사무의 간소화, 능률화 및 거래 내용을 관련부서에 신속히 전달하는 기능을 가짐

    ⓒ 전표의 종류

       • 출금 전표 : 현금의 지출을 수반하는 거래를 기입하는 파란색 전표

       • 대체 전표 : 현금수지 내용이 전혀 없는 대체거래의 내용을 기입하는 검은색 전표

구 분		성 질	기 능	종 류
장 표	장 부	고정성, 집합성	기록, 현상의 표시, 대상의 통제	식품수불부, 영양출납표, 영양소요량 산출표, 급식일지(급식일보)
	전 표	이동성, 분리성	대상의 상징화	식품사용일계표, 식수표, 식사표, 납품전표, 발주전표

    ⓒ 전표 사용 시 편리한 점

       • 장부 조직의 간소화

       • 거래의 내용을 관련부서에 신속히 전달

       • 책임소재 분명

       • 장부 검사의 수단

05 원가관리

특정한 제품의 제조, 판매, 서비스의 제공을 위하여 소비된 경제가치로 기업이 제품을 생산하는 데 소비한 경제가치를 화폐 액수로 표시한 것

(1) 원가의 종류

  ① 원가의 3요소 ⭐35 ⭐37 ⭐40 ⭐46

    ⊙ 재료비 : 제품 제조를 위하여 소요되는 물품의 원가 예 급식 재료비

    ⓒ 노무비 : 제품 제조를 위하여 소비되는 노동의 가치 예 임금, 급료, 잡급, 상여금

    ⓒ 경비 : 제품 제조를 위하여 소비되는 재료비, 노무비 이외의 가치 예 수도비, 광열비, 전력비, 보험료, 감가상각비, 전화사용료, 여비, 교통비, 외주가공비

② 원가의 종류
  ㉠ 직접원가 : 특정 제품에 직접 부담시킬 수 있는 원가(직접재료비+직접노무비+직접경비)
  ㉡ 제조원가 : 직접 원가에 제조 간접비를 추가한 원가(직접원가+제조간접비)
  ㉢ 총원가(판매원가) : 제품의 제조원가에 일반관리비와 판매경비를 추가한 원가(제조원가+일반관리비+판매경비)
  ㉣ 판매가격 : 총원가에 이익을 추가한 원가(총원가+이익) ⭐
③ 원가계산의 원칙 : 진실성, 확실성, 정상성, 비교성, 상호관리
④ 요소별 원가 계산
  ㉠ 제품의 원가를 재료비, 노무비, 경비의 3가지 요소별로 분류하여 요소별로 계산하는 제1단계 원가계산으로서 비목별 원가계산이라고도 함
  ㉡ 이 방법에 따른 제조원가 요소를 예시하면 다음과 같음 ㊱ ㊶ ㊺ ㊻

제조원가 요소	직접비	• 직접재료비 : 주요재료비(단체급식시설에서는 급식원 제출) • 직접노무비 : 임금 등 • 직접경비 : 외주가공비 등
	간접비	• 간접재료비 : 보조재료비(단체급식시설에서는 조미료, 양념 등) • 간접노무비 : 급료, 급여수당 등 • 간접경비 : 감가상각비, 보험료, 수선비, 여비, 교통비, 전력비, 가스비, 수도광열비, 통신비
생산비용 요소	고정비	• 생산량 증감에 관계없이 고정적으로 발생하는 비용 • 임대료, 보험, 세금, 가스비, 전기료 등
	변동비	• 생산량 증가와 함께 증가하는 비용 • 직접재료비, 직접노무비, 판매수수료 등
	반변동비 (준변동원가)	• 고정비와 변동비의 성격을 동시에 가짐(혼합비용) • 인건비(정규직 직원은 고정비, 파트타임 직원은 변동비), 전력비
	반고정비 (준고정원가)	• 특정 범위의 생산량 내에서는 일정한 원가 발생 • 생산관리자 급료
통제가능 요소	통제가능 원가	• 절약 가능한 비용 • 식재료비, 인건비, 수도비, 전력비, 통신비 등
	통제불가능 원가	• 고정적으로 발생하는 비용 • 감가상각비, 임대료 등

⑤ 표준원가 계산 : 과학적·통계적 방법에 의하여 미리 표준이 되는 원가를 설정하고 이를 실제원가와 비교 분석하기 위하여 실시하는 원가계산의 한 방법으로, 실제원가를 통제하는 기능을 가짐

(2) 원가분석 ⭐ ⭐ ⭐ ⭐

원가분석이란 원가수치를 분석함으로써 경영 활동의 실태를 파악하고 이에 대하여 일정한 해석을 하는 것

① 식재료 비율 = 식재료비 / 매출액 × 100
② 메뉴별 원가율 = 메뉴별 재료비 / 메뉴가격 × 100
③ 식음료재료 재고회전율 = 연간 소비 식음료 재료원가 / [(초기재고 + 기말재고) / 2]
④ 인건비 비율 = 인건비 / 매출액 × 100
⑤ 감가상각비 : 고정자산의 감소하는 가치를 연도에 따라 할당하여 처리하는 비용
　　㉠ 정액법 : (구입가격 − 잔존가격) / 내용연수
　　㉡ 정률법 : (구입가격 − 감가상가누계액) × 상각률

06　재무관리

기업의 경영활동에 필요한 자본을 조달하고, 투자 및 배당의사결정을 하는 재무활동을 효과적으로 하기 위해 계획하고 통제하는 모든 활동

(1) 재무관리의 원칙

① 자본유지의 원칙 : 회사는 법정 자본금액에 상당하는 재산을 언제나 보유하여 자본의 내용을 충실하게 해야 함
② 계속기업의 원칙 : 기업이 생산활동을 수행함에 있어서 1회에 한정하는 것이 아니라, 국민경제의 수요를 충당하고 동시에 지속적인 발전에 이바지하기 위하여 계속적으로 수행되어야 함
③ 수익성과 안전성의 원칙 : 한편으로는 기업의 수익성을 확보하고, 한편으로는 타인자본에 대한 상환에 있어 안전성을 유지해야 함
④ 유동성의 원칙 : 재무관리에 있어서 재무유동성을 유지하여 기업의 지불능력을 확보하도록 하여야 함

(2) 재무제표

기업은 주주, 채권자, 거래처, 정부 등의 이해 관계자에게 기업의 경영 성과와 재무상태 등을 나타내는 여러 가지 보고서를 작성하여 제공하게 되는데 이를 재무제표라 함

① 손익계산서(Income Statement ; I/S) : 일정기간 동안의 기업의 경영성과를 나타내기 위하여 결산 시 작성하는 재무제표. 즉, 기업의 일정 회계기간 동안에 발생한 수익과 비용을 각각 항목별로 분류하고 이를 대조, 표시함으로써 순이익을 산정해 놓은 표 ⑩ ⑭

    ㉠ 비용 : 수익을 발생시키기 위하여 지출한 비용 → 매출원가, 판매비, 일반관리비, 영업외비용, 세금 등

    ㉡ 수익 : 제품의 판매 또는 용역 제공으로 인해 획득한 금액 → 매출액, 영업외 수익, 특별수익

② 대차대조표(Balance Sheet, B/S) : 일정시점에 있어서의 기업의 재무상태를 나타내는 재무제표 ㉟ ㊶ ㊸

    ㉠ 자본 : 자산 총액에서 부채 총액을 뺀 금액 → 자본금과 자본잉여금, 당기순이익 등

    ㉡ 자산 : 기업이 소유 또는 지배하는 재화나 채권, 자본+부채 → 유동자산, 투자자산, 고정자산, 이연자산

    ㉢ 부채 : 기업이 타인에게 상환하여야 할 채무나 의무 → 고정부채, 유동부채

(3) 손익분기점 ㊲ ㊳ ㊴ ㊶ ㊷ ㊸

① 의 의

    ㉠ 총비용과 매출액이 일치하는 점

    ㉡ 판매액과 생산액이 일치하는 점

    ㉢ 이익과 손실이 0이 되는 점

    ㉣ 총비용이 총판매액을 상회할 때 손실 발생

    ㉤ 매출액이 손익분기점을 상회할 때 이익 발생

② 손익분기점 판매량 ㊸

    ㉠ 손익분기점 판매량 = 고정비 / 단위당 공헌마진

    ㉡ 공헌마진 = 매출액 − 변동비

③ 손익분기점 매출액

    ㉠ 손익분기점 매출액 = 고정비 / 공헌마진비율

    ㉡ 공헌마진비율 = 1 − 변동비율

CHAPTER

03 적중예상문제

출제유형 46

01 원가를 직접비와 간접비로 분류하는 기준은?

① 생산량과 비용

② 변동 가능성

③ 단기간 변화 가능성

④ 비용 통제 가능성

⑤ 제품생산 관련성

해설 직접비와 간접비는 제품생산과의 관련성으로 분류한다. 직접비는 특정 제품에 사용이 확실한 비용이고, 간접비는 여러 제품에 공통 또는 간접으로 소비되는 비용이다.

출제유형 44

02 일정기간 동안의 급식소 영업활동에 대한 경영성과를 수익, 비용, 순이익으로 보여주는 재무제표는?

① 매출분석표

② 현금흐름표

③ 재무상태표

④ 손익계산서

⑤ 자산평가표

해설 손익계산서(Income Statement ; I/S)
일정기간 동안의 기업의 경영성과를 나타내기 위하여 결산 시 작성하는 재무제표이다. 즉, 기업의 일정 회계기간 동안에 발생한 수익과 비용을 각각 항목별로 분류하고 이를 대조, 표시함으로써 순이익을 산정해 놓은 표이다.

01 ⑤ 02 ④ 정답

03 다음 중 경영관리 기능의 기본순환 순서가 바르게 된 것은?

① 계획 → 조직 → 통제 → 조정 → 지휘

② 계획 → 조직 → 조정 → 지휘 → 통제

③ 계획 → 조정 → 조직 → 통제 → 지휘

④ 계획 → 조정 → 지휘 → 조직 → 통제

⑤ 계획 → 조직 → 지휘 → 조정 → 통제

해설 경영관리 기능
- 계획 : 기업의 목적 달성을 위한 준비활동이며 경영활동의 출발점
- 조직 : 기업의 목적을 효과적으로 달성하기 위해 사람과 직무를 결합하는 기능
- 지휘 : 업무 담당자가 책임감을 가지고 업무를 적극 수행하도록 지시, 감독하는 기능
- 조정 : 업무 중 일어나는 수직적·수평적 상호 간 이해관계, 의견 대립 등을 조정하는 기능
- 통제 : 활동이 계획대로 진행되는지 검토·대비 평가하여 차이가 있으면 처음 계획에 접근하도록 개선책을 마련하는 최종단계의 관리 기능

04 마케팅 믹스 중 무료시식, 경품제공, 이벤트 실시함으로써 자사의 제품을 선택할 수 있게 하는 것은?

① 제품(Product)

② 촉진(Promotion)

③ 유통(Place)

④ 가격(Price)

⑤ 사람(People)

해설 마케팅 믹스 7P
- 제품(Product) : 제품의 생산공정과 검수, 질, 생산규모, 브랜드, 디자인, 포장
- 촉진(Promotion) : 이벤트, 무료시식, 경품 제공 등
- 유통(Place) : 적절한 시간에, 접근 가능한 위치에, 적절한 수량이 소비자에게 제공
- 가격(Price) : 할인 정책, 가격변동, 저가전략, 고가전략, 유인가격전략
- 과정(Process) : 서비스의 수행과정, 수행흐름, 고객과의 접점관리가 중요
- 물리적 근거(Physical evidence) : 매장의 분위기, 공간배치, 패키지, 유니폼, 인테리어
- 사람(People) : 종업원, 소비자, 경영진 등 소비와 관련된 모든 인적 요소

정답 03 ⑤ 04 ②

05 경영조직의 일반원칙 중에서 '한 사람의 부하는 단 한 사람의 상위자에게서만 명령을 받으며 이에 대한 책임을 진다'는 원칙은?

① 조정의 원칙
② 감독한계 적정화의 원칙
③ 의사소통의 원칙
④ 계층단축화의 원칙
⑤ 명령일원화의 원칙

해설 **명령일원화의 원칙**
경영조직의 질서를 유지하기 위해서 명령계통의 일원화가 필요하다는 원칙으로 조직의 각 구성원은 1인의 직속 상급자로부터 지시 · 명령을 받아야 한다.

06 다음의 경영관리 기능 중에서 계획에 관한 설명으로 가장 옳은 것은?

① 분산된 일을 유기적으로 결합시키는 체제가 된다.
② 경영의 목적과 개인의 목적을 일체화시키는 기초가 된다.
③ 통제의 기능을 활성화시킬 수 있는 기초를 제공해 준다.
④ 여러 활동을 통일하고 서로 조화되게 결합시키는 기능을 한다.
⑤ 명령체계의 단일화를 가능케 하는 기능이다.

해설 계획은 조직 구성원들로 하여금 임무 수행의 근거가 되고, 통제의 근거(기초)가 되며, 경영활동의 출발점이 된다.

07 영양사가 급식관리팀의 직무와 임상영양팀의 직무를 함께 수행하고자 할 때 적합한 조직의 형태는?

① 매트릭스 조직

② 팀형 조직

③ 직능식 조직

④ 네트워크 조직

⑤ 위원회 조직

> **해설** 매트릭스 조직
> • 기능식 조직과 프로젝트 조직을 병합한 조직으로, 행렬 조직이라고도 한다.
> • 명령계통의 이원화로 명령일원화의 원칙에 위배된다.
> • 특정제품이나 브랜드마다 제품계획, 시장조사, 광고, 촉진활동 등 각 항목별로 경영관리를 책임지는 책임지를 선임하는 방법이다.
> • 기능적 부문화에서의 장점과 분권 조직에서의 장점을 동시에 취하려는 조직이다.

08 고객과의 지속적인 관계를 통해 고객의 만족도와 충성도를 높이며, 서비스과정을 중요시하는 마케팅은?

① 관계마케팅

② 집중적 마케팅

③ 디마케팅

④ 내부마케팅

⑤ 차별적 마케팅

> **해설** 관계마케팅
> 기업의 거래 당사자인 고객과 지속적으로 유대관계를 형성, 유지하고 대화하면서 관계를 강화하고 상호 간의 이익을 극대화할 수 있는 다양한 마케팅활동을 의미한다.

정답 07 ① 08 ①

09 위탁급식업체가 세분시장 중 병원급식만을 특화하여 운영하고자 할 때의 마케팅 전략은?

① 관계마케팅

② 차별적 마케팅

③ 집중적 마케팅

④ 비차별적 마케팅

⑤ MOT마케팅

해설 ③ 집중적 마케팅 : 여러 세분시장 중에서 가장 목표에 적합한 세분시장에 마케팅활동 집중
① 관계마케팅 : 기업의 거래 당사자인 고객과 지속적으로 유대관계를 형성, 유지하고 대화하면서 관계를 강화하고 상호 간의 이익을 극대화할 수 있는 다양한 마케팅활동
② 차별적 마케팅 : 세분시장마다 차별적 마케팅활동 수행
④ 비차별적 마케팅 : 세분시장의 차이를 무시하고 단일 마케팅활동으로 전체시장 공략
⑤ MOT(moment of truth marketing)마케팅 : 소비자의 일상생활 공간 어느 곳에서나 제품의 이미지를 심어주는 마케팅

10 다음에서 설명하는 이론은?

- 인간의 행동을 복잡한 대상이자 관리의 중요한 측면으로 보고 종업원의 동기부여를 강조한다.
- 리더십이론이나 직무만족, 직무설계에 대한 현대적 이해에 기여한다.

① 시스템이론

② 행동과학이론

③ 상황이론

④ 관료이론

⑤ 관리일반이론

해설 행동과학이론
고전적 관리이론과 정반대 입장을 취하며, 리더십 이론이나 직무만족·직무설계에 대한 현대적 이해에 기여하고 종업원의 동기부여를 강조한다.

09 ③ **10** ② 정답

11 집단급식소의 원가 계산 방법은?

① 재료비 + 노무비

② 소비 재료의 수량 × 단가

③ 제조원가 + 관리비 − 경비

④ 재료비 + 경비 − 소모품비

⑤ 재료비 + 노무비 + 경비

해설 원 가
- 재료비 : 제품 제조를 위하여 소요되는 물품의 원가
- 노무비 : 제품 제조를 위하여 소비되는 노동의 가치
- 경비 : 제품 제조를 위하여 소비되는 재료비, 노무비 이외의 가치

12 최근 경영조직이 확대됨에 따라 더욱 중요시된 것으로서 상층 관리자의 권한을 부하에게 맡김으로써 운영을 좀 더 효율화하고자 하는 경영조직의 원칙은?

① 권한위임의 원칙

② 계층단축화의 원칙

③ 명령일원화의 원칙

④ 조정의 원칙

⑤ 기능화의 원칙

해설 권한위임의 원칙
각 구성원에게 직무를 위임함에 있어 그 직무를 수행할 수 있는 권한도 위임하여야 한다. 하지만 권한을 위임해도 책임까지 위임할 수는 없다.

정답 11 ⑤ 12 ①

13 영양사가 식품창고의 재고관리 업무를 조리사에게 맡김으로써 동기부여 효과를 기대할 수 있는 조직화의 원칙은?

① 전문화의 원칙

② 감독한계 적정화의 원칙

③ 계층단축화의 원칙

④ 명령일원화의 원칙

⑤ 권한위임의 원칙

해설 권한위임의 원칙

권한을 가지고 있는 상위자가 하위자에게 직무를 위임할 경우에는 그 직무수행에 관한 일정한 권한까지도 주어야 하지만 권한을 위임해도 책임까지 위임할 수는 없다.

14 다음 경영조직의 원칙 중 한 사람의 상위자(부서장)가 직접 지휘할 수 있는 하위자의 수에는 한계가 있다는 원칙은?

① 전문화의 원칙

② 능률화의 원칙

③ 권한위임의 원칙

④ 명령일원화의 원칙

⑤ 감독한계 적정화의 원칙

해설 감독한계 적정화의 원칙

한 사람이 업무를 수행하거나 감독할 수 있는 능력에는 한계가 있으므로 업무 범위와 감독할 수 있는 부하 직원의 수를 알맞게 정해야 한다는 원칙이다.

13 ⑤ **14** ⑤ 정답

15 경영관리에 있어 직무수행에 동등하게 수반되어야 하는 3가지 요소를 나열한 것은?

① 책임 - 권한 - 의무
② 권한 - 의무 - 권력
③ 의무 - 책임 - 신분
④ 책임 - 권력 - 신분
⑤ 권한 - 신분 - 의무

해설 직무 삼면등가의 원칙
기업이 목적을 능률적으로 달성하기 위해서는 각 구성원에게 분담된 업무상의 권한과 책임, 의무의 크기가 대등하게 부여되어야 한다는 원칙이다.

출제유형 37

16 경영관리이론 중 과업상여급제와 작업진도 도표를 주장한 사람은?

① 테일러
② 간 트
③ 길브레스
④ 포 드
⑤ 페이욜

해설 간트는 과업상여급제와 간트도표를 만들어 작업의 능률과 관리과정의 효율화를 위한 방법을 도입했다. 과업상여급제는 과업을 표준시간 내에 달성하는 경우 시간급의 20%를 추가 지급하는 방법이다.

출제유형 46

17 관리계층과 의사결정 유형이 옳게 연결된 것은?

① 중간경영층 - 관리적 의사결정
② 중간경영층 - 업무적 의사결정
③ 최고경영층 - 업무적 의사결정
④ 최고경영층 - 관리적 의사결정
⑤ 하위경영층 - 전략적 의사결정

해설 관리계층과 의사결정 유형
· 하위경영층 – 업무적 의사결정
· 중간경영층 – 관리적 의사결정
· 최고경영층 – 전략적 의사결정

정답 **15** ① **16** ② **17** ①

18 A 급식소는 배식직원이 불친절하다는 평가를 받은 후 친절도 1위로 평가받은 B 급식소의 서비스 운영방식을 도입하고자 한다. 이러한 경영기법은?

① 벤치마킹

② SWOT분석

③ 목표관리법

④ 아웃소싱

⑤ 다운사이징

해설 벤치마킹

조직의 업적 향상을 위해 최고수준에 있는 다른 조직의 제품, 서비스, 업무방식 등을 서로 비교하여 새로운 아이디어를 얻고 경쟁력을 확보해나가는 체계적이고 지속적인 개선활동 과정이다.

19 직계 · 참모(line and staff) 조직은 어떠한 원칙을 도입하여 이루어진 것인가?

① 기능화의 원칙

② 전문화의 원칙

③ 명령일원화의 원칙

④ 기능화의 원칙과 전문화의 원칙

⑤ 전문화의 원칙과 명령일원화의 원칙

해설 직계 · 참모 조직

전문화의 원리와 명령일원화의 원리를 함께 이용한 조직 형태이다.

20 목표와 결과를 비교한 후 차이가 나는 원인을 밝혀 조치를 취하는 경영기능은?

① 계 획

② 조 정

③ 지 휘

④ 조 직

⑤ 통 제

해설 경영관리 기능

• 계획 : 기업의 목적 달성을 위한 준비활동이며 경영활동의 출발점

• 조직 : 기업의 목적을 효과적으로 달성하기 위해 사람과 직무를 결합하는 기능

• 지휘 : 업무 담당자가 책임감을 가지고 업무를 적극 수행하도록 지시, 감독하는 기능

• 조정 : 업무 중 일어나는 수직적 · 수평적 상호 간 이해관계, 의견 대립 등을 조정하는 기능

• 통제 : 활동이 계획대로 진행되는지 검토 · 대비 평가하여 차이가 있으면 처음 계획에 접근하도록 개선책을 마련하는 최종단계의 관리 기능

18 ① **19** ⑤ **20** ⑤ **정답**

21 단체급식 회사에서 작업일정을 계획하고 급식생산을 위한 구체적인 업무를 결정하는 관리계층은?

① 최고경영층
② 상위경영층
③ 중간관리층
④ 하위관리층
⑤ 일반종업원

해설 계층과 범위에 따른 분류
  • 상위경영층 : 전략적 의사결정
  • 중간관리층 : 관리적 의사결정
  • 하급관리층 : 업무적 의사결정

22 다음에 설명된 경영관리 기법으로 옳은 것은?

  • 품질관리를 통제 중심이 아닌 관리로 확대하여 전 직원이 참여하는 관리기법
  • 제품이나 서비스의 품질뿐만 아니라 경영과 업무, 직장환경, 조직구성원의 자질까지도 품질개념에 넣어 관리

① 종합적품질경영
② 통계적품질관리
③ 종합적품질관리
④ 품질관리
⑤ 6시그마

해설 종합적품질경영(TQM)
경영자가 소비자 지향적인 품질방침을 세워 최고경영진은 물론 전 종업원이 전사적으로 참여하여 품질향상을 꾀하는 활동이다. 제품이나 서비스의 품질뿐만 아니라 경영과 업무, 직장환경, 조직 구성원의 자질까지도 품질 개념에 넣어 관리해야 한다.

정답 **21** ④ **22** ①

23 요즘 대부분의 대기업에서는 효과적인 경영관리를 위해 권한을 단위조직에 분산시키는 것이 바람직하다는 견해에 입각하여 분권관리조직으로 운영하고 있다. 이러한 분권적 관리조직의 대표적인 형태를 무엇이라고 일컫는가?

① 직계 조직
② 매트릭스 조직
③ 위원회 조직
④ 사업부제 조직
⑤ 직계참모 조직

해설 **사업부제 조직**
분권관리조직의 대표적인 조직형태로서 분권화의 원리에 따라 제품별·지역별·거래처별로 부문화하여 사업 본부를 둔 뒤, 각 사업부별로 독자적인 생산, 판매활동을 하게 하고, 독립채산제를 적용하여 독자적인 이익과 책임을 갖게 하는 조직이다.

출제유형 **44**

24 작업원별 출퇴근 시간과 근무시간대별 주요담당 업무내용을 정리한 표는?

① 작업일정표
② 직무배분표
③ 작업분담표
④ 작업공정표
⑤ 생산성지표

해설 작업일정표에는 조리원의 출퇴근 시간과 근무시간대별 담당 업무의 내용이 기록되어 있다.

23 ④ 24 ① 정답

25 경영관리조직의 계층구조에 관한 설명으로 바르게 연결된 것은?

① 수탁관리층 − 이사회 − 기업경영의 기본방침 결정
② 최고경영층 − 부장, 과장, 공장장 − 전반적인 경영방침의 계획
③ 전반관리층 − 사내이사, 사외이사 − 경영방침의 구체화 및 시행
④ 부문관리층 − 계장, 직공장 − 현장작업자의 지휘감독
⑤ 하급관리층 − 과장, 계장, 반장 − 현장관리 감독의 조정

해설 경영관리조직의 계층구조
- 최고경영층
  - 수탁관리층(이사회) : 주주의 신탁을 받아 그 이익을 대표하고, 경영의 기본방침 결정과 감독을 수행하는 수탁경영층
  - 전반관리층 : 이사회에서 결정된 기본방침에 따라 경영의 전반적인 관리를 담당, 사장, 부사장, 전무, 상무이사로 구성
- 중간관리층(부문관리층) : 최고경영층에서 결정한 방침에 따라 그 부문의 관리기능을 담당하는 계층, 부장, 소장, 과장
- 하위관리층(현장관리층) : 실제로 업무를 집행하고 현장에서 관리기능을 담당하는 직장, 계장, 조장, 직공장 등

26 카츠(Katz)는 '경영관리자에게 3가지 관리능력이 필요하며, 조직의 계층에 따라 요구되는 기술의 비중이 다르다'고 하였다. 최고경영자가 갖추어야 할 개념적 능력은?

① 전산프로그램 활용 능력
② 의사결정 능력
③ 메뉴개발 능력
④ 대량조리 감독 능력
⑤ 위생관리 능력

해설 카츠의 경영자에게 필요한 기술
- 전문적 기술 : 실무적인 기술로, 일선관리자에게 필요(하위관리자)
- 대인적 기술 : 업무를 지휘 · 통솔하는 능력(중간관리자)
- 개념적 기술 : 조직을 전체로 보고 각 부문 간의 상호관계를 통찰하는 능력(최고경영진)

정답 **25** ① **26** ②

27 최고경영층이 가장 많이 필요로 하는 경영능력은?

① 개념적 능력(conceptual skill)

② 구매관리 능력(purchasing skill)

③ 인간관계 관리능력(human skill)

④ 기술적 능력(technical skill)

⑤ 직능적 관리능력(functional skill)

해설 최고경영층은 개념적 능력, 중간관리층은 인간관계 관리능력, 하위관리층은 기술적 능력이 가장 많이 요구된다.

28 단체급식소에서 정월대보름 행사로 부럼(땅콩, 호두, 잣)을 제공하였을 때, 그 행사로 인해 발생한 원가는?

① 간접비

② 고정비

③ 변동비

④ 반변동비

⑤ 직접비

해설 변동비

제작 · 생산량의 증감에 따라 함께 연동되어 비용이 변하는 원가를 뜻한다.

29 비공식 조직에 관한 설명으로 옳은 것은?

① 상층의 위임으로 권한이 얻어진다.

② 제도상의 명문화된 조직이다.

③ 합리적 체계가 중심과제이다.

④ 자연발생적인 조직이다.

⑤ 전체적인 질서를 강조한다.

해설 비공식 조직

• 현실상의 조직이다.

• 자연발생적 조직, 내면적 조직이다.

• 인간관계가 중심과제이다.

• 부분적인 질서를 강조한다.

• 감정의 원리에 따라 구성된다.

• 구성원 상호 간의 양해와 승인으로 권한이 얻어진다.

• 인간과 그들의 관계에 중점을 둔다.

27 ① **28** ③ **29** ④ 정답

30 단시간 내에 급식종사원들이 일정한 주제에 관하여 자유롭게 토론하고 창의적 아이디어를 내도록 하는 방법은?

① 델파이기법

② 포커스집단기법

③ 네트워크모형

④ 명목집단법

⑤ 브레인스토밍

> **해설** 브레인스토밍(Brain storming)
> 아이디어 기술개발훈련으로, 소집단 내에서 일정시간 동안 주제에 대한 아이디어를 내게 한 후에 종합검토함으로써 독창적인 아이디어를 얻는 훈련방법이다.

31 단체급식소의 9월 12일 현재의 간장 재고현황이다. 최종구매가법으로 재고자산을 평가한 결과는?

입고 날짜	구입량(병)	구매 단가(원/병)	현재 재고(병)
8월 22일	30	1,100	5
9월 5일	20	1,000	10

① 13,000원

② 14,500원

③ 15,000원

④ 15,500원

⑤ 16,000원

> **해설** 최종 구매가법은 가장 최근의 단가를 이용하여 산출하는 방식으로, 1,000원(가장 최근의 단가) × 15(현재 재고) = 15,000원이다.

정답 **30** ⑤ **31** ③

32 구입가격이 20,000,000원, 잔존자격이 2,000,000원이고, 내용연수가 3년인 스팀컨벡션 오븐의 감가상각비를 정액법으로 계산할 때 1년의 감가상각비는?

① 1,000,000원

② 2,000,000원

③ 3,000,000원

④ 6,000,000원

⑤ 8,000,000원

해설 감가상각비를 정액법으로 구하는 공식은 (구입가격 − 잔존가격) / 내용연수으로, (20,000,000원 − 2,000,000원) / 3년 = 6,000,000원이다.

33 다음에 해당하는 급식서비스의 특성은?

> 대학교 급식소 영양사가 점심으로 300인분의 식사를 준비하였지만 그날 강의가 여러 개 취소되어 80인분의 식사가 남았다. 이후 영양사는 식사가 남는 것을 예방하기 위해 효과적인 수요·공급관리 전략책을 수립하였다.

① 소멸성

② 비일관성

③ 동시성

④ 유형성

⑤ 이질성

해설 **서비스의 특성**
- 무형성 : 보거나 만질 수 없다.
- 비일관성 : 품질이 일정하지 않다.
- 동시성 : 생산과 소비가 분리되지 않는다.
- 소멸성 : 남은 용량의 서비스는 저장되지 않는다.

32 ④ **33** ① 정답

34 급식소에서 2주일간 밥류 4,000식, 빵/스낵류 2,000식을 제공하였다. 이 급식소의 2주간 총 작업시간이 1,000시간이라면 작업시간당 식당량은?(빵/스낵류의 1식은 1/2 식당량에 해당한다)

① 2식당량/시간

② 3식당량/시간

③ 4식당량/시간

④ 5식당량/시간

⑤ 6식당량/시간

해설 노동시간당 식당량
노동시간당 식당량 = 일정기간 제공한 총 식당량 / 일정기간의 총 노동시간
= (4,000 + 2,000 / 2)식당량 / 1,000시간
= 5식당량/시간

35 식단의 원가계산 시 재료구입을 위한 종업원의 출장비는 어디에 해당하는가?

① 재료비

② 판매비

③ 경 비

④ 감가상각비

⑤ 인건비

해설 구입사무비, 접수비, 보관비, 출장교통비 등의 재료 구입과 관련된 부대비용은 경비로 처리한다.

정답 34 ④ 35 ③

36 서비스의 4가지 특성 중 이질성을 개선하기 위한 서비스 전략은?

① 생산계획 수립

② 종사자교육과 훈련

③ 제품수명주기 관리

④ 서비스의 수요 예측

⑤ 사회관계망 서비스를 이용한 고객유치

해설 서비스의 특성
- 이질성(비일관성) : 품질이 일정하지 않다. 일관되고 표준화된 서비스를 제공하기 어려우므로 서비스프로세스의 표준화 및 종업원 교육을 통하여 서비스의 이질성(비일관성)을 개선해 나가야 한다.
- 무형성 : 보거나 만질 수 없다.
- 비분리성 : 생산과 소비가 분리되지 않는다.
- 소멸성 : 남은 용량의 서비스는 저장되지 않는다.

37 기업이 세분화된 여러 시장의 특성에 맞도록 각각 다른 마케팅 활동을 수행하는 전략은?

① 차별적 마케팅

② MOT마케팅

③ 집중적 마케팅

④ 비차별적 마케팅

⑤ 관계마케팅

해설 ② MOT마케팅 : 소비자의 일상생활 공간 어느 곳에서나 제품의 이미지를 심어주는 마케팅
③ 집중적 마케팅 : 여러 세분시장 중에서 가장 목표에 적합한 세분시장에 마케팅활동 집중
④ 비차별적 마케팅 : 세분시장의 차이를 무시하고 단일 마케팅활동으로 전체시장 공략
⑤ 관계마케팅 : 기업의 거래 당사자인 고객과 지속적으로 유대관계를 형성, 유지하고 대화하면서 관계를 강화하고 상호 간의 이익을 극대화할 수 있는 다양한 마케팅활동

36 ② **37** ① 정답

38 단체급식의 예산 중에서 가장 크게 지출되는 항목은?

① 감가상각비
② 운영비
③ 식품재료비
④ 인건비
⑤ 광열비

해설 단체급식의 예산 중 식품재료비가 가장 큰 지출항목이다.

39 다음 중 급식소의 일정기간 동안의 경영성과를 나타내는 재무제표는?

① 급식일지
② 대차대조표
③ 식품수불부
④ 재고관리표
⑤ 손익보고서

해설 손익보고서
일정기간의 기업의 경영성과를 나타내기 위하여 결산 시 작성하는 재무제표이다.

40 재무관리의 가장 기초적인 재무보고서로 일정시점의 급식소 재무구조를 보여주는 일람표는?

① 급식일지
② 대차대조표
③ 식품수불부
④ 재고관리표
⑤ 손익보고서

해설 대차대조표
일정 시점에 있어서의 기업의 재무상태를 나타내는 재무제표이다.

정답 38 ③ 39 ⑤ 40 ②

41 다음 보기에 해당하는 서비스의 특성으로 옳은 것은?

> 객관적으로 평가하기 어렵기 때문에 질의평가와 커뮤니케이션 활동이 어렵다. 이런 점을 해결하기 위해 인적 접촉과 기업의 이미지를 세심히 관리해야 한다.

① 무형성

② 비일관성

③ 동시성

④ 소멸성

⑤ 이질성

해설 서비스의 특성
- 무형성 : 보거나 만질 수 없다.
- 비일관성 : 품질이 일정하지 않다.
- 동시성 : 생산과 소비가 분리되지 않는다.
- 소멸성 : 남은 용량의 서비스는 저장되지 않는다.

42 다음 괄호에 들어갈 내용은?

> 손익분기점은 (   )와(과) (   )이 일치하는 지점이다.

① 총비용, 부채액

② 생산액, 부채액

③ 총비용, 매출액

④ 매출액, 부채액

⑤ 매출액, 생산액

해설 손익분기점
- 총비용과 매출액이 일치하는 점
- 판매액과 생산액이 일치하는 점
- 이익과 손실이 0이 되는 점
- 총비용이 총판매액을 상회할 때 손실 발생
- 매출액이 손익분기점을 상회할 때 이익 발생

41 ① 42 ③ 정답

43 마케팅 활동과정 중 상이한 욕구, 행동 및 특성을 가지고 있는 소비자들을 분류하는 과정은?

① 시장세분화
② 표적시장 선정
③ 관계마케팅
④ 디마케팅
⑤ 경쟁적 마케팅

해설 시장세분화는 전체 시장을 고객들이 기대하는 제품 또는 마케팅 믹스에 따라 다수의 집단으로 나누는 활동이다.

44 자본이 7억 원이고, 부채가 3억 원이면, 자산은 얼마인가?

① 3억 원
② 4억 원
③ 7억 원
④ 9억 원
⑤ 10억 원

해설 자산은 자본 + 부채로, 자본(7억 원) + 부채(3억 원) = 10억 원이다.

45 다음 중 보기가 뜻하는 것은?

> 판매를 원활하게 하며, 매출을 증가시키기 위해 실시하는 활동을 지칭하는 것으로, 소비자와 기업의 커뮤니케이션의 모든 방법

① 제 품
② 유 통
③ 가 격
④ 마 진
⑤ 촉 진

해설 마케팅 4요소
- 제품(product) : 제품의 생산공정과 검수, 질, 생산규모, 브랜드, 디자인, 포장
- 유통(place) : 적절한 시간에, 접근 가능한 위치에, 적절한 수량을 소비자에게 제공
- 가격(price) : 가격의 책정, 할인정책, 가격조건, 가격변동, 저가전략, 고가전략, 유인가격전략
- 촉진(promotion) : 이벤트, 무료시식, 경품 제공 등

정답 **43** ① **44** ⑤ **45** ⑤

46 고객과 유대관계를 형성, 이를 유지해 가며 발전시키는 마케팅활동은?

① 관계마케팅   ② 감성마케팅

③ 디마케팅   ④ 경쟁마케팅

⑤ 차별마케팅

해설 **관계마케팅**
고객 등 이해관계자와의 강한 유대관계를 형성, 이를 유지해 가며 발전시키는 마케팅활동. 고객만족 극대화를 위한 경영이념으로 최근 관심을 끌고 있다. 즉, 마케팅은 기존의 판매위주의 거래 지향적 개념에서 탈피, 장기적으로 고객과 경제·사회·기술적 유대관계를 강화함으로써 '나에 대한 고객의 의존도를 제고시키는 것'이다.

47 인간본위가 아닌 업무를 중심으로 접근하고자 하는 원칙으로 옳은 것은?

① 기능화의 원칙   ② 전문화의 원칙

③ 계층 단축화의 원칙   ④ 삼면등가의 원칙

⑤ 권한과 책임의 대응원칙

해설 기능화의 원칙이란 경영조직은 인간본위가 아닌 업무를 중심으로, 즉 기능 본위로 형성하고 그 후에 합당한 요건을 갖춘 적임자를 배치해야 합리적이고 능률적으로 운영된다는 원칙이다.

48 경영조직의 형태로 관리자는 과업과 인간에 대해 모두 관심이 있으며, 부서, 과 위주의 조직을 구성하고 명령의 단일화 및 단축화로 축소시킨 평탄구조로 옳은 것은?

① 팀형 조직   ② 친목형 조직

③ 프로젝트조직   ④ 중도형 조직

⑤ 위원회 조직

해설 **팀형 조직**
기존의 부서, 과 위주의 조직을 팀으로 구성하여 명령의 단일화 및 단축화로 관리를 축소시킨 평탄구조의 조직이다. 인간과 일이 중시된다.

46 ①   47 ①   48 ①   정답

49 노동조합의 기능 중 조합원의 노동력이 상실되는 경우를 대비하여 기금을 설치하는 활동으로 옳은 것은?

① 경제적 기능　　　　　　　　　② 공제적 기능
③ 정치적 기능　　　　　　　　　④ 종업원 지주제도
⑤ 노동쟁의

해설　노동조합의 기능 중 공제적 기능이란 조합원의 노동능력이 질병, 재해, 고령, 사망, 실업 등으로 일시적 또는 영구적으로 상실되는 경우에 대비하여 조합이 기금을 설치하여 상호공제하는 활동을 말한다.

50 학교 급식소 점심 식단을 4,000원에 판매하고 있다. 이 급식소에서 1일 기준으로 지출되는 고정비가 100,000원, 1식당 변동비가 3,200원일 경우 손익분기점의 금액은?

① 370,000원　　　　　　　　　② 400,000원
③ 450,000원　　　　　　　　　④ 500,000원
⑤ 600,000원

해설　고정비는 4,000 − 3,200 = 800원이다. 지출고정비가 100,000이므로 100,000 / 800 = 125이다. 즉 125식을 판매해야 손익분기점이다. 손익분기점은 125 × 4,000 = 500,000원이 된다.

51 민츠버그의 경영자 역할 중 사람들과의 관계에 초점을 두는 것은?

① 연결자　　　　　　　　　　② 혼란중재자
③ 협상자　　　　　　　　　　④ 대변인
⑤ 정보탐색자

해설　민츠버그의 경영자 역할
　　　• 대인간 역할 : 연결자, 대표자, 지도자(리더)
　　　• 정보 역할 : 정보전달자, 정보탐색자, 대변인
　　　• 의사결정 역할 : 기업가, 창업가, 협상자, 혼란중재자, 자원분배자

정답　**49** ②　**50** ④　**51** ①

출제유형 42, 47

52 기존의 팀을 유지하면서 프로젝트 구성원의 역할도 동시에 수행하는 조직형태는?

① 네트워크 조직

② 매트릭스 조직

③ 라인 스태프 조직

④ 팀형 조직

⑤ 사업부제 조직

해설 매트릭스 조직

기능식 조직과 프로젝트 조직을 병합한 조직으로, 명령계통의 이원화(2인 상사)로 명령일원화의 원칙에 위배된다.

출제유형 42, 47

53 식당을 차리려는데 동일업종이 없는 것은 SWOT분석 중 어느 요인에 해당하는가?

① 강점요인

② 약점요인

③ 기회요인

④ 위협요인

⑤ 목표요인

해설 SWOT 분석

Strengths(강점), Weaknesses(약점), Opportunities(기회), Threats(위협)의 약자로, 조직이 처해 있는 환경을 분석하기 위한 기법으로 장점과 기회를 규명하고 강조하며, 약점과 위협이 되는 요소는 축소함으로써 유리한 전략계획을 수립하기 위한 방법이다.

출제유형 44, 46

54 냉장고, 식기세척기, 전기살균소독기 등 급식소 설비ㆍ기구의 감소하는 가치를 연도에 따라 할당하여 처리하는 비용은?

① 감가상각비

② 직접재료비

③ 간접재료비

④ 수선비

⑤ 운영비

해설 감가상각비란 고정자산의 감소하는 가치를 연도에 따라 할당하여 처리하는 비용을 말한다.

52 ② **53** ③ **54** ① 정답

CHAPTER 04 구매관리

01 식품구매

구매자가 물품을 구입하기 위하여 계약을 체결하고, 그 계약에 따라 물품을 인도받고 지불하는 과정

(1) 구매 시장조사의 원칙 ☆

① 비용조사 경제성의 원칙 : 인력, 시간 등의 비용소요가 최소
② 비용조사 적시성의 원칙 : 시장조사의 목적은 조사 자체가 아니므로 구매업무를 수행하는 소정의 시기 안에 완료
③ 비용조사 탄력성의 원칙 : 시장의 상황변동에 따라 탄력적으로 대응할 수 있어야 함
④ 비용조사 정확성의 원칙 : 구매업무에 큰 영향을 미치는 시장조사는 그 내용이 정확해야 함
⑤ 비용조사 계획성의 원칙 : 조사 전에 계획을 수립하여 원칙에 입각함

(2) 구매 절차 ☆

① 품목의 종류 및 수량 결정
② 급식소의 용도에 맞는 제품선택
③ 식품명세서의 작성
④ 공급자 선정 및 가격 설정
⑤ 발 주
⑥ 납 품
⑦ 검 수
⑧ 대금지불 및 물품입고
⑨ 보 관

> **TIP**
>
> **구매목적**
> • 양질의 식품을 저렴한 가격으로 구입하여 안전하게 보관·관리하여 식생활을 경제적으로 안정하게 발전시키기 위함
> • 적정한 품질과 수량의 자재를 제시간에 알맞은 가격으로 적당한 공급원으로부터 구입하여 적정한 장소에 납품하기 위함

> **TIP**
>
> **농산물 이력추적관리** ☆
> 농산물의 안전성 등에 문제가 발생할 경우 해당 농산물을 추적하여 원인을 규명하고 필요한 조치를 할 수 있도록 농산물의 생산단계부터 판매단계까지 각 단계별로 정보를 기록·관리하는 것

(3) 식품구매 시 유의사항

① 식품구매 계획 시 식품의 가격과 출회표에 유의

② 육류 구매 시 중량과 부위에 유의

③ 사과, 배 등 과일 구매 시 산지, 상자당 개수, 품종 등에 유의

④ 육류 및 어패류, 채소류는 매일 구매하고, 건물류와 조미료 등 장기간 보관이 가능한 식품은 한 달에 한 번 정도 구매

⑤ 식품을 구입할 때는 불가식부 및 폐기율을 고려하여 필요량을 구매

⑥ 소고기는 냉장시설이 갖추어져 있으면 1주일분을 한꺼번에 구매

> **영양보충**
>
> **식품구매 순서** ⭐ ⭐
>
> 메뉴작성 → 일별·식품별 재료량 조사 → 구매계획서 작성 → 견적서 요구 및 입찰준비 → 견적서와 시장물가 조사서 검토 → 예정가격 및 규격 책정 → 주문 시 검수조사 작성 → 검수 → 구매식품 배치

02 구매계약의 종류 및 특징

(1) 일반경쟁입찰 ⭐ ⭐ ⭐ ⭐

① 신문 또는 게시와 같은 방법으로 입찰 및 계약에 관한 사항을 일정기간 널리 공고하여 응찰자를 모집하고, 입찰에서 상호경쟁시켜 가장 타당성 있는 입찰가격을 제시한 사람을 낙찰자로 정하는 방법

② 장 점

　㉠ 경제적

　㉡ 새로운 업자를 발굴할 수 있음

　㉢ 공개적·객관적이므로 정실·의혹을 방지할 수 있음

③ 단 점

　㉠ 행정비가 많이 듦

　㉡ 긴급할 때는 조달시기를 놓치기 쉬움

　㉢ 업자 담합으로 낙찰이 어려울 때가 있음

　㉣ 공고로부터 개찰까지의 수속이 복잡

　㉤ 자본, 신용, 경험 등이 불충분한 업자가 응찰하기 쉬움

> **TIP**
>
> **일반경쟁입찰 절차** ⭐
>
> 입찰 공고 → 응찰 → 개찰 → 낙찰 → 계약 체결

(2) 지명경쟁입찰

① 특정한 자격을 구비한 몇 개의 업자만 지명해서 경쟁입찰을 시키는 방법

② 장 점

    ㉠ 공개경쟁입찰에 비해 경비가 절약되고 절차도 간편함

    ㉡ 책임 소재가 명확함

    ㉢ 계약 이행이 확실히 보장됨

③ 단 점

    ㉠ 입찰에 응하는 업자의 수가 적으므로 업자 간에 담합할 기회가 많음

    ㉡ 공개경쟁입찰에 비해서 경제성이 적음

    ㉢ 계약에 있어 독단력이 조성될 수 있음

(3) 수의계약(단일견적계약)

① 계약내용을 경쟁에 붙이지 않고 계약을 이행할 수 있는 자격을 가진 특정업체를 선택하여 계약을 체결하는 방법

② 장 점

    ㉠ 절차가 간소하므로 경비 절감이 가능

    ㉡ 신용이 확실한 거래처의 선정이 가능

    ㉢ 상대방의 실정을 숙지하고 있으므로 안정된 거래가 가능

    ㉣ 공고로 인한 물가상승의 우려가 작음

    ㉤ 신속하고 안전한 구매가 가능

③ 단 점

    ㉠ 공정성이 결여됨

    ㉡ 의혹을 사기 쉬움

    ㉢ 불리한 가격으로 계약되기 쉬움

    ㉣ 새로운 업자를 발견하기 어려움

(4) 구매서식

① **물품 구매명세서(specification)** ⭐ ⭐

    ㉠ 구매하고자 하는 물품의 품질 및 특성에 대해 기록한 양식으로 구입명세서, 물품명세서, 시방서, 물품사양서라고도 함

    ㉡ 발주서와 함께 공급업체에 송부하여 명세서에 적힌 품질에 맞는 물품이 공급되도록 하고, 검수할 때 품질기준으로 사용하는 장표

ⓒ 용도
- 식품에 관한 여러 가지 자세한 내용을 명확하게 제시한 것
- 구매 시 공급자와 구매자 간의 원활한 의사소통을 위해 사용
- 납품 수령 시 물품점검의 기본서류가 됨

ⓔ 작성 방법
- 사전에 식품테스트를 거쳐 업체에서 가장 적합하다고 판정되는 재료의 유형, 품질, 수량에 대해 결정을 내린 다음에 구매담당자가 작성
- 간단, 명료하게 꼭 필요한 정보만을 담도록 작성

ⓜ 구성 내용 ★
- 일반적으로 통용되는 상표명, 재료명
- 품질등급, 무게범위, 냉장 및 냉동 등의 온도상태
- 포장단위 및 용량
- 용기의 크기, 포장단위 내 개수
- 가공처리 상태, 숙성 정도
- 기타 : 품종, 산지, 캔(can) 내의 성분함량 및 고형물 중량 등

> **TIP**
>
> **구매절차에 필요한 장표의 순서 ★ 46**
> 구매명세서 → 구매청구서 →
> 발주서 → 납품서

② **물품 구매청구서 ★**

ⓐ 구매청구서, 요구서라고도 함
ⓑ 청구번호, 필요량, 품목에 대한 간단한 설명, 납품 희망날짜, 예산 회계번호, 공급업체 상호명과 주소, 주문날짜, 가격이 기재되기도 함
ⓒ 2부씩 작성하여 원본은 구매부서에 보내고, 사본은 구매를 요구한 부서에서 보관

③ **발주서 ★**

ⓐ 발주전표, 주문서, 구매표라고도 함
ⓑ 보통 3부를 작성하며, 원본은 판매업자, 사본 1부는 구매부서, 사본 1부는 회계부서에서 보관
ⓒ 구매요구서에 의하여 작성되며, 거래처에 송부함으로써 법적인 거래 계약이 성립

④ **납품서 ★**

ⓐ 송장, 거래명세서라고도 함
ⓑ 공급업체가 납품 시 함께 가져오는 서식으로, 검수담당자는 납품된 품목에 납품서에 적힌 것과 일치하는지를 확인해야 함

(1) 정기구매와 수시구매

① 정기구매

ⓐ 쌀, 공산품(조미료 등) 등 계속해서 사용하는 물품을 구입할 때 이용하는 방법

ⓑ 표준재고량이 일정량에 도달하면 자동적으로 구매하는 경우와 구입계획에 의해 정기적으로 구매하는 경우가 있음

ⓒ 가격이 비싼 것, 조달하는 데 시간이 걸리는 것, 재고부담이 큰 것, 수요예측이 가능한 것을 구매하는 방법

② 수시구매 ☆

ⓐ 구매요구서가 들어올 때마다 수시로 구매하는 방법

ⓑ 채소·생선·육류 등 신선도를 요하는 물품을 구입할 때 이용하는 방법

(2) 집중구매와 분산구매

① 집중구매(중앙구매) : 본부에서 일괄구매하는 것으로 대량구매의 이점을 얻을 수 있어 비용절약이 가능한 구매방식 ☆

ⓐ 기업에서 필요로 하는 모든 물품을 한 개 업소에 집중시켜 구매하는 방법

ⓑ 장 점

• 일관된 구매방법을 확립할 수 있음

• 구매가격과 구매비용을 절약할 수 있음

ⓒ 단 점

• 연락사무가 번잡하고 능률이 저하

• 긴급구매 시 구매가 곤란

② 분산구매(비중앙구매)

ⓐ 업소별로 필요한 물품을 분산(독립)해서 구매하는 방법

ⓑ 장 점

• 구매절차가 간단하고 능률적

• 업소별 요구가 충족될 수 있음

• 긴급할 때 유리

ⓒ 단 점

• 경비가 많이 듦

• 구입 단가가 높아질 우려

(3) 장기계약구매 · 당용구매 · 일괄위탁구매

① 장기계약구매 ⭐

    ㉠ 어떤 물품이 계속해서 대량으로 필요할 때 장기적으로 계약을 체결하고 일정한 시기마다 일정량씩 납품되도록 하는 방법

    ㉡ 장점 : 구매자의 경우는 비교적 저렴한 가격으로 안전하게 물품을 공급받을 수 있음(수조 · 어육류의 가공식품)

    ㉢ 단점 : 판매자의 경우는 수량이나 단가 등을 사전계약으로 결정하게 되므로 이윤 폭이 다소 줄어들 수 있음

② 당용구매

    ㉠ 당장 필요한 물품을 그때그때 즉시 구입하는 방법

    ㉡ 소요시기가 결정되어 있는 품목, 계절식품 등 일시적인 수요품목, 비저장품목에 적합

    ㉢ 장점 : 재고가 없으므로 보관비용이 절감될 수 있고 가격하락이 예상될 때 유리

    ㉣ 단점 : 필요한 시기에 맞추어서 구매하기 어렵고 조달비용이 증가

③ 일괄위탁구매 : 특정업자에게 일괄 위탁하여 구매하는 방법으로 구매담당자가 모든 구입물품에 대한 내용을 파악하기 어려울 때, 물품이 소량일 때 유리

(4) 중앙구매와 공동구매

① 중앙구매(dencentral buying) : 기관 내 구매담당부서에서 급식재료를 구매하는 방식

② 공동구매(core purchasing) : 운영주체가 다른 급식소들이 모여 공동으로 구매하는 방식 ⭐

영양보충

구매일지 기록사항 ⭐ ⭐ ⭐
- 구매자재 기록
- 재고 기록
- 발주내역 기록
- 납품업자와의 계약 기록

(1) 발주(식품의 재료를 주문하는 것)

① 발주량 산출방법

㉠ 표준레시피에 기록된 1인분의 양 결정

㉡ 필요한 식품의 순사용량 계산

㉢ 조리과정 중의 식품폐기율 고려

㉣ 급식될 식단의 수요인원 예측

㉤ 실사재고 방법에서 기록된 재고량 조사

영양보충

발주량 ⭐39 ⭐40 ⭐41 ⭐42 ⭐44 ⭐45 ⭐47

• 발주량 = $\dfrac{\text{1인당 순 사용량(정미중량)}}{\text{가식부율}}$ × 100 × 예상식수

• 가식부율 = 100 − 폐기율(%)

② **발주량 결정 시 고려사항** : 재고량, 식품재료의 형태 및 포장 상태, 창고의 저장능력, 계절적 요인, 가격의 변화, 수량 할인율 등 ⭐

③ **발주절차** : 식단에 따른 필요물품의 수량 및 품질 결정 → 구매요구서 작성 → 재고량 조사 및 발주량 결정 → 물품 구매명세서 작성 → 공급자 결정 → 가격 확인 → 발주(주문) → 납품서 확인 → 수령 및 검수 → 입고

④ **적정발주량 결정**

㉠ 적정발주량은 저장비용과 주문비용의 두 가지 비용에 영향을 받음

• 저장비용 : 재고를 보유하기 위해 소요되는 비용으로 저장시설 유지비, 보험비, 변패로 인한 손실비, 재고 자체 보유에 소요되는 비용

• 주문비용 : 인건비, 업무처리비용, 교통통신비, 소모품비, 검수에 소요되는 비용

㉡ 저장비용과 주문비용은 발주량과 주문횟수에 따라 달라짐

• 1회당 발주량이 많아지면 연간 저장비용은 증가, 주문비용은 저하

• 1회당 발주량이 적어지면 연간 저장비용은 감소, 주문비용은 증가

㉢ 경제적 발주량(EOQ) : 연간 저장비용과 주문비용의 총합이 가장 적은 지점

⑤ 발주방식의 결정

　㉠ 정량발주

　　• 재고량이 발주점에 도달하면 일정량을 발주

　　• 재고부담이 적을 때와 항상 수요가 있을 때 적합

　㉡ 정기발주

　　• 정기적으로 일정시기마다 적정발주량(최대재고량 - 현재고량)을 발주

　　• 가격이 비싸고 조달에 시간이 오래 걸리는 것, 재고부담이 큰 것, 수요예측이 가능한 경우 적합

⑥ 발주 시기

　㉠ 저장품의 경우 : 일정기간(주간, 월간, 계간 등) 내의 사용량을 산정 후 공급자에게 정기적으로 공급될 수 있도록 하며 일정한 재고를 유지하도록 함, 대개 2~6개월에 한 번씩 발주

　㉡ 비저장품의 경우 : 사용일로부터 1주일 전 또는 최소한 3일 전까지 발주

⑦ 발주서 작성 시 유의사항 ⭐

　㉠ 재료명, 수량, 납품일시, 납품장소, 기타 요구사항을 기입하여 공급자 측에 송부하도록 하며, 긴급 시 전화로 발주하게 될 경우에도 전달내용을 반드시 확인하도록 함

　㉡ 납품 시 확인의 근거가 되므로 송부하기 전에 반드시 사본을 남김

(2) 검 수

① **정의** : 납품된 물품의 품질, 선도, 위생상태, 수량, 규격이 발주서와 동일한가를 현품과 대조·점검하여 수령 여부를 판단하는 과정 ⭐

② **검수절차** : 납품물품과 주문한 내용, 납품서의 대조 및 품질검사 → 물품의 인수 또는 반품 → 인수한 물품의 입고 → 검수에 관한 기록 및 문서정리 ⭐

③ **검수방법**

　㉠ 전수검사법 ⭐

　　• 납품된 물품을 하나하나 전부 검사

　　• 보석류, 고가품 등을 하나하나 검사하여 조금이라도 불량품이 없도록 함

　　• 손쉽게 검사할 수 있는 물품 또는 불량품이 조금이라도 들어가서는 안 되는 고가품목의 경우에 실시

　㉡ 발췌 검사법

　　• 납품된 물품 중에서 일부의 시료를 뽑아서 검사

　　• 대량 구입 품목으로서 어느 정도 불량품이 혼입되어도 무방한 경우에 실시

④ 검수 담당자의 업무

    ㉠ 납품된 물품이 주문서의 내용과 일치하는지 확인

    ㉡ 납품된 물품의 수량, 중량 및 선도를 확인하고 검사

    ㉢ 구매명세서의 품질규격사항과 일치하는 물품이 납품되었는지 확인

    ㉣ 검수보고서 작성

    ㉤ 물품수령 완료 후 검수인을 찍거나 서명

    ㉥ 미납품 또는 반품현황을 해당부서와 구매부로 전달

    ㉦ 납품된 업체의 물품청구서에 검수 확인하여 대금지불에 이상이 없도록 함(대금지불을 청구하지는 않음)

⑤ **물품의 인수 또는 반품** : 검수원은 배달된 물품에 하자가 없는 경우 물품을 인도받으나 정해진 검수기준에 미달되면 반품처리 ⭐⑩

    ㉠ 잘못된 점을 서로 확인

    ㉡ 요령 있게 그러나 확고하게 거절

    ㉢ 물품을 제대로 바꾸거나 벌점제도를 두어 반복되지 않도록 함

    ㉣ 사전에 납품된 물품의 반품절차와 규칙을 정함

⑥ 인수한 물품의 입고

    ㉠ 검수가 끝난 식재료는 수령 즉시 냉장 및 냉동고, 실온창고, 조리장으로 입고

    ㉡ 조리장으로 입고된 식재료는 바로 전처리하며 온도관리가 필요한 것은 전처리 전까지 냉장·냉동보관

    ㉢ 검수가 끝난 물품을 창고에서 1일 이상 보관할 경우 꼬리표를 만들어 입고일자, 납품업자, 간단한 명세 등을 기록

⑦ **검수에 관한 기록 및 문서정리**

    ㉠ 검수 일지 ⭐⑬

      • 검수원이 작성하며 급식부서장과 회계부서의 결재를 받도록 함

      • 물품명, 단가, 수량, 총액, 배달에 관한 정확한 내용이 포함

    ㉡ 납품서(송장, 거래명세서) ⭐⑮

      • 거래처에서 물품을 납품할 때 구매담당자에게 제공하는 서식으로 물품명, 수량, 단가, 공급가액, 총액, 공급업자명 등을 기재

      • 검수가 끝나면 납품서에 검수확인 서명이나 도장을 찍어 회계부서에 제출하여 대금 지불을 위한 서식으로 사용

⑧ 검수 설비 및 기기 ✿
  ㉠ 장소의 조건 : 물품의 하역장소, 창고, 사무실과 인접한 곳
  ㉡ 설비조건 : 검수대, 조명시설(540Lux 이상), 이동에 충분한 넓이, 안전성 확보, 배수가 잘
    되고 청소하기 쉬운 곳
  ㉢ 도 구
    • 중량 범위대에 맞는 저울, 간이 작업대, 운반차
    • 냉동, 냉장온도 측정을 위한 온도계
    • 검수 도장

> **TIP**
>
> **식재료 검수 시 필요한 서식**
> 발주서, 납품서, 식품구매명세서

05 저장관리

검수 직후에서 식재료를 사용하기 전까지의 문제로 품질보존의 안전성을 확보하기 위하여 식재료의
종류에 대해 적절한 온도, 습도 등의 조건에서 보존하는 품질관리

(1) 식품저장 시 유의사항

① 식품의 저장은 항상 청결을 유지하여 위생해충 및 쥐가 발생하지 않도록 할 것
② 식품의 특성에 따라 채소와 우유는 냉장고, 육류와 어류는 냉동실, 곡류는 서늘한 창고에 보관
  할 것
③ 저장 시 물품별로 구입일자를 표시하여 저장기간이 오래되지 않도록 할 것
④ 재고조사를 수시로 실시하여 필요 이상의 물품을 구매하여 보관하는 일이 없도록 할 것
⑤ 식품저장고에는 식품 이외의 청소도구, 소독약품 등의 물품은 보관하지 않도록 할 것

(2) 창고관리 ✿

① 창고관리의 원칙
  ㉠ 안전성 및 보안을 유지
  ㉡ 적정보관 기한 내에 소비
  ㉢ 먼저 입고된 물품부터 출고(선입선출법)
  ㉣ 적정 재고량을 유지
  ㉤ 공간을 최대한 활용
② 입고 시 기록사항
  ㉠ 물품품목
  ㉡ 간단한 명세서
  ㉢ 입고일자
  ㉣ 포장 내 무게, 수량
  ㉤ 납품업자명

③ 식품 저장소

TIP
- 창고에 식품보관 시 고려해야 할 점 : 온도, 습도, 통풍
- 창고정리 : 월 1회

　㉠ 위치 : 검수부와 인접한 곳

　㉡ 면적 : 급식소 규모의 10~12%

　㉢ 식품창고의 온도조건 및 주저장 품목

구 분	온도(℃)	주저장 품목	비율(%)
건조창고	10~22	유지, 곡류, 통조림, 병조림 등	전체 창고의 50
냉동창고	−24~−18	육류, 냉동식품	전체 창고의 15
냉장창고	0~5	어패류, 육류, 채소류, 유제품	전체 창고의 35
창고 간 통로	10~15	비냉장 과일류	−

④ 창고 크기 결정 요인

　㉠ 무엇을 얼마나 보관할 것인가?

　㉡ 보관기간은 얼마나 될 것인가?

　㉢ 물품의 출입고 빈도는 어떤가?

　㉣ 창고에 소요되는 경비는 어느 정도인가?

⑤ 저장관리의 효율적인 원칙 ⭐⭐⭐

　㉠ 선입선출의 원칙 : 먼저 입고된 물품이 먼저 출고되어야 함

　㉡ 품질보존의 원칙 : 납품된 상태 그대로 품질의 변화 없이 보존해야 함

　㉢ 공간활용 극대화의 원칙 : 확보된 공간의 활용을 극대화함으로써 경제적 효과를 높여야 함

　㉣ 분류저장 체계화의 원칙 : 가나다(알파벳)순으로 진열하여 출고 시 시간과 노력이 줄

　㉤ 저장위치 표시의 원칙 : 저장해야 할 물품은 분류한 후 일정한 위치에 표식화하여 저장

(3) 재고관리

물품의 흐름이 시스템 내 어떤 지점에서 지체된 상태를 시간적 관점에서 파악하는 관리개념

① **재고회전율** : 재고관리를 평가하는 방법

　㉠ 현재 보유하고 있는 재고품목들이 얼마나 빈번히 주문되고 이 품목들이 어느 정도의 기간 동안 사용되었는지를 계산하는 것

　㉡ 재고회전율의 성격 ⭐

재고회전율이 낮을 때 (재고수준이 높음)	• 물품의 손실 초래(부정유출) • 재고의 유지 · 관리에 따른 비용 발생 • 저장공간 요구 • 투자비가 재고에 묶여 자금운용이 원활하지 못함	
재고회전율이 높을 때 (재고수준이 낮음)	• 생산 공급 부족 • 기업 신뢰도와 이미지 실추 • 물품구매 비용 상승	• 영업 손실 • 종업원의 사기 저하

ⓒ 재고회전율 계산법
  - 그 달의 평균 재고액 = (초기재고액 + 마감재고액) / 2 ⭐38 ⭐46
  - 그 달의 재고 회전율 = 그 달의 식품액 / 그 달의 평균 재고액
    – 재고회전율이 급식소별로 설정한 표준치보다 낮음 → 재고가 과잉 수준
    – 재고회전율이 표준치보다 높음 → 재고수준이 너무 낮음

② 재고관리 유형 ⭐37 ⭐41
  ㉠ 영구 재고조사 ⭐41
    - 입고되는 물품의 수량과 창고에서 출고되는 수량을 계속적으로 기록하여 남아 있는 물품의 목록과 수량을 파악하고 적정 재고량을 유지하는 방법 예 고가품목
    - 장점 : 재고량과 재고금액을 어느 때든지 그 당시에 파악(수정)할 수 있어 적절한 재고량을 유지할 수 있음
    - 단점 : 경비가 많이 들고 수작업으로 할 경우 오차가 생길 우려가 큼
  ㉡ 실사 재고조사
    - 주기적으로 창고에 보유하고 있는 물품의 수량과 목록을 기록하는 방법
    - 영구재고의 점검을 위해 실시
    - 대형업체에서는 한 달에 2~4번, 소형업체에서는 한 달에 1번 실시

③ 재고관리 기법
  ㉠ ABC 관리방식 : 재고를 물품의 가치도에 따라 A, B, C 등급으로 분류하여 차별적으로 관리하는 방식 ⭐35 ⭐39 ⭐43 ⭐47

A형 품목	전체 재고량의 10~20% 차지, 전체 재고가의 70~80% → 육류, 주류 주문량을 정확히 산출하고 재고량은 최소수준으로 유지
B형 품목	전체 재고량의 20~40% 차지, 전체 재고가의 15~20% → 과일, 채소
C형 품목	전체 재고량의 40~60% 차지, 전체 재고가의 5~10% → 밀가루, 설탕, 조미료, 세제

  ㉡ 최소–최대 관리방식 ⭐46
    - 실제로 급식소에서 많이 사용
    - 안전재고량을 유지하면서 재고량이 최소재고량에 이르면 조달될 때까지 사용하는 양을 고려한 적정량을 주문하여 최대한의 재고량을 보유하도록 하는 방식

④ 급식소에서 재고기록을 하는 목적 ⭐35
  ㉠ 물품부족으로 인한 생산계획의 차질을 없게 하기 위해서
  ㉡ 식품의 원가를 통제하기 위해서
  ㉢ 물품의 도난 및 손실방지를 위해서
  ㉣ 보유하고 있는 재고량을 파악하기 위해서
  ㉤ 식품구매 시 필요량 결정을 위해서

⑤ 재고자산의 평가
  ㉠ 실제 구매가법
    • 마감재고 조사 시 남아 있는 물품들을 실제로 그 물품을 구입했던 단가로 계산하는 방법
    • 주로 소규모 급식소에서 많이 이용
    • 구매한 물품 검수 후 창고에 저장 시 물품에 구입단가를 표시하여 두면 좋음
  ㉡ 총평균법
    • 특정 기간 동안 구입한 물품의 총액을 전체 구입수량으로 나누어 평균단가를 계산한 후 이 단가를 이용하여 남아 있는 재고량의 가치를 산출하는 방법
    • 물품이 대량으로 입·출고될 때 사용
  ㉢ 선입선출법(FIFO ; First In First Out) ⭐ ⭐ ⭐ ⭐
    • 가장 먼저 들어온 품목이 나중에 입고된 품목들보다 먼저 사용된다는 재고회전 원리에 기초
    • 마감 재고액은 가장 최근에 구입한 식품의 단가가 반영
    • 시간의 변동에 따라 물가가 인상되는 상황에서 재고가를 높게 책정하고 싶을 때 사용할 수 있음
  ㉣ 후입선출법(LIFO ; Last In First Out)
    • 선입선출법과는 반대의 개념으로 최근에 구입한 식품부터 사용한 것으로 기록하며, 가장 오래된 물품이 재고로 남아 있게 됨
    • 선입선출 방식이 재고회전에 사용되는 반면, 후입선출법은 인플레이션이나 물가 상승 시에 소득세를 줄이기 위해 재무제표상의 이익을 최소화하고자 할 때 사용되는 방법
  ㉤ 최종 구매가법 ⭐ ⭐
    • 가장 최근의 단가를 이용하여 산출
    • 급식소에서 가장 널리 사용되며 간단하고 빠른 방법

06 식품의 감별

(1) 식품 감별의 목적과 방법
  ① 식품 감별의 목적
    ㉠ 불량식품의 적발
    ㉡ 식중독의 방지
    ㉢ 식품위생상 위해도 판정

② 식품 감별의 방법
   ㉠ 관능검사법
     • 외관으로 식품을 관찰하여 품질을 감별하는 방법
     • 맛, 색, 향기, 광택, 촉감 등
   ㉡ 이화학적 방법
     • 화학적 · 물리적 · 생화학적 방법으로 식품의 품질상태 등을 알아내는 방법
     • 미생물의 존재 유무, 유해성분의 혼입 여부 등 확인

(2) 곡 류

① 쌀 : 불순물이 섞이지 않고 알맹이가 고르며, 광택이 있고 투명하며 앞니로 씹었을 때 경도가 높은 것 ⭐

② 밀가루 : 건조 상태가 좋고 덩어리가 없으며, 이상한 냄새나 맛이 없는 것

③ 빵 : 외부가 균일하고, 표면은 잘 구워진 노란색을 띠며, 썰었을 때 단면의 기공이 균일한 것

(3) 서 류

① 감자, 고구마 : 상처가 없고 발아가 안 된 것으로 크기가 고르며 겉껍질이 단단한 것, 특히 고구마는 붉은 껍질의 것

② 토란 : 원형에 가까운 모양의 것으로 껍질을 벗겼을 때 살이 흰색이고, 자른 단면이 단단하고 끈적끈적한 감이 강한 것

(4) 두 류

① 대두 및 기타 두류 : 각각 특유의 두류 색깔을 띠고 알이 고르며 충해가 없는 것

② 두부 : 겉면이 곱고 모양이 정리되어 있으며 부서지지 않고 쉰 냄새가 없어야 함

(5) 육 류

① 일반 육류
   ㉠ 육류 특유의 색과 윤기를 가지고 있으며, 이상한 냄새가 없고 투명감이 있으며, 손으로 눌렀을 때 탄력성이 있는 것
   ㉡ 냉동된 것은 −18℃를, 생 것은 5℃ 이하인지를 확인하고 얼룩이나 반점이 없어야 좋음
   ㉢ 소고기는 밝은 빨간색, 돼지고기는 비계가 하얗고 탄력이 있으며 살코기는 엷은 분홍색인 것

② 육가공품 : 잘랐을 때 단면의 색깔이 좋고, 탄력이 풍부하며, 갈라진 것이 없고, 특유한 향기와 냄새가 나는 것

(6) 생선류 및 건어물

① 생선류 : 눈이 투명하고, 아가미가 선홍색이며 비린내가 나지 않는 것 ⭐

② 건어물 : 건조도가 좋고 이상한 냄새가 없으며, 불순물이 붙지 않는 것

(7) 채소류

① **일반 채소류** : 시들거나 벌레가 먹지 않고 반점이 없어야 하며, 특유한 색깔과 향기를 지니고 천연으로 재배된 것

② **당근** : 둥글고 살찐 것으로 마디가 없고, 잘랐을 때 단단한 심이 없으며 전체가 같은 색을 띠는 것

③ **무** : 알이 차고 무거우며, 색깔과 모양이 좋은 것

④ **우엉** : 길게 쭉 뻗은 모양이 좋은 것으로, 살집이 좋고 외피가 부드러운 것, 모양이 굽었거나 건조된 것은 좋지 않음

⑤ **시금치** : 줄기나 잎이 잘 자라서 진한 녹색을 띠는 것

⑥ **양배추** : 잎이 두껍고 잘 결구되어 무거우며, 신선하고 광택이 나는 것

⑦ **배추** : 연백색으로 감미가 풍부하고 잎이 두껍지 않으며 굵은 섬유질이 없는 것

⑧ **파** : 부드러우며 굵기는 고르고 건조되지 않은 것으로서 뿌리에 가까운 부분의 흰색이 길고 잎이 싱싱한 것

⑨ **양파** : 충분히 건조되어 중심부를 눌렀을 때 연하지 않은 것

⑩ **오이** : 색이 좋고, 굵기는 고르며, 만졌을 때 가시가 있고 끝에 꽃 마른 것이 달렸으며, 무거운 느낌이 드는 것

(8) 난 류

① 껍데기는 꺼칠꺼칠하고 광택이 없는 것

② 흔들어서 소리가 나지 않는 것

③ 흰자와 노른자가 탄력이 있으며 흘러내리지 않는 것

(9) 유류 및 유제품

① **일반 우유** : 유백색으로 독특한 향기가 나고, 물컵 속에 떨어뜨렸을 때 구름과 같이 퍼지면서 내려가는 것

② **유제품** : 입안에서의 감촉이 좋고, 풍미가 양호하며 불쾌한 냄새가 나지 않는 것

(10) 통조림, 병조림

① **통조림** : 겉이 찌그러지지 않고 녹슬지 않았으며, 뚜껑이 돌출되거나 들어가 있지 않고 특히, 두드렸을 때 맑은 소리가 나는 것

② **병조림** : 밀착 부분이 안전한 것

CHAPTER

04 적중예상문제

01 다음 중 구매명세서 작성이 단점으로 작용할 수 있는 경우는?

① 품질의 균일성을 유지하고자 할 때

② 정확한 품질검사를 하려고 할 때

③ 구매하고자 하는 물품이 적을 때

④ 검사에 필요한 시간을 절약하고자 할 때

⑤ 많은 납품업자에게 경쟁입찰을 시키려고 할 때

해설 ③ 구매하고자 하는 물품의 양이 적을 때에는 구매명세서의 작성이 오히려 비경제적이고 번거로운 일이 된다.

구매명세서의 장점

• 보다 많은 납품업자들이 경쟁입찰에 응하게 되어 유리한 가격으로 구매할 수 있다.

• 정확한 품질검사를 할 수 있어 품질의 균일성을 유지할 수 있다.

• 납품업자는 품질관리를 철저히 하게 되므로, 구매자측은 전수검사를 하지 않아도 되기 때문에 비용과 시간이 절약된다.

출제유형 46

02 발주 시 사용되는 표준레시피 항목은?

① 메뉴명

② 조리기구

③ 배식방법

④ 조리시간

⑤ 재료량

해설 표준레시피에는 메뉴명, 재료명, 재료량, 조리방법, 총 생산량, 1인 분량, 생산 식수, 조리기구 등을 기재한다. 발주 시 표준레시피에서 식품의 폐기율을 고려하여 재료의 발주량을 계산한다.

01 ③ 02 ⑤ 정답

03 경매에 직접 참여하여 도매시장 거래품목을 대량으로 구매하는 실수요자는?

① 중매인

② 지정 도매인

③ 매매 참가인

④ 도매시장 개설자

⑤ 소매상

해설 매매 참가인

슈퍼마켓, 체인스토어와 같은 대량수요자로서 도매시장 거래품목을 정기적으로 구입하는 자이다. 즉, 시장개설 자들에게 등록하여 승인을 받은 후, 지정도매인이 행하는 경매에 참가하여 상품을 사들이는 전문소매상 또는 대규모 수요자로서, 중매인과 같이 소비자 측의 일익을 담당하고 있다.

04 구매의 주체에 따른 구매방법을 바르게 묶은 것은?

① 중앙구매, 사무구매, 전화구매

② 중앙구매, 분산구매, 공동구매

③ 중앙구매, 전화구매, 공동구매

④ 중앙구매, 일반구매, 분산구매

⑤ 중앙구매, 기획구매, 분산구매

해설 구매방법
- 중앙구매 : 구매부서가 각 부서에서 필요한 물품을 집중하여 구매
- 분산구매 : 각 부서 또는 각 업장마다 필요한 물품을 따로 구매
- 공동구매 : 운영자나 소유주가 다른 급식소들이 모여서 공동으로 물품을 구매

05 대규모의 급식위탁회사에서 비용절감의 목적으로 구매하는 방법은?

① 독립구매

② 중앙구매

③ 공동구매

④ 단독구매

⑤ 분산구매

해설 중앙구매

기관 내의 구매담당부서에서 급식재료를 구매하는 방식으로 대규모의 급식위탁회사에서 재료의 구입단가 절감 을 위해 사용하는 방법이다.

정답 03 ③ 04 ② 05 ②

06 검수구역에 관한 설명으로 옳은 것은?

① 공급업체가 납품하기 쉽고, 식기소독고와 가까이 위치해야 한다.

② 검수대의 높이는 바닥면에서 30cm 이하이어야 한다.

③ 조도는 200Lux 이하여야 한다.

④ 저울, 온도계, 오븐 등의 기계가 필요하다.

⑤ 배수가 잘 되고 청소가 쉬워야 한다.

> **해설** ① 물품의 하역장소, 창고, 사무실과 인접한 곳에 위치해야 한다.
> ② 검수대의 높이는 바닥면에서 60cm 이상이어야 한다.
> ③ 조도는 540Lux 이상이어야 한다.
> ④ 저울, 온도계, 간이작업대, 운반차, 검수도장 등이 필요하다.

07 식품시장의 종류와 그 예가 서로 알맞게 짝지어진 것은?

① 산지시장 - 농협슈퍼　　　　　② 도매시장 - 백화점

③ 소매시장 - 우시장　　　　　　④ 산지시장 - 농산물 도매시장

⑤ 소매시장 - 24시간 편의점

> **해설** 식품의 시장
> • 소매시장 : 잡화점, 연쇄점, 백화점, 슈퍼마켓, 편의점
> • 도매시장 : 법정 도매시장, 농 · 수 · 축협 공판장
> • 산지시장 : 소비자 시장에 대립되는 개념으로 농촌지역에서 수행되는 유통시장, 즉 해안가의 수산시장, 과수
> 단지의 청과물시장, 목축단지의 가축시장 등

08 다음 식품 중 구매계약 기간이 가장 짧은 것은?

① 채소류, 어패류　　　　　　　② 설탕, 밀가루

③ 식용유, 단무지　　　　　　　④ 식용유, 고춧가루

⑤ 조미료, 깨

> **해설** 식품의 구매계약 기간별 분류
> • 주간 단위 : 채소류, 어패류, 육류, 과실류, 난류 등
> • 월간 단위 : 설탕, 식용유, 밀가루, 단무지, 오이지 등
> • 3개월 단위 : 조미료, 고춧가루, 깨 등

09 서구식 구멍가게로 불리며, 24시간 연중무휴의 점포운영을 특징으로 고객들에게 편의를 제공하는 소매상은?

① 백화점
② 슈퍼마켓
③ 하이퍼마켓
④ 편의점
⑤ 할인점

> **해설** ④ 슈퍼마켓의 발전된 형태로 주거지 근처에 위치하여 연중무휴로 장시간(대개 24시간)에 걸쳐 식료품 및 일용잡화를 판매한다. 슈퍼마켓보다 가격은 비싸다.
> ① 대규모 소매기관이며, 다양한 종류의 상품을 취급하고 부문제 관리제도를 행하는 특징을 지닌다. 고객의 흡인력이 크며, 정찰판매로 고객들의 신용을 얻기 쉽다.
> ② 식료품을 중심으로 한 대규모 소매점으로 최근에는 일용잡화에까지 그 취급상품의 범위가 확대되고 있다. self-service제에 의한 인건비의 절감, 낮은 이폭과 대량판매에 의한 염가주의가 강조된다.
> ③ 슈퍼마켓에 일반상품 할인제도를 결합시킨 형태로 그 규모나 취급 상품면에서 슈퍼마켓의 2~4배 정도 많다. 품목이 다양하며, 각종 물품들이 산지직송 형태로 판매되고 있다. 낱개보다 박스포장 판매비율이 높아 대형음식점, 관광업소 등에서 대량구매하기도 한다.
> ⑤ 여러 다른 상품을 취급하며 최소의 서비스를 제공하고 저렴한 가격으로 판매하는 것을 원칙으로 한다. 주로 편의점보다는 전문품을 취급하는 경향이 있으며 카메라 등 가전제품, 보석, 섬유 및 의류 등의 물품을 취급한다.

10 식품의 구매물량이 많고 다량으로 구입할 때 품질이 좋고 가격을 저렴하게 구입할 수 있는 계약방법은?

① 소매상회에서 원가구매
② 지명경쟁입찰
③ 일반공개입찰
④ 도매상회에서의 원가구매
⑤ 제한경쟁입찰

> **해설** ③ 상호 경쟁을 시켜 가장 타당성 있는 입찰가격을 제시한 자에게 낙찰하는 방식으로 품질이 좋고 경제적이다.
> ② 발주자가 도급자의 자산, 신용, 기술 등을 상세히 조사하여 해당 내용이 적절하다고 인정되는 정도의 업자를 수 개 정도 지명하여 경쟁입찰시키는 방법이다.
> ⑤ 특수한 기술, 계약기구, 생산설비, 자산, 신용을 요할 때 일정범위 이상의 모든 업체를 경쟁입찰시키는 방법이다.

11 다음 설명에 해당하는 구매계약방법은?

> • 공고부터 개찰까지 수속이 복잡함
> • 구매의 투명성이 확보되고 새로운 업자를 발굴할 수 있음
> • 공고로 응찰자를 모집하고 상호 경쟁을 통해 낙찰자를 선정함

① 단독계약
② 수의계약
③ 일반경쟁입찰
④ 분할수의계약
⑤ 지명경쟁입찰

해설 일반경쟁입찰

신문 또는 게시와 같은 방법으로, 입찰 및 계약에 관한 사항을 일정기간 일반에게 널리 공고하여 응찰자를 모집하고, 입찰에서 상호경쟁시켜 가장 타당성 있는 입찰가격을 제시한 사람을 낙찰자로 정하는 방법이다.

12 다음 중 경쟁입찰계약보다 수의계약이 더 유리한 식품은?

① 채소, 육류
② 육류, 조미료
③ 쌀, 통조림
④ 생선, 건어물
⑤ 쌀, 콩

해설 채소, 생선, 육류 등 비저장품목은 그때그때 필요량만큼만 구입해야 하므로 수의계약방식이 유리하고, 쌀, 콩, 통조림과 같은 저장성이 높은 품목은 경쟁입찰계약으로 정기구매하는 것이 유리하다.

11 ③　12 ①　정답

13 수의계약에 의해 식재료를 구입했을 때의 장점에 해당되지 않는 것은?

① 계약에 공정성을 기할 수 있다.

② 계약과 관련된 절차가 간편하다.

③ 구매절차상의 인원, 경비가 절약된다.

④ 신용이 확실한 업자와 거래할 수 있다.

⑤ 상대방의 사정을 잘 알 수 있어서 안전한 거래가 이루어진다.

> **해설** 수의계약의 장점
> • 절차가 간소하여 경비절감이 가능하다.
> • 신용이 확실한 거래처의 선정이 가능하다.
> • 상대방의 실정을 숙지하고 있으므로 안정된 거래가 가능하다.
> • 공고로 인한 물가 등귀의 우려가 적다.
> 수의계약의 단점
> • 공정성이 결여된다.
> • 불공정하고 불리한 가격으로 계약되기 쉽다.
> • 새로운 업자를 발견하기 어렵다.

14 다음 중 구매일지에 기록해야 하는 필요사항이 아닌 것은?

① 구매자재의 기록

② 재고의 기록

③ 계약내용의 기록

④ 식재료가 사용된 날짜

⑤ 구매상품의 발주내용

> **해설** 구매일지에는 구매자재, 납품업자, 재고, 발주에 대한 내역, 계약 등을 기록한다.

정답 13 ① 14 ④

15 다음의 상황에 주로 이루어지는 계약방식은?

> • 물품에 관한 납품업자가 한정되어 있을 때
> • 시장과 가격의 안정성이 불확실할 때
> • 업체의 규모가 작아 공식구매가 불필요할 때

① 일반경쟁입찰방식
② 수의계약방식
③ 지명경쟁입찰방식
④ 품질경쟁입찰방식
⑤ 단가계약방식

> **해설** 수의계약이 주로 이루어지는 경우
> • 긴급을 요하는 조달물품과 즉각적인 배달이 요구될 때
> • 시장과 가격의 안정성이 불확실할 때
> • 구매물량이 적을 때
> • 시간이 많지 않을 때
> • 업체의 규모가 작아 공식구매가 불필요할 때
> • 물품에 관한 납품업자가 한정되어 있을 때

출제유형 36

16 여러 개의 체인점을 소유하고 있는 패밀리레스토랑의 경우는 다음 중 어떤 구매유형이 가장 적합한가?

① 독립구매
② 중앙구매
③ 창고클럽구매
④ 공동구매
⑤ 단독구매

> **해설** 중앙구매
> 물품을 1개소에 집중시켜 구매하는 방법으로 고가의 물품, 공통적으로 사용하는 물품, 대량사용 물품, 구매절차가 복잡한 물품의 경우에 이용된다.

15 ② **16** ② 정답

17 분산구매의 장점으로 옳은 것은?

① 구매가격 인하

② 비용의 절감

③ 자주적 구매 가능

④ 품질관리의 수월

⑤ 구매기능의 향상

해설 분산구매의 장점

구매수속이 간단하여 비교적 단기간에 구입이 가능하며, 독립적 구매가 가능하다. 긴급수요의 경우에 특히 유리하며, 거래업자가 근거리에 있는 경우에는 운임 등 기타 경비가 절감되고, 차후 서비스면에서 유리하다.

출제유형 45, 46, 47

18 고등어구이의 고등어 1인 분량이 80g이고 예상식수가 500명인 경우, 고등어의 발주량은? (단, 고등어의 폐기율은 20%임)

① 10kg

② 20kg

③ 30kg

④ 40kg

⑤ 50kg

해설 $발주량 = \dfrac{표준레시피의\ 1인당\ 중량}{가식부율} \times 100 \times 예상식수 = \dfrac{80}{80} \times 100 \times 500 = 50kg$

정답 **17** ③ **18** ⑤

19 다음 설명에 해당하는 서류는?

> • 물품구매를 희망하는 부서에 작성하여 구매부서에 보낸다.
> • 청구번호, 필요품목에 대한 간단한 설명, 필요량, 납품 희망날짜를 기술한다.

① 재고조사기록지

② 구매명세서

③ 구매청구서

④ 납품서

⑤ 발주서

해설 물품 구매청구서
- 구매청구서, 요구서라고도 한다.
- 청구번호, 필요품목에 대한 간단한 설명, 필요량, 납품 희망날짜, 예산 회계번호, 공급업체 상호명과 주소, 주문날짜, 가격이 기재되기도 한다.
- 2부씩 작성하여 원본은 구매부서에 보내고, 사본은 구매를 요구한 부서에서 보관한다.

20 300명분의 호박나물(폐기율 : 10%일 경우)을 조리하고자 한다. 호박의 1인 정미중량을 45g으로 잡을 때 호박의 발주량은 얼마인가?

① 13.5kg

② 15.0kg

③ 16.5kg

④ 20.0kg

⑤ 27.0kg

해설 발주량 $= \dfrac{정미중량(1인당\ 순\ 사용량)}{100-폐기율(가식부율)} \times 100 \times 인원수 = \dfrac{45}{100-10} \times 100 \times 300 = 15kg$

19 ③ **20** ② 정답

21 다음 중 정량발주를 해야 하는 경우는?

① 재고부담이 큰 경우

② 가격이 비싼 경우

③ 수요예측이 가능한 경우

④ 항상 수요가 있는 경우

⑤ 조달에 시간이 오래 걸리는 경우

> **해설** 정량발주가 적합한 경우는 재고부담이 적을 때와 항상 수요가 있을 때이다. ① · ② · ③ · ⑤는 정기발주가 적합하다.

22 발주량을 산출하는 데 필요한 방법으로 옳지 않은 것은?

① 표준레시피에 기록된 1인분의 양을 결정

② 급식될 식단의 수요인원 예측

③ 조리과정 중의 식품폐기율을 고려

④ 영구 재고조사 방법에서 기록된 재고량을 계산

⑤ 필요한 식품의 순사용량을 계산

> **해설** ④ 영구 재고조사는 재고관리 유형 중 하나로, 입고 물품의 수량과 출고 물품의 수량을 계속 기록하여 적정 재고량을 유지한다.

23 다음 중 전수검사가 필요한 경우는?

① 파괴검사일 경우

② 검사항목이 많은 경우

③ 식품 등 위생과 관계된 경우

④ 검수비용과 시간을 절약해야 하는 경우

⑤ 생산자에게 품질 향상의 의욕을 자극하고자 하는 경우

> **해설** 전수검사
> 납입된 물품을 하나하나 전부 검사하는 방법으로 식품 등 위생과 관계된 경우, 손쉽게 검사할 수 있는 물품, 불량품이 조금이라도 들어가서는 안 되는 고가품목인 경우에 실시한다.

정답 21 ④ 22 ④ 23 ③

24 식품 검수 시 확인해야 하는 사항은?

① 재고량

② 출고계수

③ 표준레시피

④ 식품의 폐기율

⑤ 식품의 품질

해설 검수담당자의 업무
- 납품된 물품이 주문서의 내용과 일치하는지 확인한다.
- 납품된 물품의 수량, 중량 및 선도를 확인하고 검사한다.
- 구매명세서의 품질 규격사항과 일치하는 물품이 납품되었는지 확인한다.
- 시식 또는 시험에 의하여 검수할 때도 있다.
- 검수보고서를 작성해야 한다.
- 구매자에 대해 협조자로서의 역할도 수행해야 한다.
- 물품수령 완료 후 검수인을 찍거나 서명한다.
- 미납품 또는 반품 현황을 해당부서와 구매부로 전달해야 한다.
- 납품된 업체의 물품청구서에 검수 확인하여 대금지불에 이상이 없도록 한다.

25 다음 중 검수업무에 필요한 설비조건이 아닌 것은?

① 적절한 밝기의 조명시설

② 물건의 이동에 충분한 넓이

③ 안정성이 확보된 장소

④ 청소하기 용이한 시설

⑤ 분쇄기, 골절기 등을 갖춘 시설

해설 ⑤ 전처리 구역에 필요한 설비이다.

26 구입식품을 검수할 때 필요한 장표가 아닌 것은?

① 식품명세서
② 검수일지
③ 발주서
④ 식단표
⑤ 납품서

> **해설** 검수는 납품된 물품의 품질, 선도, 위생 상태, 수량, 규격이 발주서와 동일한가를 현품과 대조·점검하여 수령 여부를 판단하는 과정을 말한다.

27 한 끼에 50식을 제공하는 소규모 급식소에서 자연산 송이버섯요리를 특식으로 제공하려고 한다. 이때 식재료의 검수 시 올바른 검사방법은?

① 발췌검사법
② 부분검사법
③ 전수검사법
④ 미량검사법
⑤ 무작위검사법

> **해설** 납품검사방법에는 전수검사법과 발췌검사법이 있다. 전수검사법은 납품된 품목을 모두 검사하는 방법이고, 발췌검사법은 일부 품목만 뽑아서 검사하는 방법이다. 손쉽게 검수할 수 있는 물품 또는 불량품이 조금이라도 들어가서는 안 되는 고가물품인 경우에는 전수검사법을 실시한다.

28 다음 중 입고 시 필요한 서류로 조합된 것은?

① 수입전표, 발주서
② 납품서, 수입전표
③ 납품서, 검수일지
④ 식품수불부, 구매표
⑤ 발주서, 납품서

> **해설** 창고에 입고 시에는 납품업자가 물품을 납입할 때 제출한 납품서를 이용하여 수입전표를 작성하거나, 수입전표를 생략하고 납품서를 그대로 수입전표로 하여 입고시킨다.

정답 26 ④ 27 ③ 28 ②

29 구매절차에 따른 장표의 순서로 옳은 것은?

① 구매명세서 → 구매청구서 → 발주서 → 납품서

② 발주서 → 견적서 → 구매명세서 → 납품서

③ 구매청구서 → 발주서 → 구매명세서 → 납품서

④ 구매청구서 → 구매명세서 → 발주서 → 납품서

⑤ 발주서 → 구매명세서 → 구매청구서 → 납품서

해설 구매절차에 따른 장표의 순서
구매명세서 → 구매청구서 → 발주서 → 거래명세서(납품서)

30 최소한의 재고량을 유지하면서 재고량이 안전재고량 수준인 최솟값에 이르면 적정량을 주문하여 항상 최대한의 재고량을 보유하도록 관리하는 재고관리방식은?

① EOQ 관리방식

② ABC 관리방식

③ 최소–최대 관리방식

④ 영구재고 관리방식

⑤ 실사재고 관리방식

해설 최소–최대 관리방식
실제 급식소에서 많이 사용하는 방식으로 안전재고량을 유지하면서 재고량이 최소재고량에 이르렀을 때 조달될 때까지 사용하는 양을 고려한 적정량을 주문하여 최대 재고량을 보유하는 방식이다.

29 ① **30** ③ 정답

31 저장관리 원칙 중 창고에 식품을 저장할 때 가나다순으로 진열하여 출고하게 되면 시간과 노력을 줄일 수 있는 것은?

① 저장위치 표시의 원칙

② 품질보존의 원칙

③ 선입선출의 원칙

④ 분류저장 체계화의 원칙

⑤ 공간활용 극대화의 원칙

해설 저장관리의 효율적인 원칙
- 선입선출의 원칙 : 먼저 입고된 물품이 먼저 출고되어야 함
- 품질보존의 원칙 : 납품된 상태 그대로 품질의 변화 없이 보존해야 함
- 공간활용 극대화의 원칙 : 확보된 공간의 활용을 극대화함으로써 경제적 효과를 높여야 함
- 분류저장 체계화의 원칙 : 가나다(알파벳)순으로 진열하여 출고 시 시간과 노력이 줆
- 저장위치 표시의 원칙 : 저장해야 할 물품은 분류한 후 일정한 위치에 표식화하여 저장

32 식품재료의 출납을 명확히 기록하여 재료관리의 정확도를 높이는 것은?

① 검식부

② 식품수불부

③ 구매표

④ 구매명세서

⑤ 급식일지

해설 ② 단체급식에서는 식품의 수불관계가 정확히 기록되어야 합리적인 운영을 할 수 있다.

정답 31 ④ 32 ②

33 재고관리 기법 중 재고를 물품의 가치도에 따라 분류하여 차별적으로 관리하는 것은?

① EOQ 기법

② 최소-최대 관리방식

③ 실사 재고조사

④ 영구 재고조사

⑤ ABC 관리방식

해설 ① EOQ 기법 : 경제적 발주량을 결정하는 재고관리법

② 최소-최대 관리방식 : 안전재고량을 유지하면서 재고량이 최소재고량에 이르면 조달될 때까지 사용하는 양을 고려한 적정량을 주문하여 최대한의 재고량을 보유하도록 하는 방식

③ 실사 재고조사 : 주기적으로 창고에 보유하고 있는 물품의 수량과 목록을 기록하는 방법

④ 영구 재고조사 : 입고되는 물품의 수량과 창고에서 출고되는 수량을 계속적으로 기록하여 적정 재고량을 유지하는 방법

34 단체급식소에서 저장할 수 있는 식품재료를 구입할 때 정확한 구매수량을 결정하려면 가장 먼저 무엇을 조사하는가?

① 급식인원수 조사

② 식단표 조사

③ 사용량 및 가식부 조사

④ 시장가격 조사

⑤ 재고량 조사

해설 구매담당자는 표준레시피로부터 식재료의 산출량을 고려하여 발주량을 결정하는데, 저장품인 경우는 먼저 창고의 재고량을 확인한 후, 적정재고 수준에 미달된 만큼의 부족분만 발주량으로 산출하게 된다.

33 ⑤ **34** ⑤ 정답

35 효율적인 저장관리를 위한 원칙으로 옳은 것은?

① 후임선출의 원칙, 품질보존의 원칙

② 공간활용의 원칙, 품질보존의 원칙

③ 상호관리의 원칙, 통합저장의 원칙

④ 후임선출의 원칙, 공간활용의 원칙

⑤ 상호관리의 원칙, 분류저장의 원칙

해설 효율적인 저장관리를 위한 원칙
- 저장 위치표시의 원칙
- 분류저장의 원칙
- 품질보존의 원칙
- 선입선출의 원칙
- 공간활용의 원칙

36 재고관리 중 재고의 품질을 좋게 하는 방법으로 옳은 것은?

① 재고회전율은 낮은 것이 좋다.

② 영구 재고조사와 실사 재고조사를 병행한다.

③ 재고조사를 하는 이유는 회전속도를 높이기 위해서다.

④ 재고회전율을 높이면 자금운용이 원활하지 못하게 된다.

⑤ ABC 관리방식 중 고가의 물건인 C형 품목을 최소수준으로 유지한다.

해설 재고관리는 영구 재고조사와 실사 재고조사가 있다. 영구 재고조사는 입고되는 물품의 수량과 창고에서 출고되는 수량을 계속적으로 기록하여 적정 재고량을 유지하는 방법으로 주로 고가품목에 사용된다. 실사재고조사는 주기적으로 보유하고 있는 물품의 수량과 목록을 기록하는 방법이다.

정답 **35** ② **36** ②

37 검수한 식재료를 창고에 보관 시 포장이나 용기에 기록하지 않아도 되는 내용은?

① 납품업자명

② 입고일자

③ 출고일자

④ 포장 내 무게, 수량

⑤ 물품품목 및 간단한 명세서

해설 식재료를 창고에 입고 시 포장이나 용기에 기록해야 할 내용

• 물품품목
• 간단한 명세서
• 입고일자
• 포장 내 무게
• 수 량
• 납품업자명

38 식품의 원가 통제관리를 위한 재고조사의 한 방법으로 영구 재고조사를 사용할 수 있다. 이 것을 가장 적절히 설명한 것은?

① 현재의 잔고 재고품의 수량을 헤아리는 것이다.

② 각 품목의 입고량과 출고량이 같은 서식에 기록되는 방법이다.

③ 물품의 회전속도가 빠른 것에 주로 적용된다.

④ 한 달에 1~2번 실시한다.

⑤ 식품의 원가관리를 위한 가장 정확한 방법이다.

해설 영구 재고조사
구매하여 입고 및 출고되는 물품의 양을 같은 서식에 계속적으로 기록하는 것으로 적정 재고량을 유지하기 위해서 실시한다.

39 쌀의 감별법으로 옳지 않은 것은?

① 촉감이 부드러운 것
② 멥쌀은 요오드 반응 시 청록색인 것
③ 쌀알이 부서지지 않은 것
④ 불순물이 섞이지 않은 것
⑤ 광택이 없고 불투명한 것

해설 쌀은 불순물이 섞이지 않고 도정이 잘되어 투명하며 촉감이 부드러운 것이 좋다.

40 식품의 구매 중 필요할 때마다 구매를 해서 사용해야 하는 식품은?

① 고등어, 상추
② 쌀, 건어물
③ 돼지고기, 조미료
④ 미역, 통조림
⑤ 고구마, 냉동 돈가스

해설 수시구매
채소, 생선, 육류 등 신선도가 요구되는 물품을 구입할 때 사용하는 방법으로 구매요구서가 들어올 때마다 수시로 구매를 한다.

정답 39 ⑤ 40 ①

41 **다음 식품 중 구매하지 않아야 할 것은?**

① 토란 – 원형에 가까운 것으로 껍질을 벗겼을 때 살이 흰색인 것

② 햄, 소시지 – 탄력이 있고 갈라진 곳이 없으며, 향기와 냄새가 없는 것

③ 두부 – 모양이 곱고 잘 정리된 것으로 부서지지 않고 쉰 냄새가 없는 것

④ 우유 – 독특한 향기나 나며, 물속에서 구름과 같이 퍼지면서 내려가는 것

⑤ 빵 – 외부가 균일하고 표면은 잘 구워진 노란색이며 단면의 기공이 균일한 것

해설 햄, 소시지 등 육가공품은 잘랐을 때 단면의 색깔이 좋고, 탄력이 풍부하며, 갈라진 곳이 없고 특유한 향기와 냄새가 나는 것이 좋다.

출제유형 46

42 **어느 집단급식소의 10월 재고액과 식품비 총액이 다음과 같다. 재고회전율은?**

> • 10월 초 재고액 25,000,000원
> • 10월 말 재고액 35,000,000원
> • 10월에 소요된 식품비 총액 90,000,000원

① 2

② 2.5

③ 3

④ 3.5

⑤ 4

해설 식음료재료 재고회전율
• 소비 식음료 총 재료원가 / [(초기재고+기말재고) / 2]
• 90,000,000 / [(25,000,000 + 35,000,000) / 2]=3

43 다음 중 신선한 채소의 선택 기준으로 옳은 것은?

① 양파 – 껍질이 잘 벗겨지지 않으며 색은 선명한 적황색인 것
② 마늘 – 구의 외형이 길쭉하고 크기와 모양이 다양한 것
③ 우엉 – 둥근 모양이며 외피가 단단한 것
④ 시금치 – 잎 수가 적고 얇으며 진한 녹색을 띠는 것
⑤ 당근 – 얇고 마디가 있으며 단단한 심이 있는 것

> 해설 ① 양파 – 껍질이 잘 벗겨지지 않으며 색은 선명한 적황색, 육질은 단단한 것이 좋다.
> ② 마늘 – 구의 외형이 둥글고 크기와 모양이 균일한 것이 좋다.
> ③ 우엉 – 길게 쭉 뻗은 모양으로, 살집이 좋고 외피가 부드러운 것이 좋다.
> ④ 시금치 – 잎 수가 많고 두터우며 진한 녹색을 띠는 것이 좋다.
> ⑤ 당근 – 둥글고 살찐 것으로 마디가 없고, 단단한 심이 없으며 전체의 색이 같은 것이 좋다.

출제유형 37

44 겨울에 맞는 제철음식의 재료로 옳은 것은?

① 표고버섯
② 시래기
③ 열 무
④ 냉 이
⑤ 미더덕

> 해설 시래기는 배춧잎이나 무청을 말린 것으로 줄기가 연하고 푸른빛을 띠며 잎이 연한 것이 좋다. 겨울철에 부족하기 쉬운 비타민과 미네랄, 식이섬유가 풍부한 음식이다.

정답 43 ① 44 ②

45 재배에 특별한 시설이 필요하지 않아 저렴한 가격, 우수한 맛과 영양으로 고객만족도에 영향을 줄 수 있는 식품은?

① 기능성 식품

② 전통식품

③ 대체식품

④ 강화식품

⑤ 계절식품

해설 계절식품

재배에 특별한 시설이 필요하지 않아 값이 쌀 뿐 아니라 맛과 향이 좋고 영양이 풍부하여 고객만족도에 긍정적 영향을 줄 수 있다.

46 다음 보기의 모습에서 설명하는 구매방식은?

> 한 도시에 소규모로 운영되는 개별 급식소가 10개가 있다. 김장철을 맞이하여 김장 재료를 각각 구매하는 것이 아닌 10개 업체가 같이 한 번에 대량으로 구매를 하려한다.

① 독립구매

② 중앙구매

③ 공동구매

④ 단독구매

⑤ 정기구매

해설 공동구매와 중앙구매
- 공동구매 : 운영주체가 다른 급식소들이 모여 공동으로 구매하는 방식
- 중앙구매 : 기관 내의 구매담당 부서에서 급식재료를 구매하는 방식

45 ⑤ **46** ③ **정답**

47 400인분의 육개장을 만들 때 사용할 대파를 발주하려 한다. 육개장 100인분의 대파 순수 사용량이 6kg이고, 폐기율이 20%일 때, 대파 발주량은?

① 16kg

② 24kg

③ 30kg

④ 37kg

⑤ 42kg

해설 • 1인분 대파 사용량 = 100/6kg = 0.06kg

• 400인분 대파 발주량 = $\dfrac{0.06kg}{100-20} \times 100 \times 400 = 30kg$

48 물품의 명세와 거래대금에 대한 내용이 기록되어 있는 것으로, 공급업체가 물품 납품 시 구매담당자에게 제공하는 서식은?

① 구매청구서

② 식재료검수서

③ 거래명세서

④ 출고청구서

⑤ 구매명세서

해설 거래명세서

공급업체가 물품 납품 시 함께 가져오는 서식으로, 검수담당자는 납품된 품목에 납품서에 적힌 것과 일치하는지를 확인해야 한다.

정답 47 ③ 48 ③

49 먼저 입고된 물품을 먼저 출고하는 재고 관리방식은?

① 최종 구매가법　　　　　　　　② 실제구매가법
③ 총평균법　　　　　　　　　　　④ 후입선출법
⑤ 선입선출법

해설 **선입선출법(FIFO ; First In First Out)**
  • 가장 먼저 들어온 품목이 나중에 입고된 품목들보다 먼저 사용된다는 재고회전원리에 기초한다.
  • 마감 재고액은 가장 최근에 구입한 식품의 단가를 반영힌디.
  • 시간의 변동에 따라 물가가 인상되는 상황에서 재고가를 높게 책정하고 싶을 때 사용할 수 있다.

50 구매부서에서 보통 3부를 작성하며 대금지불의 근거로 발행하는 것은?

① 구매명세서　　　　　　　　　　② 구매청구서
③ 발주서　　　　　　　　　　　　④ 납품서
⑤ 거래명세서

해설 발주서는 보통 3부를 작성하며, 원본은 판매업자, 사본 1부는 구매부서, 사본 1부는 회계부서에서 보관한다.

51 구매하고자 하는 물품의 품질 및 특성에 대해 기록한 양식으로 발주와 검수 시 품질기준으로 사용하는 것은?

① 구매청구서　　　　　　　　　　② 구매요구서
③ 구매명세서　　　　　　　　　　④ 납품서
⑤ 거래명세서

해설 **구매명세서(specification)**
  • 구매하고자 하는 물품의 품질 및 특성에 대해 기록한 양식으로 구입명세서, 물품명세서, 시방서, 물품사양서 라고도 한다.
  • 발주서와 함께 공급업체에 송부하여 명세서에 적힌 품질에 맞는 물품이 공급되도록 하고, 검수할 때도 필요 하다.

52 급식소에서 입고되는 물품의 수량과 창고에서 출고되는 수량을 계속적으로 기록하여 남아 있는 물품의 목록과 수량을 파악하고 적정 재고량을 유지하는 재고관리 방식은?

① 영구 재고방식

② 실사 재고방식

③ ABC 관리방식

④ 최소-최대 관리방식

⑤ 투 빈 시스템(Two-Bin System)

해설 영구 재고조사
- 입고되는 물품의 수량과 창고에서 출고되는 수량을 계속적으로 기록하여 적정 재고량을 유지하는 방법이다.
- 장점 : 재고량과 재고금액을 어느 때든지 그 당시에 파악(수정)할 수 있어 적절한 재고량을 유지할 수 있다.
- 단점 : 경비가 많이 들고 수작업으로 할 경우 오차가 생길 우려가 크다.

53 물가가 인상되는 경제상황에서 재고가를 높게 책정하고자 할 때 사용하는 재고자산 평가법은?

① 최종 구매가법

② 실제 구매가법

③ 선입선출법

④ 후입선출법

⑤ 총 평균법

해설 선입선출법은 시간의 변동에 따라 물가가 인상되는 상황에서 재고가를 높게 책정하고 싶을 때 사용할 수 있다.

54 농산물의 정보를 생산에서 판매단계까지 기록·관리하여 안전성 등에 문제가 발생할 경우 원인을 규명하고 필요한 조치를 할 수 있도록 하는 제도는?

① 농산물우수관리

② 농산물이력추적관리

③ 친환경농산물인증

④ 농산물표준화

⑤ 농산물우수관리

해설 농산물이력추적관리
농산물의 안전성 등에 문제가 발생할 경우 해당 농산물을 추적하여 원인을 규명하고 필요한 조치를 할 수 있도록 농산물의 생산단계부터 판매단계까지 각 단계별로 정보를 기록·관리하는 것이다.

정답 **52** ① **53** ③ **54** ②

제3과목

식품위생

CHAPTER

01 식품위생관리

01 식품위생의 개념

(1) 식품위생의 정의 ⭐

① **세계보건기구(WHO)의 정의** : 식품위생이란 식품의 재배, 생산, 수확, 저장, 제조로부터 유통과정과 판매, 조리과정 및 인간이 섭취하는 과정까지의 모든 단계에 걸쳐 식품의 안전성, 건전성 및 완전무결성을 확보하기 위한 모든 수단을 말함

② **식품위생법상의 정의** : 식품위생이란 '식품, 식품첨가물, 기구 또는 용기·포장'을 대상으로 하는 음식에 관한 위생

③ **식품위생의 목적** : 식품으로 인하여 생기는 위생상의 위해를 방지하고 식품영양의 질적 향상을 도모하며 식품에 관한 올바른 정보를 제공함으로써 국민 건강의 보호·증진에 이바지함을 목적으로 함

(2) 식품의 위해요소

① **내인성** : 식품 자체에 함유되어 있는 유해·유독물질

　　㉠ 자연독

　　　　• 동물성 : 복어독, 패류독, 시구아테라독 등

　　　　• 식물성 : 버섯독, 시안배당체, 식물성 알칼로이드 등

　　㉡ 생리작용 성분 : 식이성 알레르겐, 항비타민 물질, 항효소성 물질 등

② **외인성** : 식품 자체에 함유되어 있지 않으나 외부로부터 오염·혼입된 것 ⭐

　　㉠ 생물학적 : 식중독균, 경구감염병, 곰팡이, 기생충

　　㉡ 화학적 : 방사성 물질, 유해첨가물, 잔류농약, 포장재·용기 용출물 ⭐

③ **유기성** : 식품의 제조·가공·저장·운반 등의 과정 중에 유해물질이 생성되거나 섭취 후 체내에서 생성되는 유해물질(아크릴아마이드, 벤조피렌, 니트로사민)

(3) 식품의 독성시험

① 급성 독성시험 ✿

　　㉠ 생쥐, 흰쥐에 검체를 1번 투여한 후 1~2주 관찰하여 실험동물의 50%를 죽게 하는 독극물의 양(LD_{50} : 반수 치사량)을 구하여 실험동물 체중 kg당 mg으로 나타냄

　　㉡ 반수 치사량(LD_{50}) 값이 클수록 속성물질의 독성이 낮음을 의미함

② 아급성 독성시험 ✿

　　㉠ 생쥐, 쥐에 만성 독성시험에 투여하는 양을 단계적으로 결정하는 지표를 얻는 것이 목적

　　㉡ 1~3개월(평균수명의 1/10일 정도 기간에 걸쳐 경구투여)의 단기기간에 증상을 관찰

　　㉢ 만성 독성시험의 기초자료

③ 만성 독성시험

　　㉠ 생쥐, 개, 원숭이(실험동물을 적어도 2종 사용)에게 소량씩 장기간 투여(1~2년 관찰)하여 증상을 관찰

　　㉡ 최대무작용량 구하는 것이 목적 → 1일 섭취 허용량

　　㉢ 최대무작용량(MNEL ; Maximum No Effect Level) : 실험동물에 시험물질을 장기간 투여했을 때 어떤 중독증상도 나타나지 않는 최대용량 = 최대무해용량(NOAEL)

　　㉣ 1일 섭취 허용량(ADI ; Acceptable Daily Intake) : 사람이 일생 동안 매일 섭취하더라도 아무런 독성이 나타나지 않을 것으로 예상되는 1일 섭취허용량

ADI = 최대무작용량 × 안전계수(1/100) × 평균체중

02　식품위생과 미생물

(1) 미생물의 종류 및 특성

① 바이러스(Virus) ✿ ✿

　　㉠ 형태와 크기가 일정하지 않음

　　㉡ 살아있는 세포에만 증식하며 순수배양이 불가능함

　　㉢ 미생물 중에서 크기가 가장 작으며 세균 여과기를 통과하며, 전자현미경으로만 관찰 가능

　　㉣ 단백질과 핵산(DNA와 RNA 중 한 가지만 존재)으로 구성

　　㉤ 경구감염병의 원인이 되기도 함

② 세균(Bacteria)

　㉠ 원핵세포로 된 단세포 생물

　㉡ 형태에 따라 **구균**(구형, coccus), **간균**(막대형, bacillus), 나선균(spirillum)으로 분류

　㉢ 세포벽의 염색성을 따라 그람양성균과 그람음성균으로 구분

　㉣ 분열증식으로 대수적인 증식을 함(대장균의 세대시간은 20분)

　㉤ **중성**(약알칼리 영역의) pH에서 **잘 자라고** 산성에서는 **억제됨**

　㉥ 균사와 외생포자를 만드는 종류도 있음(방선균)

　㉦ 편모라고 하는 운동기관을 가진 것도 있음(Pseudomonas, Vibrio, Aeromonas)

　㉧ 내열성과 내건성이 높은 휴면상태의 **포자**(아포)를 **형성**하는 것도 있음(Clostridium속,
　　Bacillus속, 방선균속 등) ⭐

　㉨ 산소요구도에 따라 호기성균, 혐기성균, 통성혐기성균으로 분류

　㉩ 요구르트, 김치, 청국장, 식초 등의 발효식품 제조에 이용되는 것도 있음

　㉪ 수분이 많은 식품을 잘 **변질**시키며, 식중독을 유발하는 것도 있음

③ 곰팡이(Mold)

　㉠ 진균류 중에서 균사체(mycelium)를 발육기관으로 하는 진균을 사상균 또는 곰팡이라고 함

　㉡ **균사**를 만들고 그 끝에 **포자**를 형성하며 증식은 균사 또는 포자에 의함

　㉢ 세균보다 생육속도가 느림

　㉣ 공기를 좋아하는 **호기성**으로 **약산성** pH에서 가장 잘 자라고 내산성이 높음

　㉤ 장류, 주류, 치즈 등의 **발효식품** 제조에 이용되는 것도 있음

　㉥ **건조식품**을 잘 변질시킴

　㉦ **곰팡이독**을 생성하는 것도 있음

④ 효모(Yeast)

　㉠ 형태는 구형, 달걀형, 타원형, 소시지형 등

　㉡ **출아법**으로 증식하며 균사를 만들지 않음

　㉢ 공기의 존재에 무관하게 자람(통성 혐기성)

　㉣ 약산성 pH에서 잘 자라고 내산성이 높음

　㉤ 술, **발효빵** 등의 발효식품 제조에 이용되는 것도 있으나 버터, 치즈, 요구르트, 김치 등의
　　발효식품을 변질시킬 수 있음 ⭐

(2) 식품위생상 중요한 세균

① Bacillus : 공기나 유기물이 많은 토양의 표층에서 서식하여 자연에 가장 많이 분포되어 있음. 가열식품의 주요 부패균이며, 식중독의 원인이 되는 것(B.cereus)도 있음

② Micrococcus : 동물의 표피와 토양에 분포, Bacillus 다음으로 많이 분포되어 있음. 육류 및 어패류와 이들 가공품의 주요 부패균임

③ Pseudomonas : 물을 중심으로 자연에 널리 분포, 저온에서 잘 자람. 어패류의 대표적인 부패균임

④ Vibrio : 물에서 서식하며 식중독을 일으키는 것(V.parahaemolyticus)과 콜레라를 일으키는 것(V.cholerae)도 있음

⑤ Staphylococcus : 사람을 포함한 동물의 표피에서 서식, 식중독의 원인이 되는 것(Stp. aureus)도 있음

⑥ Escherichia : 동물의 대장 내에 서식(대장균), 분변을 통하여 토양·물·식품 등을 오염시키므로 식품위생의 지표로 삼음. 식중독의 원인이 되는 것(E.coli O157)도 있음

⑦ Clostridium : 유기물이 많은 토양 심층과 동물 대장에 서식, 식중독의 원인이 되는 것(Cl. botulinum, Cl.perfringens)도 있음

⑧ Salmonella : 가축·가금류·쥐 등의 장내에 서식, 식중독을 일으키는 것(Sal.enteritidis)과 장티푸스를 일으키는 것(Sal.typhi)도 있음 ⭐

⑨ Morganella : Morganella morganii가 축적시킨 히스타민은 알레르기성 식중독을 유발함

(3) 식품위생상 중요한 곰팡이

① Aspergillus : 누룩과 메주 등 발효식품의 제조에 이용, 건조식품을 변패시키고 독소를 만드는 것도 있음

② Fusarium : 식물의 병원균으로 채소나 곡물에 번식하여 독소를 생성

③ Penicillium : 치즈의 발효 등에 이용, 과일과 건조식품을 변패시키고 독소를 만드는 것도 있음

④ Rhizopus : 빵, 곡류, 과일 등에 번식하며, 알코올 발효 공업에 이용

영양보충

식품별 주요 오염미생물
- 곡류 : 토양 중의 세균(Bacillus), 들판 작물의 질병곰팡이(Alternaria, Cladosporium, Fusarium), 저장곡류의 내건성 곰팡이(Aspergillus, Penicillium)
- 채소류 : 토양 중의 세균(Bacillus), 펙틴분해력이 높은 세균(Erwinia)
- 육류 : 장내세균(Enterobacter), 토양세균(Bacillus), 저온성 세균(Pseudomonas)
- 어패류 : 수중세균(Acinetobacter, Flavobacterium, Pseudomonas)
- 과실 : 펙틴분해력이 높은 곰팡이(Penicillium), 당류발효효모(Saccharomyces)
- 통조림 식품 : 포자형성세균(Bacillus, Clostridium)
- 밥 : 포자형성세균(Bacillus)
- 우유 : 저온성 세균(Acinetobacter, Alcaligenes, Pseudomonas)

(4) 식품위생검사의 지표미생물 ⭐ ⭐ ⭐ ⭐

① **대장균군** : 유당을 발효시켜 가스를 형성하는 그람음성의 무포자 간균으로 Citrobacter속, Enterobacter속, Klebsiella속 등이 이에 속함. 동물과 사람의 분변에서 검출되며 식품위생의 지표미생물로 취급

② **대장균** : 대장균군 중 분변성대장균의 가장 대표적인 것이며, Escherichia coli를 뜻함. 식품의 동결 시 사멸되며, 검사 시 대장균군의 다른 세균들과의 구별이 쉽지 않다는 점이 지표미생물로서의 결점

③ **장구균(Enterococcus)** : 그람양성 구균으로, 대장에서 서식하는 Enterococcus faecalis가 대표적이며 식품의 동결과 건조 시 잘 죽지 않는다는 점이 냉동식품과 건조식품의 분변오염지표균으로 이용됨 ⭐ ⭐

> **영양보충**
>
> **지표미생물**
> 지표미생물은 질병을 직접 유발하지는 않지만, 이들의 검출은 장내에서 서식하는 소화기계 감염병균이나 식중독세균의 공존 가능성을 나타내므로 지표로서의 의미가 있다.

03 식품의 변질 및 보존

(1) 식품의 변질

자연 상태의 식품이 미생물, 빛, 산소, 효소, 수분 등의 변화에 의하여 성분이 변화되고 손상이 되는 상태

① **부패** : 단백질 식품이 미생물의 작용으로 분해되어 악취가 나고 인체에 유해한 물질이 생성되는 현상

② **변패** : 탄수화물, 지방 등의 식품이 미생물에 의해 변질되는 현상

③ **산패** : 지방이 호기성 상태에서 분해(산화)되어, 산성을 띠며, 악취가 나고 변색, 풍미 등의 노화현상을 일으키는 경우

④ **발효** : 탄수화물이 산소가 없는 상태에서 분해되는 현상

(2) 부패의 판정(초기 부패)

① **관능검사** : 시각, 촉각, 미각, 후각 등으로 검사하는 방법

② **물리적 검사** : 식품의 경도·점성, 탄력성, 전기저항 등을 측정하는 방법으로 짧은 시간에 간단히 결과를 얻을 수 있음

③ **생물학적 검사** : 일반세균수를 측정하여 선도를 측정하는 방법으로 식품 1g 또는 1mL당 $10^7 \sim 10^8$이면 초기 부패로 봄 ⭐

④ 화학적 검사

    ㉠ 휘발성 염기질소 : 단백질 식품은 신선도 저하와 함께 amine이나 NH_3 등을 생성
    (30~40mg%)

    ㉡ 트리메틸아민 : 어패류의 trimethylamine oxide가 환원되어 trimethylamine을 생성
    (3~4mg%) ⭐

    ㉢ 히스타민 : 세균에 의해서 생성된 histidine이 탈탄산작용에 의해 histamine으로 되어 어
    육 중에 축적

    ㉣ K값 : 뉴크레오티이드의 분해생성물(ATP, ADP, AMP, IMP, hypoxanthine 등)을 측정
    하여 계산(어패류의 초기변화를 조사)

    ㉤ pH : 부패로 인해 염기성 물질이 생성되어 중성 또는 알칼리성으로 이행(pH 6.0~6.2)

(3) 식품별 주요 변패 미생물 ⭐

① 과일, 채소 : 펙틴 분해력이 있는 미생물(Mucor, Aspergillus, Penicillium)

② 육류 : 단백질 분해력이 강한 세균(Bacillus putrificus, Bacillus subtilis, Proteus vulgaris,
Clostridium sporogenes), 적색 색소를 생성하는 세균(Serratia marcescens)

③ 어패류 : 저온성 수중세균(Pseudomonas, Flavobacterium, Achromobacter, Micrococcus 등)

④ 우유

    ㉠ 시게 변패(Streptococcus lactis)

    ㉡ 점질화, 알칼리화(Alcaligenes viscolactis)

    ㉢ 분홍색 변패(Serratia marcescens)

    ㉣ 청회색 변패(Pseudomonas syncyanea)

    ㉤ 황색 변패(Pseudomonas synxanta)

    ㉥ 녹색 변패(Pseudomonas fluorescens)

⑤ 통조림 : Flat sour 변패(Bacillus stearothermophilus, Bacillus coagulans)

⑥ 달걀 : 흑색 변패(Proteus melanovogenes)

⑦ 잼 : 내삼투압성 효모(Saccharomyces rouxii, Torulopsis)

⑧ 쌀밥 : 포자형성균(Bacillus) ⭐

⑨ 빵 : rope 변패(Bacillus), 적색 변패(Serratia marcescens)

(4) 식품의 보존법(변질 방지 대책)

① 물리적 방법

  ㉠ 탈수건조법 : 미생물의 생육에 반드시 필요한 수분을 제거(수분 15% 이하)·건조시킴으로써 부패를 방지하여 보존하는 방법. 자연건조법, 인공건조법(열풍, 분무, 피막, 동결, 감압)이 있음

  ㉡ 가열살균법

살균법	저 온	고온 단시간	고온 장시간	초고온 순간
온 도	63~65℃	72~75℃	95~120℃	130~150℃
시 간	30분	15~20초	30~60분	0.5~5초
식 품	우유, 술, 주스 등	우유, 과즙 등	통조림	우유, 과즙 등

  ㉢ 열장고 보관 : 가열된 식품을 고온(70~80℃)으로 보존

  ㉣ 냉장 보관 : 미생물이 거의 발육하지 못하는 0~10℃ 범위에서 식품을 보존

  ㉤ 냉동 보관 : -10℃ 이하에서 식품을 동결 보관

  ㉥ 자외선 조사 : 태양광선 중 자외선을 조사하여 살균 후 보관하는 방법(단, 식품 내부까지는 살균이 되지 않음)

  ㉦ 방사선 조사 : 방사선 β선이나 γ선을 조사하여 미생물을 살균 후 보관하는 방법으로 안정성 문제가 제기

  ㉧ 밀봉법 : 밀봉용기에 식품을 넣고 수분의 증발과 흡수, 해충의 침범, 공기(산소)의 통과 등을 막아 보존하는 방법(통조림)

② **화학적 방법**

  ㉠ 염장법 : 10% 정도의 소금에 절이는 방법으로 보통의 미생물은 10% 정도의 소금농도에서 발육이 억제(해산물, 채소, 육류 등). 염수법과 건염법이 있음

  ㉡ 당장법 : 미생물의 증식을 방지하여 보존성을 높이는 것으로 **설탕농도가 50% 이상**이어야 방부효과가 있음(젤리, 잼 등)

  ㉢ 산저장법 : 미생물 생육에 필요한 pH 범위(세균 pH 4.9 이하, 효모 pH 3.1 이하)를 벗어나게 하는 것으로 초산, 젖산, 구연산 등을 이용

  ㉣ 화학물질 첨가 : 미생물을 살균하고 발육을 저지하기 위해 화학물질을 첨가하여 효소의 작용을 억제시키는 방법으로, 인체에 해가 없는 물질을 이용

③ **식품에 미생물을 발육시키는 방법** : 특수한 미생물을 발육시켜 그 식품에 다른 미생물이 번식하는 것을 방지하는 방법(김치, 치즈 등)

④ **복합적 처리방법**

  ㉠ 훈연법 : 육류나 어류를 염장하여 탈수시킨 다음 벚나무, 참나무, 떡갈나무, 향나무 등의 수지가 적은 나무를 불완전 연소시켜 이것으로 그을려 저장하는 방법(햄, 소시지, 베이컨)

  ㉡ 조미법 : 소금이나 설탕을 첨가하여 가열 처리한 조미가공품(편강)

(1) 정 의

① **살균** : 비교적 약한 살균력을 작용시켜 병원미생물의 생활력을 파괴하여 감염의 위험성을 제거하는 것, 모든 미생물에 공통으로 쓰임

② **멸균** : 강한 살균력을 작용시켜 병원균, 아포 등 미생물을 완전히 죽이는 처리

③ **소독** : 살균과 멸균을 의미

(2) 물리적 소독법

① **화염멸균법** : 알코올 램프와 같은 화염에 물체를 직접 접촉시켜 표면에 부착된 미생물을 멸균시키는 방법으로, 백금선, 유리(초자)기구, 금속기구, 도자기 등 불연성 기구와 소각하여 버릴 물건들의 멸균에 이용

② **건열멸균법** : 건열멸균기 속에서 160~170℃로 1~2시간 두는 방법으로, 유리(초자)기구, 주사침 등의 멸균에 이용

③ **자비소독법** : 100℃의 끓는 물에서 15~20분간 가열 처리하는 간단한 방법으로, 완전 멸균은 기대할 수 없으나 보통 영양형 병원균은 사멸함. 각종 식기, 도자기, 의류, 주사기 등에 이용

④ **저온살균법** : 보통 63~65℃에서 30분간 실시하며, 우유와 같이 열에 감수성이 있는 식품류에 이용함

⑤ **고압증기멸균법** : 아포형성균을 멸균하는 가장 좋은 방법으로, 고압증기멸균기에서 가압되어 인치 평방당 15파운드의 증기압(121℃)에서 15~20분간 멸균하면 모든 미생물은 사멸함. 의류, 유리(초자)기구, 고무제품, 약품 등에 이용

⑥ **유통증기(간헐)멸균법** : 100℃의 유통 증기를 30분간 가열하는 방법으로, 보통 1일 간격으로 3회 실시함

⑦ **자외선살균법** : 살균작용이 강한 265nm(2,650Å)의 자외선을 이용하며, 공기, 물, 식품, 기구, 용기, 수술실, 제약실 및 실험대 등을 살균함. 표면만 소독되며, 피부암을 유발시키는 단점이 있음

⑧ **방사선살균법** : 동위원소에서 방사되는 전리방사선을 식품에 조사하여 미생물을 살균하며, γ선 > β선 > α선 순으로 살균력과 투과력이 강함. 우리나라에서는 Co-60이 널리 이용됨

(3) 화학적 소독법

① 소독제의 구비 조건

　㉠ 높은 살균력(높은 석탄산 계수를 가질 것)

　㉡ 안정성이 있고, 용해도가 높을 것

　㉢ 침투력이 강하고, 인체에 대한 독성이 약할 것

　㉣ 부식성 및 표백성이 없고, 방취력이 있을 것

　㉤ 가격이 저렴하고 구입이 용이할 것

　㉥ 사용 방법이 간단할 것

② 화학적 소독제

　㉠ 석탄산(Phenol)

　　• 소독액의 농도는 3~5% 수용액으로, 의류, 용기, 실험대, 배설물 등의 소독에 이용

　　• 석탄산 계수

　　　－ 소독약의 살균력을 비교하기 위하여 순수한 석탄산(Phenol)을 표준으로 함

　　　－ 장티푸스균과 포도상구균을 사용하여 일정 시간에 살균을 보이는 최대 희석배수의 비를 뜻함

　　　－ 석탄산 계수 = 살균약의 희석배수/석탄산의 희석배수

　㉡ 알코올

　　• 에틸알코올은 70%의 수용액에서 살균력이 강함

　　• 손, 피부, 기구 등의 소독에 사용

　㉢ 크레졸

　　• 소독에 사용되는 농도는 3% 수용액으로 기구, 천, 분변, 객담의 소독에 사용

　　• 독성은 약하고 살균력은 페놀보다 강함

　㉣ 승홍

　　• 0.1% 수용액의 농도로서 손 소독에 사용

　　• 금속을 부식시키고, 점막에 대하여 자극성이 강함

　㉤ 생석회 : 변소나 하수 등에 사용

　㉥ 과산화수소

　　• 2.5~3.5%의 수용액 농도로 자극이 적음

　　• 인두염, 구내염, 입안 세척 등의 소독에 이용되고 화농성 창상 감염에도 사용

　㉦ 역성비누 : 손가락과 점막 소독, 식품 소독에 사용하며, 보통비누와는 길항적으로 작용함. 물에 잘 녹고, 세척력은 약하나 살균력이 강함

　㉧ 차아염소산나트륨 : 염소계 살균소독제로, 과채류(100ppm 농도)·용기·식기 등에 이용되며, 표백과 탈취의 목적으로도 사용 ⭐ ⭐

CHAPTER

01 적중예상문제

01 검체를 실험동물에 1번 투여한 후 1~2주간 관찰하여 50%를 죽게 하는 독극물의 양을 구하는 시험방법은?

① 급성 독성시험
② 아급성 독성시험
③ 만성 독성시험
④ 경피 독성시험
⑤ 점안 독성시험

해설 급성 독성시험
- 생쥐, 흰쥐에 검체를 1번 투여한 후 1~2주 관찰하여 실험동물의 50%를 죽게 하는 독극물의 양(LD_{50} : 반수 치사량)을 구하여 실험동물 체중 kg당 mg으로 나타낸다.
- 반수 치사량(LD_{50}) 값이 클수록 속성물질의 독성이 낮음을 의미한다.

출제유형 35

02 실험동물 수명의 1/10 정도(흰쥐 1~3개월)의 기간에 걸쳐 화학물질을 경구 투여하여 증상을 관찰하고 여러 가지 검사를 행하는 독성시험은?

① 급성 독성시험
② 아급성 독성시험
③ 만성 독성시험
④ 경피 독성시험
⑤ 점안 독성시험

해설 아급성 독성시험
실험동물 수명의 1/10 정도(흰쥐 1~3개월)의 기간에 걸쳐 연속 경구 투여하여 증상을 관찰하며, 만성 독성시험에 투여하는 양을 단계적으로 결정하는 자료를 얻는 것이 목적이다.

정답 01 ① 02 ②

03 식품의 부패와 관련한 연결이 옳은 것은?

① 곡류 – 세균   ② 육류 – 곰팡이

③ 우유 – 수중세균   ④ 어패류 – 방사선균

⑤ 통조림 – 포자형성세균

해설 식품의 종류별 부패에 관여하는 미생물
- 곡류 : 수분함량이 낮으므로 주로 곰팡이 관여
- 육류 : 장내세균, 토양세균
- 우유 : 저온성 세균
- 신선어패류 : 수중세균으로 Acinetobacter, Pseudomonas 등
- 통조림 : 포자형성세균
- 소시지 표면 부착균 : Micrococcus속, 점질물질을 생성

출제유형 46

04 식품에서 화학적 위해요소는?

① 유 리

② 복어독

③ 돌조각

④ 잔류농약

⑤ 머리카락

해설 ① · ③ · ⑤ 유리, 돌조각, 머리카락은 물리적 위해요소, ② 복어독은 생물학적 위해요소에 해당한다.

05 식품위생이란 무엇을 대상으로 하는가?

① 식 품

② 식품첨가물

③ 식품 및 기구

④ 식품 · 식품첨가물 · 기구 및 용기 · 포장

⑤ 식품, 기구, 용기

해설 식품위생법에서 식품위생이란 식품, 식품첨가물, 기구 및 용기 · 포장을 대상으로 하는 음식에 관한 위생이라고 정의하고 있다.

06 세계보건기구(WHO)가 정의한 식품위생의 관리범위는?

① 조리부터 섭취까지

② 수확에서 섭취까지

③ 재배부터 섭취까지

④ 저장에서 섭취까지

⑤ 유통에서 섭취까지

해설 세계보건기구(WHO)가 정의한 식품위생이란 식품의 재배, 생산, 수확, 저장, 제조로부터 유통과정과 판매, 조리 과정 및 인간이 섭취하는 과정까지의 모든 단계에 걸쳐 식품의 안전성, 건전성 및 완전무결성을 확보하기 위한 모든 수단을 말한다.

07 수분 10% 이하의 건조식품에 잘 번식하는 미생물은?

① 효 모

② 세 균

③ 곰팡이

④ 바이러스

⑤ 리케치아

해설 곰팡이는 건조식품을 잘 변질시킨다.

08 대장균 검출을 수질오염의 생물학적 지표로 이용하는 이유는?

① 병원성이 크므로

② 병원균의 오염을 추측할 수 있으므로

③ 병독성이 크고 감염력이 강하므로

④ 물을 쉽게 변질시키는 원인이 되므로

⑤ 식중독을 유발하는 균이므로

해설 대장균의 검출로 다른 미생물이나 분변오염을 추측할 수 있다. 대장균의 오염이 분변의 오염과 반드시 일치한 다고 볼 수는 없으나, 검출방법이 간편하고 정확하기 때문에 대표적인 지표미생물로 삼고 있다. 2차 감염은 거 의 없다.

09 대장균군 정성시험 순서는?

① 완전시험 → 추정시험 → 완전시험
② 추정시험 → 완전시험 → 확정시험
③ 추정시험 → 확정시험 → 결과시험
④ 추정시험 → 결과시험 → 확정시험
⑤ 추정시험 → 확정시험 → 완전시험

> **해설** LB발효관배지를 이용한 대장균 정성시험 순서는 추정시험 → 확정시험 → 완전시험이다.

출제유형 45

10 실험동물의 독성시험 결과인 LD$_{50}$에 대한 설명으로 옳은 것은?

① 만성 독성실험에 이용된다.
② 실험동물의 반수가 치사하는 양이다.
③ 발암성에 대한 분석지표이다.
④ 최대무작용량 계산에 사용된다.
⑤ 값이 낮을수록 독성이 약하다.

> **해설** 반수치사량(LD$_{50}$; Lethal Dose 50)
> 실험동물 집단의 50%를 죽일 수 있는 독성물질의 양으로, 값이 낮을수록 독성이 강하며 급성 독성실험에 이용된다.

출제유형 45, 47

11 동결 저항성이 강하여 냉동식품의 분변오염의 지표균으로 이용되는 것은?

① Escherichia coli
② Listeria monocytogenes
③ Enterococcus faecalis
④ Streptococcus pyogenes
⑤ Campylobacter jejuni

> **해설** Enterococcus faecalis
> 장내구균 속에 속하는 그람양성 구균으로, 식품의 동결과 건조 시 잘 죽지 않는다는 점이 냉동식품과 건조식품의 분변오염지표균으로 이용된다.

09 ⑤ **10** ② **11** ③ **정답**

12 다음 설명 중 옳지 않은 것은?

① 저온보존의 경우 신선어패류에 부착해서 다른 식품보다 선도를 빨리 저하시키는 원인균은 Acinetobacter이다.

② 소시지 표면에 Micrococcus속 세균이 증식하면 점액성 물질이 생기면서 산패취가 난다.

③ 복어 중독, 세균성 식중독, 경구감염병은 식품위생적 측면의 소홀로 인하여 제기될 수 있는 문제이다.

④ 달걀 속에는 그람양성균을 용혈시키는 라이소자임이 있기 때문에 쉽게 부패되지 않는다.

⑤ 냉동식품의 오염지표가 되는 균은 프로테우스균이다.

해설 장구균(Enterococcus)이나 대장균(E.coli)은 사람이나 동물의 장관에 상재하는 비병원성 세균으로 일반적으로 식품위생검사의 분변오염의 지표로 이용되고 있으며, 특히 장구균은 냉동식품에 잔존량이 크므로 이를 지표로 이용한다.

13 세균에 대한 설명 중 옳은 것은?

① 형태가 일정하지 않아 구분이 어렵다.

② 건조식품을 잘 변질시킨다.

③ 출아법으로 증식한다.

④ 단세포 생물과 다세포 생물의 중간이다.

⑤ 원핵세포로 된 단세포 생물이다.

해설 원핵세포생물은 대부분 단세포로 되어있다. 이 생물들은 핵산이 막으로 둘러싸이지 않고 분자 상태로 세포질 내에 존재하며, 미토콘드리아 등이 없는 것이 특징이다. 바이러스, 세균 등이 속한다.

14 식품미생물 중 세균에 해당하는 것은?

① Saccharomyces속

② Pseudomonas속

③ Aspergillus속

④ Penicillium속

⑤ Rhizopus속

해설 ① 효모, ③ · ④ · ⑤ 곰팡이에 해당한다.

정답 12 ⑤ 13 ⑤ 14 ②

15 **변질에 관한 다음 설명 중 옳지 않은 것은?**

① 식초를 만들 목적으로 막걸리에 미생물을 작용시킨 것
② 유지식품이 산화되어 냄새, 색깔이 변화된 상태
③ 단백질 식품이 세균에 의해 분해되어 먹을 수 없는 상태
④ 영양성분의 변화, 영양소의 파괴, 냄새, 맛 등의 저하로 먹을 수 없는 상태
⑤ 성분 변화를 가져와 영양소 파괴, 냄새, 맛 등이 저하되어 먹을 수 없는 상태

해설 식품이 변화되어 먹을 수 없는 상태가 되는 것을 변질이라 하는데 식초를 만들 목적으로 막걸리에 미생물을 작용시킨 것은 발효에 해당한다.

출제유형 46

16 **바이러스의 설명으로 옳은 것은?**

① 진핵생물이다.
② 출아법으로 증식한다.
③ 형태에 따라 분류할 수 있다.
④ 숙주세포에 기생한다.
⑤ 광학현미경으로 관찰할 수 있다.

해설 바이러스
- 형태와 크기가 일정하지 않다.
- 살아있는 세포에만 증식하며 순수배양이 불가능하다.
- 미생물 중에서 크기가 가장 작으며 세균 여과기를 통과한다.
- 전자현미경으로만 관찰 가능하다.
- 단백질과 핵산(DNA와 RNA 중 한 가지만 존재)으로 구성된다.
- 경구감염병의 원인이 되기도 한다.

15 ① **16** ④ **정답**

17 쌀밥을 변질시키는 데 관여하는 미생물은?

① Serratia속

② Pseudomonas속

③ Leuconostoc속

④ Pediococcus속

⑤ Bacillus속

> **해설** Bacillus속
> 쌀밥 보관 중에 바실러스균이 증식하여 독소를 생산하면 조리하여도 독소는 불활성화되지 않으므로, 이 독소를 사람이 먹고 식중독이 발생한다.

18 식품 중의 생균수 안전한계는 얼마인가?

① $10/g$ ② $10^2/g$

③ $10^3/g$ ④ $10^4/g$

⑤ $10^5/g$

> **해설** 세균수가 식품 1g 또는 1mL당 10^5인 때를 안전한계, $10^{7\sim8}$인 때를 초기부패 단계로 본다.

19 다음 설명 중 옳지 않은 것은?

① 채소나 도마 등의 식기류의 소독에 가장 적합한 살균제는 승홍이다.

② 방부는 식품에 존재하는 세균의 증식 및 성장을 저지시켜 발효와 부패를 억제시키는 것이다.

③ 살균은 병원미생물을 사멸시키는 것이다.

④ 세균의 포자까지도 사멸시킬 수 있는 살균방법으로 간헐멸균법, 고압증기살균법 등이 있다.

⑤ 화염소독법은 핀셋, 병원용의 금속기구, 유리봉, 백금이 등의 끝을 화염 속에 20초 이상 가열하는 방법이다.

> **해설** 채소나 도마 등의 식기류의 소독에 가장 적합한 살균제는 차아염소산나트륨, 액화염소가스 등의 염소 살균제이다.

정답 17 ⑤ **18** ⑤ **19** ①

20 소독약품의 일반적인 사용농도로서 적합하지 않은 것은?

① 석탄산 3~5%

② 크레졸 3~5%

③ 에틸알코올 90%

④ 승홍 0.1%

⑤ 차아염소산나트륨 0.3~0.5%

해설 에틸알코올은 70% 정도의 사용이 적합하다.

21 휘발성 염기질소가 몇 mg% 이상이면 초기부패로 판정하는가?

① 0~10mg%

② 15~20mg%

③ 30~40mg%

④ 50~60mg%

⑤ 70~80mg%

해설 단백질 식품은 신선도 저하와 함께 아민이나 암모니아 등을 생성하며, 휘발성 염기질소가 30~40mg%이면 초
기부패로 판정한다.

출제유형 45

22 과일 및 채소의 표면을 소독하기 위한 차아염소산나트륨 소독액의 농도는?

① 10ppm

② 50ppm

③ 100ppm

④ 200ppm

⑤ 300ppm

해설 과일류 및 채소류는 100ppm 차아염소산나트륨 소독액으로 소독 후 깨끗한 물로 충분히 세척하여 사용하여야
한다.

23 미생물의 번식으로 단백질이 분해되어 발생하는 식품 변질은?

① 발 효

② 변 패

③ 갈 변

④ 부 패

⑤ 산 패

해설 ① 발효 : 탄수화물이 산소가 없는 상태에서 분해
② 변패 : 탄수화물, 지방 등이 미생물에 의해 변질되는 현상
③ 갈변 : 식품이 효소나 비효소적인 영향으로 갈색으로 변하는 현상
⑤ 산패 : 지방의 산화 현상

24 살균력은 강하나 세정력이 약한 소독제로, 손과 식품에 사용되는 것은?

① 역성비누

② 석탄산

③ 크레졸

④ 생석회

⑤ 과산화수소

해설 역성비누는 소독력이 매우 강한 표면활성제로서 공장이나 종업원의 손, 용기 및 기구를 소독할 때 사용한다.

출제유형 39

25 다음 중 손소독에 사용하는 것으로 옳은 것은?

① 메틸알코올

② 에틸알코올

③ 크레졸

④ 표백분

⑤ 생석회

해설 에틸알코올을 70%로 희석해 손소독용으로 사용한다.

정답 23 ④ 24 ① 25 ②

26 식인성 질환의 내인성 인자로 옳은 것은?

① 솔라닌

② 유해감미료

③ 잔류농약

④ PCB

⑤ 기생충

해설 ① 내인성 인자는 식품 자체에 함유되어 유해·유독물질로, 식물성 자연독인 솔라닌이 해당한다.
② · ③ · ④ · ⑤ 외부로부터 오염·혼입된 외인성 인자에 해당한다.

27 식품으로 인해 생기는 건강장애의 원인물질 중 외인성에 해당하는 것은?

① 복어독

② 버섯독

③ 시안배당체

④ 식이성 알레르겐

⑤ 유해첨가물

해설 식품 위해요소의 외인성 인자는 식품 자체에 함유되어 있지 않으나 외부로부터 오염·혼입된 것으로, 식중독균, 경구감염병, 곰팡이, 기생충, 유해첨가물, 잔류농약, 포장재·용기 용출물 등이 해당한다.

28 식인성 질환의 유기성 인자로 옳은 것은?

① 잔류농약

② 아크릴아마이드

③ 삭시톡신

④ 솔라닌

⑤ 유해첨가물

해설 식품 위해요소의 유기성 인자는 식품의 제조·가공·저장·운반 등의 과정 중에 유해물질이 생성되거나 섭취 후 체내에서 생성되는 유해물질을 의미한다. 아크릴아마이드, 벤조피렌, 니트로사민 등이 이에 해당한다.

29 식품보관 방법 중 물리적 방법에 해당하는 것은?

① 자외선 조사

② 염장법

③ 당장법

④ 산저장법

⑤ 방부제 처리

해설 물리적 방법에는 냉동 · 냉장법, 가열살균법, 탈수건조법, 자외선 조사, 방사선 조사, 밀봉법 등이 있다.

30 부패의 판정방법 중 관능적 판정방법의 시험항목에 해당하지 않는 것은?

① 냄새의 발생유무

② 조직의 변화상태

③ 히스타민 생성유무

④ 색깔의 변화상태

⑤ 불쾌한 맛의 발생유무

해설 ③ 히스타민 생성유무는 화학적 판정방법이다

31 당장법은 당의 농도가 몇 % 이상이어야 하는가?

① 20%

② 30%

③ 50%

④ 70%

⑤ 80%

해설 미생물의 생육을 억제시킬 수 있는 당의 농도는 50%이다.

32 다음 중 삼투압 원리를 이용한 식품 저장법은?

① 건조법

② 가열법

③ 염장법

④ 냉동법

⑤ 보존료 첨가법

해설 염장법은 10% 정도의 소금에 절이는 방법으로 삼투압 원리를 이용한다.

33 어패류의 신선도 저하 시 비린내를 생성하는 물질은?

① 암모니아

② 메탄올

③ 히스타민

④ 아세톤

⑤ 트리메틸아민

해설 트리메틸아민(TMA)은 신선도가 저하된 어패류에서 발생하는 비린내 성분으로, 물로 씻으면 냄새가 약해진다.

34 식기 및 도마, 주사기 등에 널리 사용되는 소독법은?

① 고압증기멸균법

② 석탄산소독법

③ 자비소독법

④ 간헐멸균법

⑤ 화염멸균법

해설 자비소독법은 대상 물품을 100℃가 넘지 않는 물에서 15~20분간 처리하는 방법으로, 끓는 물이 100℃를 넘지 않으므로 완전 멸균을 기대할 수는 없다.

35 소독제의 구비 조건으로 옳은 것은?

① 높은 석탄산 계수를 가질 것

② 낮은 살균력을 가질 것

③ 용해도가 낮을 것

④ 부식성 및 표백성이 있을 것

⑤ 인체에 대한 독성이 강할 것

해설 소독제의 구비 조건
- 높은 살균력(높은 석탄산 계수를 가질 것)
- 안정성이 있을 것
- 용해도가 높을 것
- 침투력이 강할 것
- 인체에 대한 독성이 약할 것
- 부식성 및 표백성이 없을 것
- 방취력이 있을 것
- 가격이 저렴하고 구입이 용이할 것
- 사용 방법이 간단할 것

36 다음 중 소독약제의 살균력 측정시험 시 표준으로 사용되는 것은?

① 크레졸

② 석탄산

③ 알코올

④ 승 홍

⑤ 역성비누

해설 석탄산 계수의 특징
- 소독제의 살균력 지표로 다른 소독약의 소독력 평가 시 사용한다.
- 시험균은 장티푸스균과 포도상구균을 이용한다.
- 시험균은 5분 이내 죽지 않고 10분 이내 죽이는 희석배수를 말한다.
- 석탄산 계수가 높을수록 살균력이 좋고 살균력은 20℃에서 나타낸다.

37 아포형성균을 제거하기에 가장 좋은 소독법은?

① 일광소독

② 자비소독

③ 고압증기멸균

④ 알코올소독

⑤ 건열멸균

> **해설** **고압증기멸균법**
> 아포형성균을 멸균하는 가장 좋은 방법으로, 고압증기멸균기에서 가압되어 인치 평방당 15파운드의 증기압 (121℃)에서 15~20분간 멸균하면 모든 미생물은 사멸한다.

38 0.1% 수용액으로서 손소독에 쓰이며, 금속을 부속시키는 소독제는?

① 승 홍

② 생석회

③ 과산화수소

④ 크레졸

⑤ 알코올

> **해설** 승홍은 가장 넓게 쓰이는 소독제이며, 0.1% 수용액으로서 피부소독에 쓰인다. 또한 금속을 부식시키고, 점막에 대하여 자극성이 강하다.

출제유형 **44**

39 100ppm의 소독액 2L를 만들고자 할 때, 4%의 유효염소 농도를 가지는 용액을 몇 mL 넣어야 하는가?

① 1mL

② 5mL

③ 10mL

④ 15mL

⑤ 20mL

> **해설** 희석농도(ppm) $= \dfrac{\text{염소용액의 양(mL)}}{\text{소독액의 양(mL)}} \times$ 유효염소 농도(%)
>
> $100\text{ppm} = \dfrac{x}{2{,}000\text{mL}} \times 4\%$

37 ③ **38** ① **39** ② **정답**

CHAPTER 02 식중독

01 식중독 의의

미생물, 유독물질, 유해 화학물질 등이 음식물에 첨가되거나 오염되어 발생하는 것으로 급성위장염 등의 생리적 이상을 초래

(1) 원 인

비브리오, 살모넬라, 포도상구균 등의 식중독 세균에 노출(부패)된 음식물을 섭취하여 발생하며 전체 식중독 중 세균성 식중독이 80% 이상 차지

(2) 증 상

일반적으로 설사와 복통, 그 밖에 구토, 발열, 두통 발생

02 바이러스성 식중독

구 분	노로바이러스 식중독 44 47	로타바이러스 식중독	장관아데노바이러스 식중독
원인균	Norovirus, 겨울철에 많이 발생, 10~100개의 적은 수로도 발생	Rotavirus, 주로 영유아나 아동에서 발생	Adenovirus
원인식품	집단급식, 굴·조개·생선 등을 익히지 않고 섭취, 지하수	가열처리하지 않은 샐러드, 과일	해산물 생식
감염경로	식품, 물, 접촉감염, 대변 – 구강전파	물, 비말감염, 병원감염, 대변 – 구강전파	물, 대변 – 구강전파
증 상	소아는 구토, 성인은 1~3일 설사 지속 후 자연치유됨	구토, 발열, 물설사	구토, 발열, 물설사

(1) 감염형 식중독

음식물과 같이 섭취된 병원미생물이 원인 ③⑧ ③⑨ ④⓪ ④① ④② ④③ ④④ ④⑤ ④⑥ ④⑦

구 분	살모넬라 식중독	장염비브리오 식중독	병원성 대장균 식중독
원인균	Salmonella typhimurium, Sal.enteritidis 등 • 돼지, 소, 닭, 쥐, 개, 고양이 등의 장내세균 • 그람음성, 무포자 간균, 주모성 편모, 통성혐기성 • 생육 최적온도 37℃ • 최적pH 7~8 • 60℃에서 20분간 가열 시 사멸	Vibrio parahaemolyticus • 해수세균의 일종 • 그람음성, 무포자 간균, 통성혐기성, 호염성(3~5% 소금물에서 잘 생육) • 생육 최적온도 30~37℃ • 최적pH 7~8 • 최적온도에서 세대시간 약 10~12분(식중독균 중 증식속도 가장 빠름) • 60℃에서 30분간 가열 시 사멸	가축이나 인체에 서식하는 Escherichia coli 중에서 인체에 감염되어 나타나는 균주 • 그람음성 무포자 간균, 주모성 편모, 호기성 또는 통성혐기성, 유당을 이용하여 산과 가스 생성 • 장출혈성 대장균(EHEC, Verotoxin 생성, O157:H7균 해당) : 용혈성요독증후군 • 장독소형 대장균(ETEC, 장독소 생성) : 여행자 설사 • 장침입성 대장균(EIEC) : 이질 유사증상 • 장관흡착성 대장균(EAEC) : 여행자 설사 • 장병원성 대장균(EPEC) : 신생아, 유아 설사
원인 식품	육류 및 그 가공품, 우유 및 유제품, 채소, 달걀 등	생선회, 초밥, 채소샐러드	채소, 육류 복합조리식품(김밥)
감염 경로	환자의 분변, 보균자의 손·발 등 2차 오염	어패류의 생식이나 어패류를 손질한 도마(조리기구)나 손을 통한 2차 감염	환자나 가축의 분변
잠복기	12~24시간	10~18시간	• EHEC : 2~8일 • ETEC : 1~3일 • EIEC : 10시간~3일 • EAEC : 1~2일 • EPEC : 9시간~6일
증 상	설사, 복통, 구토, 발열	구토, 복통, 설사(혈변), 발열 등의 급성위장염	설사(혈변), 복통, 두통, 발열
예방법	• 방충 및 쥐막기시설 • 식품의 저온 보존 • 위생관리 철저	• 여름철에 어패류의 생식을 금지 • 냉장보관, 민물세척, 교차오염 방지	• 환자와 가축을 잘 관리하여 식품과 물이 오염되지 않도록 주의 • 식품과 음료수의 살균처리

구 분	캠필로박터 식중독	여시니아 식중독	리스테리아 식중독
원인균	Campylobacter jejuni • 그람음성, 무포자, 나선형 간균, 미호기성 • 생육 최적온도 42℃ • 열에 약해 70℃에서 1분 만에 사멸 • 냉동 및 냉장상태에서 장시간 생존 가능 • **미량의 균으로도 발병**	Yersinia enterocolitica • 그람음성, 무포자, 간균, 주모성 편모, 통성혐기성 • 저온과 진공포장에서도 증식	Listeria monocytogenes • 그람양성, 간균, 주모성 편모, 통성혐기성 • 생육 최적온도 37℃, 냉장상태에서도 생육 가능 • 10%의 염 농도에서도 생육 가능 • 소량으로도 식중독 유발
원인 식품	닭·돼지·소고기, 비살균 우유	돼지고기, 우유, 채소, 냉장식품	유제품, 수산물, 채소, 냉장식품
잠복기	2~7일	1주일 전후	2일~3주
증 상	복통, 발열, 설사(혈변), 두통, 근육통, 길랭–바레증후군	**패혈증, 급성위장염, 맹장염과 유사한 복통, 설사, 관절염**	설사, 발열, 구토, 뇌수막염, **패혈증, 유산, 조산**
예방법	• 충분한 가열 • 살균된 우유 마시기 • 교차오염 방지	• 식육의 장기간 냉장보관 피하기 • 교차오염 방지	• 충분한 가열 • 식재료 저온

(2) 독소형 식중독

병원미생물이 생성한 독소가 함유된 음식이 원인 🌟 🌟 🌟 🌟 🌟 🌟 🌟 🌟 🌟 🌟 🌟

구 분	황색포도상구균 식중독	보툴리누스 식중독 (botulism)	바실러스 세레우스 식중독
원인균	Staphylococcus aureus • 화농성 질환의 대표적인 원인균 • 그람양성, 무포자, 통성혐기성, 내염성 • 장독소(enterotoxin) 생성 (내열성이 강해 120℃에서 30분간 처리해도 파괴 안 됨) • 생육 최적온도 30~37℃	Clostridium botulinum • 그람양성, 간균, 주모성 편모, 내열성의 포자 형성, 편성혐기성 • 신경독소(neurotoxin) 생성 (열에 약하여 100℃에서 1~2분, 80℃에서 30분 이내 가열하면 비활성화)	Bacillus cereus • 내열성(135℃에서 4시간 가열해도 견딤) • 토양·물·곡물 등의 자연에 널리 분포 • 장독소(enterotoxin) 생성 (설사독소와 구토독소)
원인 식품	• 유가공품(우유, 크림, 버터, 치즈) • 조리식품(떡, 콩가루, 김밥, 도시락)	불충분하게 가열살균 후 밀봉 저장한 식품 (통조림, 병조림, 소시지, 햄 등)	동·식물성 단백질, 전분질 식품
잠복기	1~6시간(평균 3시간으로 세균성 식중독 중 가장 짧음)	12~36시간	• 8~16시간(설사형) • 1~5시간(구토형)

증 상	구토, 복통, 설사 (발열은 거의 없음)	• 신경계의 마비증상 • 세균성 식중독 중 치명률이 가장 높음(30~80%)	복통, 설사, 메스꺼움, 구토

예방법	• 화농성 질환자의 식품취급
	  금지
	• 식품의 저온보관과 오염방지
	• 조리실의 청결유지
		• 음식물의 충분한 가열·살균
		  처리
		• 통조림·소시지 등의 위생적
		  보관과 위생적 가공
			• 제조된 식품은 즉시 섭취
			• 보관 시 즉시 냉각 후 냉장 또
			  는 60℃ 이상으로 보온보존

(3) 기타 세균성 식중독 ✿ ✿ ✿ ✿

분 류	웰치균 식중독	비브리오 패혈증	알레르기성 식중독

원인균	Clostridium perfringens
	• 감염독소형 식중독(중간형)
	• 그람양성, 간균, 포자 형성,
	  편성혐기성
	• 장독소(enterotoxin) 생성
	• 생육 최적온도 37~45℃
	• A, B, C, D, E, F의 형 중
	  A, F형이 식중독의 원인균
		Vibrio vulnificus
		• 호염성 해수세균
		• 그람음성, 간균, 무포자
			Morganella morganii
			• 사람이나 동물의 장내에 상주
			• 알레르기를 유발하는 히스타
			  민을 생성

원인 식품	가열조리 후 실온에서 장시간 경과한 단백질성 식품	• 오염된 어패류 생식 • 상처난 피부가 오염된 바닷 물에 접촉할 때 감염	붉은살 생선 (꽁치, 고등어, 정어리, 참치 등)
잠복기	8~20시간	12~72시간	30분 전후
증 상	구토, 복통, 설사(혈변)	패혈증, 급성발열, 오한	전신홍조, 두통, 발진(두드러기), 발열

04 화학성 식중독

(1) 중금속에 의한 식중독 ✿ ✿ ✿ ✿ ✿ ✿ ✿ ✿

유해 중금속	특 징
수은 (Hg)	• 콩나물 재배 시의 소독제(유기수은제) • 수은을 포함한 공장폐수로 인한 어패류의 오염 • 미나마타병 : 지각이상, 시야협착, 보행곤란
납 (Pb)	• 통조림의 땜납, 도자기나 법랑용기의 안료 • 납 성분이 함유된 수도관, 납 함유 연료의 배기가스 등 • 빈혈, 구토, 구역질, 복통, 사지마비(급성) • 피로, 소화기 장애, 지각상실, 시력장애, 체중감소 등

카드뮴 (Cd)	• 도자기, 법랑용기의 안료 • 도금합금 공장, 광산 폐수에 의한 어패류와 농작물의 오염 • 이타이이타이병 : 신장장애, 폐기종, 골연화증, 단백뇨 등
비소 (As)	• 순도가 낮은 식품첨가물 중 불순물로 혼입 • 도자기, 법랑용기의 안료 • 비소제 농약을 밀가루로 오용하는 경우 • 급성 중독 : 발열, 구토, 복통, 경련 • 만성 중독 : 흑피증, 피부각질화, 중추신경 장애
구리 (Cu)	• 구리로 만든 식기, 주전자, 냄비 등의 부식(녹청) • 채소류 가공품에 엽록소 발색제(황산구리)를 남용 시
아연 (Zn)	• 아연 도금한 조리기구나 통조림으로 산성식품을 취급 시 • 간세포 괴사, 구토, 현기증
주석 (Sn)	• 주석 도금한 통조림통에 산성 과일제품을 담을 시 • 구토, 복통, 설사
6가크롬 (Cr^{6+})	• 도금공장 폐수나 광산 폐수에 오염된 물을 음용 시 • 비중격천공, 폐기종
안티몬 (Sb)	• 에나멜 코팅용 기구, 법랑용기 • 구토, 설사, 복통, 호흡곤란

(2) 농약에 의한 식중독 🌟

농 약	특 징
유기인제	• 종류 : 파라티온, 마라티온, 다이아지논, 테프 등 • 중독 증상 : 콜린에스테라아제 저해작용, 신경증상, 혈압상승, 근력감퇴, 전신경련 등
유기염소제	• 종류 : DDT, BHC 등의 살충제와 2, 4–D, PCP 등의 제초제 • 중독 증상 : 잔류성이 큰 농약으로 신경중추의 지방조직에 축적되어 신경계의 이상증상, 복통, 설사, 구토, 두통, 시력감퇴, 전신권태, 손발의 경련 · 마비
유기수은제	• 종류 : 종자소독용 농약 • 중독 증상 : 중추신경장애 증상인 경련, 시야축소, 언어장애 등
유기불소제	• 종류 : 쥐약, 깍지벌레 · 진딧물의 살충제 • 중독 증상 : 체내의 아코티나아제(acotinase)의 활성 저해 → 구연산의 체내 축적에 따른 심장장애와 중추신경 이상
비소제	• 종류 : 산성 비산납, 미산 칼륨 등의 농약 • 중독 증상 : 목구멍과 식도의 수축, 위통, 구토, 설사, 혈변, 소변량 감소, 갈증 등
카바마이트제	• 종류 : 살충제 및 제초제 농약 → 유기염소제 대체용 • 중독 증상 : 콜린에스테라아제의 작용억제에 따른 신경자극의 비정상 작용이 있으나 유기인제 농약보다 독성이 낮고 체내 분해가 쉬워 중독 시 회복이 빠름

농약에 의한 식중독 예방법

살포 시 흡입 주의, 과일은 유기인제 농약 살포 후 1개월 이후에, 채소는 15일 이후에 수확하고, 산성용액으로 세척한 후 섭취

(3) 유해성 식품첨가물에 의한 식중독 ☆

유해성 식품첨가물		특 징
유해성 착색료	아우라민 (Auramine)	• 황색의 염기성 타르색소 • 과자, 단무지, 카레가루 등 • 두통, 구토, 사지마비, 맥박감소, 두근거림, 의식 불명
	로다민 B (Rhodamine—B)	• 분홍색의 염기성 타르색소 • 어묵, 과자, 토마토케첩, 얼음과자 등 • 색소뇨와 전신착색, 심한 경우 오심, 구토, 설사, 복통
	파라니트로아닐린 (p—nitroaniline)	• 황색의 지용성 색소 • 혈액독, 신경독, 두통, 혼수, 황색뇨 배설
	실크 스칼렛 (Silk Scalet)	적색의 수용성 타르색소
유해성 감미료	둘신 (Dulcin)	• 설탕의 약 250배 감미도 • 청량음료수, 과자류, 절임류 등 • 혈액독, 간장 · 신장장애 ☆
	시클라메이트 (Cyclamate)	• 설탕의 40~50배 감미도 • 발암성(방광암)
	에틸렌글리콜 (Ethylene Glycol)	엔진의 부동액
	파라니트로올소토루이딘 (p—nitro—o—toluidine)	설탕의 약 200배 감미도, 살인당, 원폭당
	페릴라르틴 (Perillartine)	• 설탕의 2,000배 감미도 • 신장염
유해성 표백제	롱갈리트 (Rongalite)	• 발암성 • 아황산이 유리되어 나오므로 강한 표백력 • 물엿, 연근의 표백 • 상당량의 포름알데히드가 유리되어 신장을 자극
	삼염화질소 (NCl_3)	과거 밀가루 표백과 숙성에 사용
	형광표백제	과거 국수나 어육제품의 표백에 사용

유해성 보존료	붕산 (H_3BO_3)	• 햄, 베이컨, 마가린 • 대사장애, 소화장애
	불소화합물	• 육류, 우유, 알코올 음료 • 구토, 복통, 경련, 호흡장애
	승홍 ($HgCl_2$)	• 주 류 • 구토, 복통, 신장장애
	포름알데히드 (HCHO)	• 주류, 장류 • 단백질 불활성화, 두통, 구토, 식도괴사

(4) 식품의 가공 · 조리 · 저장 시 생성되는 유해물질 ⭐35 ⭐36 ⭐37 ⭐38 ⭐39 ⭐40

종 류	특 징
메탄올 (methanol)	• 과실주 및 정제가 불충분한 증류주에 미량 함유 • 두통 · 현기증 · 구토, 심할 경우 정신이상, 시신경에 염증을 일으켜 실명하거나 사망에 이르게 됨
Nitroso 화합물	• 소시지, 햄의 발색제인 아질산염과 식품 중의 2급아민이 반응하여 생성 • 발암성(nitrosamine)
다환 방향족 탄화수소 (PAH)	• 석탄, 석유, 목재 등을 태울 때 불완전한 연소로 생성 • 300℃ 이상 고온에서 촉진 • 태운 식품이나 훈제품에 함량이 높음(벤조피렌의 발암성이 문제)
Heterocyclic amine류	• 아미노산이나 단백질의 열분해에 의하여 여러 종류가 생성 • 볶은 콩류와 곡류, 구운 생선과 육류 등에서 다량 발견 • 발암성
지질의 산화생성물	• hydroperoxide는 급성중독증을 유발 • malonaldehyde는 발암성 물질로서 장기간 지나치게 가열을 받은 유지에서 다량 검출됨
아크롤레인 (acrolein)	산패 및 고온에서 유지 가열 시 생성
에틸카바메이트 (ethyl carbamate)	• 식품의 저장 · 숙성 중 화학적인 원인으로 자연 발생 • 알코올음료, 발효식품

(5) 기타 유독성 화학물질

① 방사성 물질 ⭐46 ⭐47

㉠ Sr^{90} : 반감기 29년, 뼈에 침착하여 조혈기능 장애(골수암, 백혈병)

㉡ Cs^{137} : 반감기 30년, 근육(표적조직)

㉢ I^{131} : 반감기 8일, 갑상샘(표적조직)

② PCB

㉠ 미강유의 탈취공정에서 열매체로 이용하는 물질이 미강유에 혼입되어 중독사고를 일으킨 원인물질

㉡ 자연계에서 잘 분해되지 않는 안정한 화합물로 인체의 지방조직에 축적

㉢ 중독 증상 : 피부발진, 발한, 안면부종, 관절통, 손톱변색, 체중감소 등

05 자연독 식중독

(1) 동물성 식중독

① 복어독 (38)

㉠ 독성 물질 : **테트로도톡신**(tetrodotoxin)

- 복어의 알과 생식선(**난소 · 고환**), 간, 내장, 피부 등에 함유
- 독성이 강하고 물에 녹지 않으며 **열에 안정하여 끓여도 파괴되지 않음**

㉡ 중독 증상 : 식후 30분~5시간 만에 발병하며 중독 증상이 단계적으로 진행(혀의 지각마비, 구토, 감각둔화, 보행곤란)

- 골격근의 마비, 호흡곤란, 의식혼탁, 의식불명, 호흡정지되어 사망에 이름
- 진행속도가 빠르고 해독제가 없어 치사율이 높음(60%)

㉢ 예방 대책

- 전문조리사만이 요리하도록 함
- 난소 · 간 · 내장 부위는 먹지 않도록 함
- 독이 가장 많은 산란 직전에는(5~6월) 특히 주의함
- 유독부의 폐기를 철저히 함

② 조개류 독 (35) (38) (39) (43) (45) (47)

독성물질	베네루핀(venerupin)	삭시톡신(saxitoxin)
조개류	모시조개, 바지락, 굴 등	섭조개, 홍합, 대합조개 등
독 소	열에 안정한 **간독소**	열에 안정한 **마비성 패독소**
잠복기	1~2일	30분~3시간
치사율	50%	10%
유독시기	1~4월	4~8월
중독증상	출혈반점, 간기능 저하, 토혈, 혈변, 혼수	혀 · 입술의 마비, 호흡곤란

③ 시구아테라 중독 : 독꼬치, 곤들매기 등에도 유독성분이 함유되어 있으며, 열대나 아열대 해역에 사는 여러 종류의 어패류는 신경계 마비를 주요 증상으로 하는 독소류(ciguatoxin, ciguaterin)를 함유하고 있어 시구아테라(ciguatera) 중독을 일으키기도 함 ✿

④ 테트라민 중독 : 소라·고둥·골뱅이 등의 타액선(침샘)과 내장에는 독소인 테트라민(tetramine)이 함유되어 있어, 제거하지 않고 섭취할 경우 식중독 유발 ✿

(2) 식물성 식중독

① 독버섯

    ㉠ 독버섯의 종류 : 무당버섯, 알광대버섯, 화경버섯, 미치광이버섯, 광대버섯, 외대버섯, 웃음버섯, 땀버섯, 끈적버섯, 마귀버섯, 깔때기버섯 등

    ㉡ 독버섯의 독성분 : 일반적으로 무스카린(muscarine)에 의한 경우가 많고, 그 밖에 무스카리딘(muscaridine), 팔린(phaline), 아마니타톡신(amanitatoxin), 콜린(choline), 뉴린(neurine) 등

    ㉢ 독버섯의 중독 증상
- 위장염 증상(구토, 설사, 복통) : 무당버섯, 화경버섯
- 콜레라 증상(경련, 헛소리, 탈진, 혼수상태) : 알광대버섯, 마귀곰보버섯, 독우산광대버섯
- 뇌 및 중추신경 장애증상(광증, 침흘리기, 땀내기, 근육경련, 혼수상태) : 미치광이버섯, 광대버섯, 파리광대버섯

    ㉣ 독버섯의 특징
- 색이 아름답고 선명함
- 매운맛이나 쓴맛, 신맛이 있음
- 유즙을 분비하고 점성이 있음
- 공기 중에서 변색하고 악취가 발생

    ㉤ 독버섯 감별법
- 세로로 잘 찢어지지 않음
- 은수저를 문지르면 검게 변함

② 감자

    ㉠ 독성 물질
- 솔라닌(solanine)은 감자의 발아부위와 녹색부위에 많이 함유되어 있으며, 가열에 안정하고, 콜린에스테라아제의 작용을 억제하여 독작용을 나타냄
- 썩은 감자에는 셉신(sepsine)이 생성되어 중독

    ㉡ 중독 증상 : 식후 2~12시간 경과하면 구토, 설사, 복통, 두통, 발열(38~39℃), 팔다리 저림, 언어장애

③ 기타 식물성 자연독 ⭐36 ⭐37 ⭐38 ⭐41 ⭐42 ⭐44 ⭐45 ⭐46

   ㉠ 목화 : 고시폴(gossypol)

   ㉡ 피마자 : 리신(ricin), 리시닌(ricinine)

   ㉢ 청매(덜 익은 매실) : 아미그달린(amygdalin)

   ㉣ 대두, 팥 : 사포닌(saponin)

   ㉤ 미치광이풀 : 아트로핀(atropine)

   ㉥ 오디 : 아코니틴(aconitine)

   ㉦ 독맥(독보리) : 테물린(temuline)

   ㉧ 독미나리 : 시큐톡신(cicutoxin)

   ㉨ 수수 : 듀린(dhurrin)

   ㉩ 고사리 : 프타퀼로시드(ptaquiloside)

(3) 곰팡이독

① 아플라톡신(aflatoxin) 중독 ⭐35 ⭐37 ⭐38 ⭐45

   ㉠ 아스퍼질러스 플라버스(Aspergillus flavus), 아스퍼질러스 파라시티커스(A. parasiticus) 곰팡이가 쌀 · 보리 등의 탄수화물이 풍부한 곡류와 땅콩 등의 콩류에 침입하여 아플라톡신을 생성하여 독을 일으킴

   ㉡ 수분 16% 이상, 습도 80% 이상, 온도 25~30℃인 환경일 때 전분질성 곡류에서 아플라톡신이 잘 생산

   ㉢ 인체에 간장독(간암)을 일으킴

   ㉣ $B_1 > M_1 > G_1 > M_2 > B_2 > G_2$ 순으로 독성이 강함

② 황변미 중독 ⭐39 ⭐43 ⭐47

   ㉠ Penicillium citrinum : 시트리닌(citrinin)−신장독

   ㉡ Penicillium islandicum : 이슬란디톡신(islanditoxin), 루테오스키린(luteoskyrin)−간장독

   ㉢ Penicillium citreoviride : 시트레오비리딘(citreoviridin)−신경독

③ 맥각 중독 : 맥각균이 보리 · 밀 · 호밀 등의 개화기에 씨방에 기생하여 에르고톡신(ergotoxin) · 에르고타민(ergotamine) 등의 독소를 생성하여 인체에는 간장독을 일으킴. 많이 섭취할 경우 구토 · 복통 · 설사, 임산부에게는 유산 · 조산을 유발

④ 붉은곰팡이독 ⭐46

   ㉠ 맥류나 옥수수에 Fusarium속의 곰팡이가 기생하면 붉은곰팡이병 발생

   ㉡ Zearalenone(발정증후군) 독소, Fumonisin(간 · 콩팥 독성) 독소 생성

CHAPTER

02 적중예상문제

출제유형 47

01 다음 설명에 해당하는 식중독 원인의 바이러스는?

> • 10~100개의 적은 수로도 식중독이 발생할 수 있다.
> • 겨울철에 주로 발생한다.
> • 성인은 주로 설사를 하며, 1~3일 후 자연치유된다.
> • 굴, 지하수 섭취가 원인이 된다.

① Rotavirus

② Norovirus

③ Poliomyelitis virus

④ Hepatitis A virus

⑤ Hantavirus

해설 노로바이러스(Norovirus)에 의해 감염되는 급성위장관염인 노로바이러스 식중독으로, 올바른 손 씻기와 안전한 음식 섭취로 식중독을 예방을 해야 한다.

출제유형 35, 39, 41

02 살균이 불충분한 통조림 섭취에 의한 식중독의 원인세균은?

① Lactobacillus bulgaricus

② Leuconostoc mesenteroides

③ Pseudomonas fluorescens

④ Serratia marcescens

⑤ Clostridium botulinum

해설 통조림 부패균

Clostridium butylicum, Clostridium pasteurianum, Clostridium botulinum, Bacillus coagulans

정답 01 ② 02 ⑤

03 세균성 식중독의 원인이 되는 것으로 옳은 것은?

① Aspergillus parasiticus

② Salmonella typhimurium

③ Penicillium citrinum

④ Penicillium citreoviride

⑤ Aspergillus flavus

해설 ① Aspergillus parasiticus – 아플라톡신 중독

③ Penicillium citrinum – 황변미 중독

④ Penicillium citreoviride – 황변미 중독

⑤ Aspergillus flavus – 아플라톡신 중독

세균성 식중독의 원인균

Salmonella typhimurium, Staphylococcus aureus, Vibrio parahaemolyticus, Clostridium welchii, Clostridium botulinum 등

04 그람음성, 무포자간균, 통성혐기성균으로 유당을 분해하여 산과 가스를 생성하는 균은?

① Staphylococcus aureus

② Escherichia coli

③ Clostridium botulinum

④ Pseudomonas aeruginosa

⑤ Campylobacter jejuni

해설 Escherichia coli

그람음성, 무포자 간균, 주모성 편모, 호기성 또는 통성혐기성, 유당을 이용하여 산과 가스를 생성하는 위생지 표균이다.

03 ② 04 ② 정답

출제유형 44

05 다음에 해당하는 식중독균은?

- 원인 식품 : 돼지고기
- 잠복기 : 1주일 전후
- 증상 : 설사, 구토, 두통, 고열, 급성위장염·맹장염 증상과 유사한 복통, 패혈증, 관절염

① Yersinia enterocolitica
② Vibrio parahaemolyticus
③ Listeria monocytogenes
④ Staphylococcus aureus
⑤ Brucella suis

해설 여시니아 식중독의 원인균인 여시니아 엔테로콜리티카(Yersinia enterocolitica)에 대한 설명이다.

출제유형 35, 39

06 황색포도상구균 식중독에 대한 설명으로 옳은 것은?

① 치명률은 40% 정도이다.
② 마비성 중독을 일으킨다.
③ 혐기성 상태의 식품을 섭취할 때 발생한다.
④ 독소는 80℃에서 30분 정도 가열할 때 파괴된다.
⑤ 잠복기는 3시간으로 세균성 식중독 중 가장 짧다.

해설 황색포도상구균
- 원인균은 Staphylococcus aureus이며 그람양성, 통성 혐기성균이다.
- 식중독 증상의 원인이 되는 것은 enterotoxin이며 이것은 내열성이 강하여 200℃ 이상에서 30분 이상 가열하여야 파괴되기 때문에 일반 가열조리법으로는 파괴되지 않는다.
- 식품을 6℃ 이하에 저장하면 독소의 생성이 억제되며, 6℃ 이하에서는 4주, 9℃에서는 7일, 25~30℃에서는 5시간 억제된다.
- 잠복기는 1~6시간으로 평균 3시간이며 증상은 구역질, 구토, 복통, 설사이고 열은 거의 없다. 일반적으로 증상이 가볍고 경과가 빨라 1~3일이면 회복되며 사망하는 경우는 거의 없다.

정답 05 ① 06 ⑤

07 세균성 식중독 원인균 중 치사율이 높은 균은?

① Salmonella typhimurium
② Vibrio parahaemolyticus
③ Staphylococcus aureus
④ Clostridium botulinum
⑤ Escherichia coli

[해설] 보툴리누스 식중독의 사망률은 30∼80%(평균 40%)로 세균성 식중독 중에서 사망률이 가장 높다.

출제유형 38, 39, 42

08 장염비브리오 식중독에 관한 설명 중 바른 것은?

① 원인균은 열에 대한 적응력이 강하다.
② 이 식중독은 3∼5월에 가장 많이 발생한다.
③ 호염성균이고 여름철 어패류를 생식하는 경우 발생되기 쉽다.
④ 이 식중독은 독소형으로 치사율이 높다.
⑤ 원인균은 A∼F의 6형으로 분류되는데 중요한 것은 A형이다.

[해설] 장염비브리오 식중독
• 식중독의 원인균은 Vibrio parahaemolyticus로 3∼5% 식염농도에서 잘 발육하며 그람음성의 무포자, 간균으로 통성혐기성균이다.
• 감염형 식중독으로 7∼9월에 집중적으로 발생하며, 원인식품은 해산어패류로 생선회나 초밥 등이다.
• 주 증상은 복통과 설사며 37∼39℃의 열이 나는 경우가 많으며 경과는 일반적으로 좋지만 사망하는 수도 있다.
• 이 균은 열에 약하여 60℃에서 30분간 가열로 사멸되므로 가열조리된 식품은 안전하다. 저온인 0∼2℃에 보존하면 부착세균이 1∼2일 만에 사멸되므로 냉동식품도 안전한 편이다. 또 민물에서는 저항성이 약하므로 잘 세척해도 어느 정도 도움이 된다.

07 ④ **08** ③ [정답]

09 꽁치 섭취 후 전신홍조, 두드러기, 발열 증상을 보였다면 원인물질은?

① 암모니아

② 히스타민

③ 포름알데히드

④ 티로신

⑤ 인 돌

해설 Morganella morganii 등의 미생물이 고등어, 꽁치 등의 붉은살 생선에 작용하여 일으키는 알레르기성 식중독은 히스티딘 탈탄산효소에 의하여 생성되는 히스타민이 생체 내에서 작용하여 발생한다.

10 다음에 해당하는 식중독균은?

- 소량으로도 식중독을 유발할 수 있다.
- 냉장 상태에서도 생육이 가능하다.
- 신생아, 임산부처럼 면역력이 저하된 사람에게 유산, 패혈증, 뇌수막염 등을 유발할 수 있다.

① Listeria monocytogenes

② Campylobacter jejuni

③ Salmonella typhimurium

④ Vibrio parahaemolyticus

⑤ Clostridium botulinum

해설 리스테리아 식중독
- 원인균 : Listeria monocytogenes
  - 그람양성, 간균, 주모성 편모, 통성혐기성
  - 생육 최적온도 37℃, 냉장 상태에서도 생육 가능
  - 10%의 염 농도에서도 생육 가능
- 원인식품 : 치즈, 아이스크림, 핫도그, 식육 및 그 가공품
- 잠복기 및 증상 : 2일~3주, 발열, 구토, 뇌수막염, 패혈증, 유산
- 예방 : 충분한 가열, 2차오염 방지

정답 **09** ② **10** ①

11 독소형 식중독을 유발하는 균은?

① Vibrio parahaemolyticus

② Salmonella typhimurium

③ Yersinia enterocolitica

④ Campylobacter jejuni

⑤ Clostridium botulinum

해설 세균성 식중독
- 감염형 식중독 : 살모넬라 식중독(Salmonella typhimurium, Sal.enteritidis), 장염비브리오 식중독(Vibrio parahaemolyticus), 병원성 대장균 식중독(Escherichia coli), 캠필로박터 식중독(Campylobacter jejuni), 여시니아 식중독(Yersinia enterocolitica), 리스테리아 식중독(Listeria monocytogenes)
- 독소형 식중독 : 보툴리누스 식중독(Clostridium botulinum), 황색포도상구균 식중독(Staphylococcus aureus), 바실러스 세레우스 식중독(Bacillus cereus)

12 닭 등의 가금류에서 주로 검출되는 미호기성균으로, 미량의 균으로도 감염을 일으킬 수 있는 식중독균은?

① Campylobacter jejuni

② Bacillus cereus

③ Vibrio vulnificus

④ Staphylococcus aureus

⑤ Listeria monocytogenes

해설 캠필로박터 제주니(Campylobater jejuni)는 그람음성의 미호기성 세균으로, 42℃에서 생육이 잘 된다. 오염된 닭고기에 의한 감염이 많이 발생하며, 적절한 가열살균이 가장 중요하다.

13 그람양성균으로 내열성의 포자를 형성하며 신경계의 마비증상을 유발하는 균은?

① Clostridium botulinum

② Salmonella enteritidis

③ Staphylococcus aureus

④ Bacillus cereus

⑤ Vibrio parahaemolyticus

해설 Clostridium botulinum
- 그람양성, 간균, 주모성 편모, 내열성의 포자 형성, 편성혐기성
- 신경독소(neurotoxin) 생성

11 ⑤ 12 ① 13 ① 정답

14 덜 익은 매실에 함유된 유독성분은?

① 아미그달린

② 사포닌

③ 프타퀼로사이드

④ 리 신

⑤ 테무린

해설 ② 대두·팥, ③ 고사리, ④ 피마자, ⑤ 독맥(독보리)에 함유된 유독성분이다.

15 다음 설명에 해당하는 병원성 대장균은?

- 장독소에 의한 급성위장염 발생
- 콜레라와 유사한 증상 발생
- 여행자 설사증의 원인균

① 장관독소원성 대장균(ETEC)

② 장관병원성 대장균(EPEC)

③ 장관부착성 대장균(EAEC)

④ 장관출혈성 대장균(EHEC)

⑤ 장관침입성 대장균(EIEC)

해설 장관독소원성 대장균(ETEC)
소장 상부 상피세포에 감염되어 장독소를 생산한다. 급성위장염이 발생하고 콜레라와 유사한 증상으로 여행자 설사의 원인이다.

정답 14 ① 15 ①

16 비브리오 불니피쿠스(Vibrio vulnificus)의 특징은?

① 그람양성균

② 호염성균

③ 내열성균

④ 아포 형성균

⑤ 구 균

해설 비브리오 불니피쿠스(Vibrio vulnificus)
- 호염성 해수세균
- 그람음성, 간균, 무포자(무아포)

17 푸모니신을 생산하는 곰팡이는?

① Mucor mucedo

② Fusarium moniliforme

③ Aspergillus flavus

④ Penicillium islandicum

⑤ Rhizopus oryzae

해설 푸모니신
옥수수에 자라는 푸사리움속의 곰팡이 Fusarium moniliforme이 생산하는 진균 독소이다. 동물의 간과 콩팥에 독성을 나타내며 독성은 푸모니신 B_1이 가장 강하고 B_3가 가장 약하다.

18 다음 중 잔류성이 커서 지속적인 피해를 주는 농약은?

① 유기염소제　　　　　　② 유기인제

③ 카바메이트제　　　　　④ 유기불소제

⑤ 비산염제

해설 유기염소제
잔류성이 가장 큰 농약으로 그중에서도 토양에의 잔류성은 DDT가 가장 길며, 지방과의 친화력이 강하여 체내에서 분해되지 않아 지방층에 잔류되어 지혈증, 지간 등을 유발한다.

16 ② **17** ② **18** ① 정답

19 콜린에스테라아제 저해작용으로 아세틸콜린이 축적되어 신경계에 이상이 나타나는 농약은?

① 유기염소제   ② 유기수은제

③ 유기불소제   ④ 유기인제

⑤ 비소제

해설 ④ 유기인제 : 콜린에스테라아제 저해작용, 신경증상, 혈압상승, 근력감퇴, 전신경련
① 유기염소제 : 신경중추의 지방조직에 축적되어 신경계의 이상 증상, 복통, 설사, 구토, 두통, 시력감퇴, 전신
권태, 손발의 경련 · 마비
② 유기수은제 : 중추신경장애 증상인 경련, 시야축소, 언어장애
③ 유기불소제 : 체내 아코티나아제의 활성저해로 구연산의 체내 축적에 따른 심장 장애와 중추신경 이상
⑤ 비소제 : 급성 위장장애, 만성 피부 이상, 신경장애

20 수돗물의 염소소독 중 생성될 수 있는 발암성 물질은?

① PCB   ② 벤조피렌

③ 다이옥신   ④ 트리할로메탄

⑤ DDT

해설 염소소독 중 물의 유기물이 염소와 반응하여 발암성 물질인 트리할로메탄(THM)이 생성될 수 있다.

21 붉은곰팡이(Fusarium)속이 생성하는 독소로 가축의 이상발정 증세를 초래하는 것은?

① 오크라톡신(Ocharatoxin)

② 루브라톡신(Rubratoxin)

③ 파툴린(Patulin)

④ 말토리진(Maltoryzine)

⑤ 제랄레논(Zearalenone)

해설 제랄레논(Zearalenone)
붉은곰팡이(Fusarium)속에 의해 생성되는 독소로, 주로 옥수수나 보리에서 발견된다. 에스트로겐과 비슷한 성
질을 가지고 있어 발정효과를 나타내는데 특히, 돼지에게 민감하게 작용하여 발정증후군, 성장발육 저해, 생식
기능 저해, 불임증 및 난소 위축 등을 유발한다.

정답 19 ④ 20 ④ 21 ⑤

22 다음 설명에 해당하는 식중독균은?

- 그람음성 간균
- 조제분유와 같은 영유아 식품이 원인
- 영아에게 사망률이 높음

① Vibrio vulnificus

② Cronobacter sakazakii

③ Staphylococcus aureus

④ Clostridium perfrigens

⑤ Morganella morganii

해설 Cronobacter sakazakii

크로노박터 사카자키 식중독의 원인균으로, 그람음성, 통성혐기성, 간균, 장내세균의 특징을 갖는다. 50~60℃의 온도에서 저항성이 있으나 60℃ 이상에서 쉽게 사멸되며, 건조환경에 저항성이 강하다. 조제분유 등 영유아 식품이 원인이며, 생후 1개월 미만의 영아에게 사망률이 높다(64%).

23 대량으로 가열조리한 동물성 단백질 식품을 실온에서 장시간 방치하게 되면 증식하게 되는 식중독균은?

① Morganella morganii

② Campylobacter jejuni

③ Yersinia enterocolitica

④ Vibrio parahaemolyticus

⑤ Clostridium perfringens

해설 클로스트리디움 퍼프린젠스(Clostridium perfringens)는 웰치균 식중독의 원인균으로, 집단급식소, 뷔페 등 대량 조리시설에서 많이 발생한다. 대량으로 가열조리한 동물성 단백질 식품을 실온에서 장시간 방치 시 증식하게 되므로 즉시 섭취하거나 가능하면 빨리 냉각 · 냉장 보관하도록 한다.

22 ② **23** ⑤ **정답**

24 핵분열의 생성물 중 식품을 오염시키는 핵종으로서 생성률이 비교적 크고 반감기가 긴 것으로 묶어진 것은?

① ^{59}Fe, ^{95}Zr

② ^{60}Co, ^{141}Ce

③ ^{106}Ru, ^{131}I

④ ^{90}Sr, ^{137}Cs

⑤ ^{140}Ba, ^{65}Zn

해설 핵분열의 생성물 중 식품을 오염시키는 핵종은 ^{90}Sr, ^{137}Cs, ^{131}I인데, ^{90}Sr과 ^{137}Cs이 비교적 생성률이 크고 반감기가 길어서 문제가 된다.

출제유형 45

25 식품에서 균이 증식할 때 생성된 독소를 식품과 함께 먹어 발생하는 식중독균은?

① Morganella morganii

② Campylobacter jejuni

③ Salmonella enteritidis

④ Stapylococcus aureus

⑤ Vibrio parahaemolyticus

해설 Staphylococcus aureus는 황색포도상구균 식중독의 원인균으로, 장독소를 생성한다. 잠복기는 평균 3시간으로 세균성 식중독 중 가장 짧으며, 화농성 질환의 대표적인 원인균이다.

출제유형 44

26 중독 시 미나마타병이 발생되는 중금속은?

① 구 리

② 아 연

③ 카드뮴

④ 수 은

⑤ 비 소

해설 수은(Hg)
- 원인 : 공장폐수에 오염된 농작물, 어패류 섭취 시에 발생, 콩나물 배양 때 소독제로 오용
- 미나마타병 : 말초신경마비, 연하곤란, 시력감퇴, 호흡마비

정답 **24** ④ **25** ④ **26** ④

27 체내에서 아코니타아제(aconitase)의 활성을 저해하여 독성을 나타내는 농약은?

① 유기인제

② 유기염소제

③ 유기불소제

④ 유기수은제

⑤ 비소제

해설 유기불소제
- 쥐약, 깍지벌레 · 진딧물의 살충제
- 체내의 아코니타아제(aconitase)의 활성 저해 → 구연산의 체내 축적 → 심장장애, 중추신경 이상

출제유형 35

28 식품에 사용이 금지된 유해성 표백제는?

① 과산화수소

② 아황산나트륨

③ 롱갈리트

④ 둘 신

⑤ 아우라민

해설 유해성 식품첨가제
- 유해감미료 : 둘신(설탕의 250배 감미, 혈액독, 간장장애), 시클라메이트(설탕의 40~50배 감미, 발암성), 파라니트로올소토루이닌(설탕의 200배 감미, 위통, 식욕부진, 메스꺼움, 권태), 페릴라르틴(설탕의 2,000배, 신장염), 에틸렌글리콜
- 유해착색료 : 아우라민, 로다민 B, ρ−니트로아닐린
- 유해보존료 : 붕산, 포름알데히드, 승홍, 불소화합물
- 유해표백제 : 롱갈리트, 삼염화질소(NCl_3), 형광표백제

29 화농성 질환이 있는 사람이 만든 음식을 먹고 3시간 후에 식중독 증상이 나타났을 때 추정 가능한 식중독균은?

① Staphylococcus aureus

② Campylobacter jejuni

③ Salmonella typhimurium

④ Vibrio parahaemolyticus

⑤ Clostridium botulinum

해설 **황색포도상구균 식중독**
- 원인균 : Staphylococcus aureus
  - 그람양성, 무포자, 통성혐기성, 내염성, 비운동성
  - 장독소(enterotoxin) 생성(내열성이 강해 120℃에서 30분간 처리해도 파괴가 안 됨)
  - 생육 최적온도 30~37℃
- 원인식품 : 유가공품, 김밥, 도시락, 식육제품 등
- 잠복기 및 증상 : 1~6시간(평균 3시간으로 세균성 식중독 중 가장 짧음), 구토, 복통, 설사, 발열이 거의 없음
- 예방 : 화농성 질환자의 식품취급 금지, 저온보관, 청결유지

30 독버섯의 독성분이 아닌 것은?

① 무스카린

② 무스카리딘

③ 시큐톡신

④ 콜 린

⑤ 아마니타톡신

해설 ③ 시큐톡신은 독미나리의 독성분이다.
독버섯의 유독성분
- 무스카린 : 맹독성, 땀버섯에 가장 많고 광대버섯, 마귀광대버섯(파리버섯) 등에도 함유되어 있다. 부교감신경을 흥분시켜 섭취 1.5~2시간 후에 군침과 땀이 나고 맥박이 느려지며 각종 체액의 분비항진, 호흡곤란, 구토, 설사, 위장의 경련성 수축, 방광 및 자궁 수축 등을 일으킨다.
- 무스카리딘 : 뇌증상, 산동, 일과성소광성을 일으킨다.
- 콜린 : 삿갓외대버섯 등 많은 독버섯에 들어 있으며 무스카린과 비슷한 작용이 있다.
- 아마니타톡신 : 알광대버섯, 독우산광대버섯, 흰알광대버섯 등에 함유, 생리 및 화학적 성상에 의해 아마톡신군과 팔로톡신군 등으로 구분된다. 아마톡신군은 RNA생합성을 저해하고 단백질 생합성의 저해작용으로 간장·신장의 조직을 파괴한다.

정답 **29** ① **30** ③

31 독성물질인 베네루핀을 함유한 식품은?

① 미치광이풀　　　　　　　　② 고사리

③ 청 매　　　　　　　　　　　④ 화경버섯

⑤ 모시조개

해설 베네루핀(venerupin)
- 모시조개, 바지락, 굴 등의 이매패에 의하여 일어나는 식중독이다.
- 베네루핀은 유독플랑크톤의 식이와 깊은 관련이 있으며 이 독소는 지역 특이성이 있어서 유독지역에서 무독 지역으로 옮기면 무독화된다.
- 중독 증상 : 불쾌감, 권태감, 식욕부진, 복통, 오심, 구토, 변비 등이고 피하에 반드시 출혈반점이 나타난다. 치사율은 비교적 높아서 44~50% 정도이다.

32 병원성 대장균 O157 : H7이 생성하는 독소는?

① 이슬란디톡신(Islanditoxin)

② 뉴로톡신(Neurotoxin)

③ 아마니타톡신(Amanitatoxin)

④ 에르고톡신(Ergotoxin)

⑤ 베로톡신(Verotoxin)

해설 병원성 대장균 O157 : H7은 장출혈성 대장균의 일종으로, 1982년 미국의 햄버거 식중독 사건의 원인균으로 보고된 바 있다. 사람의 장관에 감염되면 장관 내에서 증식하여 베로톡신이라는 강력한 독소를 생산하며, 이 독소는 용혈성요독증후군을 유발한다.

33 갑상샘을 주요 표적으로 삼는 방사성 동위원소는?

① Sr^{90}　　　　　　　　　　② Cs^{137}

③ I^{131}　　　　　　　　　　　④ Co^{60}

⑤ Pu^{239}

해설 방사성 동위원소의 표적조직
- Sr^{90} : 뼈
- Cs^{137} : 근육
- Co^{60} : 췌장
- Pu^{239} : 뼈

31 ⑤　**32** ⑤　**33** ③　**정답**

34 식품의 식중독 독소의 연결이 옳은 것은?

① 수수 – solanine

② 청매 – gossypol

③ 면실유 – muscarine

④ 감자 – dhurrin

⑤ 독미나리 – cicutoxin

해설 식물성 자연독 종류
- 감자독 : solanine(감자의 발아 부위), sepsine(부패된 감자)
- 면실유 : gossypol
- 피마자 기름 : ricin, ricinine
- 청매 : 미숙한 열매에는 청산배당체인 amygdalin이 함유
- 수수 : dhurrin
- 미안마콩(오색두) : phaseolunatin(일명 linamarin)
- 독미나리 : cicutoxin
- 독공목 : coriamyrtin
- 미치광이풀, 가시독말풀 : hyoscyamine, atropine, scopolamine
- 바꽃(오두) : aconitine, mesaconitine
- 꽃무릇 : lycorine
- 독보리 : temuline
- 디기탈리스 : digitoxin

35 소라·고둥의 타액선(침샘)에 함유된 물질로, 제거하지 않고 섭취 시 식중독을 유발하는 독소는?

① 테트라민(tetramine)

② 무스카린(muscarine)

③ 시구아톡신(ciguatoxin)

④ 베네루핀(venerupin)

⑤ 에르고톡신(ergotoxin)

해설 테트라민 중독
소라·고둥·골뱅이 등의 타액선(침샘)과 내장에는 독소인 테트라민(tetramine)이 함유되어 있어, 제거하지 않고 섭취할 경우 식중독을 유발한다. 테트라민은 가열하여도 제거되지 않기 때문에 조리 시 반드시 독소가 있는 타액선(침샘)을 제거해야 한다.

정답 **34** ⑤ **35** ①

36 냉장온도 5℃에서 식품을 장기간 보관하는 동안 생육하여 감염형 식중독을 일으키는 균은?

① Staphylococcus aureus

② Clostridium perfringens

③ Bacillus cereus

④ Vibrio parahaemolyticus

⑤ Listeria monocytogenes

해설 Listeria monocytogenes

그람양성, 간균, 주모성 편모, 통성혐기성균이다. 최적 생육 온도는 37℃이며, 생육 가능한 온도 범위는 −0.4∼45℃로 냉장온도에서도 성장할 수 있다.

37 여름철 생선회 섭취 후 급성 위장염이 발생하였다. 검사 결과 그람음성의 호염성균으로 밝혀졌다면 이 식중독의 원인균은?

① Yersinia속

② Campylobacter속

③ Vibrio속

④ Salmonella속

⑤ Listeria속

해설 Vibrio속에서 식중독을 일으키는 주요 대표균은 Vibrio parahaemolyticus이다. 그람음성의 무포자 간균, 통성혐기성, 호염성(3∼5% 소금물에서 잘 생육)이며, 여름철 부적절하게 조리된 해산물 섭취 후 급성 위장염의 증상을 보인다.

38 독보리에 함유된 독성분은?

① 리 신

② 사포닌

③ 에르고톡신

④ 시큐톡신

⑤ 테물린

해설 ① 리신 – 피마자

② 사포닌 – 대두, 팥

③ 에르고톡신 – 맥각

④ 시큐톡신 – 독미나리

36 ⑤ **37** ③ **38** ⑤ **정답**

39 아플라톡신에 대한 설명으로 옳은 것은?

① 탄수화물이 함량이 높은 곡류가 주 오염원이다.

② Penicillium속 곰팡이가 생성하는 독소이다.

③ 100℃에서 10분간 가열 조리하면 분해된다.

④ 독성은 아플라톡신 G_2가 가장 강하다.

⑤ 수분활성도를 높이면 생성을 막을 수 있다.

해설 아플라톡신(aflatoxin)
- Aspergillus flavus, Asp.parasiticus에 의하여 생성되는 형광성 물질로 간암을 유발하는 발암물질이다.
- 기질수분 16% 이상, 상대습도 80% 이상, 온도 25~30℃인 봄~여름 또는 열대지방 환경의 전분질 곡류에서 아플라톡신이 잘 생성된다.
- 열에 안정해서 270~280℃ 이상 가열 시 분해된다.
- 유형은 자외선 하에서 보여주는 형광색에 따라 B(blue), G(green)형이 있으며 생체 내에서 대사되어 생기는 M형도 있다.
- $B_1 > M_1 > G_1 > M_2 > B_2 > G_2$ 순으로 독성이 강하다.

40 습기가 높은 계절에 쌀에서 나타나는 황변미 현상의 원인 곰팡이는?

① Penicillium citrinum

② Penicillium notatum

③ Penicillium camemberti

④ Penicillium glaucum

⑤ Penicillium bilaiae

해설 황변미독
페니실리움 속의 곰팡이가 저장 중인 쌀에 번식할 때 생성하는 독소이다.
- Penicillium citrinum : 시트리닌(citrinin) 생성 – 신장독
- Penicillium islandicum : 이슬란디톡신(islanditoxin), 루테오스키린(luteoskyrin) – 간장독
- Penicillium citreoviride : 시트레오비리딘(citreoviridin) – 신경독

정답 39 ① 40 ①

41 맥각독의 독성분에 해당되는 것은?

① 무스카린   ② 루브라톡신

③ 파툴린   ④ 오크라톡신

⑤ 에르고톡신

해설 맥각독
- 맥각균(claviceps purpurea)이 라이맥의 씨방에 기생하여 만드는 일종이 알칼로이드(맥각알칼로이드)이다.
- 독성분 : 에르고톡신, 에르고타민, 에르고메트린 등
- 증상 : 교감신경마비, 자궁수축에 의한 유산, 지각 이상, 괴저, 경련 등

42 피마자에 함유된 독성분은?

① 리신(ricin)

② 시트리닌(citrinin)

③ 시구아톡신(ciguatoxin)

④ 테무린(temuline)

⑤ 듀린(dhurrin)

해설 ② 황변미, ③ 어패류, ④ 독보리, ⑤ 수수의 독성분에 해당한다.

43 히스타민을 생성하여 알레르기성 식중독을 유발하는 세균은?

① Vibrio cholerae

② Pseudomonas aeruginosa

③ Pseudomonas fluorescens

④ Morganella morganii

⑤ Bacillus cereus

해설 Morganella morganii가 고등어, 꽁치 등의 붉은살 생선에 작용하여 일으키는 알레르기성 식중독은 히스티딘 탈탄산효소에 의하여 생성되는 히스타민이 생체 내에서 작용하여 발생한다.

41 ⑤   **42** ①   **43** ④   **정답**

44 과일통조림으로부터 용출되어 다량 섭취 시 중독 증상인 구토, 설사, 복통 등을 유발할 가능성이 있는 물질은?

① 안티몬(Sb) ② 비소(As)
③ 주석(Sn) ④ 구리(Cu)
⑤ 크롬(Cr)

해설 중금속에 의한 식중독
- 비소(As) : 도자기, 법랑용기의 안료
- 안티몬(Sb) : 에나멜코팅용 기구(법랑제 식기)에 담을 때 용출
- 주석(Sn)
  - 식품제조기구, 통조림(주스 등), 도기안료, 산성식품에서 용출
  - 주석을 함유한 과일통조림 다량 섭취 시 구토, 설사, 복통 등을 유발
- 구리(Cu)
  - 조리용 기구 및 식기에서 용출되는 구리녹에 의한 식중독, 녹색채소 가공품의 발색제로 남용되어 효소작용 저해, 축적성은 없음
  - 메스꺼움, 구토, 간세포의 괴사, 간에 색소 침착
- 크롬(Cr) : 도금공장 폐수나 광산 폐수에 오염된 물을 음용할 때

출제유형 44

45 노로바이러스 식중독에 걸린 성인에게서 나타나는 주 증상은?

① 몸 살 ② 시야협착
③ 보행곤란 ④ 설 사
⑤ 흑피증

해설 노로바이러스 식중독에 걸리면 소아는 구토, 성인은 설사가 흔하게 나타난다.

출제유형 47

46 대합조개, 섭조개, 홍합 등에서 검출할 수 있는 마비성 패독은?

① 테트로도톡신(tetrodotoxin) ② 아트로핀(atropine)
③ 베네루핀(venerupin) ④ 무스카린(muscarine)
⑤ 삭시톡신(saxitoxin)

해설 조개류독
- 베네루핀(venerupin) : 모시조개 · 바지락 · 굴, 열에 안정한 간독소
- 삭시톡신(saxitoxin) : 대합조개 · 섭조개 · 홍합, 열에 안정한 마비성 패독소

정답 44 ③ 45 ④ 46 ⑤

47 다음 중 조혈기능 장애를 일으키는 물질은?

① Sr^{90} ② Cs^{137}

③ I^{131} ④ Co^{60}

⑤ U^{238}

해설 방사성 물질에 의한 오염
- Sr^{90} : 반감기 29년, 뼈에 침착하여 조혈기능 장애(골수암, 백혈병)
- Cs^{137} : 반감기 30년, 근육(표적조직)
- I^{131} : 반감기 8일, 갑상샘(표적조직)
- Co^{60} : 반감기 5.3년
- U^{238} : 반감기 45억년

48 농장 폐수, 폐광, 농산물로 인해 골연화증을 일으키는 것은?

① 카드뮴   ② 납

③ 수 은   ④ 구 리

⑤ 안티몬

해설 카드뮴
- 도자기, 법랑용기의 안료
- 도금합금 공장, 광산 폐수에 의한 어패류와 농작물의 오염
- 이타이이타이병 : 신장장애, 폐기종, 골연화증, 단백뇨 등

49 염소계 살균소독제로 표백과 탈취의 목적으로도 사용되는 것은?

① 차아염소산나트륨   ② 석탄산

③ 크레졸   ④ 승 홍

⑤ 과산화수소

해설 차아염소산나트륨(Sodium Hypochlorite)
수산화나트륨 용액 등에 염소가스를 이용해 만든 염소계 살균소독제로, 과채류·용기·식기 등에 이용되며, 표백과 탈취의 목적으로도 사용된다.

CHAPTER 03 감염병 및 기생충

01 경구감염병

(1) 의 의

① 정의 : 감염성 병원미생물이 음식물이나 음료수, 손, 식기, 완구류 등을 매개체로 하여 입을 통하여 감염되는 감염병을 경구감염병이라 함

영양보충

세균성 식중독과 경구감염병의 비교

구 분	세균성 식중독	경구감염병
원 인	대량 증식된 균	미량의 병원체
경 로	식중독균에 오염된 식품 섭취	감염병균에 오염된 물 또는 식품 섭취
2차 감염	거의 없음	잘됨(쉽게 감염)
잠복기	짧 음	비교적 긺
면역성	없 음	있는 경우가 많음

② 경구감염병의 조건
  ㉠ 병원소(감염원) : 환자 · 보균자 · 환자와 접촉한 사람, 매개물, 토양, 오염된 음식
  ㉡ 전파양식(감염경로) : 거의 모든 식품이 전파제 역할 담당(음식물, 물)
  ㉢ 숙주의 감수성(예민도) : 개개인의 면역에 대한 저항력 유무에 따라 발병 여부가 좌우

(2) 분류(병원체의 종류에 따라)

① 세균에 의한 것 : 세균성이질, 장티푸스, 파라티푸스, 콜레라, 성홍열, 디프테리아
② 바이러스에 의한 것 : 감염성설사증, 유행성간염, 급성회백수염
③ 원생동물에 의한 것 : 아메바성이질
④ 리케치아에 의한 것 : 큐열, 발진열, 발진티푸스, 쯔쯔가무시증

(3) 예방방법

① **병원체의 제거** : 환자의 분비물과 환자가 사용한 물품을 철저히 소독·살균함. 음료수의 소독을 철저히 하고, 생식은 가능한 한 금지

② **병원체 전파의 차단** : 환자와 보균자의 조기발견(쥐, 파리, 바퀴 등)의 매개체 구제 및 식품과 음료수의 철저한 위생관리가 중요

③ **인체의 저항력 증강** : 예방접종, 충분한 영양섭취와 휴식이 필요

(4) 주된 경구감염병

① 장티푸스 ♟ ♟ ♟ ♟
- ㉠ 병원체 : 장티푸스균(Salmonella typhi)에 의해 발생. 열에 약하며 발육 최적온도는 37℃ 정도, 최적 pH는 7.0
- ㉡ 감염경로 : 환자나 보균자의 배설물, 타액, 유즙이 감염원이며, 오염된 물이나 음식물, 파리, 생과일, 채소 등의 매개물 또는 환자나 보균자와의 접촉에 의해서 감염됨
- ㉢ 잠복기 : 1~3주
- ㉣ 증상 : 고열(40℃ 전후, 1~2주간), 장미진(피부 발진)
- ㉤ 예방법 : 보균자 격리, 물·음식물, 곤충 등의 철저한 위생관리, 예방접종

② 콜레라
- ㉠ 병원체 : 비브리오 콜레라균(Vibrio cholerae), 가열(56℃에서 15분)에 의해 사멸되나 저온에서는 저항력이 있어 20~27℃에서 40~60일 정도 생존함
- ㉡ 감염경로 : 환자의 대변과 구토물을 통하여 균이 배출되어 물을 오염시킴으로써 경구적으로 감염되며, 환자나 보균자의 손 그리고 파리 등에 의해 간접감염되기도 함
- ㉢ 잠복기 : 수 시간~3일
- ㉣ 증상 : 심한 위장장애, 쌀뜨물 같은 설사, 구토, 급속한 탈수, 피부 건조, 체온저하
- ㉤ 예방법 : 철저한 검역, 콜레라 발생지역의 출입을 금지함

③ 세균성이질
- ㉠ 병원체 : 이질균(Shigella)은 열에 약하여 60℃에서 10분간 가열로 사멸하지만 저온에서는 강함
- ㉡ 감염경로 : 환자와 보균자의 분변이나 파리 등의 매개체를 통하여 감염
- ㉢ 잠복기 : 2~3일
- ㉣ 증상 : 잦은 설사(점액·혈액 수반), 권태감, 식욕부진, 발열, 복통 등
- ㉤ 예방법 : 식사 전에 오염된 손과 식기류의 소독을 철저히 하고 식품의 가열을 충분히 함

④ 급성회백수염(소아마비, 폴리오)

  ㉠ 병원체 : Poliomyelitis virus

  ㉡ 감염경로 : 바이러스가 입을 통하여 침입하여 인후 점막에서 증식하다가 전신으로 퍼짐

  ㉢ 잠복기 : 7~14일(5~10세 어린이에게 잘 감염됨)

  ㉣ 증상 : 감기와 같은 증상으로 시작하여 2~3일 후에는 열이 내려가면서 근육통, 피부지각 이상 등의 신경증상이 일어나고 갑자기 사지마비 증세가 나타남

  ㉤ 예방법 : 세이빈 백신(sabin vaccine, 생균백신)에 의한 예방접종

⑤ 파라티푸스

  ㉠ 병원체 : Salmonella paratyphi A, B, C균

  ㉡ 잠복기 : 5일

  ㉢ 증상 : 장티푸스와 유사한 급성 감염병이지만 경증이며 경과기간도 짧음

⑥ 유행성간염(A형간염)

  ㉠ 병원체 : A형간염 바이러스(Hepatitis A virus)

  ㉡ 감염경로
    • 환자의 분변에 오염된 음식물이나 물의 섭취를 통한 전파
    • 주사기를 통한 감염이나 혈액제제를 통한 전파
    • 성접촉

  ㉢ 잠복기 : 평균 28일

  ㉣ 증 상
    • 발열, 황달, 식욕부진, 구토, 암갈색 소변, 복부불쾌감
    • 6세 미만은 무증상이 대부분, 성인은 황달이 동반되는 경우가 많음

⑦ 성홍열

  ㉠ 병원체 : 발적 독소를 생성하는 용혈성 연쇄상구균(Streptococcus haemolyticus)

  ㉡ 감염경로 : 비말감염과 인후분비물의 식품오염을 통해서 전파

  ㉢ 잠복기 : 4~7일(5~10세 어린이가 잘 감염됨)

  ㉣ 증 상
    • 40℃ 내외의 발열과 편도선 종양
    • 붉은 발진이 온몸에 나타나는 법정감염병

⑧ 디프테리아(diphtheria)

  ㉠ 병원체 : 코리네박테리움 디프테리아(Corynebacterium diphtheriae)

  ㉡ 감염경로
    • 체외독소를 분비하여 혈류를 통해 신체 각 부분에 질병을 유발
    • 환자의 코와 인후 분비물, 기침 등을 통하여 전파

  ㉢ 잠복기 : 3~5일

(1) 인수공통감염병의 의의

① 정의 : 사람과 동물이 같은 병원체에 의하여 발생하는 질병 또는 감염 상태

② 식용동물에 발병되는 인수공통감염병 : 탄저, 브루셀라증, 결핵, 돈단독, 야토병, 렙토스피라증 등

③ 예방법

㉠ 병에 걸린 동물의 조기발견과 격리치료 및 예방접종을 철저히 하여 감염병 유행 예방

㉡ 병에 걸린 동물의 사체와 배설물 소독(탄저병일 경우에는 고압살균 또는 소각처리)

㉢ 우유의 살균처리(브루셀라증, 결핵, 큐열의 예방상 중요)

㉣ 병에 걸린 가축의 고기, 뼈, 내장, 혈액의 식용을 삼갈 것

㉤ 수입가축이나 고기 · 유제품의 검역 및 감시를 철저히 할 것

(2) 주된 인수공통감염병

① 탄저(anthrax) ⓲ ⓴

㉠ 병원체 : 탄저균(Bacillus anthracis)

㉡ 소, 돼지, 양, 산양 등에서 발병하는 질병

㉢ 목축업자, 도살업자, 피혁업자 등에게 피부상처를 통하여 감염

㉣ 잠복기 : 4일 이내

㉤ 피부탄저 : 피부를 통해 감염되어 악성 농포를 만들고 주위에 침윤, 부종, 궤양을 일으킴

㉥ 폐탄저 : 포자를 흡입하여 폐렴 증상을 보임

㉦ 장탄저 : 감염된 수육을 먹어 구토와 설사 등을 일으킴

② 브루셀라증(= 파상열) ㊱ ㊵ ㊸ ㊲

㉠ 브루셀라균군이 사람에게 열성 질환

㉡ 소, 돼지, 양, 염소 등에 감염성 유산을 일으키는 질환

㉢ 잠복기 : 1~3주 정도

㉣ 증 상

• 불규칙한 발열이 계속되며(파상열), 발한, 근육통, 불면, 관절통, 두통 등

• 사람에는 불현성 감염이 많고 간이나 비장이 붓고 패혈증 발생

㉥ Brucella melitensis : 양, 염소에 감염되어 유산을 일으키는 병원체

㉦ Brucella abortus : 소에 감염되어 유산을 일으키는 병원체

㉧ Brucella suis : 돼지에 감염되는 병원체

③ 결핵(tuberculosis) ⭐ ⭐
- ㉠ 병원체 : Mycobacterium tuberculosis
- ㉡ 사람, 소, 조류 등에 감염되어 결핵
- ㉢ 소의 결핵균은 살균이 되지 않은 우유를 통하여 사람에게 쉽게 감염
- ㉣ 잠복기 : 불분명
- ㉤ 소의 결핵균은 주로 뼈나 관절을 침범하여 경부 림프선 결핵
- ㉥ 예방법 : 정기적으로 투베르쿨린검사(PPD)를 실시(결핵 감염 여부를 조기에 발견), BGC 접종
- ㉦ 오염된 식육과 우유의 식용을 금지
- ㉧ 결핵균은 저온 살균에 의해 사멸되므로 철저한 우유의 살균 필요

④ 돈단독
- ㉠ 병원체 : 돈단독균(Erysipelothrix rhusiopathiae)
- ㉡ 돼지의 감염병으로 패혈증(소, 말, 양, 닭에서도 볼 수 있음)
- ㉢ 사람의 감염은 주로 피부상처를 통해서 이루어짐
- ㉣ 잠복기 : 10~20일
- ㉤ 증상 : 병원균 침입 부위가 빨갛게 붓고 발열과 임파절에 염증
- ㉥ 예방법 : 이환동물의 조기발견, 격리치료 및 철저한 소독과 예방접종

⑤ 야토병(tularemia)
- ㉠ 병원체 : Francisella tularensis
- ㉡ 산토끼나 설치류 동물 사이에 유행하는 감염병
- ㉢ 감염된 산토끼나 동물에 기생하는 진드기, 벼룩, 이 등에 의해 사람에게 감염
- ㉣ 잠복기 : 1~10일(보통 3~5일)
- ㉤ 증상 : 두통, 오한, 전열, 발열
- ㉥ 예방법
  - 토끼 고기를 조리할 때는 충분하게 가열하기
  - 유원지에서 생수를 마시지 않기
  - 상처에 주의하기

⑥ 렙토스피라증(leptospirosis = weil병) ⭐
- ㉠ 병원체 : 렙토스피라(Leptospira)
- ㉡ 소, 개, 돼지, 쥐 등이 감염
- ㉢ 사람은 감염된 쥐의 오줌으로 오염된 물, 식품 등의 섭취나 피부상처를 통해 감염
- ㉣ 잠복기 : 5~7일
- ㉤ 증상 : 39~40℃ 정도의 고열과 오한, 두통, 근육통과 심장·간·신장장애
- ㉥ 예방법 : 사균 백신과 손·발의 소독 및 쥐의 구제

⑦ 리스테리아증(listeriosis) 🌠
  ㉠ 병원체 : Listeria monocytogenes
  ㉡ 4~5℃ 이하에서도 생존·번식
  ㉢ 가축류, 가금류, 사람에게 질병을 전파
  ㉣ 사람은 동물과 직접 접촉하거나 오염된 식육, 유제품 등을 섭취하여 감염, 또는 오염된 먼지를 흡입하여 감염
  ㉤ 잠복기 : 3일~수 주일
  ㉥ 뇌척수막염, 임산부의 자궁 내 패혈증, 태아 사망
  ㉦ 신생아는 감염되면 사망률이 높음

03 식품과 기생충

(1) 채소류에서 감염되는 기생충 🌠
  ① 회 충 🌠
    ㉠ 대변에서 나온 충란이 감염
    ㉡ 음식과 함께 인체로 들어가서 장에서 약 15시간 안에 탈피하여 장간막을 뚫고 간으로 침입, 소장에 기생
    ㉢ 증상 : 심한 때에는 복통, 권태, 피로감, 두통, 발열
    ㉣ 어린이는 이미증을 나타내며, 맹장이나 수담관 등에 침입하여 장폐색증, 복막염 발생
    ㉤ 예방법 : 채소의 세정, 손의 청결, 집단구충 등
  ② 십이지장충(구충) 🌠 🌠
    ㉠ 유충이 입 또는 피부를 통하여 혈관, 림프관을 타고 폐로 당도
    ㉡ 기낭에 들어간 후 기관지, 인두를 거쳐 작은창자의 점막층에 부착 기생
    ㉢ 직접 흡혈하는 기생충
    ㉣ 증상 : 채독증, 심한 빈혈, 두근거림, 전신권태, 부종, 피부건조, 손톱의 변화 등
    ㉤ 예방법 : 경피감염에 유념

③ 편충

    ㉠ 흙속의 충란이 감염형으로 변함, 채찍 같은 모양

    ㉡ 음식과 함께 경구적으로 감염되고 소장상부에서 부화하여 대장, 특히 맹장 부위에 정착

    ㉢ 증상 : 무증상이나 빈혈, 신경증상, 맹장염 등

    ㉣ 예방법 : 회충과 같음

④ 요 충 🟊

    ㉠ 자가감염, 집단감염

    ㉡ 성충은 장에서 나와 항문 주위에 산란하는데 주로 밤에 출몰(주로 맹장 주위에 기생)

    ㉢ 증상 : 항문 주위의 가려움, 긁힘, 습진, 피부염, 불면증, 신경증

    ㉣ 가족이 모두 구충을 실시하고 손·항문 근처·속옷 등을 깨끗하게 유지

    ㉤ 검사 : 스카치테이프 검출법 사용

⑤ 동양모양선충

    ㉠ 구충보다 피부 감염력은 약하며 작은창자에 기생

    ㉡ 소화기계 증상과 빈혈

    ㉢ 예방법 : 십이지장충과 같음

(2) 육류에서 감염되는 기생충

① 무구조충(민촌충) 🟊

    ㉠ 소고기로부터 감염

    ㉡ 증상 : 복통, 소화불량, 오심, 구토 등 소화기계 증상

    ㉢ 예방법 : 소고기를 충분히 익혀서 섭취

② 유구조충(갈고리촌충)

    ㉠ 돼지고기로부터 감염

    ㉡ 증상 : 성충 감염에 의한 증상은 소화불량, 설사, 영양불량 등

    ㉢ 예방법 : 돼지고기의 생식 금지

③ 선모충 🟊 🟊

    ㉠ 돼지, 쥐, 고양이, 사람 등 다숙주성 기생충, 덜 익힌 돼지고기 등의 섭취를 통해 감염

    ㉡ 설사, 고열, 구토가 생기고 유충이 근육에 이행

    ㉢ 증상 : 부종, 고열, 근육통, 호흡장애 등이 생기고 횡격막이나 심근을 침해할 때는 사망

    ㉣ 예방법 : 돼지고기의 생식 금지

(3) 어패류에서 감염되는 기생충

① 간디스토마(간흡충)
- ㉠ 제1중간숙주 : 민물에 사는 쇠우렁이, 제2중간숙주 : 담수어(참붕어, 잉어)
- ㉡ 사람이 유충이 있는 어육을 생식하면 감염
- ㉢ 인체의 담관에 기생
- ㉣ 증상 : 간 비대, 복수, 황달, 야맹증, 간경화, 위장장애, 담즙색소 양성 등
- ㉤ 예방법 : 담수어와 제2중간숙주의 생식 금지

② 폐디스토마(폐흡충) ☆
- ㉠ 제1중간숙주 : 다슬기, 제2중간숙주 : 게나 가재 등 갑각류
- ㉡ 사람이 생식하면 십이지장에서 탈낭하여 복강, 횡격막을 거쳐 폐에 들어가 작은 기관지 부근에서 성충으로 발전
- ㉢ 증상 : 전신경련, 발작, 실어증, 시력 장애 등
- ㉣ 예방법 : 게나 가재의 생식을 금지하고 유행지역의 생수음용 금지

③ 요코가와흡충
- ㉠ 제1중간숙주 : 다슬기, 제2중간숙주 : 담수어(잉어, 붕어, 은어)
- ㉡ 사람이 담수어를 생식하면 감염되고 공장 상부에 기생
- ㉢ 증상 : 복통, 설사, 식욕이상, 두통, 신경증세, 만성장염 등
- ㉣ 예방법 : 담수어, 은어의 생식 금지

④ 광절열두조충(긴촌충) ☆ ☆
- ㉠ 제1중간숙주 : 물벼룩, 제2중간숙주 : 담수어(연어, 송어, 농어)
- ㉡ 인체의 소장 상부에 기생하며 열에는 약해서 50℃에서 몇 분 후 사멸
- ㉢ 증상 : 복통·설사 등의 소화기 장애, 빈혈, 영양장애 등
- ㉣ 예방법 : 농어, 연어 등의 반담수어나 담수어의 생식을 피하고 완전히 익혀 먹기

⑤ 유극악구충
- ㉠ 제1중간숙주 : 물벼룩, 제2중간숙주 : 민물고기(가물치, 메기 등), 최종숙주 : 개, 고양이
- ㉡ 사람은 제2중간숙주에 의해 감염
- ㉢ 증상 : 피하조직에 이동하여 피부종양, 복통, 구토, 발열 등
- ㉣ 예방법 : 가물치나 메기 등의 생식 금지
- ㉤ 특징 : 사람에게 유충이 기생하더라도 종말숙주가 아니므로 성충이 되지 못함

⑥ 아니사키스 ☆
- ㉠ 제1중간숙주 : 크릴새우 등 소갑각류, 제2중간숙주 : 고등어, 대구, 오징어 등, 최종숙주 : 바다포유류
- ㉡ 예방법 : 해산 어류의 생식을 금하며, 유충은 저온에서 저항력이 약하므로 냉동처리도 효과적

주요 기생충 감염의 원인식품 ✿

원인식품		관련 기생충
어 류	붕어 · 잉어 등	간디스토마
	은 어	요코가와흡충
	연어 · 송어	광절열두조충
	오징어 · 대구 등	아니사키스
	가물치 · 메기 등	유극악구충
갑각류	참게 · 가재	폐디스토마
육 류	돼지고기	유구조충, 선모충
	소고기	무구조충
채소류	채소 · 과일	회충, 편충, 십이지장충, 동양모양선충

CHAPTER 03 적중예상문제

01 용혈성 연쇄상구균이 병원체인 경구감염병은?

① 성홍열
② 유행성 간염
③ 파라티푸스
④ 장티푸스
⑤ 콜레라

> **해설** 성홍열은 베타용혈성연쇄구균(Group A β-hemolytic Streptococci)의 발열성 외독소에 의한 급성발열성 질환이다.

02 인수공통감염병에 해당하는 것은?

① 파라티푸스
② A형간염
③ 야토병
④ 세균성이질
⑤ 콜레라

> **해설** **야토병**
> • 병원체 : Francisella tularensis
> • 토끼류와 설치류가 야토균에 감수성이 높다.
> • 감염동물의 가죽 벗기기, 고기요리를 할 때 주의해야 한다.

03 인수공통감염병에 해당하는 것은?

① 디프테리아
② 유행성간염
③ 렙토스피라증
④ 세균성이질
⑤ 폴리오

해설 인수공통감염병
사람과 동물이 같은 병원체에 의하여 발생하는 질병으로, 결핵, 탄저, 파상열, 돈단독증, 야토병, 렙토스피라증, 큐열, 리스테리아증 등이 있다.

04 오징어 등 해산어류의 생식에 의해 감염되는 기생충은?

① 무구조충
② 아니사키스
③ 유구조충
④ 유극악구충
⑤ 요코가와흡충

해설 ① 소고기, ③ 돼지고기, ④ 가물치 · 메기, ⑤ 은어가 원인식품이다.

05 우유가 매개체가 되는 감염병은?

① 발진티푸스
② 신증후군출혈열
③ 야토병
④ 돈단독
⑤ 결 핵

해설 결핵은 인수공통감염병으로, 소결핵균에 감염된 소에서 나온 살균되지 않은 우유를 생식으로 섭취하게 되면 사람도 감염되므로 철저한 우유 살균이 필요하다.

정답 03 ③ 04 ② 05 ⑤

06 최근 소, 돼지 등의 가축이나 가금류에 많이 감염될 뿐 아니라 사람에게도 감염되며, 수막염과 패혈증을 수반하는 경우가 많고 임산부에게는 자궁 내 염증을 유발하여 태아사망을 초래하는 인수공통감염병은?

① 장티푸스

② 콜레라

③ 부르셀라증

④ 리스테리아증

⑤ 결 핵

해설 리스테리아증(listeriosis)
- 소, 양 등의 가금류에 많이 감염
- 병원체 : Listeria monocytogenes
- 감염 : 사람은 감염동물과의 직접 접촉에 의해 감염, 오염된 식육, 유제품 등
- 증상 : 증상은 다양하며, 수막염, 림프종 등
- 예방과 치료 : 사람의 경우는 페니실린, 테트라사이클린으로 임상적 치유가 가능

07 접촉감염 또는 비말감염, 즉 콧물, 인후분비물, 기침 등에 의한 경구감염질환은?

① 디프테리아

② 성홍열

③ 급성회백수염

④ 콜레라

⑤ 천 열

해설 디프테리아(diphtheria)
- 병원체 : Corynebacterium diphtheriae
- 증상 : 편도선이 빨갛게 붓고 인후두에 흰 막이 생기며 38℃ 내외의 발열이 있다.
- 발생상황 : 10세 이하, 특히 1~4세 어린이가 전 환자의 60%를 차지한다.
- 감염 : 분비물이 오염된 식품을 통한 경구감염으로 이루어진다.
- 예방 및 치료 : 변성독소에 의한 예방접종

06 ④ **07** ① 정답

08 다음에 해당하는 인수공통감염병은?

> • 불규칙적인 발열이 특징으로, 파상열이라고도 한다.
> • 사람에게 열성질환을 유발한다.
> • 가축 유산의 원인이 되기도 한다.

① 탄저병
② 브루셀라증
③ 큐 열
④ 야토병
⑤ 황달출혈병

해설 브루셀라증(파상열)
• Brucella균에 의하여 주로 소, 양, 돼지 및 염소 등에 발병한다.
• 인수공통감염병의 하나로 오염된 동물의 유즙이나 고기를 통해 감염되며 동물에게는 감염성 유산을 일으키고 사람에게는 열성 질환을 나타낸다.

09 바이러스에 의하여 발생하는 감염병은?

① 디프테리아
② 성홍열
③ 이 질
④ 장티푸스
⑤ 폴리오

해설 감염병의 분류
• 세균성 감염병 : 세균성이질, 파라티푸스, 장티푸스, 콜레라, 성홍열, 디프테리아, 결핵, 파상열, 백일해, 임질
• 바이러스성 감염병 : 급성회백수염(폴리오, 소아마비), 유행성간염, 유행성이하선염, 감염성설사증, 일본뇌염, 홍역, 천연두, 광견병
• 리케치아성 감염병 : 발진티푸스, 발진열, 큐열
• 원충성 감염병 : 아메바성 이질

정답 08 ② 09 ⑤

10 다음에 해당하는 경구감염병은?

> • 복통, 구토, 쌀뜨물 같은 설사 등의 증상이 발생한다.
> • 수분 손실로 인한 탈수 증상이 나타난다.

① 성홍열
② 장티푸스
③ 콜레라
④ 디프테리아
⑤ 파라티푸스

해설 **콜레라(cholera)**
- 외래감염병
- 병원체 : Vibrio cholerae
- 증상 : 설사(쌀뜨물 모양), 구토, 탈수에 의한 구갈, 근육통, 피부건조, 무뇨, 체온의 저하 등이다. 병변은 장관이 주이다.
- 발생상황 : 치명률은 60%로서 노년과 유년층일수록 높아진다.
- 감염 : 감염원은 환자의 구토물과 환자나 보균자의 분변으로 인해 오염된 음식물, 음료수 등에 의해서 감염이 일어난다.
- 예방 및 치료 : 예방은 외래감염병이기 때문에 검역을 철저히 하여 국내에 침입되지 않도록 하여야 한다. 사균 백신에 의한 예방접종이 이용된다.

출제유형 44

11 익히지 않은 소고기 섭취로 감염될 수 있는 기생충은?

① 무구조충
② 유구조충
③ 십이지장충
④ 회 충
⑤ 폐디스토마

해설 ② 유구조충 : 돼지고기 감염
③ 십이지장충 : 채소 감염
④ 회충 : 채소 감염
⑤ 폐디스토마 : 어패류(다슬기, 갑각류) 감염

12 경구감염병의 특징으로 옳은 것은?

① 잠복기간이 비교적 짧다.

② 2차 감염이 잘 되지 않는다.

③ 다량의 균으로 감염된다.

④ 수인성 전파는 없다.

⑤ 예방접종의 효과가 있다.

해설 경구감염병의 특징
- 식중독균에 오염된 식품 섭취에 의한다.
- 미량의 균이 감염하여도 발병한다.
- 잠복기간이 길다.
- 2차 감염이 잘 된다(쉽게 감염).
- 예방접종의 효과가 있다.
- 파상적으로 전파되어 불가항력적이다.

세균성 식중독(감염형)의 특징
- 감염병균에 오염된 물이나 식품 섭취에 의한다.
- 다량의 균이 감염되어야 발병한다.
- 잠복기간이 비교적 짧다.
- 2차 감염이 잘 안 된다.
- 예방접종의 효과가 없다.
- 균의 증식을 막으면 예방할 수 있다.

출제유형 39

13 자가감염을 일으키며 항문 주위에 산란하고, 항문 주위의 가려움을 일으키는 기생충은?

① 요 충

② 십이지장충

③ 무구조충

④ 편 충

⑤ 동양모양선충

해설 요 충
- 감염 : 자가감염을 일으키며, 성충은 장에서 나와 항문 주위에 산란하는데 주로 밤에 나온다(주로 맹장 주위에 기생).
- 증상 : 항문 주위의 가려움, 긁힘, 습진, 피부염, 불면증, 신경증 등이다.
- 예방 : 가족이 모두 일체 구충을 실시하고 손, 항문 근처, 속옷 등을 깨끗하게 유지한다.

정답 12 ⑤ **13** ①

14 인수공통감염병 중 Bacillus anthracis가 병원체인 것은?

① 파상열

② 렙토스피라증

③ 야토병

④ 리스테리아증

⑤ 탄저병

해설 탄저(Anthrax)는 Bacillus anthracis 감염에 의해 발생하는 인수공통감염병이다.

15 간디스토마의 제1중간숙주, 제2중간숙주 순서로 옳은 것은?

① 쇠우렁이 – 게, 가재

② 크릴새우 – 고등어, 청어

③ 쇠우렁이 – 붕어, 잉어

④ 다슬기 – 게, 가재

⑤ 물벼룩 – 송어, 농어

해설 **기생충과 중간숙주**
- 간디스토마 : 쇠우렁이 · 다슬기 → 잉어 · 붕어
- 폐흡충 : 다슬기 → 게 · 가재
- 광절열두조충 : 물벼룩 → 담수 및 반담수어(연어, 농어)
- 아니사키스 : 갑각류(크릴새우) → 해산어류(오징어, 가다랭이, 대구, 청어 등)
- 요코가와흡충 : 다슬기 → 은어 · 잉어 · 붕어
- 유극악구충 : 물벼룩 → 뱀장어 · 가물치 · 미꾸라지 · 도루묵 · 조류

16 장티푸스의 속명은 무엇인가?

① Staphylococcus

② Proteus

③ Clostridium

④ Salmonella

⑤ Vibrio

해설 장티푸스는 살모넬라(Salmonella)속에 속하며, Salmonella typhi 감염에 의한다.

17 경구, 경피감염이 가능한 기생충은?

① 회 충   ② 요 충

③ 편 충   ④ 십이지장충

⑤ 광절열두조충

해설 십이지장충(구충)

유충이 입 또는 피부를 통하여 감염되고, 혈관, 림프관을 타고 폐로 당도한다. 심한 빈혈, 두근거림, 전신권태, 부종, 피부건조, 손톱의 변화 등이 나타난다.

18 다음에서 설명하는 인수공통감염병은?

> • 병원체 : Bacillus anthracis
> • 증상 : 발열, 패혈증
> • 감염경로 : 감염된 고기 섭취, 상처 및 호흡기

① 탄 저   ② 결 핵

③ 야토병   ④ 브루셀라증

⑤ 렙토스피라증

해설 탄저는 탄저균(Bacillus anthracis) 감염에 의해 발생하는 급성전염성 감염 질환이다.

19 다음에서 설명하는 인수공통감염병은?

> • 제3급감염병이다.
> • 증상 : 고열, 오한, 두통
> • 병원체 : Coxiella burnetii

① 야토병   ② 브루셀라증

③ 탄 저   ④ 백일해

⑤ Q 열

해설 Q열은 리케치아의 일종인 Coxiella burnetti에 의한 열성 질환으로 인수공통감염병이다.

20 광절열두조충의 감염경로는?

① 쇠우렁이 – 붕어 – 간
② 다슬기 – 게 – 폐
③ 다슬기 – 은어 – 소장
④ 크릴새우 – 고등어, 조기 – 위장벽
⑤ 물벼룩 – 연어, 송어 – 소장 상부

해설 광절열두조충(긴촌충)
- 제1중간숙주 : 물벼룩, 제2중간숙주 : 담수어(연어, 송어, 농어)
- 인체의 소장 상부에 기생하며 열에는 약해서 50℃에서 몇 분 후 사멸
- 증상 : 복통·설사 등의 소화기 장애, 빈혈, 영양장애 등
- 예방법 : 농어, 연어 등의 반담수어나 담수어의 생식을 피하고 완전히 익혀 먹기

출제유형 44

21 어패류를 통해 감염되는 기생충으로 가장 옳은 것은?

① 이질아메바
② 비대흡충
③ 광절열두조충
④ 무구조충
⑤ 톡소플라스마

해설 어패류에 의해 감염되는 기생충들로는 간디스토마, 폐디스토마, 아니사키스, 요코가와흡충, 광절열두조충, 유극악구충 등이 있다.

22 다음 중 육류로부터 감염되는 기생충은?

① 회 충
② 편 충
③ 간흡충
④ 무구조충
⑤ 아니사키스

해설 육류로부터 감염되는 기생충은 무구조충(소고기), 유구조충(돼지고기), 선모충(돼지고기) 등이 있다.

20 ⑤ **21** ③ **22** ④ **정답**

23 어패류에 의해서 감염되는 기생충 중, 특히 은어를 날로 먹었을 때 감염될 우려가 높은 것은?

① 간디스토마

② 광절열두조충

③ 유극악구충

④ 요코가와흡충

⑤ 아니사키스

해설 요코가와흡충은 다슬기를 제1중간숙주로 담수어(잉어, 붕어, 은어)를 제2중간숙주로 하여 자란다.

24 가열이 불충분한 돼지고기의 섭취로 감염될 수 있는 기생충은?

① 유구조충, 선모충

② 회충, 십이지장충

③ 무구조충, 아니사키스

④ 선모충, 무구조충

⑤ 광절열두조충, 톡소플라스마

해설 돼지고기의 섭취로 감염되는 기생충에는 톡소플라스마, 선모충, 유구조충 등이 있다.

25 채소에 의해 감염될 수 있는 기생충은?

① 유구조충, 무구조충

② 광절열두조충, 아니사키스

③ 간흡충, 폐흡충

④ 선모충, 톡소플라스마

⑤ 회충, 편충

해설 채소류에서 감염되는 기생충은 회충, 구충(십이지장충), 편충, 요충, 동양모양선충 등이다.

정답 23 ④ 24 ① 25 ⑤

26 감염되는 경로가 다른 기생충은?

① 십이지장충

② 선모충

③ 동양모양선충

④ 요 충

⑤ 편 충

> **해설** 선모충은 돼지, 개, 고양이, 쥐에 공통으로 기생하다가 덜 익은 돼지고기를 먹었을 때 사람들에게 감염되며 근육과 작은창자에서 기생한다. 나머지 보기는 채소류를 통하여 감염된다.

출제유형 45

27 광절열두조충(긴촌충)에 감염될 수 있는 원인식품은?

① 채 소

② 오징어

③ 소고기

④ 돼지고기

⑤ 연 어

> **해설** 광절열두조충(긴촌충)의 제1중간숙주는 물벼룩, 제2중간숙주는 담수어(연어, 송어, 농어)이다.

28 다음 중 기생충과 중간숙주와의 연결이 틀린 것은?

① 간흡충 : 쇠우렁이 – 게 – 사람

② 광절열두조충 : 물벼룩 – 송어 – 사람

③ 폐흡충 : 다슬기 – 게, 가재 – 사람

④ 무구조충 : 소고기 – 사람

⑤ 요코가와흡충 : 다슬기 – 은어 – 사람

> **해설** 간흡충 감염경로
> 물속의 충란에서 유충된 유충 → 제1중간숙주 → 쇠우렁이의 간에서 포자낭충 레디아 상태 거쳐 유미자충 → 제2중간숙주 → 담수어(붕어, 잉어, 피라미드) 기생 → 사람 생식

29 살균처리되지 않은 우유 섭취 후 감염될 수 있는 인수공통감염병은?

① 탄 저

② 야토병

③ 비 저

④ 돈단독

⑤ 결 핵

해설 병원체인 Mycobacterium tuberculosis에 감염되어 결핵을 일으킨다. 특히 살균이 되지 않은 우유를 통해서 사람에게 쉽게 감염되고, 오염된 식육을 통해서도 감염된다. 결핵균은 저온살균으로 사멸되므로 우유의 살균을 철저히 한다.

30 디프테리아의 병원체는?

① Brucella melitensis

② Mycobacterium tuberculosis

③ Corynebacterium diphtheriae

④ Coxiella burnetii

⑤ Francisella tularensis

해설 ① 파상열, ② 결핵, ④ 큐열, ⑤ 야토병의 병원체이다.

31 급성회백수염의 병원체는?

① Salmonella typhi

② Entamoeba histolytica

③ Poliomyelitis virus

④ Hepatitis A virus

⑤ Salmonella paratyphi

해설 ① 장티푸스, ② 아메바성이질, ④ A형간염, ⑤ 파라티푸스의 병원체이다.

정답 **29** ⑤ **30** ③ **31** ③

32 장티푸스를 일으키는 균으로 옳은 것은?

① Bacillus cereus

② Clostridium perfringens

③ Vibrio cholerae

④ Salmonella typhi

⑤ Clostridium botulinum

해설 장티푸스는 Salmonella typhi에 감염되어 발생하고 발열과 복통을 나타낸다. 주로 감염된 사람의 분변에 의해 오염된 물과 음식물을 통해 감염된다.

33 요코가와흡충의 제1중간숙주는?

① 고등어

② 새 우

③ 물벼룩

④ 크릴새우

⑤ 다슬기

해설 요코가와흡충
• 제1중간숙주 : 다슬기
• 제2중간숙주 : 잉어, 붕어, 은어 등 담수어

34 제1중간숙주는 물벼룩이고, 제2중간숙주는 민물고기인 기생충은?

① 유극악구충

② 유구조충

③ 아니사키스

④ 폐흡충

⑤ 간디스토마

해설 유극악구충
• 제1중간숙주 : 물벼룩
• 제2중간숙주 : 민물고기(가물치, 메기 등)
• 최종숙주 : 개, 고양이

32 ④ **33** ⑤ **34** ① 정답

CHAPTER 04 식품안전관리인증기준(HACCP)

01 HACCP의 개념

(1) HACCP(Hazard Analysis and Critical Control Point)의 개요

① 정의 : 식품의 원재료 생산에서부터 제조 · 가공 · 보존 · 유통단계를 거쳐 최종 소비자가 섭취하기 전까지의 각 단계에서 발생할 우려가 있는 위해요소를 규명하고, 이를 중점적으로 관리하기 위한 중요관리점을 결정하여 자주적이며 체계적이고 효율적인 관리로 식품의 안전성을 확보하기 위한 과학적인 위생관리체계

② 식품의약품안전처에서의 HACCP 번역 : 식품안전관리인증기준

(2) 용어의 정의(식품 및 축산물 안전관리인증기준 제2조) ☆ ☆ ☆ ☆

① 위해요소(Hazard) : 인체의 건강을 해할 우려가 있는 생물학적, 화학적 또는 물리적 인자나 조건

② 위해요소분석(Hazard Analysis) : 식품안전에 영향을 줄 수 있는 위해요소와 이를 유발할 수 있는 조건이 존재하는지의 여부를 판별하기 위하여 필요한 정보를 수집하고 평가하는 일련의 과정

③ 중요관리점(Critical Control Point) : HACCP을 적용하여 식품의 위해요소를 예방 · 제어하거나 허용 수준 이하로 감소시켜 당해 식품의 안전성을 확보할 수 있는 중요한 단계 · 과정 또는 공정

④ 한계기준(Critical Limit) : 중요관리점에서의 위해요소 관리가 허용범위 이내로 충분히 이루어지고 있는지 여부를 판단할 수 있는 기준이나 기준치

⑤ 모니터링(Monitoring) : 중요관리점에 설정된 한계기준을 적절히 관리하고 있는지 여부를 확인하기 위하여 수행하는 일련의 계획된 관찰이나 측정하는 행위

⑥ 개선조치(Corrective Action) : 모니터링 결과 중요관리점의 한계기준을 이탈할 경우에 취하는 일련의 조치

⑦ 검증(Verification) : HACCP 관리계획의 유효성과 실행 여부를 정기적으로 평가하는 일련의 활동

(1) HACCP 도입의 필요성

① 식중독 세균과 화학물질 등 위해요소에 대한 문제제기가 확산

② 식품의 위생안전성 확보에 대한 관심이 점차 확대

③ 서유럽 및 구미 등 각국에서는 이미 자국 내로 수입되는 몇몇 식품에 대하여 HACCP를 적용하도록 요구

④ 수출경쟁력 확보를 위해서도 HACCP 도입이 절실히 요구

> **영양보충**
>
> **HACCP의 역사** ⭐
> • 미국 NASA의 요청으로 1959년 필스버리(Pillsbury)사가 우주식에 적합하게 개발하였고, 이후 미국 FDA에서 미국 내 식품회사들에게 이 제도를 적용할 것을 권고하였다.
> • 우리나라는 1995년 12월에 도입하였다.
> • 구성 : 위해분석(HA) + 중요관리점(CCP)로 구성

(2) HACCP 도입의 효과

① 식품업계의 측면

  ㉠ 자주적 위생관리체계의 구축

  ㉡ 위생적이고 안전한 식품의 제조

  ㉢ 위생관리 집중화 및 효율성 도모

  ㉣ 경제적 이익 도모

  ㉤ 회사의 이미지 제고와 신뢰성 향상

② 소비자 측면

  ㉠ 안전한 식품을 소비자에게 제공

  ㉡ 식품선택의 기회 제공

(3) HACCP 7원칙 12절차 ⭐️ ⭐️ ⭐️ ⭐️ ⭐️

① **해썹팀 구성** : 업소 내에서 HACCP Plan 개발을 주도적으로 담당할 해썹팀을 구성

② **제품설명서 작성** : 제품명, 제품유형, 성상, 작성연월일, 성분 등 제품에 대한 전반적으로 취급 내용이 기술되어 있는 설명서를 작성

③ **용도 확인** : 예측 가능한 사용방법과 범위, 그리고 제품에 포함될 잠재성을 가진 위해물질에 민감한 대상 소비자(어린이, 노인, 면역관련 환자 등)를 파악

④ **공정흐름도 작성** : 업소에서 직접 관리하는 원료의 입고에서부터 완제품의 출하까지 모든 공정 단계들을 파악하여 공정흐름도 및 평면도를 작성

⑤ **공정흐름도 현장확인** : 작성된 공정흐름도 및 평면도가 현장과 일치하는지를 검증하는 것

⑥ **위해요소 분석(원칙 1)** : 원료, 제조공정 등에 대하여 위해요소분석 실시 및 예방책을 명확히 함

⑦ **중요관리점(CCP) 결정(원칙 2)** : 중요관리점의 설정(안정성 확보단계, 공정결정, 동시통제)

⑧ **CCP 한계기준 설정(원칙 3)** : 위해허용한도의 설정

⑨ **CCP 모니터링체계 확립(원칙 4)** : CCP를 모니터링하는 방법을 수립하고 공정을 관리하기 위해 모니터링 결과를 이용하는 절차를 세움

⑩ **개선조치방법 수립(원칙 5)** : 모니터링 결과 설정된 한계기준에서 이탈되는 경우 시정조치 사항을 만듦

⑪ **검증절차 및 방법 수립(원칙 6)** : HACCP이 제대로 이행되고 있다는 사실을 검증할 수 있는 절차를 수립

⑫ **문서화, 기록유지방법 설정(원칙 7)** : 기록의 유지관리체계 수립

(4) HACCP 대상식품 ⭐

① 수산가공식품류의 어육가공품류 중 어묵 · 어육소시지
② 기타수산물가공품 중 냉동 어류 · 연체류 · 조미가공품
③ 냉동식품 중 피자류 · 만두류 · 면류
④ 과자류, 빵류 또는 떡류 중 과자 · 캔디류 · 빵류 · 떡류
⑤ 빙과류 중 빙과
⑥ 음료류(다류 및 커피류 제외)
⑦ 레토르트식품
⑧ 절임류 또는 조림류의 김치류 중 김치
⑨ 코코아가공품 또는 초콜릿류 중 초콜릿류
⑩ 면류 중 유탕면 또는 곡분, 전분, 전분질원료 등을 주원료로 반죽하여 손이나 기계 따위로 면을 뽑아내거나 자른 국수로서 생면 · 숙면 · 건면
⑪ 특수용도식품
⑫ 즉석섭취 · 편의식품류 중 즉석섭취식품
⑬ 즉석섭취 · 편의식품류의 즉석조리식품 중 순대
⑭ 식품제조 · 가공업의 영업소 중 전년도 총 매출액이 100억 원 이상인 영업소에서 제조 · 가공하는 식품

(5) HACCP 지정 집단급식소 준수사항

① 작업장은 청결구역과 일반구역으로 분리할 것
② 배수구, 배수관 등은 역류가 되지 않도록 관리할 것
③ 선별 및 검사구역 작업장 등은 육안확인이 필요한 경우 조도 540Lux 이상을 유지할 것
④ 냉장시설은 내부의 온도를 10℃ 이하(완제품의 유통단계는 제외), 냉동시설은 −18℃ 이하로 유지할 것
⑤ 식품 취급 등의 작업은 바닥으로부터 60cm 이상의 높이에서 실시

CHAPTER 04 적중예상문제

01 식품안전관리인증기준(HACCP) 준비단계의 순서로 옳은 것은?

> ㉠ 제품설명서 작성
> ㉡ 용도 확인
> ㉢ 공정흐름도 현장확인
> ㉣ HACCP팀 구성
> ㉤ 공정흐름도 작성

① ㉣ → ㉠ → ㉢ → ㉤ → ㉡
② ㉣ → ㉠ → ㉡ → ㉤ → ㉢
③ ㉣ → ㉡ → ㉠ → ㉤ → ㉢
④ ㉣ → ㉢ → ㉡ → ㉤ → ㉠
⑤ ㉣ → ㉤ → ㉡ → ㉤ → ㉠

해설 HACCP 준비단계
HACCP팀 구성 → 제품설명서 작성 → 용도 확인 → 공정흐름도 작성 → 공정흐름도 현장확인

출제유형 44

02 HACCP 적용업소에서 관리하는 모든 기록은 특별히 규정된 것을 제외하고 최소 얼마간 보관해야 하는가?

① 3개월
② 6개월
③ 1년
④ 2년
⑤ 3년

해설 HACCP 적용업소는 관계 법령에 특별히 규정된 것을 제외하고는 관리되는 사항에 대한 기록을 2년간 보관하여야 한다.

정답 01 ② 02 ④

03 보기에서 설명하는 HACCP의 용어는?

> 중요관리점에서의 위해요소 관리가 허용범위 이내로 충분히 이루어지고 있는지 여부를 판단할
> 수 있는 기준이나 기준치

① 중요관리점
② 한계기준
③ 모니터링
④ 위해요소분석
⑤ 개선조치

해설 ① 중요관리점 : HACCP을 적용하여 식품의 위해요소를 예방·제어하거나 허용수준 이하로 감소시켜 당해 식
품의 안전성을 확보할 수 있는 중요한 단계·과정 또는 공정
③ 모니터링 : 중요관리점에 설정된 한계기준을 적절히 관리하고 있는지 여부를 확인하기 위하여 수행하는 일
련의 계획된 관찰이나 측정하는 행위
④ 위해요소분석 : 식품안전에 영향을 줄 수 있는 위해요소와 이를 유발할 수 있는 조건이 존재하는지의 여부를
판별하기 위하여 필요한 정보를 수집하고 평가하는 일련의 과정
⑤ 개선조치 : 모니터링 결과 중요관리점의 한계기준을 이탈할 경우에 취하는 일련의 조치

04 HACCP 관리계획의 유효성과 실행 여부를 정기적으로 평가하는 일련의 활동을 지칭하는
HACCP 용어는?

① 검증절차
② 위해요소분석
③ 모니터링
④ 개선조치
⑤ 중요관리점 결정

해설 HACCP 시스템이 효과적으로 운영되는지를 평가하는 검증 단계에 대한 설명이다.

03 ② **04** ① **정답**

05 HACCP 도입으로 인한 소비자 측면의 효과는?

① 자주적 위생관리체계의 구축
② 위생적이고 안전한 식품의 제조
③ 위생관리 집중화 및 효율성 도모
④ 경제적 이익 도모
⑤ 식품선택의 기회 제공

[해설] ① · ② · ③ · ④ 식품업계 측의 효과이다.

출제유형 45

06 HACCP 7원칙을 적용하기 위한 사전단계에 속하는 것은?

① 개선조치방법 수립 　　　　② HACCP팀 구성
③ 기록유지 방법 설정 　　　　④ 개선조치방법 수립
⑤ 위해요소 분석

[해설] HACCP 준비단계
HACCP팀 구성 → 제품설명서 작성 → 용도 확인 → 공정흐름도 작성 → 공정흐름도 현장확인

07 HACCP 7원칙 중 원칙 1단계에 해당하는 것은?

① 개선조치방법 수립 　　　　② CCP 모니터링체계 확립
③ CCP 한계기준 설정 　　　　④ 중요관리점(CCP) 결정
⑤ 위해요소 분석

[해설] HACCP 7원칙
• 위해요소 분석(원칙 1)
• 중요관리점(CCP) 결정(원칙 2)
• CCP 한계기준 설정(원칙 3)
• CCP 모니터링체계 확립(원칙 4)
• 개선조치방법 수립(원칙 5)
• 검증절차 및 방법 수립(원칙 6)
• 문서화, 기록유지방법 설정(원칙 7)

[정답] **05** ⑤　**06** ②　**07** ⑤

08 HACCP 제도의 7원칙 중 원칙 4단계에 해당하는 것은?

① 모니터링 방법의 설정

② 중요관리점 확인

③ 위해요소 분석

④ 기록유지 설정

⑤ 시정 조치 설정

해설 ② 원칙 2단계, ③ 원칙 1단계, ④ 원칙 7단계, ⑤ 원칙 5단계에 해당한다.

09 HACCP 제도의 7원칙 중 마지막 단계에 해당하는 것은?

① 위해요소 분석

② CCP 한계기준 설정

③ 개선조치방법 수립

④ 문서화, 기록유지방법 설정

⑤ 검증절차 및 방법 수립

해설 ① 원칙 1단계, ② 원칙 3단계, ③ 원칙 5단계, ⑤ 원칙 6단계에 해당한다.

10 HACCP 시스템의 적용 7원칙에 해당하는 것은?

① 위해요소 분석

② 해썹팀 구성

③ 제품설명서 작성

④ 용도 확인

⑤ 공정흐름도 작성

해설 ② · ③ · ④ · ⑤ HACCP 12절차 중 준비단계에 해당한다.

11 식품안전관리인증기준(HACCP)의 7원칙 중 CCP로 옳은 것은?

① 위해요소 분석
② 중요관리점 설정
③ 위해허용한도의 설정
④ 모니터링 방법의 설정
⑤ 검증절차의 수립

해설 CCP는 원칙 2단계로 중요관리점의 설정 단계이다.

12 식품안전관리인증기준 대상식품으로 옳은 것은?

① 커피류
② 다 류
③ 냉동식품 중 피자류
④ 즉석조리식품 중 떡볶이
⑤ 드레싱류

해설 **식품안전관리인증기준 대상식품**
어묵 · 어육소시지, 냉동 어류 · 연체류 · 조미가공품, 피자류 · 만두류 · 면류, 과자 · 캔디류 · 빵류 · 떡류, 빙과, 음료류(다류 및 커피류는 제외한다), 레토르트식품, 절임류 또는 조림류의 김치류 중 김치, 초콜릿류, 생면 · 숙면 · 건면, 특수용도식품, 즉석섭취식품, 순대, 식품제조 · 가공업의 영업소 중 전년도 총 매출액이 100억 원 이상인 영업소에서 제조 · 가공하는 식품

13 HACCP 지정 집단급식의 육안확인이 필요한 선별 및 검사구역의 조도는?

① 100룩스 이상
② 220룩스 이상
③ 320룩스 이상
④ 480룩스 이상
⑤ 540룩스 이상

해설 선별 및 검사구역 작업장 등은 육안확인이 필요한 경우 조도 540Lux 이상을 유지해야 한다.

정답 **11** ② **12** ③ **13** ⑤

제**4**과목

식품·영양관계법규

CHAPTER

01 식품위생법 2024년 8월 7일 시행

(1) 목적(법 제1조) ⭐

이 법은 식품으로 인하여 생기는 위생상의 위해를 방지하고 식품영양의 질적 향상을 도모하며 식품에 관한 올바른 정보를 제공함으로써 국민 건강의 보호 · 증진에 이바지함을 목적으로 한다.

(2) 정의(법 제2조)

이 법에서 사용하는 용어의 뜻은 다음과 같다.

1. "식품"이란 모든 음식물(의약으로 섭취하는 것은 제외한다)을 말한다. ⭐ ㊻

2. "식품첨가물"이란 식품을 제조 · 가공 · 조리 또는 보존하는 과정에서 감미, 착색, 표백 또는 산화방지 등을 목적으로 식품에 사용되는 물질을 말한다. 이 경우 기구 · 용기 · 포장을 살균 · 소독하는 데에 사용되어 간접적으로 식품으로 옮아갈 수 있는 물질을 포함한다.

3. "화학적 합성품"이란 화학적 수단으로 원소 또는 화합물에 분해 반응 외의 화학 반응을 일으켜서 얻은 물질을 말한다.

4. "기구"란 다음의 어느 하나에 해당하는 것으로서 식품 또는 식품첨가물에 직접 닿는 기계 · 기구나 그 밖의 물건(농업과 수산업에서 식품을 채취하는 데에 쓰는 기계 · 기구나 그 밖의 물건 및 위생용품 관리법에 따른 위생용품은 제외한다)을 말한다. ⭐
   가. 음식을 먹을 때 사용하거나 담는 것
   나. 식품 또는 식품첨가물을 채취 · 제조 · 가공 · 조리 · 저장 · 소분 · 운반 · 진열할 때 사용하는 것

5. "용기 · 포장"이란 식품 또는 식품첨가물을 넣거나 싸는 것으로서 식품 또는 식품첨가물을 주고받을 때 함께 건네는 물품을 말한다. ㊱

5의2. "공유주방"이란 식품의 제조 · 가공 · 조리 · 저장 · 소분 · 운반에 필요한 시설 또는 기계 · 기구 등을 여러 영업자가 함께 사용하거나, 동일한 영업자가 여러 종류의 영업에 사용할 수 있는 시설 또는 기계 · 기구 등이 갖춰진 장소를 말한다.

6. "위해"란 식품, 식품첨가물, 기구 또는 용기 · 포장에 존재하는 위험요소로서 인체의 건강을 해치거나 해칠 우려가 있는 것을 말한다.

9. "영업"이란 식품 또는 식품첨가물을 채취 · 제조 · 가공 · 조리 · 저장 · 소분 · 운반 또는 판매하거나 기구 또는 용기 · 포장을 제조 · 운반 · 판매하는 업(농업과 수산업에 속하는 식품 채취업은 제외한다)을 말한다. 이 경우 공유주방을 운영하는 업과 공유주방에서 식품제조업 등을 영위하는 업을 포함한다.

10. "영업자"란 영업허가를 받은 자나 영업신고를 한 자 또는 영업등록을 한 자를 말한다.

11. "식품위생"이란 식품, 식품첨가물, 기구 또는 용기·포장을 대상으로 하는 음식에 관한 위생을 말한다.

12. "집단급식소"란 영리를 목적으로 하지 아니하면서 특정 다수인에게 계속하여 음식물을 공급하는 다음의 어느 하나에 해당하는 곳의 급식시설로서 대통령령으로 정하는 시설을 말한다. ⑲ ⑫ ⑮

　　가. 기숙사　　　　　　　　　　　나. 학교, 유치원, 어린이집

　　다. 병 원　　　　　　　　　　　라. 사회복지시설

　　마. 산업체　　　　　　　　　　　바. 국가, 지방자치단체 및 공공기관

　　사. 그 밖의 후생기관 등

집단급식소의 범위(시행령 제2조)

집단급식소는 1회 50명 이상에게 식사를 제공하는 급식소를 말한다.

---

13. "식품이력추적관리"란 식품을 제조·가공단계부터 판매단계까지 각 단계별로 정보를 기록·관리하여 그 식품의 안전성 등에 문제가 발생할 경우 그 식품을 추적하여 원인을 규명하고 필요한 조치를 할 수 있도록 관리하는 것을 말한다.

14. "식중독"이란 식품 섭취로 인하여 인체에 유해한 미생물 또는 유독물질에 의하여 발생하였거나 발생한 것으로 판단되는 감염성 질환 또는 독소형 질환을 말한다. ㉟

15. "집단급식소에서의 식단"이란 급식대상 집단의 영양섭취기준에 따라 음식명, 식재료, 영양성분, 조리방법, 조리인력 등을 고려하여 작성한 급식계획서를 말한다.

(3) 식품 등의 취급(법 제3조)

① 누구든지 판매(판매 외의 불특정 다수인에 대한 제공을 포함한다. 이하 같다)를 목적으로 식품 또는 식품첨가물을 채취·제조·가공·사용·조리·저장·소분·운반 또는 진열을 할 때에는 깨끗하고 위생적으로 하여야 한다.

② 영업에 사용하는 기구 및 용기·포장은 깨끗하고 위생적으로 다루어야 한다.

③ 식품, 식품첨가물, 기구 또는 용기·포장(이하 "식품 등"이라 한다)의 위생적인 취급에 관한 기준은 총리령으로 정한다.

식품 등의 위생적인 취급에 관한 기준(시행규칙 별표 1)

1. 식품 또는 식품첨가물을 제조·가공·사용·조리·저장·소분·운반 또는 진열할 때에는 이물이 혼입되거나 병원성 미생물 등으로 오염되지 않도록 위생적으로 취급해야 한다.
2. 식품 등을 취급하는 원료보관실·제조가공실·조리실·포장실 등의 내부는 항상 청결하게 관리하여야 한다.
3. 식품 등의 원료 및 제품 중 부패·변질이 되기 쉬운 것은 냉동·냉장시설에 보관·관리하여야 한다.
4. 식품 등의 보관·운반·진열 시에는 식품 등의 기준 및 규격이 정하고 있는 보존 및 유통기준에 적합하도록 관리하여야 하고, 이 경우 냉동·냉장시설 및 운반시설은 항상 정상적으로 작동시켜야 한다.
5. 식품 등의 제조·가공·조리 또는 포장에 직접 종사하는 사람은 위생모 및 마스크를 착용하는 등 개인위생관리를 철저히 하여야 한다.

---

6. 제조 · 가공(수입품을 포함한다)하여 최소판매 단위로 포장된 식품 또는 식품첨가물을 허가를 받지 아니하거나 신고를 하지 아니하고 판매의 목적으로 포장을 뜯어 분할하여 판매하여서는 아니 된다. 다만, 컵라면, 일회용 다류, 그 밖의 음식류에 뜨거운 물을 부어주거나, 호빵 등을 따뜻하게 데워 판매하기 위하여 분할하는 경우는 제외한다.
7. 식품 등의 제조 · 가공 · 조리에 직접 사용되는 기계 · 기구 및 음식기는 사용 후에 세척 · 살균하는 등 항상 청결하게 유지 · 관리하여야 하며, 어류 · 육류 · 채소류를 취급하는 칼 · 도마는 각각 구분하여 사용하여야 한다.
8. 소비기한이 경과된 식품 등을 판매하거나 판매의 목적으로 진열 · 보관하여서는 아니 된다.

(4) 위해식품 등의 판매 등 금지(법 제4조)

누구든지 다음의 어느 하나에 해당하는 식품 등을 판매하거나 판매할 목적으로 채취 · 제조 · 수입 · 가공 · 사용 · 조리 · 저장 · 소분 · 운반 또는 진열하여서는 아니 된다.

1. 썩거나 상하거나 설익어서 인체의 건강을 해칠 우려가 있는 것
2. 유독 · 유해물질이 들어 있거나 묻어 있는 것 또는 그러할 염려가 있는 것. 다만, 식품의약품안전처장이 인체의 건강을 해칠 우려가 없다고 인정하는 것은 제외한다.

판매 등이 허용되는 식품 등(시행규칙 제3조)
1. 식품 등의 제조 · 가공 등에 관한 기준 및 성분에 관한 규격에 적합한 것
2. 식품 등의 기준 및 규격이 정해지지 아니한 것으로서 식품의약품안전처장이 식품위생심의위원회의 심의를 거쳐 유해의 정도가 인체의 건강을 해칠 우려가 없다고 인정한 것

3. 병을 일으키는 미생물에 오염되었거나 그러할 염려가 있어 인체의 건강을 해칠 우려가 있는 것
4. 불결하거나 다른 물질이 섞이거나 첨가된 것 또는 그 밖의 사유로 인체의 건강을 해칠 우려가 있는 것
5. 안전성 심사 대상인 농 · 축 · 수산물 등 가운데 안전성 심사를 받지 아니하였거나 안전성 심사에서 식용으로 부적합하다고 인정된 것
6. 수입이 금지된 것 또는 수입신고를 하지 아니하고 수입한 것
7. 영업자가 아닌 자가 제조 · 가공 · 소분한 것

(5) 병든 동물 고기 등의 판매 등 금지(법 제5조)

누구든지 총리령으로 정하는 질병에 걸렸거나 걸렸을 염려가 있는 동물이나 그 질병에 걸려 죽은 동물의 고기 · 뼈 · 젖 · 장기 또는 혈액을 식품으로 판매하거나 판매할 목적으로 채취 · 수입 · 가공 · 사용 · 조리 · 저장 · 소분 또는 운반하거나 진열하여서는 아니 된다.

판매 등이 금지되는 병든 동물 고기 등(시행규칙 제4조) ✿
1. 축산물 위생관리법 시행규칙에 따라 도축이 금지되는 가축전염병
2. 리스테리아병, 살모넬라병, 파스튜렐라병 및 선모충증

(6) 기준 · 규격이 정하여지지 아니한 화학적 합성품 등의 판매 등 금지(법 제6조)

누구든지 다음의 어느 하나에 해당하는 행위를 하여서는 아니 된다. 다만, 식품의약품안전처장이 식품위생심의위원회의 심의를 거쳐 인체의 건강을 해칠 우려가 없다고 인정하는 경우에는 그러하지 아니하다.

1. 기준 · 규격이 정하여지지 아니한 화학적 합성품인 첨가물과 이를 함유한 물질을 식품첨가물로 사용하는 행위
2. 제1호에 따른 식품첨가물이 함유된 식품을 판매하거나 판매할 목적으로 제조 · 수입 · 가공 · 사용 · 조리 · 저장 · 소분 · 운반 또는 진열하는 행위

(7) 식품 또는 식품첨가물에 관한 기준 및 규격(법 제7조) ⭐

① 식품의약품안전처장은 국민 건강을 보호 · 증진하기 위하여 필요하면 판매를 목적으로 하는 식품 또는 식품첨가물에 관한 다음의 사항을 정하여 고시한다.
　1. 제조 · 가공 · 사용 · 조리 · 보존 방법에 관한 기준
　2. 성분에 관한 규격
② 식품의약품안전처장은 기준과 규격이 고시되지 아니한 식품 또는 식품첨가물의 기준과 규격을 인정받으려는 자에게 제1항 각 호의 사항을 제출하게 하여 식품의약품안전처장이 지정한 식품전문 시험 · 검사기관 또는 총리령으로 정하는 시험 · 검사기관의 검토를 거쳐 제1항에 따른 기준과 규격이 고시될 때까지 그 식품 또는 식품첨가물의 기준과 규격으로 인정할 수 있다.

식품 등의 한시적 기준 및 규격의 인정 등(시행규칙 제5조)

① 한시적으로 제조 · 가공 등에 관한 기준과 성분에 관한 규격을 인정받을 수 있는 식품 등은 다음과 같다.
　1. 식품(원료로 사용되는 경우만 해당한다)
　　가. 국내에서 새로 원료로 사용하려는 농산물 · 축산물 · 수산물 등
　　나. 농산물 · 축산물 · 수산물 등으로부터 추출 · 농축 · 분리 등의 방법으로 얻은 것으로서 식품으로 사용하려는 원료
　　다. 세포 · 미생물 배양 등 새로운 기술을 이용하여 얻은 것으로서 식품으로 사용하려는 원료
　2. 식품첨가물 : 개별 기준 및 규격이 정하여지지 아니한 식품첨가물
　3. 기구 또는 용기 · 포장 : 개별 기준 및 규격이 고시되지 아니한 식품 및 식품첨가물에 사용되는 기구 또는 용기 · 포장
④ 한시적으로 인정하는 식품 등의 제조 · 가공 등에 관한 기준과 성분의 규격에 관하여 필요한 세부 검토기준 등에 대해서는 식품의약품안전처장이 정하여 고시한다.

---

③ 수출할 식품 또는 식품첨가물의 기준과 규격은 수입자가 요구하는 기준과 규격을 따를 수 있다.

(8) 유독기구 등의 판매 · 사용 금지(법 제8조)

유독 · 유해물질이 들어 있거나 묻어 있어 인체의 건강을 해칠 우려가 있는 기구 및 용기 · 포장과 식품 또는 식품첨가물에 직접 닿으면 해로운 영향을 끼쳐 인체의 건강을 해칠 우려가 있는 기구 및 용기 · 포장을 판매하거나 판매할 목적으로 제조 · 수입 · 저장 · 운반 · 진열하거나 영업에 사용하여서는 아니 된다.

(9) 기구 및 용기 · 포장에 관한 기준 및 규격(법 제9조)

① 식품의약품안전처장은 국민보건을 위하여 필요한 경우에는 판매하거나 영업에 사용하는 기구 및 용기 · 포장에 관하여 다음의 사항을 정하여 고시한다.

1. 제조 방법에 관한 기준
2. 기구 및 용기 · 포장과 그 원재료에 관한 규격

② 식품의약품안전처장은 기준과 규격이 고시되지 아니한 기구 및 용기 · 포장의 기준과 규격을 인정받으려는 자에게 제1항 각 호의 사항을 제출하게 하여 식품 · 의약품분야 시험 · 검사 등에 관한 법률에 따라 식품의약품안전처장이 지정한 식품전문 시험 · 검사기관 또는 총리령으로 정하는 시험 · 검사기관의 검토를 거쳐 기준과 규격이 고시될 때까지 해당 기구 및 용기 · 포장의 기준과 규격으로 인정할 수 있다.

③ 수출할 기구 및 용기 · 포장과 그 원재료에 관한 기준과 규격은 수입자가 요구하는 기준과 규격을 따를 수 있다.

④ 기준과 규격이 정하여진 기구 및 용기 · 포장은 그 기준에 따라 제조하여야 하며, 그 기준과 규격에 맞지 아니한 기구 및 용기 · 포장은 판매하거나 판매할 목적으로 제조 · 수입 · 저장 · 운반 · 진열하거나 영업에 사용하여서는 아니 된다.

(10) 식품 등의 공전(법 제14조) ☆

식품의약품안전처장은 다음의 기준 등을 실은 식품 등의 공전을 작성 · 보급하여야 한다.

1. 식품 또는 식품첨가물의 기준과 규격
2. 기구 및 용기 · 포장의 기준과 규격

(11) 출입 · 검사 · 수거 등(법 제22조)

① 식품의약품안전처장, 시 · 도지사 또는 시장 · 군수 · 구청장은 식품 등의 위해방지 · 위생관리와 영업질서의 유지를 위하여 필요하면 다음의 구분에 따른 조치를 할 수 있다.

1. 영업자나 그 밖의 관계인에게 필요한 서류나 그 밖의 자료의 제출 요구
2. 관계 공무원으로 하여금 다음에 해당하는 출입 · 검사 · 수거 등의 조치

   가. 영업소(사무소, 창고, 제조소, 저장소, 판매소, 그 밖에 이와 유사한 장소를 포함한다)에 출입하여 판매를 목적으로 하거나 영업에 사용하는 식품 등 또는 영업시설 등에 대하여 하는 검사

   나. 검사에 필요한 최소량의 식품 등의 무상 수거

   다. 영업에 관계되는 장부 또는 서류의 열람

출입 · 검사 · 수거 등(시행규칙 제19조)

① 출입 · 검사 · 수거 등은 국민의 보건위생을 위하여 필요하다고 판단되는 경우에는 수시로 실시한다.

② 행정처분을 받은 업소에 대한 출입 · 검사 · 수거 등은 그 처분일부터 6개월 이내에 1회 이상 실시하여야 한다. 다만, 행정처분을 받은 영업자가 그 처분의 이행 결과를 보고하는 경우에는 그러하지 아니하다.

---

(12) 식품위생감시원(법 제32조) ☆

① 제22조(출입·검사·수거 등) 제1항에 따른 관계 공무원의 직무와 그 밖에 식품위생에 관한 지도 등을 하기 위하여 **식품의약품안전처**(대통령령으로 정하는 그 소속 기관을 포함한다), **특별시·광역시·특별자치시·도·특별자치도 또는 시·군·구**에 식품위생감시원을 둔다.

식품위생감시원의 직무(시행령 제17조) ☆ ☆ ☆

1. 식품 등의 위생적인 취급에 관한 기준의 이행 지도
2. 수입·판매 또는 사용 등이 금지된 식품 등의 취급 여부에 관한 단속
3. 식품 등의 표시·광고에 관한 법률에 따른 표시 또는 광고기준의 위반 여부에 관한 단속
4. 출입·검사 및 검사에 필요한 식품 등의 수거
5. 시설기준의 적합 여부의 확인·검사
6. 영업자 및 종업원의 건강진단 및 위생교육의 이행 여부의 확인·지도
7. 조리사 및 영양사의 법령 준수사항 이행 여부의 확인·지도
8. 행정처분의 이행 여부 확인
9. 식품 등의 압류·폐기 등
10. 영업소의 폐쇄를 위한 간판 제거 등의 조치
11. 그 밖에 영업자의 법령 이행 여부에 관한 확인·지도

---

(13) 시설기준(법 제36조)

① 다음의 영업을 하려는 자는 총리령으로 정하는 시설기준에 맞는 시설을 갖추어야 한다.

1. 식품 또는 식품첨가물의 제조업, 가공업, 운반업, 판매업 및 보존업
2. 기구 또는 용기·포장의 제조업
3. 식품접객업
4. 공유주방 운영업

위탁급식영업의 시설기준(시행규칙 별표 14)

가) 사무소

영업활동을 위한 독립된 사무소가 있어야 한다. 다만, 영업활동에 지장이 없는 경우에는 다른 사무소를 함께 사용할 수 있다.

나) 창고 등 보관시설

(1) 식품 등을 위생적으로 보관할 수 있는 창고를 갖추어야 한다. 이 경우 창고는 영업신고를 한 소재지와 다른 곳에 설치하거나 임차하여 사용할 수 있다.

(2) 창고에는 식품 등을 식품 등의 기준 및 규격에서 정하고 있는 보존 및 유통기준에 적합한 온도에서 보관할 수 있도록 냉장·냉동시설을 갖추어야 한다.

다) 운반시설

(1) 식품을 위생적으로 운반하기 위하여 냉동시설이나 냉장시설을 갖춘 적재고가 설치된 운반차량을 1대 이상 갖추어야 한다. 다만, 허가 또는 신고한 영업자와 계약을 체결하여 냉동 또는 냉장시설을 갖춘 운반차량을 이용하는 경우에는 운반차량을 갖추지 아니하여도 된다.

(2) (1)의 규정에도 불구하고 냉동 또는 냉장시설이 필요 없는 식품만을 취급하는 경우에는 운반차량에 냉동시설이나 냉장시설을 갖춘 적재고를 설치하지 아니하여도 된다.

라) 식재료 처리시설

식품첨가물이나 다른 원료를 사용하지 아니하고 농·임·수산물을 단순히 자르거나 껍질을 벗기거나 말리거나 소금에 절이거나 숙성하거나 가열하는 등의 가공과정 중 위생상 위해발생의 우려가 없고 식품의 상태를 관능검

사로 확인할 수 있도록 가공하는 경우 그 재료처리시설의 기준은 식품제조·가공업의 시설기준의 작업장, 식품 취급시설 등, 급수시설, 화장실의 규정을 준용한다.

마) 나)부터 라)까지의 시설기준에도 불구하고 집단급식소의 창고 등 보관시설 및 식재료 처리시설을 이용하는 경우에는 창고 등 보관시설과 식재료 처리시설을 설치하지 아니할 수 있으며, 위탁급식업자가 식품을 직접 운반하지 않는 경우에는 운반시설을 갖추지 아니할 수 있다.

(14) 영업허가 등(법 제37조)

④ 제36조 제1항 각 호에 따른 대통령령으로 정하는 영업을 하려는 자는 대통령령으로 정하는 바에 따라 영업 종류별 또는 영업소별로 식품의약품안전처장 또는 특별자치시장·특별자치도지사·시장·군수·구청장에게 신고하여야 한다. 신고한 사항 중 대통령령으로 정하는 중요한 사항을 변경하거나 폐업할 때에도 또한 같다.

> **영업신고를 하여야 하는 업종(시행령 제25조)**
> 즉석판매제조·가공업, 식품운반업, 식품소분·판매업, 식품냉동·냉장업, 용기·포장류제조업, 휴게음식점영업, 일반음식점영업, 위탁급식영업 및 제과점영업은 특별자치시장·특별자치도지사 또는 시장·군수·구청장에게 신고를 하여야 한다.

(15) 영업허가 등의 제한(법 제38조)

① 다음의 어느 하나에 해당하면 영업허가를 하여서는 아니 된다.

1. 해당 영업 시설이 시설기준에 맞지 아니한 경우
2. 식품위생법에 따라 영업허가가 취소되거나 식품 등의 표시·광고에 관한 법률에 따라 영업허가가 취소되고 6개월이 지나기 전에 같은 장소에서 같은 종류의 영업을 하려는 경우. 다만, 영업시설 전부를 철거하여 영업허가가 취소된 경우에는 그러하지 아니하다.
3. 청소년을 유흥접객원으로 고용하여 유흥행위를 하게 하는 행위를 하여 영업허가가 취소되거나 성매매알선 등 행위의 처벌에 관한 법률에 따른 금지행위를 한 경우 및 마약류 관리에 관한 법률에서 금지한 행위를 하기 위한 장소·시설·장비·자금 또는 운반 수단을 타인에게 제공하는 행위를 하거나 이를 교사·방조한 경우 영업허가가 취소되고 2년이 지나기 전에 같은 장소에서 식품접객업을 하려는 경우
4. 식품위생법에 따라 영업허가가 취소되거나 식품 등의 표시·광고에 관한 법률에 따라 영업허가가 취소되고 2년이 지나기 전에 같은 자(법인인 경우에는 그 대표자를 포함한다)가 취소된 영업과 같은 종류의 영업을 하려는 경우. 다만, 영업시설 전부를 철거(행정 제재처분을 회피하기 위하여 영업시설을 철거한 경우는 제외한다)하여 영업허가가 취소된 경우에는 그러하지 아니하다.
5. 청소년을 유흥접객원으로 고용하여 유흥행위를 하게 하는 행위를 하여 영업허가가 취소되거나 성매매알선 등 행위의 처벌에 관한 법률에 따른 금지행위를 한 경우 및 약류 관리에 관한 법률에서 금지한 행위를 하기 위한 장소·시설·장비·자금 또는 운반 수단을 타인에

게 제공하는 행위를 하거나 이를 교사·방조한 경우에 따라 영업허가가 취소된 후 3년이 지나기 전에 같은 자(법인인 경우에는 그 대표자를 포함한다)가 식품접객업을 하려는 경우

6. 제4조(위해식품 등의 판매 등 금지), 제5조(병든 동물 고기 등의 판매 등 금지), 제6조(기준·규격이 정하여지지 아니한 화학적 합성품 등의 판매 등 금지) 또는 제8조(유독기구 등의 판매·사용 금지)를 위반하여 영업허가가 취소되고 5년이 지나기 전에 같은 자(법인인 경우에는 그 대표자를 포함한다)가 취소된 영업과 같은 종류의 영업을 하려는 경우

7. 식품접객업 중 국민의 보건위생을 위하여 허가를 제한할 필요가 뚜렷하다고 인정되어 시·도지사가 지정하여 고시하는 영업에 해당하는 경우

8. 영업허가를 받으려는 자가 피성년후견인이거나 파산선고를 받고 복권되지 아니한 자인 경우

(16) 영업 승계(법 제39조)

③ 영업자의 지위를 승계한 자는 총리령으로 정하는 바에 따라 1개월 이내에 그 사실을 식품의약품안전처장 또는 특별자치시장·특별자치도지사·시장·군수·구청장에게 신고하여야 한다.

(17) 건강진단(법 제40조)

① 총리령으로 정하는 영업자 및 그 종업원은 건강진단을 받아야 한다. 다만, 다른 법령에 따라 같은 내용의 건강진단을 받는 경우에는 이 법에 따른 건강진단을 받은 것으로 본다.

건강진단 대상자(시행규칙 제49조) 🌟 🌟 🌟

① 건강진단을 받아야 하는 사람은 식품 또는 식품첨가물(화학적 합성품 또는 기구 등의 살균·소독제는 제외한다)을 채취·제조·가공·조리·저장·운반 또는 판매하는 일에 직접 종사하는 영업자 및 종업원으로 한다. 다만, 완전 포장된 식품 또는 식품첨가물을 운반하거나 판매하는 일에 종사하는 사람은 제외한다.

② 건강진단을 받아야 하는 영업자 및 그 종업원은 영업 시작 전 또는 영업에 종사하기 전에 미리 건강진단을 받아야 한다.

③ 건강진단은 식품위생 분야 종사자의 건강진단 규칙에서 정하는 바에 따른다.

건강진단 항목 등(식품위생 분야 종사자의 건강진단 규칙 제2조)

① 식품위생법 제40조 제1항 본문에 따른 건강진단의 항목은 다음과 같다.
   1. 장티푸스
   2. 파라티푸스
   3. 폐결핵

② 영업자 및 그 종업원은 매 1년마다 건강진단을 받아야 한다.

③ 건강진단의 유효기간은 1년으로 하며, 직전 건강진단의 유효기간이 만료되는 날의 다음 날부터 기산한다.

④ 건강진단은 건강진단의 유효기간 만료일 전후 각각 30일 이내에 실시해야 한다. 다만, 식품의약품안전처장 또는 특별자치시장·특별자치도지사·시장·군수·구청장은 천재지변, 사고, 질병 등의 사유로 건강진단 대상자가 건강진단 실시기간 이내에 건강진단을 받을 수 없다고 인정하는 경우에는 1회에 한하여 1개월 이내의 범위에서 그 기한을 연장할 수 있다.

---

② 건강진단을 받은 결과 타인에게 위해를 끼칠 우려가 있는 질병이 있다고 인정된 자는 그 영업에 종사하지 못한다.

③ 영업자는 건강진단을 받지 아니한 자나 건강진단 결과 타인에게 위해를 끼칠 우려가 있는 질병이 있는 자를 그 영업에 종사시키지 못한다.

④ 건강진단의 실시방법 등과 타인에게 위해를 끼칠 우려가 있는 질병의 종류는 총리령으로 정한다.

> **영업에 종사하지 못하는 질병의 종류(시행규칙 제50조)** 🌟 🌟 🌟
> 1. 결핵(비감염성인 경우는 제외한다)
> 2. 콜레라, 장티푸스, 파라티푸스, 세균성이질, 장출혈성대장균감염증, A형간염
> 3. 피부병 또는 그 밖의 고름형성(화농성) 질환
> 4. 후천성면역결핍증(성매개감염병에 관한 건강진단을 받아야 하는 영업에 종사하는 사람만 해당한다)

(18) 식품위생교육(법 제41조)

① 대통령령으로 정하는 영업자 및 유흥종사자를 둘 수 있는 식품접객업 영업자의 종업원은 매년 식품위생에 관한 교육을 받아야 한다.

> **식품위생교육의 대상(시행령 제27조)**
> 식품제조 · 가공업자, 즉석판매제조 · 가공업자, 식품첨가물제조업자, 식품운반업자, 식품소분 · 판매업자(식용얼음 판매업자 및 식품자동판매기영업자는 제외한다), 식품보존업자, 용기 · 포장류제조업자, 식품접객업자, 공유주방 운영업자

> **식품위생교육기관 등(시행규칙 제51조)**
> ① 식품위생교육을 실시하는 기관은 식품의약품안전처장이 지정 · 고시하는 식품위생교육전문기관, 동업자조합 또는 한국식품산업협회로 한다.
> ② 식품위생교육의 내용은 식품위생, 개인위생, 식품위생시책, 식품의 품질관리 등으로 한다.

② 영업을 하려는 자는 미리 식품위생교육을 받아야 한다. 다만, 부득이한 사유로 미리 식품위생교육을 받을 수 없는 경우에는 영업을 시작한 뒤에 식품의약품안전처장이 정하는 바에 따라 식품위생교육을 받을 수 있다

> **교육시간(시행규칙 제52조)** 🌟 🌟 🌟 🌟
> ① 영업자와 종업원이 받아야 하는 식품위생교육 시간은 다음과 같다.
>   1. 식품제조 · 가공업, 즉석판매제조 · 가공업, 식품첨가물제조업. 식품운반업. 식품소분 · 판매업(식용얼음판매업자, 식품자동판매기영업자는 제외한다), 식품보존업, 용기 · 포장류제조업, 식품접객업, 공유주방 운영업 : 3시간
>   2. 유흥주점영업의 유흥종사자 : 2시간
>   3. 집단급식소를 설치 · 운영하는 자 : 3시간
> ② 영업을 하려는 자가 받아야 하는 식품위생교육 시간은 다음과 같다.
>   1. 식품제조 · 가공업, 식품첨가물제조업, 공유주방 운영업 : 8시간
>   2. 식품운반업, 식품소분 · 판매업, 식품보존업, 용기 · 포장류제조업 : 4시간
>   3. 즉석판매제조 · 가공업 및 식품접객업(휴게음식점영업, 일반음식점영업, 단란주점영업, 유흥주점영업, 위탁급식영업, 제과점영업) : 6시간
>   4. 집단급식소를 설치 · 운영하려는 자 : 6시간

④ 다음의 어느 하나에 해당하는 면허를 받은 자가 식품접객업을 하려는 경우에는 식품위생교육을 받지 아니하여도 된다.
  1. 조리사 면허
  2. 영양사 면허
  3. 위생사 면허

(19) 식품 등의 이물 발견보고 등(법 제46조)

① 판매의 목적으로 식품 등을 제조·가공·소분·수입 또는 판매하는 영업자는 소비자로부터 판매제품에서 식품의 제조·가공·조리·유통 과정에서 정상적으로 사용된 원료 또는 재료가 아닌 것으로서 섭취할 때 위생상 위해가 발생할 우려가 있거나 섭취하기에 부적합한 물질을 발견한 사실을 신고받은 경우 지체 없이 이를 식품의약품안전처장, 시·도지사 또는 시장·군수·구청장에게 보고하여야 한다.

② 한국소비자원 및 소비자단체와 통신판매중개업자로서 식품접객업소에서 조리한 식품의 통신판매를 전문적으로 알선하는 자는 소비자로부터 이물 발견의 신고를 접수하는 경우 지체 없이 이를 식품의약품안전처장에게 통보하여야 한다.

③ 시·도지사 또는 시장·군수·구청장은 소비자로부터 이물 발견의 신고를 접수하는 경우 이를 식품의약품안전처장에게 통보하여야 한다.

④ 식품의약품안전처장은 이물 발견의 신고를 통보받은 경우 이물혼입 원인 조사를 위하여 필요한 조치를 취하여야 한다.

(20) 위생등급(법 제47조)

① 특별자치시장·특별자치도지사·시장·군수·구청장은 총리령으로 정하는 위생등급 기준에 따라 위생관리 상태 등이 우수한 식품접객업소(공유주방에서 조리·판매하는 업소를 포함한다) 또는 집단급식소를 모범업소로 지정할 수 있다.

> **집단급식소의 모범업소 지정기준(시행규칙 별표 19)** ⭐
> 1) 식품안전관리인증기준(HACCP) 적용업소로 인증받아야 한다.
> 2) 최근 3년간 식중독 발생하지 아니하여야 한다.
> 3) 조리사 및 영양사를 두어야 한다.
> 4) 그 밖에 일반음식점이 갖추어야 하는 기준을 모두 갖추어야 한다.

(21) 식품접객업소의 위생등급 지정 등(법 제47조의2)

⑤ 위생등급의 유효기간은 위생등급을 지정한 날부터 2년으로 한다. 다만, 총리령으로 정하는 바에 따라 그 기간을 연장할 수 있다.

⑥ 식품의약품안전처장, 시·도지사 또는 시장·군수·구청장은 위생등급을 지정받은 식품접객영업자가 다음의 어느 하나에 해당하는 경우 그 지정을 취소하거나 시정을 명할 수 있다.

　1. 위생등급을 지정받은 후 그 기준에 미달하게 된 경우

　2. 위생등급을 표시하지 아니하거나 허위로 표시·광고하는 경우

　3. 영업정지 이상의 행정처분을 받은 경우

　4. 제1호부터 제3호까지에 준하는 사항으로서 총리령으로 정하는 사항을 지키지 아니한 경우

(22) 식품안전관리인증기준(법 제48조) ⭐

① 식품의약품안전처장은 식품의 원료관리 및 제조·가공·조리·소분·유통의 모든 과정에서 위해한 물질이 식품에 섞이거나 식품이 오염되는 것을 방지하기 위하여 각 과정의 위해요소를 확인·평가하여 중점적으로 관리하는 기준(이하 "식품안전관리인증기준"이라 한다)을 식품별로 정하여 고시할 수 있다.

② 총리령으로 정하는 식품을 제조·가공·조리·소분·유통하는 영업자는 식품의약품안전처장이 식품별로 고시한 식품안전관리인증기준을 지켜야 한다.

> **식품안전관리인증기준 대상 식품(시행규칙 제62조)** ⭐
> 1. 수산가공식품류의 어육가공품류 중 어묵·어육소시지
> 2. 기타수산물가공품 중 냉동 어류·연체류·조미가공품
> 3. 냉동식품 중 피자류·만두류·면류
> 4. 과자류, 빵류 또는 떡류 중 과자·캔디류·빵류·떡류
> 5. 빙과류 중 빙과
> 6. 음료류(다류 및 커피류는 제외한다)
> 7. 레토르트식품
> 8. 절임류 또는 조림류의 김치류 중 김치(배추를 주원료로 하여 절임, 양념혼합과정 등을 거쳐 이를 발효시킨 것이거나 발효시키지 아니한 것 또는 이를 가공한 것에 한한다)
> 9. 코코아가공품 또는 초콜릿류 중 초콜릿류
> 10. 면류 중 유탕면 또는 곡분, 전분, 전분질원료 등을 주원료로 반죽하여 손이나 기계 따위로 면을 뽑아내거나 자른 국수로서 생면·숙면·건면
> 11. 특수용도식품
> 12. 즉석섭취·편의식품류 중 즉석섭취식품
> 12의2. 즉석섭취·편의식품류의 즉석조리식품 중 순대
> 13. 식품제조·가공업의 영업소 중 전년도 총 매출액이 100억 원 이상인 영업소에서 제조·가공하는 식품

⑤ 식품안전관리인증기준 적용업소의 영업자와 종업원은 총리령으로 정하는 교육훈련을 받아야한다.

> **식품안전관리인증기준 적용업소의 영업자 및 종업원에 대한 교육훈련(시행규칙 제64조)**
> ① 식품안전관리인증기준 적용업소의 영업자 및 종업원이 받아야 하는 교육훈련의 종류는 다음과 같다. 다만, 조사·평가 결과 만점의 95퍼센트 이상을 받은 식품안전관리인증기준 적용업소의 종업원에 대하여는 그 다음 연도의 정기교육훈련을 면제한다.
>   1. 영업자 및 종업원에 대한 신규 교육훈련
>   2. 종업원에 대하여 매년 1회(인증받은 연도는 제외한다) 이상 실시하는 정기교육훈련
>   3. 그 밖에 식품의약품안전처장이 식품위해사고의 발생 및 확산이 우려되어 영업자 및 종업원에게 명하는 교육훈련
> ③ 교육훈련의 시간은 다음과 같다. ⭐
>   1. 신규 교육훈련 : 영업자의 경우 2시간 이내, 종업원의 경우 16시간 이내
>   2. 정기 교육훈련 : 4시간 이내
>   3. 식품의약품안전처장이 식품위해사고의 발생 및 확산이 우려되어 영업자 및 종업원에게 명하는 교육훈련 : 8시간 이내

⑧ 식품의약품안전처장은 식품안전관리인증기준 적용업소의 효율적 운영을 위하여 총리령으로 정하는 식품안전관리인증기준의 준수 여부 등에 관한 조사·평가를 할 수 있으며, 그 결과 식품안전관리인증기준 적용업소가 다음의 어느 하나에 해당하면 그 인증을 취소하거나 시정을 명할 수 있다. 다만, 식품안전관리인증기준 적용업소가 제1호의2 및 제2호에 해당할 경우 인증을 취소하여야 한다.

1. 식품안전관리인증기준을 지키지 아니한 경우

1의2. 거짓이나 그 밖의 부정한 방법으로 인증을 받은 경우

2. 영업정지 2개월 이상의 행정처분을 받은 경우

3. 영업자와 그 종업원이 교육훈련을 받지 아니한 경우

4. 그 밖에 총리령으로 정하는 사항을 지키지 아니한 경우

> **식품안전관리인증기준 적용업소에 대한 조사·평가(시행규칙 제66조)**
> ① 지방식품의약품안전청장은 식품안전관리인증기준 적용업소로 인증받은 업소에 대하여 식품안전관리인증기준의 준수 여부 등에 관하여 매년 1회 이상 조사·평가할 수 있다.

(23) 조리사(법 제51조)

① 집단급식소 운영자와 대통령령으로 정하는 식품접객업자는 조리사를 두어야 한다. 다만, 다음의 어느 하나에 해당하는 경우에는 조리사를 두지 아니하여도 된다.

1. 집단급식소 운영자 또는 식품접객영업자 자신이 조리사로서 직접 음식물을 조리하는 경우
2. 1회 급식인원 100명 미만의 산업체인 경우
3. 영양사가 조리사의 면허를 받은 경우

> **조리사를 두어야 하는 식품접객업자**(시행령 제36조)
> "대통령령으로 정하는 식품접객업자"란 식품접객업 중 복어독 제거가 필요한 복어를 조리·판매하는 영업을 하는 자를 말한다. 이 경우 해당 식품접객업자는 국가기술자격법에 따른 복어 조리 자격을 취득한 조리사를 두어야 한다.

② 집단급식소에 근무하는 조리사는 다음의 직무를 수행한다. ☆

1. 집단급식소에서의 식단에 따른 조리업무(식재료의 전처리에서부터 조리, 배식 등의 전 과정을 말한다)
2. 구매식품의 검수 지원
3. 급식설비 및 기구의 위생·안전 실무
4. 그 밖에 조리실무에 관한 사항

(24) 영양사(법 제52조) ☆ ☆ ☆ ☆ ☆

① 집단급식소 운영자는 영양사를 두어야 한다. 다만, 다음의 어느 하나에 해당하는 경우에는 영양사를 두지 아니하여도 된다.

1. 집단급식소 운영자 자신이 영양사로서 직접 영양 지도를 하는 경우
2. 1회 급식인원 100명 미만의 산업체인 경우
3. 조리사가 영양사의 면허를 받은 경우

② 집단급식소에 근무하는 영양사는 다음의 직무를 수행한다.

1. 집단급식소에서의 식단 작성, 검식 및 배식관리
2. 구매식품의 검수 및 관리
3. 급식시설의 위생적 관리
4. 집단급식소의 운영일지 작성
5. 종업원에 대한 영양 지도 및 식품위생교육

(25) 조리사의 면허(법 제53조) ⭐ 🔟

① 조리사가 되려는 자는 국가기술자격법에 따라 해당 기능분야의 자격을 얻은 후 특별자치시
장·특별자치도지사·시장·군수·구청장의 면허를 받아야 한다.

(26) 결격사유(법 제54조)

다음의 어느 하나에 해당하는 자는 조리사 면허를 받을 수 없다.

1. 정신건강증진 및 정신질환자 복지서비스 지원에 관한 법률에 따른 정신질환자. 다만, 전문의가
조리사로서 적합하다고 인정하는 자는 그러하지 아니하다.
2. 감염병의 예방 및 관리에 관한 법률에 따른 감염병환자. 다만, B형간염환자는 제외한다.
3. 마약류관리에 관한 법률에 따른 마약이나 그 밖의 약물 중독자
4. 조리사 면허의 취소처분을 받고 그 취소된 날부터 1년이 지나지 아니한 자

(27) 명칭 사용 금지(법 제55조)

조리사가 아니면 조리사라는 명칭을 사용하지 못한다.

(28) 교육(법 제56조) ⭐ 🔟 🔟

① 식품의약품안전처장은 식품위생 수준 및 자질의 향상을 위하여 필요한 경우 조리사와 영양사
에게 교육(조리사의 경우 보수교육을 포함한다)을 받을 것을 명할 수 있다. 다만, 집단급식소
에 종사하는 조리사와 영양사는 1년마다 교육을 받아야 한다.

조리사 및 영양사의 교육기관 등(시행규칙 제84조) ⭐

① 집단급식소에 종사하는 조리사 및 영양사에 대한 교육은 식품의약품안전처장이 식품위생 관련 교육을 목적으로
하는 전문기관 또는 단체 중에서 지정한 기관이 실시한다.
② 교육기관은 다음의 내용에 대한 교육을 실시한다.
    1. 식품위생법령 및 시책
    2. 집단급식 위생관리
    3. 식중독 예방 및 관리를 위한 대책
    4. 조리사 및 영양사의 자질향상에 관한 사항
    5. 그 밖에 식품위생을 위하여 필요한 사항
③ 교육시간은 6시간으로 한다.

---

(29) 건강 위해가능 영양성분 관리(법 제70조의7)

① 국가 및 지방자치단체는 식품의 나트륨, 당류, 트랜스지방 등 영양성분(이하 "건강 위해가능 영
양성분"이라 한다)의 과잉섭취로 인한 국민보건상 위해를 예방하기 위하여 노력하여야 한다.

(30) 면허취소 등(법 제80조)

① 식품의약품안전처장 또는 특별자치시장·특별자치도지사·시장·군수·구청장은 조리사가 다음의 어느 하나에 해당하면 그 면허를 취소하거나 6개월 이내의 기간을 정하여 업무정지를 명할 수 있다. 다만, 조리사가 제1호 또는 제5호에 해당할 경우 면허를 취소하여야 한다.

1. 제54조(결격사유) 각 호의 어느 하나에 해당하게 된 경우
2. 제56조(교육)에 따른 교육을 받지 아니한 경우
3. 식중독이나 그 밖에 위생과 관련한 중대한 사고 발생에 직무상의 책임이 있는 경우
4. 면허를 타인에게 대여하여 사용하게 한 경우
5. 업무정지기간 중에 조리사의 업무를 하는 경우

(31) 식중독에 관한 조사 보고(법 제86조) 🔟 📗

① 다음의 어느 하나에 해당하는 자는 지체 없이 관할 특별자치시장·시장·군수·구청장에게 보고하여야 한다. 이 경우 의사나 한의사는 대통령령으로 정하는 바에 따라 식중독 환자나 식중독이 의심되는 자의 혈액 또는 배설물을 보관하는 데에 필요한 조치를 하여야 한다.

1. 식중독 환자나 식중독이 의심되는 자를 진단하였거나 그 사체를 검안한 의사 또는 한의사
2. 집단급식소에서 제공한 식품 등으로 인하여 식중독 환자나 식중독으로 의심되는 증세를 보이는 자를 발견한 집단급식소의 설치·운영자

식중독환자 또는 그 사체에 관한 보고(시행규칙 제93조)
① 의사 또는 한의사가 하는 보고에는 다음의 사항이 포함되어야 한다.
  1. 보고자의 주소 및 성명
  2. 식중독을 일으킨 환자, 식중독이 의심되는 사람 또는 식중독으로 사망한 사람의 주소·성명·생년월일 및 사체의 소재지
  3. 식중독의 원인
  4. 발병 연월일
  5. 진단 또는 검사 연월일

---

② 특별자치시장·시장·군수·구청장은 보고를 받은 때에는 지체 없이 그 사실을 식품의약품안전처장 및 시·도지사(특별자치시장은 제외한다)에게 보고하고, 대통령령으로 정하는 바에 따라 원인을 조사하여 그 결과를 보고하여야 한다.

식중독 원인의 조사(시행령 제59조)
② 특별자치시장·시장·군수·구청장이 하여야 할 조사는 다음과 같다.
  1. 식중독의 원인이 된 식품 등과 환자 간의 연관성을 확인하기 위해 실시하는 설문조사, 섭취음식 위험도 조사 및 역학적 조사
  2. 식중독 환자나 식중독이 의심되는 자의 혈액·배설물 또는 식중독의 원인이라고 생각되는 식품 등에 대한 미생물학적 또는 이화학적 시험에 의한 조사
  3. 식중독의 원인이 된 식품 등의 오염경로를 찾기 위하여 실시하는 환경조사

---

(32) 집단급식소(법 제88조) ☆35 ☆36 ☆39 ☆40 ☆44

① 집단급식소를 설치 · 운영하려는 자는 총리령으로 정하는 바에 따라 특별자치시장 · 특별자치도지사 · 시장 · 군수 · 구청장에게 신고하여야 한다. 신고한 사항 중 총리령으로 정하는 사항을 변경하려는 경우에도 또한 같다.

② 집단급식소를 설치 · 운영하는 자는 집단급식소 시설의 유지 · 관리 등 급식을 위생적으로 관리하기 위하여 다음의 사항을 지켜야 한다.

1. 식중독 환자가 발생하지 아니하도록 위생관리를 철저히 할 것
2. 조리 · 제공한 식품의 매회 1인분 분량을 섭씨 영하 18도 이하로 144시간 이상 보관할 것
3. 영양사를 두고 있는 경우 그 업무를 방해하지 아니할 것
4. 영양사를 두고 있는 경우 영양사가 집단급식소의 위생관리를 위하여 요청하는 사항에 대하여는 정당한 사유가 없으면 따를 것
5. 축산물 위생관리법에 따라 검사를 받지 아니한 축산물 또는 실험 등의 용도로 사용한 동물을 음식물의 조리에 사용하지 말 것
6. 야생동물 보호 및 관리에 관한 법률을 위반하여 포획 · 채취한 야생생물을 음식물의 조리에 사용하지 말 것
7. 소비기한이 경과한 원재료 또는 완제품을 조리할 목적으로 보관하거나 이를 음식물의 조리에 사용하지 말 것
8. 수돗물이 아닌 지하수 등을 먹는 물 또는 식품의 조리 · 세척 등에 사용하는 경우에는 먹는 물 수질검사기관에서 검사를 받아 마시기에 적합하다고 인정된 물을 사용할 것. 다만, 둘 이상의 업소가 같은 건물에서 같은 수원을 사용하는 경우에는 하나의 업소에 대한 시험결과로 나머지 업소에 대한 검사를 갈음할 수 있다.
9. 위해평가가 완료되기 전까지 일시적으로 금지된 식품 등을 사용 · 조리하지 말 것
10. 식중독 발생 시 보관 또는 사용 중인 식품은 역학조사가 완료될 때까지 폐기하거나 소독 등으로 현장을 훼손하여서는 아니 되고 원상태로 보존하여야 하며, 식중독 원인규명을 위한 행위를 방해하지 말 것
11. 그 밖에 식품 등의 위생적 관리를 위하여 필요하다고 총리령으로 정하는 사항을 지킬 것

(33) 벌칙(법 제93조) ⭐ ⭐

① 다음의 어느 하나에 해당하는 질병에 걸린 동물을 사용하여 판매할 목적으로 식품 또는 식품 첨가물을 제조 · 가공 · 수입 또는 조리한 자는 3년 이상의 징역에 처한다.

   1. 소해면상뇌증(광우병)

   2. 탄저병

   3. 가금 인플루엔자

② 다음의 어느 하나에 해당하는 원료 또는 성분 등을 사용하여 판매할 목적으로 식품 또는 식품 첨가물을 제조 · 가공 · 수입 또는 조리한 자는 1년 이상의 징역에 처한다.

   1. 마 황

   2. 부 자

   3. 천 오

   4. 초 오

   5. 백부자

   6. 섬 수

   7. 백선피

   8. 사리풀

(34) 벌칙(법 제94조) ⭐ ⭐

① 다음의 어느 하나에 해당하는 자는 10년 이하의 징역 또는 1억 원 이하의 벌금에 처하거나 이를 병과할 수 있다.

   1. 제4조(위해식품 등의 판매 등 금지), 제5조(병든 동물 고기 등의 판매 등 금지), 제6조(기준 · 규격이 정하여지지 아니한 화학적 합성품 등의 판매 등 금지)를 위반한 자

   2. 제8조(유독기구 등의 판매 · 사용 금지)를 위반한 자

   3. 제37조(영업허가 등) 제1항을 위반한 자

(35) 벌칙(법 제96조) ⭐ ⭐

제51조(조리사) 또는 제52조(영양사)를 위반한 자는 3년 이하의 징역 또는 3천만 원 이하의 벌금에 처하거나 이를 병과할 수 있다.

(36) 과태료(법 제101조)

① 다음의 어느 하나에 해당하는 자에게는 1천만 원 이하의 과태료를 부과한다.

   1. 제86조(식중독에 관한 조사 보고) 제1항을 위반한 자

   2. 제88조(집단급식소) 제1항 전단을 위반하여 신고하지 아니하거나 허위의 신고를 한 자

   3. 제88조 제2항을 위반한 자. 다만, 총리령으로 정하는 경미한 사항을 위반한 자는 제외한다.

② 다음의 어느 하나에 해당하는 자에게는 500만 원 이하의 과태료를 부과한다.

　1. 제3조(식품 등의 취급)를 위반한 자

　1의3. 제19조의4(검사명령 등) 제2항을 위반하여 검사기한 내에 검사를 받지 아니하거나 자료 등을 제출하지 아니한 영업자

　3. 제37조(영업허가 등) 제6항을 위반하여 보고를 하지 아니하거나 허위의 보고를 한 자

　5의2. 제46조(식품 등의 이물 발견보고 등) 제1항을 위반하여 소비자로부터 이물 발견신고를 받고 보고하지 아니한 자

　6. 제48조(식품안전관리인증기준) 제9항을 위반한 자

　8. 제74조(시설 개수명령 등) 제1항에 따른 명령에 위반한 자

③ 다음의 어느 하나에 해당하는 자에게는 300만 원 이하의 과태료를 부과한다.

　1. 제40조(건강진단) 제1항 및 제3항을 위반한 자

　1의2. 제41조의2(위생관리책임자) 제3항을 위반하여 위생관리책임자의 업무를 방해한 자

　1의3. 제41조의2 제4항에 따른 위생관리책임자 선임·해임 신고를 하지 아니한 자

　1의4. 제41조의2 제7항을 위반하여 직무 수행내역 등을 기록·보관하지 아니하거나 거짓으로 기록·보관한 자

　1의5. 제41조의2 제8항에 따른 교육을 받지 아니한 자

　2의2. 제44조의2(보험 가입) 제1항을 위반하여 책임보험에 가입하지 아니한 자

　4. 제49조(식품이력추적관리 등록기준 등) 제3항을 위반하여 식품이력추적관리 등록사항이 변경된 경우 변경사유가 발생한 날부터 1개월 이내에 신고하지 아니한 자

　5. 제49조의3(식품이력추적관리시스템의 구축 등) 제4항을 위반하여 식품이력추적관리정보를 목적 외에 사용한 자

　6. 제88조(집단급식소) 제2항에 따라 집단급식소를 설치·운영하는 자가 지켜야 할 사항 중 총리령으로 정하는 경미한 사항을 지키지 아니한 자

④ 다음의 어느 하나에 해당하는 자에게는 100만 원 이하의 과태료를 부과한다.

　1. 제41조(식품위생교육) 제1항 및 제5항을 위반한 자

　2. 제42조(실적보고) 제2항을 위반하여 보고를 하지 아니하거나 허위의 보고를 한 자

　3. 제44조(영업자 등의 준수사항) 제1항에 따라 영업자가 지켜야 할 사항 중 총리령으로 정하는 경미한 사항을 지키지 아니한 자

　4. 제56조(교육) 제1항을 위반하여 교육을 받지 아니한 자

⑤ 제1항부터 제4항까지의 규정에 따른 과태료는 대통령령으로 정하는 바에 따라 식품의약품안전처장, 시·도지사 또는 시장·군수·구청장이 부과·징수한다.

CHAPTER

01 적중예상문제

01 식품위생법상 식품위생법의 목적은?

① 식품으로 인하여 생기는 위생상의 위해 방지
② 식품영양의 양적 향상 도모
③ 식품에 관한 많은 정보를 제공
④ 먹는물에 대한 위생관리
⑤ 감염병의 발생 방지

해설 목적(법 제1조)

이 법은 식품으로 인하여 생기는 위생상의 위해를 방지하고 식품영양의 질적 향상을 도모하며 식품에 관한 올바른 정보를 제공함으로써 국민 건강의 보호 · 증진에 이바지함을 목적으로 한다.

02 식품위생법상 식품의 정의는?

① 모든 음식물을 말한다.
② 의약품으로 섭취하는 것을 제외한 모든 음식물을 말한다.
③ 모든 음식물과 첨가물을 말한다.
④ 화학적 합성품을 제외한 모든 음식물이다.
⑤ 모든 음식물과 첨가물, 화학적 합성품을 말한다.

해설 식품이란 모든 음식물(의약으로 섭취하는 것은 제외한다)을 말한다(법 제2조 제1호).

01 ① 02 ② 정답

03 **식품위생법상 식품첨가물에 해당하는 것은?**

① 감미, 착색, 표백을 목적으로 식품에 사용되는 물질
② 화학적 수단으로 원소에 분해 반응 외의 화학 반응을 일으켜서 얻은 물질
③ 기구를 살균하는 데에 사용되어 간접적으로 식품으로 옮아 갈 수 없는 물질
④ 의약으로 섭취하는 것을 제외한 음식물
⑤ 영양증진을 위하여 사용되는 물질

해설 "식품첨가물"이란 식품을 제조 · 가공 · 조리 또는 보존하는 과정에서 감미, 착색, 표백 또는 산화방지 등을 목적으로 식품에 사용되는 물질을 말한다. 이 경우 기구 · 용기 · 포장을 살균 · 소독하는 데에 사용되어 간접적으로 식품으로 옮아갈 수 있는 물질을 포함한다(법 제2조 제2호).

출제유형 44

04 **식품위생법상 기구에 해당하는 것은?**

① 탈곡기
② 위생물수건
③ 도 마
④ 호 미
⑤ 일회용 컵

해설 "기구"란 음식을 먹을 때 사용하거나 담는 것, 식품 또는 식품첨가물을 채취 · 제조 · 가공 · 조리 · 저장 · 소분 · 운반 · 진열할 때 사용하는 것으로서 식품 또는 식품첨가물에 직접 닿는 기계 · 기구나 그 밖의 물건(농업과 수산업에서 식품을 채취하는 데에 쓰는 기계 · 기구나 그 밖의 물건 및 위생용품 관리법에 따른 위생용품은 제외한다)을 말한다(법 제2조 제4호).

05 **식품위생법상 식품위생에 해당되지 않는 것은?**

① 식 품
② 식품첨가물
③ 기구 또는 용기
④ 치료를 목적으로 섭취하는 식품
⑤ 포 장

해설 "식품위생"이란 식품, 식품첨가물, 기구 또는 용기 · 포장을 대상으로 하는 음식에 관한 위생을 말한다(법 제2조 제11호).

정답 03 ① 04 ③ 05 ④

06 식품위생법상 집단급식소에 대한 설명으로 옳은 것은?

① 영리를 목적으로 한다.

② 불특정 다수인을 대상으로 한다.

③ 학교, 산업체, 병원 등의 급식시설을 말한다.

④ 1회 30명 이상에게 식사를 제공하는 급식소를 말한다.

⑤ 불연속적으로 음식물을 공급한다.

해설 집단급식소의 정의(법 제2조 제12호)

"집단급식소"란 영리를 목적으로 하지 아니하면서 특정 다수인에게 계속하여 음식물을 공급하는 다음의 어느 하나에 해당하는 곳의 급식시설로서 대통령령으로 정하는 시설(집단급식소는 1회 50명 이상에게 식사를 제공하는 급식소를 말한다)을 말한다.

- 기숙사
- 학교, 유치원, 어린이집
- 병 원
- 사회복지시설
- 산업체
- 국가, 지방자치단체 및 공공기관
- 그 밖의 후생기관 등

07 식품위생법상 집단급식소의 정의에 해당하는 시설이 아닌 것은?

① 고속도로 휴게음식점

② 유치원

③ 산업체

④ 병 원

⑤ 기숙사

해설 집단급식소는 기숙사, 학교, 유치원, 어린이집, 병원, 사회복지시설, 산업체, 국가, 지방자치단체 및 공공기관, 그 밖의 후생기관 등에 해당하는 급식시설로서 1회 50명 이상에게 식사를 제공하는 시설을 말한다(법 제2조 제12호).

06 ③ 07 ① **정답**

08 식품위생법상 용어의 정의로 옳은 것은?

① "식품"이란 모든 음식물(의약으로 섭취하는 것은 포함한다)을 말한다.

② "화학적 합성품"이란 화학적 수단으로 원소 또는 화합물에 분해 반응을 일으켜서 얻은 물질을 말한다.

③ "위해"란 식품, 식품첨가물, 기구 또는 용기·포장에 존재하는 위험요소로서 인체의 건강을 해치거나 해칠 우려가 있는 것을 말한다.

④ "집단급식소"란 영리를 목적으로 하면서 특정 다수인에게 계속하여 음식물을 공급하는 급식시설을 말한다.

⑤ "식품위생"이란 식품, 식품첨가물만을 대상으로 하는 음식에 관한 위생을 말한다.

해설 ① "식품"이란 모든 음식물(의약으로 섭취하는 것은 제외한다)을 말한다(법 제2조 제1호).
② "화학적 합성품"이란 화학적 수단으로 원소 또는 화합물에 분해 반응 외의 화학 반응을 일으켜서 얻은 물질을 말한다(법 제2조 제3호).
④ "집단급식소"란 영리를 목적으로 하지 아니하면서 특정 다수인에게 계속하여 음식물을 공급하는 급식시설을 말한다(법 제2조 제12호).
⑤ "식품위생"이란 식품, 식품첨가물, 기구 또는 용기·포장을 대상으로 하는 음식에 관한 위생을 말한다(법 제2조 제11호).

09 식품위생법상 식품을 제조·가공단계부터 판매단계까지 각 단계별로 정보를 기록·관리하여 그 식품의 안전성 등에 문제가 발생할 경우 그 식품을 추적하여 원인을 규명하고 필요한 조치를 할 수 있도록 관리하는 것을 일컫는 용어는?

① 식품이력추적관리

② 식품위생

③ 식품 등의 취급

④ 위해식품관리

⑤ HACCP

해설 식품이력추적관리의 정의에 대한 내용이다(법 제2조 제13호).

10 **식품위생법상 식품 등의 위생적인 취급에 관한 기준으로 옳은 것은?**

① 식품 등의 원료 및 제품 중 부패·변질이 되기 쉬운 것은 상온 보관한다.

② 식품 포장에 직접 종사하는 사람은 위생모를 착용할 필요가 없다.

③ 제조·가공하여 최소판매 단위로 포장된 식품을 허가받지 않고 포장을 뜯어 분할하여 판매할 수 있다.

④ 어류·육류·채소류를 취급하는 칼·도마는 각각 혼용하여 사용해도 된다.

⑤ 소비기한이 경과된 식품 등을 판매하거나 판매의 목적으로 진열·보관하여서는 아니 된다.

해설 ① 식품 등의 원료 및 제품 중 부패·변질이 되기 쉬운 것은 냉동·냉장시설에 보관·관리하여야 한다(시행규칙 별표 1 제2호).
② 식품 등의 제조·가공·조리 또는 포장에 직접 종사하는 사람은 위생모 및 마스크를 착용하는 등 개인위생관리를 철저히 하여야 한다(시행규칙 별표 1 제4호).
③ 제조·가공(수입품을 포함한다)하여 최소판매 단위로 포장된 식품 또는 식품첨가물을 허가를 받지 아니하거나 신고를 하지 아니하고 판매의 목적으로 포장을 뜯어 분할하여 판매하여서는 아니 된다(시행규칙 별표 1 제5호).
④ 어류·육류·채소류를 취급하는 칼·도마는 각각 구분하여 사용하여야 한다(시행규칙 별표 1 제6호).

11 **식품위생법상 판매가 허용되는 식품은?**

① 식품 등의 제조·가공 등에 관한 기준 및 성분에 관한 규격에 적합한 것

② 설익어서 인체의 건강을 해칠 우려가 있는 것

③ 유독·유해물질이 들어 있는 것

④ 영업자가 아닌 자가 제조·가공·소분한 것

⑤ 수입이 금지된 것

해설 판매 등이 허용되는 식품 등(시행규칙 제3조)
• 식품 등의 제조·가공 등에 관한 기준 및 성분에 관한 규격에 적합한 것
• 식품 등의 기준 및 규격이 정해지지 아니한 것으로서 식품의약품안전처장이 식품위생심의위원회의 심의를 거쳐 유해의 정도가 인체의 건강을 해칠 우려가 없다고 인정한 것

10 ⑤ **11** ① **정답**

12 식품위생법상 병든 동물의 고기를 식품으로 판매할 수 있는 경우에 해당하는 질병은?

① 리스테리아병

② 살모넬라병

③ 파스튜렐라병

④ 선모충증

⑤ 제1위비장염

> **해설** 판매 등이 금지되는 병든 동물 고기 등(시행규칙 제4조)
> • 축산물 위생관리법 시행규칙에 따라 도축이 금지되는 가축전염병
> • 리스테리아병, 살모넬라병, 파스튜렐라병 및 선모충증

13 식품위생법상 리스테리아병에 걸린 동물의 부위 중 판매할 수 있는 것은?

① 혈 액   ② 장 기

③ 고 기   ④ 뼈

⑤ 가 죽

> **해설** 누구든지 총리령으로 정하는 질병에 걸렸거나 걸렸을 염려가 있는 동물이나 그 질병에 걸려 죽은 동물의 고기 · 뼈 · 젖 · 장기 또는 혈액을 식품으로 판매하거나 판매할 목적으로 채취 · 수입 · 가공 · 사용 · 조리 · 저장 · 소분 또는 운반하거나 진열하여서는 아니 된다(법 제5조).

14 식품위생법상 식품 또는 식품첨가물에 관한 제조 · 가공 · 사용 · 조리 · 보존 방법에 관한 기준을 정하여 고시하는 자는?

① 시 · 도지사

② 질병관리청장

③ 보건복지부장관

④ 농림축산식품부장관

⑤ 식품의약품안전처장

> **해설** 식품 또는 식품첨가물에 관한 기준 및 규격(법 제7조 제1항)
> 식품의약품안전처장은 국민 건강을 보호 · 증진하기 위하여 필요하면 판매를 목적으로 하는 식품 또는 식품첨가물에 관한 다음의 사항을 정하여 고시한다.
> • 제조 · 가공 · 사용 · 조리 · 보존 방법에 관한 기준
> • 성분에 관한 규격

정답 **12** ⑤   **13** ⑤   **14** ⑤

15 식품위생법상 식품 등의 공전은 누가 작성 · 보급하여야 하는가?

① 보건복지부장관

② 식품의약품안전처장

③ 보건소장

④ 시 · 도지사

⑤ 시장 · 군수 · 구청장

해설 식품의약품안전처장은 식품 등의 공전을 작성 · 보급하여야 한다(법 제14조).

16 식품위생법상 한시적으로 인정하는 식품 등의 제조 · 가공 등에 관한 기준과 성분의 규격에 관하여 필요한 세부 검토기준 등을 정하여 고시하는 자는?

① 특별자치시장

② 특별자치도지사

③ 시장 · 군수 · 구청장

④ 한국식품안전관리인증원장

⑤ 식품의약품안전처장

해설 한시적으로 인정하는 식품 등의 제조 · 가공 등에 관한 기준과 성분의 규격에 관하여 필요한 세부 검토기준 등에 대해서는 식품의약품안전처장이 정하여 고시한다(시행규칙 제5조 제4항).

15 ② **16** ⑤ **정답**

17 식품위생법상 식품위생감시원의 직무에 해당하는 것은?

① 원료검사 및 제품출입검사

② 식품 제조 방법에 대한 기준 설정

③ 행정처분의 이행 여부 확인

④ 위생사의 위생교육에 관한 사항

⑤ 생산 및 품질관리 일지 작성 및 비치

해설 식품위생감시원의 직무(시행령 제17조)
- 식품 등의 위생적인 취급에 관한 기준의 이행 지도
- 수입·판매 또는 사용 등이 금지된 식품 등의 취급 여부에 관한 단속
- 식품 등의 표시·광고에 관한 법률에 따른 표시 또는 광고기준의 위반 여부에 관한 단속
- 출입·검사 및 검사에 필요한 식품 등의 수거
- 시설기준의 적합 여부의 확인·검사
- 영업자 및 종업원의 건강진단 및 위생교육의 이행 여부의 확인·지도
- 조리사 및 영양사의 법령 준수사항 이행 여부의 확인·지도
- 행정처분의 이행 여부 확인
- 식품 등의 압류·폐기 등
- 영업소의 폐쇄를 위한 간판 제거 등의 조치
- 그 밖에 영업자의 법령 이행 여부에 관한 확인·지도

18 식품위생법상 위탁급식영업의 시설기준으로 옳은 것은?

① 독립된 사무실은 필요 없다.

② 운반차량을 2대 이상 갖추어야 한다.

③ 창고는 영업신고를 한 소재지와 다른 곳에 설치할 수 없다.

④ 창고에는 냉장·냉동시설을 갖추어야 한다.

⑤ 위탁급식업자가 식품을 직접 운반하지 않는 경우에도 운반시설을 갖추어야 한다.

해설 ① 영업활동을 위한 독립된 사무소가 있어야 한다.
② 운반차량을 1대 이상 갖추어야 한다.
③ 창고는 영업신고를 한 소재지와 다른 곳에 설치하거나 임차하여 사용할 수 있다.
⑤ 위탁급식업자가 식품을 직접 운반하지 않는 경우에는 운반시설을 갖추지 아니할 수 있다.

정답 **17** ③ **18** ④

19 식품위생법상 위탁급식영업자는 누구에게 신고하여야 하는가?

① 보건복지부장관

② 질병관리청장

③ 보건소장

④ 시 · 도지사

⑤ 특별자치시장 · 특별자치도지사 또는 시장 · 군수 · 구청장

해설 위탁급식 영업자는 특별자치시장 · 특별자치도지사 또는 시장 · 군수 · 구청장에게 신고를 하여야 한다(시행령 제25조).

20 식품위생법상 병든 동물 고기 등의 판매를 하여 영업허가가 취소된 경우 취소된 날로부터 몇 년이 경과해야 동일 영업을 허가받을 수 있는가?

① 6개월

② 1년

③ 2년

④ 3년

⑤ 5년

해설 병든 동물 고기 등의 판매를 하여 영업허가 취소된 경우 취소된 날로부터 5년이 경과해야 동일영업을 허가받을 수 있다(법 제38조 제1항 제6호).

출제유형 44

21 식품위생법상 식품의 조리에 직접 종사하는 영업자 및 종업원은 건강진단을 받아야 하는데, ( ) 안에 들어갈 내용으로 옳은 것은?

> 영업자 및 종업원은 매 ( )마다 건강진단을 받아야 한다.

① 3개월

② 6개월

③ 1년

④ 2년

⑤ 3년

해설 영업자 및 그 종업원은 매 1년마다 건강진단을 받아야 한다. 건강진단의 유효기간은 1년으로 하며, 직전 건강진단의 유효기간이 만료되는 날의 다음 날부터 기산한다(식품위생 분야 종사자의 건강진단 규칙 제2조 제2~3항).

22 **식품위생법상 건강진단을 받아야 하는 사람은?**

① 식품 조리자

② 완전 포장된 식품첨가물 운반자

③ 완전 포장된 식품 판매자

④ 기구 등의 살균 · 소독제 제조자

⑤ 화학적 합성품 제조자

해설 건강진단 대상자(시행규칙 제49조 제1항)

건강진단을 받아야 하는 사람은 식품 또는 식품첨가물(화학적 합성품 또는 기구 등의 살균 · 소독제는 제외한다)을 채취 · 제조 · 가공 · 조리 · 저장 · 운반 또는 판매하는 일에 직접 종사하는 영업자 및 종업원으로 한다. 다만, 완전 포장된 식품 또는 식품첨가물을 운반하거나 판매하는 일에 종사하는 사람은 제외한다.

23 **식품위생법상 건강진단을 받는 시기는?**

① 영업 시작 전

② 영업 종사 후 3일 이내

③ 영업 종사 후 7일 이내

④ 영업 종사 후 14일 이내

⑤ 영업 종사 후 1개월 이내

해설 건강진단을 받아야 하는 영업자 및 그 종업원은 영업 시작 전 또는 영업에 종사하기 전에 미리 건강진단을 받아야 한다(시행규칙 제49조 제2항).

24 **식품위생법상 영업에 종사하지 못하는 질병은?**

① 수 두　　　　　　　　　② 홍 역

③ 피부병　　　　　　　　　④ C형간염

⑤ 유행성이하선염

해설 영업에 종사하지 못하는 질병의 종류(시행규칙 제50조)
- 결핵(비감염성인 경우는 제외한다)
- 콜레라, 장티푸스, 파라티푸스, 세균성이질, 장출혈성대장균감염증, A형간염 중 어느 하나에 해당하는 감염병
- 피부병 또는 그 밖의 고름형성(화농성) 질환
- 후천성면역결핍증(성매개감염병에 관한 건강진단을 받아야 하는 영업에 종사하는 사람만 해당한다)

정답 **22** ① **23** ① **24** ③

25 식품위생법상 식품위생교육의 대상자는?

① 식용얼음판매업자

② 식품제조 · 가공업자

③ 식품자동판매기영업자

④ 식품접객업을 하려는 영양사

⑤ 식품접객업을 하려는 위생사

해설 식품위생교육의 대상(시행령 제27조)
식품제조 · 가공업자, 즉석판매제조 · 가공업자, 식품첨가물제조업자, 식품운반업자, 식품소분 · 판매업자(식용얼음판매업자 및 식품자동판매기영업자는 제외한다), 식품보존업자, 용기 · 포장류제조업, 식품접객업자

26 식품위생법상 식품위생교육을 받지 않아도 되는 식품접객업자는?

① HACCP 인증을 받은 경우

② 종업원을 2명 이하 두는 경우

③ 조리사 면허를 소지한 경우

④ 영업한 지 10년이 넘은 경우

⑤ 매출 100만 원 이하인 경우

해설 조리사, 영양사, 위생사 면허를 받은 자가 식품접객업을 하려는 경우에는 식품위생교육을 받지 아니하여도 된다(법 제41조 제4항).

27 식품위생법상 식품위생교육의 내용으로 옳은 것은?

① 식품위생 검사 방법

② HACCP 인증 방법

③ 식품의 품질관리

④ 지역사회 위생

⑤ 감염병 예방 방법

해설 식품위생교육의 내용은 식품위생, 개인위생, 식품위생시책, 식품의 품질관리 등으로 한다(시행규칙 제51조).

28 식품위생법상 집단급식소를 설치 · 운영하는 자가 매년 받아야 하는 식품위생교육 시간은?

① 1시간

② 2시간

③ 3시간

④ 6시간

⑤ 8시간

해설 집단급식소를 설치 · 운영하는 자는 3시간의 식품위생교육을 받아야 한다(시행규칙 제52조 제1항 제3호).

29 식품위생법상 위탁급식영업을 하려는 자가 받아야 하는 식품위생교육 시간은?

① 1시간

② 2시간

③ 3시간

④ 6시간

⑤ 8시간

해설 위탁급식영업을 하려는 자는 6시간의 식품위생교육을 받아야 한다(시행규칙 제52조 제2항 제3호).

30 식품위생법상 집단급식소를 설치 · 운영하려는 자가 받아야 하는 식품위생교육 시간은?

① 1시간

② 2시간

③ 3시간

④ 6시간

⑤ 8시간

해설 집단급식소를 설치 · 운영하려는 자는 6시간의 식품위생교육을 받아야 한다(시행규칙 제52조 제2항 제4호).

정답 **28** ③ **29** ④ **30** ④

31 식품위생법상 괄호에 들어갈 내용은?

식품위생교육기관은 식품위생교육을 수료한 사람에게 수료증을 발급하고, 교육 실시 결과를 교육 후 1개월 이내에 허가관청, 신고관청 또는 등록관청에, 해당 연도 종료 후 1개월 이내에 식품의약품안전처장에게 각각 보고하여야 하며, 수료증 발급대장 등 교육에 관한 기록을 (   ) 보관·관리하여야 한다.

① 6개월 이상
② 1년 이상
③ 2년 이상
④ 3년 이상
⑤ 5년 이상

해설 식품위생교육기관은 식품위생교육을 수료한 사람에게 수료증을 발급하고, 교육 실시 결과를 교육 후 1개월 이내에 허가관청, 신고관청 또는 등록관청에, 해당 연도 종료 후 1개월 이내에 식품의약품안전처장에게 각각 보고하여야 하며, 수료증 발급대장 등 교육에 관한 기록을 2년 이상 보관·관리하여야 한다(시행규칙 제53조 제2항).

32 식품위생법상 영업자가 소비자로부터 판매제품에서 이물을 발견한 사실을 신고받은 경우 누구에게 보고하여야 하는가?

① 식품의약품안전처장, 시·도지사 또는 시장·군수·구청장
② 식품의약품안전처장, 보건소장
③ 보건복지부장관, 식품의약품안전처장
④ 보건복지부장관, 시장·군수·구청장
⑤ 한국소비자원 원장

해설 판매의 목적으로 식품 등을 제조·가공·소분·수입 또는 판매하는 영업자는 소비자로부터 판매제품에서 식품의 제조·가공·조리·유통 과정에서 정상적으로 사용된 원료 또는 재료가 아닌 것으로서 섭취할 때 위생상 위해가 발생할 우려가 있거나 섭취하기에 부적합한 물질을 발견한 사실을 신고받은 경우 지체 없이 이를 식품의약품안전처장, 시·도지사 또는 시장·군수·구청장에게 보고하여야 한다(법 제46조 제1항).

31 ③ 32 ① 정답

33 식품위생법상 집단급식소의 모범업소 지정기준으로 옳은 것은?

① HACCP 적용업소로 인증이 필요하지는 않는다.

② 조리사 및 영양사를 두어야 한다.

③ 위생사를 두어야 한다.

④ 최근 1년간 식중독 발생하지 아니하여야 한다.

⑤ 휴게음식점이 갖추어야 하는 기준을 모두 갖추어야 한다.

> **해설** 집단급식소의 모범업소 지정기준(시행규칙 별표 19)
> • 식품안전관리인증기준(HACCP) 적용업소로 인증받아야 한다.
> • 최근 3년간 식중독 발생하지 아니하여야 한다.
> • 조리사 및 영양사를 두어야 한다.
> • 그 밖에 일반음식점이 갖추어야 하는 기준을 모두 갖추어야 한다.

34 식품위생법상 식품접객업소의 위생등급의 유효기간은 위생등급을 지정한 날로부터 몇 년인가?

① 1년

② 2년

③ 5년

④ 6년

⑤ 7년

> **해설** 위생등급의 유효기간은 위생등급을 지정한 날부터 2년으로 한다. 다만, 총리령으로 정하는 바에 따라 그 기간을 연장할 수 있다(법 제47조의2 제5항).

35 식품위생법상 식품안전관리인증기준은 누가 정하는가?

① 식품의약품안전처장

② 보건복지부장관

③ 보건소장

④ 시 · 도지사

⑤ 시장 · 군수 · 구청장

> **해설** 식품의약품안전처장은 식품안전관리인증기준을 식품별로 정하여 고시할 수 있다(법 제48조 제1항).

정답 33 ② 34 ② 35 ①

36 식품위생법상 식품안전관리인증기준 대상 식품이 아닌 것은?

① 어육가공품류 중 어묵·어육소시지   ② 레토르트식품

③ 빙과류 중 빙과   ④ 커피류

⑤ 특수용도식품

해설 식품안전관리인증기준 대상 식품에서 음료류 중 다류 및 커피류는 제외한다(시행규칙 제62조 제6호).

37 식품위생법상 식품안전관리인증기준 대상 식품에 해당하는 것은?

① 과자류   ② 젓갈류

③ 주 류   ④ 추잉껌

⑤ 토마토케첩

해설 식품안전관리인증기준 대상 식품(시행규칙 제62조)
어묵·어육소시지, 냉동 어류·연체류·조미가공품, 피자류·만두류·면류, 과자·캔디류·빵류·떡류, 빙과, 음료류(다류 및 커피류는 제외한다), 레토르트식품, 절임류 또는 조림류의 김치류 중 김치, 초콜릿류, 생면·숙면·건면, 특수용도식품, 즉석섭취식품, 순대, 식품제조·가공업의 영업소 중 전년도 총 매출액이 100억 원 이상인 영업소에서 제조·가공하는 식품

출제유형 38

38 식품위생법상 식품안전관리인증기준 적용업소 종업원의 신규 교육훈련 시간은?

① 2시간 이내

② 4시간 이내

③ 6시간 이내

④ 8시간 이내

⑤ 16시간 이내

해설 신규 교육훈련의 시간은 영업자의 경우 2시간 이내, 종업원의 경우 16시간 이내이다(시행규칙 제64조 제3항 제1호).

36 ④ 37 ① 38 ⑤ **정답**

39 식품위생법상 식품안전관리인증기준 적용업소의 정기 교육훈련 시간은?

① 2시간 이내

② 4시간 이내

③ 6시간 이내

④ 8시간 이내

⑤ 16시간 이내

> **해설** 정기 교육훈련의 시간은 4시간 이내이다(시행규칙 제64조 제3항 제2호).

40 식품위생법상 식품안전관리인증기준 적용업소에 대한 조사 · 평가 시기는?

① 매 달

② 3개월마다

③ 6개월마다

④ 매 년

⑤ 2년마다

> **해설** 지방식품의약품안전청장은 식품안전관리인증기준 적용업소로 인증받은 업소에 대하여 식품안전관리인증기준 의 준수 여부 등에 관하여 매년 1회 이상 조사 · 평가할 수 있다(시행규칙 제66조).

41 식품위생법상 집단급식소에 조리사를 두지 않아도 되는 경우는?

① 1회 급식인원 100명 미만의 산업체인 경우

② 집단급식소 운영자가 영양사인 경우

③ 사회복지시설

④ 기숙사

⑤ 병 원

> **해설** 집단급식소에 조리사를 두지 않아도 되는 경우(법 제51조 제1항)
> • 집단급식소 운영자 또는 식품접객영업자 자신이 조리사로서 직접 음식물을 조리하는 경우
> • 1회 급식인원 100명 미만의 산업체인 경우
> • 영양사가 조리사의 면허를 받은 경우

42 식품위생법상 집단급식소에 근무하는 조리사의 직무가 아닌 것은?

① 급식설비 및 기구의 위생 · 안전 실무

② 식단에 따른 조리

③ 식재료의 전처리

④ 종업원에 대한 영양 지도 및 식품위생교육

⑤ 구매식품의 검수 지원

해설 집단급식소에서 근무하는 조리사의 직무(법 제51조 제2항)
• 집단급식소에서의 식단에 따른 조리업무(식재료의 전처리에서부터 조리, 배식 등의 전 과정을 말한다)
• 구매식품의 검수 지원
• 급식설비 및 기구의 위생 · 안전 실무
• 그 밖에 조리실무에 관한 사항

43 식품위생법상 집단급식소에 영양사를 두지 않아도 되는 경우는?

① 기숙사

② 집단급식소 운영자가 조리사인 경우

③ 집단급식소 운영자 자신이 영양사로서 직접 영양 지도를 하는 경우

④ 1회 급식인원 100명 이상의 산업체인 경우

⑤ 사회복지시설

해설 집단급식소에 영양사를 두지 않아도 되는 경우(법 제52조 제1항)
• 집단급식소 운영자 자신이 영양사로서 직접 영양 지도를 하는 경우
• 1회 급식인원 100명 미만의 산업체인 경우
• 조리사가 영양사의 면허를 받은 경우

44 식품위생법상 집단급식소에서 근무하는 영양사의 직무로 옳은 것은?

① 급식시설의 위생적 관리   ② 식단에 따른 조리업무

③ 급식설비의 위생 실무   ④ 급식기구의 안전 실무

⑤ 조리실무에 관한 사항

해설 집단급식소에 근무하는 영양사의 직무(법 제52조 제2항)
• 집단급식소에서의 식단 작성, 검식 및 배식관리
• 구매식품의 검수 및 관리
• 급식시설의 위생적 관리
• 집단급식소의 운영일지 작성
• 종업원에 대한 영양 지도 및 식품위생교육

42 ④ **43** ③ **44** ① 정답

45 식품위생법상 조리사의 면허를 발급하는 자는?

① 보건복지부장관

② 식품의약품안전처장

③ 보건소장

④ 시 · 도지사

⑤ 특별자치시장 · 특별자치도지사 또는 시장 · 군수 · 구청장

해설 조리사가 되려는 자는 국가기술자격법에 따라 해당 기능분야의 자격을 얻은 후 특별자치시장 · 특별자치도지사 · 시장 · 군수 · 구청장의 면허를 받아야 한다(법 제53조).

46 식품위생법상 조리사 면허를 받을 수 있는 자는?

① 정신질환자　　　　　　　　② 감염병환자

③ B형간염환자　　　　　　　④ 마약 중독자

⑤ 면허 취소처분 후 6개월이 된 자

해설 결격사유(법 제54조)

다음의 어느 하나에 해당하는 자는 조리사 면허를 받을 수 없다.

• 정신질환자. 다만, 전문의가 조리사로서 적합하다고 인정하는 자는 그러하지 아니하다.

• 감염병환자. 다만, B형간염환자는 제외한다.

• 마약이나 그 밖의 약물 중독자

• 조리사 면허의 취소처분을 받고 그 취소된 날부터 1년이 지나지 아니한 자

47 식품위생법상 식품위생 수준 및 자질의 향상을 위하여 필요한 경우 조리사와 영양사에게 교육을 명할 수 있는 자는?

① 보건복지부장관　　　　　　② 식품의약품안전처장

③ 보건소장　　　　　　　　　④ 시 · 도지사

⑤ 시장 · 군수 · 구청장

해설 식품의약품안전처장은 식품위생 수준 및 자질의 향상을 위하여 필요한 경우 조리사와 영양사에게 교육(조리사의 경우 보수교육을 포함한다)을 받을 것을 명할 수 있다. 다만, 집단급식소에 종사하는 조리사와 영양사는 1년마다 교육을 받아야 한다(법 제56조 제1항).

정답 45 ⑤　46 ③　47 ②

48 식품위생법상 집단급식소에 종사하는 조리사와 영양사가 2024년에 식품위생 수준 및 향상을 위한 교육을 이수하였다면, 다음 교육 연도는?

① 2025년

② 2026년

③ 2027년

④ 2028년

⑤ 2029년

> **해설** 식품의약품안전처장은 식품위생 수준 및 자질의 향상을 위하여 필요한 경우 조리사와 영양사에게 교육(조리사의 경우 보수교육을 포함한다)을 받을 것을 명할 수 있다. 다만, 집단급식소에 종사하는 조리사와 영양사는 1년마다 교육을 받아야 한다(법 제56조 제1항).

49 식품위생법상 집단급식소에 종사하는 조리사 및 영양사가 식품위생 수준 및 자질의 향상을 위하여 식품의약품안전처장이 지정하는 교육기관에서 받아야 하는 교육시간은?

① 1시간

② 2시간

③ 3시간

④ 6시간

⑤ 8시간

> **해설** 집단급식소에 종사하는 조리사 및 영양사가 식품위생 수준 및 자질의 향상을 위하여 식품의약품안전처장이 지정하는 교육기관에서 받아야 하는 교육시간 6시간으로 한다(법 제56조 제1항 및 시행규칙 제84조 제3항).

50 식품위생법상 건강 위해가능 영양성분으로 규정된 것은?

① 나트륨, 당류, 트랜스지방

② 나트륨, 콜레스테롤

③ 콜레스테롤, 트랜스지방

④ 나트륨, 알코올, 포화지방

⑤ 당류, 포화지방

> **해설** 국가 및 지방자치단체는 식품의 나트륨, 당류, 트랜스지방 등 영양성분(이하 "건강 위해가능 영양성분"이라 한다)의 과잉섭취로 인한 국민보건상 위해를 예방하기 위하여 노력하여야 한다(법 제70조의7 제1항).

48 ① **49** ④ **50** ① 정답

51 식품위생법상 업무정지기간 중 조리사 업무를 한 조리사의 행정처분으로 옳은 것은?

① 면허취소
② 업무정지 1개월 연장
③ 업무정지 2개월 연장
④ 업무정지 3개월 연장
⑤ 시정명령

해설 결격사유에 해당하거나 업무정지기간 중에 조리사의 업무를 하는 경우 면허를 취소하여야 한다(법 제80조 제1항 제5호).

52 식품위생법상 식중독 환자를 진단한 의사는 누구에게 보고하여야 하는가?

① 보건복지부장관
② 국무총리
③ 질병관리청장
④ 보건소장
⑤ 특별자치시장 · 시장 · 군수 · 구청장

해설 식중독 환자나 식중독이 의심되는 자를 진단하였거나 그 사체를 검안한 의사 또는 한의사는 지체 없이 관할 특별자치시장 · 시장 · 군수 · 구청장에게 보고하여야 한다(법 제86조 제1항 제1호).

53 식품위생법상 집단급식소에서 제공한 식품 등으로 인하여 식중독 환자를 발견한 집단급식소의 설치 · 운영자는 누구에게 보고하여야 하는가?

① 보건복지부장관
② 영양사
③ 조리사
④ 보건소장
⑤ 특별자치시장 · 시장 · 군수 · 구청장

해설 집단급식소에서 제공한 식품 등으로 인하여 식중독 환자나 식중독으로 의심되는 증세를 보이는 자를 발견한 집단급식소의 설치 · 운영자는 지체 없이 관할 특별자치시장 · 시장 · 군수 · 구청장에게 보고하여야 한다(법 제86조 제1항 제2호).

정답 51 ① 52 ⑤ 53 ⑤

54 식품위생법상 식중독에 관한 보고를 받은 특별자치시장·시장·군수·구청장은 지체없이 누구에게 보고하여야 하는가?

① 보건복지부장관
② 국무총리
③ 질병관리청장
④ 보건소장
⑤ 식품의약품안전처장 및 시·도지사

> **해설** 특별자치시장·시장·군수·구청장은 보고를 받은 때에는 지체 없이 그 사실을 식품의약품안전처장 및 시·도 지사(특별자치시장은 제외한다)에게 보고하고, 대통령령으로 정하는 바에 따라 원인을 조사하여 그 결과를 보 고하여야 한다(법 제86조 제2항).

55 식품위생법상 의사가 하는 식중독환자에 관한 보고에 포함되지 않는 사항은?

① 식중독의 원인
② 발병 연월일
③ 진단 또는 검사 연월일
④ 섭취음식 위험도 조사
⑤ 보고자의 주소

> **해설** 식중독환자 또는 그 사체에 관한 보고(시행규칙 제93조)
> 의사 또는 한의사가 하는 보고에는 다음의 사항이 포함되어야 한다.
> • 보고자의 주소 및 성명
> • 식중독을 일으킨 환자, 식중독이 의심되는 사람 또는 식중독으로 사망한 사람의 주소·성명·생년월일 및 사 체의 소재지
> • 식중독의 원인
> • 발병 연월일
> • 진단 또는 검사 연월일

54 ⑤ **55** ④ 정답

56 식품위생법상 집단급식소를 설치·운영하려는 자는 누구에게 신고하여야 하는가?

① 시·도지사

② 특별자치시장·특별자치도지사·시장·군수·구청장

③ 보건복지부장관

④ 식품의약품안전처장

⑤ 보건소장

해설 집단급식소를 설치·운영하려는 자는 총리령으로 정하는 바에 따라 특별자치시장·특별자치도지사·시장·군수·구청장에게 신고하여야 한다(법 제88조 제1항).

57 식품위생법상 집단급식소에서 조리·제공한 식품의 매회 1인분 분량을 보관하는 기준은?

① 영하 5도 이하로 48시간 이상

② 영하 5도 이하로 72시간 이상

③ 영하 10도 이하로 96시간 이상

④ 영하 18도 이하로 120시간 이상

⑤ 영하 18도 이하로 144시간 이상

해설 집단급식소를 설치·운영하는 자는 조리·제공한 식품의 매회 1인분 분량을 섭씨 영하 18도 이하로 144시간 이상 보관해야 한다(법 제88조 제2항 제2호).

58 식품위생법상 집단급식소를 설치·운영하는 자가 지켜야 할 준수사항이 아닌 것은?

① 영양사를 두고 있는 경우 그 업무를 방해하지 아니할 것

② 식중독 환자가 발생하지 아니하도록 위생관리를 철저히 할 것

③ 집단급식소에서 제공한 식품으로 인한 식중독 환자를 발견한 경우 특별자치시장·시장·군수·구청장에게 보고할 것

④ 영양사가 집단급식소의 위생관리를 위하여 요청하는 사항에 대하여는 정당한 사유가 없으면 따를 것

⑤ 조리한 식품은 매회 1인분 분량을 120시간 동안 보관할 것

해설 ⑤ 조리·제공한 식품의 매회 1인분 분량을 섭씨 영하 18도 이하로 144시간 이상 보관할 것(법 제88조 제2항 제2호)

정답 **56** ② **57** ⑤ **58** ⑤

59 식품위생법상 광우병, 탄저병, 가금 인플루엔자에 걸린 동물을 사용하여 판매할 목적으로 식품을 제조한 자에 대한 처벌은?

① 1년 이상 징역

② 2년 이상의 징역

③ 3년 이상의 징역

④ 4년 이상의 징역

⑤ 5년 이상의 징역

해설 소해면상뇌증(광우병), 탄저병, 가금 인플루엔자에 해당하는 질병에 걸린 동물을 사용하여 판매할 목적으로 식품 또는 식품첨가물을 제조 · 가공 · 수입 또는 조리한 자는 3년 이상의 징역에 처한다(법 제93조 제1항).

출제유형 45

60 식품위생법상 식품 제조 원료로 사용할 수 있는 것은?

① 초 오

② 백선피

③ 곰 취

④ 백부자

⑤ 마 황

해설 마황, 부자, 천오, 초오, 백부자, 섬수, 백선피, 사리풀을 원료 또는 성분으로 사용하여 판매할 목적으로 식품 또는 식품첨가물을 제조 · 가공 · 수입 또는 조리한 자는 1년 이상의 징역에 처한다(법 제93조 제2항).

61 식품위생법상 마황, 부자, 섬수, 사리풀을 원료로 사용하여 판매할 목적으로 식품을 제조한 자에 대한 처벌은?

① 1년 이상 징역

② 2년 이상의 징역

③ 3년 이상의 징역 또는 3천만 원 이하의 벌금

④ 5년 이상의 징역 또는 5천만 원 이하의 벌금

⑤ 10년 이하의 징역 또는 1억 원 이하의 벌금

해설 마황, 부자, 천오, 초오, 백부자, 섬수, 백선피, 사리풀을 원료 또는 성분으로 사용하여 판매할 목적으로 식품 또는 식품첨가물을 제조 · 가공 · 수입 또는 조리한 자는 1년 이상의 징역에 처한다(법 제93조 제2항).

62 식품위생법상 10년 이하의 징역 또는 1억 원 이하의 벌금형(병과 가능)에 해당하는 것은?

① 허가를 받지 않고 식품제조영업을 할 경우

② 보수교육을 받지 않는 영양사가 근무할 경우

③ 식품제조업에 식품위생관리인을 두지 않은 경우

④ 집단급식소에 영양사를 두지 않는 경우

⑤ 건강보조식품에 대한 허위표시 과대광고의 경우

> **해설** 벌칙(법 제94조)
> 다음의 어느 하나에 해당하는 자는 10년 이하의 징역 또는 1억 원 이하의 벌금에 처하거나 이를 병과할 수 있다.
> • 제4조(위해식품 등의 판매 등 금지), 제5조(병든 동물 고기 등의 판매 등 금지), 제6조(기준·규격이 정하여지지 아니한 화학적 합성품 등의 판매 등 금지)를 위반한 자
> • 제8조(유독기구 등의 판매·사용 금지)를 위반한 자
> • 제37조(영업허가 등) 제1항을 위반한 자

63 식품위생법상 조리사·영양사의 의무고용 규정을 위반한 자에 대한 벌칙은?

① 500만 원 이하의 벌금

② 1천만 원 이하의 벌금

③ 2년 이하의 징역 또는 2천만 원 이하의 벌금

④ 3년 이하의 징역 또는 3천만 원 이하의 벌금

⑤ 7년 이하의 징역 또는 1억 원 이하의 벌금

> **해설** 제51조(조리사) 또는 제52조(영양사)를 위반한 자는 3년 이하의 징역 또는 3천만 원 이하의 벌금에 처하거나 이를 병과할 수 있다(법 제96조).

64 식품위생법상 판매 식품을 비위생적으로 취급한 자에 대한 벌칙은?

① 300만 원 이하의 과태료

② 500만 원 이하의 과태료

③ 1천만 원 이하의 과태료

④ 1년 이하의 징역 또는 1천만 원 이하의 벌금

⑤ 3년 이하의 징역 또는 3천만 원 이하의 벌금

> **해설** 제3조(식품 등의 취급)를 위반한 자에게는 500만 원 이하의 과태료를 부과한다(법 제101조 제2항 제1호).

정답 **62** ① **63** ④ **64** ②

CHAPTER

02 학교급식법 2022년 6월 29일 시행

(1) 목적(법 제1조)

이 법은 학교급식 등에 관한 사항을 규정함으로써 학교급식의 질을 향상시키고 학생의 건전한 심신의 발달과 국민 식생활 개선에 기여함을 목적으로 한다.

(2) 정의(법 제2조)

이 법에서 사용하는 용어의 정의는 다음과 같다.

1. "학교급식"이라 함은 목적을 달성하기 위하여 학교 또는 학급의 학생을 대상으로 학교의 장이 실시하는 급식을 말한다.
2. "학교급식공급업자"라 함은 학교의 장과 계약에 의하여 학교급식에 관한 업무를 위탁받아 행하는 자를 말한다.
3. "급식에 관한 경비"라 함은 학교급식을 위한 식품비, 급식운영비 및 급식시설 · 설비비를 말한다.

(3) 학교급식 대상(법 제4조)

학교급식은 대통령령으로 정하는 바에 따라 다음의 어느 하나에 해당하는 학교 또는 학급에 재학하는 학생을 대상으로 실시한다.

1. 유치원. 다만, 대통령령으로 정하는 규모 이하의 유치원(50명 미만인 유치원)은 제외한다.
2. 초등학교, 중학교 · 고등공민학교, 고등학교 · 고등기술학교, 특수학교
3. 근로청소년을 위한 특별학급 및 산업체부설 중 · 고등학교
4. 대안학교
5. 그 밖에 교육감이 필요하다고 인정하는 학교

(4) 급식시설 · 설비(법 제6조) 🌟

① 학교급식을 실시할 학교는 학교급식을 위하여 필요한 시설과 설비를 갖추어야 한다. 다만, 둘 이상의 학교가 인접하여 있는 경우에는 학교급식을 위한 시설과 설비를 공동으로 할 수 있다.

> **시설 · 설비의 종류와 기준(시행령 제7조)** 🌟 🌟 🌟
> ① 학교급식시설에서 갖추어야 할 시설 · 설비의 종류와 기준은 다음과 같다.
> 1. 조리장 : 교실과 떨어지거나 차단되어 학생의 학습에 지장을 주지 않는 시설로 하되, 식품의 운반과 배식이 편리한 곳에 두어야 하며, 능률적이고 안전한 조리기기, 냉장 · 냉동시설, 세척 · 소독시설 등을 갖추어야 한다.
> 2. 식품보관실 : 환기 · 방습이 용이하며, 식품과 식재료를 위생적으로 보관하는 데 적합한 위치에 두되, 방충 및 쥐막기 시설을 갖추어야 한다.
> 3. 급식관리실 : 조리장과 인접한 위치에 두되, 컴퓨터 등 사무장비를 갖추어야 한다.
> 4. 편의시설 : 조리장과 인접한 위치에 두되, 조리종사자의 수에 따라 필요한 옷장과 샤워시설 등을 갖추어야 한다.

급식시설의 세부기준(시행규칙 별표 1) 🔟

1. 조리장
   가. 시설 · 설비
      1) 조리장은 침수될 우려가 없고, 먼지 등의 오염원으로부터 차단될 수 있는 등 주변 환경이 위생적이며 쾌적한 곳에 위치하여야 하고, 조리장의 소음 · 냄새 등으로 인하여 학생의 학습에 지장을 주지 않도록 해야 한다.
      2) 조리장은 작업과정에서 교차오염이 발생되지 않도록 전처리실, 조리실 및 식기구세척실 등을 벽과 문으로 구획하여 일반작업구역과 청결작업구역으로 분리한다. 다만, 이러한 구획이 적절하지 않을 경우에는 교차오염을 방지할 수 있는 다른 조치를 취하여야 한다.
      3) 조리장은 급식설비 · 기구의 배치와 작업자의 동선 등을 고려하여 작업과 청결유지에 필요한 적정한 면적이 확보되어야 한다.
      4) 내부벽은 내구성, 내수성이 있는 표면이 매끈한 재질이어야 한다.
      5) 바닥은 내구성, 내수성이 있는 재질로 하되, 미끄럽지 않아야 한다.
      6) 천장은 내수성 및 내화성이 있고 청소가 용이한 재질로 한다.
      7) 바닥에는 적당한 위치에 상당한 크기의 배수구 및 덮개를 설치하되 청소하기 쉽게 설치한다.
      9) 조리장 출입구에는 신발소독 설비를 갖추어야 한다.
      10) 조리장 내의 증기, 불쾌한 냄새 등을 신속히 배출할 수 있도록 환기시설을 설치하여야 한다.
      11) 조리장의 조명은 220룩스(lx) 이상이 되도록 한다. 다만, 검수구역은 540룩스(lx) 이상이 되도록 한다.
      12) 조리장에는 필요한 위치에 손 씻는 시설을 설치하여야 한다.
      13) 조리장에는 온도 및 습도관리를 위하여 적정 용량의 급배기시설, 냉 · 난방시설 또는 공기조화시설 등을 갖추도록 한다.
   나. 설비 · 기구
      2) 냉장고(냉장실)와 냉동고는 식재료의 보관, 냉동 식재료의 해동, 가열조리된 식품의 냉각 등에 충분한 용량과 온도(냉장고 5℃ 이하, 냉동고 −18℃ 이하)를 유지하여야 한다.
2. 식품보관실 등
   가. 식품보관실과 소모품보관실을 별도로 설치하여야 한다. 다만, 부득이하게 별도로 설치하지 못할 경우에는 공간구획 등으로 구분하여야 한다.
   나. 바닥의 재질은 물청소가 쉽고 미끄럽지 않으며, 배수가 잘 되어야 한다.
   다. 환기시설과 충분한 보관선반 등이 설치되어야 하며, 보관선반은 청소 및 통풍이 쉬운 구조이어야 한다.
3. 급식관리실, 편의시설
   가. 급식관리실, 휴게실은 외부로부터 조리실을 통하지 않고 출입이 가능하여야 하며, 외부로 통하는 환기시설을 갖추어야 한다. 다만, 시설 구조상 외부로의 출입문 설치가 어려운 경우에는 출입 시에 조리실 오염이 일어나지 않도록 필요한 조치를 취하여야 한다.
   나. 휴게실은 외출복장으로 인하여 위생복장이 오염되지 않도록 외출복장과 위생복장을 구분하여 보관할 수 있는 옷장을 두어야 한다.
   다. 샤워실을 설치하는 경우 외부로 통하는 환기시설을 설치하여 조리실 오염이 일어나지 않도록 하여야 한다.
4. 식당 : 안전하고 위생적인 공간에서 식사를 할 수 있도록 급식인원 수를 고려한 크기의 식당을 갖추어야 한다. 다만, 공간이 부족한 경우 등 식당을 따로 갖추기 곤란한 학교는 교실배식에 필요한 운반기구와 위생적인 배식도구를 갖추어야 한다.

(5) 영양교사의 배치 등(법 제7조)

① 학교급식을 위한 시설과 설비를 갖춘 학교는 영양교사와 조리사를 둔다.
② 교육감은 학교급식에 관한 업무를 전담하게 하기 위하여 그 소속하에 학교급식에 관한 전문지식이 있는 직원을 둘 수 있다.

> **영양교사의 직무(시행령 제8조)** ⭐ ⭐
>
> 영양교사는 학교의 장을 보좌하여 다음의 직무를 수행한다.
> 1. 식단작성, 식재료의 선정 및 검수
> 2. 위생 · 안전 · 작업관리 및 검식
> 3. 식생활 지도, 정보 제공 및 영양상담
> 4. 조리실 종사자의 지도 · 감독
> 5. 그 밖에 학교급식에 관한 사항

(6) 경비부담 등(법 제8조) ⭐ ⭐ ⭐

① 학교급식의 실시에 필요한 급식시설 · 설비비는 해당 학교의 설립 · 경영자가 부담하되, 국가 또는 지방자치단체가 지원할 수 있다.

② 급식운영비는 해당 학교의 설립 · 경영자가 부담하는 것을 원칙으로 하되, 대통령령으로 정하는 바에 따라 보호자가 그 경비의 일부를 부담할 수 있다.

③ 학교급식을 위한 식품비는 보호자가 부담하는 것을 원칙으로 한다.

④ 특별시장 · 광역시장 · 도지사 · 특별자치도지사 및 시장 · 군수 · 자치구의 구청장은 학교급식에 품질이 우수한 농수산물 사용 등 급식의 질 향상과 급식시설 · 설비의 확충을 위하여 식품비 및 시설 · 설비비 등 급식에 관한 경비를 지원할 수 있다.

(7) 식재료(법 제10조)

① 학교급식에는 품질이 우수하고 안전한 식재료를 사용하여야 한다.

② 식재료의 품질관리기준 그 밖에 식재료에 관하여 필요한 사항은 교육부령으로 정한다.

> **학교급식 식재료의 품질관리기준(시행규칙 별표 2)**
>
> 1. 농산물
>   다. 쌀은 수확연도부터 1년 이내의 것을 사용한다.
> 2. 축산물
>   1) 쇠고기 : 등급판정의 결과 3등급 이상인 한우 및 육우를 사용한다.
>   2) 돼지고기 : 등급판정의 결과 2등급 이상을 사용한다.
>   3) 닭고기 : 등급판정의 결과 1등급 이상을 사용한다.
>   4) 계란 : 등급판정의 결과 2등급 이상을 사용한다.
>   5) 오리고기 : 등급판정의 결과 1등급 이상을 사용한다.

(8) 영양관리(법 제11조) ⭐

① 학교급식은 학생의 발육과 건강에 필요한 영양을 충족하고, 올바른 식생활습관 형성에 도움을 줄 수 있도록 다양한 식품으로 구성되어야 한다.

② 학교급식의 영양관리기준은 교육부령으로 정하고, 식품구성기준은 필요한 경우 교육감이 정한다.

(9) 위생ㆍ안전관리(법 제12조)

① 학교급식은 식단작성, 식재료 구매ㆍ검수ㆍ보관ㆍ세척ㆍ조리, 운반, 배식, 급식기구 세척 및 소독 등 모든 과정에서 위해한 물질이 식품에 혼입되거나 식품이 오염되지 아니하도록 위생과 안전관리에 철저히 하여야 한다.

학교급식의 위생ㆍ안전관리기준(시행규칙 별표 4) ⚐ ⚐

2. 개인위생
   가. 식품취급 및 조리작업자는 6개월에 1회 건강진단을 실시하고, 그 기록을 2년간 보관하여야 한다. 다만, 폐결핵검사는 연 1회 실시할 수 있다.
4. 작업위생
   나. 식품 취급 등의 작업은 바닥으로부터 60cm 이상의 높이에서 실시하여 식품의 오염이 방지되어야 한다.
   라. 해동은 냉장해동(10℃ 이하), 전자레인지 해동 또는 흐르는 물(21℃ 이하)에서 실시하여야 한다.
   마. 해동된 식품은 즉시 사용하여야 한다.
   사. 가열조리 식품은 중심부가 75℃(패류는 85℃) 이상에서 1분 이상으로 가열되고 있는지 온도계로 확인하고, 그 온도를 기록ㆍ유지하여야 한다.
5. 배식 및 검식
   라. 급식시설에서 조리한 식품은 온도관리를 하지 아니하는 경우에는 조리 후 2시간 이내에 배식을 마쳐야 한다.

---

② 학교급식의 위생ㆍ안전관리기준은 교육부령으로 정한다.

(10) 식생활 지도 등(법 제13조) ⚐

학교의 장은 올바른 식생활습관의 형성, 식량생산 및 소비에 관한 이해 증진 및 전통 식문화의 계승ㆍ발전을 위하여 학생에게 식생활 관련 교육 및 지도를 하며, 보호자에게는 관련 정보를 제공한다.

(11) 영양상담(법 제14조)

학교의 장은 식생활에서 기인하는 영양불균형을 시정하고 질병을 사전에 예방하기 위하여 저체중 및 성장부진, 빈혈, 과체중 및 비만학생 등을 대상으로 영양상담과 필요한 지도를 실시한다.

(12) 학교급식의 운영방식(법 제15조)

① 학교의 장은 학교급식을 직접 관리ㆍ운영하되, 유치원운영위원회 및 학교운영위원회의 심의ㆍ자문을 거쳐 일정한 요건을 갖춘 자에게 학교급식에 관한 업무를 위탁하여 이를 행하게 할 수 있다. 다만, 식재료의 선정 및 구매ㆍ검수에 관한 업무는 학교급식 여건상 불가피한 경우를 제외하고는 위탁하지 아니한다.

② 의무교육기관에서 업무위탁을 하고자 하는 경우에는 미리 관할청의 승인을 얻어야 한다.

③ 학교급식에 관한 업무위탁의 범위, 학교급식공급업자가 갖추어야 할 요건 그 밖에 업무위탁에 관하여 필요한 사항은 대통령령으로 정한다.

(13) 품질 및 안전을 위한 준수사항(법 제16조)

① 학교의 장과 그 학교의 학교급식 관련 업무를 담당하는 관계 교직원 및 학교급식공급업자는 학교급식의 품질 및 안전을 위하여 다음에 해당하는 식재료를 사용하여서는 아니 된다.

  1. 원산지 표시를 거짓으로 적은 식재료
  2. 유전자변형농수산물의 표시를 거짓으로 적은 식재료
  3. 축산물의 등급을 거짓으로 기재한 식재료
  4. 표준규격품의 표시, 품질인증의 표시 및 지리적표시를 거짓으로 적은 식재료

② 학교의 장과 그 소속 학교급식관계교직원 및 학교급식공급업자는 다음 사항을 지켜야 한다.

  1. 식재료의 품질관리기준, 영양관리기준 및 위생 · 안전관리기준
  2. 그 밖에 학교급식의 품질 및 안전을 위하여 필요한 사항으로서 교육부령으로 정하는 사항

③ 학교의 장과 그 소속 학교급식관계교직원 및 학교급식공급업자는 학교급식에 알레르기를 유발할 수 있는 식재료가 사용되는 경우에는 이 사실을 급식 전에 급식 대상 학생에게 알리고, 급식 시에 표시하여야 한다.

(14) 학교급식 운영평가(법 제18조)

① 교육부장관 또는 교육감은 학교급식 운영의 내실화와 질적 향상을 위하여 학교급식의 운영에 관한 평가를 실시할 수 있다.

② 평가의 방법 · 기준 그 밖에 학교급식 운영평가에 관하여 필요한 사항은 대통령령으로 정한다.

> **학교급식 운영평가 방법 및 기준(시행령 제13조)**
> ① 학교급식 운영평가를 효율적으로 실시하기 위하여 교육부장관 또는 교육감은 평가위원회를 구성·운영할 수 있다.
> ② 학교급식 운영평가기준은 다음과 같다. ⭐
>   1. 학교급식 위생·영양·경영 등 급식운영관리
>   2. 학생 식생활지도 및 영양상담
>   3. 학교급식에 대한 수요자의 만족도
>   4. 급식예산의 편성 및 운용
>   5. 그 밖에 평가기준으로 필요하다고 인정하는 사항

(15) 출입·검사·수거 등(법 제19조)

① 교육부장관 또는 교육감은 필요하다고 인정하는 때에는 식품위생 또는 학교급식 관계공무원으로 하여금 학교급식 관련 시설에 출입하여 식품·시설·서류 또는 작업상황 등을 검사 또는 열람을 하게 할 수 있으며, 검사에 필요한 최소량의 식품을 무상으로 수거하게 할 수 있다.

> **출입·검사·수거 등 대상시설(시행령 제14조)**
> 학교급식관련 시설은 다음과 같다.
> 1. 학교 안에 설치된 학교급식시설
> 2. 학교급식에 식재료 또는 제조·가공한 식품을 공급하는 업체의 제조·가공시설

> **출입·검사(시행규칙 제8조)** ⭐
> ① 시설에 대한 출입·검사 등은 다음과 같이 실시하되, 교육부장관 또는 교육감이 필요하다고 인정하는 경우에는 연간 실시 횟수를 조정할 수 있다.
>   1. 식재료 품질관리기준, 영양관리기준 및 품질 및 안전을 위한 준수사항 이행여부의 확인·지도 : 연 1회 이상 실시하되, 제2호의 확인·지도 시 함께 실시할 수 있음
>   2. 위생·안전관리기준 이행여부의 확인·지도 : 연 2회 이상

(16) 벌칙(법 제23조) ⭐

① 제16조(품질 및 안전을 위한 준수사항) 제1항 제1호 또는 제2호의 규정을 위반한 학교급식공급업자는 7년 이하의 징역 또는 1억 원 이하의 벌금에 처한다.

② 제16조 제1항 제3호의 규정을 위반한 학교급식공급업자는 5년 이하의 징역 또는 5천만 원 이하의 벌금에 처한다.

③ 다음의 어느 하나에 해당하는 자는 3년 이하의 징역 또는 3천만 원 이하의 벌금에 처한다.
   1. 제16조(품질 및 안전을 위한 준수사항) 제1항 제4호의 규정을 위반한 학교급식공급업자
   2. 제19조(출입·검사·수거 등) 제1항의 규정에 따른 출입·검사·열람 또는 수거를 정당한 사유 없이 거부하거나 방해 또는 기피한 자

(17) 과태료(법 제25조)

③ 과태료는 대통령령으로 정하는 바에 따라 교육부장관 또는 교육감이 부과·징수한다.

CHAPTER

02 적중예상문제

01 학교급식법상 학교급식의 대상이 되는 것은?

① 어린이집

② 학원, 초등학교

③ 초등학교, 대안학교

④ 고등학교, 대학교

⑤ 대학교

해설 학교급식 대상(법 제4조)

- 유치원. 다만, 대통령령으로 정하는 규모 이하의 유치원(50명 미만인 유치원)은 제외한다.
- 초등학교, 중학교 · 고등공민학교, 고등학교 · 고등기술학교, 특수학교
- 근로청소년을 위한 특별학급 및 산업체부설 중 · 고등학교
- 대안학교
- 그 밖에 교육감이 필요하다고 인정하는 학교

출제유형 36

02 학교급식법상 환기 · 방습이 용이하며, 방충 및 쥐막기 시설을 갖추어야 하는 곳은?

① 조리장

② 식품보관실

③ 급식관리실

④ 편의시설

⑤ 식 당

해설 식품보관실은 환기 · 방습이 용이하며, 식품과 식재료를 위생적으로 보관하는 데 적합한 위치에 두되, 방충 및 쥐막기 시설을 갖추어야 한다(시행령 제7조 제2호).

01 ③ **02** ② **정답**

03 학교급식법상 학교급식시설 중 조리장의 시설·설비가 아닌 것은?

① 냉장·냉동시설

② 식품보관실

③ 전처리실

④ 급배기시설

⑤ 세척·소독시설

> **해설** 학교급식시설에서 갖추어야 할 시설은 조리장, 식품보관실, 급식관리실, 편의시설이다(시행령 제7조 제1항).
> ※ 조리장의 시설·설비는 시행규칙 별표 1 참조

04 학교급식법상 조리장의 시설·설비 기준으로 옳은 것은?

① 조리장은 교실과 가까운 곳에 위치해야 한다.

② 내부벽은 미끄럽지 않아야 한다.

③ 바닥은 표면이 매끈한 재질이어야 한다.

④ 천장은 내수성 및 내화성이 있고 청소가 용이한 재질로 한다.

⑤ 조리장 안에는 신발소독 설비를 갖추어야 한다.

> **해설** 조리장 시설·설비의 세부기준(시행규칙 별표 1)
> • 조리장은 침수될 우려가 없고, 먼지 등의 오염원으로부터 차단될 수 있는 등 주변 환경이 위생적이며 쾌적한 곳에 위치하여야 하고, 조리장의 소음·냄새 등으로 인하여 학생의 학습에 지장을 주지 않도록 해야 한다.
> • 내부벽은 내구성, 내수성이 있는 표면이 매끈한 재질이어야 한다.
> • 바닥은 내구성, 내수성이 있는 재질로 하되, 미끄럽지 않아야 한다.
> • 조리장 출입구에는 신발소독 설비를 갖추어야 한다.

05 학교급식법상 조리장 검수구역의 조명은?

① 100룩스 이상

② 220룩스 이상

③ 340룩스 이상

④ 460룩스 이상

⑤ 540룩스 이상

> **해설** 조리장의 조명은 220룩스(lx) 이상이 되도록 한다. 다만, 검수구역은 540룩스(lx) 이상이 되도록 한다(시행규칙 별표 1).

정답 03 ② 04 ④ 05 ⑤

06 학교급식법상 급식시설의 냉장고와 냉동고의 유지기준으로 옳은 것은?

① 0℃ 이하, −10℃ 이하

② 5℃ 이하, −10℃ 이하

③ 0℃ 이하, −18℃ 이하

④ 5℃ 이하, −18℃ 이하

⑤ 12℃ 이하, −20℃ 이하

> 해설 냉장고(냉장실)와 냉동고는 식재료의 보관, 냉동 식재료의 해동, 가열조리된 식품의 냉각 등에 충분한 용량과
> 온도(냉장고 5℃ 이하, 냉동고 −18℃ 이하)를 유지하여야 한다(시행규칙 별표 1).

출제유형 35, 37

07 학교급식법상 영양교사의 직무에 해당하는 것은?

① 조리실무에 관한 사항

② 구매식품의 검수 지원

③ 기구의 위생 · 안전 실무

④ 식단에 따른 조리업무

⑤ 식생활 지도

> 해설 영양교사의 직무(시행령 제8조)
> • 식단작성, 식재료의 선정 및 검수
> • 위생 · 안전 · 작업관리 및 검식
> • 식생활 지도, 정보 제공 및 영양상담
> • 조리실 종사자의 지도 · 감독
> • 그 밖에 학교급식에 관한 사항

출제유형 37, 38, 39

08 학교급식법상 학교급식 경비 중 보호자가 경비를 부담해야 하는 것은?

① 유지비

② 인건비

③ 연료비

④ 식품비

⑤ 소모품비

> 해설 학교급식을 위한 식품비는 보호자가 부담하는 것을 원칙으로 한다(법 제8조 제3항).

09 학교급식법상 식재료로 사용하는 돼지고기는 몇 등급 이상을 사용하여야 하는가?

① 1등급
② 2등급
③ 3등급
④ 4등급
⑤ 5등급

해설 돼지고기는 등급판정의 결과 2등급 이상을 사용한다(시행규칙 별표 2).

10 학교급식법상 식재료로 사용하는 쌀은 수확연도부터 얼마 이내의 것을 사용하여야 하는가?

① 2개월
② 3개월
③ 6개월
④ 1년
⑤ 2년

해설 쌀은 수확연도부터 1년 이내의 것을 사용한다(시행규칙 별표 2).

출제유형 44

11 학교급식법상 학교급식의 위생·안전관리기준에 관한 내용 중 (　　) 안에 들어갈 것은?

> 패류를 예외로 한 가열조리 식품은 중심부가 (　㉠　)℃ 이상에서 (　㉡　)분 이상으로 가열되고 있는지 온도계로 확인하고, 그 온도를 기록·유지하여야 한다.

① ㉠ 55　　㉡ 1
② ㉠ 60　　㉡ 2
③ ㉠ 75　　㉡ 1
④ ㉠ 80　　㉡ 2
⑤ ㉠ 85　　㉡ 3

해설 가열조리 식품은 중심부가 75℃(패류는 85℃) 이상에서 1분 이상으로 가열되고 있는지 온도계로 확인하고, 그 온도를 기록·유지하여야 한다(학교급식의 위생·안전관리기준)(시행규칙 별표 4).

정답 09 ② 10 ④ 11 ③

12 학교급식법상 식품취급 및 조리작업자의 건강진단 실시 주기는?

① 2개월에 1회

② 3개월에 1회

③ 6개월에 1회

④ 1년에 1회

⑤ 2년에 1회

해설 식품취급 및 조리작업자는 6개월에 1회 건강진단을 실시하고, 그 기록을 2년간 보관하여야 한다. 다만, 폐결핵 검사는 연 1회 실시할 수 있다(시행규칙 별표 4).

13 학교급식법상 급식시설에서 조리한 식품은 온도관리를 하지 아니하는 경우에는 조리 후 얼마 이내에 배식을 마쳐야 하는가?

① 1시간

② 2시간

③ 3시간

④ 4시간

⑤ 5시간

해설 급식시설에서 조리한 식품은 온도관리를 하지 아니하는 경우에는 조리 후 2시간 이내에 배식을 마쳐야 한다(시행규칙 별표 4).

14 학교급식법상 학교급식 과정 중 조리, 운반, 배식 등 일부업무를 위탁하는 경우 학교급식 공급업자는 어느 요건을 갖추어야 하는가?

① 위탁급식영업의 신고를 할 것

② 식품제조 · 가공업의 신고를 할 것

③ 식품운반업의 신고를 할 것

④ 식품판매업의 신고를 할 것

⑤ 식품접객업의 신고를 할 것

해설 학교급식 과정 중 조리, 운반, 배식 등 일부업무를 위탁하는 경우 위탁급식영업의 신고를 해야 한다(시행령 제11조 제2항 제1호).

12 ③ 13 ② 14 ① 정답

15 학교급식법상 학교급식공급업자가 학교급식의 품질 및 안전을 위하여 사용할 수 있는 식재료로 옳은 것은?

① 원산지 표시를 거짓으로 적은 식재료
② 알레르기를 유발할 수 있는 식재료
③ 축산물의 등급을 거짓으로 기재한 식재료
④ 품질인증의 표시를 거짓으로 적은 식재료
⑤ 지리적표시를 거짓으로 적은 식재료

해설 ② 학교의 장과 그 소속 학교급식관계교직원 및 학교급식공급업자는 학교급식에 알레르기를 유발할 수 있는 식재료가 사용되는 경우에는 이 사실을 급식 전에 급식 대상 학생에게 알리고, 급식 시에 표시하여야 한다(법 제16조 제3항).

16 학교급식법상 학교급식관련 서류의 보존연한은?

① 1년
② 2년
③ 3년
④ 4년
⑤ 5년

해설 학교급식관련 서류의 보존연한은 3년이다(시행규칙 제7조 제1항 제2호).

17 학교급식법상 학교급식 운영의 내실화와 질적 향상을 위하여 실시하는 학교급식의 운영평가 기준이 아닌 것은?

① 급식예산의 편성 및 운용
② 조리실 종사자의 지도·감독
③ 학교급식에 대한 수요자의 만족도
④ 학생 식생활지도 및 영양상담
⑤ 학교급식 위생·영양·경영 등 급식운영관리

해설 학교급식 운영평가기준(시행령 제13조)
 • 학교급식 위생·영양·경영 등 급식운영관리
 • 학생 식생활지도 및 영양상담
 • 학교급식에 대한 수요자의 만족도
 • 급식예산의 편성 및 운용
 • 그 밖에 평가기준으로 필요하다고 인정하는 사항

정답 **15** ② **16** ③ **17** ②

18 학교급식법상 학교급식시설의 위생 · 안전관리기준 이행여부의 확인은 연 몇 회 이상 실시해야 하는가?

① 1회　　　　　　　　　　② 2회

③ 3회　　　　　　　　　　④ 4회

⑤ 5회

해설 출입 · 검사(시행규칙 제8조)
- 식재료 품질관리기준, 영양관리기준 및 준수사항 이행여부의 확인 · 지도 : 연 1회 이상 실시하되, 위생 · 안전관리기준 이행여부의 확인 · 지도 시 함께 실시할 수 있음
- 위생 · 안전관리기준 이행여부의 확인 · 지도 : 연 2회 이상

19 학교급식법상 (　　) 안에 들어갈 벌칙 내용은?

> 학교급식 관계공무원이 학교급식 관련 시설에 출입하여 식품 · 시설 · 서류 또는 작업상황 등을 검사하는 것을 정당한 사유 없이 거부하거나 방해 또는 기피한 자는 (　㉠　) 이하의 징역 또는 (　㉡　) 이하의 벌금에 처한다.

① ㉠ 1년　　㉡ 1천만 원

② ㉠ 2년　　㉡ 2천만 원

③ ㉠ 3년　　㉡ 3천만 원

④ ㉠ 5년　　㉡ 5천만 원

⑤ ㉠ 7년　　㉡ 1억 원

해설 벌칙(법 제23조 제3항)
다음의 어느 하나에 해당하는 자는 3년 이하의 징역 또는 3천만 원 이하의 벌금에 처한다.
- 제16조(품질 및 안전을 위한 준수사항) 제1항 제4호의 규정을 위반한 학교급식공급업자
- 제19조(출입 · 검사 · 수거 등) 제1항의 규정에 따른 출입 · 검사 · 열람 또는 수거를 정당한 사유 없이 거부하거나 방해 또는 기피한 자

20 학교급식법상 과태료를 부과할 수 있는 사람은?

① 교육부장관　　　　　　② 대통령

③ 식품의약품안전처장　　④ 학교장

⑤ 시 · 군 · 구청장

해설 과태료는 대통령령이 정하는 바에 따라 교육부장관 또는 교육감이 부과 · 징수한다(법 제25조 제3항).

18 ② **19** ③ **20** ① 정답

CHAPTER 03 국민건강증진법 2024년 8월 17일 시행

(1) 목적(법 제1조) 47

이 법은 국민에게 건강에 대한 가치와 책임의식을 함양하도록 건강에 관한 바른 지식을 보급하고 스스로 건강생활을 실천할 수 있는 여건을 조성함으로써 국민의 건강을 증진함을 목적으로 한다.

(2) 국민건강증진종합계획의 수립(법 제4조) 37 39 41

① 보건복지부장관은 국민건강증진정책심의위원회의 심의를 거쳐 국민건강증진종합계획을 5년마다 수립하여야 한다. 이 경우 미리 관계중앙행정기관의 장과 협의를 거쳐야 한다.

(3) 영양개선(법 제15조) 38

① 국가 및 지방자치단체는 국민의 영양상태를 조사하여 국민의 영양개선방안을 강구하고 영양에 관한 지도를 실시하여야 한다.

② 국가 및 지방자치단체는 국민의 영양개선을 위하여 다음의 사업을 행한다.

1. 영양교육사업
2. 영양개선에 관한 조사 · 연구사업
3. 기타 영양개선에 관하여 보건복지부령이 정하는 사업

영양개선사업(시행규칙 제9조)

"보건복지부령이 정하는 사업"이라 함은 다음의 사업을 말한다.

1. 국민의 영양상태에 관한 평가사업
2. 지역사회의 영양개선사업

(4) 국민영양조사 등(법 제16조)

① 질병관리청장은 보건복지부장관과 협의하여 국민의 건강상태 · 식품섭취 · 식생활조사 등 국민의 건강과 영양에 관한 조사(이하 "국민건강영양조사"라 한다)를 정기적으로 실시한다.

국민건강영양조사의 주기(시행령 제19조)

국민건강영양조사는 매년 실시한다.

② 특별시·광역시 및 도에는 국민건강영양조사와 영양에 관한 지도업무를 행하게 하기 위한 공무원을 두어야 한다.

조사대상(시행령 제20조)
① 질병관리청장은 보건복지부장관과 협의하여 매년 구역과 기준을 정하여 선정한 가구 및 그 가구원에 대하여 국민건강영양조사를 실시한다.
② 질병관리청장은 보건복지부장관과 협의하여 노인·임산부 등 특히 건강 및 영양 개선이 필요하다고 판단되는 사람에 대해서는 따로 조사기간을 정하여 국민건강영양조사를 실시할 수 있다.
③ 질병관리청장 또는 질병관리청장의 요청을 받은 시·도지사는 조사대상으로 선정된 가구와 조사대상이 된 사람에게 이를 통지해야 한다.

조사대상가구의 선정 등(시행규칙 제11조)
① 질병관리청장 또는 질병관리청장의 요청을 받은 시·도지사는 국민건강영양조사를 실시할 조사대상 가구가 선정된 때에는 국민건강영양조사 가구 선정통지서를 해당 가구주에게 송부해야 한다.
② 선정된 조사가구 중 전출·전입 등의 사유로 선정된 조사가구에 변동이 있는 경우에는 같은 구역 안에서 조사가구를 다시 선정하여 조사할 수 있다.
③ 질병관리청장은 보건복지부장관과 협의하여 조사지역의 특성이 변경된 때에는 조사지역을 달리하여 조사할 수 있다.

조사항목(시행령 제21조)
① 국민건강영양조사는 건강조사와 영양조사로 구분하여 실시한다.
② 건강조사는 국민의 건강수준을 파악하기 위하여 다음의 사항에 대하여 실시한다.
　1. 가구에 관한 사항
　2. 건강상태에 관한 사항
　3. 건강행태에 관한 사항
③ 영양조사는 국민의 영양수준을 파악하기 위하여 다음의 사항에 대하여 실시한다.
　1. 식품섭취에 관한 사항
　2. 식생활에 관한 사항

조사내용(시행규칙 제12조)
① 건강조사의 세부내용은 다음과 같다.
　1. 가구에 관한 사항 : 가구유형, 주거형태, 소득수준, 경제활동상태 등
　2. 건강상태에 관한 사항 : 신체계측, 질환별 유병 및 치료 여부, 의료 이용 정도 등
　3. 건강행태에 관한 사항 : 흡연·음주 행태, 신체활동 정도, 안전의식 수준 등
　4. 그 밖에 건강상태 및 건강행태에 관하여 질병관리청장이 정하는 사항
② 영양조사의 세부내용은 다음과 같다.
　1. 식품섭취에 관한 사항 : 섭취 식품의 종류 및 섭취량 등
　2. 식생활에 관한 사항 : 식사 횟수 및 외식 빈도 등
　3. 그 밖에 식품섭취 및 식생활에 관하여 질병관리청장이 정하는 사항

국민건강영양조사원 및 영양지도원(시행령 제22조)

① 질병관리청장은 국민건강영양조사를 담당하는 사람(이하 "국민건강영양조사원"이라 한다)으로 건강조사원 및 영양조사원을 두어야 한다. 이 경우 건강조사원 및 영양조사원은 다음의 구분에 따른 요건을 충족해야 한다.
  1. 건강조사원 : 다음의 어느 하나에 해당할 것
    가. 의료인
    나. 약사 또는 한약사
    다. 의료기사
    라. 학교에서 보건의료 관련 학과 또는 학부를 졸업한 사람 또는 이와 같은 수준 이상의 학력이 있다고 인정되는 사람
  2. 영양조사원 : 다음의 어느 하나에 해당할 것
    가. 영양사
    나. 학교에서 식품영양 관련 학과 또는 학부를 졸업한 사람 또는 이와 같은 수준 이상의 학력이 있다고 인정되는 사람
② 특별자치시장 · 특별자치도지사 · 시장 · 군수 · 구청장은 영양개선사업을 수행하기 위한 국민영양지도를 담당하는 사람(이하 "영양지도원"이라 한다)을 두어야 하며 그 영양지도원은 영양사의 자격을 가진 사람으로 임명한다. 다만, 영양사의 자격을 가진 사람이 없는 경우에는 의사 또는 간호사의 자격을 가진 사람 중에서 임명할 수 있다.
③ 국민건강영양조사원 및 영양지도원의 직무에 관하여 필요한 사항은 보건복지부령으로 정한다.
④ 질병관리청장 또는 특별자치시장 · 특별자치도지사 · 시장 · 군수 · 구청장은 국민건강영양조사원 또는 영양지도원의 원활한 업무 수행을 위하여 필요하다고 인정하는 경우에는 그 업무 지원을 위한 구체적 조치를 마련 · 시행할 수 있다.

국민건강영양조사원(시행규칙 제13조)

건강조사원 및 영양조사원의 직무는 다음과 같다.
1. 건강조사원 : 건강조사의 세부내용에 대한 조사 · 기록
2. 영양조사원 : 영양조사의 세부내용에 대한 조사 · 기록

영양지도원(시행규칙 제17조) ⭐

1. 영양지도의 기획 · 분석 및 평가
2. 지역주민에 대한 영양상담 · 영양교육 및 영양평가
3. 지역주민의 건강상태 및 식생활 개선을 위한 세부 방안 마련
4. 집단급식시설에 대한 현황 파악 및 급식업무 지도
5. 영양교육자료의 개발 · 보급 및 홍보
6. 그 밖에 규정에 준하는 업무로서 지역주민의 영양관리 및 영양개선을 위하여 특히 필요한 업무

CHAPTER 03 적중예상문제

출제유형 47

01 국민건강증진법의 목적은?

① 식품에 관한 올바른 정보 제공
② 국민의 식생활 개선에 기여
③ 국민의 건강증진
④ 식품영양의 질적 향상
⑤ 국가영양 정책 수립

> **해설** 이 법은 국민에게 건강에 대한 가치와 책임의식을 함양하도록 건강에 관한 바른 지식을 보급하고 스스로 건강생활을 실천할 수 있는 여건을 조성함으로써 국민의 건강을 증진함을 목적으로 한다(법 제1조).

출제유형 37, 39

02 국민건강증진법상 국민건강증진종합계획을 수립하여야 하는 자는?

① 대통령
② 국무총리
③ 보건복지부장관
④ 시 · 도지사
⑤ 시장 · 군수 · 구청장

> **해설** 보건복지부장관은 국민건강증진정책심의위원회의 심의를 거쳐 국민건강증진종합계획을 5년마다 수립하여야 한다. 이 경우 미리 관계중앙행정기관의 장과 협의를 거쳐야 한다(법 제4조 제1항).

01 ③ **02** ③ **정답**

03 국민건강증진법상 보건복지부장관은 국민건강증진종합계획을 몇 년마다 수립하여야 하는 가?

① 1년

② 2년

③ 3년

④ 5년

⑤ 10년

> **해설** 보건복지부장관은 국민건강증진정책심의위원회의 심의를 거쳐 국민건강증진종합계획을 5년마다 수립하여야 한다(법 제4조 제1항).

04 국민건강증진법상 영양개선사업에 해당하는 것은?

① 임상영양상담 사업

② 영양교육 사업

③ 영양사 양성 사업

④ 방문영양 사업

⑤ 식품위생평가 사업

> **해설** 국가 및 지방자치단체는 국민의 영양개선을 위하여 영양교육사업, 영양개선에 관한 조사 · 연구사업, 국민의 영양상태에 관한 평가사업, 지역사회의 영양개선사업 등을 행한다(법 제15조 제2항).

05 국민건강증진법상 국민건강영양조사를 실시하는 자는?

① 대통령

② 시 · 도지사

③ 질병관리청장

④ 식품의약품안전처장

⑤ 한국보건사회연구원 원장

> **해설** 질병관리청장은 보건복지부장관과 협의하여 국민의 건강상태 · 식품섭취 · 식생활조사 등 국민의 건강과 영양에 관한 조사를 정기적으로 실시한다(법 제16조 제1항).

정답 03 ④ 04 ② 05 ③

06 국민건강증진법상 국민건강영양조사와 영양에 관한 지도업무를 행하게 하기 위하여 공무원을 두어야 하는 곳은?

① 보건복지부
② 질병관리청
③ 식품의약품안전처
④ 초등학교
⑤ 특별시 · 광역시 및 도

해설 특별시 · 광역시 및 도에는 국민건강영양조사와 영양에 관한 지도업무를 행하게 하기 위한 공무원을 두어야 한다(법 제16조 제2항).

07 국민건강증진법상 국민건강영양조사를 실시하는 주기는?

① 3개월마다
② 6개월마다
③ 매 년
④ 2년마다
⑤ 3년마다

해설 국민건강영양조사는 매년 실시한다(시행령 제19조).

08 국민건강증진법상 국민건강영양조사의 대상 선정에 관한 내용으로 옳은 것은?

① 2년마다 구역과 기준을 정한다.
② 노인 · 임산부 등은 따로 조사기간을 정할 수 있다.
③ 조사대상이 된 사람에게 별도의 통지가 필요 없다.
④ 대상자의 전출이 있을 때에는 다른 구역에서 재선정한다.
⑤ 식품의약품안전처장이 조사를 실시한다.

해설 ① · ⑤ 질병관리청장은 보건복지부장관과 협의하여 매년 구역과 기준을 정하여 선정한 가구 및 그 가구원에 대하여 국민건강영양조사를 실시한다(시행령 제20조 제1항).
③ 질병관리청장 또는 질병관리청장의 요청을 받은 시 · 도지사는 조사대상으로 선정된 가구와 조사대상이 된 사람에게 이를 통지해야 한다(시행령 제20조 제3항).
④ 선정된 조사가구 중 전출 · 전입 등의 사유로 선정된 조사가구에 변동이 있는 경우에는 같은 구역 안에서 조사가구를 다시 선정하여 조사할 수 있다(시행규칙 제11조 제2항).

09 국민건강증진법상 국민건강영양조사 중 영양조사 항목에 해당하는 것은?

① 식품섭취에 관한 사항

② 건강행태에 관한 사항

③ 건강상태에 관한 사항

④ 가구에 관한 사항

⑤ 건강증진을 위한 체육활동에 관한 사항

> **해설** 조사항목(시행령 제21조)
> - 국민건강영양조사는 건강조사와 영양조사로 구분하여 실시한다.
> - 건강조사는 국민의 건강수준을 파악하기 위하여 다음의 사항에 대하여 실시한다.
>   - 가구에 관한 사항
>   - 건강상태에 관한 사항
>   - 건강행태에 관한 사항
> - 영양조사는 국민의 영양수준을 파악하기 위하여 다음의 사항에 대하여 실시한다.
>   - 식품섭취에 관한 사항
>   - 식생활에 관한 사항

10 국민건강증진법상 건강조사의 세부내용 중 건강행태에 관한 사항은?

① 의료 이용 정도

② 질환별 유병 및 치료 여부

③ 경제활동상태

④ 흡연 · 음주 행태

⑤ 식사 횟수

> **해설** 조사내용(시행규칙 제12조)
> - 건강조사의 세부내용은 다음과 같다.
>   - 가구에 관한 사항 : 가구유형, 주거형태, 소득수준, 경제활동상태 등
>   - 건강상태에 관한 사항 : 신체계측, 질환별 유병 및 치료 여부, 의료 이용 정도 등
>   - 건강행태에 관한 사항 : 흡연 · 음주 행태, 신체활동 정도, 안전의식 수준 등
>   - 그 밖에 건강상태 및 건강행태에 관하여 질병관리청장이 정하는 사항
> - 영양조사의 세부내용은 다음과 같다.
>   - 식품섭취에 관한 사항 : 섭취 식품의 종류 및 섭취량 등
>   - 식생활에 관한 사항 : 식사 횟수 및 외식 빈도 등
>   - 그 밖에 식품섭취 및 식생활에 관하여 질병관리청장이 정하는 사항

11 국민건강증진법상 영양조사의 세부내용 중 식생활에 관한 사항은?

① 섭취 식품의 섭취량

② 섭취 식품의 종류

③ 식사 횟수 및 외식 빈도

④ 흡연 · 음주 행태

⑤ 신체활동 정도

해설 영양조사의 세부내용(시행규칙 제12조 제2항)
- 식품섭취에 관한 사항 : 섭취 식품의 종류 및 섭취량 등
- 식생활에 관한 사항 : 식사 횟수 및 외식 빈도 등
- 그 밖에 식품섭취 및 식생활에 관하여 질병관리청장이 정하는 사항

12 국민건강증진법상 국민건강영양조사원을 둘 수 있는 사람은?

① 질병관리청장

② 보건복지부장관

③ 보건소장

④ 시장 · 군수 · 구청장

⑤ 시 · 도지사

해설 질병관리청장은 국민건강영양조사를 담당하는 사람(이하 "국민건강영양조사원"이라 한다)으로 건강조사원 및 영양조사원을 두어야 한다(시행령 제22조 제1항).

13 국민건강증진법상 건강조사원이 될 수 없는 자는?

① 영양사

② 의료인

③ 약 사

④ 의료기사

⑤ 한약사

해설 건강조사원은 의료인, 약사 또는 한약사, 의료기사, 학교에서 보건의료 관련 학과 또는 학부를 졸업한 사람 또는 이와 같은 수준 이상의 학력이 있다고 인정되는 사람이 될 수 있다(시행령 제22조 제1항 제2호).

14 국민건강증진법상 영양조사원이 될 수 있는 자는?

① 영양사

② 간호사

③ 약 사

④ 조리사

⑤ 의료기사

> **해설** 영양조사원은 영양사, 학교에서 식품영양 관련 학과 또는 학부를 졸업한 사람 또는 이와 같은 수준 이상의 학력이 있다고 인정되는 사람이 될 수 있다(시행령 제22조 제1항 제2호).

15 국민건강증진법상 영양조사원의 업무에 해당하지 않는 것은?

① 영양지도의 기획 · 분석 및 평가

② 지역주민에 대한 영양상담

③ 집단급식시설에 대한 현황 파악

④ 영양교육자료의 개발

⑤ HACCP 준수 확인

> **해설** 영양지도원(시행규칙 제17조)
> 영양지도원의 업무는 다음과 같다.
> - 영양지도의 기획 · 분석 및 평가
> - 지역주민에 대한 영양상담 · 영양교육 및 영양평가
> - 지역주민의 건강상태 및 식생활 개선을 위한 세부 방안 마련
> - 집단급식시설에 대한 현황 파악 및 급식업무 지도
> - 영양교육자료의 개발 · 보급 및 홍보
> - 그 밖에 규정에 준하는 업무로서 지역주민의 영양관리 및 영양개선을 위하여 특히 필요한 업무

정답 14 ① 15 ⑤

CHAPTER

04 국민영양관리법 2024년 7월 3일 시행

(1) 국민영양관리기본계획(법 제7조) ⭐

① 보건복지부장관은 관계 중앙행정기관의 장과 협의하고 국민건강증진법에 따른 국민건강증진 정책심의위원회의 심의를 거쳐 국민영양관리기본계획을 5년마다 수립하여야 한다.

③ 보건복지부장관은 기본계획을 수립한 경우에는 관계 중앙행정기관의 장, 특별시장 · 광역시장 · 도지사 · 특별자치도지사 및 시장 · 군수 · 구청장에게 통보하여야 한다.

> **시행계획의 수립시기 및 추진절차 등(시행규칙 제3조)**
>
> ① 기본계획을 통보받은 시장 · 군수 · 구청장은 국민영양관리시행계획(이하 "시행계획"이라 한다)을 수립하여 매년 1월 말까지 특별시장 · 광역시장 · 도지사 · 특별자치도지사에게 보고하여야 하며, 이를 보고받은 시 · 도지사는 관할 시 · 군 · 구의 시행계획을 종합하여 매년 2월 말까지 보건복지부장관에게 제출하여야 한다.
>
> ③ 시장 · 군수 · 구청장은 해당 연도의 시행계획에 대한 추진실적을 다음 해 2월 말까지 시 · 도지사에게 보고하여야 하며, 이를 보고받은 시 · 도지사는 관할 시 · 군 · 구의 추진실적을 종합하여 다음 해 3월 말까지 보건복지부장관에게 제출하여야 한다.

(2) 영양 · 식생활 교육사업(법 제10조)

① 국가 및 지방자치단체는 국민의 건강을 위하여 영양 · 식생활 교육을 실시하여야 하며 영양 · 식생활 교육에 필요한 프로그램 및 자료를 개발하여 보급하여야 한다.

② 영양 · 식생활 교육의 대상 · 내용 · 방법 등에 필요한 사항은 보건복지부령으로 정한다.

> **영양 · 식생활 교육의 대상 · 내용 · 방법 등(시행규칙 제5조) ⭐**
>
> ① 보건복지부장관, 시 · 도지사 및 시장 · 군수 · 구청장은 국민 또는 지역 주민에게 영양 · 식생활 교육을 실시하여야 하며, 이 경우 생애주기 등 영양관리 특성을 고려하여야 한다.
>
> ② 영양 · 식생활 교육의 내용은 다음과 같다.
>
> 1. 생애주기별 올바른 식습관 형성 · 실천에 관한 사항
> 2. 식생활 지침 및 영양소 섭취기준
> 3. 질병 예방 및 관리
> 4. 비만 및 저체중 예방 · 관리
> 5. 바람직한 식생활문화 정립
> 6. 식품의 영양과 안전
> 7. 영양 및 건강을 고려한 음식만들기
> 8. 그 밖에 보건복지부장관, 시 · 도지사 및 시장 · 군수 · 구청장이 국민 또는 지역 주민의 영양관리 및 영양개선을 위하여 필요하다고 인정하는 사항

(3) 영양취약계층 등의 영양관리사업(법 제11조)

국가 및 지방자치단체는 다음의 영양관리사업을 실시할 수 있다.

1. 영유아, 임산부, 아동, 노인, 노숙인, 장애인 및 사회복지시설 수용자 등 **영양취약계층**을 위한 영양관리사업
2. 어린이집, 유치원, 학교, 집단급식소, 의료기관 및 사회복지시설 등 시설 및 단체에 대한 영양관리사업
3. 생활습관질병 등 질병예방을 위한 영양관리사업

(4) 통계 · 정보(법 제12조) ✿

① 질병관리청장은 보건복지부장관과 협의하여 영양정책 및 영양관리사업 등에 활용할 수 있도록 식품 및 영양에 관한 통계 및 정보를 수집 · 관리하여야 한다.
② 질병관리청장은 통계 및 정보를 수집 · 관리하기 위하여 필요한 경우 관련 기관 또는 단체에 자료를 요청할 수 있다.
③ 자료를 요청받은 기관 또는 단체는 이에 성실히 응하여야 한다.

(5) 영양관리를 위한 영양 및 식생활 조사(법 제13조)

① 국가 및 지방자치단체는 지역사회의 영양문제에 관한 연구를 위하여 다음의 조사를 실시할 수 있다.

1. 식품 및 영양소 섭취조사
2. 식생활 행태 조사
3. 영양상태 조사
4. 그 밖에 영양문제에 필요한 조사로서 대통령령으로 정하는 사항

영양 및 식생활 조사의 유형(시행령 제3조)

영양문제에 필요한 조사는 다음과 같다.
1. 식품의 영양성분 실태조사
2. 당 · 나트륨 · 트랜스지방 등 건강 위해가능 영양성분의 실태조사
3. 음식별 식품재료량 조사
4. 그 밖에 국민의 영양관리와 관련하여 보건복지부장관, 질병관리청장 또는 지방자치단체의 장이 필요하다고 인정하는 조사

영양 및 식생활 조사의 시기와 방법 등(시행령 제4조)

② 질병관리청장은 식품의 영양성분 실태조사, 당 · 나트륨 · 트랜스지방 등 건강 위해가능 영양성분의 실태조사를 가공식품과 식품접객업소 · 집단급식소 등에서 조리 · 판매 · 제공하는 식품 등에 대하여 질병관리청장이 정한 기준에 따라 매년 실시한다.
③ 질병관리청장은 음식별 식품재료량 조사를 식품접객업소 및 집단급식소 등의 음식별 식품재료에 대하여 질병관리청장이 정한 기준에 따라 매년 실시한다.

---

② 질병관리청장은 보건복지부장관과 협의하여 국민의 식품섭취·식생활 등에 관한 국민 영양 및 식생활 조사를 매년 실시하고 그 결과를 공표하여야 한다.

(6) 영양소 섭취기준 및 식생활 지침의 제정 및 보급(법 제14조)

① 보건복지부장관은 국민건강증진에 필요한 영양소 섭취기준을 제정하고 정기적으로 개정하여 학계·산업계 및 관련 기관 등에 체계적으로 보급하여야 한다.

③ 보건복지부장관은 국민건강증진과 삶의 질 향상을 위하여 질병별·생애주기별 특성 등을 고려한 식생활 지침을 제정하고 정기적으로 개정·보급하여야 한다.

> **영양소 섭취기준과 식생활 지침의 주요 내용 및 발간 주기 등(시행규칙 제6조)**
> ③ 영양소 섭취기준 및 식생활 지침의 발간 주기는 5년으로 하되, 필요한 경우 그 주기를 조정할 수 있다.

(7) 영양사의 면허 (법 제15조)

① 영양사가 되고자 하는 사람은 다음의 어느 하나에 해당하는 사람으로서 영양사 국가시험에 합격한 후 보건복지부장관의 면허를 받아야 한다.

1. 대학, 산업대학, 전문대학 또는 방송통신대학에서 식품학 또는 영양학을 전공한 자로서 교과목 및 학점이수 등에 관하여 보건복지부령으로 정하는 요건을 갖춘 사람
2. 외국에서 영양사면허(보건복지부장관이 정하여 고시하는 인정기준에 해당하는 면허를 말한다)를 받은 사람
3. 외국의 영양사 양성학교(보건복지부장관이 정하여 고시하는 인정기준에 해당하는 학교를 말한다)를 졸업한 사람

(8) 결격사유(법 제16조) ✦ ✦

다음의 어느 하나에 해당하는 사람은 영양사의 면허를 받을 수 없다.

1. 정신질환자. 다만, 전문의가 영양사로서 적합하다고 인정하는 사람은 그러하지 아니하다.
2. 감염병환자 중 보건복지부령으로 정하는 사람

> **감염병환자(시행규칙 제14조)**
> "감염병환자"란 B형간염 환자를 제외한 감염병환자를 말한다.

3. 마약·대마 또는 향정신성의약품 중독자
4. 영양사 면허의 취소처분을 받고 그 취소된 날부터 1년이 지나지 아니한 사람

(9) 영양사의 업무(법 제17조)

영양사는 다음의 업무를 수행한다.
1. 건강증진 및 환자를 위한 영양 · 식생활 교육 및 상담
2. 식품영양정보의 제공
3. 식단작성, 검식 및 배식관리
4. 구매식품의 검수 및 관리
5. 급식시설의 위생적 관리
6. 집단급식소의 운영일지 작성
7. 종업원에 대한 영양지도 및 위생교육

(10) 면허의 등록(법 제18조) ✿

① 보건복지부장관은 영양사의 면허를 부여할 때에는 영양사 면허대장에 그 면허에 관한 사항을 등록하고 면허증을 교부하여야 한다. 다만, 면허증 교부 신청일 기준으로 결격사유에 해당하는 자에게는 면허 등록 및 면허증 교부를 하여서는 아니 된다.
② 면허증을 교부받은 사람은 다른 사람에게 그 면허증을 빌려주어서는 아니 되고, 누구든지 그 면허증을 빌려서는 아니 된다.
③ 누구든지 제2항에 따라 금지된 행위를 알선하여서는 아니 된다.
④ 면허의 등록 및 면허증의 교부 등에 관하여 필요한 사항은 보건복지부령으로 정한다.

(11) 명칭사용의 금지(법 제19조)

영양사 면허를 받지 아니한 사람은 영양사 명칭을 사용할 수 없다.

(12) 보수교육(법 제20조)

① 보건기관·의료기관·집단급식소 등에서 각각 그 업무에 종사하는 영양사는 영양관리수준 및 자질 향상을 위하여 보수교육을 받아야 한다.

> **보수교육의 시기·대상·비용·방법 등(시행규칙 제18조)**
> ① 보수교육은 영양사협회에 위탁한다.
> ② 협회의 장은 다음 사항에 관한 보수교육을 2년마다 6시간 이상 실시해야 한다.
>   1. 직업윤리에 관한 사항
>   2. 업무 전문성 향상 및 업무 개선에 관한 사항
>   3. 국민영양 관계 법령의 준수에 관한 사항
>   4. 선진 영양관리 동향 및 추세에 관한 사항
>   5. 그 밖에 보건복지부장관이 영양사의 전문성 향상에 필요하다고 인정하는 사항
> ③ 보수교육의 대상자는 다음과 같다.
>   1. 보건소·보건지소, 의료기관 및 집단급식소에 종사하는 영양사
>   2. 육아종합지원센터에 종사하는 영양사
>   3. 어린이급식관리지원센터에 종사하는 영양사
>   4. 건강기능식품판매업소에 종사하는 영양사
> ④ 보수교육 대상자 중 다음에 해당하는 사람은 해당 연도의 보수교육을 면제한다. 이 경우 보수교육이 면제되는 사람은 해당 보수교육이 실시되기 전 별지 서식의 보수교육 면제신청서에 면제 대상자임을 인정할 수 있는 서류를 첨부하여 협회의 장에게 제출해야 한다.
>   1. 군복무 중인 사람
>   2. 본인의 질병 또는 그 밖의 불가피한 사유로 보수교육을 받기 어렵다고 보건복지부장관이 인정하는 사람

> **보수교육 관계 서류의 보존(시행규칙 제20조)**
> 협회의 장은 다음의 서류를 3년간 보존하여야 한다.
> 1. 보수교육 대상자 명단(대상자의 교육 이수 여부가 명시되어야 한다)
> 2. 보수교육 면제자 명단
> 3. 그 밖에 이수자의 교육 이수를 확인할 수 있는 서류

(13) 실태 등의 신고(법 제20조의2)

① 영양사는 대통령령으로 정하는 바에 따라 최초로 면허를 받은 후부터 3년마다 그 실태와 취업상황 등을 보건복지부장관에게 신고하여야 한다.

> **영양사의 실태 등의 신고(시행령 제4조의2)**
> ① 영양사는 그 실태와 취업상황 등을 면허증의 교부일부터 매 3년이 되는 해의 12월 31일까지 보건복지부장관에게 신고하여야 한다.

② 보건복지부장관은 보수교육을 이수하지 아니한 영양사에 대하여 신고를 반려할 수 있다.

③ 보건복지부장관은 신고 수리 업무를 대통령령으로 정하는 바에 따라 관련 단체 등에 위탁할 수 있다.

(14) 면허취소 등(법 제21조) ⭐ ⭐ ⭐

① 보건복지부장관은 영양사가 다음의 어느 하나에 해당하는 경우 그 면허를 취소할 수 있다. 다만, 제1호에 해당하는 경우 **면허를 취소하여야 한다.**

    1. 제16조(결격사유) 제1호부터 제3호까지의 어느 하나에 해당하는 경우

    2. 면허정지처분 기간 중에 영양사의 업무를 하는 경우

    3. 3회 이상 면허정지처분을 받은 경우

② 보건복지부장관은 영양사가 다음의 어느 하나에 해당하는 경우 **6개월 이내의 기간을 정하여** 그 면허의 정지를 명할 수 있다.

    1. 영양사가 그 업무를 행함에 있어서 식중독이나 그 밖에 위생과 관련한 중대한 사고 발생에 직무상의 책임이 있는 경우

    2. 면허를 타인에게 대여하여 이를 사용하게 한 경우

③ 행정처분의 세부적인 기준은 그 위반행위의 유형과 위반의 정도 등을 참작하여 대통령령으로 정한다.

④ 보건복지부장관은 면허취소처분 또는 면허정지처분을 하고자 하는 경우에는 청문을 실시하여야 한다.

⑤ 보건복지부장관은 영양사가 실태 등의 신고를 하지 아니한 경우에는 신고할 때까지 면허의 효력을 정지할 수 있다.

행정처분의 개별기준(시행령 별표) ⭐ ⭐ ⭐

위반행위	행정처분 기준		
	1차 위반	2차 위반	3차 이상 위반
법 제16조(결격사유) 제1호부터 제3호까지의 어느 하나에 해당하는 경우	면허취소	–	–
면허정지처분 기간 중에 영양사의 업무를 하는 경우	면허취소	–	–
영양사가 그 업무를 행함에 있어서 식중독이나 그 밖에 위생과 관련한 중대한 사고 발생에 직무상의 책임이 있는 경우	면허정지 1개월	면허정지 2개월	면허취소
면허를 타인에게 대여하여 사용하게 한 경우	면허정지 2개월	면허정지 3개월	면허취소

(15) 임상영양사(법 제23조)

① 보건복지부장관은 건강관리를 위하여 영양판정, 영양상담, 영양소 모니터링 및 평가 등의 업무를 수행하는 영양사에게 영양사 면허 외에 임상영양사 자격을 인정할 수 있다.

② 임상영양사의 업무, 자격기준, 자격증 교부 등에 관하여 필요한 사항은 보건복지부령으로 정한다.

임상영양사의 업무(시행규칙 제22조)

임상영양사는 질병의 예방과 관리를 위하여 질병별로 전문화된 다음의 업무를 수행한다.
1. 영양문제 수집 · 분석 및 영양요구량 산정 등의 영양판정
2. 영양상담 및 교육
3. 영양관리상태 점검을 위한 영양모니터링 및 평가
4. 영양불량상태 개선을 위한 영양관리
5. 임상영양 자문 및 연구
6. 그 밖에 임상영양과 관련된 업무

임상영양사의 자격기준(시행규칙 제23조)

임상영양사가 되려는 사람은 다음의 어느 하나에 해당하는 사람으로서 보건복지부장관이 실시하는 임상영양사 자격시험에 합격하여야 한다.
1. 임상영양사 교육과정 수료와 보건소 · 보건지소, 의료기관, 집단급식소 등 보건복지부장관이 정하는 기관에서 1년 이상 영양사로서의 실무경력을 충족한 사람
2. 외국의 임상영양사 자격이 있는 사람 중 보건복지부장관이 인정하는 사람

임상영양사의 교육과정(시행규칙 제24조)

① 임상영양사의 교육은 보건복지부장관이 지정하는 임상영양사 교육기관이 실시하고 그 교육기간은 2년 이상으로 한다.
② 임상영양사 교육을 신청할 수 있는 사람은 영양사 면허를 가진 사람으로 한다.

---

(16) 벌칙(법 제28조) ⭐ ⭐ ⭐

① 다음의 어느 하나에 해당하는 자는 1년 이하의 징역 또는 1천만 원 이하의 벌금에 처한다.
1. 다른 사람에게 영양사의 면허증 또는 임상영양사의 자격증을 빌려주거나 빌린 자
2. 영양사의 면허증 또는 임상영양사의 자격증을 빌려주거나 빌리는 것을 알선한 자

② 영양사 면허를 받지 아니한 사람이 영양사라는 명칭을 사용한 경우 300만 원 이하의 벌금에 처한다.

CHAPTER

04   적중예상문제

01 국민영양관리법상 국민영양관리기본계획의 수립 시기는?

① 1년마다

② 2년마다

③ 3년마다

④ 4년마다

⑤ 5년마다

> **해설** 보건복지부장관은 관계 중앙행정기관의 장과 협의하고 국민건강증진법에 따른 국민건강증진정책심의위원회의 심의를 거쳐 국민영양관리기본계획을 5년마다 수립하여야 한다(법 제7조 제1항).

02 국민영양관리법상 국민영양관리시행계획을 보고받은 시 · 도지사는 관할 시 · 군 · 구의 시행계획을 종합하여 언제까지 보건복지부장관에게 제출하여야 하는가?

① 매년 1월 말까지

② 매년 2월 말까지

③ 매년 6월 말까지

④ 매년 9월 말까지

⑤ 매년 12월 말까지

> **해설** 기본계획을 통보받은 시장 · 군수 · 구청장은 국민영양관리시행계획을 수립하여 매년 1월 말까지 특별시장 · 광역시장 · 도지사 · 특별자치도지사에게 보고하여야 하며, 이를 보고받은 시 · 도지사는 관할 시 · 군 · 구의 시행계획을 종합하여 매년 2월 말까지 보건복지부장관에게 제출하여야 한다(시행규칙 제3조 제1항).

정답 01 ⑤   02 ②

03 국민영양관리법상 영양·식생활 교육의 내용이 아닌 것은?

① 생애주기별 올바른 식습관 형성·실천에 관한 사항

② 공중위생에 관한 사항

③ 바람직한 식생활문화 정립

④ 식생활 지침 및 영양소 섭취기준

⑤ 영양 및 건강을 고려한 음식만들기

해설 **영양·식생활 교육의 대상·내용·방법 등(시행규칙 제5조)**
- 보건복지부장관, 시·도지사 및 시장·군수·구청장은 국민 또는 지역 주민에게 영양·식생활 교육을 실시하여야 하며, 이 경우 생애주기 등 영양관리 특성을 고려하여야 한다.
- 영양·식생활 교육의 내용은 다음과 같다.
  - 생애주기별 올바른 식습관 형성·실천에 관한 사항
  - 식생활 지침 및 영양소 섭취기준
  - 질병 예방 및 관리
  - 비만 및 저체중 예방·관리
  - 바람직한 식생활문화 정립
  - 식품의 영양과 안전
  - 영양 및 건강을 고려한 음식만들기
  - 그 밖에 보건복지부장관, 시·도지사 및 시장·군수·구청장이 국민 또는 지역 주민의 영양관리 및 영양개선을 위하여 필요하다고 인정하는 사항

04 국민영양관리법상 국가 및 지방자치단체의 영양관리사업에 해당하는 시설은?

① 어린이집

② 학 원

③ 휴게음식점

④ 일반음식점

⑤ 제과점

해설 국가 및 지방자치단체는 어린이집, 유치원, 학교, 집단급식소, 의료기관 및 사회복지시설 등 시설 및 단체에 대한 영양관리사업을 실시할 수 있다(법 제11조 제2호).

05 국민영양관리법상 영양정책에 활용할 수 있도록 영양에 관한 통계 및 정보를 수집·관리하는 자는?

① 대통령　　　　　　　　　　② 질병관리청장
③ 시·도지사　　　　　　　　　④ 시장·군수·구청장
⑤ 보건소장

> **해설** 질병관리청장은 보건복지부장관과 협의하여 영양정책 및 영양관리사업 등에 활용할 수 있도록 식품 및 영양에 관한 통계 및 정보를 수집·관리하여야 한다(법 제12조 제1항).

06 국민영양관리법상 지역사회의 영양문제에 관한 연구를 위한 조사에 해당하지 않는 것은?

① 트랜스지방 실태조사
② 당·나트륨 실태조사
③ 음식별 식품재료량 조사
④ 식품의 영양성분 실태조사
⑤ 식품의 조리법 조사

> **해설** 영양 및 식생활 조사의 유형(시행령 제3조)
> · 식품의 영양성분 실태조사
> · 당·나트륨·트랜스지방 등 건강 위해가능 영양성분의 실태조사
> · 음식별 식품재료량 조사
> · 그 밖에 국민의 영양관리와 관련하여 보건복지부장관, 질병관리청장 또는 지방자치단체의 장이 필요하다고 인정하는 조사

07 국민영양관리법상 질병관리청장이 실시하는 집단급식소의 음식별 식품재료에 대한 조사의 주기는?

① 6개월마다　　　　　　　　　② 매 년
③ 2년마다　　　　　　　　　　④ 3년마다
⑤ 5년마다

> **해설** 질병관리청장은 음식별 식품재료량 조사를 식품접객업소 및 집단급식소 등의 음식별 식품재료에 대하여 질병관리청장이 정한 기준에 따라 매년 실시한다(시행령 제4조 제3항).

정답 05 ② 06 ⑤ 07 ②

08 국민영양관리법상 국민건강증진에 필요한 영양소 섭취기준을 제정하고 정기적으로 개정하여 학계·산업계 및 관련 기관 등에 체계적으로 보급하는 자는?

① 보건복지부장관
② 식품의약품안전처장
③ 한국식품영양학회 회장
④ 시·도지사
⑤ 시장·군수·구청장

해설 보건복지부장관은 국민건강증진에 필요한 영양소 섭취기준을 제정하고 정기적으로 개정하여 학계·산업계 및 관련 기관 등에 체계적으로 보급하여야 한다(법 제14조 제1항).

09 국민영양관리법상 영양소 섭취기준 및 식생활 지침의 발간 주기는?

① 1년
② 2년
③ 3년
④ 4년
⑤ 5년

해설 영양소 섭취기준 및 식생활 지침의 발간 주기는 5년으로 하되, 필요한 경우 그 주기를 조정할 수 있다(시행규칙 제6조 제3항).

출제유형 35

10 국민영양관리법상 영양사 면허를 받을 수 있는 자는?

① 전문의가 영양사로서 적합하다고 인정하지 않은 정신질환자
② 대마 중독자
③ 향정신성의약품 중독자
④ 감염병환자 중 보건복지부령으로 정하는 사람
⑤ 영양사 면허의 취소된 날부터 2년이 된 사람

해설 **결격사유(법 제16조)**
다음의 어느 하나에 해당하는 사람은 영양사의 면허를 받을 수 없다.
- 정신질환자. 다만, 전문의가 영양사로서 적합하다고 인정하는 사람은 그러하지 아니하다.
- 감염병환자 중 보건복지부령으로 정하는 사람
- 마약·대마 또는 향정신성의약품 중독자
- 영양사 면허의 취소처분을 받고 그 취소된 날부터 1년이 지나지 아니한 사람

11 국민영양관리법상 영양사 면허증을 교부하는 자는?

① 보건복지부장관 　　　　　　② 식품의약품안전처장
③ 한국식품영양학회 회장 　　　④ 시 · 도지사
⑤ 시장 · 군수 · 구청장

> **해설** 보건복지부장관은 영양사의 면허를 부여할 때에는 영양사 면허대장에 그 면허에 관한 사항을 등록하고 면허증
> 을 교부하여야 한다. 다만, 면허증 교부 신청일 기준으로 결격사유에 해당하는 자에게는 면허 등록 및 면허증
> 교부를 하여서는 아니 된다(법 제18조 제1항).

12 국민영양관리법상 영양사 보수교육을 위탁받을 수 있는 기관은?

① 영양사협회 　　　　　　　　② 한국건강증진개발원
③ 한국보건의료연구원 　　　　④ 한국보건사회연구원
⑤ 한국영양교육평가원

> **해설** 보수교육은 영양사협회에 위탁한다(시행규칙 제18조 제1항).

13 국민영양관리법상 영양사의 보수교육은 몇 년마다 실시하는가?

① 1년 　　　　　　　　　　　② 2년
③ 3년 　　　　　　　　　　　④ 4년
⑤ 5년

> **해설** 협회의 장은 보수교육을 2년마다 실시해야 한다(시행규칙 제18조 제2항).

14 국민영양관리법상 영양사의 보수교육 시간은?

① 1시간 이상 　　　　　　　　② 2시간 이상
③ 3시간 이상 　　　　　　　　④ 6시간 이상
⑤ 8시간 이상

> **해설** 영양사의 보수교육 시간은 6시간 이상으로 한다(시행규칙 제18조 제2항).

정답 11 ①　12 ①　13 ②　14 ④

15 국민영양관리법상 영양사 보수교육의 면제자는?

① 건강기능식품판매업소에 종사하는 영양사

② 군복무 중인 영양사

③ 육아종합지원센터에 종사하는 영양사

④ 보건소에서 근무하는 영양사

⑤ 어린이급식관리지원센터에 종사하는 영양사

[해설] 보수교육 대상자 중 군복무 중인 사람, 본인의 질병 또는 그 밖의 불가피한 사유로 보수교육을 받기 어렵다고 보건복지부장관이 인정하는 사람은 해당 연도의 보수교육을 면제한다(시행규칙 제18조 제4항).

16 국민영양관리법상 협회의 장은 영양사 보수교육 관계 서류를 얼마 동안 보존해야 하는가?

① 6개월

② 1년

③ 2년

④ 3년

⑤ 5년

[해설] 협회의 장은 보수교육 관계 서류를 3년간 보존하여야 한다(시행규칙 제20조).

17 국민영양관리법상 영양사는 실태 등의 신고를 면허증의 교부일부터 언제 하는가?

① 매 1년이 되는 해의 12월 31일까지

② 매 2년이 되는 해의 12월 31일까지

③ 매 3년이 되는 해의 12월 31일까지

④ 매 4년이 되는 해의 12월 31일까지

⑤ 매 5년이 되는 해의 12월 31일까지

[해설] 영양사는 그 실태와 취업상황 등을 면허증의 교부일부터 매 3년이 되는 해의 12월 31일까지 보건복지부장관에게 신고하여야 한다(시행령 제4조의2 제1항).

18 국민영양관리법상 영양사가 대마 중독자가 되었을 경우 행정처분은?

① 시정명령

② 면허정지 3개월

③ 면허정지 6개월

④ 면허정지 1년

⑤ 면허취소

해설 영양사가 마약·대마 또는 향정신성의약품 중독자가 되었을 경우 결격사유에 해당하므로 영양사의 면허를 취소하여야 한다(법 제21조 제1항 제1호).

출제유형 47

19 국민영양관리법상 중대한 식중독 사고 발생에 직무상의 책임이 있는 영양사에게 명할 수 있는 면허정지 처분 기간은?

① 3개월 이내

② 6개월 이내

③ 1년 이내

④ 2년 이내

⑤ 3년 이내

해설 보건복지부장관은 영양사가 영양사가 그 업무를 행함에 있어서 식중독이나 그 밖에 위생과 관련한 중대한 사고 발생에 직무상의 책임이 있는 경우 6개월 이내의 기간을 정하여 그 면허의 정지를 명할 수 있다(법 제21조 제2항 제1호).

출제유형 40

20 국민영양관리법상 영양사가 그 업무를 행함에 있어서 식중독 발생에 직무상의 책임이 있는 경우 1차 위반의 행정처분은?

① 시정명령

② 면허정지 1개월

③ 면허정지 2개월

④ 면허정지 3년

⑤ 면허취소

해설 영양사가 그 업무를 행함에 있어서 식중독이나 그 밖에 위생과 관련한 중대한 사고 발생에 직무상의 책임이 있는 경우 1차 위반 시 면허정지 1개월, 2차 위반 시 면허정지 2개월, 3차 이상 위반 시 면허취소 처분을 받는다(시행령 별표).

정답 18 ⑤ 19 ② 20 ②

21 국민영양관리법상 영양사가 면허를 타인에게 대여하여 사용하게 한 경우 2차 위반의 행정처분은?

① 시정명령
② 면허정지 1개월
③ 면허정지 2개월
④ 면허정지 3개월
⑤ 면허취소

해설 영양사가 면허를 타인에게 대여하여 사용하게 한 경우 1차 위반 시 면허정지 2개월, 2차 위반 시 면허정지 3개월, 3차 이상 위반 시 면허취소 처분을 받는다(시행령 별표).

출제유형 39, 46

22 국민영양관리법상 영양사가 면허정지처분 기간 중에 영양사의 업무를 하는 경우 1차 위반의 행정처분은?

① 시정명령
② 업무정지 1개월
③ 업무정지 2개월
④ 업무정지 3개월
⑤ 면허취소

해설 영양사 면허정지처분 기간 중에 영양사의 업무를 하는 경우 1차 위반으로 면허취소가 된다(시행령 별표).

23 국민영양관리법상 영양사가 실태 등의 신고를 하지 아니한 경우 보건복지부장관이 취할 수 있는 행정처분은?

① 시정명령
② 업무정지 1개월
③ 업무정지 2개월
④ 업무정지 3개월
⑤ 신고할 때까지 면허의 효력을 정지할 수 있다.

해설 보건복지부장관은 영양사가 실태 등의 신고를 하지 아니한 경우에는 신고할 때까지 면허의 효력을 정지할 수 있다(법 제21조 제5항).

21 ④ **22** ⑤ **23** ⑤ 정답

24 국민영양관리법상 임상영양사 자격시험에 응시하려면 교육과정 수료와 함께 지정기관에서 얼마 동안의 실무경력을 충족하여야 하는가?

① 3개월 이상

② 6개월 이상

③ 1년 이상

④ 2년 이상

⑤ 3년 이상

해설 임상영양사의 자격기준은 임상영양사 교육과정 수료와 보건소·보건지소, 의료기관, 집단급식소 등 보건복지 부장관이 정하는 기관에서 1년 이상 영양사로서의 실무경력을 충족한 사람으로 한다(시행규칙 제23조).

출제유형 38, 39, 44

25 국민영양관리법상 다른 사람에게 영양사의 면허증을 빌려준 사람에 대한 벌칙은?

① 300만 원 이하의 벌금

② 1년 이하의 징역 또는 1천만 원 이하의 벌금

③ 2년 이하의 징역 또는 1천만 원 이하의 벌금

④ 3년 이하의 징역 또는 1천만 원 이하의 벌금

⑤ 5년 이하의 징역 또는 1천만 원 이하의 벌금

해설 다른 사람에게 영양사의 면허증 또는 임상영양사의 자격증을 빌려주거나 빌린 자, 영양사의 면허증 또는 임상 영양사의 자격증을 빌려주거나 빌리는 것을 알선한 자는 1년 이하의 징역 또는 1천만 원 이하의 벌금에 처한다 (법 제28조 제1항).

26 국민영양관리법상 영양사 면허를 받지 아니한 사람이 영양사라는 명칭을 사용 경우에 처하는 벌칙은?

① 300만 원 이하의 벌금

② 1년 이하의 징역 또는 1천만 원 이하의 벌금

③ 2년 이하의 징역 또는 1천만 원 이하의 벌금

④ 3년 이하의 징역 또는 1천만 원 이하의 벌금

⑤ 5년 이하의 징역 또는 1천만 원 이하의 벌금

해설 영양사 면허를 받지 아니한 사람이 영양사라는 명칭을 사용한 경우 300만 원 이하의 벌금에 처한다(법 제28조 제2항).

정답 24 ③ 25 ② 26 ①

CHAPTER 05

농수산물의 원산지 표시에 관한 법률

2022년 1월 1일 시행

(1) 목적(제1조)

이 법은 농산물 · 수산물과 그 가공품 등에 대하여 적정하고 합리적인 원산지 표시와 유통이력 관리를 하도록 함으로써 공정한 거래를 유도하고 소비자의 알권리를 보장하여 생산자와 소비자를 보호하는 것을 목적으로 한다.

(2) 정의(제2조)

이 법에서 사용하는 용어의 뜻은 다음과 같다.

1. "농산물"이란 농업 · 농촌 및 식품산업 기본법에 따른 농산물을 말한다.
2. "수산물"이란 수산업 · 어촌 발전 기본법에 따른 어업활동 및 양식업활동으로부터 생산되는 산물을 말한다.
3. "농수산물"이란 농산물과 수산물을 말한다.
4. "원산지"란 농산물이나 수산물이 생산 · 채취 · 포획된 국가 · 지역이나 해역을 말한다.
4의2. "유통이력"이란 수입 농산물 및 농산물 가공품에 대한 수입 이후부터 소비자 판매 이전까지의 유통단계별 거래명세를 말하며, 그 구체적인 범위는 농림축산식품부령으로 정한다.
5. "식품접객업"이란 식품위생법에 따른 식품접객업을 말한다.
6. "집단급식소"란 식품위생법에 따른 집단급식소를 말한다.
7. "통신판매"란 전자상거래 등에서의 소비자보호에 관한 법률에 따른 통신판매 중 대통령령으로 정하는 판매를 말한다.

(3) 농수산물의 원산지 표시의 심의(법 제4조)

이 법에 따른 농산물 · 수산물 및 그 가공품 또는 조리하여 판매하는 쌀 · 김치류, 축산물 및 수산물 등의 원산지 표시 등에 관한 사항은 농수산물품질관리심의회에서 심의한다.

(4) 원산지 표시(법 제5조)

① 대통령령으로 정하는 농수산물 또는 그 가공품을 수입하는 자, 생산·가공하여 출하하거나 판매(통신판매를 포함한다)하는 자 또는 판매할 목적으로 보관·진열하는 자는 다음에 대하여 원산지를 표시하여야 한다.

1. 농수산물
2. 농수산물 가공품(국내에서 가공한 가공품은 제외한다)
3. 농수산물 가공품(국내에서 가공한 가공품에 한정한다)의 원료

② 다음의 어느 하나에 해당하는 때에는 제1항에 따라 원산지를 표시한 것으로 본다.

1. 농수산물 품질관리법 제5조 또는 소금산업 진흥법 제33조에 따른 표준규격품의 표시를 한 경우
2. 농수산물 품질관리법 제6조에 따른 우수관리인증의 표시, 같은 법 제14조에 따른 품질인증품의 표시 또는 소금산업 진흥법 제39조에 따른 우수천일염인증의 표시를 한 경우
2의2. 소금산업 진흥법 제40조에 따른 천일염생산방식인증의 표시를 한 경우
3. 소금산업 진흥법 제41조에 따른 친환경천일염인증의 표시를 한 경우
4. 농수산물 품질관리법 제24조에 따른 이력추적관리의 표시를 한 경우
5. 농수산물 품질관리법 제34조 또는 소금산업 진흥법 제38조에 따른 지리적표시를 한 경우
5의2. 식품산업진흥법 제22조의2 또는 수산식품산업의 육성 및 지원에 관한 법률 제30조에 따른 원산지인증의 표시를 한 경우
5의3. 대외무역법 제33조에 따라 수출입 농수산물이나 수출입 농수산물 가공품의 원산지를 표시한 경우
6. 다른 법률에 따라 농수산물의 원산지 또는 농수산물 가공품의 원료의 원산지를 표시한 경우

③ 식품접객업 및 집단급식소 중 대통령령으로 정하는 영업소나 집단급식소를 설치·운영하는 자는 다음의 어느 하나에 해당하는 경우에 그 농수산물이나 그 가공품의 원료에 대하여 원산지(쇠고기는 식육의 종류를 포함한다)를 표시하여야 한다. 다만, 원산지인증의 표시를 한 경우에는 원산지를 표시한 것으로 보며, 쇠고기의 경우에는 식육의 종류를 별도로 표시하여야 한다.

1. 대통령령으로 정하는 농수산물이나 그 가공품을 조리하여 판매·제공(배달을 통한 판매·제공을 포함한다)하는 경우
2. 제1호에 따른 농수산물이나 그 가공품을 조리하여 판매·제공할 목적으로 보관하거나 진열하는 경우

원산지의 표시대상(시행령 제3조)

⑤ "대통령령으로 정하는 농수산물이나 그 가공품을 조리하여 판매·제공하는 경우"란 다음의 것을 조리하여 판매·제공하는 경우를 말한다. 이 경우 조리에는 날 것의 상태로 조리하는 것을 포함하며, 판매·제공에는 배달을 통한 판매·제공을 포함한다.

1. 쇠고기(식육·포장육·식육가공품을 포함한다)
2. 돼지고기(식육·포장육·식육가공품을 포함한다)
3. 닭고기(식육·포장육·식육가공품을 포함한다)
4. 오리고기(식육·포장육·식육가공품을 포함한다)
5. 양고기(식육·포장육·식육가공품을 포함한다)
5의2. 염소(유산양을 포함한다)고기(식육·포장육·식육가공품을 포함한다)
6. 밥, 죽, 누룽지에 사용하는 쌀(쌀가공품을 포함하며, 쌀에는 찹쌀, 현미 및 찐쌀을 포함한다)
7. 배추김치(배추김치가공품을 포함한다)의 원료인 배추(얼갈이배추와 봄동배추를 포함한다)와 고춧가루
7의2. 두부류(가공두부, 유바는 제외한다), 콩비지, 콩국수에 사용하는 콩(콩가공품을 포함한다)
8. 넙치, 조피볼락, 참돔, 미꾸라지, 뱀장어, 낙지, 명태(황태, 북어 등 건조한 것은 제외한다), 고등어, 갈치, 오징어, 꽃게, 참조기, 다랑어, 아귀, 주꾸미, 가리비, 우렁쉥이, 전복, 방어 및 부세(해당 수산물가공품을 포함한다)
9. 조리하여 판매·제공하기 위하여 수족관 등에 보관·진열하는 살아있는 수산물

원산지 표시를 하여야 할 자(시행령 제4조)

"대통령령으로 정하는 영업소나 집단급식소를 설치·운영하는 자"란 휴게음식점영업, 일반음식점영업 또는 위탁급식영업을 하는 영업소나 집단급식소를 설치·운영하는 자를 말한다.

원산지의 표시기준(시행령 별표 1)

1. 농수산물
   가. 국산 농수산물
      1) 국산 농산물 : "국산"이나 "국내산" 또는 그 농산물을 생산·채취·사육한 지역의 시·도명이나 시·군·구명을 표시한다.
      2) 국산 수산물 : "국산"이나 "국내산" 또는 "연근해산"으로 표시한다. 다만, 양식 수산물이나 연안정착성 수산물 또는 내수면 수산물의 경우에는 해당 수산물을 생산·채취·양식·포획한 지역의 시·도명이나 시·군·구명을 표시할 수 있다.
   나. 원양산 수산물
      1) 원양산업발전법에 따라 원양어업의 허가를 받은 어선이 해외수역에서 어획하여 국내에 반입한 수산물은 "원양산"으로 표시하거나 "원양산" 표시와 함께 "태평양", "대서양", "인도양", "남극해", "북극해"의 해역명을 표시한다.

영업소 및 집단급식소의 원산지 표시방법(시행규칙 별표 4)

2. 영업형태별 표시방법

    나. 위탁급식영업을 하는 영업소 및 집단급식소

        1) 식당이나 취식장소에 월간 메뉴표, 메뉴판, 게시판 또는 푯말 등을 사용하여 소비자가 원산지를 쉽게 확인할 수 있도록 표시하여야 한다.

        2) 교육 · 보육시설 등 미성년자를 대상으로 하는 영업소 및 집단급식소의 경우에는 1)에 따른 표시 외에 원산지가 적힌 주간 또는 월간 메뉴표를 작성하여 가정통신문(전자적 형태의 가정통신문을 포함한다)으로 알려주거나 교육 · 보육시설 등의 인터넷 홈페이지에 추가로 공개하여야 한다.

3. 원산지 표시대상별 표시방법

    가. 축산물의 원산지 표시방법 : 축산물의 원산지는 국내산(국산)과 외국산으로 구분하고, 다음의 구분에 따라 표시한다.

        1) 쇠고기

            가) 국내산(국산)의 경우 "국산"이나 "국내산"으로 표시하고, 식육의 종류를 한우, 젖소, 육우로 구분하여 표시한다. 다만, 수입한 소를 국내에서 6개월 이상 사육한 후 국내산(국산)으로 유통하는 경우에는 "국산"이나 "국내산"으로 표시하되, 괄호 안에 식육의 종류 및 출생국가명을 함께 표시한다.

                [예시] 소갈비(쇠고기 : 국내산 한우), 등심(쇠고기 : 국내산 육우), 소갈비(쇠고기 : 국내산 육우(출생국 : 호주))

            나) 외국산의 경우에는 해당 국가명을 표시한다.

                [예시] 소갈비(쇠고기 : 미국산)

        2) 돼지고기, 닭고기, 오리고기 및 양고기(염소 등 산양 포함)

            가) 국내산(국산)의 경우 "국산"이나 "국내산"으로 표시한다. 다만, 수입한 돼지 또는 양을 국내에서 2개월 이상 사육한 후 국내산(국산)으로 유통하거나, 수입한 닭 또는 오리를 국내에서 1개월 이상 사육한 후 국내산(국산)으로 유통하는 경우에는 "국산"이나 "국내산"으로 표시하되, 괄호 안에 출생국가명을 함께 표시한다.

                [예시] 삼겹살(돼지고기 : 국내산), 삼계탕(닭고기 : 국내산), 훈제오리(오리고기 : 국내산), 삼겹살(돼지고기 : 국내산(출생국 : 덴마크)), 삼계탕(닭고기 : 국내산(출생국 : 프랑스)), 훈제오리(오리고기 : 국내산(출생국 : 중국))

            나) 외국산의 경우 해당 국가명을 표시한다.

                [예시] 삼겹살(돼지고기 : 덴마크산), 염소탕(염소고기 : 호주산), 삼계탕(닭고기 : 중국산), 훈제오리(오리고기 : 중국산)

    다. 배추김치의 원산지 표시방법 📖

        1) 국내에서 배추김치를 조리하여 판매 · 제공하는 경우에는 "배추김치"로 표시하고, 그 옆에 괄호로 배추김치의 원료인 배추(절인 배추를 포함한다)의 원산지를 표시한다. 이 경우 고춧가루를 사용한 배추김치의 경우에는 고춧가루의 원산지를 함께 표시한다.

            [예시]

            – 배추김치(배추 : 국내산, 고춧가루 : 중국산), 배추김치(배추 : 중국산, 고춧가루 : 국내산)

            – 고춧가루를 사용하지 않은 배추김치 : 배추김치(배추 : 국내산)

        2) 외국에서 제조 · 가공한 배추김치를 수입하여 조리하여 판매 · 제공하는 경우에는 배추김치를 제조 · 가공한 해당 국가명을 표시한다.

            [예시] 배추김치(중국산)

(5) 거짓 표시 등의 금지(법 제6조)

① 누구든지 다음의 행위를 하여서는 아니 된다.

1. **원산지 표시를 거짓**으로 하거나 이를 **혼동하게 할 우려**가 있는 표시를 하는 행위

2. 원산지 표시를 혼동하게 할 목적으로 그 표시를 손상·변경하는 행위

3. 원산지를 위장하여 판매하거나, 원산지 표시를 한 농수산물이나 그 가공품에 다른 농수산물이나 가공품을 혼합하여 판매하거나 판매할 목적으로 보관이나 진열하는 행위

② 농수산물이나 그 가공품을 조리하여 판매·제공하는 자는 다음의 행위를 하여서는 아니 된다.

1. 원산지 표시를 거짓으로 하거나 이를 혼동하게 할 우려가 있는 표시를 하는 행위

2. 원산지를 위장하여 조리·판매·제공하거나, 조리하여 판매·제공할 목적으로 농수산물이나 그 가공품의 원산지 표시를 손상·변경하여 보관·진열하는 행위

3. 원산지 표시를 한 농수산물이나 그 가공품에 원산지가 다른 동일 농수산물이나 그 가공품을 혼합하여 조리·판매·제공하는 행위

(6) 원산지 표시 등의 위반에 대한 처분 등(법 제9조)

① 농림축산식품부장관, 해양수산부장관, 관세청장, 시·도지사 또는 시장·군수·구청장은 제5조나 제6조를 위반한 자에 대하여 다음의 처분을 할 수 있다. 다만, 제5조 제3항을 위반한 자에 대한 처분은 제1호에 한정한다.

1. 표시의 이행·변경·삭제 등 시정명령

2. 위반 농수산물이나 그 가공품의 판매 등 거래행위 금지

② 농림축산식품부장관, 해양수산부장관, 관세청장, 시·도지사 또는 시장·군수·구청장은 다음의 자가 제5조를 위반하여 2년 이내에 2회 이상 원산지를 표시하지 아니하거나, 제6조를 위반함에 따라 제1항에 따른 처분이 확정된 경우 처분과 관련된 사항을 공표하여야 한다. 다만, 농림축산식품부장관이나 해양수산부장관이 심의회의 심의를 거쳐 공표의 실효성이 없다고 인정하는 경우에는 처분과 관련된 사항을 공표하지 아니할 수 있다.

1. 제5조 제1항에 따라 원산지의 표시를 하도록 한 농수산물이나 그 가공품을 생산·가공하여 출하하거나 판매 또는 판매할 목적으로 가공하는 자

2. 제5조 제3항에 따라 음식물을 조리하여 판매·제공하는 자

(7) 원산지 표시 위반에 대한 교육(법 제9조의2)

① 농림축산식품부장관, 해양수산부장관, 관세청장, 시·도지사 또는 시장·군수·구청장은 제9조 제2항 각 호의 자가 제5조 또는 제6조를 위반하여 제9조 제1항에 따른 처분이 확정된 경우에는 농수산물 원산지 표시제도 교육을 이수하도록 명하여야 한다.

② 제1항에 따른 이수명령의 이행기간은 교육 이수명령을 통지받은 날부터 최대 4개월 이내로 정한다.

③ 농림축산식품부장관과 해양수산부장관은 제1항 및 제2항에 따른 농수산물 원산지 표시제도 교육을 위하여 교육시행지침을 마련하여 시행하여야 한다.

④ 제1항부터 제3항까지의 규정에 따른 교육내용, 교육대상, 교육기관, 교육기간 및 교육시행지침 등 필요한 사항은 대통령령으로 정한다.

농수산물 원산지 표시제도 교육(시행령 제7조의2) ☆

① 법 제9조의2 제1항에 따른 농수산물 원산지 표시제도 교육(이하 이 조에서 "원산지 교육"이라 한다)은 다음의 내용을 포함하여야 한다.
  1. 원산지 표시 관련 법령 및 제도
  2. 원산지 표시방법 및 위반자 처벌에 관한 사항

② 원산지 교육은 2시간 이상 실시되어야 한다.

③ 원산지 교육의 대상은 법 제9조 제2항 각 호의 자 중에서 다음의 어느 하나에 해당하는 자로 한다.
  1. 법 제5조를 위반하여 농수산물이나 그 가공품 등의 원산지 등을 표시하지 않아 법 제9조 제1항에 따른 처분을 2년 이내에 2회 이상 받은 자
  2. 법 제6조 제1항이나 제2항을 위반하여 법 제9조 제1항에 따른 처분을 받은 자

---

(8) 벌칙(제14조)

① 제6조(거짓 표시 등의 금지) 제1항 또는 제2항을 위반한 자는 7년 이하의 징역이나 1억 원 이하의 벌금에 처하거나 이를 병과할 수 있다. ☆ ☆

② 제1항의 죄로 형을 선고받고 그 형이 확정된 후 5년 이내에 다시 제6조 제1항 또는 제2항을 위반한 자는 1년 이상 10년 이하의 징역 또는 500만 원 이상 1억 5천만 원 이하의 벌금에 처하거나 이를 병과할 수 있다.

CHAPTER

05 적중예상문제

01 농수산물의 원산지 표시에 관한 법률의 목적으로 옳은 것은?

① 농수산물의 합리적인 소비 대책 강구

② 농업인의 보호와 기간산업 보호

③ 생산자와 소비자 보호

④ 식품접객업과 판매자의 원산지 표시

⑤ 농수산물 수출산업의 보호

> **해설** 이 법은 농산물 · 수산물과 그 가공품 등에 대하여 적정하고 합리적인 원산지 표시와 유통이력 관리를 하도록 함으로써 공정한 거래를 유도하고 소비자의 알권리를 보장하여 생산자와 소비자를 보호하는 것을 목적으로 한다(법 제1조).

02 농수산물의 원산지 표시에 관한 법률상 농산물이나 수산물이 생산 · 채취 · 포획된 국가 · 지역이나 해역을 뜻하는 용어는?

① 원산지   ② 제조국

③ 규 격   ④ 인 증

⑤ 소재지

> **해설** "원산지"란 농산물이나 수산물이 생산 · 채취 · 포획된 국가 · 지역이나 해역을 말한다(법 제2조 제4호).

03 농수산물의 원산지 표시에 관한 법률상 농수산물의 원산지 표시 사항을 심의하는 곳은?

① 농수산물품질관리심의회   ② 국립농산물품질관리원

③ 국립수산물품질관리원   ④ 농림축산검역본부

⑤ 농산물품질관리사

> **해설** 농산물 · 수산물 및 그 가공품 또는 조리하여 판매하는 쌀 · 김치류, 축산물 및 수산물 등의 원산지 표시 등에 관한 사항은 농수산물품질관리심의회에서 심의한다(법 제4조).

01 ③ 02 ① 03 ① 정답

04 농수산물의 원산지 표시에 관한 법률상 배추김치의 원산지 표시를 해야 하는 원료는?

① 배추, 고춧가루

② 배추, 마늘

③ 배추, 젓갈

④ 마늘, 생강

⑤ 생강, 무

해설 배추김치(배추김치가공품을 포함한다)의 원료인 배추(얼갈이배추와 봄동배추를 포함한다)와 고춧가루는 원산지의 표시대상이다(시행령 제3조 제5항 제7호).

05 농수산물의 원산지 표시에 관한 법률상 집단급식소를 설치·운영하는 자가 조리하여 판매·제공할 때 원산지를 표시하여야 하는 것은?

① 총각김치의 무

② 묵의 메밀

③ 콩국수의 콩

④ 북엇국의 북어

⑤ 수제비의 밀가루

해설 두부류(가공두부, 유바는 제외한다), 콩비지, 콩국수에 사용하는 콩(콩가공품을 포함한다)은 원산지의 표시대상이다(시행령 제3조 제5항 제7의2호).

06 농수산물의 원산지 표시에 관한 법률상 원산지의 표시대상인 원료는?

① 밀가루

② 북 어

③ 황 태

④ 감 자

⑤ 고등어

해설 넙치, 조피볼락, 참돔, 미꾸라지, 뱀장어, 낙지, 명태(황태, 북어 등 건조한 것은 제외한다), 고등어, 갈치, 오징어, 꽃게, 참조기, 다랑어, 아귀, 주꾸미, 가리비, 우렁쉥이, 전복, 방어 및 부세(해당 수산물가공품을 포함한다)는 원산지의 표시대상이다(시행령 제3조 제5항 제8호).

07 농수산물의 원산지 표시에 관한 법률상 원산지 표시를 하지 않아도 되는 경우는?

① 휴게음식점영업
② 일반음식점영업
③ 위탁급식영업
④ 집단급식소를 설치 · 운영하는 자
⑤ 즉석판매제조 · 가공업자

해설 휴게음식점영업, 일반음식점영업 또는 위탁급식영업을 하는 영업소나 집단급식소를 설치 · 운영하는 자는 원산지 표시를 하여야 한다(시행령 제4조).

08 농수산물의 원산지 표시에 관한 법률상 원산지가 적힌 메뉴표를 인터넷 홈페이지에 추가로 공개하여야 하는 곳은?

① 학교 급식소
② 휴게음식점
③ 병원 급식소
④ 일반음식점
⑤ 장례식장 급식소

해설 교육 · 보육시설 등 미성년자를 대상으로 하는 영업소 및 집단급식소의 경우에는 원산지가 적힌 주간 또는 월간 메뉴표를 작성하여 가정통신문으로 알려주거나 교육 · 보육시설 등의 인터넷 홈페이지에 추가로 공개하여야 한다(시행규칙 별표 4).

09 수산물의 원산지 표시에 관한 법률상 미국에서 수입한 육우를 국내에서 6개월 이상 사육한 후 소갈비로 국내에서 유통하는 경우 원산지 표시는?

① 소갈비
② 소갈비(미국산)
③ 소갈비(미국산 : 국내산 육우)
④ 소갈비(쇠고기 : 국내산 육우)
⑤ 소갈비(쇠고기 : 국내산 육우(출생국 : 미국))

해설 수입한 소를 국내에서 6개월 이상 사육한 후 국내산(국산)으로 유통하는 경우에는 "국산"이나 "국내산"으로 표시하되, 괄호 안에 식육의 종류 및 출생국가명을 함께 표시한다(시행규칙 별표 4).

07 ⑤ **08** ① **09** ⑤ **정답**

10 농수산물의 원산지 표시에 관한 법률상 국내산 배추와 중국산 고춧가루를 사용한 배추김치의 원산지 표시는?

① 김치(국내산)

② 배추김치(국내산)

③ 배추김치(국내산, 중국산)

④ 배추김치(배추 : 국내산, 고춧가루 : 수입산)

⑤ 배추김치(배추 : 국내산, 고춧가루 : 중국산)

해설 국내에서 배추김치를 조리하여 판매·제공하는 경우에는 "배추김치"로 표시하고, 그 옆에 괄호로 배추김치의 원료인 배추(절인 배추를 포함한다)의 원산지를 표시한다. 이 경우 고춧가루를 사용한 배추김치의 경우에는 고춧가루의 원산지를 함께 표시한다(시행규칙 별표 4).

11 농수산물의 원산지 표시에 관한 법률상 원산지를 위장하여 판매한 사람에 대한 처벌은?

① 1년 이하의 징역이나 3천만 원 이하의 벌금에 처하거나 이를 병과할 수 있다.

② 3년 이하의 징역이나 5천만 원 이하의 벌금에 처하거나 이를 병과할 수 있다.

③ 5년 이하의 징역이나 7천만 원 이하의 벌금에 처하거나 이를 병과할 수 있다.

④ 7년 이하의 징역이나 1억 원 이하의 벌금에 처하거나 이를 병과할 수 있다.

⑤ 10년 이하의 징역이나 2억 원 이하의 벌금에 처하거나 이를 병과할 수 있다.

해설 제6조(거짓 표시 등의 금지) 제1항 또는 제2항을 위반한 자는 7년 이하의 징역이나 1억 원 이하의 벌금에 처하거나 이를 병과할 수 있다(법 제14조 제1항).

정답 **10** ⑤ **11** ④

12 농수산물의 원산지 표시에 관한 법률상 (　　) 안에 들어갈 내용으로 옳은 것은?

> 대통령령으로 정하는 농수산물을 판매하는 자가 원산지 표시를 거짓으로 하여 그 표시의 변경 명령 처분이 확정된 경우, 그 사람은 농수산물 원산지 표시제도 교육을 (　　) 이상 이수하여야 한다.

① 1시간　　　　　　　　　　② 2시간
③ 3시간　　　　　　　　　　④ 4시간
⑤ 5시간

해설 농수산물 원산지 표시제도 교육(시행령 제7조의2 제2항~제3항)
- 원산지 교육은 2시간 이상 실시되어야 한다.
- 원산지 교육의 대상은 법 제9조 제2항 각 호의 자 중에서 다음의 어느 하나에 해당하는 자로 한다.
  – 법 제5조를 위반하여 농수산물이나 그 가공품 등의 원산지 등을 표시하지 않아 법 제9조 제1항에 따른 처분을 2년 이내에 2회 이상 받은 자
  – 법 제6조 제1항이나 제2항을 위반하여 법 제9조 제1항에 따른 처분을 받은 자

12 ② **정답**

CHAPTER
06 식품 등의 표시 · 광고에 관한 법률
2024년 7월 3일 시행

(1) 정의(법 제2조)

7. "표시"란 식품, 식품첨가물, 기구, 용기 · 포장, 건강기능식품, 축산물(이하 "식품 등"이라 한다) 및 이를 넣거나 싸는 것(그 안에 첨부되는 종이 등을 포함한다)에 적는 문자 · 숫자 또는 도형을 말한다.

8. "영양표시"란 식품, 식품첨가물, 건강기능식품, 축산물에 들어있는 영양성분의 양 등 영양에 관한 정보를 표시하는 것을 말한다.

9. "나트륨 함량 비교 표시"란 식품의 나트륨 함량을 동일하거나 유사한 유형의 식품의 나트륨 함량과 비교하여 소비자가 알아보기 쉽게 색상과 모양을 이용하여 표시하는 것을 말한다.

10. "광고"란 라디오 · 텔레비전 · 신문 · 잡지 · 인터넷 · 인쇄물 · 간판 또는 그 밖의 매체를 통하여 음성 · 음향 · 영상 등의 방법으로 식품 등에 관한 정보를 나타내거나 알리는 행위를 말한다.

(2) 영양표시(법 제5조)

① 식품 등(기구 및 용기 · 포장은 제외한다)을 제조 · 가공 · 소분하거나 수입하는 자는 총리령으로 정하는 식품 등에 영양표시를 하여야 한다.

영양표시 대상 식품 등(시행규칙 별표 4)

※ 해당 품목류의 2019년 매출액이 50억 원 이상 120억 원(배추김치의 경우 300억 원) 미만인 영업소에서 제조 · 가공 · 소분하거나 수입하는 식품

1. 영양표시 대상 식품 등은 다음과 같다.
   가. 레토르트식품(조리가공한 식품을 특수한 주머니에 넣어 밀봉한 후 고열로 가열 살균한 가공식품을 말하며, 축산물은 제외한다)
   나. 과자류, 빵류 또는 떡류 : 과자, 캔디류, 빵류 및 떡류
   다. 빙과류 : 아이스크림류 및 빙과
   라. 코코아 가공품류 또는 초콜릿류
   마. 당류 : 당류가공품
   바. 잼 류
   사. 두부류 또는 묵류
   아. 식용유지류 : 식물성유지류 및 식용유지가공품(모조치즈 및 기타 식용유지가공품은 제외한다)
   자. 면 류
   차. 음료류 : 다류(침출차 · 고형차는 제외한다), 커피(볶은커피 · 인스턴트커피는 제외한다), 과일 · 채소류음료, 탄산음료류, 두유류, 발효음료류, 인삼 · 홍삼음료 및 기타 음료
   카. 특수영양식품
   타. 특수의료용도식품

파. 장류 : 개량메주, 한식간장(한식메주를 이용한 한식간장은 제외한다), 양조간장, 산분해간장, 효소분해간장, 혼합간장, 된장, 고추장, 춘장, 혼합장 및 기타 장류

하. 조미식품 : 식초(발효식초만 해당한다), 소스류, 카레(카레만 해당한다) 및 향신료가공품(향신료조제품만 해당한다)

거. 절임류 또는 조림류 : 김치류(김치는 배추김치만 해당한다), 절임류(절임식품 중 절임배추는 제외한다) 및 조림류

너. 농산가공식품류 : 전분류, 밀가루류, 땅콩 또는 견과류가공품류, 시리얼류 및 기타 농산가공품류

더. 식육가공품 : 햄류, 소시지류, 베이컨류, 건조저장육류, 양념육류(양념육ㆍ분쇄가공육제품만 해당한다), 식육추출가공품 및 식육함유가공품

러. 알가공품류(알 내용물 100퍼센트 제품은 제외한다)

머. 유가공품 : 우유류, 가공유류, 산양유, 발효유류, 치즈류 및 분유류

버. 수산가공식품류(수산물 100퍼센트 제품은 제외한다) : 어육가공품류, 젓갈류, 건포류, 조미김 및 기타 수산물가공품

서. 즉석식품류 : 즉석섭취ㆍ편의식품류(즉석섭취식품ㆍ즉석조리식품만 해당한다) 및 만두류

어. 건강기능식품

저. 가목부터 어목까지의 규정에 해당하지 않는 식품 및 축산물로서 영업자가 스스로 영양표시를 하는 식품 및 축산물

2. 영양표시 대상에서 제외되는 식품 등은 다음과 같다.

가. 즉석판매제조ㆍ가공업 영업자가 제조ㆍ가공하거나 덜어서 판매하는 식품

나. 식육즉석판매가공업 영업자가 만들거나 다시 나누어 판매하는 식육가공품

다. 식품, 축산물 및 건강기능식품의 원료로 사용되어 그 자체로는 최종 소비자에게 제공되지 않는 식품, 축산물 및 건강기능식품

라. 포장 또는 용기의 주표시면 면적이 30제곱센티미터 이하인 식품 및 축산물

마. 농산물ㆍ임산물ㆍ수산물, 식육 및 알류

② 영양성분 및 표시방법 등에 관하여 필요한 사항은 총리령으로 정한다.

영양표시(시행규칙 제6조) ⚝ 🔟

② 표시 대상 영양성분은 다음과 같다. 다만, 건강기능식품의 경우에는 트랜스지방, 포화지방, 콜레스테롤의 영양성분은 표시하지 않을 수 있다.

1. 열 량
2. 나트륨
3. 탄수화물
4. 당류[식품, 축산물, 건강기능식품에 존재하는 모든 단당류와 이당류를 말한다. 다만, 캡슐ㆍ정제ㆍ환ㆍ분말 형태의 건강기능식품은 제외한다]
5. 지 방
6. 트랜스지방
7. 포화지방
8. 콜레스테롤
9. 단백질
10. 영양표시나 영양강조표시를 하려는 경우에는 별표 5의 1일 영양성분 기준치에 명시된 영양성분

(3) 나트륨 함량 비교 표시(법 제6조)

① 식품을 제조 · 가공 · 소분하거나 수입하는 자는 총리령으로 정하는 식품에 나트륨 함량 비교 표시를 하여야 한다.

(4) 부당한 표시 또는 광고행위의 금지(법 제8조)

① 누구든지 식품 등의 명칭 · 제조방법 · 성분 등 대통령령으로 정하는 사항에 관하여 다음의 어느 하나에 해당하는 표시 또는 광고를 하여서는 아니 된다.

1. 질병의 예방 · 치료에 효능이 있는 것으로 인식할 우려가 있는 표시 또는 광고
2. 식품 등을 의약품으로 인식할 우려가 있는 표시 또는 광고
3. 건강기능식품이 아닌 것을 건강기능식품으로 인식할 우려가 있는 표시 또는 광고
4. 거짓 · 과장된 표시 또는 광고
5. 소비자를 기만하는 표시 또는 광고
6. 다른 업체나 다른 업체의 제품을 비방하는 표시 또는 광고
7. 객관적인 근거 없이 자기 또는 자기의 식품 등을 다른 영업자나 다른 영업자의 식품 등과 부당하게 비교하는 표시 또는 광고
8. 사행심을 조장하거나 음란한 표현을 사용하여 공중도덕이나 사회윤리를 현저하게 침해하는 표시 또는 광고
9. 총리령으로 정하는 식품 등이 아닌 물품의 상호, 상표 또는 용기 · 포장 등과 동일하거나 유사한 것을 사용하여 해당 물품으로 오인 · 혼동할 수 있는 표시 또는 광고
10. 심의를 받지 아니하거나 심의 결과에 따르지 아니한 표시 또는 광고

(5) 표시 또는 광고의 자율심의(법 제10조)

① 식품 등에 관하여 표시 또는 광고하려는 자는 해당 표시 · 광고(규정에 따른 표시사항만을 그대로 표시 · 광고하는 경우는 제외한다)에 대하여 등록한 기관 또는 단체(이하 "자율심의기구"라 한다)로부터 미리 심의를 받아야 한다. 다만, 자율심의기구가 구성되지 아니한 경우에는 대통령령으로 정하는 바에 따라 식품의약품안전처장으로부터 심의를 받아야 한다.

> **표시 또는 광고 심의 대상 식품 등(시행규칙 제10조)**
> 식품 등에 관하여 표시 또는 광고하려는 자가 자율심의기구에 미리 심의를 받아야 하는 대상은 다음과 같다.
> 1. 특수영양식품
> 2. 특수의료용도식품
> 3. 건강기능식품
> 4. 기능성표시식품

CHAPTER

06 적중예상문제

01 식품 등의 표시 · 광고에 관한 법률상 식품 등에 적는 문자 · 숫자 또는 도형을 뜻하는 것은?

① 표 기
② 광 고
③ 표 시
④ 정 보
⑤ 알 림

> **해설** "표시"란 식품, 식품첨가물, 기구, 용기 · 포장, 건강기능식품, 축산물(이하 "식품 등"이라 한다) 및 이를 넣거나 싸는 것(그 안에 첨부되는 종이 등을 포함한다)에 적는 문자 · 숫자 또는 도형을 말한다(법 제2조 제7호).

02 식품 등의 표시 · 광고에 관한 법률상 2019년 매출액이 50억 원 이상 120억 원 미만인 영업소에서 제조한 식품 중 영양표시 대상 식품은?

① 레토르트식품
② 침출차
③ 절임배추
④ 볶은커피
⑤ 한식메주를 이용한 한식간장

> **해설** 레토르트식품(조리가공한 식품을 특수한 주머니에 넣어 밀봉한 후 고열로 가열 살균한 가공식품을 말하며, 축산물은 제외한다)은 영양표시 대상 식품에 해당한다(시행규칙 별표 4).

03 식품 등의 표시 · 광고에 관한 법률상 영양표시 대상에서 제외되는 식품은?

① 잼 류
② 면 류
③ 특수영양식품
④ 시리얼류
⑤ 즉석판매제조업자가 제조하는 식품

> **해설** 즉석판매제조 · 가공업 영업자가 제조 · 가공하거나 덜어서 판매하는 식품은 영양표시 대상에서 제외된다(시행규칙 별표 4).

정답 01 ③ 02 ① 03 ⑤

04 식품 등의 표시·광고에 관한 법률상 과자의 영양표시 대상 성분이 아닌 것은?

① 단백질
② 열량
③ 불포화지방
④ 탄수화물
⑤ 콜레스테롤

<blockquote>해설 영양표시 대상 성분에는 열량, 나트륨, 탄수화물, 당류, 지방, 트랜스지방, 포화지방, 콜레스테롤, 단백질 등이 있다(시행규칙 제6조 제2항).</blockquote>

05 식품 등의 표시·광고에 관한 법률상 건강기능식품에 영양표시를 하지 않을 수 있는 성분은?

① 열량, 포화지방, 단백질
② 열량, 탄수화물, 지방
③ 트랜스지방, 나트륨, 당류
④ 트랜스지방, 포화지방, 콜레스테롤
⑤ 트랜스지방, 단백질, 탄수화물

<blockquote>해설 건강기능식품의 경우에는 트랜스지방, 포화지방, 콜레스테롤의 영양성분은 표시하지 않을 수 있다(시행규칙 제6조 제2항).</blockquote>

06 식품 등의 표시·광고에 관한 법률상 알레르기 유발물질 표시대상의 원재료인 것은?

① 우유
② 고구마
③ 딸기
④ 쌀
⑤ 호박

<blockquote>해설 알레르기 유발물질 표시대상의 원재료에는 알류(가금류만 해당한다), 우유, 메밀, 땅콩, 대두, 밀, 고등어, 게, 새우, 돼지고기, 복숭아, 토마토, 아황산류, 호두, 닭고기, 쇠고기, 오징어, 조개류(굴, 전복, 홍합을 포함한다), 잣이 있다(시행규칙 별표 2).</blockquote>

07 식품 등의 표시 · 광고에 관한 법률상 나트륨 함량 비교 표시 대상 식품은?

① 즉석섭취식품 중 김밥
② 즉석섭취식품 중 햄버거
③ 과자류
④ 식육가공품 중 햄류
⑤ 식육가공품 중 소시지류

해설 조미식품이 포함되어 있는 면류 중 유탕면(기름에 튀긴 면), 국수 또는 냉면, 즉석섭취식품 중 햄버거 및 샌드위치는 나트륨 함량 비교 표시를 하여야 한다(시행규칙 제7조).

08 식품 등의 표시 · 광고에 관한 법률상 부당한 광고에 해당하는 것은?

① 심의 결과에 따른 광고
② 식품 등을 의약품으로 인식할 우려가 없는 광고
③ 질병예방의 효능을 인정받아 표시한 광고
④ 다른 업체의 제품을 비방하는 광고
⑤ 질병치료의 효능을 인정받아 표시한 광고

해설 다른 업체나 다른 업체의 제품을 비방하는 표시 또는 광고는 하여서는 아니 된다(법 제8조 제1항 제6호).

09 식품 등의 표시 · 광고에 관한 법률상 미리 광고 심의를 받아야 하는 대상은?

① 유가공품
② 레토르트식품
③ 특수영양식품
④ 식육가공품
⑤ 코코아 가공품류

해설 특수영양식품, 특수의료용도식품, 건강기능식품, 기능성표시식품에 관하여 표시 또는 광고하려는 자는 자율심의기구에 미리 심의를 받아야 한다(시행규칙 제10조).

정답 **07** ② **08** ④ **09** ③

부 록
실전 모의고사

CHAPTER 01 실전 모의고사(1교시)

01 영양학 및 생화학

01 우유 섭취 시 헛배가 부르고, 설사 · 가스를 한다면 이와 관련된 효소는?

① 락타아제

② 프티알린

③ 펩 신

④ 수크라아제

⑤ 스테압신

해설 유당불내증은 유당 분해 효소인 락타아제(Lactase)가 결핍되어 유당의 분해와 흡수가 충분히 이뤄지지 않는 증상을 말한다. 분해되지 않은 유당이 대장에서 미생물에 의해 분해되어 가스를 형성하고 복통, 설사, 복부경련을 유발한다.

02 TCA 회로에 관여하는 효소가 있으며, 호기성 진핵세포의 ATP 생성 장소는?

① 미토콘드리아

② 골지체

③ 리소좀

④ 소포체

⑤ 핵

해설 미토콘드리아는 세포 소기관의 하나로, 호흡효소계(연쇄계, 산화적 인산화)가 있어 ATP를 생산하며, TCA 회로에 관여한다.

01 ① 02 ① 정답

03 최근에 유행했던 다이어트 방법인 저당질 · 고지방 식이를 장기간 지속하는 경우, 식욕부진 · 메스꺼움과 함께 혈액의 pH가 저하될 수 있다. 이를 예방하는 데 적합한 식품은?

① 치즈 20g

② 쌀밥 210g

③ 달걀 60g

④ 돼지고기 60g

⑤ 미역 30g

[해설] 탄수화물의 섭취 부족, 지방의 과잉 섭취 등으로 지방이 불완전 산화될 때 혈액이나 소변 속에 케톤체(ketone body)가 정상량 이상 함유되는 상태인 케톤증이 발생할 수 있다. 이 케톤체는 강산으로 체액을 산성으로 기울게 하므로 지방의 완전 연소를 위해서는 적어도 1일 100g 이상의 당질 섭취가 필요하다.

04 공복 시 혈중 농도가 증가하는 호르몬은?

① 인슐린

② 가스트린

③ 글루카곤

④ 알도스테론

⑤ 콜레시스토키닌

[해설] 혈당은 식후에는 췌장에서 분비되는 인슐린에 의해서 낮추어지고, 공복 시는 글루카곤에 의해서 상승되어 혈청 농도로 유지하게 된다.

05 식이섬유는 식후 혈당 상승 속도를 낮추는 역할을 한다. 그 이유는?

① 공복감을 빨리 느끼게 하기 때문

② 장의 연동운동이 감소하기 때문

③ 소화효소 작용 시간이 감소하기 때문

④ 음식물의 위 배출이 지연되기 때문

⑤ 섭식중추가 자극되기 때문

[해설] 식이섬유는 사람의 체내 소화효소에 의해 가수분해되지 않는 고분자 화합물로, 음식물의 위장 통과를 지연시켜 혈당 상승 속도를 낮춘다.

[정답] 03 ② 04 ③ 05 ④

06 에너지필요추정량이 2,400kcal인 사람에게 권장되는 탄수화물 섭취량은?

① 200~260g

② 240~300g

③ 300~360g

④ 330~390g

⑤ 420~480g

해설 탄수화물로부터 섭취하는 에너지 비율은 55~65%이 적당하다.

07 피루브산으로부터 옥살로아세트산을 생성하는 반응의 조효소로 관여하는 비타민은?

① 리보플라빈

② 엽 산

③ 비오틴

④ 피리독신

⑤ 리보플라빈

해설 피루브산(pyruvate)은 미토콘드리아에 존재하는 피루브산카복실화효소(pyruvate carboxylase)에 의해 CO_2와 결합해서 옥살로아세트산(oxaloacetate)이 되며, 최후에 CO_2와 H_2O로 완전 산화된다. 이때 비오틴(biotin)이 관여한다.

08 리보스와 NADPH를 생성하며, 유선조직에서 활발히 진행되는 탄수화물 대사는?

① 알라닌회로

② TCA회로

③ 코리회로

④ 해당과정

⑤ 오탄당인산경로

해설 오탄당인산경로는 포도당으로부터 리보스를 생성하는 과정으로서, 지방산의 생합성에 필요한 NADPH를 생성한다. 주로 간, 유선조직, 부신 중 지질 생합성이 활발한 부분의 소포체에서 진행한다.

09 격렬한 운동 시 에너지 대사는 바뀐다. 혈액을 통해 근육에서 간으로 이동해 포도당으로 전환(gluconeogenesis)되는 주된 아미노산은?

① 글루탐산
② 알라닌
③ 히스타민
④ 세 린
⑤ 발 린

해설 근육에서 생성되는 암모니아는 피루브산으로 넘겨져 알라닌이 되고, 알라닌은 혈류를 통해 간으로 운반되어 거기서 암모니아를 유리하여 피루브산이 된다. 피루브산은 포도당신생합성을 거쳐 포도당이 되고, 혈류를 매개로 다시 근육으로 되돌아가 해당경로를 지나 피루브산을 생성한다.

10 혈당 저하 시 간에서 2차 전령으로 작용하는 cAMP를 합성하는 효소는?

① 글루코키나아제(glucokinase)
② 아데닐산고리화효소(adenylate cyclase)
③ 글리코겐인산화효소(glycogen phosphorylase)
④ cAMP 포스포디에스터라아제(cAMP phosphodiesterase)
⑤ 포도당-6-인산 가수분해효소(glucose-6-phosphatase)

해설 아데닐산고리화효소는 세포 내 다양한 조절 신호에서 2차 전령으로 작용하는 cAMP를 합성하는 효소이다. 특히, 혈당 저하 시 cAMP 합성을 증진시켜 다른 당의 이용에 필요한 유전자 발현을 촉진한다.

11 지방조직이나 근육 등의 모세혈관 내벽에 존재하며, 지단백질의 중성지방을 분해하는 효소는?

① 지단백 리파아제(lipoprotein lipase)
② 피루브산 키나아제(pyruvate kinase)
③ 헥소키나아제(hexokinase)
④ 단백질 키나아제(protein kinase)
⑤ 이성화효소(isomerase)

해설 지단백 리파아제(lipoprotein lipase)는 혈중 지단백의 중성지방을 가수분해하여 지방세포 안으로 흡수하는 데 작용하는 효소로, 주로 지방조직이나 근육(골격근, 심근) 등의 모세혈관 내벽에 존재한다.

정답 09 ② 10 ② 11 ①

12 담즙에 대한 설명 중 옳은 것은?

① 콜레스테롤의 배설 경로이다.

② 가스트린에 의해 분비가 촉진된다.

③ 간에서 저장 및 농축된다.

④ 약산성의 물질이다.

⑤ 수용성 비타민의 흡수를 돕는다.

> **해설** 담 즙
> • 약알칼리성(pH 7.8)이다.
> • 간에서 콜레스테롤로부터 합성되어 담낭에 저장되었다가 십이지장으로 분비된다.
> • 콜레시스토키닌에 의해 분비가 촉진된다.
> • 지방과 지용성 비타민을 흡수한다.

13 괄호 안에 들어갈 효소는?

> 근육에는 (   )가 없기 때문에 근육 글리코겐은 포도당으로 전화되지 못하므로 혈당에
> 영향을 미치지 않는다.

① 포도당-6-인산 가수분해효소(glucose-6-phosphatase)

② 헥소키나아제(hexokinase)

③ 피루브산 탈수소효소(pyruvate dehydrogenase)

④ 글리코겐 가인산분해효소(glycogen phosphorylase)

⑤ 포스포프락토인산화효소(phosphofructokinase)

> **해설** 근육에는 glucose-6-p를 포도당으로 분해하는 효소(glucose-6-phosphatase)가 없기 때문에, 근육 글리코겐
> 은 포도당으로 전환되지 않으므로 혈당에 영향을 미치지 않는다.

14 에이코사노이드(eicosanoids)에 대한 설명으로 옳은 것은?

① ω-3, ω-6계열에서 생성된 에이코사노이드의 작용은 서로 같다.

② 갑상샘에서 분비되는 호르몬이다.

③ 세포막을 구성하는 인지질의 첫 번째 지방산이 유리되어 생성된다.

④ 탄소수 20개인 불포화지방산의 산화로 생성된 물질을 총칭한다.

⑤ 탄소수 20개 이상의 포화지방산에서 생성된 스테로이드이다.

> **해설** 에이코사노이드(eicosanoids)는 세포막 인지질의 두 번째(C-2) 지방산이 유리되어 생성하며, 탄소수가 20개인 지방산(EPA, 아라키돈산 등)이 산화하여 생성되는 물질을 총칭한다.

15 체내에서 DHA와 EPA를 합성할 수 있는 불포화지방산은?

① 올레산

② 리놀레산

③ 아라키돈산

④ 스테아르산

⑤ 리놀렌산

> **해설** ω-3계열 지방산인 DHA와 EPA는 리놀렌산(linolenic acid)으로부터 합성된다.

16 외인성(식사)의 콜레스테롤과 중성지방을 운반하는 역할을 하며, 밀도가 가장 낮은 지단백질은?

① 초저밀도지단백질(VLDL)

② 중밀도지단백질(IDL)

③ 저밀도지단백질(LDL)

④ 고밀도지단백질(HDL)

⑤ 킬로미크론(chylomicron)

> **해설** 킬로미크론(chylomicron)
> - 합성 부위 : 소장
> - 외인성 중성지방(triglyceride) 운반, 지단백 중성지방 함량이 많고, 밀도가 가장 낮음
> - 흡수된 지방을 소장 → 근육·지방조직으로 운반하는 역할

17 지방산의 β−산화에 대한 내용으로 옳은 것은?

① 세포질에서 일어난다.

② 아세틸 CoA를 생성한다.

③ 카르니틴에 의해 억제된다.

④ 지방산은 탄소수가 1개 적은 아실 CoA가 된다.

⑤ 트랜스형 불포화지방산은 시스형으로 전환된 후 일어난다.

> **해설** 지방의 β−산화
> - 카르니틴에 의해 미토콘드리아 기질 내에서 일어난다.
> - acetyl−CoA와 탄소수가 2개만큼 적어진 acyl−CoA를 생성한다.
> - 시스형이 트랜스형으로 변경된다.

18 혈관을 확장하고 혈소판 응집을 저해하여 심혈관질환을 예방하는 데 효과가 있는 식물성지방은?

① 팜 유

② 홍화씨유

③ 코코넛유

④ 들기름

⑤ 면실유

> **해설** 심혈관질환 예방에는 불포화지방산이 풍부한 들기름이 좋다.

19 콜레스테롤 합성 시 속도조절 효소로, 세포 내 콜레스테롤의 항상성 유지를 도와주는 물질은?

① 히스톤 탈아세틸화효소(histone deacetylase)

② 콜레스테롤 아실전이효소(cholesterol acyltransferase)

③ 아세틸 CoA 카르복실화효소(acetyl CoA carboxylase)

④ 헥소키나아제(hexokinase)

⑤ HMG−CoA 환원효소(HMG−CoA reductase)

> **해설** HMG−CoA 환원효소(HMG−CoA reductase)는 콜레스테롤 생합성 과정 중 HMG−CoA가 메발론산으로 변환되는 반응을 촉진하는 효소이다. 콜레스테롤 농도가 증가하면 활성이 저해되는 효소로, 세포 내 콜레스테롤의 항상성이 유지될 수 있게 도와준다.

17 ② **18** ④ **19** ⑤ **정답**

20 장기간 단백질의 섭취 부족 시 나타나는 증상은?

① 조직 내 간질액 증가　　　　② 혈액 pH 증가

③ 요 중 칼슘 증가　　　　　　④ 삼투압 증가

⑤ 간에서 알부민 합성 증가

해설 단백질 섭취가 부족하면 혈장 단백질(알부민) 농도가 저하되어 모세혈관 내 체액이 조직액 속으로 이동하게 되고 영양성 부종이 발생한다.

21 혈중 케톤체의 농도가 증가하는 경우는?

① 인슐린 과잉 투여 시　　　　② 체지방 과다 분해 시

③ 탄수화물 과잉 섭취 시　　　④ 단백질 섭취 부족 시

⑤ 케토산 과잉 산화 시

해설 당질 섭취가 부족하게 되면 지방의 불완전 연소로 케톤체(ketone body)가 생성되어 케톤증(ketosis)을 일으킨다.

22 2020 한국인 영양소 섭취기준 중 단백질 섭취기준에 대한 내용으로 옳은 것은?

① 영아 후기부터 18세까지의 평균필요량은 질소평형 유지만을 고려하여 산정하였다.

② 상한섭취량이 설정되어 있다.

③ 성인의 평균필요량은 질소평형을 위한 단백질 필요량에 이용효율을 적용하고 연령별 평균 체중과 곱하여 산출하였다.

④ 권장섭취량은 인구의 75%에 해당하는 사람들의 필요량을 충족시킬 수 있도록 산출하였다.

⑤ 0~5개월 영아의 평균필요량은 평균 모유섭취량과 모유 내 평균 단백질 함량을 바탕으로 산출하였다.

해설 ① 영아 후기부터 18세까지 성장기의 평균필요량에는 질소평형 유지에 필요한 단백질 양에 체내 단백질 이용효율을 반영한 뒤 성장에 필요한 단백질 양을 추가하여 산정하였다.

② 과학적 근거가 미비하여 상한섭취량을 산정하지 못하였다.

④ 권장섭취량은 인구집단의 약 97~98%에 해당하는 사람들의 영양소 필요량을 충족시키는 섭취수준으로, 평균필요량에 표준편차 또는 변이계수의 2배를 더하여 산출하였다.

⑤ 0~5개월 영아의 충분섭취량은 평균 모유 섭취량 0.78L와 모유 내 평균 단백질 함량 12.2g/L을 바탕으로 산출하였다.

정답 **20** ① **21** ② **22** ③

23 머리카락 변색, 부종, 체중 감소 등의 증상을 보이는 유아에게 보충하면 좋은 식품은?

① 달 걀
② 감 자
③ 당 근
④ 쌀
⑤ 옥수수

> **해설** 콰시오커는 단백질 결핍 증세로 성장 지연, 체중 감소, 머리카락의 탈색, 피부염, 저항력 감소, 지방간과 부종이
> 라는 증세가 나타난다. 그러므로, 생물가가 높은 달걀을 섭취하는 것이 좋다.

24 쌀밥에 부족한 필수아미노산을 보충하는 데 가장 좋은 음식은?

① 시금치무침
② 콩자반
③ 감자채볶음
④ 미역국
⑤ 버섯볶음

> **해설** 라이신과 트레오닌이 제한아미노산인 쌀과 메티오닌이 제한아미노산인 콩을 섞어서 먹을 경우에는 이들 간의
> 상호보충 효과를 낼 수 있다.

25 생리활성물질과 전구체 역할을 하는 아미노산의 연결이 옳은 것은?

① 도파민 − 히스티딘
② 세로토닌 − 트립토판
③ 타우린 − 글리신
④ 멜라토닌 − 페닐알라닌
⑤ 카르니틴 − 글루타민

> **해설** 신경전달물질인 세로토닌의 전구체는 트립토판이다.

26 α-케토글루타르산의 아미노기 전이반응 생성물은?

① 라이신

② 발 린

③ 글루탐산

④ 시스테인

⑤ 히스티딘

해설 아미노기 전이반응에 의해 α-케토글루타르산으로부터 글루탐산이 생성된다.

27 아미노산 풀에 대한 내용으로 옳은 것은?

① 지방생성에 사용되지 않는다.

② 에너지원이 아니다.

③ 식이섭취량에 관계없이 일정하게 유지된다.

④ 탄수화물 섭취가 부족한 경우 당신생에 사용된다.

⑤ 스테로이드 호르몬을 생성한다.

해설 아미노산 풀(amino acid pool)
- 식이섭취와 단백질 분해 등으로 세포 내에 유입되는 아미노산의 양을 아미노산 풀이라고 한다. 아미노산 풀의 크기는 식이섭취량, 체내 함량, 재활용 등에 의해 결정된다.
- 단백질 합성대사 : 아미노산 풀의 크기가 지나치게 클 경우 과잉의 아미노산들이 에너지, 포도당, 지방생성에 사용된다.
- 단백질 분해대사 : 단백질 섭취의 부족으로 아미노산 풀이 감소하면 부족한 아미노산은 세포 내 단백질을 분해하여 만든다.

28 피루브산이 TCA 회로에 들어가려면 어떤 물질로 변화되어야 하는가?

① 푸마르산

② 시트르산

③ 숙신산

④ 아세틸 CoA

⑤ 젖 산

해설 TCA 회로에 들어가는 연료는 아세틸 CoA 형태로 들어가야 한다.

정답 **26** ③ **27** ④ **28** ④

29 유전정보를 갖지 않아 단백질을 합성할 수 없는 DNA 단편으로서, RNA 전구체 합성 후에 제거되는 부위는?

① 엑손(exon)

② 인트론(intron)

③ 프라이머(primer)

④ 오페론(operon)

⑤ 시스트론(cistron)

해설 인트론은 유전자에 포함되어 있으나 실제 단백질을 암호화하지 않기 때문에 단백질로 번역되기 전에 RNA 스플라이싱을 통해 제거되어야 한다.

30 식사성 발열효과에 대한 설명으로 옳은 것은?

① 쌀밥의 식사성 발열효과는 섭취에너지의 40% 정도이다.

② 식품 섭취에 따른 영양소의 소화, 흡수, 대사에 필요한 에너지 소비량이다.

③ 식후 휴식 상태에서 필요한 에너지 소비량이다.

④ 탄수화물과 단백질의 식사성 발열효과 값이 일치한다.

⑤ 혼합식의 식사성 발열효과 값은 총 에너지 소비량의 25% 정도이다.

해설 식사성 발열효과
- 식사를 한 후 영양분이 소화 흡수되어 대사되는 과정에 필요한 에너지이다.
- 탄수화물 섭취 시 상승되는 대사율은 5~10%, 지방은 0~5%, 단백질은 20~30%(특수아미노산 작용, 요소형성 등)이다.
- 균형된 식사를 섭취할 경우 하루 총 에너지 소비량의 약 10%에 해당한다.

31 알코올 중독자에게 결핍되기 쉬운 무기질로, 결핍 시 신경성 근육경련(테타니)을 일으키는 것은?

① 칼 슘　　　　　　　　　　② 엽 산

③ 철 분　　　　　　　　　　④ 마그네슘

⑤ 아 연

해설 테타니는 혈중 마그네슘이 감소하면 세포외액의 무기질 불균형에 의해 신경성 근육경련을 보이는 증상으로, 알코올 중독자에게서 잘 일어난다.

32 기초대사량 측정 시 조건으로 옳은 것은?

① 깊은 수면 상태

② 운동 후 1시간이 지난 상태

③ 심리적으로 편안한 상태

④ 편안하게 의자에 앉은 상태

⑤ 식후 12~14시간이 지난 상태

해설 기초대사량은 생명을 유지하기 위해 필요한 최소 에너지로, 식후 12~14시간 경과 후 잠에 서 깬 상태에서 일어나기 전에 측정한다.

33 오스테오칼신(osteocalcin)의 카르복실화 반응에 관여하는 비타민은?

① 비타민 A

② 비타민 E

③ 비타민 K

④ 엽 산

⑤ 비오틴

해설 비타민 K는 오스테오칼신, 프로트롬빈 등의 GLA(γ-carboxyglutamate)를 함유하는 단백질에서 GLA(γ-carboxyglutamate) 형성과정에 필수적인 요소이다.

34 비타민 E(토코페롤)의 생리적 기능은?

① 골격의 석회화

② 로돕신 생성

③ 혈액응고 지연

④ 단백질 절약 작용

⑤ 세포막 손상 방지

해설 비타민 E(토코페롤)는 항산화 작용을 하며, 이에 따라 세포막을 구성하고 있는 불포화지방산의 산화를 억제함으로써 세포막의 손상을 방지한다.

정답 **32** ⑤ **33** ③ **34** ⑤

35 상피조직의 각질화를 예방할 수 있는 식품은?

① 오렌지
② 마 늘
③ 닭고기
④ 현 미
⑤ 생선간유

해설 비타민 A 결핍 시 상피조직의 각질화, 안구건조증, 야맹증 등이 발생한다. 이에 따른 예방 식품에는 생선간유, 난황, 버터, 녹황색의 채소 등이 있다.

36 티아민, 리보플라빈, 니아신, 판토텐산이 공통적으로 관여하는 작용은?

① 에너지 생성
② 핵산 합성
③ 항산화 기능
④ 단백질 합성
⑤ 피부병 예방

해설 에너지 대사과정에서 조효소로 작용하는 비타민에는 티아민, 리보플라빈, 니아신, 판토텐산 등이 있다.

37 아미노기 전이반응의 조효소로 작용하는 비타민은?

① 비타민 B_1
② 비타민 B_2
③ 니아신
④ 비타민 B_6
⑤ 엽 산

해설 비타민 B_6는 아미노산 대사의 보조효소(PLP)로서 아미노기전이반응 아미노기 대사과정, 탈아미노반응 등에 작용한다.

38 호모시스테인이 메티오닌으로 전환되는 과정에 필요한 조효소는?

① 5-메틸-THF
② PLP
③ FAD
④ NAD
⑤ TPP

해설 엽산은 활성형인 THF로 환원된 뒤 5-메틸, 5,10-메틸렌 등과 결합하여 체내 대사과정에서 단일탄소기를 전달하는 역할을 한다.

39 주로 세포외액에 존재하며, 포도당과 아미노산의 흡수에 관여하는 무기질은?

① 마그네슘

② 황

③ 나트륨

④ 칼슘

⑤ 칼륨

해설 나트륨은 주로 세포외액에 존재하며, 포도당, 아미노산과 함께 세포막 운반체에 결합한 후 이들 영양소를 세포 내로 이동하는 능동수송에 관여한다.

40 지방산 β-산화 시 지방산 활성화에 필요한 비타민은?

① 니아신

② 엽산

③ 판토텐산

④ 비타민 K

⑤ 리보플라빈

해설 판토텐산(비타민 B_5)은 조효소 A(CoA)의 구성성분으로, 조효소 A는 지방산의 산화와 합성에 중요한 작용을 한다.

41 글루타티온의 구성성분으로, 약물의 해독작용에 관여하는 무기질은?

① 칼슘

② 인

③ 염소

④ 황

⑤ 마그네슘

해설 황(S)은 글루타티온의 구성성분으로, 적혈구 안에 많이 들어 있으며 체내에서 산화환원 반응에 관여한다. 또한, 간에서 약물의 해독작용을 관여하여 소변으로 배설시키는 작용을 한다.

42 슈퍼옥사이드 디스뮤타아제(SOD) 및 시토크롬 C 산화효소의 공통적인 성분은?

① 요오드 　　　　　　　　　② 칼 륨
③ 망 간 　　　　　　　　　④ 구 리
⑤ 몰리브덴

> **해설** 구리(Cu)
> • 셀룰로플라스민은 철을 2가에서 3가로 환원시켜 철의 흡수와 이동을 돕는다.
> • 슈퍼옥사이드 디스뮤타아제(SOD)의 구성성분으로, 세포의 산화적 손상을 방지한다.
> • 시토크롬 C 산화효소의 구성성분으로, 에너지 방출에 관여한다.

43 혈중 칼슘농도의 항상성 기전에 대한 설명으로 옳은 것은?

① 칼시토닌은 혈중 칼슘 농도가 낮아지면 분비된다.
② 혈중 칼슘농도가 낮아지면 소장에서 칼슘 흡수가 감소한다.
③ 혈중 칼슘농도는 30mg/dL 수준으로 항상 유지된다.
④ 비타민 D는 신장에서의 칼슘 재흡수를 억제한다.
⑤ 부갑상샘호르몬은 혈중 칼슘농도가 저하되면 분비된다.

> **해설** 칼슘의 항상성
> • 혈중 칼슘 농도는 10mg/dL 내외를 유지한다.
> • 부갑상샘호르몬 : 혈중 칼슘농도가 저하되었을 때 분비, 신장에서 칼슘의 재흡수 촉진, 뼈의 분해 자극, 비타민 D를 활성형 1,25–(OH)$_2$–D로 전환 촉진
> • 비타민 D : 혈중 칼슘농도가 저하되었을 때 분비, 소장에서 칼슘의 흡수 촉진, 신장에서 칼슘 재흡수 촉진
> • 칼시토닌 : 혈중 칼슘농도가 상승되었을 때 분비, 뼈의 분해 저해

44 식욕 감퇴, 미각의 변화, 성장지연, 면역기능의 저하 등이 나타났을 때 섭취하면 좋은 식품은?

① 굴 　　　　　　　　　　② 당 근
③ 사 과 　　　　　　　　　④ 우 유
⑤ 시금치

> **해설** 아연 결핍 시 식욕 감퇴, 미각의 변화, 성장지연, 면역기능의 저하 등이 나타난다. 아연은 굴, 육류, 게, 새우, 전 곡류, 콩류 등에 많이 함유되어 있다.

45 체내 염분과 수분 평형조절에 관여하는 호르몬과 분비기관의 연결이 옳은 것은?

① 알도스테론 – 부신피질

② 안지오텐신 – 췌장

③ 코티솔 – 간

④ 레닌 – 부신수질

⑤ 항이뇨호르몬 – 뇌하수체전엽

해설 알도스테론은 부신피질에서 분비되는 호르몬으로, 나트륨의 재흡수와 칼륨의 배출 증가를 통해 체내 염분과 수분 평형조절 및 혈압 조절에 중요한 역할을 한다.

46 철(Fe)에 대한 설명으로 옳은 것은?

① 제1철(Fe^{2+})은 제2철(Fe^{3+})보다 흡수가 잘 된다.

② 체내 철분부족 상태에서 철분흡수율은 감소한다.

③ 식이섬유는 철 흡수 촉진인자이다.

④ 헴철은 비헴철보다 흡수율이 낮다.

⑤ 철분을 장에서 간, 골수로 운반하는 역할을 하는 물질은 페리틴(ferritin)이다

해설 철(Fe)
- 체내 철분부족 상태에서 철분흡수율은 증가한다.
- 식이섬유는 장내 통과시간을 단축시켜 철의 흡수를 방해한다.
- 헴(heme)철이 비헴(non-heme)철보다 흡수율이 높다.
- 페리틴(ferritin)은 간에 존재하는 단백질로서 철분을 저장하는 역할을 하며 트랜스페린(transferrin)은 소장에서 흡수된 철을 골수, 간으로 운반하여 준다.

47 태아 신경관 손상을 예방하기 위하여 임신 초기에 섭취하면 좋은 식품은?

① 사과, 토마토, 달걀

② 감자, 달걀, 미역

③ 소간, 시금치, 오렌지주스

④ 우유, 요구르트, 돼지고기

⑤ 쇠고기, 고등어, 딸기

해설 엽산 결핍 시 태아의 신경관이 손상되기 때문에 임신 초기에 충분히 섭취해야 한다. 엽산이 풍부한 식품에는 소간, 녹색채소, 오렌지주스, 콩류 등이 있다

정답 **45** ① **46** ① **47** ③

48 난포기에 분비가 증가되어 자궁내막을 두껍게 하는 호르몬은?

① 프로락틴   ② 프로게스테론

③ 노르에피네프린   ④ 에스트로겐

⑤ 테스토스테론

해설 에스트로겐은 자궁내막을 두껍게 만드는 데 관여하며, 높은 에스트로겐 수치는 자궁내막암의 위험 요인으로 작용한다.

49 모유에 들어 있는 항감염성 물질로, 병원성 미생물의 세포벽을 분해하는 것은?

① 락토페린   ② 비피더스 인자

③ 라이소자임   ④ 인터페론

⑤ 락토페록시다제

해설 라이소자임은 미생물 분해효소로 우유보다 모유에 300배 많다. 직접적으로 세균을 파괴시키는 효소이며, 항생물질의 효율성을 간접적으로 증가시키는 역할을 한다.

50 2020 한국인 영양소 섭취기준에서 수유부에게 추가 섭취를 권장하는 영양소는?

① 비타민 A   ② 비타민 D

③ 비타민 K   ④ 인

⑤ 철

해설 비타민 A는 성장발육, 시력, 세균에 대한 저항력, 상피세포 정상화, 모유 분비에 관여한다. 이에 따라 수유부는 비임신 여성보다 비타민 A 섭취를 +490μg RAE/일 권장한다.

51 초유가 성숙유보다 더 많이 함유한 물질은?

① 단백질   ② 수 분

③ 지 질   ④ 유 당

⑤ 에너지

해설 초유는 성숙유에 비해 단백질, 비타민, 무기질이 많으며, 지질과 유당, 에너지 함량은 적다. 또한, 초유는 신생아의 신체 방어에 필요한 효소와 면역항체가 많고, 태변의 배설을 촉진한다.

48 ④   **49** ③   **50** ①   **51** ①   **정답**

52 영아의 신장 기능에 관한 설명으로 옳은 것은?

① 요농축 능력이 성인의 절반 수준이다.

② 사구체 여과율이 성인보다 높다.

③ 우유는 모유에 비해 용질부하량이 낮다.

④ 배뇨조절 능력이 성인보다 높다.

⑤ 전해질균형 능력이 성인보다 높다.

해설 영아는 항이뇨호르몬의 분비량이 적어 사구체 여과율이 낮으며, 요농축 능력이 성인의 절반 수준으로 낮다. 또한, 구토나 설사 등으로 수분손실량이 크며, 유즙섭취량이 감소되면 체내수분과 전해질균형 능력에 이상이 올 수 있다. 우유는 모유에 비해 용질부하량이 높아 신장에 부담이 될 수 있다.

53 영아의 단위체중당 에너지 필요량이 성인에 비해 높은 이유는?

① 배변량이 많기 때문

② 활동시간이 짧기 때문

③ 체표면적이 넓기 때문

④ 소화흡수율이 낮기 때문

⑤ 수분손실이 적기 때문

해설 영아는 단위체중당 체표면적이 성인에 비해 크고, 체표면을 통한 열과 수분발산이 많아 열량, 단백질, 당질 등 영양소 필요량이 많다.

54 만 3세 유아의 헤모글로빈 수치가 9g/dL일 때 섭취하면 좋은 식품은?

① 소고기, 오렌지주스

② 식빵, 두유

③ 고구마, 우유

④ 닭고기, 딸기주스

⑤ 달걀흰자, 바나나주스

해설 생후 6개월에서 만 4세까지의 경우 헤모글로빈 수치가 11g/dL 미만일 때 철결핍성 빈혈로 진단한다. 철 함량이 많은 식품에는 소고기, 간, 콩팥, 내장, 난황, 땅콩, 녹색 채소, 당밀, 건포도 등이 있으며, 철 흡수를 높여주는 비타민 C 섭취도 병행하는 것이 좋다.

정답 52 ① 53 ③ 54 ①

55 생후 5~6개월인 영아의 이유식에 관한 설명으로 옳은 것은?

① 단맛을 내기 위해 꿀을 첨가한다.

② 하루에 4회 제공한다.

③ 다양한 식재료를 한 번에 제공한다.

④ 기호에 따라 향신료를 넣어서 제공한다.

⑤ 철분 보충을 위한 식품을 제공한다.

> **해설** 생후 5~6개월 이유식
> • 이유식은 1회로 주며 오전 수유 전에 제공한다.
> • 암죽, 과즙, 두부알찜 등을 1숟가락씩 시작하여 2~3일에 1숟가락씩 늘린다.
> • 철분 보충을 위해 달걀노른자를 제공한다.
> • 꿀에 들어 있는 클로스트리디움 보툴리누스 균이 독성 문제를 유발할 수 있으므로 1세 미만에게는 제공하지
>   않는다.

56 림프조직의 발달 속도가 가장 빠른 생애주기는?

① 태아기

② 신생아기

③ 영아기

④ 학동기

⑤ 성인기

> **해설** 림프조직(임파조직)은 학동기에 성인의 2배 정도 성장하다가 그 후 감소한다.

57 성인기 대사증후군 발생 위험을 높일 수 있는 체내 특성은?

① 소화력 감소

② 뇌의 기능 저하

③ 기초대사율 감소

④ 호흡 기능 저하

⑤ 심장박동수 감소

> **해설** 기초대사율이 감소되면 체내 지방 저장량이 늘어나므로 대사증후군 발생의 위험요인이 될 수 있다.

58 노인의 경우 위산 분비가 감소되어 생체이용률이 낮아질 가능성이 높은 영양소는?

① 단백질

② 포화지방산

③ 비타민 B_1

④ 비타민 B_{12}

⑤ 망 간

해설 노인의 경우 위산 분비가 감소되어 비타민 B_{12}의 생체이용률이 낮아질 가능성이 높기 때문에 비타민 B_{12}가 풍부한 육류, 가금류, 해산물, 달걀, 우유 등을 섭취하여 보충하는 것이 좋다.

59 2020 한국인 영양소 섭취기준에서 성인보다 노인에게 더 많이 섭취하도록 권장하는 비타민은?

① 비타민 A ② 비타민 B_1

③ 비타민 C ④ 비타민 D

⑤ 비타민 K

해설 비타민 D 상한 섭취량은 성인남녀(19~64세)의 경우 10μg/일인 데 비하여, 노인(65세 이상)은 15μg/일로 더 높은 수치를 보인다. 노인의 경우 햇빛에 노출되는 시간이 적으므로 비타민 D 권장량을 증가시킨다.

60 운동 중에 나타나는 생리적 변화는?

① 혈중 젖산 농도 감소

② 근육 혈류량 감소

③ 소변량 증가

④ 근육 글리코겐 감소

⑤ 혈압 감소

해설 운동 시 체내 변화
- 혈액의 변동 : 저장된 적혈구를 순환계 혈액 내로 이동하고 혈액 내로 나온 젖산과 CO_2로 인한 H^+ 농도 증가
- 심장 박출량의 증가 : 정상인(5L)보다 5배 증가
- 혈압 상승 : 혈액의 pH가 감소하고 심장근 수축, 혈관 수축이 이루어짐
- 소변의 변화 : 신장의 혈류량 감소와 세뇨관에서 물의 재흡수 증가로 요량 감소
- 운동 중에는 근육의 글리코겐이 연소하고 다음으로 지질이 연소함

정답 **58** ④ **59** ④ **60** ④

61 고혈압을 진단받은 A씨는 여러 방법을 알아보던 중 보건소를 방문하여 1주일 후에 시작하는 고혈압 교실 프로그램에 등록하였다. 이는 행동변화단계 중 어디에 속하는가?

① 고려 전 단계

② 고려 단계

③ 준비 단계

④ 행동 단계

⑤ 유지 단계

해설 행동변화단계
- 고려 전 단계 : 문제에 대한 인식이 부족하고, 향후 6개월 이내에 행동변화를 실천할 예정이 없는 단계
- 고려 단계 : 문제에 대한 인식을 하고, 향후 6개월 이내에 행동변화를 실천할 의도가 있는 단계
- 준비 단계 : 향후 1개월 이내에 행동변화를 실천할 의도가 있으며, 변화를 계획하는 단계
- 실행 단계 : 행동변화를 실천한 지 6개월 이내인 단계
- 유지 단계 : 행동변화를 6개월 이상 지속하고 바람직한 행동을 지속적으로 강화하는 방법을 찾는 단계

62 영양교육의 실시과정에서 제일 먼저 해야 할 것은?

① 적극적인 홍보로 참여율을 높인다.

② 대상자의 영양문제를 분석하고 교육요구도를 파악한다.

③ 계획성 있게 영양교육을 실시한다.

④ 교육 내용과 방법의 타당성을 평가한다.

⑤ 교육의 주제 및 방법에 대하여 구체적인 계획을 수립한다.

해설 영양교육 실시 과정
1. 진단 : 대상자의 문제 분석, 교육요구도 파악
2. 계획 : 구체적 학습목표 설정, 학습내용 선정, 시간 · 장소 고려, 교육방법 선정, 평가자료 · 매체 선정, 평가기준 설정 등
3. 실행 : 학습환경 고려, 융통성 있게 운영

61 ③ **62** ② 정답

63 프리시드-프로시드(PRECEDE-PROCEED) 모형에서 건강문제와 원인적으로 연결된 건강 관련 행위와 요인을 분석하고 진단하는 단계는?

① 사회적 진단

② 역학적 진단

③ 교육 및 생태학적 진단

④ 행정 및 정책적 진단

⑤ 환경적 진단

> **해설** 프리시드-프로시드(PRECEDE-PROCEED) 모형
> • 프리시드(PRECEDE) : 사회적 진단(1단계) → 역학, 행위 및 환경적 진단(2단계) → 교육 및 생태학적 진단 (3단계) → 행정 및 정책적 진단(4단계)
> • 프로시드(PROCEED) : 수행(5단계) → 과정평가(6단계) → 영향평가(7단계) → 결과평가(8단계)

64 지역주민을 대상으로 영양교육을 실시할 때 우선적으로 선정해야 할 영양문제는?

① 이환율이 낮은 문제

② 심각성이 낮은 문제

③ 긴급성이 낮은 문제

④ 개선 가능성이 낮은 문제

⑤ 경제적 손실이 큰 문제

> **해설** 영양문제 가운데 우선 순위를 정할 때는 경제적 손실이 큰 문제, 이환율이 높은 문제, 개선 가능성이 높은 문제, 긴급성이 높은 문제, 심각성이 높은 문제 등을 고려한다.

65 영양정보에 관한 커뮤니케이션을 효과적으로 수행하기 위한 절차로 옳은 것은?

① 의사소통 경로 선택 → 계획 → 실행 → 메시지 개발 → 평가

② 의사소통 경로 선택 → 메시지 개발 → 계획 → 실행 → 평가

③ 계획 → 의사소통 경로 선택 → 메시지 개발 → 실행 → 평가

④ 계획 → 메시지 개발 → 의사소통 경로 선택 → 실행 → 평가

⑤ 메시지 개발 → 계획 → 실행 → 의사소통 경로 선택 → 평가

> **해설** 효과적인 커뮤니케이션 절차
> 계획과 전략 선택 → 매체와 의사소통 경로 선택 → 메시지 개발과 예비테스트 → 실행 → 평가

정답 **63** ③ **64** ⑤ **65** ③

66 식품영양 전문가들이 모여 영양교육에 대한 서로의 경험을 발표하고, 연구 내용을 토의하는 집단지도 교육방법은?

① 연구집회
② 6 · 6식 토의
③ 분단식 토의법
④ 심포지엄
⑤ 방법시범교수법

해설 연구집회는 집단회합의 한 형태로, 생활체험과 직업 등을 같이 하는 사람들이 모여서 스스로의 문제나 지역사회의 발전계획 및 실천방향에 대해 연구한다. 권위 있는 강사의 의견을 듣고 토의하여 문제를 해결해 나가며, 대중교육보다는 공통의 교육자료 개발이나 지도자 교육으로 적합하다.

67 지역사회영양사업에서 영양교육을 실시한 후 이루어지는 평가는?

① 과정평가
② 방법평가
③ 내용평가
④ 목적평가
⑤ 효과평가

해설 영양교육을 한 후에는 효과평가를 실시하는데, 효과평가는 계획과정에서 설정된 목표달성 여부에 대한 평가로 대상자의 영양지식, 식태도, 식행동의 변화 등을 알아본다.

68 성인 대상의 영양상담 시 하루에 섭취해야 할 적절한 식품군의 횟수를 교육하기 위한 도구는?

① 식생활지침
② 식사구성안
③ 식품성분표
④ 식품교환표
⑤ 영양섭취기준

해설 식사구성안
- 한국영양학회에서 만성 퇴행성 질환을 예방하고 건강을 최적의 상태로 유지시키기 위한 영양교육을 실시할 목적으로 만든 것이다.
- 식품을 6군으로 분류하고 각 식품의 1인 1회 분량을 설정하고 있다.
- 1일 섭취해야 할 횟수가 제시되어 있다.

66 ① **67** ⑤ **68** ② **정답**

69 당뇨병 환자에게 식품교환법 및 목측량을 교육할 때 효과적인 매체는?

① 도 표
② 유인물
③ 디오라마
④ 식품모형
⑤ 통계표

> **해설** 식품모형
> • 실제상황과 거의 비슷한 효과를 낼 수 있으며, 정확한 검사나 진단이 쉽다.
> • 단면화 또는 복잡한 내용을 확대해서 볼 수 있고, 구조와 기능 시범을 보일 수 있다.
> • 실물을 활용할 경우와는 달리 대상자가 완전히 실기에 익숙해질 때까지 반복해서 사용할 수 있다.
> • 교육목적에 맞는 자료로 영양사 자신이 제작할 수 있다.
> • 실물이나 실제상황으로는 불가능한 것도 해볼 수 있다.

70 영양표시제에 관한 설명으로 옳은 것은?

① 영양성분 표시와 건강정보 표시가 있다.
② 열량, 나트륨, 트랜스지방, 식이섬유는 의무표시대상에 속한다.
③ 포화지방은 1일 영양성분 기준치에 대한 비율(%) 표시에서 제외된다.
④ 건강기능식품, 특수용도식품은 영양표시 대상에 해당한다.
⑤ 1일 영양성분 기준치는 성인 남성의 1일 평균 섭취량이다.

> **해설** 영양표시제
> • 영양성분 표시와 영양성분 강조 표시가 있다.
> • 표시대상 영양성분 : 열량, 나트륨, 탄수화물, 당류, 지방, 트랜스지방, 포화지방, 콜레스테롤, 단백질
> • 열량, 트랜스지방은 1일 영양성분 기준치에 대한 비율(%) 표시에서 제외된다.
> • 1일 영양성분 기준치는 영양성분의 평균적인 1일 섭취기준량을 말한다.

71 제9기 국민건강영양조사에서 측정하는 신체계측 항목은?

① 가슴둘레
② 허벅지둘레
③ 허리둘레
④ 팔뚝둘레
⑤ 엉덩이둘레

> **해설** 제9기 국민건강영양조사의 검진조사항목 중 신체계측에서는 만 1세 이상의 조사대상자는 공통적으로 신장, 체중을 재고, 만 6세 이상의 조사대상자는 허리둘레를 재며, 만 40세 이상의 조사대상자는 목둘레도 함께 잰다.

정답 **69** ④ **70** ④ **71** ③

72 '체중감량으로 대사증후군 예방하기'라는 영양교육을 시행하고자 한다. 교수 · 학습과정안 작성 시 도입 단계에 해당하는 것은?

① 체중감량 방법을 설명한다.
② 학습목표를 제시하고 동기를 유발한다.
③ 고열량 식품 섭취를 줄여야 함을 강조한다.
④ 체중감량과 대사증후군 간의 관계를 설명한다.
⑤ 대상자의 비만도를 산출한다.

> **해설** 영양교육의 교수 · 학습과정안
> • 도입 단계 : 학습목표 제시, 학습동기 유발
> • 전개 단계 : 학습내용 · 방법 제시, 학습활동
> • 정리 · 평가 단계 : 학습내용 정리, 형성평가

73 보건소 영양사의 업무에 해당하는 것은?

① 대사증후군 캠프 운영
② 당뇨병 환자의 복약지도
③ 식품위생감시원의 관리
④ 식품정책 개발
⑤ 구강검진 실시

> **해설** 보건소 영양사는 지역 주민을 대상으로 영양교육 및 상담 역할을 수행하는데, 대사증후군 캠프 운영 역시 영양교육의 일종으로 볼 수 있다

74 영양플러스사업에 관한 설명으로 옳은 것은?

① 학교급식법에 준하여 시행하고 있다.
② 대상자 중 영양위험군은 혜택을 받을 수 없다.
③ 수혜대상자는 동일한 영양교육비를 지불한다.
④ 대상자는 초등학생, 고등학생이다.
⑤ 개별상담과 집단교육을 병행하여 실시한다.

> **해설** 영양플러스사업
> • 영양상태에 문제가 있는 임부, 수유부 및 영유아에게 건강증진을 위한 영양교육을 실시하고, 영양불량 문제를 해소하기 위한 특정식품들을 일정기간 동안 지원하여 스스로 식생활 관리 능력을 향상시키고자하는 사업이다.
> • 개별상담과 집단교육을 병행하여 영양교육을 한다.

72 ② 73 ① 74 ⑤ 정답

75 24시간 회상법에 대한 내용으로 옳은 것은?

① 대상자가 일정 기간 섭취한 식품의 횟수를 기록한다.

② 대상자가 24시간 동안 섭취하는 식품의 종류와 양을 섭취할 때마다 스스로 기록한다.

③ 대상자가 섭취한 식품의 종류와 양을 저울로 측정해서 기록한다.

④ 대상자가 과거의 특정 식품에 대한 섭취 빈도를 기억하여 기록한다.

⑤ 대상자가 24시간 동안 섭취한 식품의 종류와 양을 기억하도록 하여 조사자가 기록한다.

> **해설** 24시간 회상법
> • 조사자가 대상자의 하루 전(24시간)에 섭취한 음식의 종류와 양을 기억하도록 하여 기록하는 방법이다.
> • 장점 : 대상자의 부담이 없고 조사시간이 적게 들며 인력 경비가 적게 든다. 또한 다양한 집단(문맹인도 가능)의 평균적인 식사 섭취량 조사에 매우 유용하다.
> • 단점 : 기억이 분명하지 않거나 면접상태에 따라 섭취한 식품의 종류와 양 측정에 정확도가 떨어질 수 있으므로 기억력이 약한 어린이, 노인, 장애자에게는 적합하지 않다.

76 환자의 영양상태를 파악한 후 적절한 영양관리를 제공하기 위하여 식품 및 영양소 섭취자료, 신체측정 자료, 생화학적 분석자료, 임상적 증상 및 징후 등을 수집·해석하는 전반적인 활동은?

① 영양진단   ② 영양판정

③ 영양중재   ④ 영양모니터링과 평가

⑤ 영양스크리닝

> **해설** 영양판정이란 영양과 관련된 문제와 그 원인을 파악하기 위하여 식사섭취조사(24시간 회상법, 식품섭취 빈도조사법, 식사력 조사법, 식사기록법), 신체계측(체중, 신장, 두위, 피부두겹 두께기, 신체지수 등), 생화학적 검사(성분검사, 기능검사), 임상조사를 하는 것이다.

77 철 결핍 시에 가장 먼저 감소하는 지표는?

① 헤마토크리트   ② 혈청 페리틴 농도

③ 헤모글로빈 농도   ④ 트랜스페린 포화도

⑤ 적혈구 프로토포르피린 함량

> **해설** 혈청 페리틴 농도는 조직 내 철 저장 정도(페리틴)를 알아보기 위한 민감한 지표로 사용되어, 빈혈의 초기 진단에 이용한다.

78 두부 160g, 식빵 35g(1쪽), 저지방 우유 1컵(200mL)을 섭취했을 때 식품교환표를 이용하여 산출한 열량은?

① 230kcal

② 250kcal

③ 280kcal

④ 300kcal

⑤ 330kcal

해설 두부는 80g(1/5모)당 75kcal으로 두부 160g은 150kcal, 식빵 35g(1쪽)은 100kcal, 저지방 우유 1컵은 80kcal로 총 330kcal를 섭취하였다.

79 입원환자의 영양검색에 관한 설명으로 옳은 것은?

① 영양불량 위험도가 높은 환자를 선별한다.

② 영양판정이 정확하게 가능하다.

③ 중환자를 대상으로 한다.

④ 장기입원 환자를 대상으로 한다.

⑤ 고도의 전문지식이 필요하다.

해설 영양검색(영양스크리닝)은 전체 입원환자를 대상으로 영양결핍이나 영양불량의 위험이 있는 환자를 신속하게 알아내기 위하여 실시하는 것이다. 영양검색 후 문제가 있는 환자에 대하여는 영양판정을 실시한다.

80 맑은 유동식으로 제공할 수 있는 식품은?

① 미숫가루

② 보리차

③ 아이스크림

④ 미 음

⑤ 토마토주스

해설 맑은 유동식은 수분 공급을 목적으로 한 상온에서 맑은 액체 음료로, 보리차, 녹차, 옥수수차, 맑은 과일 주스 (토마토 주스, 넥타 제외) 등이며, 수술 후 가스나 가래가 나오면 공급해야 한다.

81 위액의 성분에 해당하는 것은?

① 콜레시스토키닌
② 엔테로키나아제
③ 세크레틴
④ 내적인자
⑤ 디펩티다아제

해설 내적인자(Intrinsic Factor)는 위의 벽세포에서 분비되며, 비타민 B_{12}의 흡수를 돕는다.

82 위장 기능이 저하되어 영양소의 소화 · 흡수가 불가능한 환자에게 한 달 이상 영양지원을 할 때 가장 적합한 방법은?

① 중심정맥영양
② 말초정맥영양
③ 비십이지장관 경관급식
④ 공장조루술 경관급식
⑤ 위장조루술 경관급식

해설 중심정맥영양은 심장 근처의 정맥에 카테터를 삽입하여 필요한 영양소 전부를 공급하는 것으로, 장기간(2주 이상) 사용 가능하다. 경구적 섭취가 불가능한 상태, 심각한 영양불량상태, 위장관의 손상으로 소화흡수가 불가능한 상태, 심한 화상 등에 사용한다.

83 역류성 식도염 환자에게 적합한 식품은?

① 잔치국수, 커피, 토마토
② 쌀밥, 생선튀김, 미역초무침
③ 쌀밥, 양배추찜, 애호박나물
④ 쌀밥, 삼겹살구이, 감귤주스
⑤ 토스트, 베이컨구이, 파인애플

해설 역류성 식도염은 위 내용물의 역류를 방지하는 것이 치료의 기본이기 때문에, 과식을 금지하고 식후 바로 눕지 않는 것이 좋다. 또한, 고지방식, 초콜릿, 알코올, 커피, 산도가 높은 음식 및 자극적인 음식은 피하는 것이 좋다.

정답 81 ④ 82 ① 83 ③

84 위절제 수술 후의 식사요법으로 옳은 것은?

① 저단백질식을 공급한다.

② 저지방식을 공급한다.

③ 액체 음식을 공급한다.

④ 식사를 소량씩 자주 공급한다.

⑤ 단당류나 농축당을 공급한다.

해설 수술 후 빠른 회복을 위해서는 충분한 영양을 섭취하는 것이 좋으며, 이를 위해서는 양질의 단백질을 공급하고, 소화 기능이 완전하지 못하므로 소량씩 자주 먹는 것이 좋다.

85 뇌혈관의 손상으로 음식물을 삼키기 어려운 환자에게 적합한 식품은?

① 건포도

② 크래커

③ 견과류

④ 맑은 콩나물국

⑤ 호상 요구르트

해설 뇌졸중은 뇌혈관이 막히거나(뇌경색) 파열되어(뇌출혈) 일어나는데, 연하장애가 발생할 수 있다. 이때는 연두부, 푸딩, 미음, 호상 요구르트 등을 제공할 수 있다.

86 다음 중 섬유질이 풍부한 식사가 필요한 질환은?

① 이완성 변비

② 경련성 변비

③ 궤양성 대장염

④ 크론병

⑤ 급성 설사

해설 이완성 변비 시에는 섬유소를 권장하고 경련성 변비 시에는 섬유소를 제한한다.

87 간경변증 환자가 간성혼수를 일으킬 경우 올바른 식사요법은?

① 저지방식

② 고지방식

③ 저단백식

④ 고단백식

⑤ 저당질식

해설 간성혼수는 간질환 시 암모니아가 간으로 들어가지 못하고 일반 혈액순환계로 들어가 혈중 암모니아가 상승되어 뇌신경 장애를 일으키는 것이다. 일반적인 간질환의 경우에는 고단백식을 제공하지만 간성혼수 시 저단백식을 제공한다.

88 소화기관에서 다음의 역할을 하는 물질은?

- 비타민 K의 흡수 도움
- 지질의 소화 · 흡수 도움
- 소장운동 촉진

① 펩 신

② 담 즙

③ 포스포리파아제

④ 엔테로키나아제

⑤ 키모트립신

해설 담즙은 간에서 콜레스테롤로부터 합성되어 담낭에 저장되었다가 십이지장으로 분비되며, 지방유화와 지질의 소화 · 흡수를 돕는다. 지용성 비타민(특히 비타민 K)의 흡수와 소장의 운동을 촉진한다.

89 담낭염 환자가 주의해야 할 식품은?

① 난 백

② 흰살생선

③ 감자튀김

④ 샌드위치

⑤ 탈지우유

해설 담낭염은 담낭세포가 박테리아 감염에 의하거나 비만, 임신, 변비, 부적당한 식사, 소화기관의 장해 등에 의해 발생한다. 담낭염 환자에게는 기름기 없는 고기 · 생선, 난백, 탈지우유 등 저지방식을 공급한다.

90 만성 췌장염 환자의 식사요법으로 옳은 것은?

① 저단백식

② 저열량식

③ 저지방식

④ 저당질식

⑤ 고섬유식

해설 만성 췌장염 시 급성 췌장염에 준해서 당질을 중심으로 공급하며, 단백질은 충분히 공급하되, 지방이 적은 식이를 제공한다.

91 하루 에너지 필요량이 2,500kcal인 성인 여성이 식사요법으로 한 달 동안 2kg을 감량하고자 한다. 하루에 몇 kcal 정도의 에너지를 섭취하는 것이 적합한가?

① 1,400kcal

② 1,500kcal

③ 1,800kcal

④ 2,000kcal

⑤ 2,200kcal

해설 체지방의 열량가는 1kg당 7,700kcal이다. 한 달 동안 2kg을 감량하려면 7,700kcal×2 = 15,400kcal, 15,400kcal/한 달(31일) = 496.78kcal로, 하루에 약 500kcal의 열량 섭취를 줄이면 된다.

92 소아비만의 특징으로 옳은 것은?

① 지방세포의 크기와 수가 모두 증가한다.

② 기초대사량의 저하가 주요 원인이다.

③ 체중감량 후 요요현상이 적다.

④ 성인비만에 비해 유전적 인자가 적게 관여한다.

⑤ 성인이 되면 자연스럽게 체중이 감량된다.

해설 소아비만은 지방세포의 크기만 커지는 성인비만과 달리 지방세포 수의 증가를 수반하므로 조절하기가 어려우며 성인비만으로의 이행률도 높다.

90 ③ 91 ④ 92 ① 정답

93 대한비만학회에서 제시하는 성인의 과체중 체질량지수(BMI)는?

① 18.5 미만
② 23~25 미만
③ 25~30 미만
④ 30~35 미만
⑤ 35 이상

[해설] 체질량지수(BMI)
- 성인의 비만판정에 유효하다.
- 18.5 미만(저체중), 18.5~22.9(정상), 23~24.9(비만 전 단계, 과체중), 25~29.9(1단계 비만), 30~34.9(2단계 비만), 35 이상(3단계 비만, 고도비만)

94 당뇨병 환자의 당질 대사에 관한 설명으로 옳은 것은?

① 포도당의 세포 내 유입이 증가한다.
② 당신생이 감소한다.
③ 말초조직으로의 포도당의 이동이 증가한다.
④ 근육에서 글리코겐 합성이 증가한다.
⑤ 간에서 글리코겐 합성이 감소한다.

[해설] 당뇨병 환자의 당질 대사
- 포도당이 세포 내로 유입되지 않는다.
- 세포는 기아 상태로 당신생이 증가한다.
- 말초조직으로의 포도당의 이동과 이용률이 저하된다.
- 간, 근육에서 글리코겐 합성이 감소한다.

95 제1형 당뇨병의 주요 원인은?

① 체중증가
② 인슐린 분비 부족
③ 글루카곤 분비 부족
④ 운동부족
⑤ 인슐린 저항성 증가

[해설] 제1형 당뇨병
- 인슐린 의존성 당뇨병으로 인슐린의 분비량이 부족해 발생한다.
- 아동이나 30세 미만의 젊은 층에서 발병하므로 소아성 당뇨라고도 한다.
- 인슐린이 분비되지 않으므로 인슐린 주사가 필요하다.

[정답] 93 ② 94 ⑤ 95 ②

96 정상 성인의 혈당에 관한 설명으로 옳은 것은?

① 공복혈당 수치는 100~125mg/dL이다.

② 식후 30분 내로 혈당이 정상수치로 회복된다.

③ 글루카곤, 인슐린, 렙틴, 도파민 등이 혈당조절에 관여한다.

④ 혈당이 상승할 경우 포도당은 간이나 근육에서 에너지로 모두 소모된다.

⑤ 혈당의 항상성은 호르몬과 신경계에 의해서 유지된다.

해설 ① 정상 공복혈당 수치는 100mg/dL 미만이며, 100~125mg/dL이면 공복혈당장애, 126mg/dL 이상이면 당뇨병이다.

② 식후 2시간 후면 혈당이 정상수치로 회복된다.

③ 인슐린, 글루카곤, 갑상샘호르몬, 성장호르몬, 부신피질호르몬, 부신수질호르몬 등이 혈당조절에 관여한다.

④ 고혈당 시 인슐린이 혈액으로 분비되어 혈액 내 포도당을 간과 근육세포 내로 이동시켜 혈당을 정상범위로 낮춰준다. 이렇게 혈액에서 조직으로 이동된 포도당은 일부 에너지원으로 사용되고, 나머지는 글리코겐이나 지방으로 저장된다.

97 식전에 운동을 한 당뇨병 환자가 식은땀과 가슴이 두근거리는 증상을 나타냈다. 즉시 공급해야 하는 식품은?

① 홍 차
② 생 수
③ 우 유
④ 아메리카노
⑤ 설탕물

해설 과다운동, 장기여행, 공복 시에 저혈당이 되어 인슐린쇼크가 일어나게 되면 즉시 흡수되기 쉬운 당질음료를 주어야 한다.

98 혈당지수가 가장 높은 식품은?

① 감 자
② 토마토
③ 우 유
④ 쌀 밥
⑤ 사 과

해설 혈당지수는 쌀밥 > 감자 > 사과 > 토마토 > 우유 순으로 높다.

99 제2형 당뇨병 환자의 식사요법은?

① 탄수화물의 하루 총 섭취량을 관리해야 한다.
② 인공감미료는 사용해서는 안 된다.
③ 혈당지수(GI)가 높은 식재료를 이용한다.
④ 당질 섭취는 1일 100g 이하로 제한하는 것이 바람직하다.
⑤ 섬유소 섭취를 제한한다.

해설 제2형 당뇨병 식사요법
- 인슐린 저항을 줄이고 대사개선을 위해 식습관의 변화가 필요하다.
- 단순당인 설탕, 꿀, 사탕 등은 제한하고 대용품으로 인공감미료를 소량 이용한다.
- 혈당지수(GI)가 낮은 식품을 이용한다.
- 케톤증을 예방하기 위해 당질을 100g 이상 섭취해야 하고 복합당질이 좋다.
- 섬유소는 당의 흡수를 서서히 시키고 혈중 콜레스테롤치를 낮추며 만복감을 주므로 충분히 섭취한다.

100 다음 중 혈압을 상승시키는 요인은?

① 레닌-안지오텐신계 활성화
② 혈관의 저항성 감소
③ 혈액 형성 감소
④ 부교감신경 자극
⑤ 심박출량 감소

해설 레닌-안지오텐신계
- 레닌 : 신장으로 유입되는 혈관의 혈압이 떨어져 신장의 혈류공급이 적어질 때 분비한다.
- 안지오텐신 II : 혈액으로 분비된 레닌은 안지오텐시노겐을 안지오텐신 I 으로 활성화시키고, 안지오텐신 I 은 다시 안지오텐신 II 로 된다(혈압 상승).

101 성인 남성의 건강검진 결과표이다. 이 남성은 다음 어느 경우에 해당되는가?

구 분	검사치
허리둘레	100cm
공복혈당	110mg/dL
중성지방	180mg/dL
HDL-콜레스테롤	30mg/dL
수축기혈압/이완기혈압	145mmHg/90mmHg

① 동맥경화증
② 대사증후군
③ 골다공증
④ 당뇨병
⑤ 이상지질혈증

해설 대사증후군
- 생활습관병으로 심근경색이나 뇌졸중의 위험인자인 비만, 당뇨, 고혈압, 고지혈증, 복부비만 등의 질환이 한 사람에게 한꺼번에 나타나는 것을 뜻한다.
- 진단기준 – 3개 이상 해당된 경우
  - 허리둘레 : 남자 90cm 이상, 여자 85cm 이상
  - 혈압 : 130/85mmHg 이상
  - 공복혈당 : 100mg/dL 이상 또는 당뇨병 과거력, 약물복용
  - 중성지방(TG) : 150mg/dL 이상
  - HDL : 남자 40mg/dL 이하, 여자 50mg/dL 이하

102 고혈압 환자가 섭취하면 좋은 식품은?

① 조기, 두부, 마요네즈
② 소시지, 감자, 우유
③ 베이컨, 버터, 빵
④ 바나나, 토마토, 딸기
⑤ 케이크, 치즈, 꿀

해설 고혈압 환자에게는 나트륨은 제한하고 칼륨은 충분히 공급해야 한다. 칼륨이 풍부한 식품에는 어육류(정어리, 연어, 고등어), 과일류(딸기, 바나나, 오렌지, 아보카도), 채소류(시금치, 우엉, 토마토, 케일), 견과류(땅콩, 잣) 등이 있다.

101 ② **102** ④ 정답

103 비만 성인남성의 혈중 총 콜레스테롤 농도가 280mg/dL인 경우 가장 적합한 식사요법은?

① 불포화지방산 섭취를 줄인다.

② 단순당 섭취를 늘린다.

③ 포화지방산 섭취를 늘린다.

④ 총 에너지 섭취를 줄인다.

⑤ 식이섬유 섭취를 제한한다.

해설 고콜레스테롤혈증 환자의 경우 적정한 체중을 위하여 총 에너지 섭취를 줄이며, 간은 싱겁게 한다. 콜레스테롤과 포화지방산은 제한하고, 불포화지방산과 충분한 식이섬유를 섭취하도록 한다.

104 울혈성 심부전 환자의 식사요법으로 옳은 것은?

① 고열량식 공급

② 나트륨 섭취 제한

③ 불포화지방산 섭취 제한

④ 단백질 섭취 제한

⑤ 이뇨제 사용 시 칼륨 제한

해설 울혈성 심부전 시 신체 생리기능을 유지할 정도의 저열량식(1,000~1,200kcal)을 제공하며, 정상 기능을 유지하기 위하여 양질의 단백질을 공급한다. 또한 지방의 공급은 종류 및 양에 따라 결정하며 불포화지방산의 섭취량은 증가시키지만 총 지방의 섭취량은 제한한다. 부종 제거를 위한 이뇨제 사용 시 저칼륨혈증을 유발할 수 있으므로 칼륨을 보충하도록 한다.

105 죽상동맥경화증 환자에게 적합한 식품은?

① 오징어

② 돼지고기

③ 코코넛유

④ 난 황

⑤ 참 치

해설 죽상동맥경화증이란 혈관에 지방이 가라앉아 들러붙어 동맥이 좁아지고 탄력성을 잃게 되는 현상이다. 불포화지방산이 높은 식물성 지방(들기름, 콩기름)이나, EPA가 많아 혈소판 응집을 억제하는 등푸른생선(참치, 고등어, 정어리 등)이 좋다.

정답 **103** ④ **104** ② **105** ⑤

106 사구체에서 여과된 포도당의 재흡수가 주로 일어나는 기관은?

① 요 관

② 신 우

③ 세뇨관

④ 요 도

⑤ 보먼주머니

해설 사구체에서 여과된 포도당은 정상혈당일 때 세뇨관에서 100% 재흡수된다.

107 사구체여과율 감소 시 혈중 농도가 감소하는 것은?

① 칼 륨

② 요 소

③ 크레아티닌

④ 칼 슘

⑤ 인 산

해설 사구체여과율 감소 시 혈중 크레아티닌, 요소, 칼륨, 인산 농도는 증가하고 칼슘의 농도는 감소한다.

108 어린이가 감기를 앓고 난 후 갑자기 부종, 혈뇨, 핍뇨 증상을 보일 경우 올바른 식사요법은?

① 칼륨은 충분히 공급한다.

② 단백질은 충분히 공급한다.

③ 열량은 제한한다.

④ 수분은 회복기에도 제한한다.

⑤ 나트륨은 제한한다.

해설 급성 사구체신염은 폐렴, 편도선염, 감기, 중이염 등을 앓고 난 후 연쇄상구균이나 포도상구균, 바이러스 등에 감염되어 발생하는 경우가 많다. 열량은 충분히 공급하되 단백질은 초기(부종, 핍뇨)에 제한하며, 부종과 고혈압 시 나트륨을 제한한다. 또한 핍뇨 시 수분은 1일 800~1,000mL로 제한하되 회복기에는 증가시키고, 칼륨의 섭취도 제한한다.

109 수산칼슘결석 환자에게 적합한 식품은?

① 부 추

② 사과주스

③ 코코아

④ 시금치

⑤ 아스파라거스

해설 수산칼슘결석 시 다량의 물을 섭취하는 것이 좋으며, 사과주스, 오렌지주스에는 구연산이 풍부하여 결석 생성을 억제하는 효과가 있다. 수산 함량이 높은 아스파라거스, 시금치, 무화과, 자두, 코코아, 초콜릿, 부추, 커피, 차 등의 섭취는 피하도록 한다.

110 투석 전인 만성 신부전 환자의 식사요법으로 옳은 것은?

① 단백질 섭취를 제한한다.

② 에너지 섭취를 제한한다.

③ 칼슘 섭취를 제한한다.

④ 나트륨 섭취를 증가한다.

⑤ 칼륨 섭취를 증가한다.

해설 투석 전에는 단백질 섭취를 제한하고, 투석 시에는 단백질을 충분히 공급한다.

111 식욕부진, 구토 증세를 보이는 암 환자의 식사요법으로 옳은 것은?

① 식욕 촉진을 위해 자극적인 음식을 섭취한다.

② 음식의 온도는 뜨겁게 섭취한다.

③ 에너지 밀도가 높은 고지방 식품을 섭취한다.

④ 음식을 소량씩 자주 섭취한다.

⑤ 세끼 식사는 정해진 시간에 섭취한다.

해설 식욕부진과 구토 증세를 보이는 암 환자의 경우 소량씩 자주 섭취하고, 자극적인 음식과 고지방 식품을 피하여야 한다.

정답 **109** ② **110** ① **111** ④

112 급성 감염성 질환자의 대사변화에 관한 설명으로 옳은 것은?

① 글리코겐 저장량 증가

② 체단백질 합성 증가

③ 기초대사량 증가

④ 체수분 보유량 증가

⑤ 영양소 흡수력 증가

해설 급성 감염성 질환의 경우 발열이 일어나 체온 1℃ 증가 시 기초대사량은 13% 상승한다.

113 악액질 증상을 보이는 암 환자의 대사변화로 옳은 것은?

① 지방 합성 증가에 따른 체지방량 증가

② 체단백질 분해 증가에 따른 음의 질소평형 발생

③ 암세포에서의 포도당 이용률 감소

④ 간의 당신생 감소에 따른 저혈당증 발생

⑤ 기초대사량 감소

해설 악액질은 악성 종양에서 볼 수 있는 고도의 전신쇠약 증세이다. 기초대사량 증가로 체중이 감소하며, 당질이 지방으로 전환이 잘 되지 않아 체지방량이 고갈된다. 또한 암세포는 코리회로를 통해 당신생을 증가시키며, 고혈당증을 유발한다.

114 수술 후 대사변화로 옳은 것은?

① 질소 배설이 증가한다.

② 체지방 합성이 증가한다.

③ 에너지 대사가 감소한다.

④ 나트륨 배설이 증가한다.

⑤ 칼륨 배설이 감소한다.

해설 수술 후 이화작용이 항진되어 혈청 단백질 농도가 저하되고 질소 배설이 증가된다.

112 ③ 113 ② 114 ① **정답**

115 폐결핵 환자의 식사요법으로 옳은 것은?

① 섬유소 섭취를 증가한다.

② 지방 섭취를 제한한다.

③ 칼슘 섭취를 제한한다.

④ 단백질 섭취를 증가한다.

⑤ 열량 섭취를 제한한다.

해설 폐결핵과 같은 소모성 질환자의 새로운 조직을 형성하기 위해서는 적혈구 생성이 많아져야 하며, 단백질과 철분을 섭취하여 세포 생성을 위한 영양을 공급해야 한다.

116 위 절제 수술 후 15년 동안 채식위주로 식사한 환자가 최근 악성빈혈 진단을 받았다. 이 환자에게 결핍된 영양소는?

① 구 리

② 엽 산

③ 칼 슘

④ 비타민 B_{12}

⑤ 비타민 C

해설 악성빈혈은 적혈구가 수명이 매우 짧아져서 발생된 빈혈로서 비타민 B_{12} 결핍(흡수장애)이 원인이다. 비타민 B_{12}는 동물성 식품에 풍부하기 때문에 오랜 기간 동안 채식을 하게 되면 악성빈혈을 초래한다.

117 헤마토크리트(hematocrit)란 무엇인가?

① 혈액의 응고 속도

② 백혈구의 침강하는 속도

③ 적혈구의 침강하는 속도

④ 혈액을 원심분리한 후 혈소판이 차지하는 용적비

⑤ 혈액을 원심분리한 후 적혈구가 차지하는 용적비

해설 헤마토크리트(hematocrit, 혈구혈장 비율)란 전혈에서 적혈구가 차지하는 비율(40~45%)을 의미한다.

정답 115 ④ 116 ④ 117 ⑤

118 케톤성 식사요법을 필요로 하는 질병은?

① 간경화증

② 당뇨병

③ 신우염

④ 간 질

⑤ 비 만

해설 간질 치료에 쓰이는 케톤성 식사요법은 고지방·저당질 식이로, 지방의 불완전연소를 일으켜 체내에 과다한 케톤체를 생성하게 함으로써 발작을 억제한다.

119 단풍당뇨증 환자가 대사하지 못하는 아미노산은?

① 이소류신

② 메티오닌

③ 아르기닌

④ 프롤린

⑤ 페닐알라닌

해설 단풍당뇨증은 류신, 이소류신, 발린과 같은 분지아미노산(BCAA)의 산화적 탈탄산화를 촉진시키는 단일효소가 유전적으로 결핍된 것이다.

120 통풍 환자의 혈중 수치에서 높게 나타나는 것은?

① 지방산

② 알부민

③ 요 산

④ 칼 슘

⑤ 크레아티닌

해설 통풍은 체내 퓨린(핵산의 구성물질 중 하나) 대사이상으로 혈중 요산치가 증가하고 요산 배설량이 감소하여 요산이 체내에 축적되는 것이다.

118 ④ **119** ① **120** ③ 정답

01 식품학 및 조리원리

01 조리용 계량기구의 용량으로 옳은 것은?

① 1컵 = 300mL

② 1컵 = 20큰술

③ 1큰술 = 20mL

④ 1큰술 = 3작은술

⑤ 1작은술 = 3mL

해설 계량단위
- 1작은술 = 5mL
- 1큰술 = 15mL = 3작은술
- 1컵 = 200mL = 약 13큰술

02 수분활성도에 대한 설명으로 옳은 것은?

① 수분활성도는 용질의 몰수가 높을수록 감소한다.

② 효모의 생육 최저 수분활성도는 0.50이다.

③ 식품의 수분활성도는 항상 1보다 크다.

④ 곰팡이의 생육 최저 수분활성도는 0.90이다.

⑤ 임의 온도에서 식품이 나타내는 수증기압에 100을 곱한 값이다.

해설 ② 효모의 생육 최저 수분활성도는 0.88이다.
③ 식품의 수분활성도는 1 이하이다.
④ 곰팡이의 생육 최저 수분활성도는 0.80이다.
⑤ 임의의 온도에서 식품이 나타내는 수증기압에 대하여 그 온도에서 순수한 물의 수증기압의 비율이다.

정답 01 ④ 02 ①

03 조미료의 침투속도에 따른 사용 순서로 바르게 나열한 것은?

① 식초 → 설탕 → 소금

② 소금 → 식초 → 설탕

③ 소금 → 설탕 → 식초

④ 설탕 → 소금 → 식초

⑤ 설탕 → 식초 → 소금

해설 조미료는 분자량이 적은 것이 먼저 침투하므로 설탕, 소금, 식초 순으로 사용해야 식품이 연하고 맛있게 된다.

04 전분의 비환원성 말단부터 α-1,4 글리코시드 결합을 말토오스 단위로 가수분해하는 효소는?

① α-아밀라아제

② β-아밀라아제

③ 펩티다아제

④ 아이소아밀라아제

⑤ 글루코아밀라아제

해설 β-아밀라아제는 전분의 α-1,4 글리코시드 결합에 작용하여 비환원성 말단에서부터 맥아당(maltose) 단위로 가수분해하는 효소로, 당화효소라고도 한다.

05 전분의 노화에 영향을 미치는 요인으로 옳은 것은?

① 황산염은 노화를 억제한다.

② 동결하면 노화가 촉진된다.

③ pH가 낮을수록 노화가 억제된다.

④ 수분함량이 30~60%일 때 노화가 잘 일어난다.

⑤ 전분농도가 낮을수록 노화가 촉진된다.

해설 ① 황산염은 노화를 촉진한다.
　　② 0℃ 이하에서는 노화가 방지된다.
　　③ pH가 낮을수록 노화가 촉진된다.
　　⑤ 전분농도가 높을수록 노화가 촉진된다.

06 효소작용에 의해 만들어진 식혜는 전분의 어떤 작용을 이용한 것인가?

① 당 화
② 노 화
③ 겔 화
④ 호 화
⑤ 호정화

> **해설** 당화란 전분을 당화효소 또는 산의 작용으로 가수분해하여 맥아당 등의 당으로 바꾸는 반응으로, 식혜, 엿, 고추장 등이 해당한다.

07 유도지질에 해당하는 것은?

① 중성지방
② 레시틴
③ 왁 스
④ 당지질
⑤ 에르고스테롤

> **해설** 지질의 분류
> • 단순지질 : 중성지방, 왁스
> • 복합지질 : 인지질(레시틴, 스핑고미엘린), 당지질, 지단백질, 황지질
> • 유도지질 : 지방산, 스테롤(콜레스테롤, 에르고스테롤), 고급1가 알코올, 스쿠알렌, 지용성 비타민, 지용성 색소

08 유지의 성질에 관한 설명으로 옳은 것은?

① 불포화도가 높을수록 점도는 감소한다.
② 불포화도가 높을수록 융점은 증가한다.
③ 불포화도가 높을수록 비중은 작아진다.
④ 불포화도가 높을수록 굴절률은 낮아진다.
⑤ 불포화도가 높을수록 요오드가는 감소한다.

> **해설** 불포화도가 높을수록 굴절률, 비중, 요오드가는 증가하고, 불포화도가 낮을수록 점도, 융점, 용해성은 감소한다.

정답 06 ① 07 ⑤ 08 ①

09 유지의 자동산화 초기 반응에서 생성되는 물질은?

① 중합체(polymer)
② 알코올(alcohol)
③ 과산화물(hydroperoxide)
④ 유리기(free radical)
⑤ 알데하이드(aldehyde)

> **해설** 유지의 자동산화 반응
> - 초기 반응 : 유리기(free radical) 생성
> - 연쇄 반응 : 과산화물(hydroperoxide) 생성, 연쇄 반응 지속적
> - 종결 반응
>   - 중합 반응 : 고분자중합체 형성
>   - 분해 반응 : 카르보닐 화합물(알데하이드, 케톤, 알코올 등) 생성

10 염기성 아미노산에 해당하는 것은?

① 알라닌
② 발 린
③ 글루탐산
④ 아스파르트산
⑤ 아르기닌

> **해설** 아미노산 종류
> - 염기성 아미노산 : 히스티딘, 아르기닌, 라이신
> - 중성 아미노산 : 글리신, 알라닌, 발린, 류신, 이소류신
> - 산성 아미노산 : 아스파르트산, 글루탐산

11 단백질의 열변성에 영향을 미치는 인자에 대한 설명으로 옳은 것은?

① 등전점에서 열변성이 억제된다.
② 전해질은 열변성을 억제한다.
③ 수분은 열변성을 촉진한다.
④ 설탕이나 포도당은 열변성을 촉진한다.
⑤ 온도가 높아지면 열변성 속도가 느려진다.

> **해설** 열변성에 영향을 미치는 인자
> - pH : 등전점에서 응고가 쉽게 됨
> - 전해질 : 변성온도가 낮아지고 변성속도가 빨라짐
> - 수분 : 수분이 많으면 낮은 온도에서도 변성이 일어남
> - 설탕 : 당이 응고된 단백질을 용해시킴 → 응고온도 상승
> - 온도 : 온도가 높아지면 열변성 속도가 빨라짐

12 단백질의 정색반응 중 펩티드 결합을 확인하는 것은?

① 홉킨스 콜 반응
② 베네딕트 반응
③ 사카구치 반응
④ 뷰렛 반응
⑤ 밀론 반응

해설 ① 트립토판 확인, ② 당의 정색반응, ③ 아르기닌 확인, ⑤ 티로신 확인 반응이다.

13 마이야르(Maillard) 반응의 초기단계에 해당하는 것은?

① 알돌 축합반응
② 스트레커 분해반응
③ 멜라노이딘 색소형성
④ 아마도리 전위 반응
⑤ HMF 생성

해설 마이야르(Maillard) 반응의 메커니즘
- 초기단계 : 당과 아미노산이 축합반응에 의해 질소배당체 형성, 아마도리 전위 반응
- 중간단계 : 아마도리 전위에서 형성된 생산물이 산화, 탈수, 탈아미노반응 등에 의해 분해되어 오존, HMF(hydroxy tmethyl furfural) 등을 생성
- 최종단계 : 알돌 축합반응, 스트렉커 분해반응, 멜라노이딘 색소 형성

14 갑각류인 새우, 가재, 게 등을 가열하면 붉은 색으로 변하는데 그 원인물질은?

① 아스타신
② 리코펜
③ 카로틴
④ 갈조소
⑤ 크립토잔틴

해설 카로티노이드 관련 현상으로 청록색의 아스타잔틴(astaxanthin)에 열을 가하게 되면 붉은색의 아스타신 (astacin)으로 변한다.

15 바이러스에 관한 설명으로 옳은 것은?

① 비브리오균이 포함된다.

② 살아있는 세포에 기생한다.

③ DNA와 RNA를 모두 갖는다.

④ 원핵세포로 된 단세포 생물이다.

⑤ 전자현미경으로 관찰할 수 없다.

해설 바이러스는 살아있는 세포에만 증식하며, 미생물 중에서 크기가 가장 작아 전자현미경으로만 관찰 가능하다. 단백질과 핵산(DNA와 RNA 중 한 가지만 존재)으로 구성되어 있으며, 살아있는 세포에만 증식하며 순수배양이 불가능하다.

16 김치의 발효 초기에 주로 생육하는 젖산균은?

① Aspergillus oryzae

② Debaryomyces hansenii

③ Lactobacillus brevis

④ Lactobacillus plantarum

⑤ Leuconostoc mesenteroides

해설 Leuconostoc mesenteroides는 김치의 발효 초기에 주로 생육하고, Lactobacillus brevis와 Lactobacillus plantarum은 김치의 발효 후기에 생육한다.

17 에멘탈 치즈의 가스구멍(cheese eye) 형성에 관여하는 미생물은?

① Mucor rouxii

② Aspergillus oryzae

③ Serratia marcescens

④ Pseudomonas fluorescens

⑤ Propionibacterium shermanii

해설 에멘탈 치즈는 숙성과정 중에 혐기성 균인 Propionibacterium shermanii에 의해 프로피온산 발효가 되어 가스 구멍이 생기게 된다.

15 ② **16** ⑤ **17** ⑤ 정답

18 보리의 주단백질은 무엇인가?

① 오리제닌　　　　　　　　　② 글리아딘

③ 제인　　　　　　　　　　　④ 호르데인

⑤ 글로불린

> **해설** 곡류의 주요 단백질
> • 보리 : 호르데인(hordein)
> • 쌀 : 오리제닌(oryzenin)
> • 밀 : 글리아딘(gliadin), 글루테닌(glutenin)
> • 옥수수 : 제인(zein)
> • 콩 : 글로불린(globulin)

19 쌀의 도정도가 높을수록 증가하는 영양성분은?

① 당 질　　　　　　　　　　② 단백질

③ 지 질　　　　　　　　　　④ 비타민

⑤ 섬유질

> **해설** 도정 후 백미에는 대부분 탄수화물만 남게 되고, 쌀겨에는 단백질과 지방, 탄수화물과 섬유질 등 영양성분이 다양하게 함유되어 있다.

20 전분의 호화에 영향을 미치는 인자에 관한 설명으로 옳은 것은?

① 식염을 첨가하면 호화되기 어렵다.

② 수분함량이 높을수록 호화가 촉진된다.

③ 전분 입자가 작을수록 호화가 촉진된다.

④ 서류전분이 곡류전분에 비해 호화되기 어렵다.

⑤ 알칼리성 조건에서 호화가 일어나지 않는다.

> **해설** 전분의 호화에 영향을 미치는 인자
> • 식염을 첨가하면 호화가 촉진된다.
> • 수분함량이 높을수록 호화가 촉진된다.
> • 전분 입자크기가 클수록 호화가 촉진된다(서류전분이 곡류전분에 비해 호화가 잘 일어남).
> • 알칼리성인 조건에서 전분의 호화가 촉진된다.

정답 18 ④　19 ①　20 ②

21 고구마의 얄라핀(jalapin) 성분에 관한 설명으로 옳은 것은?

① 물에 녹아 제거하기 쉽다.

② 고구마의 쓴맛을 내는 성분이다.

③ 백색 유액의 점성물질이다.

④ 고구마의 주 단백질이다.

⑤ 공기 중에 노출될 때 적색으로 변한다.

해설 얄라핀(jalapin)은 고구마를 절단하면 그 절단면으로부터 나오는 백색 유액의 점성물질로, 공기에 노출되면 갈변 또는 흑변을 일으킨다.

22 중조(식소다)를 첨가하여 만든 빵의 색을 누렇게 변색되었다. 그 원인 물질은 무엇인가?

① 카로틴 ② 클로로필

③ 안토크산틴 ④ 안토시아닌

⑤ 글루테닌

해설 밀가루 속 플라보노이드계의 안토크산틴(안토잔틴)은 산에는 안정하여 색의 변화가 없으나, 알칼리(중조, 식소다)에서는 누렇게 변색된다.

23 육류의 조리법에 관한 설명으로 옳은 것은?

① 스튜잉은 고기를 볶은 후 소량의 물을 넣고 익혀준다.

② 탕은 끓는 물에 고기를 넣고 조리한다.

③ 편육은 끓는 물에 고기를 덩어리째 넣는다.

④ 장조림은 찬물에 고기, 간장을 함께 넣고 조리한다.

⑤ 숯불구이는 약한 불에서 센 불로 익혀 나간다.

해설 육류 조리법
- 스튜잉은 고기를 볶은 후 소스를 충분히 넣고 푹 끓여 준다.
- 탕은 냉수에 고기를 넣고 조리한다.
- 편육은 끓는 물에 고깃덩어리를 넣는다.
- 장조림은 끓는 물에 고기를 넣어 익힌 후 간장을 넣는다.
- 숯불구이는 센 불(고온)에서 겉을 익힌 다음 불의 세기를 줄여야 육즙의 용출을 막을 수 있다.

24 육류의 연화에 사용되는 단백질 분해효소는?

① 레 닌

② 피 신

③ 아스코르비나아제

④ 나린진나아제

⑤ 폴리페놀라아제

해설 피신은 무화과에 함유되어 있는 단백질 분해효소이다.

25 돼지고기에 풍부하게 들어 있으며, 유황을 함유하고 있는 수용성 비타민은?

① 리보플라빈 ② 니아신

③ 피리독신 ④ 비타민 C

⑤ 티아민

해설 티아민은 황(S)을 함유하고 있는 비타민으로, 돼지고기에는 티아민의 함량이 0.4~0.6mg/100g 정도로 다량 함유되어 있는데, 이는 소고기(0.07mg/100g)의 약 10배 정도 많은 양이다.

26 생선 조리에 관한 설명으로 옳은 것은?

① 생선전에는 붉은살생선이 흰살생선보다 적합하다.

② 생선에 간장, 된장 첨가 시 비린내가 증가한다.

③ 생선조림 시 찬물에서부터 생선을 넣고 조린다.

④ 생선은 가열 시 콜라겐이 젤라틴으로 변한다.

⑤ 생선에 레몬즙을 뿌리면 트리메틸아민의 함량이 증가한다.

해설 어류의 조리에 의한 변화
- 생선전에는 흰살생선이 적합하다.
- 생선조림 시 물이 끓기 시작할 때 생선을 넣어야 모양이 흐트러지지 않는다.
- 간장의 염분, 된장이나 고추장의 강한 향미와 콜로이드가 흡착하여 어취를 감소시킨다.
- 가열에 의하여 콜라겐이 젤라틴화된다.
- 산(식초, 레몬즙, 유자즙 등)을 첨가하면 산이 트리메틸아민과 결합하여 냄새가 감소한다.

정답 24 ② 25 ⑤ 26 ④

27 어묵의 탄력성과 관련이 있는 섬유상 단백질은?

① 미오겐   ② 콜라겐

③ 케라틴   ④ 미오글로빈

⑤ 액토미오신

해설 생선의 근섬유를 주체로 하는 섬유상 단백질(미오신 · 액틴 · 액토미오신)은 전체 단백질의 약 70%를 차지하고 소금에 녹는 성질이 있어 어묵의 형성에 이용된다.

28 산란일이 오래된 달걀일수록 기실이 커지는데 그 이유는?

① 지방이 산화되어서

② 단백질이 분해되어서

③ 알끈의 탄력이 약해져서

④ 수분증발과 이산화탄소의 배출로 인하여

⑤ 난백의 pH가 낮아져서

해설 산란일이 오래된 달걀일수록 수분증발과 이산화탄소의 배출로 인하여 기실이 커진다. 흔들었을 때 출렁거리거나 물에 뜨는 달걀을 신선하지 않은 달걀이라고 판별하는 것은 기실에 공기가 차서 발생하는 현상을 이용한 것이다.

29 생난백에 존재하는 비오틴과 결합하여 비오틴의 활성을 저해시키는 단백질은?

① 오보글로불린   ② 오보뮤코이드

③ 스쿠알렌   ④ 콘알부민

⑤ 아비딘

해설 아비딘(avidin)은 달걀 흰자에 존재하는 난백 단백질로, 비오틴의 흡수를 방해한다. 비오틴의 결핍은 드물지만 생난백을 많이 먹게 되면 유발될 수 있으므로 주의해야 한다.

30 우유는 장시간 광선에 노출 시 루미크롬이 생성되는데, 이와 관련된 비타민은?

① 티아민　　　　　　　　　　② 리보플라빈
③ 니아신　　　　　　　　　　④ 피리독신
⑤ 엽 산

해설 리보플라빈은 열에는 안정적이지만 광선에는 매우 불안정하여 약산성~중성에서는 루미크롬(lumichrome), 알칼리성에서는 루미플라빈(lumiflavin)이라는 형광물질이 생성된다.

31 다음 공정으로 제조되는 유제품은?

원료 → 예열 → 균질 → 살균 또는 멸균 → 냉각 → 충전 및 포장

① 치 즈　　　　　　　　　　② 탈지분유
③ 전지분유　　　　　　　　　④ 우 유
⑤ 버 터

해설 유제품 제조 공정
- 우유 : 원료 → 예열 → 균질 → 살균 또는 멸균 → 냉각 → 충전 및 포장
- 탈지분유 : 원료 → 크림, 지방 분리 → 탈지유 → 예열 → 농축 → 분무 → 냉각 → 충전 및 포장
- 전지분유 : 원료 → 표준화 예열 → 균질 → 살균 → 농축 → 분무 → 냉각 → 포장
- 치즈 : 원료 → 표준화 예열 → 살균 → 유산균 발효 → 렌넷 첨가 → 커드 절단 → 유청 분리 → 성형 → 가염 → 숙성
- 버터 : 원료 → 크림 → 중화 → 살균 → 냉각 → 숙성 → 교동 → 세척 → 연압 → 충전 및 포장

32 성분이 분리된 마요네즈를 재생시킬 때 첨가하는 것은?

① 식 초　　　　　　　　　　② 물
③ 전 분　　　　　　　　　　④ 난 황
⑤ 설 탕

해설 분리된 마요네즈를 재생시키는 방법은 난황을 준비하고 분리된 마요네즈를 조금씩 넣어 주면서 저으면 된다.

정답 30 ② 31 ④ 32 ④

33 두부 제조과정 중 생긴 거품을 제거하기 위해 첨가하는 것은?

① 설 탕　　　　　　　　　② 온 수
③ 소 금　　　　　　　　　④ 기 름
⑤ 구연산

> **해설** 일반적으로 두부 제조과정에서 생긴 거품을 제거하기 위하여 소포제를 넣는데, 소포제로는 휘발성이 적고 확산력이 큰 기름상의 물질을 사용한다.

34 유지의 발연점이 낮아지는 조건은?

① 이물질이 없을 때
② 유리지방산의 함량이 높을 때
③ 유지의 정제도가 높을 때
④ 사용횟수가 적을 때
⑤ 튀김그릇의 표면적이 작을 때

> **해설** 발연점에 영향을 주는 조건
> • 유리지방산의 함량이 높은 기름은 발연점이 낮다.
> • 같은 기름이라도 기름을 담은 그릇이 넓으면 발연점이 낮으므로 기름으로 조리하는 그릇은 되도록 좁은 것을 사용한다.
> • 기름이 아닌 다른 물질이 기름에 섞여 있으면 기름의 발연점이 낮아진다.
> • 반복 사용한 기름은 발연점이 낮아지는데 한 번 사용할 때마다 10~15℃ 정도씩 낮아진다.
> • 유지의 정제도가 낮을수록 발연점이 낮아진다.

35 튀김기름의 조건으로 옳은 것은?

① 낮은 산가　　　　　　　② 높은 검화가
③ 낮은 요오드가　　　　　④ 높은 과산화물가
⑤ 높은 굴절률

> **해설** 좋은 튀김기름 조건
> • 요오드가 · 발연점↑
> • 굴절률 · 산가 · 과산화물가 · 검화가↓

36 토란, 우엉의 아린맛 성분은?

① 호모젠티스산(homogentisic acid)

② 투욘(thujone)

③ 휴물론(humulone)

④ 진저론(zingerone)

⑤ 리모넨(limonene)

해설 토란, 죽순 우엉에는 티로신의 중간대사물질인 호모젠티스산(homogentisic acid)이 있어 아린맛을 낸다.

37 흑겨자의 매운 냄새 성분은?

① 진저론(zingerone)

② 캡사이신(capsaicin)

③ 신남알데하이드(cinnamic aldehyde)

④ 알리신(allicin)

⑤ 알릴이소티오시아네이트(allyl isothiocyanate)

해설 흑겨자의 매운맛은 시니그린(sinigrin)이 효소 미로시나아제(myrosinase)에 의해 분해되어 생성되는 알릴이소티오시아네이트에 의한다.

38 무와 당근을 함께 갈아 먹으면 비타민 C가 파괴되는 이유는?

① 당근의 β-카로틴이 무의 비타민 C를 파괴하기 때문

② 무의 티로시나아제가 당근에 작용하기 때문

③ 당근의 아스코르비나제가 무의 비타민 C를 파괴하기 때문

④ 당근의 산화로 무의 비타민 C가 파괴되기 때문

⑤ 무의 메틸메르캅탄 성분이 당근에 작용하기 때문

해설 당근에는 비타민 C를 파괴하는 효소인 아스코르비나제(ascorbinase)가 있어 무와 함께 갈면 무의 비타민 C 손실이 크다.

정답 **36** ① **37** ⑤ **38** ③

39 감칠맛의 대표적인 물질인 글루탐산나트륨을 함유하는 해조류는?

① 톳   ② 청 각
③ 다시마   ④ 매생이
⑤ 우뭇가사리

해설 다시마에는 알긴산이 많이 들어있고, 요오드·비타민 B_2·글루탐산 등의 아미노산을 함유하고 있다.

40 사과의 갈변반응에 관한 설명으로 옳은 것은?

① 효소의 기질은 모노페놀류이다.
② 비효소적 갈변반응이다.
③ 소금물에 담가두면 갈변이 촉진된다.
④ 저온보관 시 효소반응이 촉진된다.
⑤ 흑갈색의 멜라닌 색소를 생성한다.

해설 사과를 깎은 후 공기 중에 두면 폴리페놀류가 퀴논(quinone)으로 산화, 중합하여 흑갈색의 멜라닌(melanin)을 생성한다.

---

02   **급식, 위생 및 관계법규**

41 조리저장식 급식제도에 관한 설명으로 옳은 것은?

① 생산과 소비가 시간적으로 분리되어 계획생산이 가능하다.
② 완전 조리된 음식을 구입하여 배식하는 형태이다.
③ 음식의 품질 유지가 용이하다.
④ 조합식 급식체계보다 노동생산성이 높다.
⑤ 전통적 급식체계보다 초기투자비용이 적게 든다.

해설 조리저장식 급식체계
- 음식을 조리한 직후 냉장 및 냉동해서 얼마 동안 저장한 후에 데워서 급식하는 방법이다.
- 생산과 소비가 시간적으로 분리되므로 계획생산이 가능하다.
- 냉동, 냉장 및 재가열 시 음식의 품질 변화(미생물적, 관능적)가 있을 수 있다.
- 조합식 급식체계보다 노동생산성이 낮다.
- 냉장고, 냉동고, 재가열기기 등의 초기투자비용이 많이 든다.

39 ③   **40** ⑤   **41** ①   **정답**

42 산업체 급식에 관한 설명으로 옳은 것은?

① 단체급식 중 가장 작은 규모를 차지하고 있다.
② 올바른 식습관 형성을 주 목적으로 한다.
③ 식대보험으로 급식의 질이 향상되었다.
④ 1회 급식인원 50명 이상인 경우 영양사를 의무 고용한다.
⑤ 생산성 향상 및 기업의 이윤증대에 기여할 수 있다.

> **해설** 산업체 급식
> • 단체급식 시장 중 가장 큰 규모를 차지하고 있다.
> • 근로자의 영양관리 및 건강유지, 생산성 향상 및 기업의 이윤 증대를 목적으로 한다.
> • 1회 급식인원 100명 미만의 산업체인 경우 영양사를 두지 아니하여도 된다.

43 독립적인 조직이라기보다는 경영정책이나 특정과제를 해결하기 위하여 다양한 부서에서 여러 사람들이 선출되어 합리적인 결정을 하는 조직은?

① 매트릭스 조직　　　　　　② 팀형 조직
③ 프로젝트 조직　　　　　　④ 위원회 조직
⑤ 네트워크 조직

> **해설** 위원회 조직
> • 부문 상호 간의 의사소통과 의견의 불일치를 극복하기 위한 형태이다.
> • 기본조직 외에 위원회 조직을 두어 집단토의 기회를 주고 합리적인 결정을 한다.
> • 경영참여 의식을 높여 경영 전반에 대한 이해를 높일 수 있다.

44 선택식 식단에 관한 설명으로 옳은 것은?

① 학교급식과 군대급식에서 주로 운영된다.
② 조리종사원의 업무량이 감소한다.
③ 고객의 음식선택이 자유롭고 기호를 충족시킬 수 있다.
④ 수요 예측이 쉽다.
⑤ 발주과정이 단순하다.

> **해설** 선택식 식단은 대학 급식이나 산업체 급식에서 제공하는 방법으로, 고객기호의 다양성과 만족도를 충족시킬 수 있는 장점이 있다. 하지만 발주작업이 복잡하고, 수요 예측이 어려우며, 조리 종사원의 업무량이 증가하는 단점이 있다.

정답 42 ⑤　43 ④　44 ③

45 의사결정의 유형과 관리계층의 연결이 옳은 것은?

① 업무적 의사결정 – 하위경영층
② 전략적 의사결정 – 하위경영층
③ 전략적 의사결정 – 중간경영층
④ 업무적 의사결정 – 최고경영층
⑤ 관리적 의사결정 – 최고경영층

> **해설** 의사결정의 유형과 그 관리층
> • 업무적 의사결정 : 하위경영층
> • 관리적 의사결정 : 중간경영층
> • 전략적 의사결정 : 최고경영층

46 식사구성안에서 식품의 1인 1회 분량으로 옳은 것은?

① 식빵 55g
② 닭고기 60g
③ 액상 요구르트 100g
④ 돼지고기 100g
⑤ 사과 200g

> **해설** 식빵 35g, 액상 요구르트 150g, 돼지고기 60g, 사과 100g이 1인 1회 분량이다.

47 순환식단에 관한 설명으로 옳은 것은?

① 식자재의 효율적인 관리가 어렵다.
② 학교급식에서 많이 사용하고 있다.
③ 메뉴개발에 소요되는 시간을 절약할 수 있다.
④ 식단이 다양하여 다양한 식품을 섭취할 수 있다.
⑤ 식단주기가 길면 고객이 단조로움을 느낄 수 있다.

> **해설** 순환식단
> • 식자재의 효율적인 관리가 가능하다.
> • 병원급식에 적합하다.
> • 식단의 변화가 한정되어 섭취식품의 종류가 제한적이다.
> • 식단주기가 너무 짧을 경우 고객은 단조로움을 느낄 수 있다.

48 표준레시피에 관한 설명으로 옳은 것은?

① 식재료량은 부피 단위로 표기한다.

② 에너지 소비량을 추정하는 하는 방법이다.

③ 식재료명, 식재료량. 조리방법, 총 생산량 등을 표기한다.

④ 종사자의 숙련도에 따라 표준레시피를 조정한다.

⑤ 고객의 기호도 변화에 빠르게 대처할 수 있다.

> **해설** 표준레시피에는 메뉴명, 재료명, 재료량, 조리방법, 총 생산량, 1인 분량, 생산 식수, 조리기구 등을 기재한다. 표준레시피는 적정구매량, 배식량을 결정하는 기준이 될 뿐만 아니라 조리작업을 효율화(생산성 향상)하고 음식의 품질을 유지하는 데 매우 중요하다.

49 메뉴엔지니어링 분석 결과 수익성이 높은 품목과 세트로 판매하는 전략이 필요한 메뉴는?

① 인기도와 수익성이 높은 메뉴

② 인기도와 수익성이 낮은 메뉴

③ 인기도와 노동생산성이 낮은 메뉴

④ 인기도는 높고 수익성이 낮은 메뉴

⑤ 인기도는 낮고 수익성이 높은 메뉴

> **해설** 메뉴엔지니어링
> • Stars : 인기도와 수익성 모두 높은 품목(유지)
> • Plowhorses : 인기도는 높지만 수익성이 낮은 품목(세트메뉴 개발, 1인 제공량 줄이기)
> • Puzzles : 수익성은 높지만 인기도는 낮은 품목(눈에 잘 띄도록 메뉴 게시위치 변경, 가격인하, 품목명 변경)
> • Dogs : 인기도와 수익성 모두 낮은 품목(메뉴 삭제)

50 일반경쟁입찰의 계약 절차로 옳은 것은?

① 개찰 → 낙찰 → 응찰 → 체결

② 개찰 → 응찰 → 낙찰 → 체결

③ 응찰 → 개찰 → 낙찰 → 체결

④ 응찰 → 낙찰 → 개찰 → 체결

⑤ 낙찰 → 응찰 → 개찰 → 체결

해설 일반경쟁입찰은 신문 또는 게시와 같은 방법으로, 입찰 및 계약에 관한 사항을 일정기간 일반에게 널리 공고하여 응찰자를 모집하고, 입찰에서 상호 경쟁시켜 가장 타당성 있는 입찰가격을 제시한 사람을 낙찰자로 정하는 방법이다. 공고 → 응찰 → 개찰 → 낙찰 → 체결의 계약 절차를 따른다.

51 식품 검수 시 우선적으로 확인해야 하는 것은?

① 식단표

② 식품의 수량과 품질

③ 발주방식

④ 기기관리 대장

⑤ 재고량

해설 검수 시 납품서의 대조를 통하여 식품의 수량이 맞는지 확인하고, 품질검사를 실시한다.

52 구매절차에 따른 장표의 순서로 옳은 것은?

① 구매명세서 → 구매청구서 → 발주서 → 거래명세서

② 구매명세서 → 발주서 → 구매청구서 → 거래명세서

③ 구매청구서 → 구매명세서 → 발주서 → 거래명세서

④ 구매청구서 → 발주서 → 구매명세서 → 거래명세서

⑤ 발주서 → 구매청구서 → 구매명세서 → 거래명세서

해설 구매절차에 따른 장표의 순서

구매명세서 → 구매청구서 → 발주서 → 거래명세서(납품서)

53 재고관리 기법 중 재고를 물품의 가치도에 따라 분류하여 차별적으로 관리하는 것은?

① ABC 관리방식   ② 최소-최대 관리방식

③ 실사 재고조사   ④ 영구 재고조사

⑤ EOQ 기법

해설 ① ABC 관리방식 : 재고를 물품의 가치도에 따라 A, B, C 등급으로 분류하여 차별적으로 관리하는 방식
② 최소-최대 관리방식 : 안전재고량을 유지하면서 재고량이 최소재고량에 이르면 조달될 때까지 사용하는 양을 고려한 적정량을 주문하여 최대한의 재고량을 보유하도록 하는 방식
③ 실사 재고조사 : 주기적으로 창고에 보유하고 있는 물품의 수량과 목록을 기록하는 방법
④ 영구 재고조사 : 입고되는 물품의 수량과 창고에서 출고되는 수량을 계속적으로 기록하여 적정 재고량을 유지하는 방법
⑤ EOQ 기법 : 경제적 발주량을 결정하는 재고관리법

54 납품업체로부터 받은 물품의 품명, 단가, 수량, 총액, 배달 등에 관한 내용을 자세하게 기록하는 장표는?

① 구매명세서   ② 구매요구서

③ 검수일지   ④ 견적서

⑤ 납품서

해설 검수일지는 검수원이 물품명, 단가, 수량, 총액, 배달에 관한 정확한 내용이 포함되게 작성하며, 급식부서장과 회계부서의 결재를 받아야 한다.

55 급식소의 4월에서 7월까지의 식수를 참고하여 3개월간의 단순이동평균법으로 예측한 8월의 식수는?

월	4	5	6	7
판매식수(식)	10,300	10,250	10,650	10,540

① 10,400   ② 10,450

③ 10,480   ④ 10,540

⑤ 10,650

해설 (10,250 + 10,650 + 10,540) / 3 = 10,480

56 수요에 맞게 시간대별로 일정량씩 조리하는 급식생산 방법은?

① 대량조리
② 공동조리
③ 조리냉동
④ 분산조리
⑤ 표준조리

해설 분산조리는 한 번에 대량으로 조리하지 않고 배식시간에 맞추어 일정량씩 나누어 조리하는 방식이다.

57 재고자산의 평가법 중 방법이 간단하여 급식소에 가장 널리 사용되는 것은?

① 실제 구매가법
② 총평균법
③ 선입선출법
④ 후입선출법
⑤ 최종 구매가법

해설 재고자산의 평가
- 실제 구매가법 : 마감 재고 조사 시 남아 있는 물품들을 실제로 그 물품을 구입했던 단가로 계산하는 방법
- 총평균법 : 특정기간 동안 구입한 물품의 총액을 전체 구입수량으로 나누어 평균단가를 계산한 후 이 단가를 이용하여 남아 있는 재고량의 가치를 산출하는 방법
- 선입선출법 : 가장 먼저 들어온 품목이 나중에 입고된 품목들보다 먼저 사용된다는 재고회전원리에 기초한 방법
- 후입선출법 : 최근에 구입한 식품부터 사용한 것으로 기록하며, 가장 오래된 물품이 재고로 남아 있게 되는 방법
- 최종 구매가법 : 급식소에서 가장 널리 사용되며 간단하고 빠르며, 가장 최근의 단가를 이용하여 산출하는 방법

58 메뉴평가방법 중 사후통제수단으로 사용하는 것은?

① 영양기준량
② 잔반량 조사
③ 식재료비
④ 음식 온도 측정
⑤ 급식 인원수 예측

해설 잔반량 조사는 고객의 기호도 및 음식에 대한 순응도를 측정하기 위하여 잔반량을 측정하는 것으로, 급식관리의 사후통제 수단이다.

59 단체급식 중 조리종사원 1인당 담당하는 식수인원이 가장 적은 곳은?

① 대학교 기숙사 급식 ② 상급종합병원 환자 급식
③ 중학교 급식 ④ 반도체 생산공장 급식
⑤ 군대 급식

> **해설** 병원급식은 직원급식과 환자급식으로 나뉘어져 있으며, 환자만을 대상으로 하는 급식의 식수는 학교급식, 산업 체급식, 군대급식의 식수보다 적다.

60 검식에 관한 설명으로 옳은 것은?

① 검식 내용은 위생점검일지에 작성 · 보관한다.
② 조리된 음식을 배식하기 전에 검사한다.
③ 식단작성 과정에서 음식의 조화를 미리 검토한다.
④ 식중독 사고에 대비하여 검사용으로 음식을 남겨두는 것이다.
⑤ 영하 18도 이하에서 144시간 이상 보관한다.

> **해설** 검 식
> • 배식하기 전에 1인분량을 상차림하여 음식의 맛, 질감, 조리상태, 조리완성 후 음식온도, 위생 등을 종합적으로 평가하는 것이다.
> • 검식내용은 검식일지에 기록한다(향후 식단 개선 자료로 활용).

61 1일 1,600식을 제공하는 산업체급식에서 10명의 작업자가 1일 8시간씩 근무한다. 이 급식소의 노동시간당 식수와 1식당 노동시간은?

① 20식/시간, 3분/식
② 20식/시간, 5분/식
③ 25식/시간, 3분/식
④ 25식/시간, 4분/식
⑤ 30식/시간, 5분/식

> **해설** • 노동시간당 식수 = 일정기간 제공한 총 식수 / 일정기간의 총 노동시간
> = 1,600(식) / 10(명) × 8(시간) = 20식/시간
> • 1식당 노동시간 = 일정기간의 총 노동시간(분) / 일정기간 제공한 총 식수
> = 10(명) × 8(시간) × 60(분) / 1,600(식) = 3분/식

정답 **59** ② **60** ② **61** ①

62 작업관리 방법을 가공 · 운반 · 정체 · 검사로 분류하여 기존 생산과정의 문제점을 조사 · 연구하는 것은?

① 공정분석
② 동작연구
③ 인과형예측법
④ 직업연구
⑤ 워크샘플링

해설 공정분석은 재료가 가공되어 제품으로 될 때까지의 과정을 가공 · 운반 · 정체 · 검사로 분류하여 그것들이 제작과정에서 어떻게 연속하고 있는지를 조사하여 문제점을 파악하고 개선하는 방법이다.

63 집단급식소의 안전수칙으로 옳은 것은?

① 칼날은 항상 무디게 유지한다.
② 떨어지는 물체는 잡아서 깨지지 않게 한다.
③ 뜨거운 액체가 담긴 그릇 뚜껑은 빠르게 개방한다.
④ 세제는 항상 높은 선반에 보관한다.
⑤ 가열된 냄비를 옮길 때는 뚜껑을 열어 김을 뺀 후 옮긴다.

해설 집단급식소의 안전수칙
  • 칼날은 날카롭게 유지하며, 이동 시 칼끝이 아래 방향으로 향하게 한다.
  • 떨어지는 물체는 잡지 않는다.
  • 뜨거운 액체가 담긴 그릇 뚜껑은 천천히 개방한다.
  • 화학물질은 항상 낮은 선반에 보관한다.
  • 가열된 냄비를 옮길 때는 미리 옮길 자리를 마련하고 뚜껑을 열어 김을 뺀 후 옮긴다.

64 식품위생관리에 관한 설명으로 옳은 것은?

① 사용하고 남은 통조림제품은 랩을 씌워 냉장 보관한다.

② 해동하고 남은 식품은 재동결하여 사용한다.

③ 날음식은 냉장고 하단에, 가열조리식품은 냉장고 상단에 보관한다.

④ 달걀은 물로 세척하여 보관한다.

⑤ 냉기순환을 위해 냉장고 용량은 90% 정도가 적절하다.

> **해설** 식품위생관리
> - 사용하고 남은 통조림제품은 소독된 용기에 옮겨 담아 보관한다.
> - 한 번 해동시킨 식품은 다시 동결하지 않는다.
> - 달걀은 세척하지 않고 마른 타월로 닦아 저장한다.
> - 냉기순환을 위해 냉장고 용량은 70% 정도가 적절하다.

65 급식시설에서 일반작업구역에 해당하는 것은?

① 식기보관구역

② 조리구역

③ 식품절단구역(가열 · 소독 후)

④ 정량 및 배선구역

⑤ 전처리구역

> **해설** 급식시설의 작업구역
> - 일반작업구역 : 검수구역, 전처리구역, 식재료저장구역, 세정구역, 식품절단구역(가열 · 소독 전)
> - 청결작업구역 : 조리구역, 정량 및 배선구역, 식기보관구역, 식품절단구역(가열 · 소독 후)

66 채소와 과일을 세척하는 데 적합한 세제는?

① 1종 세척제

② 2종 세척제

③ 3종 세척제

④ 용해성 세제

⑤ 연마성 세제

> **해설** 세척제
> - 1종 세척제 : 채소 · 과일용
> - 2종 세척제 : 식기류용
> - 3종 세척제 : 식품의 가공 · 조리기구용

정답 64 ③ 65 ⑤ 66 ①

67 급식시설의 시설 · 설비의 기준으로 옳은 것은?

① 조리실 창문은 조리실 바닥면적의 10%가 적당하다.

② 검수구역의 조명은 220룩스로 한다.

③ 조리실 콘센트는 바닥에서 30cm 이상 위치에 설치한다.

④ 조리실 바닥의 기울기는 1/100이 적당하다.

⑤ 조리실 후드의 경사각은 20°로 한다.

> **해설** 급식시설의 시설 · 설비의 기준
> • 조리실 바닥의 기울기는 1/100이 적당하다.
> • 검수구역의 조명은 540룩스 이상으로 한다.
> • 조리실 콘센트는 바닥에서 1m 이상 위치에 설치한다.
> • 조리실 창문은 조리실 바닥면적의 20~30% 정도가 적당하다.
> • 후드의 크기는 조리기구보다 15cm 이상 넓어야 하고, 후드 외각의 크기는 35~45°형이 이상적이다.

68 급식비가 4,000원인 급식소에서는 변동비가 2,000원, 월 임차료가 100만 원, 월 인건비가 800만 원이 지출된다. 이 급식소의 월 손익분기점 매출량과 매출액은?

	판매량	매출액
①	4,000식	1,800만 원
②	4,000식	2,000만 원
③	4,500식	1,800만 원
④	4,500식	2,400만 원
⑤	6,000식	3,600만 원

> **해설** 손익분기점 판매량
> • 손익분기점 판매량 = 고정비 / 단위당 공헌마진
> • 공헌마진 = 매출액 − 변동비
> • 손익분기점 매출량 = (1,000,000 + 8,000,000) / (4,000 − 2,000) = 4,500
> 손익분기점 매출액
> • 손익분기점 매출액 = 고정비 / 공헌마진비율
> • 공헌마진비율 = 1 − 변동비율
> • 손익분기점 매출액 = (1,000,000 + 8,000,000) / (1 − 2,000 / 4,000) = 18,000,000

67 ④ **68** ③ 정답

69 급식원가에 대한 설명으로 옳은 것은?

① 판매가격은 총원가와 이익의 합계이다.

② 재료구입을 위한 종업원의 출장비는 인건비에 속한다.

③ 시간제 종업원의 임금은 고정비이다.

④ 인건비 원가율은 총 공헌이익 중 인건비가 차지하는 비율이다.

⑤ 임대료는 변동비에 속한다.

> **해설** ② 재료구입을 위한 종업원의 출장비는 경비에 속한다.
> ③ 시간제 종업원의 임금은 변동비이다.
> ④ 인건비 원가율은 매출액 중 인건비가 차지하는 비율이다.
> ⑤ 임대료는 고정비에 속한다.

70 종업원에게 관리 기능상 계획과 통제까지 위임함으로써 직무의 질적인 측면에서 수직적 확대를 강조한 직무설계법은?

① 직무 단순   ② 직무 순환

③ 직무 교차   ④ 직무 확대

⑤ 직무 충실

> **해설** 직무설계
> • 직무 단순 : 작업절차를 단순화하여 전문화된 과업을 수행
> • 직무 순환 : 다양한 직무를 순환하여 수행함
> • 직무 교차 : 직무의 일부분을 다른 사람과 함께 수행함
> • 직무 확대 : 과업의 수적 증가, 다양성 증가(양적 측면)
> • 직무 충실 : 과업의 수적 증가와 함께 책임과 통제 범위를 수직적으로 늘려 직원에게 동기부여를 줄 수 있음(질적 측면)

71 한 달 동안의 제공 식수가 7,500식인 급식소는 식재료비 1,800만 원, 인건비 700만 원, 경비 500만 원이 지출된다. 이 급식소의 1식당 원가는?

① 2,000원   ② 2,500원

③ 3,000원   ④ 3,500원

⑤ 4,000원

> **해설** 1식당 원가 = 원가(재료비 + 노무비 + 경비) / 제공 식수
> = (18,000,000 + 7,000,000 + 5,000,000) / 7,500 = 4,000

정답 69 ①   70 ⑤   71 ⑤

72 조리종사원에게 급식을 이용하는 고객의 불만 상황에 대처할 수 있도록 응대요령을 연습시켜 고객의 만족도를 높이려고 한다. 이때 가장 적합한 교육 방법은?

① 인턴십
② 사례법
③ 역할연기
④ 강의법
⑤ 브레인스토밍

해설 역할연기(롤플레잉)는 어떤 사례를 연기를 통해 본인의 입장뿐만 아니라 고객의 관점에서 생각하여 문제점을 파악하고 해결 능력을 촉진시키는 방법이다.

73 괄호 안에 들어갈 내용으로 옳은 것은?

> 허쉬와 블랜차드의 상황이론에서는 조리종사원의 직무수행 능력과 의욕이 모두 낮을 때에는 (A) 리더십을, 조리종사원의 직무수행 능력과 의욕이 모두 높을 때에는 (B) 리더십을 발휘하는 것이 바람직하다.

	A	B
①	참여형	방임형
②	설득형	지시형
③	방임형	설득형
④	지시형	위임형
⑤	위임형	참여형

해설 허쉬와 블랜차드의 상황이론
- 지시형 : 높은 과업지향, 낮은 관계지향(부하가 능력과 의욕이 모두 낮은 경우)
- 설득형 : 높은 과업지향, 높은 관계지향(부하가 의욕은 있으나 능력이 부족한 경우)
- 참여형 : 낮은 과업지향, 높은 관계지향(부하가 능력은 있으나 의욕이 부족한 경우)
- 위임형 : 낮은 과업지향, 낮은 관계지향(부하의 능력과 의욕이 모두 높은 경우)

74 인사고과 시 출근율이 좋은 조리원은 조리기술 역시 우수하다고 인식하여 인사고과를 높게 주는 것은 어떤 오류에 해당하는가?

① 대비 오차　　　　　　　　　② 논리 오차
③ 중심화 경향　　　　　　　　④ 관대화 경향
⑤ 시간적 오류

해설 논리 오차(logical error)는 어떤 요소가 우수하게 평가되면 다른 요소도 우수하다고 인식하고 평가하는 오류이다.

75 조리종사원에게 비전과 영감을 제시하고, 스스로 성장할 수 있도록 동기부여를 하는 리더십은?

① 자유방임형 리더십　　　　　② 전제적 리더십
③ 변혁적 리더십　　　　　　　④ 섬기는 리더십
⑤ 민주형 리더십

해설 변혁적(전환적) 리더는 구성원들의 신뢰와 카리스마를 갖고, 조직의 장기적인 비전과 공동목표를 구성원들이 이룰 수 있도록 교육하는 역할을 하며, 구성원 전체의 가치관과 태도를 변화시켜 성과를 이끌어낸다.

76 마케팅 믹스 구성요소와 전략이 바르게 연결된 것은?

① 제품(Product) – 인테리어
② 촉진(Promotion) – 이벤트
③ 유통(Place) – 할인정책
④ 가격(Price) – 광고
⑤ 사람(People) – 유니폼

해설 마케팅 믹스 7P
- 제품(Product) : 제품의 생산공정과 검수, 질, 생산규모, 브랜드, 디자인, 포장
- 촉진(Promotion) : 이벤트, 무료시식, 경품 제공 등
- 유통(Place) : 적절한 시간에, 접근 가능한 위치에, 적절한 수량이 소비자에게 제공
- 가격(Price) : 할인 정책, 가격변동. 저가전략, 고가전략, 유인가격전략
- 과정(Process) : 서비스의 수행과정, 수행흐름, 고객과의 접점관리가 중요
- 물리적 근거(Physical evidence) : 매장의 분위기, 공간배치, 패키지, 유니폼, 인테리어
- 사람(People) : 종업원, 소비자, 경영진 등 소비와 관련된 모든 인적 요소

정답 74 ② 75 ③ 76 ②

77 식품의 외인성 위해요소에 해당하는 것은?

① 잔류농약

② 패류독

③ 복어독

④ 유지의 과산화물

⑤ 니트로사민

> **해설** 식품 위해요소의 외인성 인자는 식품 자체에 함유되어 있지 않으나 외부로부터 오염·혼입된 것으로, 식중독균, 경구감염병, 곰팡이, 기생충, 유해첨가물, 잔류농약, 포장재·용기 용출물 등이 해당한다.

78 서비스의 비일관성을 개선하기 위한 전략으로 옳은 것은?

① 단골고객 관리

② 입소문을 통한 고객 유치

③ 종업원 교육

④ 시간대별 가격 할인

⑤ 급식생산 계획 수립

> **해설** 일관되고 표준화된 서비스를 제공하기 어렵기 때문에 서비스 프로세스의 표준화 및 종업원 교육을 통하여 서비스의 비일관성(이질성)을 개선해 나가야 한다.

79 그람음성의 미호기성 세균으로 생육 최적온도가 42℃이며, 오염된 닭고기에 의해 발생할 수 있는 식중독균은?

① Vibrio vulnificus

② Campylobacter jejuni

③ Staphylococcus aureus

④ Clostridium botulinum

⑤ Bacillus cereus

> **해설** 캠필로박터 제주니(Campylobater jejuni)는 그람음성의 미호기성 세균으로, 42℃에서 생육이 잘 된다. 오염된 닭고기에 의한 감염이 많이 발생하며, 적절한 가열살균이 가장 중요하다.

80 식품 1g당 세균수가 얼마이면 부패로 판정하는가?

① $10^{2\sim4}$

② $10^{3\sim4}$

③ $10^{5\sim6}$

④ $10^{7\sim8}$

⑤ $10^{9\sim15}$

해설 세균수가 식품 1g당 10^5인 때를 안전한계, $10^{7\sim8}$인 때를 초기부패 단계로 본다.

81 저온에서 증식이 가능한 그람음성의 무포자 간균으로, 우유 섭취 후 복통이 발생하였다면, 이 식중독 원인균은 무엇인가?

① Listeria monocytogenes

② Yersinia enterocolitica

③ Staphylococcus aureus

④ Salmonella typhimurium

⑤ Vibrio parahaemolyticus

해설 Yersinia enterocolitica는 여시니아 식중독의 원인균으로, 그람음성, 무포자, 간균, 주모성 편모, 통성혐기성의 특징을 갖는다. 돼지고기, 우유, 채소, 냉장식품에 의해서 감염되며, 식중독 증상으로는 패혈증, 복통, 설사, 관절염 등이 나타난다.

82 잠복기가 평균 3시간 정도로 매우 짧으며, 장독소를 생성하는 균은?

① Salmonella typhimurium

② Clostridium botulinum

③ Staphylococcus aureus

④ Campylobacter jejuni

⑤ Vibrio parahaemolyticus

해설 Staphylococcus aureus는 포도상구균 식중독의 원인균으로, 장독소를 생성한다. 잠복기는 평균 3시간으로 세균성 식중독 중 가장 짧으며, 화농성 질환의 대표적인 원인균이다.

정답 **80** ④ **81** ② **82** ③

83 감염 시 수막염과 패혈증을 수반하는 경우가 많고, 임산부에게는 유산 또는 사산을 유발할 수 있는 감염형 식중독균은?

① Yersinia enterocolitica

② Campylobacter jejuni

③ Salmonella enteritidis

④ Vibrio parahaemolyticus

⑤ Listeria monocytogenes

해설 리스테리아 모노사이토제니스는 리스테리아 식중독의 원인균으로, 그람양성, 간균, 주모성 편모, 통성혐기성의 특징을 갖는다. 유제품, 수산물, 채소, 냉장식품에 의해서 감염되며, 식중독 증상으로는 설사, 발열, 구토, 뇌수 막염, 패혈증, 유산, 조산 등이 나타난다.

84 대합조개, 섭조개, 홍합이 갖고 있는 독소의 성분은?

① 삭시톡신(saxitoxin)

② 아트로핀(atropine)

③ 베네루핀(venerupin)

④ 무스카린(muscarine)

⑤ 테트로도톡신(tetrodotoxin)

해설 ② 미치광이풀, ③ 모시조개, 바지락, 굴, ④ 독버섯, ⑤ 복어독에 해당한다.

85 내열성의 포자를 형성하며, 살균이 불충한 통조림에서 증식하는 식중독균은?

① Vibrio vulnificus

② Morganella morganii

③ Staphylococcus aureus

④ Clostridium botulinum

⑤ Bacillus cereus

해설 Clostridium botulinum은 보툴리누스 식중독의 원인균으로, 그람양성, 간균, 주모성 편모, 내열성 포자 형성, 편 성혐기성의 특징을 갖는다. 살균이 불충분한 통조림과 병조림, 소시지, 햄 섭취 시 발생할 수 있다.

83 ⑤ 84 ① 85 ④ 정답

86 방사선조사 식품에 사용할 수 있는 동위원소는?

① Fe−59 　　　　　　　　　　② Co−60

③ I−131 　　　　　　　　　　④ U−238

⑤ Ba−140

해설 Co−60는 식품에서 발아억제, 살충, 숙도조절 등을 목적으로 사용되는 동위원소이다.

87 Penicillium citrinum이 생산하는 곰팡이 독소로, 신장독을 일으키는 것은?

① 시트리닌 　　　　　　　　　② 루테오스키린

③ 시큐톡신 　　　　　　　　　④ 시구아톡신

⑤ 시트레오비리딘

해설 황변미 중독
- Penicillium citrinum : 시트리닌(citrinin) 생성 − 신장독
- Penicillium islandicum : 이슬란디톡신(islanditoxin), 루테오스키린(luteoskyrin) − 간장독
- Penicillium citreoviride : 시트레오비리딘(citreoviridin) − 신경독

88 사람에게는 열병, 동물에게는 감염성 유산을 일으키는 인수공통감염병은?

① 큐 열 　　　　　　　　　　② 결 핵

③ 렙토스피라증 　　　　　　　④ 야토병

⑤ 파상열

해설 파상열은 인수공통감염병의 하나로 오염된 동물의 유즙이나 고기를 통해 감염되며 동물에게는 감염성 유산을 일으키고 사람에게는 열성 질환을 나타낸다.

89 혈액독 유발의 위험이 크기 때문에 사용이 금지된 감미료는?

① 둘 신 　　　　　　　　　　② D−소르비톨

③ 사카린나트륨 　　　　　　　④ 스테비올배당체

⑤ 아스파탐

해설 둘신은 설탕의 약 250배 감미도를 가지며, 혈액독, 간장·신장 장애를 유발하여 사용이 금지되고 있다.

정답 **86** ② **87** ① **88** ⑤ **89** ①

90 채소에 의해 감염될 수 있는 기생충은?

① 폐흡충   ② 선모충
③ 회 충   ④ 유구조충
⑤ 무구조충

해설 채소류로부터 감염되는 기생충에는 회충, 구충(십이지장충), 편충, 요충, 동양모양선충이 있다.

91 HACCP 관리계획의 유효성과 실행 여부를 정기적으로 평가하는 일련의 활동은 HACCP 7원칙의 항목 중 어디에 해당하는가?

① 검 증   ② 모니터링
③ 시정조치   ④ 한계기준
⑤ 중요관리점

해설 ② 모니터링 : 중요관리점에 설정된 한계기준을 적절히 관리하고 있는지 여부를 확인하기 위하여 수행하는 일련의 계획된 관찰이나 측정하는 행위
③ 시정조치 : 모니터링 결과 중요관리점의 한계기준을 이탈할 경우에 취하는 일련의 조치
④ 한계기준 : 중요관리점에서의 위해요소 관리가 허용 범위 이내로 충분히 이루어지고 있는지 여부를 판단할 수 있는 기준이나 기준치
⑤ 중요관리점 : HACCP을 적용하여 식품의 위해요소를 예방 · 제어하거나 허용수준 이하로 감소시켜 당해 식품의 안전성을 확보할 수 있는 중요한 단계 · 과정 또는 공정

92 식품위생법상 건강진단 결과 영업에 종사하지 못하는 질병은?

① 백일해   ② 풍 진
③ 감염성 결핵   ④ C형간염
⑤ 디프테리아

해설 영업에 종사하지 못하는 질병의 종류(식품위생법 시행규칙 제50조)
건강진단 결과에 따라 영업에 종사하지 못하는 사람은 다음의 질병에 걸린 사람으로 한다.
• 결핵(비감염성인 경우는 제외한다)
• 콜레라, 장티푸스, 파라티푸스, 세균성이질, 장출혈성대장균감염증, A형간염
• 피부병 또는 그 밖의 고름형성(화농성) 질환
• 후천성면역결핍증(성매개감염병에 관한 건강진단을 받아야 하는 영업에 종사하는 사람만 해당한다)

93 식품위생법상 집단급식소를 설치·운영하려는 자가 받아야 하는 식품위생교육 시간은?

① 1시간
② 2시간
③ 4시간
④ 6시간
⑤ 8시간

해설 집단급식소를 설치·운영하려는 자는 6시간의 식품위생교육을 받아야 한다(시행규칙 제52조 제2항 제4호).

94 식품위생법상 식품 등의 공전을 작성·보급하여야 하는 자는?

① 식품의약품안전처장
② 보건복지부장관
③ 질병관리청장
④ 국립보건원장
⑤ 보건소장

해설 식품의약품안전처장은 식품 또는 식품첨가물의 기준과 규격, 기구 및 용기·포장의 기준과 규격을 실은 식품 등의 공전을 작성·보급하여야 한다(법 제14조).

95 식품위생법상 식품안전관리인증기준 대상 식품은?

① 커피류
② 요구르트
③ 오이지
④ 냉동고구마
⑤ 특수용도식품

해설 식품안전관리인증기준 대상 식품(시행규칙 제62조)
어묵·어육소시지, 냉동 어류·연체류·조미가공품, 피자류·만두류·면류, 과자·캔디류·빵류·떡류, 빙과, 음료류(다류 및 커피류는 제외한다), 레토르트식품, 절임류 또는 조림류의 김치류 중 김치, 초콜릿류, 생면·숙면·건면, 특수용도식품, 즉석섭취식품, 순대, 식품제조·가공업의 영업소 중 전년도 총 매출액이 100억 원 이상인 영업소에서 제조·가공하는 식품

정답 **93** ④ **94** ① **95** ⑤

96 식품위생법상 조리사 면허증을 교부할 수 있는 자는?

① 특별자치시장·특별자치도지사·시장·군수·구청장
② 보건복지부장관
③ 식품의약품안전처장
④ 한국조리사협회중앙회장
⑤ 한국산업인력관리공단이사장

해설 조리사가 되려는 자는 국가기술자격법에 따라 해당 기능분야의 자격을 얻은 후 특별자치시장·특별자치도지사·시장·군수·구청장의 면허를 받아야 한다(법 제53조).

97 국민건강증진법상 영양조사원을 둘 수 있는 자는?

① 질병관리청장
② 시장·군수·구청장
③ 보건복지부장관
④ 대한영양사협회장
⑤ 보건소장

해설 질병관리청장은 국민건강영양조사를 담당하는 사람(이하 "국민건강영양조사원"이라 한다)으로 건강조사원 및 영양조사원을 두어야 한다(시행령 제22조 제1항).

98 학교급식법상 학교급식의 운영평가 기준에 해당하지 않는 것은?

① 학교급식 위생·영양·경영 등 급식운영관리
② 조리종사원의 지도·감독
③ 학생 식생활지도 및 영양상담
④ 학교급식에 대한 수요자의 만족도
⑤ 급식예산의 편성 및 운용

해설 학교급식 운영평가기준(시행령 제13조 제2항)
• 학교급식 위생·영양·경영 등 급식운영관리
• 학생 식생활지도 및 영양상담
• 학교급식에 대한 수요자의 만족도
• 급식예산의 편성 및 운용
• 그 밖에 평가기준으로 필요하다고 인정하는 사항

96 ① 97 ① 98 ② 정답

99 농수산물의 원산지 표시 등에 관한 법률상 농수산물의 원산지 표시를 혼동하게 할 목적으로 그 표시를 손상·변경하였을 경우 벌칙은?

① 1년 이하의 징역이나 1천만 원 이하의 벌금에 처하거나 이를 병과할 수 있다.

② 3년 이하의 징역이나 3천만 원 이하의 벌금에 처하거나 이를 병과할 수 있다.

③ 5년 이하의 징역이나 5천만 원 이하의 벌금에 처하거나 이를 병과할 수 있다.

④ 7년 이하의 징역이나 1억 원 이하의 벌금에 처하거나 이를 병과할 수 있다.

⑤ 10년 이하의 징역이나 2억 원 이하의 벌금에 처하거나 이를 병과할 수 있다.

> **해설** 벌칙(제14조)
> 다음을 위반한 자는 7년 이하의 징역이나 1억 원 이하의 벌금에 처하거나 이를 병과할 수 있다.
> • 누구든지 다음의 행위를 하여서는 아니 된다.
> – 원산지 표시를 거짓으로 하거나 이를 혼동하게 할 우려가 있는 표시를 하는 행위
> – 원산지 표시를 혼동하게 할 목적으로 그 표시를 손상·변경하는 행위
> – 원산지를 위장하여 판매하거나, 원산지 표시를 한 농수산물이나 그 가공품에 다른 농수산물이나 가공품을 혼합하여 판매하거나 판매할 목적으로 보관이나 진열하는 행위
> • 농수산물이나 그 가공품을 조리하여 판매·제공하는 자는 다음의 행위를 하여서는 아니 된다.
> – 원산지 표시를 거짓으로 하거나 이를 혼동하게 할 우려가 있는 표시를 하는 행위
> – 원산지를 위장하여 조리·판매·제공하거나, 조리하여 판매·제공할 목적으로 농수산물이나 그 가공품의 원산지 표시를 손상·변경하여 보관·진열하는 행위
> – 원산지 표시를 한 농수산물이나 그 가공품에 원산지가 다른 동일 농수산물이나 그 가공품을 혼합하여 조리·판매·제공하는 행위

100 국민영양관리법상 영양사가 마약·대마 중독자가 되었을 경우 행정처분은?

① 시정명령

② 업무정지 1개월

③ 업무정지 3개월

④ 업무정지 6개월

⑤ 면허취소

> **해설** 영양사가 결격사유인 마약·대마 또는 향정신성의약품 중독자가 되었을 경우 면허를 취소하여야 한다(법 제21조 제1항).

정답 99 ④ 100 ⑤

교육은 우리 자신의 무지를 점차 발견해 가는 과정이다.

- 윌 듀란트 -

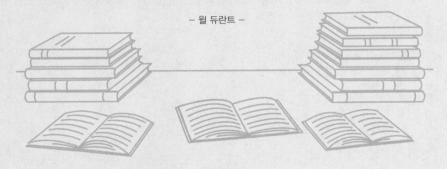

좋은 책을 만드는 길, 독자님과 함께 하겠습니다.

2024 SD에듀 영양사 한권으로 끝내기

개정19판1쇄 발행	2024년 05월 10일 (인쇄 2024년 03월 21일)
초 판 발 행	2002년 07월 01일 (인쇄 2002년 07월 01일)
발 행 인	박영일
책 임 편 집	이해욱
저 자	만점해법저자진
편 집 진 행	노윤재 · 윤소진
표지디자인	박수영
편집디자인	하한우 · 김예슬
발 행 처	(주)시대고시기획
출 판 등 록	제10-1521호
주 소	서울시 마포구 큰우물로 75 [도화동 538 성지 B/D] 9F
전 화	1600-3600
팩 스	02-701-8823
홈 페 이 지	www.sdedu.co.kr
I S B N	979-11-383-6854-4 (13590)
정 가	45,000원